Industrie 4.0 in Produktion, Automatisierung und Logistik

Thomas Bauernhansl · Michael ten Hompel ·
Birgit Vogel-Heuser
(Hrsg.)

Industrie 4.0 in Produktion, Automatisierung und Logistik

Anwendung · Technologien · Migration

Springer Vieweg

Herausgeber
Thomas Bauernhansl
Fraunhofer-Institut für Produktionstechnik und
Automatisierung, Universität Stuttgart,
Stuttgart, Deutschland

Michael ten Hompel
Fraunhofer Institut für Materialfluss und Logistik -
IML, Universität Dortmund,
Dortmund, Deutschland

Birgit Vogel-Heuser
Technische Universität München,
Lehrstuhl für Automatisierung und Informationssysteme,
München, Deutschland

ISBN 978-3-658-04681-1 ISBN 978-3-658-04682-8 (eBook)
DOI 10.1007/978-3-658-04682-8

Die Deutsche Nationalbibliothek verzeichnet diese Publikation in der Deutschen Nationalbibliographie; detaillierte bibliographische Daten sind im Internet über http://dnb.d-nb.de abrufbar.

Springer Vieweg

Quelle Titelfoto: Fraunhofer IPA, Rainer Bez/Heike Quosdorf

Gedruckt auf säurefreiem und chlorfrei gebleichtem Papier.

Springer Vieweg ist eine Marke von Springer DE. Springer DE ist ein Teil der Fachverlagsgruppe Springer Science+Business Media
www.springer-vieweg.de

Vorwort

Unmittelbar nachdem im April 2013 auf der Hannover Messe die nationale Plattform Industrie 4.0 gegründet wurde, erlebte der Begriff Industrie 4.0 einen kometenhaften Aufstieg. Ja, er wird mittlerweile geradezu inflationär verwendet. Das heißt aber leider auch, dass der Begriff verwässert. Deshalb ist es notwendig, ein Werk vorzulegen, das die Industrie 4.0-Kernelemente darstellt.

Mit diesem Buch wollen wir für Orientierung rund um das Thema Industrie 4.0 sorgen und insbesondere den Nutzen von Industrie 4.0 für die Anwender herausarbeiten. Es ist aus unserer Sicht sinnvoll und wichtig, das Thema nicht nur technologiegetrieben zu betrachten, sondern auch marktgetrieben. Also haben wir uns – im Interesse der produzierenden Industrie – die Leitfrage gestellt „Welchen wirtschaftlichen Nutzen kann Industrie 4.0 für Anwender der entsprechenden Technologien stiften?".

Nach der Einführung in das Thema befasst sich der zweite Teil deshalb sehr bewusst mit *Anwendungsszenarien,* sogenannten *Use Cases.* Die Use Cases haben wir allem vorangestellt, um exponiert das Potential von Industrie 4.0 im Anwendungszusammenhang zu demonstrieren. Direkt nach einer Einführung, in der die Hauptfragestellungen analysiert und die grundlegenden Begriffe erläutert, sowie die Herausforderungen und Anforderungen an die IT aus Sicht der Automatisierungstechnik beschrieben werden, erfolgt die Darstellung der spezifischen Anwendungen aus Sicht einzelner Branchen.

Der dritte Teil widmet sich den *Basistechnologien* und stellt die Frage: „Welche Technologien enabling technologies ermöglichen Industrie 4.0?". Dabei wird der Stand der Technik innerhalb der spezifischen Basistechnologie betrachtet. Es werden die Lücken aufgezeigt im Hinblick auf die Anforderungen (zum Beispiel Sicherheit, Kommunikation, Standards, Kosten), die im Kontext Industrie 4.0 an diese Basistechnologien gestellt werden, sowie aktuelle Forschungsaktivitäten vorgestellt, die diese Lücken schließen sollen. Am Ende der Beiträge werden die Fragen beantwortet, warum die geschilderte Lösung ‚smart' ist und welche Möglichkeiten sich daraus ergeben.

Migrationsszenarien und -prozesse sind Thema des vierten Teils. Er beschreibt den Veränderungsprozess hin zum Einsatz der Basistechnologien aus dem Industrie 4.0-Kontext. Nach der Beschreibung der Ausgangssituation gehen wir auf die Herausforderungen mit Blick auf Anwendungsszenarien und den Einsatz von Basistechnologien im Rahmen der Migration ein. Hier spielen der Umgang mit Geschäftsmodellen und Altsystemen eine wichtige Rolle sowie die Kompatibilität und der Umgang mit den Paradigmen der vierten industriellen Revolution – also Offenheit, Echtzeitfähigkeit und Sicherheit.

Im fünften Teil schließlich geben wir aus Sicht der Industrie und der Forschung einen Ausblick auf die Chancen der Industrie 4.0 und wie sie genutzt werden können.

Mit diesem Buch wollen wir den Leserinnen und Lesern die Möglichkeit geben, für sich selbst herauszufinden, welcher zusätzliche individuelle Gestaltungsspielraum durch Industrie 4.0 möglich wird. Sie sollen erkennen: „Was bringt mir das, was ist tatsächlich neu, was bedeutet Industrie 4.0 wirklich, was bedeutet es aber auch nicht?" Diejenigen, die dieses Buch in die Hand nehmen, sollen einschätzen und sinnvoll entscheiden können, welche Produkte und Lösungen sie tatsächlich brauchen und welche Herausforderungen sie auch mit den bereits vorhandenen Ressourcen meistern können. Zudem können die wenigsten Unternehmen völlig ohne Zwänge auf der grünen Wiese Ihre Geschäftsmodelle und Prozesse komplett neu gestalten. Deshalb sind die möglichen Migrationspfade hinein in die vierte industrielle Revolution elementar wichtig.

Dieses Buch umfasst den Stand der Dinge im Frühjahr 2014. Die Herausgeber möchten auch zukünftig einen Rahmen bieten, die Geschichte der vierten industriellen Revolution fortzuschreiben. Hierzu soll ein *Handbuch Industrie 4.0* entstehen, das die vorliegenden Beiträge aufnimmt, durch weitere Beiträge und Themen ergänzt und kontinuierlich aktualisiert. Dem revolutionären Thema entsprechend, wurde hierfür eine Mischform aus Online-Publikation und Druckwerk gewählt. Hierdurch wird dem schnellen Wandel Rechnung getragen, der für die nächsten Jahre zu erwarten ist. Die erste Ausgabe des *Handbuch Industrie 4.0* wird voraussichtlich 2015 im Springer-Verlag erscheinen und anschließend kontinuierlich fortgesetzt.

Die Reihenfolge bei der Nennung der Herausgeber ist eine rein alphabetische. Dieses Buch ist in einem Team gleichberechtigter Partner entstanden.

An dieser Stelle wollen wir auch Danke sagen: Dank an alle Autorinnen und Autoren, die an diesem Handbuch mitgearbeitet haben, an die Redaktion, an diejenigen, die Korrektur gelesen haben und an den Verlag, der sich mit hervorragender Unterstützung, vollem Engagement und Elan zu diesem Unterfangen mit einem ambitionierten Zeitrahmen bereit erklärt hat.

Ganz besonderer Dank gilt unseren Mitarbeiterinnen und Mitarbeitern, insbesondere Herrn Andreas Bildstein und Frau Dr. Birgit Spaeth sowie Frau Dorothea Pantförder, Frau Juliane Fischer und Frau Susanne Rösch, die durch ihren unermüdlichen Einsatz in Koordination und Organisation die Grundlage für das pünktliche Erscheinen des Buchs gelegt haben.

Im Februar 2014

Prof. Dr.-Ing. Thomas Bauernhansl, Prof. Dr. Michael ten Hompel, Prof. Dr.-Ing Birgit Vogel-Heuser

Inhaltsverzeichnis

Sicherheit (Security & Safety)

Mensch-Maschine-Interaktion

Data Mining und Analyse

Teil 1: Einführung

Die Vierte Industrielle Revolution – Der Weg in ein wertschaffendes Produktionsparadigma 5

Prof. Dr.-Ing. Thomas Bauernhansl, Fraunhofer IPA, Universität Stuttgart

Die Vierte Industrielle Revolution – Der Weg in ein wertschaffendes Produktionsparadigma

Prof. Dr.-Ing. Thomas Bauernhansl, Fraunhofer IPA, Universität Stuttgart

1 Warum der industrielle Wettbewerb zunimmt und die Welt der Produktion komplex wird

Wenn im Zusammenhang mit Industrie 4.0 immer wieder von der 4. Industriellen Revolution gesprochen wird, macht es Sinn, zunächst einmal einen Blick auf die vergangenen drei Revolutionen zu werfen, zu analysieren, was in diesen unterschiedlichen Phasen passiert ist und wie diese Revolutionen aufeinander aufbauen.

1.1 Industrielle Revolutionen der letzten 260 Jahre

Die 1. Industrielle Revolution startete um 1750, getrieben durch die Entwicklung der Dampfmaschine. Arbeits- und Kraftmaschinen ermöglichten die Industrialisierung und haben einen großen Beitrag dazu geleistet, dass seit dieser Zeit in industriell geprägten Ländern keine strukturell bedingten Hungerkatastrophen mehr entstanden sind. Bedingt durch diese Entwicklung kam es zu einer Bevölkerungsexplosion. Einerseits konnte die Bevölkerung mit Kleidung und Nahrung versorgt werden, da das Transportsystem (Dampfschifffahrt, Eisenbahn) verbessert wurde. Andererseits verbesserte sich die Produktivität in der Herstellung von Grundversorgungsgütern, z.B. in der Landwirtschaft enorm [1].

Natürlich haben solche Revolutionen immer auch Auswirkungen auf die Gesellschaft. Das klassische Handwerk und die Landwirtschaft haben sich auf der Beschäftigungsseite stark reduziert und es sind zwei neue Schichten entstanden: Die Fabrikarbeiterschaft und die Fabrikbesitzer.

Einige haben sehr an der industriellen Wertschöpfung verdient, die Fabrikarbeiter jedoch wurden in den Anfängen der Industrialisierung ausgebeutet. Es gab Kinderarbeit, Vierjährige haben in der Fabrik geschuftet, die Arbeiterschaft ist nicht alt geworden. Auch wenn die Arbeitsbedingungen damals sehr schlecht waren, sind immer mehr Menschen in die Städte gezogen, was eine strukturelle Armut der Fabrikarbeiterschaft nach sich zog, den Pauperismus [2].

Diese Entwicklung führte schließlich am Übergang zur 2. Industriellen Revolution auch zu einer bürgerlichen Revolution. Die 2. Industrielle Revolution war geprägt durch arbeitsteilige Massenproduktion mit Hilfe elektrischer Energie. Das wird häufig vergessen.

Meist wird von einer organisationsgetriebenen Revolution gesprochen. Man erinnert an das von Henry Ford entwickelte Fließband, an die wissenschaftliche Betriebsführung nach Frederic W. Taylor.

Abbildung 1: **Industrielle Revolutionen der letzten 260 Jahre, Treiber und Veränderungen, © Fraunhofer IPA, Bildquellen AUDI automediennetportal.net, DFKI, bahnbilder.de.**

Gleichzeitig wurden aber auch elektrische Antriebe und Verbrennungsmotoren entwickelt. Insbesondere die elektrifizierten Antriebssysteme ermöglichten es zu dezentralisieren, also die Arbeitsmaschinen nicht durch zentrale Kraftmaschinen anzutreiben, sondern dezentral zu betreiben. Zudem erhielt Erdöl eine immer größere Bedeutung als Grundstoff der chemischen Industrie und somit auch als neuer Treibstoff für mobile Systeme – allen voran für die Automobile [3].

Die großindustrielle Massenproduktion, die dadurch ermöglicht wurde, ist vor allem in der Chemie- und Elektroindustrie sowie natürlich im Maschinenbau und der Automobilindustrie vorangeschritten. Die Bevölkerung wuchs weiter an. Und der Gesellschaft wurde klar, dass man die Fabrikarbeiter nicht weiter ausbeuten kann, sondern dass es hier ein Wohlstandsbedürfnis gibt, dem Rechnung zu tragen ist, um soziale Spannungen abzubauen. Dieses Bedürfnis konnte mit der großindustriellen Massenproduktion befriedigt werden, die es aufgrund von Skaleneffekten ermöglichte, sehr kostengünstig Produkte herzustellen. Zu dieser Zeit wuchs die Bedeutung der Gewerkschaften sehr stark an. Es entstand im Übergang von der 1. zur 2. Industriellen Revolution die Sozialdemokratie. Die Ideen des Kommunismus haben sich verbreitet und es sind entsprechende Systeme entstanden. Damals wurde die Basis für unsere heutige konsumorientierte Wohlstandsgesellschaft gelegt.

Unterbrochen durch zwei Weltkriege ging es dann mit der 3. Industriellen Revolution Anfang der 60er Jahre weiter. In Deutschland war das zunächst die Zeit des Wirtschaftswunders. Diese Revolution wurde getrieben durch die Elektronik und später die Informations- und Kommunikationstechnologie, die eine fortschreitende Automatisierung der Produktionsprozesse ermöglichte. Damit fand einerseits Rationalisierung statt, anderseits wurde in der Folge auch die variantenreiche Serienproduktion ermöglicht.

Im Übergang der Wirtschaftswunderjahre in die 80er Jahre waren viele Märkte gesättigt, da viele Grundbedürfnisse der Wohlstandsgesellschaften befriedigt waren. Mehr und mehr wurden die Verkäufermärkte deshalb zu Käufermärkten. Es ging also nicht mehr darum nur zu produzieren, und alles was man produzierte wurde ohnehin verkauft. Die Kunden haben sich immer mehr differenziert, die Wünsche wurden individueller. Es wurde sehr selektiv auf Qualität und Individualität geachtet. Die variantenreiche Serienproduktion bis hin zur Mass Customization ist immer mehr in den Vordergrund gerückt.

Gleichzeit hat sich die Marktwirtschaft weiterentwickelt, in Deutschland insbesondere die soziale Marktwirtschaft. Es kam, getrieben durch die Informations- und Kommunikations-Technologien und später dann durch das Internet, zu einer weltweiten Verfügbarkeit von Wissen. Zudem haben die industrialisierten Gesellschaften begonnen, über Ihre Verhältnisse zu leben. Damals in den 70er und 80er Jahren wurde der Grundstein für die Verschuldung der Volkswirtschaften gelegt. Nach dem Fall des Eisernen Vorhangs konnte die Globalisierung ungehindert fortschreiten. In dieser Phase befinden wir uns heute noch. Weltweit findet immer mehr Arbeitsteilung statt und die global verteilte Produktion ist das Mittel der Wahl.

Im Zuge dieser 3. Industriellen Revolution verlor der Anteil der Wertschöpfung am Bruttoinlandsprodukt immer mehr an Bedeutung. Die Volkswirte sind davon ausgegangen, dass entwickelte Volkswirtschaften zu Dienstleistungsgesellschaften werden und die Industrie einen ähnlichen Weg geht wie davor die Landwirtschaft – also eigentlich in der Bedeutungslosigkeit versinkt. Man glaubte, dass sie einen Anteil von unter zehn Prozent an der Bruttowertschöpfung haben würde. Diese Entwicklung ist auch zu beobachten, insbesondere in Frankreich, in England und in den USA. Eine Ausnahme ist hier Deutschland. Deutschland hat es geschafft, den Industrieanteil seit der Wiedervereinigung in den 90er Jahren stabil zu halten [4]. Er pendelt um die 25 Prozent, unterbrochen durch die Finanzmarktkrise, wo er unter 20 Prozent absank. Nach der Krise hat sich Deutschland sehr schnell wieder erholt und hat mittlerweile einen Industrieanteil von über 25 Prozent an der gesamtwirtschaftlichen Bruttowertschöpfung [5].

Deutschland wurde dafür sehr lange belächelt. Noch vor zehn Jahren konnte man häufig hören, dass Deutschland der „kranke Mann" Europas sei [6]. Insbesondere die angelsächsisch geprägten Volkswirtschaften, die sich in Richtung Dienstleistungsgesellschaften entwickelten, haben den Finger in die vermeintliche Wunde gelegt und Deutschland dafür kritisiert, den Wechsel in die Wissens- und Dienstleistungsgesellschaft nicht zu schaffen. Unsere Strukturen passten aus der Sicht der damaligen Zeit nicht zu einer modernen Volkswirtschaft. Unser relativ hoher Industrieanteil, unsere Sparkassen und Volksbanken, die Art wie unsere Finanzwirtschafts aufgestellt war, unsere mittelständischen Strukturen sowie die gesetzlich relativ stark verankerten Sozialleistungen wurde negativ betrachtet. Aufgrund der Auswirkungen der Finanzmarktkrise 2007/08 haben viele Volkswirte ihre Modelle überdacht und ihre Ansichten geändert.

1.2 Beitrag der Industrie zum Erfolg von Volkswirtschaften

Es wird heute festgestellt, dass auch entwickelte Volkswirtschaften einen hohen Industrieanteil benötigen, um erfolgreich zu sein [7]. Dafür gibt es drei Hauptgründe, Produktivität, Innovation und Export.

Produktivitätsbeitrag

Das Produktivitätswachstum der Industrie lag zwischen 2000 und 2010 in Deutschland bei dreißig Prozent und damit doppelt so hoch wie im Dienstleistungssektor [8].

Das ist dadurch zu erklären, dass industrielle Produktion rationalisiert werden kann. Dienstleistung entsteht im Zusammenspiel von Menschen, während industrielle Produktion immer im Zusammenspiel von Mensch und Maschine stattfindet. Aufgrund der Möglichkeiten, die sich daraus ergeben, ist ein höherer Produktivitätszugewinn möglich. Und dieser Produktivitätsbeitrag schlägt sich im Wachstum einer Volkswirtschaft nieder.

Innovationsbeitrag

Der Großteil aller Investitionen in Innovation stammt aus der Industrie. 2010 kamen 86,5 Prozent der F&E Ausgaben, in Summe knapp 50 Milliarden Euro, von der Industrie [8]. Wenn ein Land einen entsprechend niedrigen Industrieanteil hat, dann fehlt dieser Innovationsbeitrag, sodass eine Erneuerung der Volkswirtschaft nicht so stattfinden kann wie in höher industrialisierten Ländern.

Exportbeitrag

2010 kamen in Deutschland 93,4 Prozent aller exportierten Güter und Leistungen aus der Industrie [8]. Hohe Exporte führen zu einer ausgeglichenen Handelsbilanz – oder sogar, wie im Falle Deutschlands, zu einem Handelsüberschuss, und das geht immer einher mit einem Kapitalüberschuss. Das heißt, Volkswirtschaften mit einem niedrigen industriellen Anteil und damit einem niedrigen Exportbeitrag, haben häufig eine negative Handelsbilanz, was sich entsprechend in der Verschuldung niederschlägt [9]. Diese Erkenntnis, dass die Industrie Wachstum sowie Beschäftigung sichert und so maßgeblich zur Finanzierung der Volkswirtschaft beiträgt, ist mittlerweile auch in den Dienstleistungsgesellschaften angekommen. Die USA hat erkannt, dass sie einen höheren Industrieanteil benötigt. Man hat sich dort zum Ziel gesetzt, wieder einen Anteil von 20 Prozent zu erreichen [10].

Das soll, erstens, über sehr niedrige Energiekosten (Schiefergas und Schieferöl) gelingen. Damit zieht man vor allem die energieintensiven Industrien an und es scheint, dass dies bereits entsprechende Wirkung zeigt. Man baut, zweitens, Handelsbeschränkungen auf, beispielsweise durch die Anti-Dumping-Gesetzgebung. Man setzt, drittens, auf niedrige Zinsen. Die Währung wird absichtlich abgewertet, um den Exporterfolg zu verbessern. Viertens, wird eine anwendungsorientierte Forschung forciert. In den USA wird zurzeit sehr viel Geld in den Aufbau von Strukturen und Organisationen für produktionsorientierte anwendungsnahe Forschung nach dem Vorbild Fraunhofer investiert [10].

Auch innerhalb Europas ist die Erkenntnis gewachsen, dass eine eigene industrielle Produktion große Vorteile bringt. Deutschland ist zum Vorbild geworden. In Großbritannien wird ein großes Re-Industrialisierungsprogramm gefahren. High Value Manufacturing soll die Basis des re-industrialisierten Großbritanniens werden. Gesamt-Europa steht bei 16 Prozent und strebt ebenfalls 20 Prozent Industrieanteil am Bruttoinlandsprodukt bis zum Jahr 2020 an [5]. Man setzt hier sehr stark auf Ressourceneffizienz und auf die Produktion komplexer Güter. Man baut indirekte Handelsbeschränkungen auf (z.B. REACH, RОhS) oder Sicherheitsbestimmungen (z.B. CE). Auch die EZB hält die Zinsen sehr niedrig. Und: Auch in Europa wird stark in die anwendungsnahe Forschung investiert. Das neue Programm HORIZON 2020 hat einen hohen Umsetzungs- und Industriebezug.

In Asien, insbesondere in China, beobachtet man diese Entwicklung natürlich sehr kritisch. Diese Länder durchlaufen gerade im Eilgang die Entwicklungen der 2. und 3. Industriellen Revolutionen und brauchen ihren hohen Industrieanteil, um weiterhin Wohlstand zu schaffen. Die Verantwortlichen in China wissen, dass in den letzten Jahren aufgrund der Einkommensentwicklung Produktivitätsnachteile aufgebaut wurden. Es wird daher sehr stark auf das Thema Automatisierung gesetzt, um diese Nachteile auszugleichen. Andererseits hat man in Asien Zugang zu sehr vielen wertvollen Ressourcen, zum Beispiel Seltene Erden. Auch darüber wird versucht, die industrielle Produktion abzusichern. China setzt sehr stark auf staatliche Subventionen (wie zuletzt im Bereich Photovoltaik). Auch China investiert große Summen in Forschung und Bildung. Mehrstellige Milliardenbeiträge fließen hier in den Aufbau entsprechender Strukturen und Institutionen.

Die Bedeutung der industriellen Produktion wurde mittlerweile von allen Volkswirtschaften erkannt. Es wird zukünftig nicht mehr so sein, dass man kurzsichtig Wertschöpfung in andere Länder verlagert. Man holt die Wertschöpfung vielmehr wieder zurück ins eigene Land. Apple etwa, baut zurzeit eine eigene Fabrik in den

USA auf. Der weltweite Wettbewerb um Wertschöpfung nimmt also zu, und Deutschland wird hart um seinen industriellen Kern kämpfen müssen.

1.3 Die Nachfrageseite des Wachstums

Unser Wachstum wird in Zukunft nicht durch mangelnde Nachfrage bedroht sein. Der Wettbewerb zwischen den Volkswirtschaften wird zwar zunehmen, aber es wird global genügend Nachfrage geben, um die Produktion auszubauen.

Wenn man sich die Entwicklung der Weltbevölkerung anschaut, dann ist, ausgehend von 1950 bei einer Zahl von 2,5 Milliarden, die Weltbevölkerung heute auf über sieben Milliarden angewachsen (2013: 7,2) und 2025 werden es 7,9 Milliarden sein [7]. Entscheidend hierbei ist: Der Teil der Weltbevölkerung der konsumiert, wird sich in den nächsten Jahren sehr stark entwickeln. Während es 1990 nur 1,2 Milliarden Menschen gab, die mehr als zehn Dollar pro Tag zur Verfügung hatten, waren es 20 Jahre später doppelt so viele. Nach einer Studie von Mc Kinsey [7] werden es 2025 sogar 4,2 Milliarden Menschen sein. Das heißt, wir werden eine extreme Zunahme derjenigen haben, die am globalen Konsum partizipieren wollen und damit entsprechend auch für Wachstum sorgen können.

Dieses Wachstum wird hauptsächlich in den Entwicklungsmärkten stattfinden. Von 2010 bis 2025 wird der Weltverbrauch in Billiarden US-Dollar in den entwickelten Märkten von 26 auf 34 ansteigen und in den Entwicklungsmärkten von zwölf auf 30 [11]. Er wird sich dort also verdreifachen!

Gleichzeitig wird die demographische Entwicklung starken Einfluss haben. Das Durchschnittalter wird bis 2050 um zehn Jahre ansteigen. Wir werden weiterhin urbanisieren. 60 bis 70 Prozent aller Menschen leben dann in Städten [12]. Die Nachfrage wird also da sein, aber die Art des Konsums wird sich sehr stark ändern. In den entwickelten Ländern wird man auf hochindividualisierte Produkte setzen müssen. Also auf Produkte, die exakt auf die Bedürfnisse der einzelnen Konsumenten zugeschnitten sind.

Das bedeutet, wir gehen in Richtung Personalisierung, während wir in den Entwicklungsmärkten stark regionalisiert Produkte anbieten müssen, die hinsichtlich Funktionalität, Design und Kosten an den Bedürfnissen dieser Märkte orientiert sind. Neben Asien und Südamerika wird auch Afrika mehr und mehr in diesem Zusammenhang eine große Rolle spielen [13].

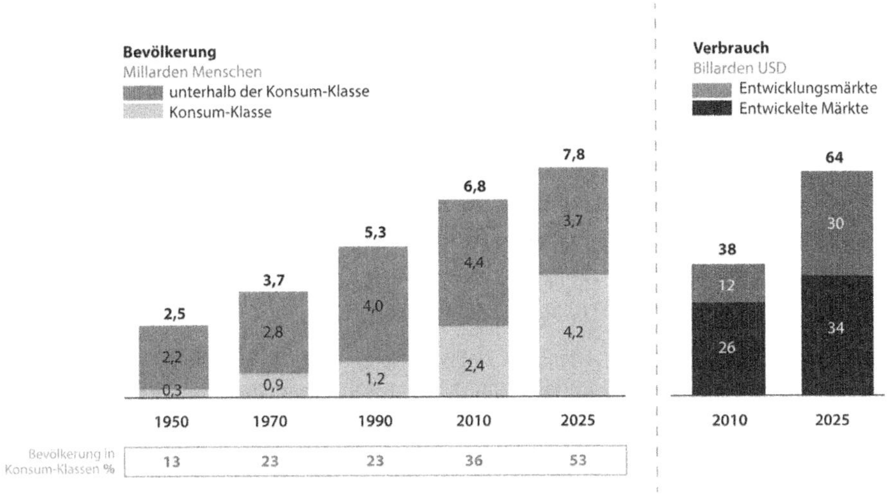

Abbildung 2: **Entwicklung des globalen Verbrauchs © Fraunhofer IPA [vgl. 11]**

1.4 Die Angebotsseite des Wachstums

Allerdings wird es sehr wohl ein angebotsseitiges Wachstumsproblem geben. Wir werden es nicht schaffen, mit unserem aktuelle Wertschöpfungssystem, also die Art und Weise in der wir Wertschöpfung betreiben und organisieren, das dafür nötige Wachstum zu erreichen, weil uns auf dem Weg dahin die notwendigen Ressourcen ausgehen werden [14].

Wir verbrauchen pro Jahr die Menge an fossilen Energieträgern, die die Natur in einer Million Jahre gebildet hat [15]. Das heißt, man muss in jedem Fall darüber nachdenken, wie man sich von fossilen Energieträgern trennt, denn sie werden – egal ob in einem kürzen oder längerer Zeitraum – nicht mehr in ausreichendem Maße zur Verfügung stehen. Unser Energiebedarf wird sich bis zum Jahr 2050 verdoppeln, wenn wir nicht massiv an den Energieeffizienzthemen arbeiten. Wir bedrohen die Umwelt sowie die Artenvielfalt und verändern das Klima [16].

Wir werden darüber nachdenken müssen, wie wir von der eigentlichen Wertschöpfung zu einer Wertschaffung kommen. Das wird nur über einen Paradigmenwechsel im Umgang mit den Produktionsfaktoren gelingen. Wir müssen die Art und Weise, wie wir Wertschöpfung betreiben, komplett verändern. Das betrifft die Faktoren Energie, Material, Personal (Wissen) und Kapital sowie die dispositiven Faktoren.

1.5 Die Wende der Produktionsfaktoren

Wir werden im Zuge der vierten Revolution eine Wende aller Produktionsfaktoren benötigen, wenn wir Nachfrage und Angebot zukünftig nachhaltig in Einklang bringen wollen [17].

Die Energiewende wird in Deutschland schon lange diskutiert. Es geht letztlich darum, sich von fossilen Energieträgern zu trennen und auf regenerative Energie und Energieeffizienz zu setzen. Viel wichtiger als die Energiewende wird voraussichtlich die Materialwende sein. Die Frage: Wie schaffen wir es, sämtliche Materialien in unseren Konsumkreisläufen zu halten, also Recycling-Kreisläufe zu schließen? Wie schaffen wir es, auch nachwachsende Rohstoffe entsprechend einzusetzen? Vor allem ist es wichtig, keinen Abfall bzw. schädliche Emissionen mehr zu erzeugen, sondern diese als Rohstoff für neue Produkte oder die Natur zu betrachten und die Wertschaffung zu integrieren [18].

Die Personalwende fokussiert in den entwickelten Ländern, aber zum Teil auch in den sich entwickelnden Ländern, die demografischen Veränderungen und den Fachkräftemangel, der kein deutsches, sondern ein globales Problem ist [19]. Das heißt, wir müssen uns schon heute überlegen, wie wir die Verschwendung aus unseren Prozessen nehmen – also auch die Verschwendung von Personalressourcen. Aber wir müssen ein Arbeitsumfeld schaffen, das es Mitarbeitern ermöglicht, ihre vollen Fähigkeiten zu entfalten und über lange Zeit motiviert zu bleiben und entsprechend lange produktiv zu arbeiten.

Bei der Kapitalwende geht es im Wesentlichen darum, dass sowohl die volkswirtschaftlichen Finanzierungsansätze als auch die unternehmerischen Finanzierungsansätze im Lichte der Finanzmarktkrisen überdacht werden müssen. Die Art und Weise, wie sich die Finanzwirtschaft von der Realwirtschaft entkoppelt, ist zu überdenken. Es wird schon sehr intensiv daran gearbeitet, diese beiden Welten wieder stärker miteinander zu verbinden. Die Finanzmärkte müssen wieder ihre eigentliche Kernaufgabe wahrnehmen, nämlich die Finanzierung von Innovation, Investition und Konsum. Die Art und Weise wie wir Fabriken organisieren, wie wir unsere Führungssysteme gestalten, also die dispositiven Faktoren, müssen sich ebenfalls ändern. Auch hier gibt es bereits neue Ansätze – auch in China beispielweise. Dieser Wandel der Produktionsfaktoren wird dazu führen, dass Deutschland und Europa mit grüneren Wertschaffungsketten die Nachfrageseite befriedigen kann, ohne in ein angebotsseitiges Problem zu geraten.

Der Enabler für alle diese „Wenden" in den Produktionsfaktoren wird die Informations- und Kommunikationstechnologie sein. Hierher wird ein Großteil der notwendigen Innovationen entstehen. Das ist heute schon im Bereich der Energiewende zu sehen: Smart Grids, beispielsweise, sind die Basis dafür, diese Wende überhaupt zu vollziehen.

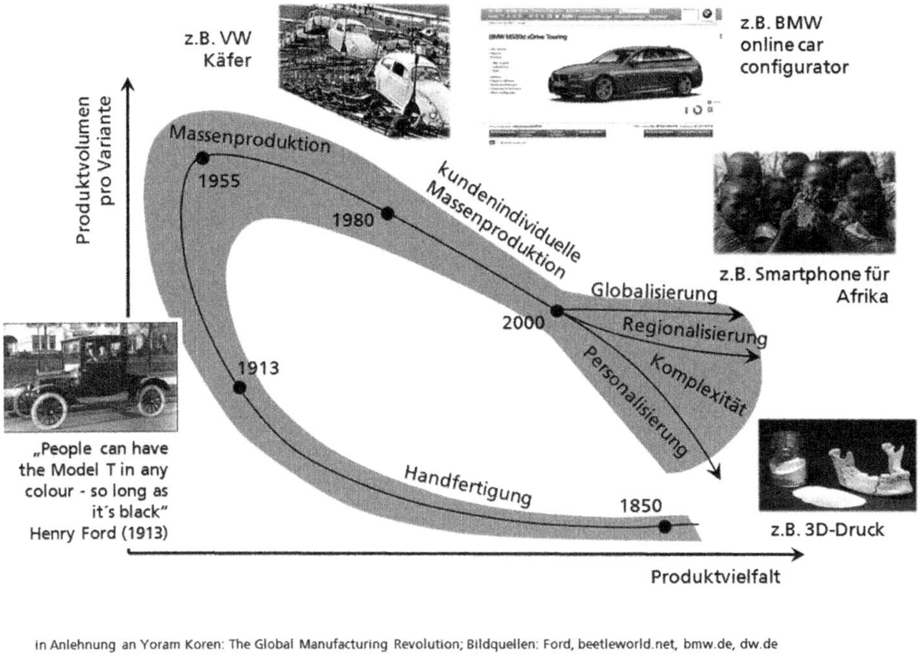

Abbildung 3: Geschichte der Produktion [20]

In vielen Bereichen werden die dominanten Technologien und Designs abgelöst werden. Die Automobilindustrie zum Beispiel hat über die letzten hundert Jahre Autos aus Stahl mit Verbrennungsmotor produziert, die vom Prinzip her immer ähnlich aufgebaut waren. Aufgrund der Veränderung in Richtung Elektromobilität, Leichtbau und personalisierter sowie regionalisierter Produktion, nimmt die Produktvielfalt enorm zu. Gleichzeitig geht die Stückzahl pro Modell und Variante massiv nach unten. Das führt dazu, dass die Komplexität der Märkte enorm zunimmt. Wie in Abbildung 3 dargestellt, kommen wir nun zu einem neuen Produktionsparadigma, das eine nachhaltige Wertschöpfung (-schaffung) ermöglichen muss und gleichzeitig Anforderungen an die Personalisierung, Regionalisierung und Globalisierung zu erfüllen hat. Die daraus erwachsende Intransparenz und Dynamik wird die notwendigen Fähigkeiten vieler Unternehmen stark erweitern.

Die Produktion steht also an der Schwelle von der Kompliziertheit zur Komplexität. Wir werden es nicht mehr schaffen, alle Produkte und Prozesse exakt zu beschreiben. Wir werden in ein komplexes Feld geraten, das nicht mehr beschreibbar und prognostizierbar ist. Unternehmen müssen deshalb an ihrer Flexibilität und Wandlungsfähigkeit arbeiten, um sich schnell und wirtschaftlich an Veränderungen anpassen zu können

2 Wie Komplexität von der Fraktalen zur Smarten Fabrik führt

In Abbildung 4 ist das Dilemma der Unternehmen erkennbar: Die äußere Marktkomplexität steigt an, die Funktionalität der Leistungssysteme und deren Vielfalt, die Anforderungen in Richtung Lieferfähigkeit, Verfügbarkeit nehmen massiv zu. Aber auch die Preiselastizität und die Verträglichkeit bzw. Verlässlichkeit von Produkten treiben die Komplexität. Gleichzeitig müssen Unternehmen immer flexibler werden, unterschiedliche Varianten, im Extremfall personalisiert, in den Markt bringen. Es gibt keine sicheren Prognosen mehr hinsichtlich der Mengen, auch hier müssen Produzenten höchst flexibel sein. Gleichzeitig erwarten die Kunden, dass sie sehr schnell ihre Produkte bekommen. Das heißt, auch Terminflexibilität ist ein großes Thema.

Es wird immer wieder Krisen geben, die einerseits zu starken Einbrüchen und andererseits danach zu starkem Wachstum führen können. Diese Krisen- und Wachstumsflexibilität treiben die äußere Komplexität von Unternehmen weiter an.

Einher geht das mit einem Wandel, der im ersten Kapitel ausführlich beschrieben wurde. Sprich, der Wettbewerb um Wertschöpfung nimmt zu. Es entstehen neue Kraftzentren in Asien, Indien und auch in Südamerika und Afrika.

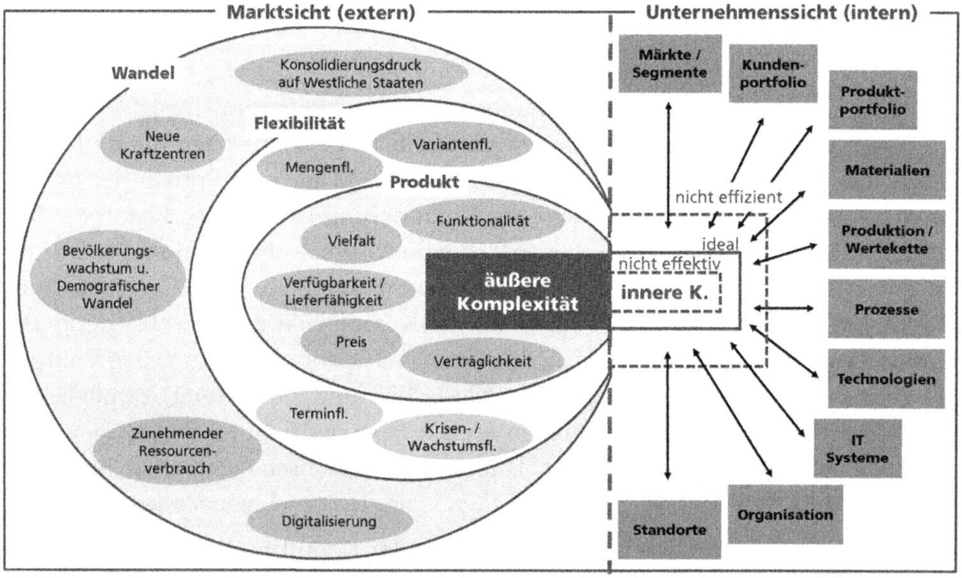

Abbildung 4: Gegenüberstellung äußere – innere Komplexität © Fraunhofer IPA

Unternehmen, die in derartigen Märkten unterwegs sind, und das betrifft fast alle, müssen sich entsprechend aufstellen, um dieser äußeren Komplexität zu entsprechen. Nach Ashby [21] kann nur Komplexität mit Komplexität umgehen. Das heißt, es ist ein Trugschluss, wenn Unternehmen glauben, dass sie ihre Leistungskomplexität, die ja der Marktkomplexität entsprechen muss, mit einfachen Systemen, also einer niedrigen inneren Komplexität, erreichen können. Wenn sie das tun, sind sie nicht effektiv, verlieren Marktanteile, können kein Wachstum kreieren und geraten in eine Krise.

Aber: Wenn ein Unternehmen übertreibt und zu komplex aufgestellt ist und damit sehr hohe sogenannte Komplexitätskosten erzeugt, ist es nicht mehr effizient und kann keine ausreichende Rendite erwirtschaften, schwächt sich also ebenfalls.

Die einzelnen Komplexitätsfelder, die die innere Komplexität bestimmen, sind in Abbildung 4 dargestellt.

2.1 Komplexitätsfelder im Wertschöpfungsnetz

Das Produktportfolio, das Kunden- und Lieferantenportfolio, die Anzahl der Materialien, die man verwendet und verarbeitet, die stark verteilten dezentralisierten Produktionswertketten, die unterschiedlichen Prozesstechnologien, IT-Systeme, die Multi-Layer-Organisationen, die man benötigt, um entsprechendes Wissensmanagement zu betreiben, aber auch die Standortvielfalt und vieles mehr treiben die innere Komplexität. Die Herausforderung für die Unternehmen ist es nun, diese innere Komplexität mit der äußeren ins Gleichgewicht zu bringen und – auch über die unterschiedlichen Veränderungen hinweg – dieses Gleichgewicht zu halten.

Wie kann das gelingen? Die Antwort aus Systemsicht: Das kann nur über dezentrale autonome Intelligenz in synergistischen Strukturen gehen. Das heißt, es ist absolut notwendig zu dezentralisieren, Verantwortung zu delegieren, autonome Einheiten zu bilden. Frei nach Hans-Jürgen Warneckes [22] Fraktaler Fabrik, bedeutet das also selbstähnliche und sich selbst organisierende, selbstoptimierende Produktionsfraktale zu erzeugen, die miteinander kommunizieren können, die auch auf Basis von Komplexitätstreibern gebildet werden. Man muss dabei über Selbstähnlichkeit erreichen, dass Synergien zwischen diesen dezentralen Strukturen entstehen können, um Größeneffekte nutzbar zu machen, die dazu beitragen, dass ein Unternehmen erfolgreich im Markt sein kann.

Das heißt, die Fraktalisierung im Wertschöpfungsnetz ist die Antwort auf die steigende Komplexität. Mit steigender Komplexität nimmt der Grad der Autonomie und der Dezentralisierung zu. Das hat nicht nur Hans-Jürgen Warnecke erkannt, das wird auch von Michael ten Hompel vom Fraunhofer IML [23] entsprechend propagiert.

2.2 CPS als Basis der Smarten Fabrik

Wie aber kann die Dezentralisierung und Autonomie noch eine Stufe weitergetrieben werden? Wie gelingt der nächste Schritt von der Fraktalen Fabrik hin zum sogenannten cyber-physischen Produktionssystem? In diesem Begriff steckt bereits die Lösung: Es werden sogenannte cyber-physische Systeme (CPS) entwickelt, das sind Objekte, Geräte, Gebäude, Verkehrsmittel, aber auch Produktionsanlagen,

Logistikkomponenten etc., die eingebettete Systeme enthalten, die kommunikationsfähig gemacht werden. Diese Systeme können über das Internet kommunizieren und Internetdienste nutzen. Cyber-physische Systeme können ihre Umwelt unmittelbar mit ihrer entsprechenden Sensorik erfassen, sie mit Hilfe weltweit verfügbarer Daten und Dienste auswerten, speichern und sie können mit Hilfe von Aktoren auf die physikalische Welt einwirken.

Der Mensch ist über multimodale Mensch-Maschine-Schnittstellen mit diesen CPS verbunden und kann sie zum Beispiel über Sprache oder Touch Displays steuern. Zukünftig kann er auch über Gesten entsprechend einwirken.

Diese CPS können sich dann vernetzen und autonom und dezentral – also ganz im Zeichen dieser selbstähnlichen Produktionsfraktale – Netzwerke aufbauen und sich eigenständig selbst optimieren. Sie können im Zusammenspiel mit dem Menschen eigenständig Probleme lösen.

Es entsteht die sogenannte Smarte Fabrik, die sich mit Hilfe der CPS dezentral selbst echtzeitnah organisiert. Es ist ein zentrales Merkmal, die Daten in Echtzeit aus der Fabrik zur Verfügung zu haben. Und über diese echtzeitfähigen Daten ist es möglich, die reale Welt mit der virtuellen Welt zu verschmelzen; ein virtuelles Abbild der Realität permanent mit Hilfe der Echtzeitdaten zu aktualisieren. Damit entstehen Möglichkeiten für völlig neue Geschäftsmodelle.

Diese CPS-Plattformen bilden dann die Basis, um die verschiedenen „Internets" miteinander zu verbinden: das Internet der Menschen mit dem Internet der Dinge und dem Internet der Dienste.

Das heißt, wir haben drei Perspektiven auf das Internet: Einerseits vernetzen sich die Menschen in Social Networks, wie wir das heute schon kennen. Andererseits vernetzen sich die Maschinen, die kommunikationsfähigen smarten Objekte, und nutzen serviceorientierte Dienste im Internet. Sie nutzen Software-Tools, die mit Hilfe der Daten der CPS-Plattformen und der Intelligenz der Menschen dazu führen, dass man dezentral schnell echtzeitnah zu Lösungen in den verschiedensten Bereichen kommen kann.

Die Verbindung der drei Welten schaffen dann über die CPS-Plattform neue Möglichkeiten. Sie bilden beispielsweise die Basis für das Smart Grid aber auch für das Smart Home, das Smart Building oder die Smart Mobility, die heutzutage auch in aller Munde ist. Auch sie basiert auf cyber-physischen Systemen, die diese drei Welten miteinander verbinden. CPS werden Entwicklungsstufen durchlaufen. Die erste Stufe wird noch eine passive sein. RFID-Chips bieten lediglich eine eindeutige Identifikation, aber die Intelligenz des Systems kann nur durch zentrale Dienste bereitgestellt werden. Das System ansich ist noch nicht intelligent und hat noch keine Speicher- oder Auswertemöglichkeiten. Der nächste Schritt geht dann in Richtung aktive Sensoren und Aktoren, die noch einen genau definierten und relativ geringen Funktionsumfang haben.

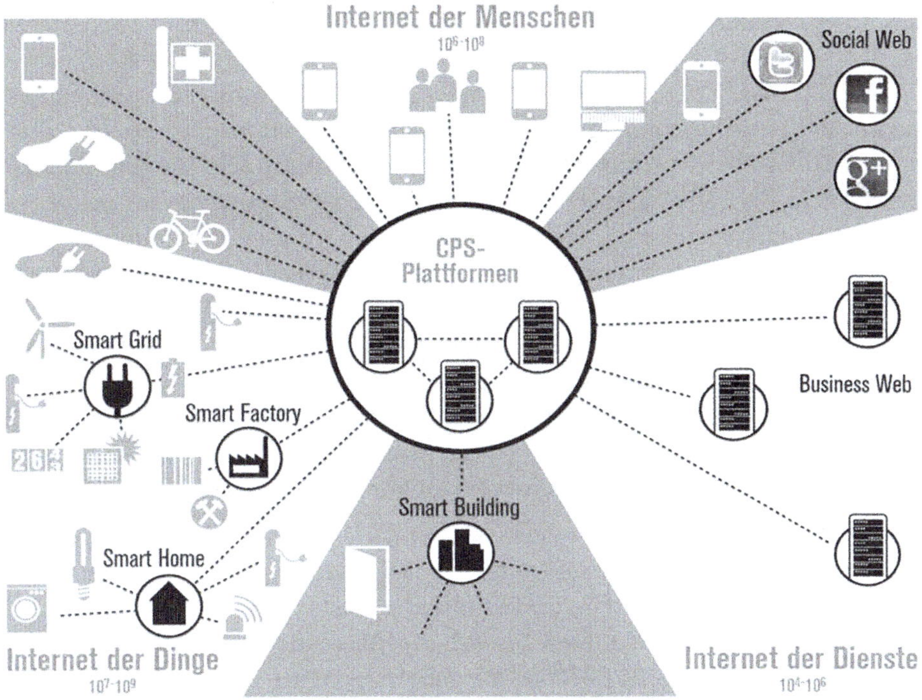

Abbildung 5: **Internet der Dinge und Dienste, © Bosch GmbH**

Darüber kommen wir in die dritte Ebene. Das sind die intelligenten netzwerkfähigen Systeme, die aus mehreren Aktoren und Sensoren bestehen, die schon eine Intelligenz mit einer entsprechenden Schnittstelle haben und selbst Kontakt mit anderen Systemen aufnehmen können. Das führt uns zu vierten Ebene, dem sogenannten System of Systems. Hier können CPS ihre Einzelfähigkeiten selbständig intelligent kombinieren. Damit können sie ganz neue Fähigkeiten entwickeln und selbst Dienste zu Verfügung stellen. Von dieser Stufe sind wir sicherlich noch relativ weit weg, aber es wird die Endausbaustufe sein, die die Selbstkonfiguration von Systemen, die Möglichkeiten der plug-and-produce-Fähigkeiten nutzt und damit am Ende eine autonome Systementwicklung und -gestaltung dezentral zur Folge haben wird.

2.3 Warum wird das Konzept der Smart Factory Erfolg haben?

Die CPS ermöglichen die nächste Stufe der Dezentralität. Eine Kernanforderung der wachsenden Komplexität wird, wie oben erwähnt, Autonomie und Dezentralität von Systemen sein. Mit Hilfe der cyber-physische Produktionssysteme (CPPS) ist nun eine ganzheitliche Dezentralität möglich, nicht nur Organisationen können dezentralisiert werden, sondern auch Dienste, Software und Objekte der Fabrik. Sie können miteinander verbunden werden und damit wird ein ganz neues Niveau bei der Dezentralisierung und Autonomie der Systeme erreicht. Die Granularität dieser Dezentralisierung, die Größe der dezentralen Einheiten wird letztlich von der Komplexität des Umfelds bestimmt. Gleichzeitig gilt das Konzept von Metcalfe [24], das besagt, dass der Nutzen eines Kommunikationssystems mit dem Quadrat der Anzahl seiner Teilnehmer wächst. Dieses Konzept bezieht sich auf Kommunikationssysteme, aber CPPS werden mehr und mehr zu Kommunikationssystemen. Das heißt, je mehr wir uns vernetzen, auch unternehmensübergreifend, desto stärker steigt der Wert der Vernetzung dieses Wertschöpfungsnetzwerks. Das schlägt sich in der Wettbewerbsfähigkeit dieser Wertschöpfungsnetze massiv nieder. Gleichzeitig gilt nach wie vor das Moore'sche Gesetz: die Rechnerleistung verdoppelt sich alle 18 Monate [25]. Das bedeutet, dass wir für das gleiche Geld immer mehr Leistung bekommen, aber andererseits wird auch die gleiche Leistung immer kostengünstiger, und damit werden technische Lösungen, die heute vielleicht noch zu teuer erscheinen, gerade im Zusammenhang mit cyberphysischen Systemen in naher Zukunft kostengünstig zur Verfügung stehen.

Diese drei Treiber, die wachsende Leistung, der Wert der Vernetzung, und die Dezentralisierung und Autonomie aufgrund steigender Komplexität, führen direkt in die 4. Industrielle Revolution, basierend auf den CPS, die das Internet der Dinge bilden, die Dienste gemeinsam mit Menschen nutzen und sämtliche Informationen echtzeitnah zur Verfügung stellen. Veränderungen im System können in der Laufzeit erfolgen. Auf allen Ebenen werden wir eine Service-Orientierung sehen: Maschinen werden Dienste anbieten, Menschen können Dienste anbieten, aber auch Software-Lösungen werden dienstorientiert gestaltet werden. Das wird dazu führen, dass die Transparenz in der Wertschöpfung trotz der hohen Komplexität, trotz der Dezentralität und Autonomie, sehr stark ansteigen wird, und gleichzeitig wird ständig kreiertes Wissen allen zur Verfügung stehen. Diese Effekte, die hohe Transparenz und die Verfügbarkeit von Wissen werden die Möglichkeiten der Smart Factory im Vergleich zu dem was wir heute haben deutlich erhöhen.

Die Industrie wird in der Lage sein, sehr stark individualisierte Produkte in kleinen Stückzahlen (bis zur Stückzahl eins) zu produzieren und dies bei einer hohen Ressourcenproduktivität und mit einer entsprechenden Geschwindigkeit darstellen können. Das werden die Erfolgsfaktoren der Smart Factory werden.

3 Wie cyber-physische Systeme die Planung und den Betrieb von Fabriken verändern

Die cyber-physischen Systeme zeigen nicht nur im Betrieb ein ganz anderes Verhalten aufgrund von Dezentralität und Autonomie, sie müssen künftig auch ganz anders geplant werden.

3.1 Planung

Die Planung und Umsetzung werden zu einem echtzeitnahen lernenden Optimierungszyklus, zu einem Regelkreis verschmelzen. Die Planung wird künftig immer auf Basis realitätsnaher Modelle stattfinden, die sich permanent selbst optimieren. Es wird digitale Menschmodelle geben, voraussichtlich Avatare. Wir können mithilfe dieser Modelle, beispielsweise die Zeitwirtschaft, die Ergonomie, die virtuelle Planung in der digitalen Fabrik miteinander verschmelzen. Basierend auf realen Daten findet dann eine sehr schnelle und akkurate Planung statt. Die Planung an sich wird dadurch beschleunigt. Die Produktion kommt schneller in die Ramp-up-Phase. Auch hier werden die Industrie 4.0-Systeme helfen, schneller Ramp-ups durchzuführen. Der Ramp-up als Rüstprozess der kompletten Fabrik wird zum Alltag. Mit Hilfe der Augmented Reality werden den Mitarbeitern in trainings on the job, on the fly durch Dienste Wissen vermittelt. Echtzeitnah wird die virtuelle Realität mit den Verbesserungen in die Ramp-up Phasen eingekoppelt werden, um viel schneller Optimierungen fahren zu können.

Später im Betrieb steht dann die kontinuierliche Verbesserung im Vordergrund, eigentlich das Feld von Lean Production. Hier gibt es auf Grund der Möglichkeiten der dezentralen Vernetzung sehr shop-floor-nahe Regelkreise. Wir können mit Software-Tools mit kleinen Funktionsumfängen Optimierungs-Apps aus der Cloud anbieten. Auch die CPPS werden nach Lean-Gesichtspunkten gestaltet werden.

Das klassische ganzheitliche Toyota Produktionssystem und Industrie 4.0 stehen. in keinem Widerspruch (siehe hierzu auch den Beitrag Soder „Use Case Production: Von CIM über Lean Production zu Industrie 4.0"). Industrie 4.0 wird dieses Produktionssystem um eine Optimierungsdimension in Richtung Vernetzung und Dienste erweitern. Es wird dann zwar neue Prinzipien bei der Gestaltung der Produktion geben, aber die Smart Factory baut auf dem klassischen ganzheitlichen Toyota Produktionssystem auf.

Aus dem Betrieb heraus wird es immer ein echtzeitnahes Tracking der Abläufe geben, das genutzt werden kann, um Feedback in die Planungsmodelle und in die Abläufe der realen Produktion zu geben. Damit werden die Erkenntnisse der Realität in die Modelle und somit auch dem KVP zurückgeführt. Es wird bald möglich sein, die Modelle echtzeitnah zu pflegen, also permanent kontinuierlich an die Realität anzupassen, und mit diesen Modellen zeitversetzt zu arbeiten. Alles was man in der Realität tun möchte, wird man in einem Modell vorab simulieren, um die Produktivität in der realen Produktion zu erhöhen.

Heute haben wir bereits in Einzelfällen eine integrative Struktur- und Ablaufplanung. Über kooperative Planungsprozesse, etwa mit dem Planungstisch, wird der shop floor mit eingebunden. Allerdings ist die Wissensbasis in der Planung häufig statisch und nicht an die Veränderungen der Realität gekoppelt.

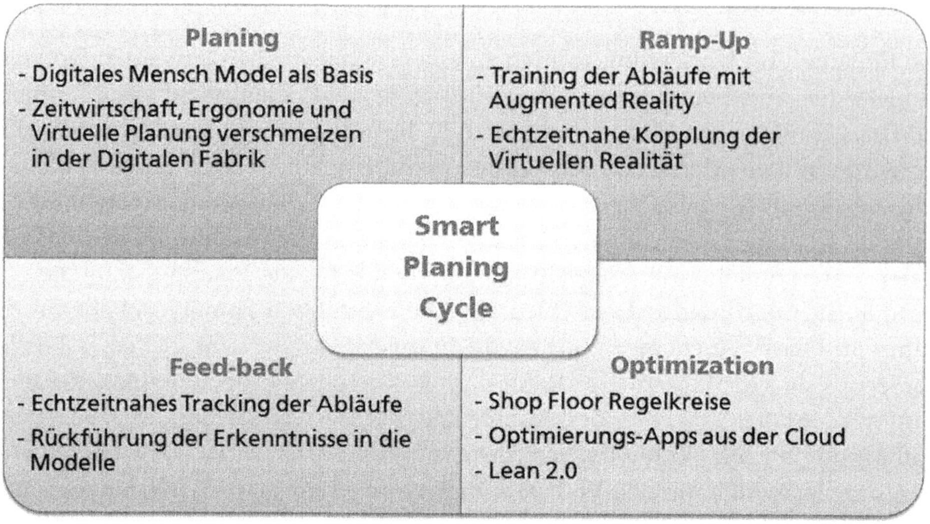

Abbildung 6: Planungsfluss der Zukunft © Fraunhofer IPA

Das führt dazu, dass auf alten Planungsständen gearbeitet wird und die Planungsergebnisse in der Umsetzung nicht den Qualitätsanforderungen entsprechen. Morgen wird es digitale selbstoptimierende Menschmodelle geben, das Fraunhofer IPA forscht bereits in dieser Richtung [26].

Echtzeitnahe Daten werden als Planungsbasis kontinuierlich zur Verfügung stehen und können mit Hilfe der Vernetzung alle Disziplinen sehr einfach in den Planungsprozess und die verschiedenen Engineering-Systeme über eine Cloud integrieren.

Für das Smart-Ramp-up bzw. die Smart Optimization gibt es ein anschauliches Beispiel: Mit einem innovativen Tool werden Bewegungsabläufe von Mitarbeitern gescannt und ihnen wird die Information zu Verfügung gestellt, ob sie sich planungskonform bewegen. Man kann den Mitarbeiter mit Hilfe dieser Tools auch trainieren und ihm permanent Feedback geben, ob er sich einerseits ergonomisch und andererseits entsprechend der Planung verhält, oder ob es Möglichkeiten gibt, produktiver zu arbeiten.

Das Smart Feedback beruht auf sogenannten Motion-Capturing-Technologien. Es gibt hier verschiedene Ansätze. Firmen wie Daimler arbeiten daran, Bewegungen von Mitarbeitern in 3D zu messen und aus der Bewegung in der Realität entsprechende virtuelle digitale Modelle zu kreieren, die dann genutzt werden können, um in der Planung Produktionsabläufe zu optimieren, anderseits aber auch, um dem Mitarbeiter ein entsprechendes Feedback zu geben.

3.2 Wertschöpfungsstrukturen

In der Automobilindustrie wurde in den letzten Jahren intensiv an der Optimierung der Produktivität und der Beherrschung von Variantenvielfalt gearbeitet. Die Wertschöpfungsstrukturen jedoch haben sich in den letzten hundert Jahren kaum geändert. Wir arbeiten immer noch nach dem arbeitsteiligen Tayloristischen Prinzip: Band und Takt sind der Kern, der Pulsschlag der Wertschöpfungspyramide. Das wird künftig nicht mehr funktionieren. Da wir mit der Festlegung des Taktes auch die Produktionsmenge und die Flexibilität definieren und mit der Verkettung der Wertschöpfungsschritte, die Anzahl der Varianten und die Variantenflexibilität limitieren.

Diese horizontale (in Bezug auf Kompetenz) und vertikale (in Bezug auf Kapazität) Limitierung der Flexibilität ist in der Zukunft nicht mehr marktkonform. Band und Takt werden entsprechend entkoppelt sein müssen. Stattdessen werden wir auf flexibel vernetzbare, skalierbare Prozessmodule in einem Produktionsraum setzen. Gemeinsam mit seinen Forschungspartnern hat das Fraunhofer IPA im Forschungscampus ARENA2036 [27] entsprechende Ansätze entwickelt, die nun in der Forschungsfabrik umgesetzt werden.

Ziel ist es, Prozessmodule, cyber-physische Produktionsfraktale, zu kreieren, die mit flexiblen Transportsystemen vernetzt werden können. Somit kann jede Variante einen anderen Weg durch den Produktionsraum nehmen und je nach Variante unterschiedliche Prozessmodule anfahren. Diese Prozessmodule können auch unterschiedliche Takte haben. Je nachdem wie häufig sie aufgrund eines Wochenproduktionsprogramms angefahren werden, kann dieser Takt verkürzt oder verlängert werden. Verlängerung kann bedeuten, dass man den manuellen Anteil der Arbeit in einem derartigen Prozessmodul erhöht.

Eine Verringerung des Taktes erfolgt durch eine skalierbare Automatisierung. Die Größe dieser Prozessmodule hängt von der Komplexität der Produktionsaufgabe ab. Es gibt sehr viele unterschiedliche Modelle in hoher Varianz. Vielleicht sogar personalisiert hergestellt, werden diese Produktionsmodule sehr klein sein, im Extremfall vielleicht nur einen Prozessschritt umfassen.

Bei der Produktion eines Typs mit einer relativ niedrigen Variantenzahl, können diese Prozessmodule auch groß sein, und innerhalb dieser Prozessmodule kann es weiterhin eine Taktung und Verkettung der Einzelprozesse geben.

Die Kunst wird sein, die richtige Granularität des Systems für die Produktionsaufgabe zu finden und die Prozessmodule flexibel zu vernetzen. In unserem Fall, möchten wir das Auto als flexibles Vernetzungsvehikel nutzen. Das Fahrzeug wird also zum cyber-physischen System, wird sehr früh auf die eigenen vier Räder gestellt, bekommt sehr früh einen Antrieb, voraussichtlich einen Elektroantrieb, und kann damit eigenständig von Prozessmodul zu Prozessmodul fahren. Solange das Fahrzeug noch keine eigene Fortbewegungsmöglichkeit hat, wird es von einem fahrerlosen Transportsystem transportiert, das ebenfalls ein cyber-physisches System ist, und sich autonom und selbständig den Weg durch die Prozesslandschaft suchen kann.

In diesen Prozessmodulen werden auch kundenindividualisierende Fertigungsschritte integriert, beispielsweise Farbgebung. Erst kurz vor der Montage werden die kundenindividuellen Fertigungsschritte durchgeführt, um damit die Varianz möglichst spät im Prozess zu erzeugen. Damit können Komplexität und die Bestände reduziert werden.

Ziel ist es, auch Big Data einzusetzen, um erfolgreiche Muster zu erkennen, z.B. eine erfolgreiche Anordnung der Produktionsmodule im Produktionsraum, je nach Produktionsprogramm. Hier können Big Data-Algorithmen helfen, die Anordnung entsprechend zu optimieren. Es wird eine zaunlose Mensch-Roboter-Kooperation in den Prozessmodulen stattfinden.

Wir werden autonome Transportsysteme, smarte Ladungsträger haben und in Teilen die Maschinen, die CPS, direkt aus der Cloud steuern und Plug-and-Produce-Fähigkeiten entwickeln.

Der Mitarbeiter selbst wird ein „augmented operator" sein, er wird zum Dirigenten der Wertschöpfung. Er wird in diesen Modulen mehr und mehr vom ausführenden zum bewertenden, entscheidenden Mitarbeiter, der von technischen Assistenzsystemen unterstützt wird.

3.3 Umsetzungsbeispiele

Im Folgenden sind einige Beispiele dargestellt, die heute schon in der Entwicklung und Umsetzung sind. Sehr beeindruckend ist die Schwarmintelligenz für die Logistik des Fraunhofer IML. Hier hat man es geschafft (Abbildung 7) Fahrzeuge zu entwickeln, die Ladungsträger autonom transportieren können.

Diese Fahrzeuge suchen selbständig ihren Weg zum Lager, zum Lagerplatz, aber auch zum entsprechenden Montageplatz. Sie können konventionelle Regelungs- und Fördertechnik ersetzen, haben Sensorfusionsmöglichkeiten, vernetzen sich über die Cloud und nutzen beispielsweise sogar Ameisenalgorithmen um voneinander zu lernen. Sie können damit ihre Logistikpfade optimieren (siehe auch Beitrag ten Hompel et al, „Logistik 4.0").

Quelle: Fraunhofer IML, Prof. Dr. Michael ten Hompel

Abbildung 7: Schwarmintelligenz für die Logistik © Fraunhofer IML

Ein CPS sollte natürlich mindestens das können, was das Vorgängersystem kann. Eine innovative Schäferkiste der Firma Würth sieht aus wie herkömmliche Schäferkisten, hat aber eine Kamera integriert, die Aufnahmen vom Inhalt der Box machen und per Cloud auswerten kann, was in der Box ist. Diese Information wird direkt per Internet zur Verfügung gestellt (siehe auch Beitrag Hoffmann, „iBin – Anthropomatik schafft revolutionäre Logistik-Lösungen").

Auch das Fraunhofer IPA entwickelt zahlreiche CPS. Beispielsweise einen mobilen Helfer für die Intralogistik. Ein mobiler Roboter, der in der Lage ist, Ladungsträger aufzunehmen und zu Montageplätzen zu transportieren. Er ist relativ einfach zu konfigurieren, kann zaunlos eingesetzt werden. Er hat eine 3D-Umgebungserfassung, eine Grifffähigkeit, einen entsprechenden Laderaum, einen omnidirektionalen Manipulator und ist damit hochflexibel in der Produktion als Helfer einsetzbar.

Es wurde oben dargestellt, dass cyber-physische Produktionsfraktale nach wie vor in sich verkettet sein können, beispielsweise nach dem U-Shape-Prinzip. In Abbildung 9 ist ein Roboter zu sehen, der in das selbstfahrende Auto eingesetzt wird. Ein Konzept, das im Rahmen von ARENA2036 entwickelt wurde. Der Roboter kann den Mitarbeiter aus dem Fahrzeuginnenraum heraus bei der Montagearbeit unterstützen. Er durchläuft fünf Stationen, die entsprechend ausgetaktet sind. Nach der letzten Station wird der Roboter in die Ladestation zurückgesetzt, und das Auto fährt flexibel zu dem jeweiligen der Variante entsprechenden nächsten Prozessmodul.

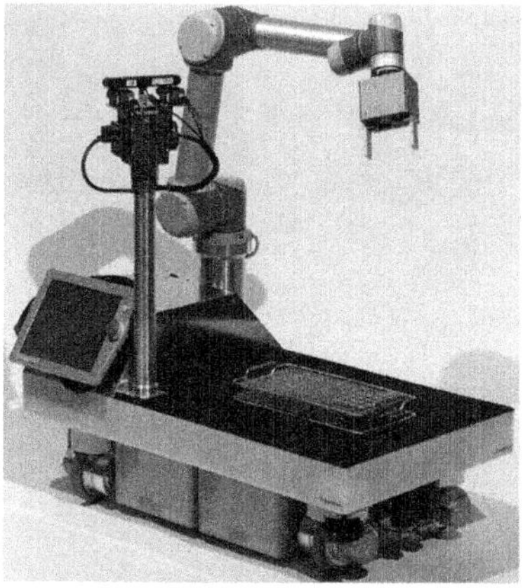

Abbildung 8: Mobiler Helfer für die Intralogistik, © Fraunhofer IPA

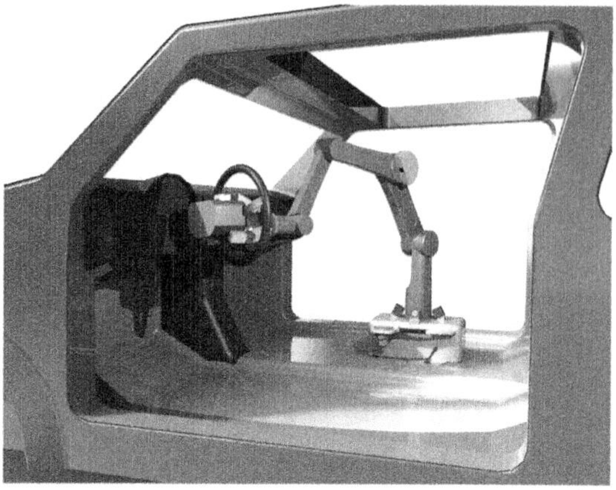

Abbildung 9: Unterstützung des Menschen bei der Montage durch einen Roboter aus dem Fahrzeuginnenraum, © Fraunhofer IPA

Auch Mitarbeiter werden von cyber-physischen Systemen profitieren. Hebehilfen und Exoskelette, die am Körper getragen werden, sind bereits entwickelt. Sie unterstützen den Mitarbeiter dabei, sich ergonomisch zu verhalten und sorgen dafür, dass er sich bei Bewegungen nicht verletzt oder kein unnötiger Verschleiß auftritt. Diese Hebehilfen können über das Internet entsprechend konfiguriert werden. Es gibt Apps, sie an die Bedürfnisse des einzelnen Mitarbeiters anzupassen. Sie sind lernfähig und können symbiotisch mit dem Mitarbeiter dazu führen, dass er bis ins fortgeschrittene Alter hinein produktiv arbeiten kann.

3.4 Multi-modale Mensch-Maschine-Schnittstelle

Weiterhin wird es sowohl interaktions- als auch physikalische Schnittstellen geben. Hier entstehen zurzeit sehr viele Entwicklungen. Es gibt bereits die visuelle Steuerung, die Gesten- und Sprachsteuerung. Wir werden aber auch head-mounted Displays haben, haptische Force-Feedback-Systeme. Ein beeindruckendes Beispiel ist sicherlich die Google-Brille, die wir wahrscheinlich in einigen Jahren alle auf der Nase tragen werden. Schon heute werden ja Schutzbrillen in der Produktion eingesetzt. Das heißt, es wäre relativ leicht, diese Brillen mit Mikrofon und Kamera und einem head-mounted Display auszustatten und so den augmentierten Mitarbeiter zu ermöglichen. Natürlich sollten diese Helfer nicht dazu führen, dass es zu einer Informationsüberflutung kommt. Sie sollen die Arbeit erleichtern, nur notwendige Informationen selektiv zur Verfügung stellen und sich auf die Bedürfnisse und Fähigkeiten der Mitarbeiter einstellen.

Das alles wird nur funktionieren, wenn eine entsprechende IKT-Infrastruktur und -Architektur zur Verfügung gestellt wird.

4 Warum Echtzeitnähe und XaaS der Schlüssel für das neue Produktions-Paradigma sind

Die industrielle Produktion ist heute geprägt von vier Lebenszyklen. Der Produktlebenszyklus, der Technologielebenszyklus, der Fabriklebenszyklus, der Auftragslebenszyklus.

4.1 Die vier Lebenszyklen der Produktion

Ein Produkt wird geplant, entwickelt, hergestellt, als Prototyp, optimiert, evaluiert, produziert, gebraucht, „be-serviced", repariert und irgendwann verschrottet und recycelt. Produkte basieren häufig auf Plattformtechnologien oder werden mit entsprechenden Produktions- und Materialtechnologien hergestellt.

Auch solche Technologien werden geplant, entwickelt, konstruiert, in Betrieb genommen, verwendet, gepflegt, optimiert. Produktionstechnologien werden irgendwann modernisiert oder auch recycelt und verschrottet.

Auch dieser Lebenszyklus geht durch die Produktion in einer Fabrik, die ebenfalls einen Lebenszyklus hat. Auch sie muss geplant, engineered und aufgebaut, der Anlauf muss realisiert werden, es muss produziert werden, man muss sie instand halten, optimieren und irgendwann modernisieren, rückbauen, demontieren, ...

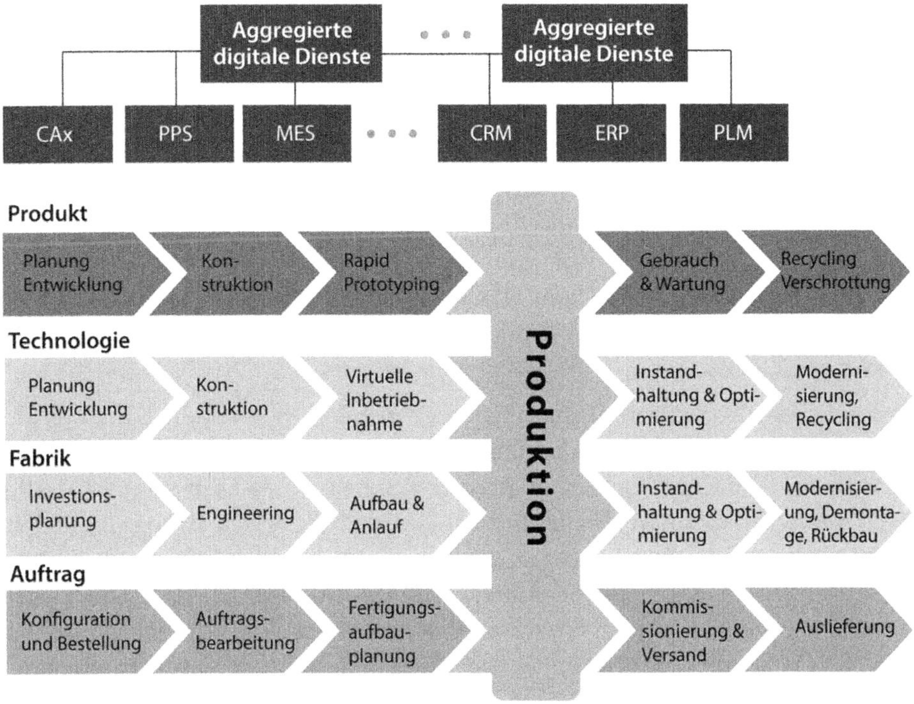

Abbildung 10: **Vier Lebenszyklen in der Produktion © Fraunhofer IPA/Diemer, HP**

Wenn diese drei Voraussetzungen in der Produktion geschaffen wurden, dann erst können Aufträge abgewickelt werden. Die wiederum müssen konfiguriert werden, es muss bestellt werden, ggf. engineered, entsprechend bearbeitet, eingeplant und produziert werden. Am Schluss müssen die Aufträge kommissioniert, versandt und schließlich ausgeliefert werden. Auch das ist ein Lebenszyklus.

Die vier Lebenszyklen sind unterschiedlich lang. Ein Auftrag hat im Extremfall einen Lebenszyklus von nur wenigen Minuten. Im Gegensatz dazu hat eine Fabrik einen Zyklus von bis zu fünfzig oder sogar hundert Jahren. Es ist also eine Herausforderung, diese Lebenszyklen zu synchronisieren. Es ist aber eine zweite Herausforderung, die unterschiedlichsten IT-Systeme oder auch digitalen Dienste, die eingesetzt werden, um die Prozess in diesem Lebenszyklus zu unterstützen, miteinander zu verbinden. Die Systeme sind heute häufig untereinander nicht kommunikationsfähig. Und wenn man sie dahin ertüchtigen will, geht man den Weg der integrierten Systeme man schafft sich sehr große PML-, ERP-, MES-Systeme, die eine breite Funktionalität anbieten, auf Integration setzen aber bisher häufig nicht ausreichend miteinander kommunizieren können

4.2 Von der Automatisierungspyramide zum service-orientierten Netz

Heute trennt man grob drei Ebenen der Automatisierung: die eigentliche Automatisierungsebene, die MES- und die ERP-Ebene. Sie befindet sich horizontal auf der gleichen Ebene wie die CAx, besser formuliert PLM-Ebene. In diesen drei Ebenen finden unterschiedliche Planungs- und Ausführungsprozesse statt. Natürlich wäre es sehr hilfreich für Unternehmen, wenn diese drei Ebenen durchgängig gestaltet wären, sodass man einen möglichst echtzeitnahen vertikalen wie horizontalen Informationsfluss hätte. Da dies allerdings unterschiedliche hochintegrierte Systeme sind, funktioniert das nur über Standardschnittstellen, die heute noch nicht diesen Anforderungen entsprechen. Das wird dazu führen, dass wir zukünftig diese Pyramide verändern werden, indem wir die Funktionalitäten dieser einzelnen Systeme in Dienste kapseln und als Service anbieten.

Es wird eine Serviceorientierung auf allen Ebenen geben: Sowohl die Software, als auch die Infrastruktur und die Plattformen, werden als Service angeboten. Das führt zu einem Abflachen dieser Pyramide, hin zu einem Netz in der Cloud, die ebenfalls serviceorientierten Architekturen, dargestellt in Abbildung 11 folgen wird. Wir haben also eine De-Hierarchisierung. Hierarchie-Ebenen wird es in dieser Form nicht mehr geben. Die Software-Services werden zu Apps kombiniert und diese Apps umfassen dann spezifische Funktionsumfänge oder -elemente. Sie können ganz flexibel genutzt werden, um Wertschöpfungsprozesse zu unterstützen. Die Basis dafür ist eine offene Standardisierung. Dadurch können diese Effizienzvorteile in Cloud-Architekturen gehoben werden und es kann auf die eigentliche Information und die Semantik in der Beschreibung fokussiert werden.

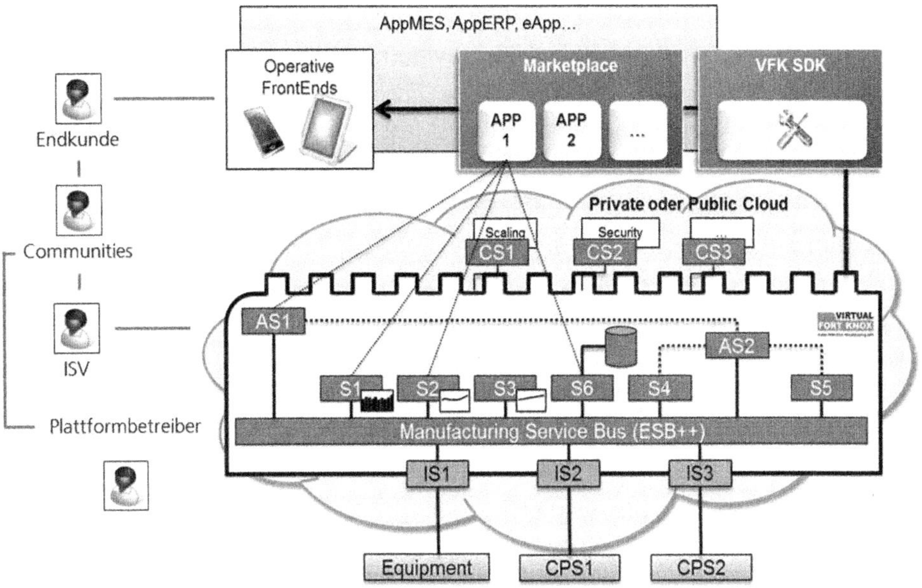

Abbildung 11: **Service-orientierte-Architektur als Netz in der Cloud. © Fraunhofer IPA**

4.3 Virtual Fort Knox

Ein derartiges Konzept wird derzeit in Stuttgart umgesetzt. Im Projekt Virtual-Fort-Knox [28] ist es gelungen, eine entsprechende Cloud-Architektur, basierend auf „everything as a service (XaaS)" zu realisieren (siehe Beitrag Diemer,"Sichere Industrie-4.0-Plattformen auf Basis von Community-Clouds"). Diese Cloud-Architektur ermöglicht es über sogenannte „Integration Services" cyber-physische Systeme an die Cloud anzubinden. Das kann Equipment sein oder auch wie bereits beschrieben, Logistik-Objekte. Über diese Integration Services werden dann die entsprechenden Informationen, die die cyber-physischen Systeme zur Verfügung stellen können, per Web in die Cloud transferiert und dort mit Hilfe des sogenannten Manufacturing Services Buses verarbeitet. Auf diesem Bus laufen entsprechende Software-Services wie etwa Auswerte-Services oder Speicher-Services, die dann zu Aggregated Sevices zusammengefasst werden können.

Ein Beispiel hierfür wäre die OEE-Auswertung. Dazu werden sowohl Prozess-, als auch Verfügbarkeits- und Qualitäts-Daten benötigt. Man würde auf unterschiedliche Daten und Services zugreifen, diese aggregieren, um dann ein OEE auswerten zu können. Das wäre dann ein aggregierter Auswerte-Service-OEE. Diese Services wiederum laufen dann auf dem Service Bus, der im Hintergrund die Cloud Services nutzt.

Abbildung 12 zeigt eine KPI-App. Man erkennt rechts die cyber-physischen Systeme also beispielsweise die Drehmaschine, Fräsmaschine etc. und links die KPIs, die auf Basis des Datenbestands, den diese Maschinen in Form von Diensten über diese Cloud Plugs zur Verfügung stellen. Diese sind auch entsprechend darstellbar und auswertbar (Beispiele: Ausschuss, Bestand, Durchlaufzeit, ...).

Dargestellt ist ein OEE. Der Vorgang basiert auf dem „drag and drop"-Prinzip. Das heißt, rechts kann die Ressourcen gewählt werden und in das mittlere Fenster gezogen werden und links kann die Kennzahl in das Fenster gezogen werden. Das Ergebnis ist in Echtzeit zu sehen, in diesem Fall der OEE auf der Schneidmaschine. Es können auch zeitliche Verläufe kreiert werden und damit erhält man schnell einen transparenten und echtzeitnahen Überblick über die Kennzahlen des shop floors.

- Prozessplanung und -überwachung
- Aktives Eingreifen zur Fremd- und Selbststeuerung der Produktionsprozesse
- Einfache, schnelle und dynamische Bedienung durch Drag & Drop
- Individuelle Konfiguration von Kennzahlendiagrammen
- Speicherung von Templates / Mustern / Vorlagen für definierte Situationen
- Integration mehrerer Datenbanken und dezentrale Datenbereitstellung

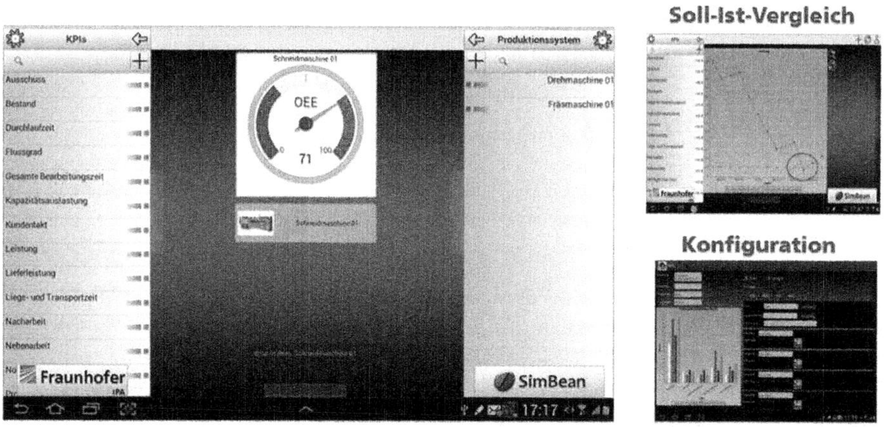

Abbildung 12: Industrie 4.0 – Beispiel KPI-App – Kennzahlen

Eine weitere App, die das Fraunhofer IPA entwickelt hat, ist die sogenannte Kaizen-App, dargestellt in Abbildung 13.

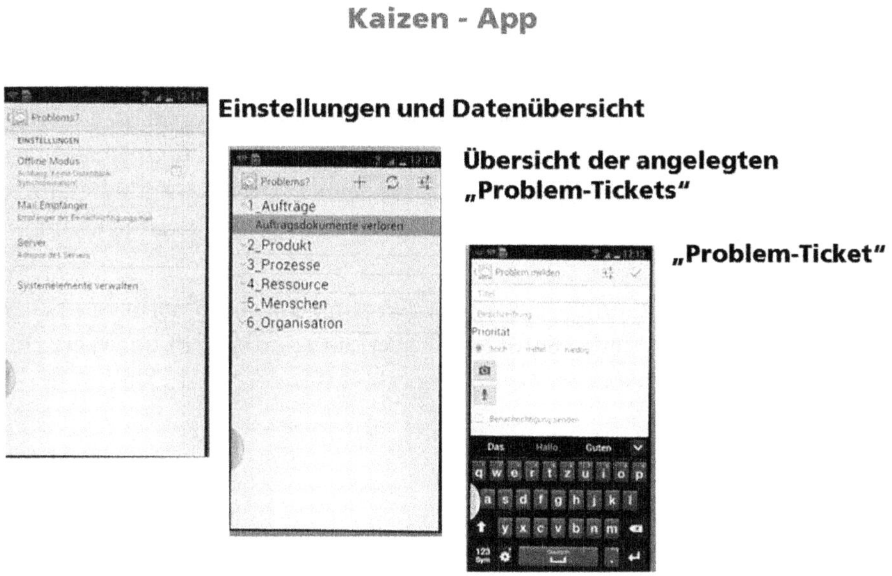

Abbildung 13: **Industrie 4.0 – Beispiel Kaizen-App**

Damit wird auf einfache und schnelle Weise die Funktionalität eines Smartphones genutzt. Mit dieser App kann man, wenn ein Problem in der Produktion erkannt wird, ein Foto aufnehmen oder einen Barcode einlesen, der den betroffenen Auftrag identifiziert, und dies dann entsprechend kommentieren: „Was ist das Problem?" Anschließend wird dieses Problem-Ticket abgeschickt. Die Tickets werden dann gesammelt und entweder in der Fertigungs-Besprechung ausgewertet oder den Verantwortlichen direkt zur Verfügung gestellt. Damit kann ein sehr hohes Niveau der Problembeschreibung erreicht werden mit der Möglichkeit, sehr schnell und fokussiert auf dieses Problem zu reagieren.

Heute:	**Morgen:**
Zentral	Dezentral (CPS, Cloud)
Software -Suite	Apps (SaaS)
Integration	Kommunikation
Monolith	Offener Standard im Netz
Zeitversetztes Datenabbild	Echtzeit Informationen
Lizenzkosten	Pay-per-use

Abbildung 14: **Paradigmenwechsel Informations- und Kommunikationstechnologie**

Im Bereich der augmentierten Realität haben wir am Fraunhofer IPA ebenfalls schon mehrere Lösungen entwickelt. Aber auch in anderen Institutionen gibt es Lösungsansätze. Hier werden Zusatzinformationen zum Thema eingeblendet. Das bietet sich insbesondere in der Instandhaltung an, beispielsweise bei der Fehlersuche: In solchen Fällen werden Zusatzinformationen visuell auf den Schaltschrank gelegt. Aber man kann natürlich auch die Werker in Lernprozessen unterstützen, Günther Seliger vom IWF der TU Berlin spricht in diesem Zusammenhang von „Lernzeugen" [29].

Die augmentierte Realität auf Basis von solchen Apps kann aus normalen Maschinen Lernzeugen machen und damit das ad hoc-Lernen, direkt in der Wertschöpfung unterstützen, was zu einer höheren Flexibilität führt.

4.4 Zwischenfazit

Aus Fabriksicht vollzieht sich also durch diesen Architekturwechsel ein Paradigmenwechsel in der Informations- und Kommunikationstechnologie. Es werden keine zentralen Systeme mehr existieren, sondern dezentral organisierte Systeme, die cloud-basiert sind und sich mit den cyber-physischen Systemen verbinden. Es wird keine klassischen Software-Suiten mehr geben, sondern alles wird als Software as a Service, auf Basis von Apps bereitgestellt. Es wird auch keine hochintegrierten Systeme geben, die Integration wird durch die Kommunikation ersetzt. Heutige Systeme sind häufig sehr monolithisch, sie basieren auf eigenen Standards. Zukünftig werden wir hier eine größere Offenheit haben. Es wird also nicht viele verschiedene durch einzelne Softwarelieferanten dominierte Internets der Dienste und Dinge geben, sondern ein Internet der Dienste und Dinge. Ganz wichtig ist: Wir werden kein zeitversetztes Datenabbild der Realität einer Datenbank nutzen, um Planungsprozesse durchzuführen, was bisher ein sehr großes Problem darstellt, sondern wir werden auf Echtzeitinformationen zurückgreifen. Das ermöglicht die CPS-Technologie. Und, es werden sich die Kosten verringern. Es wird keine hohen Lizenzkosten mehr geben, sondern pay-per-use-Modelle. Alles wird zum Service, und alles wird nur dann bezahlt, wenn es genutzt wird. Auch die Customizing-Kosten für Software werden entsprechend zurückgehen, da über die höhere Granularität, basierend auf diesen Apps, eine flexiblere Anpassung auch durch den Benutzer möglich wird.

5 Wie die marktgetriebene Migration in die Vierte Industrielle Revolution erfolgreich sein kann

Im Zusammenhang mit Industrie 4.0 wird fast ausschließlich über Technologien und cyber-physische Systeme gesprochen. Die Einführung in die Industrie soll technologiegetrieben (Technology Push) erfolgen. Die Industrie braucht aber einen nutzenorientierten Migrationsansatz, der als Change-Management-Prozess zu verstehen ist. Also den Nutzen für „Kopf" – Rationale Ebene und „Bauch"- Emotionale Ebene nachvollziehbar macht. Der Nutzen aber entsteht im Markt, im eigentlichen Geschäftsmodell. Daher muss die Argumentation über die Nutzenpotenziale, über den Markt kommen. Damit kann man den beteiligten Firmen transparent machen, dass es sinnvoll ist, in diese Veränderung zu investieren. Das ist nicht nur eine Investition in neue Technologie, sondern auch eine Investition in neue Geschäftsmodelle, in neue Organisationsformen, in die Mitarbeiter. Dieser Schritt will wohl überlegt sein und muss entsprechend vorbereitet werden. Daher soll an dieser Stelle eine Abschätzung der Nutzenpotenziale vorgestellt werden, die klar macht, welche Potenziale, durch Industrie 4.0 erschlossen werden können.

5.1 Abschätzung der Kostenpotenziale

Abbildung 15 zeigt unterschiedliche Kostenbereiche (Bestandskosten, Fertigungskosten, usw.). Es sind die Effekte dargestellt und die entsprechenden Potenziale. Es wird klar, dass es in fast allen Bereichen, insbesondere in den indirekten Bereichen, sehr große Potenziale gibt. Bestandskosten können beispielsweise um 30 bis 40 Prozent gesenkt werden, weil man auf Basis von Echtzeitinformationen in der Lage ist, Sicherheitsbestände zu minimieren und vor allem Bullwip- und Burbidge-Effekte in der Supply-Chain zu reduzieren.

Kosten	Effekte	Potenziale
Bestandskosten	Reduzierung Sicherheitsbestände Vermeidung Bullwhip- und Burbidge-Effekt	-30% bis -40%
Fertigungskosten	Verbesserung OEE Prozessregelkreise Verbesserung vertikaler und horizontaler Personalflexibilität	-10% bis -20%
Logistikkosten	Erhöhung Automatisierungsgrad (milk run, picking, ...)	-10% bis -20%
Komplexitätskosten	Erweiterung Leitungsspannen Reduktion trouble shooting	-60% bis -70%
Qualitätskosten	Echtzeitnahe Qualitätsregelkreise	-10% bis -20%
Instandhaltungskosten	Optimierung Lagerbestände Ersatzteile Zustandsorientierte Wartung (Prozessdaten, Messdaten) Dynamische Priorisierung	-20% bis -30%

Abbildung 15: Erste Abschätzung der Nutzenpotenziale

Die Fertigungskosten müssten nach unserer Ansicht auch stark nach unten gehen, denn aufgrund der Prozessregelkreise auf Basis von Echtzeitinformation, kann der OEE an den Maschinen weiter erhöht werden.

Außerdem entsteht die Möglichkeit, das Personal, sowohl vertikal als auch horizontal, hinsichtlich der Flexibilität optimiert einzusetzen. Dadurch ergibt sich ein Potenzial von 10 bis 20 Prozent Kosteneinsparung. Auch die Logistikkosten können durch höhere Automatisierungsgrade (autonome Transportsysteme etc.) gesenkt werden. Die Lagerhaltungskosten gehen entsprechend nach unten. Es kann bei einer vorsichtigen Einschätzung davon ausgegangen werden, dass 10 bis 20 Prozent Einsparung möglich sind.

In den Komplexitäts-Kosten sehen wir die größten Potenziale. Hier setzt die Industrie 4.0 an! Diese Komplexitäts-Kosten entstehen häufig in den indirekten Bereichen und hier erhöht sich auch die Produktivität, weil viel Verschwendung vermieden wird [30].

Einsparungen von 60 bis 70 Prozent sind z.B. durch die Reduktion von Trouble-Shooting oder aber auch die Erweiterung von Leitungsspannen – also einer höheren Anzahl der unmittelbar unterstellten Mitarbeiter – möglich, weil die Gruppen selbstorganisiert sind.. Auch bei den Qualitätskosten gibt es Sparpotenzial. Wir können in Echtzeit auf Qualitätsdaten zugreifen oder Qualitätsdaten unternehmensübergreifend austauschen. Wir können echtzeitnahe Regelkreise aufbauen und dadurch u. a. Mehrfachmessungen von Produkten in unterschiedlichen Institutionen reduzieren. In Summe sind hier 10 bis 20 Prozent Reduktion der Qualitätskosten vorstellbar.

Es gibt weiterhin ein großes Potenzial in der Instandhaltung. Die Lagerhaltung der Ersatzteile kann optimiert werden, indem zu einer zustandsorientierten Wartung übergegangen wird, das kann ein CPS-System als Dienst anbieten. Apps können helfen, die Instandhaltungsfelder zu priorisieren und so die wichtigen Maschinen zuerst zu versorgen. Natürlich können sie auch bei der Reduzierung von Instandhaltungszeiten bzw. -aufwänden helfen, indem man besser vorbereitet ist und über augmentierte Realität entsprechend schneller zum Problem vordringt [29]. So erfolgen dann auch Reparaturen von Systemen einfacher und schneller. Das heißt, hier gibt es ein enormes Nutzenpotenzial.

Es gibt viele Industrieexperten, die begonnen haben in ihren Firmen Industrie 4.0 umzusetzen oder in Teilen schon umgesetzt haben. Sie bestätigen Produktivitätsfortschritte von bis zu 50 Prozent, je nach Komplexität des Produktionsfalls, mithilfe der Industrie 4.0-Ansätze und -Konzepte.

5.2 Wie sollten Unternehmen vorgehen?

Die Bewertung der Industrie 4.0-Potenziale im eigenen Unternehmen funktioniert am besten über sogenannte Use Cases. Zunächst wird im Unternehmen gemeinsam überlegt, welche Use Cases sind sinnvoll für die eigenen Anwendungsfälle, und können durch Industrie 4.0-Technologien ermöglicht werden. Die Erarbeitung der Use Cases sollte dezentral mit den Wertschöpfungsverantwortlichen erarbeitet und umgesetzt werden. Schritt für Schritt anhand sinnstiftender Anwendungen und immer mit einem hohen Commitment der Führungskräfte. Hier gibt es starke Parallelen mit der Einführung von ganzheitlichen Produktionssystemen.

Wie aber führe ich als Unternehmen Industrie 4.0 nun konkret ein? Am Fraunhofer IPA wurde ein Prozess mit sieben Schritten entwickelt, wie Unternehmen sich dem Thema annähern und die Technologien der Industrie 4.0 in der eigenen Wertschöpfungen und vor allem ihrem Produktionssystemen verankern können. Dieser Prozess wird im Detail im Beitrag Bildstein et al, „Industrie 4.0-Readiness – Migration zur Industrie 4.0-Fertigung" beschrieben.

6 Fazit

Die Frage, ob die Vierte industrielle Revolution kommen wird, ist mittlerweile eine rhetorische. Wir befinden uns mitten in einem Paradigmenwechsel, der viele Branchen aufgrund neuer Geschäftsmodelle stark verändern wird. Für Deutschland stellt diese Entwicklung eine große Chance dar, die industrielle Produktion in Deutschland zu halten bzw. auszubauen. Komplizierte Produkte wie mechatronische Systeme (Maschinen, Autos,...) waren bisher die Domäne unserer Industrie. Zukünftig werden wir komplexe Produkte benötigen, um den Anforderungen der globalen Märkte hinsichtlich Nachhaltigkeit, Personalisierung und Regionalisierung gerecht zu werden, und um im globalen Wettbewerb um Wertschöpfung bestehen zu können. CPS als Produkte und Produktionsmittel bieten die Möglichkeit, die notwendige Komplexität zu erzeugen und zu bewirtschaften. Dezentralisierung und Autonomie der Systeme sind der Schlüssel zu höchster Produktivität in diesem Umfeld. Cyber-physische Systeme werden den bewertenden und entscheidenden Menschen in den Mittelpunkt stellen und mit Hilfe der echtzeitnahen Vernetzung sowie cloudbasierter Software-Services Synergien und Skaleneffekte ermöglichen. Alle industrialisierten Volkswirtschaften und multinationalen Konzerne forschen und arbeiten an der Umsetzung der Vierten Industriellen Revolution. Der Wettlauf um das Produktionssystem der Zukunft hat begonnen.

7 Literatur

[1] Diamond, J. 2005. Der Kollaps - Warum Gesellschaften überleben oder untergehen. Frankfurt: S. Fischer

[2] 1969. Sachwörterbuch der Geschichte Deutschlands und der deutschen Arbeiterbewegung. Berlin: Dietz

[3] Hahn, H.-W. 2005. Die industrielle Revolution in Deutschland. München: Oldenbourg

[4] Erber, G.; Hagemann, H. 2012. Deutschlands Wachstums- und Investitionsdynamik nach der globalen Finanzkrise. DIW Wochenbericht (46), S. 12-22

[5] VDMA (Hrsg.): Unsere Zukunft im Blick. Forschungspolitische Positionen. Frankfurt, 2012

[6] Sinn, H.- W. 2003. Der kranke Mann Europas. Rede am 15.11.2003, Stiftung Schloss Neuhardenberg

[7] McKinsey Global Institute (Ed.) 2012. Manufacturing the future: The next era of global growth and innovation. New York

[8] Statistisches Bundesamt, Wiesbaden 2012

[9] Konrad, K.A.; Zschäpitz, H. 2010. Schulden ohne Sühne. Warum der Absturz der Staatsfinanzen uns alle trifft, München, Beck

[10] McCormack, R. A. 2012. Obama Will Unveil $1-Billion National Manufacturing Innovation Network Initiative Based On Germany's Fraunhofer Institute. In: Manufacturing & Technology News 19 (32) http://www.manufacturingnews.com/news/national-network-for-manufacturing-innovation-228112.html (27.1.2014)

[11] Karas, H., Maddison, A. 2012. City Scope 2.0. Zitiert nach: Mc Kinsey Global Institute (Hrsg.:): Manufacturing the future: The next era of global growth and innovation. New York, 2012

[12] United Nations, Department of Economic and Social Affairs, Population Division 2012. World Urbanization Prospects: The 2011 Revision. CD-ROM Edition

[13] OECD 2013. African Outlook. ISBN: 9789264200531. http://www.oecd.org/ berlin/publikationen/african-economic-outlook.htm (27.1.2014)

[14] Bardi, U. 2012. Plundering the Planet. The 33rd Report to the Club of Rome. Winterthur. http://www.clubofrome.org (27.1.2014)

[15] Pimm, S. 2001. The World According to Pimm. A Scientist Audits the Earth. Columbus, OH: McGraw-Hill

[16] Zhang, G.J.; Cai, M.; Hu, A.2013. Energy consumption and the unexplained winter warming over northern Asia and North America. Nature Climate Change 3, pp 466–470

[17] Bauernhansl, T. 2012. Wie der Wandel gelingt - Nachhaltigkeit als Treiber der Markt- und Ressourcenstrategie. In: Stuttgarter Impulse - Produktionstechnik für den Wandel FtK 2012. Vorträge zum Fertigungstechnischen Kolloquium am 25. und 26. September 2012 in Stuttgart. Stuttgart, S. 271-294

[18] Braungart, M.; Donough, W. 2008. Die nächste industrielle Revolution. Die Cradle to Cradle Community. Hamburg: Europäische Verlagsanstalt

[19] Manpower Group. 2013: Talent Shortage Survey. Düsseldorf http://www.manpowergroup.de/fileadmin/manpower.de/Download/MPG_TSS_2013.pdf (27.1.2014)

[20] Koren, Y. 2010. The Global Manufacturing Revolution. Product-Process-Business-Integration and reconfigurable Systems. Hoboken: Wiley

[21] Ashby, W.R.1956. An introduction to Cybernetics. New York: Wiley

[22] Warnecke, H.-J. (Hrsg.) 1995. Aufbruch zum Fraktalen Unternehmen: Praxisbeispiele für neues Denken und Handeln. Berlin: Springer

[23] tun Hompel, M. 2013. Software in der Logistik - Prozesse steuern mit Apps. München: Huss-. ISBN: 978-3-944281-04-9

[24] Metcalfesches Gesetz. 2013. Wikipedia, 27.3.2013. http://de.wikipedia.org/wiki/Metcalfesches_Gesetz (27.1.2014)

[25] Moore'sches Gesetz. 2013. Wikipedia, 27.3.2013. http://de.wikipedia.org/wiki/Mooresches_Gesetz

[26] Ramasamy, E.; Dorow, B.; Dennerlein, F.; Blab, F.; Starker, F.; Schneider, U.; Röhrle, O., 2013. Simulationsgestützte Entwicklungsumgebung für Prothesenfüße. In: 8. Jahrestagung der Deutschen Gesellschaft für Biomechanik (DGfB),15.-17. Mai 2013, Neu-Ulm. Abstractband. Ulm. S. 126. URN urn:nbn:de:0011-n-2524307

[27] Bauernhansl, T. 2013. ARENA2036: Automotive production minus conveyor belt and takt time - A research factory for functionally integrated lightweight design. In: Agility in the Body Shop 2013: Strategic ramp-up management for a competitive advantage. Automotive Circle International, 10-11 July 2013, Berlin, Germany. Conference Proceedings. Hannover: Vincentz, S. 59--96

[28] Holtewert, P.; Wutzke, R.; Seidelmann, J.; Bauernhansl, T. 2013. Virtual Fort Knox - Federative, Secure and Cloud-based Platform for Manufacturing. Procedia CIRP 7 , S. 527-532

[29] Seliger, G. 2010. Globale Wertschöpfung nachhaltig gestalten. CKI-Fachkonferenz. From Green Technologies to Sustainable Solutions. TU Berlin, Berlin, 8. Juni 2010

[30] Bauernhansl, T. 2014 Advanced Complexity Management: Dealing with complexity in socio-technical systems. CIRP Annals Manufacturing Technology 63(8). Accepted

Herausforderungen und Anforderungen aus Sicht der IT und der Automatisierungstechnik

Prof. Dr. Birgit Vogel-Heuser, Technische Universität München

1 Einführung

Ein wesentliches Kennzeichen von Industrie 4.0 ist die Informationsaggregation im Engineering und Betrieb über verschiedene Projekte, Anlagen und Anlagenbetreiber hinweg. Um die Zusammenhänge darzustellen, werden nach einer kurzen Begriffsklärung von Cyber Physikalischen Systemen (CPS) als Basis von Industrie 4.0 für die Produktionsautomatisierung die notwendigen Merkmale solcher CPS zur Erreichung von Industrie 4.0 erläutert:

- Architekturmodelle,
- Kommunikation und Datendurchgängigkeit im Engineering und zur Laufzeit,
- Intelligente Produkte und Produktionssysteme ebenso wie
- Die Datenintegration und Datenaufbereitung für den Menschen.

Architekturmodelle und Kommunikation sind Voraussetzungen für intelligente Produktionssysteme. Die Vielzahl der in solchen intelligenten Produktionssystemen vorhandenen Daten muss für den Ingenieur ebenso wie den Operator sinnvoll aufbereitet werden, damit diese sinnvoll und zum Nutzen der Anlage damit umgehen können.

Die vier Merkmalsgruppen werden jeweils mit einem Beispiel vertieft und die Bezüge zu den unterschiedlichen Beiträgen des Buches hergestellt.

2 Was ermöglichen CPS für Industrie 4.0?

Die acatech Studie AgendaCPS von 2012 (acatech, 2011) (Vogel-Heuser et al., 2012) definiert Cyber-Physical Systems – die Basis für Industrie 4.0 – als eingebettete Systeme, die

- mittels Sensoren unmittelbar physikalische Daten erfassen und mittels Aktoren auf physikalische Vorgänge einwirken
- Daten auswerten und speichern sowie auf dieser Grundlage aktiv oder reaktiv mit der physikalischen und der digitalen Welt interagieren

- mittels digitaler Netze untereinander verbunden sind, und zwar sowohl drahtlos als auch drahtgebunden, sowohl lokal als auch global
- weltweit verfügbare Daten und Dienste nutzen
- über eine Reihe multimodaler Mensch-Maschine-Schnittstellen verfügen, also für Kommunikation und Steuerung differenzierter und dedizierte Möglichkeiten bereitstellen, zum Beispiel Sprache und Gesten.

Unter CPS wird häufig die Ablösung klassischer Architekturen und Automatisierungsgeräte, wie SPS, durch heterogene aus dem Consumermarkt stammende beliebige Hardware/Softwareeinheiten (Delsing, 2012) verstanden. Die Einbindung solcher kurzlebigen, den Grundsätzen der Automatisierungstechnik nicht folgenden Geräte stellt eine große Herausforderung für die Einbindung in bestehende Anlagen dar – insbesondere unter den geforderten Randbedingungen, wie der Einbindung während des Betriebs sowie der Gewährleistung des sicheren Anlagenbetriebs über Jahrzehnte.

Über Jahrzehnte galt die Automatisierungspyramide als Informationsmodell der Automatisierungstechnik. Die ebenen-orientierte Automatisierungspyramide wurde durch den Automatisierungsdiabolo (Abb. 1, rechts) abgelöst, in dem die automatisierungstechnischen Ebenen aufgelöst und über ein Informationsmodell mit der MES-Ebene verbunden sind. Der Vergleich des Automatisierungsdiabolos mit dem ebenen-orientierten Modell der Cyber Physikalischen Systemen (Abb. 1, links) verdeutlicht die Grenzen beider Modelle:

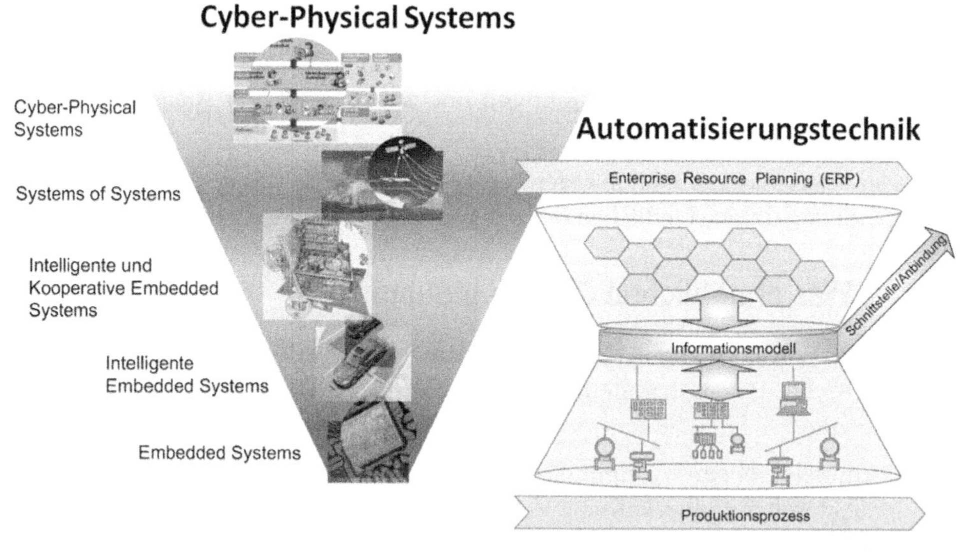

Abbildung 1: **Gegenüberstellung der CPS-Ebenen (links) und dem Automatisierungs-Diabolo (rechts)(Vogel-Heuser, Diedrich, Broy, 2013)**

Während die Automatisierungstechnik den technischen Prozess und die Dynamik der Prozesse mit einschließt, beginnen die CPS in der Regel erst ab der Sensorik und Aktuatorik, also in dem Moment in dem diskrete binäre Daten vorliegen, wenn aus Sensor- und Aktuatorwerten Informationsflüsse geworden sind.

Die CPS-Ebenen reichen über die Ebene des ERP hinaus und integrieren über das Inter- oder Intranet verschiedene Systeme unterschiedlicher Hersteller und Betreiber.

Dieser Schritt der übergreifenden Vernetzung ist derzeit im Bereich der Automatisierungstechnik auf der obersten Ebene des AT-Diabolos – der MES-Ebene – kaum vollzogen. In großen Unternehmen existieren weiterhin mehrere hundert IT-Systeme nebeneinander, welche nur bedingt miteinander vernetzt sind bzw. welche aufgrund unterschiedlicher Semantik trotz Vernetzung häufig keine Datenintegration erlauben.

Die Automatisierungstechnik verfügt über eine jahrzehntelange Erfahrung im modellbasierten Entwurf und Betrieb automatisierter Produkte und Anlagen unter Einbeziehung der technischen Prozesse und technischen Systeme und kennt die Grenzen der Abstraktion solcher Systeme. Hiervon kann sicherlich der informatikorientierte CPS-Ansatz bei der Realisierung von CPS als Basis für Industrie 4.0 profitieren.

Informatikmethoden werden bereits in der Automatisierungstechnik eingesetzt. Im Zuge der Durchdringung von CPS wird sich dieser Einsatz verändern bzw. erweitern. Für den erfolgreichen Einsatz der Informatikmethoden in der Automatisierungstechnik ist die Adaption auf die Domäne eine Voraussetzung. Beispiele für solche Informatikmethoden werden in verschiedenen Beiträgen diskutiert.

3 Was müssen CPS für Industrie 4.0 können?

Im Rahmen der Erstellung der CPS-Studie der acatech wurde eine detaillierte Anforderungsanalyse für die Produktionsautomatisierung durchgeführt und technische Merkmale für CPS, sogenannte Pro CPS, heute oft CPPS (Cyber Physical Production Systems) genannt, ermittelt (Abb. 2).

Als wesentliche technische Merkmale von CPS für die Produktionsautomatisierung und den für die Produktion einzurichtenden CPS Marktplatz wurden Architekturmodelle, die Kommunikation und Datendurchgängigkeit und darauf aufbauend intelligente Produkte und Produktionseinheiten sowie die Datenaufbereitung für den Menschen identifiziert. Diese vier Merkmalsgruppen werden in den folgenden Kapiteln näher diskutiert.

Abbildung 2: **Technische Merkmale von CPS für die Produktionsautomatisierung Pro CPS (in Anlehnung an Vogel-Heuser et al. 2012)**

3.1 Architekturmodelle (Referenzarchitektur)

Um heterogene Geräte unterschiedlicher Architekturen unter den geforderten bereits oben erläuterten Randbedingungen einsetzten zu können, sind zusätzliche Anstrengungen zu unternehmen. Serviceorientierte Architekturen, die mittels Agenten ihre Informationen austauschen, sind ein geeigneter Lösungsansatz, die eine minimale Standardisierung erfordern. Anlagenteile bzw. Maschinen werden mit ihren Fähigkeiten durch Agenten repräsentiert, die zur Maschine/Anlage hin unterschiedlich und proprietär gestaltet und implementiert werden können und zur Agentenorientierten Cloudplattform hin ihre Services und die Eigenschaften der Maschine/Anlage kapseln und anbieten (vgl. Beitrag Pantförder et al. „Agentenbasierte dynamische Rekonfiguration von vernetzten intelligenten Produktionsanlagen – Evolution statt Revolution") Die Anfrage zur Auftragsübernahme, wie dies in Abschnitt 3.4 gefordert wird, erfolgt durch Botschaften. Dadurch ist die Implementierung der Schnittstelle auf den ggf. unterschiedlichen Anbieterplattformen (Maschine, Anlage) und ebenso wie Migrationskonzepte einfach und aufwandsarm umsetzbar.

Die Entwicklung einer Referenzarchitektur für heterogene Systeme wird zurzeit erforscht und erarbeitet, hierbei sind unterschiedlich weitgehende Standardisierungsansätze vertreten (Döbrich, 2013 und GMA Fachausschuss 7.21 „Industrie 4.0").

3.2 Kommunikation und Datendurchgängigkeit

Standardschnittstellen zwischen Engineering-Systemen zu realisieren, war bereits Gegenstand einer Vielzahl von Forschungsaktivitäten (Nagl, 2008, CAEX, AutomationML) und abhängig von der Anwendungsdomäne mit unterschiedlich großem Erfolg umgesetzt. Für Industrie 4.0 ist die Kopplung der Daten aus Engineeringsystemen, Laufzeitsystemen sowie übergeordneten IT-Systemen eine Voraussetzung, um flexible auf Änderungen im Produktionsprozess aber auch in der Ablösung von IT-Systemen reagieren zu können. Bei einem modellbasierten Ansatz wird nicht für jede Einführung oder Ablösung eines neuen IT-Systems ein neues Projekt gestartet, sondern das zu betrachtende Shop floor-System mit allen IT-Systemen und Produktionslinien einmalig modelliert. Die laufenden Veränderungen werden durch die Etablierung von definierten Geschäftsprozessen zeitnah durch Anpassung des Modells aufgenommen. Dadurch können diverse Prozesse simuliert werden, bevor die eigentliche Umsetzung gestartet wird (Vogel-Heuser, 2013).

Diese Modelle beinhalten nicht nur die Struktur der Produktionsinfrastruktur, sondern auch die Anbindung relevanter IT-Systeme und deren Schnittstellen. Wird ein IT-System abgelöst, kann anhand von transparenten Datenstrukturen und Funktionen, die durch generische und spezifische Modell geschaffen wurden, eine Ablösestrategie finden, bevor eine Zeile Code geschrieben wird. Zur ‚Abgrenzung' der unterschiedlichen Unternehmensebenen (MES, ERP, PLM) dienen diese Modelle ebenso, wie zur Sicherstellung deren Interoperabilität (vergl. Beitrag Wegener „Industrie 4.0 – Chancen und Herausforderungen für einen Global Player.").

Bezüglich der weltweiten Verteilung der Daten aufgrund der globalen Teams und Arbeitsteilung besteht die Notwendigkeit, einen Multi-User-Betrieb mit klaren Zugriffsrechten, hoher Verfügbarkeit und der Sicherstellung der Security zu realisieren. Letzteres ist in vielen Fällen noch zu entwickeln bzw. zu implementieren (vergl. Beitrag Eckert, Fallenbeck „IT-Security und Cloud Computing"). Die Verfügbarkeit digitaler Netze (wireless) ist heute zum Teil nur noch eine Frage der Kosten für die Integration in Automatisierungsgeräte. Durch die Integration von Wireless-Datenkommunikationsmöglichkeiten in Sensorik und Aktuatorik entsteht sofort ein Security-Thema. Die Verfügbarkeit von Wireless-Geräten für die Mensch-Maschine-Kommunikation ermöglicht eine vom Aufenthaltsort abhängige individuelle Unterstützung bei der Arbeit (siehe 3.4).

3.3 Intelligente Produkte und adaptive intelligente Produktionseinheiten

Die Anforderungen an die Produkte und Produktionseinheiten intelligent zu werden, ist leicht gestellt, aber teilweise schwer realisiert. Intelligente Produkte werden als *smart products* beschrieben, die alle ihre Eigenschaften kennen und beispielsweise wissen, wie sie gefertigt werden wollen oder mit welchen anderen Produkten (Teilen einer Maschine-, Anlage) sie wie verbunden werden können. Dies wird auch als inhärente Fähigkeit bezeichnet. Die Beschreibung dieser Produkte erfolgt mit vorher vereinbarten Merkmalen, aber auch mit Ontologien.

Als Voraussetzung für solche smarten Produkte gelten ein modularer Aufbau und dazu in der Regel ein modellbasiertes Engineering (MDE) (Wannagat, 2010). Zur Produktion solcher intelligenten Produkte und zur Reaktion auf schwankende bzw. sich ändernde Produktanforderungen sollen Produktionseinheiten flexibel und zur Laufzeit adaptierbar sein. Sie sollen sich bei geänderten Produktionsanforderungen auch strukturell ändern können. Das scheint eher Zukunftsmusik zu sein. An einem einfachen Beispiel wird die Forderung verdeutlicht: Bei der Produktion von Joghurt mit Schokokugeln (vgl. Beitrag Pantförder et al. „Agentenbasierte dynamische Rekonfiguration von vernetzten intelligenten Produktionsanlagen – Evolution statt Revolution") sollen aufgrund entsprechender Marktstudien außer Schokokugeln mit dunkler Zartbitterschokolade nunmehr auch Schokokugeln mit weißer Schokolade eingefüllt werden. Dazu ist ein zweiter Produktionsschritt „Befüllen 2" an einer zweiten mechanisch baugleichen Station einzufügen.

Die vorhandenen Produktionseinheiten kennen ihre Fähigkeiten. Wenn eine neue Fähigkeit „Befüllen von weißen Schokokugeln" benötigt wird, so werden verschiedene Produktionseinheiten angefragt, ob sie diese Funktion erbringen können und ob sie freie Kapazität haben. Diese Anfragen geschehen mittels Botschaften, welche im Botschaftsverzeichnis definiert sind. Mithilfe des Vergleichs von angebotener und benötigter Anlagenfunktion wird auf Basis der auszuwählenden Kriterien, wie Preis, Lieferzeitpunkt, Ressourcenschonung etc. die passende Anlage bzw. der passende Anlagenteil ausgewählt. Der Vergleich der Anlageneigenschaften erfolgt auf Basis von Merkmalen einer Ontologie.

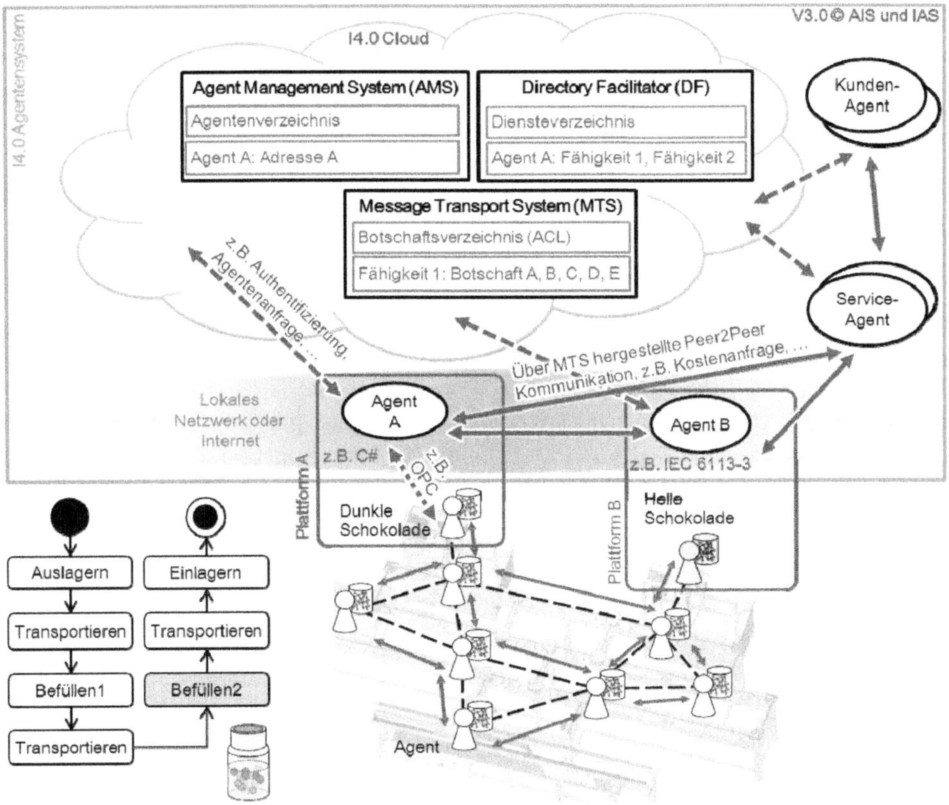

Abbildung 3: **Selbstadaption einer Joghurt-Produktionsanlage mittels Agenten**

Im hier vorliegenden Szenario (Abb. 3) ist die Station bereits Bestandteil der Anlage und füllt bisher ebenfalls dunkle Schokokugeln ab. Da die Durchmesser und die Eigenschaften der Kugeln identisch sind, kann Station 2 weiße Schokokugeln ohne weiteres direkt abfüllen und der Auftrag kann ausgeführt werden. Für den neuen Joghurt müssen die Becher nun die Stationen nacheinander anfahren. Würden die weißen Schokokugeln einen geänderten pneumatischen Druck bei der Vereinzelung benötigen oder einen anderen Durchmesser aufweisen, so müsste eine geänderte Parametrierung oder eine konstruktive Änderung der Kugelsortierungseinheit vorgenommen werden. Welche Aufgabe übernimmt ein Agent in diesem Konzept? Die Anlagenteile könnten auf unterschiedlichen inkompatiblen Steuerungen basieren, die nur über das Inter-/Intranet miteinander verbunden wären und nicht über ein gemeinsames Bussystem. Die Stationen zum Abfüllen der Kugeln würden durch einen Agenten repräsentiert, der die Fähigkeiten der Anlage kennt und bei Anfragen entscheidet, ob die Anlage den Auftrag produzieren kann und möchte. In einer Cloud liegen dazu die Informationen über die verschiedenen erreichbaren Stationen sowie der von diesen verfügbaren Diensten und die zulässigen Botschaften für die Kommunikation. Der Agent bildet die Schnittstelle von der Anlage oder Teilanlage zum Agentennetzwerk. Der Ansatz unterstützt Migrationskonzepte in hervorragender Weise, weil die bestehenden Anlagen in der installierten Weise bestehen bleiben können. Die Schnittstelle – der Agent – kann auf beliebigen Plattformen installiert werden, lediglich die von der Anlage bereitgestellten Fähigkeiten und Dienste müssen kommunizieren können. Die Anlage selbst bleibt abgeschlossen.

Intelligente Produkte und Produktionseinheiten verfügen auch über die Möglichkeit, sich selbst zu monitoren, d.h. ggf. Qualitätsschwankungen, Messfehler etc. selbst zu diagnostizieren und entsprechend entgegenzuwirken. Bezogen auf Produktionseinheiten – also Maschinenteile, Maschinen oder Anlagen – ergibt sich die Notwendigkeit, die während des Betriebs anfallenden Prozess- und Alarmdaten sowie die Operatordaten aufzuzeichnen und im Idealfall während des Betriebs auszuwerten und für die Verbesserung des Betriebs unmittelbar zu nutzen. Die Kombination mit den Daten aus dem Engineering, wie Datenblättern oder den Zusammenhängen der Mess- und Steuer- bzw. Regelungsstellen, erlaubt es frühzeitig kritische Situationen zu erkennen und ggf. zu vermeiden (Folmer, 2013) bzw. dem Operator Alternativmaßnahmen vorzuschlagen. Unter Self Healing Machine ® wird die Identifikation des kritischen Zustands sowie die Einleitung von Gegenmaßnahmen oder der Vorschlag von Maßnahmen für den Operator verstanden, um kritische Situation und den Ausfall der Maschine zu vermeiden

Dies basiert beispielsweise auf den Ansätzen des Datamining, heute auch häufig unter dem Schlagwort Big Data zusammengefasst.

Innerhalb von Meldungsarchiven werden mittels statistischer Methoden (beispielsweise Häufigkeitsverteilungen von wiederkehrenden Alarmsequenzen mit zeitbehafteten Ursache-Wirkungsprinzipien) wiederkehrende Meldungssequenzen gesucht, um Fehlerursachen und deren Auswirkungen zu finden. Eine interessante Möglichkeit bietet die Auswertung von Diagnoseinformationen für Maschinenfamilien oder Modulfamilien innerhalb von Maschinen eines Lieferanten für eine Verbesserung des Moduls im Engineering und im Service (s. Beitrag Eckert, Fallenbeck „IT-Security und Cloud Computing„). Am Beispiel eines Krans der Teil einer Laboranlage ist (Vogel-Heuser, 2014) wird deutlich, dass der Vergleich der Drehbewegung des Krans in verschiedenen Ausführungen (Varianten und Versionen A1.x bis G1.x) und an verschiedenen Einsatzorten mit unterschiedlichen Umgebungsbedingungen (wie Feuchte und Temperatur) lohnend ist. Aufgrund der Auswertung der Stromaufnahme des Krans in Zusammenhang mit dem Drehwinkel und der Zeit kann unter Berücksichtigung der verschiedenen klimatischen Bedingungen eine Korrelation ermittelt werden. Eine höhere Stromaufnahme entsteht aufgrund der Ausdehnung der Teile und der damit auftretenden höheren Reibung bzw. der vorliegenden Alterung von Sensorik und Motor (Abb. 4 links unten).

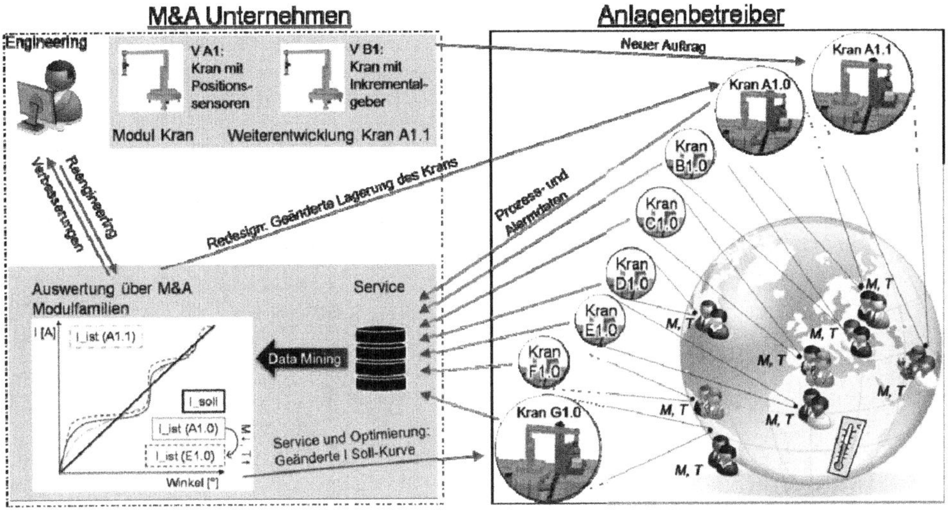

Abbildung 4: **Evolution und Analyse von Maschinenfamilien**

Die Analyse dieser Daten von den verschiedenen Betriebsorten des Krans gibt einerseits dem Service die Möglichkeit, veränderte Sollwerte für den Strom in der Steuerungssoftware in Abhängigkeit des Aufstellortes zu hinterlegen und andererseits die Möglichkeit, bei einem Umbau der Anlagen die Lagerung des Krans zu verändern bzw. für die Auslegung einer neuen Version eines Krans (D1.1) alle diese Daten zu nutzen.

3.4 Informationsaggregation und -aufbereitung für den Menschen

Selbst wenn alle Daten integriert vorhanden sind, ist die wesentliche Herausforderung, diese dem Menschen in geeigneter Form zur Verfügung zu stellen. Dies gilt sowohl für die Unterstützung im Engineering durch Assistenzsysteme genauso wie für die Bereitstellung der Vielzahl von Daten für den Operator, Wartungsmitarbeiter oder Betriebsleiter einer Produktionseinheit und der in dieser betriebenen Geräte. Es geht also nicht nur darum alle vorhandenen Daten anzuzeigen, sondern Zusammenhänge zwischen diesen herzustellen. Die Daten sollten gefiltert, geclustert und in ihren Zusammenhängen als Informationen dargestellt werden. Sie sollen dem Menschen geeignete Interaktionsformen anbieten, um in diesen Informationen zu suchen, die geeigneten Schlüsse daraus zu ziehen oder aufgrund dieser Informationen zu handeln. Diese Daten sind abhängig von der Aufgabe, die der Mensch gerade erfüllt, von seiner Rolle, in der er dies tut und von der Umgebung bzw. Randinformationen aufzubereiten und darzustellen – unter Berücksichtigung der individuellen Bedürfnissen des Menschen. Individuelle Einstellungen können altersdifferenzierte Darstellungs- und Interaktionskonzepte sein, ebenso wie abhängig von der Erfahrung oder Akzeptanz von mobilen Geräten sein. Wobei nach Sheridan nicht nur sich adaptierende Systeme vorzusehen sind, sondern auch zu adaptierende Systeme (Sheridan 2011). Zur Verdeutlichung der möglichen Informationsaggregation wird ein Wartungsszenario betrachtet.

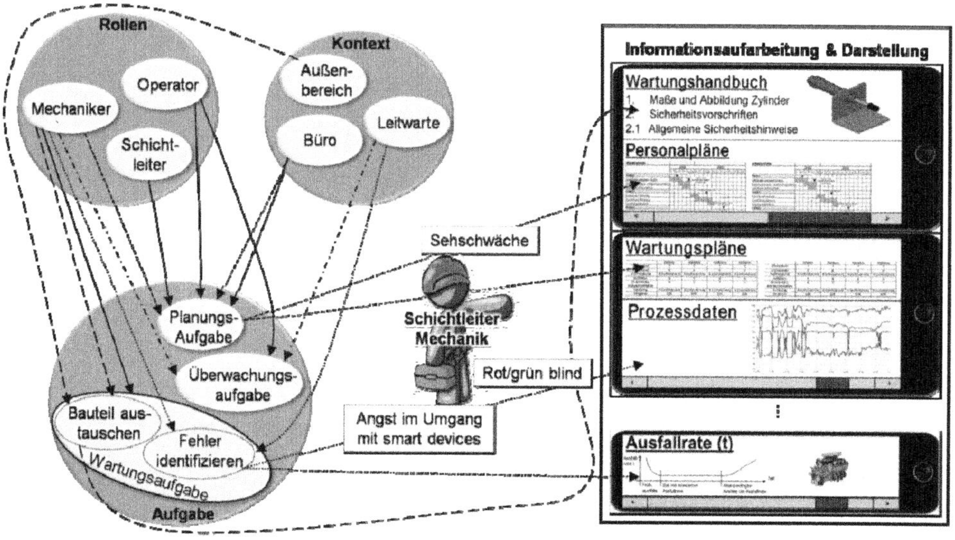

Abbildung 5: Nutzungsumfeldspezifische Informationsaggregation

Bezogen auf einen Mechaniker, der als Schichtleiter für die Wartung einer Anlage zuständig ist und über eine Sehschwäche, eine rot-grün Blindheit sowie eine Aversion gegen mobile Geräte verfügt, wird die individuelle, Kontext- und Rollenbezogene Informationsaggregation von Engineering Daten exemplarisch erläutert.

Das betreffende Individuum hat die Rollen Mechaniker und Schichtleiter inne und muss als Schichtleiter die Planung der Mitarbeiter für die Schicht in seinem Büro vorbereiten, dazu muss er sich die Wartungspläne aufrufen und die Personalpläne der ihm zur Verfügung stehenden Mitarbeiter. Er passt die Planung ggf. aufgrund von Krankenstand oder neuen Störungen in der Anlage am Rechner an. Er selbst übernimmt eine der Wartungsaufgaben, als er in der Leitwarte bei einer routinemäßigen Überwachung einen Fehler in den Prozessdaten erkennt: Die Temperatur der Anlage wird nicht mehr erreicht, obwohl das Heizventil soweit wie möglich geöffnet ist und die Vorlauftemperatur ausreichend hoch ist. Er arbeitet zunächst an der Fehleridentifikation, indem er die Drücke vor und hinter dem Heizventil prüft und feststellt, dass die Druckdifferenz sehr gering ist. Er prüft anschließend die Betriebsstunden des Heizventils und die Ausfallraten andere Heizventile des gleichen Typs, die alle nicht auffällig sind. Infolgedessen muss er in die Anlage in den Außenbereich gehen, um sich vor Ort ein Bild zu machen. Zunächst identifiziert er anhand der Engineeringdaten, den Aktorplänen und dem Anlagenlayout am Rechner den Einbauort des Ventils. In der Außenanlage nimmt er eine Sichtprüfung vor und prüft als nächstes den Filter vor dem Ventil auf Verschmutzung und stellt fest, dass dieser verstopft ist. Er prüft mit dem Anlagenfahrer, ob die Anlage auch kurzzeitig für den Austausch des Filters ohne diesen Heizkreis betrieben werden kann. Der Heizkreis wird abgeschaltet und das Ventil kann gereinigt werden. Zur Vorbereitung des Austauschs steht ihm das Wartungshandbuch auf seinem mobilen Gerät zur Verfügung ebenso wie die Prozessdaten (Temperatur, Druck vor dem Ventil, Druck nach dem Ventil).

Die Anzeige erfolgt entsprechend der Sehschwäche in deutlich größerer Darstellung und ohne die Farben rot oder grün zu nutzen (automatische Farbanpassung). Aufgrund seiner Angst, mit dem empfindlichen mobilen Gerät etwas falsch zu machen, wird ihm vor seiner Änderung jeweils eine Bestätigung der vorzunehmenden Handlung abgefordert. Also zum Zufahren bzw. anschließenden Auffahren des Ventils im Außenbereich muss er diese Aktion jeweils bestätigen und er erhält eine robustere mechanische Ausführung. Die Zeiten für die Eingabe werden verlängert. Darüber hinaus kann der Mitarbeiter persönliche Einstellungen auswählen und das Gerät und die Software nach seinen Wünschen adaptieren.

4 Literatur

acatech (Hrsg.): Cyber-Physical Systems - Innovationsmotor für Mobilität, Gesundheit, Energie und Produktion. In: acatech POSITION, Springer Verlag 2011 – Band 11.

Allen L V, Tilbury D M (2012) Anomaly Detection Using Model Generation for Event-Based Systems without a Preexisting Formal Model. IEEE Transactions on Systems, Man and Cybernetics, Part A: Systems and Humans 42(3):654-668. doi:10.1109/TSMCA.2011.2170418

AutomationML: https://www.automationml.org/o.red.c/home.html

Broy M (2010) Cyber-Physical Systems. Innovation durch-Software-Intensive Eingebettete Systeme. In: Broy M (Hrsg) acatech diskutiert, Springer-Verlag, Berlin, Heidelberg

CAEX. https://www.automationml.org/o.red/uploads/dateien/1375858464-AutomationML%20Whitepaper%20Part%201%20%20AutomationML%20Architecture%20V2.2.pdf. Zugegriffen 09. Januar 2014

Delsing J, Rosenqvist F, Carlsson O, Colombo A W, Bangemann T (2012) Migration of Industrial Process Control Systems into Service Oriented Architecture. IECON 2012-38th Annual Conference on IEEE Industrial Electronics Society: 5786-5792. doi:10.1109/IECON.2012.6389039

Döbrich U, Heidel R (2013) Modell zur Beschreibung cyber-physischer Systeme: Modellierung mit Merkmalen unterstützt Industrie 4.0. atp edition 55(12): 38-45

Folmer J, Vogel-Heuser B (2013) Computing Dependent Industrial Alarms for Alarm Flood Reduction. In: Transactions on Systems, Signals and Devices (TSSD) 8(1): 1-20, Shaker Verlag, München

Mahulea C, Seatzu C, Cabasino M P, Silva M (2012) Fault Diagnosis of Discrete-Event Systems Using Continuous Petri Nets. IEEE Transactions On Systems, Man and Cybernetic, Part A: Systems and Humans 42(4):970-984. doi:10.1109/TSMCA.2012.2183358

Nagl M, Marquardt W (Hrsg) (2008) Collaborative and Distributed Chemical Engineering. From Understanding to Substantial Design Process Support: Results of the IMPROVE Project (Vol. 4970). Springer

Sheridan T B (2011) Adaptive Automation, Level of Automation, Allocation Authority, Supervisory Control, and Adaptive Control: Distinctions and Modes of Adaptation. IEEE Transactions on Systems, Man and Cybernetics, Part A: Systems and Humans 41(4):662-667. doi:10.1109/TSMCA.2010.2093888

Vogel-Heuser B, Bayrak G, Frank U (2012) Forschungsfragen in „Produktionsautomatisierung der Zukunft". In: acatech MATERIALIEN, München. http://www.acatech.de/fileadmin/user_upload/Baumstruktur_nach_Website/Acatech/root/de/Publikationen/Materialien/acatech_Materialband_Nr15_WEB.pdf.

Vogel-Heuser B, Diedrich C, Broy M (2013) Anforderungen an CPS aus Sicht der Automatisierungstechnik. Automatisierungstechnik (at) 61(10): 669–676. doi:10.1524/auto.2013.0061

Vogel-Heuser B, Feiz-Marzoughi B (2013) Datenkopplung mittels UML-Modellen - Engineering- und IT-Systeme für Industrie 4.0 vernetzen. atp edition 55(12):26-37

Vogel-Heuser B, Kegel G, Bender K, Wucherer K (2009) Global Information Architecture for Industrial Automation. Automatisierungstechnische Praxis (atp) 51(1): 108-115, Oldenbourg-Verlag, München

Vogel-Heuser B, Legat C, Folmer J (2014) Researching Evolution in Industrial Plant Automation: Scenarios and Documentation of the Pick and Place Unit. Technischer Bericht. TUM-AIS-TR-01-14-02

Wannagat A (2010) Entwicklung und Evaluation agentenorientierter Automatisierungssysteme zur Erhöhung der Flexibilität und Zuverlässigkeit von Produktionsanlagen. Dissertation, Technische Universität München

Teil 2: Anwendungsszenarien

Industrie 4.0 in der praktischen Anwendung....................................57

Dr. Jochen Schlick, Wittenstein AG; Dr. Peter Stephan, Wittenstein AG; Dr. Matthias Loskyll, DFKI GmbH; Dr. Dennis Lappe, BIBA – Bremer Institut für Produktion und Logistik GmbH

Industrie 4.0 in der praktischen Anwendung

Dr. Jochen Schlick, Wittenstein AG; Dr. Peter Stephan, Wittenstein AG; Dr. Matthias Loskyll, DFKI GmbH; Dr. Dennis Lappe, BIBA – Bremer Institut für Produktion und Logistik GmbH

1 Das Internet der Dinge in der industriellen Produktion

1.1 Sichtweisen des Internet der Dinge

Die Gedankenwelt um das Thema Industrie 4.0 resultiert originär aus dem Zusammenspiel zweier Trends. Einerseits die herausragende Bedeutung der industriellen Produktion für den Wirtschaftsstandort Deutschland (siehe auch Reinhart und Abele, 2011), andererseits die fortschreitende Miniaturisierung und Integration von Computerchips, die in Folge die Vision des „Ubiquitous Computing" zur Realität werden lässt (siehe Weiser, 1991). Das Internet der Dinge und Dienste schließt den Medienbruch zwischen dinglicher und virtueller Welt und ermöglicht das Anbieten von Mehrwertdiensten auf der Basis eines aktuellen und umfassenden Abbilds der Realität. Das Zukunftsprojekt Industrie 4.0 wird zum Aufruf an die deutsche Wirtschaft, kreativ auf die Suche nach Ansätzen zu gehen und die sich eröffnenden Möglichkeiten als Standortvorteil für die Produktion in Deutschland zu nutzen.

Die grundlegenden Überlegungen zu den Auswirkungen der Einbettung von Computern in Alltagsgegenstände reichen weit in die Vergangenheit zurück. In den 1990er Jahren postulierte Marc Weiser die Vision des „Ubiquitous Computing". Diese beinhaltet die Annahme, dass moderne Informations- und Kommunikationstechnik vollständig in Alltagsgegenständen unserer Umgebung aufgehen wird, für den menschlichen Nutzer unsichtbar wird und bestehende IT-Systeme wie z.B. Desktop-Computer durch intelligente Objekte ersetzen wird (vergl. Weiser, 1991).

Der Begriff „Internet der Dinge" entstand im Bereich der Logistik im Zusammenhang mit RFID-basierter Verfolgung von Gütern in der Zulieferkette von Procter&Gamble (vergl. Ashton, 2010). Ashton hatte den Begriff „Internet" in einer Vorstandspräsentation verwendet, um die Aufmerksamkeit des Vorstands auf die Potenziale zu lenken, die eine Verringerung des Medienbruchs durch eine allgegenwärtige, automatische Bestandsverfolgung für den Konzern bietet. Die Metapher „Internet of Things" erweitert das klassische Internet, das auf die rein virtuelle Welt beschränkt ist, um die Vernetzung von und mit Alltagsgegenständen. Diese können ihre physischen Kontextinformationen, wie z.B. Ort, Zustand,

Historie, etc. als Information im Internet zur Verfügung stellen, womit die Trennung von dinglicher und virtueller Welt weitgehend aufgehoben wird.

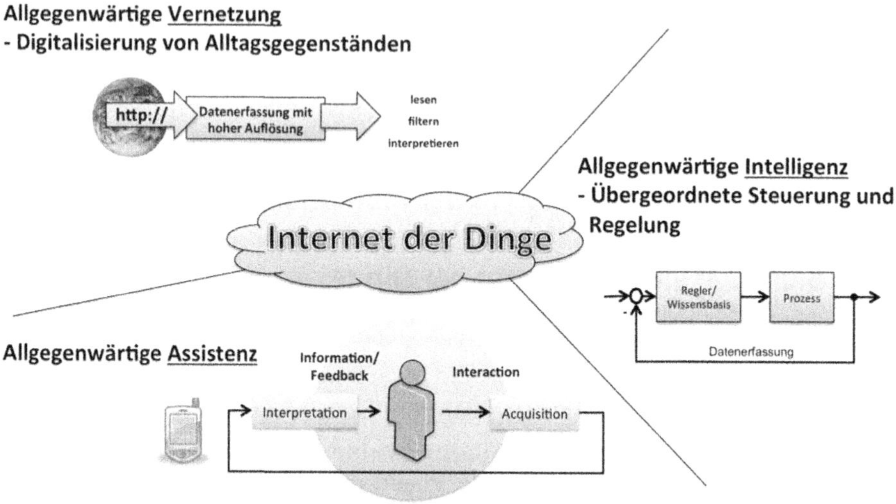

Abbildung 1-1: Sichtweisen des Internet der Dinge

Diese Aufhebung der Trennung zwischen dinglicher und virtueller Welt ist das zentrale Paradigma der Gedankenwelt um Industrie 4.0. Die Suche nach Anwendungsfällen von Industrie 4.0 wird zur Identifikation von Medienbrüchen im industriellen Alltag. Kernidee ist letztendlich die Verschmelzung der dinglichen Welt und deren digitaler Modelle in Rechnern. Physische Gegenstände sind mit Sensoren und Rechenkernen ausgestattet, so dass sie zu Zeitpunkten, die für die Anwendung jeweils relevant sind, ihre Informationen über sich selbst und ihre Umgebung an andere IT-Systeme weitergeben können.

Auch wenn eine allgemeingültige und umfassende Definition nicht existiert, haben sich im Laufe der Jahre mehrere Sichtweisen auf das Internet der Dinge etabliert. Diese legen den Fokus auf die unterschiedlichen Aspekte der allgegenwärtigen Vernetzung, Intelligenz und Assistenz und haben sich in unterschiedlichen Anwendungsbereichen ausgeprägt.

Über die oft betrachteten technischen Voraussetzungen und Notwendigkeiten, den Medienbruch zwischen dinglicher und virtueller Welt zu verringern, bietet das Internet der Dinge das Anwendungspotenzial, Informationen aus der dinglichen Welt effizient zu erfassen und effektiv digital weiterverarbeiten zu können.

Die Sichtweisen des Internet der Dinge lassen sich auf das Umfeld der Produktion übertragen. In der Umsetzungsempfehlung zu Industrie 4.0 (vergl. Kagermann et al., 2013) werden drei Anwendungsgebiete herausgestellt, *Horizontale Integration, Vertikale Integration* und *Digitale Durchgängigkeit des Engineerings*. Diese stellen verschiedene Ebenen der Informationsdurchgängigkeit dar. Die *Horizontale Integra-*

tion bezieht sich auf den Informationsaustausch zwischen Unternehmen innerhalb eines Wertschöpfungsnetzwerks. Die *Vertikale Integration* fokussiert den unmittelbaren Zugriff auf Feld- und Planungsinformationen innerhalb eines Unternehmens und thematisiert damit die Auflösung der Automatisierungspyramide. Die *Digitale Durchgängigkeit des Engineerings* bezieht sich auf den Lebenszyklus von Produkten und Produktionsmitteln (siehe auch Vogel-Heuser et al., 2013). Die im Folgenden beschriebenen Anwendungsfälle fokussieren im Wesentlichen die Bereiche der *Vertikalen Integration* und die *Digitale Durchgängigkeit des Engineerings*.

2 Technologieparadigmen zur Verringerung der Medienbrüche in der Fabrik

Oftmals ist die Diskussion um die Realisierung von Anwendungen des Internet der Dinge von einer sehr intensiven technologieorientierten Diskussion geprägt. Es wird implizit davon ausgegangen, dass Industrie 4.0 vorrangig ein technologisches Thema ist und Anwendungsbeispiele noch nie dagewesene technische Komplexität implementieren und ein technologisch hohes Innovationspotenzial aufweisen. Dies ist ein grundlegendes Missverständnis. Vielmehr sind die Basistechnologien des Internet der Dinge wie Auto-ID, eingebettete Systeme oder breitbandige, kabellose Netzwerke seit Jahren verfügbar und werden in ihrem technischen Reifegrad ständig weiterentwickelt. Ebenso sind im Bereich der industriellen Kommunikations- und Steuerungstechnik mit ethernetbasierten Feldbussen, OPC-UA und Soft-SPSen Technologie-Standards vorhanden, die eine sehr gute Basis für die Implementierung eines intelligenten Anlagenverhaltens offerieren.

Der inhaltliche Kern von Industrie 4.0-Anwendungen ist die Ausschöpfung der Optimierungspotenziale, die sich heute und in Zukunft aus einer durchgängigen Informationsverarbeitung für die Produktion ergeben. Die Innovation ergibt sich daher aus der Verbindung von mehreren bislang getrennten Informationsquellen und dem Verbessern eines technischen oder organisatorischen Prozesses. Die Technologie selbst wird damit als Mittel zum Zweck gesehen und muss sich den gegebenen Randbedingungen anpassen. Bei der Ausarbeitung von Anwendungen hat es sich daher als vorteilhaft erwiesen, von Technologieparadigmen anstelle von echten Technologien zu sprechen.

Für die nachfolgend beschriebenen Anwendungen sind dies im Wesentlichen *das intelligente Produkt* mit seiner Ausprägung des intelligenten Werkstückträgers, *die intelligente Maschine* und *der assistierte Bediener*, auf die im Folgenden kurz eingegangen wird. Diese Paradigmen können mit einem breiten Spektrum an Technologien implementiert werden, ohne dass sich der Wertbeitrag der Lösung für die jeweilige Anwendung ändert.

2.1 Das intelligente Produkt

Das intelligente Produkt ist eine Metapher für die Verringerung des Medienbruchs bezogen auf das individuelle Produkt. Diese Medienbrüche führen in der Produktion häufig zu Verlusten und verringerter Produktivität. Informationen über Produkte, deren Produktionsparameter oder notwendige Konfigurationen von Anlagen sind durch das intelligente Produkt zum richtigen Zeitpunkt am richtigen Ort und können digital weiterverarbeitet werden. Darüber hinaus wird die Produktionshistorie wie z.B. die durchlaufenen Prozessschritte oder die Ausprägung der tatsächlich gefertigten Merkmale direkt am Produkt gespeichert. Ein Beispiel für die technische Ausprägung eines intelligenten Produkts ist in (Stephan et al., 2010) ausführlich beschrieben.

Aufgrund wirtschaftlicher und physischer Aspekte ist es nicht immer sinnvoll bzw. möglich, ein Produkt selbst mit Intelligenz auszustatten, wie z.B. für Flüssigkeiten im Bereich der kontinuierlichen Prozesse oder für günstige und kleine Produkte im Bereich der Stückguttechnik. Hier bietet sich an, die nächst größere Transporteinheit der Produkte zu wählen. Im Bereich der Stückguttechnik ist dies oft der Werkstückträger. Werkstückträger sind ein zentrales Element in der Produktionslogistik. Ihnen werden i. d. R. in Papierform die Arbeitspläne beigefügt. In den Arbeitsplänen sind die für die Produktion erforderlichen Informationen aus der Phase der Produktionsplanung statisch festgehalten. Ein intelligenter Werkstückträger kann diese Informationen digital mit sich führen und aktualisierte Informationen Mitarbeitern zur Verfügung stellen. Diese Informationen können die Produktionsmitarbeiter z. B. dafür nutzen, Eilaufträge bei der Bearbeitungsreihenfolge zu berücksichtigen oder Rüstzeiten zu verringern. Darüber hinaus können intelligente Werkstückträger bei der integrierten Betrachtung von inner- und überbetrieblicher Logistik unterstützen. Für eine tiefere Betrachtung sei auf (Veigt et al., 2013) verwiesen.

Die Eigenschaften von intelligenten Produkten und Werkstückträgern können durch eine Reihe verschiedener Technologien implementiert werden. Zunächst erscheint es naheliegend, ein miniaturisiertes eingebettetes System in das Produkt einzubringen, welches die Speicherung der jeweiligen Daten und die Kommunikation mit der Umgebung realisiert. In der praktischen Anwendung ist dies jedoch in einer Reihe von Fällen nicht immer sinnvoll oder möglich, entweder aus technischen Gründen (z. B. Wärmebehandlung, spanende Fertigung, Abmessungen des Produkts) oder aus einer Kostenbetrachtung heraus. Das intelligente Produkt wird daher oft mit einer passiven, eindeutigen Kennzeichnung wie bspw. Barcodes, Data Matrix Codes oder RFID-Transpondern versehen und die eigentliche Rechenleistung in die Infrastruktur verschoben. Das Produkt ist dann nicht ständig intelligent, sondern nur zu bestimmten Zeitpunkten.

Aus der Anwendungsperspektive spielt diese temporäre Intelligenz des Produkts meist keine Rolle, so lange an den relevanten Stellen des Wertstroms die notwendige intelligente Infrastruktur vorhanden ist. Aus der technischen Perspektive unterscheidet sich die Realisierung über passive Kennzeichnung und intelligente Infrastruktur jedoch sehr deutlich von der Realisierung mit Hilfe von eingebetteten Systemen. Was aus der Anwendungsperspektive als eine Lösung erscheint, entspricht technisch gesehen zwei grundverschiedenen Ansätzen.

2.2 Die intelligente Maschine

Während das Paradigma des intelligenten Produkts aus der Perspektive der Anwendung recht eingängig ist, verhält es sich bei der intelligenten Maschine anders. In der Diskussion um dieses Paradigma vermischen sich verschiedene Stufen des intelligenten Verhaltens mit der Fokussierung auf verschiedene Lebenszyklusphasen der Maschine. In der Anwendung sind klar die Phasen Planung, Aufbau, Inbetriebnahme, Betrieb und Rekonfiguration zu unterscheiden.

Die Zielsetzung bei Planung/Aufbau und Inbetriebnahme besteht darin, möglichst effizient von einer funktionsorientierten Grobplanung zur fertigen und funktionsfähigen Maschine zu gelangen. Zentrale Ansätze sind hier Mechatronisierung der einzelnen Komponenten in Verbindung mit einer modellbasierten Projektierung der Anlagensteuerung (vergl. Ollinger und Zühlke, 2013). Zur Integration der einzelnen mechatronischen Maschinenkomponenten ist ein industrielles Plug&Play von besonderer Bedeutung, dass sich von der Integration der Module in verschiedene Feldbussysteme bis hin zur Integration in die IT-Systeme der Produktion erstreckt (Hodek, 2013).

Eine ähnliche Zielsetzung besteht bei der Rekonfiguration von Produktionsanlagen, bei der die Anlagen auf neue Produktvarianten anzupassen sind. Neben der mechanischen Anpassung der Maschine sind dabei oft neue technologische Prozesse sowie neue Abfolgen in die integrierten Steuerungen zu implementieren, oftmals ohne die bestehenden Produktvarianten einzuschränken. Somit bekommt die modellbasierte Steuerungsprojektierung in Verbindung mit einem industriellen Plug&Play neben der mechanischen Konstruktion der neuen Produktschnittstellen ein besonderes Gewicht.

Die Zielsetzungen in der Lebenszyklusphase des Anlagenbetriebs sind deutlich vielfältiger und reichen von der Transparenz der technologischen Prozesse, der Optimierung des Qualitätsniveaus über die Unterstützung der Anlageninstandhaltung bis hin zur Optimierung der Toleranzlagen der produzierten Merkmale in der gesamten Prozesskette oder der Maximierung der Auslastung eines gesamten Maschinenparks.

Um diese vielfältigen Ziele in allen Lebenszyklusphasen zu erreichen sind verschiedene Stufen der Künstlichen Intelligenz notwendig. Die Stufen reichen von der Kommunikation und verteilten Funktionalität über ein adaptives und autonomes Anlagenverhalten bis hin zur Kontextsensitivität und Kognition sowie zur Selbstoptimierung ganzer Prozessketten (Abbildung 2-1).

Abbildung 2-1: Stufen des intelligenten Verhaltens von Produktionsanlagen

2.3 Der assistierte Bediener

Intelligente Produkte und Maschinen liefern eine Flut an Informationen. Der Mensch benötigt hier situationsabhängige Filterungsmechanismen, um am richtigen Ort zur richtigen Zeit exakt die Informationen zu erhalten, die zur Bearbeitung seiner jeweiligen Arbeitsaufgabe erforderlich sind. Diese Informationen sind sehr vielseitig und entstammen neben Sensorsystemen vor allem anderen IT-Systemen des Unternehmens wie z. B. Auftragserfassungs- und Logistik-Planungssystemen, den Steuerungen der Produktionsanlagen und den intelligenten Produkten.

Die Mensch-Maschine-Schnittstelle ist daher von zentraler Bedeutung. Mobile Tablet-Computer aus dem Consumer Bereich bieten hier neue Möglichkeiten. Tablet-Computer sind leichtgewichtig, können über vielfältige Schnittstellen (z.B. Bluetooth, USB, WLAN, 3G, ...) in Netzwerke eingebunden werden und sind mit Kameras und vergleichsweise hoher Rechenleistung ausgestattet. Es bietet sich daher an, diese Tablet-Computer für Anwendungen der mobilen Bedienung, als mobile Informationsplattform und für Augmented Reality Anwendungen zu verwenden. Zur weiteren Vertiefung des Themas sei auf das Kapitel „Mensch-Maschine-Interaktion im Industrie 4.0 Zeitalter“ von Gorecky et al. im gleichen Buch verwiesen.

3 Anwendungsbeispiele

3.1 Öffentlich geförderte Forschungsprojekte

Die Erforschung und Umsetzung der im Folgenden beschriebenen Anwendungsfälle für Industrie 4.0 erfolgt im Rahmen des Forschungsprojekts CyProS – Cyber-Physische Produktionssysteme. Dieses vom Bundesministerium für Bildung und Forschung (BMBF) geförderte Verbundvorhaben mit insgesamt 22 Partnern aus Wissenschaft und Wirtschaft verfolgt neben der Entwicklung Cyber-Physischer Systemmodule sowie Vorgehensweisen und Plattformen zu deren Einführung das vorrangige Ziel, den wirtschaftlichen Betrieb Cyber-Physischer Systeme als technologische Basis von Industrie 4.0 in realen Produktionsumgebungen zu erproben (vergl. Reinhard et. al., 2013). Im Rahmen von CyProS werden die beiden Anwendungsfälle *Intralogistik* sowie *Produktionsplanung und Eskalationsmanagement* umgesetzt.

Die technische Realisierung und organisatorische Einbettung Cyber-Physischer Systeme in reale Produktions- und Supportprozesse erfolgt in der „Urbanen Produktion" der WITTENSTEIN bastian GmbH am Standort Fellbach (vergl. Stephan, 2013), welche als Schaufensterfabrik im Rahmen des Verbundforschungsprojekts dient.

Das BMBF-geförderte Forschungsprojekt RES-COM befasst sich mit der Konzeption und Umsetzung von Cyber-Physischen Systemen mit dem Ziel der ressourcenschonenden Produktion. Dazu werden Ressourcenverbräuche dezentral erfasst, bewertet und zur Optimierung der Produktionsprozesse genutzt. Die Implementierung der Szenarien einer kontextaktivierten Ressourcenschonung durch vernetzte eingebettete Systeme erfolgt anhand des Anwendungsfalls *verteilte Anlagensteuerung in der SmartFactoryKL.*

3.2 Anwendungsfall Intralogistik

Das folgende Anwendungsbeispiel demonstriert die Anwendung des Paradigmas des intelligenten Produkts in der konkreten Ausprägung eines intelligenten Werkstückträgers. Durch Anwendung dieses Paradigmas wird der Medienbruch hinsichtlich der Materialversorgungssituation beseitigt und darauf basierend ein bedarfsorientierter Milkrun realisiert.

3.2.1 Motivation und Szenario

Die produktionslogistischen Prozesse von Fertigungsunternehmen werden vermehrt nach den Prinzipien der „Lean Production" organsiert, welche auf das Toyota Produktionssystem zurückzuführen sind (Womack et al., 1990). Das Hauptziel ist hierbei die Vermeidung jeglicher Art von Verschwendung, welche sich in die Arten Ausschuss bzw. Nacharbeit, Bestände, Bewegung, falsche Technologie bzw. Prozesse, Transport, Überproduktion und Warten differenzieren lässt (vergl. Ohno, 2013). Die Steuerung der Intralogistik in einer „Lean Production" erfolgt typischerweise durch das Kanban-Verfahren. Dieses ermöglicht in Kombination mit einem sogenannten Milkrun eine zuverlässige Steuerung der Intralogistik ohne technische Unterstützung. Bei einem Milkrun wird genau so viel Material in der Fertigung bereitgestellt, wie seit dem letzten Milkrun verbraucht wurde.

Diese Steuerung der Intralogistik durch das Kanban-Verfahren in Kombination mit einem Milkrun hat jedoch Grenzen in der Leistungsfähigkeit. In einer variantenreichen Produktion ist eine vollständige Taktung der Produktions- und Transportprozesse kaum möglich, sodass ein turnusmäßig gesteuerter Milkrun oftmals nicht optimal ausgelastet ist. Die mangelnde Abstimmung führt daher zu unnötigen Verfahraufwand und damit einhergehend zu Verschwendung bezüglich Bewegung und Transport. Hier setzt das Konzept Cyber-Physischer Produktionssysteme an. Durch eine intelligente Vernetzung einzelner Produktionsressourcen (z. B. Werkzeugmaschine, Handhabungseinrichtung und Werkstückträger), vergl. Abbildung 3-1, kann in der Produktion eine Informationstransparenz geschaffen werden, welche eine bedarfsorientierte Steuerung des Milkruns ermöglicht. Hierdurch ist insgesamt eine bessere Abstimmung des Milkruns auf die Produktionsprozesse möglich, was insbesondere in einer variantenreichen Produktion zu einer deutlichen Reduzierung des Verfahraufwands führt.

In der „Urbanen Produktion" der WITTENSTEIN bastian GmbH sind die Produktionsabläufe nach den Prinzipien der Lean Production organisiert. Zur Realisierung eines Milkruns sind jeder Maschine jeweils eine Anliefer- und eine Abholfläche zugeordnet, auf denen jeweils exakt ein Bodenroller (Transporteinheit für mehrere Werkstückträger eines Fertigungsauftrags) abgestellt werden kann. Im Turnus von einer Stunde, dem sogenannten Zyklus, fährt ein Mitarbeiter die Anliefer- und Abholflächen in der Fertigung mit einem Elektrozug ab (vgl. Abbildung 3-2). Die Anliefer- und Abholflächen sind so angeordnet, dass der Mitarbeiter alle Flächen durch die Fahrt einer „Acht" erreichen kann. An einer Schnittstelle zwischen den beiden Teilrunden der „Acht" kann der Mitarbeiter zudem in den Bereich für Wareneingang und -ausgang einfahren. Gemäß den Prinzipien der Lean Production erfolgt die Steuerung der Intralogistik ohne IT-Unterstützung, sodass der Mitarbeiter stündlich mit dem Elektrozug alle Teilrunden abfährt, fertig bearbeitete Fertigungsaufträge einlädt, diese verteilt, sowie leere Anlieferflächen notiert. Diese Flächen werden im jeweils folgenden Zyklus mit einem Fertigungsauftrag aus dem Pufferlager bestückt. Um die Bestände gering zu halten, gilt die Prämisse, dass innerhalb eines Zyklus alle fertig bearbeiteten Fertigungsaufträge weitertransportiert werden.

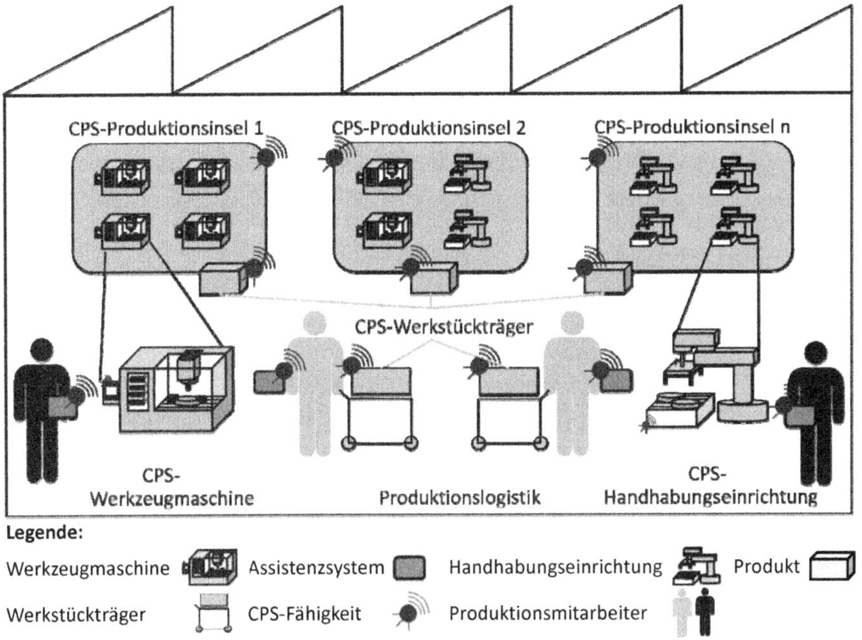

Abbildung 3-1: Vernetzung von Produktions- und Logistikeinheiten, in Anlehnung an (Reinhart et al., 2013)

Abbildung 3-2: Elektrozug und Pufferlager

Die Steuerung der Intralogistik erfolgt ohne IT-Einsatz, sodass vor einem Zyklus nicht bekannt ist, welche Fertigungsaufträge mit welchem Zustand an welchem Ort abholbereit stehen, bzw. welche Anlieferflächen leer sind und mit einem Fertigungsauftrag aus dem Pufferlager bestückt werden müssen. Diese mangelnde Informationstransparenz führt dazu, dass die Steuerung des Milkruns zur dargestellten Verschwendung führt.

3.2.2 Nutzenbetrachtung

Das konkrete Verbesserungspotenzial besteht in der Realisierung eines bedarfsorientierten Milkruns. Dieser wird auf Basis des Technologieparadigmas des intelligenten Werkstückträgers implementiert. Hierbei wird der Startzeitpunkt des nächsten Zyklus durch den Bedarf gesteuert. Der Prozess des Milkruns selbst bleibt unverändert. Der Bedarf wird dadurch charakterisiert, dass es an einer Maschine zu keinem Zeitpunkt zu einem Stillstand aufgrund eines nicht rechtzeitig angelieferten Produktionsauftrags kommen darf. Auf Basis der vorliegenden Informationen wird ein Zyklus eine Stunde bevor alle Fertigungsaufträge einer Maschine abgearbeitet sind gestartet.

Grundvoraussetzung hierfür ist das Schließen des Medienbruchs bezüglich der Belegung von Anliefer- und Abholflächen sowie der voraussichtlichen (Rest-) Bearbeitungszeit der sich in Bearbeitung befindenden Fertigungsaufträge. Hier kommen intelligente Werkstückträger zur Anwendung (vergl. Veigt et al., 2013 und Lappe et al., 2014). Ein Vorteil des Einsatzes intelligenter Werkstückträger gegenüber E-Kanban ist hier, dass die erforderlichen Informationen bzgl. Anliefer- und Abholbedarfe prozess- und ortsunabhängig erzeugt werden können.

Zur Ermittlung des Nutzens wurde über einen Zeitraum von zwei Tagen der Milkrun präzise dokumentiert. Auf Basis der Datenaufnahme wurde simulationsbasiert das Potenzial einer bedarfsorientierten Materialversorgung untersucht. Eine ausführliche Erläuterung der Modellierung, der Validierung sowie der Potenzialanalyse ist in (Lappe et al., 2014) nachzulesen. Die Simulationsergebnisse verdeutlichen anhand der Datenbasis, dass eine bedarfsorientierte Materialversorgung zu einer deutlichen Reduzierung der gefahrenen Zyklen (vergl. Abbildung 3-3), und der gefahrenen Teilrunden (vergl. Abbildung 3-4), führt.

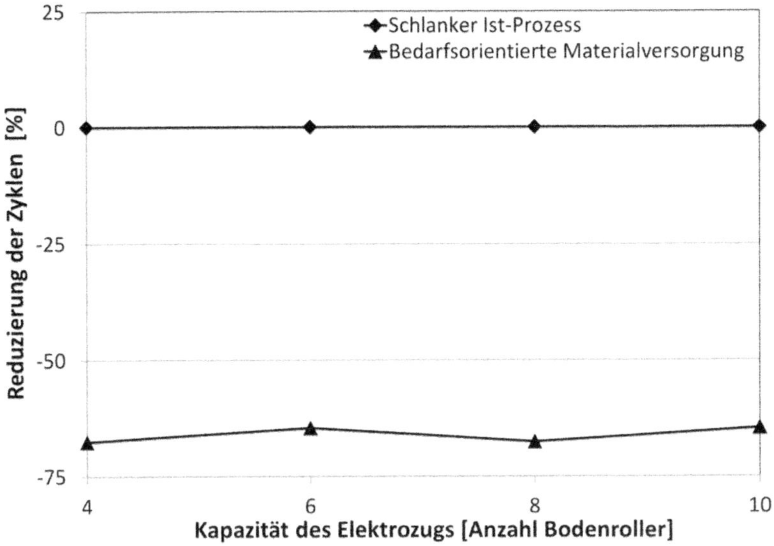

Abbildung 3-3: Potenzial bzgl. der Reduzierung gefahrener Zyklen

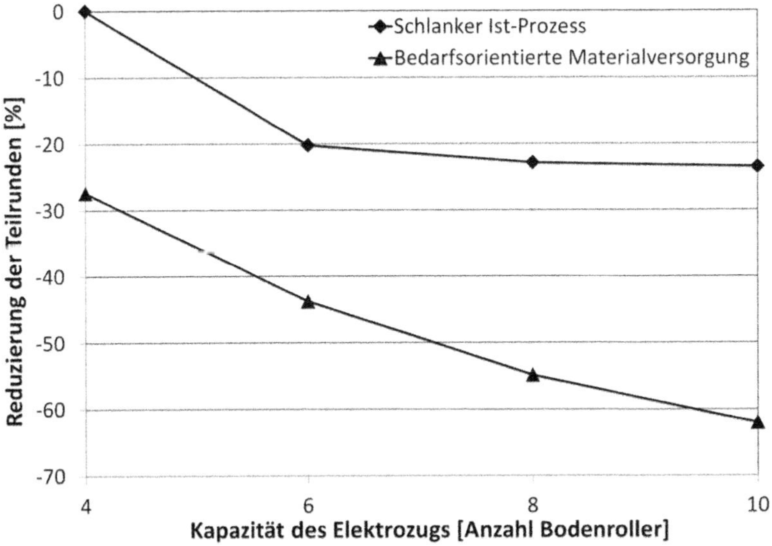

Abbildung 3-4: Potenzial bzgl. der Reduzierung gefahrener Teilrunden

Die Kapazität des Elektrozugs hat dabei keinen wesentlichen Einfluss auf die Anzahl der gefahrenen Zyklen, da die Anzahl der gefahrenen Zyklen bei einer bedarfsorientierten Materialversorgung mit dem Bedarf in der Fertigung korreliert. Jedoch führt eine Kapazitätserhöhung des Elektrozugs bei einer bedarfsorientierten Materialversorgung zu einer deutlicheren Reduzierung der gefahrenen Teilrunden, da aufgrund der Reduzierung der Zyklen in diesen deutlich mehr Transportaufträge durchgeführt werden müssen.

3.2.3 Umsetzung

Die konkrete Umsetzung in der „Urbanen Produktion" erfolgt in mehreren Schritten. Zunächst sollen die herkömmlichen Werkstückträger verwendet werden sowie der stündliche Rhythmus behalten bleiben. Der transportierte Fertigungsauftrag kann durch einen QR-Code identifiziert werden, der auf dem Arbeitsplan aufgedruckt ist. Mit einem Pocket-Scanner kann der Mitarbeiter der Intralogistik alle Aufträge sowie die ebenfalls mit einer optischen Identifikation versehenen Anliefer- und Abholflächen identifizieren. Auf einem Tablet-PC werden den Mitarbeitern die aktuellen Bedarfe angezeigt. Auf Basis der Informationstransparenz sind somit im ersten Schritt die Anliefer- und Abholbedarfe bekannt. Darauf aufbauend wird in einem nächsten Schritt eine Software zur Berechnung der Abfahrtszeitpunkte eingesetzt. Auf dem Tablet-PC wird den Mitarbeitern der nächste Abfahrtszeitpunkt vorgeschlagen und die nächste Tour angezeigt. Da die Informationsbasis in den ersten beiden Umsetzungsstufen auf einer manuellen Datenaufnahme basiert, können im letzten Schritt intelligente Werkstückträger eingesetzt werden, um die erforderliche Informationstransparenz automatisch sowie prozess- und ortsunabhängig zu schaffen. Durch die schrittweise Implementierung einer intelligenten Vernetzung zur bedarfsorientierten Materialversorgung in der Fertigung werden die Mitarbeiter sukzessive an die Veränderungen herangeführt, damit der IT- und Technik-Einsatz als Unterstützung für die tägliche Arbeit Akzeptanz findet.

3.3 Produktionsplanung und Eskalationsmanagement

Das folgende Anwendungsbeispiel beschreibt die Anwendung des Paradigmas des assistierten Bedieners zur Beseitigung von Medienbrüchen durch die Synchronisierung einer bislang papiergestützten operativen und einer IT-gestützten mittelfristigen Produktionsplanung.

3.3.1 Motivation und Szenario

Die Planung von zu bearbeitenden Produktionsaufträgen erfolgt oftmals mit Produktionsplanungssystemen (PPS). Diese erlauben eine informationstechnische Abbildung der zeitlichen Eintaktung der jeweiligen Aufträge in einzelne Produktionsprozesse. PPS sind typischerweise Softwarewerkzeuge für Mitarbeiter der Planungsebene. Insbesondere in mittelständischen Unternehmen werden PPS jedoch oft nicht dazu verwendet, die konkrete Abarbeitung von einzelnen Prozessschritten zur Fertigung eines Produkts auf Meister-, Gruppenleiter-, oder Maschinenbediener-Ebene zu steuern. Hierfür kommen typischerweise Plantafeln zum Einsatz, welche nach den Prinzipien der Lean Production die Organisation der

Fertigung auf Basis eines papierbasierten Kartensystems erlauben. Es kommt zu einem Medienbruch zwischen der IT-gestützten mittelfristigen und der papiergestützten operativen Planung. Beide Planungssysteme müssen mit hohem Aufwand manuell synchronisiert werden. Organisatorische Verluste sind die Folge.

Bei dem System der Fertigungsorganisation über eine Plantafel werden Karten mit Informationen wie Auftragsnummer, Maschinennummer, Losgröße und Materialnummer in die einzelnen Spalten der Plantafel eingeordnet. Die Spalten entsprechen dabei einzelnen Bearbeitungsmaschinen oder Bearbeitungsschritten, die Reihenfolge der Karten entspricht der Abarbeitungsreihenfolge verschiedener Aufträge auf einer Maschine. Sobald die Bearbeitung eines Auftrags auf einer Maschine fertiggestellt ist, wird die betreffende Karte vom Werker manuell in die Spalte für den nächsten Bearbeitungsschritt einsortiert. Auf diese Weise kann eine Steuerung der Auftragsabarbeitung auf operativer Eben effizient durchgeführt werden.

Der konkrete Nachteil des Medienbruchs zwischen der IT-gestützten mittelfristigen und der papiergestützten operativen Planung umfasst eine kontinuierliche Abweichung zwischen digitaler Planungswelt und der realen Welt der Auftragsabarbeitung. In Konsequenz sind aktuelle Informationen zum Stand der Auftragsbearbeitung nicht über IT-Systeme abrufbar und müssen bei Bedarf direkt beim Fertigungsmeister oder beim einzelnen Werker zeitaufwändig nachgefragt werden. Dies führt insbesondere in Situationen mit dringendem Entscheidungsbedarf, wie der Bewertung von Problemeskalationen in der Auftragsbearbeitung und deren Behebung zu hohen organisatorischen Verlusten.

Um in solchen Situationen eine informierte und damit schnelle Entscheidung treffen zu können, müssen aktuelle auftrags-, maschinen-, und linienbezogene Informationen für Entscheider wie z. B. Geschäftsführer oder Mitarbeiter der Planungsebene zu jeder Zeit mobil und zielgruppenspezifisch aufbereitet zugreifbar sein.

Die Bewertung und Behebung von Eskalationen wird heute ebenfalls durch Medienbrüche erschwert. Medienbrüche entstehen dadurch, dass Informationen bezüglich der Ursache, weshalb ein Auftrag aktuell nicht gefertigt werden kann, nur unzureichend dokumentiert werden. Konkrete Probleme werden z. B. mündlich oder als papierbasierte Notiz vom Werker zum Fertigungsmeister weitergegeben. Die Dokumentation der Ursachen einer Eskalation erfolgt darüber hinaus nur in eingeschränkter und unzureichender Form. Falls eine Dokumentation in IT-basierten Systemen erfolgt, handelt es sich oftmals um unstrukturierte Tabellen oder separate Datenbanksysteme. In Konsequenz sind kurzfristig Informationen zur Problemursache für den Entscheidungsträger nur bedingt zugänglich und müssen zeitaufwändig manuell zusammengetragen werden. Dies resultiert wiederum in einem verlängerten Maschinenstillstand. Darüber hinaus verhindert der Medienbruch die statistische Auswertung und damit eine Wissensrückführung bezüglich der Problemursachen. Eine systematische Optimierung des Planungsprozesses ist auf Basis einer unstrukturierten und lückenhaften Datengrundlage nahezu unmöglich.

Um im Falle einer Eskalation von Problemen bei der Auftragsbearbeitung kurzfristig schnell und zielgerichtet reagieren zu können, muss der Mensch sowohl beim Anlegen einer Eskalation, bei der Informationseingabe und beim Informationsabruf in den Mittelpunkt gerückt werden. Im Falle der Informationseingabe bedeutet dies eine weitestgehend automatisierte Eingabe von Auftrags- und Maschinenstammdaten, eine multimodale Eingabe der Problemursache sowie eine möglichst einfache Weitergabe der Eskalationsinformation an relevante Rollen im Unternehmen. Für den kurzfristigen Informationsabruf müssen Entscheidern zentrale Informationen als Grundlage einer informierten Entscheidung mobil zur Verfügung stehen. Beispiele sind der von einer Eskalation betroffene Auftrag, die betroffene Maschine, die Problemursache, der Ansprechpartner auf Werkerebene sowie die aktuelle Tagesplanung der Auftragsabarbeitung. Durch die teilautomatisierte digital erfasste Dokumentation von Problemen bei der Auftragsabarbeitung wird der Einsatz von statistischen Verfahren zur Erkennung von Korrelationen zwischen Problemursachen, eingesetzter Maschinen und Ausrüstung sowie gefertigter Teile anwendbar. Auf längere Sicht versetzt dies Entscheidungsträger in die Lage, gezielt gegen spezifische Eskalationsursachen vorzugehen und somit den Planungsprozess kontinuierlich zu optimieren.

3.3.2 Nutzenbetrachtung

Der Nutzen dieses Anwendungsfalls liegt in der Optimierung des organisatorischen Prozesses zur Auftragsbearbeitung und lässt sich daher nur schwer quantifizieren. Kurz- und mittelfristig steht die schnellere und einfachere Eskalation von Problemen im Vordergrund. Der initiale Prozess wird dabei nicht verändert. Mittelfristig kann die erhobene Datenbasis zur schnelleren Diagnose der Problemursache herangezogen werden. Langfristig kann diese Datenbasis jedoch grundlegende Zusammenhänge hinsichtlich Parametern wie Material, Werkzeug, Rüstteile, Fertigungsmaschinen und Zulieferern aufdecken. Diese Information lässt sich dazu nutzen, den Auftragsbearbeitungsprozess systematisch zu optimieren.

3.3.3 Umsetzung

Die Umsetzung erfolgt mit dem Ziel, organisatorische Verluste in der Abstimmung von Produktionsplanung und Auftragsabarbeitung sowie der Erfassung und Behandlung von Problemeskalationen zu unterstützen.

Im ersten Schritt erfolgt die Implementierung einer digitalen Plantafel, welche die Grundursache des Medienbruchs beseitigt. Für Mitarbeiter der Planungsebene besteht die Möglichkeit, auf den aktuellen Informationsstand des digitalen Plantafelsystems per Tablet-PC zuzugreifen (vergl. Abbildung 3-5). Hierbei erfolgt die Visualisierung von Fertigungsaufträgen in tabellarischer Form, sortiert nach einzelnen Fertigungslinien und in farblicher Codierung. Abhängig von der Rolle des Nutzers können verschiedene Ansichten angezeigt werden. Beispiele sind Tagesplanung, Maschinenbelegung, Planung für eine Linie sowie Auftragsstammdaten, Zeitpunkt der Fertigstellung, oder der Grund für eine Sperrung eines Auftrags. Der einfache Zugriff auf unterschiedliche Informationssichten und -inhalte erfolgt dabei entweder durch taktile Interaktion oder über optische Marker (Barcode, QR-Code, Datamatrix-Code) an den Maschinen sowie auf den Auftragspapieren. Diese Art des Zugriffs ermöglicht betroffenen Mitarbeitern bei Rundgängen oder Besprechungen in der Fertigung zu jederzeit schnell und intuitiv auf relevante Informationen der Fertigungsplanung zuzugreifen.

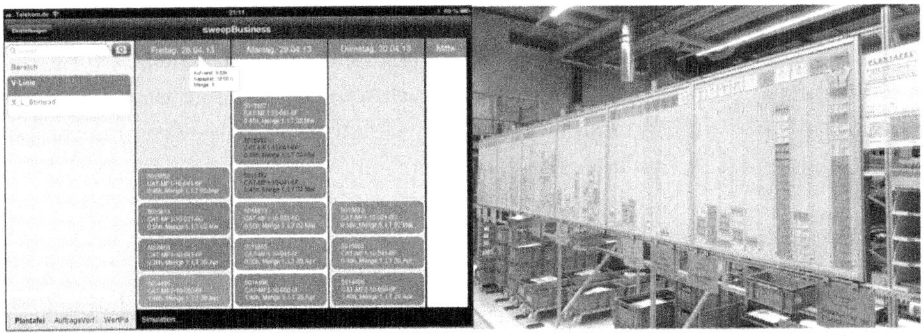

Abbildung 3-5: **Papierbasierte Plantafel mit Einsteckkarten und deren digitale Entsprechung auf einem Tablet PC**

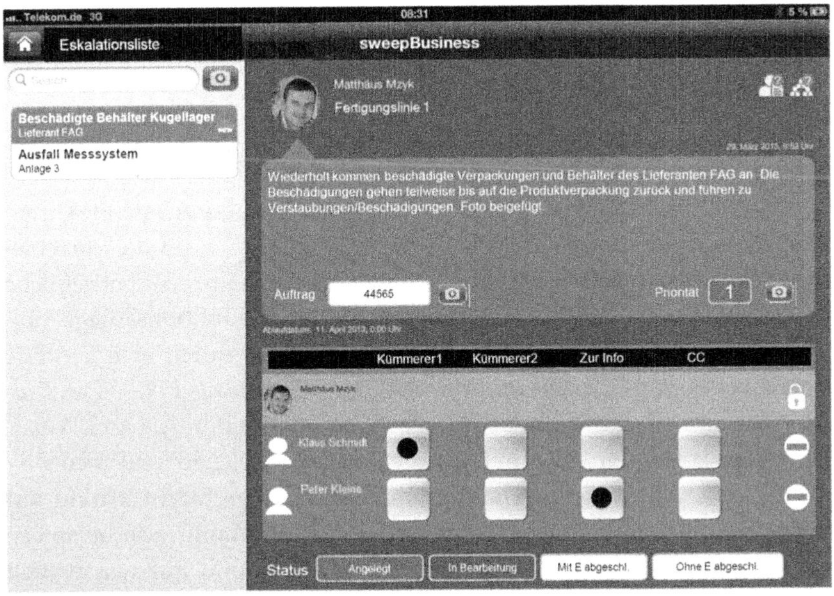

Abbildung 3-6: **User Interface Prototyp der Anwendung zum Anlegen einer Eskalation**

Im zweiten Schritt wird eine Anwendung geschaffen, mit der der Werker direkt die Bearbeitung von Fertigungsaufträgen dokumentieren und ggf. Probleme eskalieren kann. Die Eingabe von Auftrags- und Maschinenstammdaten kann auch hier durch Scan optischer Marker auf Auftragspapieren oder an Bearbeitungsmaschinen erfolgen. Genauere Informationen zu einer Eskalation, wie z.B. falsch aufgebaute Aufspannungen oder fehlerhafte Rüstteile, können per Foto dokumentiert werden. Vorgefertigte Textbausteine und die Möglichkeit Sprachnachrichten aufzunehmen erleichtern die Dokumentation.

In einem dritten, längerfristig angelegten Schritt werden die erhobenen Informationen über Verzögerungen in der Auftragsbearbeitung und deren Ursachen in einen kontinuierlichen Verbesserungsprozess überführt. Auf Basis der vollständigen digitalen Dokumentation der Verzögerungsursachen in der Bearbeitung der Fertigungsaufträge können z.B. Paretoanalysen durchgeführt, Engpässe im Prozess der Auftragsbearbeitung identifiziert und systematische Prozessoptimierungen z.B. in Form von PDCA-Zyklen initiiert werden.

3.4 Verteilte Anlagensteuerung in der SmartFactoryKL

Das folgende Anwendungsbeispiel behandelt die Umsetzung des Paradigmas der intelligenten Maschine und die Reduzierung des Medienbruchs bei der Steuerungsplanung und -entwicklung. Anhand einer Anlagensteuerung in der SmartFactoryKL, die aus verteilten, miteinander kommunizierenden Steuerungsinstanzen besteht, wird untersucht, wie sich diese neuen Paradigmen auf die verschiedenen Phasen der Planung und Inbetriebnahme, des Betriebs und der Rekonfiguration auswirken.

3.4.1 Motivation und Szenario

Heute in der Automatisierungstechnik vorherrschende Steuerungsarchitekturen sind strikt hierarchisch organisiert. Steuerungsaufgaben werden auf die verschiedenen Ebenen der Automatisierungspyramide vertikal verteilt (z.B. betriebliche Steuerung vs. technische Steuerung). Die Steuerung der Produktionsanlage und des darauf ausgeführten Produktionsprozesses erfolgt meist durch eine zentrale Einheit, beispielsweise eine Speicherprogrammierbare Steuerung (SPS). Die Programmierung einer SPS erfolgt in einer stark hardwareorientierten Art und Weise, ähnlich Assemblerprogrammen. Dadurch wird zwar sehr speicher- und recheneffizienter Code erzeugt, welcher jedoch häufig unübersichtlich, schlecht strukturiert und kaum wiederverwendbar ist. Daher müssen SPS-Programme, wie beispielsweise für neu errichtete Produktionsanlagen, meist von Grund auf neu erstellt werden. Änderungen am SPS-Code, beispielsweise aufgrund zu ändernder Prozessabläufe, erweisen sich als aufwändig und fehleranfällig. Des Weiteren wird ein großer Anteil der Entwicklungszeit in die Programmierung von Treibern und Schnittstellen zur Anbindung von Feldgeräten investiert, welche oftmals über proprietäre Protokolle auf Byte-Ebene und unterschiedliche Kommunikationsschnittstellen angesprochen werden müssen.

Der Austausch eines Feldgeräts durch ein funktionsgleiches Gerät eines anderen Herstellers macht in der Regel die Anpassung des SPS-Programms notwendig. Trotz der Standardisierung der SPS-Programmierung durch die IEC 61131 ist die Modularisierung und Wiederverwendung von existierendem Quellcode oftmals nur eingeschränkt möglich. Hauptursache ist das niedrige Abstraktionsniveau der immer noch stark hardwareorientierten SPS-Programmierung (vergl. Loskyll, 2013).

Das vorherrschende niedrige Abstraktionsniveau der Steuerungsprogramme beeinflusst auch deren Planungs- und Entwurfsphase. Die verschiedenen Entwurfsphasen (prozessorientierter, funktionaler, struktureller Entwurf) laufen meist getrennt und in unterschiedlichen Gewerken ab. Zwischen diesen Aktivitäten besteht ein Medienbruch, d.h. Daten werden unzureichend und oftmals in Form von Skizzen oder Tabellen auf Papier weitergegeben. Es mangelt an einer durchgängigen Engineeringmethodik, bei der Planungs- und Entwurfsdaten über die verschiedenen Phasen hinweg in digitaler Form übermittelt werden.

Ein vielversprechender Ansatz zur Adressierung der beschriebenen Probleme ist die Verteilung von Steuerungsaufgaben auf kleinere, besser beherrschbare Steuerungseinheiten. Insbesondere das Paradigma der Serviceorientierung scheint geeignet, um mechatronische Funktionalitäten von Anlagenkomponenten zu Services zu kapseln, die über standardisierte Schnittstellen zur Verfügung gestellt und zu höherwertigen Services oder ganzen Prozessabläufen kombiniert werden können.

Im Forschungsprojekt RES-COM wurden die Auswirkungen der Verteilung der Steuerungsintelligenz auf die verschiedenen Phasen des Anlagenlebenszyklus untersucht und Methoden zur modellbasierten Planung (vergl. Ollinger et al., 2013), zur dynamischen Anpassung des Prozessablaufs zur Betriebszeit (vergl. Loskyll, 2013) und zur Rekonfiguration nach dem Plug&Play-Prinzip (vergl. Hodek, 2013) entwickelt.

Die Methodik zur durchgängigen modellbasierten Planung von serviceorientierten Anlagensteuerungen definiert ausgehend von einer Produktionsprozessplanung auf abstrakter Ebene (basierend auf Eingaben aus früheren Planungsphasen wie dem Produktdesign) drei Modelle zum Entwurf des Steuerungssystems (vergl. Ollinger et al., 2013): ein Strukturmodell zur Beschreibung des physischen Anlagenaufbaus, ein Servicemodell zur softwaretechnischen Gruppierung der benötigten Funktionalitäten sowie ein Orchestrierungsmodell zur Festlegung der Programmlogik. Diese Modelle agieren auf abstrakter Ebene, also unabhängig von hardwarespezifischen Details konkreter Feldgeräte.

Die entwickelte Methodik der dynamischen Orchestrierung (vergl. Loskyll, 2013) von Services, die durch die Feldgeräte und Baugruppen der Produktionsanlage angeboten werden, basiert auf einem logischen Fähigkeitsabgleich, dem sogenannten semantischen Matchmaking. Kernaspekt dieser Methodik ist der Einsatz semantischer Technologien, einem Werkzeug der Künstlichen Intelligenz, zur Beschreibung der Bedeutung von Feldgerätefunktionalitäten in einer maschinenverständlich Art und Weise. Auf der Basis dieser Beschreibung können die Fähigkeiten der Anlagenkomponenten hinsichtlich ihrer Bedeutung für das zu fertigende Produkt unterschieden und automatisch selektiert werden. So wird es möglich, Prozessabläufe zur Anlagensteuerung basierend auf einer abstrakten Prozessbeschreibung (grundlegende Operationen aus der Fertigungsplanung ohne Verknüpfung zu konkreten Geräten) automatisch zu generieren und zur Laufzeit der Anlage flexibel anzupassen. Um das System der dynamischen Orchestrierung mit der dinglichen Welt zu koppeln und mit aktuellen Daten aus der Produktionsanlage zu erweitern, werden diese mittels eines Context Brokers erfasst und zu höherwertigen Informationen aggregiert.

3.4.2 Nutzenbetrachtung

Der Ansatz einer Modularisierung der mechatronischen Funktionalitäten durch das Paradigma der Serviceorientierung macht es einerseits möglich, den Produktionsprozess flexibel aus verfügbaren Services zusammenzustellen, andererseits erlaubt er auch den interoperablen Zugriff übergeordneter Steuerungsebenen und somit die Realisierung einer vertikalen Integration.

Die Fokussierung auf abstrakte Prozessschritte aus einer funktionalen statt einer hardwareorientierten Sichtweise ermöglicht die Schließung der Informationslücke zwischen Geschäftsprozessen (betriebswirtschaftliche Sicht) und Produktionsprozessen (technische Sicht). Darüber hinaus bietet die abstrakte Prozessbeschreibung die Grundlage für die automatische Generierung von konkreten, zur Anlagensteuerung geeigneten Prozessabläufen.

Die semantische Modellierung der verschiedenen Aspekte der in der Produktionsanlage verfügbaren Funktionalitäten nutzt durchgehend existierende Normen, Richtlinien und Klassifikationssysteme als Wissensquellen. Dadurch wird existierendes Domänenwissen durch Formalisierung auf eine semantische Ebene gehoben, die ein logisches Schlussfolgern erlaubt. Dies stellt einen grundlegenden Schritt dar, um zukünftig Engineering-Vorgänge teilweise zu automatisieren und einen automatischen Abgleich von gesuchten und vorhandenen Funktionalitäten sogar erst in der Betriebsphase einer Produktionsanlage zu erlauben (vergl. Loskyll, 2013).

3.4.3 Umsetzung

Im Rahmen des Projekts RES-COM zeigt die Demonstrationsanlage der SmartFactoryKL am Deutschen Forschungszentrum für Künstliche Intelligenz (vergl. Abbildung 3-7) die Umsetzung einer serviceorientierten Anlagensteuerung. In der Anlage werden die Einzelteile eines intelligenten Schlüsselfinders

(Gehäusedeckel, Gehäuseboden, Platine) bearbeitet und zum fertigen Produkt assembliert. Im Inneren des Gehäusedeckels ist ein RFID-Transponder angebracht, auf dem fertigungsrelevante Daten (z.B. ressourcenschonende oder zeitlich optimierte Fertigung) gespeichert sind. Diese Informationen werden über ein RFID-Lese-Schreibgerät an die Anlagensteuerung übermittelt. Die verschiedenen Feldgeräte und Baugruppen sind mit Mikrocontrollern als Gateways ausgestattet, über die die mechatronischen Funktionalitäten per Webservice-Schnittstelle im Anlagennetzwerk angeboten werden. Dadurch entstehen intelligente, eingebettete Systeme, die über Internettechnologien und auf IP-Basis kommunizieren.

Die Methodik der dynamischen Orchestrierung wurde in der Demonstrationsanlage der SmartFactoryKL und des DFKI implementiert, um den Prozessablauf zur Steuerung der Anlage flexibel an gewünschte Fertigungsvarianten (z.B. ressourcenschonende Fertigung), neue Produktvarianten und Komponentenausfälle anpassen zu können. So wird der Prozessablauf zur Steuerung der Anlage erst in dem Moment automatisch generiert, in dem das Rohprodukt seine Spezifikation mitteilt. Mittels eines Context Brokers wird die aktuell vorliegende Situation der Produktionsanlagen und ihrer Komponenten basierend auf Kontextinformationen ständig ausgewertet und an die Anlagensteuerung kommuniziert. Wird etwa der Ausfall einer Komponente gemeldet, kann das Orchestrierungssystem beispielsweise durch Prozessumstellung auf redundante Stationen reagieren.

Die Anpassung der Produktionsanlage an neue Anforderungen mit einem Baukastensystem erfordert neben den einheitlichen Software-Schnittstellen auch standardisierte physikalische Schnittstellen und eine modulare Anlagenstruktur.

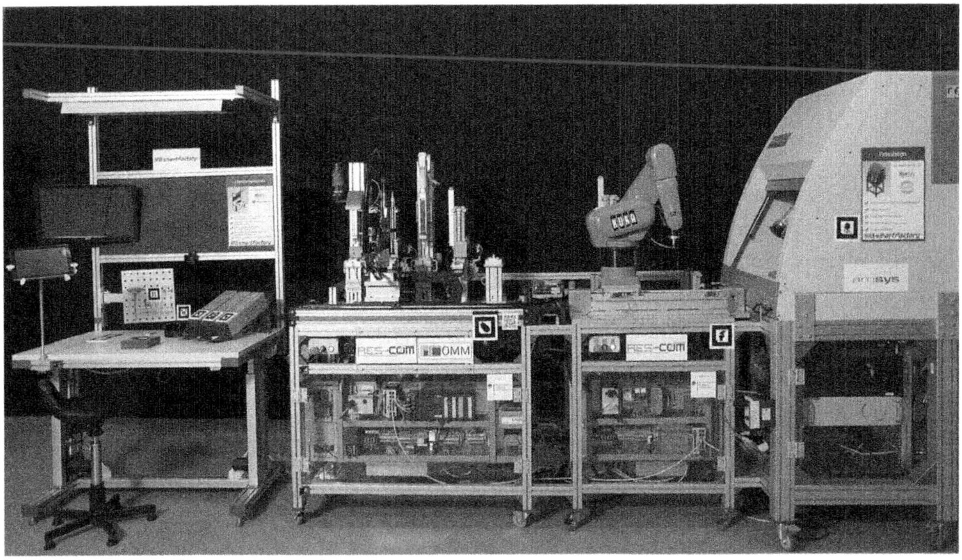

Abbildung 3-7: **Demonstrationsanlage der SmartFactoryKL und des DFKI**

In der in Abbildung 3-7 gezeigten Produktionslinie wurde eine Verpressstation zur Montage des zu fertigenden Produkts nach dem Plug&Play-Prinzip konstruiert (Hodek et al., 2013). Die Station kann mit wenigen Handgriffen entnommen und durch eine alternative Komponente ersetzt werden. Diese bringt ihre Steuerungsintelligenz bereits auf einem Mikrokontroller mit, meldet sich automatisch im Anlagennetzwerk an und kann in den Prozessablauf integriert werden.

4 Bewertung und Ausblick

4.1 Kerninnovation bei Industrie 4.0 spezifischer Produktionsoptimierung

Die umgesetzten Anwendungsfälle zeigen verschiedene Bereiche einer Produktion, deren Prozessablauf durch die Verfügbarkeit und Auswertung von aktuellen, hochauflösenden Informationen über Produkte optimiert wurde. In den Beispielen sind dies die Bereiche Intralogistik, Produktionsplanung und Aufbau und Betrieb komplexer Anlagen. Beispiele für hochauflösende Informationen sind der aktuelle Aufenthaltsort von individuellen Produkten, die aktuelle Auslastung und der Zustand einzelner Maschinen sowie der Zustand der Produktionsinfrastruktur. Vergleicht man die Anwendungsfälle jedoch mit der täglichen Produktionspraxis oder einschlägigen Veröffentlichungen, so fällt auf, dass die zu optimierenden Bereiche Gegenstand ständiger Optimierungsprojekte sind. Diese stehen nicht notwendigerweise in Zusammenhang mit der Integration von moderner Informations- und Kommunikationstechnologie. Ebenso verhält es sich mit den Zielen der jeweiligen Optimierungen. Die Produktion muss versuchen, ein Optimum in einem Zielpolygon zu finden, welches wesentlich aus den Eckpunkten Qualität, Kosten und Lieferung besteht. Die Ziele – Optimierung der Liefertreue, Senkung der Kosten, Steigerung der Qualität – wurden in tausenden von Einzelfällen auch ohne Internettechnologie mit großem Erfolg erreicht.

Es lässt sich daher feststellen, dass sich im Umfeld von Industrie 4.0 weder das Optimierungsziel, noch die zu optimierenden Bereiche verändern. Der zentrale Unterschied besteht in der Art und Weise, wie das Ziel erreicht wird. Während in der Zeit vor Industrie 4.0 die Maßnahmen wesentlich auf einer Leistungssteigerung beruhen, kommt mit Industrie 4.0 die Reduzierung von Medienbrüchen als neues Optimierungspotenzial hinzu (Abbildung 4-1).

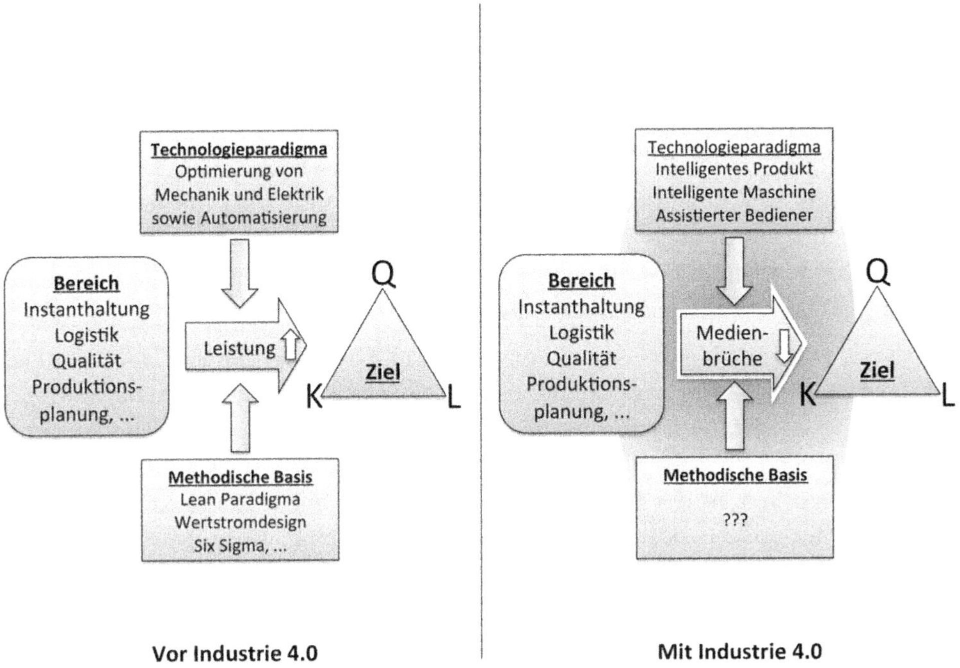

Abbildung 4-1: Reduzierung von Medienbrüchen als Optimierungsmaßnahme in Industrie 4.0

Die seit den Anfängen der Automatisierungstechnik bis heute etablierte Herangehensweise besteht darin, Engpässe in Prozessketten zu identifizieren und diese durch Leistungssteigerung in den betroffenen Prozessschritten zu erweitern. Das Ziel besteht darin, die Produktivität der gesamten Prozesskette bei Erfüllung der gestellten Qualitätsanforderungen zu erhöhen. Auf technischer Basis wird diese Leistungssteigerung wesentlich durch Automatisierung, leistungsfähigere Komponenten oder den Ersatz von einzelnen Prozessschritten durch neue Technologien erreicht. Auf methodischer Basis sind hier vor allem die Lean-Production Paradigmen zu nennen, die in den vergangenen Jahren durch Fokussierung der wertschöpfenden Tätigkeiten vor allem in der Fertigung und Montage große Produktivitätsfortschritte eingebracht und durch Senkung der Durchlaufzeiten und damit der Bestände zu einer signifikanten Flexibilitätssteigerung geführt haben.

Es zeigt sich jedoch in der betrieblichen Praxis oftmals, dass die theoretisch mögliche Leistung der Prozessketten nicht erreicht wird. Der Informationsfluss, welcher die Warenbewegung begleitet, wird angesichts bestehender Megatrends wie zunehmender Produktindividualisierung (Losgröße 1), steigender Volatilität der Märkte sowie einer Produktion in globalisierten Wertschöpfungsnetzen immer mehr zur Voraussetzung für hocheffektive Prozessketten. Ein Beispiel findet sich im Anwendungsfall der Intralogistik. In einer klassischen, durch Lean-Production Paradigmen geprägten Produktion, werden Warenflüsse für den Menschen transparent, indem er den Zustand der Anliefer- und der Abholflächen beobachtet. Aus der Sicht des ERP- oder Feinplanungssystems ergibt sich diese Transparenz jedoch erst aus der manuellen Buchung an bestimmten Anmelde- und Abmeldestellen in der Produktion. Es entsteht ein Medienbruch, da das Feinplanungssystem nicht direkt auf die realen Lagerbestände an den Anliefer- und Abholflächen zugreifen kann. Eine direkte digitale Weiterverarbeitung ist erst durch manuelle Überbrückung dieses Medienbruchs durch den Menschen möglich. Der Mensch wird somit zum Engpass im Informationsfluss in der Fabrik.

Hierdurch wird der Neuheitswert von Industrie 4.0 Anwendungen deutlich. Der Optimierungsansatz der vorgestellten Beispiele besteht in der Reduzierung von Medienbrüchen, sowie der Steigerung der Transparenz von technologischen und organisatorischen Prozessen durch die digitale Erfassung und Weiterverarbeitung von Prozessgrößen. In der Konsequenz lassen sich somit Prozessketten beschleunigen. Die technische Basis dieser Optimierungen sind Auto-ID-Technologien, eingebettete Systeme, TCP/IP-Netzwerke sowie die Integration verschiedenster IT-Systeme der Produktion.

Auf der Seite der klassischen Leistungssteigerung von Prozessschritten existiert eine breite Basis von Ansätzen, Vorgehensweisen und Rahmenwerke, mit denen Optimierungspotenziale in den verschiedensten Bereichen einer Produktion erkannt und systematisch umgesetzt werden können, wie z.B. *Wertstromanalyse/Wertstromdesign, Six Sigma oder Total Productive Maintenance.* Auf Seite der Optimierung durch Reduzieren von Medienbrüchen besteht noch der Bedarf, diese methodische Basis zu schaffen. Dazu ist zu untersuchen, ob die bestehenden Ansätze und Rahmenwerke entsprechend erweitert werden können.

4.2 Zentrale Rolle des Menschen

Die Anwendungsbeispiele zeigen, dass der Nutzen der durch die Reduzierung der Medienbrüche entstandenen Informationsverfügbarkeit erst durch die Optimierung von organisatorischen Prozessen entsteht. Hier manifestiert sich die zentrale Rolle des Menschen. Auto-ID-Technologien, eingebettete Systeme, IT-Systeme der Produktion und deren Vernetzung in einem Fabrik-Internet liefern dem Menschen eine Handlungsempfehlung. Der Mensch im Zentrum der Fabrik kann bei entsprechender Filterung und Aufbereitung dieser Informationsbasis anhand einer Mission und Strategie entscheiden, welche Handlungen er anschließend ausführt. Letzten Endes wird der Mensch durch Industrie 4.0 in die Lage versetzt, als informierter Entscheider die Fülle an gewonnenen Informationen zielgerichtet und situationsadäquat in optimierte Prozesse umzusetzen.

Es stellt sich die Frage, inwiefern autonome Systeme und Algorithmen der Künstlichen Intelligenz (KI) in diesem Szenario zur Anwendung kommen. Die Methoden der KI bieten einen reichen Methodenschatz, Informationen aus den unterschiedlichsten Quellen auszuwerten, technische Prozesse zu modellieren und auf dieser Basis Handlungsempfehlungen zu generieren. Obgleich diese Handlungsempfehlungen auch oftmals autonom durchgeführt werden könnten, zeigt die Erfahrungen mit der menschenleeren Fabrik der CIM-Zeit, dass dies in den seltensten Fällen sinnvoll ist. Der Mensch als kompetenter Dirigent der Produktionsressourcen würde aus dem Feld gedrängt, was in Konsequenz dazu führt, dass Innovations- und Weiterentwicklungspotenziale verloren gehen.

4.3 Notwendigkeit von Infrastruktur

Der Dreiklang „Erfassung – Interpretation – Reaktion" bildet die konzeptuelle Grundlage dafür, dass Cyber-Physische Systeme in einer konkreten Anwendung zu einem Nutzen und damit zu Mehrwert führen. Dieser Mehrwert entsteht in der Interpretation erfasster Informationen sowie in der Reaktion auf das gewonnene Wissen z.B. in Form einer informierten Entscheidung durch einen menschlichen Nutzer oder einer situationsspezifischen Systemreaktion. Dabei ist jedoch nicht zu vernachlässigen, dass die Basis für Interpretation und Reaktion eine vom jeweiligen Anwendungsfall abhängige Informationsbasis bildet. Aus diesem Grund kommt bei der Umsetzung von Industrie 4.0 Anwendungen der informationstechnischen Integration von IT-Systemen unterschiedlicher Ebenen der Automatisierungspyramide sowie der Erfassung des Zustands physischer Objekte eine zentrale Rolle zu.

Bereits heute liegt eine Vielzahl von Informationen über Produktionsmittel, Produkte und Prozesse in den IT-Systemen eines Unternehmens vor. Diese Informationsquellen sind jedoch häufig voneinander isoliert, was in der Anwendung zur bereits beschriebenen Problematik der Medienbrüche führt. Die Generierung eines Nutzens in einer konkreten Anwendung durch Informationsinterpretation kann folglich nur dann erfolgen, wenn unterschiedliche Subsysteme miteinander integriert werden.

Typische Informations- und Datenquellen in einem produzierenden Unternehmen reichen von ERP-/MES- und PPS-Systemen, über Speicherprogrammierbare Steuerungen (SPS) und einzelne Automatisierungskomponenten wie Feldgeräte oder elektrische Antriebssysteme bis hin zu proprietären Auto-ID Backendsystemen (vergl. Abbildung 4-2). Zentrale Fragestellungen bei deren Integration betreffen die flexible An- und Abkoppelbarkeit einzelner Komponenten, die damit verbundenen programmiertechnischen Aufwände sowie die IT-Sicherheit der über eine solche Infrastruktur verteilten Informationen.

Für die anwendungsspezifische Verteilung der Informationen stehen verschiedene Arten von „Informationsdrehscheiben" bereits heute zur Verfügung. Auf dem Gebiet der akademischen Forschung werden diese Systeme als sog. Context Broker bezeichnet. Context Broker bilden Middleware-Systeme, welche Informationen aus unterschiedlichsten Quellsystemen zusammenführen und diese über einheitliche Schnittstellen in technologieunabhängiger Form für Interpretationssysteme zur Verfügung stellen (vergl. Stephan, 2012). Typische Grundkomponenten solcher Systeme umfassen Adapter zur Ankopplung verschiedener Informationsquellen und Interpretationssysteme (zumeist basierend auf Webservices), Event-Handler zur Koordination des Informationsflusses sowie Datenbanken zur Zwischenspeicherung von Informationen. Kommerzielle Systeme zur Realisierung eines Context Brokers auf ERP-Ebene existieren bereits heute.

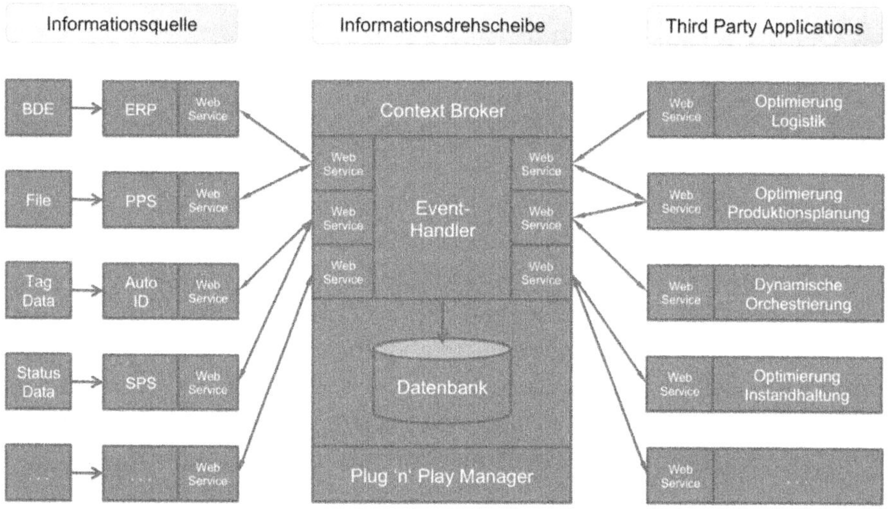

Abbildung 4-2: Abstrahierte Kommunikationsarchitektur zur unternehmensweiten Verknüpfung von Informationsständen

Die wertschöpfende Interpretation einer anwendungsspezifischen Teilmenge integrierter Informationen erfolgt in separaten Anwendungen (vergl. Abbildung 4-2). In den beschriebenen Umsetzungsbeispielen besteht der konkrete Mehrwert solcher Third Party Systeme in der flexiblen Vorhersage konkreter Transportbedarfe auf Basis der aktuellen Auftragslage, einem mobilen maschinen-, linien- oder produktspezifischen Informationszugriff oder der Generierung alternativer Produktionsprozessketten basierend auf individuellen Kundenbedarfen.

Das Interpretationswissen, welches typischerweise in Form von Regeln oder über Methoden der Künstlichen Intelligenz formalisiert abgebildet wird, beinhaltet nicht notwendigerweise das Kern-Know-How des Anwenderunternehmens, sondern kann, wie z.B. im Fall der Logistikplanung Wissen und Modelle eines spezialisierten Dienstleisters beinhalten. Damit in Zusammenhang steht jedoch die Fragestellung, in wieweit solche Anwendungen innerhalb eines Unternehmensnetzwerks gehostet werden können oder aus Sicherheitsbedenken heraus sogar müssen.

Unternehmen werden gezwungen sein, für diese Fragen individuelle Lösungen sowohl auf organisatorischer als auch auf technischer Seite zu finden. Aus Sicht zu tätigender Investitionen stellt der initiale Aufbau einer solchen Kommunikationsarchitektur den größten Aufwand dar. Ist die grundlegende Architektur, bestehend aus der Integration vorhandener Datenquellen über eine Datendrehscheibe sowie der Instrumentierung von Realweltobjekten mit Auto-ID Technologien erfolgt, können zusätzliche Datenquellen bzw. anwendungsspezifische Interpretationssysteme sukzessive und mit überschaubarem Aufwand an die bestehende Infrastruktur angebunden werden.

Bei der technischen Umsetzung von Anwendungen verursachen die Identifikation der auszutauschenden Daten sowie die Umsetzung der Anbindung von Datenquellen und Interpretationssystemen derzeit noch die größten Aufwände. In Industrie 4.0 werden daher Plug&Play Manager für Anwenderunternehmen die Umsetzbarkeit solcher Architekturen entscheidend beschleunigen. Im Forschungsprojekt CyProS wird in Form eines „Semantischen Mediators" aktuell an solch einer Komponente gearbeitet (Franke et al., 2013).

4.4 Stufen der Fabrikprozessoptimierung durch Informationsverfügbarkeit

Die Optimierung der Produktion und ihrer Supportprozesse erfolgt in den gezeigten Beispielen aufbauend auf der Nutzung von Daten, die einerseits in Planungssystemen oder als Sensordaten bereits vorliegen und andererseits – mit Hilfe von Auto-ID Technologien – neu erhoben werden müssen. Allen gezeigten Beispielen ist jedoch gemein, dass sie bestehende Fabrikprozesse wie Produktionsplanung, Intralogistik oder Instandhaltung, auf Basis dieser Daten optimieren. In Anlehnung an den vom Verband BITKOM veröffentlichten Leitfaden zum Management von Big-Data-Projekten (vergl. BITKOM, 2013) zeigen sich verschiedene Stufen des Einstiegs in die Prozessoptimierung durch Verringerung von Medienbrüchen (vergl. Abbildung 4-3). Ein erster Schritt kann darin liegen, bestehende Prozesse durch vorhandene Daten zu optimieren. Hierauf folgt meist der nächste Schritt, in dem der vorhandene Prozess durch die Erfassung neuer Daten aufgewertet wird.

Am Beispiel des Anwendungsfalls Logistik lassen sich diese Stufen beobachten. Der Prozess des Milkruns wird von einem fest getakteten zu einem bedarfsorientierten Fahrplan geändert. Was zunächst als Optimierung auf Basis von vorhandenen Daten aus dem Feinplanungssystem vorgesehen war, zeigte sich jedoch als nicht ausreichend, um eine Vorhersage der jeweils optimalen Zeitpunkte für bevorstehende Versorgungsfahrten durch ein regelbasiertes System zu generieren. Diese Möglichkeit zur Aufwertung des Milkrun Prozesses besteht nur dadurch, dass neue Daten bezüglich der Bestände an den Anliefer- und Abholflächen der einzelnen Stationen erfasst werden.

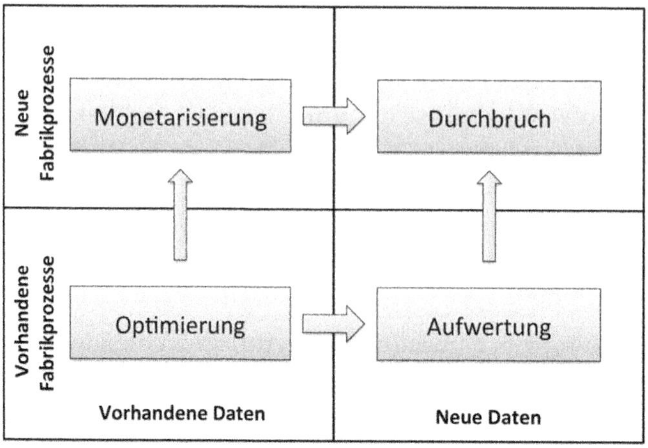

In Anlehnung an: BITKOM (Hrsg.): Management von Big-Data-Projekten - Leitfaden. Bitkom, Berlin, 2013

Abbildung 4-3: Stufen der Optimierung durch Verringerung von Medienbrüchen

Dem entsprechend lassen sich auch neue Prozesse entwickeln, die zunächst auf vorhandenen Daten beruhen können, jedoch auch auf neu erzeugten bzw. gemessenen. Im Zusammenhang mit Big-Data-Projekten spricht der BITKOM Leitfaden daher von der Monetarisierung bestehender Datenbestände und der Erzeugung eines Durchbruchs, bei dem der Wertschöpfungsmechanismus verschiedenster Daten durchgängig verstanden ist.

5 Zusammenfassung

Die grundlegende Motivation für das Thema Industrie 4.0 ist die Stärkung des Wirtschaftsstandorts Deutschland durch die Integration der Produktion mit der modernen Informations- und Kommunikationstechnik. Inhaltlich bildet Industrie 4.0 das Internet der Dinge und Dienste auf das Fabrikumfeld ab. Zentral ist dabei die Reduzierung des heute vielfach zu beobachtenden Medienbruchs zwischen realer, dinglicher Fabrikwelt und ihres virtuellen, digitalen Counterparts in Computern und daraus resultierende Applikationen und Mehrwertdienstleistungen. Vertreter der deutschen Industrie haben die verschiedenen Anwendungsfelder *Horizontale Integration, Vertikale Integration* und *Digitale Durchgängigkeit des Engineerings* als zentrale Anwendungsfelder des Paradigmas identifiziert (vergl. Kagermann et al., 2013).

Die in diesem Bericht dargestellten Anwendungsbeispiele fokussieren das Feld *Vertikale Integration*, bei der Daten aus der Feldebene und aus IT-Systemen der Produktion unabhängig von der Infrastruktur der Automatisierungspyramide gesammelt, verdichtet und ausgewertet werden, um auf dieser Basis Fabrikprozesse zu optimieren. Die dargestellten Technologieparadigmen des intelligenten Produkts, der intelligenten Maschine und des assistierten Bedieners zeigen prinzipielle Wege und Sichtweisen auf, die zur Schließung des Medienbruchs bezogen auf Produkt, Maschine und Mensch beitragen können.

Die gezeigten Anwendungen demonstrieren am Beispiel der Intralogistik, der Produktionsplanung und der verteilten Steuerung von Anlagen, wie in herkömmlichen Fabrik- und Engineeringprozessen Medienbrüche durch Anwendung der Technologieparadigmen überwunden werden können und der jeweilige Prozess damit optimiert wird. Alle Anwendungsbeispiele aus dem Bereich Produktionsoptimierung haben gemein, dass sie auf einer konzeptionell identischen IT-Infrastruktur aufbauen, welche unabhängig von der eigentlichen Automatisierungstechnik eine Datendrehscheibe beinhaltet, die Informationen aus dem Feld für Mehrwert-Applikationen und -Dienste aggregiert und zur Verfügung stellt.

Der Wirkmechanismus der beispielhaften Anwendungen ist die Optimierung und Aufwertung von Fabrikprozessen durch Auswertung von bestehenden und neu erfassten Daten über Produkte, Maschinen und Anlagen. Darüber hinaus ist es in Zukunft denkbar, auch neue Prozesse zu erschaffen, die voll und ganz auf das Vorhandensein und der Auswertbarkeit von Datenbeständen beruhen.

Während im Bereich des Engineerings mit der modellbasierten Steuerungsentwicklung bereits eine breite methodische Basis vorhanden ist, um die beschriebene gesteigerte Wandlungsfähigkeit zu realisieren und in der täglichen Arbeitswelt in Anwendung zu bringen, besteht auf Seiten der Produktionsoptimierung durch Reduzierung von Medienbrüchen noch ein großer Bedarf. Die Bedeutung medienbruchfrei fließender Informationen muss in die etablierten methodischen Rahmen von z.B. *Wertstromanalyse* und *-design, Six Sigma* und *Total Productive Maintenance* einfließen und diese erweitern. Damit wird das Thema Industrie 4.0 in der Produktion ebenso wie das Lean Paradigma schulbar. Industrie 4.0 kann somit von der breiten Masse der Produktionsunternehmen als Optimierungsansatz angewendet werden.

6 Literatur

Abele E, Reinhart G (2011) Zukunft der Produktion : Herausforderungen, Forschungsfelder, Chancen. Hanser, München

Ashton K (2010) That 'Internet of Things' Thing. http://www.rfidjournal.com/article/print/4986. Zugegriffen 23.11.2013

BITKOM (2013) Management von Big-Data-Projekten - Leitfaden. BITKOM, Berlin

Franke M, Zimmerling R, Hribernik K A, Lappe D, Veigt M, Thoben K-D (2013) Anforderungen an Datenintegrationslösungen in CPS. Productivity Management 3:23-25

Hodek S (2013) Methode zur vollautomatischen Integration von Feldgeräten in industrielle Steuerungssysteme. Dissertation, TU Kaiserslautern, Fortschritt-Berichte pak, Band 26

Hodek S, Meierer N., Schlick J., Zühlke D. (2013) Development Approach for Cyber-physical production components. 6th Int. Conf. on MANUFACTURING SCIENCE and EDUCATION (MSE'13), Sibiu

Kagermann H, Wahlster W, Helbig J (Hrsg.) (2013) Umsetzungsempfehlungen für das Zukunftsprojekt Industrie 4.0 : Abschlussbericht des Arbeitskreises Industrie 4.0. www.bmbf.de/pubRD/Umsetzungsempfehlungen_Industrie4_0.pdf. Zugegriffen: 23.11.2013

Lappe D, Veigt M, Franke M, Kolberg D, Schlick J, Stephan P, Guth P, Zimmerling R (2014) Vernetzte Steuerung einer schlanken Intralogistik: Simulationsbasierte Potentialanalyse einer bedarfsorientierten Materialversorgung in der Fertigung. Wt Werkstattstechnik online 3, im Druck

Loskyll M (2013) Entwicklung einer Methodik zur dynamischen kontextbasierten Orchestrierung semantischer Feldgerätefunktionalitäten. Dissertation, TU Kaiserslautern, Fortschritt-Berichte pak, Band 25

Ohno T (2013) Das Toyota-Produktionssystem. 3., erweiterte und aktualisierte Auflage, Campus Verlag, Frankfurt am Main, New York

Ollinger L, Zühlke D (2013) An Integrated Engineering Concept for the Model-based Development of Service-oriented Control Procedures. Proceedings of the IFAC Conference on Manufacturing Modelling, Management and Control. Saint Petersburg, Russia, pp. 1441–1446

Reinhart G, Engelhardt P, Geiger F, Philipp T R, Wahlster W, Zühlke D, Schlick J, Becker T, Löckelt M, Pirvu B, Stephan P, Hodek S, Scholz-Reiter B, Thoben K-D, Gorldt C, Hribernik K A, Lappe D, Veigt M (2013) Cyber-Physische Produktionssysteme: Produktivitäts- und Flexibilitätssteigerung durch die Vernetzung intelligenter Systeme in der Fabrik. Wt Werkstattstechnik online 2:84-89

Stephan P, Meixner G, Koessling H, Floerchinger F, Ollinger L, (2010) Product-Mediated Communication through Digital Object Memories in Heterogeneous Value Chains, In: Proc. of the 8th IEEE International Conference on Pervasive Computing and Communications, Mannheim, Germany

Stephan P, (2013) Ressourcen und energieeffiziente Produktion im urbanen Umfeld. Vortrag, VDMA Baden-Württemberg, 27.06.2013

Stephan P, (2012) Entwicklung einer Referenzarchitektur zur Nutzung semantisch interpretierter Ortsinformationen am Beispiel der Instandhaltung. Dissertation TU Kaiserslautern, Fortschritt-Berichte pak, Band 22

Veigt M, Lappe D, Hribernik K A, Scholz-Reiter B (2013) Entwicklung eines Cyber-Physischen Logistiksystems. Industrie Management 1:15-18

Vogel-Heuser B, Diedrich C, Broy M (2013) Anforderungen an CPS aus Sicht der Automatisierungstechnik, at – Automatisierungstechnik 10:669-676.

Weiser M (1991) The Computer for the 21st Century. Scientific American 265(3):94-104.

Womack J P, Jones D T, Roos D (1990) The machine that changed the world: The story of Lean Production. Rawson Associates, New York

Use Case Production: Von CIM über Lean Production zu Industrie 4.0

Johann Soder, SEW Eurodrive

1 Einleitung

Mit zunehmender Globalisierung und Vernetzung erhöhen sich die Prozessgeschwindigkeiten dieser Welt immer mehr. Der wachsende internationale Wettbewerb führt zu einer stark schwankenden Nachfrage an Produkten mit teils hoher Varianz bei gleichzeitig enormem Kostendruck. Für die meisten Unternehmen ist das Handlungsfeld dadurch dynamischer, unvorhersehbarer und turbulenter geworden. Industriezweige verschmelzen, Kunden denken und gestalten aktiv mit, Wettbewerber greifen an. Verkürzte Produktlebenszyklen führen zu vermehrten Technologie- und Produktneuerungen. Eine konventionelle Fabrikgestaltung mit Anlagenamortisationszeiten von mehreren Jahren kann diesen Anforderungen nicht mehr gerecht werden. Die Welt der Fabriken und Produktion steht an der Schwelle zur vierten industriellen Revolution, die auch unter dem Begriff Integrated Industry diskutiert wird.

Der folgende Beitrag beschreibt die Entwicklung im Hause SEW-EURODRIVE von den 80er Jahren bis heute auf dem Weg zur wertschöpfungsorientierten Unternehmensgestaltung, die nach dem Credo „Höchstleistung ist das Ergebnis aus Leidenschaft, Intelligenz und dem Streben nach Perfektion" systematisch vorangetrieben wurde.

In der heutigen Zeit rücken Innovationsfähigkeit und die Beherrschung moderner Technologien in den Vordergrund. Das Bestreben von SEW-EURODRIVE ist es, Bewährtes ständig zu überprüfen, zu perfektionieren und mit neuen Ansätzen, wie es sie aktuell im Zusammenhang mit Industrie 4.0 gibt, intelligent zu kombinieren.

2 Computer Integrated Manufacturing (CIM)

Die Grundidee, die Produktion IT-technisch zu vernetzen ist nicht neu. Bereits in den 80er Jahren wurde der Gedanke des Computer Integrated Manufacturing (CIM) verfolgt. CIM zu Deutsch „computerintegrierte Produktion" bzw. „computerintegrierte Fertigung" ist ein Sammelbegriff für verschiedene Tätigkeiten, die in einem Unternehmen durch IT-Systeme unterstützt werden, unter „CAx" zusammengefasst (computer-aided … oder computer-assisted …). Die Vision hinter CIM ist die ganzheitliche Betrachtung der Leistungserstellung eines Unternehmens, unterstützt durch integrierte IT-Systeme.

Bei SEW-EURODRIVE wurden zunächst Module wie PPS (Produktionsplanungs- und Steuerungssystem), CAD (computer-aided design), CNC (computerized numerical control), CAQ (computer-aided quality) und BDE (Betriebsdatenerfassung) auf Mainframe-Rechnern integriert. Weitere automatisierte Prozesse wurden mit der ersten Generalbebauung des Werkes Graben-Neudorf 1986/1987 eingeführt. Sie basierten auf einer hierarchischen IT-Struktur von Mainframe-Rechnern (Host) über einen Werksleitrechner zu SPS-gesteuerten Prozessen.

Die CIM-Philosophie beinhaltete die Vollautomatisierung – von der Planung bis zur Fertigung sollte alles von Rechnern gesteuert werden. Der Faktor Mensch geriet hierbei teilweise in Vergessenheit. CIM scheiterte, weil die erforderlichen Datensysteme, Sensorik und Datenübertragungstechnik zum damaligen Zeitpunkt nicht vorhanden oder zu vernünftigen Preisen noch nicht leistungsfähig genug waren. Man schuf eine überzüchtete, teure Produktion, die nur noch schwer beherrschbar war („vergl. Gausemeier, 2006") („vergl. Scheer, 1990").

Insbesondere in der Montage war bei SEW ein Projekt zur „teilautomatisierten Linienmontage für alle Getriebetypen" (siehe Abbildung 1) durch Probleme mit der Komplexität und aufgrund mangelnder Wirtschaftlichkeit nicht erfolgreich. Die teilautomatisierte, IT-technisch durchgesteuerte Montage und Auftragsdurchläufe wurden nach einem Zeitraum von ca. zwei Jahren wieder auf das Produktionskonzept der starren Linienfertigung mit einer hoher Arbeitsteilung bei der kundenspezifischen Getriebemontage zurückgebaut.

Abbildung 1: SEW-Getriebemontagelinie nach dem CIM-Konzept im Jahre 1985

3 Lean Production

Im Laufe der 90er Jahre erfasst die Lean-Philosophie aus Japan deutsche Produktionshallen, mit dem Ziel, die Wettbewerbsfähigkeit im Hochlohnland Deutschland zu sichern. Wichtige Schlagworte waren zum Beispiel Gruppenarbeit, kontinuierlicher Verbesserungsprozess (KVP), Just-in-Time-Prinzip, ziehende Fertigung, etc. Mit dem Ziel einer wertschöpfungskettenorientierten Unternehmensgestaltung wurden diese Ansätze im Produktionsbereich der SEW angewandt. Schnell erkannte man, dass die Umsetzung von Einzelmaßnahmen nicht zum gewünschten Ergebnis führte. So wurden im Laufe der Jahre, im Rahmen von mehreren Wellen der „kreativen Zerstörung" zunächst die vor- und nachgelagerten Prozesse und schließlich das gesamte Unternehmen betrachtet und optimiert (s. Abbildung 2).

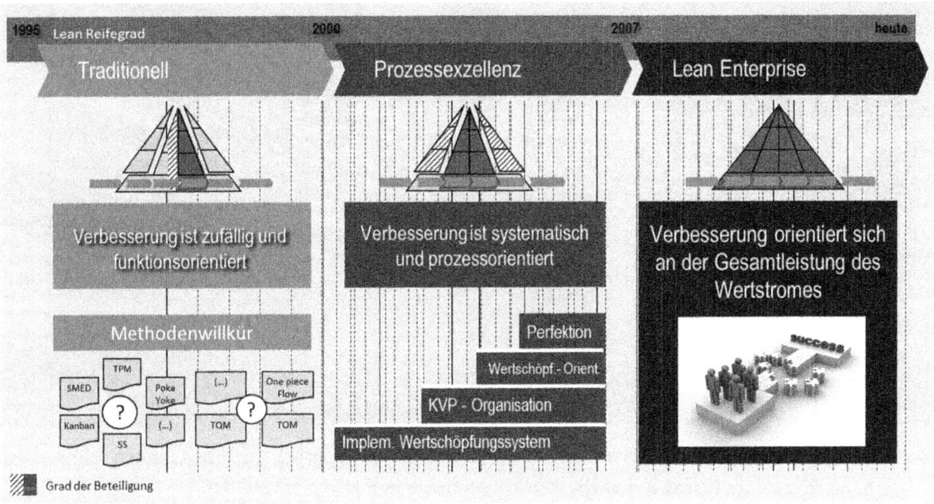

Abbildung 2: **Der Weg zu Lean Enterprise im Unternehmen SEW-EURODRIVE**

3.1 Beseitigung der Grundverschwendung in der Produktion

Auch im Hause SEW-EURODRIVE wurden die neuen Ansätze und Methoden aus Japan implementiert. Im Zeitraum von 1995 bis 1998 lag der Hauptfokus darauf, die Grundverschwendung im Bereich der Produktion zu eliminieren. Beschreiben lässt sich diese Phase der Wertschöpfungsorientierung mit folgenden Schlagworten: aufräumen, sauber halten, Transporte reduzieren, Bestände senken, Überproduktion vermeiden, Fehler reduzieren, Arbeitsabläufe optimieren, Materialbereitstellung verbessern.

Die ersten Schritte hinsichtlich Prozess- und Arbeitsplatzoptimierung machte man in der Elektronikfertigung in Bruchsal. Die traditionelle Werkstattfertigung wurde auf eine flexible Fließfertigung mit einer Kanban-Versorgung nach dem Pull-Prinzip umgestellt. Bei der Gestaltung des Arbeitsumfelds galt das Motto „nicht härter, sondern intelligenter arbeiten." Jeder Handgriff sollte zur Erhöhung des

Wertes beitragen, ohne den Mitarbeiter dabei unnötig zu belasten. Durch eine Arbeitsplatzgestaltung nach ergonomischen und bewegungstechnischen Gesichtspunkten mit einer zugriffsoptimierten Anordnung von Material und Werkzeug sowie der Vermeidung von unnötigen Bewegungen gelang eine Produktivitätssteigerung und das, ohne an Flexibilität zu verlieren. Die Abbildung 3 zeigt einen solchen optimierten Arbeitsplatz in der Elektronikfertigung Bruchsal.

Abbildung 3: **Bestücktisch in der Elektronikfertigung Bruchsal nach dem Best-Point-Prinzip**

3.2 Perfekte fließende Prozesse, standardisierte Arbeitsabläufe

In einer zweiten Welle von 1998 bis 2000 wurde die wertschöpfungsorientierte Gestaltung auf weitere Fertigungs- und Montagestandorte der SEW ausgeweitet und der Fokus auf perfekte fließende Prozesse und standardisierte Arbeitsabläufe intensiviert.

Mit dem Grundgedanken einer rhythmischen und verschwendungsfreien Produktion wurde in den Fabriken zusammen mit den Mitarbeitern die flexible Fließfertigung (s. Abbildung 5) mit folgenden Gestaltungsgrundlagen umgesetzt:

- Gerichteter Materialfluss nach Arbeitsgangfolge
- Synchronisierung aller Prozesse auf Grundlage des Just-In-Time-Gedankens
- Realisierung des One-Piece-Flow
- Vermeidung von Liegezeiten
- Transparenz im Materialfluss

- Produkt- und bedarfsabhängige Gestaltung
- Wertschöpfungsorientierte Anordnung
- Atmende, der Auslastung angepasste Beschäftigungskonzepte
- Minimierung der Arbeitsbelastungen
- Verlagerung von Tätigkeiten in die Nebenzeit
- Unterstützung der Tätigkeit durch einfache, intelligente und robuste Betriebsmittel
- Verkettung von Maschinenlösungen für ein durchgängiges Fertigungslayout und Vermeidung von Verschwendung, wie in Abbildung 4 aufgezeigt
- Standardisierte Kanban-Materialbereitstellung durch Logistiker

Abbildung 4: Verkettung von Maschinenlösungen in der Fertigung in Graben-Neudorf

Als weiteres Ziel galt es, ein durchgängiges Informationsmanagement zu implementieren. Dabei ging es darum, durch die Visualisierung von Prozessen und Abläufen, verständliche Arbeitsanweisungen und eindeutige Kennzeichnung von Materialien Mitarbeiter mit Informationen in die Lage zu versetzen, eigenverantwortlich zu handeln.

Das Streben nach Perfektion wurde mit der Auszeichnung des Elektronikwerks in Bruchsal mit dem „Industrial Excellence Award 2000 – Die Beste Fabrik" sowie des „TOP-Ehrenpreise[s] des Bundeswirtschaftsministeriums 2004" belohnt.

Abbildung 5: **Flussorientierte Arbeitsinsel in der Motorenfertigung in Haguenau / Frankreich**

3.3 Definition und Einführung des SEW–Wertschöpfungssystems

Im Laufe der 90er Jahre setzten die produzierenden Unternehmen unter dem Titel „Lean Production" eine Vielzahl innovativer Lösungen um. Die meisten Aktivitäten, die in den letzten Jahren in vielen Unternehmen „Thema" waren, basieren immer wieder auf den gleichen grundlegenden Methoden und Werkzeugen. Ziel war es, höchste Qualität bei gleichzeitig höchster Produktivität in den Prozessen zu erreichen.

Dieses Ziel wurde häufig verfehlt. Einzellösungen wurden getrennt voneinander in verschiedenen Unternehmenszweigen durchgeführt oder passten aufgrund divergierender Zielsetzungen nicht zusammen. Implementierungsprozesse verliefen im Sand oder wurden vom Management nicht unterstützt und von den Mitarbeitern nicht angenommen. Optimierungseffekte wurden, völlig losgelöst vom Gesamtsystem und unabhängig von der übergeordneten Unternehmensstrategie, letztlich nur erreicht, indem man sich auf eine Methode konzentrierte.

Mit diesem Bewusstsein entwickelte man im Hause SEW-EURODRIVE, abgeleitet aus dem von Taiichi Ohno und Shigeo Shingo begründeten Toyota-Produktionssystem (TPS), das in Abbildung 6 aufgeführte SEW-Wertschöpfungssystem, welches die Methoden bis heute ganzheitlich unter einem Dach bündelt.

Ziel des Wertschöpfungssystems ist die Gestaltung einer durchgängigen Arbeits- und Geschäftsprozess-Exzellenz über die gesamte Wertschöpfungskette im Unternehmen sowie die Entwicklung innovativer Konzepte zur Erreichung von Wettbewerbsvorteilen. Dadurch wird der Belegschaft Orientierung gegeben, werden die Fähigkeiten jedes Einzelnen verbessert sowie die Bereitschaft zur Umsetzung gestärkt.

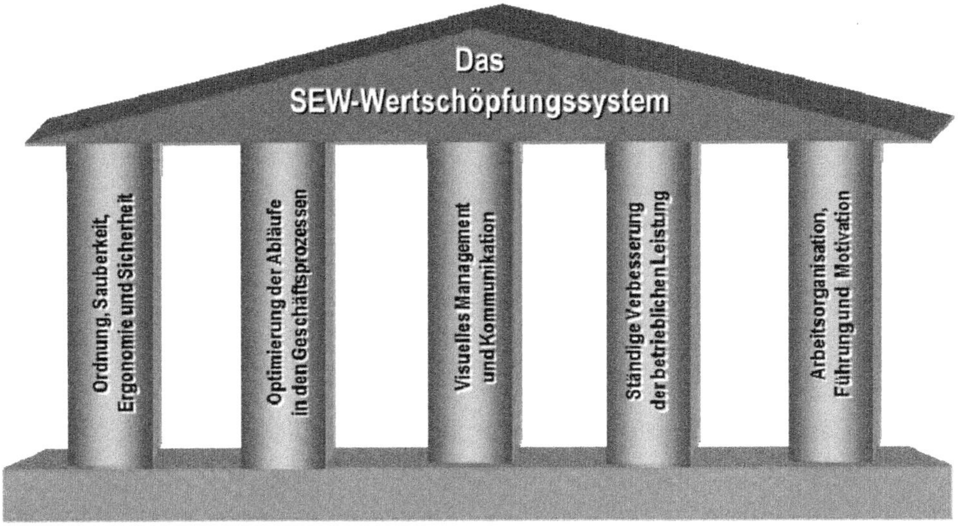

Abbildung 6: Das SEW-Wertschöpfungssystem

Das Wertschöpfungssystem baut auf den folgenden fünf Gestaltungsprinzipien auf:

- Ordnung, Sauberkeit, Ergonomie und Sicherheit
- Optimierung der Abläufe in den Geschäftsprozessen
- Visuelles Management und Kommunikation
- Ständige Verbesserung der betrieblichen Leistung
- Arbeitsorganisation, Führung und Motivation

3.3.1 Gestaltungsprinzip 1: Ordnung, Sauberkeit, Ergonomie und Sicherheit

Ein perfekt gestaltetes Arbeitsumfeld nach den Prinzipien Ordnung, Sauberkeit, Arbeitssicherheit, Arbeitsplatzergonomie, Umweltschutz und Informationsverfügbarkeit ist im ersten Gestaltungsprinzip „Ordnung, Sauberkeit, Ergonomie und Sicherheit" formalisiert. Die Mitarbeiter in den Prozessen setzen sich täglich dafür ein und tragen Sorge, dass der Bereich, in dem der Prozess abläuft, sauber und aufgeräumt, gefährdungsarm und leistungsfördernd gestaltet ist. Das Gestaltungsprinzip schafft die Grundlage für die standardisierte Arbeit in den Prozessen. Das erste Gestaltungsprinzip umfasst fünf Zielbeiträge, die für die Umsetzung des Gesamtkonzepts als Wertschöpfungssystem notwendig sind:

- Arbeitsplätze effizient gestalten: Ordnung, Sauberkeit und Sicherheit herstellen und dauerhaft sichern, indem unnötige Teile aussortiert, verbliebene Teile ergonomisch angeordnet und eine Grundsauberkeit sichergestellt sowie standardisiert wird.

- Standards schaffen und dokumentieren: Standardprozesse leben und weiterentwickeln, dadurch werden Abweichungen schneller erkennbar.
- Wertschöpfungsorientierung: Verschwenderische Bewegungen in wertschöpfende Arbeit durch verbesserte Arbeitssicherheit, Arbeitsplatz- und Bewegungsablaufgestaltung mit Hilfe von Arbeitsphysiologie umwandeln.
- Best-Point-Prinzipien: Material und Werkzeuge an die Bewegungsabläufe anpassen, indem erstens die erforderlichen Betriebsmittel ausgewählt, zweitens der Bewegungsablauf definiert, drittens Materialien und Betriebsmittel optimal platziert und viertens der Zugriff beurteilt wird.
- Audits und Gefährdungsanalysen: Sicher, gesund und wettbewerbsfähig produzieren, indem Selbstaudits eingeführt, Null-Linien festgelegt, potenzielle Gefahrenquellen beseitigt und kreative Lösungen mit den Mitarbeitern entwickelt werden.

3.3.2 Gestaltungsprinzip 2: Optimierung der Abläufe in den Geschäftsprozessen

Verschwendungsfreie Geschäftsprozesse, effiziente Abläufe, kurze Durchlaufzeiten und multifunktionale Mitarbeiter, bedarfsorientierte Produktion nach dem Ziehprinzip sind im zweiten Gestaltungsprinzip „Optimierung der Abläufe in den Geschäftsprozessen" formalisiert. Der Materialfluss soll aufgenommen, intelligent analysiert und der gesamte Ablauf, inklusive der Arbeitsplätze, flussorientiert neu gestaltet werden. Ein One-Piece-Flow in kleinen Losen ermöglicht eine hohe Flexibilität ohne hohe Bestände. Das Gestaltungsprinzip schafft die Grundlage für eine hohe Produktivität, Qualität und Flexibilität. Die Zielbeiträge sind für dieses Gestaltungsprinzip wie folgt definiert.

- Flussorientierung: Abläufe beschleunigen und deren Effizienz permanent steigern durch wertschöpfendes, flussorientiertes Arbeiten. Produzieren nach dem durch Kundenaufträge festgelegtem Pull-Prinzip und Realisierung kleiner Lose mit schnellen Rüstwechseln.
- Prozessorientierung: Abläufe beschleunigen und deren Effizienz permanent steigern durch Einführung von unabhängigen Fertigungszellen (Small Factory Units), Gestaltung des optimalen Zusammenspiels zwischen Mensch und Technik, Förderung multifunktionaler, eigenverantwortlich agierender Mitarbeiter sowie Synchronisierung aller Teilprozesse nach dem Just-in-time-Konzept.
- Professionelles Arbeiten: Überführen von unnötigen Improvisationen in Routineabläufe und Standardprozesse, indem Abläufe standardisiert, Prozesse festgeschrieben, Methoden und Spielregeln eingesetzt sowie Zuständigkeiten festgelegt werden.

- Logistikorientierung: Rohmaterial, Teil- und Fertigerzeugnisse ins Laufen bringen durch Umsetzung von Material-Kanban-Systemen, Einrichtung prozessnaher „Warenhäuser" und eines innerbetrieblichen Routenverkehrs, Realisierung eines durchgehenden Pull-Systems und Aufrechterhalten eines stetigen Materialflusses.

3.3.3 Gestaltungsprinzip 3: Visuelles Management und Kommunikation

Informationen in modernen flexiblen Arbeitssystemen müssen schnell und verständlich für alle Beteiligten verfügbar sein. Die optimale Visualisierung der Geschäftsprozesse ist im dritten Gestaltungsprinzip „Visuelles Management und Kommunikation" verankert. Materialkennzeichnungen, Arbeitsanweisungen, Prozessabläufe und Ergebnisse sind so darzustellen, dass es den Betrachter anspricht und ihm die notwendigen, aktuellen Informationen schnell und effizient vermittelt. Das Gestaltungsprinzip verschafft mit den fünf Zielbeiträgen die Grundlage für eine hohe Transparenz in den Geschäftsprozessen.

- Visualisierung und Kommunikation: Informationen transparent, verständlich und leicht zur Verfügung stellen. Probleme, wie z.B. Anlagenstillstände müssen sichtbar gemacht und Gesamtabläufe übersichtlich dargestellt werden. Diagramme, Fotos und Piktogramme erleichtern die Kommunikation. Mitarbeiter müssen beteiligt werden.
- Kennzahlen-Systeme: Einrichtung von Informationsterminals, Aufbereitung von relevanten Zahlen, Daten und Fakten sowie Aufbau eines umfassenden Informationsmanagements.
- Projekttafeln: Standardisierte, informative und aktuelle Aufbereitung von Informationen mit Hilfe von Visualisierungsboards. Komplexe Zusammenhänge in den Abläufen müssen für jeden Mitarbeiter transparent dargestellt werden.

3.3.4 Gestaltungsprinzip 4: Ständige Verbesserung der betrieblichen Leistung

Der Wertschöpfungsprozess ist exzellent bei minimalem Ressourcenverbrauch, optimaler Durchlaufzeit und höchster Qualität zu gestalten. Der schlanke, leistungsfähige, prozessorientierte Aufbau unserer Geschäftsprozesse wird im vierten Gestaltungsprinzip „Ständige Verbesserung der betrieblichen Leistung" formuliert. Hohe Anlagenverfügbarkeit, ein intelligentes Störungsmanagement, kurze Rüstzeiten und eine wandlungsfähige Produktionsgestaltung sind umzusetzen. Das Gestaltungsprinzip schafft die Basis für ein gutes betriebswirtschaftliches Ergebnis. Als Zielbeiträge fungieren fünf wichtige Aspekte:

- Angemessene Technologieunterstützung: Die Technik auf den Prüfstand stellen. Der Technologiegrad muss den Anforderungen permanent angepasst und Technologiepotenziale analysiert werden. Die Ressource Mensch muss intelligenter eingesetzt und über die Technik gestellt werden. Ein geringer Technologiegrad ermöglicht Veränderungs- und Optimierungsmöglichkeiten.

- Produktivitätsvorteil durch Einfachautomatisierung: Wettbewerbsvorteile schwer imitierbar machen, indem eigenes Know-how aufgebaut und unternehmensintern genutzt wird. Raffinierte maßgeschneiderte Lösungen werden mit den Mitarbeitern entwickelt. Nebenzeiten müssen intelligent durch Trennung von manuellen und maschinellen Tätigkeiten genutzt werden.
- Flexible Schnelligkeit und Wandlungsfähigkeit: Denken und arbeiten in Prozessen. Ausbau von flussorientierten Insellösungen und Minimierung von Schnittstellen im Prozess. Der Vorgesetzte muss als Coach fungieren, sein Personal entwickeln und miteinbeziehen. Verantwortung muss an den Ort des Geschehens übertragen werden.
- Rüstzeiten mit der Methode SMED (Single Minute Exchange of Die) optimieren: Kleine Lose wirtschaftlich fertigen und lange Rüstzeiten vermeiden. Verringern von Kapitalbindung durch hohe Lagerbestände. Rüstfreundliche Maschinen schaffen durch Trennung in interne und externe Rüstvorgänge und Bildung von Rüstteams.
- Intelligente Produktion: Intelligentes Produzieren setzt Kräfte frei. Prozesse, Mitarbeiter und Technologien auf die Kundenanforderungen ausrichten, Einzigartigkeit in der Technologie- und Prozessgestaltung anstreben. Mensch und Maschine intelligent miteinander kombinieren. Produktionssysteme ganzheitlich verketten, dadurch besser, schneller und innovativer als der Wettbewerb sein.

3.3.5 Gestaltungsprinzip 5: Arbeitsorganisation, Führung und Motivation

Wertschätzung durch die aktive Einbeziehung in Prozessverbesserungsaktivitäten, konsequente Nutzung der Wissensressourcen, Kreativität und Innovationskraft der Mitarbeiter werden durch das fünfte Gestaltungsprinzip ausgedrückt. Eine verbesserte Kommunikation und Kooperation sowie der gezielte Aufbau von Qualifikationen führt zur Steigerung der Wettbewerbsfähigkeit. Die erzielten Ergebnisse schlagen sich in der Zufriedenheit der Mitarbeiter und damit auch im Unternehmensergebnis nieder. Als Zielbeiträge zur Erreichung der Wertschöpfungsexzellenz lassen sich nennen:

- Den Wandel mit den Mitarbeitern gestalten: Vom einsamen Entscheider zur „Intelligenz des Schwarms". Um Exzellenz zu erreichen, müssen Potenziale erkannt, Begeisterung bei den Mitarbeitern geschaffen und Innovationen umgesetzt werden. Wichtig ist die Beteiligung der Mitarbeiter in Veränderungsprozessen und deren Einbeziehung in Entscheidungsprozessen.
- Internes Coaching von Mitarbeitern: Menschen zusammenführen und Veränderung durch Leistung, Leidenschaft und Teamarbeit ermöglichen.

Geplante Veränderungen aktiv treiben, Verbindlichkeit vorleben, methodisch arbeiten, Know-how bündeln und pragmatische Lösungen finden.

- Erfolgreich führen: Den Fokus auf das Geschehen an der Basis legen. Kreativität und Dynamik entfalten, Lösungen gemeinsam erarbeiten und Bereitschaft zur Kritik und Selbstkritik üben. Führungskräfte müssen Leuchttürme sein, die Verantwortung übernehmen, begeisternd und visionär führen und Orientierung geben.
- Management-Audit und Zielvereinbarung: Kompetenzen auf dem Prüfstand – Performance und Potenziale im Fokus. Leistungsträger identifizieren, Management-Kompetenzen überprüfen und Management-Anforderungen in Personal-Portfolios übersetzen.

3.4 Ausbau zur Wertschöpfungs- und Prozessorientierung

In der Zeit von 2000 bis 2007 kann man bei SEW-EURODRIVE von einer Phase des „Ausbaus zur Wertschöpfungs- und Prozessorientierung" sprechen. Mit dem Ziel, die Veränderungen und den Wandel systematisch zu gestalten wurde im Jahr 2000 die interne Beratungsabteilung der SEW-EURODRIVE WIEPROconsulting („WIEPRO": Wissen entwickeln – Prozesse optimieren) gegründet mit dem Auftrag, die Rahmenbedingungen zu schaffen, mit denen ein funktionierendes Innovations- und Veränderungsmanagement aufgebaut und dauerhaft etabliert werden kann. Zusammen mit den betroffenen Mitarbeitern setzte WIEPROconsulting im Rahmen von Workshops eine systematische, konsequente und ständige Verbesserung aller Unternehmensbereiche nach dem SEW-Wertschöpfungssystem um. Gemäß dem Leitmotiv „Nicht härter, sondern intelligenter und produktiver arbeiten!". Von großer Bedeutung war die Erkenntnis, dass für eine dauerhafte Leistungssteigerung im Unternehmen die Einbeziehung der Mitarbeiter in den Prozess des kreativen Zerstörens entscheidend ist. Mit diesem Ansatz gelang es, das SEW-Wertschöpfungssystems in die weltweiten Firmenstandorte zu tragen und die nachhaltige Einführung der Inhalte weltweit sicherzustellen.

Neben der Optimierung des Produktionsbereichs wurden ergänzend die vor- und nachgelagerten Prozesse in die Betrachtung miteinbezogen. Die Lean-Welle erfasste zum ersten Mal die Büros. Es galt, die Wertschöpfungskonzepte auf die Unternehmensbereiche Entwicklung, Beschaffung, Vertrieb, Finanzen, IT und Personal zu übertragen. Die Erfolgsfaktoren waren hierbei die Generierung von transparenten und vereinfachten Arbeitsabläufen durch Schaffung von Ordnung und Standards. Ziele und Kennzahlen fördern die Mitarbeiterselbststeuerung und Eigenverantwortung, so dass sich Arbeitskräfte aktiv an der Verbesserung von Prozessen und Abläufen beteiligen können.

3.5 Prozess- und wertstromorientierte Unternehmensgestaltung

Durch Implementierung und Anwendung bekannter Lean-Prinzipien und -Methoden, des SEW-unternehmensspezifischen Wertschöpfungssystems und der weltweiten Optimierung durch WIEPRO wurden in einzelnen Bereichen der Wertschöpfungskette signifikante Verbesserungen erreicht. Es stellte sich jedoch die Frage „Wie schaffen wir die letzte Meile zur überlegenen Wettbewerbsfähigkeit in der globalisierten Welt?" Die letzte Meile konsequent gehen heißt: Zusammengesetzte Geschäftsprozesse etablieren, die von der Entwicklung über die Produktion bis zum Absatz reichen. Dies bedeutet: Das Gesamtsystem Unternehmen intelligent gestalten, von der Aufgabenorientierung einzelner Funktionen hin zu einer verstärkten Kundenorientierung, vom Suboptima einzelner Teile mit Systembrüchen zu einem Gesamtoptimum eines durchgängigen Prozesses sowie von Task-Force-orientierten Einzelverbesserungen zu nachhaltigen stabilen Standards. Im Jahr 2007 begann man daher den Lean-Gedanken konsequent auf das Gesamtunternehmen und die komplette Prozesskette zu übertragen. Wichtige Eckpfeiler waren hierbei:

- Verzahnung der Kern-, Management- und Unterstützungsprozesse
- Funktionsübergreifende, ganzheitliche Optimierung der Wertschöpfungskette
- Wertschöpfungs- und Leistungsorientierung in allen Geschäftsprozessen
- Minimierung organisatorischer Brüche und Zusammenfassung von Aufgaben
- Bereichsübergreifende, interdisziplinäre Zusammenarbeit

Der in Kapitel 3.5 beschriebene Gedanke geht weit über die ursprüngliche Lean-Philosophie hinaus. Die beschriebenen Elemente Verzahnung, Transparenz und Durchgängigkeit der Prozesse bilden die Grundvoraussetzung für die gewinnbringende Verknüpfung von Mensch und Technik und eine intelligente Automatisierung, wie sie SEW-EURODRIVE in Industrie 4.0 sieht.

4 Industrie 4.0

Der gesamte industrielle Sektor steht vor einem massiven Umbruch, der durch eine zunehmende Vernetzung und das Internet geprägt ist. Diese Entwicklung ist derart gravierend und fundamental, dass viele Experten von einer vierten industriellen Revolution „Industrie 4.0" sprechen. Dieser Grundgedanke geht auf eine Entwicklung zurück, die Ende des 18. Jahrhunderts in Europa und insbesondere in England begann. Hier wichen die kleinen, mit Wasserkraft angetriebenen Webstühle in den Arbeiterwohnungen ersten mechanischen Webstühlen. Dampfmaschinen trieben diese Webstühle in den ersten industriellen Produktionsanlagen an (1. Revolution). Dieses Modell war rund hundert Jahre lang erfolgreich und bescherte den Industrieländern einen immensen wirtschaftlichen Aufschwung. Bald darauf erfolgte die durchgehende Elektrifizierung und damit auch die Produktion über Fließbänder. Die Arbeit in dieser zweiten Stufe der industriellen Revolution war geprägt von monotoner Massenproduktion, mit der die Unternehmen erhebliche Skaleneffekte erzielen konnten. Die dritte Stufe der industriellen Revolution begann vor rund vier Jahrzehnten mit elektronischen und programmierbaren Komponenten. Nun war es möglich, einzelne Prozessschritte oder etwa Qualitätskontrollen zu automatisieren (vergl. Henning, 2012).

Bei dieser Produktionsphilosophie nach Industrie 4.0 verschmelzen künftig die reale und virtuelle Welt miteinander. Auf diese Weise sind ganz neue Produktionsmethoden und -prozesse denkbar. Neu ist in diesem Ansatz, dass nicht nur Maschinen und integrierte Systeme untereinander kommunizieren, sondern im Rahmen von Industrie 4.0 alle Systeme untereinander intelligent vernetzt sind und sich mit den zu fertigenden Produkten echtzeitnah Informationen austauschen. Die Maschine denkt mit und bemerkt selbständig, wenn bei bestimmten Produktionsgütern Nachschub benötigt wird. Den Bedarf meldet sie selbstständig an weitere Systeme, die dann automatisiert die Bestellung auslösen. Das Prinzip einer zunehmenden intelligenten Vernetzung bringt erhebliche Kosten-, Zeit und Effizienzvorteile für die Unternehmen, die diesen Weg konsequent verfolgen. Die Schätzungen gehen davon aus, dass hier bis zu dreißig Prozent (vergl. Brill, 2013) gegenüber heutigen Produktionsmethoden eingespart werden.

Die Umsetzung von Integrated Industry ermöglicht einen Paradigmenwechsel im Management der Produktentstehungs- und Wertschöpfungskette. Starre Produktionsstrukturen werden in den Fabriken aufgelöst und zu aktiven, autonomen und sich selbstorganisierenden Produktionseinheiten entwickelt. Dafür werden z.B. fahrerlose Transportsysteme (FTS - engl.: AGV - Automated Guided Vehicles) erforderlich. Die fahrerlosen Transportsysteme sollen Stetigfördersysteme dort ersetzen, wo ein hohes Maß an Flexibilität und Wandelbarkeit gefragt ist. Im Gegensatz zur traditionellen Stetigfördertechnik transportieren nun eine Vielzahl kleiner, baugleicher und kostengünstiger autonomer Transportfahrzeuge die Kleinladungsträger. Typische Anwendungsgebiete sind kleinere und mittlere Distributionszentren oder Produktionsbetriebe. Interessant für den Anwender ist das System insbesondere dann, wenn die Verknüpfung von Transportquellen und -senken flexibel gestaltet werden soll, die Transportleistung an stark schwankende Bedarfe angepasst werden muss, oder wenn die Fläche zwischen Lager und Bedarfsort nicht dauerhaft durch Stetigfördertechnik verbaut werden soll.

Bei SEW-EURODRIVE arbeitet man im Bereich der Innovation seit einiger Zeit an diesem neuen Technologiebaukasten, der intelligente, innovative und kostenoptimale Applikationslösungen ermöglicht. Vor allem Neuerungen in den Bereichen induktive und optische Spurführung, berührungslose Energieübertragung und Energiespeicherung, Sicherheitstechnik, Funk und Navigation, Sensorik, Antriebstechnik und parametrierbare Steuerungssysteme haben und werden neue technische Möglichkeiten in der Transportlogistik bis hin zu robotischen Systemen schaffen.

Aktuell führt SEW-EURODRIVE unter Berücksichtigung der Wertschöpfungsprinzipien One-Piece-Flow und Small-Factory-Unit ein Projekt durch, zur Modernisierung und Optimierung des Materialtransports am unternehmenseigenen Fertigungswerk in Graben-Neudorf. Der Warentransport in der Fabrik wird mittels flexiblen fahrerlosen Transportsystemen umgesetzt. Kernbereiche der Montage sind modular aufgebaute Fertigungsinseln. Dadurch werden flexible Strukturen aufgebaut, auch was die Nachfrage nach neuen Produkten betrifft, gleichzeitig können veränderte Prozesse zeitnah angepasst werden. Mit Hilfe von AGVs werden bereits Getriebe montiert, Motoren angebaut, mit Öl befüllt, Antriebe geprüft und zur Lackieranlage transportiert. Abbildung 7 zeigt eine solche Montageinsel.

Abbildung 7: **Optimierte Montageinsel in der Getriebemontage in Graben-Neudorf nach den Gestaltungsprinzipien Lean und Industrie 4.0**

Der Aufbau eines FTS selbst ist komplex. Im Projekt wurde Wert auf die Umsetzung folgender Aspekte gelegt:

- Gestaltung und Konstruktion der Fahrzeuggeometrie und des Gesamtsystems
- Integration Navigationsrechner und Sicherheitssteuerung
- Kontaktlose Energieversorgung
- Einsatz von Kurzzeitenergiespeichern für autonomes Fahren

- Realisierung einer kompakten und leistungsfähigen Lastaufnahmevorrichtung
- Integration eines FTS-spezifischen Antriebssystems mit Steuerelektronik
- Einbindung unterschiedlicher Referenzierungssysteme, autonom umschaltbar, je nach aktuellen Umgebungsbedingungen
- Verbesserung der Arbeitsergonomie durch Wegfall/Teilautomatisierung von Montagetätigkeiten mit hoher körperlicher Belastung

Alle Komponenten werden im Hause SEW entwickelt und dort auch hergestellt. Wichtig für den Betrieb und den Einsatz dieser Fahrzeuge sind die kompakte Bauweise und die abgestimmte Kommunikation der Komponenten untereinander. Besonders hervorzuheben ist die hybride Energieversorgung des Fahrzeugs. Die duale Energieversorgungslösung beruht dabei auf folgenden Konzepten:

- Kontaktlose Energieübertragung auf Basis der berührungslosen Energieübertragung auf den Hauptstrecken. Diese Technologie wird unter dem Produktnamen MOVITRANS seit den 1990er Jahren entwickelt und kontinuierlich an die neuen Marktanforderungen angepasst. MOVITRANS besteht aus stationären und mobilen Komponenten zur kontaktlosen Energieversorgung beweglicher elektrischer Verbraucher. Die benötigte Energie wird dabei über elektromagnetische Felder (kontaktlos) von einer Spule oder isolierten stationären Leitern über einen Luftspalt auf die mobilen Verbraucher (Fahrzeuge) punktuell oder auch entlang einer Strecke übertragen.
- SEW-Kurzzeit-Energiespeichersystem für flexible Fahrspuren
  Um elektrische Energie speichern zu können, wird der Gleichspannungsspeicher in Form von elektrischen Kondensatoren oder Batterien des elektrischen Antriebssystems erweitert. Dies erfolgt mit Hilfe von Energiespeichermodulen, die aus neuartigen Doppelschichtkondensatoren aufgebaut sind. Mit Hilfe eines Gleichspannungswandlers, der zwischen Netzanbindung und Speichermodulen geschaltet wird, ist es möglich, die gespeicherte Energie individuell zu regeln. Der Speicher wird aktiv geladen und die gespeicherte Energie gezielt dem Verbraucher zur Verfügung gestellt.

Gegenüber der klassischen Energieübertragung, z. B. mittels Schleifleitungen oder Ladestationen, ist das MOVITRANS-System besonders verschleißarm und damit wartungsfrei. Darüber hinaus ist das System gegen Verschmutzung, Feuchtigkeit und Temperatur geschützt und besitzt keine Einschränkungen in der industriellen Verfügbarkeit. Durch Einsatz der berührungslosen Energieübertragung entfällt das Mitführen einer schweren Batterie, was sich nachhaltig auf das Design des FTS auswirkt. Die auf den Hauptstrecken verlegten Linienleiter versorgen die Fahrzeuge beim Überfahren mit Energie. Das Aufladen einer Batterie entfällt. Die Fahrzeuge sind somit im 3-Schicht-Betrieb einsetzbar, da eine Ladepause zum

Aufladen der Batterie nicht benötigt wird. Gleichzeitig reduziert sich die Anzahl der benötigten Fahrzeuge gegenüber batteriebetriebenen Fahrzeugen. Ressourcen werden dadurch geschont, was auch den unvermeidbaren Batteriewechsel bei batteriebetriebenen Fahrzeugen betrifft.

Durch den Einsatz des SEW-Kurzzeitspeichersystems lassen sich applikationsbedingte Netzunterbrechungen überbrücken und damit moderne und hochflexible Fabrikkonzepte verwirklichen. Im Hinblick auf die digitale Fabrik und die Bedeutung der Schwarmtechnologie spielt dieser Sachverhalt eine wichtige Rolle. Die Fahrzeuge sind in der Lage, innerhalb definierter Ladestationen in kürzester Zeit Energie aufzunehmen und anschließend frei durch den Raum zu navigieren – eine Technologie, die den Gedanken der wandlungs- und wettbewerbsfähigen Fabrik unterstützt.

Zusammen mit den umfangreichen sicherheitstechnischen Komponenten bietet der Einsatz des Kurzzeitenergiespeichersystems Sicherheit bei einem Netzausfall oder einer Netzunterbrechung. Liegt ein Netzausfall vor, kann das Fahrzeug mit der gespeicherten Energie in einen sicheren Zustand gebracht werden, um Personengefährdung auszuschließen und den Prozess wieder definiert aufzunehmen. Bei einer kurzzeitigen Netzunterbrechung kann die gespeicherte Energie zur Überbrückung genutzt werden, Prozessstörungen werden auf diese Weise vermieden. Durch die Egalisierung des benötigten elektrischen Energieflusses wird die logistische Aufgabe optimiert. Entnahme von Spitzenleistung aus dem öffentlichen Netz wird vermieden und der energetische Wirkungsgrad signifikant erhöht. Hierdurch werden Kosten bei der Installationstechnik und beim Ausbau der öffentlichen Netze eingespart.

Durch die Ausstattung mit Energiespeicher kann sich das FTS von den Hauptverkehrsstrecken lösen und Behälter und Transportgüter direkt und flexibel vor Ort in den Produktionsbereich oder Montagebereich transportieren. Dabei sind auch Serviceaufgaben wie z. B. Umsetzvorgänge möglich. – sie können autonom oder auf Anforderung durch das Betriebspersonal erfolgen. Das komplett wartungs- und verschleißarme System lässt sich dabei leicht skalieren. Ein oder mehrere Fahrzeuge lassen sich leicht unterschiedlichen Montageinseln zuordnen. Sich verändernde Streckenverläufe und Quelle-Ziel-Koordinaten lassen sich einfach per „Drag and Drop" mit der im Hause SEW entwickelten Softwareplattform „MOVIVISION" umbauen. Durch die Einbindung einer virtuellen Spurführung wird im System zusätzliche Redundanz erzeugt, was die Verfügbarkeit des Systems nachhaltig erhöht. Eine Systemprogrammierung muss nicht erfolgen – lediglich eine Parametrierung.

Innerhalb der Montageinseln übernehmen die FTS den Transport der Produkte nach dem Prinzip einer „fahrenden Werkbank". Der Montagemitarbeiter begleitet sein „Produkt" mit dem FTS innerhalb der verschiedenen Arbeitsabläufe. Dabei unterstützt das FTS den Mitarbeiter durch automatisches Positionieren beim nächsten Montagepunkt und Anpassung des Fahrzeuges auf die optimale Arbeitshöhe. Gleichzeitig erfolgt der Abtransport des fertig montierten Produktes durch ein FTS.

Durch die beschriebenen Strukturen wird ein Maximum an Flexibilität innerhalb der Fertigungs- und Montagewerke generiert. FTS lassen sich für die entsprechenden Aufgaben leicht skalieren. Sequenzielle Abläufe werden durch parallele Abläufe ersetzt. Durch die parallelen Strukturen wird die Verfügbarkeit des Gesamtsystems nachhaltig erhöht. Fällt bei Anlagen mit festen Strukturen z. B. ein vorgeschalteter Rollenförderer aus, kommt die komplette Produktion zum Stillstand. Bei Ausfall eines Logistik-FTS wird der Prozess einfach durch ein anderes Fahrzeug übernommen und weitergeführt. Der Warentransport wird mittels fahrerloser Transportsysteme intelligenter und kompakter gestaltet und kann flexibel an die Auslastung des Werkes angepasst werden. Diese Gestaltungsphilosophie kommt dem Gedanken der Industrie 4.0 sehr nah, in dem Produkte intelligent werden und mittels mobiler Systeme ihren Weg durch die Wertschöpfungskette finden.

5 Zusammenfassung

Fertigungs- und Montagewerke sind in der heutigen Zeit immer noch stark geprägt durch starre Strukturen. Maschinen- und Montagebereiche sind durch fest verbundene Fördertechnikelemente, wie z. B. Rollenbahnen, Kettenförderer oder andere Transporteinrichtungen miteinander vernetzt. Dies erfordert bereits in der Planungsphase einen hohen Aufwand an Koordination, um das optimale Zusammenspiel dieser Maschinenelemente zu gewährleisten. Die Strukturen sind somit vorgegeben, wenig flexibel aber in der Anschaffung kostengünstig. Auf sich verändernde Rahmenbedingungen im laufenden Produktionsbetrieb kann hier nur sehr schwer Einfluss genommen werden. Gleichzeitig sind solche Systeme wenig skalierbar und werden meist auf den maximal zu erwartenden Durchsatz der zu produzierenden Produkte ausgelegt. Bei reduzierter Auslastung werden die zur Verfügung gestellten Ressourcen so nicht vollständig genutzt. Der Markt bestimmt, was, wann und wie produziert wird. Die Herausforderung, die es dabei zu meistern gilt, ist: perfekt umgesetzte Lean-Prinzipien und Technologieansätze aus Industrie 4.0 zu realisieren und damit Fabriken nach der Erfolgsphilosophie „Mensch und Technik im Arbeitsprozess intelligent miteinander kombiniert" zu schaffen. Das bedeutet, wertschöpfungsorientierte, verschwendungsfreie, flexible und motivierende Arbeitsabläufe zu gestalten und diese mit eingebetteten intelligenten Automatisierungslösungen bereichsübergreifend zu unterstützen. Nach der Lean-Philosophie gilt es, Wertschöpfung und beispielweise die Logistik als nicht wertschöpfender Prozessschritt strikt voneinander zu trennen. Unter den Gesichtspunkten der Industrie 4.0 werden bisher getrennte Funktionen wie Fertigung, Montage und Logistik intelligent miteinander verzahnt und verschmelzen so zu einem Gesamtsystem.

6 Literatur

Brill S. (2013) eurodriver weltweit – Das Mitarbeitermagazin von SEW-EURODRIVE / Ausgabe 95: Integrated Industries

Gausemeier J, Hahn A, Kespohl H D, Seifert L (2006) Vernetzte Produktentwicklung: Der erfolgreiche Weg zum Global Engineering Networking. Carl Hanser Verlag, München

Prof. Dr. Henning K, Prof. Dr. Wahlster W, Dr. Hellbig J (2012) Deutschlands Zukunft als Produktionsstandort sichern: Umsetzungsempfehlung für das Zukunftsprojekt Industrie 4.0

Scheer A-W (1990) Computer Integrated Manufacturing. Springer, Berlin

Wandlungsfähige Produktionssysteme für den Automobilbau der Zukunft

Dr. Dieter Steegmüller, DaimlerAG; Dr.-Ing. Michael Zürn, Daimler AG

1 Motivation wandlungsfähige Produktionssysteme

Schneller, flexibler, nachhaltiger – das sind die Herausforderungen für den Produktionsstandort Deutschland. Dynamische Märkte erfordern eine schnellere Marktreife von Produkten, kürzere Produktlebenszyklen und mehr Produktvarianten. Dadurch stehen die deutschen Automobilhersteller vor der Herausforderung, individualisierte Fahrzeuge wirtschaftlich zu produzieren. Zudem müssen sie die Risiken volatiler Märkte wettbewerbsfähig am Produktionsstandort Deutschland bewältigen. Vor diesem Hintergrund wird Wandlungsfähigkeit zu einem entscheidenden Erfolgsfaktor von Produktionssystemen.

Die Industrie 4.0 kann hierbei zu einem bedeutenden Wandlungsbefähiger in der Automobilproduktion werden. Jedoch hat sie noch keinen flächendeckenden Einzug in diese komplexe, hochspezialisierte und sehr standardisierte Welt gehalten.

Es werden deshalb im Folgenden nach einer begrifflichen Einordnung zunächst wandlungsfähige Produktionslösungen der laufenden Produktion vorgestellt, um anschließend das besondere Potenzial der sensitiven Robotik als Wandlungbefähiger aufzuzeigen: beginnend mit der weltweit ersten Serienlösung mit sensitiven Leichtbaurobotern bis hin zu neuen, umfassenden Mensch-Roboter-Kooperationslösungen.

Optimale Ergebnisse im Sinne einer wandlungsfähigen Produktion, auch als Anwendung der Industrie 4.0, sind nur durch ganzheitliche Abstimmung von Produkt, Wertschöpfungsketten, Betriebsmittel sowie Organisation zu erzielen. Dies sind Neuerungen, die insgesamt nur schwierig in die laufende Produktion zu integrieren sind. Deshalb engagiert sich Mercedes-Benz zunächst bei dem vom Bundesministerium für Bildung und Forschung (BMBF) geförderten Forschungscampus ARENA2036. Die Forschungsinhalte von ARENA2036 werden am Ende dieses Beitrages mit dem Fokus auf die angestrebten Lösungen des Themenfelds Industrie 4.0 vorgestellt.

2 Flexibilität versus Wandlungsfähigkeit

Noch werden marktbedingte Absatz- und Variantenschwankungen meist mit einem Ressourcenvorhalt in den Produktionsanlagen berücksichtigt, der später eine hohe Flexibilität gewährleisten soll. In der Planungsphase festgelegte Produktvarianten und Stückzahlen können dann sehr schnell innerhalb der Anlage ohne Mehraufwand hergestellt werden. Die Flexibilität einer Anlage beschreibt also diejenigen Änderungsmöglichkeiten, die eine Anlage von sich aus mitbringt, um auf Änderungen zu reagieren, die zum jeweiligen Planungszeitpunkt bereits bekannt sind. Innerhalb vereinbarter Grenzen kann die flexible Anlage mit geringem Aufwand und in kürzester Zeit auf die vorhergesehenen Randbedingungen angepasst werden. Es müssen jedoch Ressourcen vorgehalten werden, um auf die Änderungen reagieren zu können.

Für eine Zukunft mit volatilen Märkten reicht ein Flexibilitätsvorhalt jedoch nicht mehr aus. Zu dynamisch sind die Bedürfnisse des beliebig schwankenden Marktes, sodass der erforderliche Flexibilitätsvorhalt nicht wirtschaftlich wäre.

Auf unvorhersehbare Änderungen muss eine Produktionsanlage nicht flexibel, sondern wandlungsfähig reagieren können, um wirtschaftlich am Markt zu bestehen. Die Wandlungsfähigkeit einer Anlage beschreibt dabei das Vermögen und das Potenzial, mit minimalem Aufwand beliebig umgestaltet zu werden. Ziel ist es, mit nur geringem finanziellen Aufwand zwischen verschiedenen Zuständen zu wechseln. Im Gegensatz zur Flexibilität kommt die Wandlungsfähigkeit also ohne einzuplanenden Ressourcenvorhalt aus.

Sind als Wandlungstreiber Markteinflüsse wie veränderte Nachfrage von Produkten in Art und Stückzahl zu nennen, so lassen sich, wie in Abbildung 1 dargestellt, als Wandlungsbefähiger die Disziplinen Skalierbarkeit, Mobilität, Modularität, Universalität, Kompatibilität und Neutralität nennen. Sie definieren den Lösungsraum für Wandlungsfähigkeit. Eine diesen Kriterien genügende Produktion lässt sich folglich ohne Vorhalt mit nur geringem Aufwand durch Anpassung, Rekonfiguration, Reuse oder Verlagerung immer im optimalen Betriebspunkt betreiben.

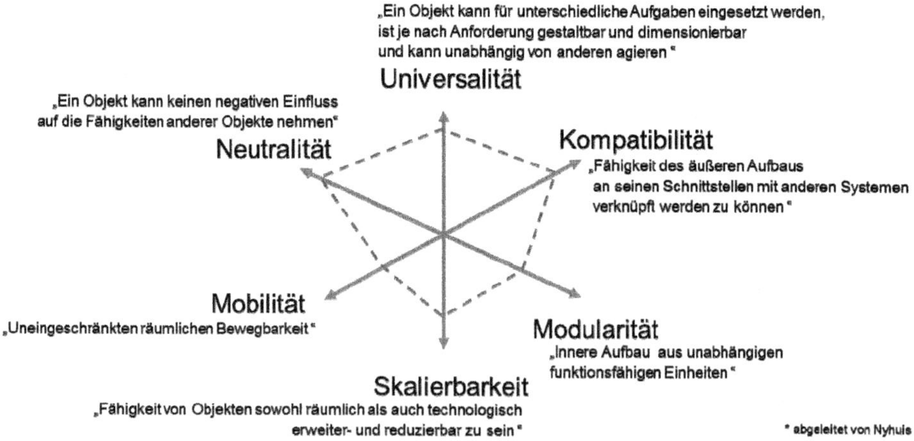

Abbildung 1: Wandlungsbefähiger nach Nyhuis (vergl. Nyhuis, 2008)

Der Bedarf an Wandlungsfähigkeit wurde von Mercedes-Benz schon vor Jahren erkannt und führte an verschiedenen Stellen in der Produktion zu hocheffizienten und neuartigen Montagesystemen, die schon entsprechende Gene der Wandlungsfähigkeit enthielten.

3 Innovative Automatisierungslösungen in der Mercedes-Benz-Produktion

3.1 Neuartiges Anlagen- und Montagekonzept zur Hinterachsmontage der C-Klasse durch kooperierende Roboterteams

Ausgehend vom bisherigen Stand der Technik wurde im Rahmen des Entwicklungsprojekts Montage 21 in Zusammenarbeit mit der Fa. Kuka Roboter GmbH ein neues, ganzheitliches Montagekonzept entwickelt.

Es galt hierbei, einerseits neue Lösungen für die manuellen und damit zeitintensiven Montagestationen zu finden, welche die vorhandenen Mechanisierungen in ihrem Takt bestimmten. Andererseits sollten schlankere Lösungen für den Werkstücktransport gefunden werden, als feste Materialbänder mit einer Vielzahl von Werkstückträgern. Eine Übersicht über die ehemalige Hinterachsmontage mit den Bereichen manueller und automatisierter Montage sowie der Logistik- und Materialbereitstellung zeigt Abbildung 3.

Im Ergebnis wurde ein komplett neues Anlagen- und Technologiekonzept zur Hinterachsmontage auf zwei identischen Anlagen am Standort Stuttgart/Untertürkheim und am Standort Hamburg aufgesetzt, bei welchem insbesondere die Automation der Montage durch Industrieroboter und eine klare Trennung von wertschöpfenden Montageinhalten und nichtwertschöpfenden Logistik- und Materialbereitstellungstätigkeiten im Fokus standen.

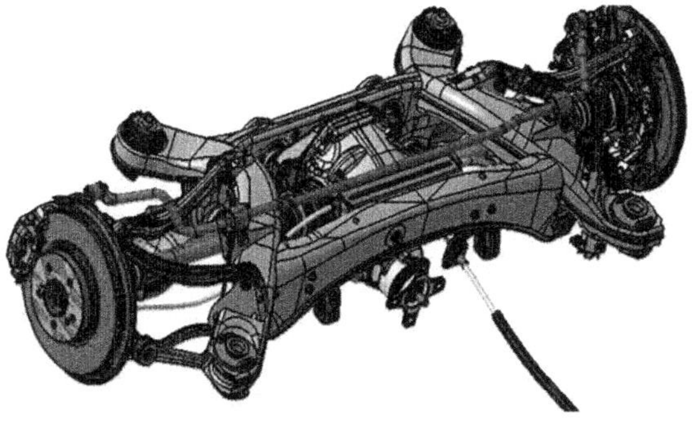

Abbildung 2: Hinterachse der C-Klasse

Die technischen Herausforderungen bei der Umsetzung dieses innovativen, ganzheitlichen Montagesystems waren anspruchsvoll. Das Ergebnis sind Roboterapplikationen, die schon 2007 die Grenzen der technischen Machbarkeit für eine effizientere Produktion deutlich erweitert haben.

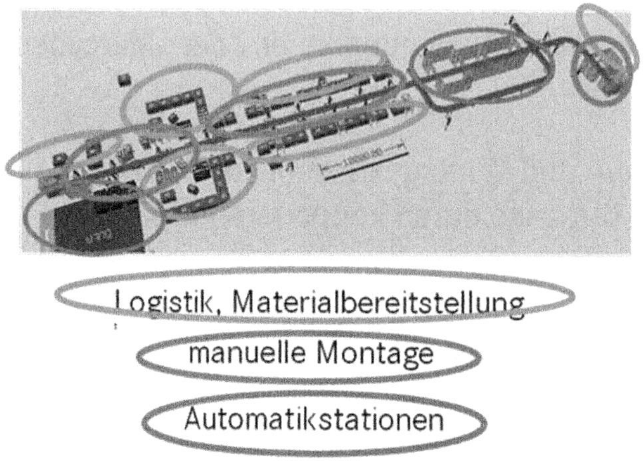

Abbildung 3: Ehemalige manuelle Hinterachsmontagelinie

Zur Maximierung des wirtschaftlichen Potenzials war es notwendig, sich auf die wertschöpfenden Elemente zu konzentrieren und möglichst die nichtwertschöpfenden Elemente vollständig zu entfernen. Hierbei hat sich der Einsatz einer grenzwertorientierten Zielspinne, wie in Abbildung 4 dargestellt, bei der Lösungsfindung und Lösungsbewertung als methodische Unterstützung bewährt.

Wie Abbildung 5 zeigt, erinnert heute nichts mehr an die früheren Montageabläufe. Transportband und Werkstückträger fehlen, teure und werkstückspezifische Spann-, Dreh-, und Kippvorrichtungen konnten durch die Übertragung der Werkstückposition von Roboter zu Roboter entfallen. Aufreihende, doppelte Materialbereitstellung gibt es nicht mehr, die noch vorhandenen Logistik- und Materialbereitstellungsumfänge sind klar getrennt von den wertschöpfenden Montagetätigkeiten.

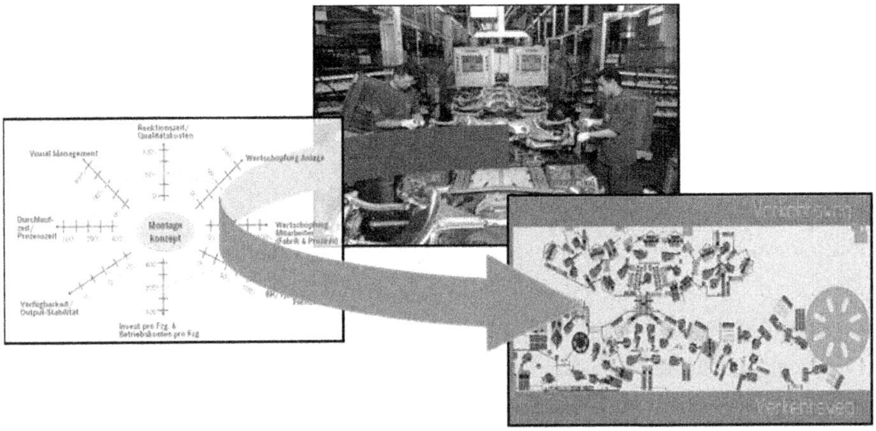

Abbildung 4: Methodische Konzeptentwicklung mit Zielparametern

Abbildung 5: Wandlungsfähiges Montagekonzept für die Hinterachse

Im Ergebnis wird die komplette Hinterachse heute mit über 45 kooperierenden KUKA-Robotern, das heißt miteinander vernetzten und Hand in Hand arbeitenden Systemen, montiert. Erst zum Schluss wird die Achse, zur Komplettierung mit variantenreichen Anbauteilen, an eine kontinuierlich laufende Drehscheibe mit zwölf manuellen Arbeitsplätzen übergeben. Auf diesem neuartigen Drehscheibenkonzept sind alle manuellen Tätigkeiten zusammengefasst und erlauben eine hohe Stückzahlflexibilität ohne Änderung der Taktung oder Arbeitsinhalte.

Bis zu sechs Roboter arbeiten in einem Roboterverbund und zeigen den großen Nutzen der kooperativen Fähigkeiten: auch ein in der Bewegung befindliches Werkstück kann bearbeitet werden. Während so die Werkstücke in fliegendem Wechsel von einer Zelle zur nächsten wandern, entfallen praktisch die Totzeiten des Werkstücktransfers. Ausbringungstakt und Wertschöpfung steigen in der Folge.

Die Materialbereitstellung erfolgt über einen Supermarkt mit getaktetem Routenverkehr. Die Bestände innerhalb der Montagelinie und damit auch die Durchlaufzeit wurden auf ein Minimum reduziert. Über integrierte Prüfaufgaben und -zyklen werden die anspruchsvollen Qualitätsanforderungen in den Montagezellen perfekt eingehalten. Die kompletten Montagedaten werden für jede einzelne Achse in einer Qualitätsdatenbank gespeichert, um eine lückenlose Dokumentation und Rückverfolgbarkeit zu gewährleisten.

Tatsächlich konnten während der Laufzeit der Anlage neue Varianten zeitnah und kostengünstig integriert werden. Die kurzen Reaktionszeiten auf nicht vorhersehbare Produktänderungen und -varianten bestätigten die verbesserte Wandlungsfähigkeit der Anlage.

3.2 Montage Zylinderkopf Diesel-Vierzylinder

2009 konnte dann für den neuen Vierzylinder-Dieselmotor der Nachweis erbracht werden, dass über belastbare kennwert- und grenzwertorientierte Methoden herkömmliche Denkmuster aufgebrochen werden können. Ziel war es neben der maximierten Wertschöpfung relevante Wandelbarkeitsförderer zum Beispiel Modularität oder Nutzungsneutralität in Form einfachster Werkzeuge etc. zu entwickeln und zu integrieren.

Abbildung 6: Wandlungsfähige Zylinderkopfmontage

Für die prognostizierte Stückzahl wurde das Konzept der modularen Stückzahlsprungflexibilität entwickelt. Bei vergleichbarer Stückzahl war das Invest sogar kleiner im Vergleich zu einer Großanlage bei gleichzeitiger Flächeneinsparung von mehr als 30 Prozent. Durch die Modulstrategie konnten die erforderlichen Investitionen zeitnah am Marktbedarf nacheinander getätigt werden. Via Copy und Paste konnte nach dem ersten Modul die wirtschaftlich interessante Stückzahlsprungflexibilität dargestellt werden.

Anstatt auf bisher übliche Mehrfachgreifer wird konsequent auf Hochgeschwindigkeitsmontagen mit Einfachgreifern gesetzt. Über den neuen Methodenansatz wurde der Fokus nun auf die Kernelemente kurze Fahrwege der Roboter, simple und universelle Werkstückablagen und einfachste Greifer gelegt.

Durch die oben genannten Wandelbarkeitsförderer können zeitnah am Markt und seinen Bedürfnissen die Ausbringung skaliert und neue Varianten bzw. Baureihen integriert werden. Sowohl technologisch als auch konzeptionell wurden völlig neue Wege beschritten und ein weiteres Tor zur wirtschaftlichen Wandelbarkeit aufgestoßen.

3.3 Objektgekoppeltes Mechanisierungs-System (OGMS)

Automatisierte Prozesse in Fließmontagen mit objektberührenden Prozessen, stellen durch die zeitgleiche Überlagerung von Prozess und bewegtem Objekt eine generelle Herausforderung dar. Vor allem in der Aufbaumontage existieren aus technisch wirtschaftlichen Gründen in der Regel keine getakteten Bandabschnitte, die eine stationäre, automatisierte Montage zulassen.

Voraussetzung für die Integration von Automatikstationen ist deshalb die Fähigkeit, bei kontinuierlicher Fließfertigung Fügeaufgaben zu übernehmen. Vorbild ist ein Mitarbeiter, der im Fließbetrieb auf einer Plattform oder auf dem Band mitbewegt wird.

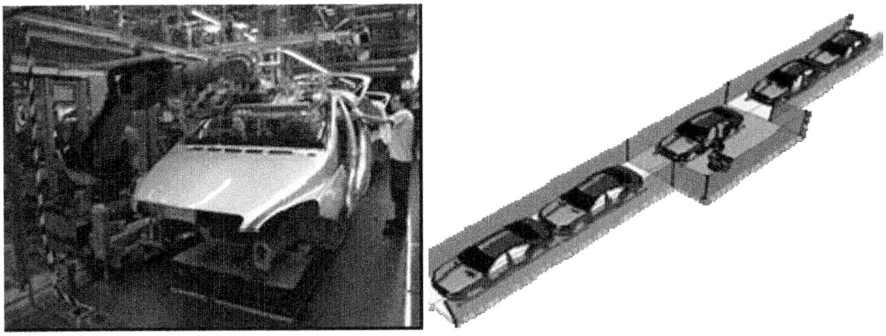

Abbildung 7: Fügen Windschutzscheibe mit OGMS

Das gleiche Prinzip nutzt das objektgekoppelte Mechanisierungs-System (kurz OGMS), das ebenfalls auf einer Plattform über einen Ankoppelmechanismus mitbewegt wird. Idealerweise befindet sich diese Ankoppelstelle in der Nähe der Fahrzeugfügestelle, da so störende Toleranzketten verkleinert werden. Die technische Herausforderung besteht darin, dass im Arbeitshub der Schleppprozess annähernd kraftfrei ist. Der Rückhub erfolgt im abgekoppelten Zustand aus Taktzeitgründen sehr schnell und gefahrlos.

Die durchzuführenden Prozesse auf der autonomen Plattform werden außerhalb der Montagelinie aufgebaut, in Betrieb genommen und optimiert. Ohne Unterbrechung der Fließfertigung ist eine Integration der Plattform und damit der automatisierten Prozesse möglich. Die enthaltenen Faktoren der Prozessverlagerung entlang der Fertigungslinie und die Integration bisher nicht bekannter Prozesse enthalten deutliche Gene der Wandelbarkeit.

4 Wandlungsfähigkeit durch sensitive Robotik

Bisher mussten Unternehmen sich entscheiden zwischen flexiblen, manuellen Produktionsabläufen einerseits oder hochproduktiver, repetitiver Automatisierung mit geringer Flexibilität andererseits. Es galt der Grundsatz: Automatisierte Produktionssysteme sind hoch produktiv, aber starr und kapitalintensiv. Manuelle Produktionssysteme sind flexibel, aber wenig produktiv. Diesen unvereinbaren Gegensatz hilft nun eine neuartige Generation von Leichtbauroboter aufzuheben.

Diese neuen Leichtbauroboter sind klein, leicht und teils mit Sensoren ausgestattet, die es ihnen ermöglichen, sehr feinfühlig auf ihre Umwelt zu reagieren. Sie können nahezu jede Montagetätigkeit ausführen und dank ihrer Sensorik darüber hinaus bei voller Arbeitssicherheit ohne Schutzzäune mit Menschen an einer Station zusammenarbeiten.

Der LBR iiwa, dargestellt in Abbildung 8 ist beispielsweise ein Vertreter dieser neuen Roboter-Klasse. Er hat ein Lastgewicht von 7 bzw. 14 kg und verfügt über redundante 7-Achskinematik mit Gelenkmomentenregelung.

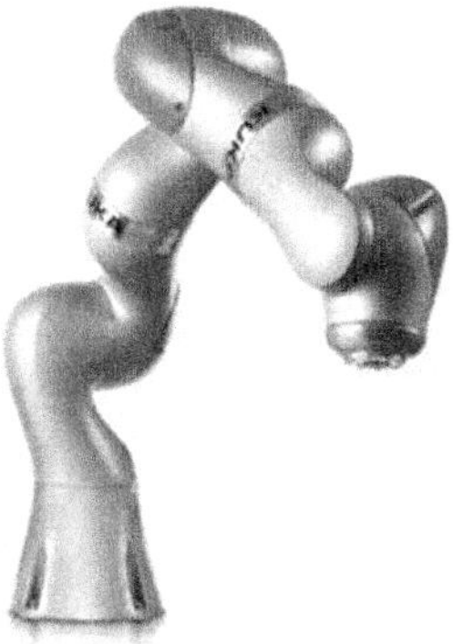

Abbildung 8: Sensitiver Leichtbauroboter Kuka LBR iiwa

4.1 Potenziale Leichtbauroboter und Sensitivität

Sensitive Leichtbauroboter unterscheiden sich von bisherigen Roboterkonzepten vor allem durch ihre „Feinfühligkeit", also ihre Fähigkeit, die Kräfte und Momente, die in der Interaktion mit Gegenständen oder Menschen auftreten, mit integrierten Sensoren sehr präzise zu messen. Solche Leichtbauroboter können aber die Kräfte nicht nur messen, sondern auch situationsentsprechend reagieren. Wie genau reagiert wird – ob der Roboter bei einer Berührung beispielsweise zurückweicht oder nur innehält – ist programmierbar. So kann der neue Leichtbauroboter LBR iiwa beispielsweise in der Getriebemontage von Mercedes-Benz ein Zahnrad greifen, die Position des damit zu bestückenden Gehäuses ertasten und das Zahnrad in die nur wenig größere Öffnung „einrütteln". Diese Aufgabe wäre für herkömmliche Industrieroboter nur mit großem Aufwand für Positionierhilfen und Sensorik am Werkzeug lösbar.

Durch diese Eigenschaften können sensitive Leichtbauroboter Montagevorgänge auch in nur teilweise bekannten Umgebungen präzise und zuverlässig ausführen. Dies ist ein radikaler Paradigmenwechsel in der Automatisierung. Ein solcher Ansatz funktioniert viel zuverlässiger als das „blinde" Anfahren über programmierte Bahnen.

Der Paradigmenwechsel hin zu leichten, feinfühligen, interaktiven Robotern wurde im Wesentlichen durch folgende wegweisende Forschungsneuheiten ermöglicht:

Extremer Leichtbau basierend auf ganzheitlichem mechatronischen Entwurf

Neuentwickelte Hochleistungsmotoren, hochintegrierte Elektronik mit neuartigen Drehmoment-Sensoren in jedem Gelenk und konsequente Leichtbaukonstruktion haben beispielsweise beim LBR iiwa zu einem Roboterarm geführt, der bei gleicher Traglast um den Faktor 10–20 leichter ist als klassische Industrieroboter.

Neuartige Regelalgorithmen mit einzigartiger Drehmomentsensorik

Der Durchbruch gelang erst mit diesen Neuerungen. Sie erlauben, Schwingungen der sehr leichten Struktur aktiv zu dämpfen, ein frei einstellbares elastisches Verhalten situationsbedingt einzuprägen, Reibung und Gleichlaufschwankungen zu kompensieren und auch bei maximaler Geschwindigkeit noch externe Berührungen mit Menschen und der Umgebung zu detektieren.

Intuitive Programmier- und Bedienkonzepte

Die Nachgiebigkeit dieser neuen Robotergeneration eröffnet den Raum für neue, interaktive Roboter-Programmierverfahren. Zukünftig lassen sich die Roboter durch intuitives „An-der-Hand-Führen", d.h. über haptische Gesten, einfach programmieren.

Vorteile bieten die neuen Leichtbauroboter auch durch geringen Investitionsbedarf in die Arbeitsumgebung. Sie können dieselben Werkzeuge bedienen wie ein Mensch. Zudem sind sie klein, leicht und entsprechend mobil. Ohne aufwendige Vorbereitungen können sie an eine andere Arbeitsstation gebracht werden und sind dort rasch einsatzbereit. So kann ein und dieselbe Station mit einem Mitarbeiter oder mit einem Roboter – oder beiden – besetzt werden, je nachdem welche Stückzahlen oder Varianten vom Kunden nachgefragt werden.

4.2 Weltweit erste Serienproduktion mit sensitivem Roboter: Mercedes-Benz Hinterachsgetriebemontage

Für die erste praktische Umsetzung einer Montageapplikation mit Leichtbauroboter wählte Daimler eine der anspruchsvollsten und ergonomisch schwierigsten Montageaufgaben aus dem Bereich der Hinterachsgetriebemontage von Mercedes-Benz.

Abbildung 9: Hinterachsgetriebemontage mit sensitivem LBR iiwa

Hierzu wurde für den Einsatz eines Kuka-Leichtbauroboters iiwa ein völlig neues Produktionssystem mit Werkzeugen, Programmen und Abläufen entwickelt, um die sehr hohen Anforderungen an die sensitiven Fähigkeiten des Ausführenden und an die geforderte Produktqualität sicherzustellen. Es galt, das Ausgleichsgetriebe in das Hinterachsgetriebe vorsichtig einzuschwenken, ohne anzustoßen oder zu verkanten und Lagerschalen zu fügen, die sich je nach Getriebevariante unterscheiden. Beides konnte bisher nur mit einem sehr hohen technischen, nicht immer wirtschaftlichen Aufwand automatisiert werden. Der Leichtbauroboter brachte den Durchbruch in Kombination mit der Entwicklung einfachster universeller Greifwerkzeuge. Da am Roboter die Kraftsensoren bereits integriert sind, kann auf alle sonst üblichen Sensoren an den Greifwerkzeugen verzichtet werden. Das reduziert massiv die Komplexität der automatisierten Lösung und vermeidet einen Großteil von sonst üblichen Störungen in toleranzbehafteten Prozessen. Im März 2009 ging die Anlage in Betrieb. Ende 2010 konnte sie bereits den Mehrschichtbetrieb aufnehmen. Seit Beginn des Betriebsversuchs haben die Leichtbauroboter-Prototypen bei Mercedes-Benz bisher 500.000 Hinterachsgetriebe montiert.

4.3 Robot Farming: von sensitiver Automatisierung zur umfassenden Mensch-Roboter-Kooperation

Wie ein Farmer seine Tiere und Maschinen auf verschiedenen Äckern und zu unterschiedlichen Zwecken einsetzt, nutzt beim sog. „Robot Farming" der Mitarbeiter Roboter an verschiedenen Orten für unterschiedliche Aufgaben: Je nach geforderten Stückzahlen und Fertigungsumfängen nimmt er einen oder mehrere Roboter hinzu, setzt sie mal an der einen, mal an der anderen Station ein oder arbeitet sogar ohne Schutzzäune mit ihnen in einem Arbeitsbereich zusammen.

Es werden die kognitiven und physischen Fähigkeiten des Menschen mit der Wiederholgenauigkeit, Präzision und Ausdauer der Roboter kombiniert. Das macht die Produktion so wandlungsfähig wie noch nie.

Erfahrungen haben gezeigt, dass bei der Optimierung von Montageanlagen die größte Hebelwirkung nicht über Einzelapplikationen zu erzielen ist. Um das volle wirtschaftliche Potenzial des Robot Farming auszuschöpfen, muss also die gesamte Prozesskette von der Materialbereitstellung bis zum eigentlichen Montagevorgang eingebunden werden. Menschen und Roboter arbeiten in allen Phasen des Produktionsprozesses zusammen. Hierzu eignen sich die sensitiven Leichtbauroboter besonders: Anders als in bisherigen Automatisierungen sind beim Robot Farming mit Leichtbauroboter (LBR) keine Sonderwerkzeuge oder speziellen Vorrichtungen mehr nötig. Das reduziert die Investitionskosten bei gesteigerter Produktivität.

In der Summe trägt das Robot Farming mit LBR so zu Produktivitätssteigerungen bei, die weit über das Potenzial bisheriger Automatisierung hinausgehen. Durch die Nutzung des universellen Roboters als Assistent des Menschen lässt sich die Wertschöpfung des Mitarbeiters potenzieren. Auch ergibt sich enormes Potenzial in der Prozessstabilität und beim Flächengewinn gegenüber heutigen Automatisierungslösungen. Bei steigendem Durchschnittsalter der Belegschaft lässt sich die Produktivität halten oder sogar steigern. Bisher rein manuelle Arbeiten können so nachhaltig wirtschaftlich gestaltet werden; einer Verlagerung ins Ausland wird vorgebeugt. So trägt das Robot Farming entscheidend zur Sicherung von Wettbewerbsfähigkeit und Wohlstand des Produktionsstandorts Deutschland bei.

5 Forschungsfabrik ARENA2036 Wandlungsfähigkeit durch integrierte Produkt- und Produktionsgestaltung für die nächste Generation von (Leichtbau-) Automobilen

5.1 Motivation

Wandlungsbefähiger von Produktionssystemen sind die Universalität von Betriebsmitteln (Aufbau, Geometrie oder Prozessrandbedingungen von Werkstücken erfordern keine Umrüstung), ihre Skalierbarkeit, Modularität, Kompatibilität und Versetzbarkeit (Mobilität). Jedoch wird die Wandlungsfähigkeit u.a. durch produkt-, prozessspezifische und organisatorische Anforderungen beschränkt.

Optimale Ergebnisse im Sinne einer wandlungsfähigen Produktion umfassen die ganzheitliche Abstimmung von Produkt, Wertschöpfungsketten, Betriebsmittel und Organisation in Bezug auf die neuartigen, durch den Leichtbau induzierten Prozesse und Wertschöpfungsketten.

Hiervon sind die heutigen Automobile und ihre Produktionswerke tatsächlich noch ein Stück entfernt. Sie sind noch auf bestimmte Modelle spezialisiert und auf fest geplante Stückzahlen ausgelegt. Nahe dem optimalen Betriebspunkt produzieren sie hoch wirtschaftlich.

Jedoch sind die Prozesse in Presswerk, Karosseriebau und insbesondere in der Lackierung im Wesentlichen auf Aluminium und Stahl abgestimmt. Neue Materialien, Prozesse und Bauweisen sind im sogenannten „Brownfield", bei laufender Produktion einer bestehenden Fabrik, nur schlecht einzuführen. Auch die in der Logistik genutzte Fördertechnik zum Karosserietransport beschränkt die notwendige Flexibilität mit fester Verkettung und Installation. Angesichts der Zunahme von Modellen und Varianten kommen die bestehenden Fabriken in Bezug auf Fläche an ihre Grenzen. Insbesondere in den heutigen Montagehallen ist verfügbarer Platz entlang der Materialbereitstellungszonen ein besonderer Engpass.

Bezüglich Wandlungsfähigkeit stellen sich aus Sicht des Automobilbaus ganz konkrete Fragestellungen:

- *Produkt*: Wie sollen die heutigen Produktionshallen organisiert werden, wenn morgen die Varianz der Produkte, z.B. durch Diversifikation von Antriebstechnologie steigt und somit die Modellvielfalt zusätzlich von Antriebsvarianz überlagert wird? Wie sollen die Fahrzeuge gestaltet werden, um die Einflüsse auf die Produktion und Unterschiede möglichst gering zu halten? Mercedes steht mit seinen Assistenzsystemen in der Fahrsicherheit an der Spitze. Doch wie werden Verbau und Inbetriebnahme dieser in der Anzahl weiter zunehmenden Systeme in die Produktionsanlagen integriert?

- *Ganzheitlichkeit*: Mit welchen ganzheitlichen Konzepten lässt sich die Komplexität am besten beherrschen? Wie passt sich die Produktion schnell einer geänderten Nachfrage an? Wie lässt sich das zu jeder Stückzahl kostenminimal darstellen?
- *Wirtschaftlichkeit*: Wie gestaltet man wandlungsfähige Produktionsanlagen ohne einen Mehrpreis zu zahlen?
- *Bewertung*: Wie bewertet man Wandlungsfähigkeit wirtschaftlich? Welches sind die Auswirkungen auf Fläche und Zeit?
- *Risiko*: Welche Risiken bergen die technischen Lösungen der Wandlungsfähigkeit? Welche Rückfalllösungen bestehen? Wie kann die Verfügbarkeit der Produktion zu jedem Zeitpunkt aufrechterhalten werden?

Um für diese komplexen Fragen konkrete Antworten und tragfähige Lösungen zu erhalten, engagiert sich Mercedes-Benz bei dem vom Bundesministerium für Bildung und Forschung (BMBF) geförderten Forschungscampus ARENA2036 in Kooperation mit weiteren Partnern aus Forschung und Wirtschaft.

5.2 Forschungscampus ARENA2036 – Partner, Ziele

Der Forschungscampus ARENA2036 ist der Gewinner der Förderinitiative des Bundesministeriums für Bildung und Forschung „Forschungscampus: öffentlich-private Partnerschaft für Innovationen“, welche zum Ziel hat, Herausforderungen der Zukunft zu meistern, indem Wissenschaft und Wirtschaft mit mittel- bis langfristigem Fokus unter einem Dach kooperieren.

Abbildung 10: **Forschungscampus ARENA2036, Partner und Inhalte**

Die "ARENA2036" fokussiert mit ihrer Forschungsstrategie auf multifunktionale Verbundwerkstoffe und dabei insbesondere auf die Integration zusätzlicher Funktionen sowie schließlich auf die wandlungsfähige Fahrzeugproduktion.

Das Teilprojet „Forschungsfabrik", bei dem die Daimler AG mit den wissenschaftlichen Instituten der Universität Stuttgart und der Fraunhofer-Gesellschaft sowie den Wirtschaftspartnern Bosch und Bär Automation zusammenarbeitet, hat die wandlungsfähige Fabrik im Fokus.

Die Teilprojekte „Leichtbau und Formintegration" sowie „Digitaler Prototyp" entwickeln hierzu aus innovativen Leichtbauwerkstoffen wie z.B. CFK, geeignete funktionsintegrierte Montagemodule und Werkzeuge, um deren Herstellung zu simulieren.

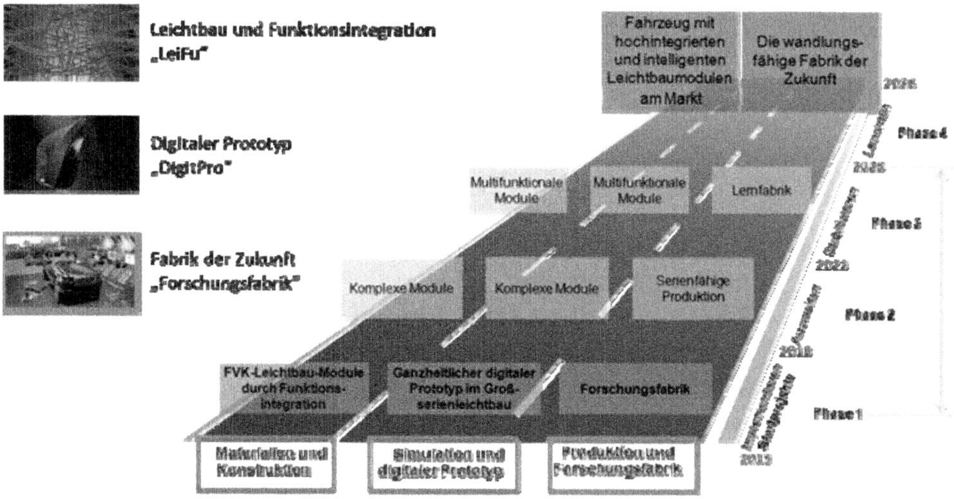

Abbildung 11: **Teilprojekte der ARENA2036**

5.3 Forschungsinhalte

Ein Merkmal der angestrebten Zukunftsfabrik ist, dass in dieser wandlungsfähigen Fahrzeugproduktion die starre sequentielle Linienfertigung aufgebrochen wird und entsprechend den Fertigungsanforderungen einzelner Varianten spezifische Prozessmodule dynamisch angefahren werden.

Im Unterschied zur typischen Fertigungslinie wird ein Basislayout gewählt, das Prozessmodule ohne fest installierte Fördertechnik in einer Matrixform anordnet, um Modalität, Skalierbarkeit, Flexibilität in Bezug auf die eingesetzten Betriebsmittel und eine lose Verkettung der Fertigungsschritte zu ermöglichen. Dabei durchlaufen verschiedene Fahrzeugvarianten die Produktion auf verschiedenen Wegen. Sie werden somit zu cyber-physischen Systemen (CPS), d.h. die verschiedenen Modelle können sich, wie in Abbildung 12 dargestellt, selbstständig und flexibel ihren Weg durch die Prozessmodule suchen und via Cloud den Zeitpunkt ihrer Bearbeitung verhandeln.

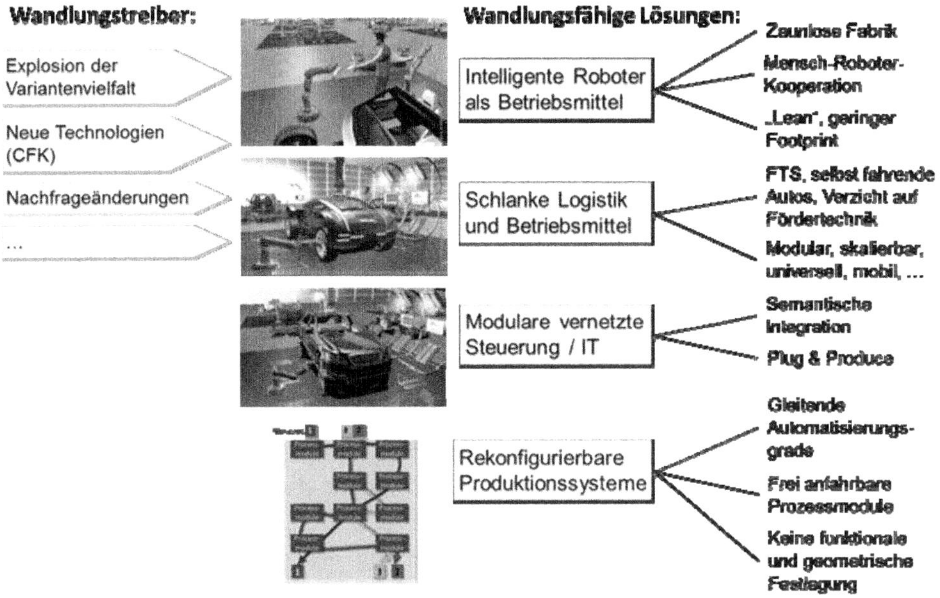

Abbildung 12: Anforderungen an künftige Fahrzeugproduktionen und technische Stellhebel

Des Weiteren sind modulare, „schlanke" Betriebsmittel und die Logistik im Fokus von ARENA2036. Denn Wandlungsfähigkeit impliziert die Konzentration auf wertschöpfende Prozesse und Verschlankung der Produktionssysteme. Hierbei darf „schlank" nicht mit „low cost" und „billig" verwechselt werden. Vielmehr soll Technologie intelligenter und zielgerichtet eingesetzt werden, um heute geforderte Funktionen und Bauteile morgen weglassen zu können.

Neu zu realisierende Produktionskonzepte (Funktionsintegration: passive und aktive Funktionen in den Komponenten; Schnittstellengestaltung der Betriebsmittel: universelle Antriebs- und Funktionsschnittstellen; hardwareneutrale Variantengenerierung: Funktionsaktivierung in der Endmontage) wirken der Komplexitätssteigerung durch die Fahrzeugvielfalt überproportional entgegen und ermöglichen den Aufbau extrem schlanker Produktionsstrukturen und -betriebsmittel. In diesem Sinne soll z.B. auf Aufnahme- und Aufspannfunktionen im Produktionsfluss weitgehend verzichtet werden bzw. diese nach Maßgabe größter Universalität, Skalierbarkeit und Modularität ausgeführt werden. Minimale Logistik ohne feste Verkettungen lassen sich in der Fahrzeugproduktion realisieren, indem Komponenten/Baugruppen mittels universell verwendbaren fahrerlosen Transportfahrzeugen (FTS) zwischen Prozessmodulen transportiert werden oder das Fahrzeug sogar selbst (anstatt eines Fließförderers) zwischen Montagemodulen bewegt wird. Prinzipiell soll in der wandlungsfähigen Produktion eine Loslösung vom Fertigungstakt hin zum Fertigungsfluss mit minimalem Umlaufbestand erfolgen.

Intelligente Roboter nehmen als vielseitig einsetzbare Betriebsmittel zur Prozessführung, insbesondere für neue Leichtbauprozesse, im Materialfluss und in der Prüftechnik eine zentrale Stellung ein. Hierbei sind die Möglichkeiten künftiger Mensch-Roboter-Kooperation für „gleitende" Automatisierungsgrade von „manuell" über „assistierend" (Mensch-Roboter-Interaktion) bis zu „vollautomatisch" auszunutzen. Die sichere Mensch-Roboter-Interaktion ohne trennende Schutzeinrichtungen („zaunlose Fabrik") ermöglicht schlanke, dynamisch veränderbare Produktionslayouts. Prozess- und Prüfmodule sind so auszuführen, dass sie mit minimalem Umrüstaufwand sowohl durch Roboter als auch von Hand betrieben werden können. Durch die gezielte Nutzung der jeweiligen Stärken von Mensch (Flexibilität, Sensorik, Intelligenz) und Maschine (Einsatzmöglichkeit bei stark ermüdenden, kurzzyklischen und unergonomischen Tätigkeiten) steigt im Zusammenspiel letztlich sogar die Produktivität des einzelnen.

Auch die Steuerungstechnik muss den Anforderungen der wandelbaren Produktion genügen. Angestrebt werden „Plug&Produce"-Technologien in Bezug auf geometrische, elektrische und steuerungstechnische Schnittstellen für die schnelle Rekonfiguration von Betriebsmitteln. Die Nutzung semantischer Modelle zur effizienten Repräsentation von Wissen (Produkt- und Prozesswissen, Ressourcen) soll eine interpretierbare Repräsentation und Nutzung von Wissen für Menschen und Maschinen erlauben. Darüber hinaus sind Methoden zur intuitiven Bedienung bei der Inbetriebnahme, aber auch der Produktion mit „gleitenden" Automatisierungsgraden zu schaffen. Generell werden für eine robuste und wandelbare Steuerung weitere Methoden, wie z.B. Service Oriented Architecture (SOA), Frameworks, semantische Netze, Modularisierung undSoftwaretests, aus der Standard-IT in die industrielle Steuerungstechnik überführt und adaptiert. Die Steuerungsarchitektur muss von der bisherigen Top-Down-Struktur (von Leit- über Zellen- bis zu Maschinensteuerungen) bei der Beauftragung zu einer vom Produkt ausgehenden Beauftragung gestaltet werden.

Prozessmodule müssen über einfache mechatronische Schnittstellen verfügen. Diese erlauben einen schnellen Tausch vorhandener oder Integration neuer Module als wertschöpfender Bestandteil in die Produktion. Hierzu sind neben der Flexibilität des Roboters und der Selbstkonfiguration der Steuerung Methoden zur einfachen und schnellen Kalibrierung zu entwerfen, so dass sofort nach einer Rekonfiguration die geforderte Qualität erreicht und Kosten eingespart werden können.

6 Literatur

Nyhuis P, Heinen T, Reinhart G, Rimpau C, Abele E, Wörn A (2008) Wandlungsfähige Produktionssysteme: Theoretischer Hintergrund zur Wandlungsfähigkeit von Produktionssystemen. In: wt Werkstattstechnik online 98 Nr. 1/2, S. 85-91.

Zäh MF, Möller N, Vogl W (2005) Symbiosis of Changeable and Virtual Production. In: Zäh MF, et al. (Hrsg.) 1st International Conference on Changeable, Agile, Reconfigurable and Virtual Production (CARV 2005). München, Utz.

Use Case Industrie 4.0-Fertigung im Siemens Elektronikwerk Amberg

Prof. Dr. Karl-Heinz Büttner, Siemens AG; Dipl-Ing. Ulrich Brück, Siemens AG

1 Das Elektronikwerk Amberg (EWA)

Unter dem Namen Simatic fertigt Siemens Produkte für die Bereiche Automatisierungstechnik, Leittechnik und MES. Die ursprüngliche speicherprogrammierbare Steuerung (SPS) wurde zu einem umfassenden Automatisierungssystem erweitert. Die Automatisierungsgeräte und die Human-Machine-Interfaces ermöglichen eine Automatisierung (Totally Integrated Automation, TIA) von der Steuerungs- bis zur Produktionsleitebene inklusive der zugehörigen Engineeringsoftware. Etwa 1000 Mitarbeiter verarbeiten auf rund 10.000 m^2 Fertigungsfläche drei Milliarden Bauelemente pro Jahr. Mit folgenden Fakten lässt sich die Leistungsfähigkeit des Elektronikwerks Amberg einordnen: Bei der Prozessqualität wird ein Stand von über 99,99 % erreicht. Die Lieferzeit für weltweit 60.000 Kunden und mit über 1000 Produktvarianten beträgt 24 Stunden. In 2013 wurden drei neue Produktfamilien eingeführt. Im Durchschnitt werden 20% des Produktionsequipments pro Jahr erneuert.

Abbildung 1: Siemens Produkte Simatic PLC und Simatic HMI als Beispiele für Automatisierung und Steuerung

1.1 Vision und Strategie

Aus der zunehmenden weltweiten Automatisierung leiten sich Herausforderungen für innovative Lösungen bei Produkt- und Produktionstechnologie ab. Eine solche Herausforderung ist z. B. die steigende Varianz und zunehmende Individualisierung der Produkte. Um diesen Herausforderungen besser zu begegnen, haben wir für die Kommunikation mit unseren Mitarbeitern und Geschäftspartnern unsere Vision und Strategie formuliert, die wir kontinuierlich in Gesprächen und Vorträgen nutzen und an verschiedenen Stellen des Werkes sichtbar machen. Mit dieser Formulierung möchten wir die Orientierung aller Mitarbeiter im täglichen Handeln verbessern. Die Formulierung lautet wie folgt:

Perfektion für unseren Kunden

Strategie:

- Quality first
- Höchstmögliche Liefertreue
- Innovation, Nachhaltigkeit und unsere Kultur

Alle unsere Mitarbeiter sollen wissen, dass wir höchste Perfektion für unsere Kunden anstreben und daraus für die Simatic-Steuerungen die Strategie ableiten, höchstmögliche Qualität, Lieferperformance, Innovation, Nachhaltigkeit und unsere Kultur sicher zu stellen und weiter zu entwickeln. Diese strategischen Elemente können nur durch die Beiträge jedes einzelnen Mitarbeiters erreicht werden. Wesentliche Kulturmerkmale, wie z.B. die ergonomisch optimale Gestaltung der Prozesse und Arbeitsplätze für den Menschen in der Fabrik oder die Suche nach Lösungen anstatt nach Schuldigen, sind durch weitere Detaillierungen in der Strategie nachhaltig verankert.

Die Kernkompetenzen dazu sind identifiziert. Dies sind alle Prozesse zur kontinuierlichen Steigerung der Produkt- und Prozessqualität, der Lieferperformance und der kontinuierlichen Innovation der Produkte und Technologien. Aus Vision und Strategie leiten sich Zielvereinbarungen und strategische Projekte ab.

1.2 Lösungsansätze aus Industrie 4.0 für unsere Herausforderungen

Wesentliche Teilbereiche von Industrie 4.0 sind die horizontale Datendurchgängigkeit zu Partnern, Lieferanten und Kunden und die vertikale Durchgängigkeit innerhalb der eigenen Organisation von der Entwicklung bis zum fertigen Produkt. Operativer Teilbereich ist die Schaffung von cyber-physischen Systemen in der Fertigung. Dies bedeutet, dass physische Objekte eine – wenn auch eingeschränkte – Identität erhalten. Diese Identität wird erzeugt durch vergebene Barcodes, RFID-Chips oder Mini-Rechner und durch die gleichzeitig in Echtzeit transferierten und gespeicherten Daten. Davon betroffen sind alle Objekte in der

Fabrik wie Behälter, Materialgebinde, Produkte und Maschinen. Damit ist die Basis für autonome Bewegung und Entscheidung und die Kommunikation untereinander und mit der Umgebung geschaffen. Der Vorteil von Industrie 4.0 ist, dass sich technische Standards für Identifikation und Kommunikation kontinuierlich verbessern. Damit wird die Einführung der umfassenden Infrastruktur für cyberphysische Systeme in der Praxis erleichtert und beschleunigt. In unserem Fall wird das Streben nach Perfektion für den Kunden gefördert und unsere Strategie zur Erfüllung der Kundenanforderungen abgerundet.

Für das Unternehmen bedeutet Industrie 4.0 mit den oben genannten Teilbereichen eine Herausforderung und insbesondere ein zunehmendes Kommunikationsaufkommen auf allen Ebenen. Auf der Basis von Industrie 4.0 arbeiten wir dafür an Lösungen.

Ein Lösungselement aus Industrie 4.0 im digitalen Unternehmen ist das Verschmelzen der virtuellen mit der realen Welt aus der Perspektive der Produktion. Verschmelzung bedeutet, dass sich einerseits die physischen Objekte kontinuierlich verändern und alle Veränderungen an diesen Objekten exakt in Echtzeit parallel mitdokumentiert und erforderliche Daten, beispielsweise für Aufträge, technische Spezifikationen und Qualitätssicherung, online zur Verfügung gestellt werden. Andererseits bedeutet Verschmelzung auch, dass die entstehenden Betriebsdaten entsprechend dem realen Geschehen in Echtzeit vervollständigt werden. So steht beispielsweise das Betriebsdatenprotokoll von Arbeitsschritt (n) in Millisekunden bereits an Arbeitsschritt (n+1) zur Verfügung, um sicherzustellen, dass der Arbeitsschritt des Vorgängers mit der erforderlichen Qualität fertiggestellt wurde. Die große Aufgabe der Vervollständigung der Kommunikationstrecken bis zur Fähigkeit der Selbstorganisation der Dinge wird durch zunehmend verfügbare Standards in Industrie 4.0 gelöst. Dies sieht man beispielsweise an bereits realisierten webbasierten Standards in der Maschinenanbindung, bei den Codierungs- bzw. Identifikationssystemen und in den Dialogoberflächen für die Mensch-Rechner-Interaktion. Dazu müssen die bisherigen Identifizierungs- und Kommunikationsstrukturen ausgebaut und durch autonome Systeme ergänzt werden. Die Objekte im industriellen Umfeld wie z.B. Produkte, Material, Behälter und Maschinen werden zukünftig „intelligenter" durch implementierte Mini- und Microrechner, können untereinander kommunizieren und autonom entscheiden. Durch die zunehmende Kommunikationsfähigkeit untereinander und zu den Leitrechnern steigen der Grad der Verschmelzung und daher auch die Freiheitsgrade bei der Prozess- und Arbeitsplatzgestaltung.

Die Lösungsmöglichkeiten für die ebenen-orientierte Kommunikation nehmen zu.

Die Algorithmen liegen heute noch überwiegend in der Leitrechnerebene. Ein Teil der Algorithmen und der zu treffenden Entscheidungen verlegt sich zukünftig dezentralisiert auf die Microrechner der Dinge. Erhöhtes Kommunikationsvolumen bleibt ausschließlich auf der untergelagerten Ebene, kann vor Ort einfacher und schneller erledigt werden, insgesamt sind weniger Parameter über alle Ebenen zu führen. Dies führt zur Entlastung der Leittechnik. So kann beispielsweise bei automatischem Produkttransport die „Verkehrsregelung" vollständig auf der untersten Ebene stattfinden, ohne Beteiligung von Leittechnik.

Eine weitere Lösung aus Industrie 4.0 ist die schnell verfügbare Information und damit die Förderung der Kultur der übergreifenden Zusammenarbeit. Jeder einzelne Mitarbeiter ist motiviert, ganzheitlicher zu arbeiten, weil die definierten Standards der horizontalen und vertikalen Integration z.B. durch prozessübergreifende Teams und Workflows die gemeinsame, gleichzeitige Nutzung der gleichen Daten mit einheitlicher Terminologie ermöglichen. Die Kommunikation zwischen Produktmarketing, Entwicklung, Produktion bis zum Vertrieb, und die Rückkopplung des Produktionswissens in die Entwicklung wird damit kontinuierlich effektiver. In der vertikalen Integration nutzt Siemens dafür die Software Teamcenter als Backbone mit webbasierten Schnittstellen zu den Dialogen und den vielfältigen unterlagerten Services. Sowohl in der Prozessentwicklung als auch in der Prozessdurchführung wird der Mitarbeiter durch schnellere Information befähigt, schneller zu entscheiden. Industrie 4.0 ergänzt das Grundwissen des Mitarbeiters (z. B. über Prozess, Produkt, Technologie) durch höchste Transparenz im operativen Geschehen (z. B. Aufträge, Ressourcen, Qualitätsstatus).

Hier schließt sich der Kreis „Perfektion für den Kunden" mit geeigneten Strategien umzusetzen und dabei die Vorteile aus Industrie 4.0 und den zugehörigen Standards zu nutzen.

1.3 Der Mensch ist das Maß aller Dinge (Protagoras)

Je ergonomischer die Arbeitsumgebung für den Menschen ist, desto effektiver kann er arbeiten. Technologien und Prozesse entwickeln sich weiter im Einklang mit dem Menschen. Im digitalen Unternehmen lassen sich die Anforderungen auf unterschiedlichen Ebenen aufteilen.

Dafür sind im digitalen Unternehmen die Arbeitsumgebungen auf der jeweiligen Ebene für den Menschen optimiert:

Auf der Ebene Montageplätze, Maschinenbedienung und den Logistikarbeitsplätzen schafft die Automatisierung Entlastung von physischer Belastung und die Automatisierung der Information Entlastung von psychischer Belastung und damit Sicherheit beim Wissen über beispielsweise die Zuordnung von Teilen, NC-Programmen und Anweisungen.

Auf der Ebene Werkstattführung unterstützt Industrie 4.0 durch umfassendere und zugleich treffsichere Information z.B. für Produkt- und Technologieneueinführung, Qualität, Maschinennutzung, Personalplanung. Auf den unterschiedlichen Werkstattführungsebenen, haben PC und Mobiltelefon den Schraubenschlüssel weitgehend ersetzt. Der PC dient zur übergreifenden Kommunikation,

Nutzung von Reports, Drill Downs, Hotlines und Barcodeleser. Auch repariert wird mit dem PC.

Auf der Ebene Engineering, für die Weiterentwicklung der Prozesse, die Innovationen, das Umsetzen seiner Kreativität braucht der Mensch ergonomische, moderne Kommunikationswerkzeuge, die seine Fähigkeiten optimal unterstützen. Die Vernetzung von Prozess und Information fördern seine Kompetenzen für Planung und Entscheidung. Für das Engineering sind automatisierte Workflows, Webservices, Live-Meetings, Watchdogs, usw. geschaffen worden. Beim Engineering steigt der Durchsatz durch die effektiven Informationsflüsse.

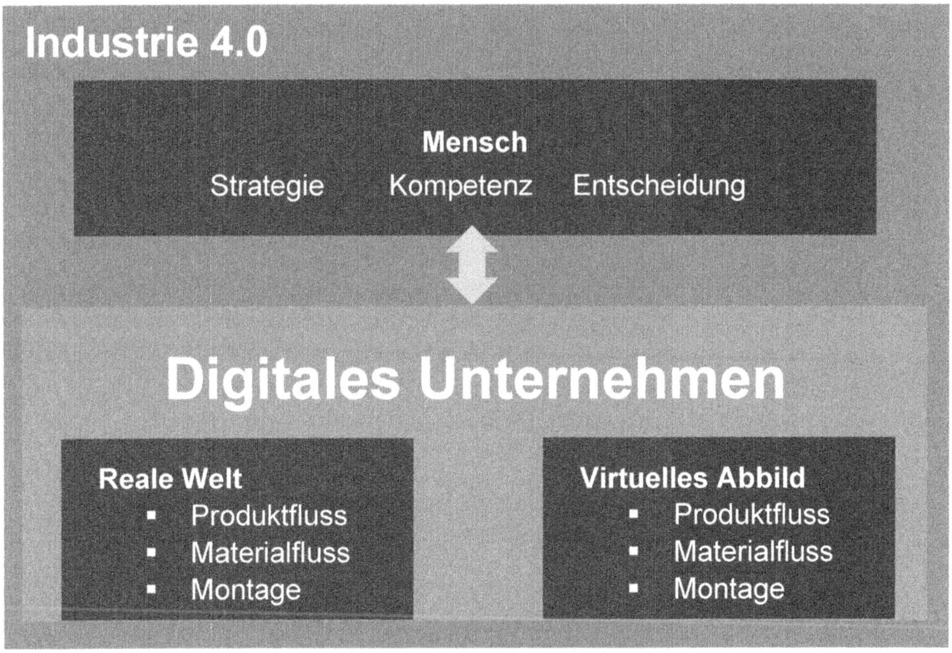

Abbildung 2: Industrie 4.0: Der Mensch steuert mit den Instrumenten des digitalen Unternehmens

Für alle Ebenen gilt:

Industrie 4.0-Kompetenz: Es erfolgt ein kontinuierlicher Qualifikationsaufbau anhand unseres Industrie 4.0-orientierten Kompetenzmodells. Dazu zählt neben den fachlichen Themen und dem Gesamtverständnis des digitalen Unternehmens ein Höchstmaß an Eigenverantwortung und Motivation. Zu den fachlichen Themen gehören die selbstverständliche Nutzung der vielfältig verfügbaren Online-Funktionen für Qualitäts-, OEE- und Auftragsmanagement, das Beherrschen der Kommunikationsmethoden und Werkzeuge, das Ableiten von konkreten Maßnahmen aus aktuellen Informationen und in Echtzeit eigenverantwortlich zu entscheiden.

1.4 Quality first

Für die Funktionalität und Qualität der Anlagen unserer Kunden tragen wir die Verantwortung bzgl. unserer Produkte. Daher ist die Qualität in unserer Strategie fest verankert. Aus der Strategie erwachsen beispielsweise die Zielvereinbarungen. Für die Qualität sind konkrete Ziele vereinbart. Diese beinhalten sowohl die Produkt- als auch Prozessqualität. Also im Detail z. B. Werte für die Bestück-, Löt- und Bauteilqualität. Diese werden an den zumeist automatischen Testsystemen gemessen, online übertragen und in dpm-A (siehe nächstes Bild unten) berichtet. Darüber hinaus gibt es qualitätsrelevante Ziele z. B. für Lieferanten, für die Produktentwicklung, etc. Aus der Berichterstattung werden Schwachstellen erkannt und Maßnahmen festgelegt. Diese Maßnahmen können z. B. Optimierungen in der Technologie oder bei den Produkten sein oder gemeinsam mit Lieferanten erarbeitet werden. Damit wird jeder Mitarbeiter auf den unterschiedlichen Ebenen, über Abteilungsgrenzen hinweg, prozess- und produktorientiert stetig durch die Qualitätsarbeit begleitet und dadurch die bestehende Qualitätskultur gefördert. Durch eigene Q-Kompetenz-Trainings ist der Mitarbeiter in die Lage versetzt, die Qualität seiner Arbeitsergebnisse zu beurteilen. Des Weiteren ist in der Produktion zu seiner Unterstützung ein detailliertes Echtzeit-Qualitätssystem etabliert. Dieses erfasst flächendeckend an mehr als 1000 Messpunkten das Qualitätsgeschehen und bietet allen Mitarbeitern den Online-Zugriff auf die bedarfsgerechte Information. In der Produkt- und Prozessqualität haben wir im Jahr 2013 den Stand von 12 dpm-A erreicht. Beim Bestücken und Löten sind von einer Millionen Fehlermöglichkeiten also lediglich 12 eingetreten.

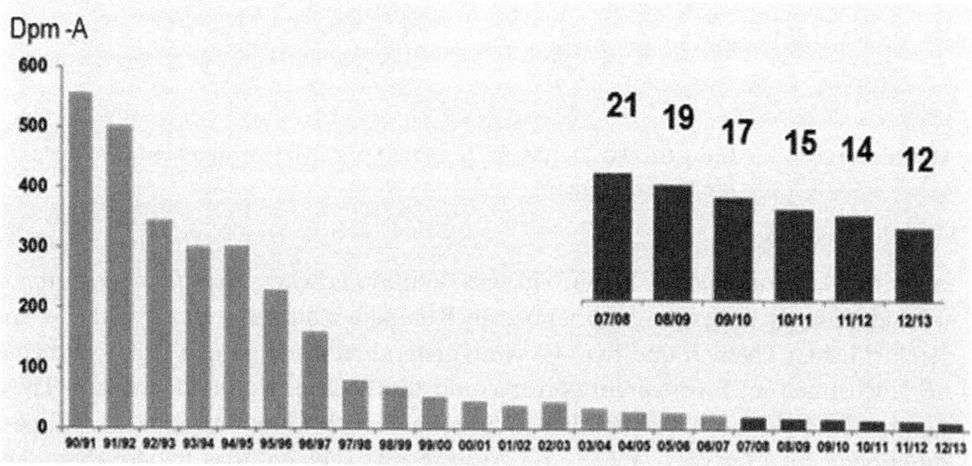

Abbildung 3: **Qualitätsverlauf der Produkt und Prozessqualität: Die Steigerung der Qualität von über 10% pro Jahr konnte über 25 Jahre gehalten werden, dpmA: defects per million, bezogen auf die Anzahl gelöteter Anschlüsse**

Mit dieser Sequenz: Strategie, Ziele, Qualitätskultur und den resultierenden Faktoren der hohen Prozess- und Produktqualität schließt sich der Kreis zu „Quality first".

2 Produktionsautomatisierung

2.1 Der Startpunkt der Automatisierung

Eine Ausgangsbasis für Automatisierung, Produktivität und für Industrie 4.0 ist die automatisierungsgerechte Gestaltung der Produkte. Dafür fließen drei wichtige Informationsströme von Anfang an zusammen: die Kundenanforderungen, die Innovationen aus Entwicklung und Fertigung und die Innovationen von Lieferanten. Die Kooperation von Anfang an erspart Nachbesserungen durch verspätete Erkenntnisse.
Angestrebt wird ein Gesamtoptimum des Produktes hinsichtlich der Erfüllung der Kundenanforderungen, innovativer und wirtschaftlicher Technologie in der Produktion verbunden mit innovativen, langlebigen Zulieferteilen. Produktentwicklungspartnerschaften mit Leitkunden sorgen in der Produktdefinitionsphase für treffsichere kundenorientierte Funktionen. Prozesselemente für quality first sind unter anderem gemeinsame Risikoanalysen von Material und die Erstellung von Material-Qualitätsplänen, als Bestandteil des Produktdesigns. Die material quality plans sorgen für die kontinuierliche Rückkopplung der Erfahrungen aus der Produktion in die Entwicklung und stellen die Einhaltung unserer Richtlinien für design for manufacturing und design for testability sicher.

Abbildung 4: Prinzipien bei der Produktentwicklung

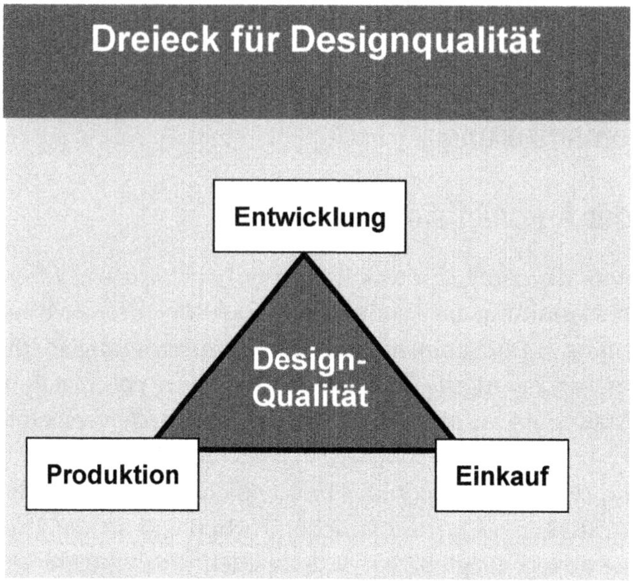

Abbildung 5: **Prinzipien bei der Produktentwicklung**

2.2 Die vertikale Integration

Hauptbestandteil der vertikalen Integration ist die durchgehende Informationstechnik von der Produktentstehung, über Entwicklung und Fertigung bis zum Kunden. Für die beteiligten Mitarbeiter von Produktentwicklung und Produktionsengineering ist eine gemeinsame Datenbasis mit einheitlicher Terminologie geschaffen worden, Entwicklung und Produktion sprechen somit die gleiche Sprache.

Die laufenden Datenübergaben aus Produktdesign an CAM und Manufacturing Execution System (MES) werden automatisch ausgelöst. Das MES- und die Nachfolgesysteme nutzen den Trigger zur Generierung von Daten für die Kontroll-Ebene: Null- und Vorserienworkflows, NC-Programme für Bestücken, Test, Optische Inspektionsprogramme Programme, Laserbeschriftung, Etikettendaten, automatische Arbeitsplangenerierung, vereinheitlichte Stückliste, etc. Die Schnittstellen zu den vielfältigen Services in den Nachfolgesystemen sind webbasiert und damit hochflexibel für den jeweiligen Anwender gestaltbar.

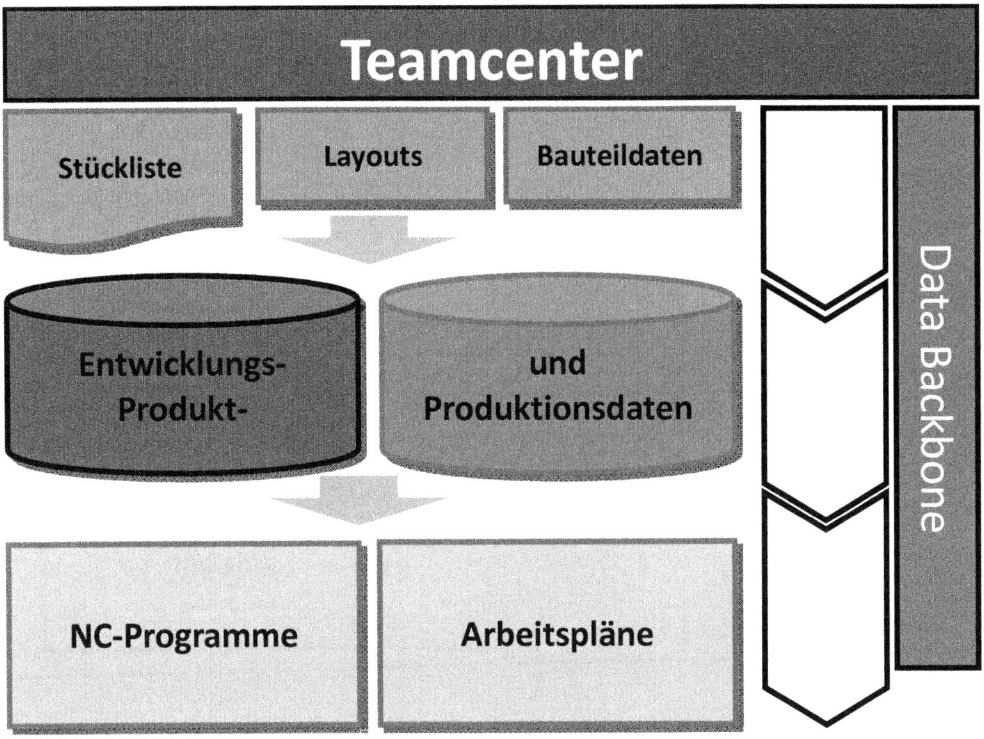

Abbildung 6: Informationstechnik von der Produktentstehung, über Entwicklung und Fertigung bis zum Kunden.

Das Mengengerüst für Datenübergaben:

- ca. 50 neue NC-Programme täglich
  für: Neuprodukte, Produkt-Updates, alle Technologien
- für: Datenbearbeitung mit Web-Service-Oberflächen
- für: Einheitliche Terminologie über alle Prozessschritte

Auf der Basis einer durchgehenden Infrastruktur erfolgt die Programmgenerierung automatisch.

Die Verantwortlichen in der Produktion werden über die neuen NC-Programme überwiegend nur noch informiert. Nur bei einem ganz geringen Anteil der Programme sind Ergänzungen durch die Maschinenexperten erforderlich. Dabei entscheidet die Technologie vor Ort, z. B. in welcher Form die Daten verfügbar gehalten werden. Die Zuordnung der Programme zu den Produkten wird vollständig über die Produktidentifizierung (Barcode, RFID) gesteuert. Auch hier ist zu erwarten, dass durch Industrie 4.0 sich mehr übergreifende Standards entwickeln, die das Identifizieren und das Handhaben der operativen Ident-Daten erleichtern.

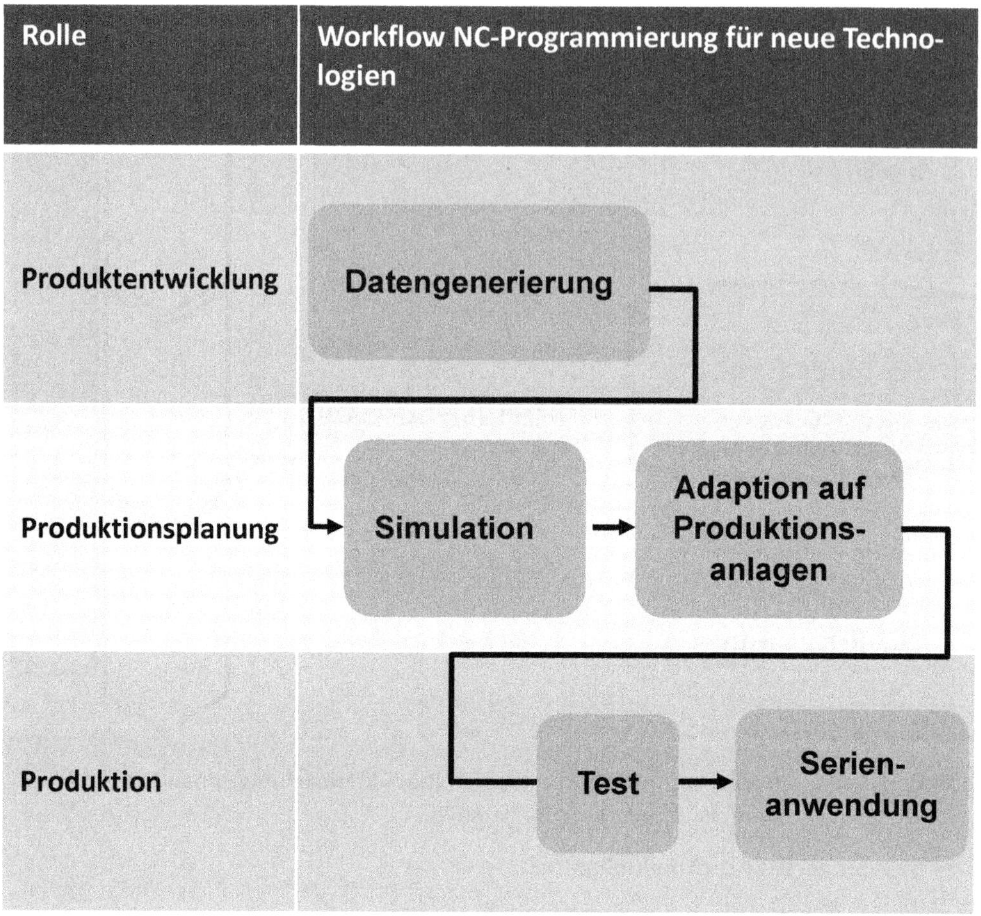

Abbildung 7: **NC-Programmgenerierung**

2.3 Die durchgehende Codierung und Identifizierung

In der Infrastruktur liegt der Hebel zur optimalen Transparenz. In der digitalen Fabrik sind alle Dinge durchgehend identifizierbar: alle Produkte, Materialgebinde, alle Transportbehälter und alle Maschinen und Anlagen sowie wichtige Anlagenteile. In der Technologie „Bestücken" sind z.B. die Zuführsysteme für Bauelemente durchgehend codiert und in Lebensläufen dokumentiert. In der bestehenden Struktur werden dafür unterschiedliche Codes, RFIDs, an den Maschinen-Steuerungen und PCs sowie als Standard verfügbare Sensorik eingesetzt.

Prozesswerte, wie z.B. Prüfergebnisse, aktuell genutzte NC-Programme, Temperaturen, aktuelle Hersteller, Bearbeitungszeitpunkte etc. werden flächendeckend erfasst, immer bezogen auf das jeweilige Individuum Produkt, Materialgebinde, Behälter, Maschine.

Die damit verbundene schnell wachsende Anzahl von Echtzeitprotokollen wird durch die vorhandene IT-Infrastruktur leichter handhabbar. Die Identifizierung aller Objekte zur Erfassung aller Prozessparameter ist die Basis für das Erzeugen aller erforderlichen Reports, der eigenverantwortlichen Prozessanalysen für alle Mitarbeiter über alle Hierarchiestufen.

Mit der durchgängigen Codierung erreichen wir:

Automatisierte Datenbereitstellung

- Online
- Eindeutige Identifizierung (Unikat)

Automatisierte Datenerfassung:

- Betriebs- und Qualitätsdaten
- Lebensläufe

Automatisierte Zuordnung:

- Produkt – NC-Programm – Maschine
- Produkt – Material

Abbildung 8: **Produktbarcode: Jedes Produkt hat seinen Ident. In dem Code sind alle relevanten Daten hinterlegt (links)**

Abbildung 9: **Gebinde-Barcode gelb zum vollständigen Logging aller Bewegungen (rechts)**

2.4 Autonomiebewegung beim Produkt

Voraussetzung für die Nutzung der zunehmenden Autonomie ist der Ausbau von flexibel verketteten Systemen und deren Wandlungsfähigkeit. In der Transportlogistik sind z.B. alternative Transportwege erforderlich, um für den autonomen Transportbehälter Entscheidungsraum zu bieten. In flexiblen Linien, wie unten abgebildet, werden für den jeweils nächsten Bearbeitungsschritt eines Produktes unterschiedliche Produktionsmodule angeboten, um entsprechend der jeweiligen Situation ausgewählt werden zu können. Situationskriterien können z.B. sein:

Anzahl zu fertigender Produkte der unterschiedlichen Typen, Aufwandsminimierung für Rüsten, Verfügbarkeiten für Material, erforderlicher Adapter und Programmen, Umbau / Wartung eines Produktionsmodules etc.

Montagelinie mit Bypass-Methodik:

- Umlaufender Werkstückträger, RFID gesteuert
- Austausch einzelner Stationen unterbrechungsfrei möglich
- Parallele Fertigung unterschiedlicher Varianten

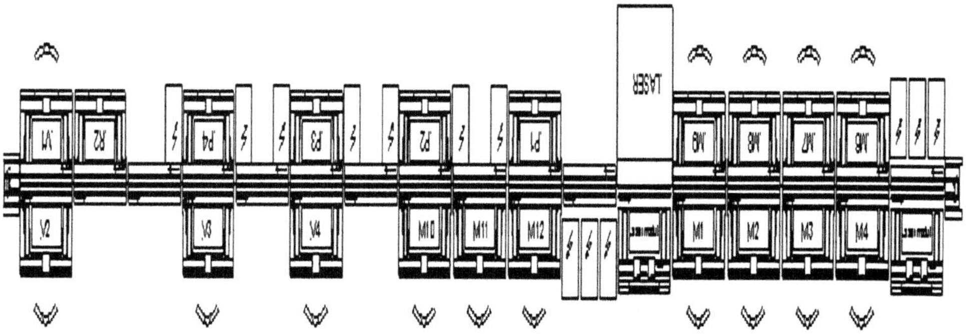

Abbildung 10: **Fertigungslinie mit angebauten, austauschbaren Produktionsmodulen. Lokale Entscheidung für den Fertigungsdurchlauf, welches Produkt als nächstes zu welchem Arbeitsplatz gesteuert wird.**

2.5 Losgröße 1 ist bei Industrie 4.0 enthalten

Wenn jedes Produkt individuell identifiziert und automatisiert gerüstet wird, wirken sich Kleinstlosgrößen nicht negativ aus. Bei diesem Beispiel (siehe Abbildung 11) wird die Frontblende unmittelbar vor der Montage individualisiert. Dazu wird das Grundteil (gleich für mehr als 20 unterschiedliche Varianten) per Laserprogramm bearbeitet. Industrie 4.0 unterstützt hier ebenfalls durch die Standards bei Produktident.

Späteste Möglichkeit (Just in Time)der Variantenbildung direkt in der Linie:

- Produktbeschriften und Freilegen von LED- Lichtkanälen inline und rüstfrei: Laserabrasion new generation
- Material-Neuentwicklung der Frontblende (Makrolon mit 2 Lackschichten und angespritzten Lichtleitern)
- CAD-versorgte Laserabrasion ersetzt Mehrfachprozess

➔ 80 % Reduzierung der Varianz beim Material

Abbildung 11: **Just in Time gelaserte Produktabdeckung**

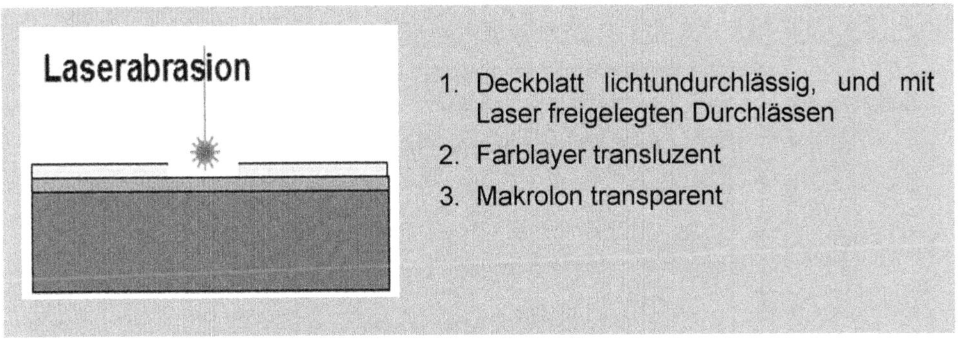

Abbildung 12: **Mehrschichtproduktabdeckung**

3 Mensch-Maschine-Interaktion

3.1 Alle Maschinen online mit EWA-Kommunikationsstandard Comesco

Die Abkürzung Comesco steht für "Connectivity MES Control". Zur industriellen Interaktion zwischen Mensch, Technik und zur Informationsübermittlung innerhalb der Technik wurde im Elektronikwerk Amberg (EWA) eine umfassende Infrastruktur installiert und Comesco als Standard definiert. Das folgende Bild zeigt den schematischen Aufbau. Realisierer bei der Erstellung und Konfiguration der Schnittstellen zu den jeweiligen Automaten sind der Anlagen-und Maschinenbauer sowie die IT. Hierbei werden weitere Standards aus den Betriebssystemen der Steuerungen und PCs mit einbezogen. Darüber hinaus sind im Comesco-Standard Funktionsbausteine enthalten, die für die Kommunikation der SPS-Steuerungen und Linien-PCs von Bedeutung sind. Weiter werden offene etablierte Standards wie XML und TCP genutzt. Auf dieser Basis sind alle Maschinen online angeschlossen. Die Funktionen lassen sich unterteilen in anwendungsspezifische und anwendungsunabhängige.

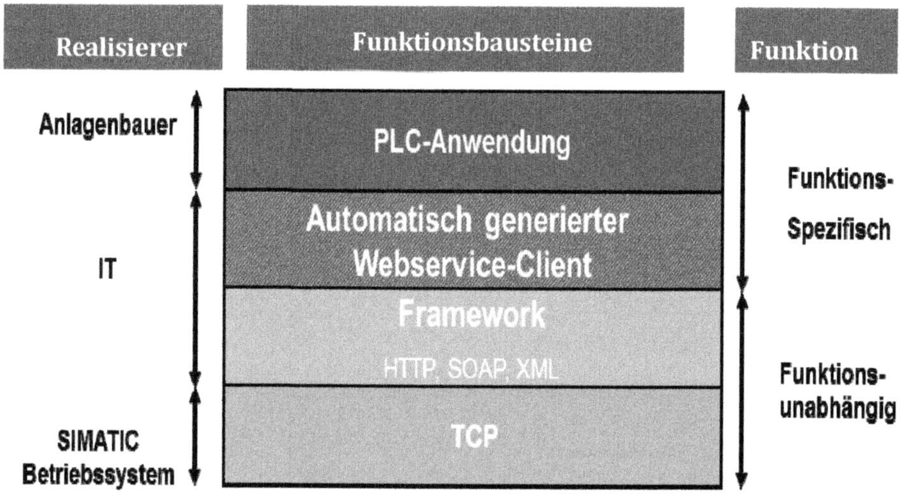

Abbildung 13: Schematischer Aufbau des Comesco-Standards

COMESCO – Connectivity MES Control

Dem Lieferanten werden die **Funktionsbausteine** als EWA-Standard übergeben:

- Automatisch generierter Webservice
- Framework
- TCP

Prinzipien:

- Automatische Code-Generierung
- Modularisierung
- Wiederverwendbarkeit

Vorteile:

- Keine Programmierfehler
- Kurze Entwicklungszeit
- Kein Expertenwissen für Webservices nötig

Abbildung 14: Comesco Eigenschaften

Die webservice-basierte Anbindung von Produktionsanlagen an die IT-Systeme im Elektronikwerk Amberg wurde intern standardisiert. Die erforderlichen Web-Services werden durch die IT gemäß dem Standard automatisch generiert. Daraus entstehende Web-Applikationen bieten z.B. die im folgenden aufgezählten Funktionen wie: anstehende Produkte identifizieren, Daten wie z.B. Lebenslauf bereitstellen, alle Requests von Clients in Echtzeit beantworten, NC-Programme laden und zuordnen, Prozess- und Qualitätsdaten erfassen und weiterleiten und die Kommunikation zwischen Control- und MES-Ebene mappen und rückverfolgen. Alle erzeugten Telegramme werden protokolliert und können je nach Fragestellung spezifisch mit Web-Applikationen ausgewertet werden.

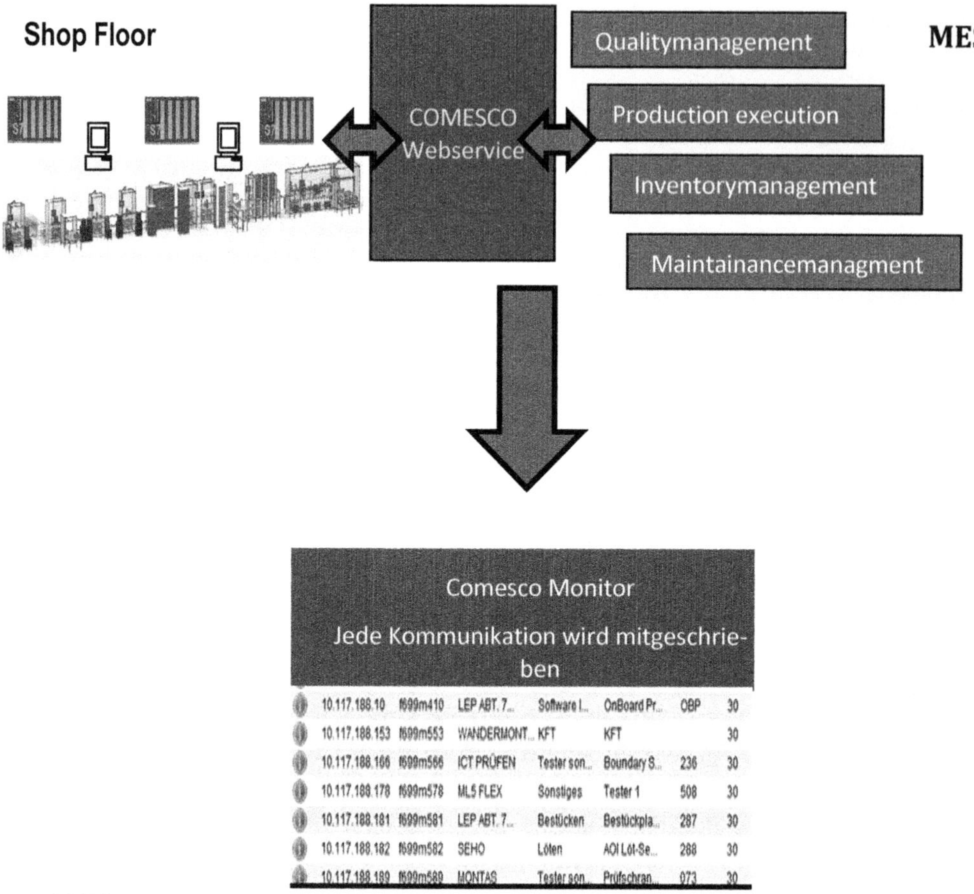

Abbildung 15: **Der Comesco-Standard gehört bei neuen Maschinen zur Liefervereinbarung, so dass jede Maschine bei Anlieferung sofort kommunikationsfähig ist.**

3.2 Augmented Reality, Suchen und Zuordnen ist Vergangenheit

Unter „Augmented Reality" verstehen wir ein fotografiertes Bild, das mit Informationen angereichert wird. An folgendem Beispiel ist zu erkennen, wie zu der ursprünglichen Fotografie der Flachbaugruppe Informationen aus dem CAD dazu generiert werden. Das schwarze Viereck am unteren Rand der Bauteile zeigt die Polungsinformation aus dem CAD, der Punkt ist die Markierung des Herstellers. Der Prüfer stellt die Übereinstimmung der Bauteil-Polung aus CAD und Fotografie (Punkt auf Viereck) sicher. Für den Mitarbeiter besteht die wesentliche Erleichterung darin, dass er Ist- und Soll-Information in demselben Bild hat und somit die Bilderzuordnung im Kopf entfällt. Darüber hinaus kann die Prüfung durch den Prüfer lokal unabhängig erfolgen, beispielsweise im Büro oder im Home-Office. Erkannte Fehler werden im gleichen Dialog per Mausklick interaktiv erfasst. Diese Augmented-Reality-Arbeitsplätze sind vielfach installiert.

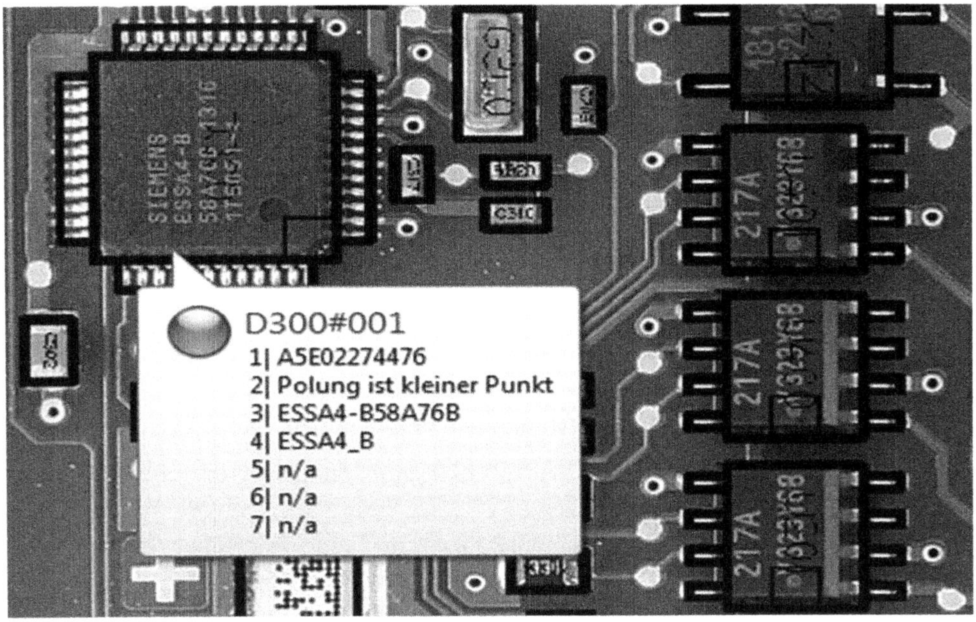

Abbildung 16: Kamerabild plus "Augmented Reality"

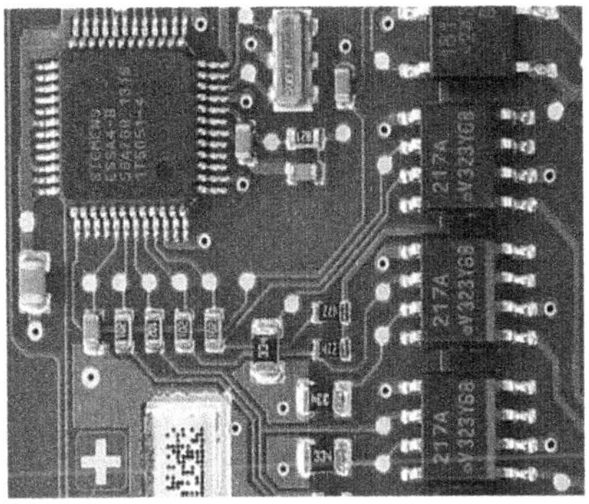

- **100% aller Prüfplätze informationstechnisch automatisiert**
- **Alle Informationen per Touch abrufbar**
- **Alle Fehler per Mausklick erfassbar**

Abbildung 17: Kamerabild ohne CAD Information

4 Der automatisierte Informationsfluss am Arbeitsplatz in der Produktion

Abbildung 18 zeigt einen informationsautomatisierten Arbeitsplatz.

In der Regel sind mechanische- und informationstechnische Automatisierung gleichzeitig realisiert. Ein informationstechnischer Arbeitsplatz ohne mechanische Automatisierung verdeutlicht die Vorteile von Industrie 4.0. Auch hier kann die Herausforderung erfüllt werden, bei kleinen Losgrößen oder Losgröße 1 und bei höherer Varianz, die variantenbezogenen Detailinformationen treffsicher zuzuordnen.

Der Ablauf an dem Beispiel-Arbeitsplatz, wie unten abgebildet, ist wie folgt:

- Das Produkt wird über Werkstückträger angeliefert und über Barcode identifiziert.
- Die Identifikation startet einen Request im Leitrechner über den beschrieben Webservice.
- Die Antwort in Millisekunden beinhaltet:
  - Die Prüfung: Bestätigung des auf Vollständigkeit geprüften Lebenslaufes gegen den Arbeitsplan. Da an allen Vorgängerarbeitsschritten ebenfalls identifiziert und rückgemeldet wurde, ist der Lebenslauf vollständig verfügbar.
  - Als nächstes wird der Prüfplan automatisch selektiert und aufgeblendet, am Arbeitsplatz abgearbeitet und bestätigt.
  - Parallel wird die Packliste am Bildschirm rechts dargestellt, und abgearbeitet. Die Entnahmen einzelner Packteile werden per Lichtschranken überwacht.
  - Wenn alle Prozess- und Arbeitsschritte „pass" sind, wird das Label gedruckt. Wenn nicht, wird „interlocked" und kein Label gedruckt.

Ohne Informationsautomatisierung müssten diese Arbeitsschritte manuell abgearbeitet werden und würden dadurch den Mitarbeiter ganz überwiegend auslasten.

Der Mitarbeiter empfindet diesen informationsautomatisierten Arbeitsplatz als angenehm, da jegliche Such- und Zuordnungstätigkeiten automatisiert werden und damit seine persönlichen Fehlermöglichkeiten reduziert sind.

An einem vollautomatisierten Arbeitsplatz sind die Informationskomponenten teilweise oder vollständig mit integriert.

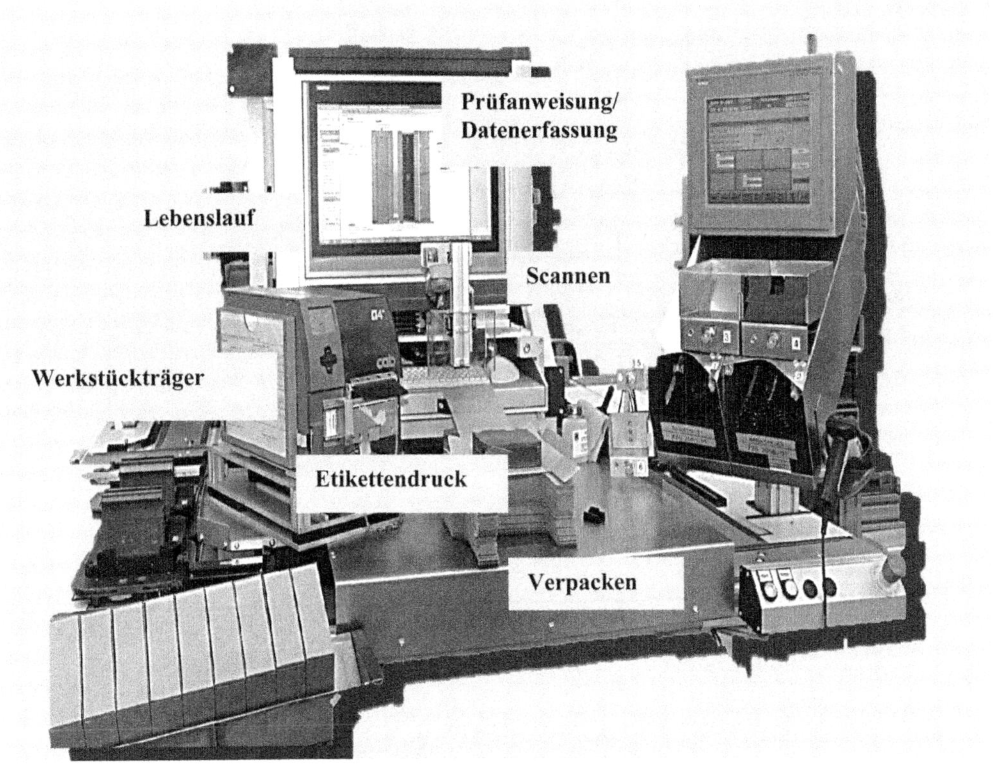

Abbildung 18: Informationsautomatisierter Arbeitsplatz

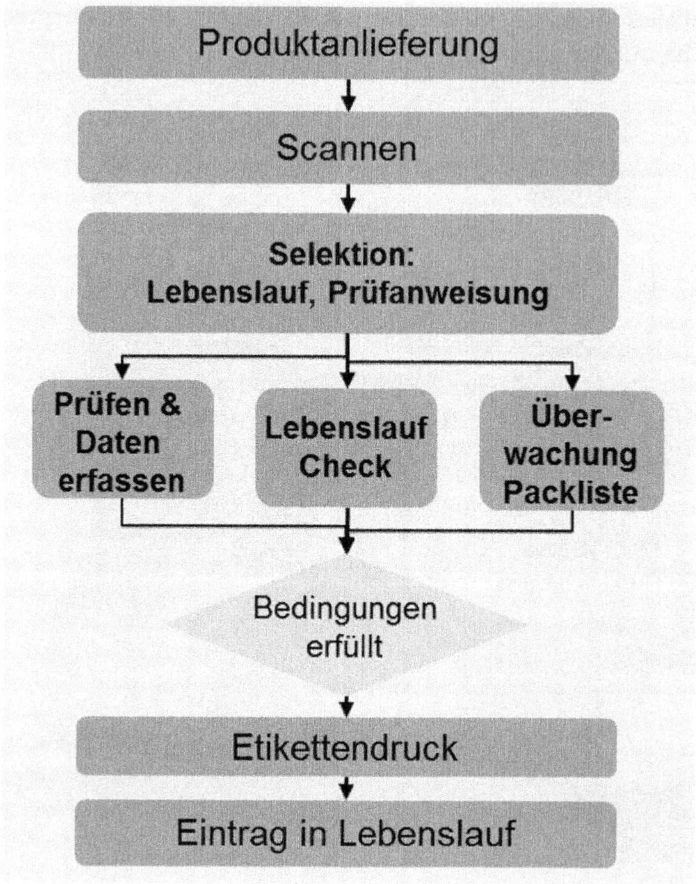

Abbildung 19: Prozessabbild am informationsautomatisierten Arbeitsplatz

5 DataMining

Durch die bisher beschriebenen Maßnahmen werden sehr viele Daten erfasst. In diesem Kapitel wird erläutert, welche beispielhaften Möglichkeiten es im Industrie 4.0-Unternehmen gibt, fachbezogene Informationen aus diesem Datenpool zu selektieren.

In der Anwendung finden sich unterschiedliche Prinzipien zum Report und zur Selektion.

5.1 Automatisierte Auswertung der laufenden Prozessdaten, das Watchdog-Prinzip

Bei diesem Prinzip sind Ober- und Unterschranken als Warngrenzen in der Datenbank eingestellt, bei deren Überschreiten die jeweils Verantwortlichen automatisch eine E-Mail erhalten. Mit einem solchen Ereignis wird dann ein Watchdog-Prozess ausgelöst, der erst wieder geschlossen wird, wenn das Problem behoben ist.

Das manuelle Überwachen von Verläufen oder Generieren von Auswertungen entfällt.

5.2 Mit der Maus in die Tiefe, das Drill-Down-Prinzip

Ein weiteres Prinzip sind die sogenannten Drill-Downs, wobei über vordefinierte Auswertestrukturen, die über zwei bis drei Mausklicks gehen, die maximal detaillierten und erwünschten Tiefen erreicht werden.

Abbildung 20: Prinzip Bild Datenbank, Report, Eingestellte Schranken, Pushmail

Die Abbildungen 20 und 21 zeigen einen solchen Drill-Down. Im ersten Balkendiagramm kann ein auffälliger Balkenabschnitt angeklickt werden, darauf folgt eine ABC- Analyse. Ein weiterer Klick gibt dann den Einbauplatz auf dem Produktplan, farblich markiert mit der Selektionsmöglichkeit weiterer Detailinformationen wieder.

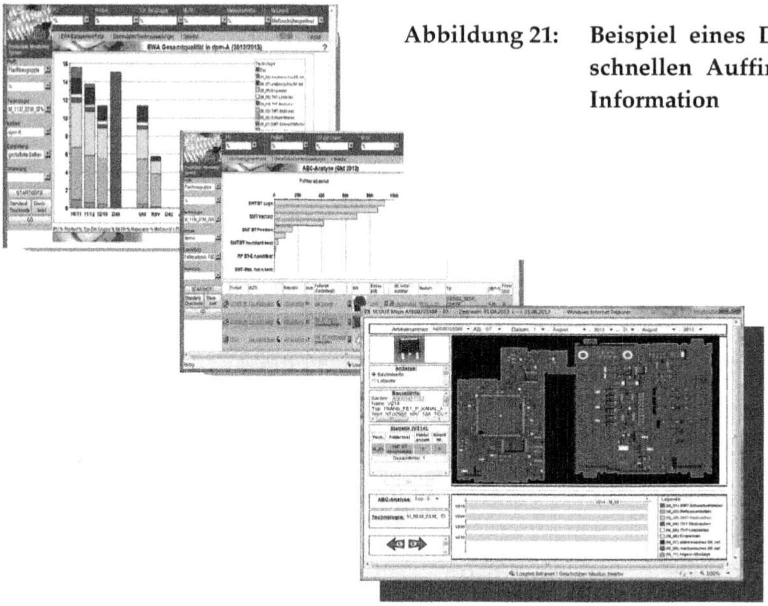

Abbildung 21: Beispiel eines Drill Downs zum schnellen Auffinden detaillierter Information

5.3 Lückenlose Auswertung aller Prozessparameter, das Prinzip Objektidentifikation

Ein weiteres Prinzip ist das Identifizieren von Objekten und Arbeitsplätzen mit sofortiger Darstellung der bekannten Objekt- und Lebenslaufdaten.

Ein Objekt wird identifiziert oder identifiziert sich selbst. Je nach Arbeitsplatz wird vom Webservice ein arbeitsplatzspezifischer Request generiert. Das Ergebnis beinhaltet die erforderlichen Daten, wie beispielsweise NC-Programme, Lebensläufe oder Informationen zu Qualität.

6 Lessons Learned, wir machen weiter

Praktische Erfahrungen aus dem Digital Enterprise:

Mensch

- Die Einbindung in die *Kommunikationsumgebung* von Industrie 4.0 erfordert mehr Eigenverantwortung bei allen Mitarbeitern. Jeder wird zum Empfänger von mehr Informationen. Die Erfahrung ist, dass unsere Mitarbeiter die Medien, den Umgang mit der Informationsvielfalt zunehmend beherrschen und sich mit einer fortschrittlichen, automatisierten Arbeitsumgebung identifizieren.

➔ Mensch beherrscht die Information und die Informationstechnik

- Die *Situationskompetenz* wächst: Mehr Online-Echtzeit-Informationen erfordern schnelle Kombination und kurzfristiges Reagieren und Handeln

  ➔ Mensch beherrscht die Situation

- *Veränderungskompetenz* steigern: Technik- und Prozessinnovation erfordert Qualifikation und Motivation

  ➔ Mensch beherrscht die Veränderung

Erfahrung für den Menschen: Die Menschen erkennen die Parallelen im privaten und dienstlichen Umfeld bzgl. der rasanten Entwicklung der Kommunikationsmöglichkeiten. Die Transfermöglichkeit des Wissens zwischen den parallelen Welten motiviert, nicht zuletzt, weil das erlernte doppelt Anwendung findet.

Prozess

- *Produktion*: Die Prozesse sind übergreifender, Schnittstellen sind zunehmend eliminiert, die Datentransparenz wird umfassender, weil durch die vertikale Integration Abteilungsgrenzen verschwinden und einheitlich transparent sind.

  ➔ Der *Prozesshorizont* umfasst das Gesamtoptimum für Produkt und Technologie

- *Partner*: Alle, z. B. Lieferanten und Kunden, sind eingebunden in den automatisierten Datenfluss und in die Gestaltung der Prozesse und Technologien.

  ➔ Der *Prozessfokus* dehnt sich durch Industrie 4.0 aus, beispielsweise weiß der einzelne Betroffene durch die Verfügbarkeit von Information aus der horizontalen und vertikalen Integration mehr als ohne Industrie 4.0. So sieht er bei der Klärung eines Zulieferproblems, welche Maßnahmen seitens der Partnerabteilungen bereits eingeleitet sind oder welchen Status eingeleitete Maßnahmen haben.

- *Logistik*: Zunehmende Autonomie beim Zuordnen und Transportieren von Produkten, Materialgebinden und Behältern.

  ➔ Der *Prozess* wird sicherer und schneller. (Beispielsweise muss sich der Mitarbeiter bei kleineren Losgrößen und damit verbundenem Typwechsel häufiger neu orientieren. Durch die automatisierte Zuordnung mit Industrie 4.0-Techniken wird er bei der Zuordnung entlastet.)

Information

- Die *Informationstechnik* bietet Information und Strukturierung. Jede existierende Information ist verfügbar.

  ➔ Die IT selektiert und ordnet zu. (Z. B. durch Identifikation der Produkte in einer fest verketteten Linie und dem automatischen Check der geladenen NC-Programme, Teile oder Adapter)

- Die *Informationstechnik* automatisiert Denkleistung. Wiederkehrende Anforderungen können mit hoher Qualität reproduziert werden.

  ➔ Die IT steigert die Qualität.

- Die *autonomen Systeme* und die *Services* kommunizieren untereinander. Informationen und Algorithmen finden ihre Adressaten ebenenübergreifend.
  ➔ Die IT realisiert die Kommunikation.

Status quo:

Der heutige Stand der Technik ist weitgehend eingeführt. Alle Objekte, Produkte, Behälter, Materialgebinde und Maschinen haben eine Identität erhalten. Diese Identität ist mit Echtzeitinformationen hinterlegt und diese stehen für weitere Bearbeitungsschritte unmittelbar zur Verfügung. Die Wertschöpfungsketten, horizontal und vertikal, sind durchgehend und werden weiter ausgeweitet und detailliert.

Fazit/ Ausblick:

Mit Industrie 4.0 sind eine Ausweitung und eine Qualitätssteigerung von Standards zu erwarten, die eine weitere Transparenz und Vereinfachung der Prozesse ermöglichen wird. Z.B. die Weiterentwicklung der Identität der Objekte durch integrierte Rechner wird zukünftig vereinfacht werden, weil es mehr Anbieter für diese Technik geben wird.

Autonomie der Objekte:

Zunächst wird die Kommunikation der Objekte untereinander eine Mehrfunktion gegenüber heute bieten. Der jetzt erkennbare Vorteil ist, dass Logistikdaten (z. B. Prioritäten, Verfügbarkeiten, Kapazitäten) ausschließlich auf der unterlagerten Ebene der Dinge abgehandelt werden können, ohne höhere Rechnerebenen überhaupt zu belasten.

Agentenbasierte dynamische Rekonfiguration von vernetzten intelligenten Produktionsanlagen – Evolution statt Revolution

Dorothea Pantförder, Technische Universität München; Felix Mayer, Technische Universität München; Prof. Christian Diedrich, Universität Magdeburg; Prof. Dr.-Ing. Dr. h. c. Peter Göhner, Universität Stuttgart; Prof. Dr.-Ing. Michael Weyrich Universität Stuttgart; Prof. Dr.-Ing. Birgit Vogel-Heuser, Technische Universität München

Viele Unternehmen und Institute beschäftigen sich aktuell mit dem Begriff Industrie 4.0 und seiner genauen Auslegung. Daraus resultierend existieren viele verschiedene Vorstellungen darüber, was unter dem Begriff genau zu verstehen ist. Ein Kernthema ist die Auflösung der starren Strukturen und Hierarchien der Ebenen der Automatisierungspyramide in den Unternehmen und über Unternehmensgrenzen hinweg. Realisiert wird dieses durch eine gesteigerte vertikale (über die Ebenen der Automatisierung hinweg) und horizontale (unterschiedliche IT-Systeme) Vernetzung (vgl. Beitrag Vogel-Heuser „Herausforderungen und Anforderungen aus Sicht der IT und der Automatisierungstechnik“). Die Vernetzung von bisher getrennt betrachteten Geräten, Komponenten, Anlagen oder gesamten Unternehmen unter der Nutzung von Internettechnologien ermöglicht neue, automatisierte Ansätze zur Datenintegration und Datenauswertung.

Die Agentenbasierte dynamische Rekonfiguration von verteilten vernetzten intelligenten Produktionsanlagen im Industrie 4.0-Demonstrator *MyJoghurt* (Mayer, 2013; AIS, 2014) beschreibt die Motivation von Industrie 4.0 für eine verteilte Produktion und stetzt die Ziele am Beispiel einer Joghurtproduktion um (Abbildung 1). Der Demonstrator zeigt exemplarisch die informationstechnische Kopplung und Vernetzung räumlich getrennter Produktionsanlagen. Diese Kopplung erfolgt weitestgehend automatisch und ist bezüglich der Anzahl der teilnehmenden Anlagen im Verbund sowohl dynamisch, als auch skalierbar. Die verteilte Produktion berücksichtigt dabei nicht nur die Anlagen zur Herstellung und Verpackung des Joghurts an einem Standort, sondern bezieht sowohl die Gerätehersteller für die beteiligten Anlagen, als auch Hersteller der entsprechenden Verpackungen sowie die Zulieferer der jeweiligen Joghurtzusätze (verschiedene Obstsorten, Toppings, regionale und/oder Biozutaten usw.) mit ein. Zudem wurden Szenarien entwickelt, die kurz und knapp das Potential von Industrie 4.0 veranschaulichen. In diesem Beitrag werden nur ausgewählte Szenarien erläutert. Die Initiative ist offen für weitere Partner.

Eine wesentliche Anforderung für das agentenbasierte Konzept ist die geforderte Migrationsfähigkeit. In den meisten Industrie 4.0-Ansätzen wird eine komplett neue Hardware und Software-Struktur gefordert (Onori et al., 2012). Der hier gewählte agentenbasierte Ansatz hingegen ist schlank und leicht auch auf bestehenden Anlagen zu integrieren und somit auch ideal für klein- und mittelständische Unternehmen. Bestehende Anlagenteile oder ganze Anlagen werden in diesem Ansatz zu Cyber-Physikalischen-Produktions-Systemen (CPPS) gekapselt. Ein CPPS ist der Zusammenschluss mehrerer, zunächst unabhängiger Cyber-Physikalischer–Systeme (CPS) zu einem größeren Produktionssystem, welches durch einen hohen Vernetzungsgrad der Systeme untereinander gekennzeichnet ist und eine eigenständige intelligente Produktionseinheit darstellt. Nach außen wird diese Produktionseinheit durch einem Anlagenagenten repräsentiert, welcher die Schnittstelle zwischen dem Industrie 4.0-Agentensystem und der eigentlichen Anlage darstellt (vergl. Kapitel 3.). Die interne Struktur der jeweiligen Anlage (Hard- und Software) kann beibehalten werden.

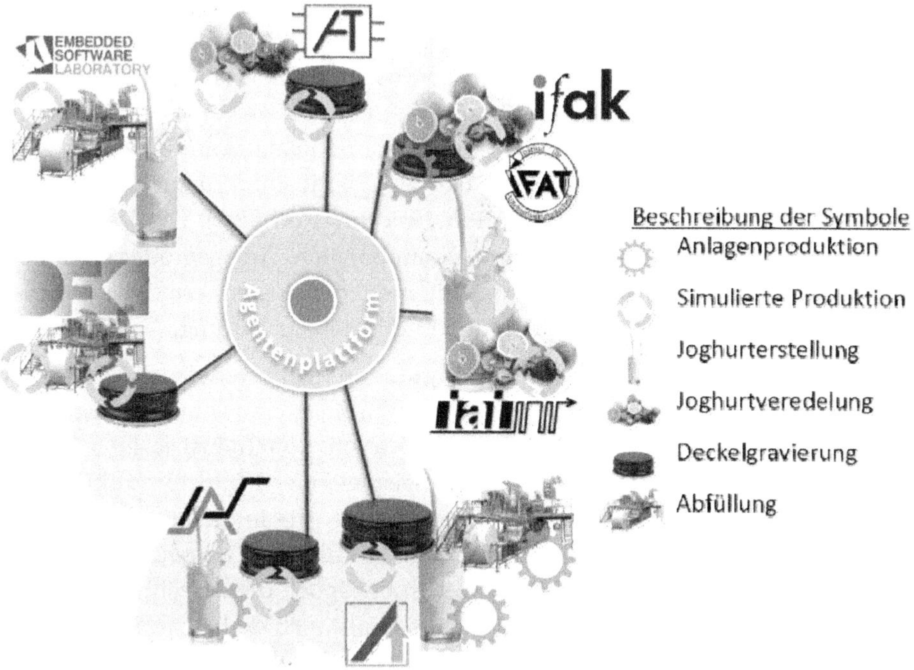

Abbildung 1: Agentenbasierte dynamische Rekonfiguration von verteilten vernetzten intelligenten Joghurtproduktionsanlagen: *MyJoghurt*

Im Folgenden werden zunächst beispielhafte Szenarien und die aus diesen Szenarien resultierenden Anforderungen an eine Kopplungsarchitektur beschrieben. Anschließend werden der prinzipielle Aufbau des *MyJoghurt*-Demonstrators sowie der agentenbasierte Kopplungsansatz des verteilten vernetzten intelligenten Produktionssystems dargestellt.

1 Szenarien und daraus resultierende Herausforderungen

Die im Folgenden aufgeführten Szenarien werden vollautomatisch, ohne direkten manuellen Eingriff während des Betriebs, selbstständig ausgeführt. Für die Realisierung des Joghurt-Demonstrators sind die Informationsflüsse und ihre Darstellung entscheidend. Ein Transport realer Güter, zum Beispiel Joghurt-Behälter, zwischen den Anlagen oder die Herstellung realen Joghurts ist dabei letztlich nicht nötig. Insbesondere die Schaffung dieses verteilten Systems und damit die informationstechnische Kopplung der beteiligten Anlagen sind für die erfolgreiche Realisierung des Demonstrators wichtig. Dazu ist ein einheitlicher Kommunikationsstandard zwischen den Anlagen notwendig, damit Daten ausgetauscht werden können und die Funktion des Gesamtsystems ermöglicht wird. Hierfür ist wiederum ein einheitliches Datenmodell nötig, mit dessen Hilfe die für die Realisierung erforderlichen Daten ausgetauscht werden. Mit dieser flexiblen und einheitlichen Schnittstelle ist der Demonstrator dann auf weitere Szenarien zu erweitern.

Jede am Produktionsnetzwerk beteiligte Anlage ist durch definierte Fähigkeiten und Möglichkeiten charakterisiert, welche zur erfolgreichen Teilnahme am Netzwerk bekannt gemacht werden müssen. Basierend auf den zur Verfügung stehenden Fähigkeiten und Möglichkeiten der aktuell am Demonstrator beteiligten Anlagen wurden zunächst fünf unterschiedliche Szenarien entwickelt: Produktion, Qualitätssicherung, Optimierung, Diagnose und Rekonfiguration. Diese werden im Folgenden genauer erläutert.

1.1 Produktion: Auftragserteilung und -verteilung

Auftragserteilung

Basierend auf Kundenanforderungen soll das Produktionsnetzwerk flexibel neue Aufträge abarbeiten. Als Ausgangspunkt neuer Aufträge dient dabei ein Webinterface, mit dessen Hilfe der Kunde direkt mit dem Produktionsnetzwerk interagieren kann. Auf Basis der Kundenanforderungen wird ein Auftrag generiert, welcher durch das verteilte, dezentrale Produktionssystem just-in-time produziert wird. Bei der Produktion von Joghurt in einem solchen Netzwerk sind die Kundenanforderungen z.B. die Geschmacksrichtung und unterschiedliche Toppings oder Mengenangaben und Verpackungen. Abbildung 2 zeigt ein Beispiel für eine Konfigurationsmaske zur Joghurtbestellung. Neben den direkten Anforderungen an das Produkt können zudem Anforderungen an den Produktionsprozess gestellt werden, beispielsweise die Verwendung von Bio-Rohstoffen oder der CO2-Footprint. Die Herausforderung dieses Szenarios besteht in der Entwicklung eines plattformunabhängigen Kundeninterfaces mit einem hohen Maß an Gebrauchstauglichkeit. Dieses Interface muss sich bezüglich wechselnder Bestellmöglichkeiten und Bestelloptionen dynamisch einstellen und an das Produktionsnetzwerk anpassen lassen.

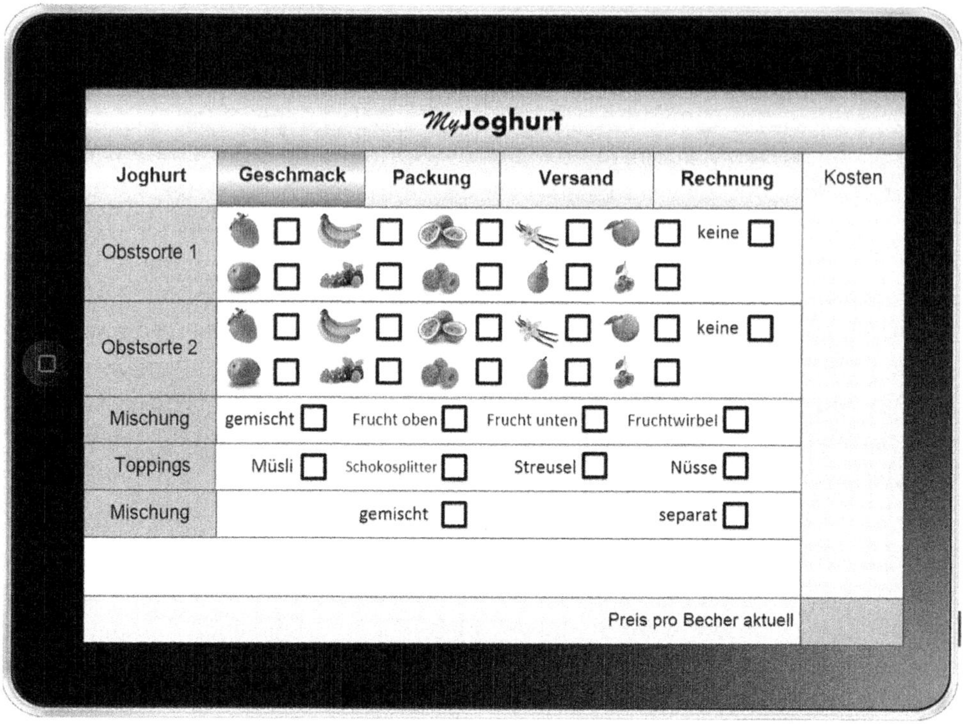

Abbildung 2: Beispielhaftes Kundeninterface zur Joghurtbestellung

Auftragsverteilung an die beteiligten Fabriken

Basierend auf den zum Anmeldezeitpunkt übertragenen Fähigkeits- und Anlagendaten, wie auch aktuellen Verfügbarkeiten, verhandelt das Produktionsnetzwerk selbstständig und automatisiert über die Zuteilung von Teilaufträgen an die Produktionsanlagen. Aus den während der Auftragserteilung festgelegten Kundenanforderungen und allgemeinen Produktspezifikationen folgen unmittelbar Kriterien für die Auftragsverteilung. Zu berücksichtigende Kriterien umfassen dabei sowohl kundenspezifische, kosten- wie auch zeitkritische Aspekte der Produktion. Diese fließen in die Optimierung des Produktionsprozesses ein.

Während des laufenden Betriebs auftretende, abnormale Zustände innerhalb einer unabhängigen Produktionsanlage erfordern ein gezieltes, unmittelbares Eingreifen geeigneter Sicherheitsmechanismen zur Sicherstellung der termin- und kostengerechten Auslieferung des herzustellenden Produktes. Aufgrund der zeitlichen Anforderungen an die Produktion und der hohen Komplexität ist hierbei, ebenso wie bei der Auftragserteilung, eine automatisierte Lösung anzustreben. Der Lösungsraum umfasst dabei unter anderem die Möglichkeit zur dynamischen Neuverteilung des Kundenauftrags innerhalb des Produktionsnetzwerks und die damit verbundene Aufrechterhaltung der Produktion.

Basierend auf dem vorherigen Teilszenario zur Einbringung von Kundenaufträgen in das dynamische Produktionsnetzwerk und den daraus resultierenden technischen Lösungen kann den aus der Auftragsverteilung abgeleiteten Herausforderungen begegnet werden. Hierzu ist zunächst eine Kopplung der Kundeneingaben an eine koordinative Stelle innerhalb des Netzwerkes herzustellen. Diese Kopplung ist sowohl physikalischer wie auch logischer Natur und dient im fertigen Ausbauzustand der Übertragung des Auftrages bis hinunter zur produzierenden Anlage. Eine der Schlüsselanforderungen ist in diesem Zusammenhang die Definition einer gemeinsamen Syntax und Semantik, um die Prozesse, Produkte und Ressourcen sowie die Merkmale dieser drei Objekte adäquat beschreiben zu können (Diedrich et al. 2013). Ebenso entscheidend ist die Definition einer Anlagenrepräsentation innerhalb des virtuellen Raumes – bisher für sich stehende Anlagen müssen sich zu Cyber-Physical-Produktion-Systems (CPPS) entwickeln. Insgesamt ist eine durchgängige Datenbasis zu schaffen, die auf ein gemeinsames Datenmodell aufbaut.

1.2 Sicherung der Produktqualität

Bei einer verteilten Produktion eines Produktes ist die Gewährleistung einer gleichbleibenden Produktqualität eine große Herausforderung. Im Gegensatz zu einer vollständig lokalen Produktion, d.h. nur an einem Standort, existiert nicht nur ein Qualitätssicherungsprozess. Stattdessen müssen an jeder Anlage vergleichbare Mechanismen zur Durchführung der Qualitätsprüfung vorhanden sein. Diese Messungen müssen zur Laufzeit adaptiert werden können, um je nach gewünschtem Qualitätskriterium dynamisch andere Prozessparameter erfassbar zu machen und sich somit den aktuellen Anforderungen automatisiert anzupassen. Über einen Austausch der gewonnenen Informationen über die Qualität der Produktion und deren Ergebnisse können diese Daten anlagenübergreifend analysiert und verarbeitet werden (vgl. Beitrag Pötter et al „Enabling Industrie 4.0 – Chancen und Nutzen für die Prozessindustrie"). Sollten an einem Standort beispielsweise die Ergebnisse der Qualitätsprüfung kontinuierlich schlechter sein als an einem anderen Produktionsstandort, können diese Informationen direkt verwendet werden, um die Auftragsverteilung entsprechend anzupassen oder um Informationen zur Verbesserung der Qualität am entsprechenden Standort vorzuschlagen (vgl. Beitrag Mayer et al „Unterstützung des Menschen in Cyber-Physical-Production-Systems"). Durch die Vernetzung der beteiligten Anlagen können Daten, die aufgrund gesetzlicher Vorgaben zu speichern sind, zentral in einem entsprechenden Archiv abgelegt werden, so dass später erkannte Qualitätsmängel analysiert und zurückverfolgt werden können, obwohl diese verteilt an verschiedenen Standorten entstanden sind.

Die Bereitstellung der während der Laufzeit der Anlage anfallenden Prozessdaten in geeigneter Form und auf geeignete Art und Weise ist eine der zentralen Herausforderungen, die sich aus diesem Szenario ergeben. Ebenso zentral ist die Fragestellung, wie eine Produktionsanlage automatisch auf die Ergebnisse externer

Berechnungen und Analysen reagieren kann – insbesondere unter Berücksichtigung der Sicherheit und Zuverlässigkeit. Weitere zu untersuchende Fragestellungen umfassen die Verknüpfung der Daten mit Qualitätsmerkmalen und die anschließende Analyse der Daten hinsichtlich dieser Qualitätsmerkmale.

1.3 Prozessoptimierung

Da zunächst prinzipiell keinerlei Einschränkungen bezüglich der Teilnahme an einem Produktionsnetzwerk bestehen, ist eine Teilnahme annähernd gleichartiger Produktionsanlagen am Produktionsnetzwerk nicht ausgeschlossen. Trotzdem können sich die Prozesse innerhalb der Anlagen hinsichtlich der Geschwindigkeit oder des Energieverbrauchs signifikant unterscheiden. Aufgrund der gegebenen großen Ähnlichkeit der Anlagen müssen sich die Abweichungen aus den Maschinen- und Prozessparametern ergeben, mit denen die jeweilige Anlage gefahren wird. Ein manueller Abgleich aller Parameter ist aufgrund der großen Anzahl an Parametern aber ausgeschlossen. Ein automatischer Parameterabgleich, unter Umständen durch gelerntes Personal unterstützt, bietet hingegen den nötigen Komfort, einen Parameterabgleich durchzuführen.

Trotz der unter Umständen großen Kosten- und Zeiteinsparungen durch die Übernahme besserer Maschinen- und Prozessparameter besteht zunächst die Problematik der Erkennung ähnlicher/gleicher Anlagen beziehungsweise Anlagenteile. Zusätzliche Herausforderungen ergeben aus den teilweise nur impliziten Abhängigkeiten zwischen Parametern und Qualität.

1.4 Diagnose

Wie bereits erwähnt sind im Produktionsnetzwerk ähnliche oder gar identische Anlagen zusammengeschlossen. Im Falle eines Defekts werden bisher allerdings zwischen diesen Anlagen keine Daten ausgetauscht, die ein einfacheres und schnelleres Auffinden der Fehlerursache erlauben, was möglich wäre, wenn zum Beispiel auf Gründe für Ausfälle in der Vergangenheit zugegriffen werden könnte. Ebenso wenig werden die Möglichkeiten genutzt, die sich durch den Zugriff auf Prozess- und Diagnosedaten einer größeren Anzahl desselben Gerätetyps ergeben können. Daher werden Ausfälle, die auf die Parametrierung oder die Umweltbedingungen (welche die Lebenszeit eines Gerätes beeinflussen) zurückzuführen sind, schwer erkannt.

Die Diagnose wird verbessert, wenn alle am Produktionsnetzwerk beteiligten Anlagen auf Wissen anderer Anlagen zurückgreifen können. Hierfür können die Anlagen die verbauten Komponenten in anderen Anlagen, sowie deren für die Diagnose relevanten Daten abfragen. Im Fehlerfall können dann zum Beispiel Vorgehensweisen zur Fehlerbehebung ausgetauscht werden. Ebenso ist eine Warnung über erhöhte Ausfallraten einer Komponente an andere Anlagen des Netzwerks möglich. Die Daten anderer Anlagen werden vor dem Verschicken an Dritte jeweils entsprechend anonymisiert und gefiltert, sodass ein entsprechender Know-how-Schutz gewährleistet ist. Zusätzlich können erweiterte Schutzmechanismen, wie Zugriffsbeschränkungen für bestimmte Beteiligte, erstellt werden.

Die Herausforderungen dieses Szenarios bestehen zunächst darin, die innerhalb einer Steuerung anfallenden Prozessdaten zeitnah und möglichst vollständig auf ein Datenverarbeitungssystem zu transferieren. Da die Zykluszeiten einer Steuerung unter Umständen sehr kurz sind, in jedem Zyklus aber eine große Datenmenge anfällt, müssen geeignete Wege gefunden werden, diese Daten außerhalb der Steuerung zugänglich zu machen, um sie dort weiterverarbeiten zu können. Die nächste Herausforderung besteht im Anschluss darin, die gewonnenen Daten weiterzuverarbeiten. Hierfür sind neue Algorithmen und Vorgehensweisen erforderlich, mit deren Hilfe aus den Daten Informationen extrahiert werden können (vgl. Beitrag Pötter et al „Enabling Industrie 4.0 – Chancen und Nutzen für die Prozessindustrie").

Als Nächstes folgt die Herausforderung, die Informationen für den Menschen verständlich und in geeigneter Weise anzuzeigen. Da die gewonnenen Informationen bisher unbekannte Zusammenhänge aufzeigen, die für den Menschen daher auch sehr schwer nachvollziehbar sind, ist ein besonderes Augenmerk auf die Nachvollziehbarkeit zu richten. Auf die Problematik der Informationsgewinnung aus großen Datenmengen und deren Darstellung wird im Laufe dieses Buches genauer eingegangen (vgl. Beitrag Mayer et al „Unterstützung des Menschen in Cyber-Physical-Production-Systems").

1.5 Rekonfiguration

Flexible, zukünftige Produktionsanlagen müssen automatisch binnen kürzester Zeit an veränderte Bedingungen angepasst werden (Legat et al., 2013). In diesem Zusammenhang heißt dies, dass die Steuerungssoftware auf der Feldebene sowie das technische System (Mechanik und Elektrik) anpassbar gestaltet sind. Hierdurch ist es möglich, eine Vielzahl unterschiedlicher, technischer Prozesse zu realisieren.

Durch Einflüsse innerhalb und außerhalb der Anlage ist eine möglichst vollständige automatische Rekonfiguration der Hardware und/oder Software wünschenswert. So ist es zum Beispiel möglich, dass ein Auftrag auf einer Anlage mit mehr oder weniger großen Änderungen durchaus durchführbar wäre, auch wenn die Anlage aktuell nicht dazu fähig ist. Hierdurch kann die Menge herstellbarer Produkte erweitert werden. Neben einer hohen Flexibilität hinsichtlich der Software ist diese unter Umständen auch für die Hardware erforderlich, wenn zum Beispiel Abfülleinrichtungen auf geänderte Glasabmessungen und die Software hierzu auf das geänderte Glasvolumen eingestellt werden müssen. Nicht alle der Rekonfigurationsschritte müssen dabei zwingend vollautomatisch geschehen –

eventuell muss auch ein Mitarbeiter mechanische Anpassungen durchführen. Dieser Mitarbeiter muss dann mit entsprechenden Handlungsanweisungen automatisch unterstützt werden.

Weitere Beispiele für die Rekonfigurationsmöglichkeit sind die Anpassung eines Kundenauftrags in Echtzeit und die Anpassung des technischen Prozesses hinsichtlich ungeplanter Abweichungen vorangelagerter Produktionsschritte (Heinecke, 2012).

Im ersten Fall, der Anpassung von Kundenaufträgen in Echtzeit, kann ein Kunde, über das in Kapitel 1.1 erwähnte Interface seine Bestellung innerhalb vorgegebener Grenzen anpassen, während sich der Auftrag bereits in Bearbeitung befindet. Dies ist heutzutage nur selten möglich, nicht nur, weil Unternehmen eine Planungssicherheit bevorzugen, sondern weil die sogenannte Frozen Zone, auch aus technischer und logistischer Sicht, notwendig ist. Durch eine Flexibilisierung des technischen Systems beziehungsweise technischen Prozesses kann diese Frozen Zone potenziell entfernt und sogar angepasst werden, während sich eine Bestellung bereits in Bearbeitung befindet. In einem Produktionsnetzwerk der Zukunft ist dies möglich, solange der entscheidende Teil des Auftrags noch nicht begonnen wurde und gegebenenfalls sogar darüber hinaus, falls dem Netzwerk entsprechende alternative Nutzungen, zum Beispiel für andere Kunden, zur Verfügung stehen.

Die Anpassung des technischen Prozesses hinsichtlich ungeplanter Abweichungen in vorgelagerten Produktionsschritten ist unter anderem dann notwendig, wenn auf Grund von Ungenauigkeiten des technischen Prozesses oder der Steuerung/Regelung unterschiedliche Produkte beziehungsweise Produkte mit unterschiedlichen Rezepten entstehen. In diesem Falle müssen nachgelagerte Produktionsanlagen diese Ungenauigkeiten ausgleichen können.

Die wesentlichen Herausforderungen dieses Szenarios bestehen darin, die hohe Flexibilität von Steuerung und Mechanik sicherzustellen und zu implementieren. Zusätzlich zur hohen Flexibilität muss außerdem eine Möglichkeit vorgesehen werden, die Änderungen an einer Domäne den anderen beteiligten Domänen bekannt zu machen und von diesen passend verarbeitet zu werden. Eine weitere Herausforderung besteht darin, den Fertigungsprozess selbst so flexibel zu gestalten, dass nachträgliche Änderungen berücksichtigt werden können.

2 Aufbau des Demonstrators und prinzipieller Ablauf

Die oben beschriebenen Szenarien sollen nun mit Hilfe des im Folgenden beschriebenen Demonstrators umgesetzt werden.

Für das Szenario *Produktion von kundenspezifischem Joghurt* wurden mehrere Prozessschritte identifiziert, die teils sequentiell, teils parallel zu bearbeiten sind – je nach den gegebenen gegenseitigen Prozessabhängigkeiten. Innerhalb der obersten

Abstrahierungsschicht wurden die in Abbildung 3 (oben) ersichtlichen vier grundsätzlichen Prozessschritte der Joghurtherstellung identifiziert und mit Hilfe der von Witsch (2012) entwickelten MES-ML (Manufacturing-Execution-System-Modelling-Language) dargestellt:

1. die Herstellung des Rohjoghurts (Joghurtherstellung)
2. die Beimischung von Früchten, Schokolade, … (Joghurtveredelung)
3. die Herstellung der Verpackung (Deckelherstellung)
4. die Abfüllung des fertigen Joghurts in die Verpackung (Abfüllung).

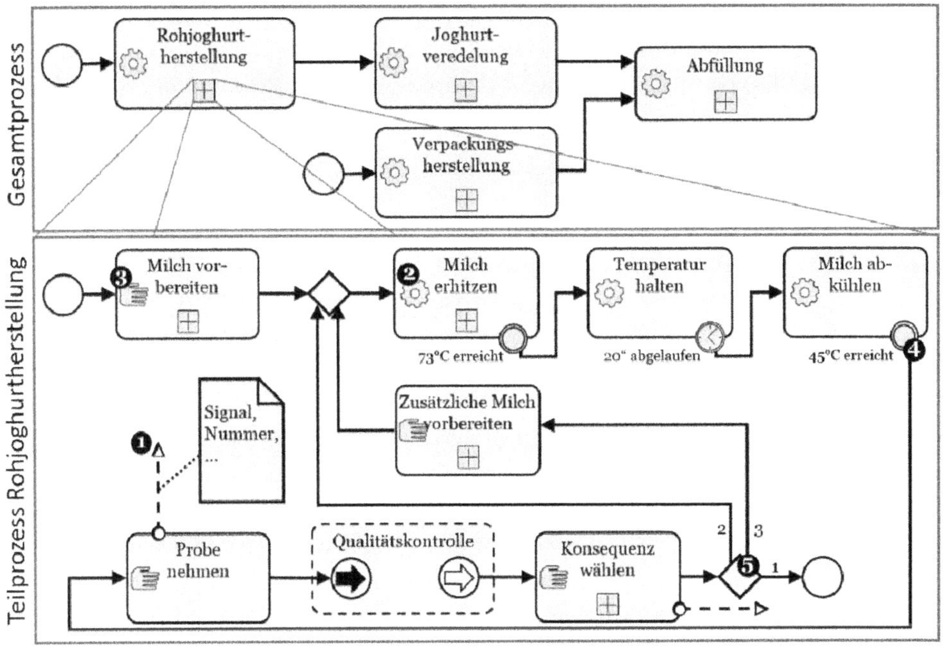

Abbildung 3: **Joghurtherstellungsprozess, dargestellt in der MES-ML in zwei verschiedenen Abstrahierungsebenen, © AIS, IAS**

Die MES-ML erlaubt die schrittweise Detaillierung (vergleiche Detaillierung bzw. Zerlegung des Prozessschrittes Rohjoghurtherstellung in Subprozesse, Abbildung 3 unten) beziehungsweise Abstrahierung eines Prozesses und der Prozesszusammenhänge unter Berücksichtigung des technischen Systems beziehungsweise der Produktionsressourcen und des MES. Zudem ist es möglich, Beziehungen, Daten- und Stoffflüsse zwischen den drei Sichten (Prozess, technisches System, MES) darzustellen (1), sowie die Art der Prozesse (z.B. automatisch (2) oder manuell (3)) anzugeben. Weitere Elemente der MES-ML sind beispielsweise Bedingungen (4) und Verzweigungen im Prozessablauf (5).

Die am Demonstrator beteiligten Partner können entweder reale Anlagen zum Verbund beitragen oder auch Simulationen von Anlagen, um die Szenarien anschaulich zu präsentieren. Die Anlagen, bzw. Anlagensimulationen, sind miteinander verbunden und tauschen sich über eine definierte Schnittstelle aus.

Der Zusammenhang zwischen den einzelnen, oben beschriebenen Szenarien sieht folgendermaßen aus: Ein Kunde kann sich über eine entsprechende Webseite einen personalisierten Wunschjoghurt zusammenstellen. Dabei kann er zwischen einer Vielzahl unterschiedlicher Parameter wählen, wie zum Beispiel der Bechergröße, dem Geschmack, dem Topping und weiteren, bereits im Kapitel 1.1 beschriebenen Auswahlkriterien. Der aus der Kundenkonfiguration generierte personalisierte Auftrag wird an einen Anbieter übermittelt. Dieser plant, koordiniert und verteilt die Produktion vollautomatisch. Der Anbieter holt Angebote der angeschlossenen Anlagen ein und wählt daraufhin – basierend auf den Kundenanforderungen – die am besten geeigneten Anlagen aus. Während der Produktion ist sowohl eine laufende Überwachung des Produktionsprozesses möglich, als auch die Diagnose im Fehlerfall, die Optimierung von Prozessen und – sofern nötig – eine Rekonfiguration von Anlagen. Alle Schritte werden automatisiert und über ein lose gekoppeltes Netzwerk durchgeführt.

3 Agentenbasierter Kopplungsansatz der Modellfabriken

Um einen vollautomatischen Verteilungs- und Produktionsprozess gewährleisten zu können, ist für die Umsetzung des Demonstrators eine neuartige Kommunikationsarchitektur auf Agentenbasis notwendig, die zunächst die Abstimmung innerhalb des Produktionsverbundes ermöglicht (Wannagat et al., 2007; Schütz et al., 2013). Im weiteren Verlauf werden auch alle weiteren Szenarien über diese Architektur ausgeführt. Die Architektur muss demnach sowohl den aktuellen Herausforderungen für die Kommunikation genügen, als auch flexibel sein, um auch zukünftigen Anforderungen genügen zu können.

Jede am *MyJoghurt*-Demonstrator beteiligte Produktionsanlage in Kombination mit dem Anlagenagenten stellt ein CPPS dar. Der jeweilige Anlagenagent bildet die Schnittstelle zwischen dem übergelagerten Agentensystem und dem CPPS (Abbildung 4). Der Anlagenagent dient folglich dazu, die Anlage und den Zugriff auf die Anlage zu kapseln beziehungsweise zu beschränken. Durch den Einsatz eines Anlagenagenten und die Kapselung der Anlage gegenüber dem verbundübergreifenden, überlagerten Agentensystem, ist eine einfache Migration einer bestehenden singulären Anlage, bis hin zu einer global vernetzen Anlage möglich. Dabei muss die einzelne Anlage selbst nicht angepasst werden – die Übersetzung zwischen dem Datenmodell des Agentensystems und dem anlagen- beziehungsweise betriebsinternen Datenmodell übernimmt alleine der vom Produktionsprozess unabhängige Anlagenagent. Um die Anbindung weiter zu vereinfachen, kann der Anlagenagent dabei sowohl eine eigene Entität (also lose gekoppelt), als auch direkt in der Anlage integriert sein. So ist es sowohl möglich, dass der Agent zusammen mit einem Steuerungsprogramm auf einer SPS, als auch auf einem getrennten Rechner läuft (Ulewicz, 2012). Der Anlagenagent kann somit in einer beliebigen Sprache implementiert werden, zum Beispiel C#, C++ oder IEC 61131-3. Um nun die Kommunikation zwischen den Agenten (1) sowie den Agenten und den Verzeichnissen (2) zu ermöglichen, ist allerdings eine gemeinsame Sprache erforderlich, um die Interoperabilität zu gewährleisten. Durch die beschriebene Repräsentation einer Anlage durch einen Anlagenagenten ist die Sprache nach innen (3) hingegen jedem Betreiber selbst überlassen – möglich ist hier zum Beispiel OPC oder eine eigene Sprache in C++.

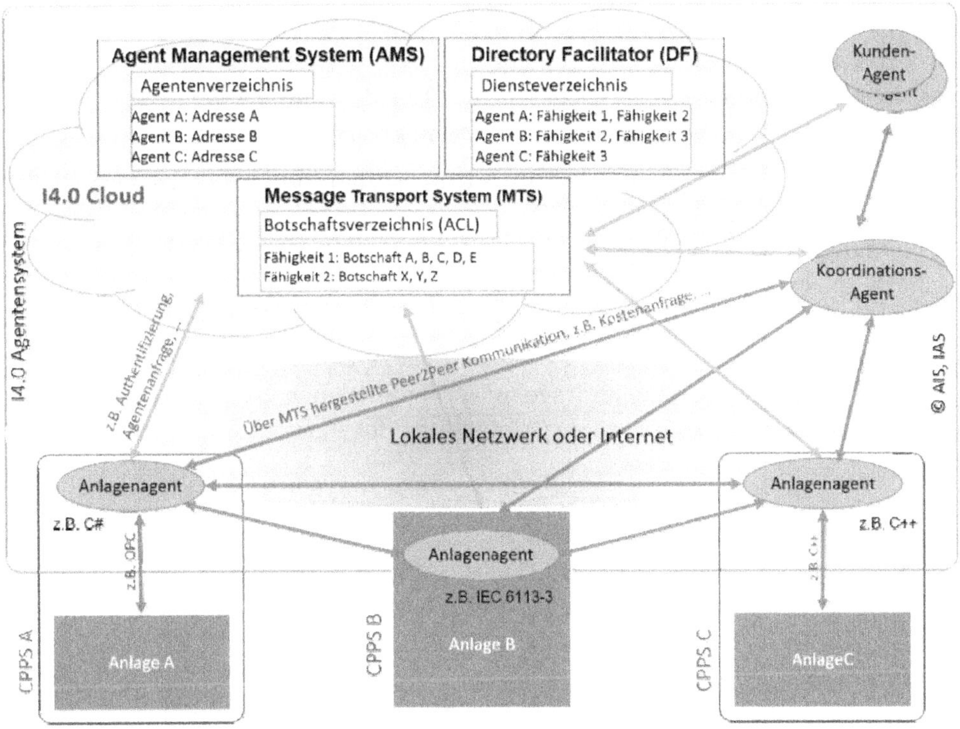

Abbildung 4: Kommunikation mittels Agententechnologien, © AIS, IAS

Alle Anlagenagenten sind über das Internet oder ein lokales Netzwerk verbunden und kommunizieren direkt miteinander. Zusätzlich zur Kommunikation zwischen den einzelnen Agenten findet außerdem eine Kommunikation zwischen den Agenten und den verschiedenen Verzeichnissen und Verzeichnisdiensten statt. Die Verzeichnisse sind dezentral in einer Cloud hinterlegt, was die Robustheit und Fehlertoleranz erhöht.

Die Adressen der Agenten werden im dezentralen Agentenverzeichnis (Agent Management System (AMS)) innerhalb der Cloud abgelegt. Hier findet die Zuordnung zwischen Namen und Hardware-/IP-Adresse statt. Mit Hilfe des AMS können die Verbindungen zwischen den Agenten dynamisch (basierend auf Namen) aufgebaut werden, ohne dass die Adressen im Vorhinein bekannt sein müssen.

Wenn also lediglich der Name eines Anlagenagenten bekannt ist, kann die zugehörige Adresse über das Agentenverzeichnis erfragt werden.

Ebenfalls dezentral in der Cloud angesiedelt ist das Diensteverzeichnis (Directory Facilitator (DF)). In diesem Verzeichnis sind zu jedem Agent die zugehörigen Fähigkeiten hinterlegt, so dass das Agentensystem, basierend auf Fähigkeiten, nach geeigneten Teilnehmern eines Produktionsnetzwerks suchen kann. Wenn also für die Joghurtherstellung zum Beispiel eine Anlage zur Herstellung des Deckels fehlt, kann der Name des Anlagenagenten über das Diensteverzeichnis gefunden werden. Anschließend kann das Agentenverzeichnis für die Adresse und das Botschaftsverzeichnis für die zu verwendenden Botschaften abgefragt werden. Das Botschaftsverzeichnis als ein Teil des Message Transport Systems (MTS) enthält alle zu einer Fähigkeit gehörigen Botschaften und deren Aufbau.

Zur Kommunikation der Agenten im Agentensystem untereinander melden sich zunächst alle Agenten bei der Cloud an und werden entsprechend registriert (Abbildung 5). Sofern ein Agent andere Agenten mit bestimmten Fähigkeiten sucht – im Beispiel sucht der Koordinationsagent Anlagenagenten – wird diese Anfrage an die Cloud gestellt, die ein entsprechendes Ergebnis zurückliefert. Im Anschluss findet direkte Kommunikation zwischen den Agenten statt, unter Umständen (nach einer entsprechenden Anfrage an die Cloud) auch zwischen den Anlagenagenten. Die Sequenz endet mit der Abmeldung der Agenten.

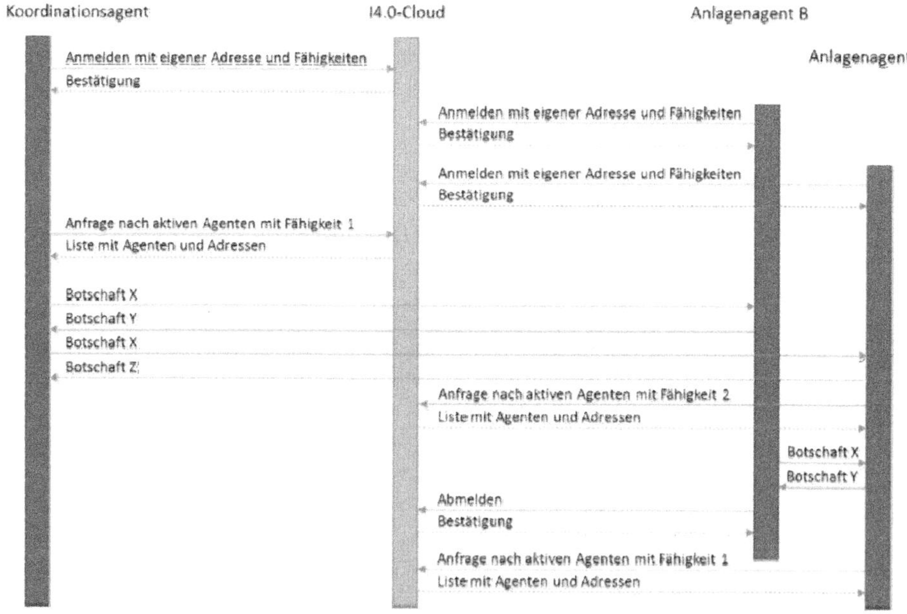

Abbildung 5: Kommunikationsbeispiel zwischen mehreren Agenten des Industrie 4.0-Agentensystems für *MyJoghurt*, © AIS, IAS

Das Management der Cloud übernimmt ein Managementagent, der sich um die Wartung der dezentralen Verzeichnisse innerhalb der Cloud kümmert, neue

Agenten in die Verzeichnisse einträgt, inaktive Agenten entsprechend löscht und Authentifizierungen neuer Agenten prüft.

Neben den Anlagenagenten, die eine Anlage repräsentieren und dem Managementagenten gibt es innerhalb des Agentensystems weitere Agenten, zum Beispiel den Koordinationsagent und den Kundenagent. Der Kundenagent repräsentiert die Möglichkeit, einen Auftrag in das Agentensystem einzubringen, zum Beispiel indem – wie beschrieben – auf einer mobilen Webseite ein entsprechendes Wunschprodukt konfiguriert wird. Dieser Auftrag wird vom Kundenagenten angenommen, vorverarbeitet und geht anschließend zunächst an den sogenannten Koordinationsagenten, der die Produktion des Produktes steuert, koordiniert und überwacht. Hierzu kommuniziert dieser dann mit den entsprechenden Anlagenagenten.

Für weitere, von der Auftragsplanung unabhängige Szenarien sind zusätzliche Agenten vorgesehen, wie zum Beispiel in Diagnoseagent für die Diagnose. Diese Agenten können sowohl parallel zu den bestehenden Agenten existieren, als auch in diese integriert werden.

4 Literatur

AIS (2014) Lehrstuhl für Automatisierung und Informationssysteme, http://www.ais.mw.tum.de/MyJoghurt

Diedrich C, Fay A, Grützner J, Göhner P, Vogel-Heuser B, Weyrich M, Wollschlaeger M (2013) Automatisierungstechnischer Forschungsanlagenverbund für Industrie 4.0. Markt&Technik Summit Industrie 4.0, München

Heinecke G, Köber J, Lepratti R, Lamparter S, Kunz A (2012) Event-Driven Order Rescheduling Model for Just-In-Sequence Deliveries to a Mixed-Model Assembly Line. In: Emmanouilidis C, Taisch M, Kiritsis D (Hrsg.) Advances in Production Management Systems. Competitive Manufacturing for Innovative Products and Services, Part I, S. 326-333

Legat C; Lamparter S, Vogel-Heuser B (2013) Knowledge-based Technologies for Future Factory Engineering and Control. In: Borangiu T, Thomas A, Trentesaux D (Hrsg.) Service Orientation in Holonic and Multi-agent Manufacturing and Robotics, Springer, Vol. 472, 355 - 374

Mayer F, Pantförder D, Diedrich C, Vogel-Heuser B (2013) Deutschlandweiter I4.0-Demonstrator - Technisches Konzept und Implementierung. Technischer Report, http://nbn-resolving.de/urn/resolver.pl?urn:nbn:de:bvb:91-epub-20131112-1178726-0-0.

Onori M, Barata J, Durand F, Hoos J (2012) Evolvable Assembly Systems: entering the second generation. In: Hu J (Hrsg.) Proceedings of the 4th CIRP Conference on Assembly Technologies and Systems, S. 81-84.

Schütz D, Wannagat A, Legat C, Vogel-Heuser B (2013) Development of PLC-Based Software for Increasing the Dependability of Production Automation Systems. IEEE Transactions on Industrial Informatics, Band 9, Heft 4

Ulewicz S, Schütz D, Vogel-Heuser B (2012) Design, Implementation and Evaluation of a Hybrid Approach for Software Agents in Automation. IEEE International Conference on Emerging Technologies and Factory Automation (ETFA), Krakau

Wannagat A, Vogel-Heuser B, Mubarak H, Göhner P (2007) Bestimmung automatisierungstechnischer Anforderungen bei der agentenorientierten Entwicklung flexibler eingebetteter Echtzeitsysteme. VDI-Kongress Automation, Baden-Baden, S 365-374

Witsch M, Vogel-Heuser B (2012) Towards a Formal Specification Framework for Manufacturing Execution Systems. IEEE Transactions on Industrial Informatics, Jahrgang 8, Heft 2, S. 311-320

Enabling Industrie 4.0 – Chancen und Nutzen für die Prozessindustrie

Dr. Thorsten Pötter, Bayer Technology Services; Jens Folmer, Technische Universität München; Prof. Dr. Birgit Vogel-Heuser, Technische Universität München

1 Einleitung

Häufig wird Industrie 4.0 und CPS (Cyber-Physical Systems) bzw. CPPS (Cyber-Physical Production Systems) in Zusammenhang mit Automotive oder dem klassischen Maschinen- und Anlagenbau und somit dem Bereich der Fertigungstechnik in Verbindung gebracht. Doch auch in der Prozessindustrie führt Industrie 4.0 zu neuen Strategien, z.B. in der Flexibilisierung der Produktion oder der Wartungsunterstützung etc.

2 Gründe für Industrie 4.0 in der Prozessindustrie

CPS und Industrie 4.0 werden oft im Zusammenhang mit intelligenten Produkten, wie *smart factory* und *smart product*, im Bereich der Fertigungstechnik genannt, um eine Flexibilisierung der Produktionsprozesse und somit eine Optimierung der Geschäftsprozesse zu erreichen. Informationen und Parameter werden dem fertigen Produkt zugeordnet, welches somit weiß, wie und wann es gefertigt werden soll. Diese Informationen und Parameter werden der Fertigungsstraße bzw. der Maschine mitgeteilt, die dann für das individuelle Produkt den optimalen Produktionsprozess startet.

Diese Ansätze sind in der Prozessindustrie bisher, da die Produkte durch Batch- oder kontinuierlichen Prozesse gefertigt werden, kaum umzusetzen. Einem Bauteil bzw. Bauteilträger können die notwendigen Informationen nicht mitgegeben werden. Ansätze der vertikalen und horizontalen Integration – und die dadurch gesteigerte Datendurchgängigkeit für die Prozessindustrie – sind dennoch richtungsweisend, beispielsweise zur Wartung, Diagnose und für eine deutlich flexiblere Produktion. Diskrete Produktionsschritte, wie beispielsweise die Verpackung oder der Transport der fertigen Güter, sind dennoch Teil der Prozessindustrie, so dass die intelligente Produktion auch hier ein erfolgversprechender Ansatz zur Flexibilisierung und Optimierung der Prozesse ist.

Verfahrenstechnische Anlagen produzieren heute von einigen Gramm bis zu mehreren Millionen Tonnen pro Jahr. Dabei werden die Verfahren zunehmend komplexer. Grundoperationen wie beispielsweise Zerkleinern, Trocknen, Filtration, Destillation sowie chemische Reaktionen wie Oxidation, Hydrierung oder

Polymerisation wurden um biologische Verfahren ergänzt. Die Verzahnung mit dem Anlagenbau sowie der Mess- und Regeltechnik schreitet unaufhaltsam weiter. Der internationale Wettbewerb macht es heute erforderlich, Verfahren in mehr Dimensionen zu beurteilen und zu optimieren. Neben Qualität des Produktes spielen Energieeffizient, CO_2-Footprint, Einsatzmöglichkeit von Recycling-Rohstoffen eine ebenso bedeutsame Rolle – um nur einige Aspekte aufzuzeigen.

Auch die regulatorischen Auflagen verlangen zunehmende Dokumentation von Produktionsinformationen im Detail. Im pharmazeutischen Umfeld wird über die FDA (US Food and Drug Administration) und die EMA (European Medicines Agency) das Quality by Design-Konzept vorangetrieben. Einfach gesagt, ist es die Überzeugung, dass Qualität einschließlich der Fertigungsprozesse gestaltet werden und nicht erst am Endprodukt getestet sollte. In der Theorie führt dies zu weniger Compliance-Problemen, weil ein Hersteller die Probleme behandelt, bevor sie entstehen, und noch systematischer bearbeitet, wenn sie auftreten. In der Praxis bedeutet das – auch für die Prozessindustrie – eine noch stärkere Vernetzung von Online-Analysemethoden, um Schwankungen über den gesamten Produktionsprozess aussteuern zu können. Der Automatisierungsgrad wird weiter steigen; Simulations- und Prognoseverfahren werden bedeutsamer und realisierbarer. Der Informationsaustausch wird immer umfangreicher und muss ausreichend schnell bleiben. Dabei ist zu beachten, dass sich die klassische Automatisierungspyramide auflöst, jedoch der Funktionsumfang erhalten oder erweitert wird und Datenzugriffe flexibler werden.

Als Motivation für die Prozessindustrie gilt immer die Notwendigkeit der Prozessinnovation. Technologien für Industrie 4.0 könnten beispielweise den gesamten Anlagen Life Cycle als transparenten Prozess unterstützen, wobei die Anlagenplanung, der Anlagenbau, die Inbetriebnahme und der Betrieb zu nennen sind. Im Sinne der Digitalen Fabrik wäre es besonders erstrebenswert, Trainings-Simulatoren auf Knopfdruck zu erzeugen, zustandsabhängige Wartung ebenso wie funktionierende Schnittstellen im Engineering und zum Betrieb und Wartung (vgl. Beitrag Soder „Use Case Production: Von CIM über Lean Production zu Industrie 4.0“) zu realisieren. Ziel muss es sein, einen Disziplinen übergreifenden und transparenten Informationsaustausch zwischen den verschiedenen Gewerken (beispielsweise die Verfahrenstechnik und die Prozessleittechnik) und den Phasen des Lebenszyklus (beispielsweise dem Engineering und dem Maintenance inkl. der automatischen Nachbestellung von Sensoren) zu erreichen. Ein transparenter Informationsaustausch zu den bisher überlagerten Ebenen der MES und ERP-Systeme, zur Produktionsfeinplanung, und das in Abhängigkeit des Anlagenzustands bzw. der Anlagenprognose, ist mittels Industrie 4.0 zu erreichen. Die Auflösung der Ebenen der klassischen Automatisierungspyramide führt zu flacheren teils unstrukturiert wirkenden Systemstrukturen (Abbildung 1). Dennoch muss die Systemintegration auch ohne diese Strukturen flexibel integriert werden. Es darf kein Informationsverlust entstehen.

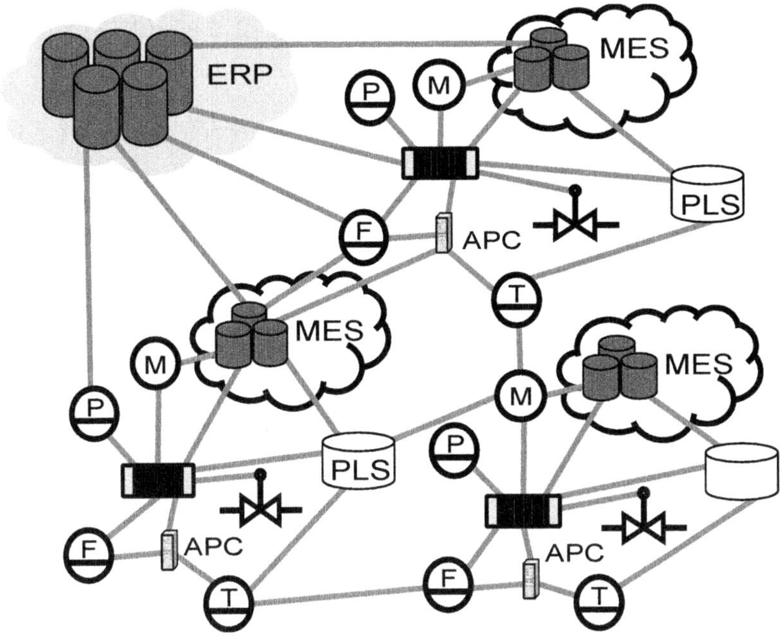

Abbildung 1: **Ablösung der Automatisierungspyramide durch flache Informationsstrukturen (APC - Advanced Process Control; MES - Manufacturing Execution Systems; ERP- Enterprise Ressource Planning)**

Assistenzsysteme wären in der Verfahrenstechnik sowohl für die Produktexperten, als auch für die Anlagenfahrer und die Wartung wünschenswert. Die Produktexperten benötigen Informationen mit Fokus auf das Produkt, das möglicherweise auf mehreren Anlagen produziert werden kann. Bei Information über anstehende Produktionsengpässe haben sie die Übersicht über Lagerbestände und Auftragseingänge und können dann gegebenenfalls umdisponieren. Sie wissen beispielweise welche Anlage die passende Qualität produziert. Das Wartungspersonal könnte über die Verschleißreserve von Automatisierungsgeräten und frühzeitig über einen notwendigen Geräteaustausch informiert werden, um Wartungsintervalle optimaler zu planen.

Ein weiterer Nutzen für die Verfahrenstechnik wäre eine Flexibilisierung der Produktion durch sich selbst-konfigurierende selbst-organisierende, flexible Produktionsanlagen, hochverfügbare Informationsdienste sowie eine optimierte Produktion über Firmengrenzen hinweg. Wichtig wäre die Abwärtskompatibilität von Industrie 4.0, d.h. die Migration mit bestehenden Systemen alleine aufgrund des langen Betriebs von Anlagen in der Verfahrenstechnik, die nicht selten mehrere Jahrzehnte genutzt werden. Industrie 4.0 schafft auch die Grundlage, um Anlagendaten von den langlebigen Systemen interpretierbarer und aggregierbar zu machen.

3 Anwendungsszenario „Datenaggregation in der Verfahrenstechnik"

In den hochautomatisierten Anlagen der Prozessindustrie werden mehrere zehntausend, meist kontinuierliche, Messwerte aufgezeichnet. In einer Anlage sind typischerweise 500 bis 2000 Feldgeräte verbaut (Kaiser, 2013), die in der Regel über HART-Schnittstelle eingebunden sind. Erst ein geringer Anteil ist über Feldbussysteme, wie Profibus-PA bzw. Foundation Fieldbus, mit der Leittechnik verbunden. Bei der Prozessführung sollten nur in Ausnahmesituationen wie Wartung, Inbetriebnahme, Rezeptwechsel usw. menschliche Eingriffe nötig sein. Gleichzeitig sind die Produktionsstandorte zunehmend über die gesamte Welt verteilt. Im Regelfall sind nur die Enterprise Ressource Planning- (ERP) und andere IT-Systeme standardisiert mit einheitlichen und unternehmensweiten Geschäftsprozessen. Die Standardisierung der Systeme und Prozesse ist in diesem Bereich häufig erreicht und ermöglicht global agierenden Unternehmen beispielsweise ein effizientes Controlling und eine Sicherung der Compliance. Im Gegensatz hierzu ist die standortabhängige Produktion mit unterschiedlichen Systemen lokal und heterogen ausgerichtet, d.h. grob vereinfacht, jeder Produktionsbetrieb ist ein Unikat.

Die Messwerte aus dem Prozess werden alleine schon aufgrund internationaler Richtlinien über Jahre von jedem Betrieb oder Werk archiviert. Zusätzlich werden diese zusammen mit Meldungen (Alarmen, Warnungen, Bedieneingriffen und anlagenspezifischen Meldungen), Prozessparametern, Produktionsaufträgen u.v.m. in mehreren hundert IT-Systemen (Prozessleit-, Asset Management-, Engineering-, MES und Laborsystemen) gesammelt und stehen durchaus für die weitere Verarbeitung zur Verfügung. Die gemeinsame Auswertung und Aggregation dieser bisher häufig unabhängig voneinander betrachteten Daten und den daraus potentiell zu ermittelnden zusätzlichen Informationen (Datenmustern) würden einen optimierten Anlagenbetrieb und ein verbessertes Anlagen- und Gerätedesign ermöglichen. Die bessere Vorhersagbarkeit der Produktionsprozesse verringert ungeplante Anlagenstillstände und steigert damit zwangsläufig die Anlagenverfügbarkeit und führt somit letztlich zu einer verbesserten Wettbewerbsfähigkeit. Teilweise sind in an einem Standort einige hundert verschiedene IT-Systeme im Einsatz, die sicherlich nicht alle so, aber doch überwiegend integriert werden müssten bzw. deren Daten anwendungsfallspezifisch zugänglich gemacht werden müssten.

4 Sicht der Gerätehersteller

Seitens der Hersteller von Geräten liegen häufig wenige Informationen über Störungen mit detaillierteren Informationen vor. Einige Zahlen sollen die Vielfalt der Geräte verdeutlichen: Endress+Hauser hat beispielsweise zurzeit 1.800 Produkte mit unterschiedlichen Optionen auf dem Markt, dazu gehören 19.000 Dokumente, wie Bedienungsanleitungen. Insgesamt befanden sich Ende 2012 ca. 18 Mio. registrierte Produkte im Feld, bei einem monatlichen Zuwachs von 230.000 Produkten aus rund 100 Produktionslinien weltweit. Endress+Hauser hat in diesem Zusammenhang seine Serviceangebote erweitert und bietet Zugriff auf geräteindividuelle Information (Dokumentation, Ersatzteile, ...) vor Ort auf mobilen Endgeräten. Dies ist sicherlich für den Betreiber und den Wartungsmitarbeiter nützlich. Der Rückfluss von Informationen an den Gerätehersteller erfolgt bisher jedoch nur durch Field Service Reports, die einer semantischen Textanalyse unterzogen werden. Die Bereitstellung von Prozesswerten (inkl. Betriebsmedium und Betriebskennlinien), Einbaudaten und ortsabhängigen Umwelteinflüssen, die häufig Aufschluss über die Ursache des Ausfall geben können, liegen in der Regel nicht vor und sind für den Gerätehersteller nicht zugänglich. Der Wunsch seitens der Gerätehersteller ist sicherlich, die Verfügbarkeit der für die jeweilige Gerätereihe typischen bzw. kritischen Prozessdaten mit dem ausgefallenen Gerät übermittelt zu bekommen. Demgegenüber steht die Forderung der Betreiber nach dem Schutz der sensiblen Prozessdaten, die häufig gleichzeitig Technologiedaten /-wissen sind. Eine solche Lösung kann nur im Einvernehmen zwischen Betreibern, Herstellern von Geräten und Anbietern von Anlagen bzw. Planern erfolgreich gelingen (siehe Abbildung 2).

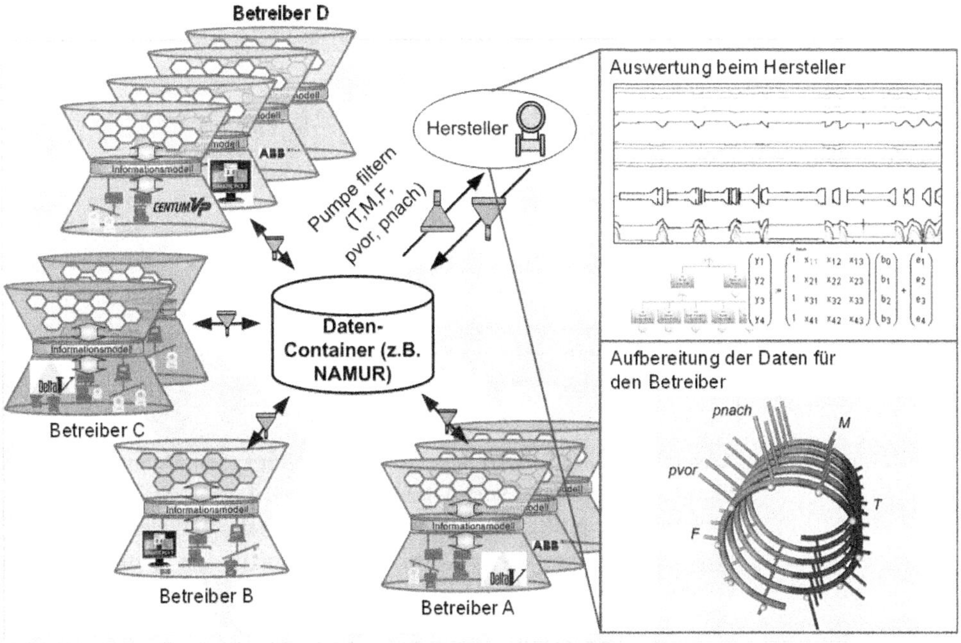

Abbildung 2: **Anforderungen an eine Standortübergreifende Auswertung abstrahierter Gerätedaten verschiedener Anlagen und verschiedener Betreiber**

Die Herausforderung ist es, für Gerätetypen die aus Herstellersicht notwendigen bzw. wünschenswerten Prozessdaten mit den Betreibern unter Gewährleistung der sensiblen Daten zu berücksichtigen.

Neben dieser Herausforderung der Vertraulichkeit und Abstimmung gibt es zwei weitere Herausforderungen: einerseits die Anbindung der verschiedenen IT-Systeme in den verschiedenen Werken mit ihren ggf. unterschiedlichen Leit- und IT-Systemen und andererseits die Auswertung der aus den verschiedenen Werken vorliegenden Daten für die jeweiligen Gerätetypen. In den unterschiedlichen Werken treten bei den gleichen Gerätetypen unterschiedliche Fehler auf, die beispielsweise vom Prozess und dessen Parametern abhängen. Bei der gemeinsamen Auswertung werden einerseits mehr Daten von einem Gerätetyp aus verschiedenen Anlagen und Werken gesammelt und andererseits werden unterschiedlichere Daten aufgrund der unterschiedlichen Prozessparameter aufgezeichnet. Dadurch ist für die statistische Auswertung eine größere Datenmenge in kürzer Zeit, aber auch eine Datenmenge mit einer größeren Streuung in den Daten, vorhanden, wodurch mehr Effekte gefunden werden können. Die Bereitstellung der Gerätedaten muss unter strikter Einhaltung der Vertraulichkeit für jeden Hersteller und jeden Betreiber (Werk) erfolgen.

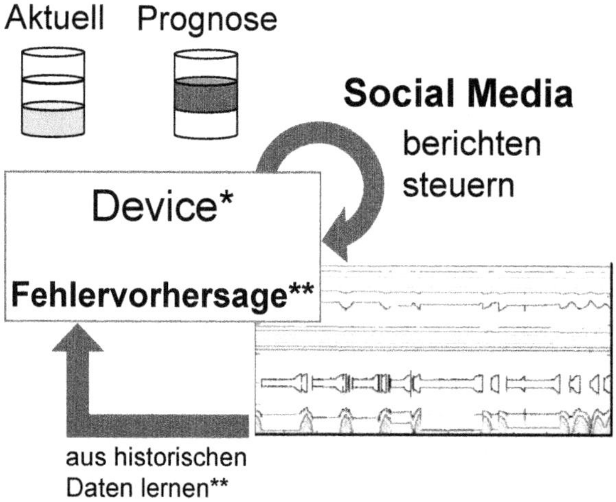

Abbildung 3: Auswertung und Aggregation gerätebasierender Daten an einem Standort, in einem Werk (*)Device interne Logik (SW) zur Fehlervorhersage, Logik / Regeln werden außerhalb der Devices erstellt und regelmäßig als Updates auf das Device geladen (Software Patch), **Data-Mining)

Die Einbindung der Gerätehistorie im Anlagenprozess (Abbildung 3) mit den Gerätedaten (Devicedaten, also den Prozessdaten, die das Gerät erfahren hat, sowie den Vor- und nachgelagerten Prozessbedingungen) wie der Temperatur und ebenso den Umgebungsbedingungen erlaubt es dem Gerät, sich selbst zu überwachen und zu diagnostizieren sowie sich ggf. mit gleichen Geräten oder Geräten gleichen Gerätetyps über Social Media auszutauschen und damit Fehler zu entdecken.

Dieser Ansatz kann auch über einen diensteorientierten und agentenbasierten Ansatz erfolgen (vgl. Beitrag Pantförder et al. „Agentenbasierte dynamische Rekonfiguration von vernetzten intelligenten Produktionsanlagen – Evolution statt Revolution"). Sofern z.B. ein Diagnosesystem im Falle eines Pumpenausfalls Temperaturdaten zweier weiterer IT-Systeme benötigt – historische Temperaturdaten aus einem Plant Asset Management (PAM) und aktuelle Temperaturdaten aus einem Prozessleitsystem (PLS) – muss das Diagnosesystem nicht die Details der Implementierung des PAM und des PLS kennen, sondern ruft lediglich die passenden Dienste über das Netzwerk auf, welche die gewünschten Daten holen und zurückgeben. Im konkreten Fall ruft das Diagnosesystem den Dienst zum Abrufen der aktuellen Temperatur des PLS und des historischen Temperaturverlaufs des PAM auf. Diese Dienste rufen unter Umständen weitere untergeordnete Dienste, z.B. zum Berechnen der Temperatur (eine Mittelwertbildung) auf. Dem Diagnosesystem stehen dann umfangreiche Datensätze mit feingranularer Auflösung zur Verfügung, die es im Anschluss intelligent zu aggregieren und auszuwerten gilt, um die darin enthaltenen Informationen zu extrahieren. Hierfür sind neue Ansätze und Algorithmen auf Basis bestehender Data Mining-Methoden, speziell für Diagnosefälle zu schaffen, die eine vollautomatische Arbeit mit den Daten und den damit verbundenen Informationsgewinn ermöglichen.

Ein Grund für die unzureichende Aggregation sowie den mangelnden standort-, betreiber- und branchenübergreifenden Informationsaustausch ist die bisher nur sehr begrenzt ausgeprägte logische Vernetzung der diversen IT-Systeme. Eine vertikale und horizontale Informationsvernetzung in Zuge von Industrie 4.0 über Betreiber und Hersteller hinweg und der Datenaustausch über unterschiedliche IT-Systeme über das Intranet ist technisch weltweit möglich, muss allerdings den Aspekt des Knowhow Schutzes und der Security berücksichtigen. Geräte, Anlagenteile und ganze Anlagen könnten ihren Status über das Internet bzw. Intranet bekannt geben. Fehler oder ungünstige Einstellungen von Geräten und Anlagenteilen können anderen gleichen oder gleichartigen Geräten bzw. Anlagenteilen übermittelt werden. Die Geräte können also voneinander „lernen". Die automatische Übernahme von Geräteparametern ist sicherlich unter Sicherheitsaspekten kritisch bzw. nur in bestimmten Grenzen möglich.

5 Technologien und Lösungsansätze

Im Folgenden werden zwei Technologien als Basis für Industrie 4.0 diskutiert: die Vernetzungsarchitekturen und Austauschformate sowie die Fehlerdetektion und -diagnose mittels Big Data bzw. Data Mining-Algorithmen.

5.1 Vernetzungsarchitekturen und Austauschformate

Für die Vernetzung von IT-Systemen, das heißt eigenständige Software beziehungsweise eigenständige Applikationen, sind verschiedene Architekturen denkbar. Mit dem Begriff „Vernetzung" ist dabei nicht nur die physikalische Vernetzung der IT-Systeme gemeint, sondern auch die Vernetzung und Kopplung der Applikationen. Um die physikalische Vernetzung umzusetzen, existieren bereits ausreichende Technologien. Im Gegensatz dazu ist die Kopplung der Systeme auf höheren Schichten des ISO/OSI-Modells, das heißt die logische Kopplung der Systeme und deren Daten, noch nicht gelöst. Die logische Kopplung bisher unabhängiger IT-Systeme bietet allerdings diverse Vorteile. Zunächst ist hier der einfache, schnelle und fehlerfreie Austausch von Daten zu nennen. Dort wo bisher manuelles Übertragen von Daten an der Tagesordnung war, kann durch eine Vernetzung von IT-Systemen eine deutliche Vereinfachung der Vorgänge erreicht werden.

Die Vernetzung bestehender IT-Strukturen und der damit erreichbaren Diagnosefähigkeiten, insbesondere in der Prozessindustrie, werden bisher in Forschungsprojekten wenig adressiert. Das EU-Projekt RES-COM beschäftigt sich mit der automatisierten Ressourcenschonung durch hochvernetzte und integrierte Sensor-Aktuator-Systeme. Hier liegt der Fokus allerdings nicht auf der Vernetzung übergeordneter IT-Systeme. Im Bereich CPS, Industrie 4.0 und Big Data wurde vom BITKOM Arbeitskreis Software Architektur ein Referenzmodell für Big-Data-Projekte erstellt (Bullinger et al., 2011) – es wird allerdings zusätzlich die echtzeitfähige Feldgeräteebene benötigt. Das CPM (Collaborative Production Management) der ARC (Advisory Research Council) (Biffl et al., 2012) für die Prozessindustrie setzt im Wesentlichen auf die Verwendung der ISA-Standards, wie u.a. der ISA S95 zur MES und IT-/ERP-Vernetzung, auf. Durch die Namur (Normenarbeitsgemeinschaft für Mess- und Regeltechnik in der chemischen Industrie - www.namur.de) wird aktuell die Definition eines sogenannten Namur-Containers (Nagl et al., 2008) vorangetrieben. Dieser dient der Kopplung von CAE- und Leitsystemen.

Der Namur-Container für die Integrationsarchitektur zwischen CAE und Leitsystem

„Ein Datenaustausch kann sowohl von CAE- wie auch von PLS-Seite aus initiiert werden. Im jeweiligen Ausgangssystem selektiert der Anwender die zu übertragenden Datensätze. Diese werden in einen Datencontainer (Datei) übertragen. Hierbei werden die Daten entsprechend der Schnittstellenvorgaben auf die Namur-Struktur umgesetzt" (Scherwietes, 2012). Als Vorteile des Namur-Datencontainers (Abbildung 4) gelten aus Anwendersicht (Scherwietes, 2013):

- die Standardisierung trotz des heterogenen Systemumfelds
- mit einer Schnittstelle (pro System) an beliebige Austauschpartner
- Datenaustausch mit Versionierung und Revisionierung möglich

- System-übergreifendes Datenverständnis durch Standardisierung der auszutauschenden Daten mit einem gemeinsamen Vokabular und einer vereinheitlichten Terminologie
- jederzeit möglicher Datenabgleich für eine konsistente Datenbasis und Änderungen auf beiden Seiten der Schnittstellenpartner
- herstellerspezifische Anpassung auf Basis eines Standards

Eine der wesentlichen Anforderungen ist die Neutralität und Herstellerunabhängigkeit des Datenaustauschformats. Das Format muss die Export- und Importfunktionalität der CAE- bzw. PLS-Engineering-Werkzeuge unterstützten.

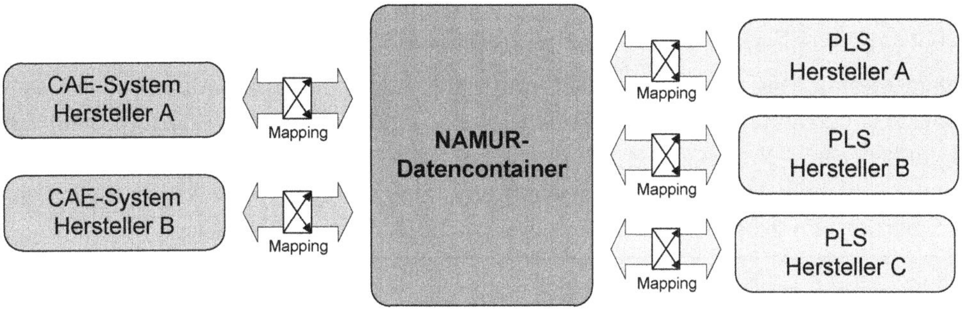

Abbildung 4: **Vernetzung des Namur-Datencontainer (Scherwietes, 2013)**

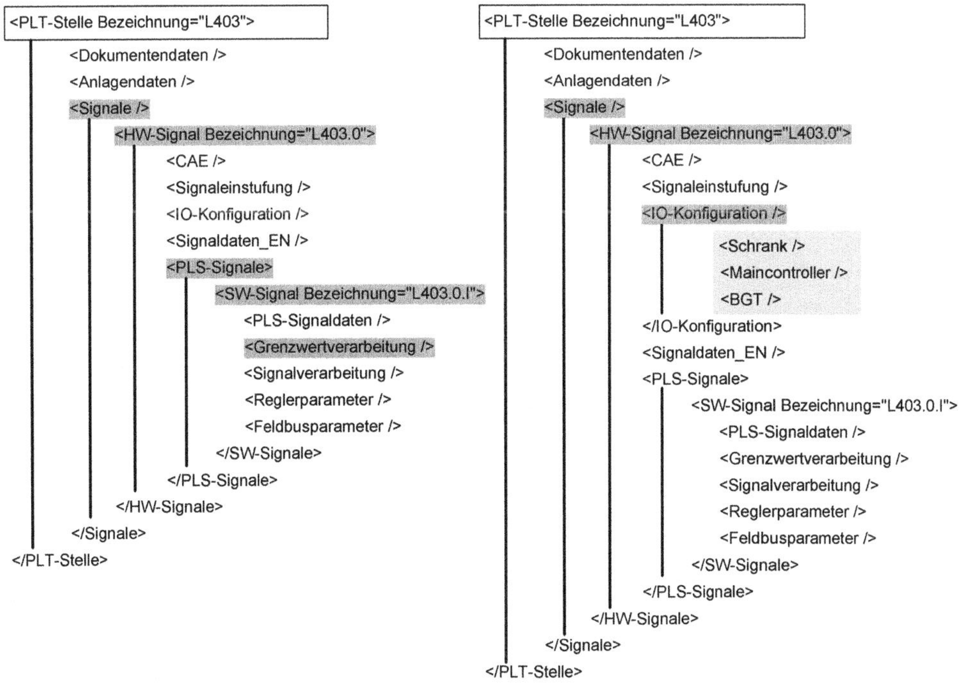

Abbildung 5: **Datenaustauschformat-Hierarchie, Gruppierung und relationaler Aufbau des Namur-Datencontainers (Scherwietes, 2013)**

Als Basis des Ansatzes dient die hierarchische Strukturierung der PLT-Stellen als dem initialen Element der Datenstruktur. Der PLT-Stelle werden alle Objekte und deren Attribute untergeordnet (Abbildung 5).

5.2 Data Mining für gerätespezifische und prozessübergreifende Diagnose

Methoden des Data Minings erlauben es beispielsweise Endanwendern, durch Aggregation verschiedener Datenquellen aus verschiedenen Anlagen weltweit, zusätzliche Information bezogen auf den anwenderbezogenen Betrieb von Geräten zu generieren. Ergebnisse der Analysen sind abhängig den Fragestellungen.

Data-Mining-Methoden sind nicht universell einsetzbar und müssen Use Case-spezifisch ausgewählt werden. Beispielsweise sind Clustering-Verfahren nicht auf kontinuierliche Prozessdatenverläufe einsetzbar, jedoch für diskrete Prozessparameter sehr hilfreich. Regressionsverfahren hingegen eignen sich sehr gut für kontinuierliche Prozessdatenverläufe, jedoch nicht für diskrete Prozessparameter.

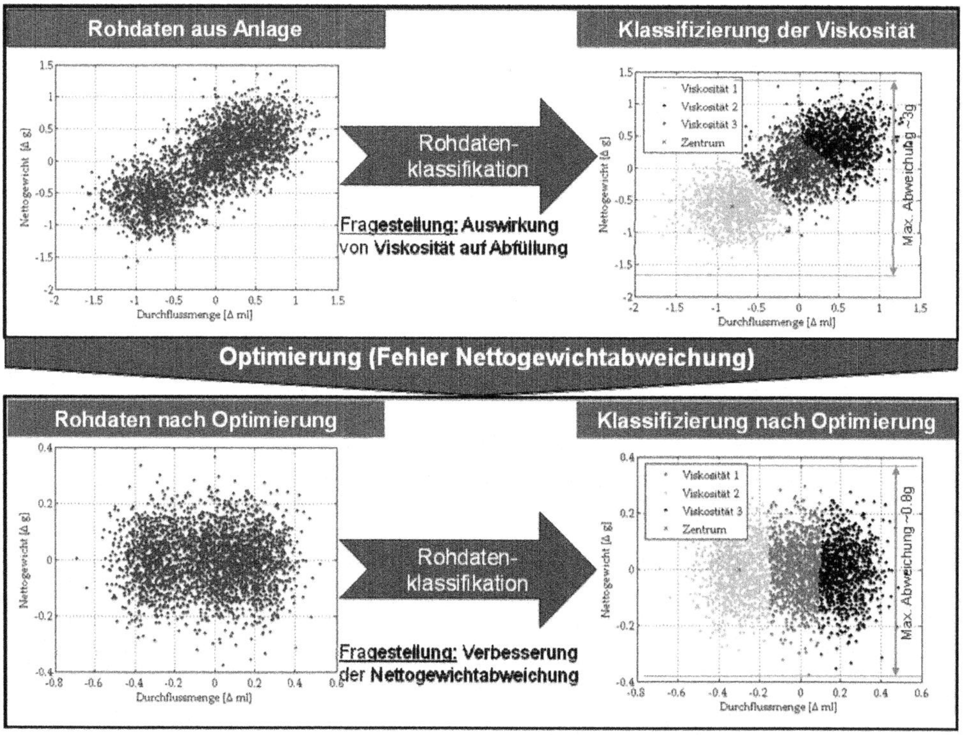

Abbildung 6: Beispiel von Data-Mining zur Prozessoptimierung

Bezogen auf eine Joghurtproduktion kann durch Data Mining-Methoden beispielsweise der Einfluss der Viskosität auf die in den Abfülleinheiten eingebauten Pumpen über Clustering-Verfahren analysiert werden (Abbildung 6), da es sich hierbei um diskrete Daten handelt. Dadurch, dass eine höhere Viskosität einen hohen Widerstand in der Pumpe erzeugt, zeichnet sich dies als Druckverlust in der Pumpe ab. Dadurch verringert sich auch die lokale Fließgeschwindigkeit des Produkts, so dass bei den Abfüllungen mit konstanter Abfüllzeit das Nettogewicht des Endproduktes abhängig von den Viskositätsschwankungen variiert – und somit auch das Nettogewicht die Toleranzgrenzen über- oder unterschreitet. Durch Aggregation der Prozessdaten (Viskosität, Nettogewicht des Endproduktes, Ist-Wert des Pumpendurchflusses und Dauer der Abfüllung) ist es möglich, zu ermitteln, dass höhere Rahmstufen aufgrund ihrer höheren Viskosität eine längere Abfüllzeit benötigen. Um die Abfüllzeit nicht zu verlängern, könnte eine höhere Soll-Wertvorgabe des Durchflusses gewählt werden. Das Ziel ist eine viskositätsabhängige Regelung, um das geforderte Nettogewicht des Endproduktes präziser zu erreichen. Durch die Analyseergebnisse kann die spezifische Abfüllzeit, respektive der Soll-Wert des Durchflusses, ermittelt werden. Die Regelung der Pumpe kann durch Softwareanpassung entsprechend optimiert werden, um die gewünschte Produktqualität zu erreichen.

Die Rahmstufe kann ebenfalls Auswirkungen auf die Alarmgenerierung von Pumpen haben. Das Fehlverhalten kann auch abhängig von der Rahmstufe variieren. Bei der Abfüllung von Joghurt wird zyklisch die Pumpe an- und wieder ausgeschaltet. Bis die Pumpe den Arbeitspunkt erreicht hat, vergeht eine entsprechende Zeit (An- und Abfahren der Pumpe). Abhängig von der Rahmstufe variiert die Zeit, die die Pumpe benötigt um den Arbeitspunkt zu erreichen (aufgrund der von der Viskosität abhängigen Fließgeschwindigkeit, bzw. Beschleunigung). Oftmals werden Alarmgrenzen statisch im Prozessleitsystem konfiguriert, so dass beispielsweise ein Alarm ausgegeben wird, sollte die Pumpe innerhalb der fest eingestellten Zeit den Arbeitspunkt nicht erreichen. Dadurch werden bei hohen Rahmstufen mehr (Fehl-)Alarme generiert, als bei niedrigeren Rahmstufen. Durch die hohe Anzahl von Pumpen im Prozess werden so viele (Fehl-)Alarme generiert, die den Anlagenbediener von seiner Aufgabe ablenken. Durch Data-Mining wird ermöglicht, solche Zusammenhänge zu analysieren, beispielsweise durch Aggregation der durchschnittlichen Alarmrate der Pumpe und abzufüllenden Rahmstufe. Ergebnisse der Analyse können entweder sein, die Alarmgrenzen dynamisch an die abzufüllende Rahmstufe anzupassen, oder die Pumpe durch eine leistungsstärkere Pumpe auszutauschen, die weniger anfällig auf unterschiedliche Joghurt-Viskositäten reagiert.

Neben der gerätespezifischen Diagnose und der Prozessoptimierung sind Data-Mining Methoden auch für die prozessübergreifende Diagnose anwendbar. Prozessübergreifende Diagnose bedeutet beispielsweise das Auffinden kausaler Zusammenhänge eines Fehlers (Ursache) und die Auswirkungen dieses Fehlers auf andere Anlagenteile respektive am Prozess beteiligte Geräte (Wirkung). Ein Phänomen von kausalen Fehlerzusammenhängen sind Alarmfluten. Zur Identifikation von Alarmfluten werden statistische Methoden des Data Minings eingesetzt, um algorithmisch kausale Zusammenhänge (Muster) in den Daten zu erkennen. Analysekriterien sind der Zeitabstand und die Häufigkeit (Frequent Pattern Mining) von einer Meldung und zwischen mehreren Meldungen, um signifikante Muster zu finden. Durch die Mustererkennung kann ein Regelwerk generiert werden, welches dann entweder zur Meldungsreduktion oder als wissensbasiertes Vorhersagesystem eingesetzt werden kann, um bei Eintreffen einer Meldung prädiktive (kritische) Folgefehler zu errechnen. Da es sich um statistische Methoden handelt, existiert ein Restrisiko, zufällig entstehende Muster ebenfalls als signifikantes Muster zu erkennen oder Muster nicht zu erkennen, da deren Vorkommen in den aufgezeichneten Daten zu gering ist, um die Signifikanz zu errechnen. Somit ist ein vollautomatischer Ansatz, der das Regelwerk identifiziert und automatisch im Anlagenbetrieb einsetzt mit den bisher existierenden Ansätzen nicht machbar. Vielmehr müssen die Ergebnisse dieser Data Mining-Ansätze durch einen Experten geprüft werden. Dennoch zeigen die Analyseergebnisse ein hohes Potential für das Re-Engineering von Alarmmanagementsystemen (AMS) oder auch für das Anlagenredesign. Bisherige Forschungsergebnisse haben gezeigt, dass Alarmfluten am häufigsten durch Flackeralarme und Materialflusszusammenhänge ausgelöst werden (Folmer et al., 2013). Flackeralarme entstehen u.a. durch falsch parametrierte Alarmkonfigurationen, bei dem Grenzwerte für das Auslösen eines Alarms und einer Warnung gleich eingestellt sind, welche durch ein Re-Engineering der Alarmkonfiguration behoben werden können. Alarmfluten, die durch Materialflusszusammenhänge ausgelöst werden, können durch zusätzliche Implementierungen auf der SPS oder im PLS vorgefiltert werden, um den kritischsten oder den ursächlichen Fehler anzuzeigen und die redundanten Meldungen durch Abruf des Anlagenbedieners zu visualisieren.

Um die Signifikanz, zw. Aussagekraft der gefundenen Kausalzusammenhänge von Fehlern zu erhöhen, existieren Forschungsansätze, die nicht nur auf die Analyse von historischen Daten abzielen, sondern vielmehr auch weitere Daten einbeziehen, um durch Data-Mining Methoden implizit vorhandenes Wissen explizit zu machen. Zu nennen sind Ansätze die für die Kausalanalyse Entwicklungsdokumente (R&I-Fließbilder nach DIN EN 62424) oder die formalisierte Prozessbeschreibung (nach VDI/VDE 3682) in die Analysen einzubeziehen (Folmer et al., 2012).

Bisher werden die oben genannten Ergebnisse individuell für jede Anlage analysiert und für das Re-Engineering derselben Anlage verwendet. Eine Übertragbarkeit von Analyseergebnissen der Anlage 1 auf eine gleichartige Anlage 2 (Abbildung 7), die vom strukturellen Aufbau oder vom Prozess ähnlich ist, ist bisher nicht erforscht. Die Bestrebungen von Industrie 4.0 würden eine essentielle Basis für solche Forschungsansätze schaffen. Analyseergebnisse und daraus erarbeitete Optimierungsstrategien können über die Industrie 4.0 Plattform auf weltweit verteile gleichartige Anlagen übertragen werden.

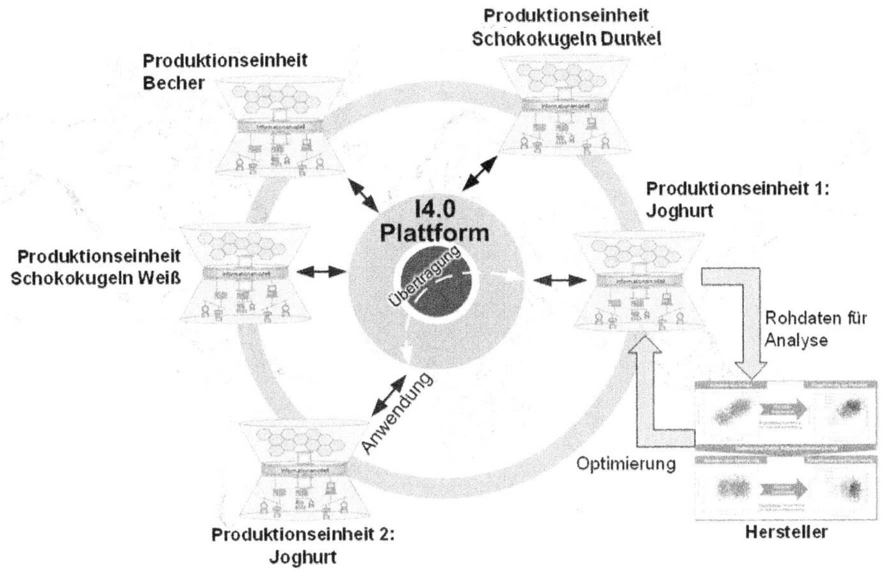

Abbildung 7: Vision für Industrie 4.0 und Data-Mining Methoden

6 Literatur

Biffl S, Mordinyi R (2012) Integriertes Engineering mit Automation Service Bus. Automatisierungstechnische Praxis (atp) 54(12):888-895

Bullinger H-J, ten Hompel M (Hrsg.) (2011) Internet der Dinge. Springer, Berlin

Folmer J, Meyer H, Weißenberger B, Vogel-Heuser B (2012) Diagnosis of Automation Devices based on Engineering and Historical Data. 17th IEEE International Conference on Emerging Technologies & Factory Automation (ETFA'12), Krakow, Polen, S 1-4

Folmer J, Vogel-Heuser B (2013) Computing Dependent Industrial Alarms for Alarm Flood Reduction. Transactions on Systems, Signals and Devices (TSSD) 1(8): 1-20, Shaker Verlag, München

Kaiser U (2013) Lebenszyklusinformationen von Feldgeräten in der Cloud. Connected Products 19.11.2013, Frankfurt

Nagl M, Marquardt W (2008) Collaborative and distributed chemical engineering. Springer Berlin/Heidelberg

Pötter T (2013) Enabling Industrie 4.0 – Chancen und Nutzen für die Prozessindustrie. In: Vortrag Namur Hauptsitzung, Lahnstein

Scherwietes T (2012) Neues CAE/PLS-Interface vereinfacht den Austausch von Automatisierungsdaten. atp edition, 1-2: 24-26

Scherwietes T (2013) Standardisierter Datenaustausch zwischen CAE und PLS. In: Vortrag Namur Hauptsitzung, Lahnstein

Konzepte und Anwendungsfälle für die intelligente Fabrik

Prof. Dr. Oliver Niggemann, Fraunhofer-Anwendungszentrum Industrial Automation IOSB-INA, Lemgo; Prof. Dr. Jürgen Jasperneite, Institut für industrielle Informationstechnik inIT, Lemgo;
Dr. Asmir Vodencarevic, Brunel GmbH, Bremen

1 Eine Referenzarchitektur für die intelligente Fabrik

Aufgrund des globalen Wettbewerbs und einer steigenden Produktkomplexität ist in den letzten Jahren auch die Komplexität der Produktionssysteme und damit auch der Automation massiv gewachsen (Forschungsunion, 2012). So schätzt (Stetter, 2014), dass im Jahr 2000 bereits ca. 40% der Entwicklungsanteile im Maschinenbau auf die Software entfielen. Diese Komplexität belastet zunehmend Automatisierer, Systemingenieure und Anlagenbauer. Intelligente Assistenzsysteme und selbstlernende Automatisierungssysteme sind eine mögliche Lösung: Die Hauptidee ist dabei die Verlagerung von menschlichem Expertenwissen in die Automation: Die Maschinen, d.h. die Software und die Assistenzsysteme, übernehmen Aufgaben, die bislang Experten manuell gelöst haben, Beispiele sind Diagnose, Optimierung und die Konfiguration bzw. Planung.

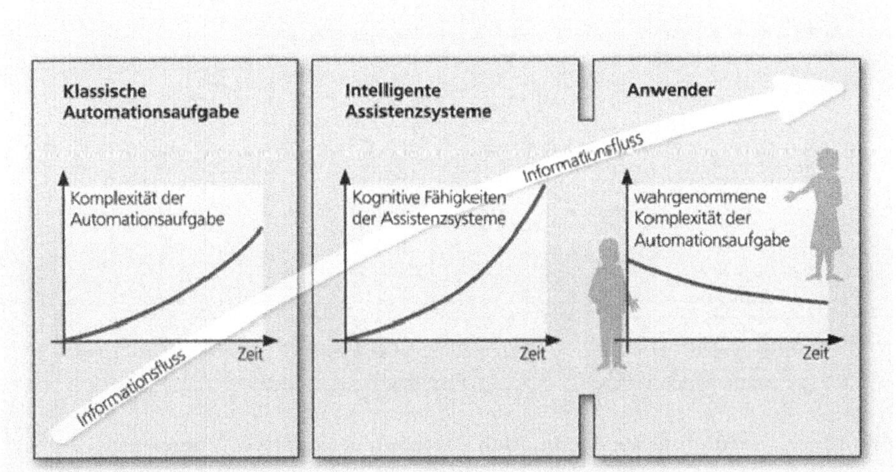

Abbildung 1: Die Grundidee der Reduktion der wahrgenommenen Komplexität

Die zentrale Aufgabe ist also, die komplexe Automatisierungstechnik weiter beherrschbar zu machen. Abbildung 1 zeigt dies: Der wachsenden Systemkomplexität (linke Seite) steht eine Abnahme der wahrgenommen Komplexität (rechte Seite) gegenüber, dies ist das Ziel der intelligenten Automation. Am Fraunhofer-

Anwendungszentrum Industrial Automation IOSB-INA und am Institut für industrielle Informationstechnik inIT in Lemgo werden in verschiedenen Projekten diese intelligente Automation und die passenden Assistenzsysteme entwickelt.

Industrie 4.0 setzt hier auf einen neuen Lösungsansatz: In der klassischen Automation modelliert ein Experte mittels Engineering-Werkzeugen das Wissen über den Lösungsweg („Wie kann ein Fehler erkannt werden?", „Wie muss die Anlage gesteuert werden?"). Das Wissen liegt also prozedural vor, d.h. das technische System kennt weder Produkt noch das Automationsziel. Die Intelligenz und das Know-how liegen daher ausschließlich beim Experten und alles spätere Verhalten im Betrieb muss vorausgeplant sein (siehe linke Seite der Abbildung 2).

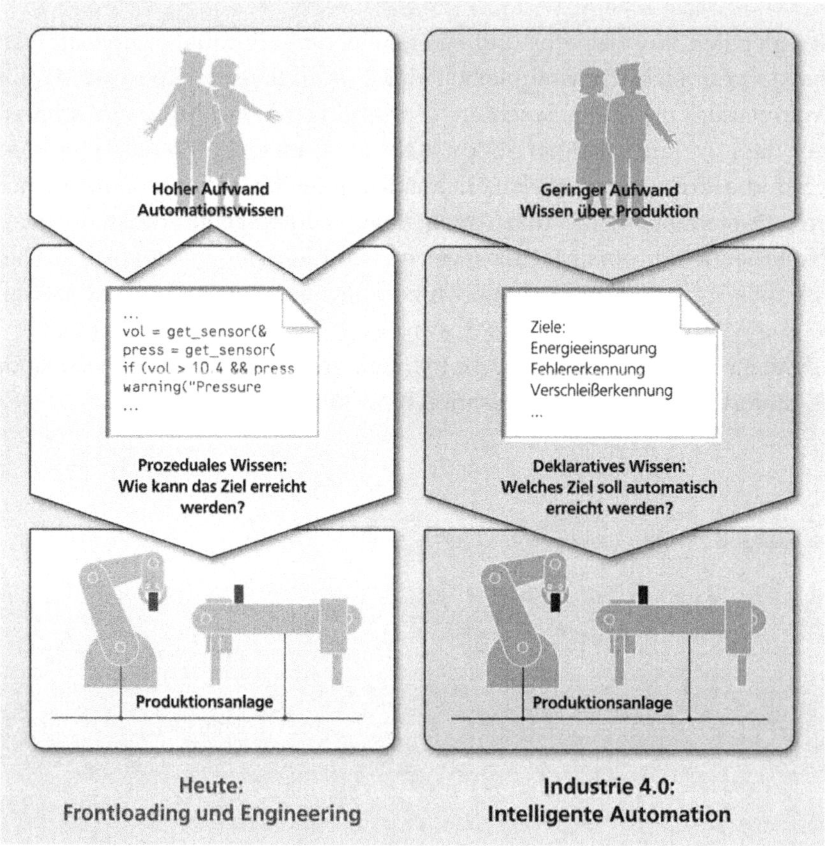

Abbildung 2: **Intelligente Automation durch ein deskriptives Vorgehen**

So entstehende Anlagen können nur in dem Umfang flexibel sein, wie es der Experte vorausgedacht hat. Dies bedeutet nicht nur einen hohen Engineering-Aufwand bei der Inbetriebnahme und bei jeder Anlagenanpassung. Dieses Vorgehen muss auch scheitern, wenn die Anzahl der Anlagenkomponenten und deren Abhängigkeiten, also die Systemkomplexität, zu hoch wird: Sind die Komponenten stark voneinander abhängig, so steigt die Anzahl der Abhängigkeiten exponentiell an. Jede Abhängigkeit muss aber vom Automatisierer bedacht werden, z.B. bei der Implementierung der Steuerungsfunktion, beim Vorausdenken der Auswirkungen von Produktvarianten oder bei der Anlagenüberwachung und Fehleridentifikation.

Im Gegensatz dazu setzt Industrie 4.0 auf intelligente Systeme, d.h. auf mehr Intelligenz in der Automation (rechte Seite der Abbildung 2): Hierbei formuliert der Experte nur noch seine Ziele wie z.B. eine Beschreibung des finalen Produktes, der Durchsatzziele oder den maximalen Energieverbrauch, das Wissen wird deklarativ formuliert. Bei diesen intelligenten Assistenzsystemen verfügt die Automationslösung über formalisiertes Wissen bzgl. der Anlage und über formalisiertes Problemlösungswissen. Dieser neue Ansatz gibt den intelligenten Systemen genügend Handlungsfreiräume zwischen deklarativen Zielen und der späteren Umsetzung; Freiräume, die später im Betrieb für Adaption und Anpassungsfähigkeit genutzt werden. Hierdurch verringert sich auch der menschliche Aufwand in der Automation, z.B. bei der Inbetriebnahme und beim Anlagenumbau. Des Weiteren kann der Automatisierer sich wieder verstärkt um seine Kernaufgabe, die Produktionsautomatisierung, kümmern und wird bei Fragen bzgl. IT und technischen Details der Automatisierungstechnik durch die Assistenzsysteme unterstützt.

Um eine solche deskriptive Automation umzusetzen, bedarf es einer neuen IT für die Automation und einer neuen Referenzarchitektur für die Automatisierungssoftware. Abbildung 3 zeigt eine solche Referenzarchitektur. Verwandte kognitive Referenzarchitekturen sind z.B. in (Zaeh, 2007), (Putzer, 2003), (Laird, 2012), (Frank, 2004) zu finden, die Architektur in Abbildung 3 hat ihre Wurzeln stärker im Feld der Wissensverarbeitung und trennt stärker zwischen verschiedenen Arten der Wissensmodellierung wie prognostischen, assoziativen Umgebungsmodellen und symbolischem Wissen.

Basis dieser Referenzarchitektur ist die klassische Automation (Block 1 in Abbildung 3). Diese wird auch in Zukunft mittels Sensorik, Aktorik und Regelungstechnik die Ansteuerung der Anlagen übernehmen. Des Weiteren werden auch in Zukunft einfache Regeln mittels Signalplausibilisierungen und Grenzbetrachtungen Teile der Diagnose übernehmen.

Für viele Aufgaben wie Selbstdiagnose, Selbstkonfiguration oder Selbstoptimierung bedarf es eines Umgebungsmodells (Block 2 in Abbildung 3), also eines Modells des physikalischen Systems und dessen Verhaltens. Mittels dieses Umgebungsmodells können Systeme ungewöhnliche Situationen erkennen oder die Auswirkungen neuer Systemkonfigurationen bewerten. In beiden Fällen wird das Umgebungsmodell zur Prognose von Systemverhalten benutzt, d.h. mittels dieses Modells können hypothetische Situationen „durchgespielt" werden.

Diese Ebene wird auch als assoziative Ebene bezeichnet, da eine Bewertung des Systemverhaltens durch rein assoziatives Schlussfolgern geschieht: Gewisse Muster (z.B. Sensorwerte) werden mit positiven Ergebnissen assoziiert (z.B. eine gute Produktqualität), andere mit negativen Ergebnissen (z.B. ein Systemausfall). Beispiele sind das Erkennen eines zu hohen Energieverbrauchs durch den Vergleich mit Schwellwerten oder das Erkennen von beschädigten Oberflächen durch die Klassifikation von Abweichungen innerhalb einer Produktionscharge.

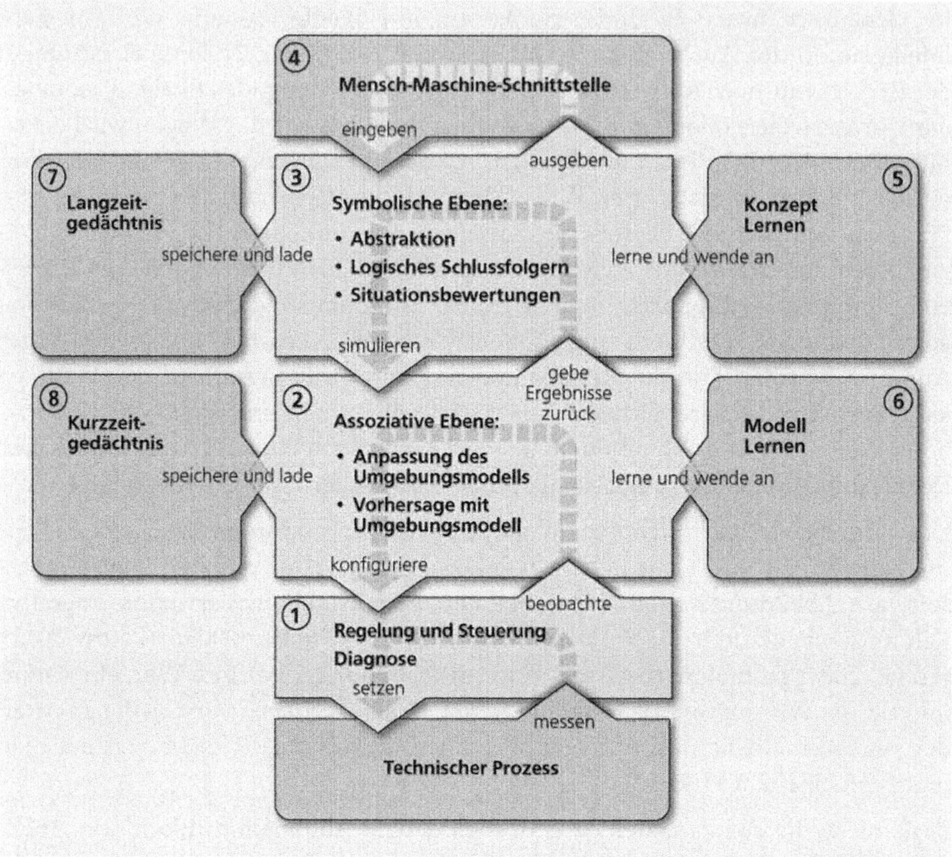

Abbildung 3: Referenzarchitektur für die intelligente Automation

Normalerweise werden diese Modelle, zumindest teilweise, auf Basis von Systembeobachtungen automatisch erlernt (Block 6 in Abbildung 3), zumindest müssen Modell und Realität ständig abgeglichen werden. Auf Basis der Prognoseergebnisse kann z.B. die assoziative Ebene die klassischen Automatisierungssysteme neu parametrisieren bzw. neu konfigurieren, ein Beispiel ist eine Warnmeldung aufgrund der Differenz zwischen einem prognostiziertem Sensorwert und einem gemessenen Sensorwert. Diese Ebene verfügt auch über ein Kurzzeitgedächtnis (Block 8 in Abbildung 3).

Objekte aus dem Umgebungsmodell und auch ganze Situationen werden erst auf der symbolischen Ebene (Block 3 in Abbildung 3) für die intelligente Automation fassbar, in dem sie mit verarbeitbaren Symbolen verbunden werden. Solche Symbole werden zumeist in Form von Ontologien oder Konzepten der formalen Logik modelliert. Auf Basis dieser Symbole zieht die intelligente Automation auch

Schlussfolgerungen und nimmt komplexe Bewertungen vor. Ein Beispiel ist eine automatische Systemoptimierung. Aufgrund von Domänenwissen z.B. in Form von Gleichungen „rät" die symbolische Ebene eine energieoptimalere Systemkonfiguration (z.B. der Einbau eines Energiespeichers oder die optimierte Parametrisierung eines Reglers). Diese neue Konfiguration wird nun auf der assoziativen Ebene durchgespielt („Wie würde sich das neue System verhalten?"). Die symbolische Ebene bewertet die Ergebnisse und kann u.U. wiederum eine weitere, verbesserte Konfiguration ermitteln. Diese Iteration wird so lange durchgeführt, bis ein zufriedenstellendes Ergebnis identifiziert ist. Dieses Zusammenspiel zwischen der Simulation von hypothetischen Situationen auf der assoziativen Ebene und einer Auswertung dieser Simulationen auf der symbolischen Ebene ist typisch für intelligente Systeme.

Die symbolische Ebene verfügt ebenfalls über Lernfähigkeiten (Block 5 in Abbildung 3). So werden ähnliche Zustände des Umgebungsmodells unter einem einheitlichen Symbol subsummiert, z.B. bezeichnet „Verschleiß Roboterarm A" alle Situationen in denen der Roboterarm A einen signifikanten Verschleiß aufweist. Dies entspricht der Umwandlung quantifizierter Zustande in diskrete Zustände. Erst mittels solcher Symbole ist ein sinnvolles Schlussfolgern möglich, so kann z.B. aus „Verschleiß Roboterarm A" auf „Maschine 4 erhält zu wenig Teile" geschlossen werden.

Aber auch solche Schlussfolgerungsregeln selbst sind Gegenstand von maschinellem Lernen (Block 5 in Abbildung 3). Basierend auf Analysen des Umgebungsmodells können Zusammenhänge und Kausalitäten des Systems ermittelt und später für analytische (z.B. Diagnose) und synthetische Aufgaben (z.B. Optimierung) genutzt werden. Die symbolische Ebene hat auch eine Schnittstelle zum Langzeitgedächtnis (Block 7 in Abbildung 3), durch die Informationskompression aufgrund der Verwendung von Symbolen können hier große Informationsmengen abgelegt werden.

Diese symbolische Ebene hat auch den Vorteil, nahe an der menschlichen Sprache und damit nahe am mentalen Modell des Menschen zu sein. So definiert Weiten, 2007: "A language consists of symbols that convey meaning, plus rules for combining those symbols, that can be used to generate an infinite variety of messages." Insofern ist die intelligente Automation auch geeignet, bessere Schnittstellen zum Menschen (Block 4 in Abbildung 3) anzubieten.

2 Die Lemgoer Modellfabrik als Umsetzungsplattform von Industrie 4.0

Die Lemgoer Modellfabrik ist eine der deutschlandweit ersten Forschungs- und Demonstrationsplattformen mit dem Fokus auf der Integration von Informations- und Kommunikationstechnologien (IKT) in die Automation. Das Ziel ist es, IKT-basierte Konzepte für wandlungsfähige, rekonfigurierbare und energieeffiziente Produktionssysteme zu erproben und in der Anwendungsdomäne demonstrieren zu können. Sie wird gemeinsam von Fraunhofer und dem inIT der Hochschule OWL betrieben.

Abbildung 4: Die Lemgoer Modellfabrik bildet alle IKT-Prozesse von ERP-, über Leit- und Steuerungssysteme bis an den Sensor ab

Im Kern besteht die Lemgoer Modellfabrik aus einem hybriden technischen Prozess im Labormaßstab, der kontinuierliche und diskrete Prozessschritte enthält und in deren Komposition die Modellfabrik derzeit in der Lage ist, Schüttgut abzufüllen und zu verarbeiten (Abbildung 5). Für die Automation werden Sensorik, Aktorik, Bussysteme, Automatisierungskomponenten und Software verschiedenster Hersteller eingesetzt. Durch die Berücksichtigung geeigneter elektrischer und softwaretechnischer Schnittstellen können zentrale und dezentrale Automatisierungsstrukturen realisiert werden.

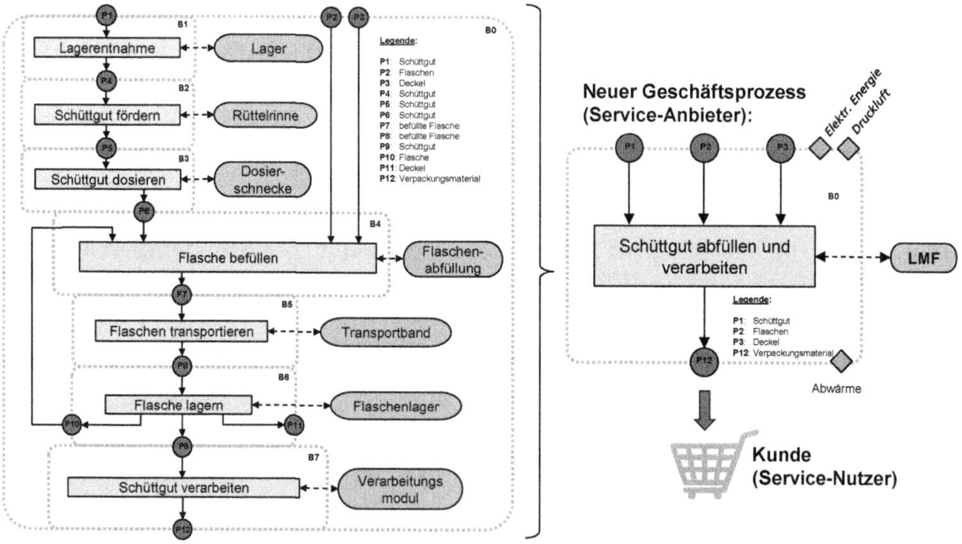

Abbildung 5: Prozessbeschreibung der Lemgoer Modellfabrik in Anlehnung an VDI/VDE 3682

Durch die Vernetzung der Lemgoer Modellfabrik mit Anlagen weiterer Fraunhofer-Standorte ist eine standortübergreifende Plattform zur Durchführung von Industrie 4.0-relevanten Forschungsarbeiten im Bereich der Intelligenten Vernetzung, der Produktionsoptimierung und des Energiemanagement entstanden (Abbildung 6). Ein wichtiger Aspekt ist die Integration des Kunden und seiner Produktanforderungen in die Wertschöpfungskette. Basierend auf den Kundenanforderungen kann in diesem Produktionsnetzwerk der passende Produktionsprozess konfiguriert werden, z.B. durch Auswahl der passenden Produktionsmodule bzw. durch deren Parametrisierung. Dadurch werden die Voraussetzungen geschaffen, um die geforderte Flexibilität bei der kundenspezifisch individualisierten Produktion zu gewährleisten (Stichwort: Losgröße 1). Eine wichtige Randbedingung für zukünftige Produktionserfolge ist die Energieeffizienz. Der Standort Ilmenau fungiert in diesem Szenario als Lieferant (erneuerbarer) Energie, so dass auch Fragen des dezentralen Energiemanagements für energieeffiziente Produktionssysteme bearbeitet werden können.

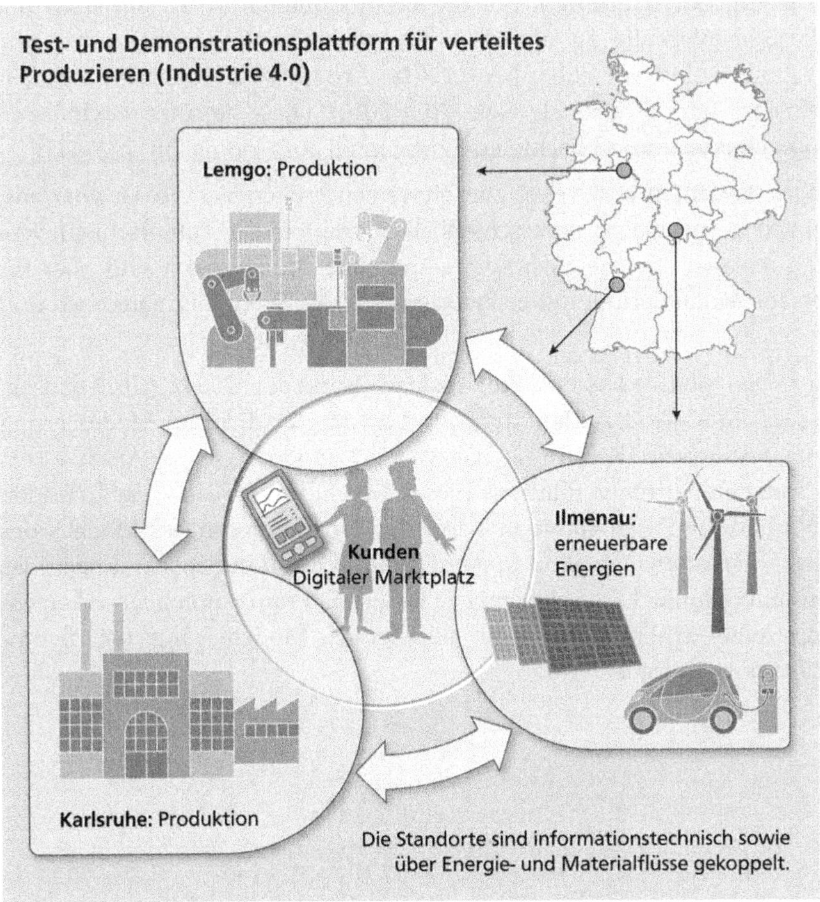

Abbildung 6: Verteiltes Produzieren durch standortübergreifende Vernetzung

3 Diagnose als Anwendungsszenario

Mit der zunehmenden Komplexität moderner Produktionsanlagen wächst auch der Bedarf nach einer automatischen Erkennung von Anomalien, von Verschleiß und von Anlagenfehlern. Eine Reihe von Fehlerarten ist in der Industriepraxis relevant, dabei wird zwischen permanenten und temporären Fehlern unterschieden. Permanente Fehler verursachen einen Fehlerzustand, in welchem die Anlage so lange verbleibt, bis Reparaturmaßnahmen durchgeführt werden (z.B. Reparatur verstopftes Ventil). Temporäre Fehler verschwinden nach einer bestimmten Zeit, können aber trotzdem einen großen Einfluss auf die Qualität der Produktion haben (z.B. externe Störung). Abhängig von der Geschwindigkeit der Degradation in der Anlage, können Fehler entweder plötzlich oder langsam auftreten. Plötzlich auftretende Fehler sind oft einfach zu erkennen. Ein Beispiel ist der Druckabfall aufgrund eines Risses eines Rohres. Aus der Sicht der Industrie ist es viel interessanter, langsam auftretende Fehler zu identifizieren um die Reparaturmaßnahmen rechtzeitig durchzuführen, um die Produktqualität zu sichern und um optimale Wartungsintervalle zu ermitteln. Klassische Methoden für solch eine Anomalieerkennung sind vor allem heuristische Ansätze wie Entscheidungsbäume, Fuzzy-Ansätze oder Neuronale Netze (Li, 2010). Diese Ansätze modellieren letztendlich Regeln, die von beobachteten Symptomen auf Anomalien schließen.

In den heutigen verteilten und vernetzten Systemen breiten sich Fehler aber aus; eine Fehlerursache verursacht unterschiedliche Symptome an unterschiedlichen Stellen in den Anlagen. Solche Symptom→Anomalie Beziehungen sind aber für eine geschlossene Modellierung mittels heuristischer Ansätze zu umfangreich und zu komplex.

Als Ausweg bieten sich modellbasierte Ansätze (Isermann, 2004), (Christiansen, 2011), (Struss, 2006) an (siehe Abbildung 7): Anstelle der direkten Modellierung der Symptom→Anomalie Beziehung verwenden modellbasierte Ansätze ein Modell des Anlagen-Normalverhaltens, dieses Modell entspricht dem hybriden Automat in Abbildung 7. Durch einen Vergleich der Prognosen des Modells des Anlagen-Normalverhaltens (Punkt 3 in Abbildung 7) mit den Beobachtungen des laufenden Systems (Punkt 1 in Abbildung 7) lassen sich nun Anomalien erkennen – ohne dass eine explizite, oft sehr schwierige, Modellierung der Symptom→Anomalie notwendig ist.

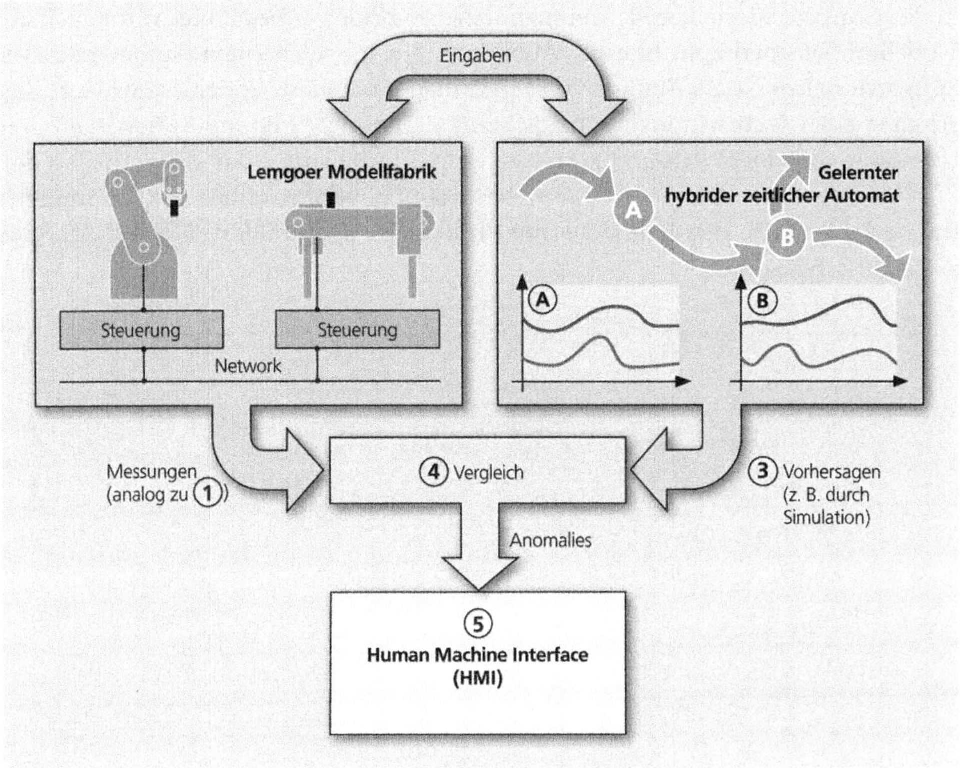

Abbildung 7: Prinzip der modellbasierten Anomalieerkennung

Dieses Vorgehen kann eindeutig in die Referenzarchitektur (siehe Abbildung 3) eingeordnet werden: Die Anomalieerkennung findet auf der assoziativen Ebene statt: Messungen werden mit den Prognosen des Umgebungsmodells verglichen.

Solche modellbasierten Methoden zur Anomalieerkennung existieren seit ca. 20 Jahren. Auffallend ist, dass aktuelle Lösungen sich entweder auf zeit- und wertkontinuierliche Systeme konzentrieren, wie sie für die Verfahrenstechnik typisch sind, oder dass sie zeit- und wertdiskrete Systeme behandeln, also z.B. Systeme aus der Fertigungstechnik. Im ersten Fall kommen Modellformalismen wie Selbstorganisierende Karten, Differentialgleichungen oder Zeitreihenanalysen zum Einsatz; im zweiten Fall werden oft Automaten oder Logik als Modellformalismen verwendet.

Leider lassen sich heute Produktionsanlagen weder dem ersten noch dem zweiten Fall zuordnen: Fertigungsanlagen verwenden viele kontinuierliche Variablen z.B. für Energieerfassung oder zur Verschleißerkennung; Verfahrenstechnische Systeme werden durch eine hohe Anzahl diskreter Signale z.B. zum Schalten von Ventilen oder Pumpen gesteuert. Systeme, die sowohl kontinuierliche als auch diskrete Signale verwenden, werden als hybride Systeme bezeichnet. Hierdurch entsteht der Bedarf nach Modellformalismen, die zur Erkennung von Anomalien, von Verschleiß und von Anlagenfehlern für solche hybride Systeme geeignet sind.

In der Lemgoer Modellfabrik kommen daher hybride zeitbehaftete Automaten als Modellformalismen zum Einsatz. Abbildung 8 zeigt solch einen Automaten: Das Systemverhalten ist als Abfolge von Zuständen modelliert. Ereignisse wie z.B. das Schalten einer Lichtschranke (z.B. „Schranke auf" in Abbildung 8) bewirken den Übergang von einem Zustand zum Nächsten. Zusätzlich ist das Zeitverhalten der Zustände annotiert. In jedem Zustand beschreibt ein Kalmanfilter das kontinuierliche Verhalten, z.B. den Energieverbrauch, dies ist in Abbildung 8 bei Zustand 2 exemplarisch abgebildet.

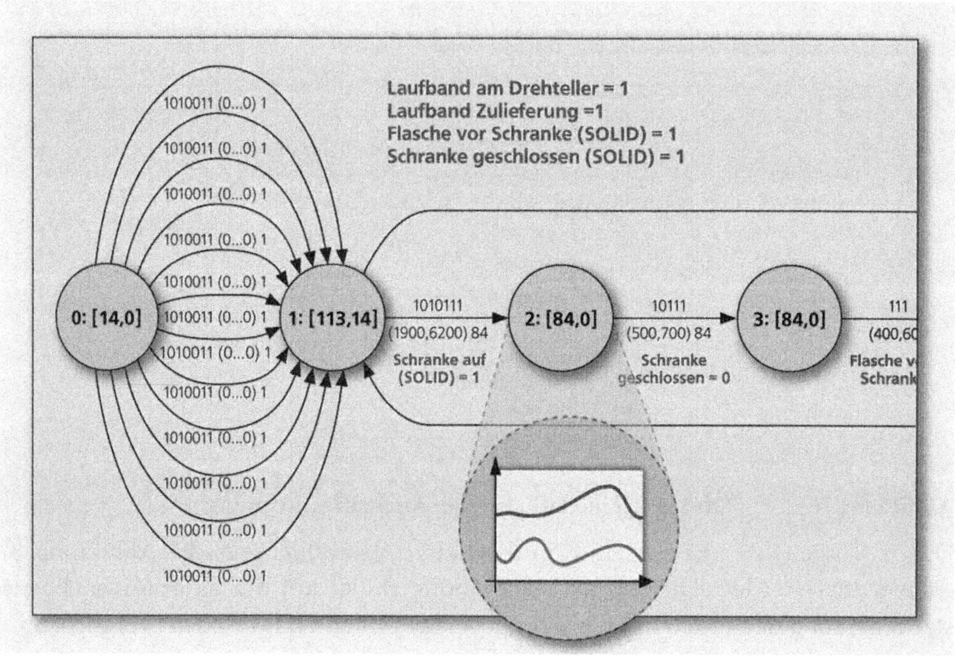

Abbildung 8: Ein hybrider zeitbehafteter Automat

Allerdings ist eine manuelle Modellierung oft weder inhaltlich noch zeitlich möglich. Daher wird hier auf ein automatisches Lernen des Modells gesetzt: Hierzu muss das fehlerfreie System über einen gewissen Zeitraum beobachtet werden, d.h. es werden Aufzeichnungen des Datenverkehrs an der Anlage durchgeführt. Diese Daten und Messergebnisse werden zur weiteren Verwendung in einer Datenbank zwischengespeichert. Aus den gesammelten Daten soll ein Normalverhaltensmodell abstrahiert werden.

Das Prinzip zum Lernen der hybriden Automaten ist in Abbildung 9 zu sehen: Zunächst werden Events ermittelt (Schritt 1 in Abbildung 9), ein Event löst den Übergang von einem Zustand des Systems zum nächsten aus. Typische Events sind Steuersignale oder abrupte Änderungen in kontinuierlichen Signalen. Wichtig ist dabei die zeitliche Synchronisation der Signale aus dem verteilten System. Für das Lernen der endlichen Automaten werden sämtliche Messungen zunächst in einem Baum (Prefix tree, Schritt 2 in Abbildung 9) dargestellt, indem bei jedem

Signalwechsel ein neuer Zustand erstellt wird und gleiche Prefixes der unterschiedlichen Messungen zu gleichen Pfaden in dem Baum zusammengefasst werden. Dieser Baum speichert nur die Messungen effizient, aber abstrahiert noch nicht das Modell. Das Lernen findet erst im nächsten, entscheidenden Schritt statt: Anhand eines Kompatibilitätskriteriums werden identische bzw. ähnliche Zustände gesucht und bei Bedarf zu einem einzigen Zustand vereint (Schritt 3 in Abbildung 9). Solche Kompatibilitätskriterien basieren zumeist auf statistischen bzw. informationstheoretischen Überlegungen; Grundüberlegung ist, dass zwei Zustände ähnlich sind wenn das von ihnen ausgehende Restverhalten ähnlich ist (d.h. die Bäume an den beiden Zuständen im Prefix-Tree ähnlich sind). Jede Zustandsvereinigung verkleinert das Modell und abstrahiert so Schritt für Schritt ein kompaktes, prognosegeeignetes Modell des Normalverhaltens.

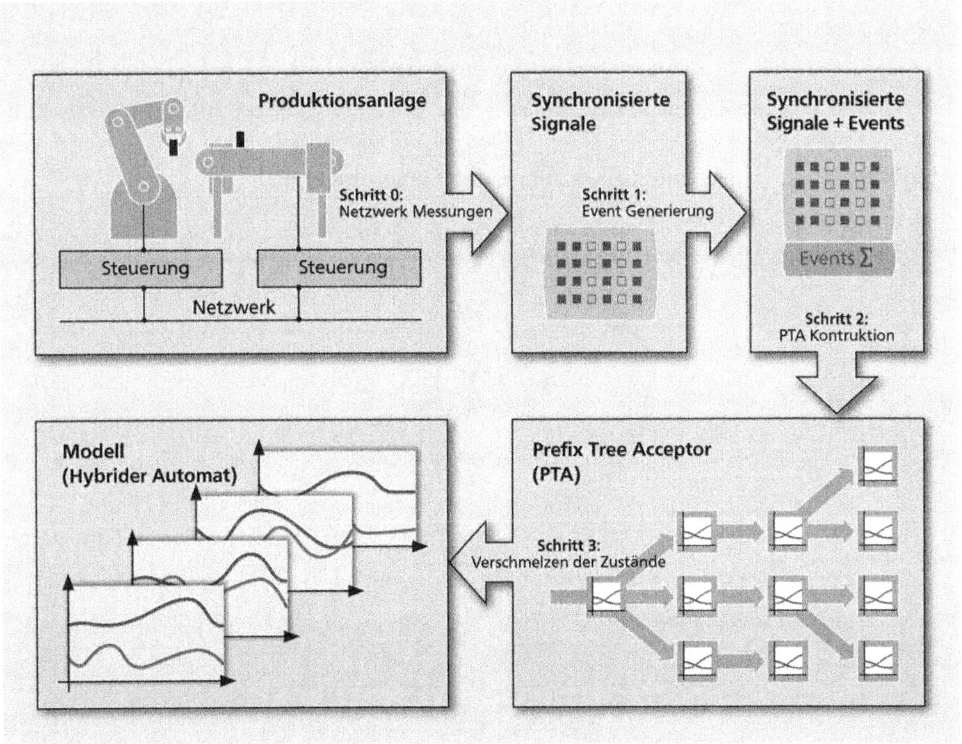

Abbildung 9: **Konzept zum Lernen des Umgebungsmodells**

Ein wesentlicher Fokus liegt dabei auf dem Erlernen des Zeitverhaltens und dem Lernen der kontinuierlichen Werteverläufe (z.B. Leistungsaufnahme) in den Zuständen.

Das Verfahren wurde erfolgreich in der Lemgoer Modellfabrik und in diversen Industrieanlagen getestet (Windmann, 2013), (Niggemann, 2012), (Niggemann, 2103). Abbildung 10 zeigt ein automatisch gelerntes Modell des ersten Moduls der Lemgoer Modellfabrik. In diesem Beispiel erkennt die intelligente Automation ein anormales Steuerungssignal, z.B. hervorgerufen durch einen Programmierfehler in der Steuerung: Der Automat modelliert das erwartete Verhalten (das Umgebungsmodell), dieses erwartete Verhalten entspricht in der Abfolge der Zustände 0, 1, 2, 3, 5 (blauer Pfad im Automat aus Abbildung 10) auch den Beobachtungen. Im Zustand 5 kommt aber ein unerwartetes Steuerungssignal, dieser Fehler wird dem Benutzer mitgeteilt.

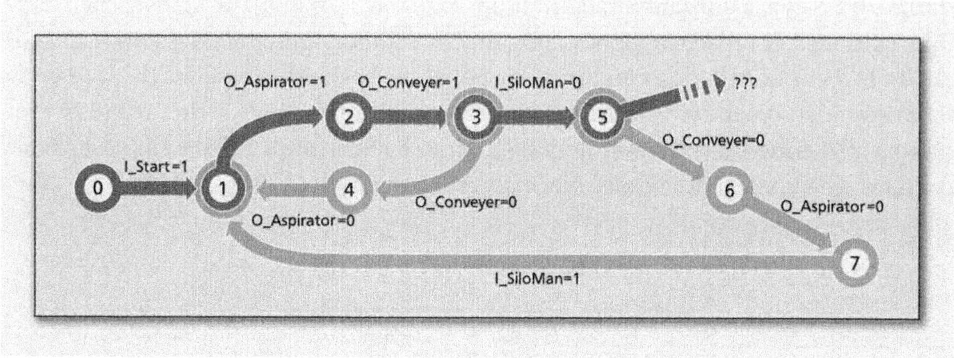

Abbildung 10: **Erkennen eines anormalen Steuerungssignals**

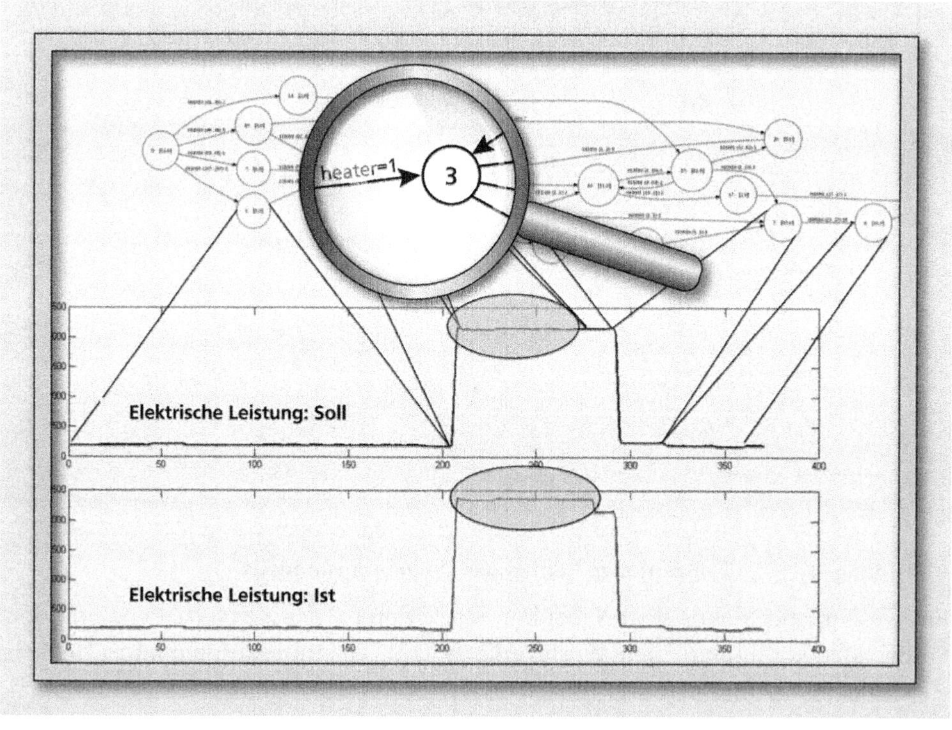

Abbildung 11: **Erkennen einer Anomalie im Energieverbrauch**

Abbildung 11 zeigt eine andere Art von Fehler: Innerhalb eines Zustands weicht eine beobachtete kontinuierliche Variable von dem erwarteten Wert ab, in diesem

Beispiel ist der Energieverbrauch der Anlage zu hoch. Solche Fehler werden oft durch Verschleiß verursacht.

Mit einem automatisch gelernten hybriden Automaten ist es auch möglich, die Anomalien im Zeitverhalten des modellierten Systems zu erkennen. Abbildung 12 zeigt dieses Szenario: der gelernte Automat zeigt, dass das Ereignis ‚heater off' innerhalb des Zeitintervalls *[5, 13]* Zeiteinheiten eintreten sollte. Jedoch wird das Ereignis ‚heater off' erst nach 15 Zeiteinheiten beobachtet. Diese Anomalie kann unterschiedliche Ursachen haben, z.B. ein Verschleiß am Ventil.

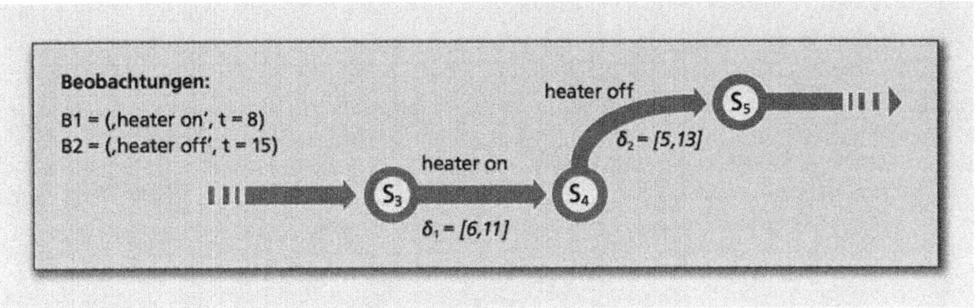

Abbildung 12: Erkennen einer Zeitanomalie

Obwohl hybride Automaten ein vielversprechender Ansatz für die Modellierung von heutigen Produktionsanlagen sind, muss betont werden, dass die Lösungen noch mit den üblichen Schwierigkeiten aus dem Bereich des maschinellen Lernens kämpfen. So müssen z.B. immer synchronisierte Messungen verfügbar sein. Die Generalisierung eines gelernten Modells aufgrund von Testdaten ist wegen der Überanpassung ebenfalls eine Herausforderung. Letztendlich bleibt es essentiell, Expertenwissen in die Lösungen zu integrieren.

4 Optimierung als Anwendungsszenario

In Kapitel 3 wurden Modelle zur Anomalieerkennung verwendet, hierzu wurde eine Prognose des Umgebungsmodells (siehe Abbildung 3) mit Messungen verglichen. Im Sinne der Referenzarchitektur aus Abbildung 3 fand dies also auf der assoziativen Ebene statt.

Umgebungsmodelle lassen sich aber auch zur Systemoptimierung verwenden. Hiermit lassen sich typische Industrie 4.0 Szenarien wie die automatische Energie- oder Durchsatzoptimierung umsetzen (Cannata, 2009) (VDE 2011).

Abbildung 13 zeigt das Grundprinzip: Auf der symbolischen Ebene findet eine Bewertung der aktuellen Konfiguration statt, z.B. bzgl. Energieverbrauch oder Durchsatz. Anhand von Domänenwissen wird eine bessere Konfiguration ermittelt, oft in Form von physikalischen Zusammenhängen wie „Regelgröße A beeinflusst die Transportbandgeschwindigkeit" und „Je größer die Transportbandgeschwindigkeit, desto höher der Energieverbrauch". Hierzu wird symbolisches

Wissen über die kausalen Zusammenhänge zwischen Parametern und Energieverbrauch verwendet. z.B. in Form von Gleichungen. Diese wird nun durch eine „Was wäre wenn"-Analyse auf der assoziativen Ebene bewertet, d.h. es wird ein hypothetisches Umgebungsmodell gebildet und die neue Konfiguration bzgl. der Zielgrößen analysiert. Diese Iteration findet statt bis eine gute Konfiguration gefunden wurde, die dann zur Neukonfiguration der klassischen Automation verwendet wird.

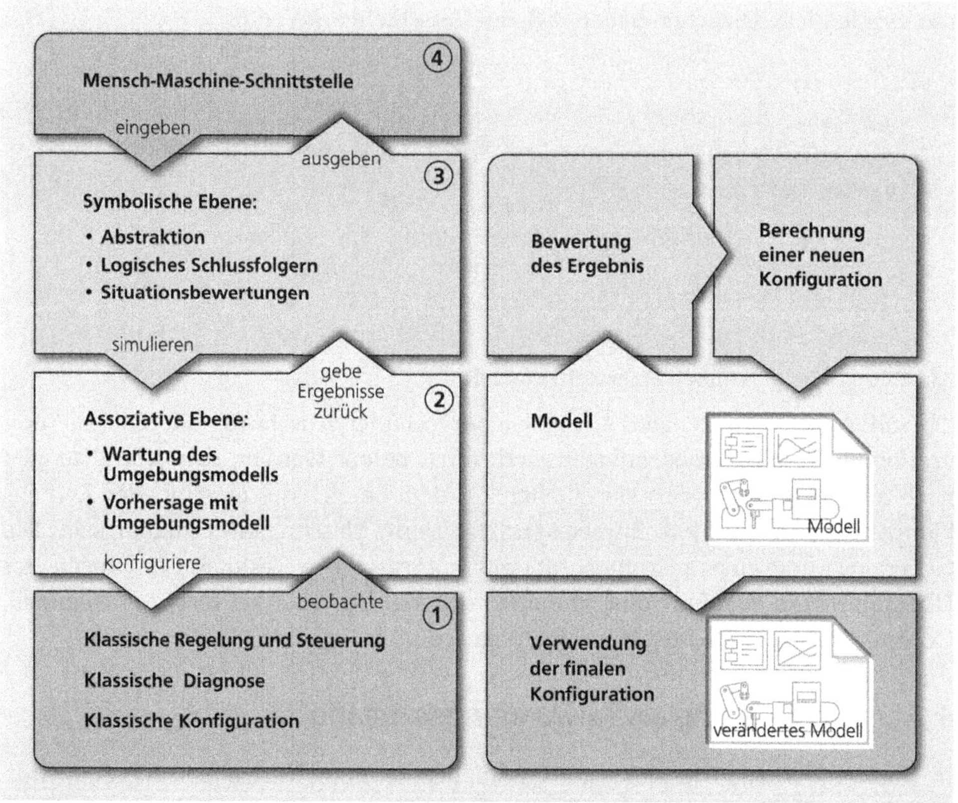

Abbildung 13: Konzept der Selbstoptimierung in der Referenzarchitektur

Dieser Ansatz wurde in der Lemgoer Modellfabrik zur Optimierung eines Hochregallagers verwendet (Borcherding, 2013). Abbildung 14 zeigt das Ergebnis: Nach der Optimierung konnten Objekte schneller und energieoptimaler in ein Hochregallager eingelagert werden.

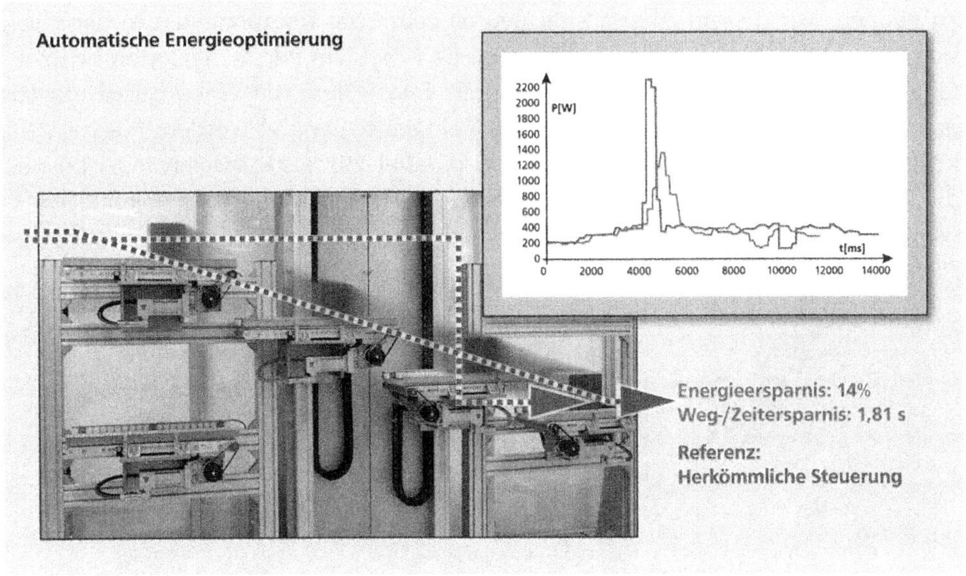

Abbildung 14: **Ergebnis der automatischen Energieoptimierung, die rote Kurve zeigt die ursprüngliche, die blaue die optimierte Leistungsaufnahme**

5 Plug & Produce als Anwendungsszenario

In diesem Anwendungsszenario geht es darum, vernetzte technische Systeme mit möglichst geringem manuellem Engineeringaufwand in der Automation in Betrieb zu nehmen oder aufgrund neuer Anforderungen in ihrer Systemstruktur anpassen zu können (siehe Abbildung 15). Hierzu ist die Fähigkeit der Selbstkonfiguration notwendig. Da im Maschinen- und Anlagenbau zur vereinfachten Planung und Inbetriebnahme schon heute häufig ein modulares mechanisches Aufbaukonzept zur Bildung von gekapselten Funktionseinheiten verwendet wird, ist es vorteilhaft, in der Software für eine Entsprechung zu sorgen. Ein Lösungsansatz besteht darin, die bisherige Signalorientierung in der Steuerungstechnik um das service-orientierte Paradigma zu ergänzen (Jammes 2005). Hierdurch werden die mechatronischen Funktionseinheiten aus Sicht der Software zu Diensten mit einer eindeutigen Spezifikation. Diese Sichtweise lässt sich prinzipiell auch auf Subsysteme, Einzelkomponenten und Feldgeräte anwenden.

Hierzu ist es notwendig, dass die beteiligten Komponenten zunächst über eine Adhoc Kommunikation verfügen, die nicht projektiert werden muss. Die IP-Fähigkeit heutiger Echtzeit-Ethernetsysteme bietet eine gute Ausgangsbasis für die Nutzung von existierenden service-orientierten Technologien, wie Web-Services oder OPC-UA (Dürkop, 2013). In (Dürkop, 2012) wird am Beispiel von Profinet gezeigt, wie Ethernet-fähige Feldgeräte mit Hilfe einer Webservice-Implementierung die Fähigkeit erhalten, sich neben ihrer grundlegenden Prozesskommunikation über standardisierte Protokolle in eine service-orientierte Architektur (SOA) integrieren zu können. Mit diesem Ansatz sind neu eingebrachte Komponenten in der Lage, sich ihrer Umgebung bekannt zu machen. Das Problem der mangelnden Echtzeitfähigkeit von SOA-Ansätzen wird dadurch gelöst, dass die Webservices nur für das Management und das Erkunden der Feldgeräte genutzt werden. Für die zeitkritische Prozesskommunikation werden parallel zur verwendeten SOA-Lösung die Echtzeit-Kanäle des jeweiligen Echtzeit-Ethernetsystems (hier Profinet) verwendet

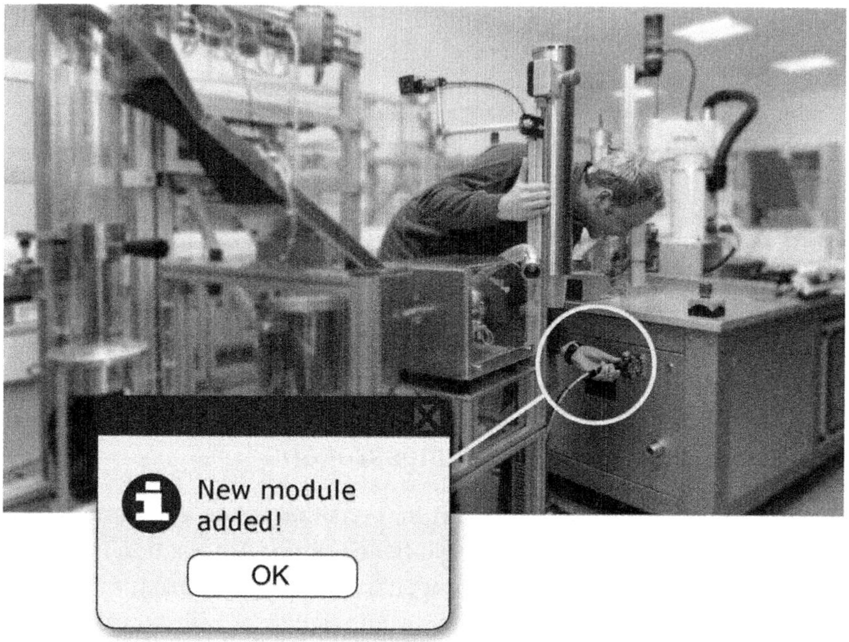

Abbildung 15: Plug and Produce (PnP) für die Integration von Produktionsmodulen in eine vorhandene Maschine oder Anlage

Die angebotenen Dienste der Komponenten müssen über Informationen verfügen, die die Funktionalität der Komponente auch semantisch beschreiben können. Hierzu sind verschiedene Technologien des semantischen Web verfügbar, z.B. SAWSDL (Semantic Annotations for WSDL) oder OWL-S (Ontology Web Language for Web services) (Dengel, 2012).

Der nächste Schritt auf dem Weg zur Selbstkonfiguration besteht in dem Registrieren von Diensten. In dem EU-Projekt IoT@Work wurden diese Dienste beispielsweise in einem zentralen Diensteverzeichnis der Maschine oder Anlage, realisiert als RESTful service, registriert und verwaltet (Ruta, 2013). Hierdurch entsteht eine Wissensbasis in Form einer zentralen Anlaufstelle zu semantisch angereicherten Informationen über vorhandene Produktionsmodule und Geräten.

Neben diesem rechnerverarbeitbaren Wissen über die Ressourcen und Fähigkeiten der Maschine oder Anlage, ist auch Wissen über den technischen Prozess selber notwendig (Umgebungsmodell in Abbildung 3). Dieses Wissen kann beispielsweise in Form einer formalen Prozessbeschreibung realisiert werden, welche u.a. die Anforderungen der einzelnen Prozessschritte und deren Abhängigkeiten beschreibt.

In Loskyll (2013) erfolgt die Beschreibung der Prozessschritte und der Service-Funktionalitäten mittels OWL-S, welches der Autor nach einem Vergleich mit anderen semantischen Beschreibungssprachen für dieses Anwendungsszenario für am besten geeignet hält. Als gemeinsame Grundlage für Prozess- und Servicebeschreibungen dient eine systematisch entwickelte Ontologie, in welcher die Funktionalitäten, die durch die Dienste einer Produktionsanlage ausgeführt werden können, durch Klassen repräsentiert werden. Jeder in der Anlage vorhandene Dienst registriert sich und seine angebotene Funktionalität dabei in einem zentralen Webservice-Verzeichnis. Auf der anderen Seite formuliert die Prozessbeschreibung die Funktionalitäten, die zur Ausführung der einzelnen Prozessschritte benötigt werden. Die benötigten und angebotenen Services werden dabei über einen Matchmaking-Algorithmus zusammengeführt. Dieser vergleicht beispielweise die Ein- und Ausgabe-Parameter der Dienste auf ihre semantische Übereinstimmung (so müssen etwa die durch die Parameter wiedergegebenen physikalischen Größen zueinander passen). Abschließend wird der ausgewählte Dienst in den Prozessablauf integriert.

Auf Basis solcher Ansätze werden in Zukunft Umbau- und Anpassungsarbeiten in der Industrie 4.0 signifikant beschleunigt werden können.

6 Literatur

H. Borcherding; M. Köster; S. Windmann; M. Ehlich; O. Niggemann: Energieeffizienz in der Intralogistik - Elektrische Antriebstechnik - intelligent und nachhaltig. In: wt Werkstattstechnik online May 2013.

A. Cannata, „Energy efficient driven process analysis and optimization, "Discrete Manufacturing", Conference of Industrial Electronics, 2009.

L. Christiansen, A. Fay, B. Opgenoorth, J. Neidig. Improved Diagnosis by Combining Structural and Process Knowledge. IEEE ETFA 2011

A. Dengel (Hrsg.): Semantische Technologien, Grundlagen – Konzepte – Anwendungen, ISBN 978-3-8274-2663-5, Spektrum Akademischer Verlag Heidelberg 2012

L. Dürkop, J. Imtiaz, H. Trsek, L.Wisniewski, J. Jasperneite: Using OPC-UA for the Autoconfiguration of Real-time Ethernet Systems. In: *11th International IEEE Conference on Industrial Informatics Bochum (INDIN 2013)*, Bochum, Germany, Jul 2013

L. Dürkop, H. Trsek, J. Jasperneite; L. Wisniewski: Towards Autoconfiguration of Industrial Automation Systems: A Case Study Using PROFINET IO. In: *17th IEEE International Conference on Emerging Technologies and Factory Automation (ETFA 2012)*, Krakau, Poland, Sep 2012

U. Frank, H. Giese, F. Klein, O. Oberschelp, A. Schmidt, B. Schulz, H. Vöcking, K. Witting, „Selbstoptimierende Systeme des Maschinenbaus - Definitionen und Konzepte", Sonderforschungsbereich 614 der Universität Paderborn, 2004

R. Isermann. Model-based fault detection and diagnosis - status and applications. In 16th IFAC Symposium on Automatic Control in Aerospace, St. Petersbug, Russia, 2004.

Forschungsunion, "Bericht der Promotorengrupp e KOMMUNIKATION, Im Fokus: Das Zukunftsprojekt Industrie 4.0, Handlungsempfehlungen zur Umsetzung", März 2012

F. Jammes. : Service-Oriented Paradigms in Industrial Automation, In IEEE Transactions on Industrial Informatics (TII), 1:62–69, 2005

J. Laird, „The Soar Cognitive Architecture", MIT Press, 2012

H. Li, B. Yin, N. Li, and J. Guo. Research of fault diagnosis method of analog circuit based on improved support vector machines. volume 1, pages 494 –497, may. 2010

M. Loskyll: Entwicklung einer Methodik zur dynamischen kontextbasierten Orchestrierung semantischer Feldgerätefunktionalitäten, ISBN 978-3-943995-29-9, Dissertation, Technische Universität Kaiserslautern 2013

O. Niggemann, B. Stein, A. Vodencarevic und A. Maier, „Learning behavior models for hybrid timed systems," Twenty-Sixth Conference on Artificial Intelligence (AAAI-12), 2012

O. Niggemann; A. Vodenčarevič; A, Maier S. Windmann; H. Kleine Büning,: A Learning Anomaly Detection Algorithm for Hybrid Manufacturing Systems. In: The 24th International Workshop on Principles of Diagnosis (DX-2013) Jerusalem, Israel, Oct 2013.

H. Putzer, R. Onken, "COSA – A generic cognitive system architecture based on a cognitive model of human behavior ", Cogn Tech Work (2003) 5: 140–151, DOI 10.1007/s10111-003-0120-4

M. Ruta, F. Scioscia, E. Di Sciascio, D. Rotondi, S. Piccione, "Semantic-based Knowledge Dissemination and Extraction in Smart Environments", In International Workshop on Pervasive Internet of Things and Smart Cities (PITSaC 2013), Barcelona, Spain, March 2013.

R. Stetter, "Software im Maschinenbau - lästiges Anhängsel oder Chance zur Marktführerschaft ?", online unter http://www.software-kompetenz.de/servlet/is /21700/Stetter-SW_im_Maschinenbau.pdf?command=downloadContent& filename=Stetter-SW_im_Maschinenbau.pdf, abgerufen Januar 2013

P. Struss and B. Ertl. Diagnosis of bottling plants - first success and challenges. In 20th International Workshop on Principles of Diagnosis, 2006.

VDE, „Elektro- und Informationstechnik - Schwerpunkt: Smart Grids", April 2011

W. Weiten, „Psychology: Themes And Variations", 7th ed. Thomson Wadsworth, 2007

S. Windmann, S. Jiao, O. Niggemann und H. Borcherding, „A Stochastic Method for the Detection of Anomalous Energy Consumption in Hybrid Industrial Systems," IEEE 11th International Conference on Industrial Informatics - INDIN, 2013.

M. Zaeh, C. Lau, M. Wiesbeck, M. Ostgathe, and W. Vogl, "Towards the cognitive factory," in Int. Conf. Changeable, Agile, Reconfigurable and Virtual Production (CARV), Toronto, Canada, Jul. 2007

Teil 3: Basistechnologien

Steuerung aus der Cloud 235

Prof. Dr.-Ing. Alexander Verl, Fraunhofer IPA, ISW, Universität Stuttgart; Dr.-Ing. Armin Lechler, Universität Stuttgart

High-Performance Automation verbindet IT und Produktion 249

Dipl.-Ing. Gerd Hoppe, Beckhoff Automation GmbH

Adaptive Logistiksysteme als Wegbereiter der Industrie 4.0........297

Prof. Dr.-Ing. Dipl.-Wirtsch.-Ing Willibald Günthner, Technische Universität München; Eva Klenk, Technische Universität München; Dr.-Ing. Peter Tenerowicz-Wirth, Jungheinrich AG

Standardisierte horizontale und vertikale Kommunikation: Status und Ausblick........325

Dipl.-Ing. Stefan Hoppe, Präsident OPC-Foundation Europe (Beckhoff Automation GmbH)

iBin – Anthropomatik schafft revolutionäre Logistik-Lösungen

Dr. Franz-Josef Hoffmann, Wurth Electronics ICS, Inc.

1 Motivation

Mit dem Geschäftsfeld Würth Industrie Services (WIS) ist die Würth-Gruppe einer der führenden C-Teile-Lieferanten weltweit und im direkten Wettbewerb mit anderen global agierenden Unternehmen wie Fastenal und Grainger. Hinsichtlich einer vom Kunden wahrnehmbaren Differenzierung im Markt liegt der Schwerpunkt vor allem im Servicebereich. Insofern ist eine Marketingstrategie dann erfolgreich, wenn sie die folgende simple Kundenerwartung besser als der Wettbewerb erfüllen kann:

Kunden den Mehrwert, den sie wollen mit neuen,
innovativen Methoden bieten

Real geschaffener Mehrwert ist die Basis für Wohlstand. In ihrem Buch „Revolutionary Wealth" (vergl. [1]) legten Alvin und Heidi Toffler eindrucksvoll dar, dass die 3. Wohlstandswelle vor allem auf „Wissen, Denken und Erfahren" basieren wird. Sie prägten erstmals den Begriff „Prosumer" als ein Konstrukt aus proaktivem Consumer. In anderen Worten, wir erleben eine Verschiebung im Waren- Transaktionsprozess vom aktiven Verkäufer zum aktiven, immer besser informierten und den Transaktionsablauf bestimmenden Käufer. Darüber hinaus sagten sie die Veränderung der drei wichtigsten Fundamente der Wohlstandserzeugung voraus:

1. Arbeit: Mehr Menschen arbeiten in immer weniger konventionellen Berufen
2. Ort: Bei der globalen Wohlstandserzeugung fällt die westliche Welt zurück
3. Zeit: Größerer Druck als je zuvor liegt auf der Beschleunigung operativer Prozesse

Wir alle haben inzwischen den Einzug der Smartphone-Technologie und das erstaunliche Wirtschaftswachstum Chinas erlebt. Es ist heute eine Tatsache, dass der durchschnittliche amerikanische Mitarbeiter jeden Tag allein zweieinhalb Stunden mit seinem Smartphone für ‚nicht Telefongespräch bezogene Aktivitäten' verbringt (vergl. [2]) – den Großteil während der Arbeitszeit. Für Unternehmen stellt sich daher nicht mehr die Frage, ob diese neuen Technologien für die Wohlstandsschaffung Nutzen haben könnten. Die Aufgabe ist vielmehr, diese Technologien und die bereits komplett damit synchronisierten Mitarbeiter für die

Unternehmensziele zu rekrutieren. Ähnliches gilt für viele andere Bereiche der neuen „Connected World".

Eine etwas generalisierte Betrachtung der Mehrwerterzeugung aus Unternehmerperspektive zeigt uns folgende Darstellung.

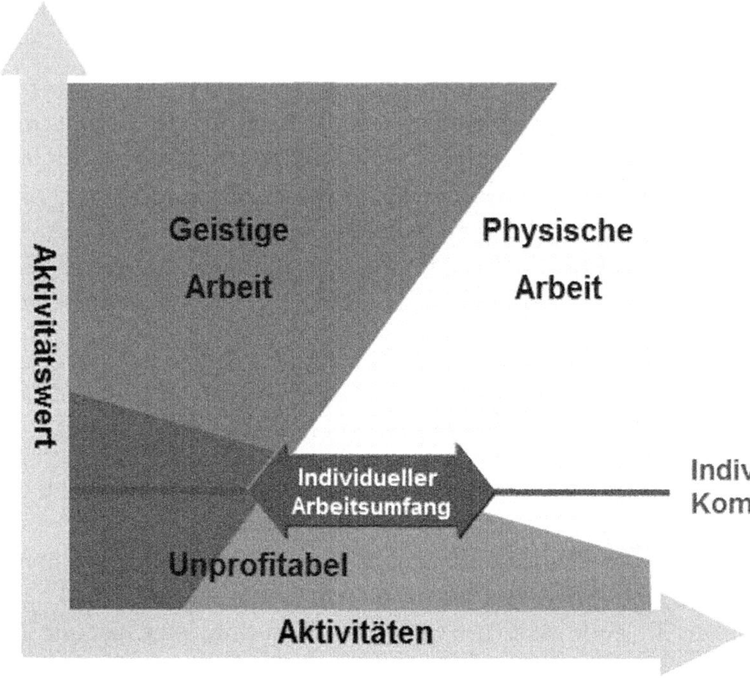

Abbildung 1: Individueller Mitarbeiterbeitrag zur Wertschöpfung im Unternehmen

Jeder Mitarbeiter besetzt eine individuelle Bandbreite an Fähigkeiten und Aktivitäten im Unternehmen, was sich in einem individuellen Beitrag zur Wertschöpfung widerspiegelt. Klar ist auch, dass die Wertschöpfung typischerweise mit der Qualifikation zunehmen sollte und dass dabei der Schwerpunkt zunehmend von physischer zu geistiger Arbeit verschoben wird. Insbesondere kämpfen alle Unternehmen mit der anwachsenden Profitabilitätsgrenze, die sich fast wie ein Naturgesetz ständig nach oben bewegt. Der wohlpraktizierte Ausweg ist Outsourcing in Billigländer.

Aus obiger Darstellung folgt die ebenso triviale Tatsache, dass Wohlstandsschaffung eine Erhöhung des individuellen Aktivitätswertes erfordert. Dies wiederum erfordert, dass wir uns als Unternehmer ausführlich mit neuen und innovativen Management-Methoden befassen. Was heißt das konkret?

Hier ein Beispiel aus der Vergangenheit: Als Henry Ford anfing, Autos zu bauen, war die Situation nicht sehr viel anders als heute. Jeder gut ausgebildete, erfahrene Ingenieur weltweit konnte ein Auto bauen. Insbesondere galt:

- Die Produktionskosten für Autos waren hoch.
- Es gab fast so viele Wettbewerber wie potenzielle Kunden.
- Es dauerte sehr lange, ein komplettes Automobil zu bauen.
- Qualitätsprobleme gab es zuhauf.
- Hochausgebildete, erfahrene Ingenieure bauten Autos, da spezielles Know-how nötig war.
- Diese Fachleute behielten alle ihre Produktionsgeheimnisse für sich.
- Jedes Auto war ein Unikat.

Aber anstelle seine Ingenieure zu noch schnellerer und härterer Arbeit anzutreiben, ging Henry Ford einen komplett anderen Weg: ***Neue und innovative Methoden***

Ford wird gemeinhin als der Erfinder des Produktionsfließbandes gesehen. Was er aber tatsächlich schaffte, war die Definition und Implementierung eines komplett neuen Managementsystems durch die gezielte Verknüpfung und Verstärkung (Leveraging) der Technologie-Mensch-Beziehung. In Ermangelung kybernetischer Systeme, die 1912 praktisch noch nicht existierten, nutzte er mechanische Systeme. Ansonsten stehen seine Systeme unseren modernen cyber-physischen Systemen in nichts nach: Sie stellten sicher, dass der in der Konstruktion von Autos unerfahrene Mitarbeiter stets das richtige Bauteil zur richtigen Zeit an der richtigen Stelle am Fahrzeug montierte. Das notwendige Wissen stand dem Mitarbeiter in Form systemimmanenter Intelligenz in Echtzeit zur Verfügung. Er musste es weder lernen noch sich daran erinnern, er musste nur noch ausführen. Damit war erstmals eine Art „kybernetische Ektosymbiose" zwischen Mensch und Maschine entstanden, was u.a. sehr treffend von Charly Chaplin im Film „Modern Times" (vergl. [11]) parodiert wurde.

Quasi über Nacht stellte Ford damit alles bisher Bekannte auf den Kopf. Er ersetzte die Spezialisten in der Fertigung durch ungelernte, billige Arbeitskräfte und baute jetzt Autos schneller, billiger und besser als jeder Wettbewerber. Sein Fließbandsystem „wusste" genau, welches Teil wann zu welchem Arbeiter kommen musste und stellte damit ein mechanisch realisiertes Cyber-System dar, ähnlich den ersten mechanischen Rechenmaschinen.

Ford erreichte eine bisher für unmöglich gehaltene Wertschöpfungssteigerung, indem er mittels „Systemintelligenz" ungelernte Arbeitskräfte mit einer Aktivitäts- und Fähigkeitsbandbreite versah, die kurz zuvor nur hochbezahlte Ingenieure erreichen konnten.

Durch Integration der ungelernten Mitarbeiter in eine „Künstliche-Intelligenz-Umgebung" kam es ihm weniger auf mentale Kompetenzerhöhung mittels Ausbildung an, als auf die gezielte Erweiterung ihrer für den Wertschöpfungsprozess notwendigen, physischen Aktivitäten (siehe Darstellung unten).

Die mechanischen Regeln, die Struktur und die Bewegungsabläufe des Fließbandes stellten in diesem Zusammenhang eine erste, einfachste Form „virtueller Realität" dar. Der Effekt ist in Abbildung 2 verdeutlicht.

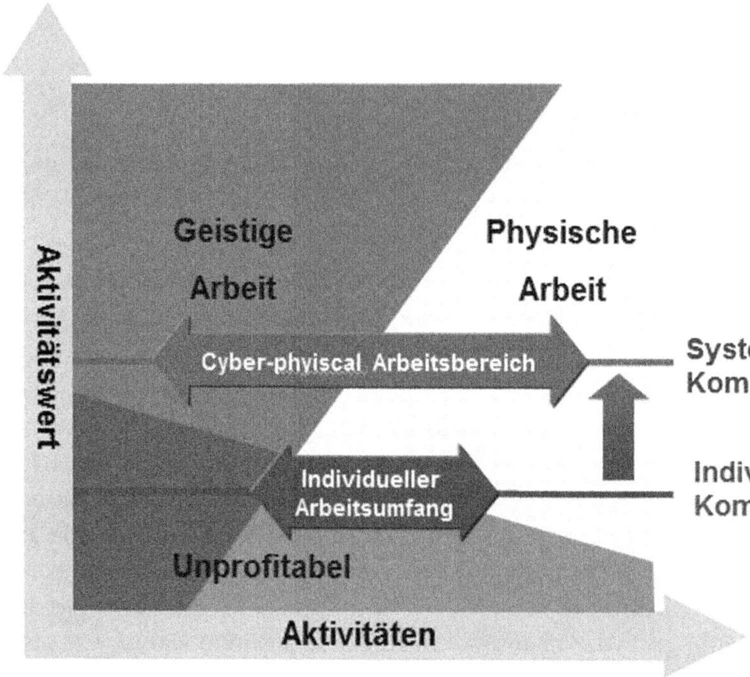

Abbildung 2: Cyber-physischer Systembeitrag zur Wertschöpfung im Unternehmen

Ford machte darüber hinaus einen zweiten wichtigen Schritt: Er nahm die kompetenten, teuren Ingenieure „vom Fließband" und gab ihnen neue, höherwertige Aufgaben, nämlich Autos und Fließbänder zu konstruieren. Auf diese Weise bewegten sich auch die Ingenieure im Wertschöpfungsprozess nach oben, etwas womit wir uns heute im Zeitalter der softwarebasierten „Ingenieurswerkzeuge" für Routineaufgaben durchaus auseinandersetzen sollten. Die Frage ist nun, was dies alles mit der neuen iBin Technologie von Würth zu tun hat.

2 Systembeschreibung iBin

Im Spätherbst 2012 wurde das neue iBin-System von Würth Elektronik erstmals dem deutschen Industriepublikum vorgestellt. Hintergrund war das Bestreben, die bisher durch Würth-Außendienstmitarbeiter physisch durchgeführte Bestandsaufnahme individueller Lagerbehälter beim Kunden durch eine Technologie zu ersetzen, die eine kontinuierliche, automatische Bestandserfassung beim Kunden erlaubt und im geeigneten Moment selbständig eine Neulieferung auslöst. Gleichzeitig sollten die Kundenerwartungen in Bezug auf kürzere Reaktionszeiten, geringere Kosten und höherem Servicegrad erfüllt werden. Das neue iBin-System besteht prinzipiell aus drei unterschiedlichen Systemkomponenten:

1. Kameramodul (im Behälter): Smart 868MHz Wireless IR-Kamera mit berührungslosem Aktivierungsschalter, welcher zur manuellen Bestellauslösung verwendet werden kann.
2. Wireless Access Point Modul: Smart 868MHz Repeater mit limitierten Management-Services für angeschlossene iBin-Module.
3. SLM Cloud Server: Datenbank, Custom Applikationssoftware, Machine Vision und Logistikmanagement Software für alle Access Points bei Kunden einschließlich WCF Services.

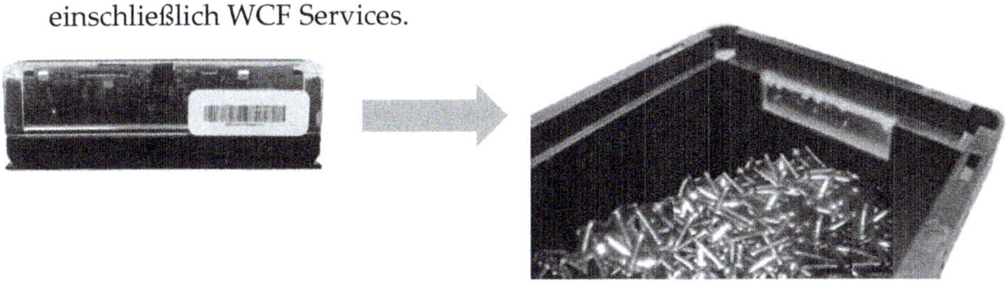

Abbildung 3: **iBin Modul (links) und Würth WKLT Lagerbehälter mit integriertem iBin**

Abbildung 4: **Smart Access Point für die drahtlose Anbindung der iBin-Module und Smart Logistics Management (Cloud) Server**

Das im Lagerbehälter integrierte Infrarot-Kamera-Modul sendet in konfigurierbaren Zeitabständen Infrarotbilder des Behälterinneren über den lokal installierten Access Point an den als Cloud Server fungierenden Smart Logistics Management Server. Letzterer kann sowohl vor Ort als auch über Ethernet verbunden im Würth-Logistikzentrum installiert sein. In größeren Anwendungen werden typischerweise mehrere Access Points installiert um zum einen die Übertragungsstrecken für Kameramodule kurz zu halten und zum anderen die Anzahl der pro Access Point verwalteten Kameramodule (=iBins) in einem vernünftigen Rahmen zu halten. In dieser Konfiguration besitzen die Access Points jeweils unterschiedliche Kanäle und vermeiden dadurch Übertragungskollisionen.

Die Besonderheit des Systems besteht darin, dass speziell entwickelte Software im Cloud Server es ermöglicht, den Inhalt aller so ausgestatteten Lagerbehälter mehrmals täglich automatisch zu überprüfen und Lieferungen ebenfalls automatisch auszulösen. Insbesondere gilt, dass es:

- die Infrarotbilder der einzelnen Lagerbehälter bezüglich ihres Füllstandes auswertet
- den Füllstand der einzelnen Lagerbehälter als Funktion der Zeit, des Lagerortes und des Lagergutes überwacht und diese Daten einschließlich Bilder in einer Datenbank abspeichert
- automatisch eine oder mehrere Aktionen bei Erreichen des definierten Füllstands-Minimums auslöst. Hierzu gehören u.a. die Auslösung einer Bestellung, eine Nachricht an den Kunden, eine Nachricht an das Distributionszentrum bzw. eine Nachricht an den zuständigen Servicemitarbeiter.
- eine manuell ausgelöste Bestellung durch den Kunden (mittels Aktivierung des berührungslosen Schalters am iBin selbst) automatisch erledigen kann
- den virtuellen Zugriff in jeden Lagerbehälter bei jedem Kunden erlaubt.

Mit dem iBin-System entfällt nun die bisher physisch durchzuführende, manuelle Vor-Ort-Inventur für den tatsächlich benötigten Warennachschub beim Kunden durch einen Würth-Industrie-Service-Spezialisten. All dies wird jetzt durch das kybernetische iBin-System erledigt. Die physische Aktivität des Mitarbeiters kann auf die Auslieferung der Ware reduziert werden.

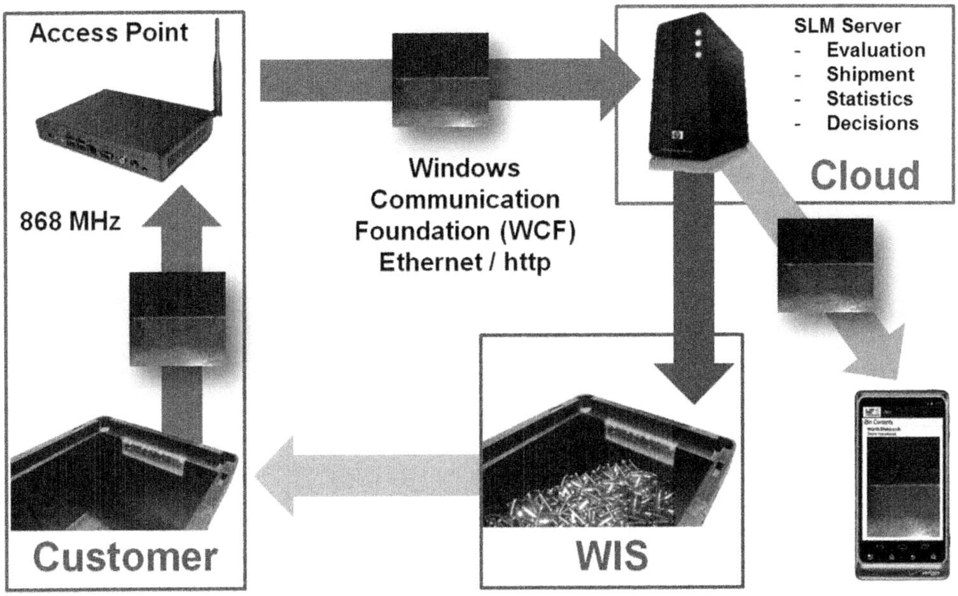

Abbildung 5: iBin-Logistiksystem einschließlich B3B Informationsfluss

Das neue iBin-System schafft es damit, den gesamten Prozess hinsichtlich der Kunden, Produkte, Informationen und Menschen in Realzeit zu synchronisieren, den gesamten Prozess transparent zu machen, die Geschwindigkeit und Qualität von Entscheidungen drastisch zu erhöhen und gleichzeitig die Logistikkosten für die Bereitstellung der vom Kunden benötigten Ware deutlich zur reduzieren.

Darüber hinaus können die als Funktion der Zeit gespeicherten Bilder, Produkt-, Kunden- und Mitarbeiteraktivitätsdaten problemlos und zu jeder Zeit ausgewertet werden und die modernen WCF-Services[1] (vergl. [4]) bieten sowohl dem Würth Industrie Services Management, den Außendienstmitarbeitern als auch den Kunden selbst gezielt geschaffene Cloud-Computing-Möglichkeiten für die verschiedenen Bedürfnisse. Hierzu zählen u.a. Smart Apps mit deren Hilfe z.B. ein Fertigungsleiter über sein Smartphone den aktuellen Lagerort und Bestand einer bestimmten Schraube in seinem Lager verifizieren kann, während er selbst auf Dienstreise ist. Er kann sich darüber hinaus rückversichern, dass dies wirklich die Schrauben sind, über die man sich aktuell unterhält. Die Möglichkeiten gehen soweit, dass man sogar nachprüfen kann, ob die für einen speziellen Fertigungsprozess bestimmten Komponenten tatsächlich verwendet werden, wie schnell sie

1 Windows Communication Foundation, eine dienstorientierte Kommunikationsplattform für verteilte Anwendungen in Microsoft Windows

abfließen und ob sich Fremdmaterialien in den betroffenen Lagerbehältern befinden.

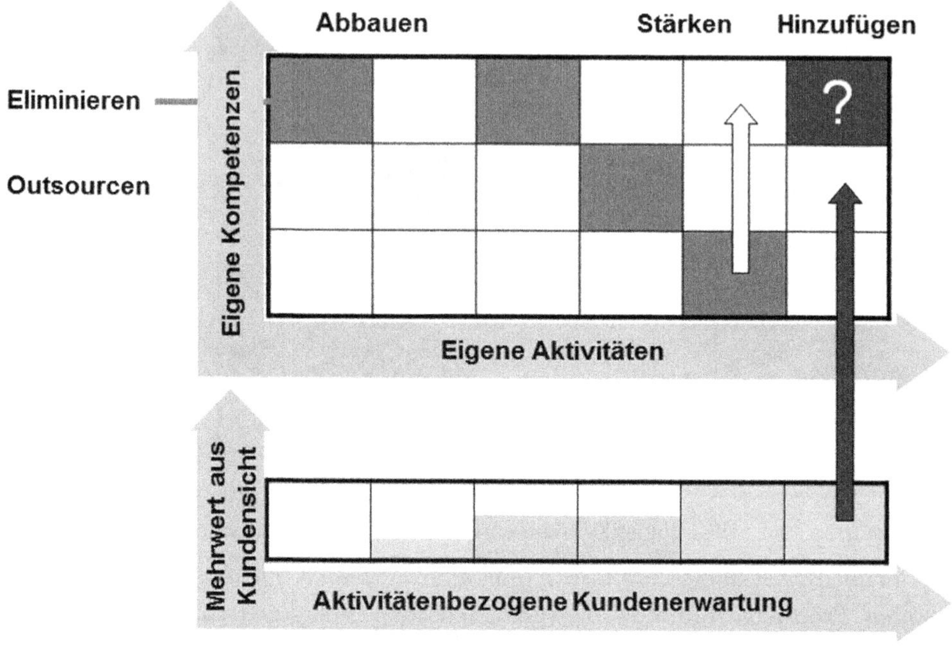

Abbildung 6: Bewertung der Unternehmenskompetenzen aus Kundenperspektive

Die Mission *„Kunden den Mehrwert den sie wollen mit neuen, innovativen Methoden zu bieten"* wurde somit realisiert. Außerdem konnte der cyber-physische Aktivitätsbereich im Unternehmen enorm verbreitert und gleichzeitig die interne Wertschöpfung drastisch erhöht werden.

In etwas abstrahierter Form haben wir uns also von solchen Aktivitäten verabschiedet, welche für unsere Kunden keinen erkennbaren Nutzen bieten, nämlich das Fahren zum Kunden und das Zählen unserer Ware in seinem Lager. Parallel dazu haben wir alle Prozesse so optimiert, dass sie für unsere Kunden sehr viel mehr Wert schaffen (schneller, transparenter, genauer, pünktlicher), unsere eigenen Kompetenzen erhöhen und dabei unsere Prozesskosten drastisch senken.

3 Ausblick

An diesem Punkt stellt sich berechtigterweise die Frage, wie es weitergeht und wie zusätzlich Wertschöpfungspotenziale identifiziert und genutzt werden können.

Begriffe wie Industrie 4.0, Produktionsautomatisierung, kybernetische Systeme usw. sind ein Indiz dafür, dass sich unsere Strategien zur Erhöhung der Produktivität vornehmlich mit der Integration und Innovation von Technologien befassen. Wie aber das Beispiel von Henry Ford sehr eindrucksvoll zeigt, sind innovative Wege zur Integration der Menschen in unserer neuen Industrie 4.0 für den Erfolg und die Wertschöpfungssteigerung ein ebenso entscheidender Faktor. In diesem Zusammenhang zeigen die Historie und viele aktuelle Artikel vor allem im europäischen Raum, dass Wissen im Zusammenhang mit kontinuierlichem Mitarbeitertraining als eine notwendige Randbedingung betrachtet wird. Dies muss nicht unbedingt der Fall sein.

Interessanterweise müssen wir alle täglich und in zunehmendem Maße feststellen, dass immer mehr Wissen ein immer kürzeres Haltbarkeitsdatum besitzt und dass es immer schwieriger wird, die qualifizierten Mitarbeiter zu finden und zu bezahlen. Was heißt das konkret? Grundsätzlich gibt es verschiedene Formen von Wissen:

1. gesichertes Wissen mit sehr langer Gültigkeit (z.B. Naturgesetze)
2. Wissen mit kurzfristiger Gültigkeit (z.B. der Preis für einen Liter Benzin)
3. Wissen, dessen Unkenntnis drastische Konsequenzen hat (z.B. toxische Flüssigkeiten)
4. Wissen, dessen Unkenntnis kaum Konsequenzen hat (z.B. Eingabe des falschen Passwortes)

Wir wissen alle sehr wohl, dass es heute weitaus effizienter ist, Google oder Wikipedia zu befragen, als ein Fachbuch, sich selbst oder einen hochgebildeten Kollegen. Ein Software-Ingenieur ist heute nicht dann gut, wenn er in langer, harter Arbeit hochkreativen Code generiert, sondern wenn er schnell und gewitzt aus den verschiedenen Online-Quellen kopiert und adaptiert.

In den letzten Jahren hat sich zudem ein erstaunliches Phänomen gezeigt. Das Internet, Computer und Smartphones sind immer komplexer und technisch raffinierter geworden, wahre Wunderwerke der Technik. Und trotzdem schafft es heute bereits ein durchschnittlich begabter Achtjähriger in wenigen Tagen und ohne Bedienungsanleitung sowohl das Internet als auch das Smartphone virtuos zu kommandieren.

Hierzu ist eine kleine Exkursion in menschliche Verhaltensweisen sowie die spezielle Natur der Beziehungen zwischen Mensch, Realität und virtueller Realität hilfreich. Als intelligente Wesen besitzen wir alle das gleiche, durch die Evolution optimierte Superorgan, unser Gehirn. Obwohl wir uns dessen nicht immer bewusst sind, versetzt es uns in die Lage, die um uns herum existierende reale Welt in Form virtueller Realität zu erleben. Diese Transformation funktioniert mittels vielfältiger Sensorik, kybernetischen Konstrukten, Interpolationen und Assoziationen. Mit anderen Worten: nichts ist wirklich real, sondern im Gegenteil „cogito ergo sum" wie der Philosoph René Descartes bereits im Jahr 1637 so treffend sagte (vergl. [5]).

Dies hat eine Reihe von wichtigen Konsequenzen. Wir können ohne virtuelle Realität kaum überleben. Seit Tausenden von Jahren bereits sind Religionen praktizierte virtuelle Realität. Mathematik, Geschichten, Bücher, Kino, Fernsehen usw. folgten später. Ja selbst im Schlaf, wenn unsere Gehirne sich erholen, kommen wir nicht ohne virtuelle Realität aus, wir träumen.

Viel wichtiger ist daher die grundlegende Erkenntnis, dass die heute erfolgreichsten, sehr komplizierten Technologien alle gemeinsam haben, dass sie diese einmalige menschliche Fähigkeit zur genetisch veranlagten Adaption virtueller Realität in subtilster Weise einsetzen. All diese Technologien nutzen eine vereinfachte virtuelle Realitätsebene als Interface, um mit unseren Gehirnen unmittelbar und sehr effizient wechselzuwirken und werden auf diese Weise nahezu intuitiv verstanden. Aktuelle Artikel wie der von Ingrid Einsiedler „Industrie setzt auf das intuitive Smartphone-Gefühl" (vergl. [6]) zeigen, dass man die Symptome qualitativ erkannt hat, aber die tatsächlichen Gründe dafür noch nicht so ganz versteht.

Industrie 4.0 muss diesem Aspekt Rechnung tragen, falls sie erfolgreich sein will und den Menschen ohne großes „Techniktraining" integrieren. In den Worten von Alvin und Heidi Toffler (vergl. [7[) ausgedrückt, müssen wir Systeme schaffen, die „Wissen, Denken und Erfahren" zu einem nahezu „natürlichen" Kollaborationsprozess zwischen realer und virtueller Welt machen. Falls wir das schaffen, werden wir einen echten Wettbewerbsvorteil erzeugen.

Erfolgreiche Systeme werden eine Reihe von Eigenschaften besitzen, die unsere heutigen Prioritäten bei der Mitarbeiterqualifikation umsortieren werden. Plötzlich wird nicht mehr das Wissen des Mitarbeiters Priorität sein, sondern das weitaus größere Wissen der „Cyber-Mitarbeiter"- Gesamteinheit. Infolge der Erweiterung durch virtuelle Intelligenz und virtuelle Werkzeuge wird diese Gesamteinheit die Mehrzahl anstehender Entscheidungen besser, schneller, gezielter, transparenter und kostengünstiger treffen als hochqualifizierte und ständig weitergebildete Mitarbeiter. Wissen passt sich nun dynamisch und in Echtzeit ohne langes Training an, Prozessabläufe können ohne Schulung und ohne Zeitverlust dynamisch geändert werden, da die Cyberwelt ein Multiversum von parallelen Lösungen zulässt, deren Implementierung in der cyber-physischen Welt eines jeden Mitarbeiters als ganz natürlich empfunden wird.

Wer dies nicht glaubt, muss nur einmal beobachten, wie ein Führerscheinneuling in einer fremden Stadt in komplettem Vertrauen auf Smartphone und Google Maps meisterhaft sein Ziel findet und dabei erwartungsfroh jeder Aufforderung der Cyberstimme folgt, die Richtung zu ändern. Die gemeinsamen Entscheidungen sind schneller, besser, zielorientierter und transparenter und der Führerscheinneuling muss nicht eine Sekunde geschult werden, um sich in der fremden Stadt zurecht zu finden. Genau das Gleiche wird auch von zukünftigen cyber-physischen Lösungen in der Industrie 4.0 geleistet werden müssen.

Wiederum abstrahiert ist das Denken und die Entscheidungsbandbreite von Mitarbeitern in einem Unternehmen folgendermaßen darstellbar:

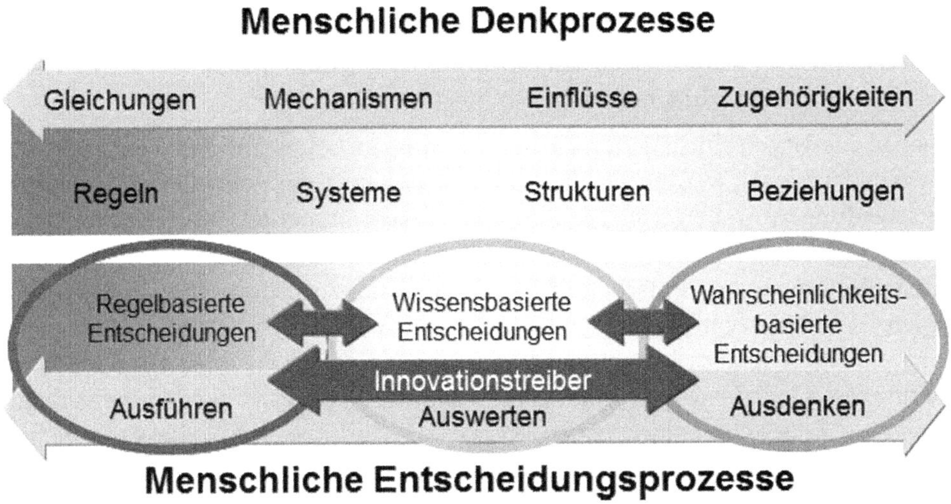

Abbildung 7: Interaktion menschlicher Denk- und Entscheidungsprozesse

Hieraus ist leicht nachvollziehbar, wie Henry Ford gestartet ist: in Abbildung 7 auf der ganz linken Seite. Sein Fließband basierte auf Gleichungen, welche mittels mechanischer Mittel in starre Ausführungsregeln umgesetzt wurden. Unsere heutigen softwarebasierten Systeme haben sich inzwischen weiter zur Mitte hin bewegt und Implementierungen werden gemeinhin als Expertensysteme bezeichnet. Hierzu gehören viele Softwarelösungen, die erfolgreich im Bereich des Ingenieurwesens und anderen Fachdisziplinen eingesetzt werden. Mehr und mehr Anwendungen kommen inzwischen auch in den Produkten unseres Alltags zum Einsatz: Autos unterstützen uns beim Einparken und bremsen selbständig vor Hindernissen. Komplizierter wird es im ganz rechten Bereich: Wenn Mitarbeiter unsicher sind und nicht so genau wissen, was sie tun sollen, passiert in der Regel nichts oder nicht das Richtige. Deshalb werden derartige Entscheidungen meist „nach oben delegiert" – nicht unbedingt weil man dort mehr weiß, sondern weil mögliche negative Folgen dort besser verantwortet werden können.

Industrie 4.0 wird auch diese Hürde nehmen. Der Cyber-Mitarbeiter wird zuversichtlich und zielgerichtet Entscheidungen treffen, die besser sein werden als die der heutigen Führungskräfte. Eine Reihe von Artikeln sprechen in diesem Zusammenhang von „Selbstorganisation" (vergl. [8], [9]), wobei „Selbstmanagement" wahrscheinlich der treffendere Ausdruck ist. Wie soll das geschehen? Auch hier ist die Zukunft schon Realität. Sogenannte „Thinking Software" wie die von isee systems (vergl. [10]) erlaubt es schon heute, hochkomplexe Prozesse auf Basis empirischer Erfahrung und nichtlinearer Feedback Loops genau zu simulieren und vorauszusagen. In Windeseile können virtuelle Szenarien durchgespielt werden und die für die aktuell anstehende Entscheidung geeignetste Lösung identifiziert werden. Was von vielen Theoretikern immer wieder unterschätzt wird, ist die Tatsache, dass in einem realen Unternehmen vor allem ein Thema viel Zeit und Geld kostet: Entscheidungen.

Solange Menschen Entscheidungen treffen müssen, sei es am Fließband oder im Managementsessel, werden sie alles tun, um eine aus ihrer persönlichen Sicht gute Entscheidung zu treffen, was darüber hinaus nicht immer die beste Entscheidung für das Unternehmen ist. Das hat enorme Konsequenzen für die Wertschöpfung in einem Unternehmen. Entscheidungen werden verzögert, wenn Informationen fehlen. Sie werden mehrfach überprüft, falls man sich nicht sicher ist. Sie werden zuhauf mit Kollegen diskutiert, um eine unabhängige, zweite oder dritte Meinung einzuholen. Und sie werden sehr gerne nach oben delegiert, wenn eine Fehlentscheidung drastische Folgen haben könnte. All dies kostet Zeit, Ressourcen und Potenziale. Falls wir nur dieses eine Thema „Entscheidungen schnell, sofort und auf der aktuellen Ebene treffen" lösen können, werden wir unternehmensweit erhebliche Potenziale freilegen.

Die Integration solcher probabilistischer Entscheidungswerkzeuge in unsere heute vornehmlich von deterministischen und von Expertenwissen geprägten Fertigungswelt – man spricht oft von „Mechatronik" – wird einen Paradigmenwechsel mit sich bringen. Unternehmen, die dieses neue cyber-physische Konstrukt aus Realität, Mechanisierung, Automatisierung, Regeln, Expertenwissen, Informationsmanagement, Mitarbeitereinbettung in virtuelle Welten mit virtueller Intelligenz und situativer Entscheidungsunterstützung in das intuitiv verständliche Format des Internets und der Smartphone-Technologie verpacken können, werden einen enormen Wettbewerbsvorteil erreichen und Unternehmen die bislang Business-Intelligenz-Lösungen verkauften, werden ihre Strategie neu ordnen und bisher nicht gesehene Technologien entwickeln, welche die reale und die virtuelle Produktionswelt auf neue Weise integrieren.

Wo liegen Potenziale?

Realität, virtuelle Realität, Cloud Services und „virtuelle Intelligenz" wachsen unaufhaltbar zusammen. Aber keine Angst, unsere Mitarbeiter werden sich ganz „natürlich" mit weitaus mehr Information, Transparenz, Entscheidungsfreude und vor allem mehr Wertschöpfung in dieser neuen Welt bewegen. Im Gegenteil, sie werden diese Umgebung suchen. Das virtuelle Lager wird Realität: Mittels IP-

Kameras können wir zukünftig jederzeit in jedes Lager, jede Regalzeile, jedes Regal und mittels iBin in jeden einzelnen Lagerbehälter schauen. Beschleunigungssensoren, GPS, und andere Umweltsensorik im iBin werden uns zu jeder Zeit Ort, Neigung, Bewegung/Stillstand und Umweltbedingungen des Lagerbehälters geben. Durch Data Mining der abgespeicherten Daten lässt sich der Materialfluss bis auf einzelne Lagerbehälter heruntergebrochen in- und außerhalb der Fabrik verfolgen. Eine Inventur kann zu jeder Zeit durchgeführt werden, da die Füllstände aktuell bekannt sind. Kommt es zu einer unerwarteten Materialverknappung, können wir virtuell auf die Suche nach Ersatz gehen, wobei die Vernetzung mit anderen Fabriken, Würth-Industrie-Service und möglicherweise anderen Würth Industrie-Service-Kunden das Zugreifen auf einen größeren Material-Pool möglich macht.

„Thinking Software“ wird im Zusammenhang mit den empirisch gesammelten Verbrauchsdaten und Prozessparametern Materialflüsse, Materialverbräuche, Lagerumschlag, Materialbedarf, Materialkostenentwicklung, Materialeinkauf, Lieferzeiten, Lieferrouten, Lieferweise und Losgrößen über die gesamte Logistikkette hinweg analysieren, dynamisch anpassen, optimieren, zuverlässiger planen und die daraus resultierenden Transaktionsentscheidungen für uns sicherer machen und beschleunigen.

Nehmen wir zum Beispiel den Hersteller eines landwirtschaftlichen Gerätes. Dieser verkauft seine Maschinen über Distributoren an Landwirte, welche sie dann auf ihren Feldern einsetzen. Bei Ausfall einer solchen Maschine während des Ernteeinsatzes gilt es, möglichst schnell die Lösung und das dazu benötigte Ersatzteil zu haben.

In Zukunft wird der Landwirt vor Ort mit einer Smart App des Herstellers, welche aus den empirischen Erfahrungsdaten ständig dazulernt, unmittelbar eine gezielte Diagnose durchführen koennen. Er wird mittels QR Code (2D Barcode) zunaechst die konkrete Komponente an seiner Maschine identifizieren und mit diesem Wissen dann in das virtuelle Warenlager des in der App identifizierten, nächsten Distributors gehen, wo er direkt in den speziellen Lagerbehälter mit seinem Teil hineinschauen kann. Ist das Teil vorrätig, kann er es virtuell herausnehmen, an den Kundendienstmitarbeiter „weitergeben“ und eine sofortige Lieferung an seinen aktuellen Smartphone-Standort auslösen. Der Kundendienstmitarbeiter wird sich parallel auf dem Smartphone des Landwirts melden und die konkreten Schritte abstimmen. Er erledigt dann die physische Herausnahme und Auslieferung der Komponente an den gewünschten Ort. Gleichzeitig erfolgen alle Transaktionen zwischen Kunden und Distributor, der Hersteller wird über den Servicefall für diese spezielle Maschine, den Abfluss einer bestimmten Komponente und den Endkunden selbst ebenfalls informiert.

Der Hersteller hat nun die Möglichkeit, ebenfalls virtuell in das Lager des betroffenen Distributors zu gehen und den Nachfluss der ausgelieferten Komponente entweder aus dem Werk oder von einem anderen Distributor zu veranlassen. Darüber hinaus kann er mit den neuen Daten seine Garantie- und Materialstatistik aktualisieren. Auf diese Weise optimiert und steuert der Hersteller selbst die Lager seiner Distributoren, kennt die Endkunden aller seiner Distributoren in Realzeit und hat ein klares Bild zur Performance seiner Maschinen bis herunter zu einzelner Maschinenkomponenten.

Die Smart App erlaubt aber noch viel mehr: Der Hersteller hat neben dem Distributor nun auch seinen eigenen persönlichen, direkten 24-Stunden Marketing- und Vertriebskanal zum Endkunden, zum Distributor und zu seinen Lieferanten. Dieser Kommunikationskanal gibt dem Hersteller die Möglichkeit, zusätzliche maßgeschneiderte Informationen, Services und Produkte anzubieten und aus der jeweiligen Reaktion die Präferenzen und das Bedarfs-Timing eines jeden seiner Kunden und seiner Distributoren abzulesen.

4 Literatur

[1] Toffler A, Toffler H (2006) Revolutionary Wealth, Knopf, New York

[2] Flurry Blog. http://blog.flurry.com/?Tag=smartphone. Zugegriffen: 18. Januar 2014

[3] EyeWitness to History. http://www.eyewitnesstohistory.com/ford.htm. Zugegriffen: 18. Januar 2014

[4] Microsoft Developer Net. http://msdn.microsoft.com/en-us/library/ms731082(v=vs.110).aspx. Zugegriffen: 18. Januar 2014

[5] Enzyclopaedia Britannica. http://www.britannica.com/EBchecked/topic/124443/cogito-ergo-sum. Zugegriffen: 18. Januar 2014

[6] Elektronikpraxis. http://www.elektronikpraxis.vogel.de/embedded-computing/articles/419193/. Zugegriffen: 18. Januar 2014

[7] Chiefexecutiveboards. http://www.chiefexecutiveboards.com/bookreviews/bookreview038.pdf. Zugegriffen: 18. Januar 2014

[8] entrepreneur4point0. http://www.entrepreneur4point0.com/showroom/Kagermann_industrie_40.pdf. Zugegriffen: 18. Januar 2014

[9] Ingenieur.de. http://www.ingenieur.de/Themen/Produktion/Die-Fabrik-Zukunft-organisiert-selbst. Zugegriffen: 18. Januar 2014

[10] isee Systems. http://www.iseesystems.com. Zugegriffen: 18/ Januar 2014

[11] YouTube. http://www.youtube.com/watch?v=tfw0KapQ3qw. Zugegriffen: 18. Januar 2014

Vom fahrerlosen Transportsystem zur intelligenten mobilen Automatisierungsplattform

Dipl.-Ing. Alexander Bubeck, Dipl.-Ing. Matthias Gruhler, Dipl.-Ing. Ulrich Reiser, Dipl.-Ing. Florian Weißhardt; Fraunhofer IPA

1 Einleitung

Die starke Individualisierung und Flexibilisierung der Produktion erfordert von den eingesetzten Automatisierungslösungen einen hohen Grad an Kognition und Selbständigkeit. Im Rahmen von Industrie 4.0 werden Systeme, die Sensoren, Aktoren und Kognition integrieren, als cyber-physische Systeme bezeichnet. Fahrerlose Transportsysteme (FTS) sind ein Beispiel für solch komplexe Elemente der Produktion. Doch erst durch eine ganzheitliche Einbindung in die Industrie 4.0-Produktionsanlage sowie eine Erhöhung der Autonomie kann die volle Flexibilität dieser Automatisierungssysteme ausgeschöpft werden. Im folgenden Kapitel soll aufgezeigt werden, wie durch neue Technologien aus der Robotikforschung FTS zu solch stark integrierten und selbständigen Systemen weiterentwickelt werden können.

2 Heutige fahrerlose Transportsysteme

2.1 Einsatzszenarien von fahrerlosen Transportsystemen

Zusätzlich zu Materialflusskonzepten, in denen beispielsweise Förderbänder zum Einsatz kommen, werden in Industrieanlagen seit vielen Jahren fahrerlose Transportfahrzeuge bzw. -systeme eingesetzt, um den Materialfluss flexibler zu gestalten und auch längere Strecken zu überbrücken [1]. Während fahrerlosen Transportfahrzeuge (FTF) flurgebundene eigenständige Fördermittel darstellen, können sie als fahrerloses Transportsystem (FTS) mit einer Leitsteuerung vernetzt werden, die die Aufgabenverwaltung übernimmt.

FTS kommen also hauptsächlich für verschiedene Intralogistikaufgaben zum Einsatz. Die Anwendung beschränkt sich nicht nur auf industrielle Anlagen, sondern schließt z. B. auch die Krankenhausautomatisierung ein.

Das Transportspektrum für die FTS ist sehr umfangreich. Es gibt Installationen, bei denen FTS kleine Container transportieren. Durch den Einsatz einer hohen Anzahl von FTF, die durch einen Leitrechner gesteuert werden, können somit sehr flexible Fahrten, wie z. B. zur Kommissionierung, durchgeführt werden (siehe KIVA Systeme [2]). Große FTF werden etwa für die Flugzeug- oder Papierproduktion verwendet und können tonnenschwere Lasten bewegen. Anhand von fahrerlosen

Staplersystemen können FTS nicht nur Transportaufträge in der Fläche bewältigen, sondern beispielsweise auch Lasten in Hochregallagern bewegen.

Betonsteinwerk Lintel, Rheda-Wiedenbrück [3]

Fa. TMS Automotion GmbH, Linz, Österreich [4]

Fa. TMS Automotion GmbH, Linz, Österreich [5]

Fa. FROG, Utrecht (NL) [6]

Fa. Bleichert, Osterburken [7]

Fa. FROG, Utrecht (NL) [8]

Abbildung 2-1: Verschiedene fahrerlose Transportfahrzeuge

2.2 Modellvielfalt und Systemintegration

Das große Anwendungsspektrum für FTS spiegelt sich auch in den Fahrzeugen selbst wider (Abbildung 2-1). Zwar haben die meisten Hersteller vor allem bezüglich der Gewichtsklasse der aufzunehmenden Lasten Grundsysteme, die sie dem Kunden anbieten, diese werden jedoch je nach Kundenwunsch stark modifiziert und sind somit für jede Installation eine Sonderkonstruktion. Die Vielfalt beginnt in der Antriebskinematik, bei der sich bei den Installationen differenzielle und auto-ähnliche 4- oder 3-Rad-Kinematiken oder gar omnidirektionale Systeme mit Lenk-/Fahrantrieben oder Meccanum-Rädern finden. Auch die eingesetzten Sensoren und Aufbauten werden für jede Installation spezifisch konfiguriert. Bei der Energieversorgung findet man sowohl batteriebetriebene Fahrzeuge als auch Fahrzeuge mit Kondensatoren, die an regelmäßig installierten Ladestationen aufgeladen werden. Für die Absicherung der Fahrzeuge gegen Kollisionen mit Hindernissen haben sich Laserscanner-Systeme durchgesetzt.

Im Gegensatz zum Aufbau von speziellen FTF bieten einige Hersteller auch Nachrüstungen für Stapler an, die damit für den autonomen Betrieb erweitert werden.

2.3 Navigationstechnologien

Eine Schlüsseltechnologie im Bereich FTF ist die Navigation. Dabei werden je nach Anwendungsfall unterschiedliche Verfahren angewendet, die im Folgenden kurz beschrieben werden.

Das am weitesten verbreitete Verfahren ist die Liniennavigation. Je nach Ausführung wird dabei einer optischen, magnetischen oder induktiven kontinuierlichen Linie mithilfe entsprechender Sensorik (Kamera, Hallsensor oder Antenne) gefolgt. Das Positionieren an Übergabestationen oder in Maschinen erfolgt über externe Referenzmarken wie z. B. RFID-Tags oder Lichtschranken. Die Liniennavigation ist einfach einzusetzen und seit langem erprobt. Zudem sind die verwendeten Komponenten preiswert und sehr robust. Daher eignen sie sich insbesondere für günstige Fahrzeuge und Anlagen. Allerdings ist ein erhöhter Aufwand bei der Inbetriebnahme und Wartung (Erstellen, Ändern, Reparieren der Leitlinien) zu erbringen. Somit ist insbesondere die geringe, bzw. nicht vorhandene Flexibilität der größte Nachteil dieses Verfahrens.

Geht man von der kontinuierlichen zu einer diskontinuierlichen Linie über (Folge von Stützpunkten), erhält man die sogenannte Rasternavigation. Dabei werden Magnete oder RFID-Tags in definierten Abständen im Boden eingelassen und vom FTF mit entsprechender Sensorik erfasst. Sobald ein Rasterpunkt detektiert wird, müssen der Positionsfehler und entsprechende Fahrbefehle zur Korrektur berechnet werden. Dies ist jedoch erst bei der Detektion eines Rasterpunktes möglich. Daher ist eine Voraussetzung dieses Verfahrens, dass die Odometrie und die Geradeausfahrt der FTF gut kalibriert sind. Eine Stützung der Odometrie kann durch die Verwendung von zusätzlicher Sensorik (z. B. von Gyroskopen) erreicht werden. Falls das Raster nicht als eindimensional (als Linie), sondern zweidimensional (als Fläche oder Gitter) angenommen wird, kann außerdem eine größere Anzahl an potenziellen Fahrwegen bereitgestellt werden. Auch dieses Verfahren ist seit langem bekannt und bewährt. Die Komponenten sind ebenfalls preiswert. Allerdings ist die Steuerung aufwendiger zu gestalten. Wie bei der Liniennavigation ist das Einbringen der Marken in die Umgebung aufwendig. Das Raster kann jedoch im laufenden Betrieb erweitert oder relativ einfach abgeändert werden. Zudem bieten insbesondere Flächenraster eine gegenüber der Liniennavigation erhöhte Flexibilität in der Fahrkursgestaltung.

Deutlich flexibler ist die auf Reflektormarken basierende Lasernavigation. Im Gegensatz zur Linien- und Rasternavigation haben die Reflektormarken keinen direkten Bezug zum Fahrkurs, sondern werden z. B. an Wänden und Regalen montiert. Zur Detektion kommt meistens ein Laserscanner zum Einsatz. In einer Recheneinheit wird dann über Triangulation die aktuelle Position des FTF berechnet (Abbildung 2-2). Anhand dieser Information können Fehler in der Odometrie korrigiert werden. Dies setzt jedoch eine entsprechende Steuerungsarchitektur voraus. Im Allgemeinen werden hierbei virtuelle Leitlinien definiert, denen die

FTF folgen sollen. Somit können neue Fahrspuren einfach hinzugefügt und vorhandene schnell abgeändert werden, ohne dass weitere Arbeiten in der Umgebung notwendig sind (vorausgesetzt, es sind in allen Bereichen bereits Reflektormarken vorhanden). Allerdings erfordern die Installation und Vermessung der Marken zu Beginn einen entsprechenden personellen Aufwand. Der finanzielle Aufwand dieses Verfahrens pro FTF ist aufgrund des teuren Sensors und der notwendigen Auswerteeinheit ebenfalls höher als bei den vorherigen Verfahren. Positiv zu bewerten ist allerdings, dass dieses Verfahren die globale Position des FTF ermitteln kann und bei der Änderung der Fahrrouten einen geringen Aufwand erfordert.

Bei all diesen Verfahren werden die Fahrspuren im Voraus festgelegt, was wiederum die Flexibilität einschränkt. Sollte eine Fahrspur blockiert sein, stoppen die FTF und die Produktion kann nicht aufrechterhalten werden. Dieses Problem kann durch den Einsatz von Leitsteuerungen auf höherer Ebene minimiert werden, indem mehrere alternative Fahrspuren zur Verfügung stehen und die Leitsteuerung auf blockierte Routen reagiert. Doch auch hier müssen sämtliche Alternativrouten vorher spezifiziert werden. Ein Umfahren eines kleinen Hindernisses auf der Spur ist nicht möglich.

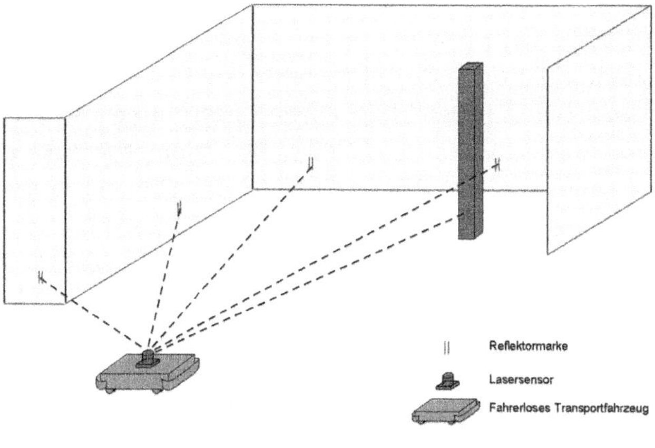

Abbildung 2-2: Funktionsprinzip der Lasernavigation [9]

3 Herausforderungen für FTS im Kontext von Industrie 4.0

3.1 Neue Anwendungsszenarien für mobile Systeme

Der Trend der vergangenen Jahre, die Automatisierung in der Fertigung flexibler zu gestalten, wirkt sich auch auf die Einsatzszenarien von FTS aus. Die hohe Produktvielfalt und kürzere Laufzeiten von Fertigungsanlagen erfordern, dass bestehende FTS-Installationen modifiziert und kostengünstig umgesetzt werden können.

Zudem werden FTS stärker in die eigentliche Fertigung integriert. Sie dienen nicht mehr nur zum Transport der Werkstücke, sondern greifen durch Manipulatoren auf dem FTF oder durch Fertigungsschritte, während das Werkstück auf dem FTF ist, direkt und aktiv in die Produktion ein. Dies stellt neue Herausforderungen an Präzision und Flexibilität dar.

3.2 Hoher Installations- und Integrationsaufwand von mobilen Systemen

Kleine und mittelständische Unternehmen haben in der Regel keine eigenen Spezialisten für die sehr aufwendige Planung, Auslegung und Ersteinrichtung heutiger Automatisierungslösungen [10]. Oft müssen Veränderungen der Böden oder der Umgebung geplant und installiert werden. Je nach Spurführungsprinzip ist es notwendig, z. B. Magnetschienen zu verlegen oder Reflektormarken an geeigneten Punkten in der Umgebung anzubringen. Darüber hinaus muss gegebenenfalls eine Verbreiterung von Durchgangswegen oder die Entfernung von tiefhängenden Hindernissen veranlasst werden, die nicht von der Sensorik der Systeme erfasst werden können. Teilweise schließt diese Anpassung somit auch bauliche Maßnahmen ein. Weiterhin ist ein für die Einsatzumgebung geeignetes Energiespeicher- und Ladekonzept für die Transportsysteme zu wählen. Kondensatorbasierte Systeme erfordern z. B. ein engmaschiges Netz an Ladestationen, das an Fahrweg und Energieverbrauch der Fahrzeuge angepasst ist.

Die Fahrzeuge sind in der Regel mit Sicherheitssensoren ausgerüstet, die auch in dynamischen Umgebungen Schäden an Personen und Gegenständen verhindern. Beim Eindringen eines Hindernisses in das Sicherheitsfeld des Fahrzeugs werden alle Motoren sofort gestoppt, sodass Kollisionen vermieden werden. Nach dem Notstopp muss die Beseitigung der sicherheitskritischen Situation jedoch vom Operator manuell bestätigt werden. Ein effizienter und reibungsloser Betrieb setzt somit eine möglichst statische Umgebung auf den Fahrwegen der FTS voraus. Dazu müssen Fabrikplaner gegebenenfalls betriebliche Abläufe entsprechend anpassen. Alternativ lässt sich das System mit entsprechender Sensorik und Steuersoftware ausrüsten, die ein vorausschauendes Fahren mit angepasster Geschwindigkeit ermöglichen, um sicherheitskritische Situationen zu vermeiden.

Teilweise ist zudem die Integration der FTS in bestehende Industrieautomatisierungssysteme erforderlich. Da sehr viele unterschiedliche Bussysteme zur Anbindung an die zentrale Produktionsplanung bzw. Lagersteuerung existieren, ist oft eine Softwareanpassung der FTS erforderlich, sodass ein standardisierter Einrichtungsprozess zusätzlich erschwert wird.

Nach erfolgreicher Durchführung aller baulichen und betrieblichen Maßnahmen zur Installation des Systems muss schließlich die eigentliche Applikation, d. h. der Fahrweg und der Programmablauf des FTS, entwickelt bzw. eingerichtet werden.

Dies erfolgt in der Regel durch manuelles Einlernen von Strecken und Stationen vor Ort.

Um größere Eingriffe in die betrieblichen Abläufe zu vermeiden, werden oft Anpassungen der Soft- und Hardware am FTS selbst vorgezogen. Daraus resultieren jedoch Systeme, die auf einen bestimmten Anwendungszweck und ein bestimmtes Einsatzumfeld spezialisiert sind. Sie sind in der Regel sehr unflexibel und lassen sich schwer warten.

Aufgrund dieser komplexen Einrichtungsvorgänge müssen kleine und mittelständische Unternehmen zur Einsatzplanung und Ersteinrichtung von Automatisierungslösungen für die Logistik meist externe Experten bzw. Systemintegratoren hinzuziehen. Aber auch spätere Anpassungen sowie die Wartung der Systeme müssen in die Aufwandsabschätzung einbezogen werden. Oft sind die Gesamtkosten für den Einsatz von FTS für Unternehmen noch schwer kalkulierbar.

Die einfache Inbetriebnahme und intuitives Bedienen, z. B. mit einem Tablet-PC, sowie die einfache Anbindung an die betriebliche IT-Infrastruktur sind daher essenzielle Voraussetzungen für eine stärkere Verbreitung dieser Systeme auf dem Markt. Als Beispiel für erste Lösungen in diese Richtung ist das iGoEasy Bedienkonzept [10] zu nennen, das von der Firma Still entwickelt wurde (vgl. Abbildung 3-1).

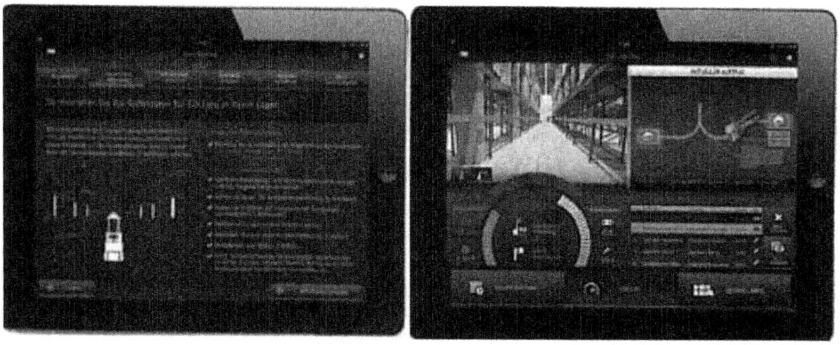

Abbildung 3-1: Still iGoEasy Bedienkonzept via iPad-App. Unterstützung bei der Reflektormontage im Lager (links), Systemmonitor nach erfolgreicher Inbetriebnahme (rechts) [10]

3.3 Bedarf an standardisierten Systemen

Der geringe Standardisierungsgrad sowohl bei Software- als auch bei Hardwaresystemen von FTS erzeugt hohe Entwicklungskosten, die im Widerspruch zu den neuen Kundenanforderungen stehen. FTS sind daher eine feste einmalige Investition in die Automatisierungslinie, ähnlich wie eine Werkzeugmaschine, und können nicht für andere Prozesse wiederverwendet werden. Auch die Softwareteile, wie die Einbindung in das Prozessleitsystem oder die Kinematikberechnung, können zwischen den FTS-Installationen nur schwer wiederverwendet werden und verursachen dabei immer wieder neue Kosten.

Zudem erzeugt die starke Varianz der Systeme auf der Endkundenseite einen hohen Beratungsbedarf und eine starke Unsicherheit bezüglich Funktionalitäten, Voraussetzungen und Einsatzmöglichkeiten von FTS-Systemen.

3.4 Intelligente Fahrzeuge vs. intelligente Systeme

FTS-Installationen werden immer als Gesamtsystem verkauft. In der Praxis sieht man jedoch entweder eine Anzahl von sehr eigenständigen Fahrzeugen, die eine sehr einfache Integration untereinander und zur Anlage haben, oder eine Anzahl von sehr einfachen Fahrzeugen, die eine zentralisierte und proprietäre Leitsteuerung haben. Gerade im zweiten Fall ist eine Integration von komplexeren Fahrzeugen, auch anderer Hersteller, nicht möglich. Insbesondere beim Einsatz von intelligenten Leitsystemen sind die Aufnahme auch komplexerer Fahrzeuginformationen und das Zusammenführen von beispielsweise Karteninformationen erstrebenswert, damit beispielsweise auch verschiedene Fahrzeugtypen miteinander kombiniert werden können. Schnittstellen und Technologien aus der Online-Welt oder dem Datamining-Bereich haben noch wenig Einzug in die Leitsteuerungskonzepte gefunden. Daher sind die Fahrzeuge meist ungenügend für die Integration in Industrie 4.0-Anlagen vorbereitet.

4 Aktuelle Entwicklungen zu mobilen Automatisierungsplattformen

Durch die Nähe zur Servicerobotik, können FTS von diversen Entwicklungen in diesem Umfeld profitieren. Der Technologietransfer von Forschungsprojekten aus diesen Bereichen erfolgt sehr direkt. Daher sollen im Folgenden einige essenzielle Neuentwicklungen dargestellt werden.

4.1 ROS als Softwareplattform

Das Open-Source-Roboter-Entwicklungssystem ROS [11] adressiert viele der oben genannten Herausforderungen und ist in der Roboterforschung und Vorentwicklung bereits weit verbreitet.

ROS bietet viele hoch entwickelte Softwarekomponenten aus den Bereichen autonome Navigation, Bewegungsplanung und 2D- und 3D-Bildverarbeitung sowie Werkzeuge zur Komponentenverwaltung und hardwareunabhängigen Applikationsentwicklung. Eine besondere Stärke von ROS ist dabei sowohl die Austauschbarkeit von Hardware- als auch von Softwarekomponenten anhand standardisierter Schnittstellen sowie komponenten- und rechnerübergreifender Kommunikationsstrukturen.

Diese Schnittstellen basieren z. T. auf HTTP-RPC-Technologien und können somit in einer Vielzahl industrieller Netzwerke betrieben werden. Zudem sind auch schon Integrationen in Web-Technologien umgesetzt worden, damit Zustandsinformationen und Nutzerschnittstellen webbasiert verfügbar sind. Die komponentenbasierte Entwicklungsmethodik mit klar definierten Schnittstellen ermöglicht die direkte Integration in Industrie 4.0-Plattformen, wie z. B. das Virtual Fort Knox [12]. Die ROS Industrial Initiative [13] greift die in ROS vorhandenen Funktionalitäten auf und wendet diese im industriellen Kontext an. Um den Technologietransfer aus der Forschung in die industrielle Anwendung zu forcieren und die Entwicklungsaktivitäten zu koordinieren, hat das South West Research Institute SwRI im März 2013 das ROS Industrial Konsortium Nord Amerika (RIC-NA) gegründet. Der Aufbau eines europäischen Pendants, ein ROS Industrial Konsortium Europa (RIC-EU) [14], wird vom Fraunhofer IPA forciert. Der Starttermin für das RIC-EU ist im Frühjahr 2014.

4.2 Standardisierte Entwicklungsplattformen

Das Problem der Varianz von Hardware- und Softwareplattform besteht auch in der Servicerobotik. Probleme wurden hier in Bezug auf hohe Entwicklungskosten und einen geringen Wiederverwendungsgrad festgestellt. Zusätzlich zur Vereinheitlichung der Softwareplattform durch ROS, wie im vorigen Abschnitt erläutert, wurde eine Standardisierung der Hardwareplattformen angestrebt. So ist eine geringe Anzahl an Robotersystemen entstanden, die für verschiedene Teilgebiete der Servicerobotik konzipiert wurden. Während der Care-O-bot 3 des Fraunhofer IPA vor allem für den Haushalts- und Pflegebereich entwickelt wurde, ist der verwandte rob@work 3 eine Entwicklungsplattform für den industriellen Logistik- und Fertigungsbereich (Abbildung 4-1).

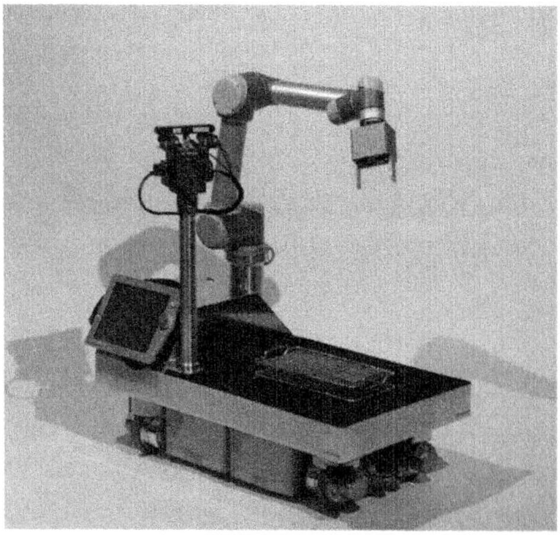

Abbildung 4-1: rob@work 3 als standardisierte Entwicklungsplattform für die industrielle Servicerobotik

Die unterschiedlichen Kombinationsmöglichkeiten mit Standardmodulen machen den rob@work 3, trotz des Plattformkonzeptes, sehr flexibel für verschiedene Anwendungsszenarien, von der Kleinteilmontage bis hin zu klassischen FTF-Aufgaben. Im Rahmen von industriellen Vorlaufforschungsprojekten, z. B. in der Automobilbranche, wird mit den unterschiedlichen rob@work 3-Systemen der Einsatz von neuartigen mobilen Automatisierungssystemen evaluiert.

4.3 Flexible Navigationssysteme

Im Gegensatz zu den klassischen Navigationsverfahren, die im FTS-Bereich angewandt werden, sollen mobile Automatisierungsplattformen ohne Änderungen und Anpassungen der Umgebung navigieren können. Sie sollen folglich adaptiv und flexibel sein, um die Anforderungen von Industrie 4.0 zu erfüllen. Daher kommen die linien-, raster- und reflektormarkenbasierte Lasernavigation nicht infrage.

Eine offensichtliche Lösung ist es, nicht spezielle Marker zur Lokalisierung zu verwenden, sondern sich direkt in der Umgebung zu orientieren. Dabei wird im Allgemeinen von der Navigation mit natürlichen Landmarken gesprochen. Da auf den meisten Plattformen aus Sicherheitsgründen ein Laserscanner vorhanden ist, wird dieser häufig auch für die Navigation verwendet. Dabei werden aus dem Scan geometrische Primitive (wie z. B. Linien und Ecken) extrahiert und diese zur Lokalisierung herangezogen. Dies geschieht über die Assoziation der extrahierten mit den in einer Karte gespeicherten Landmarken. Solche Karten können einfach anhand vorhandener Baupläne oder CAD-Daten erstellt werden (Abbildung 4-2).

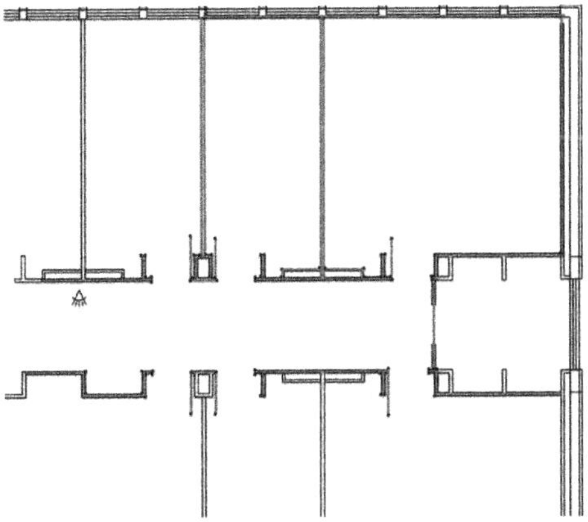

Abbildung 4-2: Linienbasierte Merkmalskarte

Da natürliche Landmarken allerdings nicht immer eindeutig sind, werden weitere Sensordaten fusioniert, um die Lokalisierung weiter zu verbessern. Die Odometrie dient dabei meist als Grundlage für eine erste Positionsschätzung. Im Prinzip können allerdings auch beliebige weitere Sensortypen integriert werden.

Die Fusion erfolgt meist über probabilistische Schätzverfahren [15] wie z. B. Kalman-Filter [16], Extended Kalman-Filter (EKF) oder Partikelfilter [17]. Somit können die inhärenten Fehlerquellen der Sensoren berücksichtigt werden. Der Kalmanfilter bedient sich dabei eines zweistufigen Verfahrens. In einem ersten Schritt, dem Prädiktionsschritt, wird eine Schätzung der aktuellen Position auf Basis der vorhergehenden Position und mithilfe gemessener interner Sensoren (meist der Odometrie) getroffen. Diese Schätzung wird dann in einem Korrekturschritt über weitere externe Sensorik, wie z. B. Laserscanner, angepasst.

Insbesondere für die Kollisionsvermeidung, aber auch zunehmend für die Lokalisierung, geraten in letzter Zeit verschiedene 3D-Sensoren in den Fokus der Entwicklungen. Dies liegt zum einen an den geringen Kosten dieser Systeme, zum anderen an den weitreichenden Anwendungsmöglichkeiten. 3D-Sensoren ermöglichen es, die Umgebung komplett zu erfassen und damit auch Hindernisse in verschiedenen Höhen zu erkennen, was bei den heutigen FTF mit 2D-Sicherheitslaserscannern meist nicht berücksichtigt wird. Erst durch die Erfassung der kompletten dynamischen, dreidimensionalen Umgebung kann eine sichere und flexible Navigation sichergestellt werden [18].

Ein weiterer wichtiger Baustein für flexible Navigationssysteme ist die freie Pfadplanung [19]. Während klassische FTF sich immer auf vordefinierten Bahnen bewegen, ist dies bei sich ständig ändernden Umgebungen nicht erstrebenswert, da andernfalls die Pfade permanent angepasst werden müssten. Daher werden Algorithmen eingesetzt, die es den mobilen Plattformen erlauben, sich selbst den Weg zu ihrem vorgesehenen Ziel zu suchen. Dabei werden nicht nur bekannte Karten, sondern auch der aktuell erfasste Zustand der Umgebung in Betracht gezogen. Dies ermöglicht den Plattformen, nicht nur von Punkt A zu Punkt B zu gelangen, sondern gegebenenfalls Hindernisse zu umfahren und auch sich bewegende Gegenstände und Personen zu berücksichtigen. Somit sinkt die Gefahr einer Kollision mit Personen, der Umgebung und anderen Plattformen. Darüber hinaus wird die Ausfallwahrscheinlichkeit minimiert.

Sollte sich die Umgebung so stark ändern, dass vorhandene Karten ihre Gültigkeit verlieren, müssen weitere spezielle Ansätze angewandt werden. Da keine bekannten Landmarken mehr vorhanden sind (oder, da verdeckt, nicht mehr detektiert werden können), ist die Lokalisierung nicht mehr möglich. Als Lösung werden sogenannte SLAM-Techniken (Simultaneous Localization and Mapping) [20] verwendet, mit denen die Umgebung gleichzeitig sowohl kartiert als auch die Plattform lokalisiert werden kann. Somit können selbst unbekannte Umgebungen befahren werden.

Mit solchen Navigationssystemen lässt sich die Flexibilität der einzelnen FTF und damit des gesamten FTS enorm steigern, da weder blockierte Routen noch unvorhergesehene Situationen zu einem Stillstand des Systems führen. Zudem sind die Systeme adaptiv und erfüllen somit die Anforderungen im Kontext von Industrie 4.0, da mit der automatischen Kartierung ein Werkzeug für die ständige Rekonfiguration in dynamischen Umgebungen zur Verfügung steht.

4.4 Mobile Produktionsassistenten

Im Rahmen von Entwicklungsprojekten werden mobile Roboter durch den Einsatz von Manipulatoren und der Umsetzung von geeigneten Sicherheitsstrategien als Assistent des Menschen in der Produktion etabliert. Als erstes Produkt ist hier der „Automatische Produktionsassistent" (APAS) der Firma Bosch entstanden, der noch als manuell rollbares System umgesetzt ist. In der Weiterentwicklung des Systems im Rahmen des Projektes PRACE wird die Mobilität durch eine aktive Plattform realisiert, um ähnlich dem Menschen verschiedene Fertigungspositionen einnehmen zu können.

Zusätzlich zur hardware- und sicherheitsseitigen Entwicklung sind bei der direkten Assistenz des Menschen auch neue Konzepte zur Mensch-Maschine-Kommunikation gefragt. Einfache Programmier- und Konfigurationsverfahren mit neuartigen Eingabemodalitäten sind im Rahmen von diversen Forschungsprojekten (ROSETTA [21], BRICS [22], SMERobot [23], PRACE [24]) entstanden und werden jetzt in ersten Feldtests evaluiert.

5 Mobilität als neues Potenzial von Automatisierungssystemen

5.1 Vom Transportsystem zur mobilen Applikationsplattform

Die Entwicklungen im Bereich der Navigation der vergangenen Jahre konnten das autonome Verhalten von FTF stark steigern. Dadurch erhöht sich die Flexibilität der Fahrzeuge und der Installationsaufwand wird gesenkt. Im Kontext von Industrie 4.0 wird daher die Kognition der Automatisierungssysteme erhöht. Die FTF können durch selbständige Optimierung der Fahrwege und der Diagnose unvorhergesehener Situationen in individuelleren Produktionsanlagen eingesetzt werden.

In gleichem Maße wird zurzeit die Standardisierung vorangetrieben, die ebenfalls eine Hauptherausforderung für die Umsetzung einer hochflexiblen Industrie 4.0-Produktion ist [25]. Die Plattform ROS findet immer mehr Verbreitung im industriellen Umfeld und damit auch im Bereich FTS. Durch die Vermengung von proprietären und offenen Softwaremodulen werden auch klassische Hersteller von FTF dazu bewegt, ihre Schnittstellen offenzulegen. Durch die Kombination dieser beiden Entwicklungen können mobile Automatisierungssysteme geschaffen werden, die zusätzlich zum sehr flexiblen Einsatz gleichzeitig viele Echtzeitinformationen an andere Teile der Automatisierung liefern können (Abbildung 5–1).

Die Entwicklung zum mobilen Automatisierungssystem eröffnet neue Märkte für die Hersteller von FTS, da diese nun einen noch bedeutenderen Mehrwert für die Produktion bieten und standardisierter angeboten werden können. Zudem reduziert sich das Investitionsrisiko für die Kunden, da die Systeme leicht auf andere Teile der Produktion transferiert werden können.

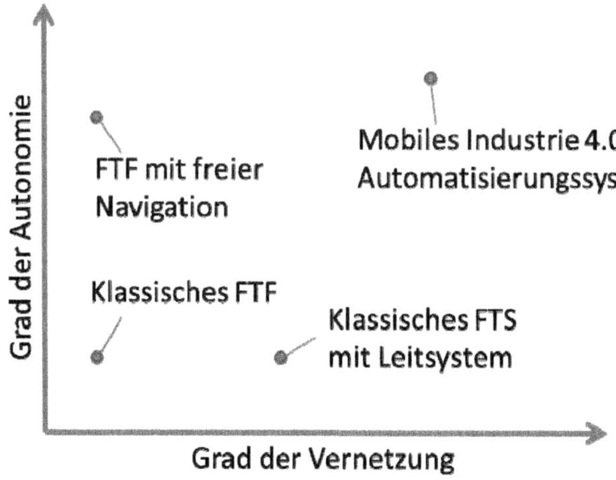

Abbildung 5–1: Durch Steigerung der Vernetzung und des autonomen Verhaltens zum mobilen Automatisierungssystem für die Industrie 4.0

5.2 Ausblick

Die Kombination verschiedener Navigationsverfahren ermöglicht es, die Autonomie von FTF weiter zu steigern. Durch „Plug-and-Play" von Navigationsmodulen wird es möglich sein, vor Ort Sensorsysteme, wie beispielsweise RFID, in das Fahrzeug zu integrieren. Das Wissen, das durch die Sensorik und die Datenverarbeitung der FTF generiert wird, kann noch stärker in die Fabrikautomatisierung eingebunden werden. Dies wird durch die flächendeckende Umsetzung von Industrie 4.0-Kommunikationstechnologien möglich sein. In diesem Zusammenhang werden FTF auch stärker durch Web-Technologien vernetzt werden, die bereits heute Einzug in die Entwicklungen von z. B. ROS gefunden haben.

6 Literatur

[1] Ullrich G (2011) Fahrerlose Transportsysteme. Eine Fibel – mit Praxisanwendungen – zur Technik – für die Planung. Vieweg+Teubner Verlag, Wiesbaden

[2] KIVA Systeme http://www.kivasystems.com

[3] Betonsteinwerk Lintel, *Wikimedia Commons, URL: http://commons.wikimedia.org/wiki/File:FTF_Steintransport.jpg, lizenziert unter CreativeCommons-Lizenz by-sa-3.0-de: http://creativecommons.org/licenses/by-sa/3.0/de/legalcode*

[4] Fa. TMS, *Wikimedia Commons, URL: http://commons.wikimedia.org/wiki/File:FTF_mit_Klammergreifer.JPG, lizenziert unter CreativeCommons-Lizenz by-sa-3.0-de: http://creativecommons.org/licenses/by-sa/3.0/de/legalcode*

[5] Fa. TMS, *Wikimedia Commons, URL: http://commons.wikimedia.org/wiki/File:Unterfahrschlepper-FTF.JPG, lizenziert unter CreativeCommons-Lizenz by-sa-3.0-de: http://creativecommons.org/licenses/by-sa/3.0/de/legalcode*
[6] Fa. Bleichert, *Wikimedia Commons, URL: http://commons.wikimedia.org/wiki/File:FTF_Montarail1.jpg, lizenziert unter CreativeCommons-Lizenz by-sa-3.0-de: http://creativecommons.org/licenses/by-sa/3.0/de/legalcode*
[7] Fa. FROG, *Wikimedia Commons, URL: http://commons.wikimedia.org/wiki/File:FTF_fuer_3_KLT.jpg, lizenziert unter CreativeCommons-Lizenz by-sa-3.0-de: http://creativecommons.org/licenses/by-sa/3.0/de/legalcode*
[8] Fa. FROG, *Wikimedia Commons, URL: http://commons.wikimedia.org/wiki/File:Schwerlast-FTF_Seitenlader.jpg, lizenziert unter CreativeCommons-Lizenz by-sa-3.0-de: http://creativecommons.org/licenses/by-sa/3.0/de/legalcode*
[9] Thomas A., Fraunhofer IML, April06, http://de.wikipedia.org/w/index.php?title=Datei:Lasernavigation.png&filetimestamp=20060419174144&, gemeinfrei
[10] Lacher G (2013) Seriengeräte flexibel und intuitiv automatisiert. Ein praktisches Bedienkonzept. Hebezeuge und Fördermittel, S 516-518
[11] ROS – Robot Operating System www.ros.org
[12] Virtual Fort Knox http://www.virtualfortknox.de
[13] ROS Industrial http://rosindustrial.org/
[14] ROS Industrial Konsortium EU http://ric-eu.rosindustrial.org/
[15] Thrun S, Burgard W, Fox D (2005) Probabilistic Robotics. Reihe Intelligent robotics and autonomous agents. MIT Press, Cambridge, MA
[16] Kalman R E (1960) A New Approach to Linear Filtering and Prediction Problems. Transactions of the ASME-Journal of Basic Engineering 82:35-45
[17] Dellaert F, Fox D, Burgard W, Thrun S (1999) Monte Carlo localization for mobile robots. Proceedings of the IEEE International Conference on Robotics and Automation ICRA 2:1322-1328
[18] Bostelman R V, Hong T H, Madhavan R (2005) Towards AGV safety and navigation advancement obstacle detection using a TOF range camera. Proceedings of the 12th International Conference on Advanced Robotics ICAR, S 460-467
[19] Latombe J C (1991) Robot Motion Planning. Kluwer Academic Publishers, Boston, MA
[20] Durrant-Whyte H, Bailey T (2006) Simultaneous localization and mapping: part I. IEEE Robotics & Automation Magazine 13:2:99-110
[21] ROSETTA http://www.fp7rosetta.org/
[22] BRICS http://www.best-of-robotics.org/
[23] SMErobt http://www.smerobot.org/
[24] PRACE http://prace-fp7.eu/
[25] Abschlussbericht des Arbeitskreises Industrie 4.0 http://www.bmbf.de/pubRD/Umsetzungsempfehlungen_Industrie4_0.pdf

Steuerung aus der Cloud

Prof. Dr.-Ing. Alexander Verl, Universität Stuttgart;
Dr.-Ing. Armin Lechler, Universität Stuttgart

1 Einleitung

Für eine wirtschaftliche Produktion in turbulenten Märkten sind ständige Anpassungen der Produktion durch Rekonfiguration und Selbstoptimierung der komplexen Automatisierungslösungen zunehmend erforderlich [1]. Dies lässt sich im Rahmen von Industrie 4.0 mit Hilfe von Cyber-Physischen Systemen umsetzen, die Änderungen in ihrer Umgebung wahrnehmen und sich selbstständig daran anpassen können. Dazu ist eine immer stärkere Integration von Intelligenz in Form komplexer Algorithmen in die Steuerungen solcher Systeme notwendig. Bisherige Steuerungen bieten dazu nicht die notwendigen Voraussetzungen und erfordern deshalb neue Architekturkonzepte, um die Basis für die Umsetzung von Industrie 4.0 zu ermöglichen. Als Basis soll diese Steuerungsarchitektur eine Plattform und die benötigte Rechenleistung für die neuartigen Algorithmen zur Umsetzung von Industrie 4.0 zur Verfügung stellen. Zusätzlich erfordert die Organisation einer solchen intelligenten Produktion neben der Wahrnehmung der Umgebung mit Sensoren eine geeignete Vernetzung und Kommunikation von Cyber-Physischen Systemen untereinander.

2 Defizite bisheriger Steuerungssysteme

Im Bereich der Automatisierungs- und Produktionstechnik verfügt jede einzelne Maschine oder jeder einzelne Roboter über eine eigene abgeschlossene, sogenannte monolithische Steuerung. Die darin vorhandene Rechenleistung wird im Normalbetrieb kaum voll genutzt. Sollen allerdings aufwendige Algorithmen, beispielsweise bei Optimierungsproblemen, berechnet werden, reicht die Leistungsfähigkeit der bisherigen monolithischen Steuerungen nicht aus. Auch zusätzliche Funktionalitäten der Steuerung bei der Inbetriebnahme oder Wartung, wie Simulationen oder Diagnosealgorithmen, benötigen zusätzliche Rechenleistung, aber teilweise auch weitere Informationen aus anderen Maschinen. Eine Skalierung, d.h. Anpassung der Rechenleistung an die zu berechnenden Algorithmen, ist bisher nicht möglich. Ein Austausch von Informationen zwischen einzelnen Steuerungen ist heute nur über statisch konfigurierte Schnittstellen möglich. Dadurch ist weder eine Wandelbarkeit durch eine einfache Rekonfiguration, noch die Möglichkeit zur Selbstoptimierung von Produktionssystemen als Cyber-Physische Systeme gegeben.

In heutigen Produktionsanlagen herrscht bezüglich der Steuerungsarchitektur (vgl. [2]) eine strikt hierarchische Trennung zwischen einzelnen Steuerungsebenen (Abbildung 1). Es werden in der jeweiligen Steuerungsebene, ausgehend von Zielwerten und entsprechenden Ist-Werten, mittels statischer Algorithmen neue Soll-Wert-Vorgaben für die darunterliegende Ebene berechnet. Die Steuerung in einer heutigen Produktion erfolgt somit stets top-down.

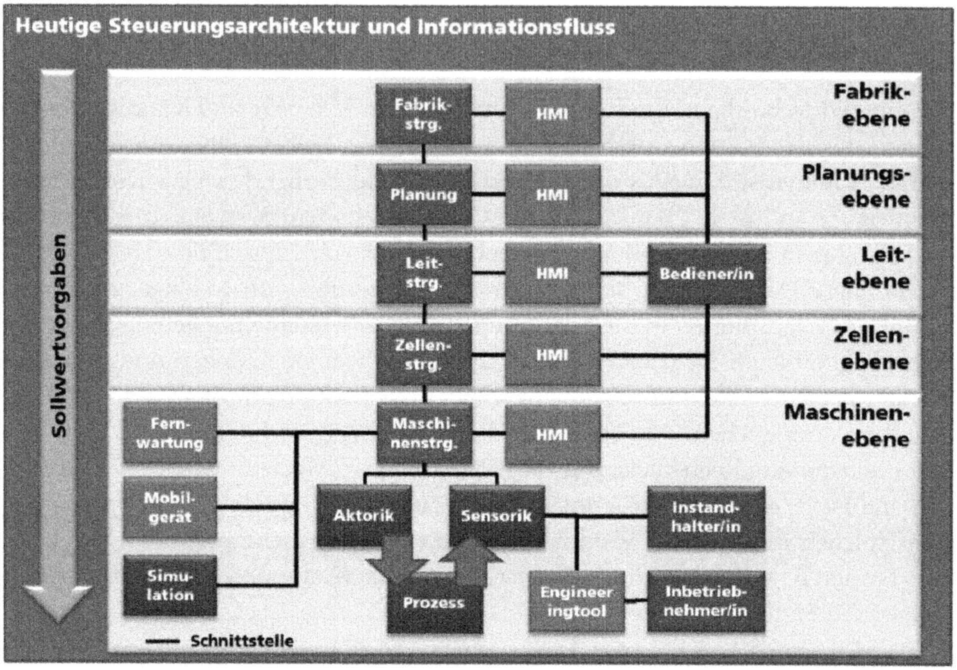

Abbildung 1: Hierarchische Trennung der heutigen Produktionssteuerung

Jede Steuerung verfügt dabei über eine separate, fest vorgegebene Benutzerschnittstelle (HMI) während des Betriebs und einer Schnittstelle zu Engineering-Tools für die Inbetriebnahme auf der Maschinenebene. Wenn spezielle Schnittstellen vorhanden sind, kann auf die Steuerung auch per Fernwartung oder mit Mobilgeräten zugegriffen werden. Teilweise können Simulationen auf separaten Rechnern an die Steuerung angebunden werden, wenn dieses explizit unterstützt wird.

Bei den einzelnen Steuerungen handelt es sich dabei immer um abgeschlossene Einheiten, die über eine Vielzahl unterschiedlichster Schnittstellen meist statisch konfigurierte Informationen austauschen können. Zusätzlich verfügen die einzelnen Steuerungen über einen fest vorgegebenen Funktionsumfang und eine fest vorgegebene Rechenleistung. Dies führt zu deutlichen Einschränkungen der Produktivität in den Unternehmen aufgrund der Defizite in folgenden Bereichen:

- Produktionsanlauf und Rekonfiguration von Produktionssystemen: Die herkömmliche statische Steuerungsstruktur muss manuell über vorgegebene Schnittstellen konfiguriert werden. Die Schnittstellen unterscheiden sich hinsichtlich physikalischer Übertragung, Protokollen und semantischen Inhalten. Hierbei entstehen häufig Inkompatibilitäten.

- Selbstoptimierung von Produktionen: Es können keine Steuerbefehle bottom-up kommuniziert und verarbeitet sowie Optima ausgehandelt werden. Fehlende Information innerhalb einer Steuerung kann nicht automatisch und ohne manuelle Konfigurationen oder Änderungen an Schnittstellen beschafft werden.
- Berechnungen komplexer Algorithmen wie Simulationen, Identifikationsverfahren und Signalanalysen, die aufgrund begrenzter Rechenleistung nicht auf der Steuerung berechnet werden können. Diese Algorithmen sind nicht permanent zu berechnen, sondern nur zu Diagnosezwecken oder bei der Inbetriebnahme, bzw. Rekonfiguration. Die Rechenleistung muss also nicht permanent zur Verfügung stehen. Um die Funktionen umzusetzen, ist eine für den Normalbetrieb überdimensionierte Steuerung notwendig.
- Mangelnde Sicherheit und Schutz des Prozess-Know-hows gegen ungewollte Zugriffe: Die zur Steuerung notwendigen Algorithmen und Prozessparameter können bisher nur unzureichend geschützt werden. Alle zur Steuerung notwendigen Algorithmen liegen lokal auf der Steuerung und müssen durch regelmäßige Sicherheitsupdates geschützt werden. Für komplexe Verschlüsselungsalgorithmen fehlt bisher ebenfalls die Rechenleistung auf der Steuerung.
- Erweiterbarkeit, Aktualität und Zukunftssicherheit: Neue innovative Algorithmen oder Updates auf jede einzelne Steuerung müssen aufwändig manuell aufgespielt und validiert werden. Bisher besteht eine starke Abhängigkeit zwischen der Steuerungssoftware und der Steuerungshardware. Maschinen haben meist eine Lebensdauer von über 20 Jahren. Durch den zunehmenden Einsatz von IT-Komponenten aus dem Consumer-Bereich ist bei deren Produktlebenszyklus von nur zwei bis drei Jahren die Verfügbarkeit von Ersatzteilen allerdings oft nicht gegeben oder sehr kostspielig.
- Verfügbarkeit, Redundanz und Ersatzteilbevorratung: Jedes Steuerungssystem muss bei einem Defekt aufwändig neu konfiguriert und evtl. programmiert werden. Automatische Backups sind im Normalfall nicht in den Steuerungen enthalten.
- Stabilität und Kompatibilität: Aktualisierungen und Änderungen an einzelnen Komponenten können aufgrund der starren statischen Struktur Fehler an anderer Stelle hervorgerufen werden.
- Bedienbarkeit: Das Verhalten eines Automatisierungssystems kann nur über die jeweilige spezifische Benutzerschnittstelle vor Ort an der jeweiligen Steue-

rung oder einen vordefinierten Fernzugriff auf die entsprechende Steuerung beeinflusst werden. Übergreifende Informationen über mehrere Maschinen hinweg können meist nicht genutzt werden. Dadurch werden die Prozessoptimierungen und Diagnosemöglichkeiten stark eingeschränkt.

- Datenprotokollierung und Dokumentation: Da Informationen immer nur an einzelnen Stellen zur Verfügung stehen, wird eine durchgängige lückenlose Dokumentation zur Nachverfolgung von Produktionsverläufen und Qualitätskontrollen erschwert oder gar verhindert.

Die oben dargestellten Herausforderungen finden beispielsweise in den Smartphones zur Spracherkennung „Siri" der Firma Apple einen Lösungsansatz: Hier wird ein Sprachbefehl über das Mikrofon aufgezeichnet, die Tondatei an einen Server gesendet, dort ausgewertet und das Ergebnis als Steuerbefehl an das Absendergerät übermittelt. Das iPhone ist dabei ein Cyber-Physisches System, das eigene lokale Funktionen in Form von Apps besitzt. Es erfasst die Sprache des Menschen über das Mikrofon und reagiert über den Lautsprecher oder das Display, bzw. sein Verhalten darauf. Es kann somit auf seine Umwelt reagieren und mit ihr interagieren. Die Rechenkapazität, der Speicherplatz und das Erfahrungswissen durch extrem viele Anfragen, die für die Algorithmen der Spracherkennung notwendig sind, sind nicht lokal auf dem Smartphone vorhanden, sondern in der Cloud, die von Apple administriert wird. Dadurch können beispielsweise Funktionserweiterungen oder Verbesserungen der Spracherkennung jedem einfach zugänglich gemacht werden. Diese Funktion war bei Auslieferung des Gerätes noch nicht vorgesehen.

Die VDI-Studie Automation 2020, „Bedeutung und Entwicklung der Automation bis zum Jahr 2020"[3], sieht einen deutlichen Trend zur Flexibilisierung der Produktionstechnik. Dem gegenüber stehen allerdings die beschriebenen Strukturen der Steuerungstechnik, die für diese Entwicklung ebenfalls flexibilisiert werden müssen.

3 Cloudbasierte Steuerungssysteme

Zukünftige cloudbasierte Steuerungssysteme bieten skalierbare Rechenleistung als globale Cloud Ressource, die abhängig von der Komplexität der Algorithmen automatisch zur Verfügung gestellt wird. Die monolithischen Steuerungen werden dazu aufgebrochen und Teile davon als Services in die Cloud verlagert Abbildung 2). Sie werden modularisiert und mit Mechanismen des Cloud-Computing – etwa globale Datenverarbeitung und Service-Orientierte Softwarearchitekturen (SOA) – erweitert. Es bleibt lediglich die Sensorik und Aktorik als lokale Ressource vor Ort.

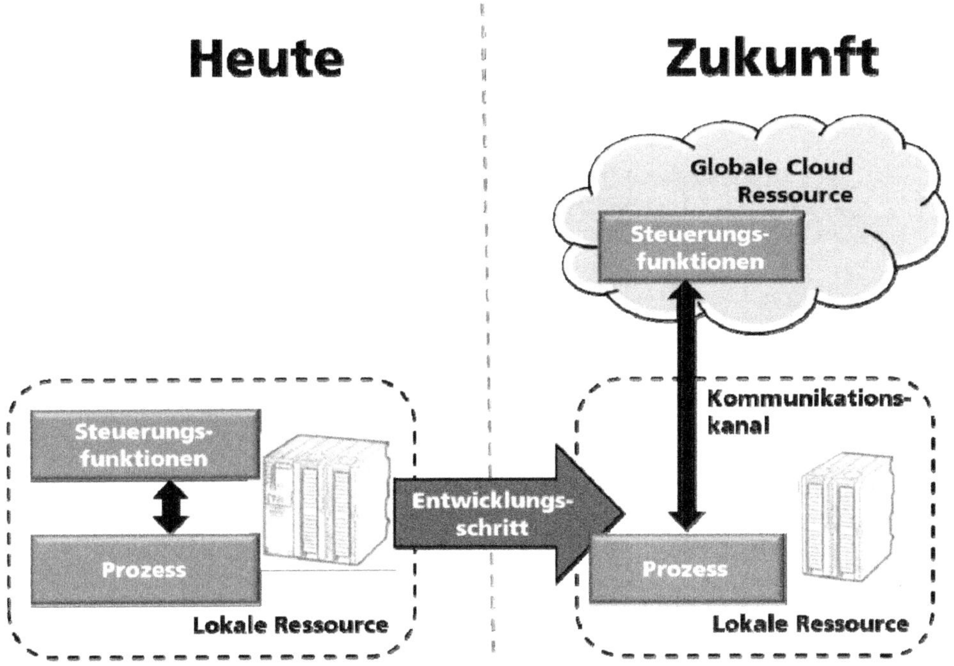

Abbildung 2: **Verlagerung von Steuerungsfunktionen in die Cloud**

Als Cyber-Physisches System werden eine Maschine, ein Roboter oder ein ganzes Produktionssystem betrachtet (Abbildung 3), die durch die Verlagerung der Steuerungsfunktionen in die Cloud einfach mit anderen Maschinen interagieren und ohne Hardwareschnittstellen mit ihnen Informationen über Services austauschen können. Somit sind die Grundlagen erfüllt, dass die Maschine wandelbar und lernend auf ihr Umfeld und die Bediener reagieren kann. Sie kann sich schneller und selbstständig an sich ändernde Einflüsse von außen anpassen, ohne manuell durch neue Hardwareverbindungen umkonfiguriert zu werden.

Eine cloudbasierte Steuerung bietet eine geeignete Grundlage für die Vernetzung und Bereitstellung von Rechenleistung für Cyber-Physische Systeme in der Produktionstechnik (Abbildung 3). Der Informationsaustausch zwischen Cyber-Physischen Systemen soll zukünftig ohne die Anpassung von Hardwareschnittstellen und Protokollen erfolgen. Die lokale Aktorik und Sensorik der Maschine ist über eine „Aktive Netzwerkbrücke", welche die Kopplung der Nichtechtzeit von Wide Area Networks (WAN) / Local Area Network (LAN) mit der Echtzeit im Inneren der Maschine übernimmt, mit der Cloud verbunden. Das Feldbussystem zwischen den Automatisierungskomponenten im Inneren der Maschine soll nicht verändert werden. In der Cloud wird unterschiedliche Hardware über ein Betriebssystem zusammengefasst und zur Verfügung gestellt. Unterschiedliche Instanzen einer Steuerung können gestartet werden, wobei die dabei instanziierten Module wie NC-Steuerung, Human Machine Interface (HMI), Speicherprogrammierbare Steuerung (SPS), Schnittstelle für Mehrwertdienste und das Communication Module (COM) miteinander kommunizieren. Benötigt ein Modul mehr Rechenperformance, wird diese dynamisch vom Betriebssystem zur Verfügung gestellt. Die Steuerung stellt lediglich einen Service innerhalb der Cloud dar.

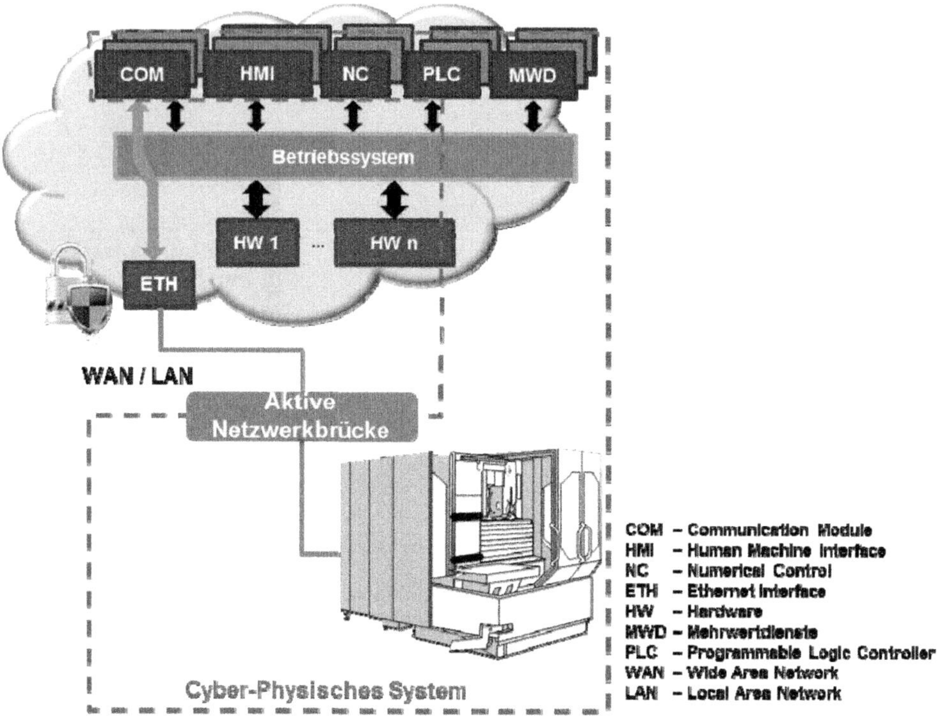

Abbildung 3: Systemgrenze für ein Cyber-Physisches System

Die cloudbasierte Steuerung bietet darüber hinaus weitere Möglichkeiten und Potenziale als Mehrwertdienste wie mit diesen Beispielen aufgezeigt wird:

- Eine flexible Bereitstellung von Steuerungsfunktionen wird gerade in wandlungsfähigen Produktionen zwei entscheidende Vorteile bieten. Zum einen ist es möglich, die Performance der Steuerungen zu skalieren, wenn sich die Anforderungen ändern. Es ist somit nicht mehr notwendig, überdimensionierte Steuerungshardware, die nahezu nie genutzt wird und im Fall neuer Anforderungen nicht mehr ausreichend ist, mit jedem Automatisierungssystem auszuliefern. Zum anderen wird eine räumliche Änderung der Anlagenanordnung sich einfacher realisieren lassen. Dazu ist eine strikte Trennung zwischen Hardware und Software notwendig. Es kann somit eine längere Verfügbarkeit als bei heutigen Steuerungsplattformen garantiert werden. Beide Vorteile tragen dazu bei, dass Anlagen mit Steuerungen in der Cloud deutlich zukunftssicherer sind.

- Die einzelnen Steuerungsinstanzen der Cyber-Physischen Systeme innerhalb der Cloud können durch Services kooperieren und interagieren. Hardwareschnittstellen sind nicht mehr notwendig. Die Flexibilität der Produktion wird dadurch deutlich steigen. Darüber hinaus sind die Vernetzung zwischen Cyber-Physischen Systemen, mobilen Geräten und die Interaktion mit dem Bediener (Innovative Bedienkonzepte) deutlich besser umzusetzen, wenn Teile der Steuerung in der Cloud realisiert sind.

- Gleiches gilt für das Aufspielen effizienterer Algorithmen (App-Konzept), die die Produktivität optimieren. Auch diese können vom Steuerungstechnikprovider einfach bei Bedarf auf bestehende Automatisierungssysteme aufgespielt werden. Weiterhin wird die Notwendigkeit, Hardware für Steuerungen und die zugehörige Firmware zum Nachstellen von Fehlerfällen beim Kunden vorzuhalten, entfallen. Steuerungstechnikprovider können sich direkt auf die Originalsteuerung einloggen und diese diagnostizieren.

- Die Abbildungen der realen Maschine als virtuelles System kann in der Cloud als Simulation erfolgen und die Simulationsergebnisse können allen Komponenten zur Verfügung gestellt werden. Dies unterstützt eine bessere Planung, Bewertung der Situation und Prozessoptimierung. Bei der Inbetriebnahme ist dann teilweise eine hohe Rechenleistung für die Simulation oder Kompilierung notwendig, die aber später im Betrieb nicht mehr oder nur zeitweise benötigt wird. Die Rechenleistung in der Cloud kann für jedes Cyber-Physische System frei skaliert werden.

- Die cloudbasierte Datenhaltung bietet darüber hinaus weitere Möglichkeiten der Fehlerdiagnose, beispielsweise zum Zwecke des verbesserten Herstellerservices. Gerade bei komplexen und teuren Anlagen gestaltet es sich schwierig, eine ausreichende Datenbasis aufzubauen, um zielgerichtet Lösungen ableiten zu können. Mit der Verlagerung der Steuerung in die Cloud stehen alle notwendigen Informationen bereit und können von mehreren Cyber-Physischen Systemen genutzt werden. An diesem zentralen Punkt wird es einfach möglich, ein Backup der gesamten Steuerung zu erzeugen, um so im Fehlerfall ein Reservesystem zu starten.

- Das Darstellen von Informationen kann besser an die Benutzer angepasst werden, da die Informationen nicht mehr nur von jeweils einer Steuerung verfügbar sind.

- Ein Backupsystem, bzw. Redundanzen über mehrere Server hinweg, erhöht die Verfügbarkeit und Sicherung der Steuerungsalgorithmen und der gewonnenen Ergebnisse.

- Auf den einzelnen Cyber-Physischen Systemen sind so wenig sensible Daten wie möglich temporär gespeichert. Die Zugriffsicherheit ist daher für die Cloud und die Kommunikation mit den Cyber-Physischen Systemen zu gewährleisten.
- Der Schutz der Prozessparameter und die Anwendung zeitgemäßer Sicherheitsmechanismen (Security) werden durch das flexible Steuerungskonzept ermöglicht. Beispielsweise sind auf heutigen speicherprogrammierbaren Steuerungen nur vergleichsweise einfache Sicherheitsmechanismen umgesetzt, die aufgrund der begrenzten Ressourcen nicht durch rechenintensivere neue Verfahren ersetzt werden können.

Neben den Vorteilen einer cloudbasierten Steuerung für Maschinen und Anlagen müssen allerdings die strengen Anforderungen der Produktionstechnik, wie Echtzeitfähigkeit, Verfügbarkeit und funktionale Sicherheit, weiterhin erfüllt werden können.

4 Kommunikation zwischen cloudbasierter Steuerung und Maschine

Die größte Herausforderung bei der Realisierung einer cloudbasierten Steuerung ist sicherlich die Kommunikation der Soll- und Ist-Werte zwischen der lokalen Maschine und den globalen Steuerungsfunktionen in der Cloud über öffentliche Netzwerke. Hierfür ist es wichtig, zuerst einmal die Größe und Zykluszeiten der zu kommunizierenden Nutzdaten zu kennen. Betrachtet man eine heutige 5-Achs-Werkzeugmaschine, ergeben sich folgende zu übertragende Nutzdaten:

Tabelle 1: Nutzdaten einer typischen 5-achsigen Werkzeugmaschine

		Quelle			
		Steuerung	HMI	Antriebe	E/A
Ziel	Steuerung	-	variabel	96 Byte	52 Byte
	HMI	variabel	-	*	*
	Antriebe	46 Byte	*	*	*
	E/A	50 Byte	*	*	*

* möglich aber nicht genutzt

Die zu übertragenden Soll- und Ist-Werte zwischen Antrieben (Spindel und 5 Achsen) und Steuerung begrenzen sich, wie in Tabelle 1 dargestellt, auf sehr geringe Datenmengen (46 – 96 Byte), welche aber im 1 ms-Zyklus transferiert werden müssen. Da die Lageregelung auf den Antriebsverstärkern erfolgt, werden lediglich das Antriebssteuerwort und der Lage-Soll-Wert an die Achsen übertragen. Die Synchronisation erfolgt dabei über Mechanismen der echtzeitfähigen Feldbussysteme. Bei der Spindel wird zusätzlich noch der Geschwindigkeits-Soll-Wert übermittelt. Als Ist-Werte werden Lage-Ist-Wert, Geschwindigkeits-Ist-Wert, Drehmoment-Ist-Wert und der Status der Endschalter übertragen.

Die von der Steuerung mit den E/A-Modulen kommunizierten Soll- und Ist-Werte (SPS-relevante Informationen) benötigen nur 50 – 52 Byte an Daten und werden ebenfalls im 1 ms-Zyklus übertragen. Die E/A-Daten sind im Vergleich zu den Achsdaten eher statisch (d.h. es treten kaum Änderungen auf). Auf Grund der langsamen Reaktionszeit der meisten E/A-Module wäre eine deutlich reduzierte Zykluszeit möglich.

Die zu übertragenden Daten zwischen der Benutzerschnittstelle (HMI) und der Steuerung sind abhängig von der aktuell vom Benutzer betrachteten Ansicht. Die zyklische Datenmenge übersteigt dabei selten 100 Byte bei gleichzeitig geringer Zykluszeit.

Nach einer Studie des Statistischen Bundesamtes nutzen 80% der deutschen Unternehmen mindestens einen DSL-Internetanschluss [4]. Ein Anwendungsszenario für eine cloudbasierte Werkzeugmaschinensteuerung wäre also, dass ein mittelständisches Unternehmen seine Maschine mit einer Steuerung aus der Cloud betreibt. Aus diesem Grund wird das Kommunikationsverhalten eines DSL-Internetanschlusses analysiert, in dem die Pakete über einen Proxyserver mit DSL-Anschluss geroutet werden. Die Übertragung der Daten erfolgt damit sowohl über Wide Area Network (WAN) als auch Local Area Networks (LAN). Eine Optimierung des Netzwerkverkehrs, z.B. durch Priorisierung oder spezielles Routing, soll dabei zunächst nicht betrachtet werden.

Um die Eigenschaften des Kommunikationskanals zu ermitteln, wurde ein Testsystem, wie in Abbildung 4 beschrieben, bestehend aus zwei Echtzeitbetriebssystemen für Sender und Empfänger, aufgebaut.

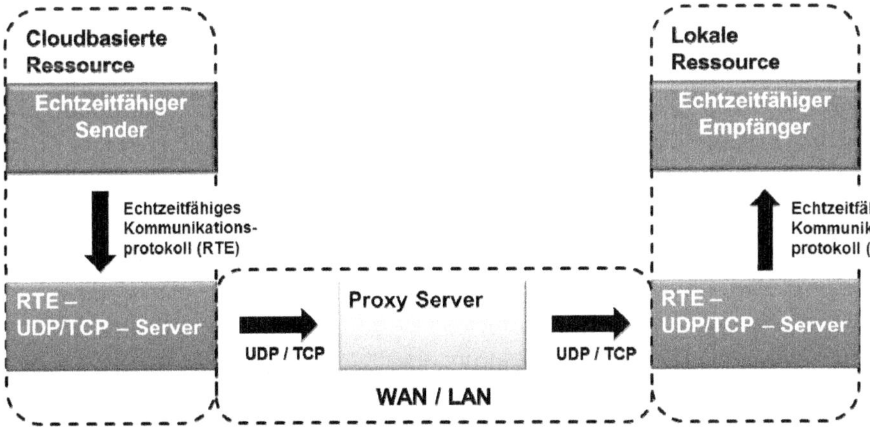

Abbildung 4: Aufbau Testsystem Kommunikationskanal

Der Sender verschickt jeweils im Millisekundentakt Pakete (8 Byte Nutzdaten). Vier Byte des Pakets werden hiervon als fortlaufende Zählvariable übertragen, um Ausfälle zu erkennen. Die Übertragung wurde wie folgt realisiert:

- Der erste Rechner mit Echtzeitbetriebssystem erzeugt Pakete (Sender).
- Die Pakete werden über echtzeitfähiges Ethernet RTE an einen auf dem PC installierten TCP- oder UDP-Server übergeben.
- Der TCP- oder UDP-Server übermittelt die Pakete an einen zweiten PC mit Echtzeitbetriebssystem und TCP- oder UDP-Server.
- Die Pakete werden über RTE in das zweite Echtzeitbetriebssystem (Empfänger) übertragen und ausgewertet.

Zur Stabilisierung der Verbindung wurde zusätzlich beim Empfänger ein Puffer implementiert, der Pakete zwischenspeichert. Dieser wird zu Beginn der Messung befüllt. Durch mehrere Tests konnten mit dem in Abbildung 4 beschriebenen Aufbau folgende Ergebnisse ermittelt werden (Abbildung 5):

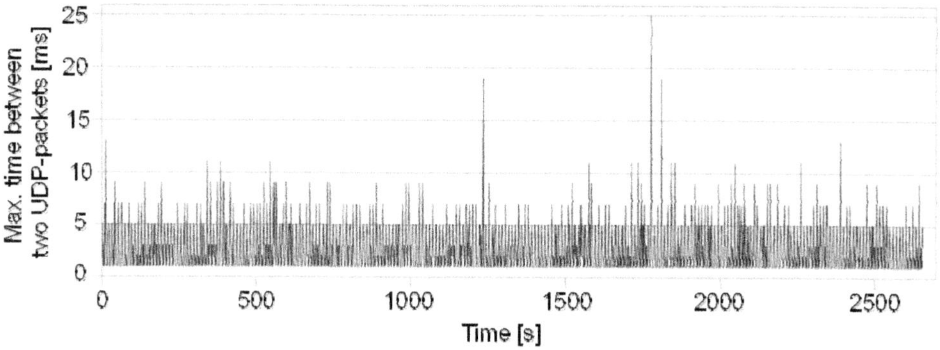

Abbildung 5: Ermittlung Eigenschaften Kommunikationskanal

Dabei ist zu erkennen, dass es durchaus bis zu 25 ms Verzögerungen zwischen zwei UDP-Paketen kommen kann. Teilweise sind bei dem Test auch einzelne Pakete ganz ausgefallen. Dies ist für einen industriellen Einsatz in der Produktion nicht tragbar. Geeignete Strategien, der Herausforderung bei der Kommunikation zu begegnen, sind im Folgenden dargestellt.

5 Strategien zur Kompensation von Herausforderungen im Kommunikationskanal

Bei der vorangegangenen Untersuchung der Kommunikation wurde der ungünstigste Fall betrachtet. Die Kommunikation über vordefinierte Routen unter Verwendung von Quality of Service (QoS) reduziert die Probleme der Kommunikation erheblich.

Im Folgenden werden jedoch Strategien vorgestellt, mit denen die identifizierten Probleme des Kommunikationskanals weiter kompensiert werden können und ein industrieller Einsatz für die Produktionstechnik möglich wird. Hierbei erfolgt eine Fokussierung auf die Kommunikation mit den Achsen, da diese die höchsten Anforderungen an die Kommunikation haben.

Die Latenz bei heutigen Maschinen mit Bahnsteuerungen (CNC) und modernen ethernetbasierenden Feldbussen liegt bei 1 ms. Werte darunter sind zwar möglich, werden jedoch nur in speziellen Anwendungsfällen angewandt [2].

Die Latenz bei der Nutzung von UDP zur Übertragung von Soll- und Ist-Werten liegt hingegen bei bis zu 25 ms. Findet die Lageregelung auf den Antriebsverstärkern statt, stellt eine Zykluszeitsteigerung kein Problem dar. Entscheidender ist an dieser Stelle, dass die Soll-Werte nicht mehr konstant in definierten Zyklen eintreffen (alternierende Latenz). Dies kann durch Puffer gelöst werden. Treten zusätzlich noch Latenzspitzen auf, muss der Puffer eine entsprechende Größe haben, um diese abzufangen. Die Synchronisation zwischen den Aktoren und Sensoren kann nach wie vor innerhalb der Maschine über das Feldbussystem und die aktive Netzwerkbrücke erfolgen. Die Soll-Werte müssen lediglich einen Zeitstempel erhalten, der angibt, zu welchem Zeitpunkt der Soll-Wert umgesetzt werden soll.

Im Gegensatz zu Soll-Werten müssen Ist-Werte nicht gepuffert werden, sondern können direkt an die Steuerung übergeben werden. Durch einen Zeitstempel wird genau erfasst, wann sie ermittelt wurden.

Entgegen der alternierenden Latenz wiegt der Ausfall von Soll-Werten schwerer. Durch den Ausfall wird die Prozessstabilität beeinträchtigt. Beispielsweise wird die Qualität der bearbeiteten Werkstückoberfläche durch einen nicht konstanten Vorschub negativ beeinflusst, im schlechtesten Fall werden sowohl Werkzeug als auch Werkstück zerstört. Die folgenden drei Ansätze können Auswirkungen auf den Prozess durch Telegrammausfälle verhindern:

1. Wird ein Telegrammausfall erkannt, können die fehlenden Soll-Werte interpoliert werden. Lediglich Informationen im Antriebssteuerwort können hierbei verloren gehen. Diese Informationen liegen aber normalerweise über mehrere Zyklen an, wodurch sich das Problem relativiert.
2. Durch den Puffer von mehreren 100 ms können theoretisch Soll-Werte erneut angefordert werden, bevor diese benötigt werden. Hierfür müssen allerdings die Soll-Werte in der Steuerung ebenfalls gespeichert werden, und entsprechende Kommunikationsmechanismen zum erneuten Anfordern von Soll-Werten müssen vorhanden sein.
3. Der Telegrammausfall wird ignoriert und einfach der nächste vorhandene Soll-Wert genutzt. Diese Strategie führt evtl. zu einer starken Beschleunigung, gefolgt von einer starken Verzögerung der Achsen. Weiterhin hat die Strategie zur Folge, dass der Puffer sich langsam leert. Um dieses zu verhindern, muss die Taktrate der CNC kurzzeitig erhöht werden, so dass der Puffer wieder aufgefüllt werden kann. Auch hier müssen Kommunikationsmechanismen zum Anfordern von zusätzlichen Soll-Werten vorhanden sein.

Eine weitere Möglichkeit ist die Nutzung von aus der Videoübertragungstechnik über das Internet bekannten Protokollen. Das Verfahren „Dynamic Adaptive Streaming over http" (DASH) bietet die Möglichkeit, Daten abhängig von der verfügbaren Bandbreite zu übertragen [5]. Für eine Maschinensteuerung aus der Cloud ist eine Einteilung nach Abbildung 6 denkbar. Demnach werden HMI-Daten nur bei voller Bandbreite, die ohnehin langsameren Daten für E/As bei mittlerer Bandbreite übertragen. Somit ist bei schwankender Bandbreite dennoch ein robuster Betrieb der Maschine mit stabilem Prozess möglich.

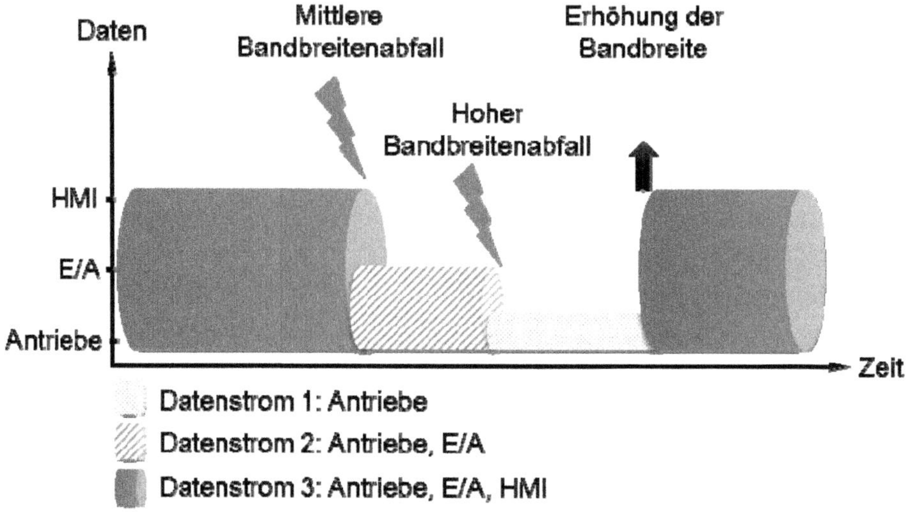

Abbildung 6: Dynamic Adaptive Streaming over HTTP für Maschinensteuerungen

Die vorgestellten Mechanismen stellen lediglich Methoden zur Kompensation für Steuerungsaufgaben dar. Im Fall einer Werkzeugmaschine lassen sich alle rechenintensiven Funktionen, wie Interpreter, Bahnvorbereitung, Transformation und Interpolation, innerhalb der Cloud berechnen.

Das Schließen von Regelkreisen über die Cloud lässt sich bisher nicht realisieren, da die Verwendung von Puffern eine Totzeit darstellt und das Regelverhalten negativ beeinflusst. Aus diesem Grund wurde in der Architektur eine aktive Netzwerkbrücke vorgesehen, die es erlaubt, Regelungsalgorithmen auszuführen. Die Soll- und Ist-Werte werden dabei über bestehende Feldbussysteme übertragen und die Regelungsalgorithmen auf der aktiven Netzwerkbrücke ausgeführt. Methoden zur adaptiven Regelung durch komplexe Algorithmen oder parallele Simulation lassen sich hingegen in der Cloud ausführen.

6 Literatur

[1] Bullinger H-J, Warnecke H-J, Westkämper E (2008) Neue Organisationsformen im Unternehmen. Springer, Berlin

[2] Pritschow G, (2006) Einführung in die Steuerungstechnik. Hanser, München Wien

[3] NN (2009) Automation 2020 - Bedeutung und Entwicklung der Automation bis zum Jahr 2020. Thesen und Handlungsfelder. VDI/VDE Gesellschaft, Baden Baden

[4] NN (2012) Nutzung von Informations- und Kommunikationstechnologien in Unternehmen. Statistisches Bundesamt, Wiesbaden

[5] ISO/IEC 23009-1 (2012), Information technology – Dynamic adaptive streaming over HTTP (DASH). Beuth

High-Performance Automation verbindet IT und Produktion

Dipl.-Ing. Gerd Hoppe, Beckhoff Automation GmbH

1 Einordnung

Aus der Perspektive der Informations- und Kommunikationstechnologien wurde im Jahre 2011 das Projekt „Industrie 4.0" konzipiert und in die Hightech-Strategie der Bundesregierung übernommen. Ende 2011 etablierte sich auf Initiative der Forschungsunion Wirtschaft-Wissenschaft (FU) ein Arbeitskreis „Industrie 4.0" unter Vorsitz von Dr. Siegfried Dais (Robert Bosch GmbH) und Prof. Henning Kagermann (acatech – Deutsche Akademie der Technikwissenschaften). Im März 2012 veröffentlichte die acatech eine Forschungsagenda CPS (Cyber Physical Systems) (Geisberger/Broy 2012).

„Industrie 4.0" bezeichnet einer der Thesen nach neue, durch einen Technologieumbruch eingeleitete Veränderung der Produktionswelt mittels einer weitgehenden Durchdringung durch CPS. Dieser Umbruch gehe laut o. g. Agenda einher mit ähnlichen Szenarien in anderen Bereichen der Gesellschaft, u.a. in den Bereichen Mobilität („Smart Mobility"), Gesundheit („E-Health, Ambient Assisted Living"), Gebäudemanagement („Smart Home") und eben Produktion und Logistik („Smart Factory", „Smart Logistics"), allesamt abstützend auf gemeinsame und durchgängige Kommunikationsnetze, Versorgungsinfrastrukturen und -systeme aus der Standard-Informationstechnologie. Die Studie beschreibt, wie zukünftig technische Systeme selbständig, autonom und auch via Internet Produktionsszenarien aufbauen, auflösen und neu konfigurieren können, um eine CPS-basierte Produktion ganz hierarchielos und in neuer Art beispielsweise auch in Losgröße 1 in effizienter Weise zu ermöglichen: Der Konsument steuert mit seinen Wünschen die Produktion von Erzeugnissen selbst.

2 Anforderungen an die zukünftige Produktion

Die Vision, Initiative und Promotion zu diesem Thema ist aus Sicht der Automatisierung und Produktionstechnologie sehr zu begrüßen, ruft sie doch öffentlichkeitswirksam der Politik und Gesellschaft in Erinnerung, welch hohen Stand im weltweiten Vergleich der Maschinenbau, die Produktionstechnik und Automatisierung in Deutschland und Westeuropa erreicht haben und weiter ausbauen wollen. Moderne Produktionsmethoden und -prozesse sollen zukünftig effizienter werden und ressourcen- und energieschonende Verfahren sollen den wachsenden Bedarf der Weltbevölkerung auf dem Weg zu einem höheren Lebensstandard decken, ohne den Rohstoff- und Energieverbrauch in gleicher Weise zu steigern.

Gleichzeitig soll die Flexibilität verbessert werden, damit auf jeden Wunsch nach einem Produkt oder Erzeugnis instantan reagiert werden kann.

Die Verfügbarkeit der Produktionsmittel soll steigen und nachhaltig werden, ebenso die Qualität der gelieferten Produkte und die Reproduzierbarkeit eines Produktionsprozesses. Produkte sollen über den Lebenszyklus nachverfolgbar werden, Produktionen sollen nach Bedarf frei skalierbar sein. All das soll zukünftig mit möglichst wenig oder für Produktionsmittel selbst bestenfalls ohne Engineering („Zero Engineering") erreichbar werden. Insbesondere sollen diese neuen Produktionstechnologien es erlauben, mit ein und derselben Infrastruktur zu Großserienkosten in einer Stückzahl 1 Losgröße neue, bei der Einrichtung der Produktionsmittel nicht bereits bekannte Produkte herzustellen.

Diese Anforderungen ergeben sich aus Problemen und Aufgabenstellungen in der täglichen Produktion von schnelllebigen Produkten mit sich überlappenden Bedarfen durch starke Nachfrageschübe. Dazu werden all die oben genannten Eigenschaften und Fähigkeiten in Produktionsanlagen benötigt, in denen ein Produkt anläuft, während gleichzeitig ein älteres seinen Nachfragehöhepunkt erreicht, und in denen die Produktionskapazität entsprechend flexibel skaliert wird (s. Abbildung 1).

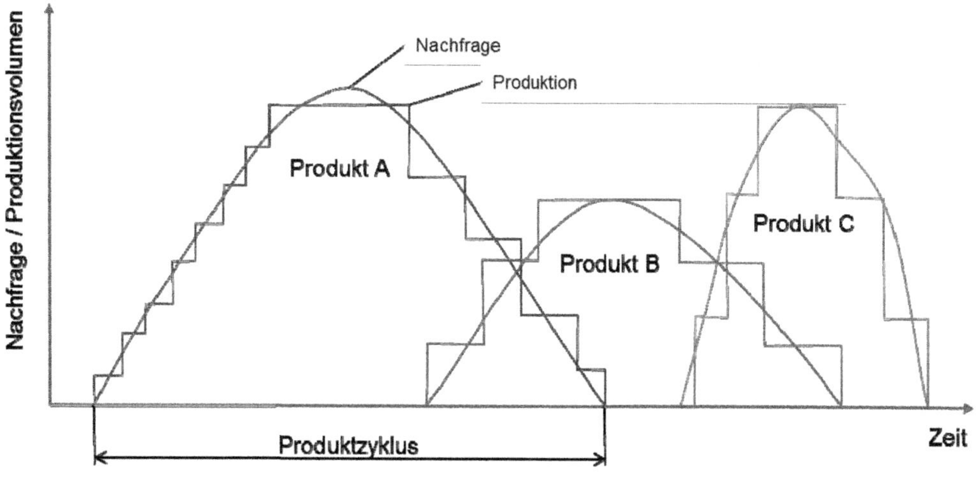

Abbildung 1: Skalierbare Produktionsmittel

3 Anforderungen an zukünftige Automatisierungstechnik

Aus den oben genannten Entwicklungen in der Produktionstechnik können Anforderungen an die Automatisierungstechnologie abgeleitet werden. So muss zukünftig das Engineering weitgehend automatisch in durchgängigen Werkzeugen ablaufen, wo heute „per Hand" gearbeitet wird, Informationen müssen über standardisierte Schnittstellen in sicherer Kommunikation horizontal und vertikal austauschbar sein, Track & Trace von einzelnen Produkten wird zu einem Standardfeature in der Produktion, Selbstoptimierung, Zustandsüberwachung, Condition Monitoring von Produktionsmitteln ebenso.

Insbesondere die Szenarien von Industrie 4.0 zeigen, dass bei der Herstellung von Produkten neben dem Materialfluss ein Datenstrom durch die Fertigungsanlagen bewegt werden wird, der erhebliche Anforderungen an die Automatisierungstechnik in Bezug auf Speicherplatz, Kommunikationsfähigkeiten und Rechenleistung stellt.

4 Notwendige Voraussetzungen für Industrie 4.0

In der Praxis sind moderne Produktionssysteme bereits heute in sehr flexibler Art untereinander verbunden, auch zwischen Produktionsbetrieben und ihren Zulieferern. Ihre Organisation wird oftmals in bekannten Organisationspyramiden dargestellt. In diesen Organisationen gibt es weitgehend vernetzte Produktionssysteme, die Auftragsdaten von Unternehmensleitsystemen entgegennehmen und an diese zurückmelden: In der modernen Produktionstechnologie sind lokale Ökosysteme von cyber-physischen Systemen entstanden, in denen Bedarfe und Produktionskapazitäten balanciert werden und eine Produktion abgewickelt wird. Solche Systeme sind proprietär, für spezifische Produktionen und vornehmlich für vorausschauend geplante Produkte und deren Variantenvielfalt ausgelegt: Es fehlen die beschriebenen Eigenschaften der Allgegenwärtigkeit von Informationen und Kenntnis über deren Bedeutung in allen Bereichen der Wirtschaft, wie beschrieben, sowie die Fähigkeit, völlig neue, nicht im Voraus geplante Produktionsfunktionen ausführen zu können. In diesem Sinne sind moderne Produktionsanlagen mit Vernetzung zu Just-in-time-Lieferanten und Distributionen und der Fähigkeit zu Fertigung in Losgröße Eins bereits heute vielfach als firmenspezifische Vorläufersysteme von Industrie 4.0 anzusehen, von Siemens beispielsweise als „Industrie 3.x" bezeichnet (Wegener, 2013)

Aus Sicht der Produktionstechnologie wird sich eine logische und evolutionäre Weiterentwicklung zu besserer Vernetzung und Verbindung in horizontaler und vertikaler Richtung ergeben (Abbildung 2, Aufweichung von Produktionspyramiden): Innerhalb eines Unternehmens, über mehrere Ebenen hinweg und zwischen Unternehmen weltweit auf unterschiedlichen Ebenen werden zukünftig mehr und mehr Daten von CPS ausgetauscht werden. (Es sei in Erinnerung gerufen, dass die Definition von Cyber Physical Systems explizit Geräte, Anlagen und Systeme umfasst.) Neu und zukunftsweisend ist der Ansatz, aus produktionsspezifischen Insellösungen nun allgemein verwendbare und interagierende Geräte, Aggregate und Systeme (CPS) zu schaffen, deren Zusammenstellung und Interaktion ohne Engineering in „Handarbeit" gelingt und welche die Fähigkeit bereitstellen, neue, beim Geräte- oder Anlagenengineering nicht vorausgeplante Erzeugnisse zu produzieren.

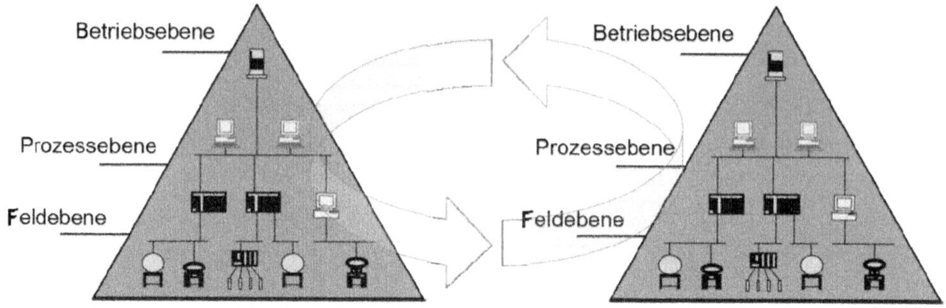

Abbildung 2: Aufweichung von Produktionspyramiden

Ansätze in dieser Art wurden vielfältig untersucht und erforscht, so beispielsweise in einem EU Forschungsprojekt des Frameworks FP6 mit Namen „EUPASS", in dem ein offenes Ökosystem von Aggregaten und Maschinen vorgeschlagen und untersucht wurde, bei dem Fertigungsszenarien frei aus der Zusammenstellung von generischen Maschinenmodulen erstellt werden konnten. Die Eigenschaften der Maschinenmodule sollten in internetbasierten Datenbanken („Repositories") beschrieben werden und durchsuchbar sein (Hoppe, 2006). Aus den praktischen Erfahrungen der existierenden Produktionstechnologie und den Anforderungen an eine zukünftige Systemarchitektur und weitere Systemelemente können daraus möglicherweise Erkenntnisse für die Evolution zu Industrie 4.0 gewonnen werden.

Um das Ziel der in der Industrie 4.0-Studie beschriebenen flexiblen, anpassungsfähigen, auch Neues beherrschenden Infrastruktur für Produktionssysteme zu erreichen, sehe ich als notwendige Elemente, auf die im Weiteren näher eingegangen werden soll:

- Höhere Rechenleistung für Steuerungssysteme,
- höhere Geschwindigkeit im Steuerungsablauf,
- höhere Bandbreite und Synchronität im Interface zum Prozess,
- breitere Kommunikationsfähigkeit,
- Beschreibbarkeit generischer Produktionsfähigkeiten und Beziehungen von Produktkomponenten zu Prozessschritten im Sinne einer Sprache zwischen Maschinensteuerungen.

5 High Performance Automation

Grundlage für alle Überlegungen zu Industrie 4.0 bildet die fortlaufend weitere Leistungsentwicklung der allgemeinen Computertechnik, beschrieben durch Moore und Denning. Gordon Moore sagte 1965 die Abnahme der Größe von Strukturelementen in Halbleiterchips voraus ($n_2 = n_1 2^{\left(\frac{y_2 - y_1}{2}\right)}$); Robert Denning 1974 den Zusammenhang zwischen Strukturgröße und Geschwindigkeit (Scaling Theory of MOSFETs: $0.7 = \frac{1}{k}$).

Ausgehend von Roadmap-Veröffentlichungen von Intel zur weiteren Entwicklung der Strukturgröße von Halbleitern erwartet Beckhoff im Jahr 2020 näherungsweise die Verfügbarkeit eines Äquivalents von 128 x86 Kernen (Cores) im Formfaktor einer Standard-CPU. Ausgehend von heutigen Standard-CPU mit 4 Kernen würde das einen Leistungszuwachs um den Faktor 32 bedeuten, andersherum ausgedrückt: Eine heutige Standard-CPU besäße 2020 nur etwa 3% der Leistung dann aktueller CPUs.

5.1 Rechenleistung

Sollte dieses Szenario eintreten, dann muss notwendigerweise diese Rechenleistung zielstrebig für Produktionsanwendungen verfügbar gemacht und genutzt werden. Einerseits kann dies dahingehend geschehen, dass komplexere und neuere Produktionsszenarien, wie etwa die in Industrie 4.0 beschriebenen, beherrschbar werden, andererseits ist primär die Produktionsanwendung selbst, also die Prozessbeherrschung und -steuerung zu verbessern, um bessere Produkte in höherer Präzision zu niedrigerem Preis in kürzerer Zeit und mit weniger Energie und Rohstoffen zu fertigen. Angesichts der Verknappung von Ressourcen und Energie bei steigendem Lebensstandard weiter Teile der Weltbevölkerung ist dies eine der wichtigsten und drängendsten Aufgaben der modernen Produktionstechnik.

Während typische Steuerungsprogramme derzeit bei 1 Millisekunde Zykluszeit als „schnell" angesehen werden, ermöglichen CPU mit etwa 3 GHz Takt die Bearbeitung von SPS-Code mit Geschwindigkeiten von unter 1 Mikrosekunde für 1.000 Zeilen Quellcode. Diese Rechenzeit ist recht unabhängig von der gewählten Programmiersprache, womit sich eine Diskussion der geeignetsten Programmiersprache erübrigt (der Vollständigkeit halber sei erwähnt, dass die Sprachen C/C++ zu etwas „schnellerem" Code compiliert werden, jedoch kein Debugging mit der notwendigen Eigenschaft „Online Change", also der Änderung zur Laufzeit, ermöglichen). Damit erwächst die Möglichkeit, die klassische „schnelle" Zykluszeit von 1 Millisekunde zunächst auf 100 Mikrosekunden zu senken, und zukünftig gegebenenfalls darunter.

Die praktische Ausführung von heutigen CPU in Strukturen mit mehreren unabhängigen Rechenkernen macht es zunehmend notwendig, Rechenalgorithmen auf diese Kerne unter Berücksichtigung der Echtzeitanforderungen des Prozesses und der notwendigen Daten- und Zeitkonsistenz für die Rechenergebnisse und Ein- und Ausgabedaten zum Prozess zu verteilen. Ein Beispiel hierfür ist die Steuerungssoftware TwinCAT von Beckhoff Automation, deren Echtzeitimplementierung die dynamische Instanziierung und den Ablauf von Algorithmen in Form von Software-Objekten auf bis zu 128 Kernen in bis zu 65.000 Tasks ermöglicht. Unterstützt werden dabei derzeit in einem im Übrigen ausbaufähigen Compilermodell die Programmiersprachen IEC61131-3 Code, C und C++ sowie

Matlab/Simulink. Als Zielsystem stehen x86- und ARM-Prozessoren zur Verfügung, was eine breite Palette von skalierbaren Steuerungsanwendungen eröffnet.

Die enorme und weiter voranschreitende Steigerung der Rechenleistung erlaubt die Verbindung komplexer Algorithmen, wissenschaftlicher Methoden und die Verbindung aller mit dem Fertigungsprozess verbundenen Anwendungen möglichst in einer einzigen Engineering-Umgebung (Abbildung 3) (Dresselhaus, Frank, Papenfort 2013). Diese Vorgehensweise führt in Verbindung mit schneller und hochgenauer Steuerungstechnik zur direkten Verbesserung der Präzision und Toleranz von Erzeugnissen und reduziert unzweifelhaft die Engineering Aufwendungen erheblich. Außerdem erlaubt die Verbindung aller mit dem Fertigungsprozess verbundenen Anwendungen in einer einzigen Engineering-Umgebung neue Lösungen, die in schmalbandig verbundenen Teilsystemen nicht lösbar wären.

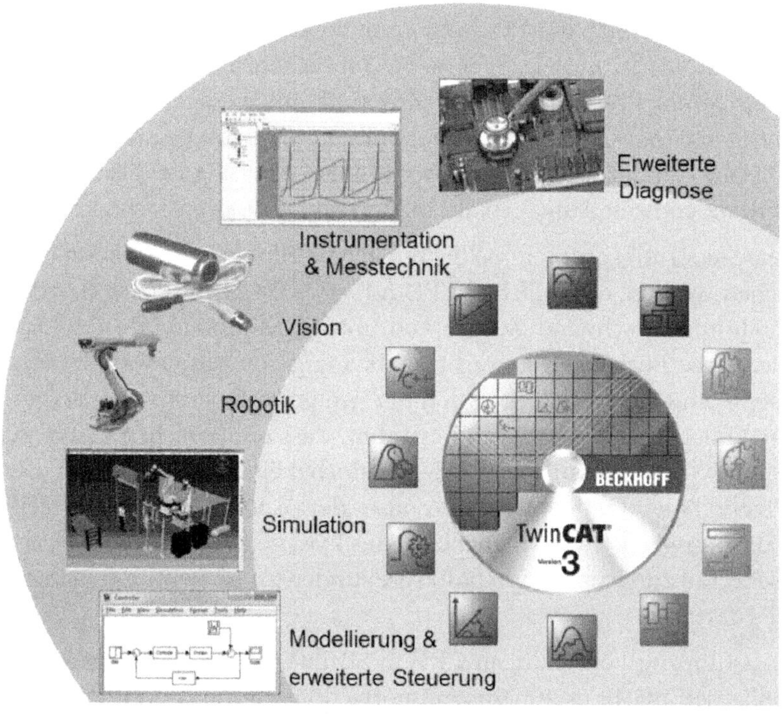

Abbildung 3: Verschmelzen der Engineering Domänen

CPU mit dieser hohen Rechenleistung zur Ausführung von Software mit dieser neuen „schnellen" Zykluszeit müssen notwendigerweise ohne Zeitverzug und in hoher Synchronität mit dem Fertigungsprozess verbunden werden. Dazu ist die Kommunikation zum Prozess von unterlagerten Zyklen zu befreien und zu beschleunigen. Ebenso kann die Ein- und Ausgabe von Signalen für die Maschine oder Anlage von den Schwankungen der Softwareausführung der Steuerung und von den Schwankungen der Telegrammpropagation durch industrielle Netzwerke abgekoppelt werden.

5.2 Prozesskommunikation

Zur optimalen Nutzung von hoher Rechenleistung ist ein ebenso rascher Datenaustausch mit dem Prozessabbild des Fertigungsprozesses wünschenswert. Dazu haben sich in den letzten Jahren Feldbussysteme in der allgemeinen Automatisierungstechnik weitgehend etabliert. Steuerungssoftware in der Produktionstechnik arbeitet in vielen Fällen zyklisch gesteuert. Gerade für die einfache und unkomplizierte Verwendung von Standardrechnern bietet sich die Kombination dieser Technologien an, kann die Steuerungssoftware doch einfach ausgeführt und die Peripherie an einen handelsüblichen Rechner möglichst per Ethernet-Netzwerk angeschlossen werden, weswegen die weiteren Ausführungen auf diese Art der zyklisch arbeitenden Steuerungen mit Peripherieanbindungen per Feldbus tiefer eingehen und andere nicht behandeln.

Feldbussysteme arbeiten üblicherweise mit einem Datenaustausch per Kommunikationstelegramm zwischen Steuerung und Ein-/Ausgangs-Peripherie – typisch einmal per Steuerungszyklus. In der Vergangenheit wurde vornehmlich in den Feldbussystemen der ersten Generation das Prozessabbild aus der Steuerung nach jedem Steuerungszyklus in eine Feldbus-Master-Anbindung mit eigener CPU und eigenem Speicher übertragen und von dort in einem Feldbus-Kommunikationszyklus an die lokalen Feldbusknoten verteilt, welche in einem lokalen Kopierzyklus das empfangene Ausgangsprozessabbild an Ausgänge und für ein Eingangsprozessabbild Informationen von Eingängen gelesen und kopiert haben (s. Abbildung 4).

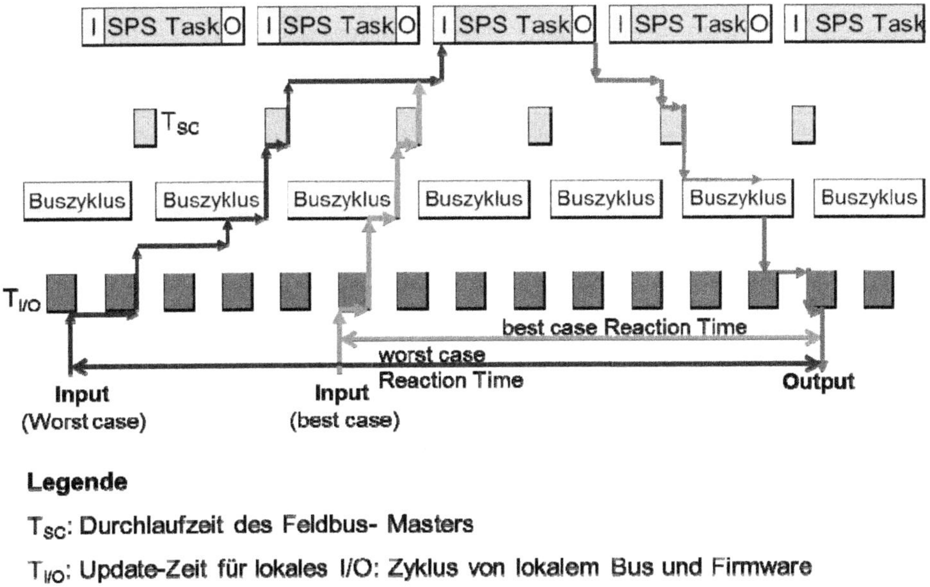

Abbildung 4: Reaktion Feldbuszyklus Generation 1, Quelle: EtherCAT Technology Group, 2009

Bei Steuerungen mit traditionellem Feldbussystem der ersten Generation ist aus heutiger Sicht der signifikante Unterschied zwischen der Zykluszeit der Steuerung und des Feldbussystems sowie der eigentlichen Reaktionszeit der Steuerung auf ein Eingangssignal hervorzuheben: die Reaktionszeit beträgt bei vielen derartigen Steuerungen typischerweise 3 bis 5 Steuerungszyklen. Hervorgerufen wird diese lange Reaktionszeit durch die weitgehende Asynchronität der Datenübergabe zwischen der CPU der Steuerung und deren eigenem Prozessabbild und denjenigen Prozessabbildern des Feldbus-Masters sowie der einzelnen lokalen Feldbusknoten. Oft haben alle drei Ebenen der Steuerung (CPU, Master, lokale Knoten) eigene, asynchron zueinander gekoppelte Prozessdatenzyklen. Hinzu kommt die Verarbeitung von Feldbustelegrammen in Protokollstacks der Knoten. Diese müssen zunächst ein ganzes Telegramm empfangen und per Software analysieren, bevor eine Antwort formuliert und versendet werden kann.

Sucht man nach der besten Reaktionszeit einer zyklischen Steuerung, dann findet man, dass diese in keinem Fall kleiner als zwei Steuerungszyklen sein kann, weil externe Ereignisse und der Steuerungszyklus selbst üblicherweise in einem asynchronen Zeitverhältnis zueinander stehen: Eine Reaktionszeit von zwei Steuerungszyklen ist die ideale Reaktionszeit für ein zyklisch arbeitendes Steuerungssystem. (Es sei an dieser Stelle an das Nyquist Theorem erinnert.)

Für die bestmögliche Nutzung der weiter zunehmenden Rechnerleistung für Automatisierungszwecke ist also eine Feldbusanbindung ohne (dazu womöglich sogar noch asynchrone) Informationspuffer und mit hoher Bandbreite ideal. EtherCAT ist ein Feldbussystem, welches die Prinzipien der hohen Bandbreite und durchgängigen Synchronisierung konsequent umgesetzt hat (www.Ethercat.org). Neben der durchgängigen Synchronisierung wird außerdem das Feldbustelegramm im Durchlauf ohne Verzögerung oder Zwischenspeicherung verarbeitet: Bei vergleichbarer Anordnung (zyklische Steuerung, ein Feldbuszyklus pro Steuerungszyklus) erreicht eine Steuerung mit EtherCAT eine Reaktionszeit von zwei Steuerungszyklen (vergl. Abbildung 5).

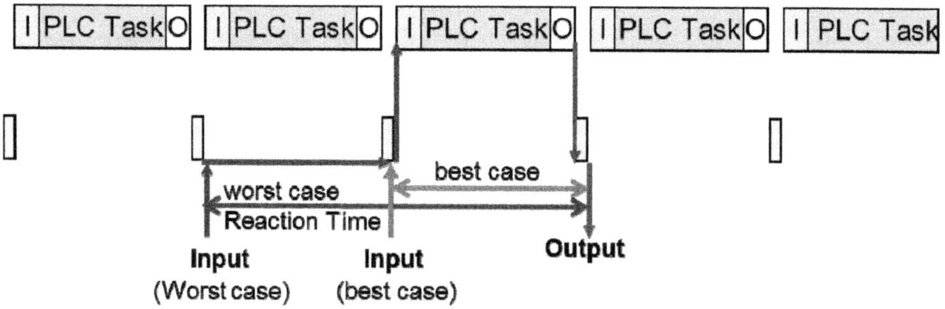

Abbildung 5: **Reaktion Feldbus Generation 2, Quelle: EtherCAT Technology Group, 2009**

Moderne CPU benötigen bei der Bearbeitung von Rechenaufgaben zusätzliche, zunehmend schwankende Zeit für die Verwaltung interner Ressourcen, so z.B. Cache, Cores, interne Datenbusse, Grafikeinheiten, etc.. Telegramme von Feldbussen werden am Ende des Steuerungszyklus nicht sehr deterministisch transportiert und Dateninhalte ausgewertet. Folglich unterliegt in solchen Systemen, deren Signalerfassung zeitlich von Anfang oder Ende des Steuerungszyklus oder vom Eintreffen eines Telegramms abhängen, die Signalerfassung und –Ausgabe von Ein- und Ausgängen einer gewissen Schwankungsbreite, die grundsätzlich unerwünscht ist. Solche Schwankungen würden den Abtastzeitpunkt variieren, was gerade bei digitalen Reglern erhebliche Einflüsse auf die Parametergrößen hat.

Vorteilhaft erfolgt die Ein- und Ausgabe von Signalen zeitlich konstant zu definierten Zeitpunkten unabhängig von Schwankungen des Steuerungs- oder Kommunikationszyklus. Das hat den zusätzlichen Vorteil, dass Signale auch erfasst oder ausgegeben werden können, wenn gerade gar kein Kommunikationsereignis erfolgt. Typische Steuerungen mit Feldbus-I/O können hingegen lediglich mit der zeitlichen Auflösung der Buskommunikation Signale erfassen und ausgeben.

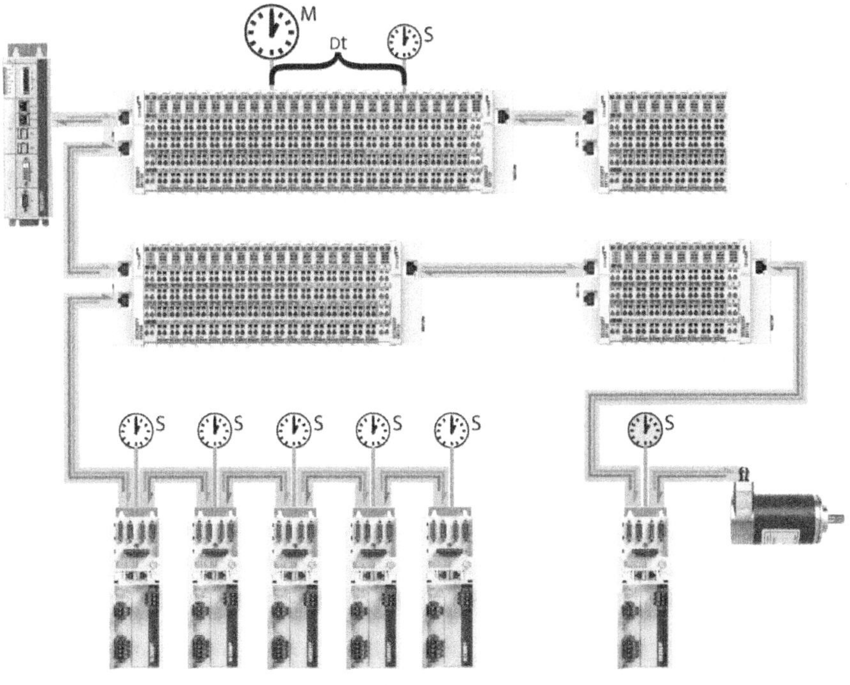

Abbildung 6: XFC Distributed clocks, Quelle: EtherCAT Technology Group, 2009

Beispielhaft hat Beckhoff mit XFC eine solche Peripherietechnologie entwickelt: Ein-/Ausgabe- Baugruppen geben ihre Signale zu vorbestimmten Zeiten ein oder aus, diese Zeiten werden von synchronisierten Uhren abgeleitet, die in den Peripheriebaugruppen enthalten sind und nicht in der Steuerung. Interne Zeitbasis ist eine Nanosekunde, Uhrzeit-Zählbreite ist 64 Bit, was einem Zählzeitraum von 584

Jahren entspricht. Sämtliche Uhren eines Systems (auch über mehrere Steuerungen hinweg) werden mit einer Synchronität von besser als 100 Nanosekunden synchronisiert (s. Abbildung 6).

Als Ergebnis werden sämtliche Eingangssignale mit Zeitstempel versehen, so dass auch Eingangsflanken zwischen Telegrammzyklen erfasst werden, ebenso ist die Ausgabe von Signalen zwischen Telegrammzyklen zu Zeitpunkten der Zeitstempel möglich. Mit schnellen Signal-Ein-/Ausgängen wird auch die Behandlung von Signalen ermöglicht, die zeitlich kürzer sind als ein Steuerungszyklus.

Als besonderer Nebeneffekt kann die Abtastvarianz der Steuerung vollständig eliminiert werden, wenn man in Kauf nimmt, dass grundsätzlich die Reaktionszeit von zwei Steuerungszyklen als Regel-Reaktionszeit für die Ausgabe von Signalen verwendet wird:

Dazu wird zunächst der Trigger zur Datenerfassung von Eingängen (digitale Latches, Analog-Digital-Wandler) nicht von einem Telegramm, sondern von der synchronisierten Uhrenbasis der Feldgeräte gestartet oder zu jeder Zeit durch ein Triggerereignis, beispielsweise eine steigende Signalflanke, ausgelöst und das Signal mit einem Zeitstempel versehen. Ein erstes Telegramm transportiert einige Mikrosekunden später die fertig gewandelten digitalen Eingangswerte und Zeitstempel zur CPU. Die CPU bearbeitet Rechenalgorithmen, und ein zweites Telegramm transportiert nach derzeit etwa 50 Mikrosekunden Rechenzeit die Arbeitsergebnisse für die Ausgänge zu den Feldgeräten, welche diese Ausgangsinformationen wandeln und entweder sofort oder zur vorgegebenen Ausgabezeit ausgeben (Abbildung 7).

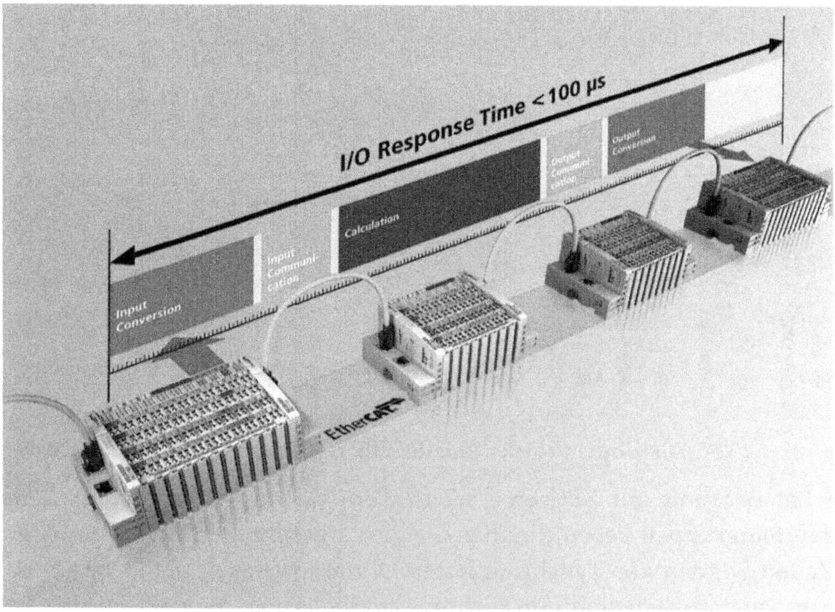

Abbildung 7: Reaktionszeit kleiner 100 µs, Quelle Beckhoff 2009

Auf diese Weise wird eine beste Reaktionszeit der Steuerung von weniger als 100 Mikrosekunden erreicht, und gleichzeitig kann für ein beliebig auftretendes Eingangssignal ein zeitsynchrones Ausgangssignal nach weniger als 200 Mikrosekunden erzeugt werden (Abbildung 8).

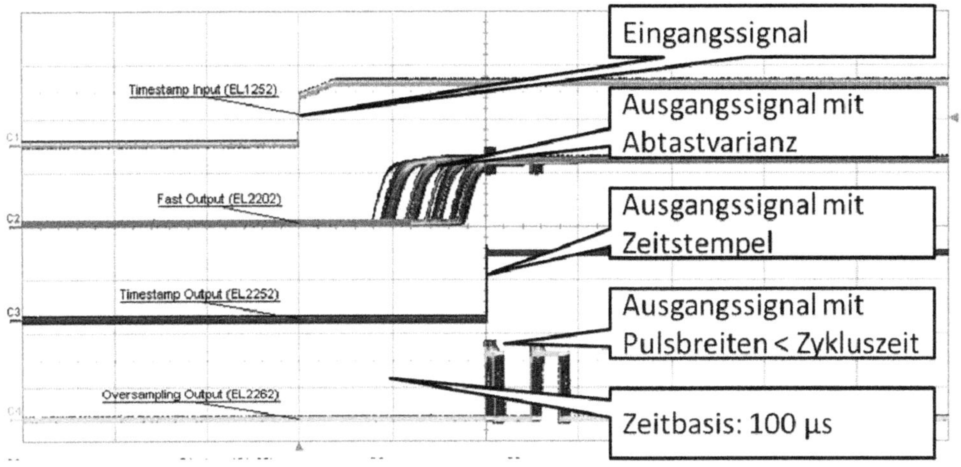

Abbildung 8: Messung Reaktionszeit XFC, Quelle , Beckhoff 2008

5.3 Eine neue Klasse der Automatisierungstechnologie

Mit einer solchen vorteilhaften Kommunikationstechnologie kann die Rechenleistung von mehreren Kernen einer Standard-CPU mit kleinen Abhängigkeiten von Ressourcen oder Ausbreitungsverzögerung von Feldbustelegrammen in schnellster Weise mit einem Fertigungsprozess verbunden werden. Mit einer solchen Strategie der zeitlichen Entkopplung der Ein-/Ausgabe von Signalen von der Steuerung und fortwährender Weiterentwicklung hin zu hochleistungsfähigen Steuerungssystemen gelingt eine erhebliche Verbesserung der heutigen bekannten Fertigungsqualität von Maschinen mit herkömmlicher Automatisierungstechnologie. Damit können Produkte mit kleineren Toleranzen, folglich auch mit weniger Rohstoff- und Energieverbrauch hergestellt werden.

Diese Entwicklung hin zu einer neuen Qualität und Geschwindigkeit der Produktion durch neue Automatisierungstechnologie wird im Fokus zukünftiger Automatisierungssysteme stehen. Ausgehend von einem fortwährenden Leistungsschub der allgemeinen Informationstechnologie können durch innovative Automatisierungstechnologie ganz konkrete Verbesserungen an Erzeugnissen in Bezug auf Qualität, Ressourcen- und Energieverbrauch erreicht werden, und nicht nur sekundäre Vorteile, wie z.B. flexiblere Fertigung oder schnelleres Engineering.

So hat der Spritzgussmaschinenhersteller Husky bereits 2006 eine Studie (Choi, 2006) veröffentlicht, in der die hochsynchrone Steuerung von Spritzgussmaschinen mit einer herkömmlichen, in Teilen asynchronen Steuerungsweise verglichen wird. Durch die harte Synchronisierung und Senkung des Regeltaktes von zwei Millisekunden auf 250 Mikrosekunden können auf einer Maschine allein 125 Tonnen Kunststoffgranulat zu 182.000,00 USD pro Jahr eingespart werden, in dem die Regelabweichung für den Fülldruck der Formen minimiert wird (S. Abbildung 9).

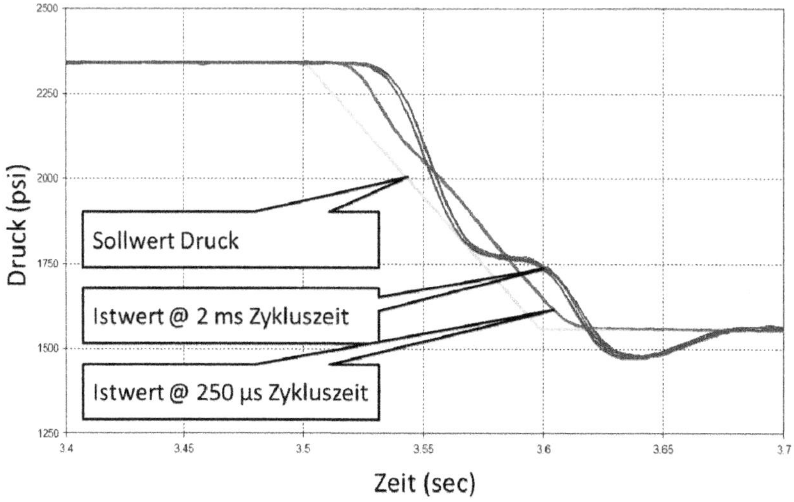

Abbildung 9: Übergang Druckregelung Quelle: Husky, 2006

Aber auch für ganz einfache Produktionsvorgänge besitzt diese Hochleistungsautomatisierung den Vorteil, dass ganz einfach Zeit gespart wird: die nun schnellere Reaktionszeit der Steuerung verkürzt jede Wartezeit der Maschine in einer Transition von einem Fertigungsschritt zum nächsten, für welche die Steuerung das Ende des vorhergehenden Fertigungsschrittes abfragt (beispielsweise mittels eines Sensors für eine Endlage einer pneumatischen Achse) und den nächsten Fertigungsschritt durch Setzen eines neuen Ausgangswertes ansteuert. In Abbildung 10 wird eine Anordnung gezeigt, in der diese einfache Bewegung wahlweise mit unterschiedlich schnellen Feldbussen ausgeführt werden kann.

Die Zeitersparnis in der Produktion ist abhängig von der Prozesszeit für ein Teil, der Anzahl der Fortschaltbedingungen im zeitkritischen Pfad und dem Zeitunterschied der Reaktionszeiten von vorbekannter und neuer Steuerung.

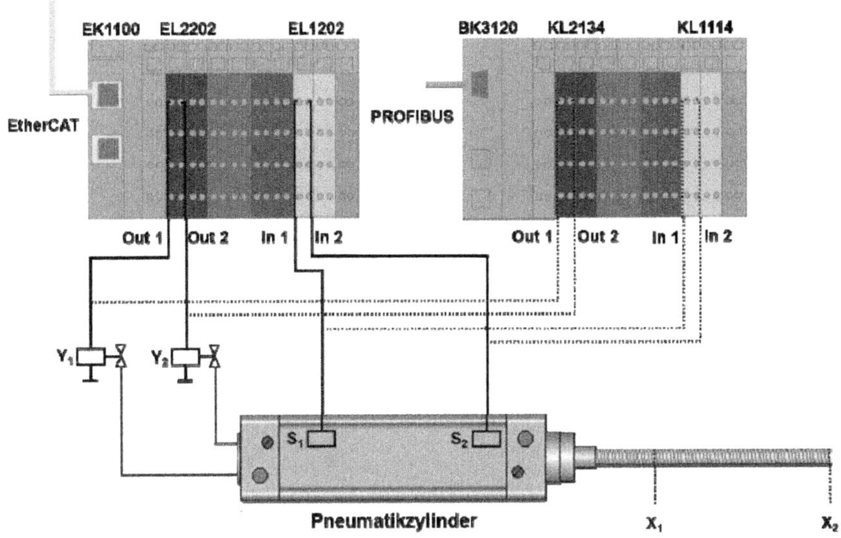

Abbildung 10 **Anwendung mit zwei Transitionen,. Quelle: EtherCAT Technology Group 2012**

Die Produktionszeit- Reduktion in % (Zuwachs an Maschineneffizienz) beträgt in allgemeiner Form

$$T_{d\%} = \frac{N_{r2} \bullet T_{c2} - N_{r1} \bullet T_{c1}}{T_t} \text{ ; wobei}$$

$T_{d\%}$ = Maschinen Zykluszeitreduktion (%)

N_{r1} = Ø Anzahl Steuerungszyklen für E/A Reaktion Steuerung 1

N_{r2} = Ø Anzahl Steuerungszyklen für E/A Reaktion Steuerung 2

T_{c1} = Steuerungs-Zykluszeit 1 (die kürzere Zykluszeit)

T_{c2} = Steuerungs-Zykluszeit 1 (die längere Zykluszeit)

T_t = Zeit zwischen 2 Steuerungs-Transitionen

Ein Beispiel für die Steigerung der Effizienz des gezeigten einfachen Fertigungsbeispiels „Stempel" durch Ersatz eines Profibus-Systems mit typischen 5 Millisekunden Zykluszeit durch ein schnelles EtherCAT System mit 100 Mikrosekunden Zykluszeit ist in Abbildung 11 gezeigt.

Daraus folgt, dass diese neue schnelle Fertigungstechnik auch einfachste Produktionsvorgänge beschleunigt und nebenbei zur Verkleinerung von Fertigungstoleranzen beitragen kann. Eine Anwendung nur bei „High-End"- Anwendungen wäre daher zu einschränkend. Das Beispiel zeigt auch ganz plastisch, dass tatsächlich Maschinen und Anlagen auf deren Steuerungen „warten" und einige Prozent eines Fertigungstages mit Warten für Informationstransfer, Kopieren durch asynchrone Puffer und Rechenzeit verbracht werden: soweit diese im zeitkritischen Pfad der Anwendung liegen, lohnt sich eine Beseitigung sehr schnell.

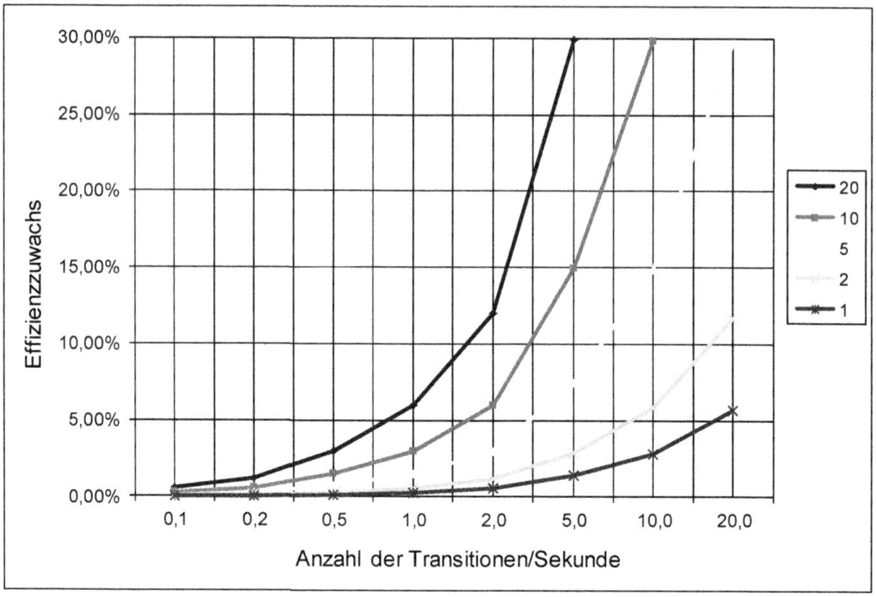

Abbildung 11: Effizienz Zuwachs Quelle: EtherCAT Technology Group 2012

Zukünftig werden Messtechnik, Condition Monitoring, präventive Wartung, Vision, Simulation, Modellierung und viele weitere Spezialgebiete der Fertigungstechnik in solchen Hochleistungssteuerungen mit behandelt werden, die heute meist mit zusätzlichen Systemen in Fertigungsumgebungen implementiert und mit hohem Aufwand in das Automatisierungssystem integriert werden (Dresselhaus, Frank, Papenfort, 2013).

Zusätzlich kommen neue Aufgaben der Organisation des Fertigungsablaufs zwischen Cyber-physical-Systems auf die Intelligenz (Steuerung) eines Aggregats in der Produktion hinzu, verbunden mit der Aufbereitung, Speicherung und Kommunikation von Daten über jedes einzelne Werkstück eines Produktionsprozesses, worauf im Weiteren eingegangen wird.

6 Kommunikation – die Welt trifft sich auf dem PC

Aus der heutigen Alltagswelt ist die persönliche Computertechnik – ob nun in Form eines PC, Tablets, oder Smartphones – nicht mehr wegzudenken. Das gilt insbesondere für die technische Welt der Fertigungstechnik diskreter und nichtdiskreter Güter und der zugehörigen Automatisierungstechnik: es gibt praktisch kein technisches System, das nicht irgendwie an einen persönlichen Computer (s.o.) anschließbar und von dort bedienbar, parametrierbar oder auslesbar wäre. Und es gibt praktisch kaum eine Fertigungsumgebung, in der nicht einer oder mehrere PC vorhanden sind, in industrialisierter Form, insbesondere für die Aufgaben der Produktionssteuerung, Werkstück-Datenerfassung, Bedienung, aber zunehmend und besonders vorteilhaft auch für die Steuerung selbst.

Horizontale Kommunikation zwischen Anlagenaggregaten wird oft zur Verkettung von Fertigungsabläufen benötigt, und die Kommunikation zu Produktionssteuerungssystemen (MES, Manufacturing Execution Systems) wird als „vertikale Kommunikation" beschrieben, ausgehend von der typischen Struktur einer hierarchisch organisierten Fertigungspyramide (Abbildung 12).

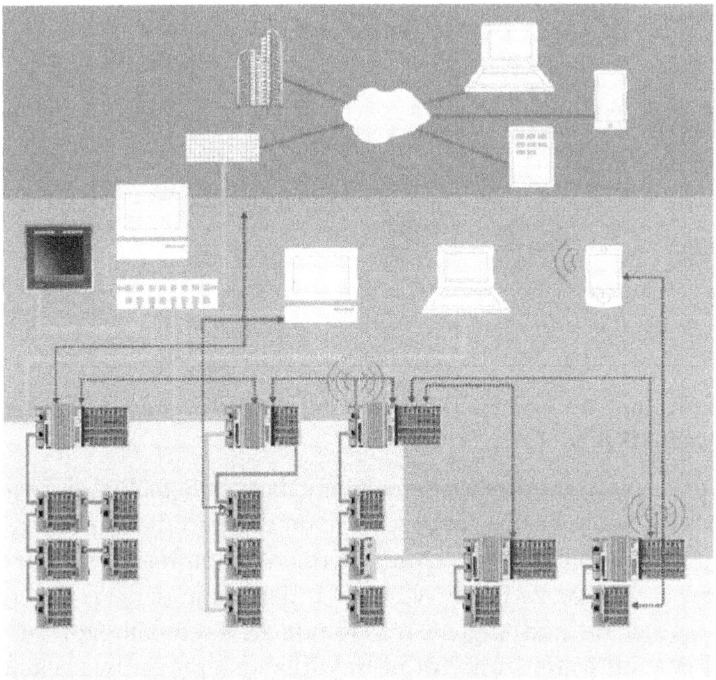

Abbildung 12: Ebenen von Connectivity

Die horizontale Kommunikation zwischen Maschinen und Produktionsaggregaten unterliegt oftmals Echtzeit-Bedingungen, d.h. die Kommunikation muss immer rechtzeitig abgeschlossen sein, wenn der Produktionsfortgang es erforderlich macht – diese Zeitspanne kann unter Umständen sehr kurz (ca. 100 Millisekunden oder weit darunter) sein, wenn im Takt zur Produktion kommuniziert werden soll. Die vertikale Kommunikation dient der Ankopplung eines Produktionsaggregats oder einer -linie an ein übergeordnetes Managementsystem, etwa zur Produktionssteuerung (ERP). Zeitliche Anforderungen sind hier sehr viel weicher und liegen im Bereich einiger Sekunden bis Millisekunden, allerdings können diese Kommunikationen eine Reihe von Aspekten umfassen, die aus der Komplexität und dem Organisationsgrad einer Produktion erwachsen, so z.B. Security, Authentifizierung, Alarming, Trending, historische Daten, dienstbasierende Kommunikation, etc..

Kommunikationsmittel im Produktionsbereich unterlagen über die Jahre der Wandlung zu komplexeren Kommunikationsmethoden (s. Abbildung 13).

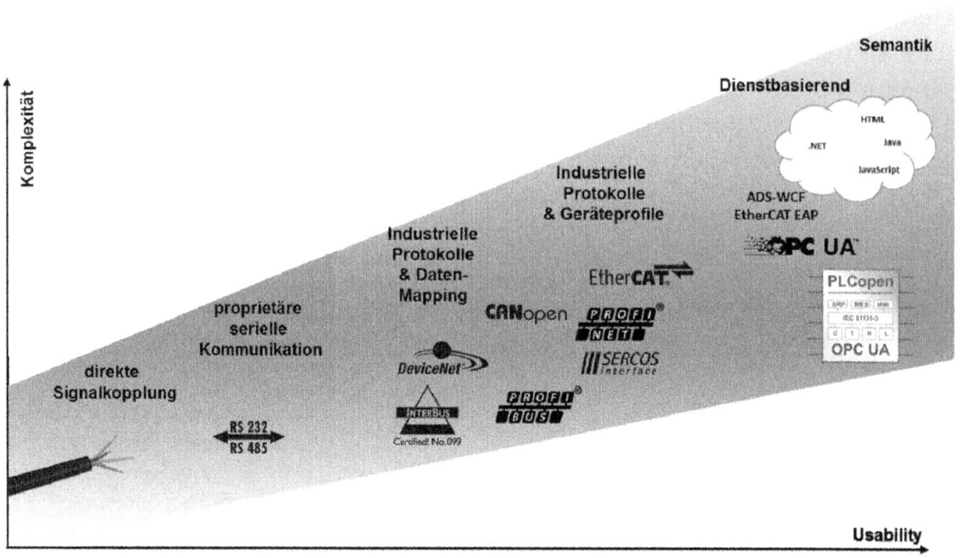

Abbildung 13: **Entwicklung der Kommunikationsmittel vertikaler und horizontaler Kommunikation**

Immer anzutreffen ist die tradierte direkte Signalübergabe per Signalkabel zwischen Teilnehmern. Das ist wenig flexibel, aber schnell; und erspart die Implementierung komplexer Kommunikationen. Mit dem Aufkommen serieller Schnittstellen (z.B. RS232, RS485) zwischen CPUs wurden dann serielle Daten übertragen, aber standardisierte und allgemein verbindliche Protokolle zur Abwicklung der Kommunikation waren zunächst nicht vorhanden und entwickelten sich erst später (beispielsweise Intel Bitbus, CAN, die bekannten Feldbus Protokolle der ersten Generation). Um sich des zunehmenden Engineering-Bedarfs solcher Kommunikationsbeziehungen zu entledigen, wurden Prozessdaten und Steuerinformationen beschrieben, standardisiert und zu Geräteprofilen erweitert, nach denen bestimmte Feldgeräte ihre Daten in vordefinierter Weise für die Kommunikation präsentieren. Diese immer noch recht restriktive Vorgehensweise wird zukünftig durch dienstbasierende Kommunikation von Service zu Service abgelöst werden und damit abfragbar (browseable), erweiterbar, plattformunabhängig, und mit einer die Bedeutung der Daten und Steuerinformationen erklärenden Semantik hinterlegt. Der mit dieser Entwicklung verbundene Aufwand zur Abstraktion von Funktionen ist hoch, eine Vielzahl von Protokoll-Funktionen und Ebenen werden eingebunden, was wiederum der Deterministik und Geschwindigkeit abträglich ist und das Fehlersuchen nicht vereinfacht.

Das Protokoll OPC-UA der herstellerübergreifenden OPC Foundation hat sich über die Jahre zu einer derzeit breit akzeptierten und viele Aspekte zukünftiger CPS Kommunikationen abdeckenden Protokollfamilie für die derzeitigen Bedarfe horizontaler und vertikaler Kommunikation entwickelt, soweit keine harten Echtzeitanforderungen in horizontaler Kommunikation bestehen. Solche harten Echtzeitanforderungen erfüllen Feldbussysteme, vorzugsweise die Ethernet-basierenden der zweiten Generation, welche die benötigten Daten transportieren können und für die Automatisierung der Maschine oder Anlage ohnehin bereits verwendet werden. Obwohl eine gewisse Marktkonsolidierung zu beobachten ist, wird es auch zukünftig angesichts der Vielzahl unterschiedlichster Industriezweige und Anwendungsfelder sowie der Größe der installierten Basis und der Anbieter eine gewisse Zahl von marktbedeutenden Protokollen in der industriellen Feld- und horizontalen Kommunikation geben, welche gemeinsam mit OPC- Protokollen das Portfolio für die Kommunikation in Industrie 4.0 bilden, und alle gleichermaßen unterstützt werden sollten.

Insofern kann das Protokoll OPC-UA in Verbindung mit bestehenden modernen Feldbussystemen als vielseitiges Bindeglied zwischen der MES Ebene in Unternehmen und der Produktion Verwendung finden, wie auch in einem weiteren Beitrag dieser Publikation aus Sicht der OPC Europe dargelegt wird: darauf sei hier zum weitergehenden Studium explizit verwiesen.

Damit können Dienste von Produktionsaggregaten abgefragt, Dienste ausgetauscht und Daten durch hinterlegte Semantik interpretiert werden. Auf diese Weise ist eine direkte Verbindung einzelner Aggregate und sogar Geräte oder Sensoren mit der MES Ebene einer Produktion realisierbar. Beckhoff hat die Relevanz von OPC-UA frühzeitig erkannt und auf der ersten Developer Konferenz im Jahr 2006 eine Steuerung als OPC-UA Prototypen gezeigt und sammelt mit dieser Technologie bereits seit 2008 Erfahrung im Feld.

Für eine freie, neue Produkte beherrschende nicht-hierarchische Produktionsarchitektur nach Industrie 4.0 sind aber noch weitere Elemente unabdingbar notwendig, welche über eine semantik- unterstützte Datenkommunikation hinausgehen: die Bedeutung und Beschreibung der Erzeugnisse, ihrer Komponenten, und deren Beziehung zueinander im Entstehungsprozess eines Produktes und in den Abhängigkeiten einer Produktionsanlage.

7 Ontologie und Taxonomie für Fertigungsschritte und Abläufe als notwendige Elemente für Industrie 4.0

Mit den oben beschriebenen Methoden können Produktionssysteme Erzeugnisse produzieren, soweit diese samt ihrer Varianten vorausgeplant und entsprechende Fertigungsabläufe per Engineering bereits vorausgedacht wurden. Der ursprüngliche Ansatz von Industrie 4.0 umfasst jedoch die Fähigkeit einer Summe von CPS , autonom zusammenzuarbeiten (auch über das Internet) um ein Produkt herzustellen, welches bei Anlagenstart gar nicht existierte – auch nicht in projektierter Form: das zukünftige Produkt wird vom Kunden erdacht und „produziert sich selbst“ (Kagermann, Wahlster, Lukas, 2011)

Wichtigstes Augenmerk ist deswegen auf eine Möglichkeit zu legen, den Produktionsvorgang selbst abstrakt in Teilabläufe zu zerlegen, zu beschreiben, und Vorgänge, Fertigungsschritte und zugehörige Komponenten eines Produktes in Beziehung zu bringen. Dieser Ablauf wird heute in vielen Branchen durch Engineering der Fertigungsanlagen individuell für Produkte und deren Varianten vorausgeplant und anlagenspezifisch implementiert. Nur in wenigen eng begrenzten Anwendungsgebieten besteht bereits eine solche beschriebene Methodik, beispielsweise in der spanabhebenden Werkstückbearbeitung: für solche Bearbeitungsschritte kann ein Postprozessor (für die Bearbeitungsbeschreibung nach DIN66025) die CAD- Daten eines Werkstücks (die Beschreibung des Erzeugnisses) interpretieren und eine Fertigungssequenz für das Maschinenaggregat vollständig und selbständig erzeugen – samt Werkzeugwechseln, Zwischenschritten zur Freistellung von Konturen, Hinterschnitten und vielem mehr: eine „Produktionssprache" für die spanabhebende Fertigung.

In anderen Produktionsabläufen gibt es jedoch eine Vielzahl von Teilkomponenten, Werkstoffen, Herstellungsprozessen (beispielsweise Kleben, Pressen, Fügen) mit je unterschiedlichen Parametern, Hilfsstoffen, Werkzeugen und Vorrichtungen, so dass eine allgemeine „Produktionssprache" bisher nicht entstanden ist, obwohl diverse Ansätze dazu existieren.

Damit CPS aber untereinander autonom und ohne vorhergehende Planung den Fertigungsablauf für ein neues, bisher nicht gekanntes Produkt erzeugen und Realität werden lassen können, ist eine Beschreibungssprache (eine Ontologie) für alle denkbaren Fertigungsvorgänge notwendige Voraussetzung, zumindest soweit in allgemeiner Form, dass in einer bisher bestehenden Branche zukünftige CPS zusammenarbeiten können. Verschiedene Ontologien für unterschiedliche Branchen und Anwendungen dürfen bestehen, soweit sie von einer Referenz-Ontologie instanziiert wurden. Die Bedeutung und Interpretation solcher Sprachelemente muss ebenfalls allen CPS gemeinsam sein, so dass die Verwendung der Sprachelemente eindeutig ist und alle CPS „das Gleiche verstehen und meinen". Dazu unterliegen Sprachelemente einer Taxonomie, welche die Klassifizierung und Bedeutung dieser Sprachelemente festlegt.

Diese Ontologien und Taxonomien müssen vorliegen für

- das zu fertigende Produkt,
- den Fertigungsprozess selbst,
- das verfügbare Equipment (die CPS und deren Fertigkeiten, „Skills").

Davon ausgehend können nun zunächst für das zu fertigende Produkt und dessen einzelne Komponenten bestimmte Charakteristika beschrieben werden, also beispielsweise für einen Montagevorgang (s. Abbildung 14):

- Handhabungsweise
- Bereitstellungsweise
- Material, Gewicht, Größe, Schwerpunkt etc.

- Produktstruktur (Komponenten und Subkomponenten)
- Produkttopologie (Zusammenfügungen, „Liaisons" der Komponenten)
- Liaison-Typen (Löten, Kleben, Crimpen, Pressen, etc.)
- Liaison- Materialien.

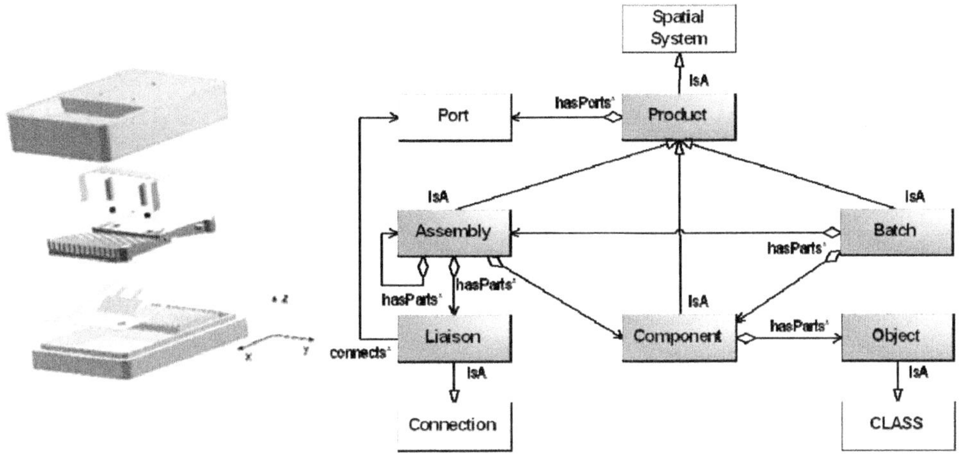

Abbildung 14: Produktcharakteristik, Quelle: Eupass 2008

Fertigungsprozesse (vergl. Abbildung 15 und 16) benötigen zu deren Verständnis eine Definition abhängig von den Produktanforderungen und den Equipmentanforderungen in:

- Prozesstruktur,
- Ablaufsequenz,
- Benötigte Operationen für den Ablauf,
- Übergabe- Situationen zwischen Prozessschritten,
- Prozesslogik, ausgehend von
    - CPS- (Equipment) Fähigkeiten (Skills, siehe unten),
    - Informationsfluss dazu,
    - Prozess Parameter für CPS-Skills.

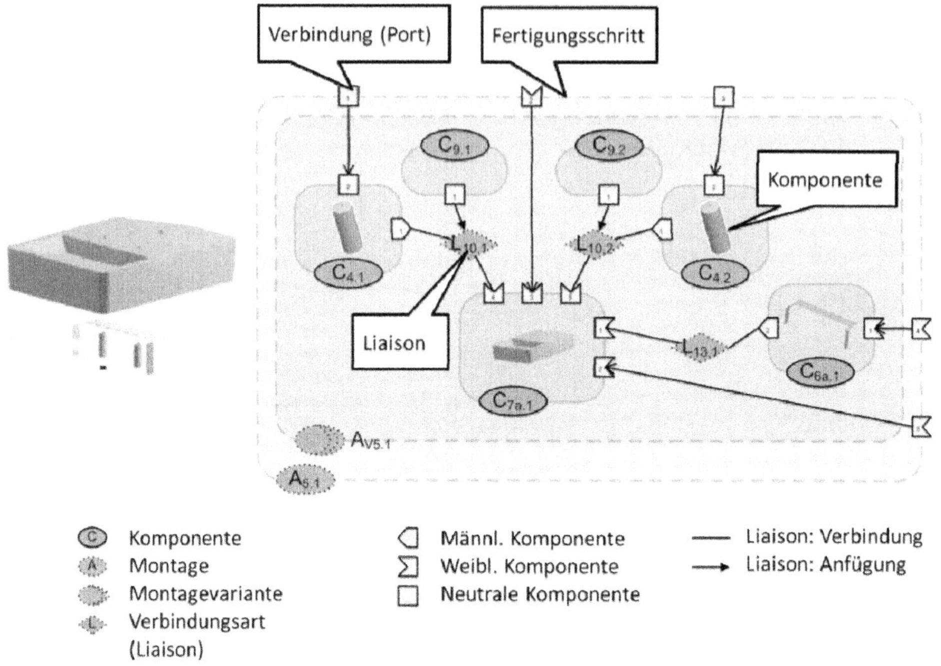

Abbildung 15: Abhängigkeiten von Produkt und Prozess

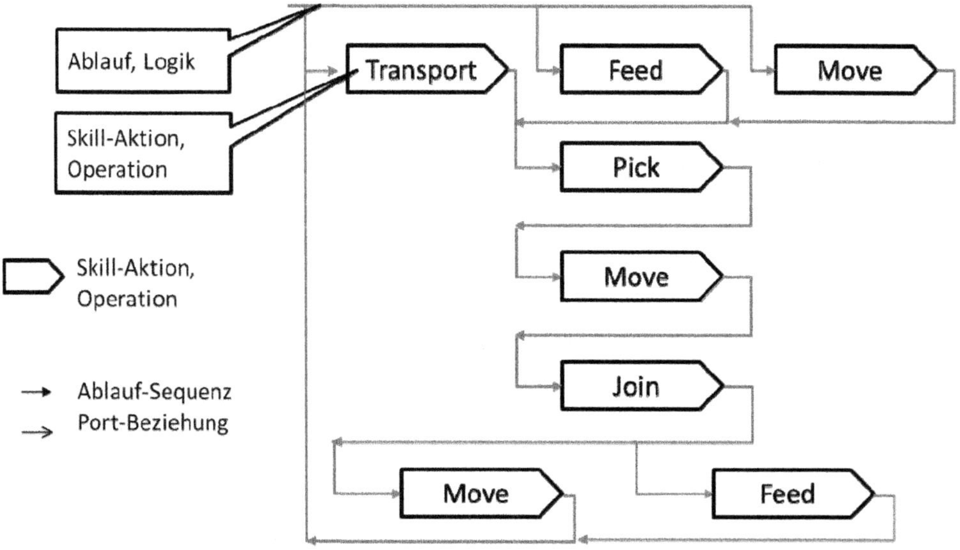

Abbildung 16: Prozessbeschreibung, Quelle: Eupass 2008

CPS werden beschrieben als Aggregate mit einem bestimmten Arbeitsraum, einer bestimmten Menge verfügbarer oder adaptierbarer Werkzeuge, Fähigkeiten und Arbeitsbereichen dieser Fähigkeiten in Bezug auf physikalische Eigenschaften (s. Abbildung 17), um nur einige Beschreibungselemente aufzuzählen:

- Orientierung, Material- Ports, ECAD- Beschreibung,
- Bearbeitungsfähigkeiten, Prozessfähigkeiten (Bohren, Drehen, Kleben, Fügen...),
- Parameter dazu (Kräfte, Temperaturen, Genauigkeiten),
- Verfügbare Werkzeuge, Greifer, etc.,
- Werkzeugschnittstellen,
- Software-Funktionen, Hardware, Software, etc.,
- HMI Interface und Funktionen,
- Ereignisablauf (Logik),
- Informations-Links an Nachbar-CPS,
- Diagnose, Dokumentation,
- Fehlermeldungen und -historie,
- Fehlerbehandlung.

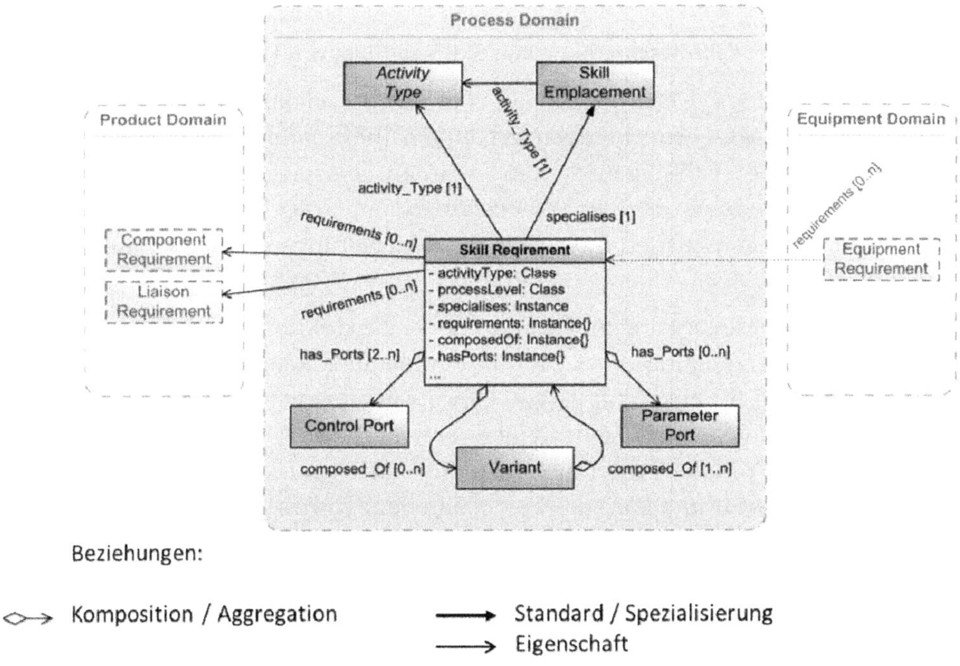

Abbildung 17: CPS Skills und Abbildung des Fertigungsprozesses

Diese Information kann auch in einem Internet-basierenden Repository, einer Datenbank oder einem Wiki hinterlegt sein, so dass Synthesesysteme eines CPS die Eigenschaften und Fähigkeiten eines anderen CPS untersuchen und auf Eignung für den vom Produkt benötigten oder angeforderten Prozess prüfen kann (Hoppe 2006).

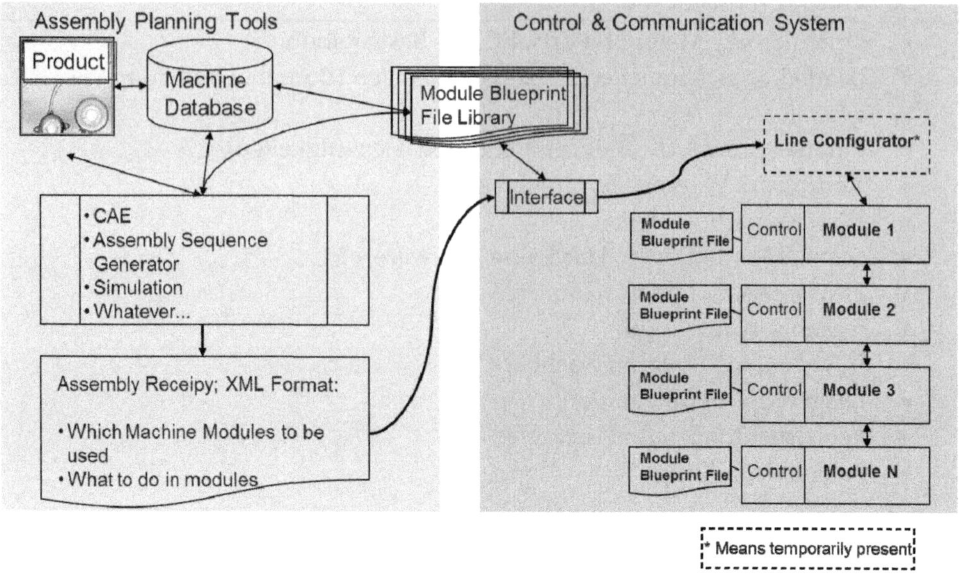

Abbildung 18: **CPS-Beschreibung von Skills in Blueprint Files**

Solche Daten eines CPS können in Form von elektronischen Blaupausen (Blueprints) in XML-Form die oben genannten Informationen webbasiert bereitstellen. Benötigte CPS-Eigenschaften würden beispielsweise während des Konstruktionsprozesses in den Repositories angefragt, CPS-Systemhersteller könnten so die Eigenschaften ihrer CPS vor Auslieferung eines CPS optimieren (s. Abbildung 18).

Ein solcher Synthesevorgang zur Ermittlung der Produktionsfähigkeit eines neuen Produktes und Erzeugung eines Produktionsablaufes kann nun lokal oder vorzugsweise zentral für eine Gruppe von CPS ausgeführt werden. Es ist vorstellbar, dass für eine sinnvolle Entscheidung über eine bestimmte Vorgehensweise in der Fertigung eines Produktes eigentlich alle Informationen und Daten über das Produkt, dessen Struktur und Parameter jedem an der Synthese beteiligten autonomen System vorliegen müssen. Daher ist es vorzuziehen, mittels eines Planungssystems den gesamten sonst durch „manuelles Engineering" entstehenden Herstellungsprozess von Produktionsanlagen zurückzuführen auf einen in Software ablaufenden Vorgang, der interaktiv mit der Produktkonstruktion beginnt und als Ergebnis alle Informationen liefert, die von den CPS zur Herstellung eines Produktes benötigt werden. Diesen Prozess beschreibe ich plakativ mit „Zero Engineering", weil der derzeit händisch durchgeführte Herstellungsvorgang bis zum Start der Produktion eines bestimmten individuellen Produktes „nur noch" in Form von Software abläuft. Daten aus einem Synthesevorgang können (nicht abschließend) sein:

- Liste der benötigten CPS samt deren benötigter Skills und Prozessparameter,
- Eine Anlagenkonfiguration von CPS geeigneter Skills,
  - deren Orientierung zueinander,
  - Materialfluss von Produkten durch die Anordnung der CPS, Materialports,
  - Liste der benötigten Werkzeuge soweit modular von CPS zu laden und zu konfigurieren.
- Eine Fertigungsprozessbeschreibung (Fertigungsrezeptur) mit
  - Ablauf, Logik, Sequenz für die Anlage,
  - Fertigungsschritte in der Sequenz in einzelnen CPS,
  - Parametern dazu.

Umgekehrt kann ein Design-Tool beim Design und der Konstruktion eines Produktes auf die Eigenschaften und Skills der bereits verfügbaren CPS Rücksicht nehmen und bestimmte Produktstrukturen, Liaisons und Materialien vorschlagen, damit das Produkt mit einer bestimmten Gruppe von CPS gefertigt werden kann: das Produkt kann dann die CPS mit der beschriebenen Klasse von Eigenschaften (Skills) anfordern.

Die beschriebene Vorgehensweise ist eine von vielen Möglichkeiten der Implementierung einer Gruppe von allgemein verständlichen Beschreibungssprachen für Produktionsabläufe, -prozesse und -parameter, ohne deren Verfügbarkeit die Herstellung eines Produktes, welches noch nicht schon längst per Engineering einer Fertigungsanlage implementiert wurde, schlecht vorstellbar ist. Weiterführende Untersuchungen wurden insbesondere in den Forschungsprojekten des Spitzenclusters it's OWL, beispielsweise im Projekt Entime, durchgeführt (vergleiche dazu Frank, Güttel, Papenfort 2013).

Die notwendige Rechenleistung und Methoden der allgemeinen IT lassen ein solches Ziel in Sichtweite rücken, während vorhergehenden Generationen von Wissenschaftlern und Ingenieuren hier Grenzen gesetzt waren.

8 Vielfältige Standards in Industrie 4.0-Umgebungen

Sollte der Versuch unternommen werden, eine einzige Ontologie und Semantik aus der Taufe zu heben oder enge Standards für Industrie 4.0 festzulegen, dann könnte meiner Meinung nach eine Standardisierung einer Produktionsbeschreibungssprache leicht scheitern: die Welt der Produktionstechnik ist groß und reicht von der Stahlgewinnung über den Bergbau und Offshore-Ölgewinnung bis zur Optik und Halbleiterindustrie, und überall gibt es etablierte Verfahren, Prozesse, Technologien, Standards, Protokolle, IT-Sprachen, welche zum Teil recht unterschiedlich sind. Eine Vereinheitlichung über alle diese Industriebereiche hinweg erscheint ein Unterfangen, welches schnell an Grenzen der Komplexität und des Zeitbedarfs stoßen könnte.

Eine besondere Eigenschaft der allgemeinen Informationstechnologie ist aber gerade die Fähigkeit, verschiedene Systeme, Daten, Protokolle und Abläufe zusammenzubinden und darin Daten und Informationen auszutauschen. Daher wird in der Zukunft in der Produktionstechnik und in deren verschiedenen Branchen – evolutionär statt revolutionär - eine bunte Vielfalt von IT- und Kommunikationsstandards aller Art weiter existieren, und kann im Sinne der Vielfalt der Aufgaben gemeinsam mit einer Vielzahl von Programmiersprachen für diverse Produktionsprozesse blühen, wachsen und gedeihen, soweit eine minimale übergreifende Referenzarchitektur, Ontologie und Taxonomie geschaffen werden kann.

9 Zusammenfassung

Aus Sicht von Beckhoff hat die oben beschriebene Verschmelzung von Automationstechnologie und allgemeiner IT bereits vor 25 Jahren begonnen: seit dieser Zeit ist es technisch möglich und in der Praxis mehr und mehr verbreitet, Maschinen und Anlagen mit der Mainstream-Technologie der IT Welt zu steuern und regeln: dem PC, vorzugsweise mit Intel / Windows Plattform, und natürlich in industrialisierter Form, einem Industrie PC. SPS- und NC- Funktionalitäten werden damit reine Software-Instanzen des Betriebssystems, ausgestattet mit Echtzeiteigenschaften für die spezifischen Belange der Produktionsumgebung. Über viele Jahre hat diese Strategie viele Vorteile besessen, unter anderem eine zum jeweiligen Zeitraum um den Faktor 5 bis 10 höhere Leistungsfähigkeit bei niedrigerem Preis, Offenheit zur Integration vielfältigster technischer Systeme und eine über nun mehr als 25 Jahre ausreichend kompatible Investitionssicherheit, weil PC basierte Technik von einer Vielzahl von Lieferanten angeboten wurde.

Aus heutiger Sicht ist der Ansatz zu CPS und offenen, vielfältigen Interaktionen auf unterschiedlichsten Systemen eine logische Fortsetzung der damals begonnenen Verschmelzung von Automatisierungstechnologie und allgemeiner Informationstechnologie (s. Abbildung 19). Heute gibt es kaum ein technisches System weltweit, welches nicht per PC bedienbar oder einer Software darauf verbindbar wäre. Wegen der hohen Vielfalt bestehender Systemwelten und Technologien bietet sich auch der Defacto-Standard-Industrie-PC als die offene Plattform an, auf der die Produktionswelt und die IT gemeinsam implementieren können: die Akteure und Systeme der Industrie 4.0 treffen sich auf dem PC. Ein zukünftiger Industrie 4.0 Standard sollte vorzugsweise die von der PC-Architektur beherrschte Vielfalt von Kommunikationssystemen und Architekturen aufgreifen und umfassen, denn es wird aus meiner Erfahrung nicht leicht gelingen, einen der Aufgabe gerecht werdende einheitliche und alleinige Architektur und Kommunikationsinfrastruktur zu finden und zu vereinbaren.

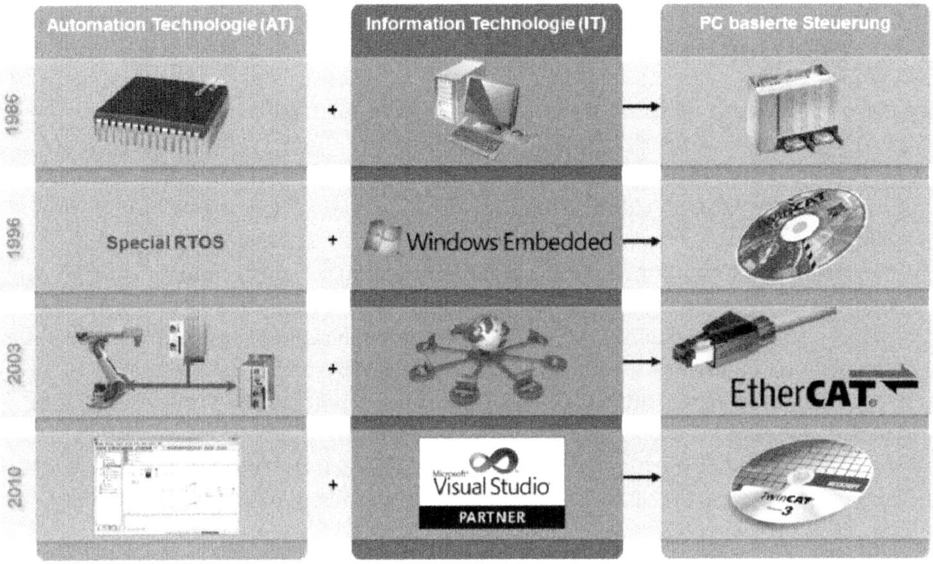

Abbildung 19: Konvergenz der Automatisierung und IT

Spannend und herausfordernd wird die Zusammenarbeit der Protagonisten in der Informationstechnik und Produktionstechnik sein: nur mit dem Ziel, voneinander zu lernen und wirklich zu neuen Ufern aufzubrechen, wird etwas Neues entstehen. Die engen Randbedingungen einer kostspieligen Produktionswelt mit Echtzeitanforderungen und höchster Verfügbarkeit erlauben nicht, jede virtuelle Technologie der IT in Anwendung zu bringen, und eine Millisekunde oder weniger für eine garantierte Systemreaktion in der Produktion ist eben sehr wenig Zeit. Andererseits kann die Produktionstechnik viel Nutzen aus der von einigen Unternehmen, so auch Beckhoff, bereits lange vorgelebten nahtlosen Integration der IT Technologien im Fertigungsbereich ziehen.

Für den Bereich der Fertigungstechnologien bedeutet die Zuwendung zu den beschriebenen Technologien der allgegenwärtigen Cyber Physical Systems eine logische Weiterentwicklung von Technologien und Prozessen, die bereits heute in vielen Produktionsbereichen vorhanden sind und weiter Einzug halten, zu einem Win-Win und gemeinsamen Innovationsprozessen der Industrien der Produktionstechnik und der Informationstechnik.

10 Literatur

Wegener, D.: Chancen und Herausforderungen für einen Global Player, VDI Zukunftskongress Industrie 4.0, Düsseldorf, 2013

Hoppe, G.: High Performance Automation verbindet IT und Produktion, VDI Zukunftskongress Industrie 4.0, Düsseldorf, 2013

Dresselhaus, P.; Frank, U.; Papenfort, J.: Scientific Automation erhöht Zuverlässigkeit – Integration von Condition Monitoring in die Automatisierungstechnik. In: WT Werkstatt-technik online Jahrgang 103 (2013), Springer VDI-Verlag, Düsseldorf, 2013

Frank, U., Anacker, H.; Bielawny, D.: Scientific Automation rises the productivity of production facilities. In: Kovács, George L. ; Kochan, Detlef (Hrsg.) Digital Product and Process Development Systems - IFIP TC 5 International Conference, NEW PROLAMAT 2013, Dresden, Germany, October 10-11, 2013. Proceedings, IFIP Advances in Information and Communication Technology, Band 411, S. 413-422, IFIP – The International Federation for Information Processing, Springer Cham Heidelberg New York Dordrecht London, 2013

Frank, U.; Güttel, K.; Papenfort, J.: Effizientere Entwicklung von Automatisierungssystemen durch den Einsatz von Semantischen Technologien. In: Gausemeier, Jürgen; Dumitrescu, Roman; Rammig, Franz-Josef; Schäfer, Wilhelm; Trächtler, Ansgar (Hrsg.) 9. Paderborner Workshop Entwurf mechatronischer Systeme, Heinz Nixdorf Institut, HNI Verlagsschriftenreihe, Paderborn, Band 310, Apr. 2013

Janssen, D.; Barth, R.: Steuerungstechnik im Sub-100µs-Bereich In: Industrial Ethernet Journal 1/2013. 2013

Geisberger, E.; Broy, M. (Hrsg.) Agenda CPS, Integrierte Forschungsagenda Cyber-Physical Systems, acatech – Deutsche Akademie der Technikwissenschaften (acatech STUDIE), Heidelberg u. a. Springer Verlag 2012

Rostan, M.: VDMA Ethernet Tag 2012: Ethernet und Energie - Anwendungsbeispiele zeigen Nachhaltigkeit, VDMA Nachrichten August 2012, 2012

Gausemeier, J.; Schäfer, W.; Anacker, H.; Bauer, F.; Dziwok, S.: Einsatz semantischer Technologien im Entwurf mechatronischer Systeme. In 8. Paderborner Workshop Entwurf mechatronischer Systeme, HNI-Verlagsschriftenreihe, vol. 294, pp. 7-35. Jürgen Gausemeier and Franz Rammig and Wilhelm Schäfer and Ansgar Trächtler, May 2011

Frank, U.; Papenfort, J.; Schütz, D.: Real-Time Capable Software Agents on IEC 61131 Systems – Developing a Tool Supported Method. In: Proc. of the 18th IFAC World Congress, Milan, Italy, 2011

Kagermann, Henning; Wahlster, Wolfgang; Lukas, Wolf-Dieter: Industrie 4.0: Mit dem Internet der Dinge auf dem Weg zur 4. Industriellen Revolution. VDI-Nachrichten, 1. April 2011

Vogel-Heuser, B., Frank, U.; Bayrak, G.: Agenda CPS-Szenario smart factory. In: B. Vogel-Heuser (Hrsg.), Erhöhte Verfügbarkeit und transparentere Produktion, Kassel University, http://www.uni-kassel.de/upress/online/frei/978-3-86219-178-9.volltext.frei.pdf (online am 6. 1. 2013), 2011

Broy, M. (Hrsg.): Cyber-Physical Systems. Innovation durch Software-Intensive Eingebettete Systeme. In: acatech diskutiert, Springer-Verlag, Berlin, Heidelberg, 2010

Papenfort, J.: Objektorientierung in der Automatisierungstechnik. In: Vogel-Heuser, B. (Hrsg.): Automation & Embedded Systems – Effizienzsteigerung im Engineering. Kassel university press GmbH, Kassel, 2009

Papenfort, J.: Vorteile der Modularisierung und der Modellierung mit UML in: Vogel-Heuser, B. (Hrsg.): Tagungsband zum Automation und Embedded Symposium, 13.02.2008, Kassel, Oldenbourg-Industrie, München, 2008

Heitmann, R., Christow, I.: Präsentation Template Library Version 2.1, EUPASS WP3.3 Workshop, Berlin, 11. Sept. 2007

Hoppe, G.: Evolvable Skills for Assembly Systems, IFP International Federation for Information Processing, Springer Boston, S 227 – 237, 2006

Choi, C.: Speed without Haste, EtherCAT for Injection Molding Systems, Siemens 3rd International Ethernet Symposium, Chicago IL, USA, 4. Oktober 2006

Moore, Gordon E. (1965). "Cramming more components onto integrated circuits" (PDF). Electronics Magazine. p. 4. http://www.cs.utexas.edu/~fussell/courses/cs352h/papers/moore.pdf, (online am 6. 1. 2013), 1965

Institute of Electrical and Electronics Engineers, IEEE 802.3 Part 3: Carrier Sense Multiple Access with Collision Detection (CSMA/CD) Access Method and Physical Layer Specification

International Engineering Consortium (IEC), IEC 61784-2 (Digital data communications for measurement and control - Part 2: Additional profiles for ISO/IEC 8802-3 based communication networks in real-time applications), EtherCAT

International Engineering Consortium (IEC), IEC 61158 Digital data communications for measurement and control - Fieldbus for use in industrial control systems; EtherCAT

OPC-UA: OPC Foundation: OPC UA Specification: Part 1 – 10

PLCopen: Specification (TC4-Communication) "OPC UA Information Model for IEC 61131-3", version 1.00 www.plcopen.org

ANSI / ISA S88, Batch Control Part 1: Models and Terminology, Instrument Society of America, www.isa.org

OMAC Open Modular Architecture Controllers, Packaging Working Group, www.omac.org

EUPASS Evolvable Ultra Precision Assembly Systems European assembly depots to "combat" outsourcing http://cordis.europa.eu/projects/507978 (online am 6. 1. 2013)

EUPASS Evolvable Ultra Precision Assembly Systems Webseite http://www.eupass-fp6.org (online am 14. 7. 2008)

Universal Plug and Play (UPnP™) Forum, Basic Device Definition Version 1.0 www.upnp.org,

Beckhoff Automation, ADS, Automation Device Specification, www.beckhoff.com

Steigerung der Kollaborationsproduktivität durch cyber-physische Systeme

Prof. Günther Schuh, RWTH Aachen; Till Potente, RWTH Aachen; Christina Thomas, RWTH Aachen; Annika Hauptvogel, RWTH Aachen

1 Einleitung

Um als Unternehmen wirtschaftlich erfolgreich agieren zu können, müssen die Marktbedürfnisse befriedigt werden (Lopitzsch 2005). Während die Produkte den immer individuelleren Kundenwünschen angepasst werden, sehen sich Unternehmen gleichzeitig mit einem verschärften Kostendruck konfrontiert. Gleichzeitig steigt die Marktdynamik aufgrund der starken Kundenorientierung und der damit verbundenen Auftragsschwankungen (Schuh et al. 2011).

Um Kunden zufriedenzustellen, sind zum einen die Anforderungen an das Produkt selbst zu beachten und zum anderen kundenbezogene Leistungsmerkmale der Produktion. Darunter zählen die logistischen Zielgrößen wie Lieferfähigkeit, Lieferzeit und Termintreue. Die kundenseitigen Anforderungen an kurze Lieferzeiten bei niedrigen Kosten sind in der Vergangenheit gestiegen (Münzberg und Nyhuis 2009). Während Unternehmen bestrebt sind, ihre Kosten durch niedrige Kapitalbindung in Form von Beständen zu reduzieren, besteht aber gleichzeitig die Herausforderung eine hohe Lieferfähigkeit zu gewährleisten. In den vergangenen Jahren ist gerade die Lieferzeit zu einem bedeutenden Differenzierungsmerkmal im Markt geworden. Gleichzeitig schafft die Erreichung einer hohen Liefertermintreue langfristig Kundenvertrauen, was unter strategischen Gesichtspunkten wiederum erstrebenswert ist (Schuh und Stich 2011). Die logistische Zielerreichung leistet daher einen direkten Beitrag zum Unternehmenserfolg (Lödding 2008).

Es ist Aufgabe der Produktionssteuerung, trotz dynamischer Umwelteinflüsse einen robusten Produktionsprozess zu realisieren und damit die logistischen Zielgrößen zu beeinflussen (Schuh et al. 2011). Die Aufgaben der Produktionssteuerung umfassen dabei Verfahren zur Auftragsfreigabe, die zum Beispiel einen wesentlichen Einfluss auf den Umlaufbestand in der Produktion haben, die Sequenzierung der Aufträge und die operative Kapazitätsplanung (Lödding 2008). Die Steuerung der produktionsinternen Abläufe zur Auftragsbearbeitung tragen daher maßgeblich zum Unternehmenserfolg bei.

2 Herausforderungen in der Produktionssteuerung

Eine zentrale Herausforderung in der Produktionslogistik und -steuerung sind die komplexen Materialflüsse, die durch die hohe Produktvarianz entstehen (Zäh et al.

2005). Die Materialflüsse sind schwer nachzuvollziehen, die Vorhersagbarkeit von Produktionsverläufen sinkt. Durch die zunehmende Kundenorientierung werden Unternehmen gefordert, trotz individueller Prozessketten in Fertigung und Montage kurze Lieferzeiten zu realisieren. Beispielsweise hat sich in den letzten Jahren in der Maschinen- und Anlagenbaubranche die durchschnittliche Lieferzeit um nahezu 50% reduziert (Schuh und Westkämper 2006). So gelten die Leistungsmerkmale Liefertermintreue und Lieferzeit heute als die wichtigsten logistischen Zielgrößen, die im Markt als Differenzierungsmerkmal wahrgenommen werden (Schuh und Stich 2013).

Zur Beherrschung komplexer Materialflüsse bei kurzen Lieferzeiten sind diverse Softwaresysteme entwickelt worden. Diese sind in der Lage, große Datenmengen zu bearbeiten und zu speichern, Informationen auszutauschen und dadurch eine hohe Informationsverfügbarkeit sicherzustellen. Systeme für das Supply Chain Management (SCM), zur Planung und Steuerung von Ressourcen zur Erfüllung von Kundenaufträgen, sogenannte Enterprise Resource Planning (ERP) Systeme oder Systeme zur Feinplanung, sogenannte Manufacturing Execution Systems (MES) sollen hier nur als Beispiele für solche unterstützenden Softwaresysteme genannt werden (Milberg und Neise 2006). In sogenannten eingebetteten Systemen wurde der Rechnereinsatz in technischen Umgebungen als Steuerungs- und Kontrollinstrument realisiert. Die vermehrte Vernetzung von eingebetteten Systemen durch Kommunikationsnetze führte zu der Entwicklung von cyber-physischen Systemen (CPS), die das Zusammenspiel von Software- und physikalischen Systemen verbessern. Durch die Verwendung von Sensoren ist es möglich, Informationen aus der Umwelt aufzunehmen und zu bewerten und über Aktuatoren physikalische Vorgänge zu steuern (Broy 2010).

Trotz der bestehenden Softwaresysteme bestehen Defizite bezüglich der Reaktionsfähigkeit auf unvorhergesehene Ereignisse. Diese mangelnde Reaktionsfähigkeit ist durch die oft sehr starke Vereinfachung von komplexen Sachverhalten ebenso begründet, wie durch eine oft sehr schlechte Datenqualität, welche die Leistungsfähigkeit der unterstützenden Systeme beeinträchtigt (Brackel 2009). Sind die Systeme einmal installiert und eingestellt, wird deren Parametrisierung kaum hinterfragt. Eine Anpassung der Steuerungsparameter ist zeitintensiv und aufwendig, was dazu führt, dass diese oft unterlassen wird. Ferner gibt es in Unternehmen kaum Mitarbeiter, die sich tatsächlich mit den im System hinterlegten Logiken und Daten auskennen. Die Komplexität der IT-Systeme überfordert seine Anwender. Diese sind daher nicht in der Lage, die Leistungsfähigkeit des jeweiligen IT-Systems gänzlich zu nutzen.

Die mangelnde Datenqualität in den Systemen resultiert zum einen aus falsch aggregierten Daten, wenn beispielsweise mehrere Maschinen zu einer Maschine zusammengefasst werden, zum anderen durch falsche Rückmeldungen aus der Produktion. Laut einer Studie wird noch in ca.57% der kleinen und mittleren

Unternehmen eine Rückmeldung in schriftlicher Form durchgeführt (Schuh und Stich 2013). Mangelhafte Rückmeldedaten führen wiederum zu falschen Planungs- und Steuerungsergebnissen, was grundsätzlich das Vertrauen in solche IT-Systeme reduziert (vgl. Abbildung 1). Eine adäquate Reaktion der IT-Systeme auf externe und interne Dynamik scheint mit heutigen IT-Strukturen kaum möglich zu sein (Schuh et al. 2011).

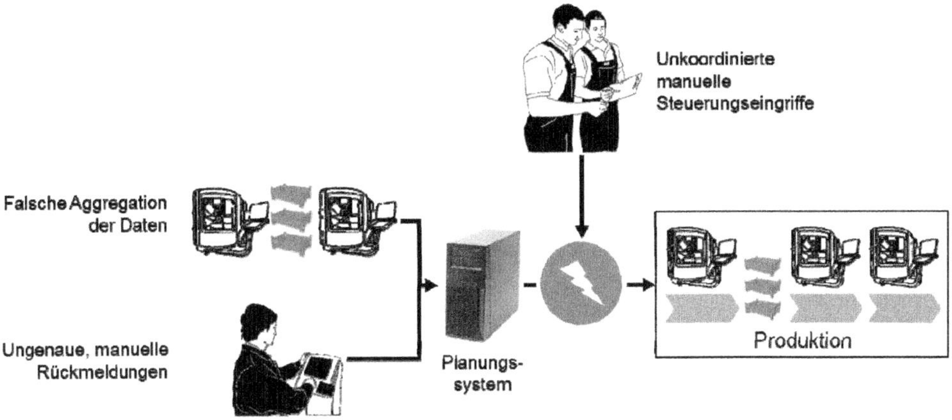

Abbildung 1: Fehlerhafte Rückmeldungen erschweren eine sinnvolle Rückkopplung der Informationen

Die Komplexität der IT-Systeme sowie die schlechte Datenqualität führen dazu, dass das Steuerungsmodell nicht richtig gestaltet ist Einerseits erfolgt die Steuerung durch das IT-System, andererseits agiert der Produktionsmitarbeiter entgegen der Vorgaben des Systems, weil dieser dem IT-System nicht vertraut. Im schlimmsten Fall laufen diese Steuerungsstrategien auseinander. Ein typisches Beispiel ist, dass in einem eingesetzten MES-System die Priorisierung nach dem Schlupf-Prinzip hinterlegt ist, der Mitarbeiter seine Aufträge aber nach rüstzeitoptimierenden Kriterien abarbeitet. Die Folge dieser unterschiedlichen Steuerungslogiken sind Unklarheiten in der Auftragsbearbeitung, die schließlich zu stark streuenden und unvorhersehbaren Durchlaufzeiten der Aufträge führen. Gerade in der Einzel- und Kleinserienfertigung mit einer hohen Produktvarianz sind kurzfristige Umplanungen an der Tagsordnung. Um etwaige Störungen und Planänderungen zu berücksichtigen, geben produzierende Unternehmen ihre Aufträge früher frei, um einen gewissen Puffer mit einzukalkulieren. Dies hat jedoch zur Folge, dass der Umlaufbestand wächst, die Warteschlange an den Maschinen länger wird und die Durchlaufzeiten dadurch stärker streuen. Schließlich gelangt das Unternehmen wegen der früheren Auftragsfreigabe zu einer schlechteren Prognostizierbarkeit der Auftragsabarbeitung, da es aufgrund der langen Warteschlangen und wechselnden Ressourcenbelastung nicht vorhersehen kann, wann ein Auftrag fertiggestellt werden kann. Auch das selektive Eingreifen zur Beschleunigung einzelner Aufträge führt aufgrund der internen Verwirbelungen meistens in einer Verschlechterung der Gesamtperformance der

Produktion. Ferner wird die Problematik dadurch verschärft, dass den Mitarbeitern oft gar keine geeigneten Hilfsmittel zur Verfügung stehen, um die Zusammenhänge in der Produktion adäquat zu visualisieren und zu analysieren.

Die aufgezeigte Dynamik in der Produktion wird auf der einen Seite durch mangelnde Transparenz über die Wirkzusammenhänge, auf der anderen Seite durch schwer verständliche IT-Strukturen verstärkt. Die auftretenden Störungen und Planänderungen seitens des Kunden führen dazu, dass die steuernden IT-Systeme ständig neue Auftragsreihenfolgen für die Produktionsressourcen berechnen. Auf dem Shopfloor wiederum versuchen die Mitarbeiter ihren eigenen Betrachtungsbereich zu optimieren. Dies führt dazu, dass weder in den IT-Systemen noch in der Realität ein einheitliches Verständnis über die Auftragsreihenfolge oder den Auftragsfortschritt vorliegt. Die Kompetenzen zwischen IT-System und den Mitarbeitern sind oft nicht klar geregelt oder aufeinander abgestimmt.

Für produzierende Unternehmen besteht ein Bedarf an einer strukturierten Verbindung zwischen dem, was real auf dem Shopfloor passiert und dem, was sich in den IT-Systemen abspielt. Es muss möglich sein, dass beide Seiten aufeinander abgestimmt sind, adaptive Anpassungen leicht vorgenommen werden können und dadurch eine konsistente Steuerung realisiert wird. Auf Grundlage von hochauflösenden Rückmeldedaten aus der Produktion ist der Mitarbeiter bestmöglich in seinen Entscheidungen zu unterstützen um schließlich die Produktionsproduktivität zu steigern.

3 Kollaborationsproduktivität in cyber-physischen Systemen

Die Produktivität einer Produktion hängt entscheidend von der Leistungsfähigkeit der Akteure in dem System ab, aber insbesondere auch von der Kollaboration der Aktuere. Unter Kollaboration wird in diesem Zusammenhang verstanden, wie gut die Akteure interagieren und zusammenarbeiten. Die Art der Zusammenarbeit wurde schon in den ersten industriellen Revolutionen geprägt.

Die Zerteilung der Arbeit in kleine Einheiten war in den ersten drei industriellen Entwicklungsstufen ein entscheidender Faktor für Produktivitätssteigerungen. So hat 1776 Adam Smith das Beispiel der Stecknadelfabrik angebracht, in der durch die arbeitsteilige Produktion von Nadeln die Produktivität drastisch erhöht werden konnte (Ariely 2012). Der Vorteil von Arbeitsteilung liegt darin begründet, dass die Komplexität einer Aufgabe zu reduziert wird. Diese Verringerung dieser Komplexität schafft wiederum die Möglichkeit, die Arbeitsabläufe systematisch zu verbessern. Ein Verfechter dieses Arbeitsteilungsprinzips war insbesondere der Ingenieur Taylor, auf dessen Grundlage später bei Ford das Prinzip der Fließbandfertigung eingeführt wurde (Ariely 2011). Das Prinzip der Arbeitsteilung eignete sich dabei nicht nur für Produktionsprozesse, sondern konnte auch auf Geschäftsprozesse übertragen werden. Dem gegenüber stehen Ansätze Human Relations Bewegung, die besagen, dass eine hohe Arbeitsteilung den Identifikationsgrad der

Mitarbeiter mit den ausführenden Tätigkeiten reduziert, zu einer schlechteren Motivation und zu mangelndem Verantwortungsbewusstsein führt (Kieser und Walgenbach 2007).

Taylor prägte nicht nur das Prinzip der Arbeitsteilung, sondern auch den Ansatz, Kopf- und Handarbeit zu trennen (Taylor et al. 1977). Allerdings ist dieses Prinzip heute schwierig realisierbar: die Arbeitstätigkeiten, insbesondere in produzierenden Unternehmen in Hochlohnländern, werden immer komplexer und die Mitarbeiter werden häufig aufgefordert, auch planerische Aktivitäten zu übernehmen. Aufgrund von unvorhersehbaren Ereignissen liegt es an den Mitarbeitern, Entscheidungen zu treffen und auf die Dynamik des Arbeitsumfeldes zu reagieren. Außerdem haben Studien gezeigt, dass die Produktivität der Mitarbeiter u.a. davon abhängt, dass der Sinn und Zweck der geleisteten Arbeit erkannt wird. (Ariely 2011). Das Bewusstsein für diesen Arbeitssinn kann erhöht werden, indem der Beitrag zum Ganzen aufgezeigt wird und die Arbeitsteilung geringer ist (Malik und Büntig 2007).

Für die vierte industrielle Revolution ergeben sich hinsichtlich der Zusammenarbeit zwei Hauptherausforderungen:

1 Wie kann die Identifikation der Mitarbeiter mit ihrer Arbeit erhöht werden?
2 Wie können die komplexen Arbeitsinhalte durch die Mitarbeiter beherrscht werden?

Diese beiden Herausforderungen können durch eine stärkere Integration und Vernetzung von Arbeitsinhalten und Informationsflüssen angegangen werden. Dies gilt nicht nur für die direkten Bereiche, sondern auch für indirekte Bereiche und den Geschäftsprozessen. Dabei steht unter besonderem Fokus die Kollaborationsproduktivität.

4 Ansätze zu Industrie 4.0 im Management

In den letzten Jahrzehnten hat die Technik neue Möglichkeiten geschaffen, die Produktivität gerade in Entscheidungs- und Kreativprozessen zu steigern. Ein vielversprechender Ansatz wird durch die Cyber-Physischen Systeme (CPS) beschrieben. Der Begriff CPS bezieht sich auf eine neue Generation von Systemen, welche die physische Leistungsfähigkeit mitbringen, dem Anwender mittels geeigneter Benutzeroberflächen große Datenmengen und digitale Informationsflüsse zugänglich zu machen (Baheti, R., Gill, H.). Unter Verwendung geeigneter Sensorik, sind cyber-physische Systeme in der Lage die verfügbaren Daten mit Hilfe digitaler Netze optimal zu verarbeiten.

Aus dem Industrie 4.0-Ansatz sowie aus der Verwendung von CPS ergeben sich vier Handlungsfelder (vgl. Abbildung 2), die im Folgenden unter dem Fokus der Produktionssteuerung näher betrachtet werden sollen

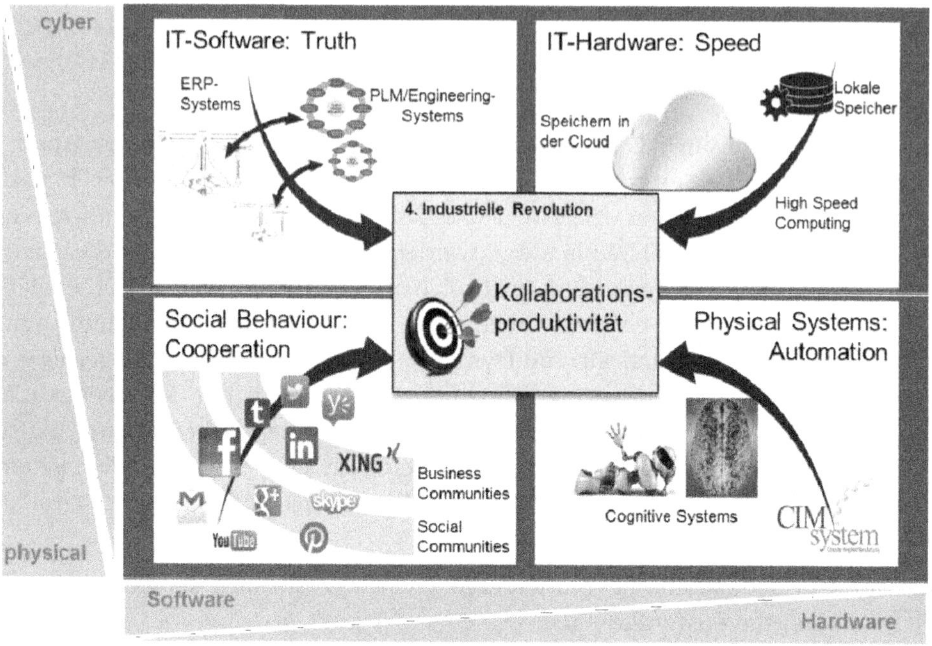

Abbildung 2: **Elemente des Industrie 4.0-Ansatzes zur Steigerung der Kollaborationsproduktivität**

Die in Abbildung 2 dargestellten Handlungsfelder des Industrie 4.0-Ansatzes werden horizontal in die Ebenen Cyber und Physical aufgeteilt. Der Begriff Cyber umfasst hierbei den gesamten Bereich der elektronischen Datenverarbeitung. Physical beschreibt die Ebene der physisch greifbaren Elemente. Vertikal können die Handlungsfelder in die Software- und Hardwareebene unterteilt werden, die einerseits die Ausgestaltung logischer Verknüpfungen und andererseits die Hardware als physische Funktionsträger symbolisieren. Die Ebenen miteinander verknüpft ergeben vier Handlungsfelder, die sich von der IT-Systemstruktur innerhalb eines Unternehmens, über die IT-Hardware, bis hin zu physikalischen Systemen der Automation und sozialen Netzwerken erstrecken.

Die Aufgabe des 4.0-Ansatzes ist es, Möglichkeiten zu schaffen um die Kollaborationsproduktivität der Akteure zu steigern. Als Akteure werden die Produktionselemente verstanden, die aktiv am Produktions- und Produktionssteuerungsprozess beteiligt sind: Mitarbeiter, Maschinen, Material, Aufträge usw.. Im Folgenden werden die in Abbildung 2 dargestellten Handlungsfelder erläutert und Anwendungsmethoden aufgezeigt, mit deren Hilfe es möglich ist die Potenziale der genannten Handlungsfelder auszuschöpfen. Diese Methoden liegen u.a. dem Forschungsprojekt ProSense zugrunde, welches vom BMBF gefördert und vom PTKA-PFT betreut wird (Förderkennzeichen 02PJ2495).

4.1 Hochauflösende Daten aus der Produktion nutzen

Ein wesentlicher Bestandteil des Industrie 4.0-Ansatzes ist die Integration von IT-Systemen in die Produktionsumgebung, sowie die Verbesserung der Planungs- und Steuerungsqualitäten dieser Systeme. Zweck dieser IT-Systeme ist es, die Anwendungsmethoden möglichst optimal umzusetzen und alle vier Handlungsfelder bestmöglich zu berücksichtigen. In der Vergangenheit sind eine Reihe von IT-Systemen entwickelt wurden, die in ihrer Struktur vorwiegend funktionsorientiert aufgestellt waren. Dies führte insbesondere zu Schnittstellenproblemen zwischen den einzelnen Funktionseinheiten. So gab es insbesondere im Produktentwicklungsprozess einen Kultur des „über-die-Wand-werfens", wo Informationen teils zusammenhangslos und unvollständig von einer Abteilung zur nächsten übergeben wurden. Die Übertragung von Konstruktionsdaten in Produktionsdaten gestaltete sich als sehr aufwendig. Heute wird die bestehende IT-Struktur häufig durch ein Product Lifecycle Management (PLM)-System ergänzt. Aufgabe des PLM ist es, die Verwaltung von Produktdaten sowie Informationen zum Produkt- und Prozessmanagement für den gesamten Produktlebenszyklus zu verwalten. Die Funktion kann sogar standortübergreifend erfolgen. Fehlende Standards hinsichtlich der IT-Schnittstellen erschweren es heute jedoch oftmals, IT-Systeme standortübergreifend zu nutzen oder nachträglich zu implementieren.

Idealerweise ist die IT-Landschaft in Unternehmen zukünftig so zu gestalten, dass es einen durchgängigen Datentransfer zwischen dem PLM-System, welches die Verwaltung von Konstruktions- und Produktdaten übernehmen sollte, und dem Produktionsplanungs- und Steuerungssystem (PPS) gewährleistet ist (vgl. Abbildung 3).

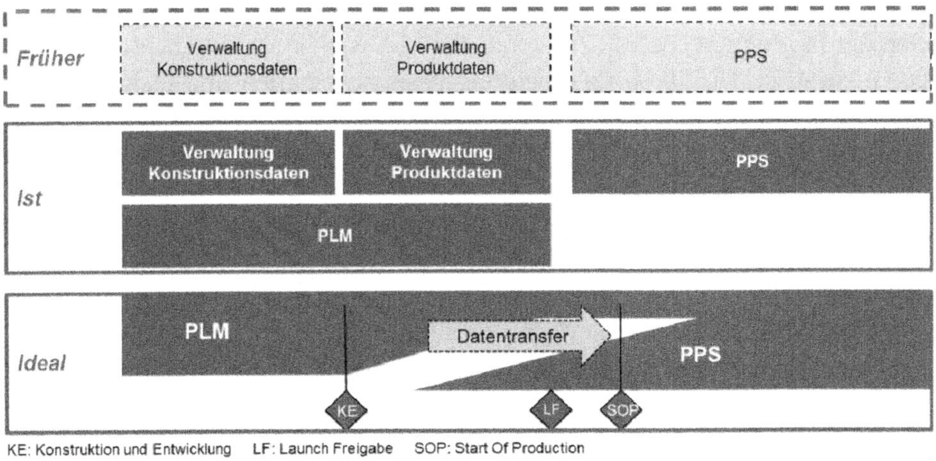

Abbildung 3: **Abgrenzung eines vollständigen PLM-System als „Single Source of Truth" im Vergleich zur vorhandenen IT-Systemstruktur**

Ein Vorteil in der Systemintegration zu einem Haupt-IT-System und der damit verbundenen Reduzierung unterschiedlicher IT-Systeme liegt darin begründet, dass die Datenkonsistenz verbessert wird: Anstatt unterschiedlicher Datenquellen, die wohlmöglich sogar zueinander inkonsistente Daten zur Verfügung stellen, gibt es nach Zusammenführung der IT-Systeme eine einzige, wahre Datenquelle, die sogenannte „Single Source of Truth". Diese bildet dann für den Produktionsprozess die Datengrundlage der Produktionsplanung und -steuerung.

Die Produktionsplanung und -steuerung ist immer nur so gut, wie die Datengrundlage, die zur Planung und Steuerung herangezogen werden. Wie bereits in Kapitel 2 erläutert, ist die Datenqualität heute oft mangelhaft und beeinträchtigt damit die Planungs- und Steuerungsqualität. Gründe für die schlechte Datenqualität sind u.a. fehlerhafte Rückmeldungen und ungenaue Datenerfassung. Mittels integrierter Sensortechnik z.B. in Form von RFID und Lasertracking können Daten aus dem Produktionsumfeld einheitlich und automatisiert aufgezeichnet werden. Hierdurch kann sowohl die Qualität, als auch die zeitliche Genauigkeit der erfassten Daten zum Teil drastisch gesteigert werden. Die so gewonnenen, hochauflösenden, echtzeitfähigen Daten der Produktionsabläufe können weiterführend genutzt werden, um beispielsweise die Entscheidungsfindung innerhalb der Produktionssteuerung zu unterstützen. Vorteil dieser Sensoren ist die Möglichkeit der adaptiven Kopplung an bestehende Ressourcen. So können mit geringem Kapitaleinsatz große Skaleneffekte in der Produktion erschlossen werden. Bei der simultanen Nutzung der Sensortechnologie zusammen mit bestehenden Rückmeldesystemen kann es zu redundanten Rückmeldungen kommen, die in ihrer Verdichtung zu einer verbesserten Gesamtqualität der Daten führen, da ggfs. fehlerhafte Rückmeldungen überschrieben werden. Aktuelle Forschungsbemühungen gehen dahin, Ansätze zu entwickeln, um inkonsistente und heterogene Daten der Produktion optimal zu verarbeiten und später als Entscheidungsgrundlage einzusetzen. Um diese Entscheidungsbasis zu schaffen und gleichzeitig die Transparenz der Abläufe in der Produktion zu erhöhen, muss der Einsatz von integrierter Sensortechnik im gesamten Umfeld der Produktion ausgebaut werden.

4.2 Cloudbasierte und echtzeitfähige Simulation der Abläufe in der Produktion

Ein wesentliches Merkmal heutiger Produktionsumgebungen ist die Dynamik. Produktionen sind dann mit Dynamik konfrontiert, wenn kurzfristig Kundenaufträge geändert werden, wenn Lieferanten ihre Liefertermintreue nicht halten oder wenn interne Störungen zu Produktionsverzögerungen führen. Folge dieser Dynamik ist, dass heutige Feinplanungssysteme dazu tendieren, ständig neu zu planen, wodurch wiederum eine interne Turbulenz auftritt, die zur Unsicherheit der beteiligten Mitarbeiter führt.

Die Herausforderung der Produktionsplanung und -steuerung besteht also darin, für einen robusten Produktionsablauf zu sorgen und dabei dynamische Einflüsse ausreichend zu berücksichtigen. Eine Möglichkeit, dieser Herausforderung zu begegnen ist die cloudbasierte und echtzeitfähige Simulation der Abläufe in der Produktion. Die in den letzten Jahrzenten gewonnene Rechenleistung sowie die Bestätigung des Moore'schen Gesetztes, dass sich die Leistung und Speicherkapazität alle 1,5-2 Jahre verdoppelt, eröffnet neue Perspektiven für die Produktionsplanung und -steuerung (vgl. Abbildung 4).

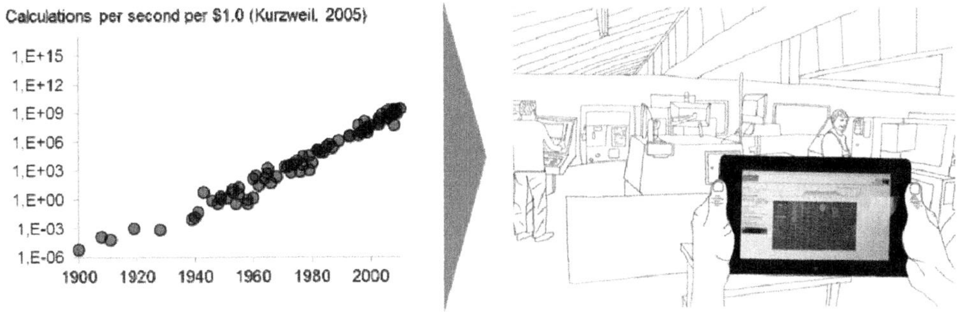

Abbildung 4: **Durch erhöhte Rechenleistung zur simulationsbasierten Entscheidungsunterstützungen in der Produktion**

Ziel der cloudbasierten und echtzeitfähigen Simulation muss es sein, die Mitarbeiter in ihren oft komplexen Entscheidungssituationen zu unterstützen. Hierzu ist es notwendig, dass das Simulationswerkzeug auf Echtzeitinformationen aus der Produktion zugreifen kann. Auf deren Basis kann im nächsten Schritt ein Simulationsmodell erstellt werden, welches die Realität hinreichend genau abbildet. Über Mustererkennung und Simulationsanalysen ist es möglich, sowohl die momentan gelebte Produktionssteuerung als auch die optimale Konfiguration der Produktionssteuerung zu ermitteln und darüber Aussagen über Handlungsempfehlungen und Stellhebel zur Verbesserung der Steuerungskonfiguration ableiten zu können. Ferner ist es über die echtzeitfähige Simulation möglich, Auswirkungen von Störungen abzubilden und die Auswirkung von Gegenmaßnahmen zuverlässig vorherzusagen.

Im Forschungsprojekt ProSense wird ein solches Simulationswerkzeug entwickelt, welches dem Mitarbeiter qualifizierte Entscheidungsunterstützungen beispielsweise bei der Priorisierung von Aufträgen bietet. Das Simulationswerkzeug wird über ein Netzwerk zur Verfügung gestellt, so dass es als cloudbasierter Dienst von vielen Nutzern angewendet werden kann und damit Skaleneffekte in der IT-Infrastruktur genutzt werden können. Die Anwendung von Simulations-Knowhow wird dadurch auf für kleinere und mittelständische Unternehmen attraktiv, da keinerlei Programmierkenntnisse erforderlich sind.

4.3 Interaktive Visualisierungen in der Produktion

Eine der wesentlichen Herausforderungen des Industrie 4.0-Ansatzes ist der Umgang mit cyber-physischen Systemen und die damit verbundene Interaktion der Ebenen Cyber und Physical (vgl. Abbildung 2). Auch wenn bereits heute die meisten Unternehmen Rückmeldedaten aus ihrer Produktion speichern, sind die wenigsten in der Lage, diese adäquat zu nutzen. Vor allem die Komplexität der Informationszusammenhänge überschreitet oft das menschliche Auffassungsvermögen, so dass die Entscheidungen kaum noch über gesundem Menschenverstand getroffen werden können. Die Frage ist, wie die vorhandenen Informationen von den physischen Akteuren, allen voran den Mitarbeitern besser genutzt werden können.

Es gilt, die Informationen so zu verarbeiten, dass sie als Entscheidungsvorlage herangezogen werden können. Dafür gibt es zwei Strategien: entweder werden die Informationen vorab schon soweit aggregiert und zusammengefasst, dass der Benutzer diese bereits anwendungsgerecht enthält. Die Art der Interpretation, die Vorfilterung und der Verwendungszweck der Daten müssen hierfür schon vorher festgelegt und im IT-System hinterlegt werden. Die zweite Strategie der Informationsverarbeitung sieht so aus, dass der Anwender Zugriff auch alle zur Verfügung stehenden Informationen hat und selber entscheidet, welche Daten herangezogen werden sollen und wie diese zu interpretieren sind. Welche Strategie nun geeigneter ist, hängt im Wesentlichen vom Qualifikationsgrad des Mitarbeiters ab. Während weniger qualifizierte Mitarbeiter beispielsweise auf dem Shopfloor eher schon vordefinierte Informationen zur Entscheidungsunterstützung angezeigt bekommen sollten, sind höher qualifizierte Mitarbeiter, beispielsweise der Produktionsleiter, auch selbstständig in der Lage, sich die geeigneten Daten heranzuziehen und richtig zu interpretieren. Nichtsdestotrotz muss bei beiden Verwendungsstrategien sichergestellt sein, dass der Zugriff auf Daten einfach möglich ist.

Insbesondere bei Entscheidungssituationen mit enorm großem Lösungsraum, wozu die Konfiguration der Produktionssteuerung zählt, sind Mitarbeiter auf IT-Unterstützung angewiesen, ganz gleich wie gut sie ausgebildet sind. So übertrifft beispielsweise die Steuerungskonfiguration von Auftragsfreigabe, Priorisierung und Kapazitätsplanung einer Produktion mit 150 Maschinen bei weitem der Anzahl Atome im Universum (vgl. Abbildung 5). Es sind daher interaktive Hilfsmittel, z.B. in Form von Web Tools, zu entwickeln, die bei der Bewältigung dieses Lösungsraums unterstützen und schließlich zu einer guten Entscheidung führen.

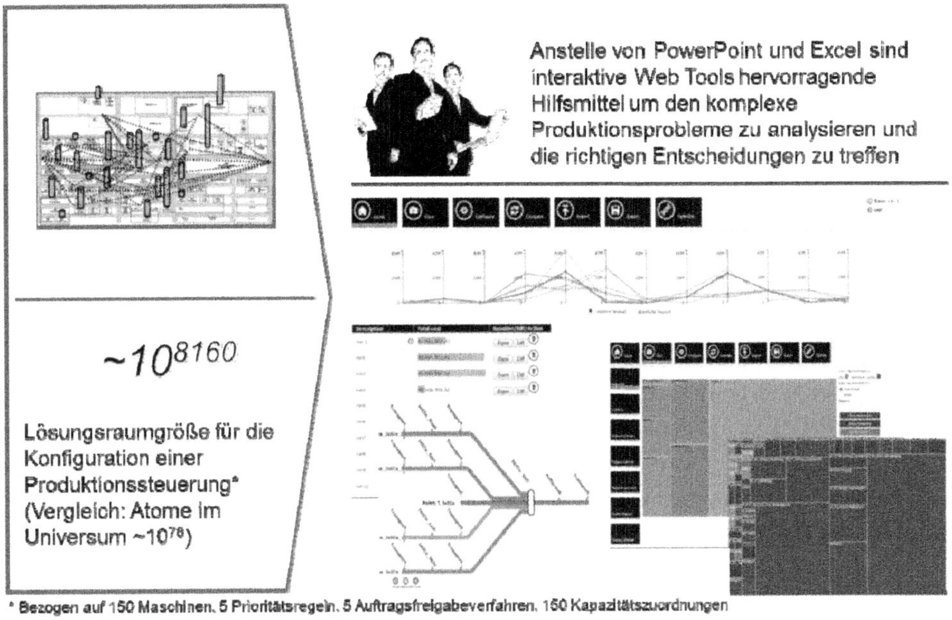

Abbildung 5: Interaktive Visualisierungen zur Unterstützung des Prozessverständnisses der Mitarbeiter

Im Fokus der interaktiven Tools sollte die Bedienbarkeit der Technologien stehen. Dies ist insbesondere vor dem Hintergrund wichtig, dass die klassische Aufgabenteilung der Mitarbeiter immer mehr prozessübergreifenden Organisationsstrukturen weicht. Der Einarbeitungsaufwand zur Benutzung dieser Tools sollte so gering wie möglich sein, um möglichst vielen Mitarbeitern die Analyse- und Bewertungsunterstützung zugänglich zu machen.

In dem Forschungsprojekt *ProSense* werden zusammen mit Designern und Spezialisten für Eye-Tracking intuitive Bedieneroberflächen entwickelt, mit der auch komplexe Sachverhalte einfach verständlich dargestellt werden können. Dadurch ist es für Mitarbeiter und Führungskräfte möglich, Probleme in der Produktion schnell und intuitiv zu lösen.

4.4 Schnelle Umsetzung durch Transparenz und Kommunikation

Der Hauptstellhebel zur Steigerung der Produktionsproduktivität mit Hilfe von Industrie 4.0-Ansätzen ist die Kollaboration, d.h. wie die Akteure interagieren und kooperieren. Die Kollaboration ist Basis der Kommunikation, der Transparenz und der Umsetzung von Verbesserungen.

Grundlage der Kollaboration ist das Aufbrechen von veralteten (Kommunikations) Strukturen. Dies macht sich insbesondere im Produktionsentwicklungsprozess bemerkbar. Dieser ist typischerweise dadurch geprägt, dass Unternehmen eigene Entwicklungen vorantreiben, sich von anderen Unternehmen abschotten und firmenexternes Expertenwissen daher unberücksichtigt lassen. Gleiches gilt innerhalb des Unternehmens: hier gibt es in vielen Fällen ein ausgeprägtes Abteilungsdenken, so dass es im Produktentwicklungsprozess kaum Abstimmung zwischen Konstruktion und Entwicklung und der Produktion gibt. Aufgrund des fehlenden Prozesswissens und abteilungsübergreifenden Knowhow, kommt es so häufig zu vermeidbaren Effizienzeinbußen.

Beispiele für die unternehmens- und abteilungsübergreifende Zusammenarbeit sind in Abbildung 6 dargestellt. Auf der linken Seite ist der sogenannte Disruptive Network Approach angezeigt, der zur Entwicklung von neuen Produkten ein ganzes Netzwerk an Unternehmen heranzieht. Jedes Unternehmen kann seine Kernkompetenzen einbringen, so dass Synergien genutzt werden und am Ende ein optimales Produkt entwickelt wird. Ein Beispiel für die Nutzung eines disruptiven Netzwerkes ist die Entwicklung des Elektroautos StreetScooter: in einem Netzwerk von über 20 Industriepartnern wird eine integrierte Produkt-Prozess-Entwicklung vorgenommen. Die Komplexität der Aufgaben verteilt sich auf das Netzwerk und durch vordefinierte Strukturen und Schnittstellen können parallel Braugruppen entwickelt werden, um Kosten- und Zeitziele einzuhalten. Auf der rechten Seite von Abbildung 6 ist ein Beispiel für eine Regelkommunikation auf dem Shopfloor aufgezeigt. In diesem Beispiel hat die Firma innerhalb der Produktion einige Informationspunkte eingerichtet, wo auf Monitoren der aktuelle Produktionsfortschritt, die Priorisierung der Aufträge sowie der Auftragsvorrat angezeigt werden. Diese Informationspunkte dienen dazu, dass Mitarbeiter aus unterschiedlichen Bereichen und Abteilungen zusammenkommen und über aktuelle Produktionssituationen sprechen. Die Erfahrung hat gezeigt, dass Probleme über die verbesserte Kommunikationskultur in der Produktion wesentlich schneller gelöst werden konnten (Allen und Henn 2007).

Beide in Abbildung 6 dargestellten Beispiele zeigen, dass es modulare, auf die Bedürfnisse der Prozesse zugeschnittene Lösungen der Zusammenarbeit bedarf. Die Notwendigkeit besteht nicht nur in direkten Prozessen, sondern auch im Zusammenspiel mit indirekten Geschäftsprozessen. Ziel muss es sein, die IT-Strukturen über App-ähnliche Anwendungen und Cloudlösungen zu flexibilisieren, standardisierte Schnittstellen zu schaffen, um so den bestmöglichen Nutzen aus der Kollaboration diverser Kompetenzträger zu ziehen. Diese Flexibilisierung ist insbesondere für kleinere und mittelständische Unternehmen interessant, da sich diese Unternehmen dann ihre IT-Systeme adaptiv zusammenstellen können und nicht auf überdimensionierte, teure Lösungen angewiesen sind.

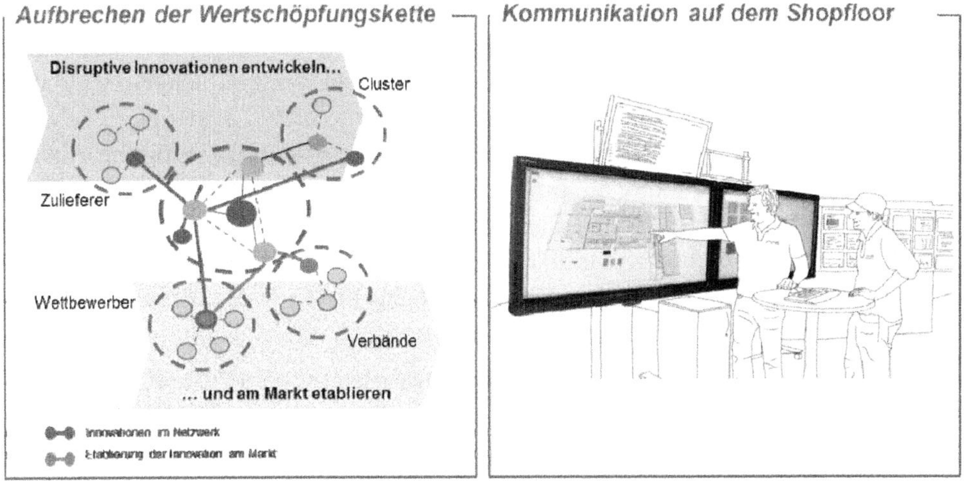

Abbildung 6: **Aufbrechen von gewohnten Strukturen zur Verbesserung der Kollaborationsproduktivität**

5 Anwendungsszenarien

Um die zuvor aufgezeigten Hypothesen zu veranschaulichen, werden im Folgenden Anwendungsszenarien erläutert. Diese Szenarien wurden im Rahmen des Forschungsprojektes *ProSense* entwickelt und werden dort von den IT- und Anwenderunternehmen in die Praxis überführt. Die im Folgenden eingeführten Szenarien verdeutlichen, wie die bereits dargestellten Herausforderungen angegangen werden.

5.1 Hochauflösende Daten aus der Produktion nutzen

Aufgrund einer fehlenden Anpassung der Planungsdaten und Steuerungsparameter in IT-Systemen, die zur Produktionsplanung und -steuerung eingesetzt werden, bilden die Systeme die reale Situation in der Produktion nicht adäquat ab. Eine Abweichung zwischen der durch das System ermittelten Planung und der anschließend eintreffenden realen Situation ist die logische Schlussfolgerung. Ursachen für diese Diskrepanz sind vielfältig. Zum einen führen falsche Plan-/Vorgabezeiten zu Abweichungen z.B. hinsichtlich der Rüst-/Bearbeitungsdauer. Zum anderen sind fehlende Informationen im System, wie z. B. geplanter Personalausfall durch Urlaub oder an Aufträge vergebene Prioritäten, Ursachen dafür, dass das System kein vollständiges Abbild der Produktion erreichen kann. Des Weiteren führen Handlungen von Produktionsmitarbeitern wie die Substitution von Maschinen und Reihenfolgevertauschung in der Abarbeitung von Aufträgen zu Abweichungen von der Planung.

Die Abweichungen zwischen der realen Situation in der Produktion und der im IT-System abgebildeten Situation führen letztendlich dazu, dass das System die

Planung täglich anpasst. Durch eine tägliche Umplanung der Fertigungsabläufe werden Fertigstellungstermine ebenfalls täglich verschoben und sind daher nicht exakt vorhersagbar. Jeder Produktionssteuerer ist aber verständlicherweise daran interessiert, die Verlässlichkeit der Planung des eingesetzten Systems zu kennen. Zudem ist es für die Systemanbieter von zentraler Bedeutung, typische Abweichungen der Planung zu kennen, um diese für zukünftige Planungen auszuschließen. Eine Verifikation der vom IT-System erstellten Planung findet nicht statt. Das System plant lediglich um und gibt keine Handlungsempfehlungen, wie die Ursachen für diese Umplanungen durch Anpassungen im IT-System oder in der Produktion eingeschränkt werden können.

Das Anwendungsszenario betrachtet das eingesetzte APS-System (Advanced Planning and Scheduling-System), das die kurzfristige Feinplanung unter Berücksichtigung der aktuellen Kapazität und der Materialverfügbarkeit durchführt, und bewertet dessen Planung. Zu diesem Zweck wird jeder vom APS-System ausgegebene Plan gespeichert. Normalerweise erfolgt mit jeder Umplanung des IT-Systems eine Überschreibung des zuvor definierten Plans. Im Nachhinein ist daher keine Verifikation der Planung möglich. Im Forschungsprojekt *ProSense* wurde dagegen eine Methodik entwickelt, jede Planung getrennt voneinander zu speichern. Somit entsteht eine Historie aller durchgeführten Planungen. Zusätzlich kann mit Hilfe von Rückmeldedaten aus der Produktion die Realität in der Produktion abgebildet werden. Hierzu wird auf Informationen der Betriebsdatenerfassung (BDE) und Maschinendatenerfassung (MDE) zurückgegriffen. Zusätzlich können mit Hilfe des Einsatzes von RFID-Technologien und Sensorik weitere Daten, wie z. B. Transportzeiten, aufgenommen werden. Es liegen somit Planungsdaten und ein Abbild der realen Situation vor, auf deren Basis im Anwendungsszenario ein Abgleich erfolgt. Hierbei können auftretende Abweichungen identifiziert werden. Sind die Abweichungen bekannt, kann eine Aussage über die Zuverlässigkeit der Planung erfolgen.

Die Analyse realer Planungs- und Rückmeldedaten hat ergeben, dass die Zuverlässigkeit des eingesetzten Systems bereits nach 3 Tagen bei ca. 25 % liegt, siehe Abbildung 7. Aufgrund der dynamischen Prozesse in der Produktion ist die Planung der Produktion begrenzt. Die Aufgabe, die sich das Forschungsprojekt *ProSense* gestellt hat, ist die Zuverlässigkeit der Planung dennoch zu erhöhen.

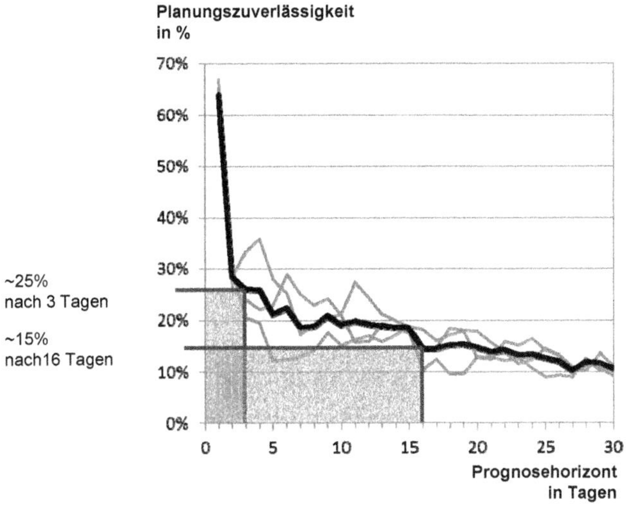

Abbildung 7: Zuverlässigkeit der durch das eingesetzten APS-Systems ermittelten (Schuh et al. 2013)

Im nächsten Schritt erfolgt die Ermittlung der Ursachen für diese Abweichungen. Basierend auf den erkannten Abweichungen und deren Ursachen sollen Handlungsempfehlungen für den Produktionsplaner definiert und ausgegeben werden. Hierbei wird unterschieden zwischen den Handlungsempfehlungen, die die Planung/das Planungssystem betreffen und denen, die sich auf die Produktion auswirken. Eine planungsorientierte Handlungsempfehlung ist beispielsweise der Vorschlag, die Arbeitspläne hinsichtlich der am häufigsten verwendeten Maschinen und deren Bearbeitungszeiten für einzelne Vorgänge anzupassen. Da der Mensch als intelligenter Entscheider auch in Zeiten der vierten industrielle Revolution im Mittelpunkt steht, bleibt es dem Produktionsplaner überlassen, diese Handlungsempfehlung zu bestätigen Eine Handlungsempfehlung an die Fertigung ist beispielsweise die Vertauschung der Abarbeitungsreihenfolge an einzelnen Maschinen im Sinne der Planerfüllung einzustellen.

Um das Anwendungsszenario umsetzen zu können, müssen zahlreiche Daten zur Verfügung gestellt werden. Neben der täglichen Speicherung der APS-Planung sind die Rückmeldedaten (z. B. abgearbeitete Sollzeiten) entscheidend. Diese Rückmeldedaten werden durch intelligente Sensorik detailliert aufgezeichnet, die weitere Informationen zu einzelnen Aufträgen aufnehmen und vorverarbeiten (z.B. Anwesenheit, Transport etc.). Um die personelle Situation in der Produktion beschreiben zu können, sind zudem An- und Abwesenheiten sowie die Urlaubsplanung von Interesse. Eine Änderung der Abarbeitungsreihenfolge im Vergleich zur geplanten Reihenfolge vom APS-System kann durch Eilaufträge ausgelöst werden. Um eine solche Priorisierung auch nachträglich nachvollziehen zu können, sind die Auftragslisten mit Prioritäten erforderlich. Diese Menge an Daten aufzunehmen, zu analysieren, um aggregierte Informationen zu erhalten, und die Ergebnisse dem Produktionsplaner zur Verfügung zu stellen, wird im Rahmen des Forschungsprojekts *ProSense* betrachtet. Die Vorteile, die sich aus dem Nutzen hochauflösender Daten aus der Produktion ergeben, sind in Tabelle 1 zusammengefasst:

Tabelle 1: Vorteile der *ProSense*-Lösung

Bisher	Mit ProSense
Tägliche Neuplanung durch das APS-System, ohne dass Abweichungen vom Plan ersichtlich sind	Aufzeigen von Abweichungen zwischen Planung und der realen Produktion
Verlässlichkeit der Planung ist nicht bekannt, keine Planungssicherheit	Die Planungsgüte wird messbar
Tägliche Neuplanung durch das APS-System, ohne dass die Ursachen hierfür bekannt sind	Aufzeigen von Ursachen für die Abweichungen und die daraus resultierende Umplanung

5.2 Mensch-Maschine-Interaktion

Zu den heutigen Defiziten in der Produktion zählt eine mangelnde Transparenz der IT-Systeme, bedingt zum einen über die Wirkzusammenhänge und zum anderen durch schwer verständliche IT-Strukturen. Daraus leitet sich die Kernfrage für zukünftige IT-Systeme ab, wie die Mensch-Maschine-Interaktion gestaltet werden muss, damit der Fertigungssteuerer optimal bei der Produktionsplanung und -steuerung durch das IT-System unterstützt wird.

In produzierenden Unternehmen sind heute mehrere IT-Systeme gleichzeitig im Einsatz, aus denen sich der Fertigungssteuerer die jeweils für ihn relevanten Informationen suchen und anschließend selbst verknüpfen muss. Dem Fertigungssteuerer muss dazu bekannt sein, in welchem System er zu suchen hat, um die relevanten Informationen zu bekommen. Hierzu benötigt er Erfahrung in der Anwendung der Systeme. Die Informationsbeschaffung mittels mehrerer Systeme und manueller Verknüpfung führt zum einen zu vielen unnötigen Programmwechseln durch den Fertigungssteuerer. Zum anderen erschwert die Komplexität der jeweiligen Einzelsysteme und die Vielzahl an unterschiedlichen Systemen die Fertigungssteuerung. Ein hoher Zeitaufwand und falsche Schlussfolgerungen sind die Folge der genannten Schwächen. Um diesen entgegen zu wirken, werden in *ProSense* graphische Oberflächen entwickelt, die zukünftig ein hohes Maß an Gebrauchstauglichkeit sicherstellen, um den Fertigungssteuerer zu unterstützen.

Im Rahmen des Forschungsprojekts *ProSense* werden typische Aufgaben des Fertigungssteuerers, die er mit Hilfe der IT-Systeme durchführt, definiert und analysiert. Hierzu werden Kennzahlen entwickelt, mit denen die Bewertung erfolgt. Hierdurch können Schwächen visuell angezeigt werden. Durch stetige Analyse der Visualisierung werden kontinuierlich neue, intuitive Darstellungsmethoden entwickelt und in die Bewertung eingebunden. Hierbei liegt der Fokus auf der Darstellung komplexer Sachverhalte, wie sie im dynamischen Produktionsumfeld vielfach zu finden sind. Ziel ist es, diese durch eine adäquate Aufbereitung und Visualisierung der relevanten Informationen transparent zu gestalten.

Wie in Kapitel 5.1 erläutert, findet schon in der Sensorik, die Informationen aus der Produktion generiert, eine Vorverarbeitung statt. Das Anreichen der Informationen mit zusätzlichem Informationsgehalt erfolgt in den IT-Systemen. Diese Informationen dem Fertigungssteuerer aggregiert zur Verfügung zu stellen, ohne dass er sich diese aus den einzelnen Systemen selbst zusammenstellen muss, ist ein weiterer wichtiger Bestandteil einer funktionierenden Mensch-Maschine-Interaktion. Um den Fertigungssteuerer bei seinen Entscheidungen optimal zu unterstützen, werden ihm nicht nur die Informationen sondern direkt intelligente Handlungsempfehlungen zur Verfügung gestellt. Wichtig ist hierbei, dass diese dem Nutzer so zur Verfügung gestellt werden, dass er diese nachvollziehen kann. So wird verhindert, dass er diese aufgrund eines mangelnden Vertrauens in die Lösung nicht umsetzt. Zudem wird durch die transparente Darstellung der komplexen Sachverhalte und der Handlungsempfehlungen sichergestellt, dass der Fertigungssteuerer kein unvollständiges oder gar falsches mentales Modell über die Produktionsprozesse und mögliche Konsequenzen seiner Entscheidungen ausgebildet hat. Dieses könnte ansonsten zu suboptimalen oder gar falschen Entscheidungen führen.

Die Vorteile einer intuitiven Mensch-Maschine-Schnittstelle, wie sie im Rahmen des Forschungsprojekts *ProSense* entwickelt wird, ist in Tabelle 2 zusammengefasst.

Tabelle 2: Vorteile der *ProSense*-Lösung

Bisher	Mit *ProSense*
Komplexe Oberflächen	Intelligente Visualisierung
Wenig Vertrauen in die Systeme/ Planung wegen der mangelnden Transparenz der Systeme	Für den Fertigungssteuerer verständliche, transparente Darstellung der Prozesse in den jeweiligen Systemen
Lange Bearbeitungszeiten aufgrund der mangelnden Übersicht	Nutzergerechte Darbietung von Informationen und somit kürzere Bearbeitungszeiten
Einsatz verschiedener IT-Systeme und manuelle Verknüpfung der einzelnen Informationen	Automatische Zusammenführung der Informationen in einer Oberfläche

6 Zusammenfassung

Die Produktionssteuerung ist das zentrale Element, um einen stabilen und termintreuen Produktionsprozess zu realisieren. Um der steigenden Marktdynamik und den wachsenden Kundenanforderungen weiterhin gerecht werden zu können, ist es unumgänglich die zur Produktionssteuerung eingesetzten IT-Systeme auf die sich wandelnde Unternehmensumgebung anzupassen und weiter zu verbessern. Industrie 4.0 bietet die Grundlage für eine Optimierung der Produktionssteuerung. Zum einen können mit Hilfe intelligenter Sensorik zusätzliche Daten aus der Produktion generiert werden. Durch eine intelligente Verarbeitung schon innerhalb der Sensorik stehen den IT-Systemen bereits aggregierte Informationen zur Verfügung. Zum anderen können dem Fertigungssteuerer durch eine schnellere Verarbeitung von Daten Echtzeitinformationen zur Entscheidungsunterstützung zur Verfügung gestellt werden. Durch eine intuitive Benutzerschnittstelle erhält der Fertigungssteuerer direkte Informationen, die ihn bei seinen Entscheidungen unterstützen. Die Kollaborationsproduktivität wird somit zum einen zwischen der realen Produktion und den planenden IT-Systemen und zum anderen zwischen dem Produktionssteuerer und den eingesetzten IT-Systemen erhöht. Die Umsetzung der vorgestellten Ansätze, wie sie derzeit im Rahmen des Forschungsprojekt *ProSense* erfolgt, gilt es, konsequent auch in anderen Unternehmen zu etablieren, um den Produktionsstandort Deutschland weiter zu stärken.

7 Literatur

Allen TJ, Henn GW (2007) The organization and architecture of innovation. Managing the flow of technology. Butterworth-Heinemann/Architectural Press, Amsterdam

Ariely D (2011) The upside of irrationality. The unexpected benefits of defying logic at work and at home. Harper, New York

Ariely D (2012) Wer denken will, muss fühlen. Die heimliche Macht der Unvernunft, Vollst. Taschenbuchausg. Knaur, vol 78424. Knaur-Taschenbuch-Verl, München

Baheti, R., Gill, H. Cyber-physical systems. The impact of control technology 2011:161–166

Brackel T (2009) Adaptive Steuerung flexibler Werkstattfertigungssysteme: Nutzung moderner Informations- und Kommunikationstechnologien zur effizienten Produktionssteuerung unter Echtzeitbedingungen. Gabler

Broy M (2010) Cyber-Physical Systems. Innovation durch Software-intensive eingebettete Systeme. Springer, Berlin Heidelberg

Kieser A, Walgenbach P (2007) Organisation, 5., überarb. Aufl. Schäffer-Poeschel, Stuttgart

Kurzweil R (2005) The singularity is near. When humans transcend biology. Viking, New York

Lödding H (2008) Verfahren der Fertigungssteuerung. Grundlagen, Beschreibung, Konfiguration, 2.th edn. Springer, Berlin [u.a.]

Lopitzsch JR (2005) Segmentierte adaptive Fertigungssteuerung. PZH, Produktionstechn. Zentrum, Garbsen

Malik F, Büntig A (2007) Führen, Leisten, Leben. Wirksames Management für eine neue Zeit. Campus, Frankfurt a.M

Milberg J, Neise P (2006) Organizational Design of Supply Chains. WGP, Production Engineering XIII(2):181–186

Münzberg B, Nyhuis P (2009) Individual Configuration of Production Control to Suit Requirements. International Conference on Manufacturing and Industrial Engineering. Proceedings of World Academy of Science, Engineering and Technology Volume 59:47–52

Schuh G, Potente T, Thomas C, Hauptvogel A (2013) Cyber-Physical Production Management. In: Prabhu V, Taisch M, Kiritsis D (eds) Advances in Production Management Systems. Sustainable Production and Service Supply Chains. Proceedings. Springer, Berlin, pp 477–484

Schuh G, Stich V, Brosze T, Fuchs S, Pulz C, Quick J, Schürmeyer M, Bauhoff F (2011) High resolution supply chain management: optimized processes based on self-optimizing control loops and real time data 5(4):433–442. doi: 10.1007/s11740-011-0320-3

Schuh G, Stich V (2011) Produktion am Standort Deutschland. Ausgabe 2011, 1st edn. Druckservice Zillekens, Aachen

Schuh G, Stich V (2013) Produktion am Standort Deutschland. Ergebnisse der Untersuchung 2013, Ausg. 2013, Aachen

Schuh G, Westkämper E (2006) Liefertreue im Maschinen- und Anlagenbau. Stand - Potenziale - Trends. In: Schuh G, Westkämper E (eds) Studienergebnisse des FIR, IPA, WZL, Aachen u. Stuttgart

Taylor FW, Volpert W, Vahrenkamp R (1977) Die Grundsätze wissenschaftlicher Betriebsführung, Nachdr. Berufliche Bildung und Berufsbildungspolitik, Bd. 3. Beltz, Weinheim, Basel

Zäh MF, Schack R, Müller S (2005) Ansatz zur Projektierung der Digitalen Fabrik. ZWF Zeitschrift für wirtschaftlichen Fabrikbetrieb(05):286–290

Adaptive Logistiksysteme als Wegbereiter der Industrie 4.0

Prof. Dr.-Ing. Dipl.-Wirtsch.-Ing Willibald Günthner, Technische Universität München; Eva Klenk, Technische Universität München; Dr.-Ing. Peter Tenerowicz-Wirth, Jungheinrich AG

1 Auf dem Weg zur adaptiven Logistik

Auf dem Weg zur Industrie 4.0 nahm die Logistik ähnliche Entwicklungsstufen wie die Produktion, welche sich ausgehend vom Neo-Taylorismus über die Lean Production nun im Rahmen der vierten industriellen Revolution dem Ideal der „Smart Factory" annähert (vgl. Tabelle 1).

Als Ausgangspunkt der Logistik im modernen Sinne kann die Einführung standardisierter Paletten als universelles Transporthilfsmittel in den 50er Jahren gesehen werden: Dadurch wurde die Voraussetzung dafür geschaffen, Komponenten und Systeme für Materialfluss und Logistik ebenfalls zu standardisieren. Erste Geräte zum innerbetrieblichen Transport und Umschlagen von Ladungsträgern (Gabelstapler) sowie zu deren Lagerung (Stapelkran) wurden entwickelt (TUL-Funktionen). In der Folge konnten Ladungsträger in großen Mengen effizient gehandhabt und enorme Produktivitätssteigerungen erzielt werden (Günthner, 2007). In den folgenden Jahrzehnten entwickelte sich ein Verständnis der Logistik als Disziplin, welche den gesamten Materialfluss bis hin zum Fertigerzeugnis betrachtete – es entstanden materialflusstechnische Anlagen (automatisierte Hochregallager, Sortieranlagen). Mit dem Wandel von Anbietermärkten hin zu Käufermärkten veränderten sich auch die Anforderungen an die Logistik: Waren mussten nun für die Kunden bedarfsgerecht, Just-in-Time und möglichst individuell bereitgestellt werden. Logistikprozesse werden auf den Kunden und den von diesem geforderten Wert bei gleichzeitiger Kostensenkung durch Reduktion von Verschwendung ausgerichtet.

Tabelle 1: Entwicklungsstufen von Produktion und Logistik auf dem Weg zur Industrie 4.0

	Gestern (Industrie 1.0/2.0)	Heute (Industrie 3.0)	Morgen (Industrie 4.0)
Supersystem:	Analog-Kommunikation	Internet und Intranet	Internet der Dinge
System:	Neo-Taylorismus TUL-Funktionen	Lean Production Lean Logistics	Smart Factory Kognitive Logistik
Subsystem:	Mechanisierung	Automatisierung	Virtualisierung

Mit der vierten industriellen Revolution wird auch die Logistik den nächsten Entwicklungssprung vollziehen – hin zur „Kognitiven Logistik", die sich auf Basis einer erhöhten Informationsverfügbarkeit auf allen Ebenen logistischer Systeme flexibel und schnell an ein volatiles Umfeld anpasst und zudem in der Lage ist, Rückschlüsse aus aufgezeichneten Daten zu ziehen und sich somit selbst zu optimieren (Maschinelles Lernen). Die Aufgaben der Logistik verschieben sich in Zeiten einer Dezentralisierung und Individualisierung der Produktion mit dem Ziel möglichst geringer Bestandshaltung mehr und mehr in Richtung einer flexiblen und hinsichtlich der Größen Kosten, Zeit und Ressourceneinsatz optimierten Wegefindung. Nur so kann Logistik auch zukünftig für den Kunden einen Mehrwert generieren, indem sie das richtige Produkt zum richtigen Zeitpunkt am richtigen Ort in der richtigen Menge und Qualität bereitstellt.

2 Innovative Technologien für die Logistik von Morgen

Bei einem genauen Blick in die Smart Factory[1] lässt sich erkennen, dass sich dort zwar Bearbeitungsstationen und Montagelinien als „Social Machines" digital miteinander vernetzen sollen, die physische Vernetzung einer Maschine mit der nächsten –der Materialfluss – obliegt jedoch weiterhin fördertechnischen Einrichtungen. Noch offensichtlicher wird die Bedeutung der Logistik in Zeiten einer vierten industriellen Revolution an den Rändern der Wertschöpfungsnetze, wo über Warenverteilzentren der schnelle und flexible Zugang zu den immer volatiler agierenden Märkten gewährleistet werden soll. Unflexible Materialflusssysteme und starre Dispositionsstrategien sind hier fehl am Platz. Vielmehr gelten für die Logistik ähnliche Prämissen wie für Cyber-Physical Production Systems (CPPS).

Auch logistische Objekte sollen sich in Zukunft eigenständig vernetzen, untereinander Informationen austauschen und sich selbstständig durch den Materialfluss steuern. Auf diese Weise entstehen adaptive Logistiksysteme, die eine hohe Robustheit gegenüber Störungen und unvorhergesehen Änderungen im Prozessablauf aufweisen. Damit sind sie ideal an die Anforderungen moderner Wertschöpfungsnetze angepasst, welche von steigender Dynamik und Komplexität geprägt sind. Adaptivität fokussiert in Abgrenzung zur Flexibilität die Prozesssicht und kann als „aktive und schnelle Anpassung aus eigener Substanz bei sprunghaften und unvorhersehbaren Veränderungen in der Systemumwelt beschrieben werden. Synonym wird auch häufig der Begriff der Wandelbarkeit verwendet. Nopper (2011) beschreibt Wandelbarkeit im Kontext der Anwen-

[1] Smart Factory steht hier nicht für die Modellfabrik vom Deutschen Forschungszentrum für Künstliche Intelligenz (DFKI). Hier leitet sich der Begriff vom Smartphone ab. Genauso wie Smartphones unser Kommunikationsverhalten massiv verändert haben, wird die Smart Factory die Informationsaufbereitung und -darstellung in der Produktion stark beeinflussen.

dungsdomäne Intralogistik als „Fähigkeit eines Materialflusssystems [...], sich über die beim Aufbau des Systems gesetzten Grenzen hinaus an die Anforderungen der Umgebung anzupassen. Dafür muss das System in geeigneter Weise erweiterbar oder veränderbar sein. Die Anforderungen der Umgebung lassen sich für Materialflusssysteme vollständig entlang der Dimensionen Fördergut, Layout und Durchsatz beschreiben."

Unterstützt wird die Entwicklung wandelbarer Logistiksysteme durch neue innovative Technologien wie leistungsstarke Kleinstcomputer (Embedded Systems), drahtlose Sensornetzwerke und umfassende, intelligente IT-Infrastrukturen und Dienste (z.B. Cloud Computing). Der folgende Abschnitt widmet sich in diesem Zusammenhang dem Internet der Dinge als Gestaltungsgrundlage für wandelbare Materialflusssysteme.

2.1 Wandelbare Logistiksysteme nutzen Technologien des Internets der Dinge und Dienste

Fördertechnische Systeme müssen in der Lage sein, sich kurzfristig, aufwandsarm und kostengünstig an sich ändernde Rahmenbedingungen anzupassen, um die für eine Industrie 4.0 erforderliche Adaptivität aufzubringen. Einen wichtigen Schritt auf dem Weg hin zu wandelbaren Materialflusssystemen stellt zunächst eine funktionsorientierte Modularisierung der Fördertechnik dar. Ziel ist es dabei, einzelne Fördertechnikmodule zu definieren, welche mechanisch, energetisch und steuerungstechnisch gekapselt sind und somit innerhalb des Systems eigenständig agieren können (Wilke, 2006). Diese Modularisierung bildet die Grundlage für eine hohe Skalierbarkeit und Anpassungsfähigkeit des Gesamtsystems.

Konventionelle, hierarchisch aufgebaute Steuerungsarchitekturen widersprechen diesem Paradigma, da jede Hierarchieebene zentrale Koordinationskomponenten für untergeordnete Komponenten enthält und somit das einzelne Fördertechnikelement auf steuernde Eingriffe von außen angewiesen ist. In einem Umfeld, im dem Logistiksysteme immer öfter auf unvorhergesehene Ereignisse reagieren müssen und immer weniger anhand vordefinierter Prozesse gesteuert werden können, birgt dieser zentrale Steuerungsansatz Gefahren. So besteht die Möglichkeit eines kritischen Komplexitätsanstiegs in zentralen Steuerungsknoten wie dem Materialflussrechner. Auch erweist sich die Wiederverwendung komplexer zentraler Steuerungsprogramme bzw. derer Bausteine in anderen Materialflusssystemen als schwierig. Ein hoher wiederkehrender Programmieraufwand ist die Folge.

Die Entwicklung dezentraler Steuerungskonzepte für automatisierte Materialflusssysteme adressiert diese Schwachstellen und verspricht ein hohes Maß an Wandelbarkeit sowie ein robustes Systemverhalten auch bei Störungen und Komponentenausfällen. Damit hält das Internet der Dinge Einzug in die Logistik (ten Hompel, 2006)(Scholz-Reiter, 2007)(Günthner, 2010). Die zu transportierenden

Güter übernehmen selbst die steuernde Rolle innerhalb des Logistiksystems. Diese neue Generation logistischer Objekte ist eindeutig identifizierbar, an jeder Stelle im Materialfluss lokalisierbar und nutzt die Transportdienste der Fördertechnikmodule, um an ihren Zielpunkt zu gelangen. Die Fördertechnikmodule selbst stimmen sich mittels Machine-to-Machine (M2M)-Kommunikation ab, um dem Transportgut einen optimalen Service (z.B. kürzeste Route - schnellste Route - ressourcenschonende Route) zu bieten. Eine automatische, dezentrale Um- bzw. Neuplanung von Transportrouten bei Störungen oder Blockaden wird auf diese Weise systemimmanent – ein großer Vorteil gegenüber konventionell gesteuerten Materialflusssystemen, bei denen Alternativrouten und Strategien zur Auflösung von Blockaden im Steuerungsprogramm vordefiniert werden müssen.

Neben Transporteinheiten und Fördertechnikmodulen bilden Dienste die dritte Grundeinheit (Entität) innerhalb des Internet der Dinge in der Intralogistik. Diese als Software-Services implementierten Dienste unterstützen die Koordination zwischen den Transporteinheiten und den Modulen (z.B. Yellow Pages zum Auffinden geeigneter Module) sowie die Systemtransparenz für den menschlichen Bediener (z.B. Monitoring, Visualisierung, manuelle Auftragsgenerierung). Die Verteilung der Steuerungsintelligenz auf Transporteinheiten, Module und Softwaredienste erfolgt mittels Softwareagenten (Jennings, 2001)(Wooldridge, 2002), die die Zielstellungen der einzelnen Entitäten situationsabhängig in einem Agentensystem repräsentieren.

Die Steuerungspyramide wird mit diesem Ansatz aufgelöst. Die gleichberechtigt agierenden Entitäten übernehmen sämtliche Funktionen selbst, die bisher in konventionellen Logistiksystemen verschiedenen Hierarchieebenen zugeordnet waren (Abbildung 1). Mittels der ihnen zugeordneten Agenten sind die Entitäten in der Lage, direkt mit anderen Fördertechnikmodulen, Transporteinheiten und Diensten zu kommunizieren, gewonnene Informationen gemäß interner Regeln zu verarbeiten und auf dieser Grundlage ihre spezifische Aufgabe bestmöglich zu erfüllen.

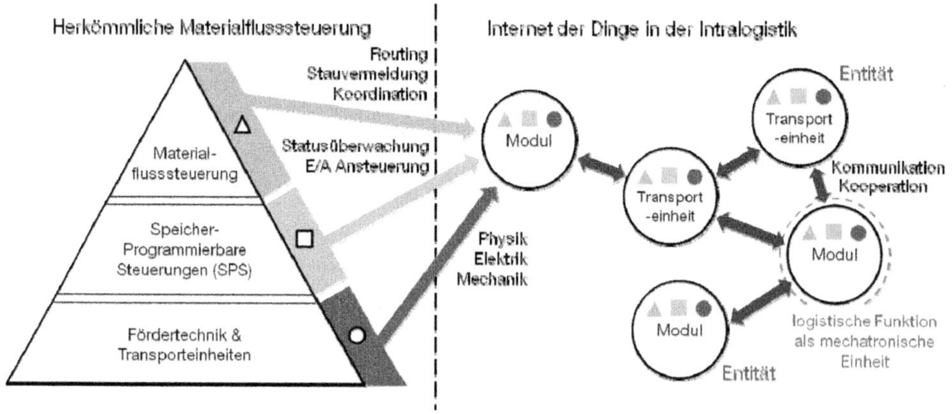

Abbildung 1: Das Internet der Dinge ermöglicht hierarchielose Materialflusssysteme auf Basis kooperierender Entitäten (Günthner, 2008)

Diese Kommunikationsfähigkeit birgt gleichzeitig eine große Herausforderung in sich. Um eine reibungslose Koordination und Kooperation innerhalb dezentral gesteuerter Systeme zu ermöglichen, ist ein umfangreicher Datenaustausch notwendig. Dies trifft gerade dann zu, wenn höhere Funktionen wie die Auftragsdisposition oder die Routenplanung durch das Zusammenspiel mehrerer Softwareagenten realisiert werden sollen. Dieser Problematik kann mit einem hybriden Kommunikationskonzept für dezentral gesteuerte Materialflusssysteme begegnet werden, welches sowohl die Peer-to-Peer-Kommunikation zwischen einzelnen Agenten als auch einen Datenaustausch über Informationsknotenpunkte unterstützt (Tenerowicz-Wirth, 2013).

Um die Softwareagenten in die Lage zu versetzen, den Informationsgehalt der ausgetauschten Daten korrekt zu interpretieren, wird für das Agentensystem eine Ontologie – ein gemeinsamer Sprachraum – benötigt (Abbildung 2). Die zwischen den Entitäten zu übertragenden Inhalte werden in dieser Form definiert und formalisiert. Grundelemente der Ontologie sind Konzepte (Bestandteile der Anwendungsdomäne), Prädikate (Systemzustände) und Aktionen (Veränderungen von Systemzuständen).

Für die Anwendungsdomäne Intralogistik stellen beispielsweise die Entitäten Fördertechnikmodul, Transporteinheit und Softwaredienst aber auch Transportaufträge und Systemkoordinaten Konzepte dar. Prädikate werden von den Softwareagenten genutzt, um Informationen über bestimmte Zusammenhänge im System auszutauschen (z.B. Funktionalitäten einzelner Module, Kosten eines Transports). Aktionen nutzen die Agenten schließlich, um ihre Aufgabe zu erfüllen und ihre Ziele zu erreichen (z.B. Behältertransport zu einem vorgegebenen Zielort). Aktionen und Prädikate können in der Agentenkommunikation direkt eingesetzt werden, während Konzepte nur in Kombination mit einer Aktion oder einem Prädikat einen Informationswert erlangen. Die Basisontologie bildet den Ausgangspunkt für die Modellierung und Definition sämtlicher Kommunikationsprozesse und funktionaler Zuordnungen eines Internet der Dinge innerhalb der Anwendungsdomäne Intralogistik (Chisu, 2010).

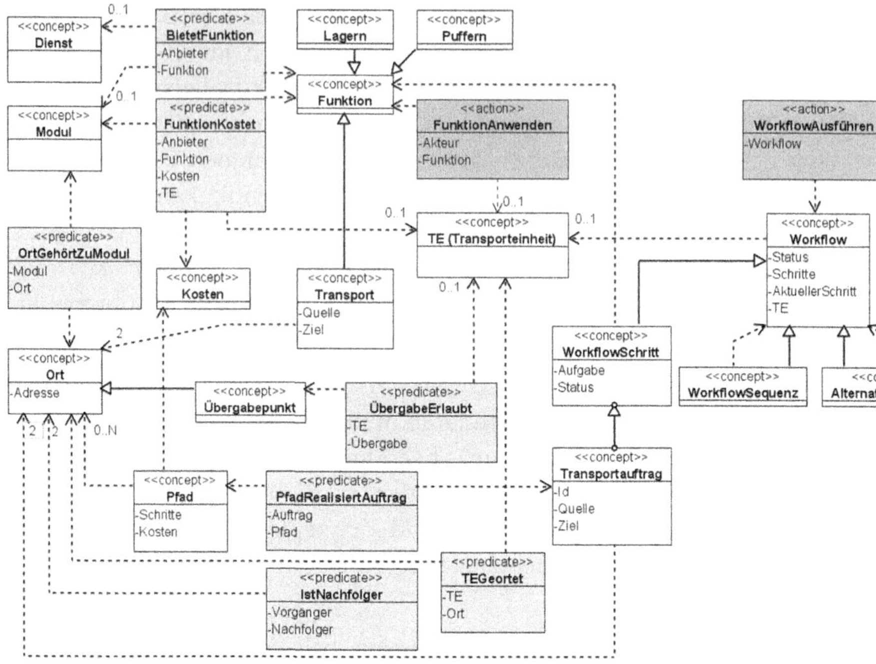

Abbildung 2: **Basisontologie für das Internet der Dinge in der Intralogistik (Libert, 2010)**

Eine weitere Herausforderung neben einem effektiven Informationsaustausch stellt die Verknüpfung der Softwareagenten mit den durch sie repräsentierten Entitäten dar. Um die Softwareagenten auf Transporteinheiten und Fördertechnikmodulen verorten zu können, wird Speicher- und Rechenkapazität benötigt, der direkt auf den physischen Objekten verfügbar ist.

Im Falle von Transporteinheiten können zu diesem Zweck RFID-Transponder (Agent-on-Tag) oder Microcontroller zum Einsatz kommen. Softwareagenten können somit auftragsrelevante Informationen direkt auf dem logistischen Objekt verwalten und die einzelnen Schritte des abzuarbeitenden Workflows prozessnah und dezentral steuern und überwachen (Nettsträter, 2010).

Eine Verortung der Softwareagenten auf den Fördertechnikmodulen ist auf zwei Arten möglich. Beim ersten Ansatz werden die Agenten direkt auf der Steuerung (SPS) des Fördertechnikelements implementiert (Bussmann, 1996)(Wannagat, 2010). Diese Lösung kann derzeit allerdings aufgrund der hohen erforderlichen Rechenleistung im Rahmen einer dezentralen Materialflusssteuerung nur eingeschränkt Anwendung bei wenig komplexen Systemen finden. Ein zweiter Ansatz basiert daher auf einem Zweischichtmodell, bei dem nur die Steuerung und Überwachung des physikalischen Prozesses in Echtzeit auf der SPS abläuft, während der Softwareagent – verantwortlich für die Kommunikation und Interaktion mit anderen Entitäten sowie für das Treffen strategischer Entscheidungen – in einer nicht echtzeitfähigen, aber leistungsstärkeren Laufzeitumgebung wie Windows oder Linux implementiert ist. Beide Schichten sind gemeinsam auf einer Plattform (z.B. Embedded-PC) realisiert und bilden in Kombination die komplette Modullogik ab. Damit folgt auch dieser zweite Ansatz dem Prinzip der funktionsorientierten Modularisierung, nach dem die gesamte Steuerungslogik eines Fördertechnikmoduls auf diesem zu kapseln ist. Die Programmierung der Softwareagenten erfolgt in Hochsprachen (C#, Java), während die Steuerungsprogramme in spezialisierten SPS-Programmiersprachen implementiert werden. Eine Middleware verknüpft beide Schichten und sorgt für den nötigen Datenaustausch zwischen operativer und strategischer Ebene der Modullogik (Chisu, 2010).

Mit der engen Verzahnung zwischen physischem Materialfluss und der Agentenkommunikation und -koordination mittels Internet-Technologien entspricht das Internet der Dinge in der Intralogistik einem Cyber-Physical Logistics System (CPLS).

Für Logistiksysteme, die besonders stark von sich rasch verändernden Rahmenbedingungen betroffen sind, verspricht der Einsatz derartiger dezentral gesteuerter Materialflusssysteme erhebliche Kostenvorteile. Bei einer mit konventionell gesteuerten Systemen vergleichbaren Leistungsfähigkeit können dezentral gesteuerte und modular aufgebaute Anlagen durch ihr hohes Maß an Wandelbarkeit, Robustheit und Wiederverwendbarkeit unter wirtschaftlichen Aspekten punkten (Nopper, 2011). Kosteneinsparungen ergeben sich zunächst durch eine verkürzte Entwicklungs- und Realisierungsphase aufgrund der hohen Wiederverwendbarkeit mechanischer Module und von Bausteinen der Steuerungslogik (Kuzmany, 2010). In der Betriebsphase trägt die gesteigerte Wandelbarkeit und Robustheit dezentral gesteuerter Systeme zur Wirtschaftlichkeit bei. Adaptive Logistiksysteme begünstigen aufwandsarme Änderungen im Anlagenlayout bei Umbauten und Erweiterungen und die im System verteilte Steuerungsintelligenz sorgt dafür, dass der Ausfall einer einzelnen (selbst)steuernden Instanz lediglich den Ausfall eines Teilsystems bedingt.

2.2 Umsetzung cyber-physikalischer Materialflusssysteme

2.2.1 Fördertechnikmodule

Fördertechnische Anlagen, die sowohl in ihrer Mechanik als auch in der sie steuernden Software modular aufgebaut und dadurch aufwandsarm skalierbar sind, haben mittlerweile ihren Weg aus den Forschungslabors hinein in die industrielle Praxis gefunden. Beispiele hierfür sind Produktinnovationen wie (vgl. Abbildung 3)

- Shuttlesysteme zur automatisierten Lagerung von Behältern und Paletten (z.B. Knapp OSR Shuttle™, Dematic Multishuttle®),

- modular aufgebaute Stetigförderanlagen, bei welchen die Steuerung der Fördertechnikmodule und das Routing der Transporteinheiten durch miteinander kommunizierende und kooperierende Softwareagenten implementiert sind (z.B. Lanfer THINGtelligence®, Gebhardt FlexConveyor),
- das Lagersystem Autostore der Firma Hatteland, bei dem Waren von Roboterfahrzeugen, die sich schienengebunden auf der Oberseite eines Aluminiumgerüsts in einem rechtwinkligen Raster bewegen, transportiert sowie ein-, aus- und umgelagert werden oder
- die Transportsysteme Mobile Fulfillment System (Kiva Systems) und C-Com (Grenzebach Maschinenbau), in denen kleine Fahrroboter mobile Lagerregale direkt an den Kommissionierarbeitsplatz transportieren.

Abbildung 3: Beispiele für autonome Fördertechnikmodule

Derartige Systeme stellen bereits einen Schritt hin zu „Zellularen Transportsystemen" nach dem Internet-der-Dinge-Paradigma dar (ten Hompel, 2006). Diese basieren auf autonomen fördertechnischen Entitäten, sind hochgradig topologieflexibel und kommunizieren auf Basis von Agentensystemen. Die Materialflusssteuerung obliegt dem zu transportierenden logistischen Objekten selbst, die ihre Workflows mit eigenen Softwareagenten verwalten. Mit dem Multishuttle Move wird eine Umsetzung derartiger zellularer Transportsysteme angestrebt (Kamagaew, 2011). Die Shuttlefahrzeuge bewegen sich hier nicht mehr nur schienengeführt in den Regalgassen, sondern können sich auch als „Fördertechnik-Schwarm" in der Lagervorzone frei bewegen (vgl. Abbildung 4).

Abbildung 4: Beispiel für ein Zellulares Transportsystem – Multishuttle Move (Fraunhofer IML)

Adaptive, selbststeuernde Materialflusssysteme stehen somit bereits für den industriellen Einsatz bereit. Dabei lässt sich ein Trend in Richtung mobiler Fördertechnikmodule und deren Einsatz in Verbünden aus vielen baugleichen Einzelfahrzeugen erkennen.

2.2.2 Transporteinheiten

Neben fördertechnischen Elementen müssen sich auch die logistischen Objekte (Transporteinheiten) weiterentwickeln, um an einem Internet der Dinge partizipieren zu können. So gibt es diverse Bestrebungen, mehr Intelligenz für die Steuerung logistischer Prozesse direkt auf den Transporteinheiten zu verorten. Allen gemein ist die Ausstattung von Ladehilfsmitteln mit Rechenkapazität, Entscheidungslogik, Sensorik und der Fähigkeit zur drahtlosen Kommunikation.

So entwickelte die Universität Bremen gemeinsam mit Partnern im Verbundprojekt „Der intelligente Container - Vernetzte intelligente Objekte in der Logistik"[2] einen auf den Transport von Lebensmitteln spezialisierten Container. Der Container ist in der Lage, sich selbst zu seinem Ziel zu routen und dabei den Zustand der in ihm transportierten Waren zu überwachen. So kann bei Obst und Gemüse mittels Messungen von Temperatur, Feuchte sowie der Konzentration des Gases Ethylen, das als Reifeindikator fungiert, einem Verderben der Ware durch den Container entgegengewirkt werden. Interpretiert der Container seinen internen Zustand während des Transports als kritisch, so stößt er eine baldige Entladung

---

2 Weitere Informationen unter www.intelligentcontainer.com

der Ware an. Zu diesem Zweck kann auch eine Neuplanung seiner Route bzw. das Ansteuern eines alternativen Zielorts erfolgen.

Ein intelligenter Thermobehälter für die Frische- und Tiefkühllogistik wurde im Rahmen des bayerischen Forschungsverbunds FORFood[3] umgesetzt. Ziel dieses Forschungsverbunds sind Qualitäts- und Effizienzsteigerungen bei der Herstellung, Verarbeitung und Distribution von Nahrungsmitteln auf Basis eines optimierten Ressourceneinsatzes. Das Teilprojekt „Sichere und effiziente Supply-Chain in der Lebensmittelindustrie durch einen intelligenten Behälter" fokussiert die stufenübergreifende, durchgehende Rückverfolgbarkeit von Warenströmen mit Chargentrennung. Diese Rückverfolgbarkeit ist Voraussetzung für die Erfüllung der geltenden Sicherheitsanforderungen im Lebensmittelsektor sowie für die effiziente Abwicklung von Rückrufaktionen zum Schutze sowohl des Verbrauchers als auch des Rückrufers. Das entwickelte System besteht aus intelligenten Behältern, die zu einer sensorbasierten Überwachung maßgeblicher Innenraum-Parameter (Lufttemperatur, Feuchtigkeit, Stöße, Vibrationen) und deren Speicherung fähig sind, und der notwendigen Infrastruktur zur schnellen und sicheren Übermittlung und Auswertung der gewonnenen Informationen. Die im Speicher des Behälters hinterlegten Sensordaten werden über eine Kommunikationsschnittstelle auf RFID-Basis an die logistische IT-Infrastruktur übertragen. Mithilfe spezieller Softwarealgorithmen erfolgt die sofortige Auswertung der übermittelten Daten. Die gewonnenen Echtzeit-Informationen sorgen für eine erhöhte Transparenz der Versorgungsketten und damit einhergehend für eine vereinfachte Kühlkettenüberwachung. Dies ermöglicht eine umfassende Sicherung der Lebensmittelkette vom Herstellort der Rohprodukte bis hin zum Endverbraucher.

Abbildung 5: Automatischer Austausch von Echtzeit-Informationen in der Food-Supply-Chain

[3] Weitere Informationen unter www.forfood.de

Auf Ebene der Kleinladungsträger (KLT) erfüllen erste smarte Behälter bereits sämtliche Voraussetzungen für das Internet der Dinge. Der vom Fraunhofer-Institut für Materialfluss und Logistik (IML) entwickelte Prototyp dieser neuen Generation an intelligenten Behältern nennt sich „inBin". Dank der Integration innovativer Komponenten wie Energy-Harvester, Energiepuffer, Microprozessor und Funkmodul direkt auf dem Behälter wird dieser energetisch und steuerungstechnisch autark. Der inBin kommuniziert mit Menschen und Maschinen in seinem Umfeld, überwacht seine Umgebungsbedingungen, trifft eigenständig Entscheidungen und steuert seinen Workflow. Die Kommunikation mit anderen Transporteinheiten, Fördertechnikmodulen oder Softwarediensten erfolgt mittels gängiger Funkstandards, menschlichen Nutzern kann sich der inBin über ein Grafikdisplay mitteilen und auf diese Weise beispielsweise Kommissioniervorgänge unterstützen.

Ein weiteres Beispiel für intelligente Kleinteilebehälter ist der von der Firma Würth Industrie Service entwickelte und vertriebene „iBin" (vgl. Abbildung 6). Der iBin nutzt eine integrierte Kamera zur Generierung von Füllstands-, Zähl- und Bestellinformationen auf Behälterebene. Das Auslösen von Nachschubbestellungen erfolgt automatisiert mittels RFID-Technologie. Damit ist ein verbrauchsgesteuertes und automatisiertes C-Teile-Management in Echtzeit entlang der gesamten Wertschöpfungskette möglich.

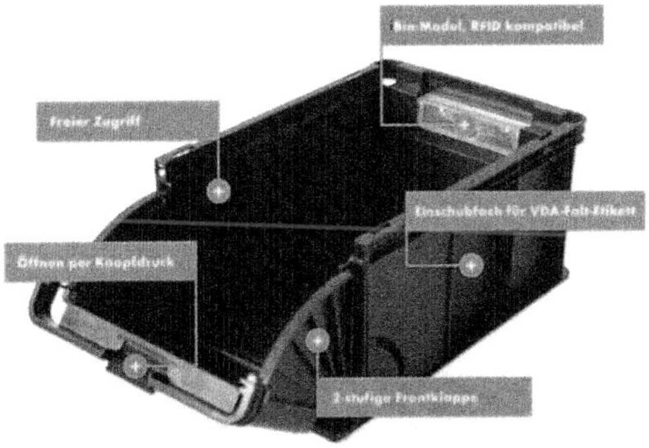

Abbildung 6: iBin - Intelligenter Behälter der Firma Würth

Im Zusammenspiel mit einem zellularen Transportsystem könnten beide Behälterneuentwicklungen ein Internet der Dinge ausbilden, indem sie selbstständig Transportdienste bei einzelnen Fördertechnikmodulen anfordern und somit in die Lage versetzt werden, ihre Mission (z.B. Warenbereitstellung für die Kommissionierung, Nachschub für Montagearbeitsplätze) ohne übergeordnete Steuerungsinstanz erfüllen zu können.

2.2.3 Softwaredienste

Neben autonomen Fördertechnikmodulen und intelligenten Objekten bilden Softwaredienste die dritte Grundeinheit eines Internet der Dinge. Diese sollen die Koordination und Kooperation zwischen den Entitäten sowie mit menschlichen Bedienern unterstützen.

Ein derartiger Softwaredienst wird im Rahmen des Verbundprojekts „ToolCloud"[4] als Teil des Zukunftsprojektes „Industrie 4.0". Das Ziel des Projekts besteht darin, die für den Werkzeugeinsatz benötigten Betriebs- und Korrekturdaten in Form digitaler Werkzeugbegleitkarten als Cloud-Dienst bereitzustellen. Dadurch wird ein unternehmensübergreifendes Lebenszyklusmanagement von Werkzeugen ermöglicht. Die einzelnen Werkzeuge müssen über eine verliersichere und eindeutige Kennzeichnung verfügen, da das ToolCloud-Konzept auf einer automatischen Identifizierung der Werkzeuge in der jeweiligen Werkzeugmaschine basiert. Nach erfolgreicher Identifikation werden die entsprechenden Daten aus der Cloud in die Maschinensteuerung übertragen. Die Datenhaltung in der Cloud erlaubt ein orts- und zeitunabhängiges Abrufen, Auswerten und Aktualisieren sämtlicher Werkzeuginformationen. Jedem Werkzeug ist somit eine informationstechnische Erweiterung im Internet der Daten zugeordnet – es entsteht ein cyber-physikalisches System.

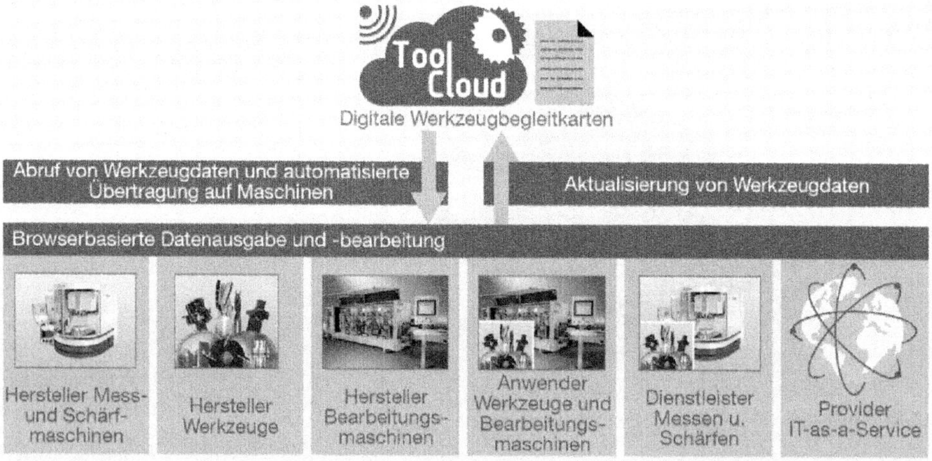

Abbildung 7: Funktionsschema der ToolCloud

Gegenüber den bisher üblichen ausgedruckten Werkzeugbegleitkarten, die bei Änderungen am Werkzeug laufend und manuell fortgeschrieben werden, weist eine digitale Begleitkarte in der ToolCloud erhebliche Vorteile hinsichtlich Flexibilität, Fehleranfälligkeit sowie Aufwand und Komfort bei der Maschineneinrichtung auf. Die ToolCloud überwacht auch die Instandhaltungsintervalle der

4 Weitere Informationen unter www.verbundprojekt-toolcloud.de.

Werkzeuge und kann entsprechende Maßnahmen (Nachschärfen, Vermessen) und die damit verbundenen Transporte zur Prüfstelle anstoßen. Dort werden den Bearbeitungs-, Schärf- und Messmaschinen die für die Instandhaltung benötigten Werkzeugdaten ebenfalls aus der ToolCloud bereitgestellt.

Als Softwaredienst steigert die ToolCloud die Effizienz und Transparenz der informationslogistischen Prozesse im Werkzeugmanagement, indem es eine Echtzeitüberwachung von Beständen, Standorten, Zuständen und Historien sämtlicher Werkzeuge sowohl innerhalb eines Unternehmens als auch unternehmensübergreifend ermöglicht.

3 Der Mensch als Akteur in cyber-physikalischen Logistiksystemen

3.1 Cyber-physikalische Logistiksysteme erfordern den „Logistiker 4.0"

Flexibilität und Anpassungsfähigkeit sind bereits heute Kernanforderungen an Logistiksysteme, schließlich müssen logistische Aufgaben trotz hoher Varianz und Unsicherheit in den zu bearbeitenden Aufträgen und zu handhabenden Objekten effizient, effektiv und meist mit kurzen Reaktionszeiten bewältigt werden. Flexibilität und Adaptivität werden jedoch vielfach vor allem durch die Logistikmitarbeiter gewährleistet – dies spiegelt sich in einem nach wie vor hohen Anteil manueller Tätigkeiten in der Logistik wieder. Arbeitsplätze in der Logistik sind demzufolge aufgrund der heterogenen Aufgaben i.d.R. in den Arbeitsabläufen und -inhalten deutlich weniger strukturiert und standardisiert als Produktionsarbeitsplätze mit sich oftmals in sehr kurzen Zyklen (< 1 Minute) wiederholenden Arbeitsinhalten. Von Logistikmitarbeitern werden zur erfolgreichen Erfüllung ihrer Aufgaben daher ständig eine hohe Flexibilität und ein andauerndes Mitdenken gefordert.

Die zahlreichen zuvor beschriebenen Innovationen im Bereich adaptiver, cyber-physikalischer Logistiksysteme bieten hier im Vergleich zu konventionellen, automatisierten Materialflusssystemen hohes Potenzial zur Steigerung der Effizienz und Robustheit bei gleichzeitiger Sicherstellung der in der Logistik geforderten Flexibilität und Adaptivität. Dennoch kann wohl auch auf lange Sicht nicht mit einer vollständigen Automatisierung der Logistikprozesse durch autonome, dezentrale, sich selbst steuernde logistische Objekte und Strukturen gerechnet werden (Spath, 2013). Vielmehr werden Menschen mit ihren im Vergleich zu Maschinen klar überlegenen kognitiven und sensomotorischen Fähigkeiten, mit ihrer Kreativität, Erfahrung und Problemlösungsfähigkeit in cyber-physikalischen Logistiksystemen weiterhin dringend gebraucht.

Dies betrifft zum einen traditionelle „Wissensarbeiter", beispielsweise Logistikplaner, welche zukünftige cyber-physikalische Logistiksysteme zielgerichtet gestalten, optimieren und umsetzen müssen *(Handlungsfeld Systemgestaltung und -verbesserung)*. Dazu müssen sie in der Lage sein, das Verhalten derartiger Systeme zu verstehen und gezielt planen zu können. Noch stärker als bisher werden sie darin gefordert sein, in komplexen, übergreifenden Prozessen und Systemen zu denken, zu abstrahieren und interdisziplinär und hierarchieübergreifend zusammenzuarbeiten.

Auch an operative Logistik-Mitarbeiter werden zusätzliche Anforderungen gestellt. In vernetzten, technischen Systemen muss intensiv mit Maschinen und Umgebung interagiert und kollaboriert werden. Mitarbeiter werden tendenziell weniger wiederkehrende Standard-Tätigkeiten durchführen, sondern stattdessen sich häufig ändernde, kurzfristige und wenig planbare Arbeiten zu bewältigen haben. Außerdem muss bei Fehlern oder ungewolltem Verhalten des Systems steuernd und regelnd in dieses eingegriffen werden. Mitarbeiter müssen dazu aktuelle Systemzustände und Aufgaben transparent erkennen können, sie müssen Aufgaben und Probleme dezentral und selbstgesteuert bearbeiten und lösen können und dies auch dürfen (*Handlungsfeld Systembetrieb*).

Hierin liegen gleichzeitig Chancen und Risiken: einerseits bieten sich neue Möglichkeiten für selbstgesteuertes Handeln, für eine Erweiterung der eigenen Fähigkeiten und bessere Entscheidungen mit Hilfe technischer Systeme und damit eine Anreicherung der Qualität der Arbeit. Gleichzeitig muss die Arbeit beherrschbar und transparent bleiben und darf die Beschäftigten weder durch zu hohe Komplexität und Belastung überfordern, noch ihnen das Gefühl geben, durch restriktive, technische Systeme „fremdbestimmt" zu sein (*Handlungsfeld Arbeitsschutz und Arbeitssicherheit*).

Es gilt also, cyber-physikalische Logistiksysteme so zu konzipieren und zu betreiben, dass Mitarbeiter durch diese Systeme weder über- noch unterfordert werden, sondern vielmehr ihre individuellen Fähigkeiten und Fertigkeiten optimal zum Einsatz bringen können. Um dies nachhaltig realisieren zu können, spielt neben der Entwicklung der notwendigen Fähigkeiten und Fertigkeiten der Mitarbeiter durch gezielte Qualifikationsmaßnahmen auch deren Motivation eine entscheidende Rolle für Lern- und Arbeitsleistung (Rosenstiel, 2000).

Mitarbeiter in der Logistik sind Studien zufolge in erster Linie durch soziale Faktoren wie ein gutes Betriebsklima, Spaß und Freude an der Arbeit sowie eine intensive Kommunikation mit Führungskräften und Kollegen motiviert (Miebach, 2012). Dementsprechend sollten diese Faktoren gerade bei der Gestaltung einer „technisierten" Arbeitsumgebung wie in cyber-physikalischen Systemen mit im Fokus stehen (*Handlungsfeld Arbeitsorganisation, Qualifikation und Führung*).

Damit ein erfolgreiches Zusammenwirken von Menschen und Maschinen in cyber-physikalischen Logistiksystemen gelingen und deren volles Potenzial realisiert werden kann, sollte also das Augenmerk auf alle vier beschriebenen Handlungsfelder „Systemgestaltung und Verbesserung", „Systembetrieb", „Arbeitsschutz und Arbeitssicherheit" und „Arbeitsorganisation, Qualifikation und Führung" gleichermaßen gerichtet werden (vgl. Tabelle). Verschiedenste Lösungsansätze, um den sich ergebenden Herausforderungen zu begegnen, wurden in letzter Zeit entwickelt und erprobt und befinden sich teilweise bereits erfolgreich im industriellen Einsatz. Ausgewählte Lösungen sollen im Folgenden vorgestellt werden.

Tabelle 2: Handlungsfelder, Herausforderungen und mögliche Lösungsansätze für menschorientierte cyber-physikalische Logistiksysteme

Handlungsfeld	Herausforderungen	Mögliche Lösungsansätze
Systemgestaltung und -verbesserung	Komplexität beherrschbar machen Systemverhalten erklären und bewertbar machen Wissen bündeln, Planung standardisieren Kollaboratives, hierarchie- und disziplinenübergreifendes Planen ermöglichen	Durchgängige virtuelle Planungs-, Simulations- und Analysesysteme Wissensbasiertes Engineering Plattformen für kollaboratives, hierarchie- und disziplinenübergreifendes, dezentrales Planen
Systembetrieb	Ohne spezielles Fachwissen Wege zum Lösen komplexer Aufgaben finden Menschliche Fähigkeiten situativ erweitern	Adaptive, kontextbezogene, nutzerorientierte Arbeits-Assistenzsysteme Tragbare Sensorik, Aktorik und eingebettete Systeme
Arbeitsschutz und Arbeitssicherheit	ELSI[5]-Anforderungen berücksichtigen Überlastung bzw. Überforderung vermeiden, Leistungsfähigkeit erhalten Privatsphäre angemessen berücksichtigen Entscheidungsautonomie der Nutzer gewährleisten	Ansätze zur Ermittlung und Planung der gesundheitlichen Belastung Systementwicklung gemeinsam mit Mitarbeitern

[5] ELSI steht für "Ethical, Legal and Social Implication"

Arbeitsorganisation, Qualifikation und Führung	Motivation und Akzeptanz erzeugen Zielgerichtete, nachhaltige Nutzung und Wirksamkeit der Systeme sicherstellen Fähigkeiten und Fertigkeiten fördern und entwickeln	Motivierende Arbeitsorganisation und Führung Neue Kooperationsformen (z.B. soziale Netzwerke) Digitale Lerntechniken

3.2 Menschorientierte cyber-physikalische Logistiksysteme in der Praxis

3.2.1 Systemgestaltung und -verbesserung

Lösungsansätze im Bereich der Gestaltung und Verbesserung adaptiver Logistiksysteme zielen zum einen darauf ab, das Verhalten dezentraler, selbstgesteuerter Logistiksysteme zu verstehen und zu prognostizieren. Dabei können beispielsweise durchgängige, virtuelle Simulationssysteme helfen. Sie dienen dazu, die zwar in den Einzelelementen geringe aber im Gesamtsystem hohe Komplexität zu überblicken und potenzielle unerwünschte emergente Effekte bereits im Voraus zu erkennen und zu beheben. Zusätzlich zum Einsatz derartiger Erklärungsmodelle bieten sich zur zielgerichteten Planung und Entwicklung dezentraler, adaptiver Logistiksysteme ein wissensbasiertes Vorgehen und dessen Dokumentation in Form von Planungsmodellen an. In wissensbasierten Systemen können Wissen und Erfahrungen aller an Systementwicklung und -betrieb beteiligter Mitarbeiter und externer Partner gebündelt, strukturiert und kollaborativ weiterentwickelt werden. Wissen kann so transparent für alle Partner dargestellt, wiederverwendet und bei neuen Erkenntnissen einfach ergänzt werden (vgl. z.B. (Runde, 2011)). Dadurch können auch komplexe, verteilte Planungsprozesse sowie deren Koordination vereinfacht und beschleunigt werden und qualitativ gute Planungsergebnisse sichergestellt werden.

Deren Einsatz verspricht besonders hohes Potenzial bei der Konzeption und Entwicklung großer und verteilter logistischer Systeme. Eine große Herausforderung besteht hier nämlich in der Kopplung verschiedener Anlagenteile von diversen Herstellern mit ggf. spezifischen Produktphilosophien, herstellereigenen Standards und Schnittstellen. IT-Lösungen für die Unterstützung der Zusammenarbeit und den Informationsaustausch in kooperativen Unternehmensnetzwerken können hier helfen. Eine derartige Kollaborationsplattform wird beispielsweise im IGF-Projekt „KoDeMat - Befähigung von KMU zur kollaborativen Planung und Entwicklung heterogener, dezentral gesteuerter Materialflusssysteme“[6] entwickelt.

6 Weitere Informationen unter http://www.fml.mw.tum.de/fml/index.php?Set_ID=905

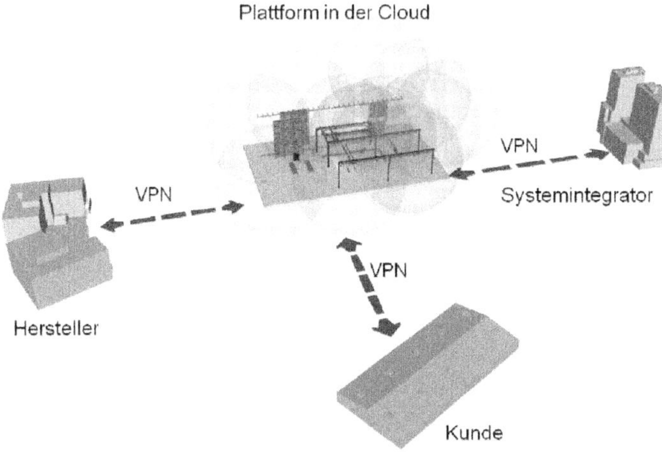

Abbildung 8: **KoDeMat Einsatzszenario: verschiedene Hersteller von heterogenen, dezentralen Materialflusssystemen und deren Kunden kollaborieren mittels einer cloudbasierten Software-Plattform**

Das verteilte, cloudbasierte Software-Werkzeug ermöglicht unter Zuhilfenahme von standardisierten, kollaborativen Engineeringprozessen die Zusammenarbeit verschiedener Unternehmen in verteilten Netzwerken mit evtl. unterschiedlicher IT-Infrastruktur bei Entwicklungs-, Planungs- bzw. Realisierungsprojekten (vgl. Abbildung 8).

Die explizit für das System entwickelte Softwarearchitektur unterstützt sowohl die synchrone als auch die asynchrone Zusammenarbeit zwischen Akteuren. Das Softwarewerkzeug besteht aus zwei Funktionsmodulen: einer Schnittstellenverwaltung und einer 3D-Visualisierungsumgebung. Das Visualisierungsmodul dient zur Vereinheitlichung der Darstellung von Daten der Akteure mit einem Fokus auf visuelle Metaphern, welche die kollaborativen Tätigkeiten ermöglichen. Des Weiteren bietet das Schnittstellenverwaltungsmodul Funktionen für die Unterstützung des Softwareentwicklungsprozesses durch kollaborative Bearbeitung von Telegrammdefinitionen und Protokollfestlegungen.

Durch die effektive Kooperation mehrerer Partner bei der Planung und dem Testen von Materialflusssystemen können diese nun schneller als bisher geplant, realisiert und in Betrieb genommen werden (Kipouridis, 2013).

3.2.2 Systembetrieb

Für einen effizienten Betrieb adaptiver Logistiksysteme sollten Technik und Menschen zielgerichtet zusammenarbeiten und dabei ihre spezifischen Fähigkeiten optimal einbringen können. Dies bedeutet zum einen, dass Mitarbeiter befähigt werden müssen, bei Störungen, bei unerwartetem Verhalten der technischen Systeme oder bei neuen Anforderungen steuernd und regelnd in diese einzugreifen und mit ihrer Kreativität und Erfahrung Lösungen zu finden. Dazu müssen in der jeweiligen Situation relevante Informationen vom technischen System möglichst kontextabhängig und lösungsorientiert bereitgestellt werden, so dass Mitarbeiter unterschiedlichste Problemstellungen effizient bearbeiten können. Zum zweiten sollten technische Systeme Mitarbeiter in ihren täglichen, routinemäßigen Arbeitsaufgaben unterstützen. Nutzerorientierte, mobile Assistenzsysteme können so beispielsweise durch die intuitive Bereitstellung von Informationen zum Arbeitsprozess dazu dienen, manuelle Arbeitsabläufe schneller und effizienter bzw. fehlersicherer und robuster zu gestalten. Sie können darüber hinaus Mitarbeiter beim Erlernen und Durchführen neuer, unerwarteter Aufgaben unterstützen und so ihre Fähigkeiten situativ erweitern.

Ein großes Anwendungsfeld in der Logistik stellt dabei die Kommissionierung als eine der zentralen Funktionen der Intralogistik dar. Hier müssen Teile aus einem Sortiment mit einer hohen Varianz in Größe, Form und Gewicht und meist kurzen Vorlaufzeiten zu Kundenaufträgen zusammengestellt werden – somit ist eine äußerst hohe Flexibilität gefordert, eine wirtschaftliche Automatisierung in vielen Anwendungsfällen jedoch schwierig. Aufgrund der kognitiven Fähigkeiten und des Tast- und Greifvermögens des Menschen werden Kommissioniertätigkeiten daher nach wie vor – und wohl auch zukünftig – meist manuell durchgeführt (Arnold, 2003). Fehler oder verspätet bearbeitete Aufträge in der Kommissionierung haben jedoch direkte Auswirkungen auf die Qualität einer Lieferung und damit auf die Kundenzufriedenheit – und treten in manuellen Kommissioniersystemen vergleichsweise häufig auf. So sind beispielsweise bei der Kommissionierung mit einer Papierliste etwa 0,3% der kommissionierten Positionen fehlerhaft (Lolling, 2003). Dabei stellt die Kommissionierung hohe Anforderungen an kognitive (z.B gute räumliche Orientierung), sensorische (z.B. visuelle Suche beim Ansteuern von Lagerplätzen) und sensomotorische Fähigkeiten (z.B. Abzählen und Greifen von Kleinteilen) der Mitarbeiter wodurch bei nachlassender Aufmerksamkeit oder Unachtsamkeit das Fehlerrisiko stark zunimmt. Eine gute Gestaltung von Kommissioniersystemen hinsichtlich ihrer Organisation (z.B. Bereitstellung von ähnlichen Artikeln mit Verwechselungsrisiko nicht direkt nebeneinander) oder eine Überprüfung der kommissionierten Waren in einem späteren Prozess (z.B. Scannen bei Warenausgangskontrolle) kann bei der Vermeidung bzw. dem Auffinden von Fehlern helfen (Rammelmeier, 2012). Außerdem befinden sich zahlreiche technische Systeme im Industrieeinsatz, wobei die meisten Systeme auf eine Fehlererkennung in einem der Entnahme nachgelagerten Prozessschritt setzen, was zusätzlichen Aufwand mit sich bringt (z.B. Bestätigung der richtigen Entnahme mittels Barcode-Scan des Artikels).

Cyber-physikalische Systeme bieten hier ganz neue Möglichkeiten: Durch eine direkte automatische Erfassung des Entnahmeortes bei der eigentlichen Entnahme mittels eingebetteter, vernetzter Systeme und eine sofortige Rückmeldung an den Kommissionierer im Falle eines Fehlers kann dieser sofort, dezentral und in den Kommissionierprozess integriert, korrigiert werden. Technisch realisiert werden kann dies beispielsweise durch Verwendung eines tragbaren RFID-Lesegeräts (vgl. Abbildung 9).

Abbildung 9: Gestaltung eines tragbaren RFID-Lesegerätes

In einen Handschuh, welchen der Mitarbeiter beim Kommissionieren trägt, ist ein mobiles RFID-Lesegerät im Sinne des Wearable Computing integriert. Lagerfächer bzw. einzelne Behälter im Kommissioniersystem sind mit RFID-Transpondern versehen. Bei der Entnahme von Artikeln aus einem Lagerfach bzw. Behälter wird der entsprechende Transponder gelesen, die Transponder-ID wird dem entsprechenden Lagerplatz bzw. Behälter mittels einer Software zugeordnet und mit dem laut Kommissionierauftrag richtigen Lagerplatz bzw. Behälter verglichen. Die Datenübertragung erfolgt mittels Bluetooth. Wird in ein falsches Fach bzw. einen falschen Behälter gegriffen, so bekommt der Kommissionierer ein optisches und/oder akustisches Signal und kann den Fehler sofort selbst beheben (Günthner, 2011).

In Labortests und Feldversuchen bei einem Logistikdienstleister konnte bereits nachgewiesen werden, dass die Fehlerquote bei Verwendung des RFID-Handschuhs deutlich gesenkt werden konnte – und dies bei im Vergleich zur Kommissionierung ohne Unterstützung identischen Kommissionierzeit. Auch wurde dieses Assistenzsystem von den Kommissionierern gut angenommen: in Befragungen wurde zum einen die gute Benutzerfreundlichkeit bestätigt. Außerdem gaben die Kommissionierer an, deutlich motivierter zu sein, da Fehler von Ihnen selbst bemerkt und behoben werden können und sie so selbst die Qualität ihrer Arbeit steigern können.

Auch die Orientierung und Bewegung des Mitarbeiters im Kommissioniersystem kann durch mobile Assistenzsysteme unterstützt werden, beispielsweise durch die Technologie Pick-by-Vision. Ein Pick-by-Vision System stellt Informationen für den Kommissionierer intuitiv bereit: nach dem Prinzip der Augmented Reality (AR) werden virtuelle Informationen direkt im Blickfeld des Nutzers eingeblendet.

Hierfür trägt der Kommissionierer ein sogenanntes head-mounted Display (HMD), welches als ortsunabhängiges Visualisierungsmedium dient (vgl. Abbildung 10).

Abbildung 10: Informationsbereitstellung im head-mounted Display – Realisierung am Lehrstuhl fml der TU München (Reif, 2009)

Informationen werden dem Benutzer kontextbezogen, d.h. in Abhängigkeit von Zeitpunkt, Ort und Auftragsstatus, sowie bei Bedarf lagerichtig und perspektivisch richtig zur Verfügung gestellt. Der Kommissionierer kann sich so sehr schnell im Kommissioniersystem orientieren und den nächsten Kommissionierauftrag verarbeiten. Zusätzlich stehen dem Mitarbeiter beide Hände für die eigentliche Kommissionieraufgabe zur Verfügung, es müssen keine zusätzlichen Informationen (beispielsweise Papierliste) gehandhabt werden. Ein Pick-by-Vision System kann außerdem mit Sensorik zur automatisierten Fehlerüberprüfung erweitert werden, beispielsweise durch Integration einer Kamera in das HMD. Dabei wird unmittelbar nach der Entnahme eines Artikels dieser kurz in das Blickfeld gehalten, so dass die Kamera den Artikel anhand eines optischen Codes identifizieren kann. Der Prozessablauf entspricht hierbei dem Barcodescannen mit einem Handscanner.

In mehreren Probandenstudien konnte das Potenzial der Pick-by-Vision Technologie aufgezeigt werden: die Probanden erreichten unter Verwendung von Pick-by-Vision im Vergleich zur Kommissionierliste eine höhere Kommissionierleistung, während zudem die Fehlerrate deutlich niedriger lag (vgl. (Günthner, 2012), (Günthner, 2009)). So konnte gleichzeitig die Effizienz sowie die Qualität der Kommissionierprozesse verbessert werden.

Die AR-Technologie kann nicht nur Kommissionierprozesse verbessern, sondern auch in weiteren Logistiktätigkeiten unterstützen, beispielsweise beim Fahren und Bedienen von Flurförderzeugen. Eine Herausforderung für den Mitarbeiter besteht hier darin, dass sein Blickfeld, beispielsweise beim Fahren eines Gabelstaplers, durch den Hubmast und die beförderte Ladung stark eingeschränkt ist. Die AR-Technologie kann nun eingesetzt werden, um durch intuitive und kontextbezogene Einblendung von Informationen direkt in das Sichtfeld des Fahrers diesen dabei zu unterstützen, das Flurförderzeug effizient und sicher zu bedienen. Im aktuellen IGF-Forschungsprojekt „Einsatz von Augmented Reality zur Unterstützung des Fahrers von Flurförderzeugen"[7] wird ein Einsatzszenario untersucht, bei dem ein Gabelstaplerfahrer bei der Positionierung der Gabel assistiert werden soll. Mittels AR werden dem Fahrer dabei sowohl absolute Positionen (Hubmastneigung, Hubhöhe) als auch die Position der Gabel relativ zu einem Ladehilfsmittel oder zu einem Lagerplatz widergespiegelt (vgl. Abbildung 11).

Das Tracking - die Bestimmung der Position und Lage der Gabel - wird durch eine optische Sensorik mittels Marker-Kamera-System realisiert. Dazu werden Marker an geeignete Anbringungspunkte am Gabelstapler, am Ladehilfsmittel und am Lagerplatz aufgebracht, welche per Kamera erfasst werden. Die geometrische Beziehung wird dann durch Computer Vision Algorithmen berechnet.

Für die Informationsdarstellung werden gegenwärtig zwei Optionen untersucht. Bei der ersten Technologie handelt es sich um eine Anzeige direkt auf der Frontscheibe. Ein Laserprojektor strahlt mit Laserlicht einer bestimmten Wellenlänge auf eine auf die Scheibe aufgebrachte transparente Folie, welche zu einer Leuchtreaktion angeregt wird. Vorteil hierbei ist, dass eine große Fläche, im Idealfall die gesamte Frontscheibe, als Display verwendet werden kann. Als zweite Darstellungsoption wird eine Datenbrille verwendet. Vorteil bei dieser Lösung ist, dass dem Fahrer Informationen in jeder Situation eingespielt werden können, etwa auch, wenn der Fahrer sich aus der Kabine herauslehnt.

Abbildung 11: Augmented Reality zur Unterstützung des Fahrers von Flurförderzeugen

[7] Weitere Informationen unter http://www.fml.mw.tum.de/fml/index.php?Set_ID=929

Die Potenziale eines solchen AR-Systems liegen vor allem in der vereinfachten Lasthandhabung. So können auch unerfahrene Staplerfahrer oder Mitarbeiter, die nur gelegentlich einen Gabelstapler verwenden müssen, effizienter arbeiten. Zusätzlich können z. B. durch eine Einblendung des korrekten Regalfachs Fehler vermieden werden. Weitere Szenarien wie „Navigation im Lager" oder Einblendung von Warnhinweisen oder Betriebszuständen sind denkbar.

3.2.3 Arbeitsschutz und Arbeitssicherheit

In adaptiven Logistiksystemen müssen Mitarbeiter wie beschrieben intensiv mit und in technischen Systemen arbeiten. Dabei muss vermieden werden, dass Mitarbeiter an derartigen Arbeitsplätzen gesundheitlichen Gefahren ausgesetzt sind (beispielsweise bei der Zusammenarbeit mit einem Roboter), dass Mitarbeiter überlastet oder überfordert werden (beispielsweise durch zu hohe Komplexität oder zu viele Informationen) und dass sich Mitarbeiter durch die technischen Systeme „fremdgesteuert" fühlen. Zudem sind ethische, rechtliche und soziale Auswirkungen cyber-physikalischer Systeme zu beachten: beispielsweise kann es zur Steuerung der technischen Systeme notwendig sein, sensible Mitarbeiterdaten zu erheben. Hier sind rechtliche und unternehmensspezifische Regelungen hinsichtlich Datenschutz zu berücksichtigen. Neue Technologien bieten aber auch neue Möglichkeiten zum Gesundheitsschutz: beispielsweise können diese dazu dienen, physische Belastungen von Mitarbeitern in den Arbeitsprozess integriert zu ermitteln und so gesundheitlichen Schäden vorzubeugen.

Als Beispiel soll hier wiederum eine Umsetzung in manuellen Kommissioniersystemen herangezogen werden. Dort führen manuelle Lastenhandhabungsvorgänge mit einer hohen Wiederholhäufigkeit je Arbeitsschicht sowie teilweise hohen Lastgewichten und ungünstigen Körperhaltungen zu einer hohen physischen Belastung. Diese kann u.a. zu gesundheitlichen Schädigungen führen und dauerhaft eine Leistungsminderung oder Arbeitsunfähigkeit der Mitarbeiter nach sich ziehen.

Um zielgerichtet belastungsreduzierende Maßnahmen einleiten zu können, ist in einem ersten Schritt Transparenz über die Höhe der Belastung sowie deren Ursachen zu gewinnen. Die tatsächlich auftretende körperliche Belastung in der Kommissionierung ist meist schwierig zu ermitteln. Verschiedene Einflussfaktoren, wie z. B. unregelmäßige Abläufe, Auftragsschwankungen und ein breites Teilespektrum, erschweren die Erfassung mit heutigen Arbeitsanalyseverfahren. Insbesondere wird aufgrund des hohen Aufwands bei der Durchführung heutiger Papier- und Bleistift-Methoden bisher keine kontinuierliche Ermittlung der Belastung durchgeführt. Die Herausforderung besteht daher in der aufwandsarmen, automatisierten und fortlaufenden Ermittlung der Belastung.

Hierfür bestehen grundsätzlich zwei verschiedene Ansätze. So ist zum einen die Ermittlung der physischen Belastung durch den Einsatz von Sensorik/Messtechnik sowie zum andern die Bestimmung durch das Warehouse Management System (WMS) eines Unternehmens möglich. Bei beiden Varianten erfolgt die Risikobeurteilung rechnergestützt auf Basis eines Bewertungsverfahrens für die manuelle Lastenhandhabung

Der Vorteil des messtechnischen Ansatzes ist die Möglichkeit, für jeden einzelnen Handhabungsvorgang automatisiert alle für die Belastung relevanten Parameter zu erfassen. Die hierfür relevanten Einflussgrößen werden durch den Einsatz von Motion Capturing, industrieller Sensortechnik und Nutzereingaben in beleglose Kommissioniersysteme (z.B. Pick-by-Vision) fortlaufend und aufwandsarm erfasst. Durch geeignete Visualisierung der Belastung stehen somit kontinuierlich Informationen zur Belastung jedes einzelnen Kommissionierers zur Verfügung und somit Transparenz über die Belastungssituation (Rammelmeier, 2013).

Auch die Ermittlung durch das WMS ermöglicht eine aufwandsarme Bestimmung der Belastung. Für die Berechnungen werden vor allem Daten, die heutzutage im WMS gespeichert sind, verwendet (z. B. Artikeldaten). Nur wenige zusätzliche Informationen müssen in den Datenbanken des WMS hinterlegt werden (z.B. Körpergröße des Mitarbeiters). Die Implementierung im WMS ermöglicht nicht nur eine Beurteilung nach der Durchführung von Handhabungen, sondern auch die Prognose der Bewertung ist möglich (Koch, 2013).

3.2.4 Arbeitsorganisation, Qualifikation und Führung

Neben der Sicherstellung gesunder Arbeitsbedingungen muss für das Arbeiten in cyber-physikalischen Logistiksystemen schließlich ein motivierendes und lernförderliches Arbeitsumfeld geschaffen werden. Hier sind weniger technische Lösungen gefragt, sondern Führungskräfte wie Mitarbeiter gleichermaßen gefordert. Neue Technologien können hier jedoch neue Formen der Zusammenarbeit und Weiterbildung ermöglichen, beispielsweise indem in der Freizeit intensiv genutzte Vernetzungs- und Kommunikationsmedien wie soziale Netzwerke, Smartphones usw. auch in den Arbeitsalltag integriert werden. Besonders vielversprechend ist deren Nutzung in verteilten, vernetzen Systeme zum einen deshalb, weil der Umgang mit diesen Medien für die meisten Mitarbeiter zur Normalität geworden ist, zum anderen da durch sie verteilte Kommunikation deutlich vereinfacht wird – und nicht zuletzt da der Umgang mit diesen Medien Spaß macht.

Diese sozialen Faktoren kann man sich darüber hinaus sowohl zur Qualifikation als auch zur langfristigen Motivation von Mitarbeitern zunutze machen. Ein innovativer und vielversprechender Ansatz hierfür ist Gamification. Darunter wird die Integration von spielerischen Elementen in einen nicht-spielerischen Kontext (Detering, 2011) verstanden. Spielelemente werden gezielt in Arbeitsroutinen integriert, um die Arbeit interessanter, spannender und nicht zuletzt spaßiger zu gestalten. Spielelemente und deren Erfolg begründen sich motivationspsychologisch in der durch sie hervorgerufenen Spielmechanik und Spieldynamik

(Werbach, 2012). So können zum Beispiel Mechaniken wie Cooperation (Zusammenarbeit), Competition (Wettkampf), Feedback oder Selbstbestimmung einen positiven Effekt auf die Mitarbeiter haben.

Vielversprechend ist dies vor allem in einem technisierten Arbeitsumfeld mit stark standardisierten, monotonen oder auch sehr spezialisierten Arbeitsinhalten und geringer persönlicher Interaktion der Mitarbeiter untereinander, wie es in CPLS zu erwarten ist. Mitarbeiter können im Spiel Dinge selbstgesteuert erlernen, Entscheidungen treffen und mit dem Arbeitsumfeld oder zumindest der Spielwelt interagieren und erhalten so zumindest im Spiel Entscheidungsautonomie.

Ein praktisches Umsetzungsbeispiel ist die Anwendung von Gamification in der manuellen Kommissionierung, wie sie derzeit im Projekt „GameLog"[8] an der TU München erprobt wird. Kommissionierer wählen jeweils einen Avatar (virtuellen Spielcharakter) aus, der ihn im Spiel repräsentiert und verschiedene Ausprägungen in den Eigenschaften Strength (Kraft), Accuracy (Genauigkeit) und Speed (Geschwindigkeit) besitzt. Diese Eigenschaften dienen als Multiplikatoren für Punkte, die mittels der Kennzahlen Artikelgewicht, Fehlerrate und Kommissionierzeit berechnet werden. Der Spielcharakter nimmt mit einem Team aus anderen Charakteren an einer virtuellen Kommissionierliga teil, in der es darum geht die höchste Teampunktzahl zu erreichen. In einem Tutorial-Level wird er in das Spiel und parallel in die Tätigkeit des Kommissionierens eingeführt. Somit unterstützt das Spiel neben der Arbeitsmotivation auch die Anlernung neuer Arbeitskräfte. Während des Spiels kann der Spieler durch besondere Leistungen (z.B. eine bestimmte Anzahl fehlerfrei kommissionierter Aufträge) Trophäen, so genannte Badges, sammeln, die ihm helfen die Fähigkeiten seines Avatars zu verbessern und so mehr Punkte für das Team zu gewinnen. Nach jedem Kommissionierauftrag erhält der Mitarbeiter ein Feedback über die im Spiel erbrachten Leistungen, welches ihm auch dabei hilft, seine Performance im Arbeitsprozess einschätzen zu können. Als Interaktions-Schnittstelle mit dem Spiel dienen dem Spieler die mitgeführten multimedialen Barcodescanner, sowie in der Kommissionierzone angebrachte Bildschirme und Computerterminals, in denen er in den Pausen seinen Charakter bearbeiten und den Spielfortschritt steuern kann (Klevers, 2013). Wichtig ist es hierbei, den Fortschritt im Spiel eng mit der Performance des Mitarbeiters im realen Arbeitsprozess zu verknüpfen. So erhält der Mitarbeiter stets direktes Feedback über seine erbrachte Leistung und wird eine intrinsische Arbeits- und Lern-Motivation zur Verbesserung seiner Arbeit entwickeln.

Hier zeigt sich also insgesamt, wie durch ein intelligentes Zusammenwirken von Mitarbeitern, virtuellem und physischem System die Leistungsfähigkeit und Qualität von Logistikprozessen gesteigert werden kann.

---

[8] Weitere Informationen unter http://www.fml.mw.tum.de/fml/index.php?Set_ID=927

4 Logistik für die Industrie 4.0
Mensch und Maschine im smarten Zusammenspiel

Eine Industrie 4.0 wird es ohne adaptive, cyber-physikalische Logistiksysteme (CPLS) nicht geben. Zu eng sind Produktion und Logistik miteinander verwoben. Die Logistik muss als verbindendes Kettenglied in Wertschöpfungsnetzen mindestens ebenso flexibel und wandelbar sein wie die durch sie unterstützten Produktionssysteme. Auf dem damit verbundenen Entwicklungspfad sind logistische Systeme und Konzepte schon weit fortgeschritten. Smarte Logistiksysteme sind keine Zukunftsvision mehr, sondern stellen bereits in immer mehr Anwendungsfällen ihre Praxistauglichkeit unter Beweis. Dabei reicht die Spannweite innovativer Lösungen von hochautomatisierten Systemen wie selbststeuernden Roboterschwärmen über Logistikdienste aus der Cloud bis hin zur Unterstützung des Menschen durch Assistenzsysteme auf Basis der Augmented Reality. So werden in Logistiksystemen der Zukunft die einzigartigen kognitiven, kreativen und taktilen Fähigkeiten des Menschen intelligent mit den Vorteilen automatisierter Systeme hinsichtlich Produktivität und Präzision kombiniert. Es entstehen smarte Logistiksysteme, welche optimal an die Rahmenbedingungen eines von Vernetzung, Individualisierung und dynamischer Veränderung geprägten Umfeldes angepasst sind und somit sämtliche Anforderungen einer Industrie 4.0 erfüllen können.

5 Literatur

Bussmann S (1996) A Multi-agent Approach to Dynamic, Adaptive Scheduling of Material Flow. In: Perra J W, Müller J-P (Hrsg) Distributed Software Agents and Applications (MAAMAW'94). Springer, Berlin, S 191–205

Chisu R (2010) Kommunikations- und Steuerungsstrategien für das Internet der Dinge. Dissertation, Technische Universität München

Detering S, Dixon D, Khaled R, Nacke L (2011) From Game Design Elements to Gamefulness. In: Proceedings of the 15th International Academic MindTrek Conference. ACM, Tampere

Günthner W A, Blomeyer N, Reif R, Schedlbauer M (2009) Pick-by-Vision: Augmented Reality unterstützte Kommissionierung. Forschungsbericht. Lehrstuhl für Fördertechnik Materialfluss Logistik, Technische Universität München

Günthner W A, Chisu R, Kuzmany F (2008) Internet der Dinge – Steuern ohne Hierarchie. In: F+H Fördern und Heben 9:494-497

Günthner W A, Galka S, Klenk E, Knössl T, Dewitz M (2012) Stand und Entwicklung von Routenzugsystemen für den innerbetrieblichen Materialtransport. Lehrstuhl für Fördertechnik Materialfluss Logistik, Garching

Günthner W A, Hepnter K (2007) Technische Innovationen für die Logistik. Huss-Verlag, München

Günthner W A, Rammelmeier T (2012) Vermeidung von Kommissionierfehlern mit Pick-by-Vision. Forschungsbericht, Lehrstuhl für Fördertechnik Materialfluss Logistik, Technische Universität München

Günthner W A, ten Hompel M (Hrsg.)(2010) Internet der Dinge in der Intralogistik. Springer, Berlin u.a.

Günthner W A, Wölfle M (2011) Papierlose Produktion und Logistik. Forschungsbericht, Lehrstuhl für Fördertechnik Materialfluss Logistik, Technische Universität München

Jennings, N (2001) An Agent-based Approach for Building Complex Software Systems. In: Communications of the ACM 4:35-41.

Kamagaew A, Große E (2011) Multimodales Intralogistikkonzept: Zellulare Transportsysteme – Multishuttle Move. In: Hebezeuge Fördermittel 4:170-172

Kipouridis O, Roidl M, Günthner W A, ten Hompel M (2013) Kollaborative Planung dezentral gesteuerter Materialflusssysteme in der Intralogistik. Logistics Journal. DOI: 10.2195/lj_Proc_kipouridis_de_201310_01

Klevers M, Günthner W A, Sailer M (2013) Motivationssteigerung in der Intralogistik. In: Logistik für Unternehmen 10/2013. Springer-VDI, Düsseldorf

Koch M (2013) Fortlaufende Belastungsermittlung in der Kommissionierung durch das WMS. Logistikseminar - Erschließung von Produktivitätspotenzialen in der Logistik 2013, Garching

Kuzmany F (2010) Konzeption und Entwicklung von Modulen für das Internet der Dinge. Dissertation, Technische Universität München

Libert S, Chisu R, Keutner K (2010) Eine Ontologie für das Internet der Dinge. In: Günthner W A, ten Hompel M (Hrsg) Internet der Dinge in der Intralogistik. Springer, Berlin u.a., S 79-93

Lolling A (2003) Analyse der menschlichen Zuverlässigkeit bei Kommissionierprozessen. Dissertation. Shaker Verlag, Aachen

Miebach Consulting GmbH (2012) Motivationsstudie 2012 – Mitarbeitermotivation in der Logistik. Frankfurt/Main

Nettsträter A, Kuzmany F (2010) Rechenplattformen und RFID für das Internet der Dinge. In: Günthner W A, ten Hompel M (Hrsg) Internet der Dinge in der Intralogistik. Springer, Berlin u.a., S 107-118

Nopper J R (2011) Eine Methodik zur Bewertung von Wandelbarkeit in der Intralogistik am Beispiel selbstorganisierter Materialflusssysteme. Dissertation, Technische Universität Dortmund

Rammelmeier T, Galka S, Günthner W A (2012) Fehlervermeidung in der Kommissionierung. Logistics Journal. DOI: 10.2195/lj_Proc_rammelmeier_de_201210_01

Rammelmeier, T (2013) Fortlaufende Belastungsermittlung in der Kommissionierung durch Technikeinsatz. Logistikseminar - Erschließung von Produktivitätspotenzialen in der Logistik 2013, Garching

Rosenstiel L. (2000) Grundlagen der Organisationspsychologie (4. Aufl.). Schäfer-Poeschel, Stuttgart

Reif R, Günthner W A (2009) Untersuchungen zu Datenbrillen bei Kommissioniertätigkeiten. 55. Kongress der Gesellschaft für Arbeitswissenschaft. Technische Universität Dortmund, 4.-6.März 2009

Runde S, Fay A, Schmitz S, Epple U (2011) Wissensbasierte Systeme im Engineering der Automatisierungstechnik – Potenziale, Anwendungen, Defizite und zukünftige Herausforderungen. In: at Automatisierungstechnik 59. Oldenbourg Wissenschaftsverlag, S 42-49

Scholz-Reiter B, de Beer C, Böse F, Windt K (2007) Evolution in der Logistik – Selbststeuerung logistischer Prozesse. In: VDI-Berichte Nr. 1978. VDI Verlag, Düsseldorf, S 179-190

Spath D (Hrsg.), Ganschar O, Gerlach S, Hämmerle M, Krause T, Schlund S (2013) Produktionsarbeit der Zukunft – Industrie 4.0. Fraunhofer Verlag, Stuttgart

Tenerowicz-Wirth P (2013) Kommunikationskonzept für selbststeuernde Fahrzeugkollektive in der Intralogistik. Dissertation, Technische Universität München

ten Hompel M (2006) Das Internet der Dinge – Potenziale autonomer Objekte und selbstorganisierender Systeme in der Intralogistik. In: Arnold D (Hrsg) Intralogistik – Potentiale, Perspektiven, Prognosen. Springer, Berlin u.a., S 266-276

ten Hompel, M (2006) Zellulare Fördertechnik. Logistics Journal. doi:10.2195/LJ_Not_Ref_d_tenHompel_082006

Wannagat A (2010) Entwicklung und Evaluation agentenorientierter Automatisierungssysteme zur Erhöhung der Flexibilität und Zuverlässigkeit von Produktionsanlagen. Dissertation, Technische Universität München

Werbach K, Hunter D (2012) For the Win: How Game Thinking Can Revolutionize Your Business. Wharton Digital Press, Philadelphia.

Wooldridge M (2002) An Introduction to Multi Agent Systems. John Wiley & Sons, Chichester

Standardisierte horizontale und vertikale Kommunikation: Status und Ausblick

Dipl.-Ing. Stefan Hoppe, OPC-Foundation Europe (Beckhoff Automation GmbH)

1 Einleitung

Industrie 4.0 und die damit verbundene Plattform der Verbände BITCOM, VDMA und ZVEI haben sich die Entwicklung von Technologien, Standards, Geschäfts- und Organisationsmodellen sowie deren praktische Umsetzung zum Ziel gesetzt. Eine Umfrage unter den Verbandsmitgliedern der Plattform Industrie 4.0 kam zu dem Ergebnis (Abbildung 1), dass die Standardisierung die größte Herausforderung zur Umsetzung von Industrie 4.0 darstellt. Die Anforderungen an Standardisierung sind sicherlich vielfältig; der folgende Beitrag befasst sich jedoch ausschließlich mit der Standardisierung der horizontalen und vertikalen Kommunikation.

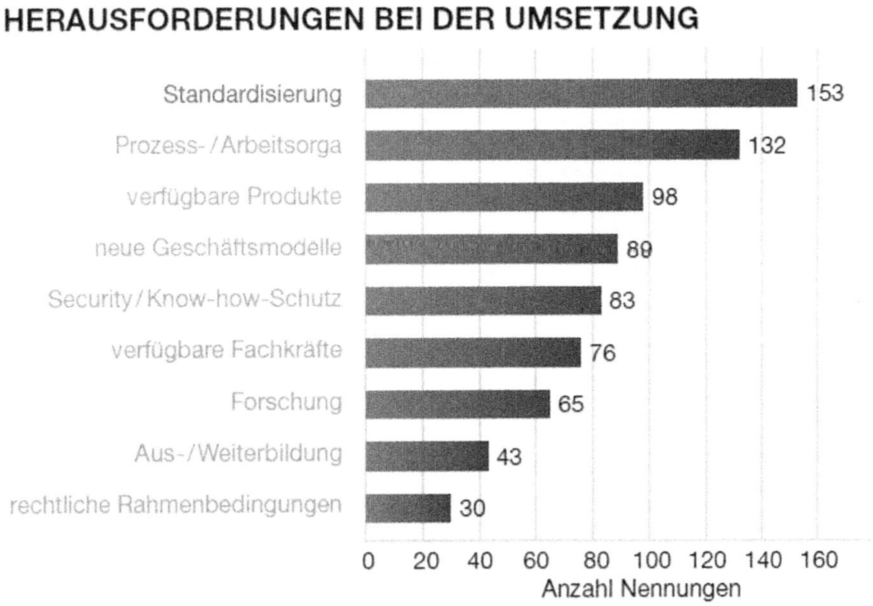

Quelle: „Umsetzungsempfehlungen für das Zukunftsprojekt Industrie 4.0“, Forschungsunion, acatech 2013

Abbildung 1: Ergebnis der Umfrage der Plattform Industrie 4.0

2 Ausgangssituation

In der Vergangenheit hat die durchgängige Kommunikation von kleinsten, intelligenten Sensoren – untereinander sowie vertikal zur IT-Enterprise-Ebene – in vielen Fällen eine Herausforderung dargestellt. Der Hinweis auf die Verwendung der Übertragungsphysik Kabel, WLAN, GSM oder GPRS sowie der Übertragungsprotokolle TCP, HTTP im Gerät – als internationaler Standard – greift hier zu kurz, da diese Lösungen nur den Transport-Layer für die Kommunikation darstellen. Eine IKT–Plattform (Informations- und Kommunikationstechnologie) setzt folgende Eigenschaften voraus:

- Dienste für den Zugriff auf Sensoren/Aktoren, Datenspeicher, Identifikation von Benutzern
- Eine Beschreibung der Dienste und Schnittstellen: Dienste können nur genutzt werden, wenn der Zweck und Nutzen genau beschrieben sind. Für einen weitgehend automatisierten Einsatz von Diensten werden maschinenlesbare Beschreibungen benötigt.
- Eine standardisierte Erkennung der Geräte und eine Beschreibung ihrer Funktionalität, unabhängig davon, von welchen (oder wie vielen) Geräten oder über welchen Transport sie bereitgestellt werden.

Aus der IT kommend sind sehr einfache Protokolle, wie **Representational State Transfer** (REST), als einfacher Informationsaustausch per HTTP/HTTPS, und **Web Service Description Language** (WSDL)-Technologien als Schnittstellenbeschreibungen, weit verbreitet. Die De-facto-Standards aus der IT bieten jedoch keine Interoperabilität. Wurde eine Applikation gegen den WSDL-Kontrakt von Hersteller A implementiert, musste für Anbieter B ein anderer WSDL-Kontrakt implementiert und getestet werden. Proprietäre Webservices und Interfaces haben bereits in der Vergangenheit mit jeder Erweiterung der Gerätefunktionalität auch eine Welle von Softwareanpassungen und Systemtests bei den Kommunikationspartnern nach sich gezogen. „Webservices, integriert in SPS-Steuerungen" ist zudem mit Patenten belegt und daher von keinem namhaften SPS-Anbieter (mit Ausnahme des Patentinhabers) umgesetzt.

UPnP (Universal Plug and Play) als Interoperabilitätsstandard und UDDI als Entdeckungsprotokoll haben in Teilbereichen, wie dem Home-Consumer-Bereich, eine gewisse Verbreitung gefunden. Für den Einsatz in der Industrie-Automatisierung sind sie aufgrund fehlender Modellierung, Security und Hartbeat – um nur einige Aspekte zu nennen – nicht geeignet. Interoperabilität wird auch nicht durch die Integration eines proprietären Software-Agenten eines IT-Herstellers in die SPS-Steuerung und jedes andere an dem Informationsaustausch beteiligte Gerät hergestellt. Sicherlich können Gateway-Lösungen aber eine Strategie sein, um bestehende Alt-Anlagen ohne IT-Zugang an die neue IKT-Welt anzubinden. Das Gateway, als Umsetzer des alten Protokolls z.B. Modbus oder RK3964 als letzte Meile in die Steuerung, bietet – vertikal nach oben – modernere Protokolle wie OPC-UA zur Integration in die IT-Welt an. Hieraus ergibt sich als Fazit: Die gleiche Physik zur Übertragung oder als Protokoll, „WebServices" oder „TCP", zu nutzen, reicht nicht aus. Es wird Interoperabilität benötigt.

3 Mission der OPC Foundation: Interoperabilität

Plug&Play, durch Interoperabilität zwischen Applikationen, ist die Mission der internationalen OPC-Foundation. Mehr als 470 internationale Firmen haben ihr Know-how zu einem gemeinsamen, leistungsstarken De-facto-Standard in der Automatisierungsbranche für den Daten- und Informationsaustausch eingebracht – und zwar unabhängig vom Hersteller, vom Betriebssystem, von der Hierarchie und der Topologie. Als Ergebnis ist OPC-UA (Unified Architecture) in allen Schichten der Automatisierungspyramide anzutreffen: vom kleinsten, stromeffizienten, intelligenten Sensor, über Embedded-Feldgeräte, speicherprogrammierbare Steuerungen (SPS) und Gateways, bis zu Operator-Bedienpanels (SCADA), Remote-Control-Lösungen in der Produktion und der Fabrik (MES/ERP-Ebene) und Consumer-Geräten, wie Tablets oder Smartphones.

4 Transport, Sicherheit, Robustheit

Die Besonderheit der Geräte und Anwendungen besteht darin, dass alle per OPC-UA – mit einem festen Satz von 37 Service-Schnittstellen – miteinander kommunizieren und so alle Funktionen, wie z. B. Live-Daten, Ereignisse, historische Daten, Methodenaufrufe, erledigen können. OPC-UA bietet nicht nur Plug&Play (automatisches Erkennen von Teilnehmern und deren funktionalen Umfang) unter den Geräten und funktionalen Einheiten, sondern auch Sicherheitsmechanismen sowie den Transport der Informationen. Wichtig ist dabei, dass keine eigenen Lösungen neu definiert wurden, sondern Plug&Play, Sicherheit und Transport auf bestehenden, internationalen Standards umgesetzt wurde. Als Transportschicht sind TCP (optimiert für Geschwindigkeit und Durchsatz) oder http+Soap (firewall friendly) implementiert. Die Offenheit lässt zukünftige Erweiterungen zu; erste Untersuchungen, OPC-UA über XMPP oder MQTT zu transportieren, haben stattgefunden. Die notwendige IT-Security für den sicheren Transport in der Kommunikation von Informationen besteht aus den drei Aspekten der Authentifizierung, z. B. mit x509-Zertifikat (oder Kerberos oder User/Passwort), der Signierung von Nachrichten und der Verschlüsselung mit SSL-Mechanismen. Die Daten sind so maßgeblich vor Kompromittierung geschützt. Anhand der Identität können Clients auch unterschiedliche Views auf das Informationsmodell gegeben werden: So hat eine SPS-Steuerung 1.000.000 Variablen, die Visualisierung sieht davon 5.000, das MES-System aber nur 50 – gegebenenfalls mit unterschiedlichen Read/Write-Zugriffsrechten. Zusätzlich kann der Zugriff auf bestimmte Daten protokolliert (auditiert) werden. Die Unterbrechung der Transportschicht bedeutet nicht sofort den Ausfall von Informationen, d.h. Timeout- und Hartbeat-Einstellungen können dem (z. B. kabelgebundenen oder mobilen) Einsatz angepasst werden. Durch Hartbeat erkennt ein UA-Server die Unterbrechung und puffert, je nach verfügbarem Speicher, die zu sendenden Informationen lokal. Ist die Verbindung wieder hergestellt, kann der UA-Client durch die Auswertung der eindeutigen Telegramm-Sequenznummer die nicht erhaltenen Daten erneut anfordern. Ein Verlust der Verbindung bedeutet nicht automatisch den Verlust der Informationen, sondern hängt letztlich von der Größe des verfügbaren Zwischenspeichers im OPC-UA-Server ab.

Daten und Informationen

Durch die standardisierte Zusammenführung von Daten sowie deren Struktur und Bedeutung (Metadaten) eignet sich OPC-UA insbesondere für verteilte, intelligente Anwendungen zwischen Maschinen, ohne Erfordernis einer übergeordneten Intelligenz oder eines zentralen Wissens. Wenn sich der Informationsgehalt und dessen Bedeutung ändert, muss die „Maschine" selbstständig, ohne menschliche Intervention, reagieren können. Diese Funktion ist unabhängig davon, von welchem Hersteller die Anwendung stammt, in welcher Programmiersprache sie entwickelt wurde, auf welchem Betriebssystem sie eingesetzt wird und welche Transportschicht oder welches Protokoll verwendet werden.

5 Kommunikations-Stack und Skalierbarkeit

Die OPC Foundation pflegt die heute verfügbaren drei UA-Stacks in Ansi C/C++, Managed C# und Java und garantiert, dass diese zueinander kompatibel sind. Jährliche Plugfeste und auch Zertifizierungsmöglichkeiten von Endprodukten in unabhängigen Labors sind verfügbar.

Die unterschiedlichen Stacks garantieren die Realisierung ganz neuer Kommunikationskonzepte, die direkt auf Betriebssysteme, wie u. a. Windows Embedded CE, Euros, Linux, VxWorks, QNX etc., portiert wurden. Die Stacks beinhalten den Transport und die Security – somit kann eine OPC-UA-Gerätefunktionalität schnell und kostensparend umgesetzt werden. OPC-UA-Komponenten werden aber auch in informationstechnischen Systemen eingesetzt, in ERP-Systemen, in Produktionsplanungs- und Steuerungssoftware und anderen eBusiness-Anwendungen, auf Windows- oder auf Unixsystemen, wie Solaris, HP-UX, AIX, bis in die Cloud. Die Funktionalität von OPC-UA-Komponenten ist skalierbar: von einer schlanken Implementierung in Embedded-Geräten (direkt im Sensor) bis zum Vollausbau in unternehmensweiten Datenverwaltungssystemen auf Mainframe-Rechnern.

Als kleinste OPC-UA-Lösung (Abbildung 2) hat das Fraunhofer-Anwendungszentrum IOSB-INA, zusammen mit dem Institut für Industrielle Informationstechnik der Hochschule OWL, bereits im Jahr 2012 in einem EU-Projekt zum „Internet der

Dinge“ den Nachweis erbracht, dass OPC-UA derart skalierungsfähig ist, dass sich ein UA-Server direkt auf einem Chip implementieren lässt.

Abbildung 2: **Der aktuell kleinste OPC-UA-Server mit nur 15 kByte RAM und 10 kByte ROM (Quelle: Fraunhofer Institut IOSB-INA)**

Die Firma AREVA hat einen OPC-UA-Sever in den Sensor von Überwachungsgeräten für Armaturen und deren elektrische Antriebe integriert (Abbildung 3). Diese Lösung wird in der Nuklearbranche zur Überwachung kritischer Systeme in entfernten Umgebungen eingesetzt. Neben der Zuverlässigkeit der Daten ist daher auch die integrierte Sicherheit ein wesentlicher Aspekt. Der OPC-UA-Server benötigt hier eine Speicherauslastung beginnend bei 240 kByte Flash und 35 kByte RAM.

Abbildung 3: **Industrieller Einsatz von OPC-UA auf Sensorebene (Quelle: Areva)**

6 Einbindung von Informationsmodellen

Die Erweiterbarkeit durch Informationsmodelle (Abbildung 4) macht OPC-UA sehr interessant für andere Standardisierungsorganisationen. Diese haben sich in der Vergangenheit darauf konzentriert, in den von ihnen adressierten Domänen

Kommunikationsdaten zu standardisieren (z. B. IEC61970 Energiemanagement, oder IEC61968 Energieverteilung). Die Semantik der Daten definiert, welche Informationen ausgetauscht werden sollen, aber nicht mehr, wie der Informationsaustausch vonstattengeht. Es war von Beginn der OPC-UA-Spezifikation eine der wichtigsten Anforderung, dass OPC-UA als universelle Kommunikationsplattform und als IEC-Standard (IEC 62541) eine Basis für andere Standards und Organisationen bilden kann.

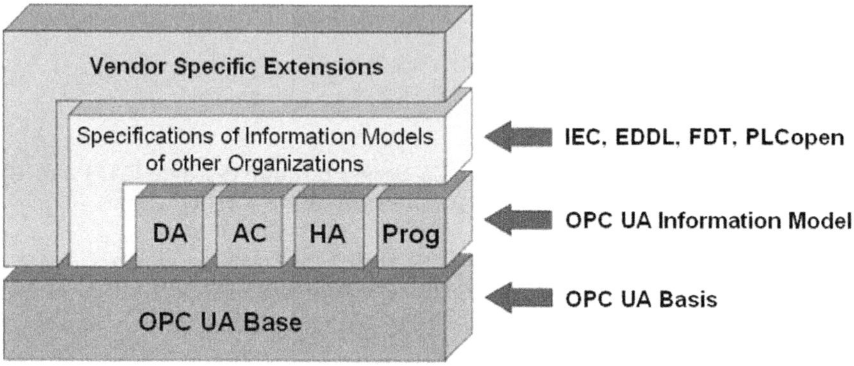

Abbildung 4: Schichtenarchitektur für Informationsmodelle (Quelle: OPC)

OPC-UA trennt klar zwischen den Mechanismen für den Informationsaustausch und den Inhalten, die ausgetauscht werden sollen.

6.1 PLCopen: Mapping der IEC61131-3 in den UA-Namensraum

Die in der PLCopen-Organisation zusammengeschlossenen SPS-Hersteller haben im Jahr 2010 das Mapping des IEC61131-3-Informations-Modells in OPC-UA als gemeinsame Spezifikation verabschiedet. Das bedeutet konkret, dass ein einziges SPS-Programm als IEC61131-3-Norm unverändert, mit den jeweils unterschiedlichen, proprietären Engineering-Tools, auf die Steuerungen verschiedener Hersteller geladen werden kann. Die Steuerungen stellen ihre Daten und Informationen, semantisch identisch, per OPC-UA nach außen für Visualisierungs- und MES/ERP-Aufgaben zur Verfügung (Abbildung 5). Dies erleichtert den Engineering-Aufwand ungemein: Anstatt für eine Instanz eines Funktionsbausteines mit z. B. 20 Datenpunkten jeden einzelnen in eine Visualisierungsmaske oder ein MES-System zu verknüpfen, reicht es nun, ein einziges Instanz-Objekt zu verbinden – und das sogar identisch bei verschiedenen Herstellern.

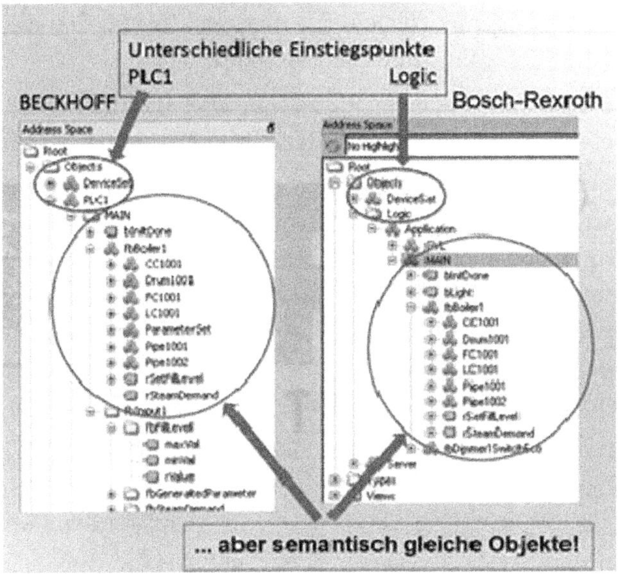

Abbildung 5: Beispiel für einen unterschiedlichen Einstiegspunkt, aber semantisch identische Instanz-Objekte und Typbeschreibungen

6.2 PLCopen: OPC-UA-Client-Funktionalität in der SPS

Die heutige, klassische Automatisierungspyramide (Abbildung 6) besteht aus ganz klar getrennten Ebenen, in denen die Sensoren, Aktoren und allgemein die Feldge-

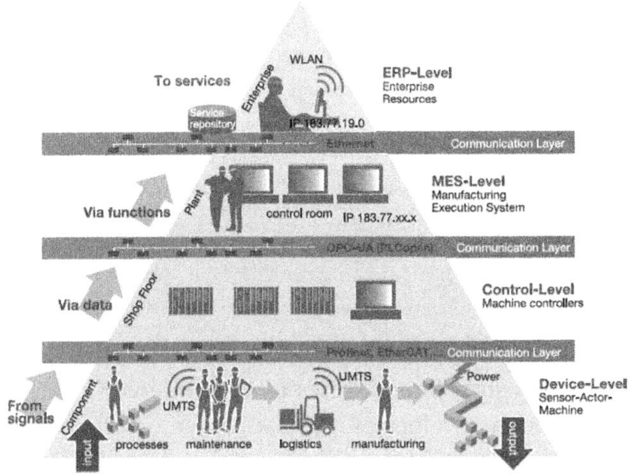

Abbildung 6: Klassische Automatisierungspyramide: In Zukunft wird sich diese Hierarchie durch die Integration von OPC-UA in den Geräten wandeln in ein „Netzwerk von Automatisierungsdiensten", d. h. Geräte und Dienste „reden" direkt miteinander. (Quelle: OPC)

räte (wie auch Konverter, Motormanagementsystem,...) über elektrische Signale, Feldbusse, RS232, USB etc. an eine Steuerung angeschlossen sind.

Die Steuerung veredelt diese Signale zu Daten, meldet sie an übergeordnete Leitebenen weiter, und über IT-Webservices landet alles in der MES-ERP-Ebene.

Die obere Ebene initiiert dabei - als Client - eine Datenkommunikation zur darunter liegenden Ebene; diese antwortet als Server zyklisch oder ereignisgesteuert: Z.B. lässt sich eine Visualisierung von der SPS die Statusdaten übermitteln oder gibt neue Produktionsrezepte in die SPS. Mit Industrie 4.0 wird sich diese strikte Trennung der Ebenen und der Top-Down-Ansatz des Informationsflusses aufweichen und vermischen. In einer intelligenten Vernetzung kann jedes Gerät oder jeder Dienst eigenständig eine Kommunikation zu anderen Diensten initiieren.

Die PLCopen hat dazu – in Zusammenarbeit mit der OPC-Foundation – die OPC-UA-Client-Funktionsbausteine definiert. Damit kann die Steuerung – zusätzlich oder alternativ zur bisherigen Rollenverteilung – auch den aktiven, führenden Part übernehmen (Abbildung 7).

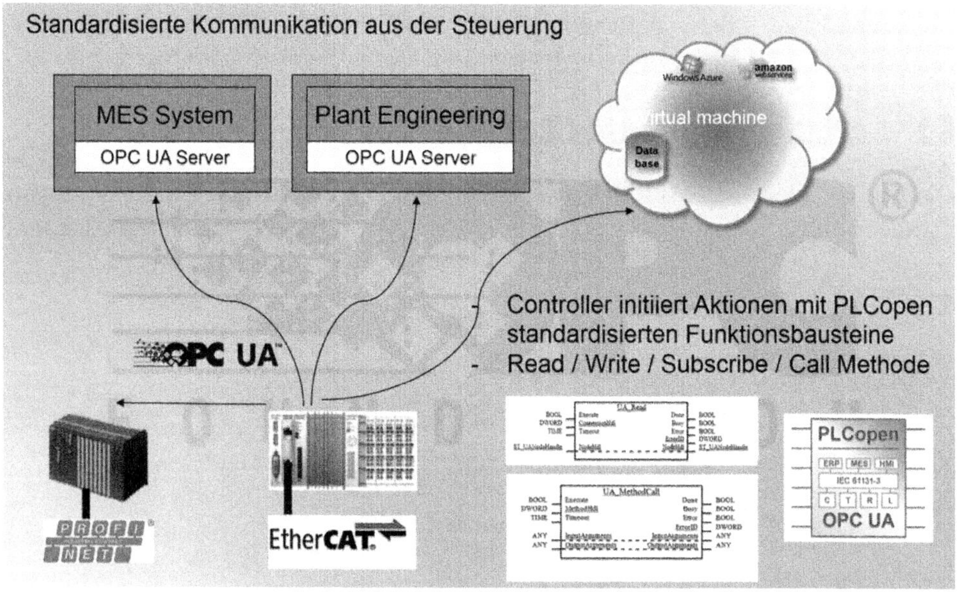

Abbildung 7: **Der Controller initiiert einen Informationsaustausch.**

Die SPS kann somit komplexe Datenstrukturen horizontal mit anderen Controllern austauschen oder vertikal Methoden in einem OPC-UA-Server eines MES/ERP-Systems aufrufen, um sich z. B. neue Produktionsaufträge abzuholen oder Daten in die Cloud zu schreiben. Dies ermöglicht der Produktionslinie selbständig aktiv zu werden. In Kombination mit der integrierten OPC-UA-Security, ist dies ein entscheidender Schritt in Richtung Industrie 4.0.

6.3 UMCM-Profil des MES-Herstellers

Die Ergebnisse der gemeinsamen PLCopen- und OPC-UA-Arbeitsgruppe werden bereits von anderen Organisationen genutzt. Der MES D.A.CH. Verband ist ein Zusammenschluss von deutschsprachigen MES-Firmen. Neben dem informellen Austausch von „How to-Kochbüchern" wollen die Mitglieder MES-Objekte festlegen, die standardisiert, untereinander aber auch mit den SPS-Steuerungen ausgetauscht werden sollen: UMCM (Universal Machine Connectivity for MES) ist eine aktuell entstehende, auf IEC61131-3 basierende Beschreibung komplexer Datenstrukturen (also der Semantik), die per OPC-UA modelliert und performant sowie mit Security gesichert übertragen werden wird. Der MES D.A.CH Verband hat sich für OPC-UA als favorisierte Technologie zum Daten- und Informationsaustausch entschieden.

6.4 BACnet / IEC61850 / IEC61400-25

Ein Mapping von domain-spezifischen Standards in den OPC-UA-Namensraum eröffnet branchenspezifischen De-facto-Standards auch die Anbindung an ganz andere Gerätewelten- bzw. IT-Dienste: BACnet ist ein De-facto-Standard im Building-Automation-Bereich mit semantischen Beschreibungen diverser Objekte, wie Lampen, Jalousien etc., inklusive der Datenübertragung per TCP. Es fehlt aber die Interoperabilitäts-Brücke in die Automatisierungs- und IT-Welt, um z. B. Sensorinformationen, wie Wasser- oder Energieverbrauch, bis in die IT-Abrechnungssysteme zu liefern. Die BACnet Interest Group Europe arbeitet aktuell - in Kooperation mit der OPC-Foundation – am Mapping der BACnet-Objekte in den UA-Namensraum. Damit sind z. B. Energiedaten durch BACnet semantisch definiert und können interoperabel, per OPC-UA, für Enterprise-Systeme bereitgestellt werden.

Identisch könnte mit dem Mapping von IEC61850 (Elektrische Schaltanlagen), IEC61400-25 (Windkraftanlagen) oder dem Weihenstephaner Standard (Brauerei und Getränke) verfahren werden, um einen deutlich einfacheren Informationsaustausch zu ermöglichen. Der Wegfall von Protokollumsetzern zwischen Sensor und IT-Ebene führt auch zu einem schnelleren und effektiveren Engineering und somit zu Kosteneinsparungen. Zur konkreten Realisierung der Mappings, die recht einfach umsetzbar wären, wird es in absehbarer Zukunft nur durch Marktdruck der Kunden kommen.

RFID-Hersteller

Erste Hersteller von RFID-Readern, wie die Firma Harting, haben bereits OPC-UA-Server- und Client-Funktionalität in ihre Reader integriert. So haben sie in Zukunft einen größeren Marktzugang und sind unabhängig davon, ob ein bestimmter SPS-Steuerungshersteller das eigene proprietäre Protokoll unterstützt. Durch die Integration der Client-Funktionalität können neue RFID-Informationen nun eigenständig, z. B. auch ohne SPS-Steuerungen direkt in MES-Systeme gepushed werden. In Kooperation mit anderen Herstellern soll nun in der Dachorganisation AIM die Semantik von RFID-Readern per OPC-UA standardisiert werden.

7 Verbreitung und Anwendungen

Neben vielen Kriterien, wie der Skalierung, der Security-by-Design, der Modellierung von Informationsmodellen, der Validierung der Stabilität durch Konformitätstest, der internationalen IEC-Normierung, ist auch die Adaption durch die Industrie ein wesentlicher Aspekt. OPC-UA ist als Technologie branchenneutral und hat die größte Verbreitung im Bereich der Automatisierungstechnik: Beckhoff, SAP und Siemens haben als Early Adopter bereits seit dem Jahr 2008 Produkte am Markt angeboten. 2013 hatten die Steuerungshersteller ABB, Bosch-Rexroth, B&R, GE, Omron, Rockwell und Yokogawa ihre Produkte lieferfähig.

Neben den namhaften Visualisierungs- und MES-Herstellern mit OPC-UA-Umsetzung wächst die Adaption aber auch außerhalb der klassischen Automatisierungswelt: Im Bereich des Smart-Meterings bieten die Firmen Areva und Elster entsprechende Produkte und OPC-UA-Dienstleistungen.

8 Anwendung: Vertikal – von der Produktion bis in das SAP

Die Firma Elster in Osnabrück ist mit weltweit über 7.000 Mitarbeitern an 38 Standorten und rund 200 Millionen Installationen in den letzten 10 Jahren, Weltmarktführer von Balgengaszählern. Die Steuerungen in der Produktionsebene wurden direkt per OPC-UA an die Top-Floor (SAP)-Ebene angebunden. Als Vision von Industrie 4.0 sollte das Produkt selber die Art und Weise bestimmen, wie es produziert wird. Im Idealfall ermöglicht dies eine variantenreiche Fertigung ohne manuelles Rüsten der Anlage. Bei der Umsetzung spielte die nahtlose Integration zwischen Shop-Floor, MES und ERP auf der Basis von OPC-UA eine wesentliche Rolle. An jedem Arbeitsschritt wird das Produkt anhand seiner eindeutigen Produktsteuerungsnummer (PSN) identifiziert. OPC-UA ermöglicht, dass die Steuerung der Anlage direkt mit dem MES-System von SAP gekoppelt ist, um flexible Abläufe und individuelle Qualitätsprüfungen im One-Piece-Flow zu realisieren. Vom MES erhält die Steuerung das Ergebnis der QM-Prüfung sowie den nächsten Arbeitsschritt im Prozessablauf. Das MES-System bekommt die QM-Vorgaben über Aufträge aus dem ERP und meldet die fertigen Produkte an das ERP zurück. Die vertikale Integration ist somit keine „Einbahnstraße", sondern stellt einen geschlossenen Kreislauf dar. Intelligente Produkte mit eigenem Datenspeicher bieten künftig die Chance, weitaus mehr als nur eine Produktsteuerungsnummer mit der Anlage auszutauschen. Arbeitspläne, Parameter und Qualitätsgrenzen könnten auf das Produkt geladen werden, um eine autarke Fertigung zu ermöglichen. Die schnelle, sichere und datenkonsistente Kommunikation von komplexen

Datentypen wurde vom SPS- und MES-Team, basierend auf OPC-UA, erfolgreich umgesetzt. Als fehlend wurde die Beschreibung der MES-Semantik erkannt. Diese Einschätzung deckt sich mit den Erfahrungen der Mitglieder des MES-Dachverbandes, welcher die Standardisierung der MES-Semantik (Initiative „UMCM") betreibt.

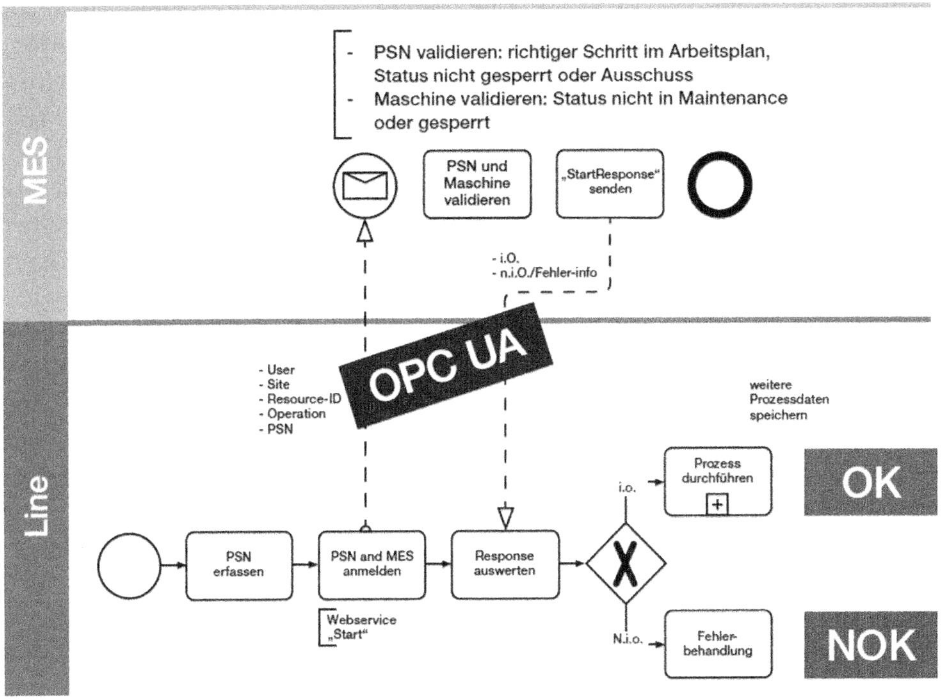

Abbildung 8: OPC-UA zum direkten Informationsaustausch zwischen Shop-Floor (Controller) und SAP-Top-Floor (Quelle: Fa. Elster)

Aus Sicht von SAP müssen Informationen, wie Prüfparameter, Vorgabewerte oder Maschineneinstellungen, nicht mehr redundant gepflegt werden, sondern können einmalig definiert und mit der Automatisierungsebene direkt ausgetauscht werden. Hierdurch reduzieren sich Fehlerquellen, wodurch die Qualität der Daten – und letztendlich der Produkte – steigt.

9 Anwendung: Horizontal – M2M zwischen Geräten der Wasserwirtschaft

Der Zweckverband Wasser und Abwasser Vogtland bestätigt die finanziellen Einsparpotentiale als wesentliches Resultat einer kompletten Kommunikationsarchitektur, basierend auf OPC-UA. Für die wasser- und abwassertechnische Versorgung (Wasserversorgung von 40 Städten und Gemeinden, Abwasserentsorgung in 37 Städten und Gemeinden, mit zusammen 240.000 Einwohnern) sind mehr als 550 Anlagen auf einer Fläche von 1400 km² verteilt. Die Zahl der Anlagen umfasst

Wasserwerke, Pumpanlagen, Hochbehälter, Kläranlagen und Kanal-Entlastungsbauwerke. In der Vergangenheit wurden Informationen nur zentral in der Leitwarte gesammelt, um dort teilweise kostenintensive Serviceeinsätze zu koordinieren. Spezielle Anforderungen, wie die Pufferung von Prozessdaten bei Ausfall des Kommunikationstransportes und der Einsatz vieler verschiedener Protokolle mit unterschiedlichen Konfigurationen, haben über Jahre zu einem hohen Pflegeaufwand und entsprechenden Kosten geführt. Durch die Abschaffung der proprietären Kommunikationsprotokolle und die Installation einer dezentralen, vernetzten Intelligenz wurde der Engineering- und Serviceaufwand reduziert und damit die Kosten gesenkt, und dies bei gleichzeitiger Erhöhung der IT-Sicherheit und Verfügbarkeit der Daten. Unter Nutzung von OPC-UA für die direkte M2M-Kommunikation sollten alle Geräte der dezentralen Liegenschaften autark agieren, die kleinsten Embedded-Steuerungen untereinander intelligent vernetzt sein und direkt miteinander kommunizieren. Damit stellt diese Anwendung eine erste reale Umsetzung der Ergebnisse der Zusammenarbeit der PLCopen- und der OPC-Arbeitsgruppe dar: Reale Objekte (z. B. eine Pumpe) wurden in der IEC61131-3-SPS-Steuerung als komplexes Objekt mit Interaktionsmöglichkeiten modelliert. Durch den in die Steuerung integrierten OPC-UA-Server standen diese Objekte automatisch für semantische Interoperabilität als komplexe Datenstruktur der Außenwelt zur Verfügung.

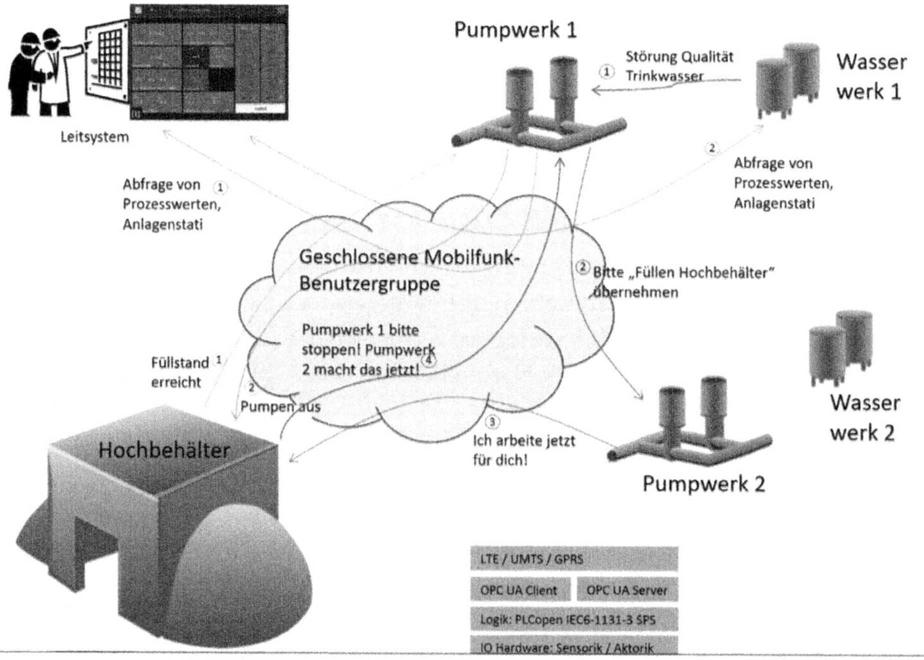

Abbildung 9: **Dezentrale M2M-Intelligenz: Maschinen reden direkt miteinander (Quelle: Zweckverband Wasser und Abwasser Vogtland)**

Das Ergebnis ist eine dezentrale Intelligenz (Abbildung 9), die eigenständig Entscheidungen trifft und Informationen an ihre Nachbarn übermittelt bzw. Stati und Prozesswerte für den eigenen Prozess abfragt, um einen ungestörten Prozessablauf zu gewährleisten. Die Geräte „reden" hier direkt miteinander: Z. B. meldet das Wasserwerk 1 eine abnehmende Wasserqualität (verursacht z. B. durch das Düngen von Feldern) an die eigene Pumpe. Diese kann nun den Job „Hochbehälter füllen" an ein anderes Pumpwerk delegieren. Mit den standardisierten FUNCTIONBLOCKS der PLCopen initiieren die Geräte – als UA-Clients – eigenständig die Kommunikation aus der SPS heraus zu anderen Prozessteilnehmern. Als UA-Server antworten sie gleichzeitig auf deren Anfragen bzw. auf Anfragen übergeordneter Systeme (SCADA, MES, ERP). Die Geräte sind per Mobilfunkrouter verbunden. Eine physikalische Verbindungsunterbrechung führt dabei nicht zu einem Informationsverlust, da Informationen automatisch im UA-Server für eine Zeit gepuffert werden und abrufbar sind, sobald die Verbindung wieder hergestellt wurde. Dies ist eine sehr wichtige Eigenschaft, für die früher ein hoher, proprietärer Engineering-Aufwand betrieben werden musste. Für die Integrität dieser zum Teil sensiblen Kommunikation wurden, neben einer geschlossenen Mobilfunkgruppe, auch die in OPC-UA integrierten Sicherheitsmechanismen, wie Authentifizierung, Signierung und Verschlüsselung, genutzt. Der herstellerunabhängige Interoperabilitätsstandard OPC-UA eröffnete dem Endanwender die Möglichkeit, die Auswahl einer Zielplattform der geforderten Technologie unterzuordnen, um so den Einsatz proprietärer bzw. nicht anforderungsgerechter Produkte zu umgehen. Der Ersatz einer proprietären Lösung durch eine kombinierte OPC-UA-Client/Server-Lösung erbrachte hier eine Einsparung der Lizenz-Initialkosten von mehr als 90 % je Gerät.

10 Anwendung: Energie-Monitoring und Big Data

Mit Energie-Monitoring in dezentralen Liegenschaften sind Betreiber in der Lage, sämtliche Anforderungen zur optimierten, energetischen Betriebsführung umzusetzen. Als Beispiel werden in Städten wie Aachen mit deren Gebäudemanagement bis zu 2000 Liegenschaften und mehr verwaltet. Das Energiemonitoring-System e2watch® der Fa. regio iT gesellschaft für informationstechnologie mbh wurde in Kooperation mit dem Gebäudemanagement der Stadt Aachen entwickelt. Als dezentrales Gerät wurde eine embedded Kleinst-Steuerung verwendet, welche die Messdaten sammelt, zunächst lokal puffert und zu frei konfigurierbaren Zeitpunkten mit der Cloud synchronisiert (Abbildung 10). Als Transportweg wird OPC-UA als IT-Standard mit integrierter Security genutzt. Die Steuerung pusht dabei als OPC-UA Client die Daten als „Historic Access"-Daten direkt in die „Big-Data-Management-Lösung" in der Cloud. Dort findet eine weitere Analyse bzw. Auswertung der Daten statt, auf die Betreiber und Nutzer der Liegenschaften mit einer internetbasierten Visualisierung zugreifen können. Ein weiterer Nutzen besteht darin, dass Kennwertvergleiche und Benchmarking zwischen gleichwertigen Liegenschaften vorgenommen werden können, um ein Energie-Verbrauchs-controlling durchzuführen. Durch den Zugang zu den ausgewerteten Daten wird auch eine positive Beeinflussung des Nutzerverhaltens erwartet. Das adressierbare Kundenpotential dieser Lösung ist auf viele Branchen übertragbar: Daten sammeln, puffern und weiterleiten sind verbreitete Aufgaben.

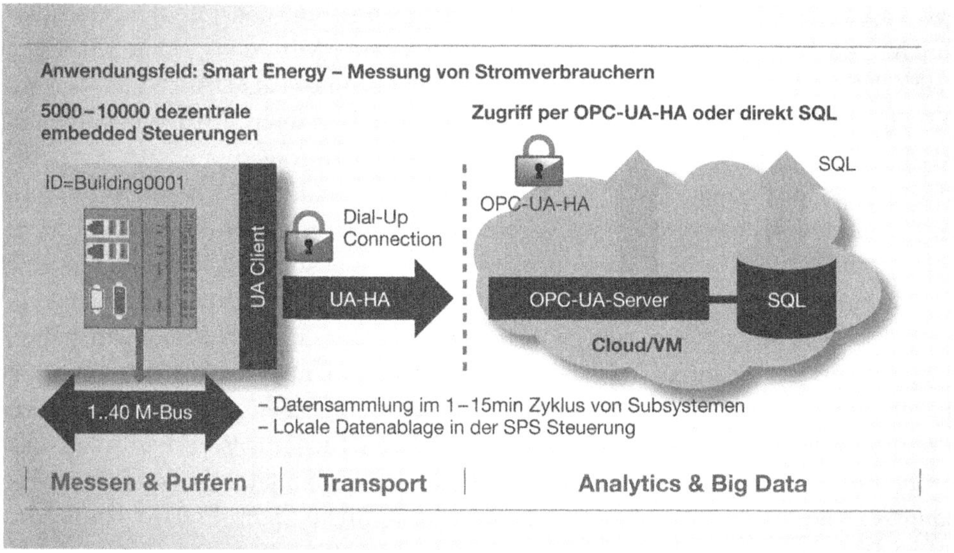

Abbildung 10: **Von der Steuerung als Datenkonzentrator bis in die Big Data Cloud (Quelle: OPC)**

11 Status – Ausblick

Die Interaktion zwischen der IT- und der Automatisierungswelt ist sicher nicht revolutionär; mit Industrie 4.0 und der Standardisierung werden sich aber die strikte Trennung der Automatisierungsebenen und der Top-Down-Ansatz des Informationsflusses aufweichen und vermischen. In einer intelligenten Vernetzung kann jedes Gerät oder jeder Dienst eigenständig eine Kommunikation zu anderen Diensten initiieren. Dabei ist Connectivity nicht ausreichend; vielmehr ist semantische Interoperabilität, gekoppelt mit Security und Zugriffsmechanismen, gefordert – und mit OPC-UA umsetzbare Realität. Die Anforderungen und Lösungen hier im Überblick:

Tabelle 1: **Auflistung von Industrie-4.0-Anforderungen und -Lösungen durch OPC-UA**

Anforderungen Industrie 4.0	Lösung OPC-UA
Unabhängigkeit Unabhängigkeit der Kommunikationstechnologie von Hersteller, Branche, Betriebssystem, Programmiersprache	Die OPC-Foundation ist eine herstellerunabhängige Non-Profit-Organisation. Eine Mitgliedschaft ist für den Einsatz der OPC-UA-Technologie oder die Erstellung von OPC-UA- Produkten nicht erforderlich. OPC hat die größte Verbreitung im Automationsbereich, ist aber technologisch branchenneutral. OPC-UA ist auf allen gängigen Betriebssystemen lauffähig; es gibt auch Realisierungen auf Chip-Ebene ohne Betriebssystem. OPC-UA ist in allen Sprachen umsetzbar; derzeit sind Stacks in Ansi C/C++, .NET und Java verfügbar.
Skalierbarkeit Skalierbarkeit zur durchgängigen Vernetzung, vom kleinsten Sensor über Embedded-Geräte und SPS-Steuerungen bis zum PC und SmartPhone sowie Großrechnern und Cloud-Anwendungen. Horizontale und vertikale Kommunikation über alle Ebenen	OPC-UA skaliert von 15 kB footprint über Single- und Multicore-HW mit unterschiedlichen CPU-Architekturen (Intel, ARM, PPC, etc.). OPC-UA wird in Embedded-Feldgeräten, wie RFID-Readern, Protokollwandlern etc. eingesetzt, d. h. defacto in allen SPS-Steuerungen und SCADA/HMI-Produkten sowie MES/ERP-Systemen, wie SAP, iTAC. Cloud-Projekte in Amazon und Microsoft-Azure wurden bereits erfolgreich durchgeführt.
Sicherheit Sicherheit der Übertragung sowie Authentifizierung auf Anwender- und Anwendungsebene	OPC-UA verwendet x509-Zertifikate, Kerberos bzw. User/Passwort zur Authentifizierung der Applikation. Eine signierte und verschlüsselte Übertragung sowie ein Rechtekonzept auf Datenpunktebene mit Auditfunktionalität sind im Stack bereits vorhanden.
Transport Service-orientierte Architektur (SOA), Transport über etablierte Standards, wie TCP/IP, für den Austausch von Live- und historischen Daten, Komman-	OPC-UA ist unabhängig vom Transport; derzeit gibt es drei Bindings: optimiertes, TCP-basiertes Binärprotokoll für High-Performance- Anwendungen und HTTP-/HTTPS-Webservices mit XML-kodierten Nachrichten. Weitere Bindings sind geplant, wie z. B. XMPP. Die Stacks garantieren den

dos und Ereignissen (Event/Callback)	konsistenten Transport aller Daten sowie der Methodenargumente und Events, basierend auf Token.
Modellierbarkeit Abbildung beliebig komplexer Informationsinhalte zur Modellierung virtueller Objekte als Repräsentanten der realen Produkte und deren Produktionsschritte	OPC-UA bietet ein voll vernetztes (nicht nur hierarchisch sondern full-mashed-network) objektorientiertes Konzept für den Namensraum, inklusive Metadaten zur Objektbeschreibung. Über die Referenzierung der Instanzen untereinander und ihrer Typen sowie über ein durch Vererbung beliebig erweiterbares Typmodell, sind beliebige Objektstrukturen erzeugbar. Da Server ihr Instanz- und Typsystem in sich tragen, können Clients durch dieses Netz navigieren und sich alle erforderlichen Informationen beschaffen, selbst über ihnen zuvor unbekannte Typen.
Discovery Ungeplante Ad-hoc- Kommunikation für Plug-and-Produce-Funktion mit Beschreibung der Zugangsdaten und der angebotenen Funktion (Dienste) zur selbstorganisierten (auch autonomen) Teilnahme an einer "smarten", vernetzten Orchestration/Kombination von Komponenten	OPC-UA definiert verschiedene "Discovery"-Mechanismen zur Bekanntmachung von OPC-UA-fähigen Teilnehmern und deren Funktionen/ Eigenschaften innerhalb von Subnetzen. Subnetzübergreifende Aggregation und intelligente, konfigurationslose Verfahren (z. B. Zeroconf) werden verwendet, um Netzteilnehmer zu identifizieren und zu adressieren.
Semantische Erweiterbarkeit Abbildung und Migration von bestehenden semantischen Informationsmodellen	Die OPC Foundation arbeitet bereits erfolgreich mit anderen Organisationen (PLCopen, BACnet, FDI, etc.) zusammen und ist derzeit in weiteren Kooperationen aktiv, wie z. B. MES D.A.CH, ISA95, MDIS (Öl und Gas Industrie), etc. Neu ist die Kooperation mit AutomationML, um die Interoperabilität zwischen Engineering-Tools zu optimieren.
Compliance Prüfbarkeit der Konformität zum definierten Standard	OPC-UA ist bereits IEC-Standard (IEC 62541); es existieren Tools und Testlabore, welche die Konformität prüfen und zertifizieren. Zusätzliche Test-Veranstaltungen (Plugfeste) erhöhen die Qualität und sichern die Kompatibilität. Für Erweiterungen/Ergänzungen (Companion Standards, Semantik) sind Ausweitungen der Tests erforderlich.

OPC-UA stellt das Protokoll und die Services bereit (das „Wie"), um reichhaltige Informationsmodelle (das "Was") zu publizieren und komplexe Daten zwischen unabhängig entwickelten Anwendungen auszutauschen. OPC-UA ermöglicht, dass Geräte – zusätzlich zum bestehenden Austausch komplexer Datenstrukturen – auch über SOA-basierende Service-Aufrufe miteinander kommunizieren. Die SPS-Hersteller haben mit den PLCopen-Bausteinen das Fundament für die Nutzung dieser Funktionalität gelegt.

Obwohl bereits verschiedene wichtige Informationsmodelle, wie OPC-UA for Analyser Devices, FDI (Field Device Integration), ISA95, MTConnect, BACnet und PLCopen existieren, oder in der Entstehung sind, gibt es hier noch Handlungsbedarf:

- Wie geben sich z. B. ein „Temperatursensor" oder eine „Ventilsteuerung" zu erkennen?
- Welche Objekte, Methoden, Variablen und Ereignisse definieren die Schnittstelle für Konfiguration, Initialisierung, Diagnose und Laufzeit?

OPC-UA hat das Potential, sich als De-facto-Standard für den Daten- und Informationsaustausch in der Automatisierungspyramide für nicht-echtzeitkritische Anwendungen zu etablieren. Eine sichere, horizontale und vertikale Kommunikation vom Sensor bis in die IT-Systeme ist damit bereits heute umsetzbar. Die Verbände BITCOM, VDMA und ZVEI werden durch die Industrie-4.0-Arbeitskreise keinen neuen Kommunikationsstandard definieren können; die Arbeitskreise bieten aber eine gute Grundlage zum Informationsaustausch.

12 Abkürzungsverzeichnis

UPnP: Universal Plug and Play (UPnP™) Forum, Basic Device Definition Version 1.0 www.upnp.org

WSDL: W3C: Web Services Description Language (WSDL) 1.1. March 15, 2001

OPC-UA: OPC Foundation: OPC UA Specification: Part 1 – 10

MTConnect: MTConnect-OPC UA Companion Specification www.mtconnect.org

BACnet: (Building Automation and Control Networks) www.big-eu.org

PLCopen: Specification (TC4-Communication) "OPC UA Information Model for IEC 61131-3", version 1.00 www.plcopen.org

ANSI / ISA S88, Batch Control Part 1: Models and Terminology, Instrument Society of America, www.isa.org

UMCM: "Universal Machine Connectivity for MES": www.mes-dachverband.de

Industrie 4.0 – Chancen und Herausforderungen für einen Global Player

Prof. Dr.-Ing. Dieter Wegener, Siemens AG

1 Zusammenfassung

Nach Jahren, in denen es ein Alleinstellungsmerkmal des Standorts Deutschland war, den großen Anteil der Industrieproduktion an der Bruttowertschöpfung hoch wertzuschätzen, erleben wir derzeit weltweit eine regelrechte Renaissance der Fertigungsindustrie. Die einen versuchen, die Produktion ins Land zurückzuholen, die anderen wollen nicht nur zu uns aufschließen, sondern uns sogar überholen.

Dies trifft zusammen mit dem Beginn der vierten industriellen Revolution, die Produkte und Produktionsanlagen über das Internet miteinander kommunizieren lässt. Siemens hat eine klare Position zur Vision von Industrie 4.0, wie diese Umwälzung der Industrie auch genannt wird. Über eine Digital Enterprise Platform muss ein durchgängig digitalisierter und virtualisierter Wertschöpfungsprozess mit der realen Welt der Industrie verschmolzen werden. Nur so lassen sich die künftigen Anforderungen der Märkte erfüllen, nur so lassen sich die zu erwartenden Techniken der Industrie 4.0 anwenden.

Erste Beispiele von Siemens-eigenen Werken und von Installationen bei seinen Kunden zeigen, dass bereits heute einiges von dem realisierbar ist, was mit der Vision als Ziel formuliert wird. Jetzt kommt es darauf an, die nächsten Schritte auf diesem Weg zu gehen.

Siemens hat dafür eine Roadmap, denn das Haus sieht sich gefordert und gut gerüstet, der Industrie die Werkzeuge und Infrastrukturen zur Verfügung zu stellen, die für die Realisierung von Industrie 4.0 benötigt werden.

2 Die Wiedergeburt der Industrie

Deutschland hat den Anteil der Industrieproduktion an der Bruttowertschöpfung des Landes seit den Neunzigerjahren auf demselben Niveau (rund 25%) gehalten, während er fast in der gesamten westlichen Welt – teils dramatisch (bis auf rund 10%) – gesunken ist. Weder die Großindustrie noch erst recht die Masse der kleinen und mittelständischen Unternehmen, übrigens mittlerweile international gerne auch als „German Mittelstand" bezeichnet, haben sich von dem Trend anstecken lassen, das Heil der Wirtschaft in Dienstleistung und Finanzgeschäft statt in handfesten Produkten zu suchen. Weil die produzierende Industrie für das Funktionieren der Volkswirtschaft ein so zentraler Pfeiler ist, war dies einer der Hauptgründe dafür, dass das Land nahezu unbeschadet durch die weltweite Krise kam und heute so gut dasteht wie selten zuvor [Siemens Market Intelligence, 2013].

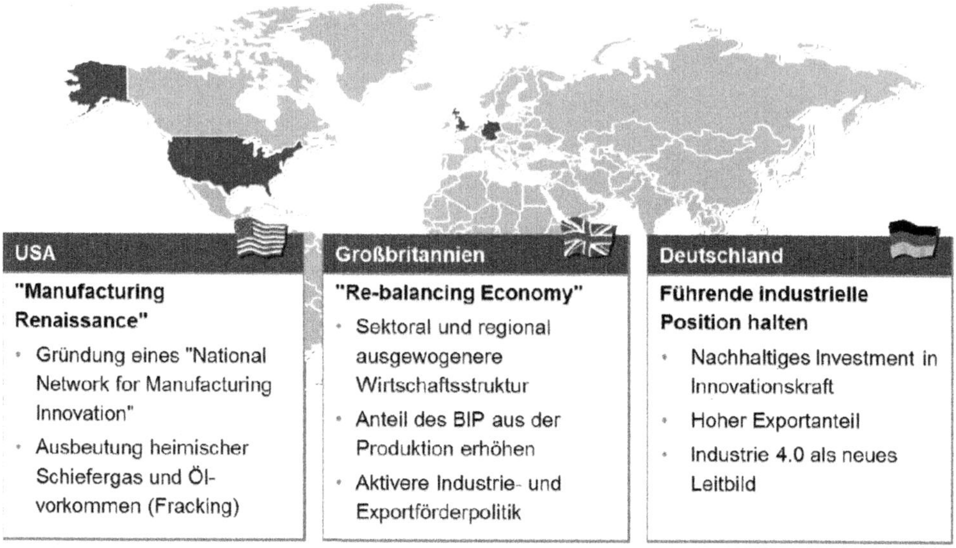

Abbildung 1 **Weltweit erlebt die produzierende Industrie eine Wiedergeburt (Source: Siemens Market Intelligence 2013), © Siemens AG**

Die vergangene Wirtschaftskrise hat offenbart, wie wichtig die Fertigungsindustrie für den Lebensstandard eines Landes ist. Seit einiger Zeit setzt nun eine Gegenbewegung ein. In manchen Ländern wird versucht, das Rad so gut es geht zurückzudrehen und der Industrie wieder ein größeres Gewicht zu geben.

In den USA beispielsweise spricht man von einer „Manufacturing Renaissance" (vgl. Abbildung 1). Mit der Bildung eines nationalen Netzwerks für Innovation in der Produktion soll wiederbelebt werden, was lange Jahre für unwichtig erklärt wurde. Die Produktion soll zurück ins Land geholt werden. Gleichzeitig versuchen die USA, sich mit der intensiven und teilweise extensiven Ausbeutung der eigenen Rohstoffe wieder eine größere Unabhängigkeit zu verschaffen [9].

Andere Regionen haben dagegen einen enormen Nachholbedarf. Ob Asien oder Lateinamerika, die aufstrebenden Länder sind mit der kostengünstigen Massenfertigung immer weniger zufrieden. China etwa setzt alles daran, mit Hochtechnologie beste Produktqualität zu liefern. Hunderttausende von Ingenieuren, die allein dort jedes Jahr die Hochschulen verlassen, haben einen enormen Hunger zu zeigen, dass sie uns nicht nur einholen, sondern auch überholen können [9].

Unter „Industrie" verstehen wir heute eine hochgradig automatisierte Entwicklung und Fertigung von Produkten. Nach Erhebungen des ZVEI (Zentralverband Elektrotechnik- und Elektronikindustrie), des Verbandes der Automatisierungsanbieter, machten diese 2011 weltweit einen jährlichen Umsatz von 347 Milliarden Euro. Zur Automatisierung gehören drei große Bereiche, die jeweils in etwa ein Drittel zum Gesamtumsatz beitragen: elektrische Antriebe (27%), Schaltgeräte, Schaltanlagen und Industriesteuerungen (36%), sowie Messtechnik und Prozessautomatisierung (37%). Die Automatisierung umfasst damit alles, was die Industrie heute bewegt. Der VDMA (Verband Deutscher Maschinen- und Anlagenbau) beziffert den weltweiten Umsatz mit Maschinen und Anlagen – einschließlich natürlich der Automatisierungstechnik – 2011 auf 2.100 Milliarden Euro. Hirn, Herz und Muskeln all dieser Investitionsgüter stellt die Automatisierung [1, 2, 4, 5]

Die Geschichte der industriellen Revolutionen ist eine Geschichte der fortschreitenden Automatisierung. Die erste industrielle Revolution gegen Ende des 18. Jahrhunderts brachte die Einführung mechanischer Produktionsanlagen mit Antrieb durch Wasser- oder Dampfkraft. Mit der zweiten industriellen Revolution ein Jahrhundert später wurde die arbeitsteilige Massenproduktion mit elektrischen Antrieben eingeführt. Der Beginn der dritten Revolution wird meist auf die Siebzigerjahre des zwanzigsten Jahrhunderts datiert: Mit Elektronik und IT, insbesondere mit der speicherprogrammierbaren Steuerung, wurde die Automatisierung auf jene höhere Stufe gehoben, die wir kennen [1,9, 10]

Aber die Anforderungen der Märkte wachsen weiter. Was die Industrie heute kann, ist bald nicht mehr genug. Energie und andere Ressourcen müssen effizienter genutzt und langfristig noch viel effektiver geschont werden. Im eigenen Interesse der Industrie, aber natürlich vor allem im Interesse der Zukunft der Umwelt und der Menschheit. Gleichzeitig verlangen die Verbraucher, dass ihnen Produkte immer schneller geliefert und in immer kürzeren Abständen Innovationen geboten werden. Die Variantenvielfalt und die Fülle an geforderter Funktionalität lassen die Komplexität der Produkte dabei unaufhörlich weiter ansteigen. Schließlich wird von den zunehmend kurzlebigen, komplexen Produkten – einschließlich riesiger Produktionsanlagen – erwartet, dass sie sich höchst flexibel nutzen und einsetzen lassen [1, 9, 10, 15].

Die wachsenden Anforderungen führen zum Einsatz von immer mehr Software in allen Arten von Produkten. Denn viele Funktionen sind nur softwaretechnisch zu realisieren. Und viele softwaretechnische Lösungen sind erheblich günstiger als herkömmliche mechanische oder mechatronische.

Die rasante Entwicklung der Informations- und Kommunikationstechnik (IKT) hat spätestens seit den Achtzigerjahren zu wichtigen Innovationen in der Automatisierung geführt. Computer und Software erfassten nach und nach alle Bereiche der Industrie, und wir erleben zunehmend, dass nicht nur das Internet, sondern auch die Cloud, das mobile Endgerät oder die Grid-Technologie Einzug in die Industrie finden. Allerdings kann die Industrie nicht einfach Technologien oder Standards übernehmen, die für Endkunden und Privatleute gedacht und gut sind. Sie muss die neuen Technologien für ihre Zwecke adaptieren und die IKT industrietauglich machen. Ein Beispiel für den Unterschied: Geht es bei der Sicherheit des PCs im Büro vor allem um die Sicherheit von Daten vor unberechtigtem Zugriff oder unbeabsichtigtem Verlust, so müssen Maschinen und Anlagen vor Sabotage und

Fehlsteuerungen geschützt werden, nicht zuletzt, um die Menschen vor Unfällen zu schützen (Produktsicherheit) [3, 4, 5, 6, 7, 8].

Die Herausforderungen dieser vierten industriellen Revolution, denen wir uns im Wettbewerb mit den neu aufstrebenden wie mit den zu alter Stärke zurück strebenden Industrienationen stellen müssen, sind groß. Sie betreffen die gesamte Wertschöpfungskette und erwecken den Eindruck, dass sich nahezu alles ändern muss, wenn Produkte und Produktionsanlagen künftig über das Internet und andere Netze miteinander kommunizieren. Die wichtigste Veränderung – und gleichzeitig Voraussetzung für dieses „Internet der Dinge und Dienste" – besteht in der Vollendung einer durchgängigen Digitalisierung aller industriellen Prozesse: von der Produktentwicklung über Produktionsplanung, das Engineering der Produktionsanlagen und der Produktion, über Fertigung und Montage bis hin zum Service (vgl. Abbildung 2). Diese durchgängige Digitalisierung erzwingt einen grundlegenden Veränderungsprozess (Change), denn mit den heutigen Strukturen und Methoden ist sie nicht vollständig zu realisieren [1, 2, 4, 5, 6, 7, 8, 9, 10].

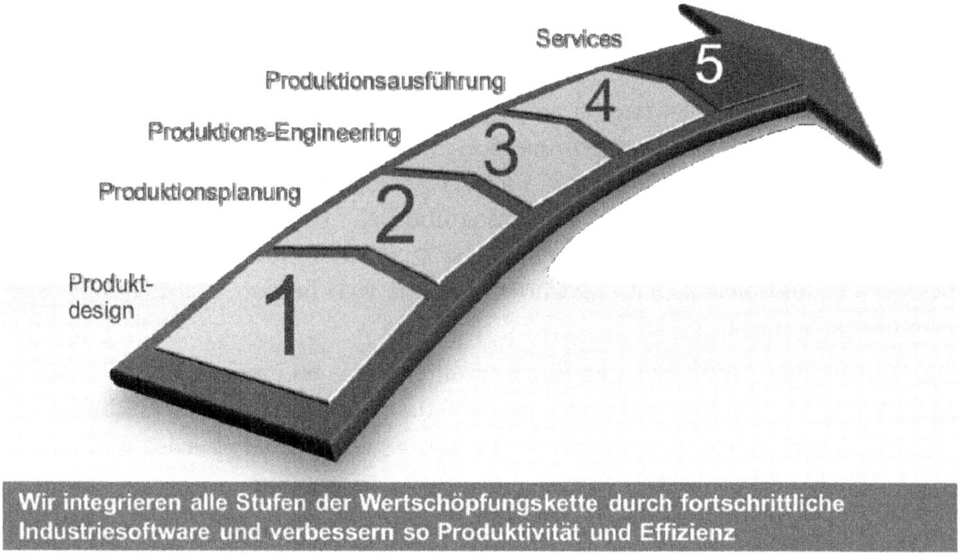

Abbildung 2: **Die Zukunft verlangt eine geschlossene Prozesskette – real und digital (Source: Siemens Sector Industry 2013), © Siemens AG**

Nur wenn dies gelingt, werden wir in der Lage sein, die Prozesse von Entwicklung und Produktion so miteinander zu verzahnen und zu integrieren, dass wir die skizzierten Anforderungen der Märkte erfüllen können. Siemens hat eine klare Vorstellung davon, wie der Weg dahin aussehen kann. Und Siemens sieht sich wie kein zweites Unternehmen gefordert und gerüstet, hierfür die Werkzeuge und Infrastrukturen zur Verfügung zu stellen, mit denen der Weg beschritten werden kann [5, 6, 7, 8, 9, 12].

2.1 Die Siemens-Version der Vision von Industrie 4.0

Der Lenkungskreis der Plattform Industrie 4.0, die 2013 von den drei Verbänden BITKOM, VDMA und ZVEI gebildet wurde, hat in einer Sitzung am 4. Juli 2013 eine begriffliche Darstellung und Vision von „Industrie 4.0" abgestimmt, in der es heißt: „Der Begriff Industrie 4.0 steht für die vierte industrielle Revolution, einer neuen Stufe der Organisation und Steuerung der gesamten Wertschöpfungskette über den Lebenszyklus von Produkten. Dieser Zyklus orientiert sich an den zunehmend individualisierten Kundenwünschen und erstreckt sich von der Idee, dem Auftrag über die Entwicklung und Fertigung, die Auslieferung eines Produkts an den Endkunden bis hin zum Recycling, einschließlich der damit verbundenen Dienstleistungen." [1].

Die Vision, die für Industrie 4.0 formuliert wird, geht von einem Internet-Marktplatz aus, auf dem Produktionsaufträge abgesetzt werden können. Sie werden von sogenannten cyber-physischen Systemen (CPS) auf weltweit vernetzte Produktionseinheiten (PE) verteilt, die sich miteinander verlinken und eigenständig organisieren können. Dabei sind die Produktionseinheiten selbst ebenfalls cyber-physische Systeme, die jeweils unterschiedliche Arten der Fertigung beherrschen, vom Drehen, Fräsen oder Schweißen bis hin zur Roboterstraße oder Montage [4, 5, 6, 7].

Abbildung 3: **Die Siemens-Version der Vision von Industrie 4.0 (Source: Siemens Sector Industry 2013), © Siemens AG**

Siemens teilt diese Vision, die allerdings nicht schon in wenigen Jahren Realität werden kann. Wir gehen heute davon aus, dass es deutlich mehr als ein Jahrzehnt dauern wird. Es bedarf einer längerfristigen Anstrengung, um sich auf einem eher evolutionären Pfad der Vision zu nähern. Konkret sehen wir bei Siemens vier Punkte, die in ihrer Gesamtheit die Vision von Industrie 4.0 ausmachen (s. Abbildung 3) [6, 7, 8, 9, 12]:

1. Das Produkt trägt bereits alle Informationen und Anforderungen, die für seine Fertigung nötig sind, aus der Entwicklung in sich.
2. Unter Berücksichtigung der gesamten Wertschöpfungskette organisieren sich integrierte Produktionsanlagen weitgehend selbst.
3. Auf der Basis der momentanen Situation werden Entscheidungen im Produktionsprozess äußerst flexibel getroffen.
4. Zwingend notwendig für die Realisierung der Vision aber sind hohe Kreativität, volle Kontrolle sowie sichere Entscheidungsfindung und Zielsetzung durch den Menschen.

Die vierte industrielle Revolution wird den Menschen nicht überflüssig machen und durch Computer und Automaten ersetzen. Sie schafft lediglich die Voraussetzungen dafür, dass der Mensch noch viel schneller zu mehr und zu innovativeren Ideen kommt. Und zu deutlich besser begründeten Entscheidungen bezüglich ihrer Umsetzung in wirtschaftlich erfolgreiche Produkte. Dafür benötigt er das richtige Werkzeug und geeignete Prozesse. Klar ist auch, dass sich daraus eine enorme Herausforderung für Lehre und Forschung ergibt: Die künftige Industrie wird nicht weniger, sondern deutlich mehr besser und vielseitiger ausgebildete Menschen benötigen [1, 2, 3, 8, 9, 10, 11, 12, 15].

Um die vier genannten Kernpunkte von Siemens bezüglich Industrie 4.0 umzusetzen, müssen zwei zentrale Voraussetzungen erfüllt sein:

- Die Verschmelzung der virtuellen mit der physischen, wirklichen Welt der Industrie
- Die Integration der Prozesse von Produktentwicklung und Produktion

Beides ruft nach der Fortsetzung und gewissermaßen Vollendung der Digitalisierung. In den industriellen Prozessen und Abläufen von Produktentwicklung und Produktion hat sich – getrieben durch den Einsatz von Softwarewerkzeugen – bereits eine digitale Unternehmenswelt herausgebildet. Virtuelle Modelle von Mechanik-Komponenten und Elektrik/Elektronik sowie Verfahrensmodelle in der Informatik zeigen realitätsnahe Abbilder von Produkten, lange bevor sie gefertigt und in Betrieb genommen werden. Die digitale Simulation künftiger Produkte, aber auch ihrer Fertigung und Montage, nähert sich mehr und mehr der Realität.

Aber es ist noch ein weiter Weg bis dahin. Denn eine Voraussetzung hierfür ist, dass die Ingenieure aus den unterschiedlichen Fachbereichen interdisziplinär miteinander arbeiten. Noch ist die digitale Welt häufig auf die Aspekte einzelner Fachbereiche beschränkt. Die Maschinenbau-Ingenieure können schon sehr gut eine Produktstruktur untersuchen, mögliche Kollisionen von Bauteilen oder Baugruppen in der Montage voraussehen und rechtzeitig Korrekturen an ihren Konstruktionen vornehmen. Die Software-Ingenieure können aufgrund ihrer Funktions- und Verfahrensmodelle gut absichern, dass ihre Programme tatsächlich und sicher so funktionieren wie geplant. Die Produktionsplaner sind mit Hilfe von Fabrikmodellen und digitaler Fertigung schon vor der Inbetriebnahme einer Anlage in der Lage, ihre Zuverlässigkeit zu beurteilen. Aber weder stehen die Modelle des einen Bereichs den anderen zur Verfügung, noch können – mit vertretbarem Aufwand – gemeinsame Tests unter Berücksichtigung aller Fachdisziplinen durchgeführt werden, die an einen Probelauf mit dem fertigen Produkt herankommen [1, 2, 3, 4, 5, 6, 7, 8,9, 10, 11, 12, 15].

Diese Grenzen der Datendurchgängigkeit existieren sowohl zwischen den Fachdisziplinen der verschiedenen Engineering Prozesse als auch zwischen der Produktentwicklung und den nachfolgenden Bereichen von Produktion, Montage und Service.

Selbst wenn - wie bei Siemens – die, zu einem wesentlichen Teil eigenen, Softwarewerkzeuge verfügbar und im Einsatz sind, mit denen solch weitgehende Simulation und bereichsübergreifende Nutzung der Produktdaten möglich ist, bedarf es noch enormer Anstrengungen, um dies auch zu realisieren. Denn neben den Grenzen der Systeme und Methoden sind ja in mehr als hundert Jahren Strukturen entstanden, die gerade auf die Spezialisierung der einzelnen „Abteilungen" und die Optimierung ihrer Arbeit ausgerichtet sind.

Die aktuellen Trends zielen auf multidisziplinäre, multifunktionale Systeme, weshalb Systems Engineering – ursprünglich als Methodik in der Luft- und Raumfahrt entstanden – als mögliche Methode heute selbst im Maschinen- und Anlagenbau erwogen und getestet wird. Die Zusammenarbeit zwischen den Fachdisziplinen wird entscheidend für das reibungslose Funktionieren der gemeinsam geplanten Produkte. Für diese Zusammenarbeit sind hervorragende Bedingungen entstanden. Denn die Digitalisierung aller Prozesse und das Arbeiten auf Basis digitaler Modelle ermöglicht diese Zusammenarbeit über beliebige Entfernungen und Barrieren – auch Sprachbarrieren – hinweg durch die Verknüpfung der fachspezifischen Daten.

Die Fortsetzung der Digitalisierung in modernen Unternehmen verlangt deshalb nach einer Integration der digitalen Werkzeuge auf einer gemeinsamen Plattform, die wir als Digital Enterprise Platform bezeichnen. Sie muss in der Lage sein, alle relevanten Daten eines Produktes und seiner Produktion jederzeit jedem zur Verfügung zu stellen, der dazu berechtigt ist, sie für seine Arbeit zu nutzen. Und sie muss es ermöglichen, dass dazu auch Daten aus beliebigen Quellen, von Systemen älterer Bauart und verschiedener Hersteller, herangezogen und integriert werden können.

2.2 Die Digital Enterprise Platform

Warum sprechen wir von einer Digital Enterprise Platform? Weil jedes Unternehmen eine unternehmensweite Plattform benötigt, auf der alle Komponenten seiner IT-Welt, die produktrelevante Daten erzeugen, miteinander integriert. Die Softwaresysteme für Produkte und Produktionssysteme benötigen eine datentechnische Interoperabilität, um teilweise autonom beziehungsweise auch ganz autonom miteinander kommunizieren und agieren zu können [1, 2, 3, 9, 14, 15].

Heute ist diese IT-Welt in zahlreiche, mehr oder weniger scharf voneinander getrennte Einzelwelten gegliedert. Die wichtigsten sind dabei die Produktentwicklung, die Produktionsplanung, die Produktion, der Vertrieb und der Service. Vertrieb und Service müssen sich für ihre Auftragsabwicklung und Logistik auf die Daten aus den vorgelagerten Prozessen stützen. Entwicklung, Produktionsplanung und Produktion sind die Bereiche, welche die entscheidenden Daten erzeugen, die während des gesamten Lebenszyklus eines Produktes immer wieder in unterschiedlichster Form benötigt und sehr häufig auch verändert werden.

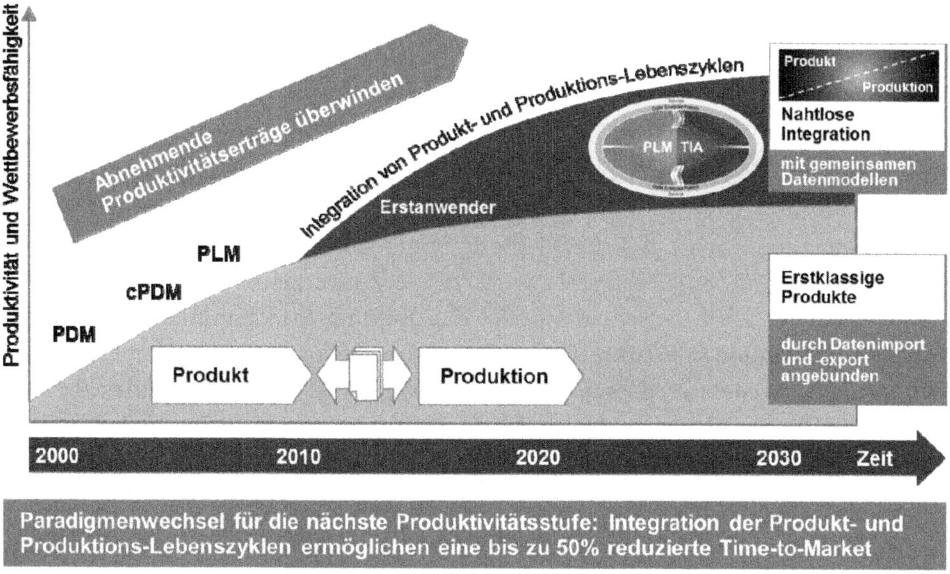

Abbildung 4: **Basis für die Industrie der Zukunft ist bei Siemens die Digital Enterprise Platform (Source: Siemens Sector Industry 2013), © Siemens AG**

Aber auch diese Bereiche gehören heute organisatorisch zu verschiedenen Welten, und sie nutzen unterschiedliche IT-Werkzeuge, um ihre Daten zu erzeugen. Gerade diese Bereiche sind es, die den dringendsten Bedarf an der Digital Enterprise Platform haben. Die Daten des Produktes sind Voraussetzung für die Produktionsplanung, die für dieses Produkt die Fertigung entwirft und gestaltet. Die Daten beider Bereiche sind selbstverständlich wiederum die Voraussetzung für die

Fertigung selbst. Umgekehrt zeigen sich im Engineering der Produktionsanlage wie später in der Produktion selbst – wenn auch dort infolge der zunehmenden digitalen Absicherung immer seltener – Konstruktionsfehler, die dann nirgendwo sonst behoben werden können als in der Produktentwicklung. Das sind Fehler, die sich daraus ergeben, dass nicht alle Aspekte der Produktion beim Design berücksichtigt werden konnten – aus welchen Gründen auch immer.

Es ist offensichtlich, dass die Daten dieser Bereiche vorwärts und rückwärts den jeweils anderen zur Verfügung stehen müssen, um die Produkte bereits möglichst fehlerfrei und fertigungsgerecht zu entwickeln, und um die Produktion so planen zu können, dass sie weitgehend reibungslos und zunehmend ohne Bedienereingriff funktioniert. Diese Durchgängigkeit der Daten muss gewissermaßen der Stoff sein, aus dem cyber-physische Systeme gemacht sind.

In der Entwicklungsphase werden aus Anforderungen des Marktes die Eigenschaften definiert, die das Produkt haben soll. Alle Fachbereiche steuern dann ihren Teil dazu bei, und zwar in Form von fachspezifischen Daten: Funktions- und Verfahrensmodelle, Diagramme für den Informationsfluss und Systemabgrenzungen der Informatik zeigen, was das System können wird; aus der Mechanik kommen die Geometriemodelle, die Produkt- und Baugruppenstruktur, die kinematischen und den Zusammenbau betreffenden Absicherungen; Elektrik und Elektronik liefern die Logik und die zugehörigen Schalt- und Ablaufpläne, mit denen Signale im künftigen System zur richtigen Zeit ihren Weg an die richtige Komponente finden. Aus Ideen werden in der Entwicklung also umfangreiche Datenmodelle, die bereits alle wesentlichen Informationen über das künftige Produkt beinhalten.

Dieses Datenmodell eines Produktes, das früher an dieser Stelle erst einmal endete und lediglich in Form einer daraus abgeleiteten Stückliste punktuell an die nachfolgenden Bereiche übergeben wurde, muss in der Zukunft weiter wachsen und lebendig bleiben (vgl. Abbildung 5). Es wird in der Produktionsplanung mit den Informationen angereichert, die zu seiner Produktion wichtig sind: Welche Sicherheitsanforderungen müssen eingehalten werden? Was ist bezüglich der Fertigungsschritte und der Montage zu beachten? Wo auf der Welt wird – abhängig von Lohnstückkosten und Automatisierungsgrad der Standorte – welche Fertigungsmethode zum Zuge kommen? Welche gesetzlichen Rahmenbedingungen sind dabei zugrunde zu legen?

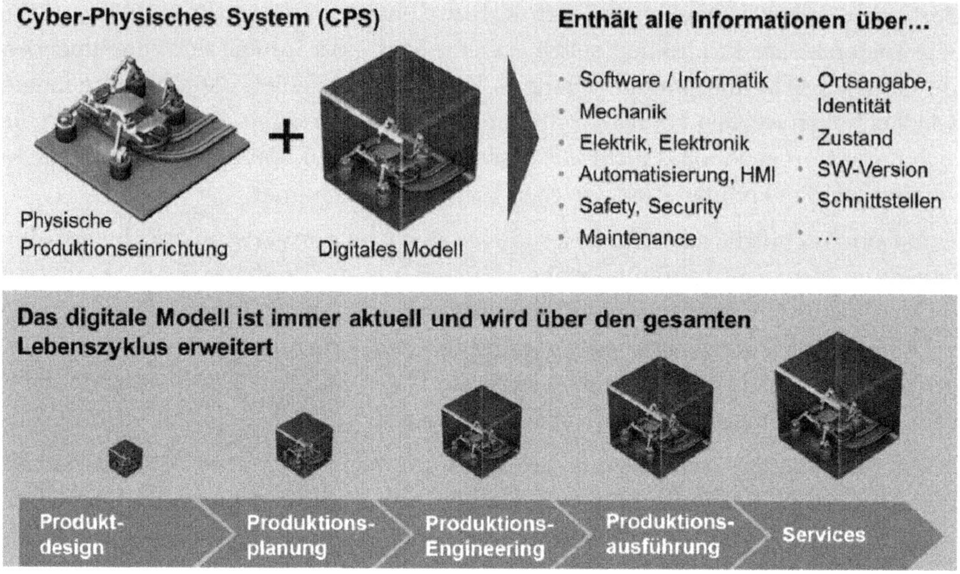

Abbildung 5: **Das cyber-physische System enthält das Datenmodell des Produktes (Source: Siemens Sector Industry 2013), © Siemens AG**

Und dann wächst das Datenmodell des cyber-physischen Systems noch weiter. Angereichert um die Maschinen-, Werkzeug- und Anlagen-Informationen einschließlich der zu berücksichtigenden Kapazitäten der jeweiligen Standorte. Und später um die Informationen aus der Produktion, Fehlermeldungen, Störungen, Warnhinweise. Schließlich um alle Informationen, die aus dem Betrieb, vom Anwender oder über das Internet vom Markt und aus der Umwelt des eingesetzten Systems kommen, denn cyber-physische Systeme sind immer und grundsätzlich Systeme unter und in größeren Systemen, mit denen sie zusammenwirken.

Für das Datenmodell, das auf diesem künftigen Weg eines Produktes durch seinen Lebenszyklus entsteht und genutzt wird, müssen Schranken fallen, die heute seiner Entstehung im Wege sind.

Für das Engineering hat Siemens eine Reihe zentraler IT-Werkzeuge: NX für das Design mit CAD, Tecnomatix für die Produktionsplanung und Fertigungssimulation. Und mit Teamcenter bieten wir ein Produktlebenszyklus-Management (PLM) System, das alle fachspezifischen Modelldaten und Informationen aufnehmen und in jeder gewünschten Sicht und Zusammenstellung bereitstellen kann. Auch wenn es ursprünglich hauptsächlich dem Management der mechanischen, geometrischen Produktstruktur diente, so ist es in den letzten Jahren zunehmend gewachsen und kann heute neben der Mechanik auch die Daten der Informatik und Elektronik managen, gleich aus welchem Ursprungssystem sie stammen. Und auch die Daten, die sich in und aus der Simulation, dem digitalen Testen eines Produktes und seines Verhaltens ergeben, können mit den Original-Modellen verknüpft und verfügbar gehalten werden.

In der IT-Unterstützung für den Shop Floor sind wir ebenfalls schon sehr weit gekommen. Die Daten, die zur Produktion benötigt werden, können in einer einzigen Oberfläche zur Verfügung gestellt werden. Bei Siemens ist dafür ein eigenes, umfassendes Datenportal entstanden, das Totally Integrated Automation (TIA) Portal. Es vereint die Daten des Produktions-Engineerings mit allen für die Automatisierung selbst erforderlichen Informationen so, dass für Zugriff und Änderung von Daten mit denselben Editoren und Bildschirmoberflächen gearbeitet wird.

Alle Automatisierungsschritte basieren heute darauf, dass bekannt ist, welches Produkt auf welchen Maschinen oder in welchen Produktionseinheiten bearbeitet, lackiert oder montiert wird. Die Ansteuerung der Feldebene ist von der obersten Ebene beschlossen und vorgegeben. Die durchgängige Automatisierung, wie sie heute Stand der Technik ist, lässt sich auch mit der weithin bekannten Automatisierungspyramide beschreiben. Sie ist hierarchisch strukturiert, jeder Parameter jeder Produktionseinheit ist für eine bestimmte Aufgabe gesetzt, jedes Programm dient einem vorbestimmten Ziel innerhalb des Fertigungsprozesses [1, 2, 3, 14, 15].

Auch bei diesen heute aktuellen Methoden sind noch viele Verbesserungen möglich. Es ist keineswegs die Mehrheit aller Industrieunternehmen, die ihre Entwicklungsdaten mit PLM zentral verfügbar hat. Von einer voll integrierten Planung und Steuerung einer automatisierten Produktion können auch nur die jeweils besten ihrer Branche berichten. Und doch bewegen wir uns hier auf einem Feld, das nur noch ein endliches Potenzial für Optimierung bietet. Solange nämlich die Daten von einem Unternehmensbereich in den anderen getragen und weitergegeben werden müssen, bremsen sich Organisationen selbst aus.

Einen wirklichen Schub kann die Industrie erst mit der Umsetzung der Vision der Industrie 4.0 bekommen. Indem sie an die Stelle von Datenübertragung in Form von heute noch oft anzutreffendem Papier oder Dateien einen weitgehend automatisierten Datenfluss setzt, auf einer unternehmensweiten Plattform, die alle Informationen eines Produktes über seinen gesamten Lebenszyklus zur Verfügung stellt. Welches enorme Potenzial darin steckt, das zeigen einige erste Beispiele von Industrieunternehmen, die bereits erste Schritte in diese Richtung gegangen sind [8, 9, 12, 15].

3 Kundenbeispiele

Ein herausragendes Beispiel findet sich im Siemens-Elektronikwerk Amberg. Die hohe Qualität der Fertigung, die zu ebenso hochwertigen Produkten führt, steht im Mittelpunkt zahlreicher Auszeichnungen, etwa schon 1997 als ‚Fabrik des Jahres' oder 2010 als ‚Starpower Factory'. In Amberg ist es gelungen, einen durchgängigen Datenfluss zu realisieren, der vom Design der Geräte über die Produktion bis zum Service reicht und Top-Floor und Shop-Floor nahtlos miteinander verbindet. Was im CAD-System als Modell einer Leiterplatte entsteht, hat in der Produktion Fotos und Zeichnungen ersetzt. Wenn ein Fehler auftritt, wird er unmittelbar mit den zugehörigen Modelldaten an die Konstruktion zurückgemeldet. Dafür mussten aber die eingesetzten Systeme für MES und CAD unter dem PLM-Dach (vgl. Abbildung 6) zusammengeführt und miteinander verknüpft werden. Eine Aufgabe, die nicht innerhalb von Tagen zu bewerkstelligen war. Dass sich dieser Aufwand lohnt, zeigte die Fehlerquote, die in Amberg anschließend für die Produktion genannt wurde: Von 24 Fehlern auf eine Million Teile (defects per million (dpm)) noch 2007 sank der Wert 2012 auf 12. Darüber hinaus gelang es, zu deutlich größerer Flexibilität und kürzerer Time-to-Market zu gelangen [8, 11, 13].

Ein anderes Beispiel sorgte im August 2012 für Schlagzeilen. Das Jet Propulsion Laboratory JPL hatte für die NASA mit Software von Siemens den Mars Rover Curiosity und die Landungskapsel vollständig digital entworfen. Mit CAD-Modulen von NX wurden alle Einzelteile modelliert und virtuell zusammengebaut. Mit CAE-Modulen von NX (Computer Aided Engineering) konnte die Funktionsweise aller Komponenten – auch miteinander – simuliert werden. Die Analysen der Simulationsergebnisse waren maßgeblich für die Entscheidungen, die letztlich zur Produktion eines ersten Prototyps führten. Auch dabei konnten die Modelldaten unmittelbar als Input für das CAM-Modul (Computer Aided Manufacturing) von NX Verwendung finden. Und auch hier war das PLM-System Teamcenter die Datenzentrale, die für die Verknüpfung aller Modelle, Analysen und Simulationsergebnisse zum Einsatz kam. In diesem Fall waren übrigens die Möglichkeiten der digitalen Entwicklung und Simulation die Basis für das Konzept der Landung des Fahrzeugs auf dem Mars, das schließlich vor den Augen der Welt bis ins letzte Detail erfolgreich verlief [9, 12].

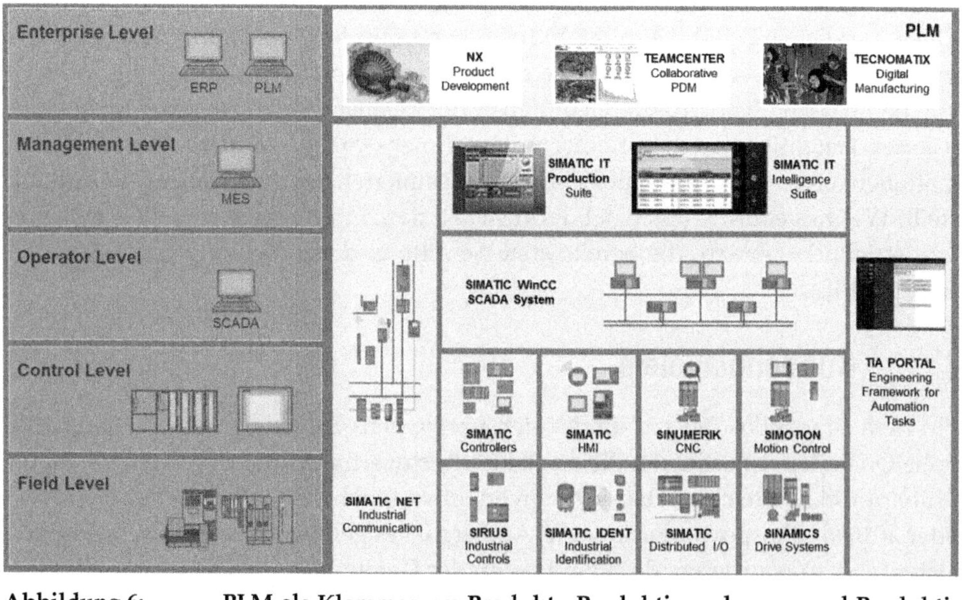

Abbildung 6: **PLM als Klammer um Produkt-, Produktionsplanung und Produktion (Source: Siemens Sector Industry 2013), © Siemens AG**

Welche Rolle die durchgängige Datenkette für die Produktion spielen kann, zeigt der Werkzeugmaschinenhersteller Index in Esslingen. Er war einer der ersten, die ihren Kunden neben der realen Werkzeugmaschine auch eine virtuelle anbieten konnten. An der realen Maschine wird ein Computer mit Bildschirm angebracht, auf dem der Bediener die virtuelle Maschine nutzen kann. Sie besteht aus einem 3D-CAD-Modell der kompletten realen Maschine, dem auch die Kinematik aller beweglichen Maschinenteile bekannt ist. Sie lässt sich virtuell mit derselben Maschinensteuerung von Siemens steuern, die auch in der realen eingebaut ist. Der Bediener kann sie virtuell einrichten und mit Werkzeugen bestücken, die er beispielsweise für die mehrachsige Bearbeitung eines Werkstücks benötigt. Das Werkstück und der Maschinenraum werden für mögliche Kollisionen der Werkzeugbewegungen berücksichtigt. Diese virtuelle Maschine erlaubt es nicht nur, die Umrüstung virtuell zu testen und die Bearbeitung zu simulieren und bei Bedarf zu optimieren. Auch die Bearbeitungszeit lässt sich auf diese Weise sehr genau kalkulieren, denn das Modell und seine Software entsprechen den realen Bedingungen. Das Ergebnis ist so verblüffend wie einleuchtend: 10 Prozent steigt die Produktivität der realen Bearbeitung. Und bis zu 80 Prozent spart der Anwender an Einrichte- und Umrüstzeiten, denn alles ist bereits getestet und eingestellt, bevor das erste Werkstück aufgespannt wird. Stillstandszeiten können auf ein absolutes Minimum reduziert werden, denn die virtuelle Umrüstung erfolgt, während die reale Maschine läuft [9, 12].

Die Automobilindustrie gehört zu den komplexesten Branchen überhaupt. Eine unvorstellbare Vielfalt von Fahrzeugvarianten, die bis in kleinste Details auf Kundenwünsche abgestimmt ist, wird in hohem Tempo und weitgehend automatisiert gefertigt. Von einer Integration der Datenflüsse zwischen Produktentwicklung, Produktionsplanung und Produktion wird diese Industrie mehr profitieren als die meisten anderen. Aber sie wird auch größere Anstrengungen unternehmen müssen, um dieses Potenzial zu heben. Einzelne Beispiele belegen eindrucksvoll, wie groß dieses Potenzial ist [9, 10, 12].

So hat die BMW Group in einem Joint Venture mit Brilliance China Automotive Holdings in eine neue Produktlinie investiert, in der alle Produkte gefertigt werden können. Mit dem TIA-Portfolio und Industriesoftware von Siemens, mit dem PLM-Datenmanagement über Teamcenter wurde erreicht, dass diese Produktlinie eine Verfügbarkeit von mehr als 99 Prozent aufweist. Und VW hat Simotion und PLM-Software von Siemens genutzt, um für eine 17 Jahre alte Pressenstraße ein virtuelles Modell zu erzeugen, das alle mechanischen, elektrischen und Software-Komponenten mit der realen Pressensteuerung koppelt und vollständig virtuell gesteuert werden kann. Diese Press Line Simulation (PLS) hat eine Steigerung der Performance um 40 Prozent gebracht, bei gleichzeitiger Energieeinsparung [9, 12].

Allein das TIA Portal, das heute bei vielen Kunden im Einsatz ist, bringt durch seine Integration aller Planungs- und Produktionsprozesse auf einem einzigen

Bildschirm eine generelle Steigerung der Effizienz im Engineering von bis zu 30 Prozent [9, 12].

Die genannten Beispiele belegen, was schon mit dem planvollen und umfassenden Einsatz vorhandener Systeme noch an Verbesserungen zu erreichen ist. Siemens investiert kräftig in die Entwicklung dieser durchgängigen, unternehmensweiten Digital Enterprise Platform, weil hierüber weitere Produktivitätspotentiale nach eigenen Untersuchungen sowohl im eigenen als auch in den Unternehmen seiner Kunden erschlossen werden können. [1, 5, 6, 7, 8, 9, 10, 11, 12, 15]

4 Die Siemens-Roadmap

Siemens geht die vierte industrielle Revolution gezielt und planvoll an. Wir sehen sie als Fortsetzung der bisherigen Entwicklung und sind davon überzeugt, dass sie nicht in einem einzigen Sprung Realität wird. Es wird vielmehr wie in der bisherigen Geschichte der industriellen Revolutionen evolutionär vorangehen. Ein wesentlicher Grund hierfür ist, dass schon riesige Investitionen in bestehende Fabriken getätigt worden sind, die sich aus Betreibersicht erst einmal amortisiert haben müssen. Jede neue Investition wird mit der schon teilweise abgeschriebenen Fabrikanlage verglichen. Das führt tendenziell eher zu inkrementellen Investitionen [1, 2, 3, 9, 12, 15].

In der Vergangenheit haben wir uns vor allem auf die vollständige Automatisierung der Produktion konzentriert. Die eingesetzte Technologie ermöglicht es, vorgeplante Abläufe so automatisiert zu steuern. Hierbei führt eine Abweichung vom geplanten Ablauf zu einer Fehlermeldung bzw. einem Stopp in der Steuerung, weil der Steuerung keine Vorgaben für weitere Schritte programmiert worden sind. Software ist hier geplant und programmiert, um vorher bekannte Prozesse zu steuern. Jeder Schritt der Produktion ist vorherbestimmt. Autonom agierende Komponenten gibt es in dieser Automation (noch) nicht.

Jetzt bewegen wir uns in einer Übergangsphase zur Vision Industrie 4.0. Darin konzentrieren wir uns darauf, mit der Digital Enterprise Platform die Grundlage zu schaffen, um das Produktlebenszyklus-Management auch auf die Automatisierung, auf Produktionsplanung und Produktion auszuweiten, und zwar mit zwei Zielen: erstens die Prozesse von Produktentwicklung und Produktion datentechnisch vollständig zu integrieren, und zweitens die virtuelle Produktwelt mit der realen zu verschmelzen (vgl. Abbildung 7). Diese Phase wird sicher ein Jahrzehnt oder sogar länger dauern, denn hierfür sind erhebliche Investitionen erforderlich.

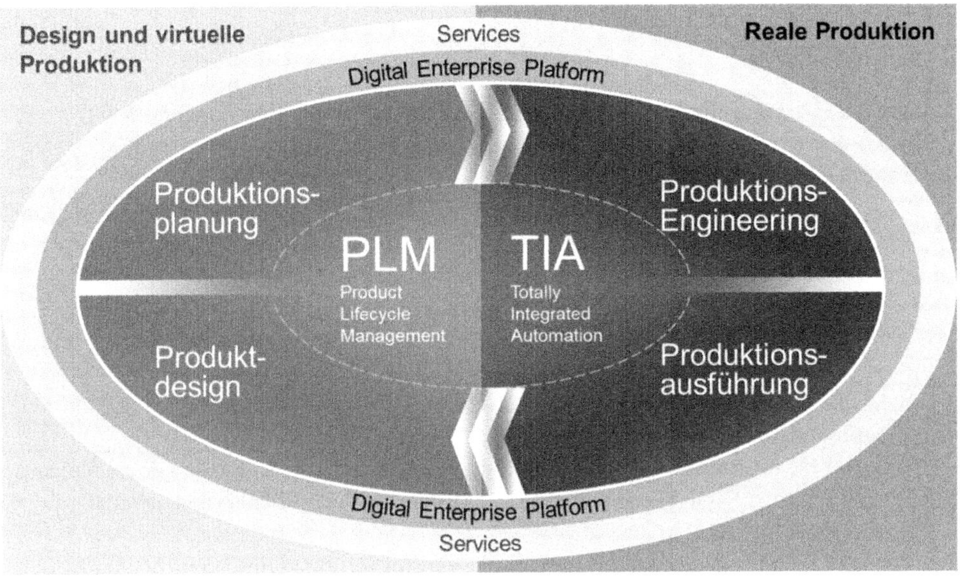

Abbildung 7: Die Verschmelzung von virtueller und realer Industriewelt (Source: Siemens Sector Industry 2013), © Siemens AG

Das Ziel dahinter haben wir bereits skizziert. Mit Industrie 4.0 wird es nicht mehr eine detaillierte Planung aller einzelnen Schritte der Produktion geben. Die Produkte werden bereits so viel „Intelligenz“ mitbringen, dass sie in der Lage sind, weitgehend sich selbst-organisierende Fertigungsanlagen zu durchlaufen. Auf beispielsweise über das Internet zu findenden Marktplätzen. 2030 wissen wir mehr darüber, wie diese Welt von Industrie 4.0 konkret aussieht.

5 Literatur

[1] acatech+ Forschungsunion, AK Industrie 4.0 „Umsetzungsempfehlungen für das Zukunftsprojekt Industrie 4.0, Abschlussbericht des Arbeitskreises Industrie 4.0", acatech + Forschungsunion, 2013

[2] VDI / VDE, GMA-Ausschuss „Cyber Physical Systems: Chancen und Nutzen aus Sicht der Automation", VDI / VDE-Gesellschaft Mess- und Automatisierungstechnik, 2013

[3] DKE, AK Normung „Die Deutsche Normungs-Roadmap Industrie 4.0", DKE im VDE und DIN, Frankfurt, 2013

[4] Wegener D „Ausblick Industrie 4.0", Festveranstaltung, Institut für Automation und Kommunikation e.V. (IFAK),Magdeburg, 2012

[5] Wegener D „Chancen und Herausforderungen für einen Global Player", VDI Zukunftskongreß Industrie 4.0, Düsseldorf, 2013

[6] Wegener D „Industrie 4.0 - Chancen und Herausforderungen für einen Global Player", 10. Fachtagung „Digital Engineering", Fraunhofer-Institut für Fabrikbetrieb und -automatisierung, Magdeburg, 2013

[7] Wegener D „Industrie 4.0 - Chancen und Herausforderungen für einen Global Player", Industrielles Symposium Mechatronik (ISM), Linz, 2013

[8] Wegener D „Industrie 4.0 – Hierarchische Produkt- und Produktionsstrukturen überwinden", Markt&Technik Summit Industrie 4.0, München, 2013

[9] Wegener D „Industry 4.0 – the Future of Manufacturing", PwC Global Conference, London, 2013

[10] Schuh G „Industrie 4.0 - Steigerung der Kollaborationsproduktivität", Fachkongress Industrie 4.0: Von der Strategie zur Praxis, 4.+5.12.2013, Esslingen

[11] Büttner K.-H. „Industrie 4.0 – Viele reden darüber, wir machen es! Die konsequente Entwicklung zur digitalen Fabrik", Fachkongress Industrie 4.0: Von der Strategie zur Praxis, 4.+5.12.2013, Esslingen

[12] Wegener D „Industrie 4.0 – the Future of Manufacturing", Strategiemeeting it's OWL, Paderborn, 2013

[13] Vogel-Heuser B, Baghr Feiz-Marzoughi B „Datenkopplung mittels UML-Modellen", atp edition 12/2013

[14] OPC UA-Community „OPC Unified Architecture – Wegbereiter der vierten industriellen [R]Evolution", OPC Foundation, 2013

[15] Mertens P „Industrie 4.0 = CIM 2.0?", Industrie Management 30(2014)1, S.27 - 30.

Die horizontale Integration der Wertschöpfungskette in der Halbleiterindustrie – Chancen und Herausforderungen

Dr. Thomas Kaufmann, Infineon Technologies AG; M.Eng. Lisa Forstner, Infineon Technologies AG

1 Eigenschaften von Wertschöpfungsnetzwerken in der Halbleiterindustrie

Die Mikroelektronik ist die Schlüsseltechnologie für Industrie 4.0. Sie ermöglicht es, durch immer kleinere und leistungsfähigere Produkte die Effizienz, die Sicherheit und die Energieeffizienz von Anlagen und Geräten zu steigern. Halbleiter, sprich Mikrocontroller und Leistungsbauelemente sind das Gehirn und die Muskeln intelligenter Systeme. Die Intelligenz der Systeme entsteht in einer intelligenten Fabrik aus der Verbindung von Elektronik, Mechanik und übergreifenden Systemansätzen. Dazu kommen die enormen Fortschritte in der Informations- und Kommunikationstechnik (IKT), die es ermöglichen, zunehmend eingebettete Systeme miteinander zu vernetzen.

Die Halbleiter-Frontend-Fertigung gilt als eines der komplexesten Produktionssysteme. Dabei werden auf Halbleitersubstraten durch eine Kombination von Prozessverfahren integrierte Schaltkreise erzeugt. Eine hohe Komplexität der Materialflussbeziehungen und ein hoher Vernetzungsgrad entstehen hauptsächlich durch sich zyklisch wiederholende Prozessschrittfolgen. Abbildung 1-1 zeigt exemplarisch die Mehrfachverwendung von Fertigungsgeräten aufgrund der wiederkehrenden Produktionsschritte.

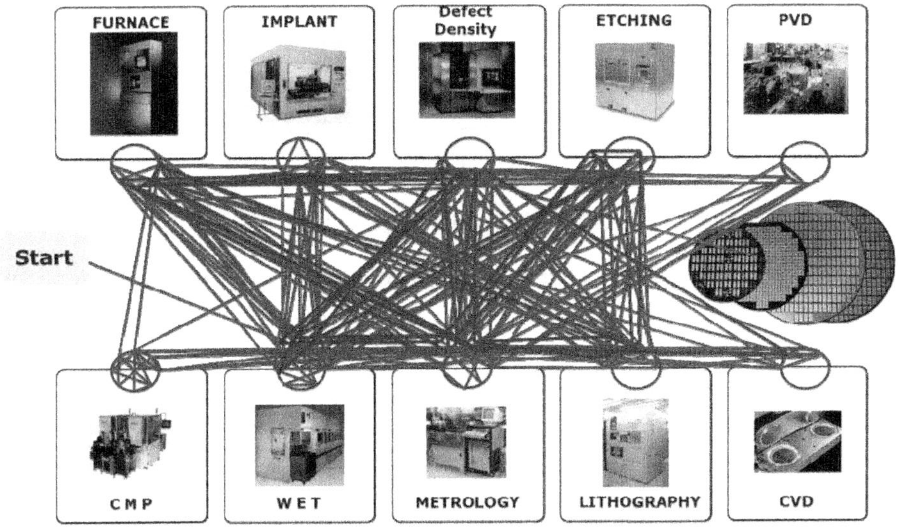

Abbildung 1-1: Hoher Vernetzungsgrad in der Frontend-Fertigung

Die Industrie hat gelernt, diese Fertigungskomplexität zu beherrschen. Vernetzte und intelligente Fertigungssysteme, Produktionsdaten in Echtzeit, beispielsweise zur Steuerung des Materialflusses in der Fertigung, sind heute schon Stand der Technik. Dies geht auf eine konsequente Automatisierung und Digitalisierung seit den 90er Jahren, damals noch unter dem Begriff CIM, zurück.

Die Halbleiterfertigungsindustrie hat also über die letzten Jahrzehnte Elemente einer intelligenten Fabrik oder Smart Factory bereits realisiert bzw. die Voraussetzungen für eine weitergehende Integration und intelligente Vernetzung geschaffen.

In einer Smart Factory im Sinne von Industrie 4.0 sind intelligente Produkte jederzeit eindeutig identifizierbar und lokalisierbar. In einer Halbleiter-Frontend-Fertigung sind die Produkte, also die Chips, jederzeit eindeutig identifizier- und lokalisierbar, beispielsweise mittels RFID-Technik. Diese Grundvoraussetzungen oder Elemente einer Smart Factory sind in dieser, aber auch in anderen Industrien erfüllt. Einige dieser Elemente im Kontext von Smart Factory und Industrie 4.0 sind exemplarisch in Abbildung 1-2 zu sehen.

Abbildung 1-2: **In einer Halbleiter-Frontend-Fertigung sind bereits Elemente einer Smart Factory umgesetzt**

Jedoch ist der Begriff Smart Factory im Sinne von Industrie 4.0 weiter zu fassen, denn die Smart Factory beherrscht nicht nur die Komplexität intelligenter Systeme, steigert die Effizienz der Produktion und ist gleichzeitig robust gegen Störungen, sondern verknüpft auch Wertschöpfungsnetzwerke in Echtzeit. Dieser Aspekt bedarf zukünftig besonderer Aufmerksamkeit und wird als horizontale Integration verstanden.

Die Produktion von Infineon Technologies hat sich in den letzten dreißig Jahren von einigen wenigen Standorten hin zu einem globalen Netzwerk entwickelt. D.h. es gibt dutzende weltweit verteilte In-House-Frontend- und –Backendfertigungen, zu denen externe Zulieferer hinzukommen. In der Abbildung 1-3 sind schematisch mögliche Produktionsrouten eines Chips dargestellt.

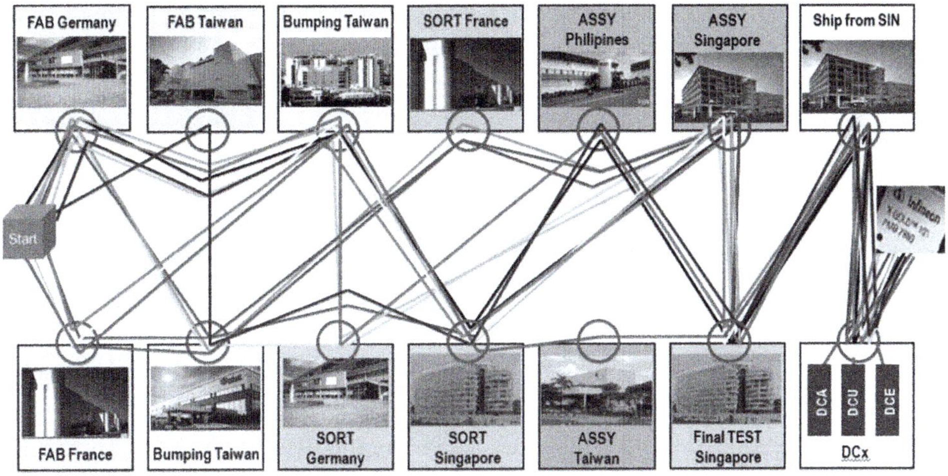

Abbildung 1-3: Darstellung unterschiedlicher Produktionsrouten für einen Chip

Häufig wird bei der Produkteinführung mit einer technisch freigegebenen Route begonnen. Eine Route beinhaltet unterschiedliche Prozessschritte, welche weltweit verteilt sind. Die Produktion startet z.B. mit der Wafer Fertigung in Deutschland, geht dann zu weiteren Veredelungsschritten nach Taiwan und wieder zurück nach Deutschland zum Waferfunktionstest. Nach dem Sägen des Wafers findet die Gehäusemontage in Korea statt, bevor die einzelnen Chips zum finalen Test nach Singapur geschickt werden. Um eine Unter- bzw. Überauslastung einzelner Standorte zu vermeiden, kommen weitere Produktionsrouten hinzu. Die Nachfrage kann somit auf unterschiedliche Standorte verteilt werden und hat zusätzlich den Vorteil, dass bei Störungen auf einer Route, die Flexibilität gegeben ist, auf eine andere Route auszuweichen.

Die Halbleiterbranche ist wegen der teuren Produktionsanlagen ein sehr kapitalintensives Geschäft. Das Erreichen einer effizienten Auslastung der Ressourcen ist deshalb unabdingbar. Abgesehen von der Vielzahl an Standorten sind die langen Produktionsdurchlaufzeiten bei immer kürzer werdenden Produktlebenszyklen und stärker ansteigenden Anlaufphasen der Produkte eine große Herausforderung. Aufgrund der langen Produktionsdurchlaufzeiten ist es schwierig, schnell auf Nachfrageveränderungen der Märkte bzw. der Kunden zu reagieren. Der Halbleitermarkt ist zudem ein sehr volatiler Markt und unterliegt starken konjunkturellen Auf- und Abschwüngen. Dies erschwert zusätzlich eine genaue Absatzprognose. Diese Charakteristiken verlangen einen hohen Grad an Flexibilität. Erweiterungen von Kapazitäten sind jedoch meist langwierig und sehr teuer (vergl. Uzsoy et al., 1992). Operative Exzellenz beschränkt sich nicht mehr länger auf eine einzelne Fabrik, sondern auf ganze Produktionsnetzwerke. Die integrierte Wertschöpfungskette wie eine „globale Fabrik" zu managen, ist eine große Herausforderung, nicht zuletzt aufgrund der halbleiterspezifischen Produkt-, Produktions- und Marktcharakteristiken.

Jede Branche hat unterschiedliche Handlungsschwerpunkte, um ein intelligentes Produktionsnetzwerk im Sinne von Industrie 4.0 umzusetzen. Die Integration der gesamten Wertschöpfungskette vollzieht sich deshalb in unterschiedlichen Geschwindigkeiten und Ausprägungen.

2 Realisierung eines integrierten Wertschöpfungsnetzwerks

Um ein ganzheitlich integriertes Wertschöpfungsnetzwerk im Sinne von Industrie 4.0 zu realisieren sind die folgenden Aspekte von besonderer Relevanz (vergl. Kagermann et al., 2013). Erstens, die horizontale Integration. Zweitens, die digitale Durchgängigkeit des Engineerings über die gesamte Wertschöpfungskette und drittens, die vertikale Integration und vernetzte Produktionssysteme.

In Industrie 4.0 sind Engineering- und Geschäftsprozesse dynamisch. Störungen können abgefangen werden, indem kurzfristig die Produktionsabläufe adaptiert werden. Die vertikale Integration der Produktion zielt auf die Integration der verschiedenen IT-Systeme auf unterschiedlichen Hierarchieebenen zu einer durchgängigen Lösung in der Produktions- und Automatisierungstechnik ab. Die horizontale Integration hingegen bedeutet die Integration verschiedener Prozessschritte zwischen denen ein Material-, Energie- und Informationsfluss verläuft. Dies gilt sowohl innerhalb eines Unternehmens, als auch über mehrere Unternehmen hinweg.

Abbildung 2-1 zeigt abstrahiert die unterschiedlichen Automatisierungs- und Integrationsebenen eines Wertschöpfungsnetzwerks. Die Komplexität der Vernetzung nimmt mit der Anzahl der beteiligten Entitäten zu. Die erste Ebene bildet eine einzelne Anlage in der Fertigung. Die zweite Ebene besteht aus einer einzelnen Fabrik. Die dritte Ebene umfasst das ganzheitliche Produktionsnetzwerk. Bei der letzten Ebene kann zudem unterschieden werden, ob es sich um ein unternehmensinternes oder ein unternehmensübergreifendes Netzwerk handelt. Herausforderungen bezüglich Automatisierung und Integration müssen auf allen drei Ebenen gemeistert werden.

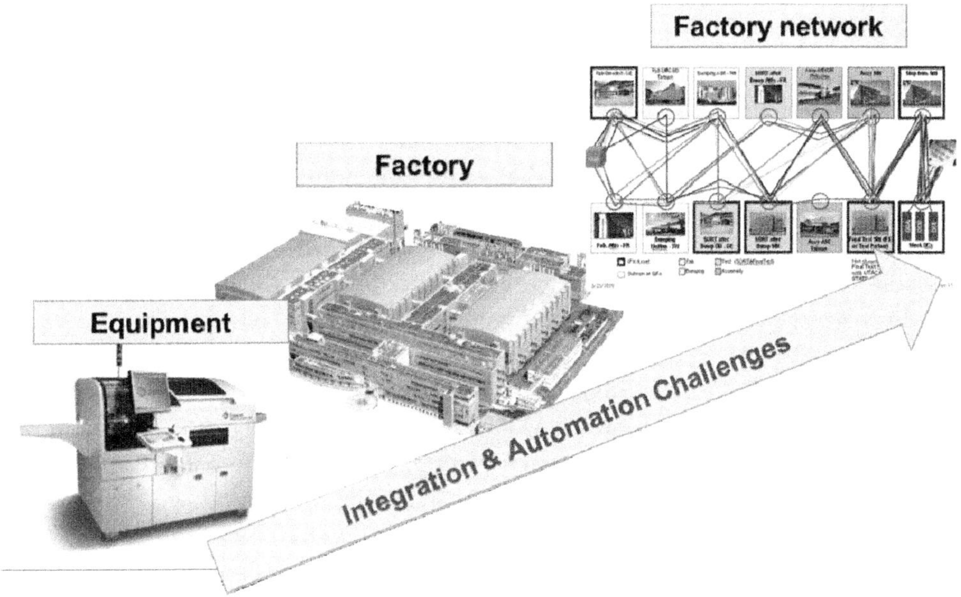

Abbildung 2-1: Integrations- und Automatisierungsebenen

Bei der Betrachtung der ersten Ebene steht die Qualität der einzelnen Produktionsprozesse im Fokus. Die Einführung einer statistischen Prozessregelung trägt erheblich zur Transparenz und folglich auch zur Ausbeuteverbesserung bei. Überschreitungen von zulässigen Wertebereichen und Prozesstendenzen können ermittelt werden. Je kürzer die Verzögerung zwischen der Fehlerdetektion und der Einleitung von Korrekturmaßnahmen ist, desto performanter wird der Produktionsprozess. Durch eine Tendenzanalyse können zudem bereits im Vorfeld vermeidbare Fehler abgefangen werden. Eine automatisierte, korrekte Datenerfassung ist eine Grundvoraussetzung für die erfolgreiche Anwendung statistischer Verfahren. Basierend auf diesen Verfahren werden die einzelnen Prozesse und Anlagen überwacht. Als Maß für die Wertschöpfung einer Anlage wird beispielsweise regelmäßig die Gesamtanlageneffektivität (GAE) herangezogen.

Zuverlässige Daten und Analysen aus der ersten Ebene bilden das Rückgrat für höhere Ebenen.

Die zweite Ebene zielt auf die Integration und Automatisierung einer einzelnen Fabrik ab. Die Infineon Technologies AG hat, wie andere Firmen in dieser Branche auch, bereits erste Elemente einer intelligenten Fabrik realisiert bzw. die Grundlagen dafür geschaffen. Dazu gehören u.a. die Erfassung von Fertigungsinformationen in Echtzeit und die papierlose Fertigung. Produkte können jederzeit identifiziert und lokalisiert werden. Die zuverlässige und einfache Identifikation wird mit Hilfe eines Indoor-GPS-Systems umgesetzt. Durch dieses System ist es möglich, nicht nur Routineabläufe genau zu erfassen und zu steuern, sondern auch bei Abweichungen flexibel zu reagieren. Ein Zugangskontrollsystem stellt zudem sicher, dass nur befugte und qualifizierte Mitarbeiter Zugriff auf bestimmte Produktionsanlagen bzw. Prozesse haben.

Zu den Hauptperformanceindikatoren einer Fabrik zählen in der Halbleiterbranche vor allem die Auslastung der Anlagen und die Produktionsdurchlaufzeiten (vergl. Leachman et al., 2007). Das Ziel ist es, eine hohe Auslastung und zugleich kurze Produktionszeiten zu erreichen. Die Variabilität innerhalb der Fertigung spielt bei diesen beiden konkurrierenden Zielen eine erhebliche Rolle. Maschinenausfälle, personelle Engpässe, Nichtverfügbarkeit von Materialien, oder auch Batchprozesse können Ursachen für eine hohe Variabilität sein. Je höher die Variabilität, desto länger werden die Produktionsdurchlaufzeiten bei gleichbleibender Auslastung. Durch gezielte Steuerung bzw. Synchronisation der Produktion kann die Variabilität verringert werden. Die exakte Lokalisierung der Produkte in der Produktion ist dafür eine Grundvoraussetzung. In einer intelligenten Fabrik sollen Werkstücke und Maschinen in Echtzeit aushandeln, wann und wo die Bearbeitungsschritte durchgeführt werden. Um dies umzusetzen, muss die Entwicklung von cyberphysischen Systemen jedoch noch weiter vorangetrieben werden.

Die dritte Ebene betrifft die Integration des gesamten Produktionsnetzwerks. Bereits bei der Optimierung innerhalb einer Fabrik ist es oftmals notwendig, eine riesige Menge an Daten zu erfassen und zu analysieren. Die Erstellung von analytischen Modellen oder Simulationsmodellen ist auch auf der Ebene einer einzelnen Fabrik eine große Herausforderung. Bei Produktionsnetzwerken steigt sowohl die Anzahl der notwendigen Daten als auch die Komplexität der Modellierung. Es ist wichtig, eine Abstraktionsebene zu finden, welche ein ausreichendes Maß an Genauigkeit liefert, ohne dass jedes Detail modelliert werden muss. Gelingt es, diese Balance zu finden, ist es möglich, nicht nur lokale Optimierungen für jeden einzelnen Standort durchzuführen, sondern ein globales Optimum zu finden.

3 Chancen und Herausforderungen der horizontalen Integration

Die Halbleiterbranche hat im Vergleich zu vielen anderen Branchen bereits eine hochautomatisierte Fertigung. Erhebliches Verbesserungspotenzial bietet deshalb nicht mehr nur die Automatisierung von manuellen Prozessschritten, sondern vor allem die schnelle Rückkopplung von Informationen und somit das schnelle Lernen über Fabrikgrenzen hinweg.

Ein Pilotprojekt, das den Benefit der horizontalen Integration demonstriert, wurde bei Infineon bereits durchgeführt. Abbildung 3-1 zeigt, dass mithilfe modernster Analysemethoden Testdaten an einem Standort ausgewertet werden und Feedback an vorhergehende Produktionsprozesse bzw. Standorte gegeben wird. Diese Regelschleife ermöglicht eine frühzeitige Erkennung von Fehlern und trägt so zur Qualitätsverbesserung der Produkte und einer stabileren globalen Fertigung bei.

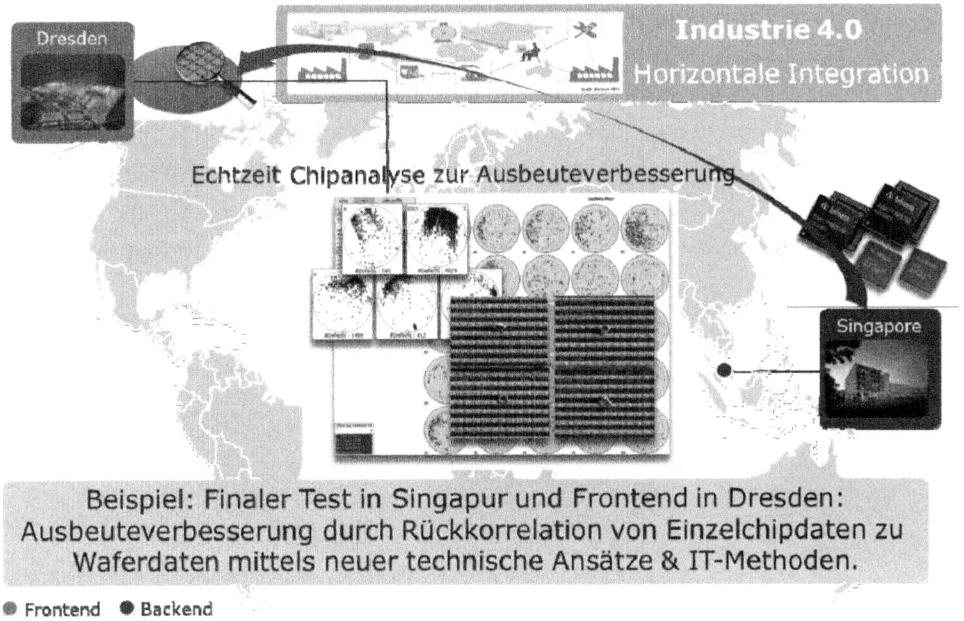

Abbildung 3-1: Qualitätsverbessrung von Produkten durch horizontaler Integration

Ein Beispiel für das Potenzial der horizontalen Integration ist die Umsetzung eines Frühwarnsystems, das anhand von aktuellen Informationen bereits sehr früh erkennt, wenn es zum Beispiel zu Kapazitätsengpässen kommt, welche eine Verspätung der Lieferung zur Folge haben. Da sinnvollerweise nicht bei jedem Produktionsschritt ein Lager vorgehalten ist, das Schwankungen in der Produktion abfängt, ist es wichtig, nachfolgende Produktionsprozesse schnellstmöglich zu informieren, sodass diese noch die Möglichkeit haben, ihre Planung anzupassen.

Anhand der Beispiele wird klar, dass Feedbackschleifen in beide Richtungen, sowohl Upstream, als auch Downstream entlang der Wertschöpfungskette wichtig sind.

Business Intelligence (BI) und Business Analytics (BA) gewinnen in diesem Zusammenhang immer mehr an Bedeutung. Der Fokus bei BI liegt auf der Problemerkennung durch Analysen, wohingegen der Fokus bei BA eher auf Vorhersagen, Zukunftsentwicklungen und Entscheidungsunterstützungs-Verfahren liegt. Ein großer Erfolgsfaktor der Zukunft ist es sicherlich, aus einer Menge von Daten, Informationen zu gewinnen und diese in Anweisungen bzw. Verbesserungsmaßnahmen zu konvertieren. Es gilt, Big Data zu Smart Data zu verdichten. Die, im Januar 2014 gestartete, Forschungsplattform Smart Data Innovation Lab (SDIL) soll helfen dies in Deutschland voranzutreiben. Technisch gesehen ist es bislang gut möglich, strukturierte Daten aufzubereiten und zu analysieren. Ein Großteil des heutigen Datenvolumens entfällt jedoch auf unstrukturierte Daten. Unstrukturierte Daten sind beispielsweise Videos, Bilder, Dokumente, Blogs, oder andere textbasierte Informationen. Diese Informationen auswertbar zu machen rückt immer mehr in den Fokus von Forschung und Industrie. Wenn Unternehmen fähig sind in Echtzeit riesige Datenströme zu verarbeiten, können sie schneller zeitkritische Entscheidungen treffen oder auch neue Phänomene bzw. Zusammenhänge aufspüren. In der intelligenten Fabrik könnten z.B. Kapazitäten effizienter bereitgestellt werden, wenn Absatzzahlen durch die Analyse von unstrukturierten Daten verbessert werden würden.

Abbildung 3-2 veranschaulicht weitere Herausforderungen von Industrie 4.0, die es zu meistern gilt.

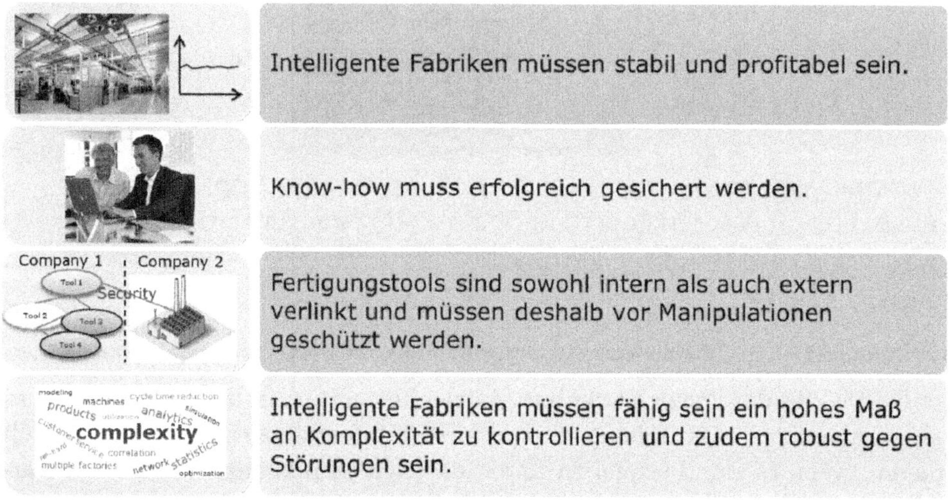

Abbildung 3-2: **Herausforderungen von Industrie 4.0**

Eine der größten Herausforderung ist es, sichere und robuste Produktionsnetzwerke zu gewährleisten. Dabei spielt nicht nur die Beherrschung von komplexen IT-Systemen und Prozessen eine erhebliche Rolle, sondern auch der Schutz firmeninterner Daten. Das Produktionsnetzwerk vor Sabotage und Hackerangriffen zu schützen, sind wichtige Aspekte um das Know-how erfolgreich zu sichern und um die Stabilität der Fabrik zu gewährleisten. Nur wenn dies gelingt, können die Potenziale von Industrie 4.0 erfolgreich genutzt werden.

4 Zusammenfassung und Ausblick

Infineon Technologies befindet sich auf dem Weg zum intelligenten Produktionsnetzwerk.

Es wurden bereits erste Elemente eines intelligenten Produktionsnetzwerks sowohl im Bereich der horizontalen als auch in der vertikalen Integration umgesetzt. Besonders in der horizontalen Integration wird ein hohes Maß an Optimierungspotenzial gesehen. Das schnelle Lernen über Fabrikgrenzen hinweg mit Hilfe von unterschiedlichen Analyseverfahren steht im Fokus. Zudem gewinnen die Modellbildung zur Entscheidungsunterstützung und die Vorhersage von Entwicklungen an Bedeutung. Es gilt, die steigende Komplexität unter der Voraussetzung von sicheren Netzen zu meistern.

5 Literatur

Uzsoy R, Lee C-Y und Martin-Vega L A (1992) A review of production planning and scheduling models in the semiconductor industry – part I: system characteristics, performance evaluation and production planning. IIE Transactions 24:47-60. doi:10.1080/07408179208964233

R C Leachman, S Ding, and C-F Chien (2007) Economic efficiency analysis of wafer fabrication. IEEE Transactions on Automation Science and Engineering 4:501-512. doi:10.1109/TASE.2007.906142

Kagermann H, Wahlster W und Helbig J (2013) Umsetzungsempfehlungen für das Zukunftsprojekt Industrie 4.0. Abschlussbericht des Arbeitskreises Industrie 4.0. Deutsche Akademie der Technikwissenschaften e.V., München

Sichere Industrie 4.0-Plattformen auf Basis von Community-Clouds

Johannes Diemer, Hewlett-Packard GmbH

1 Industrie 4.0: Vom Konzept zur Infrastruktur

Die deutschen Anlagen- und Maschinenbauer haben eine führende Position im Weltmarkt. Durch ihr vorausschauendes und mittelständisch geprägtes Management haben sie die jüngste Wirtschaftskrise gemeistert und gelten als die Konjunktur-Motoren Europas. Die zunehmende Dynamisierung von Produktlebenszyklen und die Individualisierung von Produkten sowie neue Technologien im Kontext der Globalisierung fordern nun eine weitere Erhöhung der Produktivität und eine ständige Weiterentwicklung. Gleichzeitig herrscht in Deutschland ein Mangel an ausgebildeten Ingenieuren, es gilt also insbesondere die Produktivität des Einzelnen zu erhöhen.

Der Wandel der Produktions- und Geschäftsparadigmen hin zu firmenübergreifenden kooperativen Produktions- und Wertschöpfungsverbünden (sogenannten horizontalen Wertschöpfungsnetzwerken, siehe Abbildung 1) soll den Maschinen- und Anlagenbau in Deutschland befähigen, die Herausforderungen zu meistern.

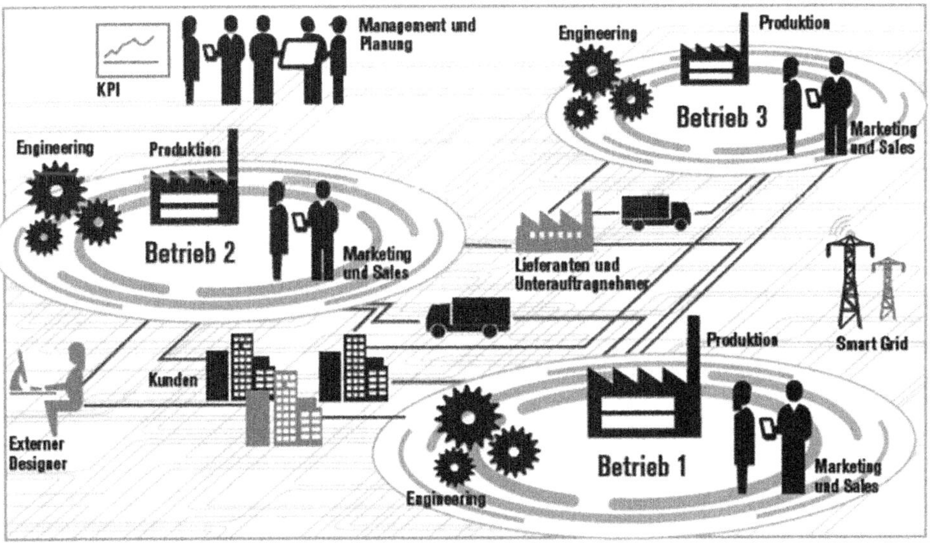

Abbildung 1: **Horizontales Wertschöpfungsnetzwerk, © HP**

Dieser Ansatz hat große Potenziale, die u.a. in der Umsetzungsempfehlung für das Zukunftsprojekt Industrie 4.0 (vergl. Kagermann et al., 2013) ausführlich beschrieben sind, wie zum Beispiel:

- Vernetzung von autonomen, sensorgestützten und räumlich verteilten Produktionsressourcen und der Komponenten (Antriebe, Maschinen, Roboter, Förder- und Lagersysteme, Betriebsmittel) inklusive deren Planungs- und Steuerungssysteme mit wirtschaftlichen Daten und Prozessen (z.B.: bei der Auftragsabwicklung)
- Flexibilisierung und dynamische Gestaltung von Geschäfts- und Produktionsprozessen
- Optimierte Entscheidungsfindung
- Berücksichtigung von individuellen kunden- bzw. produktspezifischen Kriterien bei Entwurf, Konfiguration, Bestellung, Planung, Produktion, Betrieb und Recycling
- Integration von intelligenten Produkten, die über das Wissen ihres Herstellungsprozesses und künftigen Einsatzes verfügen
- Wertschöpfungspotenziale durch neue Dienstleistungen
- Ressourceneffizienz

Anderseits sind die Anforderungen an solche horizontalen Wertschöpfungsnetzwerke immens, da diese die zunehmende Flexibilisierung robust auf höchstem Qualitätsniveau von Engineering-, Planungs-, Produktions-, Betriebs- und Logistikprozessen gewährleisten sollen. Sie zeichnen sich durch eine neue Intensität sozio-technischer Interaktion aller an der Produktion beteiligten Akteure, Ressourcen und Daten aus, die in den Lebenszyklen des Produkts, der Technologie, der Fabrik und letztlich des kommerziellen Lebenszyklus eines Auftrages auftreten. Es werden digitale Werkzeuge benötigt, die über alle Lebenszyklen hinweg Dienste anbieten und aggregieren können (siehe Abbildung 2)

Die Umsetzung der horizontalen Wertschöpfungsnetzwerke erfordert offene, föderative und zugleich hochsichere ITK-Infrastrukturen bzw. Plattformen. Für den Betrieb dieser Plattformen werden neue Ansätze und Organisationen der Kooperation zwischen Maschinen- und Anlagenbauer sowie den IT-Firmen entstehen. Sie werden in ihrem ökonomischen Umfeld zu neuen -Geschäftsmodellen führen, die die geschilderten Potenziale von Industrie 4.0 nutzen und umsetzen.

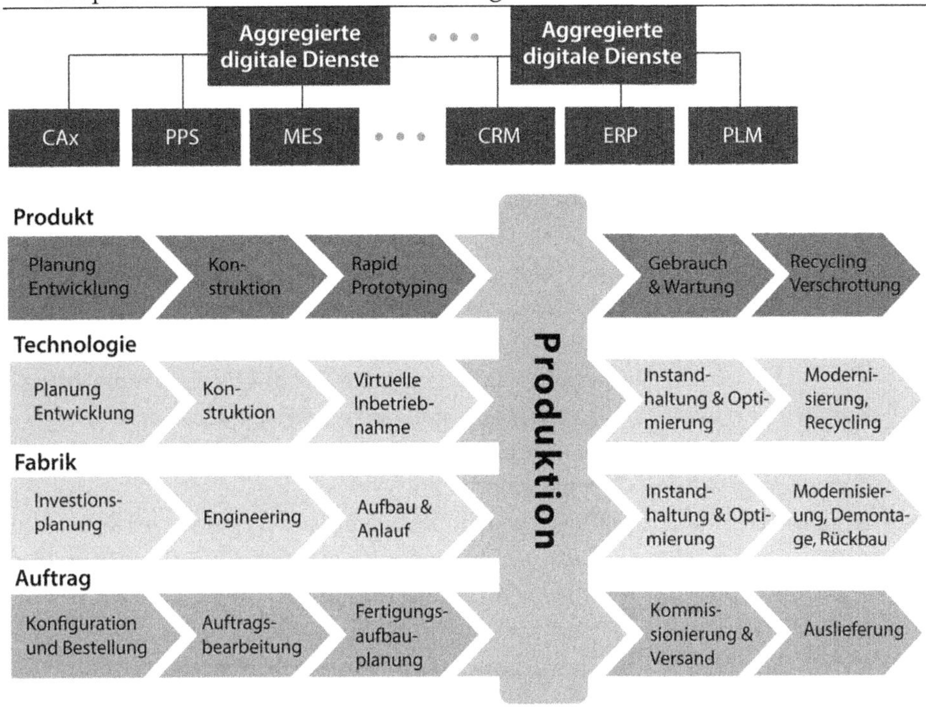

Abbildung 2: **Vier Lebenszyklen in der Produktion und digitale Dienste, © Prof. Bauernhansl, Fraunhofer IPA**

2 Virtual Fort Knox – Baden-Württembergs Industrie-4.0-Plattform für die Kooperation im Maschinen- und Anlagenbau

In Baden-Württemberg, dem Land mit einem überproportionalen Anteil an produzierenden Unternehmen in Deutschland, wurden die im vorherigen Abschnitt beschriebenen Potenziale und Herausforderungen horizontaler Wertschöpfungsnetzwerke sowie die daraus folgende Notwendigkeit der Zusammenarbeit der Maschinen- und Anlagenbauer mit IT-Unternehmen früh erkannt. Deshalb unterstützt die Landesregierung eine Forschungsinitiative mit dem Namen „Virtual Fort Knox" (VFK), die vom Fraunhofer Institut für Produktionstechnik und Automatisierung (IPA) und der Hewlett-Packard GmbH (HP) 2012 gestartet wurde. Ein besonderes Anliegen der Initiative ist die Einbeziehung kleiner und mittelständischer Unternehmen des Maschinen- und Anlagenbaus, damit diese durch Kooperation ihre Effizienz steigern können und dadurch im globalen Wettbewerb ihre weltweit führende Rolle weiter ausbauen können. In einem Pilot-Projekt des Landes Baden-Württemberg wurde ein Referenzmodell für eine föderative, sichere IKT-Plattform für produzierende Unternehmen konzipiert und ein Prototyp implementiert.

Virtual Fort Knox lässt sich aus zweierlei Blickwinkeln beschreiben:

- Einerseits inhaltlich-technisch. Hier geht es um die technischen Aspekte der IT-Infrastruktur einschließlich der Integration der sogenannten „cyber-physische Systeme" (CPS) sowie um die notwendigen Konzepte, Lösungen für die Sicherheit (Schutz des Wissens und geistigen Eigentums (Intellectual Property – IP)) und Verlässlichkeit. Die Umsetzung der Initiative zielt darauf ab, im Sinne von Industrie 4.0 mit der Plattform die folgenden drei Merkmale sicher und verlässlich zu realisieren: (1) Horizontale Integration über Wertschöpfungsnetzwerke, (2) digitale Durchgängigkeit des Engineerings über die gesamte Wertschöpfungskette sowie (3) vertikale Integration und vernetzte Produktionssysteme (vergl. Kargermann et al., 2013) Schließlich stellt sich die Frage nach dem geeigneten Betreiber-Modell bzw. der Organisationsform des/der Betreiber(s) und den entsprechenden Geschäftsmodellen.
- Andererseits stand die Frage, welche Rolle Vertrauen und Akzeptanz beim Aufbau einer solchen Plattform spielen, von Anfang an im Zentrum des Forschungsprojekts. Warum soll ich die Plattform Virtual Fort Knox nutzen? Werden mein Wissen und IP im Rahmen der Kooperation ausreichend geschützt? Ist die Kooperation für mich rentabel, bringt sie zusätzlichen Umsatz, Gewinn oder reduziert sie wesentlich meine Kosten? Dies sind die typischen Fragen, die durch die Initiative nicht nur technisch fundiert, sondern auch unter Berücksichtigung sozioemotionaler Aspekte beantwortet werden müssen.

In den folgenden Abschnitten werden zunächst die technischen Kernelemente beschrieben (3 Technische Kernelemente) und dann auf die Rolle und Schaffung von Akzeptanz und Vertrauen als wesentliche Aspekte zum Thema Sicherheit eingegangen (4 Vertrauen und Akzeptanz: Das Vertrauensmodell des VFK). Akzeptanz wird durch die richtigen Konzepte für die Themen „Sicherheit und Vertrauen", „Nutzen" und letztlich mit geeigneten „Geschäftsmodellen" geschaffen. Deshalb wird ein Abschnitt (5 Geschäftsmodelle für eine digitale Industrie-Infrastruktur) sich mit der für Industrie 4.0 wichtigen Frage der Geschäftsmodelle für kooperative Plattformen am Beispiel der konkreten Realisierung einer solchen Plattform, eben dem Virtual Fort Knox, beschäftigen und ein entsprechendes „Framework" vorstellen.

3 Technische Kernelemente

Aus technischer Sicht sind zunächst der Zweck und die daraus abzuleitenden Eigenschaften der VFK-Plattformen zu betrachten. Der Zweck ist im Sinne von Industrie 4.0 die Unterstützung der unternehmensübergreifenden Kooperation durch die intelligente Vernetzung aller Ressourcen in den Unternehmen und über die Unternehmensgrenzen hinaus. Informationen bzw. Daten werden in unterschiedlichen Unternehmen und Unternehmensbereichen erfasst und auf der Plattform zusammengeführt. Zu den technischen und physischen Datenquellen zählen unter anderem intelligente Lager, Werkzeuge und Materialien, mobile Ressourcen, Maschinen und Anlagen, Mitarbeiter, intelligente Robotersysteme bis hin zu ganzen Fabriken. Jedes intelligente, mit Sensoren oder Aktoren ausgerüstete System, auch „cyber-physische Systeme" (CPS) genannt, unterstützt zukünftig neben der Informationsverarbeitung die Kommunikation zwischen den Ressourcen untereinander.

Die entscheidende Eigenschaft der Plattform ist dabei ihr föderativer Charakter, der den Schutz von Wissen und geistigem Eigentum sicherstellt. Föderativ bedeutet in diesem Kontext, dass die VFK-Plattform, Dienste und Anwendungen von unterschiedlichen Teilnehmern gemeinsam für kooperative Aktivitäten genutzt werden, wobei jedoch für jeden der Teilnehmer die eigene Komponente beziehungsweise der eigene Kontext gesichert bleibt. Es werden nur die Daten und Informationen zwischen den Teilnehmern ausgetauscht, die für das gemeinsame Agieren notwendig sind.

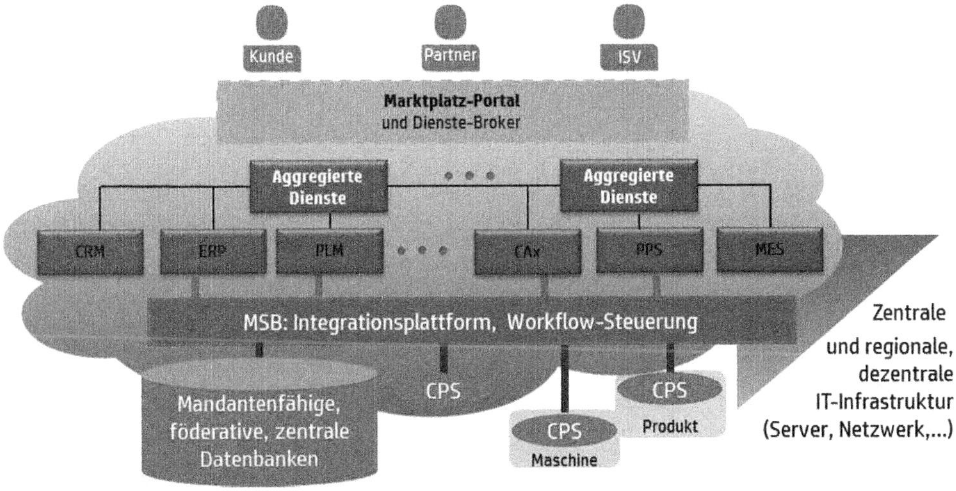

Abbildung 3: Übersicht der VFK-Plattform

Der Zugang erfolgt über ein Markplatz-Portal, in dem ein Broker für das Aufsetzen und die Verwaltung (einschließlich der Abrechnung) von aggregierten Diensten, die mehrere Dienste in Workflows zusammenfassen, zuständig ist. Die Mitarbeiter in produzierenden Unternehmen (Kunden) nutzen über das Portal anforderungsgerechte Softwarelösungen und Dienste bei der Ausführung ihrer Tätigkeiten. Anbieter von Software und Diensten, im Folgendem auch „Independent Software Vendors" (ISVs) genannt, und Partner bieten über das Marktplatz-Portal ihre Leistungen an.

Die Offenheit der Plattform wird durch die Konzeption eines systemoffenen Kommunikationssystems realisiert. Dabei handelt es sich um einen „Manufacturing Service Bus" (MSB) mit Schnittstellen zur Vernetzung der föderativen Plattform mit Diensten für betriebswirtschaftliche Verwaltungs- und Planungssysteme (Customer Relation Management – CRM, Enterprise Resource Management – ERP), Systemen zur Verwaltung der Produktlebenszyklen (Product Lifecycle Management – PLM) und Produktionsplanungssysteme (PPS) mit integrierter Fertigungssteuerung (Manufacturing Execution System – MES). Über den MSB werden auch die Datenschnittstellen der CPS sowie mandantenfähige föderative Datenbanken angebunden.

Bereits in einer sehr frühen Projektphase fiel die Entscheidung, die Plattform des Virtual Fort Knox auf Basis bereits existierender Hardware- und Software-Architekturen zu konzipieren, die aufgrund ihrer modularen Struktur und Flexibilität im Verlaufe des Projekts iterativ angepasst und erweitert werden können. Dafür wurde ausgehend von der HP-Cloud-Referenzarchitektur eine Referenzarchitektur für die Plattform entwickelt und in einem Pilotprojekt implementiert.

3.1 Referenzarchitektur

In der HP-Cloud-Referenzarchitektur werden die Funktionen für die Steuerung und Verwaltung von Diensten und Ressourcen in die folgenden drei Ebenen untergliedert:

- Nachfrage (Demand)
  Auf dieser Ebene werden alle Aspekte der Erfassung, Registrierung und Authentifizierung von internen und externen Nutzern (Kunden, Dienste- und Softwareanbietern) sowie die Erfassung, Realisierung und individuelle Abrechnung ihrer angeforderten Dienstleistungen behandelt, basierend auf dem Prinzip „konfiguriert auf Bestellung". In ihr werden die gesamten Lebenszyklen der Beziehungen zwischen Verbrauchern und den von ihnen verwendeten Dienstinstanzen abgebildet.
- Lieferung (Delivery)
  Auf der Ebene der Lieferung werden im Sinne des Designs von aggregierten Diensten alle Aspekte des Zusammenstellens und der Verwaltung der einzusetzenden Ressourcen sowie deren Bereitstellung als Instanz eines Dienstes geregelt. Diese Ebene umfasst den gesamten Lebenszyklus hinsichtlich der Verfügbarkeit von Diensten, die dem Kunden automatisiert zur Verfügung gestellt werden, sowie deren Instanzen und verknüpft diese mit den entsprechend einzusetzenden Ressourcen.
- Versorgung (Supply)
  Diese Ebene versorgt die Instanzen der höher liegenden Lieferungsebene mit allen benötigten Ressourcen, die Bestandteil eines Dienstes sind. Diese können als reine IT-Infrastruktur (Kombination aus Rechner-, Speicher- oder Netzwerkressourcen), als Zugang zu Informationen, zu Datenbanken sowie zu Software-Lösungen vorliegen. Diese Ressourcen können inner-

halb der Plattform, aber auch extern z.B. als Dienst von externen Cloud-Angeboten, existieren. Innerhalb der Versorgungsebene wird der Lebenszyklus all dieser Ressourcen dokumentiert und verwaltet. Im Fall der VFK-Plattform beinhaltet die Versorgungsebene auch die Anbindung von Maschinen und Anlagen sowie deren Einbindung in Workflows komplexer und aggregierter Dienste. Die Referenzarchitektur des VFK sieht deshalb innerhalb der Versorgungsschicht einen „Manufacturing Service Bus" (MSB) vor, der genau diese Anbindung und Integration in Workflows ermöglicht.

Über alle drei Ebenen hinweg agieren Prozesse zur Bereitstellung, Weiterentwicklung und Freigabe eines Dienstes, dessen Nutzung (Zugriff auf den bereitgestellten Dienst) sowie gegebenenfalls dessen Integration in den Workflow eines übergeordneten aggregierten Dienstes. Ebenfalls stellen Prozesse die Einhaltung von Service Level Agreements sicher und liefern Messkriterien bezüglich der Nutzung des bereitgestellten Dienstes (zur Überprüfung der Service-Garantie). Alle diese Prozesse dienen also dem „Service Portfolio Management" in der Plattform und müssen während der Implementierung für den Endanwender transparent gestaltet werden.

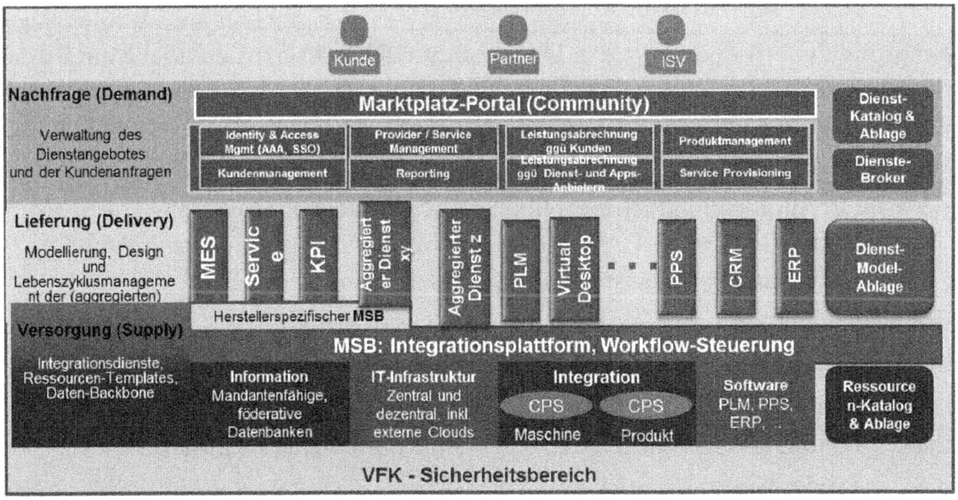

Abbildung 4: VFK-Referenzarchitektur

Die folgenden Themen sind unabhängig von der technischen Implementierung der Ebenen und müssen grundsätzlich innerhalb der Organisation der Plattform angegangen und in Prozessen abgebildet werden:

- „Governance" (Risiko-, Policy-, Standards- und Architektur-Management sowie deren Compliance)
- „Business" (Strategie, Nachfrage, Finanzierung, Rechnungslegung, Beschaffungsprozess und Kundenbeziehungen)
- „(IT-) Management" (Betrieb der Gesamtumgebung)

- „Security" (Identity Management sowie Applikations-, Informations- und Infrastruktur-Sicherheit)

3.2 Prototypische Umsetzung der Referenzarchitektur

Für ein erstes „Proof of Concept" (PoC) wurde ein Demonstrator für ausgewählte Anwendungen implementiert. Der Demonstrator enthält die Kernmodule der Plattform über alle notwendigen technischen Ebenen hinweg, wobei die Integration von Softwarelösungen als Dienste im Sinne von „Software as a Service" (SaaS) umgesetzt wurde. Um die Umsetzung der avisierten Einsatzszenarien nicht durch die Komplexität der Gesamtplattform zu gefährden, wurden nur die als absolut notwendig erachteten Hard- und Software-Komponenten der Cloud-Services berücksichtigt. Dies sind:

- Nachfrageebene: Föderative Plattform inklusive Portal-Komponente zur Definition, Bereitstellung und Verknüpfung von Diensten
- Lieferungsebene: Software zur automatischen Orchestrierung von Infrastrukturen und Software als Dienste.
- Versorgungsebene: Hardware inkl. logischer Abstraktionsschicht, um diese als (Teil-) Ressourcen bereitzustellen

Aufgrund der Entscheidung, den Demonstrator auf Basis existierender Komponenten zu konzipieren und gemäß dem Bedarf anzupassen, stellen die folgenden Produkte des Technologie-Lieferanten und -Partners HP eine Schlüsselrolle in der Plattformarchitektur dar:

- HP Aggregation Plattform für die Nachfrageebene (Ap4SaaS)
- HP Cloud Service Automation Suite für die Lieferungsebene (CSA/OO)
- HP Cloud System Matrix für die Versorgungsebene (CSM)

Wegen ihrer offenen und dokumentierten Schnittstellen können diese durch Produkte anderer Hersteller und zukünftige Entwicklungen ergänzt bzw. auch ersetzt werden.

In der Nachfrageebene wurden die folgenden Komponenten realisiert:

- Marktplatz (Darstellung)
- Haupt- und Admin-Komponente (Logik)
- Dienste-Aktivierungskomponente (Service Provisioning)
- Abrechnungskomponente

Aus der Sicht der Endanwender und Dienstanbieter stellt der Marktplatz die zentrale Komponente der föderativen Plattform des Virtual Fort Knox dar. Die Dienstanbieter haben einen Zugang, um ihre Lösung auf dem Marktplatz einzubringen, die Anwender können über ihren Zugang zum Marktplatz die Dienste nutzen und bei Bedarf für ihre Bedürfnisse konfigurieren. Dabei können sowohl vom Anbieter als auch vom Anwender mehrere Dienste zu einem aggregierten

Dienst zusammengefasst werden. Der Marktplatz stellt eine Übersicht über alle verfügbaren Dienste (Produktkatalog) inkl. Preisinformationen sowie eine Bestellfunktionalität zur Verfügung. Die zur Verfügung stehenden Dienste werden zum Zweck der Nutzung und Administration in der Haupt-und Admin-Komponente in Form eines Dienste- und Produktkatalogs gepflegt. Auch die an der Plattform beteiligten Parteien, wie Software- und Dienstanbieter, Partner, Kundenorganisationen und Endanwender, werden hier verwaltet. Die Plattform stellt somit die Verknüpfung zwischen technischen (Diensten), kommerziellen (Produkte/ Preisinformationen) und administrativen (Anwender) Aspekten dar.

Die Aktivierung verschiedenster technischer Dienste nach Bestellung wird über die Dienste-Aktivierungskomponente gewährleistet. Dies geschieht durch sogenannte Dienste-Adapter, die im Kontext der Aktivierung von Diensten ausgeführt werden. Im Virtual Fort Knox kommt hier ein generischer Adapter zum Einsatz, der eine möglichst flexible Verknüpfung mit den Komponenten der Lieferungs- und Versorgungsebene ermöglicht.

Neben funktionalen Aspekten (Dienste-Nutzung) ist die Abrechnung eine wichtige Grundlage für die kommerzielle Nutzung des Virtual Fort Knox. Diesen Zweck erfüllt die Abrechnungskomponente. Sie überwacht die Endanwender-Nutzung der erbrachten Services und rechnet diese nach Kriterien wie Zeit oder anderen dienstspezifischen „Pay Per Use"-Messgrößen ab.

In der Lieferungsebene kommt die HP Cloud Service Automation Suite (CSA/OO) zum Einsatz. Intern gliedert sich diese in zwei Bestandteile,

- HP Cloud Service Automation (CSA),
- HP Operations Orchestration (OO),

die einen nicht trennbaren Verbund bilden.

Die HP Cloud Service Automation bildet die Schnittstelle zur Dienste-Aktivierungskomponente der Nachfrageebene. In ihr wird die logische technische Bereitstellung der Dienste unter Verwendung einer offenen Ablage (Repository) verwaltet. Die Struktur der Ablage kann an die unterschiedlichen Gegebenheiten und Anforderungen angepasst werden.

Der interne Prozessablauf wird mithilfe der „Operations Orchestration" abgebildet. Sie ermöglicht das Modellieren von Prozessabläufen, mit denen wiederkehrende Tätigkeiten, die zur Konfiguration eines technischen Dienstes notwendig sind, automatisiert werden können. Die „Operations Orchestration" bildet die technische Grundlage für die schnelle, automatische Verfügbarkeit von Diensten beinahe aller Anwendungen und ist die Schnittstelle zur Versorgungsebene. Die offenen Schnittstellen der CSA-Ablage und die weitreichende Anpassungsfähigkeit des Datenmodells lassen eine modulare Erweiterbarkeit zu. Auf Seiten der Prozess-Automatisierung durch die „Operations Orchestration" wird die Integration von Infrastruktur, Betriebssystemen und Anwendungen in die Abläufe durch zahlreiche vorgefertigte Schnittstellen unterstützt. Die offene Architektur erlaubt die Einbindung der in der Referenzarchitektur erwähnten Ressourcen der Versorgungsebene, wie den Zugang zu Informationen, zu Software-Lösungen und externen Cloud-Angeboten. Darüber hinaus ermöglicht sie die Eigenentwicklung von spezifischen Automatisierungsabläufen. Im Demonstrator wird als Infrastruktur-Komponente das HP Cloud System Matrix (CSM) mit seinen Funktionen im Rahmen der Bereitstellung von Infrastruktur als Dienst, „Infrastructure as a Service" (IaaS), eingebunden.

Die Versorgungsebene der Demonstrationsplattform besteht aus Hardware, Betriebssystemen, Datenbanken und Management-Software, mit der diese Ressourcen in logische Ressourcen abstrahiert werden können. Im Demonstrator wird die Management-Software des CSM eingesetzt. Diese legt eine Abstraktionsschicht über die verfügbare Hardware, die sich grob in physikalische und virtuelle Ressourcen untergliedern lässt. Ressourcen sind dabei Server, Hauptspeicher, Plattenspeicher sowie Netzwerke und komplette Storage-Lösungen. Dabei können verschiedene Technologien für die Virtualisierung verwendet werden

Alle in den verschieden Ebenen verwendeten Komponenten können modular, je nach Anforderung eines Dienstes, miteinander verknüpft werden, um verschiedene lauffähige Dienste „end-to-end" bereitzustellen.

3.3 Der Manufacturing Service Bus

Innerhalb der Versorgungsebene muss dann weiterhin die Integration der - cyber-physischen Systeme erfolgen sowie die Anbindung mandantenfähiger, föderativer Datenbanken für PLM, ERP, CRM, PPS etc. gewährleistet werden. Die Unterstützung von Workflows, insbesondere im Sinne der horizontalen Integration von Diensten unterschiedlicher Anbieter in Wertschöpfungsnetzwerken, erfordert die Anbindung und Steuerung über einen offenen Manufacturing Service Bus (MSB), der dann auch Zugriff auf den Datenbackbone und die cyber-physischen Systeme hat. Für deren Anbindung existieren erste Standards (wie OPC UA, ROS, ...), die in der Architektur des MSB integriert werden sollten.

Für die bisherigen Anwendungen auf dem Demonstrator werden herstellerspezifische Lösungen für den MSB und die Anbindung von Maschinen genutzt, die eine horizontale Integration von Diensten in einem Wertschöpfungsnetzwerk nur wenigen Partnern ermöglicht.

Hier besteht noch weiterer Entwicklungsbedarf im Rahmen des VFK und langfristig müssen gemeinsame Standards berücksichtigt werden, sobald sich der Maschinen- und Anlagenbau, die Automatisierungs- sowie die IKT-Branche im Kontext von Industrie 4.0 auf diese geeinigt haben.

Da im Rahmen des Virtual Fort Knox keine eigenen Standards gesetzt werden sollen, wurde ein Konzept für den MSB entwickelt, das die Anbindung unterschiedlicher Protokolle vorsieht. Der Service-Bus wird aus drei Ebenen bestehen,

- dem eigentlichen „Bus" in der Mitte, der für die Kommunikation zwischen den Diensten, den Maschinen und Anlagen sowie intelligenten Produkten zuständig ist,
- der darunter liegenden Ebene mit Integrationsdiensten für die Anbindung der Maschinen- und Anlagenkomponenten mit unterschiedlichen Protokollen,
- sowie der darüber liegenden Ebene, die für die Ausführung der entsprechenden Dienste zuständig ist.

Der Bus wird mittels eines „Message Transformator" realisiert. Für diesen wird ein geeignetes Protokoll entwickelt, das die Anbindung möglichst vieler unterschiedlicher Technologien vorsieht. Dabei soll dieses Protokoll den MSB befähigen, mit unterschiedlichen Architekturstilen umgehen zu können. Der MSB muss sowohl für datenorientierte synchrone und kurz laufende Prozesse als auch lang laufende, prozessorientierte Dienste mit synchroner und asynchroner Kommunikation funktionieren. Die Unterstützung der folgenden Architekturstile wurde dabei angedacht:

- Schnittstellenorientierter Ansatz,
  bei dem jeder Dienst über eine eigene Schnittstelle verfügt und die Kommunikation bevorzugt synchron erfolgt. Das Nachrichtenformat kann der Webservice-Spezifikation des „Simple Object Access Protocol" (SOAP) entsprechen und die Schnittstelle kann per „Web Service Description Language" (WSDL) definiert sein.
- Nachrichtenorientierter Ansatz,
  bei dem der Schwerpunkt auf auszutauschenden Nachrichten liegt, was bedeutet, dass die Kommunikation asynchron, teilweise indirekt über vermittelnde Instanzen erfolgt. Das Nachrichtenformat kann der schnittstellenorientierten Architektur entsprechen.
- Ressourcenorientierter Ansatz,
  auch bekannt unter dem Begriff „Representational State Transfer" (REST), bei dem der Schwerpunkt analog dem Web und seinem HTTP-Protokoll auf eindeutig identifizierbaren Ressourcen (per „Unified Resource Identifier" (URI)) liegt, die über ihren Inhalt unterscheidbar repräsentiert sind (Repräsentation mittels Content-Type) und dabei mittels Hypermedia sowie über einheitliche Schnittstellen agieren. Die Ressource ist nicht das gespeicherte Objekt oder der Dienst selbst, sondern eine abstrakte Schnittstelle für eine konzeptionelle Zuordnung eines URI zu einem Objekt oder Dienst. Beim diesem Ansatz können Ressourcen in beliebiger Form Informationen, Daten und auch Dienste zur Verfügung stellen.

Als eine der großen Herausforderungen von Industrie 4.0 wird die Einbindung von echtzeitfähigen Steuerungen gesehen. Die Integration solcher Steuerungssysteme in eine dienstorientierte Plattform erfordert ein deterministisches Verhalten aller beteiligten Prozesse. Diese Anforderung muss zunächst innerhalb des MSB gelöst werden, hat aber auch Auswirkungen auf die Prozesse der Liefer- und Nachfrageebene.

Für die eigentliche Anbindung der unterschiedlichen Technologien wird dann in der Ebene unter der Kommunikation die Übersetzung der Protokolle von sogenannten Integrationsdiensten, „Integration Services" (IS), vorgenommen. In der Umsetzung ist die Anbindung über die „OPC Unified Architecture" (OPC/UA), Web Services und REST. Insbesondere bei der Anbindung von Maschinen, Teilkomponenten und ganzen Anlagen wird die Integration über den Integrationsdienst für OPC/UA erfolgen. OPC/UA verfügt bereits über eine Reihe von Schnittstellen zu herkömmlichen Steuerungen.

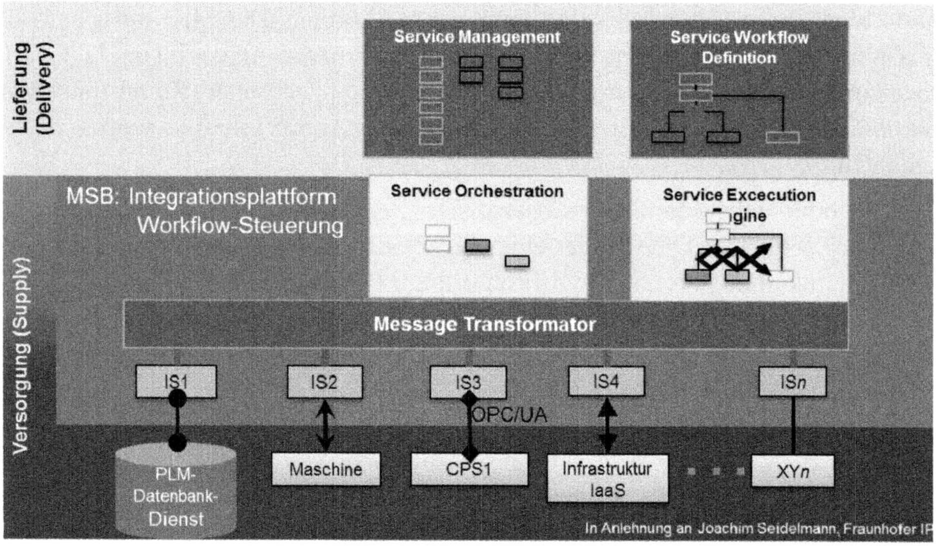

Abbildung 5: **MSB des Virtual Fort Knox (in Anlehnung an Joachim Seidelmann, Fraunhofer IPA)**

Die Integration in den Workflow der aggregierten Dienste erfolgt auf der obersten Ebene des MSB. Dabei ist die „Service Excecution Engine" für die Ausführung der von der „Service Orchestration" aufgesetzten Dienste innerhalb des Workflows zuständig. Beide haben entsprechende Schnittstellen zum „Message Transformator", um die richtigen Integrationsdienste und das entsprechende Protokoll auszuhandeln und auszuführen.

3.4 IT-Sicherheitstechnologie

IT-Sicherheitstechnologie wird auf allen Ebenen der Referenzarchitektur implementiert. IT-Sicherheitslösungen werden in diesem Abschnitt als notwendige Werkzeuge gesehen, die im Rahmen einer umfassenden Sicherheitsarchitektur für die kontinuierliche Umsetzung von Sicherheitsrichtlinien genutzt werden. Das Produktportfolio zu Sicherheitslösungen ist vielfältig und kann hier nicht im Einzelnen beschrieben werden. Die folgende Abbildung gibt einen Überblick über die IT-Sicherheitslösungen im Kontext der Referenzarchitektur. Die meisten Lösungen sind komponentenorientiert, was bedeutet, dass sie die Sicherheit zum Beispiel für das Netzwerk, mit seinen Routern und Switchen, für Server, virtuelle Systeme oder für Anwendungen realisieren.

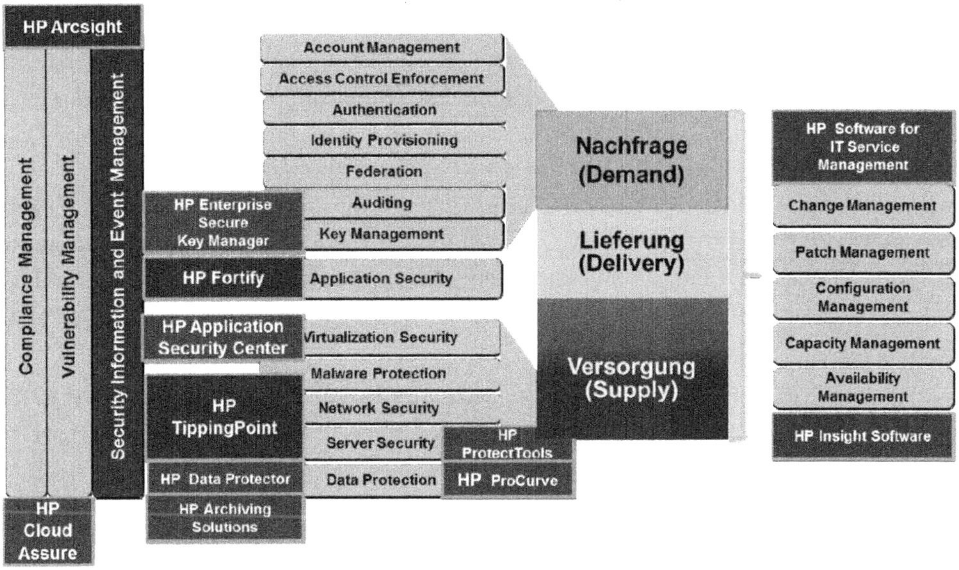

Abbildung 6: **Software-Sicherheitslösungen im Überblick**

Neben komponentenorientierten Lösungen wird im Virtual Fort Knox eine „Securtiy Information und Event Management"-Lösung (HP Arcsight) eingesetzt, die das Monitoring und die Verwaltung aller sicherheitsrelevanten Geräte, seien es IT-Infrastruktur-, Netzwerk- oder auch Maschinen- und Anlagenkomponenten, in ein System integriert. Das System wertet die sicherheitsrelevanten Daten dieser Komponenten aus, aggregiert die Information und rekonstruiert mithilfe eines Data-Mining-Ansatzes auf Korrelationsbasis reale Angriffsmuster. Für spätere forensische Untersuchungen wird eine revisionssichere Archivierung der Daten unterstützt. Zudem liefert das System eine Statuszusammenfassung mit grafischen Elementen aus aussagekräftigen Berichten. So wird sichergestellt, dass jederzeit der Status der IT-Sicherheit in Verantwortungsbereichen aufgezeigt, bewertet und gegebenenfalls abgesichert werden kann. Da die Plattform gerade auch für viele mittelständische Softwarehersteller vorgesehen ist und eine Vielzahl von Applikationen relativ einfach, aber auch sicher auf der Plattform verfügbar sein sollen, wird auf der Plattform eine Software-Lösung zur Quellcode-Analyse (HP Fortify) angeboten, die bestehende Anwendungen auf Schwachstellen und Sicherheitslücken untersucht und dann Code-Modifikationen zur Behebung vorschlägt. Dieser Dienst kann auch als „SaaS" genutzt werden. So kann bei entsprechenden Sicherheitsklassen gefordert werden, dass alle Anwendungen vor dem Einsatz auf der Plattform einen Sicherheitscheck durchlaufen müssen.

4 Vertrauen und Akzeptanz: Das Vertrauensmodell des VFK

4.1 Subjektive Wahrnehmungen als Kernelement einer technischen Plattform

Die zukünftigen Kooperationspartner werden hohe Ansprüche an die Sicherheit der Plattform stellen, da sie Teile ihres geistigen Eigentums in Form von Daten und Informationen in den Verantwortungsbereich des VFK übertragen werden. Das können beispielsweise Informationen über Geschäftsprozesse oder Daten über das technische Know-how des Kunden sein (unter anderem in Form von Konstruktionsdaten von Maschinen). Des Weiteren stellt die Bereitschaft, Kooperationen mit bislang unbekannten Partnern einzugehen, eine zusätzliche Komplexitätsstufe dar, die den Aufbau und die Aufrechterhaltung von Vertrauen verlangt. (vergl. Lee, 2011)

Vertrauen ist ein vielfältiger Begriff, der aus unterschiedlichen Perspektiven definiert werden kann. Im Kontext der Kollaboration im Engineering wird Vertrauen wird von Kern als „subjektive Erwartung eines Entwicklungspartners bezüglich des Verhaltens seiner Interaktionspartner" und als „die Voraussetzung für jede Interaktion" beschrieben (vergl. Kern, 2005). Aus der Sicht des Informationssicherheitsmanagements „basiert Vertrauen auf der Einschätzung, ob ein Anbieter alle Risiken ausreichend, angemessen und nachhaltig abgedeckt hat, sowohl diejenigen aus dem Bereich der Informationssicherheit als auch jene aus Bereichen wie Datenschutz, Technik und Recht" (vergl. BSI, 2012). Nach Schweer gründet sich Vertrauen in eine Organisation auf der Wahrnehmung von Transparenz, Partizipationsmöglichkeiten, Kooperationsbereitschaft, Orientierung an ethischen und moralischen Prinzipien, langfristiger Glaubwürdigkeit und Gerechtigkeit für alle Mitglieder der Organisation (vergl. Schweer, 2012). Es geht also um die subjektive Wahrnehmung der Personen, deren Vertrauen man gewinnen will, und nicht um eine objektive Sicherheit, die gewährleistet wird. Dies wurde auch in Expertengesprächen bestätigt, die im Rahmen des Projekts geführt wurden. Vertrauen ist für die Gesprächspartner kein statischer Wert, sondern sollte sich aus der Interaktion der kooperierenden Partner auf persönlicher Ebene entwickeln. Deshalb lässt sich Vertrauen in die Plattform nicht direkt durch deren funktionelle und sicherheitstechnische Spezifikation erreichen. Notwendig ist eben die menschliche Interaktion in Form von Kommunikation, Kooperation sowie Koordination.

Im Rahmen des Projekts wurde ein Vertrauenskonzept entwickelt, das Akzeptanz als Ergebnis von planbaren Maßnahmen und Prozessen erzeugt, die den Aufbau sowie die Aufrechterhaltung von Vertrauen fördern.

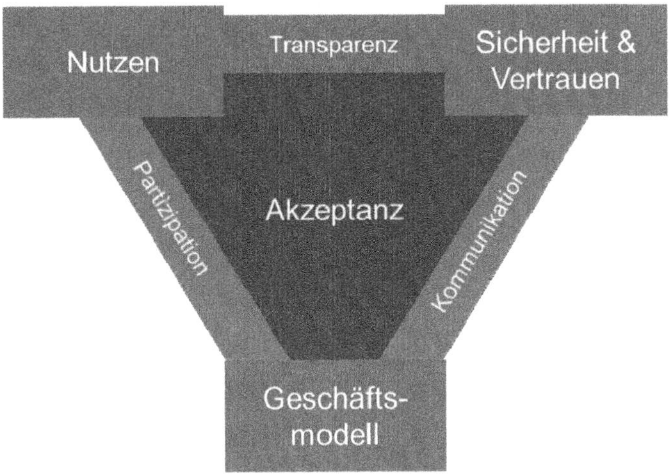

Abbildung 7: Akzeptanz als Kernelement des Virtual Fort Knox

Akzeptanz wird im Kontext des VFK als der Zustand angesehen, der einen Anwender motiviert, sich dem Konsortium anzuschließen. Das ist genau dann der Fall, wenn er Vertrauen in das Plattformkonsortium hat, er sich einen Nutzen aus den Plattformfunktionen verspricht und wirtschaftlichen Erfolg erwartet. Das Vertrauensmodell des VFK geht davon aus, dass sich Akzeptanz nur indirekt über die drei Komponenten „Geschäftsmodell", „Nutzen" sowie „Sicherheit und Vertrauen" beeinflussen lässt. Dafür stehen Mittel der Transparenz- und Kommunikationsgestaltung sowie die Möglichkeit zur Partizipation zur Verfügung (vergl. Rapp, 2012).

Die Partizipation ist dabei der entscheidende Gedanke. Sie wird durch Mitwirkungsrechte und -pflichten über die Leistungserbringung der VFK-Plattform erreicht. Die beteiligten Partner und Kunden werden in die Entwicklung und die Regelung des Betriebs der Plattform einbezogen und erhalten somit eine Identifikationsmöglichkeit mit der Plattform, die über eine Kunde-Dienstleister-Beziehung hinausgeht. Die Einbeziehung soll eine effiziente Abdeckung und Abstimmung der unterschiedlichen Anforderungen durch Kunden, Software- und Dienste-Anbieter ermöglichen. Formal wird dies in Regeln für das föderative Kooperationsmodell und in der Gesellschaftsform des VFK verankert.

Dabei ist der Grad der Mitwirkung auf ein sinnvolles und angemessenes Maß zu beschränken. Es ist angedacht, in Abhängigkeit des Engagements der Partner hier verschiedene Klassen der Mitwirkung zu realisieren. Beteiligte Partner können direkt Gesellschafter werden oder aber Anteile an der Gesellschaft erwerben. So entscheiden sie durch ihr Investment in die Gesellschaft über den Grad ihrer Mitwirkung sowie ihrer Beteiligung an Gewinnen der VFK-Plattform. Angestrebt wird eine Beteiligung insbesondere der Maschinen- und Anlagenbauer, um den besonderen Anforderungen dieses Leitmarktes gerecht zu werden.

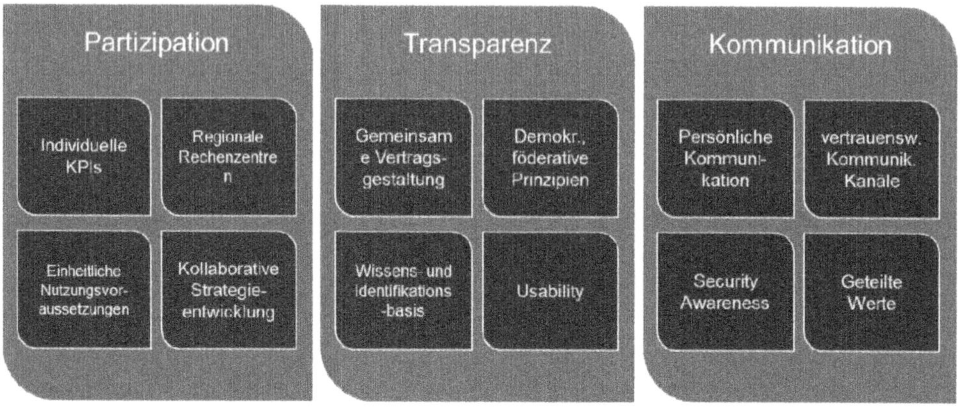

Abbildung 8: Integrationsmodell zur Schaffung von Akzeptanz im VFK

4.2 Umsetzung

Grundsätzlich bietet sich bei der technischen Umsetzung zunächst eine Orientierung an den Standards des Bundesamts für Sicherheit in der Informationstechnik (BSI), die in der sogenannten 100er Reihe beschrieben sind. So wird im BSI-Standard „100-2 IT-Grundschutz und Vorgehensweise"-der Aufbau eines Informationssicherheitsmanagements vorgeschlagen (vergl. BSI, 2008). Das Umsetzen dieser Maßnahmen bietet eine sehr gute Möglichkeit, ein grundlegendes Informationssicherheitsniveau zu erreichen.

Im Rahmen des Projekts wurde jedoch festgestellt, dass die Maßnahmen nach IT-Grundschutz nicht vollständig geeignet sind, um die besonderen Anforderungen für eine unternehmensübergreifende Zusammenarbeit auf der VFK-Plattform abzubilden. Das Eckpunktepapier des BSI (vergl. BSI, 2012) geht auf die besonderen Anforderungen des Cloud Computing ein, fokussiert sich dabei aber auf die Ebenen bis zu SaaS (siehe Abbildung 9) und macht zu den noch relativ jungen Geschäftsprozessen in Wertschöpfungsnetzwerken keine konkreten Aussagen. Es ist nicht detailliert genug, um daraus eine konkrete, die Geschäftsprozesse einschließende Sicherheitsarchitektur für eine Community Cloud abzuleiten.

Klar ist: Die bisher weit verbreitete Reduzierung der Sicherheit auf die Darstellung der technischen Leistungsfähigkeit von IKT-Schutzmechanismen reicht nicht aus, um Vertrauen zu schaffen. Die Komplexität dieser Schutzmechanismen ist oft für den Anwender nicht mehr nachvollziehbar und behindert sogar eher die Akzeptanz neuer IKT-Leistungsmodelle. Daraus ergibt sich, dass ein über die Sicherheitsarchitektur hinausreichendes Vertrauensbildungskonzept erforderlich ist, um der Sorge um Daten- und Kontrollverlust zu begegnen (vergl. Rapp, 2012).

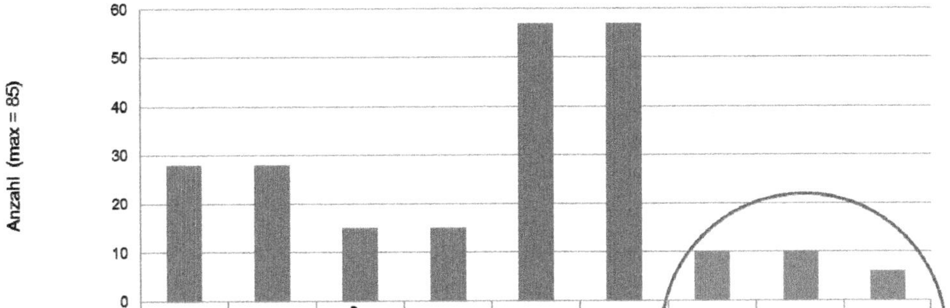

	1 - Hardware Platform	2 - Betriebs-system	3 - Datenbanken + Middleware	4a - Basis-Services	4b - Betrieb Basis-Services	5 - Betrieb Services	6a - SaaS DEV + Integration	6b - SaaS Strategie/ Design	7 - Geschäfts-prozesse
BSI-Kriterien	28	28	15	15	57	57	10	10	6

Abbildung 9: Verteilung der BSI-Kriterien auf die Cloud-Referenzarchitektur gemäß Eckpunktepapier (Quelle: interne HP Studie)

Das Architekturdesign befasst sich mit der Konzeption der Sicherheitsarchitektur und der darauf aufbauenden Sicherheitsmanagementprozesse. Dabei steht vor allem die Erfüllung der klassischen Informationsschutzziele Vertraulichkeit, Verfügbarkeit und Integrität von Daten und Kommunikationsinfrastrukturen im Vordergrund.

Die Definition der Vertrauensprozesse hat dagegen die Schaffung von Akzeptanz für das VFK auf der Ebene sozio-emotionaler Einflussfaktoren zum Ziel. Diese umfasst Konzepte zur Förderung kollaborativer Arbeitsprozesse, die Definition von Kommunikationsstrukturen sowie von Partizipationsmöglichkeiten durch die Plattformpartner.

4.3 Sicherheitsarchitektur

Die folgenden wissenschaftlichen Entwicklungen und Erkenntnisse wurden als Grundlage zur Entwicklung der Sicherheitsarchitektur des Virtual Fort Knox herangezogen:

- Security by Design basiert auf der Erkenntnis, dass sich die „klassische IT-Security" zu „IT-Safety" transformieren wird. IT-Security bezeichnet „Sicherheitstechnik, um die Geschäftsmodelle auf der Basis von Authentisierung, Autorisierung und Nachweisbarkeit zu gewährleisten, angereichert mit dem Wissen um die Problematik der Benutzbarkeit und der Wissensdefizite bei den Beteiligten" (vergl. Kriha, 2009 S. 2). Dagegen betrachtet IT-Safety Sicherheit nicht länger als zusätzliche, nachrüstbare Komponente von IKT-Systemen und damit als fehlerbehaftete Kompromisslösung, sondern als integralen Bestandteil, der bereits in frühen Innovations- und Konzeptionsphasen in die Planungs- und Wertebetrachtungen für IKT-Systeme einbezogen wird (Security by Design). Der Ansatz des IT-Safety-Paradigmas löst wesentliche Elemente sicherer IKT-Plattformen bereits in der konzeptionellen Architekturebene. Ihre wichtigsten Konzepte beziehen sich auf die Trennung von Rollen, Autoritäten (der Möglichkeit, etwas zu tun) und Rechten (der Erlaubnis, etwas zu tun) zur Ausführung von Methoden des Daten- und Funktionszugriffs. Jedes Programm und jeder Nutzer sollte die kleinste Menge an Rechten erhalten, die es oder er benötigt, um seine Aufgabe zu erfüllen (Role Based Access Control und Principle of Least Authority) (vergl. Kriha, 2009, S. 98ff).

- Technologien sicherer Informations- und Kommunikationssysteme (vergl. Kriha, 2009) gehen davon aus, dass die korrekte Anwendung sicherer Architekturprinzipien für die Plattforminfrastruktur und die Entwicklung von Plattformanwendungen eine aus technischer Sicht absolut sichere IKT-Plattform ermöglicht. Die Fehleranfälligkeit wäre damit ausschließlich auf bewusstes oder unbewusstes menschliches Fehlverhalten begrenzt. Dafür sind Technologien notwendig, die sichere Datenübertragung, -haltung und -verarbeitung gewährleisten, Zugangskontrollen zu Security Shells auf der Grundlage einer gesicherten Identifikation von Rollen und Services durchsetzen, den Diebstahl von Daten sowie den Erwerb von Autorität zur Aneignung von Daten und die Ausführung von Funktionen durch Unbefugte verhindern. Diese Technologien und die darauf beruhenden Vorgehensmodelle sind auf jeder Ebene der IKT-Architektur zu errichten und umzusetzen. In dem hier betrachteten verteilten Plattformkonzept liegt die Verantwortung für Entwicklung, Implementierung, Steuerung und Anpassung der identifizierten Mechanismen bei Anbietern und Anwendern der Plattform
- Management und Governance von Informationssicherheit. Governance beschreibt den Ordnungsrahmen für die zielgetreue, verantwortungsvolle, ethische und gesetzeskonforme langfristige Leitung und kontrollierende Steuerung der Plattform. Der Ordnungs- und Steuerungsrahmen des Virtual Fort Knox, in dem Risiken und die Einhaltung externer und interner Vorgaben integriert betrachtet und behandelt werden, wird unter dem Begriff „Management von Informationssicherheit" (Security Governance) zusammengefasst. Im weiteren Sinn wird darunter die Auffassung von Informationssicherheit als Prozess- oder Lebenszyklusmodell verstanden, bestehend aus den Elementarphasen Zieldefinition, Risikomanagement, Umsetzung von Schutzmechanismen und kontinuierlichem Verbesserungsprozess (vergl. Pohlmann et al,, 2006, S. 31; vergl. Schmidt, 2006, S. 2). Dieses Vorgehen ist in internationalen und nationalen Normen formalisiert (z.B. ISO 27001, BSI-Standard 100-1). Im engeren Sinne umfasst In-

formationssicherheitsmanagement Prozesse und Methoden der Realisierung von Informationssicherheitsmaßnahmen mithilfe von IKT-Systemen auf Basis des Risikomanagements. Das Informationssicherheitsmanagement dient durch die fortwährende Analyse der Effektivität und Effizienz dieser Prozesse der Anpassung von Maßnahmen oder Aktualisierung der Informationsschutzziele in einem kontinuierlichen Verbesserungsprozess.

Um die Vision einer einzigartig sicheren, kooperativen Plattform für den Maschinen und Anlagenbau verwirklichen zu können, wird die im Folgenden beschriebene, auf die besonderen Anforderungen des Nutzerkreises angepasste Sicherheitsarchitektur vorgeschlagen.

Die Sicherheitsarchitektur des Virtual Fort Knox (siehe Abbildung 10) implementiert Konzepte zur ganzheitlichen Betrachtung von technischer Sicherheit zum Management der VFK-Sicherheit. Eine Sicherheitsrichtlinie dient als zentrales Instrument zur Steuerung der Informationssicherheit. Aus der Sicherheitsrichtlinie leitet sich, unter Berücksichtigung des Security-by-Design-Ansatzes, zum einen die Sicherheitsinfrastruktur ab und zum anderen, unter Einbeziehung der Aspekte der Governance, das Sicherheitsmanagement der Plattform. Dabei beeinflussen sich die Sicherheitsinfrastruktur und das Sicherheitsmanagement gegenseitig. Die konkrete Implementierung der Infrastruktur hängt von den Anforderungen ab, die sich aus der Definition der Sicherheitsrichtlinie und des Sicherheitsmanagements ergeben.

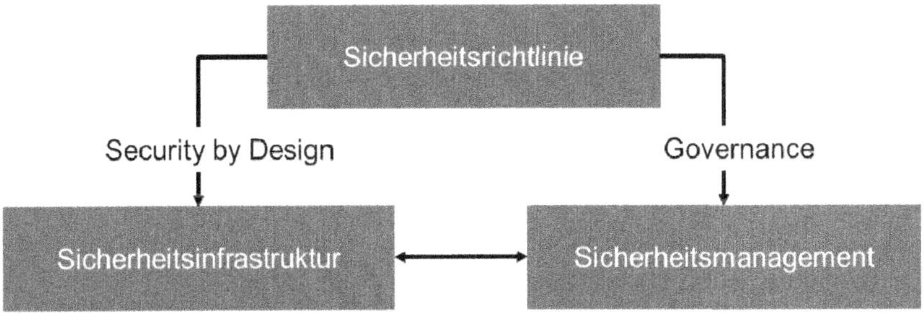

Abbildung 10: VFK-Sicherheitsarchitekturmodell

Die Sicherheitsrichtlinie des Virtual Fort Knox umfasst ein Sicherheitsschichtenmodell mit den dazugehörigen Bewertungskriterien und Schutzzielen sowie die Definition von organisatorischen Rollen und Verantwortlichkeiten in der Sicherheitsorganisation. Sie dient dazu, die Anforderungen des Nutzerkreises an ein risikogerechtes Sicherheitskonzept abzubilden. Sie beinhaltet Aussagen zu den Zielen, Strategien, Verantwortungsbereichen und Entscheidungskriterien für die Informationssicherheitsmaßnahmen des Virtual Fort Knox.

Die Sicherheitsrichtlinie ist ebenso als langfristige Strategie zu sehen, die die Art und Weise beschreibt, wie Sicherheit in der Plattform-Community des Virtual Fort Knox verstanden wird. Sie muss so gestaltet werden, dass sie sich dynamisch an sich ändernde Bedrohungslagen und Anforderungen an den Schutzbedarf von

Informationen anpassen lässt. Es sollte stets das Ziel sein, Angriffsflächen von vornherein zu minimieren oder gar nicht erst zu bieten. Dabei gilt es in regelmäßigen Zyklen zu evaluieren, ob die Informationssicherheitsrichtlinie den Schutzbedarfsanforderungen gerecht wird.

Der Anbieter der VFK-Plattform implementiert vollständig die Sicherheitsrichtlinie für die Kollaboration. Kunden sowie Dienstleister bzw. Anwendungsanbieter entscheiden selbst über die Adaption dieser Richtlinie oder die eigenständige Schaffung eines zu dieser Richtlinie kongruenten Sicherheitsansatzes. Die Nachprüfbarkeit der Compliance wird über transparente Sicherheitsstandards (teilweise auch marktüblich: ISO 2700x, BSI 100- x) gewährleistet.

4.4 VFK-Sicherheitsorganisation

Das Modell für die VFK-Sicherheitsorganisation beschreibt die Rollen und Verantwortlichkeiten, die notwendig sind, um den hohen Anforderungen bezüglich der Informationssicherheit auf der Plattform gerecht zu werden. Aus der Anforderungsanalyse wurde hierfür der Bedarf für ein kooperatives Vorgehen ermittelt, deshalb ist bei der Umsetzung eine föderative Organisationsstruktur anzustreben. Die starke Zentralisierung der Umsetzungsverantwortung in der Organisation des Plattformeigentümers erzeugt ein starkes Gefühl der Abhängigkeit und ist eine zusätzliche Vertrauensbarriere. Deshalb bedarf es Steuerungsinstanzen für eine anforderungsgerechte und nachhaltige Umsetzung der Informationssicherheitsrichtlinie. Das bedeutet, dass der Plattformeigentümer die Sicherheitsorganisation des Virtual Fort Knox definieren und besitzen muss. Serviceanbieter, Softwarepartner, Vertriebspartner und Wiederverkäufer müssen diese annehmen und in den angebotenen Engineering-Anwendungen und -diensten implementieren. Im Sinne der Vision von einer föderativen Plattform ist es erforderlich, dass Kunden, die das Virtual Fort Knox in vollem Umfang nutzen möchten, ihre Sicherheitsorganisation so transformieren, dass sie mit der des VFK kompatibel ist.

Die tragende Säule der VFK-Sicherheitsorganisation sind die Personen, die die Rollen und Verantwortlichkeiten für die Erfüllung der Informationssicherheitsschutzziele ein- und übernehmen. Die folgenden Rollen sind für die personelle Ausstattung vorgesehen:

- Information Risk Manager (IRM)
  - Erkennung, Bewertung und Management von Informationsrisiken
  - Definition der Kriterien zur Kategorisierung von Systemen und Daten in den Sicherheitsklassen
- Information Security Manager (ISM)
  - Schnittstellenfunktion zwischen Sicherheitsinfrastruktur und -management
  - Koordination der organisationsübergreifenden Kommunikation bezüglich der Umsetzung der Informationssicherheitsrichtlinie

- Informationssicherheitsbeauftragter (ISB)
  - Umsetzung der Informationssicherheitsziele in konkrete Maßnahmen
  - Auditierung des IKT-Betriebs gemäß den definierten Sicherheitsrichtlinien
  - IKT-Sicherheitsbeauftragter (SiBe)
  - Verantwortung für die Spezifikation, Auswahl und Entwicklung technischer Schutzmaßnahmen

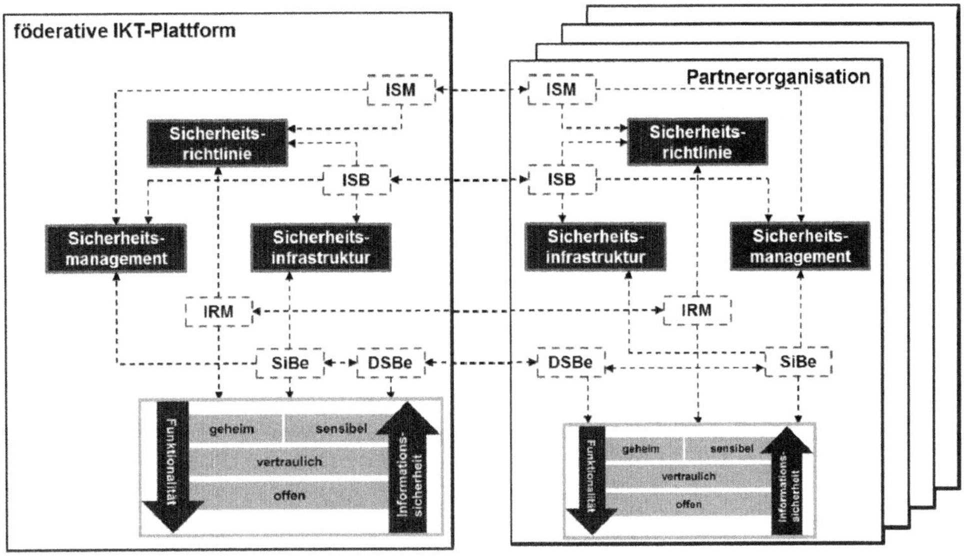

Abbildung 11: Modell der VFK-Sicherheitsorganisation

Wie die verschiedenen Rollen innerhalb einer am VFK teilnehmenden Organisation und zwischen zwei Partnern miteinander agieren können, ist in Abbildung 11 dargestellt. Diese Rollen definieren die Schnittstellen, die zwischen den kooperierenden Unternehmen geschaffen werden sollten, um die Sicherheit der Plattform auf hohem Niveau zu gewährleisten.

4.5 Erhaltung von Vertrauen und Akzeptanz

Die Unternehmen, die am Virtual Fort Knox teilnehmen und in der Zukunft teilnehmen werden, kommen aus den unterschiedlichsten Geschäftsfeldern. So werden Betreiber und Anbieter der Plattform genauso Teil der Plattform-Community sein wie mittelständische Unternehmen des Anlagen- und Maschinenbaus, Softwarepartner, Vertriebspartner und Wiederverkäufer. Diese haben in der Regel individuelle Geschäftsmodelle mit den spezifisch dafür definierten Leistungskennzahlen (KPIs). Das Plattformkonsortium wird für sich ebenfalls ein eigenes Geschäftsmodell entwickeln, das wiederum dafür spezifische KPIs beinhaltet. Der Nutzen, den eine Plattformadaption für die kooperierenden Unternehmen mit sich bringt, sollte an den individuellen Unternehmensleistungen und nicht an der

Leistung der Plattform allgemein gemessen werden. Dies ist deshalb wichtig, weil der Nutzen für jeden Kooperationspartner unterschiedlich stark ausgeprägt sein kann und sich ggf. aus anderen Faktoren ergibt. Es ist also notwendig, eine gemeinsame Strategie zu entwickeln, die möglichst viele gemeinsame Interessen der Beteiligten des Plattformkonsortiums berücksichtigt und diese ins Zentrum der Plattformentwicklung stellt. Diese Strategie muss in den gemeinsamen Geschäftsmodellen dokumentiert werden.

5 Geschäftsmodelle für eine digitale Industrie-Infrastruktur

Industrie 4.0 im Allgemeinen und VFK im Speziellen basieren auf dem Gedanken einer gemeinsamen digitalen Plattform, die Leistungen für die teilnehmenden Unternehmen bereitstellt, die diese selber so nicht erbringen könnten. Entscheidend für die Umsetzung einer solchen Plattform ist die Frage, welche Geschäftsmodelle damit verbunden sind: Wer bezahlt welche Leistung?

Im Rahmen der Nutzung der VFK-Plattform werden unterschiedliche Rollen differenziert, die verschiedene Interessen und Strategien bei der Nutzung der Plattform verfolgen:

- IT- und Basisdienste-Lieferant: Stellt für die Plattform technische Dienste zur Verfügung (zum Beispiel multimandantenfähige Datenbanken, Infrastruktur, Software-Lösungen zum Betrieb der Plattform), dies kann die Lieferung einzelner Leistungen oder auch den Betrieb der gesamten Plattform umfassen.
- Plattformbetreiber: Stellt die Plattform bereit und ermöglicht den Dienst- und Anwendungsanbietern, über die Plattform ihre Leistungen dem Kunden zur Verfügung zu stellen.
- Partner, die sich in „Dienste- und Softwareanbieter" sowie „Apps-Anbieter" aufgliedern:
  - Dienste- und Softwareanbieter: Bieten dem Kunden auf der Plattform ihre Dienste und Software an sowie aggregierte Dienste, die mehrere Dienste zu einem Dienst zusammenfassen. Unter diese Kategorie fallen auch Anbieter von komplexen Lösungen und Software-Systemen (wie ERP, PLM, SCM, …)
  - Apps-Anbieter: Bieten dem Kunden und der Community einfache Anwendungen („Apps") an, die in der Lage sind, andere Dienste zu nutzen und zu diesen einen einfachen Zugang zu ermöglichen. Es wird davon ausgegangen, dass es sehr viele Apps-Anbieter auf der VFK-Plattform geben wird.
- Kunde: Der Kunde ist ein Unternehmen, das die auf der Plattform angebotenen Dienste bestellt und damit für Mitarbeiter und Maschinen in seinem Unternehmen die Nutzung der Dienste der Plattform ermöglicht.

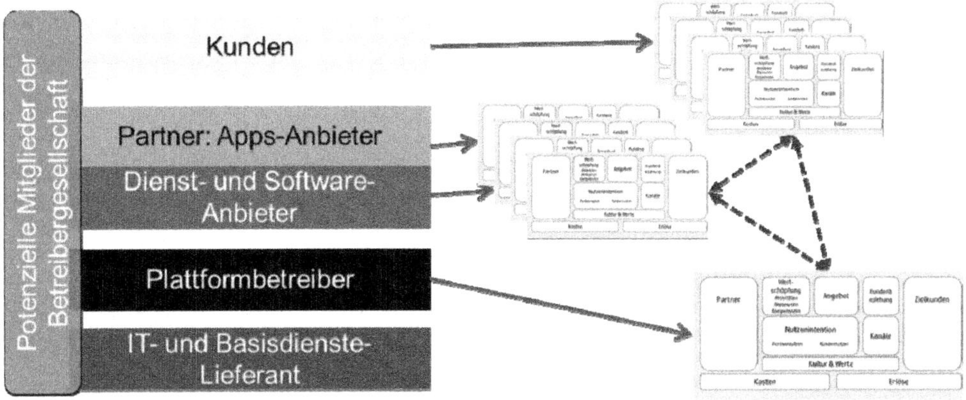

Abbildung 12: Beziehungen der Geschäftsmodelle

Vor diesem Hintergrund entwickelte Henning ein Geschäftsmodell-Framework, das dem besonderen Gedanken der Kooperation durch die Einführung einer verbindenden Vision Rechnung trägt (vergl. Henning, 2012). Ihr Modell geht aus dem Business Model Canvas (vergl. Osterwalder, et al., 2010), dem [moby]-Geschäftsmodellframework von Weiner (vergl. Weiner, et al., 2010)und dem Business Model Innovation von Stähler (vergl.Stähler, 2002) hervor. Es definiert die verschiedenen Elemente, die bei der Entwicklung eines Community-Geschäftsmodells zu berücksichtigen sind. Das Framework gewährleistet die Entwicklung von Geschäftsmodellen für die einzelnen Rollen als eigenständige Varianten.

Henning (vergl. Henning, 2012) unterscheidet die folgenden Kategorien:

- Die „Vision" beschreibt die langfristigen gemeinsamen Ziele der Kooperation und die entsprechenden Wege zur Zielerreichung. Die Vision sollte kurz und verständlich beschreiben werden.
- Zielkunden: Welche verschiedenen Kundengruppen, Personen oder Unternehmen durch das Geschäft erreicht und unterstützt werden, beschreibt das Element „Zielgruppen.
- Nutzenbeschreibung
  - Kundennutzen: Bevor die einzelnen Bestandteile und komplementäre Services eines Angebots beschrieben werden, beschreibt der Nutzen einfach und klar, welchen Wert ein Angebot für die Kunden liefert und welche Probleme es zu lösen hilft. Welche Bedürfnisse des Kunden befriedigt werden, wird ebenfalls beschrieben.
  - Partnernutzen: Der „Partnernutzen" beschreibt, welchen Nutzen die Partner der Kooperation an dem gemeinschaftlichen Geschäft haben.
- Kanäle: Kunden können über verschiedene Kommunikationskanäle erreicht und über Angebote informiert werden. Es ist zu entscheiden, über welche Kanäle die Kunden am besten und gleichzeitig Kosten-effizient zu erreichen sind.

- Kundenbeziehung: Welche Art von Beziehungen zwischen dem Anbieter und den Zielgruppen bestehen, beispielsweise eine direkte, persönliche Kommunikation oder eine automatisierte, beschreibt das Element „Kundenbeziehung."
- Angebot: Das „Angebot" beschreibt die Produkte und Dienstleistungen, die den jeweiligen Zielgruppen angeboten werden. Auch komplementäre Angebote und rechtliche Aspekte werden beschrieben.
- Wertschöpfung:
  - Aktivitäten: Welche Aktivitäten und Prozesse für die Erstellung und Bereitstellung des Angebots, die Kanäle und die Kundenbeziehung erforderlich sind, beschreibt das Element „Aktivitäten".
  - Ressourcen und Kompetenzen: Welche Ressourcen für die Erstellung und Bereitstellung des Angebots, der Kanäle und Kundenbeziehung benötigt werden, beschreibt das Element „Ressourcen". Unterschieden werden physische, geistige (intellektuelle), „personelle und finanzielle Ressourcen".
- Partner: Welche Ressourcen werden weiter benötigt, die nicht in der Kooperation entwickelt werden, aber Bestandteil des Angebots sind? Welche Aktivitäten können effizienter und zu geringeren Kosten von „Partnern" durchgeführt werden?
- Kultur & Werte: „Ein Wert, der im Besonderen für eine Community Cloud zählt, ist die Gleichberechtigung und Autonomie der Beteiligten"
- Kosten: Das Element „Kosten" beschreibt alle Ausgaben der Kooperation während des laufenden Betriebs eines Geschäftsmodells.
- Erlöse: Die Erlösstruktur beschreibt, wie die Kooperation plant, mit dem Geschäftsmodell Geld zu verdienen.

Diese einzelnen Kategorien stehen rollenübergreifend in Beziehung zueinander und beeinflussen in ihrer Gesamtheit Kosten und Erlöse der Kunden, Dienste- und Softwareanbieter, des Plattformbetreibers und der IT- und Basisdienste-Lieferanten.

Das folgende Industrie 4.0-Szenario soll die Komplexität verdeutlichen:

Ein Möbelhersteller will mithilfe der VFK-Plattform den Dienst eines Produktions-Planungs-Systems des Softwareanbieters A zur Steuerung und Optimierung seiner Produktionslinie einsetzen. Gleichzeitig nutzt er die Software des Anbieters B, um die Auslastung und Effizienz seiner Produktionslinie zu messen. Dank der Plattform können nun die Dienste der beiden Anbieter A und B als gemeinsame Leistung zusammengefasst werden. Nehmen wir an, Anbieter C möchte diesen neuen Dienst anbieten. Das Interesse des Möbelherstellers im Sinne eines optimalen Nutzens ist die direkte Bindung der Kosten für den aggregierten Dienst an die Stückzahl der produzierten Möbel. Er wird also für jedes produzierte Möbelstück einen festen Betrag zahlen wollen. Der Anbieter C akzeptiert das Modell, zahlt selber aber an die Softwareanbieter A und B für die Nutzung der Software (as a

Service). Der Plattformbetreiber berechnet A und B die Nutzung von Rechnerkapazitäten und die Bereitstellung der Sicherheitsinfrastruktur, deren Preis zum Beispiel über die Anzahl der angeforderten Verbindungen zur Plattform ermittelt wird.

Anhand der Preisgestaltung auf den unterschiedlichen Ebenen der Beteiligten wird deutlich, dass die einzelnen Geschäftsmodelle abgestimmt werden müssen. Sobald Kosten und Erlöse aufeinander abgestimmt werden, beeinflussen sich Angebot, Wertschöpfung und Nutzen in den unterschiedlichen Modellen gegenseitig. Aspekte wie Kultur und Werte sollten für alle möglichst ähnlich formuliert werden. Gerade hier hilft die Formulierung der gemeinsamen Vision.

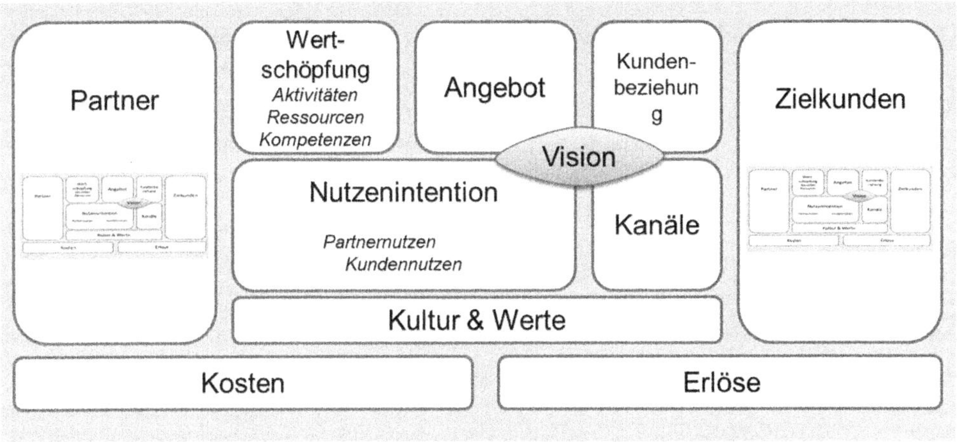

Abbildung 13: Das VFK-Geschäftsmodell-Framework nach Henning

Eine ausführliche Beschreibung eines VFK-spezifischen Geschäftsmodells befindet sich in Henning (vergl. Henning, 2012).

5.1 Bewertung und Überarbeitung der Geschäftsmodellvarianten

Mit einem ebenfalls von Henning (vergl. Henning, 2012)entwickelten Bewertungsmodell lassen sich nun Geschäftsmodellvarianten analysieren, um die Stärken und Schwächen sowie die Chancen und Risiken jeder Variante zu bestimmen. Das Bewertungsmodell ist eine Kombination der PEST(LE)-Analyse, der SWOT-Analyse, der Szenario-Technik, der Balanced Scorecard und den Verfahren der Wirtschaftlichkeitsberechnung, dem ROI, dem Zukunftserfolgswert und der Amortisationsdauer. Die Entscheidung für oder gegen die Umsetzung einer Geschäftsmodellvariante wird durch die Kooperation und deren Beteiligte getroffen. Dabei dient das Bewertungsmodell als Entscheidungsunterstützung.

Die im vorherigen Abschnitt beschriebenen Kernelemente des VFK zur Erreichung der Akzeptanz greifen auch bei der Erstellung und Bewertung der Geschäftsmodelle. Transparenz und Kommunikation sind im Erstellungsprozess notwendig; über das Geschäftsmodell wird der Nutzen definiert. Letztlich führt auch das Vertrauen in das gemeinsam entwickelte Geschäftsmodell zur Akzeptanz.

5.2 Bewertung des VFK-Geschäftsmodells

Mithilfe des Bewertungsmodells von Henning (vergl. Henning, 2012) wurden die Stärken und Schwächen des VFK-Geschäftsmodellentwurfs sowie dessen Chancen und Risiken betrachtet. In Bezug auf die Kundenbeziehung, die Erreichbarkeit der Kunden und die Regelmäßigkeit von Erlösen weist der Ansatz als Konsequenz des gewählten Abrechnungsmodells „Pay-per-Use" Schwächen auf.

Die Stärken des Modells liegen vor allem in der Fokussierung auf den Maschinen- und Anlagenbau, der hohen Flexibilität, Skalierbarkeit und Vielfältigkeit sowie in der Möglichkeit, als Gemeinschaft wesentlich effizienter in Sicherheit und Verlässlichkeit investieren zu können. Ein Mitbestimmungsrecht der Mitglieder über Sicherheitsrichtlinien, gemeinsame Regeln und Werte hätte nach der Bewertung einen positiven Einfluss auf die Kooperation.

Doch bestehen einige Risiken für das Virtual Fort Knox, die im Rahmen von Gesprächen mit Unternehmensvertretern identifiziert wurden. Die Branche der Maschinen- und Anlagenbauer schätzt sich selbst als konservativ ein. Es besteht das Risiko, dass subjektive Bedenken gegen die neue Technologie stärker sein könnten als der gesehene Nutzen. Aber auch aus technologischer Sicht werden Risiken gesehen. Viele Anwendungen in der Produktion können nur mit zusätzlichen Entwicklungsaufwänden in eine Cloud-Infrastruktur transferiert werden, da sie z.B. als Client-Server-Applikation entwickelt wurden. Das Virtual Fort Knox ist daher auf die Bereitschaft der Softwarehersteller angewiesen, in multimandantenfähige und modulare Lösungen zu investieren sowie gemeinsam überzeugende Sicherheitslösungen und Verlässlichkeit zu realisieren. Meistert das Virtual Fort Knox diese Herausforderungen, dann hat das Konzept große Chancen, am Markt erfolgreich zu sein.

Die größten Chancen des Modells liegen in der zunehmenden Notwendigkeit für eine unternehmens- und branchenübergreifenden Zusammenarbeit. Für das Virtual Fort Knox bietet sich die Chance, sich als technologische Plattform für Maschinen- und Anlagenbauer zu etablieren, die die vernetzte Produktion von Gütern unterstützt und dabei den gesamten Produktlebenszyklus umfasst.

6 Ausblick

Die bisher erreichten Ergebnisse des Forschungsprojekts sind ermutigend, insbesondere da es gelungen ist, exemplarisch die horizontale Integration über Wertschöpfungsnetzwerke zu demonstrieren. Die kurze Dauer der Förderung von sechs Monaten zwang allerdings dazu, sich auf die wesentlichen Aspekte zu konzentrieren und innovativ bisher verfügbare Technologien und Forschungsergebnisse schnell umzusetzen. Die Entwicklungen werden fortgeführt. So wird zurzeit intensiv an der offenen Architektur des MSB sowie an der Sicherheitsarchitektur gearbeitet. Auch die kommerzielle Umsetzung ist angedacht; es existiert bereits ein kommerzieller Pilot, betrieben vom Fraunhofer IPA, der erste Applikationen anbietet. Gemeinsam mit dem IPA und weiteren Partnern wird die Gründung einer gemeinsamen Betreibergesellschaft im Sinne der beschriebenen sicheren VFK-Plattform angegangen. Sie soll dann speziell den mittelständischen Unternehmen den Einstieg in das Thema Industrie 4.0 ermöglichen, mit dem Ziel, die Wettbewerbsfähigkeit des deutschen Maschinen- und Anlagenbaus weiter zu stärken.

7 Literatur

BSI 100-1, Bundesamt für Sicherheit in der Informationstechnik -. 2008. Managementsysteme für Informationssicherheit (ISMS) - Version 1.5. Bonn : Bundesamt für Sicherheit in der Informationstechnik - BSI, 2008.

BSI 100-2, Bundesamt für Sicherheit in der Informationstechnik. 2008. Grundschutz Vorgehensweise, BSI-Standard 100-2, Version 2.0. Bonn : Bundesamt für Sicherheit in der Informationstechnik - BSI, 2008.

BSI, Bundesamt für Sicherheit in der Informationstechnik. 2012. Eckpunktepapier-Sicherheitsempfehlungen für Cloud Computing Anbieter. Bonn : Bundesamt für Sicherheit in der Informationstechnik - BSI, 2012. BSI-Bro12/314.

Henning, Janine. 2012. Kollaboration in der Cloud: Modell zur Bewertung des Einsatzes von Community Clouds in derunternehmensübergreifenden Zusammenarbeit, Masterarbeit. s.l. : AKAD Hochschule Pinneberg, 2012.

Kagermann H, Wahlster Wr, Helbig J (Hrsg.). 2013. Umsetzungsempfehlungen für das Zukunftsprojekt Industrie 4.0 : Abschlussbericht des Arbeitskreises Industrie 4.0. Berlin : Promotorengruppe Kommunikation der Forschungsunion Wirtschaft - Wissenschaft, 2013.

Kern, Eva-Maria. 2005. Verteilte Produktentwicklung - Rahmenkonzept und Vorgehensweise zur organisatorischen Gestaltung. Berlin : Gito-Verlag, 2005.

Kriha, W. & Schmitz, R. 2009. Sichere Systeme. Konzepte, Architekuren und Frameworks. Berlin, Heidelberg : Springer, 2009.

Lee, Jagadpramana/ M. Mowbray/S. Pearson/M. Kirchberg/ Q. Liang/ B. 2011. Trust-Cloud. A Framework for Accountability and Trust in Cloud Computing. Singapur, Bristol. : HP Laboratories, 2011.

Osterwalder, Alexander und Pigneur, Yves. 2010. Business Model Generation, 2010. 2010.

Pohlmann, Norbert und Blumberg, Hartmut. 2006. Der IT-Sicherheitsleitfaden. Das Pflichtenheft zur Implementierung von IT-Sichereheitsstandards im Unternehmen. Heidelberg : Reline, 2006.

Rapp, Martin. 2012. Konzepte zur Vertrauensbildung in föderative IKT-Plattformen für den mittelständischen Maschinen- und Anlagenbau, Masterarbeit. s.l. : Hochschule Reutlingen, 2012.

Schmidt, Klaus. 2006. Der IT Security Manager. München : Hanser, 2006.

Schweer, M. 2012. Vertrauen als Organisationsprinzip in interorganisationalen Kooperationen. [Buchverf.] C. Schilcher. Vertrauen und Kooperation in der Arbeitswelt. Wiesbaden. : s.n., 2012.

Stähler, Patrick. 2002. Geschäftsmodelle in der digitalen Ökonomie - Merkmale, Strategien. 2002. Bde. 2.Auflage, 2002.

Weiner, Nico, Renner, Thomas und Kett, Holger. 2010. Geschäftsmodelle im >>Internet der Dienste<<– Aktueller Stand in Forschung und Praxis. Stuttgart : Fraunhofer IAO, 2010. 978-3-8396-0133-4.

Wissenschaft, Promotorengruppe Kommunikation der Forschungsunion Wirtschaft -. 2013. Umsetzungsempfehlungen für das Zukunftsprojekt Industrie 4.0. Berlin : Acatech, 2013.

IT-Sicherheit und Cloud Computing

Dr. Niels Fallenbeck, Technische Universität München;
Prof. Dr. Claudia Eckert, Technische Universität München

1 Einleitung

In Industrie 4.0 in Deutschland verschwinden die Grenzen zwischen den vormals getrennten Informations- und Kommunikationstechnik-Bereichen (IKT) der Produktions-IT und der Business-IT. Diese werden vernetzt, wodurch IT-Systeme mit ganz unterschiedlichen Sicherheitsanforderungen verbunden werden. Daraus ergeben sich neue Verwundbarkeiten und den Angreifern eröffnen sich neue Möglichkeiten, in Systeme einzudringen und Schäden auch in der physischen Welt zu verursachen. So können sich beispielsweise Computer-Viren, die man von Desktop-PCs kennt, auf Produktionsanlagen ausbreiten, oder Maschinen werden zur Fernwartung freigegeben, ohne diese Zugänge ausreichend abzusichern.

1.1 Eingebettete, vernetzte Komponenten

Maschinen und Produkte werden in Industrie 4.0 zu intelligenten, vernetzten so genannten cyberphysikalischen Systemen (CPS). Viele Komponenten dieser Systeme sind beschränkt hinsichtlich ihrer Speicherkapazität oder auch ihrer Rechenfähigkeit und ihrem Energieverbrauch. Sie müssen rund um die Uhr ihre Aufgaben erfüllen, oft unter Einhaltung strikter zeitlicher Vorgaben. Sie sind zudem häufig zertifiziert, so dass es in der Regel nicht möglich ist, im Regelbetrieb Sicherheits-Patches, wie aus der Business-IT wohlbekannt, aufzuspielen. Komponenten können nicht einfach neu gestartet oder neu konfiguriert werden. Klassische Sicherheitstechnologie (vgl. [8]), wie man sie in heutiger Business-IT findet, wie Viren-Scanner, Firewalls, VPNs oder SSL/TLS-verschlüsselte Kommunikation zwischen Browsern und Servern in der Unternehmens-IT, sind nicht für die ressourcenschonende, einfache Absicherung beschränkter, vernetzter Komponenten im Automatisierungs- und Produktionsumfeld geeignet. Gleiches gilt ebenso für Techniken zur Identifikation von agierenden Nutzern, wie Zugangscodes und Berechtigungsausweise. Die Komponenten müssen in der Lage sein, sich untereinander sicher zu identifizieren, Manipulationen zu erkennen und sicher miteinander zu kommunizieren. Sichere und überprüfbare Identitäten von Maschinen, der Schutz vor gefälschten und nachgemachten Produkten und die sichere Maschine-zu-Maschine Kommunikation sind neue und wichtige Herausforderungen für die

IT-Sicherheit in der Industrie 4.0. Benötigt werden neue Sicherheitstechniken wie vertrauenswürdige Betriebssystem-Kerne für die beschränkten Komponenten, oder aber auch leichtgewichtige, aber dennoch starke Sicherheitsmechanismen, um Manipulationen zu verhindern bzw. unschädlich zu machen.

Maschinen und Anlagen in der Industrie sind für einen langjährigen Einsatz oft in der Größenordnung von zwanzig Jahren und darüber hinaus vorgesehen. Die Migration von der heutigen Industrie 3.0 auf die nächste, von intensiver Vernetzung zum Internet der Dinge geprägten Generation wird also nicht als Revolution, sondern vielmehr als Evolution stattfinden müssen. Zu diesem Schluss kommt auch die Autoren des Abschlussberichts des Arbeitskreises Industrie 4.0 der Forschungsunion [10], die als eine der großen Herausforderung auf dem Weg zu Industrie 4.0 die Anpassung vorhandener Basistechnologien und Erfahrungen an die Besonderheiten der Produktionstechnik sehen. Die Nachrüstung der Netzwerkschnittstellen von industriellen Komponenten etwa mit kryptographischen Verfahren zum Schutz des Datenaustausches ist keine Standardaufgabe. Zwar gibt es ausreichend bewährte Konzepte in der klassischen IT-Welt, diese lassen sich allerdings nicht ohne weiteres in den industriellen Kontext übertragen. Zum einen müssen die Sicherheitslösungen mit den bestehenden Standards der Systeme kompatibel sein. Zum anderen laufen die Industriesysteme unter sehr strikten Realzeitbedingungen. Das Zeitfenster für die Ver- und Entschlüsselung der Daten oder die Authentifizierung von Nutzern und Geräten ist äußerst klein. Erforderlich ist die Entwicklung von Sicherheits-Konzepten für alle Ebenen: Dazu zählt zum Beispiel auch ein durchgängiges Berechtigungsmanagement. Damit wird klar geregelt, wer welche Aktionen an dem jeweiligen System vornehmen darf und kann. Neben dem Schutz vor Angriffen über das Internet muss auch die Sicherheit bei physikalischen Angriffen gewährleistet sein. Physikalische Angriffe bezeichnen alle Angriffe, in denen der Angreifer direkten Zugriff auf das physikalische Gerät erhält und in der Lage ist, Hardware hinzuzufügen, zu entfernen oder zu manipulieren. Dies lässt sich durch die Integration von sicheren Hardware-Bausteinen erreichen, so dass ein System sich nicht mehr booten lässt, wenn eine manipulierte oder gefälschte Komponente (vgl. [9]) in das System eingebracht wurde. Sichere Hardwarebausteine können Module sein, die gegen die oben genannten physikalischen Angriffe geschützt sind und beim Start eines Systems die Integrität der am Startprozess beteiligten Komponenten überprüfen. Darüber hinaus können sichere Hardware-Bausteine einen sicheren Speicherbereich zur Verfügung stellen, in dem sensible Daten sicher gespeichert werden können.

1.2 Big Data und Cloud-Computing

Menschen, Maschinen, Produktionsanlagen, Geschäftsprozesse, Produkte und Dienste erzeugen ständig Daten. Zur Optimierung von Ressourcennutzungen und Geschäftsprozessen werden diese Daten in Realzeit zusammengeführt und effizient analysiert (Big Data). Die Daten dienen der Steuerung und Überwachung von Produktions- und sonstigen unternehmenskritischen Abläufen, sie steuern das Verhalten von Fahrzeugen oder auch von Anlagen und Maschinen. Eine gezielte Manipulation dieser Daten könnte somit verheerende Konsequenzen haben. Daten und Informationen können aber auch ein wertvolles Wirtschaftsgut sein, man denke beispielsweise an Produktionsdaten, die vor unberechtigten Zugriffen und Manipulationen zu schützen sind. Zudem wird eine Vielzahl von Aufenthaltsdaten, Bewegungsprofilen, Nutzungsprofilen oder auch Gewohnheiten von Nutzern der Anlagen und Maschinen erfasst. Dies stellt eine erhebliche Bedrohung der Privatsphäre dar. Die Gewährleistung einer datenschutzbewahrenden Verarbeitung von Daten ist eine zentrale sowohl gesellschaftliche als auch wirtschaftspolitische Aufgabe, hier ist noch ein erheblicher Forschungsbedarf erforderlich.

Die Arbeitnehmer in Industrie 4.0 sind mobil, organisieren sich global und handeln oft selbständig. Arbeitszeiten und -orte sind flexibel. Dementsprechend muss die IKT für die Arbeitnehmer mobil, vielseitig und sehr einfach verwendbar sein. Durch die Bereitstellung von Services und Daten über das Internet müssen Beteiligte an den einzelnen Prozessen nicht mehr vor Ort sein, sondern können von beliebigen Standorten die Services verwenden. Damit möglichst einfach benötigte Experten und Anwender in die Prozesse eingebunden werden können, muss sowohl der Zugang zu den Services als auch deren Verwendung einfach möglich ist. Auch hinter diesen Anforderungen verbergen sich Herausforderungen für die IT-Sicherheit, von der Kommunikationssicherheit in mobilen Netzen über Konzepte wie „Bring your own device" (vgl. [32]) bis hin zum Problem der einfachen Benutzbarkeit von IKT. Gerade die einfache, sichere Nutzbarkeit von IKT-gesteuerten Komponenten in produktiven Umgebungen wirft derzeit noch viele ungelöste Probleme auf.

Produktions- und Geschäftsprozesse werden in Industrie 4.0 entlang der Wertschöpfungskette aufgebrochen und auf unterschiedliche, oft voneinander wirtschaftlich unabhängige Parteien verteilt: Während der klassische Produktionsprozess von einem Teilnehmer entworfen, durchgeführt und überwacht wurde, erlaubt der Einsatz einer Cloud-Architektur die Einbeziehung unterschiedlicher beteiligter Partner, die verschiedene Schritte des Prozesses betreuen und in den Produktionsablauf eingreifen können. Eine langfristige Vision von Industrie 4.0 ist die völlige Automatisierung des Produktionsprozesses: „In einer Vision der flächendeckenden Durchdringung dieses Ansatzes steuern sich Aufträge selbstständig durch ganze Wertschöpfungsketten, buchen ihre Bearbeitungsmaschinen und ihr Material und organisieren ihre Auslieferung zum Kunden." [24, Seite 22] Das Internet ist dabei das zentrale Kommunikationsmedium und Cloud Computing das zentrale Paradigma zur Erbringung kostengünstiger, standardisierter IT-basierter Dienste (vgl. [28, 29]). Damit dies gelingt, werden sichere und vertrauenswürdige Identitäten auch für Dienste und Menschen benötigt. Dienste müssen sicher, dynamisch und über Organisationsgrenzen hinweg integrierbar sein. Die Kommunikation muss trotz möglicher Angriffe und gezielter Industriespionage zuverlässig und sicher erfolgen. Die Daten in der Cloud müssen gegen unerlaubten Zugriff geschützt sein und die Verarbeitung muss korrekt und sicher erfolgen.

1.3 Herausforderungen für die IT-Sicherheit

Als Zwischenfazit ist bereits an dieser Stelle festzuhalten, dass die sichere Industrie 4.0 umfassende Maßnahmen erfordert, um die Korrektheit, Vollständigkeit und rechtzeitige Verfügbarkeit der Daten, sowie die sichere Kommunikation und die Vertrauenswürdigkeit der eingesetzten IKT-Komponenten zu gewährleisten. Sie umfasst technologische, aber auch organisatorische Maßnahmen zur Steigerung von Vertrauen in IKT-basierte Systeme und Abläufe. Erforderlich sind neue methodische und technologische Ansätze, um die Sicherheit und Vertrauenswürdigkeit von IKT Systemen prüfbar und kontrollierbar zu erhöhen. Das mit der Nutzung der IKT Systemen einhergehende Risiko muss methodisch erfasst und quantifiziert werden und es müssen Prozesse und Verfahren entwickelt werden, um Risiken zu minimieren und um mit den verbleibenden Risiken verantwortungsvoll umzugehen. Langfristig tragfähige Lösungen erfordern die Entwicklung neuer Sicherheits-Technologien, die Anforderungen hochgradig (unter Umständen spontan) vernetzter und eingebetteter Systeme erfüllen, beispielsweise in Bezug auf Energie-Effizienz oder Realzeit-Anforderungen). Neue Sicherheitskontroll- und Schutzmaßnahmen müssen bereits frühzeitig in den Entwurf der Systeme integriert werden, um zukünftige IT-basierte Produkte und Systeme robuster und resistenter gegen insbesondere auch Internet-basierte Angriffe zu gestalten.

Das sichere Cloud-Computing ist für die sichere Industrie 4.0 eine zentrale Fragestellung. Den Nutzen von Cloud-Technologie hat die Forschungsunion in ihren Umsetzungsempfehlungen für das Zukunftsprojekt Industrie 4.0 [10] aufgearbeitet. Dabei steht Cloud Computing im Mittelpunkt und stellt die Plattform dar, über die alle Experten und Anwender in einem Szenario kommunizieren und an das sowohl die Akteure selbst als auch die Produktionsmaschinen angeschlossen sind. Der vorliegende Beitrag konzentriert sich deshalb in den folgenden Abschnitten vordringlich auf den Bereich des Cloud-Computings.

Der Beitrag ist wie folgt strukturiert: Zunächst gehen wir auf einige Chancen und Risiken des Cloud-Computings im Kontext Industrie 4.0 ein. Anschließend erläutern wir die zentralen Anforderungen an sichere Cloud-Systeme, nämlich die Verfügbarkeit der gespeicherten Daten und angebotenen Dienstleistungen, die Unversehrtheit der Daten sowie die Gewährleistung der Vertraulichkeit der Daten. Mögliche Einsatzszenarien für sicheres Cloud-Computing, wie die sichere Fernwartung, oder die sichere, zentrale Datenspeicherung und Analyse werden diskutiert. Abschließend skizziert der Beitrag einige technologische Ansätze sowie ausgewählte, vielversprechende Forschungsansätze. Die Technologie-Ansätze sind zum Teil bereits heute im Einsatz, sie müssen jedoch an die spezifischen Anforderungen von Industrie 4.0 Szenarien angepasst werden.

1.4 Cloud-Computing im Kontext von Industrie 4.0

Cloud Computing spielt in der Vernetzung von Komponenten eine entscheidende Rolle. Durch ihre Eigenschaft, über das Internet angesprochen werden zu können und ihren Service-orientierten Charakter können Cloud-Dienste über Schnittstellen einfach genutzt werden und ihrerseits selbst auf andere Dienste zugreifen. Diese Eigenschaften finden sich ebenfalls in der Entwicklung von Industrie 4.0 wieder: Auch Produktionsanlagen und deren Komponenten besitzen standardisierte Schnittstellen, die einen einfachen und homogenen Zugriff auf die Anlagenfunktionen und -informationen ermöglichen. Über die Schnittstellen findet eine Öffnung der Systeme statt und eine Interoperabilität zwischen unterschiedlichen Komponenten und Anlagen kann durch eine Standardisierung der Schnittstellen erreicht werden.

Chancen und Risiken

Für die Vernetzung verteilter Komponenten im Industrie 4.0-Umfeld eignen sich Cloud-Services im besonderen Maße. Sie erlauben die zentrale Speicherung von Daten, deren Auswertung und schließlich den Zugriff auf die verteilten Komponenten, um beispielsweise Softwareupdates einzuspielen oder Konfigurationsänderungen vorzunehmen. Cloud-Infrastrukturen umfassen physisch verteilte Systeme zur Speicherung und Verarbeitung von Daten, die durch eine Cloud-Management-Komponente verwaltet werden. In diesem Kontext muss erwähnt werden, dass im Folgenden häufiger von der zentralen Speicherung in der Cloud gesprochen wird, die per Definition selbst ein verteiltes System ist. Dabei können die gespeicherten Daten und die von der Cloud bereitgestellten Services innerhalb der Cloud-Infrastruktur verteilt gespeichert werden, nach außen hin – für angeschlossene Produktionsanlagen oder Anwender – stellt sich die Cloud jedoch als zentraler Dienst mit einem einzigen Eintrittspunkt dar. Die physikalische Verteilung ist für Dienste und Anwender von außen vollständig transparent.

Durch die Verteilung der Daten und Dienste auf verschiedene physikalische Server kann eine hohe Verfügbarkeit gewährleistet werden. Das Cloud-System ist in der Lage, automatisiert und sehr schnell auf Ausfälle von Cloud-Komponenten zu reagieren und die Cloud-Dienste rechtzeitig und transparent auf andere Komponenten zu migrieren und kann damit Ausfällen von Diensten vorbeugen. Diese Reaktion auf Notfälle und unvorhergesehene Ereignisse kann zu großen Teilen vollautomatisiert erfolgen, da die Maschinen neben standardisierten Schnittstellen die Daten strukturiert zur Verfügung stellen. Dies ermöglicht eine vollautomatische schnelle Analyse der Daten und ist Grundlage für eine kurze Reaktionszeit, die Schaden an Maschinen oder deren Umgebung verhindern kann.

Gleichzeitig erlaubt der hohe Vernetzungsgrad zwischen Industrieanlagen Kosteneinsparungen für Wartung und Pflege, da der Wartungsdienst nicht mehr bei jeder Anlage vor Ort sein muss, sondern zahlreiche Aufgaben über die Fernzugänge der Industrieanlagen erledigt werden können. Fernwartung ist im Industrieumfeld bereits etabliert, hat aber häufig noch das Problem der proprietären Zugänge und der verschiedenen Zugriffsmöglichkeiten über Mobilfunkanbindungen oder kabellose und kabelgebundene Netzwerkverbindungen, die jeweils unterschiedliche Konfigurationen und Tools erfordern. Die Nutzung standardisierter Schnittstellen und die homogene Organisation von Industrieanlagen über eine Cloud-Plattform bietet daher die Möglichkeit, Fernzugänge einfacher und effizienter zu nutzen, als dies zur Zeit der Fall ist. Doch bietet die Kommunikation über öffentliche Netzwerke und die Erreichbarkeit der Produktionsanlagen aus dem Internet erhebliches Gefahrenpotential, das sowohl die Funktionsweise der Anlage selbst als auch die Sicherheit der Daten in der Anlage gefährdet. Beispiele wie Stuxnet, Duqu [2, 7] und Flame haben in der Vergangenheit gezeigt, dass Industrieanlagen gezielt ins Visier von Angriffen geraten können, die eine unmittelbare Gefährdung für die Anlage selbst und deren Umgebung darstellen. Ein aktuelles Beispiel stellt eine Schwachstelle im Authentifizierungssystem eines Systemreglers eines Blockheizkraftwerks (BHKW) dar. Die Schwachstelle ermöglicht die Zugriffe auf die Kundendienst- und Technikmitarbeiterebene und erlaubt damit, das BHKW außerhalb seiner Spezifikation zu betreiben [1].

Im Unterschied zu dem Ausfall eines BHKW in einem Ein- oder Mehrfamilienhaus hat jedoch ein Ausfall oder die Zerstörung einer Produktionsanlage deutlich signifikantere Auswirkungen. Der Ausfall einer Produktionsanlage bedeutet für den Betreiber oft einen hohen Verlust, der durch den Stillstand der Anlage, die Auswirkungen auf weitere anschließende Produktionsschritte und letztlich dem Ausbleiben von Verkaufserlösen entsteht. Der Betrieb großer Kraftwerke und Produktionsanlagen außerhalb deren Spezifikationen kann die Zerstörung bedeuten, die große Auswirkungen auf die angrenzende Umgebung haben kann.

Neben den Schwachstellen in den Schnittstellen und den Industrieanlagen selbst erhöht sich die Angriffsfläche bei der Nutzung von Cloud-Systemen zur Steuerung und Planung der Produktionsabläufe. Schwachstellen in der Software können ausgenutzt werden, um als Nutzer der Plattform mehr Rechte zu erlangen, als man im System eigentlich hat (Privilege Escalation). Dadurch oder durch Schwachstellen in der Datenspeicherung können Angreifer Zugriff auf Daten anderer Produktionsanlagenbetreiber erlangen, um Informationen über die Produktionsprozesse zu gewinnen oder direkt Zugriff auf die angeschlossenen Produktionsanlagen zu bekommen.

Die Motivation möglicher Angreifer liegt dabei oft in der angesprochenen Industrie- bzw. Datenspionage oder in der Sabotage von Industrieanlagen. Weiterhin kann auch einfach Neugier als Antrieb dienen, Schwachstellen in einem Cloud-System zu suchen und auszunutzen. Oftmals werden dabei kritische Schwachstellen in den Systemen gar nicht benötigt, um unrechtmäßigen Zugriff auf Daten zu erhalten: Wenn Anwender von Cloud-Systemen durch Leichtsinn, fehlendem Bewusstsein oder Bequemlichkeit unsichere Passwörter verwenden, die einfach zu erraten oder durch Social Engineering in Erfahrung zu bringen sind. Eine weitere Herausforderung stellen vor diesem Hintergrund arbeitsteilige Prozesse dar, in denen Informationen über verschiedene Nutzer verteilt werden, da ein erfolgreicher Angriff auf den Account eines einzigen beteiligten Anwenders bereits den Zugriff auf die gesamten im Prozess benötigten Daten bedeuten kann.

2 Anforderungen an Cloud-Systeme

An das Sicherheitsniveau von Cloud-Services im Umfeld Industrie 4.0 werden hohe Anforderungen gestellt: Die Übertragung von Daten und Steuerbefehlen zwischen dem Cloud-Service und der einzelnen Maschine muss über einen sicheren Kanal erfolgen, die Speicherung der Daten in der Cloud muss abgesichert werden, ebenso wie die Nutzung, Verarbeitung und Weitergabe der entsprechenden Daten. Dies gilt insbesondere dann, wenn durch einen Cloud-Service die Daten mehrerer, gegebenenfalls konkurrierender Parteien verwaltet werden. Es muss somit einerseits eine sichere Mandantentrennung gewährleistet sein und ein Rollenmodell die Berechtigungen der einzelnen Akteure zuverlässig durchsetzen. Andererseits soll eine Cloud-Infrastruktur das sichere Zusammenarbeiten der Beteiligten der Industrie 4.0-Wertschöpfungskette ermöglichen, so dass eine vollständige Isolierung der Daten und Aktivitäten der Parteien gar nicht erwünscht ist. Die Serviceorientierung und Bereitstellung von Planungsservices durch eine Cloud-Infrastruktur ermöglicht die Einbindung von Personen unterschiedlicher Parteien an der Industrie 4.0-Wertschöpfungskette. Dies erlaubt einerseits die Einbindung von Fachpersonal an Stellen des Prozesses, an denen spezielles Fachwissen benötigt wird, und andererseits die Einbindung des Kunden, um Einfluss auf das zu fertigende Produkt bereits in der Planungsphase und darüber hinaus zu erhalten. Benötigt werden somit flexibel konfigurierbare und kontrollierbare Techniken, um die Verarbeitung und Weitergabe der Daten entsprechend der Aufgaben und Pflichten der beteiligten Parteien zu ermöglichen. Darüber hinaus muss die Verfügbarkeit gewährleistet sein, wenn der Cloud-Service wichtige Funktionen bereitstellt, ohne die eine Industrieanlage nicht weiter funktioniert. Folgende grundlegenden Schutzziele (vgl. auch [8]) müssen daher erfüllt werden:

- Verfügbarkeit der Dienste und Daten
- Unversehrtheit der Daten
- Geheimhaltung vertraulicher Daten

Ein wichtiges Merkmal von Cloud-Infrastrukturen ist der Zugriff auf die Cloud-Dienste über Netzwerkschnittstellen: Die Kommunikation mit der Cloud findet in der Regel über das Internet statt, Daten werden also über ein öffentlich zugängliches Netzwerk gesendet und passieren auf dem Weg vom Sender (beispielsweise einer Produktionsanlage) zum Empfänger (der Cloud) verschiedene Knotenpunkte im Netz. Diese liegen außerhalb der Kontrolle der Netzwerkadministratoren des Cloud-Providers und des Anlagenbesitzers. Zudem werden verschiedene technische Übertragungsmedien wie Kabel oder Funk- und Satellitenverbindungen genutzt.

Es stellen sich also hohe Sicherheitsanforderungen nicht nur bei der Speicherung und Verarbeitung der Daten in der Cloud, sondern bereits auf dem Übertragungsweg zwischen Cloud und Produktionsanlage. Wie eingangs bereits erwähnt ist natürlich auch die korrekte, vollständige und nicht manipulierte lokale Datenerhebung in den Anlagen von besonderer Bedeutung. Dies erfordert, wie bereits kurz skizziert, die Einbettung von Sicherheitsmaßnahmen direkt in die eingebetteten Komponenten der Anlage. Auf diesen Aspekt wird im Folgenden nicht eingegangen.

2.1 Einsatz von Cloud Computing in Industrie 4.0

Cloud Computing ist durch seine Eigenschaften wie der Skalierbarkeit, der hohen Verfügbarkeit, einer schnellen Netzwerkverbindung und damit verbunden der Bereitstellung von Funktionalität durch definierte Schnittstellen nach außen eine Technologie, die grundlegend für Industrie 4.0 ist und die Umsetzung der Charakteristika wie dem hohen Vernetzungsgrad der Industrieanlagen und der darauf basierenden Adaptivität und automatisierten Organisierung der Produktionsanlagen erst ermöglicht.

Die klassische Automatisierungspyramide ist in sechs Ebenen untergliedert, auf denen unterschiedliche Daten zusammenlaufen und die unterschiedliche Aufgaben haben:

ERP Die Unternehmensebene dient der groben Planung der Produktion und umfasst beispielsweise Systeme wie die Bestellabwicklung.

MES Auf der Betriebsleitebene finden feingranulare Planungen statt, wie die Produktionsprozesse im Einzelnen aussehen. Hier werden die Key Performance Indicators (PKIs) überwacht und es findet Material- und Qualitätsmanagement statt.

SCADA Auf Prozessleitebene laufen die Messwerte der unteren Schichten zusammen, daher findet hier das Monitoring des gesamten Systems statt. Falls benötigt, können von dieser Ebene auch Kommandos abgesetzt werden, um die angeschlossenen Maschinen zu steuern und auf außergewöhnliche Situationen zu reagieren. Die Archivierung der Messwerte findet ebenfalls auf dieser Ebene statt.

SPS Auf der Steuerungsebene findet die Steuerung der einzelnen Maschine statt.

Ein-/Ausgangssignale Diese Ebene stellt die technische Schnittstelle zur Produktionsprozess dar, die über Ein- und Ausgabesignale verfügt.

Produktionsprozess Diese tiefste Ebene, die Sensor- und Aktor-Ebene, dient zur einfachen und schnellen Datensammlung meist binärer Signale in den angeschlossenen Maschinen.

Cloud-Computing-Technologien finden sich auf den oberen Ebenen dieser Automatisierungspyramide wieder: In Cloud-Systemen laufen die Daten aus den Produktionsanlagen zusammen, werden dort analysiert und in Berichte und Dashboards umgesetzt, die einen genauen Überblick über alle angeschlossenen Systeme geben können und die gleichzeitig bis auf Maschinen- und Komponentenebene hinabreichen. Produktionsprozesse werden überwacht und in der Cloud graphisch dargestellt. Gleichzeitig können Cloud-Systeme dazu dienen, Prozesse selbst zu planen, in aktive Prozesse einzugreifen oder sogar automatisiert Entscheidungen zu treffen und entsprechende Steuerbefehle an die Produktionsanlagen zu senden. Dadurch kann eine Synchronisierung zwischen den Produktionsanlagen erreicht und damit Phasen unzureichender Auslastung minimiert werden, wenn diese in einem Prozess zusammen arbeiten. Durch intelligente Planung und automatisierte Umkonfiguration und Anpassung von Werkzeugen und Maschinen können darüber hinaus Nebenzeiten minimiert werden.

Die Einführung von standardisierten Anlagekomponenten ermöglicht eine immer einfachere Zugänglichkeit und erlaubt den einfachen Zusammenschluss von Industrieanlagen in Cloud-Plattformen. Nicht nur aus Kostengründen ist diese einheitliche Möglichkeit des Zugriffs auf Maschinen attraktiv: Servicepersonal kann unterschiedliche Anlagen über eine einheitliche Softwareplattform erreichen und verwalten, auch eine zentrale Sammlung von Daten wird einfacher, wenn sich die Schnittstellen der verschiedenen Maschinen gleichen. Zudem erlaubt sie eine Analyse unter Einbeziehung von Monitoringdaten sämtlicher Systeme aus den unterschiedlichen Ebenen der Automatisierungspyramide. Durch standardisierte Schnittstellen und einfache Zugriffsmöglichkeiten wird eine im Vergleich zu den vergangenen Jahren deutlich verbesserte Analyse, Fehlersuche und Simulation möglich.

In den folgenden drei Abschnitten werden drei wichtige Nutzungsszenarien für Cloud-Plattformen in Industrie 4.0 etwas detaillierter diskutiert.

2.1.1 Fernwartung von Produktionsanlagen

Die Fernwartung von Produktionsanlagen ist in der heutigen Zeit aus mehreren Gründen essentiell. Einerseits stehen moderne Industrieanlagen nicht mehr zwangsweise an einem Ort, so dass Servicetechniker lange Reisen unternehmen müssten, um alle an einem Fertigungsprozess beteiligten Maschinen zu besuchen. Andererseits sind moderne Produktionsmaschinen sehr komplex und durch Software steuerbar, so dass die Notwendigkeit von Softwareupdates und Konfigurationsänderungen deutlich größer ist als vor einigen Jahren.

Aus diesem Grund bieten auch heutige Maschinen bereits die Möglichkeit der Fernwartung. Normalerweise loggt sich ein Servicemitarbeiter des Herstellers über einen Remote-Zugang direkt auf der Maschine ein. Dabei kann er entweder eine Verbindung direkt zur entsprechenden Maschine aufbauen, oder er loggt sich in das Virtual Private Network (VPN) im Firmennetzwerk des Kunden ein, um von dort aus Zugriff auf die Maschine zu erhalten. Für jede Produktionsmaschine werden dafür in der Regel eigene Zugangsdaten und Netzwerkadressen angelegt und gepflegt. Dies ist sehr aufwändig. Eine deutliche Vereinfachung lässt sich mit der Organisation der Produktionsmaschinen in einer Cloud-Infrastruktur erreichen. Die Cloud kann als ein zentraler Zugriffspunkt auf die Anlagen genutzt werden. Hinzu kommt, dass der Zugang zu Produktionsanlagen aus verschiedenen Gründen nicht einfach hergestellt werden kann, beispielsweise aufgrund von Restriktionen aus der IT-Abteilung der Betreiberfirma der Anlage oder einem vorhandenen Mobilzugang über das Mobilfunknetz ohne öffentlich erreichbare IP-Adresse.

Die zentrale Organisation intelligenter Produktionsanlagen in einer Cloud stellt somit einen großen Zugewinn an Komfort dar, birgt allerdings auch Sicherheitsrisiken, vor allem in Mehrnutzer-Umgebungen, in denen Produktionsanlagen verschiedener Kunden auf einer einzigen Cloud-Plattform verwaltet werden.

Manche Hersteller von Produktionsanlagen stellen über die Firmware ihrer Anlagen ein, welche Funktionen während des Fertigungsprozesses zur Verfügung stehen und wie schnell die Anlage arbeitet. Kunden haben die Möglichkeit, nachträglich Leistungen und Funktionen zu kaufen, die dann in der Firmware freigeschaltet werden. Werden diese Funktionen nach dem Kauf der Produktionsanlage unrechtmäßig freigeschaltet, entsteht dem Anlagenhersteller ein finanzieller Schaden. Daher muss sichergestellt sein, dass nur vom Hersteller autorisiertes Servicepersonal Funktionen in der Firmware der Anlage freischalten oder deaktivieren kann.

2.1.2 Zentrale Verwaltung von Produktionsmaschinen

Auch im Anwendungsfall der zentralen Verwaltung der Produktionsmaschinen wird die Cloud als Plattform eingesetzt, in der Produktionsanlagen zusammengeschlossen und organisiert werden. (vgl. Beitrag Vogel-Heuser „Herausforderungen und Anforderungen aus Sicht der IT und der Automatisierungstechnik") Im Gegensatz zu der Wartung der Anlagen stehen in diesem Fall jedoch die Simulation, Planung und Ausführung von Produktionsprozessen im Mittelpunkt. Eine Cloud-Infrastruktur kann dabei als Basis für ein Expertensystem dienen, in dem verschiedene Fachkräfte zusammenarbeiten können. Neben der Kommunikation, der Planung und der Simulation von Arbeitsschritten kann durch ein solches System jedem Experten Zugriff auf die von ihm benötigten Informationen bereitgestellt werden.

Die Nutzung der Cloud-Plattform als Expertensystem erlaubt dabei die zentrale Bereitstellung von Werkzeugen, die eine Planung von Produktionsprozessen technisch unterstützen. Die Werkzeuge können zentral in der Cloud bereitgestellt werden und stehen den Nutzern zur Verfügung. Grafische Editoren erleichtern eine schnelle Planung der Prozesse und können automatisch den Steuercode für die Produktionsanlagen erzeugen. Durch die automatische Code-Erzeugung können Programmierfehler ausgeschlossen und die benötigte Zeit für die Umsetzung eines Prozesses in Steuercode wird verkürzt.

Durch die hohe Rechenleistung von Cloud-Systemen können Simulationen und Validierungen von komplexen Prozessketten in verhältnismäßig kurzer Zeit durchgeführt und weitere Cloud-Ressourcen bei Bedarf hinzugenommen werden, um die Simulationszeiten zusätzlich zu verkürzen. Graphische Darstellungen der Prozesse erlauben bei Problemen eine visualisierte und einfach verständliche

Lokalisierung von Engpässen und Fehlern. Diese Simulationen können ebenfalls zur Optimierung von Prozessen eingesetzt werden. Da diese an zentraler Stelle in der Cloud durchgeführt werden, können alle angeschlossenen Systeme einbezogen und auch Produktionsabläufe optimiert werden, die sich über zahlreiche andere Maschinen und Produktionsstandorte erstrecken. Durch das Rückfließen der Simulationsergebnisse in die Modellierung der Workflows können Optimierungen direkt und kurzfristig in die Produktionsprozesse eingebracht und realisiert werden.

Die Verlagerung der Betriebs- und Prozessleitebene in die Cloud erlaubt die Steuerung aller Maschinen durch die zentrale Cloud. Dabei können Maschinen synchronisiert werden, wenn diese in einem Prozess zusammenarbeiten und Leerlaufzeiten minimiert werden. Werden mehrere unterschiedliche Herstellungsprozesse verwaltet, kann die Cloud-Plattform die Auslastung der Anlagen optimieren und Spitzenlasten zwischen verschiedenen Maschinen verteilen, um die Gesamtauslastung auf einem möglichst hohen Niveau zu halten. Wenn es zu unvorhergesehenen Ereignissen wie dem Ausfall einer Anlage kommt, kann die Cloud-Plattform autonom wichtige Prozesse auf andere Produktionsanlagen verlagern oder die Produktionsleistung drosseln, falls die Monitoring-Daten auf einen drohenden Defekt einer Komponente hinweisen.

Durch die Vernetzung der verschiedenen Anlagen mit der Cloud kann diese Verwaltung vollautomatisch geschehen. Wartezeiten, die durch die Einbindung menschlicher Entscheider entstehen, können reduziert oder gänzlich ausgeschlossen werden, da die Experten durch die IT-Infrastruktur alarmiert werden können und direkt auf die Cloud-Plattform zugreifen und Aktionen durchführen und Entscheidungen treffen können.

Durch die Überwachung der Maschinen- und Lagerzustände kann über die Cloud-Plattform automatisiert eine Nachbestellung von Produktionsrohstoffen erfolgen bzw. der Transport an bestimmte Fertigungsorte angestoßen werden.

2.1.3 Zentrale Speicherung und Analyse von Daten

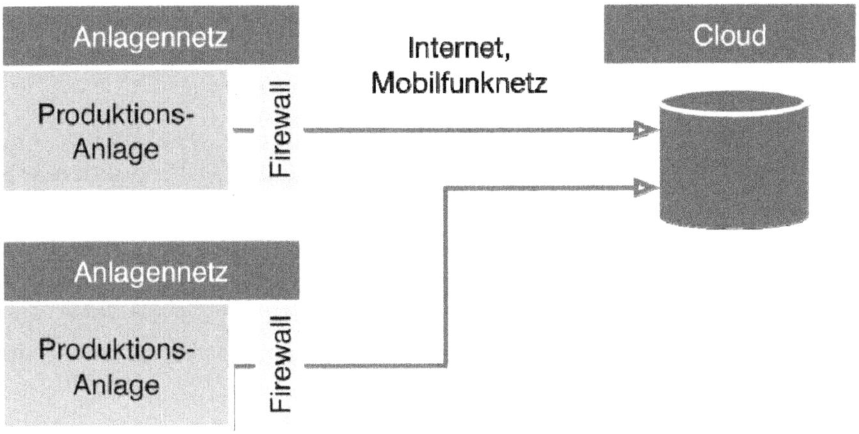

Abbildung 1: Speicherung von Daten aus den Produktionsanlagen in der Cloud.

In laufenden Produktionsprozessen fallen viele Daten direkt aus den Maschinen an, die für die Überwachung des Prozesses benötigt werden. Diese können in einer Cloud-Plattform zentral zusammenlaufen und gespeichert werden, um ein umfassendes Monitoring zu realisieren. In Abbildung 1 ist die zentrale Speicherung aus unterschiedlichen Produktionsanlagen in einer Cloud schematisch dargestellt.

Durch den Einzug von Cloud-Systemen steigt die Anzahl der Systeme, die bedroht sind und in die eingebrochen werden kann, um Daten oder Kontrolle über angeschlossene Systeme zu gewinnen. Neben den Anlagenkomponenten, die durch ihre neuen Schnittstellen nun direkt aus dem Internet erreichbar sind, stellen neu hinzugekommene zentrale Rechner und Datenspeicher neue Angriffsziele dar. Darüber hinaus müssen die Kommunikationskanäle, die Netzwerkverbindungen, die für den Daten- und Nachrichtenaustausch verwendet werden, gegen unrechtmäßigen Zugriff und Datenveränderung geschützt werden.

Dieser Anwendungsfall hängt eng mit der Simulation und Planung von Produktionsprozessen zusammen, da Daten aus vergangenen Prozessen eine wichtige Rolle spielen und erst ermöglichen, zukünftige Produktionsabläufe zu simulieren und in aktuelle Prozesse steuernd einzugreifen. Um Fehler in einem laufenden Prozess zu erkennen und steuernd eingreifen zu können, müssen diese Fehler zeitnah erkannt und entsprechende Gegenmaßnahmen eingeleitet werden.

Die zentrale Speicherung von Daten aus Produktionsanlagen an einer zentralen Stelle wie einer Cloud-Plattform, über die diese Anlagen verbunden sind und verwaltet werden, erschließt neue Möglichkeiten, Daten aus vergangenen Produktionsprozessen zu analysieren und die Erkenntnisse für die Nutzung in zukünftigen Prozessen zu verwenden. Weiterhin können Daten bereits während der Durchführung eines Produktionsprozesses ausgewertet werden, um ein umfangreiches Monitoring des Prozesses durchführen zu können. Ein solches kann Daten aus allen beteiligten Industrieanlagen verwenden und ermöglicht daher einen komplettem Überblick über den Gesamtprozess.

Durch die zentrale Analyse aller verfügbaren Daten können komplexe Zusammenhänge erkannt werden, da Daten aus unterschiedlichen Produktionsanlagen miteinander in Bezug gesetzt werden können. Diese Zusammenhänge sind nicht erkennbar, wenn man für die Analysen lediglich die Daten einer einzelnen Produktionsanlage verwendet. Durch die hohe Rechenleistung von Cloud-Infrastrukturen können dabei sehr umfangreiche Analysen durchgeführt werden, während die große Datenbasis aus den angeschlossenen Maschinen eine umfassende Grundlage für diese Analysen bildet.

2.2 Verfügbarkeit der Dienste und Daten

Verfügbarkeit meint eine nicht beeinträchtigte, generelle Möglichkeit des Zugriffs auf benötigte Informationen, Daten, Programme, Hardware oder Systeme bzw. Systembestandteile, so dass – allgemein ausgedrückt – Funktionen und Ressourcen eines Systems immer dann auch betriebsbereit zur Verfügung stehen, wenn sie benötigt werden.

Um diese Verfügbarkeit zu gewährleisten, muss ausgeschlossen werden, dass Daten unberechtigt gelöscht, der Zugriff auf die Daten gezielt behindert oder die Funktionsfähigkeit von Systemen oder Programmen beeinträchtigt wird (zum Beispiel durch so genannte „Denial of Service"-Angriffe (DOS)). Die Einführung redundanter Systeme oder Komponenten können, ebenso wie eine Durchführung regelmäßiger Backups, zu einer Erhöhung der Verfügbarkeit beitragen.

In den vorher genannten Anwendungsfällen von Cloud Computing im Industrie 4.0-Kontext ist die Verfügbarkeit der Dienste und Daten elementar. Das Problem einer nicht verfügbaren Komponente, die für die Produktionsplanung und die Steuerung des Produktionsablaufs verantwortlich ist, liegt auf der Hand: Die Planung oder Ausführung des Prozesses ist nicht möglich. Während dies in der Planungsphase ohne Auswirkungen bleiben kann, kommt es bei einer Unterbrechung der Produktionsphase sofort zu einem finanziellen Schaden, der durch den Produktionsausfall verursacht wird. Eine von Compuware 2013 veröffentlichte Studie stellt dar, dass durch den Ausfall von IT-Systemen Schäden in Millionenhöhe entstehen [11].

Da über die Cloud-Plattform das Zusammenarbeiten von Experten ermöglicht und gesteuert wird und Simulationen geplanter Produktionsabläufe durchgeführt werden, kann ein Ausfall der Plattform die Planung und Simulation und damit die tatsächliche Durchführung eines Produktionsprozesses verzögern.

Auch für die zentrale Datenspeicherung und -analyse ist ein Ausfall der Cloud kritisch, da in der Zeit des Ausfalls kein umfassendes Monitoring des Produktionsprozesses stattfinden kann. Auftretende Fehler können erst später oder überhaupt nicht entdeckt werden und der Produktionsprozess wird daher möglicherweise unterbrochen. Durch die entstandenen Ausfallzeiten kann es zu einem finanziellen Schaden kommen, den man möglicherweise mit Änderungen in den Parametern des Prozesses hätte vermeiden können.

Steht das Cloud-System nicht zur Verfügung, ist die Wartung angeschlossener Produktionsanlagen ebenfalls nicht möglich. Bereits ein sehr kurzer Ausfall kann daher zu einer Reihe größerer Probleme führen. So könnte in einer eng getakteten Produktionsplanung ein Wartungsfenster eingeplant worden sein, das aber aufgrund der Nicht-Verfügbarkeit des Cloud-Systems nicht eingehalten werden kann. Dadurch verschieben sich die nachfolgenden Schritte und im synchronisierten Arbeitsablauf im Verbund mit anderen Anlagen kann es zu einer Gesamtverzögerung der Produktion kommen. Verstreicht jedoch wegen der Nicht-Verfügbarkeit des Cloud-Systems ein Wartungsfenster einer Produktionsanlage ungenutzt, kann es aufgrund der nicht vorgenommenen Wartung und einer erhöhten Ausfallwahrscheinlichkeit zu einer Gefährdung des Produktionsprozesses kommen. Ist ein Fehler in einer Produktionsanlage bereits aufgetreten und das Cloud-System nicht verfügbar, ist eine zeitnahe Behebung des Schadens nicht möglich. Durch die übermäßig lang stehende Produktion kann zudem dem Betreiber der Anlage ein wirtschaftlicher Schaden entstehen.

2.3 Unversehrtheit der Daten

Eine Unversehrtheit (Integrität) von Daten und Informationen liegt dann vor, wenn diese nicht unautorisiert und unbemerkt manipuliert wurden. Hierzu sind zum einen vorbeugende Maßnahmen zu treffen, damit Daten und Informationen nicht zerstört, verfälscht, ersetzt oder durch die Einschleusung anderer Daten verändert werden können, zum anderen ist zu gewährleisten, dass unautorisierte Manipulationen nicht unbemerkt bleiben. Die Sicherstellung, dass Dateien wie auch das Protokoll der durchgeführten Aktionen nicht verändert wurden, ist im Falle von Rechtsstreitigkeiten von großer Bedeutung, wenn es um den Nachweis geht, welches Problem einen Schaden verursacht hat und welche Partei – vor allem in einem Produktionsprozess, an dem viele Parteien beteiligt sind – für den Schaden verantwortlich ist.

Die Datenintegrität ist für die Planung und Durchführung von Produktionsprozessen ebenso unabdingbar. Um eine korrekte Planung eines Prozesses zu gewährleisten, muss die Unversehrtheit der zugrunde liegenden Daten gegeben sein, damit keine falsche Parametrisierung der Produktionsanlagen stattfindet, die bei der Ausführung des Prozesses zu einem Ausfall der Produktion oder sogar zu einer Beschädigung der Anlage führen kann. Sollten die Produktionsplanungsdaten geändert werden, muss ersichtlich sein, welcher Nutzer welche Änderungen vorgenommen hat, um Entscheidungen und Verantwortlichkeiten während und nach der Planungsphase nachvollziehen zu können.

Auch in der Produktionsphase ist es wichtig, Änderungen des Plans nachvollziehen zu können, um zu dokumentieren, warum und von wem eine notwendige Änderung ausgelöst wurde. Während der Produktionsphase fallen außerdem viele Daten an, die über die Zustand der Produktionsanlagen Auskunft geben. Die korrekte Übertragung von den Anlagen in die Cloud-Plattform und das sichere Speichern dieser Daten ist Voraussetzung, um die Anlagen zu überwachen und auf dieser Basis Störfälle und Abweichungen zu erkennen. Es muss sichergestellt sein, dass diese Protokolldaten in der Cloud-Plattform nicht verändert werden können bzw. Änderungen zurückverfolgbar sind auf einen bestimmten und berechtigten Anwender oder Prozess in der Cloud. Nicht nur während des Produktionsprozesses sind diese Daten von Belang, da sie in späteren Planungen zukünftiger Produktionsprozesse als Grundlage für Simulationen und Vorhersagen dienen. Eine sichere und integre Speicherung und Archivierung der Daten ist daher weit über einen abgeschlossenen Produktionsprozess sicherzustellen.

Wenn die Cloud-Plattform autonom Entscheidungen treffen soll, muss zu Protokollzwecken hinterlegt werden, wie eine Entscheidung gefällt wurde, wann dies stattgefunden hat und welche Operationen im Anschluss daran durchgeführt wurden. Dies ist wichtig, um im Fehlerfall den Status des Prozesses zu rekonstruieren und kann in zukünftigen Simulationen zur Optimierung hinzugezogen werden. Doch nicht nur die Protokolldaten müssen sicher gespeichert werden, auch die Prozesse selbst und der aus ihnen automatisch erzeugte Steuercode für die Anlagen muss vor Manipulation gesichert werden. Unberechtigte Änderungen im Steuercode können zum Ausfall von Produktionsanlagen führen und die Sicherheit auch für angrenzende Menschen und Maschinen gefährden, wenn sie außerhalb ihrer Spezifikation betrieben werden und dadurch Schaden verursachen können. Gleiches gilt für Notfallpläne, die in unvorhersehbaren Situationen greifen und automatisch ausgeführt werden, um auf solche Situationen zu reagieren. Die genaue Umsetzung der in ihnen beschriebenen Prozesse kann grundlegend sein, um Gefahren und Schäden abzuwenden.

Im Fernwartungs-Szenario ist eine korrekte und zuverlässige Datenübertragung grundlegend: Um die Aufgabe der korrekten Fernverwaltung überhaupt durchführen zu können, müssen die Daten unversehrt, also vollständig und ohne Manipulation vorliegen. Ebenso müssen alle Aktionen, die im Rahmen eine Fernwartung durchgeführt werden, protokolliert und unverändert abgespeichert werden. Auch bei der Aktivierung und Deaktivierung von Leistungsmerkmalen in der Firmware der Produktionsanlage selbst muss der Zeitpunkt der Aktion sicher gespeichert werden, um sicherzustellen, dass dem Eigentümer der Anlage genau der gekaufte Funktionsumfang zur Verfügung steht. Wird eine Funktion nachträglich aktiviert oder deaktiviert, muss sicher gespeichert werden, zu welchem Zeitpunkt welcher Service-Mitarbeiter die Aktualisierung durchgeführt hat.

Ein Mittel zur Gewährleistung des Manipulationsschutzes der Daten ist die Generierung und Prüfung von Hashwerten mittels kryptographisch sicherer Hashfunktionen sowie der Einsatz digitaler Signaturen. Auch die Festlegung entsprechender Nutzungsrechte trägt zum Schutz der Integrität bei (vgl. [8]).

Zu beachten ist jedoch, dass diese klassischen IT-Sicherheitstechniken nicht dazu geeignet sind, die semantische Korrektheit oder auch die Qualität der Daten bei deren ursprünglichen Erfassung und Erhebung zu gewährleisten. Hierfür sind andere Maßnahmen erforderlich. Die IT-Sicherheitsmaßnahmen konzentrieren sich darauf, die erhobenen Daten manipulationsgeschützt, vollständig und falls notwendig auch vertraulich zu speichern und zu verarbeiten und sie rechtzeitig verfügbar zu machen. Die sogenannte zeitliche Korrektheit ist ein Sonderfall der Forderung nach Unversehrtheit der Daten. Diese ist von Interesse, wenn bei der Übertragung und Verarbeitung von Daten eine bestimmte zeitliche Reihenfolge einzuhalten ist, um den übergeordneten Sinn- und Informationsgehalt einer Nachricht bzw. eines Datums nicht zu verfälschen. Beispiele sind hier die zeitliche Abfolge innerhalb einer Kette von Funktionsaufrufen oder die Auswertung von Daten, die einen zeitlichen Ablauf charakterisieren, und Protokolldaten.

Aber auch das System selbst muss vor Manipulationen geschützt werden. Hierbei muss beispielsweise dafür Sorge getragen werden, dass das Verhalten des Systems nicht unbefugt beeinflusst werden kann, beispielsweise durch das Einbringen von veränderten Funktionen. Dies setzt besondere Verankerungen von Sicherheitsmechanismen in vertrauenswürdigen Hardware-Komponenten in den Systemen voraus, sowie spezielle Kontrollverfahren, die regelmäßig überprüfen, dass sich die Systeme noch in einem zulässigen Zustand befinden (vgl. u.a. [30, 31]).

2.4 Geheimhaltung vertraulicher Daten

Die Gewährleistung der Geheimhaltung und Vertraulichkeit der Daten heißt, dass Informationen und Ressourcen nicht unberechtigterweise (z.B. durch nicht autorisierte Nutzer oder Anwender) eingesehen, verarbeitet oder dupliziert und weitergegeben werden können. Es ist hierbei zu gewährleisten, dass mittels der Vergabe von Rechten nur berechtigte Subjekte Zugriff auf übertragene oder gespeicherte Informationen haben. Neben der Etablierung technischer Maßnahmen zum Zugriffsschutz (z.B. Zutrittskontrollsysteme, Berechtigungssysteme) oder dem Ausrollen von Zugriffsrechten stellt vor allem die sichere Verschlüsselung von Daten ein vorrangiges Instrument zur Aufrechterhaltung der Vertraulichkeit von Informationen dar.

In einem Mehrbenutzersystem ist die Vertraulichkeit der gespeicherten Daten kritisch, da kein Anwender unberechtigt auf die Daten eines anderen Anwenders zugreifen darf. Bei den Daten, die direkt in der Cloud gespeichert werden, kann es sich beispielsweise um Log-Dateien handeln, die aus Industriemaschinen direkt in der Cloud abgelegt werden, um sie dort direkt oder zu einem späteren Zeitpunkt zu analysieren. Falls Maschinen verschiedener Cloud-Anwender ihre Log-Dateien in der Cloud speichern, muss sichergestellt sein, dass kein Anwender Zugriff auf die Daten der anderen Anwender erhält.

Produktionsplanungsdaten und Protokolldaten erlauben detaillierte Schlüsse auf die zukünftige Konfiguration von Produktionsanlagen und Fertigungsprozesse von Unternehmen, deren Fertigungsanlagen über die Cloud-Plattform zusammengeschlossen sind. Produktionsprozesse und Anlagenkonfigurationen, Simulationen und Protokolldateien aus abgeschlossenen Produktionsphasen beinhalten detailliertes Wissen und Geheimnisse von Unternehmen, die ihre Produkte auf diesen modernen Produktionsanlagen herstellen.

Kann die Vertraulichkeit der Daten nicht sichergestellt werden, ist es möglich, dass andere Wirtschaftsunternehmen, die Konkurrenten sein können, Zugriff auf diese sensiblen Daten erlangen und daraus ein kaum kalkulierbarer Schaden entstehen kann. Fertigungs- und Forschungsgeheimnisse sowie zukünftig geplante Produkte, die kurz vor der Produktion stehen, können in die Hände von Mitbewerbern gelangen, die diese Informationen für die Verbesserung und Weiterentwicklung der eigenen Produkte verwenden können. Gelingt Angreifern zudem eine Veränderung der in der Cloud-Plattform gespeicherten Daten, kann dies in fehlerhafte Simulationen oder Konfigurationen der Produktionsanlagen und -prozesse münden, oder mögliche Verbesserungen in den Produktionsabläufen werden vielleicht nicht umgesetzt, da diese aufgrund der fehlerhaften Simulationen nicht erkannt werden.

Weiterhin kann es sich bei solchen Daten auch um Konfigurationsdateien handeln, die eine Produktionsmaschine in einen bestimmten Zustand versetzen, der für das Durchführen eines Produktionsschrittes benötigt wird. Auch diese Daten sind unbedingt vor fremdem und nichtberechtigtem Zugriff zu schützen, da sich bei gespeicherten Konfigurationen und Simulationsergebnissen um existentielle Daten von Produktionsunternehmen handelt. Diese Daten müssen vor anderen Benutzern der Cloud-Plattform geschützt und sicher und vertraulich gespeichert werden. Auch Parteien, die über die Cloud-Plattform zusammen arbeiten sollen, dürfen nur eingeschränkten Zugriff auf solche Daten bekommen, die für die Ausübung ihrer Tätigkeit benötigt werden. Damit kann verhindert werden, dass ein einzelner Experte eine Gesamtsicht auf die Simulation und Produktion bekommt und der Schaden im Falle eines Datenabflusses und -missbrauchs durch den Experten begrenzt werden. Zur Umsetzung derartiger Forderungen sind in der Business-IT bereits heute rollenbasierte Zugriffskontrollen üblich. Zusätzlich können die Informations- und Datenflüsse kontrollierbar gemacht werden, indem die Daten mit Sicherheitsmarkierungen versehen und deren Weitergabe kontrolliert wird.

Wenn Cloud-Systeme mit entfernten Industriemaschinen kommunizieren, ist es notwendig, dass Daten zur Authentifikation an den entfernen Systemen in der Cloud gespeichert werden. Der Schutz der Vertraulichkeit von Daten ist innerhalb der Cloud-Plattform ein sehr wichtiges Thema, da dort die Zugangsdaten zu Maschinen von unterschiedlichen Kunden oder verschiedener Abteilungen abgelegt sind. Diese Daten ermöglichen den direkten Zugriff auf die Produktionsanlagen und müssen daher sicher gespeichert und vor unberechtigtem Zugriff geschützt werden. Erlangt ein anderer Nutzer Zugriff auf diese Dateien, kann er ebenso Zugriff auf die Maschinen des Anwenders erhalten, indem er sich als das berechtigte Cloudsystem ausgibt.

Vor allem im Managementsystem, das die Cloud verwaltet, sind personenbezogene Daten gespeichert, die für die Abrechnung der Service-Nutzung benötigt werden. Hierbei handelt es sich beispielsweise um Kontaktinformationen oder um Daten, die für die Zahlung der Nutzungsgebühren verwendet werden. Diese personenbezogenen Daten unterliegen hohen Anforderungen an die Vertraulichkeit. Wenn die Wartung der Produktionsanlagen durch einen Vertragsnehmer durchgeführt werden, können im Cloud-System die Zeit erfasst werden, in denen die Wartung einer bestimmten Maschine durchgeführt wurde und wie lange diese gedauert hat. Wer der Schutz dieser Daten nicht gewährleistet, kann der Einsehende aus diesen die verschiedenen Kunden betreffenden Informationen bereits Schlüsse auf eine bestimmte Phase im Produktionsprozess oder die geplante Umkonfiguration einer Anlage ziehen. Somit ermöglichen auch unberechtigte

Zugriffe auf Daten, die sich auf den Funktionsumfang und die Leistungsfähigkeit einzelner Produktionsanlagen beziehen, tiefe Einblicke in Produktionsabläufe und stellen eine wichtige Information dar, die vor unberechtigtem Zugriff geschützt werden muss.

3 Lösungsansätze und Forschungsbedarfe

In den Beschreibungen der Anwendungsfälle von Cloud Computing im Umfeld von Industrie 4.0 wurden bereits einige technologische Lösungsansätze zur Umsetzung der Schutzziele erwähnt.

Rollenbasierte Zugriffssysteme innerhalb der Cloud-Plattform definieren Rollen gemäß den auszuführenden Aufgaben. Das hat den Vorteil, dass die Berechtigungen für den Zugriff auf Daten nicht aufwändig für einzelne Nutzer festzulegen sind, sondern eine Zuordnung anhand von Aufgabenprofilen und Zuständigkeiten erfolgt. Nutzer werden entsprechend der von ihnen durchzuführenden Aufgaben einer oder auch mehreren Rollen zugeordnet; sie agieren in einer Rolle und erben die Zugriffsrechte dieser Rolle. Die Architektur eines solchen rollenbasierten Zugriffssystems ist in Abbildung 2 dargestellt. Ein Benutzer ist einer oder mehreren Rollen zugeteilt, während Regeln festlegen, welche Rollen die einzelnen Benutzer haben müssen, um auf die Services oder Daten in einer Cloud zugreifen zu können. Eine solche Zuordnung kann flexibel und dynamisch von den Unternehmen durchgeführt werden. Die Zuordnung zwischen der Rolle und den damit verbundenen Zugriffsrechten und deren Kontrolle auf der Cloud-Plattform bleibt davon unberührt. Das Konzept der rollenbasierten Zugriffsberechtigungen gehört in der Business IT seit langem zum Standard-Repertoire [19], entsprechend sind die Konzepte bereits sehr ausgereift. Eine Übertragung der Konzepte in ein Cloud-Szenario, in dem viele Parteien unter Nutzung der Cloud kooperativ arbeiten, führt zu Problemen, die es zu lösen gilt. So müssen beispielsweise die Nutzer und der Cloud-Anbieter ein gemeinsames Verständnis für die definierten Rollen besitzen. Sollen verschiedenen Parteien der Wertschöpfungskette gezielt zusammenarbeiten und jeweils nur Ausschnitte der Daten verarbeiten und anderen Rollen zur Verfügung stellen, dann müssen die beteiligten Parteien ein gemeinsames Verständnis von der Bedeutung der Rollen und der damit verbundenen Aufgaben, Rechte und Pflichten besitzen. Erforderlich sind Rollen-Ontologien, damit nicht bereits auf der Design-Ebene Informationslecks entstehen.

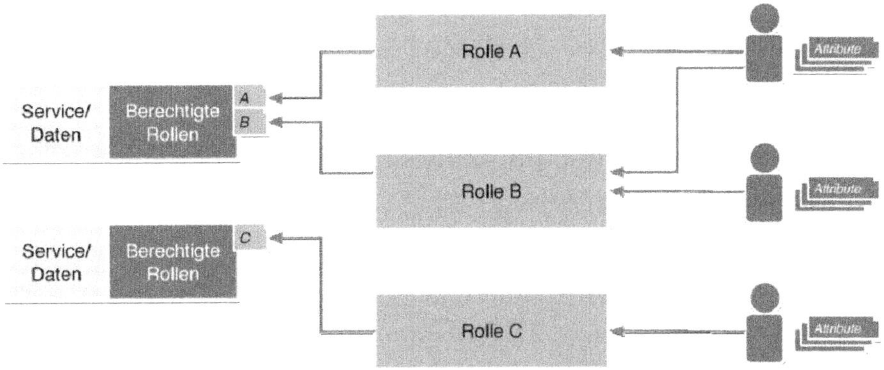

Abbildung 2: Architektur eines rollenbasierten Zugriffssystemen.

Eng verbunden mit der rollenbasierten Zugriffskontrolle sind Ansätze, die bestimmten Anwendern nur jene Informationen bereitstellen, die sie für ihre Arbeit benötigen, und den Zugriff auf andere Informationen verhindern. Derartige Technologien lassen sich unter dem Stichwort Data Loss Prevention (DLP) zusammenfassen. DLP-Technologien bieten neben der Verschlüsselung von Daten weitere Eigenschaften, wie die Dokumentation, welche Operationen auf welchen Daten ausgeführt wurden und welche Daten gelesen und kopiert wurden, sowie die Verhinderung von Operationen, mit denen die Daten aus einem System exportiert werden können. So kann das Ausdrucken bestimmter Datensätze ebenso wie das Einlesen und Verwenden von Speichermedien wie USB-Sticks unterbunden werden.

Auch bei der Datenübertragung kann auf etablierte Verfahren wie Virtuelle Private Netzwerke (VPNs) zurückgegriffen werden, die eine sichere verschlüsselte Verbindung zwischen einzelnen Kommunikationsteilnehmern oder ganzen Netzwerken aufbauen können. Durch diese VPN-Verbindungen können weitere andere Protokolle getunnelt werden, so dass die Kommunikation zwischen den Komponenten nicht neu konzipiert und ein neues Kommunikationsprotokoll eingeführt werden muss, sondern bestehende Lösungen über die abgesicherten Verbindungen weiterverwendet werden können. Die Teilnehmer an einer VPN-basierten Kommunikation sind bekannt, da diese sich für die Nutzung der VPN-Verbindung authentisieren müssen. Dies geschieht in vielen Fällen nicht mehr nur über unsichere Passworte, sondern über Hardware-Token, wie beispielsweise das RSA-SecureID-Token[1] oder über die Verwendung von digitalen X.509-Zertifikate, Diese Konzepte erlauben die sichere Identifizierung von Kommunikationsteilnehmern.

1 vgl. http://germany.emc.com/security/rsa-securid.htm

Abschließend werden ausgewählte, vielversprechende Forschungsansätze, diskutiert, um im Kontext von Industrie 4.0 besonders in Cloud-Computing-Umgebungen das Sicherheitsniveau zu erhöhen.

3.1 Sicherstellung der Datenintegrität durch sichere Hardware-Module

Die Integrität von Daten und Netzwerkkommunikation adressieren Ansätze wie Network Endpoint Assessment (NEA) und die Integrity Measurement Architecture (IMA). Für die Entwicklung von NEA wurde von der Internet Engineering Task Force (IETF) bereits im Jahr 2006 eine Arbeitsgruppe gegründet, die sich seitdem mit der Prüfung der Integrität von Knoten in einem Netzwerk beschäftigt. Basierend auf der Evaluation der Integrität wird dem entsprechenden Gerät Zugriff auf Netzwerkressourcen gestattet bzw. verweigert.

Ein solches System setzt das Open-Source-Projekt strongSwan [26] um. Die Architektur ist in Abbildung 3 dargestellt. Ein Client – zum Beispiel eine Produktionsanlage – möchte mit einem Server im internen Unternehmensnetzwerk bzw. in der Cloud kommunizieren. Bevor die Kommunikation zu Stande kommt, muss der Client durch eine Reihe von Messungen belegen, dass sich seine Software und Hardware in einem vertrauenswürdigen Zustand befinden. Die vom Client übermittelten Messdaten werden von einem Network Access Control (NAC) Policy Enforcement Point (PEP) überprüft, der anhand der Ergebnisse der Überprüfung Zugriff auf die internen Ressourcen genehmigt. Ist die Integrität des Clients nicht gewährleistet, kann der Zugriff entweder blockiert oder der Client mit einem Server in einem abgeschotteten Netzwerk verbunden werden, über den Aktionen ausgeführt werden können, um den Client durch Installation von Patches zurück in einen vertrauenswürdigen Zustand zu überführen.

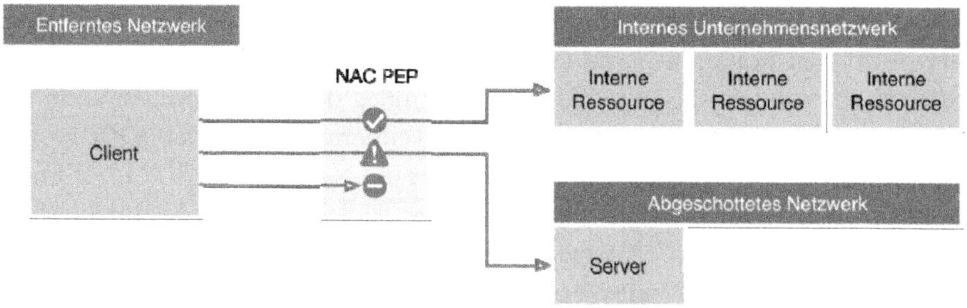

Abbildung 3: **Architektur zur Entscheidung von Netzwerkzugriffen basierend auf Integritätsmessungen.**

Eine weitere Herausforderung stellen falsche Antworten der Clients dar. Falls der Client erfolgreich angegriffen und bösartige Malware erfolgreich installiert wurde, kann die Korrektheit der Antworten nicht sichergestellt werden und es muss davon ausgegangen werden, dass diese von der installierten Malware gefälscht wurden. Ein Ansatz um dieses Problem zu lösen, ist der Einsatz eines speziellen Hardware-Chips, wie beispielsweise ein Trusted Platform Modul (TPM) [27]. Ein solches Modul dient als sicheres Wurzel-Element, in dem Schlüssel und Messwerte eines Systems sicher und nicht-veränderbar gespeichert werden können. Weiterhin kann das TPM Messungen durchführen und die aggregierten Messwerte intern sicher abspeichern und signieren. Durch die Signatur kann überprüft werden, ob eine im System installierte Malware die Messwerte verändert hat oder ob die Daten auf dem Transportweg verändert wurden (vgl. u.a. [16, 15]). Die Nutzung eines solchen Konzepts setzt voraus, dass sichere Hardwaremodule wie TPMs in Produktionsanlagen verfügbar sind und die bisherige Software auf den Anlagen erweitert und angepasst wird, um die Integrität von einzelnen Anlageteilen und Softwarekomponenten auch während des operativen Betriebs überprüfen zu können.

3.2 Produkt- und Know-how-Schutz

Smarte Produkte in Industrie 4.0 werden in erhöhtem Maße der Gefahr des Nachbaus und des Diebstahls von Know-how ausgesetzt sein, da schützenswerte Produktions- und Produkt-Daten zunehmend in der Firmware des Produkts gespeichert wird. Bereits heute verursacht die Produktpiraterie immense betriebswirtschaftliche Schäden. Um diese abzuwehren oder zumindest deutlich zu erschweren, können vorhandene technische Schutzmaßnahmen gezielt eingesetzt und adaptiert werden, um piraterierobuste eingebettete Systeme zu gestalten. In [9] werden entsprechende Maßnahmen ausführlich erläutert.

Forschungsaktivitäten beschäftigen sich mit der Entwicklung von spezifischen und maßgeschneiderten Schutzmaßnahmen für Hard- und Software in eingebetteten Systemen. Auf der Hardwareebene werden u.a. Physical Unclonable Functions (PUFs) und deren Einsatz im Produktschutz erforscht (vgl. u.a. [18]). PUF-Technologien dienen zur eindeutigen Identifizierung von Produkten und allgemein von Objekten. Alle Produktteile können dadurch eine eindeutige Identität erhalten und diese kann beim Zusammenbau geprüft werden. Dadurch entstehen Produkte, die in der Produktion auf Verwendung von original geplanten Teilen geprüft werden können. Speichert man die Produktionsdaten im Produkt, dann kann sich das Produkt im späteren Einsatz selbst überprüfen und den Einsatz von nicht zugelassenen Teilen oder von Modifikationen am Produkt erkennen. Die Identitäten können auch dazu benutzt werden, einzelne Bauteile, wie z.B. Mikrocontroller und Speicher miteinander eindeutig zu verknüpfen, indem der Speicherinhalt so verschlüsselt wird, dass er nur von einem Mikrocontroller entschlüsselt werden kann. Dadurch wird einerseits das Auslesen des unverschlüsselten Programmcodes wirksam verhindert, andererseits kann auch nicht der verschlüsselte Speicherinhalt einfach auf andere Produkte kopiert werden. Solche Konzepte haben jedoch einen erheblichen Einfluss auf Logistik und Produktionsprozesse. Es müssen große Mengen von Identitäten und Schlüsseln verwaltet werden. Fehler in diesen Prozessen führen zu Produktionsstillstand.

Mit vertrauenswürdigen Hardwareankern lassen sich angriffsrobuste Sicherheitsmaßnahmen auch auf der Softwareebene realisieren, um etwa Binärcodeanalyse, Firmware-Manipulationen und Softwarepiraterie zu erschweren. Zum Schutz von Binärcode sowie Binärcodeanalyse werden u.a. Techniken der Code Obfuscation entwickelt. Sie erschweren die Binärcodeanalysen, die z.B. bei Bytecode wie .NET oder Java zur Anwendung kommen. Das Ziel ist es, Programmcode durch eine Softwareschutzmaßnahme (Obfuskator) absichtlich zu verschleiern, um das Verständnis eines Programms bei einer Analyse zu erschweren. Herkömmliche Techniken der Code Obfuscation verändern jedoch häufig das Laufzeitverhalten der Programme und erfordern zusätzlichen Speicher, so dass sie in eingebetteten Systemen nicht nutzbar sind. Für den Einsatz in smarten Produkten sind deshalb Anpassungen, Erweiterungen bzw. neue Techniken erforderlich.

Eine elektronische Platine als Bauteil in eingebetteten Systemen bietet zahlreiche Schnittstellen für vielfältige Angriffsmöglichkeiten. So ist es durch technische oder chemische Verfahren möglich, Zugriff auf die einzelnen Bausteine auf der Platine zu erhalten und so das Zusammenwirken der Komponenten zu analysieren. Auch die Firmware lässt sich auslesen, was deren Manipulation, aber insbesondere auch deren Nachbau durch Verfahren wie das Reverse Engineering ermöglicht. Zum Schutz des in Komponenten, Systemen und Produkten enthaltenen Know-hows wird in Forschungsarbeiten unter anderem eine spezielle Schutzfolie PEP (Protecting Electronic Products)[2] entwickelt. Die Folie verschließt als elektronisches Siegel das Gehäuse und alle kritischen Bauteile der Geräte manipulationssicher und deaktiviert die Funktionalität des Produkts bei Siegelbruch. Im Gegensatz zu anderen Abschirmungen ist PEP auch ohne Stromzufuhr voll funktionsfähig und hält allen Angriffen stand. Die Innovation von PEP besteht in der untrennbaren Verbindung von Hardware und Schutzfolie. Die Materialeigenschaften der Schutzhülle werden als Sensoren genutzt und zum festen Bestandteil der Messschaltung gemacht. Die für die Verschlüsselung der Firmware notwendigen Schlüssel werden aus den Folieneigenschaften erzeugt und sind damit bei der

2 siehe http://www.aisec.fraunhofer.de/de/fields-of-expertise/product-protection/pep-protecting-electronic-products.html

geringsten Veränderung dieser Eigenschaften, wie beispielsweise Form oder Oberflächenstruktur, nicht mehr verwendbar. Jede Folie erhält bei der Herstellung einzigartige Identifikationsnummern, die für die Erzeugung einzigartiger kryptografischer Schlüssel genutzt werden. Wird eine Manipulation jeglicher Art an der Schutzfolie vorgenommen, werden Daten wie der Programmcode der Firmware gelöscht und das Gerät dadurch funktionsunfähig. Auch das Auslesen der Firmware wird damit natürlich verhindert. Durch diese Hardware-basierte Verschlüsselung in enger Verknüpfung mit einer Software-basierten, d.h. der Firmware-Verschlüsselung und durch zusätzlich verwendete Verschleierungsmaßnahmen wird ein sehr hohes Sicherheitsniveau erreicht.

3.3 Erhöhung der Verfügbarkeit und Integrität von Daten in der Cloud

Weitere Forschungsansätze, die sich auf die Verarbeitung von Daten in der Cloud konzentrieren, haben zum Ziel, die Integrität der Daten in der Cloud zu gewährleisten und deren Verfügbarkeit zu erhöhen. Dies ist wichtig, um eine unterbrechungsfreie Bereitstellung des Services zu erreichen. Einen solchen Ansatz verfolgt beispielsweise das Cloud-Dateisystem Iris [25, 13], das Mechanismen bereitstellt, um die Integrität der Daten auf dem Dateisystem in der Cloud zu überprüfen und deren Verfügbarkeit zu erhöhen. In Abbildung 4 ist die Architektur dieses Dateisystems dargestellt. Neben der Dateiübertragung zwischen dem Client, der eine Produktionsanlage oder ein Nutzer der Cloud-Infrastruktur sein kann, und dem Speicher-Service der Cloud gibt es einen Auditierungsservice, der in regelmäßigen Abständen überprüft, ob bestimmte Rahmenbedingungen vom Speicherservice eingehalten werden (Compliance). Der Auditierungsservice kann dabei entweder im geschützten Netzwerk eines Unternehmens oder von einer vertrauenswürdigen Dritten Partei betrieben werden. Zusätzlich zu den Daten wird eine Versionsnummer gespeichert, um die Aktualität der gespeicherten Daten überprüfen zu können, als auch eine Checksumme, mit deren Hilfe Speicherfehler in den einzelnen Datenblöcken erkannt werden können.

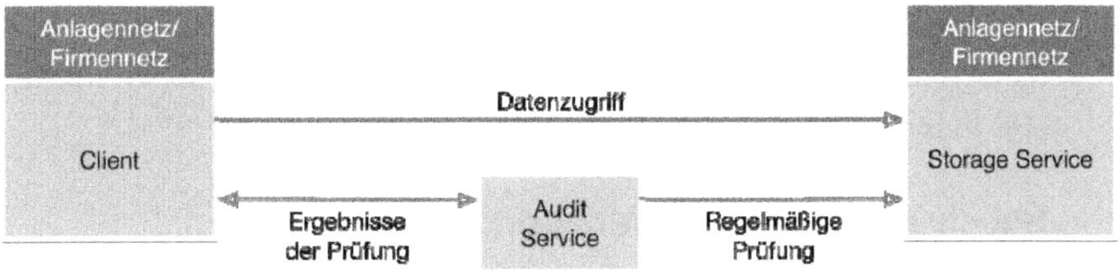

Abbildung 4: Architektur von Iris, eines Cloud-Dateisystems zur Erhöhung der Verfügbarkeit und Integrität von Daten.

Der Auditierungsservice führt zur Überprüfung des Services regelmäßig Prüfungen aus. Eine solche Prüfung kann die einfache Messung der Verfügbarkeit des Service an sich oder eine komplexe Messung auf die Korrektheit und Vollständigkeit gespeicherter Daten sein. Für letzteres bieten sich Ansätze wie Proofs of Retrievability (POR) [12, 5] an, die es gestatten, auch große Datenmengen in einer Cloud auf Vollständigkeit und korrekte Speicherung zu überprüfen, ohne diese Daten herunterladen zu müssen. Im Falle eines Fehlers kann mit POR-Mechanismen anschließend die ursprüngliche Datei wieder hergestellt werden. Bereits 2007 wurde das erste Verfahren vorgestellt, das auf sogenannten Sentinel-Blöcken basiert, die in die eigentliche verschlüsselte Datei injiziert werden. Diese Blöcke enthalten zufällige Prüfsummen, deren Korrektheit vom Auditierungsservice überprüft wird. Die Prüfsummen sind allerdings unabhängig von den eigentlichen Daten des Anwenders, deren Korrektheit damit nicht überprüft werden kann.

Iris kann ebenfalls TPMs einsetzen, um zu verifizieren, ob die Cloud-Infrastruktur in einem vertrauenswürdigen Zustand ist, Software also unverändert ausgeführt wird und die Hardware nicht verändert wurde. Dieser Ansatz wurde bereits in Kapitel **Fehler! Verweisquelle konnte nicht gefunden werden.** beschrieben.

Falls der Auditierungsservice feststellt, dass der Storage-Service nicht den Anforderungen entspricht, bedeutet dies, dass die Daten nicht verfügbar sind. Um die Verfügbarkeit der Daten zu erhöhen, kann ein System wie HAIL [4] eingesetzt werden, mit dessen Hilfe die Daten auf verschiedene Storage-Services verteilt werden können. Diese Idee ist vergleichbar mit RAID, einer Technologie, mit der Daten auf verschiedene Festplatten verteilt werden können, um den Ausfall von einer oder sogar mehrerer Festplatten tolerieren zu können, ohne einen Datenverlust zu erleiden.

Jedoch lassen sich sowohl Iris als auch HAIL nicht ohne weiteres auf verfügbaren kommerziellen Cloud-Diensten einsetzen: Viele kommerzielle Cloud-Anbieter stellen nur einen einzigen Speicher-Service zur Verfügung, so dass für die Verwendung von HAIL die Daten auf mehrere Provider verteilt werden müssen. Gleichzeitig muss die Cloud-Software um die Funktionalität von Iris erweitert werden, da diese Komponente oberhalb der vom Cloud-Anbieter bereitgestellten Infrastruktur in der Service-Ebene bereitgestellt werden muss.

3.4 Beschränkung von Datenzugriffen in der Cloud

In den Anwendungsfällen von Cloud Computing in Industrie 4.0 besteht oft die Anforderung, bestimmte Daten nur für einen eingeschränkten Personenkreis sichtbar zu machen. Eine Technologie, um dieses Ziel zu erreichen, kann natürlich eine rollenbasierte Zugriffskontrolle wie oben bereits vorgestellt implementiert werden. Der Nachteil eines solchen Ansatzes besteht jedoch darin, dass die Daten im Speicher dennoch im Klartext vorliegen und die Zugriffe nur durch Software-basierte Kontrollen geregelt werden. Besitzt ein solches System eine Schwachstelle, die für bösartige Anwender oder Angreifer von außen ausnutzbar ist, können die Software-basierten Kontrollen auf umgangen und es kann direkt ohne Berechtigung auf alle gespeicherten Daten zugriffen werden.

Die Problematik ist bekannt, jedoch legen viele dieser Systeme die Daten dennoch nicht verschlüsselt ab, da die Verwaltung der kryptographischen Schlüssel in einem Szenario, in dem nur bestimmte Daten mehreren Benutzern zur Verfügung gestellt werden sollen, kompliziert zu realisieren ist. An alle Mitglieder einer Gruppe, die Daten miteinander teilen, muss ein Schlüssel verteilt werden, der die entsprechenden verschlüsselten Daten entschlüsseln kann. Diese Schlüssel müssen sicher verteilt werden und von einer Gruppe von Nutzern gemeinsam, aber dezentral verwaltet werden. Scheidet beispielsweise ein Nutzer aus der Gruppe aus, müssen neue Schlüssel für alle anderen Nutzer der Gruppe erzeugt und an diese verteilt werden.

Attributbasierte Verschlüsselungssysteme adressieren das Problem der Geheimhaltung vertraulicher Daten und erinnern mit ihrem Konzept, Attribute zur Entscheidung von Zugriffsberechtigungen zu nutzen, an rollenbasierte Zugriffssysteme.

Bei attributbasierten Verschlüsselungssystemen [22, 21, 14] handelt es sich um asymmetrische Verschlüsselungsverfahren, in denen spezielle Schemata für die Verschlüsselung eingesetzt werden, die es erlauben, dass nur Schlüssel, die eine bestimmte Menge von Attributen besitzen, die Daten entschlüsseln können. Dies verlagert die Durchsetzung der Zugriffsberechtigungen aus einem komplexen Softwaresystem in die verschlüsselten Daten selbst – eine Schwachstelle in der Software führt nicht mehr dazu, dass nicht berechtigte Dritte Zugriff auf Informationen erhalten, für die sie keine Berechtigung besitzen. Die Zugriffsberechtigungen sind direkt in die verschlüsselten Daten oder die kryptographischen Schlüssel kodiert.

In Abbildung 5 ist die Funktionsweise eines attributbasierten Systems dargestellt. Der Sender, der die Daten verschlüsselt, legt während der Erzeugung des öffentlichen Schlüssels, der für die Verschlüsselung verwendet wird, fest, welche Attribute die Schlüssel der Anwender besitzen müssen, die zur Entschlüsselung der Daten verwendet werden können. Der öffentliche Schlüssel wird von einer vertrauenswürdigen Dritten Instanz ausgestellt, dem Private Key Generator (PKG). Mit diesem neu erzeugten Schlüssel werden die Daten schließlich verschlüsselt. Ein Empfänger, der auf diese Daten zugreifen möchte, kann diese nur entschlüsseln, wenn sein privater Schlüssel, den er zur Entschlüsselung verwendet, die geforderten Attribute besitzt. Auch dieser private Schlüssel wird vom PKG ausgestellt.

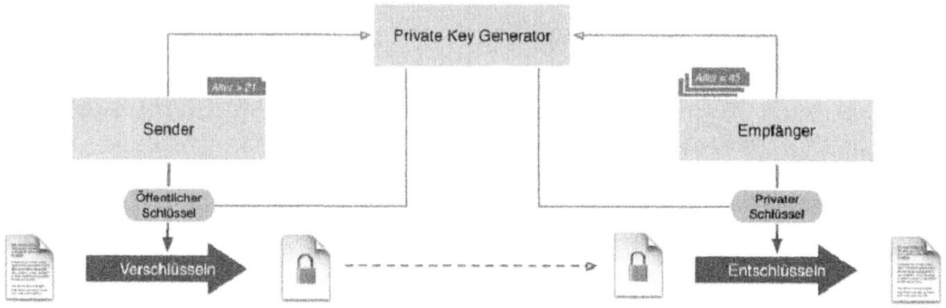

Abbildung 5: Darstellung eines attributbasierten Verschlüsselungssystems.

Zwar vereinfachen attributbasierte Verschlüsselungssysteme das Management der kryptographischen Schlüssel deutlich, jedoch haben auch sie Probleme, wenn es um den Entzug von Zugriffsrechten geht, etwa weil ein Nutzer die zugriffsberechtigte Gruppe verlässt. In einem solchen Fall muss ein neuer Schlüssel vom Public Key Generator erzeugt und die Daten müssen neu verschlüsselt werden. Dabei muss dem nun nicht mehr berechtigten Mitglied entweder der Schlüssel entzogen werden oder neue Attribute an die berechtigten Teilnehmer verteilt werden, die bereits bei der Verschlüsselung der Daten berücksichtigt werden müssen.

3.5 Suchen in verschlüsselten Datenbeständen

Um einen großen Datenbestand zu durchsuchen, muss dieser unverschlüsselt vorliegen. Eine kontinuierlich Analyse von Daten, wie beispielsweise Protokolldaten, erfordert zudem durchgängig einen ungehinderten Datenzugriff, so dass klassische Daten-Verschlüsselungen zur sicheren Archivierung der Daten nicht angewandt werden können. Um verschlüsselt archivierte Daten dennoch durchsuchen zu können, muss zumindest eine unverschlüsselte Datenstruktur vorliegen, in der Metainformationen abgelegt werden, die für eine spätere Suche und das Wiederfinden der Informationen genutzt werden können. Damit lässt sich zwar die Menge der offen in der Cloud gespeicherten Daten minimieren, allerdings sind mögliche Suchoperationen auf die in den Metadaten abgelegten Informationen beschränkt und es ergeben sich Probleme im Hinblick auf die Geheimhaltung sensibler Daten.

Alternativ zum aufwändigen, wiederholten Ver- und Entschlüsseln großer Datenbestände zur Durchführung von Suchanfragen in der Cloud, können die erforderlichen Datenbestände verschlüsselt auf lokale Rechner kopiert, dort entschlüsselt und analysiert werden. Die Übertragung sehr großer Datenmengen über Kommunikationsleitungen, mit denen beispielsweise mittelständische Firmen in ländlichen

Gegenden mit dem Internet verbunden sind, ist allerdings ebenfalls sehr aufwändig und Suchanfragen, bei denen das Ergebnis schnell vorliegen muss, können häufig nicht rechtzeitig abgeschlossen werden.

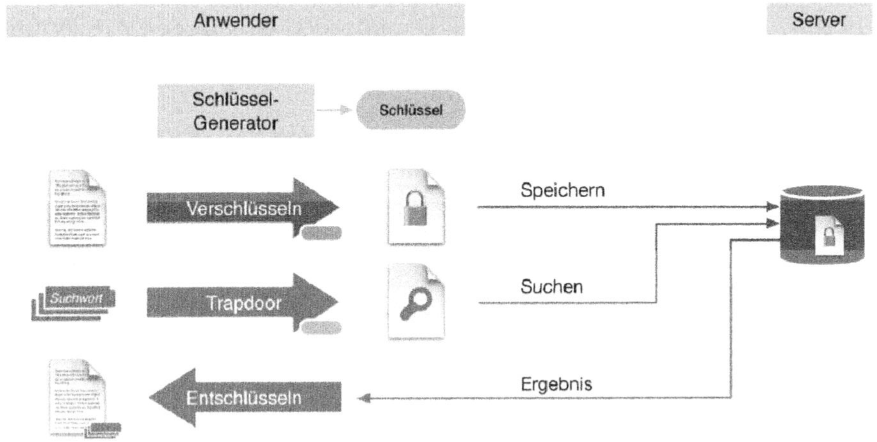

Abbildung 6: **Darstellung eines Searchable-Encryption-Systems.**

Einen Ausweg aus dieser Problematik stellt die Technik der Searchable Encryption dar [23, 3, 20]. Bei Searchable Encryption werden Daten mit speziellen kryptographischen Schemata verschlüsselt, die eine Suche auf verschlüsselten Daten zulassen. Daten müssen vor dem Durchsuchen also nicht mehr entschlüsselt werden und liegen zu keinem Zeitpunkt unverschlüsselt in der Cloud. In Abbildung 6 ist die Funktionsweise eines solchen Systems dargestellt. Der Anwender, dem die Daten gehören und der diese Daten selbst verschlüsselt, erzeugt einen kryptographischen Schlüssel, der für die Verschlüsselung verwendet wird. Anschließend können diese Daten auf einem Server in einer Cloud gespeichert werden, in der auch andere Nutzer arbeiten, die keinen Zugriff auf diese Daten bekommen sollen. Suchanfragen werden ebenfalls mit einem Schlüssel verschlüsselt, den der Anwender erstellt und den dieser nie aus der Hand gibt. Anhand dieser verschlüsselten Suchanfrage werden die Daten auf dem Server durchsucht. Werden Ergebnisse gefunden, liegen diese auf dem Server ausschließlich verschlüsselt vor und werden zurück zum Anwender übertragen. Dieser kann mit Hilfe seines kryptographischen Schlüssels die Suchergebnisse entschlüsseln und auf die gefundenen Daten zugreifen.

Eine Einschränkung aktueller Schemata, die bei Searchable Encryption verwendet werden, ist die Komplexität der Suchanfragen. Aktuelle Searchable-Encryption-Systeme erlauben die Suche nach Schlüsselwörtern, aber selbst Boolesche Verknüpfungen, also die Kombination mehrerer Schlüsselwörter mit Operationen wie UND, ODER oder NICHT sind problematisch. Eine Ähnlichkeitssuche ist bisher noch nicht realisierbar und auch die aus aktuellen Internet-Suchmaschinen bekannten Ersetzungsvorschläge im Falle eines Tippfehlers in der Suchanfrage oder das Vorschlagen alternativer Suchbegriffe, die mehr Ergebnisse liefern würden und kontextuell zu dem eingegebenen Suchbegriff passen, ist nicht möglich. Hier sind noch weitere Forschungsanstrengungen erforderlich, um den Ansatz für die Praxis nutzbar zu machen.

3.6 Vertrauliche, privatsphärenbewahrende Zusammenarbeit mehrerer Parteien

Arbeiten verschiedene Parteien zusammen und hängen die Ergebnisse von Daten ab, die den unterschiedlichen Parteien gehören, müssen alle Parteien diese Daten für die jeweils anderen bereitstellen. Für die Regelung der Zugriffs- und Nutzungsrechte kommen dabei in der Regel vertragliche Vereinbarungen zum Einsatz, die allerdings nicht verhindern können, dass Informationen von einer Partei missbraucht werden. Dieses Problem im Bereich der Geheimhaltung sensibler Daten wird mit dem Konzept der Secure Multi-Party Computation (MPC) adressiert.

Das Konzept von Secure Multi-Party Computation wurde bereits 1982 eingeführt, um Berechnungen zwischen zwei Parteien durchzuführen, ohne dass diese ihre Informationen der jeweils anderen Partei bereitstellen müssen [33]. Ein Beispiel, das bereits in der ersten Veröffentlichung zu diesem Thema dargestellt wurde, ist die Ermittlung der Antwort auf die Frage zweier Millionäre, welcher von beiden reicher ist, ohne dass diese ihre Vermögensverhältnisse voreinander offenlegen müssen (*The Millionaires' Problem*). Allgemein gesprochen erlaubt MPC das Berechnen von Ergebnissen anhand mehrerer Eingabedaten, ohne dass die Besitzer der Eingabedaten genaue Kenntnis von den jeweils anderen Eingabedaten erlangen.

In einem idealen Szenario [6] senden alle Parteien ihre Informationen zu einer vertrauenswürdigen Dritten Instanz. Diese führt die Berechnungen durch und sendet das jeweilige Ergebnis an die beteiligten Parteien zurück. Eine schematische Darstellung eines solchen Systems findet sich in Abbildung 7. Da die Vertrauenswürdigkeit der zentralen Instanz kritisch für das gesamte Konzept ist, wird an Protokollen geforscht, die eine solche zentrale Instanz überflüssig machen [17].

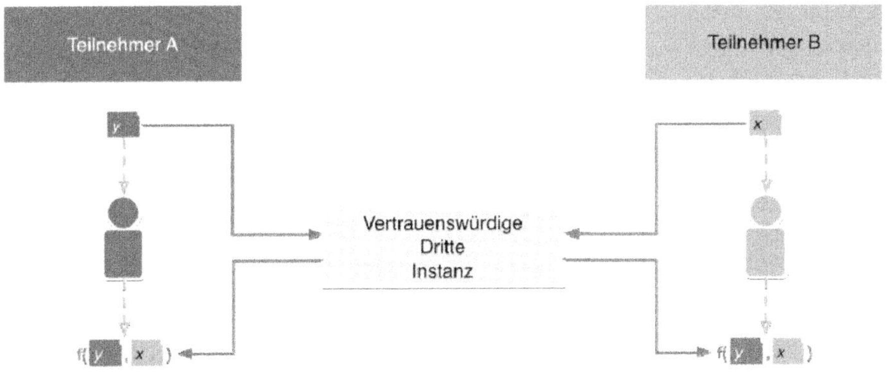

Abbildung 7: **Schema von einem Sicheren Multi-Party-Computation-System.**

Ein Cloud-System, in dem verschiedene Parteien zusammenarbeiten, kann die Rolle einer solchen Instanz einnehmen, da es von allen Parteien genutzt wird und dem System und seinem Betreiber ein großes Vertrauen entgegengebracht wird. Die Nutzung der Cloud-Plattform als vertrauenswürdige Dritte Instanz bietet den Vorteil, dass die kooperierenden Parteien sich nicht mehr gegenseitig vertrauen müssen sondern allein der Cloud-Plattform, in der schließlich die Berechnungen durchgeführt und die Ergebnisse den beteiligten Parteien zur Verfügung gestellt werden.

4 Zusammenfassung und Ausblick

Die Entwicklung von Industrie 4.0 und Cloud Computing gehören eng zusammen. Durch den hohen Vernetzungsgrad der Produktionsanlagen werden neue Werkzeuge benötigt, um die Maschinen zu überwachen und zu verwalten. Die Intensivierung der Zusammenarbeit verschiedener Partner, die ebenso wie die Produktionsmaschinen räumlich verteilt sind, erfordert die Nutzung sicherer Cloud-Plattformen, die eine Zusammenarbeit einfach und effektiv gestalten. Durch die steigende Komplexität von großen und verteilten Produktionsprozessen werden hohe Rechenkapazitäten benötigt, um diese Abläufe zu planen, vorab zu simulieren und in der Folge ständig zu überwachen und zu optimieren. Große Speicherkapazitäten sind erforderlich, um die Fülle der Produkt-, Produktions-, Monitoring- und Protokolldaten, die über den gesamten Lebenszyklus von Anlagen und deren Produkten anfallen, verlässlich zu speichern.

Eine Cloud-Infrastruktur eignet sich für diese Aufgaben in besonderem Maße, da sie über hohe Rechen- und Speicherkapazitäten verfügt. Zusätzlich können Lastspitzen durch dynamische Hinzunahme von weiteren Ressourcen abgefedert werden. Eine Cloud-Plattform kann darüber hinaus als Expertensystem dienen, in dem Experten unterschiedlicher an Produktionsprozessen beteiligter Teilnehmer gemeinsam an Prozessen und Problemen arbeiten können. Cloud-Infrastrukturen sind über gute Netzwerkverbindungen mit dem Internet verbunden und können daher problemlos mit vernetzten Produktionsanlagen kommunizieren. Sie dienen dabei als zentraler Punkt, an dem alle Daten gespeichert werden und damit gearbeitet werden kann. Diese Datenfülle erlaubt neue Ansätze zum Monitoring und dem Auffinden von Anomalien, Problemen und Fehlern. Dadurch können frühzeitig und automatisiert problematische Situationen erkannt und auf der Basis eines in der Cloud verfügbaren aktuellen Lagebildes schnell und zielgerichtet reagiert werden.

Durch ihre zentrale Stellung als zentraler Datenspeicher, in dem alle Informationen zusammenlaufen und mit ihren Schnittstellen zu Produktionsanlagen, über die Produktionsprozesse gesteuert werden können, zählen die Cloud-Strukturen für Industrie 4.0 zu den kritischen Infrastrukturen. Ausschlaggebend für die Akzeptanz und die flächendeckende Nutzung von Cloud-Technologien zur Verbesserung der Geschäftsprozesse in Industrie 4.0 ist, dass die Technologie vertrauenswürdig und sicher, aber gleichzeitig auch einfach und effizient nutzbar ist. Hier sind noch einige Forschungs- und Entwicklungsanstrengungen erforderlich, um dieses Ziel zu erfüllen. Es gibt zwar bereits ausgereifte Ansätze für den Bereich der Business-IT. Diese können aber meist nicht direkt übertragen werden, sondern müssen an die speziellen Anforderungen und Gegebenheiten der Industrie 4.0-Szenarien angepasst bzw. erweitert werden. Insbesondere die vertrauenswürdige, vertrauliche Bereitstellung von Daten in Cloud-Szenarien, in denen ein kooperatives Arbeiten von zum Teil untereinander in Konkurrenz stehenden Unternehmen unterstützt werden muss, ist derzeit noch nicht zufrieden stellend gelöst. Einige vielversprechende Forschungsansätze wurden skizziert; sie verdeutlichen aber gleichzeitig, dass für einen Einsatz im operativen Betrieb noch weitere Forschungsanstrengungen erforderlich sind.

Bereits eingangs wurde darauf hingewiesen, dass IT-Sicherheit im Kontext von Industrie 4.0 sehr viele Facetten umfasst; das sichere Cloud-Computing deckt hiervon nur einen Teil ab. Zur Absicherung von eingebetteten, vernetzten Komponenten müssen neue Sicherheits-Technologien entwickelt werden, die die spezifischen Industrie 4.0 Anforderungen, wie Ressourcenbeschränktheit, Realzeitfähigkeit und ununterbrochene Verfügbarkeit erfüllen. Neue Sicherheitskontroll- und Schutzmaßnahmen müssen bereits frühzeitig in den Entwurf der Systeme integriert werden, um zukünftige IT-basierte Produkte und Systeme robuster und resistenter gegen insbesondere auch Internet-basierte Angriffe zu gestalten. Erforderlich sind zudem neue methodische und technologische Ansätze, um die Sicherheit und Vertrauenswürdigkeit von IKT Systemen prüfbar und kontrollierbar zu erhöhen. Das mit der Nutzung der IKT Systemen einhergehende Risiko muss methodisch erfasst und quantifiziert werden und es müssen Prozesse und Verfahren entwickelt werden, um Risiken zu minimieren und mit den verbleibenden Risiken verantwortungsvoll umzugehen. Hierfür ist es wichtig, Referenzarchitekturen zu konzipieren und umzusetzen, an denen die entwickelten Technologien im operativen Betrieb unter realistischen Randbedingungen erprobt werden können.

5 Literatur

[1] Kritische Sicherheitslücke ermöglicht Fremdzugriff auf Systemregler des Vaillant ecoPOWER 1.0, April 2013.

[2] BENCSÁTH, BOLDIZSÁR, GÁBOR PÉK, LEVENTE BUTTYÁN MÁRK FÉLEGYHÁZI: Duqu: A Stuxnet-like malware found in the wild., Laboratory of Cryptography and System Security (CrySyS), Budapest University of Technology and Economics, Department of Telecommunications, October 2011.

[3] BONEH, D., G. DI CRESCENZO, R. OSTROVSKY G. PERSIANO: Public Key Encryption with Keyword Search. Advances in Cryptology-Eurocrypt 2004, 506–522. Springer, 2004.

[4] BOWERS, KEVIN D, ARI JUELS ALINA OPREA: HAIL: A High-Availability and Integrity Layer for Cloud Storage . Proceed of the 16th ACM Conference on Computer and Communications Security, 187–206, New York, New York, USA, 2009. ACM Press.

[5] BOWERS, KEVIN D, ARI JUELS ALINA OPREA: Proofs of Retrievability: Theory and Implementation. ACM Cloud Computing Security Workshop, 43–54, 2009.

[6] CANETTI, RAN: Security and Composition of Multi-party Cryptographic Protocols. Journal of Cryptology, 13(1):143–202, January 2000.

[7] CRYPTOGRAPHY, LABORATORY OF SYSTEM SECURITY (CRYSYS): W32.Duqu - The precursor to the next Stuxnet., Symantec, November 2011.

[8] ECKERT, CLAUDIA: IT – Sicherheit – Konzepte, Verfahren, Protokolle. Oldenbourg, 8th , 2013.

[9] FILIPOVIC, BARTOL OLIVER SCHIMMEL: Schutz eingebetteter Systeme vor Produktpiraterie: Technologischer Hintergrund und Vorbeugemaßnahmen. AISEC Studie, 2012.

[10] FORSCHUNGSUNION: Umsetzungsempfehlungen für das Industrieprojekt 4.0, April 2013.

[11] INTELLITRENDS: Measuring the Impact of Technology Performance: A Global Perspective - 2013., Compuware, 2013.

[12] JUELS, ARI BURTON S KALISKI JR: PORs: Proofs of Retrievability for Large Files. Proceedings of the Seventh ACM Conference on Computer and Communication Security CCS, 2007.

[13] JUELS, ARI ALINA OPREA: New Approaches to Security and Availability for Cloud Data. Communications of the ACM, 56(2):64–73, 2013.

[14] KATZ, J., A. SAHAI B. WATERS: Predicate encryption supporting disjunctions, polynomial equations, and inner products. Advances in Cryptology–EUROCRYPT 2008, 146–162, 2008.

[15] KIENING, ALEXANDER, CHRISTOPH KRAUß CLAUDIA ECKERT: Verifiable Trust between Electronic Control Units based on a single Trust Anchor. 11th Embedded Security in Cars (escar), 2013.

[16] KRAUß, CHRISTOPH VOLKER FUSENIG: Using Trusted Platform Modules for Location Assurance in Cloud Networking. Proceedings of the 7th International Conference on Network and System Security (NSS 2013), Lecture Notes in Computer Science. Springer, 2013.

[17] LINDELL, YEHUDA BENNY PINKAS: Secure Multiparty Computation for Privacy-Preserving Data Mining. May 2008.

[18] MERLI, DOMINIK GEORG SIGL: Physical Unclonable Functions - Identitäten für eingebettete Systeme. Datenschutz und Datensicherheit, 12, 2012.

[19] NYANCHAMA, MATUNDA SYLVIA OSBORN: Role-based Security: Pros, Cons, & some Research Directions. SIGSAC Rev., 11(2):11–17, 1993.

[20] PARK, D., K. KIM P. LEE: Public Key Encryption with Conjunctive Field Keyword Search. Information Security Applications, 73–86, 2005.

[21] PIRRETTI, M., P. TRAYNOR, P. MCDANIEL B. WATERS: Secure Attribute-Based Systems. Proceedings of the 13th ACM conference on Computer and communications security (CCS '06), 99 – 112, 2006.

[22] SAHAI, A. B. WATERS: Fuzzy identity-based encryption. Advances in Cryptology–EUROCRYPT 2005, 557–557, 2005.

[23] SONG, D.X., D. WAGNER A. PERRIG: Practical techniques for searches on encrypted data. Security and Privacy, 2000. S&P 2000. Proceedings. 2000 IEEE Symposium on, 44–55. IEEE, 2000.

[24] SPATH, DIETER, OLIVER GANSCHAR, STEFAN GERLACH, MORITZ HÄMMERLE, TOBIAS KRAUSE SEBASTIAN SCHLUND: Produktionsarbeit der Zukunft – Industrie 4.0. , Fraunhofer-Institut für Arbeitswirtschaft und Organisation IAO, 2013.

[25] STEFANOV, EMIL, MARTEN VAN DIJK, ALINA OPREA ARI JUELS: Iris: A Scalable Cloud File System with Efficient Integrity Checks. 1–33, 2012.

[26] STEFFEN, ANDREAS: The Linux Integrity Measurement Architecture and TPM-Based Network Endpoint Assessment. 2012.

[27] TRUSTED COMPUTING GROUP: Trusted Platform Module (TPM) Summary. http://www.trustedcomputinggroup.org/resources/trusted_platform_module_tpm_summary.

[28] TSVIHUN, IRYNA GERD STEFAN BROST: Cloud Security – Sicherheit in der Wolke. ISIS Cloud & SaaS Report, 10–11, 2011.

[29] TSVIHUN, IRYNA NIELS FALLENBECK: Cloud-Leitstand: Die Schaltzentrale für die Cloud. ISIS Cloud & SaaS Report, 1, 2012.

[30] VELTEN, MICHAEL, SASCHA WESSEL, FREDERIC STUMPF CLAUDIA ECKERT: Active File Integrity Monitoring using Paravirtualized Filesystems. Proceedings of the 5th International Conference on Trusted Systems (InTrust 2013), LNCS, Graz, 2013. Springer.

[31] WAGNER, STEFFEN, CHRISTOPH KRAUSS CLAUDIA ECKERT: Lightweight Attestation and Secure Code Update for Multiple Separated Microkernel Tasks. Proceedings of the ISC 2013: The 16th Information Security Conference, LNCS, Dallas, Texas, USA, 2013. Springer.

[32] WESSEL, SASCHA, FREDERIC STUMPF, ILJA HERDT CLAUDIA ECKERT: Improving Mobile Device Security with Operating System-level Virtualization. 28th IFIP International Information Security and Privacy Conference (SEC 2013), 2013.

[33] YAO, ANDREW C.: Protocols for Secure Computations. Annual IEEE Symposium on Foundations of Computer Science, 160–164, 1982.

Safety: Herausforderungen und Lösungsansätze

Prof. Dr.-Ing. Peter Liggesmeyer, Fraunhofer IESE, TU Kaiserslautern;
Dr. Mario Trapp, Fraunhofer IESE, TU Kaiserslautern

1 Einleitung

Die „Umsetzungsempfehlungen für das Zukunftsprojekt Industrie 4.0" [1] sehen als zentrales Element der Industrie 4.0 „eine Vernetzung von autonomen, sich situativ selbst steuernden, sich selbst konfigurierenden, wissensbasierten, sensorgestützten und räumlich verteilten Produktionsressourcen (Produktionsmaschinen, Roboter, Förder- und Lagersysteme, Betriebsmittel) inklusive deren Planungs- und Steuerungssysteme."

Betrachtet man diese Vision aus Sicht der Betriebssicherheit (Safety), so ergeben sich zahlreiche Herausforderungen. Einerseits setzen Adjektive wie „autonom" oder „sich selbst konfigurierend" ein hohes Maß an (künstlicher) Intelligenz und Adaptivität der einzelnen Systeme voraus. Durch die Anforderung der flexiblen Vernetzung ergibt sich zudem die Herausforderung, dass sich zur Laufzeit dynamisch Systeme von Systemen ergeben, deren Struktur und Gesamtverhalten zur Entwicklungszeit der Einzelsysteme nicht oder nur schwer vorhergesagt werden können. Alles dies sind Faktoren, die zu sogenannten „Uncertainties" führen, also Eigenschaften, die sich nur schwer vorhersagen lassen und damit zu hohen Unsicherheiten in der Aussage über das zu erwartende Systemverhalten führen. Diese Unsicherheiten stehen im Widerspruch zur Sicherheitsnachweisführung, die zentral auf der Annahme eines deterministischen, vorhersagbaren Systemverhaltens beruht.

Aus diesem Grund könnte Safety beim Übergang zur Industrie 4.0 leicht zum Flaschenhals werden. Denn trotz des hohen wirtschaftlichen Potenzials der Industrie 4.0 darf Innovation niemals auf Kosten der Sicherheit erfolgen. Folgerichtig sehen auch die Umsetzungsempfehlungen zur Industrie 4.0 die „Sicherheit als erfolgskritischen Faktor für die Industrie 4.0" [1]. Umso wichtiger ist es, die Betriebssicherheit von Anfang an als integralen Bestandteil der Forschungs- und Innovationsherausforderung Industrie 4.0 zu betrachten.

Dieser Abschnitt zeigt Lösungsansätze auf, die einen vielsprechenden Ausgangspunkt für die Gewährleistung der Betriebssicherheit in der Industrie 4.0 bieten. Dazu werden zunächst die Herausforderungen an die Betriebssicherheit unter Berücksichtigung aktueller Sicherheitsnormen abgeleitet. Darauf basierend werden im Anschluss verschiedene Verfahren vorgestellt, die zur Lösung dieser Herausforderungen beitragen können. Besondere Bedeutung kommt dabei zunächst der modularen Sicherheitsnachweisführung zu, da diese eine unerlässliche Voraussetzung für die sichere Vernetzung unabhängiger Teilsysteme darstellt. Um dem Anspruch an eine dynamische Vernetzung der Systeme zur Laufzeit gerecht werden zu können, müssen diese Verfahren erweitert werden, damit die finale Nachweisführung der Betriebssicherheit automatisiert zur Laufzeit möglich ist. Erste Ansätze, welche die dazu benötigte Laufzeitzertifizierung unterstützen, werden zum Abschluss dieses Abschnitts eingeführt.

2 Safety-Herausforderungen

Ob ein System als sicher gilt oder nicht wird auf Basis des aktuellen Stands von Wissenschaft und Technik bewertet. Im Zweifelsfall entscheiden Standards und Normen, welche Verfahrensweisen, Methoden und Techniken als Stand der Technik bzw. als Stand von Wissenschaft und Technik zu betrachten sind. Neben Standards und Normen, sind gesetzliche Regelungen, europäische Richtlinien und Verordnungen relevant [2]. Gesetze werden vom Gesetzgeber – der Legislative – erlassen und sind verbindlich. Besonders Firmen, die sicherheitskritische Systeme entwickeln, müssen im Schadensfall erhebliche juristische Konsequenzen fürchten. Ursache sind z. B. die mit derartigen Systemen einhergehenden Risiken für die Nutzer oder auch für unbeteiligte Dritte. Im Schadensfall ergibt sich z. B. aus dem Produkthaftungsgesetz die Verpflichtung zum Ersatz eines Schadens, der durch ein fehlerhaftes Produkt entstanden ist. Ein wirksamer Haftungsausschluss ist nicht möglich. Ein Haftungsausschluss setzt voraus, dass der Fehler zum Zeitpunkt des Inverkehrbringens noch nicht vorlag oder dass er nach dem Stand von Wissenschaft und Technik nicht erkennbar war. Die Beweislast für diesen Sachverhalt liegt im Wesentlichen beim Hersteller. Darüber hinaus können Schadensersatzansprüche nach BGB gestellt werden. Auch EU-Richtlinien haben den Charakter eines Gesetzes, weil sie von den Mitgliedsstaaten zwingend in nationales Recht umzusetzen sind. Hinzu kommen Verordnungen, die unter anderem Details zur Ausführung von Gesetzen regeln. Verordnungen werden meistens von Behörden – der Exekutive – erlassen und sind in der Regel verbindlich.

Normung ist in Deutschland die planmäßige, durch die interessierten Kreise gemeinschaftlich durchgeführte Vereinheitlichung von materiellen und immateriellen Gegenständen zum Nutzen der Allgemeinheit. Deutsche Normen werden in einem privatrechtlichen Verein durch interessierte Kreise erstellt (z. B. DIN Deutsches Institut für Normung e.V., Verband Deutscher Elektrotechniker (VDE) e.V.). Standards und Normen sind keine Rechtsnormen. Sie sind – im Unterschied zu Gesetzen – nicht rechtsverbindlich, aber sie können als antizipierte Sachverständigengutachten verstanden werden. Durch Einhaltung der jeweils relevanten Normen kann ein Hersteller sicherstellen, dass der Stand der Technik erreicht ist, und er damit seine Sorgfaltspflicht erfüllt hat.

Es liegt allerdings in der Natur der Normierung, dass sie nicht den aktuellsten Stand der Technik berücksichtigen kann, was gerade durch immer kürzer werdende Innovationszyklen eine zusätzliche Herausforderung darstellt. Dies gilt auch für die Anwendung von Sicherheitsnormen auf innovative Systeme in der Industrie 4.0. Die Umsetzung der in der Industrie 4.0 angestrebten Szenarien erfordert beispielsweise, dass sich Systeme zur Laufzeit sehr flexibel mit anderen Systemen vernetzen lassen und sich adaptiv an ihre Umgebung und Kooperationspartner anpassen, um kollektiv eine gemeinsame Aufgabe zu übernehmen. Die dafür notwendige Technologie wird in der aktuellen Standardisierung noch nicht berücksichtigt. Ganz im Gegenteil werden sogar einige wichtige Technologien, wie beispielsweise die dynamische Rekonfiguration der Systeme, explizit verboten.

IEC 61508

Eine zentrale Rolle in der Industrie 4.0 spielt sicherlich der Standard IEC 61508 [3]. Der IEC 61508 ist ein sehr umfassender, branchenübergreifender Standard zum Thema Sicherheit elektrisch bzw. elektronisch programmierbarer, sicherheitskritischer Systeme. Software wird insbesondere in der IEC 61508-3 behandelt. Die generellen Anforderungen betreffen insbesondere organisatorische Aspekte. Dazu zählt zum Beispiel die geforderte Unabhängigkeit der prüfenden Person bzw. Instanz im Rahmen von Sicherheitsnachweisen. Im Hinblick auf die Prüfung von Software liefern die Teile 3 und 7 des Standards eindeutige Hinweise. Teil 3 beschreibt im Wesentlichen die für die Abläufe erforderlichen Daten und Ergebnisse. Teil 7 ist eine Technikbeschreibung, auf die häufig in Teil 3 verwiesen wird. Basierend auf einer Gefährdungsanalyse und Risikobewertung fordert die Norm die Identifikation aller Gefährdungen, die von dem System ausgehen können. Für jede Gefährdung wird im Wesentlichen durch Berücksichtigung der Eintrittswahrscheinlichkeit und der Schwere des verursachten Schadens das zugehörige Risiko ermittelt. Daraus leitet die Norm sogenannte Sicherheitsintegritätslevels (SIL) ab, wobei SIL 1 für die niedrigste und SIL 4 für die höchste Kritikalität steht.

Betrachtet man die IEC 61508 in Hinblick auf die Anwendungen der Industrie 4.0 so ergeben sich verschiedene Hürden, die für eine normkonforme Entwicklung überwunden werden müssen. Insbesondere anhand des für Software relevanten Teil 3 der Norm lässt sich leicht erkennen, dass der Standard davon ausgeht, dass ein System vor der Zulassung vollständig entwickelt und konfiguriert ist. Jegliche Mechanismen, die das System zur Laufzeit noch einmal ändern, würden zu einer Invalidierung der Zulassung führen und sind daher nicht erlaubt.

So wird beispielsweise bereits bei der Spezifikation der Softwaresicherheitsanforderungen gefordert, dass alle sicherheitsbezogenen oder -relevanten Randbedingungen bzgl. Software und Hardware spezifiziert und dokumentiert werden müssen (Anforderung 7.2.2.7). Spätestens in der Architekturphase müssen dann alle Software-Hardware-Interaktionen evaluiert und detailliert berücksichtigt werden (Anforderung 7.4.3.2 c). Szenarien wie das dynamische Nachladen von Software, also beispielsweise das dynamische Installieren von Apps, lassen sich daher nur schwer unter Einhaltung dieser Anforderung umsetzen. Analog ist auch die dynamische Integration von Systems of Systems nur schwer in Einklang mit gültigen Sicherheitsnormen zu bringen. Beispielsweise müssen bei der Entwicklung nicht nur alle Betriebsmodi des eigenen Systems, sondern auch die Betriebszustände aller verbundenen Systeme spezifiziert und in der weiteren Entwicklung berücksichtigt werden (Anforderung 7.2.2.6).

Daraus ergeben sich auch Herausforderungen hinsichtlich der dynamischen Adaption von Systemen an ihren Laufzeitkontext. Selbst wenn sich die Adaption auf die Rekonfiguration in vordefinierte Systemkonfigurationen beschränkt, müssen alle Systemkonfigurationen, sowie alle Übergänge zwischen den Konfigurationen, abgesichert werden. Dies führt offensichtlich leicht zu einer nicht mehr beherrschbaren Komplexitätssteigerung. Möchte man darüber hinaus eine noch flexiblere Adaption des Systems umsetzen, um beispielsweise die Anpassung an nicht vorhergesehene Betriebssituationen zu ermöglichen, müsste dies analog einer Softwaremodifikation behandelt werden. Gemäß IEC 61508 würde dies strenggenommen eine Impactanalyse sowie die erneute Verifikation der geänderten Module zur Laufzeit erforderlich machen. Bereits ab SIL 2 wird zudem eine Regressionsvalidierung oder alternativ sogar eine vollständige Revalidierung des Gesamtsystems gefordert, was sich zur Laufzeit ohne Einbindung von menschlichen Experten mit dem aktuellen Stand der Technik und Forschung nicht umsetzen lässt. Um dies zu verdeutlichen, stellt Tabelle 1 einen Auszug der entsprechenden normativen Anforderungen aus der IEC 61508 dar. Dabei steht der Eintrag „R" in der Tabelle für „recommended", was bedeutet, dass eine Begründung vorliegen sollte, warum die entsprechende Methode nicht angewendet wurde. Bei „HR", das für „highly recommended" steht, ist die Anwendung der Methode oder eines äquivalenten Verfahrens quasi verpflichtend.

Tabelle 1 Auszug der Tabelle A.8 der IEC 61508, Teil 7 [3]

Technique/Measure		SIL 1	SIL 2	SIL 3	SIL 4
1	Impact Analysis	HR	HR	HR	HR
2	Reverify changed software modules	HR	HR	HR	HR
3	Reverify affected software modules	R	HR	HR	HR
4a	Revalidate complete system	---	R	HR	HR
4b	Regression validation	R	HR	HR	HR

Häufig werden deshalb intelligente Fehlertoleranzmechanismen als Alternative angeführt. Dabei ist es die Idee, die durch die dynamische Adaption prinzipiell verursachbaren Fehler durch entsprechende Fehlererkennungs- und -behandlungsmechanismen tolerieren zu können. Häufig wären dazu allerdings sehr intelligente Mechanismen erforderlich, die beispielsweise selbst wiederum auf selbst-lernenden Algorithmen beruhen, um sich an das adaptive Verhalten der überwachten Komponente anpassen zu können. Wie allerdings in Tabelle 2 **Fehler! Verweisquelle konnte nicht gefunden werden.**dargestellt, wird der Einsatz solcher Verfahren von vielen Normen untersagt, da der Eintrag „NR" für „not recommended" steht und die entsprechenden Verfahren daher im Projekt nicht eingesetzt werden dürfen.

Tabelle 2 Auszug der Tabelle A.2 aus Teil 3 der IEC 61508 [3]

	Technique/Measure	SIL 1	SIL 2	SIL 3	SIL 4
5	Artificial Intelligence - fault correction	---	NR	NR	NR
6	Dynamic Reconfiguration	---	NR	NR	NR

Auf den ersten Blick ergeben sich also einige normative Hindernisse, wenn man das volle Potenzial der Industrie 4.0 ausschöpfen möchte. Andererseits sollte man bedenken, dass eine zu strikte und formale Interpretation der Norm oftmals weder sinnvoll noch erforderlich ist. Vielmehr ist es zu empfehlen, die den Normen zugrunde liegende Intention umzusetzen und dabei die normativen Anforderungen vor dem Hintergrund der speziellen Eigenschaften der Industrie 4.0 neu zu interpretieren.

Ein erster wesentlicher Schritt besteht darin, das System nicht als monolithisches Ganzes, sondern als Komposition modularer Bestandteile zu sehen und die Sicherheitsnachweisverfahren darauf anzupassen. Neuere Standards wie die ISO 26262 im Automobilbereich [4] führen beispielsweise modulare Konzepte wie das sogenannte Safety Element out of Context (SEooC) ein. Dies ermöglicht die modulare Entwicklung und Sicherheitszulassung von Teilsystemen. Die Nachweisführung bei der Integration lässt sich durch die bereits vorliegenden modularen Nachweise entsprechend reduzieren. Ein zentraler Treiber war dabei die Automotive Open System Architecture (AUTOSAR) [5], die es unter anderem ermöglichen soll, modulare Softwarekomponenten flexibel im Sinne eines Baukastensystems zu integrieren. Analog dazu wurde in der Avionik die sogenannte Integrated Modular Avionics (IMA) eingeführt und in der Arinc 653 [6] standardisiert. Um das zugrunde liegende Prinzip der Modularisierung auch auf den Sicherheitsnachweis zu übertragen, wurde dazu der Standard RTCA - DO 297 [7] eingeführt, in dem das Vorgehen für eine modulare Zertifizierung von Teilkomponenten geregelt wird. Während sich sowohl AUTOSAR als auch IMA auf ein einzelnes Steuergerät beschränken, werden in der Avionik mittlerweile mit der Distributed Integrated Modular Avionics (DIMA) vernetzte Systeme betrachtet und auch die Zulassungsprozesse entsprechend weiterentwickelt.

Diese Normen bieten also bereits eine Grundlage für modulare Sicherheitsnachweise. Allerdings wird zur Umsetzung einer modularen Sicherheitsnachweisführung gemäß den Normen auch ein entsprechendes Rahmenwerk an Techniken und Methoden benötigt. Dazu zählen insbesondere modulare Sicherheitsanalysetechniken und modulare Sicherheitskonzepte. Abschnitt 3 zeigt daher exemplarisch, wie sich modulare Sicherheitsnachweise auf Basis heute verfügbarer Ansätze umsetzen lassen.

Alle diese Ansätze zur Modularisierung setzen allerdings immer noch voraus, dass es einen Systemintegrator gibt, der die Teilsysteme zur Entwicklungszeit integriert und den Gesamtnachweis führt. Trotzdem wird durch die Komponierbarkeit der modularen Nachweise der Teilsysteme der Integrationsaufwand signifikant reduziert. Eine Systemintegration zur Laufzeit im Feld, wie sie für viele Industrie 4.0 - Szenarien benötigt wird, lässt sich darüber allerdings nicht abbilden. Deshalb müssen diese Ansätze erweitert werden, um automatisierte Sicherheitsnachweise zur Laufzeit zu unterstützen. Dies ist sicherlich eine der derzeit größten Safety-Herausforderungen in der Industrie 4.0. Abschnitt 4 stellt als ersten Schritt hinsichtlich der Bewältigung dieser Herausforderungen ein neuartiges Verfahren vor, mit dem – in gewissen Grenzen – die dynamische Integration von Systemen zur Laufzeit unterstützt wird.

3 Modulare Sicherheitsnachweise für flexible Baukastensysteme

Im Rahmen der Industrie 4.0 werden die Anlagen wesentlich häufiger angepasst und mit anderen Systemen vernetzt. Safety darf in den dafür notwendig werdenden kürzeren Entwicklungszyklen nicht zum Flaschenhals werden. Ein wesentlicher Schritt zur sicheren Industrie 4.0 ist daher die Modularisierung von Sicherheitsnachweisverfahren, die den flexiblen und doch sicheren Aufbau stark vernetzter Systeme im Sinne eines Baukastensystems ermöglichen. Dadurch wird die Neuabnahme einer Anlage signifikant beschleunigt. Gleichzeitig bilden sie zudem die Grundlage für die im nachfolgenden Abschnitt beschriebenen Verfahren, die darüber hinaus in gewissen Grenzen eine automatisierte Absicherung von dynamischen Systemänderungen ohne Neuabnahme ermöglichen.

Ein wesentlicher Bestandteil der Sicherheitsnachweisführung sind Sicherheitsanalysen wie beispielsweise die Fehlermöglichkeits- und Einflussanalyse (FMEA) oder die Fehlerbaumanalyse (FTA) [8].

3.1 Modulare Fehlerbaumanalyse

Die klassische Fehlerbaumanalyse ist nicht modular aufgebaut. Ausgehend von einer Gefährdung, also einem Fehlerereignis an der Systemgrenze, werden schrittweise die möglichen Ursachen analysiert und deren Wirkzusammenhänge identifiziert. Dazu folgt man deduktiv der Ursache-Wirkungskette. Unter Verwendung von Booleschen Operatoren lassen sich auch komplexe Ursache-Wirkungs-Zusammenhänge effizient modellieren.

Dabei folgt die Fehlerbaumstruktur aber häufig nicht der Systemstruktur, sodass Fehlerbilder derselben Komponente an sehr unterschiedlichen Stellen im Fehlerbaum modelliert sein können. Dies liegt insbesondere daran, dass Fehlerbäume keine echten Modularisierungskonzepte unterstützen. Zwar lassen sich Fehlerbäume bei der Analyse zur Vereinfachung in Teilbäume, sogenannte Module, zerlegen, als Teilbaum kann ein solches Modul aber immer nur einziges Fehlerereignis verfeinern. Eine Komponente zeigt aber meistens mehr als ein einzelnes Fehlerbild auf, sodass sich das Fehlerverhalten einer Systemkomponente nicht modular gekapselt in einem Teilfehlerbaum beschreiben lässt.

Um diesem Problem zu begegnen, wurde das Konzept der Komponentenfehlerbäume entwickelt [9]. Wie in Abbildung 1 gezeigt, ermöglichen es Komponentenfehlerbäume, das Fehlerverhalten einzelner Systemkomponenten modular zu beschreiben.

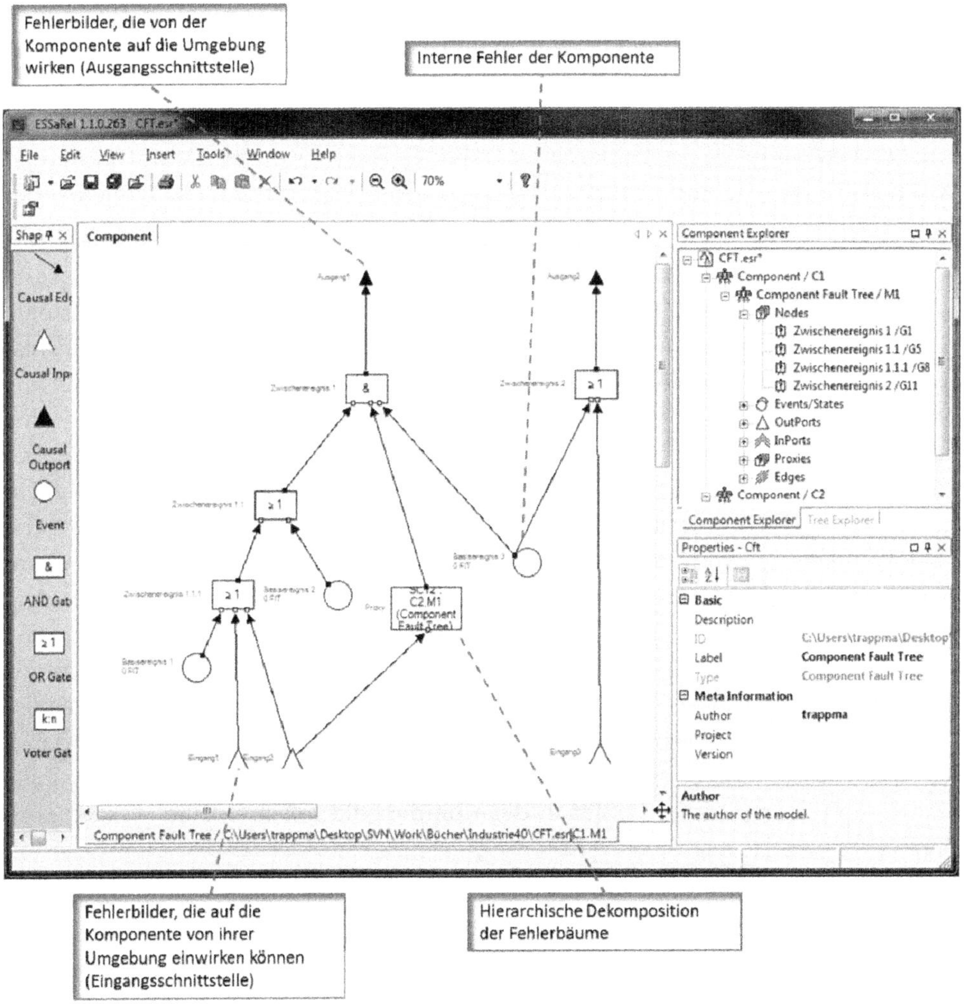

Abbildung 1 **Komponentenfehlerbäume (CFT) ermöglichen die modulare Beschreibung des Fehlerverhaltens einzelner Systemkomponenten.**

Dazu lassen sich Fehlerbilder definieren, die von der Komponente auf die Umgebung wirken und die umgekehrt von der Umgebung auf die Komponente einwirken können. Analog zu Komponenten in der Softwareentwicklung lassen sich dadurch Fehlerschnittstellen definieren, die eine essentielle Voraussetzung für die Modularisierung bilden. Durch die Unterstützung von Hierarchie in Komponentenfehlerbäumen lassen sich auch sehr leicht komplexe, hierarchisch strukturierte Systeme analysieren.

Die reine Modularisierung der Fehlerbäume ist allerdings nicht ausreichend. So benötigt beispielsweise die automatisierte Komposition der Fehlerbaumkomponenten eine weitere Formalisierung. Möchte man zwei Fehlerbaumkomponenten automatisch miteinander verbinden, müssen die Ausgänge der einen Komponente mit den Eingängen der anderen verbunden werden. In Komponentenfehlerbäumen werden die Fehlerbilder allerdings mit natürlichsprachlichen Namen versehen. Dadurch ist es nicht möglich, automatisch zu prüfen, wie die Komponenten miteinander verbunden werden müssen. Um eine automatische Komposition zu ermöglichen, müssen die Fehlerbilder daher typisiert werden. Darauf basierend lassen sich dann die Ein- und Ausgänge desselben Typs automatisch miteinander verbinden.

Mit der zunehmenden Verbreitung der modellbasierten System- und Softwareentwicklung über das letzte Jahrzehnt, bieten die zugrunde liegenden Konzepte eine ideale Basis für die benötigte Formalisierung der Notation der Sicherheitsanalyse an. Durch die modellbasierte Darstellung von Fehlerbäumen lässt sich die Notation nicht nur weiter formalisieren, sondern man erreicht gleichzeitig eine nahtlose Integration in die modellbasierte Entwicklung [10]. Wie in Abbildung 2 dargestellt, kann man dadurch sehr leicht einen modularen Fehlerbaum für eine in der Systemarchitektur modellierte Komponente erstellen. Die Schnittstelle der Fehlerbaumkomponente wird dabei formal mit der Schnittstelle der Systemkomponente verbunden: Die Schnittstelle von Systemkomponenten wird insbesondere durch ihre Ein- und Ausgangssignale definiert. Dies bedeutet gleichzeitig, dass sich das Fehlverhalten einer Komponente primär durch Fehler in ihren Ausgangssignalen äußert. Umgekehrt wird das Fehlverhalten der Komponente durch Fehler ihrer Eingangssignale beeinflusst. Ein Komponentenfehlerbaum beschreibt daher letztlich wie Fehlerbilder der Ausgangssignale durch Fehlerbilder der Eingangssignale und durch interne Fehler in der Komponente selbst erzeugt werden können.

Diese formale Verbindung der Ein- und Ausgangsfehlerbilder des Fehlerbaums mit der Schnittstelle der Systemkomponenten ermöglicht die automatische Komposition von Komponentenfehlerbäumen auf Basis der Systemarchitektur. Der Entwickler muss lediglich in seinem System- oder Softwaremodell die Systemkomponenten miteinander verbinden. Die Information welche Signale die Komponenten austauschen in Verbindung mit der Typisierung der Fehlerbilder ermöglicht die automatische Generierung des resultierenden Gesamtfehlerbaums.

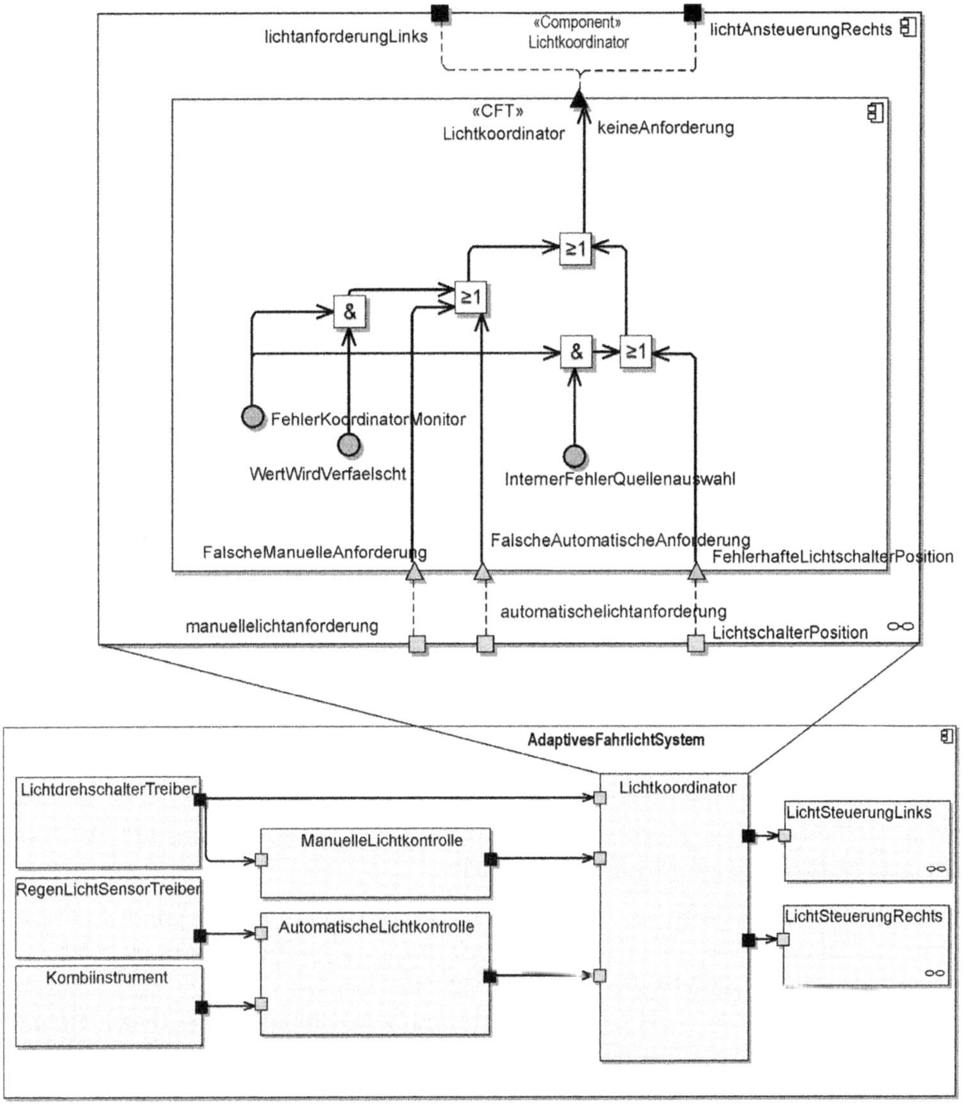

Abbildung 2 **Modulare, nahtlos in die modellbasierte Entwicklung integrierte Fehlerbäume (C^2FT) unterstützen die effiziente Sicherheitsanalyse.**

3.2 Modulare FMEA

Neben Fehlerbäumen wird in der Praxis insbesondere auch die FMEA als Sicherheitsanalysetechnik eingesetzt. Im Gegensatz zur FTA haben FMEAs in der Praxis häufig einen eher informellen Charakter. Insbesondere da die Erstellung der FMEA häufig als intuitiver empfunden wird, haben sie nichtsdestotrotz eine weite Verbreitung in der Industrie, sodass auch eine Unterstützung modularer FMEAs von großer praktischer Bedeutung ist.

Wenn man darüber hinaus davon ausgeht, dass Systemkomponenten unterschiedlicher Hersteller miteinander verbunden werden sollen, kommt es in der Praxis häufig vor, dass einige Komponenten mit einer FMEA analysiert wurden, während für andere eine Fehlerbaumanalyse vorliegt. Deshalb ist es wichtig, auch unterschiedliche Analysetechniken miteinander verbinden zu können. Um dies zu erreichen, muss die FMEA analog zu Fehlerbäumen modularisiert und formalisiert werden.

Die klassische FMEA untersucht die einzelnen Komponenten eines Systems und identifiziert die Fehlermöglichkeiten (Fehlermodi) dieser Komponenten. Anschließend werden mögliche Ursachen gesucht und die möglichen Effekte bei Eintreten der Fehlermodi untersucht. Abschließend werden geeignete Gegenmaßnahmen dokumentiert. Dabei beziehen sich sowohl die Ursachen als auch die Effekte auf andere Komponenten, mit denen die untersuchte Komponente in Beziehung steht. Durch diesen Ansatz wird allerdings die Modularität verletzt, da für die Durchführung der Analyse die anderen Komponenten des Systems bekannt sein müssen.

Die FMEA lässt sich allerdings leicht modularisieren, indem man analog zu Komponentenfehlerbäumen die Ursachen auf Fehlerbilder der Eingänge einer Komponente bezieht, während sich die Effekte auf Fehlerbilder der Ausgänge beziehen. Auch ist die Formalisierung der Fehlerbilder durch die Einführung einer Typisierung analog zu den Fehlerbäumen möglich. Setzen sowohl die modularen FMEAs als auch die Komponentenfehlerbäume auf demselben Typsystem auf, ist es darüber hinaus einfach möglich, beide Verfahren miteinander zu verbinden, da dann beide Verfahren eine gleichwertige Schnittstelle auf Basis typisierter Ein- und Ausgangsfehlerbilder zur Verfügung stellen.

Im Gegensatz zur FTA ist bei der FMEA allerdings die Abbildung von Fehlerursachen auf Fehlereffekte nicht formal beschrieben, da sie in ihrer ursprünglichen Form keine Mehrfachfehler betrachtet und man davon ausgeht, dass eine der Ursachen ausreicht, um einen Fehlermodus und die damit verbundenen Effekte auszulösen. Dabei ist zudem häufig unklar, wie genau sich die Maßnahmen in der Fehlerausbreitung auswirken. Daher ist es notwendig, neben den Schnittstellen auch die Semantik der FMEA zu formalisieren. Dazu lassen sich erneut die Konzepte der modellbasierten Entwicklung einsetzen. Abbildung 3 zeigt eine mögliche graphische, modellbasierte Umsetzung einer FMEA. Während es eher zweitrangig ist, ob die FMEA graphisch oder in der traditionellen Tabellenform dargestellt wird, ist es unerlässlich, dass die zugrunde liegenden Elemente einer klaren Syntax und Semantik unterliegen. Beispielsweise ist es wichtig, explizit zwischen Ursachen in der Komponente selbst und Ursachen in fehlerhaften Eingängen zu unterscheiden, da dies wesentlichen Einfluss auf die Fehlerpropagierung hat. Außerdem ist es notwendig, explizit festzulegen wie sich die Maßnahmen auswirken, d.h. es muss klar definiert sein, ob die Maßnahmen dazu dienen, wie im Beispiel eine

Fehlerursache, zu erkennen bzw. zu verhindern, oder ob sie den Fehlermodus oder gar einen Effekt unabhängig von der konkreten Ursache mitigieren.

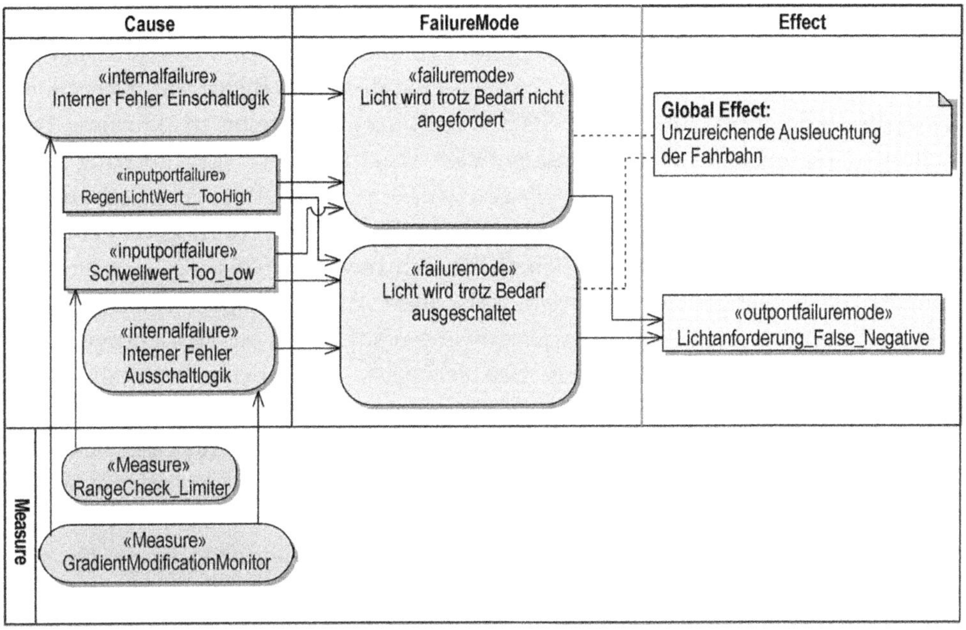

Abbildung 3 **Graphische Darstellung einer modellbasierten, modularen FMEA**

Ist dies festgelegt und geht man zudem davon aus, dass eine einzelne Ursache ausreichen würde, den zugehörigen Fehlermodus zu erzeugen, lässt sich daraus ableiten, wie sich die Fehlerursachen auf die Effekte propagieren. Zwar ist die Ausdrucksmöglichkeit der FMEA Fehlerbäumen unterlegen, trotzdem bietet eine modellbasierte FMEA eine formalisierte Abbildung der Fehlerpropagierung der Komponente. Dadurch ist es in Kombination mit der zu Komponentenfehlerbäumen identischen Schnittstelle möglich, beide Analysetechniken in einer automatisierten Analyse des Gesamtsystems zu integrieren.

Durch die modularen Sicherheitsanalysetechniken, lassen sich also einzelne Teilsysteme unabhängig voneinander analysieren. Bei der Integration der Systeme können die modularen Analysen dann automatisiert komponiert werden, sodass mit minimalem Aufwand eine integrierte Sicherheitsanalyse des Gesamtsystems durchgeführt werden kann.

3.3 Modulare Sicherheitskonzepte und -nachweise

Sicherheitsanalysen stellen damit einen sehr wichtigen Bestandteil der Sicherheitsnachweisführung dar. Sie sind für einen modularen Sicherheitsnachweis notwendig, aber in vielen Fällen nicht hinreichend. Über Sicherheitsanalysen lassen sich Schwachstellen in den Komponenten erkennen und man kann nachweisen, ob die identifizierten Gegenmaßnahmen ausreichend sind. Allerdings muss zusätzlich sichergestellt werden, dass diese Maßnahmen tatsächlich umgesetzt und ihre Wirksamkeit verifiziert werden. Dazu werden aus den Sicherheitsanalysen Sicherheitsanforderungen abgeleitet, die vom System umgesetzt werden können. Die Sicherheitsanforderungen dokumentieren dazu letztlich die Schlüsse, die man aus den Analysen gezogen hat. Die ISO 26262 [4] hat dazu den Begriff des Sicherheitskonzeptes eingeführt. Ein Sicherheitskonzept bietet dabei eine strukturierte Darstellung inklusive einer argumentativ begründeten Verfeinerung der Sicherheitsanforderungen. In der Praxis werden diese Anforderungen häufig informell mit Textverarbeitungsprogrammen oder in Anforderungsdatenbanken erfasst. Um den abschließenden Sicherheitsnachweis (den Safety Case) führen zu können, muss nachgewiesen werden, dass diese Anforderungen tatsächlich korrekt im System umgesetzt wurden. Dazu werden auf Basis von Verifikationsaktivitäten sogenannte Evidenzen, wie beispielsweise Testberichte, erzeugt. Diese Evidenzen werden dann den einzelnen Sicherheitsanforderungen zugeordnet, um nachzuweisen, dass diese erfüllt wurden. Wenn nun ein Gutachter die Sicherheit des Systems bewertet, kann er nachvollziehen, wie die Sicherheitsanforderungen schrittweise auf Basis von Sicherheitsanalysen verfeinert wurden. Anhand der Evidenzen kann er die korrekte Umsetzung der Anforderungen beurteilen und schließlich die Sicherheit des Systems bestätigen.

Um modulare Sicherheitsnachweise zu ermöglichen, müssen neben den Sicherheitsanalyseverfahren daher auch die dazugehörigen Sicherheitskonzepte formalisiert und modularisiert werden. Eine mögliche modellbasierte Umsetzung modularer Sicherheitskonzepte bieten sogenannte Sicherheitskonzeptbäume [11] wie sie beispielhaft in Abbildung 4 dargestellt sind.

Durch die modellbasierte graphische Darstellung lassen sich die Sicherheitsanforderungen sowie deren schrittweise Verfeinerung systematisch und übersichtlich modellieren. Insbesondere wenn auch die Sicherheitsanalysen modellbasiert vorliegen, lassen sich Analyseergebnisse nahtlos mit den Sicherheitskonzepten integrieren. Dadurch können beispielsweise Vollständigkeitsanalysen umgesetzt werden, die unter anderem automatisch prüfen können, ob alle identifizierten Fehlerbilder durch Anforderungen abgedeckt wurden.

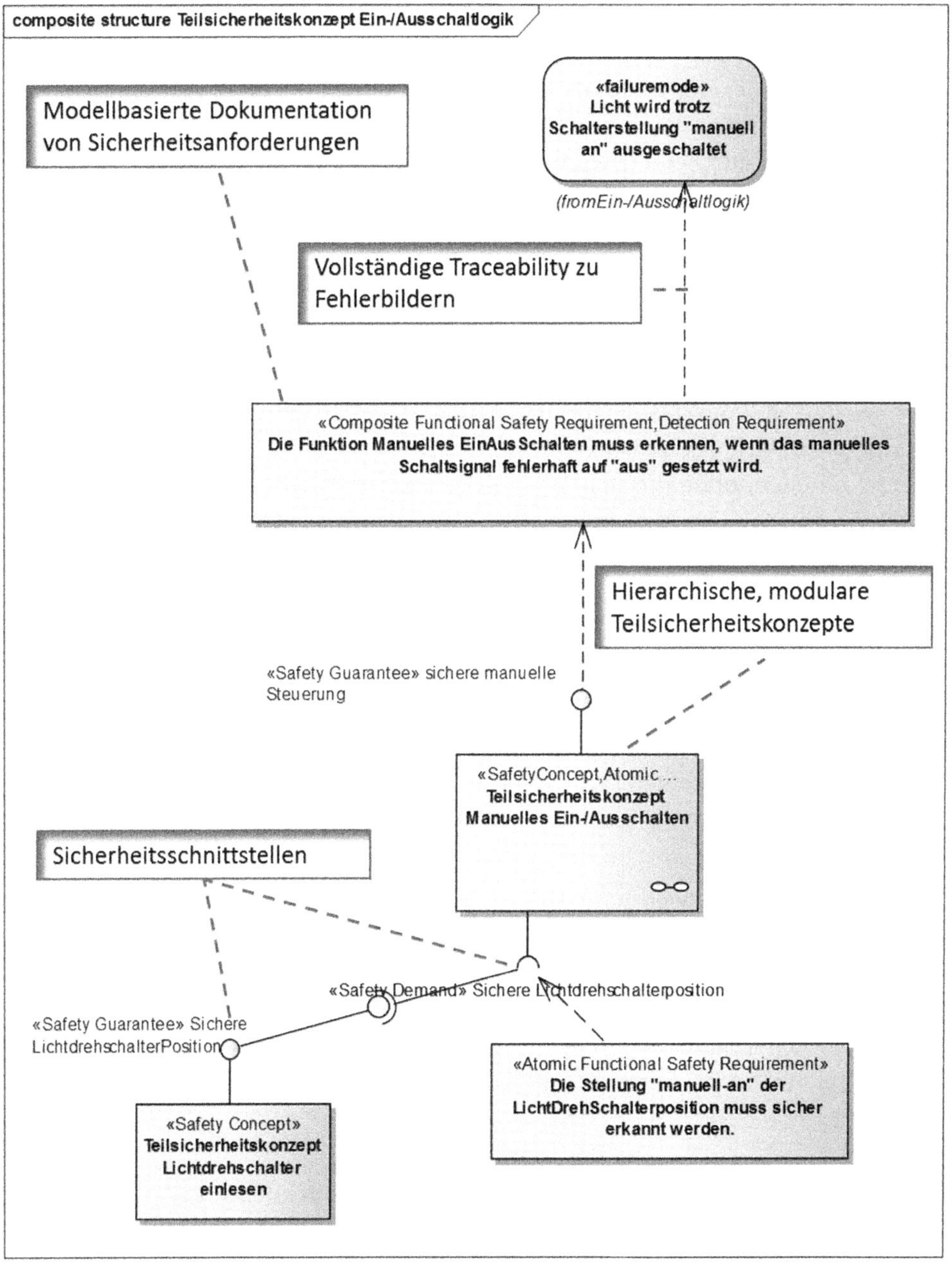

Abbildung 4 **Sicherheitskonzeptbäume (SCT) ermöglichen die modellbasierte, modulare Spezifikation von Sicherheitskonzepten**

Für den modularen Sicherheitsnachweis ist es allerdings insbesondere von Bedeutung, dass sich modulare Sicherheitskonzepte erstellen lassen. Um die Schnittstellen der modularen Konzepte spezifizieren zu können, lassen sich die Grundsätze der sogenannten contract-basierten Entwicklung anwenden. In Sicherheitskonzeptbäumen werden dazu sogenannte Sicherheitsgarantien (Guarantees) und

Sicherheitsforderungen (Demands) definiert. Dadurch kann ausgedrückt werden, dass eine Komponente die Erfüllung der definierten Guarantees gewährleistet – allerdings nur unter der Bedingung, dass umgekehrt ihre Demands von der Umgebung erfüllt werden. Wird beispielsweise von einem Hersteller einer kamerabasierten Überwachung erwartet, dass er Personen in der Gefahrenzone sicher erkennen kann, muss er die Einhaltung einer entsprechenden Guarantee gewährleisten. Gleichzeitig nutzt er aber beispielsweise die Bildinformationen einer Kamera eines anderen Herstellers, die vom Integrator zur Verfügung gestellt wird. Der Hersteller der Überwachungssoftware wird natürlich die sichere Erkennung von Personen nur unter der Bedingung garantieren (Guarantee), dass ihm ein sicheres Kamerabild zur Verfügung gestellt wird (Demand). Diese Anforderung muss wiederum vom Hersteller der Kamera garantiert werden. Durch dieses Konzept lassen sich also die Sicherheitsanforderungen modular auf einzelne Komponente aufteilen, ohne die teils komplexen Abhängigkeiten zwischen den Komponenten vernachlässigen zu müssen.

Auf Basis der modularen Anforderungen kann ein Gutachter sehr leicht modular die Sicherheit einer Komponente begutachten. Unter der Annahme, dass die Demands der Komponente erfüllt sind, untersucht er anhand des modularen Sicherheitskonzeptes und den zugehörigen Evidenzen, ob die Komponente ihre Guarantees einhalten wird. Die Nachweisführung bei der Integration kann sich dann im Wesentlichen auf den Nachweis beschränken, dass einerseits die Demands der Komponenten erfüllt sind und dass andererseits die Guarantees der Komponenten ausreichen, um alle Sicherheitsanforderungen des Gesamtsystems zu erfüllen.

In der praktischen Anwendung lassen sich die Guarantees und Demands nicht soweit formalisieren, dass eine automatisierte Integrationsprüfung möglich ist. Dennoch wird der Integrationsaufwand durch modulare Sicherheitskonzepte entscheidend reduziert. Dadurch wird der flexible Aufbau von Systemen im Sinne eines Baukastensystems auch für sicherheitskritische Anwendungen ermöglicht. Damit ist eine entscheidende Grundlage für sichere Systeme in der Industrie 4.0 gegeben.

4 Laufzeitzertifizierung für die dynamische Anlagenkonfiguration

Viele Industrie 4.0-Szenarien erfordern eine Integration und dynamische Anpassung der Systeme zur Laufzeit. Möchte man beispielsweise Anlagenteile flexibel miteinander koppeln und dynamisch an den Fertigungsauftrag anpassen, so würden modulare Sicherheitsverfahren nicht ausreichen. Da diese Verfahren weiterhin einen manuellen Sicherheitsnachweis für das integrierte Gesamtsystem voraussetzen, müsste trotzdem eine Rezertifizierung durchgeführt werden, wodurch die angestrebte Flexibilität massiv eingeschränkt würde. Deshalb ist es notwendig, die modularen Nachweisverfahren so weiterzuentwickeln, dass Systeme in die Lage versetzt werden zur Laufzeit selbst zu prüfen, ob ihre Sicherheit im aktuellen Kontext gegeben ist oder nicht. Gleichzeitig muss es das klare Ziel sein, die Safety-bezogene Verantwortung, die an die Systeme übergeben wird, auf ein Minimum zu reduzieren.

Modulare Sicherheitskonzepte bieten dazu einen idealen Ausgangspunkt. Die Ergebnisse der Sicherheitsanalysen der einzelnen Komponenten sind bereits interpretiert, die modularen Evidenzen sind bereits erbracht und die Einhaltung der Sicherheitsschnittstelle der einzelnen Komponenten wurde von einem Gutachter geprüft. Darauf basierend kann man nun Zertifikate auf Modulebene realisieren, deren Validität zur Laufzeit auf Basis der dann festgestellten Einhaltung der Sicherheitsschnittstelle bestimmt wird.

Die Idee der modularen Sicherheitskonzepte wurde daher zu sogenannten modularen Laufzeitzertifikaten weiter entwickelt. Modulare Laufzeitzertifikate müssen sehr effizient evaluiert werden können und sollten sich daher auf eine minimale Menge benötigter Daten beschränken. So werden beispielsweise die im Sicherheitskonzept definierten Argumente und Teilanforderungen nicht benötigt. Lediglich die Schnittstelleninformationen werden zur Laufzeit benötigt. Um eine Prüfung zur Laufzeit durchführen zu können, ist es allerdings notwendig, dass die Contracts in Laufzeitzertifikaten formalisiert werden. Als zusätzliche Erweiterung von Sicherheitskonzepten müssen Laufzeitzertifikate Varianten unterstützen. Wird nur eine gültige Kombination von Demands und Guarantees angeboten, ist es sehr unwahrscheinlich, dass die Schnittstellen von unabhängig entwickelten Komponenten wechselseitig erfüllt werden können. Aus diesem Grund empfiehlt sich der Einsatz von bedingten Zertifikaten, welche im Prinzip eine Menge „potenzieller Zertifikate" verkörpern. Dies bedeutet, dass die Komponente zur Laufzeit prüft, welche Demands erfüllt werden können und darauf basierend die von ihr erfüllbaren Guarantees bestimmt. Dadurch lassen sich Komponenten wesentlich flexibler integrieren.

All jene Konzepte werden von sogenannten Conditional Safety Certificates (ConSerts) [12] umgesetzt. Die Modellierung alternativer Garantien verschiedener Zertifikatvarianten im Rahmen eines ConSert ist in Abbildung 5 dargestellt.

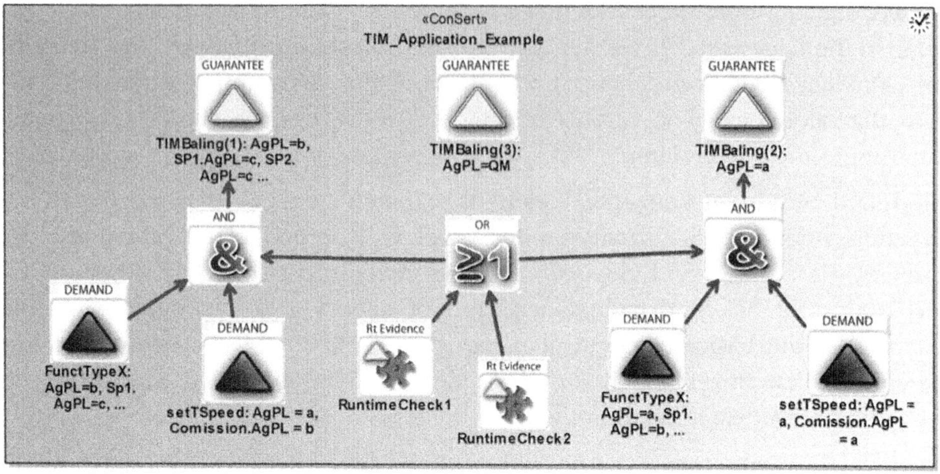

Abbildung 5 **ConSerts ermöglichen die dynamische Integration von Systems of Systems.**

Durch boolesche Operatoren werden analog zu Fehlerbäumen die Bedingungen definiert, unter welchen die Garantien gegeben werden können. Dazu wird zum einen die Erfüllung der Demands ausgewertet. Zum anderen werden aber auch sogenannte Laufzeitevidenzen (Runtime Evidences – RtE) ausgewertet. Dies sind Prüfungen, die zum Integrationszeitpunkt ausgeführt werden müssen, da die Prüfung nicht modular durchgeführt werden konnte. So kann es beispielsweise nötig sein zu prüfen, dass die verfügbare Bandbreite des Kommunikationskanals zwischen zwei Komponenten ausreicht, um einen sicheren Betrieb zu gewährleisten.

Um die Erfüllung von Demands zur Laufzeit prüfen zu können, müssen die Contracts formalisiert werden. Dabei können allerdings keine formalen Sprachen zum Einsatz kommen, die typischerweise im Zusammenhang mit Contracts eingesetzt werden [13], da komplexe Verifikationsalgorithmen zur Laufzeit nicht ausgeführt werden können. Stattdessen muss eine sehr effiziente Laufzeitprüfung möglich sein. Dies lässt sich über eine Typisierung von Guarantees und Demands umsetzen: Um Systemkomponenten funktional vernetzen zu können, müssen sie auf einer gemeinsamen Schnittstellenspezifikation aufsetzen. Häufig wird die Schnittstelle dazu auf Basis von Services beschrieben. Alle Komponenten nutzen dabei ein gemeinsames Servicetypsystem, in dem festgelegt ist, welche Funktionen und Eigenschaften eine Komponente umsetzen muss, wenn sie einen Service zur Verfügung stellt bzw. was sie erwarten kann, wenn sie einen Service nutzt. Um darauf basierend auch die Guarantees und Demands der ConSerts formalisieren zu können, wird eine Sicherheitsanalyse auf Basis der Servicetypen durchgeführt. Dabei werden die Fehlerbilder der Services identifiziert und als Teil des Typsystems hinterlegt. Zusätzlich können auch bereits geeignete Gegenmaßnahmen zu den Fehlerbildern identifiziert und im Typsystem hinterlegt werden. Auf Basis dieses Typsystems können sich Guarantees und Demands auf definierte Fehlerbilder und Gegenmaßnahmen beziehen. So kann eine Komponente beispielsweise garantieren, dass ein Fehlerbild eines Services nicht auftreten wird, oder dass sie eine entsprechende Gegenmaßnahme umsetzt. Umgekehrt kann sie als Demand verlangen, dass ein bestimmtes Fehlerbild an einem Eingang nicht auftreten darf. Dadurch sind Guarantees und Demands sehr präzise definiert. Gleichzeitig ist die Prüfung sehr einfach umsetzbar. Um zu prüfen, ob ein Demand erfüllt ist, ist es im Wesentlichen ausreichend zu prüfen, ob es eine Guarantee gibt, die sich auf ein kompatibles Fehlerbild oder eine kompatible Gegenmaßnahme im Typsystem bezieht.

5 Zusammenfassung

Die Betriebssicherheit ist eine zentrale Herausforderung der Industrie 4.0. Selbst auf Basis des aktuellen Standes der Wissenschaft wird die Vision der Industrie 4.0 nicht in vollem Umfang unterstützt. Lässt sich die Sicherheit der Systeme aufgrund fehlender Methoden und Technologien nicht nachweisen, wird sich die Vision letztlich nicht in die Realität umsetzen lassen. Innovative Verfahren und Technologien zum Sicherheitsnachweis sind daher ein zentraler Schlüsselfaktor zum Erfolg der Industrie 4.0.

Vielversprechend ist die Weiterentwicklung bestehender Ansätze zum modularen Sicherheitsnachweis und zur Laufzeitzertifizierung. Die in diesem Abschnitt vorgestellten Ansätze bieten dazu eine gute Ausgangsbasis. Es ist allerdings von entscheidender Bedeutung, die Betriebssicherheit der Systeme von Anfang an in der Entwicklung zu berücksichtigen. Eine nachträgliche Umsetzung von Sicherheitsmaßnahmen am Ende der Entwicklung ist entweder mit enormen Kosten verbunden oder sogar technisch unmöglich.

Deshalb ist es von entscheidender Bedeutung, die Betriebssicherheit als zentrales Erfolgselement der Forschungs- und Entwicklungsarbeiten zur Industrie 4.0 zu adressieren.

6 Literatur

[1] Forschungsunion, acatech: „Deutschlands Zukunft als Produktionsstandort sichern - Umsetzungsempfehlungen für das Zukunftsprojekt Industrie 4.0 – Abschlussbericht des Arbeitskreises Industrie 4.0", Promotorengruppe Kommunikation der Forschungsunion Wirtschaft-Wissenschaft, acatech, April 2013

[2] Martin Rothfelder: „Sicherheit und Zuverlässigkeit eingebetteter Systeme: Realisierung, Prüfung, Nachweis (Teil II)", Seminarunterlage, Bonn: Deutsche Informatik Akademie, 2002

[3] IEC 61508:2010, Functional safety of electrical/electronic/programmable electronic safety-related systems: Parts 1-7, International Electrotechnical Commission, 2010

[4] ISO 26262:2011, Road Vehicles - Functional safety: Parts 1-10, ISO, 2011

[5] AUTOSAR-Webpage: "www.autosar.org"

[6] ARINC, "ARINC 653: Avionics Application Software Interface", ARINC 2013

[7] RTCA, "RTCA DO-297: Integrated Modular Avionics (IMA) Development Guidance and Certification Considerations", RTCA 2005

[8] Liggesmeyer P., Software-Qualität (2. Auflage, 2009), Heidelberg: Spektrum-Verlag 2009

[9] Kaiser, B., Liggesmeyer, P., Mäckel, O., A New Component Concept for Fault Trees, in: Proceedings Conferences in Research and Practice in Information Technology, 33, P. Lindsay and T. Cant (Eds), ACS. 37-46, 2004

[10] Adler, R., Domis, D., Höfig, K., Kemmann, S., Kuhn, Schwinn, J.P., Trapp, M.: „ Integration of component fault trees into the UML", Models in Software Engineering, pp. 312-327, Springer 2011

[11] Adler, R., Kemmann, S., Liggesmeyer, P., Schwinn, P., "Model-based Development of a Safety Concept", in: Proceedings of PSAM 11 & ESREL 2012

[12] Schneider, D., Trapp, M.: "Conditional Safety Certification of Open Adaptive Systems", ACM Transactions on Autonomous and Adaptive Systems (TAAS) 8 (2), 2013

[13] Damm, W., Votintseva, A., Metzner, A., Josko, B., Peikenkamp, T., & Böde, E. (2005). "Boosting re-use of embedded automotive applications through rich components." Proceedings of Foundations of Interface Technologies, 2005.

iProduction, die Mensch-Maschine-Kommunikation in der Smart Factory[1]

Dr. Alexander Schließmann, FORCAM GmbH

1 Zur Rolle des Menschen in der Produktion von morgen

Die Schlagworte zum Thema Industrie 4.0 sind zahlreich: Internet der Dinge, Cloud, Big-Data, Real-time, intelligente Maschinen, Teile und Produkte, voll vernetzte Instandhaltung und Wartung. Der Mensch scheint in der Produktion von morgen keine Bedeutung mehr zu haben. Naheliegend erscheint, sich nur noch auf technologische Aspekte wie Smart Devices, Big Data Processing und Interfaces zu konzentrieren. Doch das wäre ein Fehler. Blickt man zurück, gab es zwischen der dritten industriellen Revolution mit SPS-gesteuerten Maschinen und der zukünftigen vierten industriellen Revolution schon einmal einen Ansatz, die Fertigungsebene EDV-technisch zu durchdringen. Er hieß Computer Integrated Manufacturing (CIM). Doch CIM verschwand in den 90er Jahren sang- und klanglos. Der CIM-Ansatz war stark technik- und automatisierungszentriert und reduzierte die Aufgabe des Menschen auf die Beobachtung in einem Kontrollzentrum, ähnlich der Aufgabe von Überwachungspersonal in einem Kernkraftwerk.

Heute ist man weiter: In den letzten 30 Jahren hat sich die Erkenntnis durchgesetzt, dass die Fähigkeiten der Maschinenintelligenz eingeschränkt sind. Dies wird deutlich in einer Aussage von Professor Walster in der Studie „Produktionsarbeit der Zukunft": „Nach über 35 Jahren Forschung im Bereich künstliche Intelligenz bin ich überzeugt, dass jeder Grundschüler selbst den besten intelligenten Computersystemen bezüglich seiner Alltagsintelligenz überlegen ist. Bei Entscheidungen unter Unsicherheit, die nicht einem klaren Muster folgen, und im sensormotorischen Bereich haben Menschen daher einen klaren Vorteil selbst gegenüber den leistungsfähigsten Maschinen aus dem KI-Bereich." [1] Wesentlich in der Industrie 4.0 wird sein, eine Positionierung des Menschen zu verfolgen, die seine natürlichen Kompetenzen Intelligenz, Kreativität, Einfühlungsvermögen und Motorik adäquat berücksichtigt und klug einbindet.

Hinzu kommt, dass sich die Möglichkeiten der Hard- und Software revolutionär verbessert haben. Es gibt auf Shop-Floor-Ebene heute keine Diskussion mehr, was

---

1 Smart Factory steht hier nicht für die Modellfabrik vom Deutschen Forschungszentrum für Künstliche Intelligenz (DFKI). Hier leitet sich der Begriff vom Smartphone ab. Genauso wie Smartphones unser Kommunikationsverhalten massiv verändert haben, wird die Smart Factory die Informationsaufbereitung und -darstellung in der Produktion stark beeinflussen. Teile davon sind schon heute realisiert.

das richtige Netzprotokoll oder welches das geeignete Betriebssystem ist. Man kann sich umfänglich auf die Produktionsaufgabe konzentrieren und braucht nicht mehr zu fürchten, dass selbst einfache Funktionen nicht zuverlässig erledigt werden.

Damit sind zwei zentrale Bausteine für modernes Shop Floor Management definiert (der kreative Mensch und leistungsfähige IT), die folgendes Zwischenergebnis nahe legen: Die EDV-technische Revolution in der Fertigung durch das Internet der Dinge kommt ohne die Kompetenzen und Fähigkeiten der Menschen nicht aus. Diese Einschätzung wird gestützt durch die Studie „Produktionsarbeit der Zukunft“, auf die im Weiteren näher eingegangen wird. Sie fasst die Ergebnisse aus der Befragung von 661 Unternehmen und 21 Industrie 4.0-Experten zusammen. Laut dieser Studie wird auch in Zukunft menschliche Arbeit in der Produktion eine sehr wichtige (60,2%) oder wichtige (36,6%) Rolle spielen, siehe Abbildung 1-1. Dabei gibt es zwar im Detail geringe Abweichungen zwischen Unternehmen mit schon hohem Automatisierungsgrad und Unternehmen mit noch hohem manuellem Arbeitsanteil. Aber die Tendenz ist klar: Auch die Produktion in der Smart Factory der Industrie 4.0 bleibt menschzentriert.

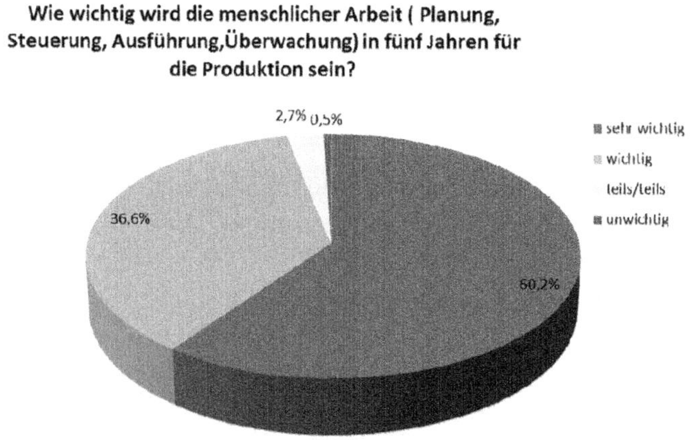

Abbildung 1-1: Eine deutliche Mehrheit von Experten in Unternehmen erwartet, dass menschliche Arbeit in der Produktion auch in Zukunft „sehr wichtig“ oder „wichtig“ sein wird (Quelle: „Produktionsarbeit der Zukunft“)

Auch zu der Folge-Frage „Wo wird künftig produziert werden?“ hat die Studie „Produktionsarbeit der Zukunft“ einen klaren Trend herausgefunden: Für mehr als 90 % aller Unternehmen soll der Produktionsstandort auch künftig Deutschland heißen, siehe Abbildung 1-2. Auch hierzulande wird menschliche Arbeit in der Fertigung weiter eine wichtige Rolle spielen.

Wie aber sieht die Produktionsarbeit der Zukunft aus? Was wird sich ändern? Wie muss sich die IT darauf einstellen? Was muss sie liefern? Wie wird die IT so flexibel, dass Lean-Manager und Mitarbeiter sie als Alternative zu Flipchart und Zettelwirtschaft akzeptieren?

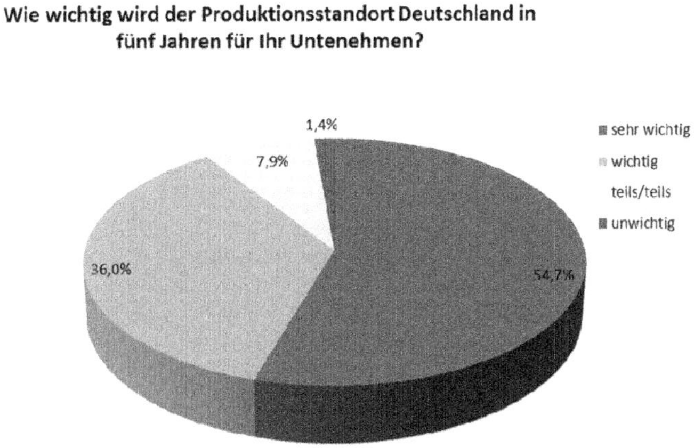

Abbildung 1-2: **Mehr als 90 % der befragten Experten prognostizieren, dass Deutschland als Produktionsstandort wichtig bleibt (Quelle: „Produktionsarbeit der Zukunft")**

1.1 Vollautomatisierung wird kürzeren Produktlebenszyklen nicht gerecht

Die Experten der Studie sind fast einig: Auf der einen Seite wird, falls möglich, eine Vollautomatisierung angestrebt, um die Lohnkosten zu senken. Auf der anderen Seite wird klar aufgezeigt, dass hohe Investitionen in spezialisierte Vollautomaten mit Blick auf niedrigere Stückzahlen und kürzere Produktlebenszyklen wirtschaftlich nicht mehr vertretbar sind. Denn für die Zukunft werden sehr kurze Produkteinführungszeiten (*time to market)* prognostiziert, spezialisierte Geräte mit mehrmonatigen Hochlaufzeiten sind dafür zu teuer.

Die Zukunft gehört daher flexiblen Gesamtsystemen, bei denen der Mensch eine zentrale Größe darstellen muss, um diese notwendige Flexibilität sicherzustellen, siehe Abbildung 1-3.

1.2 Assoziationsfähigkeit des Menschen vs. Künstliche Intelligenz (KI)

Die Aufgabe des Menschen darf sich dabei nicht auf die Rolle des Lückenbüßers reduzieren, dem alles, was zu teuer ist, als Aufgabe zugewiesen und er zu einem integralen Bestandteil des Produktionstakts reduziert wird. Dieses Horrorszenario beschrieb Charlie Chaplin 1936 in seinem Film *Modern Times*. Zur Zukunft der menschlichen Arbeit urteilt Broy: „Ich glaube, dass der Anteil der Arbeit, der automatisierbar ist, immer mehr automatisiert wird. An die Vorstellung aber, dass der Mensch der gesteuerte Handlanger des Systems ist, an die glaube ich nicht. Ich denke, eine mögliche Vision an der Stelle ist, dass ein Großteil dieser stumpfsinnigen Arbeit nicht mehr stattfindet und von Systemen übernommen wird. Das kann gar nicht anders sein." [1]

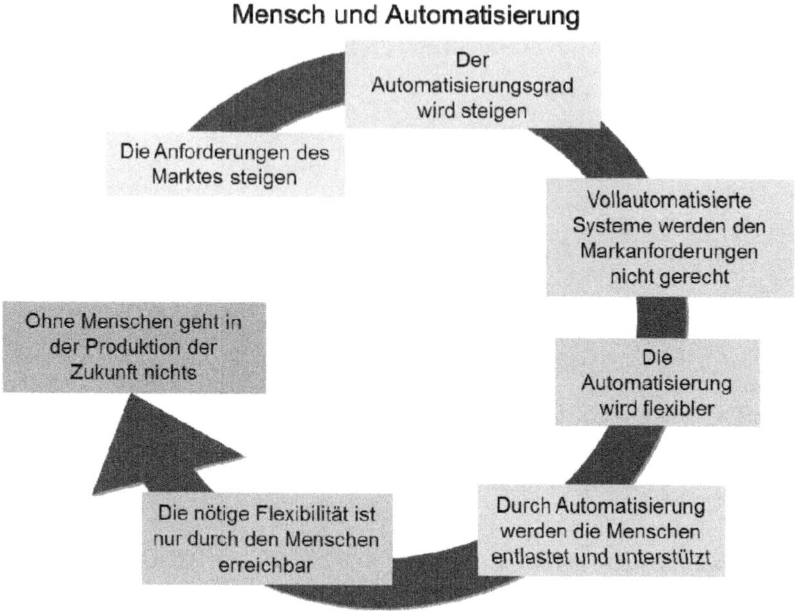

Abbildung 1-3: **Produktion der Zukunft: Gesamtsysteme, bei denen der Mensch als zentrale Größe die notwendige Flexibilität sicherstellt, Quelle: Fraunhofer IAO, Studie Produktionsarbeit der Zukunft – Industrie 4.0**

Der Mensch besitzt taktile Fähigkeiten, die sich mit Sensoren nur sehr schwer realisieren lassen. Mit seiner Assoziationsfähigkeit ist der Mensch künstlichen Intelligenzlösungen überlegen. Die Mitarbeiterin oder der Mitarbeiter kann je nach Vorbildung auf neue Aufgaben relativ schnell umgeschult werden oder stellt sich auf Veränderungen kurzfristig ein. Die Maschine dagegen kann nur das erledigen, wofür sie entwickelt wurde. Sie reagiert nur auf die Situationen, welche im Vorfeld schon erdacht wurden, das allerdings sehr schnell und mit hoher Wiederholgenauigkeit.

Auch im Lean-Management oder TPM (ursprünglich **T**otal **P**roductive **M**aintenance, heute **T**otal **P**roductive **M**anagement) hat sich die Erkenntnis verbreitet, dass der Mitarbeiter mehr als nur die eigentliche Produktionsaufgabe ausführen sollte. Er steht Tag für Tag an der Maschine oder am Montagearbeitsplatz, er entwickelt ein Gespür für den optimalen Prozess, er hat schon in mehreren Unternehmen Erfahrungen zur kontinuierlichen Optimierung der Prozesse gesammelt. Es geht darum, diese kreativen und assoziativen Kompetenzen zu würdigen und zu nutzen, indem sie durch zusätzliche Informationen aus dem Prozess ergänzt werden. Unsere jahrelange Erfahrung zeigt, dass Menschen Probleme an Ihrem Arbeitsplatz sehr subjektiv definieren. Erst durch die Unterstützung durch objektive Prozessdaten konzentriert sich die Problemlösung auf tatsächlich aufgetretene Probleme und nicht auf gefühlte Schwachstellen.

Weil der Mensch in immer komplexere Prozesse eingebunden wird, muss er in die Lage versetzt werden, durch eine deutlich reduzierte Komplexität die richtigen Entscheidungen zu treffen.

Diese Anforderung gilt nicht nur für die Werker, sondern auch für den Produktionsverantwortlichen. Wenn er durch die Fertigung läuft, möchte er auf einen Blick wissen, welche Probleme eine Maschine bereitet, wie lange sie schon stillsteht, ob die Verantwortlichen informiert sind, ob der Auftrag rechtzeitig fertig wird, ob die Schichtleistung stimmt oder wie viel Ware im Umlauf ist. Diese Fragen wurden bis vor kurzem häufig mit den Mitteln des Lean-Management beantwortet: einfache und übersichtliche Prozesse, Flipchart, handschriftliche Aufzeichnungen. Motto: pragmatische Mittel statt kostenintensive, monolithische und schwerfällige EDV.

Das war die Antwort der Produktion auf das CIM-Desaster. Dass es auch anders geht, ist die zentrale Herausforderung in der Industrie 4.0.

1.3 Nutzung mobiler Kommunikationstechnik im Arbeitskontext

Es liegt nahe und ist ratsam, die aus dem Privatleben gewohnte Vernetzung der Menschen untereinander auch in der Produktion einzusetzen. Mobile Endgeräte wie Smartphones und Tablets gehören heute zum Alltag vieler Menschen. Unterhalb einer Altersgrenze sind diese Geräte gar nicht mehr wegzudenken. Selbst auf der kleinsten griechischen Insel mit minimalem Komfort fordern die Gäste inzwischen eine umfängliche Kommunikationsfähigkeit mit der Heimat. Menschen sind monatelang von zuhause weg und bleiben trotzdem im täglichen Kontakt mit ihren Lieben daheim. Diese Kompetenz und Technologiefreundlichkeit durch gleiche Infrastrukturen auch in Unternehmen zu nutzen, geschieht bereits vielerorts und wird geradezu erwartet.

Zwei Beispiele aus der Praxis: Bei einem großen Automobilunternehmen gingen die IT-Verantwortlichen durch die Arbeitsvorbereitung. Da rief ihnen ein Werker sprichwörtlich die Arbeitsanweisung zu: „Mein iPad habe ich schon, jetzt müsst Ihr nur noch die Anwendung liefern." Ein anderes Unternehmen setzt seit Jahren auf die bewährte Dateneingabe mit Touch-Pads. Jüngst aber wunderte man sich über eine nicht nachvollziehbare Fehlermeldung. Die Lösung: Jüngere Mitarbeiter bedienen das System nicht mehr mit nur einem Finger, sondern sie nutzen die von ihren Smartphones gewohnte Zweifinger-Technik.

Den Trend zur mobilen Kommunikation bestätigt die Studie „Produktionsarbeit der Zukunft", siehe Abbildung 1-4. 52 % der befragten Unternehmen sehen demnach die mobile Kommunikationstechnik als einen Bestandteil ihrer zukünftigen Kommunikation mit der Shop-Floor-Ebene. Gleichzeitig sehen die Skeptiker auch die Chancen, Informationen frühzeitig und mit hoher Geschwindigkeit an die Zielpersonen zu verteilen. „IT ist nicht grundsätzlich etwas „Schlimmes". Vielmehr ein „Befähiger" – wenn sie... intelligent eingesetzt wird. Die Zukunft wird dem Echtzeit-Management gehören", schreibt der Unternehmensberater Remco [10].

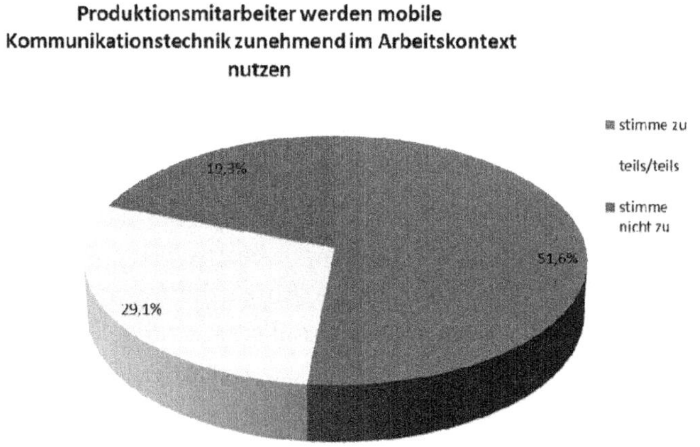

Abbildung 1-4: Mobile Kommunikationstechnik wird im Arbeitskontext zunehmen (Quelle: „Produktionsarbeit der Zukunft")

Wir dürfen eine analoge Entwicklung wie in der Vergangenheit erwarten: Zuerst waren Laptops Statussymbole nur für Manager. Mittlerweile werden sie von einem hohen Prozentsatz der Mitarbeiter eingesetzt, um ihre Daten in jedem Besprechungsraum des Unternehmens mit anderen zu teilen. Heute sind es Smartphones, mit denen Manager über ihre Produktionsdaten informiert werden, morgen dürfte ein hoher Prozentsatz der gesamten Belegschaft mit mobilen Geräten agieren. Als nächster Schritt darf erwartet werden, dass sich die Informationsgeräte zu Bediengeräten wandeln.

Der Trend ist klar: Innovative Unternehmen haben schon vor Jahren angefangen, sich mit Shop Floor Management zu beschäftigen. Heute profitieren sie von dem Wissen, wie sie Daten aufbereiten müssen, damit ihnen aktuelle und zukünftige Technologien einen Informations- und damit Produktionsvorsprung verschaffen. Mittelbach geht in „Produktionsarbeit der Zukunft" noch einen Schritt weiter: „Wenn die Geräte, die Objekte und Maschinen miteinander reden können, können sie das genauso gut mit dem Menschen via Tablet, via Augmented-Reality-Brille, usw." [1].

1.4 Potenziale von Social Media in der Produktion

Im Rahmen von Bachelor- und Masterarbeiten beschäftigen wir regelmäßig Studenten. Sie sind es gewohnt, mit ihren Professoren über Social Media wie Facebook, StudiVZ etc. zu kommunizieren und sie trotz räumlicher Trennung am

Fortschritt ihrer Arbeiten teilhaben zu lassen. Schon elfjährige Schüler müssen sich im Internet über Stundenpläne und Raumverschiebungen ihrer Schule informieren. Es wird nicht mehr gefragt, ob die technischen Voraussetzungen gegeben sind, das wird vorausgesetzt. Die Generation der *digital natives* sieht das Leben mit dem Internet, die ständige Verbindung mit allen wichtigen Personen und Organisationen in Wort, Bild und Filmen, als selbstverständlich an.

In der Produktion kommen Social Media dagegen bisher so gut wie nicht zum Einsatz, obwohl erkennbarer Bedarf besteht, siehe Abbildung 1-5. Es gibt ungezählte Situationen, in denen mehrere Mitarbeiter kurzfristig und verlässlich informiert werden müssen oder selbst informieren müssen: Aufträge, auf die ein besonderes Augenmerk zu legen ist; Lieferanten, die sich geändert haben; neue oder beendete Maschinenprobleme etc.. Bei einem führenden Automobilzulieferer wurde für den Fall eines Maschinenstillstands eine komplette Eskalationskette installiert:

Leadperson	→ Alarmierung nach 30 Min
Groupleader	→ Alarmierung nach 90 Min
Sectionleader	→ Alarmierung nach 3 Std
Manager	→ Alarmierung nach 6 Std
Director	→ Alarmierung nach 8 Std
VP President	→ Alarmierung nach 10 Std
President	→ Alarmierung nach 24 Std

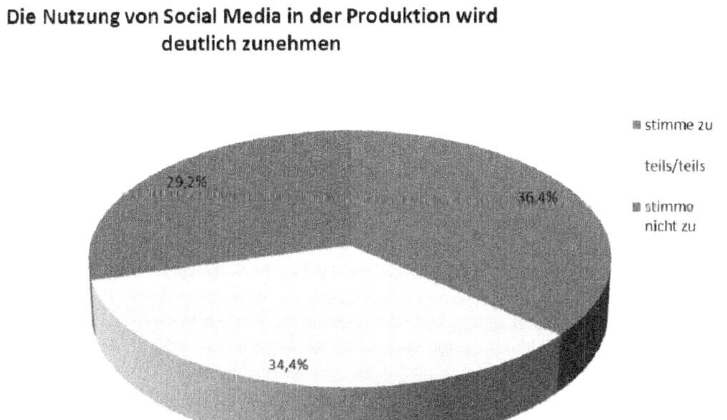

Abbildung 1-5: 70 % der Befragten erwarten, dass die Nutzung von Social Media in der Produktion eher zunehmen wird (Quelle: „Produktionsarbeit der Zukunft")

Die beschriebene Alarmierungskette lässt sich mit E-Mail-Stafette umsetzen, sie aber über Social Media abzubilden, würde noch auf Akzeptanz-Probleme stoßen. Was sich bei der Einbindung sozialer Netzwerke ändern sollte, beschreibt Dr. Holfelder: „Die Nutzung von Social Media im Unternehmen ist nicht nur eine Technikfrage, sondern in erster Linie eine Kulturfrage. Es muss zum Beispiel in

Ordnung sein, dass ich von Zuhause aus an einem Meeting teilnehmen kann, ohne dass die anderen sich wundern." [1]. Im Unternehmen des Autors wird in der Entwicklung mit vielen Mitarbeitern zusammengearbeitet, die nur zwei Tage im Büro sind und die Hauptzeit im Home Office verbringen. Für Remote-Diskussionen wird auf Videokonferenzen zurückgegriffen. Die Akzeptanz für einen so gestalteten Arbeitsalltag ist kein Problem, wenn die Technik in den Hintergrund tritt, weil ihre Bedienung nicht aufwändiger als ein Telefon ist.

Dabei darf ein Factory Social Media nicht nur eine Kopie der schon genannten Systeme sein. Denn diese haben aus berechtigtem Grund Akzeptanzprobleme. Die seit längerer Zeit nun schon geführte Debatte zum Thema Datensicherheit zeigt auf, dass sichergestellt sein muss, dass die Kommunikation nur innerhalb des Firmennetzwerks erfolgt (vergleichbar dem Einsatz von WLAN in der Produktion) bleiben müssen. Außerdem muss sichergestellt sein, dass nur definierte Firmengeräte zum Einsatz kommen. Schon jetzt beschweren sich Produktionsleiter über Qualitätsprobleme die durch Mitarbeiter verursacht werden, die durch ihre privaten Smartphones von der Durchführung ihrer Aufgaben abgelenkt werden.

1.5 Möglichkeiten der Unterstützung der Mitarbeiter durch mobile Assistenz

Zum Schluss der Betrachtung über die Zukunft der menschlichen Arbeit in der Fertigung noch ein Blick in die Vergangenheit: Vor Einführung der EDV in die Produktion war der Informationsstand zum Status der Fertigung ein Erfahrungswert, im Grunde ein vages Gefühl. Mit der Einführung der ersten EDV-Systeme kam dann das Gegenteil: Alles wurde protokolliert und 1:1 an den Produktionsleiter weitergegeben. Folge: Kiloweise Papier und ein nicht mehr zu bewältigender Auswertungsaufwand. Schließlich waren alle Beteiligten nur so schlau wie vorher. Was ist daraus zu lernen? Das Thema Big Data Processing muss eine ganz neue Ausrichtung erhalten. Die Aufgabe lautet: Wie bringt ein Unternehmen die Fülle an Daten so auf den Punkt, dass die entsprechende Zielgruppe produktiver arbeiten und rascher agieren kann?

Im Rahmen der visuellen Fabrik wird heutzutage dem Bediener eine Bildersammlung mit richtigen und falschen Prozessergebnissen am Arbeitsplatz angeboten. Das ist aber organisatorisch aufwändig und die Aktualisierung steht häufig im Konflikt mit kurzfristigen Änderungen (Bilder des geänderten Produkts müssen erstellt werden, die Verfahrensanweisung ist zu aktualisieren, Aushänge sind auszudrucken und die Bilder vor Ort sind auszutauschen. Zusätzlich ist die Übersicht zu wahren, was sich auf welchem Änderungsstand befindet). Die Ablösung durch mobile Lösungen wird neue Möglichkeiten schaffen, wie von Experten erwartet, siehe Abbildung 1-6, und zum Beispiel die Reaktionsfähigkeit erhöhen. Der Instandhalter einer Pressenstraße begibt sich mit seinem Tablet oder Smartphone direkt an den Problemort und muss nicht zwischen Problem und

Informationsdarstellung hin und her pendeln. Zudem kann eine Individualisierung realisiert werden, die sich am Qualifikationsstand des Mitarbeiters orientiert.

Der lean-orientierte Produktionsmanager will beim Gang durch die Produktion ohne aufwändige EDV-Recherche direkt sehen, wie der Fertigungsstatus ist. Heute wird das durch entsprechende Produktionstransparenz erreicht. Zukünftig könnte das wie von Rode beschrieben funktionieren: „Ich gehe durch die Halle und sehe sofort, wo mein Auftrag ist und was es mit dem Stapel Material auf sich hat, anstatt den Warenbegleitschein zu suchen. Wenn Augmented Reality zusammen mit den Google-Glass-ähnlichen Techniken mal vernünftig benutzbar und bezahlbar ist, dann werden wir sehen, dass die Informationen irgendwo im Raum schweben und die Produktion und Wartung damit vereinfachen." [1].

Ob hier tatsächlich Techniken wie die Google-Brille notwendig sind oder diese Informationen direkt auf dem Organizer der Zukunft, zum Beispiel einem Tablet-PC, angezeigt werden, welcher aufgrund eines „firmeninternen GPS" weiß, wo er sich befindet, sei dahin gestellt.

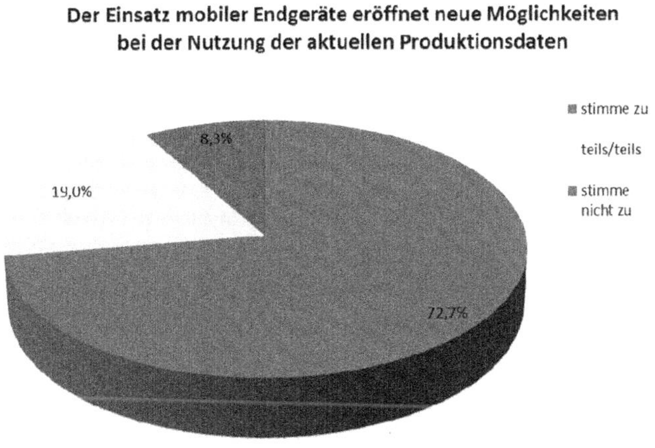

Abbildung 1-6: Mobile Endgeräte werden als Teil der Produktion von morgen erwartet (Quelle: „Produktionsarbeit der Zukunft")

Bei Automobilen der Premiumklasse gibt es schon heute Head-Up-Displays, die Informationen in das reale Sichtfeld des Fahrers virtuell einblenden. Entscheidend ist, dass dabei nicht die komplette reale Cockpitansicht in das Sichtfeld kopiert wird, sondern nur die gerade sinnvolle Information. Dieses Beispiel im Kleinen ist die Aufgabe auch im Großen: Die Flut der Daten muss aufbereitet werden, damit der Mensch die richtigen Entscheidungen treffen kann. Holfelder sieht darin eine nicht triviale Aufgabe: „Es werden hier neue und komplexere Daten generiert, (...) und zur Bewertung der Relevanz gibt es bisher noch wenig Erfahrung." [1].

Zusammenfassend kann als Anforderung für eine Mensch-Maschine-Konfiguration der Zukunft gesagt werden: Der Mensch bleibt mit seinen kreativen und assoziativen Kompetenzen die entscheidende Größe auch in der Smart Factory. Er benötigt ein „iProduction-Tablet", auf dem ihm alle für die Erfüllung seiner aktuellen Aufgabe notwendigen Informationen übersichtlich aufbereitet zur Verfügung stehen, damit er schnell die notwendigen Entscheidungen treffen kann. Insgesamt muss er seine Zeit ganz überwiegend für die Produktionsaufgabe verwenden können statt für die Informationsbeschaffung. Ob das „Tablet" dabei ein stationäres oder mobiles System ist oder die reale Welt die virtuelle Welt ergänzt, ist dabei nicht die Hauptaufgabe. Diese heißt vielmehr: Wie lässt sich das System schnell und intuitiv bedienen und zeitnah an neue Anforderungen anpassen?

2 Beispielszenario aus einer Smart Factory

Für die Smart Factory in der Industrie 4.0 gilt aktuell eine Aufgabentrennung zwischen Planung und Produktion, zwischen ERP (Enterprise Resource Planning) und MES (Manufacturing Execution System) – kurz: zwischen Top und Shop Floor.

Mit ERP werden die Unternehmensprozesse horizontal verknüpft. Aus Sicht der Produktion ist dabei der Baustein Produktions-Planung und -Steuerung (PPS) elementar. Dominant bei der Planung sind sowohl die Einbeziehung des Themas Material (MRP I, Material Requirement Planning) als auch, nach einer Erweiterung der Definition, die Berücksichtigung aller relevanten Produktionsressourcen (MRP II, Manufacturing Resource Planning).

Weil die Ressourcenplanung in der Vergangenheit aber nur sehr unbefriedigend erfolgte und die Produktionssteuerung überhaupt nicht abgedeckt war, entwickelten sich in den 90er Jahren zwei Strömungen, die Antworten auf diese operativen Schwächen geben wollten. Aus der Sicht des Produktionsmanagements lautete die Antwort Lean-Management – basierend auf dem Toyota Produktionssystem. Aus Sicht der IT lautete die Lösung: das MES als Layer zwischen den Produktionsressourcen (Maschinen etc.) und der Unternehmensebene, siehe Abbildung 2-1. Beide Ansätze sind bis heute konträr zueinander. Lean Management ist im Kern ein Ansatz, der weniger auf technische Ablaufautomation abhebt, als vielmehr die Prinzipien einer schlanken Organisation betont oder wie es Remco [10] sehr anschaulich beschreibt „Erzeugen Sie Transparenz, indem Sie mit einem einfachen Blatt Papier arbeiten, das anschließend an der Shopfloor-Tafel ausgehängt wird. Schlechte Nachrichten für Laptop-Freaks und Digitalwelt-Gurus, die alles elektronisch haben wollen und dann auf Nimmerwiedersehen archivieren." MES setzt auf Führung, Lenkung und Steuerung der Produktion in Echtzeit. Dazu gehören klassische Datenerfassungen und Aufbereitungen wie Betriebsdatenerfassung (BDE) und Maschinendatenerfassung (MDE) [12]. In der künftigen Smart Factory jedoch lassen sie sich unter einen Hut bringen. MES steht damit für die IT in der Smart Factory.

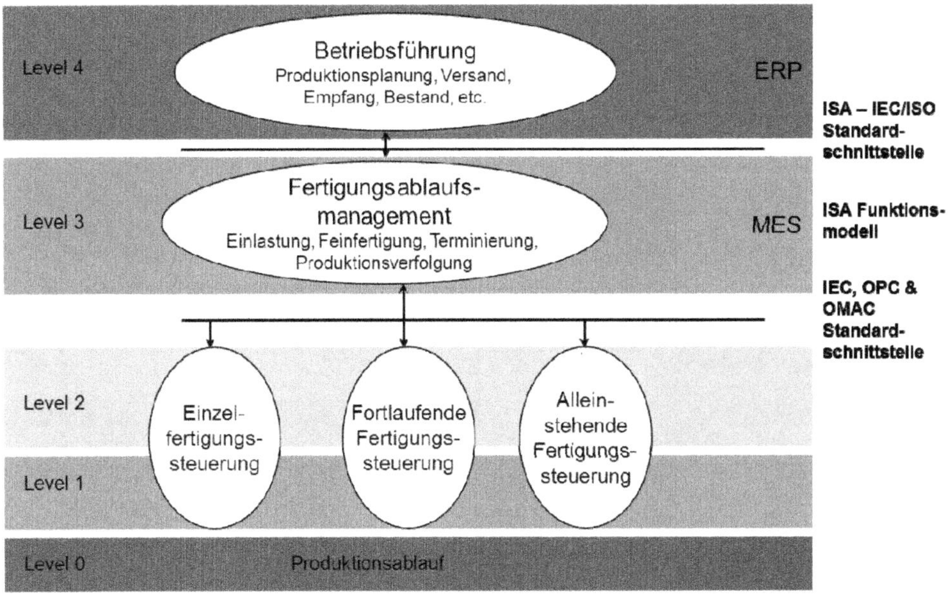

Abbildung 2-1: Funktionen und Aufgaben gemäß ISA-95 [2] und deren Zuordnung zu den IT-Lösungen ERP und MES

Die Fertigungsaufträge werden im ERP aus Kundensicht (Kundenaufträge) gegen unbegrenzte Kapazität terminiert und die entsprechenden Materialien disponiert. Die Aufträge werden durch die Fertigungssteuerung mit der Feinplanung / Auftragssteuerung unter Berücksichtigung der tatsächlichen Maschinenkapazität so geplant, dass die kürzest mögliche Durchlaufzeit entsteht. Produktionsleitung und Teamleiter sehen auf einer elektronischen Plantafel, siehe Abbildung 2-2, wie ihre Maschinen in der Zukunft ausgelastet und welche Aufträge wann eingeplant sind. Die Plantafel zeigt auch die gerade in Bearbeitung befindlichen Aufträge an – entweder nach dem Kriterium Termineinhaltung oder in der Farbe des entsprechenden Betriebszustandes.

Die eingeplanten, aber noch nicht frei gegebenen Aufträge werden an die Werkzeugkommissionierung übergeben. Dabei wird das Werkzeugmagazin der Maschinensteuerung ausgelesen und geprüft, in welchem Zustand sich die magazinierten Werkzeuge befinden, damit die Standzeit dieser Werkzeuge auch für die Folgebearbeitung ausreicht. Danach gehen die Werkzeuge zur Vermessung und die korrigierten Werkzeugmaße werden auf einen in das Werkzeug integrierten Chip geschrieben. Wenn die Werkzeuge zusammengebaut sind, werden die Aufträge freigegeben und in der gewünschten Reihenfolge am Werker-Informationsterminal angezeigt, siehe Abbildung 2-3. Der Mitarbeiter weiß somit, welches die nächsten für ihn eingeplanten Aufträge sind.

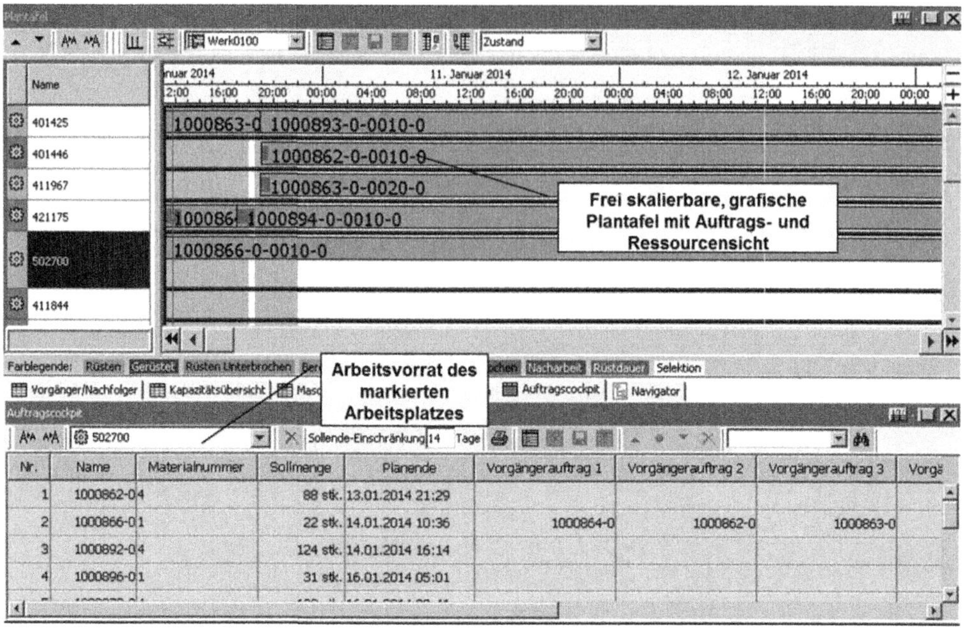

Abbildung 2-2: **Plantafel mit komprimierter Auftragsinformation**

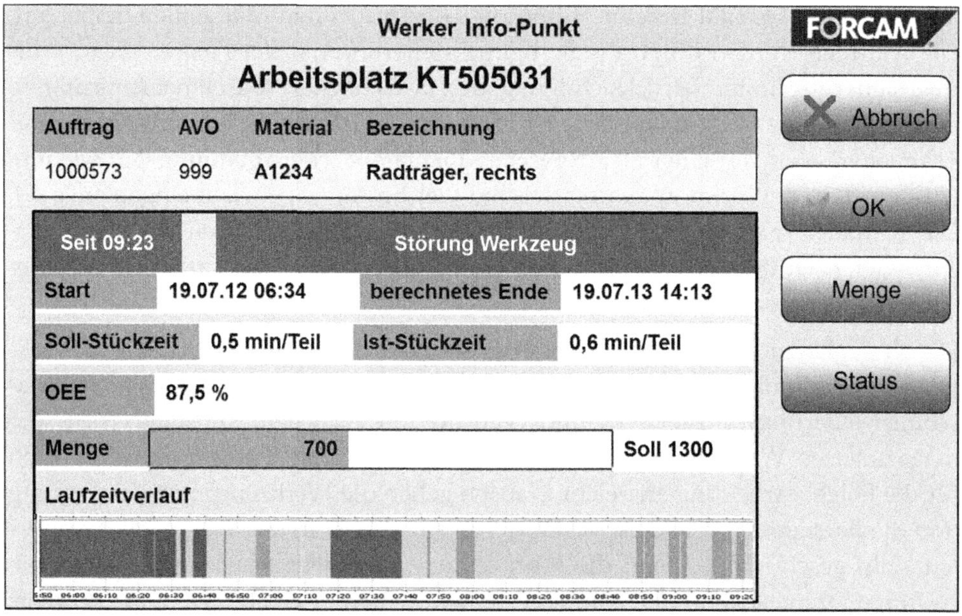

Abbildung 2-3: **Auftragsliste und Auftragsstatus aus der Sicht des Werkers**

Zur Bearbeitung wählt der Bediener einen Auftrag aus dieser Auftragsliste aus und startet damit die Bearbeitung. Gleichzeitig werden auch Folgeaktivitäten initiiert. Der aktuelle Auftrag wird in der Plantafel angezeigt und das ERP-System erhält eine Startmeldung.

Der Werker überträgt das für den Auftrag bestimmte NC-Programm (Numerische Steuerung). Alternativ sind die NC-Programme schon auf der Maschine installiert und durch Start des NC-Programms beginnt die Auftragslaufzeit. Die Maschinensteuerung liest von den Werkzeugen die Werkzeugkorrekturdaten und passt die Stellbefehle der Maschinenachsen entsprechend an.

Während der Bearbeitung werden die Maschinensignale kontinuierlich gelesen, von dem Manufacturing System interpretiert und in Betriebszustände umgerechnet. In der Regel sind die Maschinensignale nicht ausreichend für eine eindeutige Statusbestimmung. Deswegen kann der Maschinenbediener die Zustände mit den Werten eines mehrstufigen Qualifikationsbaums weiter detaillieren.

Die von der Maschine erfassten Mengen können durch den Bediener ebenfalls weiter qualifiziert und bei Ausschussmengen die entsprechenden Gründe aus einem Katalog zugeordnet werden. Nach Ablauf des NC-Programms wird der Auftrag entweder durch das Programm oder durch den Bediener beendet.

Bei Montageaufgaben entfallen die Schritte der NC-Programmübertragung. Dann werden alternativ die zu verbauenden Komponenten geprüft. Die Komponentenbereitstellung erfolgt über Materialboxen, die mit einem Barcode versehen sind. Der Werker scannt die Boxen. Das MES gleicht den Boxeninhalt mit dem ERP ab und prüft gleichzeitig mit der Materialliste des Auftrags, welche Teile verbaut werden sollen, siehe Abbildung 2-4. Erst, wenn alle Teile vorrätig sind, wird die Montagebearbeitung frei gegeben.

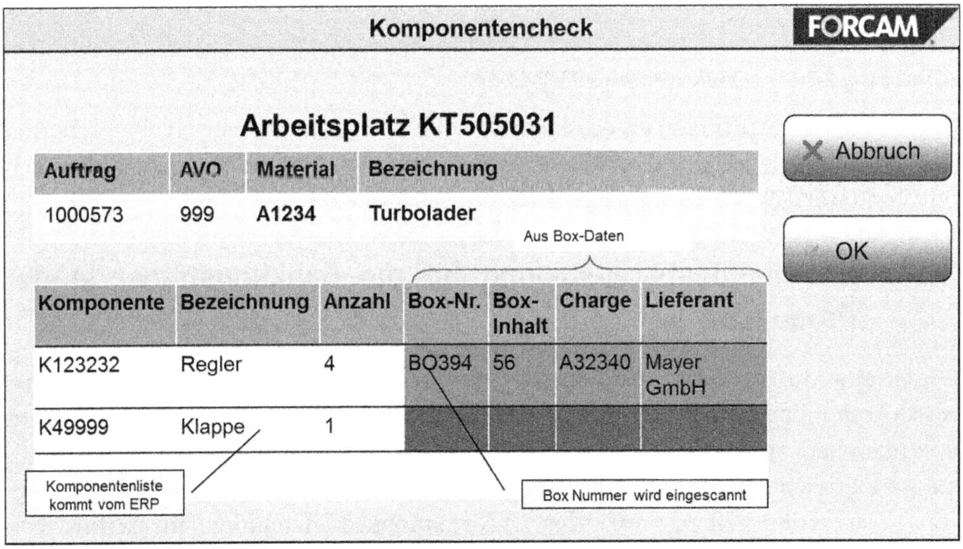

Abbildung 2-4: Liste zu verarbeitender Komponenten

Nach der Bearbeitung oder Montage wird das Material für die weitere Identifikation mit einer Datamatrix versehen. Damit ist es für weitere Bearbeitungsschritte und für die Teilerückverfolgung (Traceability) lesbar. Das gefertigte Teil wird in einen Warenträger gelegt. Dieser ist durch einen Transponder ebenfalls identifizierbar. Wenn die im Auftrag festgelegte Weitergabemenge erreicht ist, wird der volle Ladungsträger an das ERP-System gemeldet und der Weitertransport veranlasst.

Während der Bearbeitung kann der Bediener besondere Probleme in ein elektronisches Flipchart eintragen, siehe Abbildung 2-5 oder bei besonders schweren Problemen ein Instandhaltungsticket an das ERP senden. Sämtliche während der Bearbeitung aufgezeichneten Zustände werden zu Schichtende verdichtet und stehen für weitere Analysen zur Verfügung. In der Morgenrunde des nächsten Tages können die Daten auf einem Großbildschirm als Basis für den Verbesserungsprozess dargestellt werden.

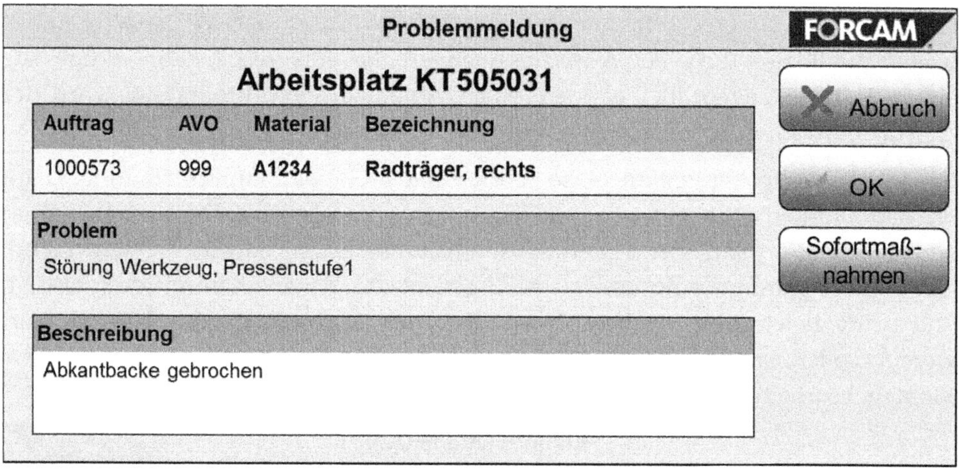

Abbildung 2-5: Elektronische KVP-Liste

Aus sämtlichen Aufträgen eines Materials kann nach einer statistisch abgesicherten Anzahl eine neue Stückzeit ermittelt werden, die dann ans ERP-System übertragen wird und die Basis für zukünftige Fertigungsaufträge darstellt.

3 Informationsbereitstellung für die Funktionsträger in der Produktion

Durch eine durchgängige EDV-technische Verknüpfung sämtlicher Produktionsressourcen fallen in hoher Frequenz viele Daten an. Diese sind zielgruppengerecht aufzubereiten, um erstens kulturelle Akzeptanz für die neue technologische Lösung zu erreichen und zweitens funktional schnelle Entscheidungen zu organisieren. Der Fokus liegt auf der Informationsbereitstellung in Form von Visualisierungen und Besprechungen zur Unterstützung des Shop Floor Managements, siehe Abbildung 3-1. Die Informationsbereitstellung soll im Folgenden anhand der drei Funktionsträger Produktionsleiter, Teamleiter und Werker beschrieben werden.

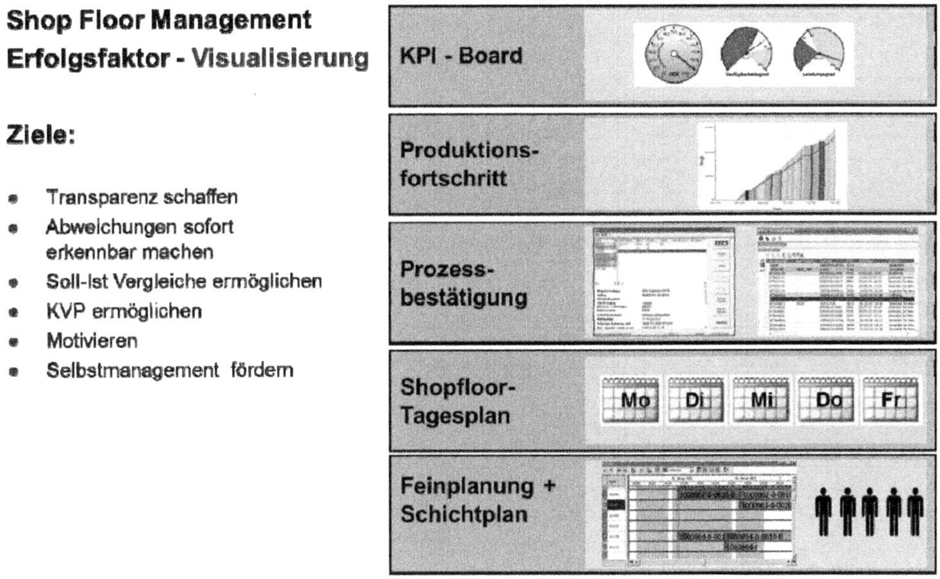

Abbildung 3-1: **Visual Management und regelmäßige Diskussion der Produktionskennzahlen sind die Basis für ein funktionierendes Shop Floor Management**

Der **Produktionsleiter** sieht in seinem Büro auf einem touchfähigen Großbildschirm das Layout seines Verantwortungsbereichs mit dem Produktionsstatus der Maschinen. Durch einen Fingerklick auf eine der Maschinen erhält er weitere Informationen – zum Beispiel über einen „Auftragsstau" vor den Maschinen, bei Serienfertigern beispielsweise den aktuellen Produktionsrückstand, siehe Abbildung 3-2. Wenn eine Maschine einen längeren Stillstand hat, wird der Produktionsleiter darüber auf dieser Tafel informiert und er erhält eine SMS oder Email auf sein Smartphone. Für die tägliche Produktionsbesprechung werden ihm die wichtigsten Produktionskennzahlen (produzierte Mengen, häufigste Störungen, Auftragsrückstand etc.) auf seinem Tablet-PC dargestellt.

Für eine vollautomatische Informationsdarstellung wäre es notwendig, dass mit einem „Indoor-GPS-System" die aktuelle Position des Produktionsleiters festgestellt wird und dann die Maschinen in seinem Umkreis auf seinem Tablet-PC dargestellt werden. Weil dafür aber noch keine marktreifen Systeme vorhanden sind, ist manuelle Arbeit notwendig. Diese Aufgabe lässt sich aber einfach bewerkstelligen. Ausgehend von einem Werkslayout am Bildschirm kann man sich über die Hallenansicht in einen Bereich und von dort aus auf eine einzelne Maschine zoomen. Entscheidend ist nicht die Technik, sondern – das stellen Unternehmen bei der Entwicklung von Apps fest – wie man die Daten aufbereitet und aktuell hält. Mit diesem Stand der Technik ist zwar die in Kapitel 1 beschriebene Vision von Rode [1] nicht ganz erfüllt, aber man kommt der Anforderung schon sehr nah.

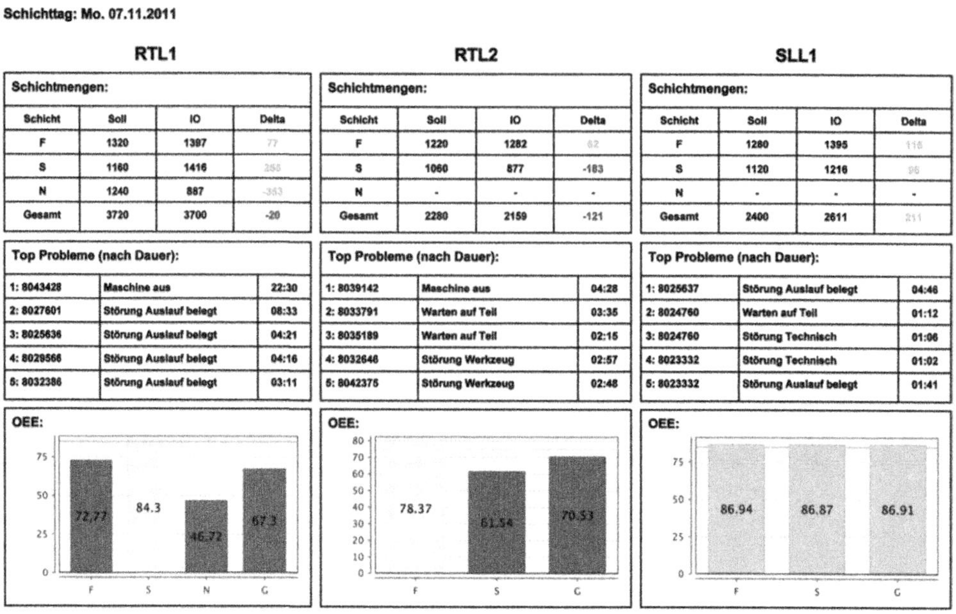

Abbildung 3-2: Beispiel für das Leistungscockpit eines Serienfertigers

In regelmäßigen Besprechungen und Rundgängen („Walk the talk“ – vgl. Abbildung 3-3) werden Leistungsabweichungen diskutiert und auf einem elektronischen KVP-Board festgehalten (KVP, Kontinuierlicher Verbesserungsprozess).

Der **Teamleiter** sieht die für den einzelnen Arbeitsplatz frei gegebenen Aufträge und ihren aktuellen Bearbeitungszustand. Er kann eingreifen, wenn das Schichtergebnis nicht dem Plan entspricht oder wenn sich die Bearbeitung eines Auftrags massiv verzögert. Zusätzlich sieht er die eingelasteten Aufträge für die nächsten Wochen und kann seine Personaleinsatzplanung durchführen. Genau wie alle anderen Beteiligten sieht er zudem die komprimierten Arbeitsergebnisse und kann gezielt auf Problemmaschinen eingehen.

Der **Werker** erhält alle für die Erfüllung seiner Aufgabe notwendigen Informationen am Bildschirm visualisiert dargestellt. Diese sind vorrangig diejenigen Aufträge, welche er in einer bestimmten Reihenfolge zu bearbeiten hat. Dabei gelten die gleichen Kriterien wie bei der papierbasierten Auftragsbereitstellung. Darzustellen sind nur die Aufträge, welche kurz- und mittelfristig zu bearbeiten sind – in der Regel nicht mehr als zehn. Was in zwei Wochen zu erledigen ist, ist zu diesem Zeitpunkt nicht relevant.

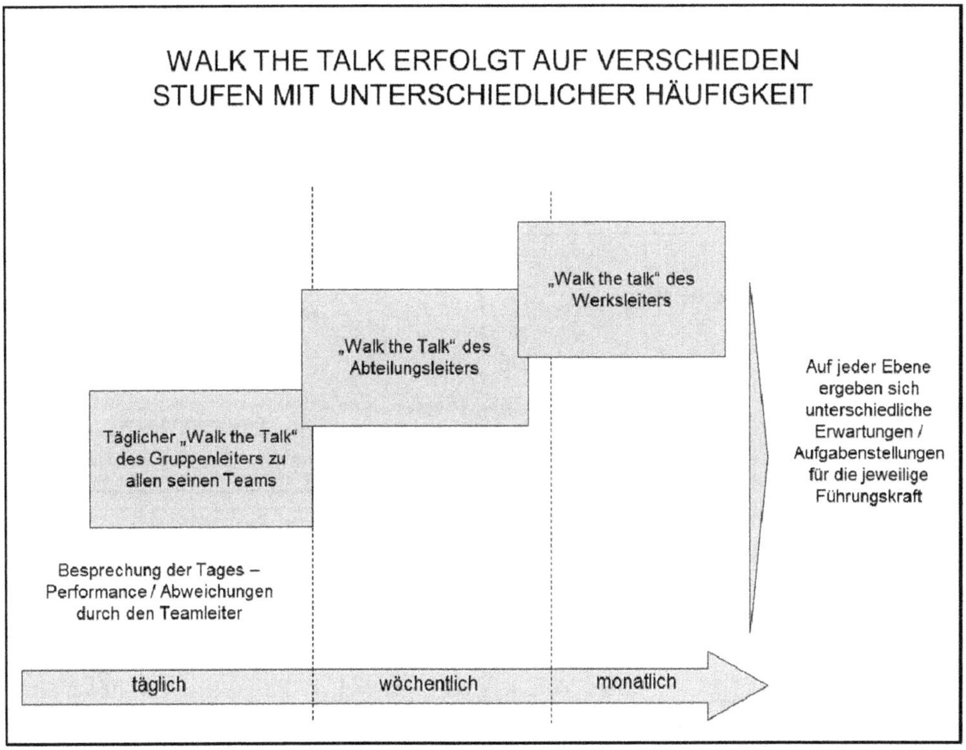

Abbildung 3-3: Trotz EDV: Der regelmäßige Produktionsrundgang und das Definieren von Maßnahmen sind unerlässlich

Dem Werker werden Störungen der Maschine visualisiert und ggf. durch ihn genauer qualifiziert. Auch die Auswirkung von Störungen auf seine geplante Schichtleistung sieht er direkt am Bildschirm. Bei längeren Stillständen erzeugt er eine Instandhaltungsmeldung mit Details zum aktuellen Problem. In der Instandhaltung wird daraus ein Instandhaltungsauftrag im ERP für diese Maschine erzeugt. Dieser Auftrag wird auf das Smartphone des zuständigen Instandhalters weitergeleitet. Zeitverluste durch lange Laufwege werden vermieden.

Aus den während der Schicht gemeldeten Störungen, Produktionszeiten, Gut- und Ausschussmengen werden die täglichen / wöchentlichen / monatlichen Performance-Kennzahlen berechnet. Damit diskutieren Werker und Vorgesetzte auf der Basis derselben Daten. Schnell nachvollzogen werden kann beispielsweise, wie sich Stillstände in einer Schicht ergeben haben. Das fördert das Verstehen, woher die Kennzahlen kommen – mit dem wesentlichen Ergebnis: Die Diskussion richtet sich nun auf das Produktionsproblem und nicht mehr auf die Glaubhaftigkeit der Kennzahlen.

Auch ein führungskultureller Aspekt spielt beim modernen Shop Floor Management eine erfolgskritische Rolle, siehe Abbildung 3-4. Es geht darum, wie Beteiligte, insbesondere Vorgesetzte, mit den Daten umgehen. Man könnte die Daten verwenden, um seine Mitarbeiter zu kontrollieren. Dies ist jedoch, im Lean-

Vokabular ausgedrückt, Verschwendung. Durch eine rein auf Kontrolle ausgerichtete Einbeziehung der Mitarbeiter wird man nie eine Produktivitätssteigerung erreichen. Ein auf Befehl und Gehorsam basierender Umgang mit den Mitarbeitern funktioniert in einem *Smart* Shop Floor Management nicht. Notwendig ist hingegen ein offener, transparenter Führungsstil, welcher allen Beteiligten eine eigenverantwortliche Mitarbeit und Selbstkontrolle ermöglicht.

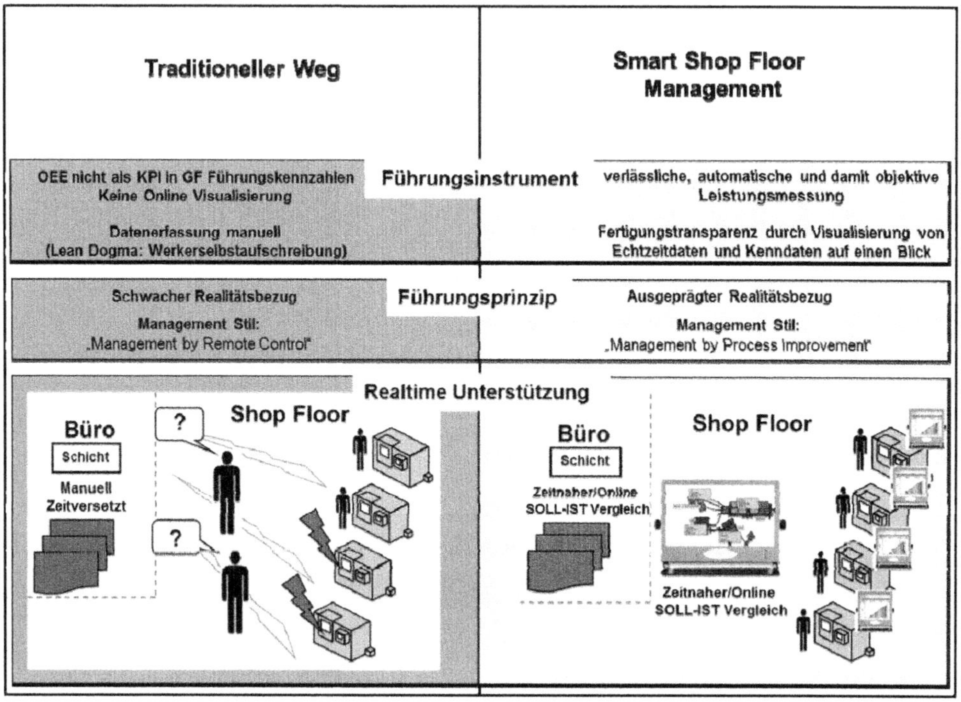

Abbildung 3-4: **Die Smart Factory erfordert auch ein Smart Shop Floor Management – eine offene und transparente Führungskultur und -organisation**

Blicken wir am Schluss der Betrachtung zur Informationsverarbeitung auf die Kriterien des Performance-Managements aus der Sicht der Lean-Philosophie. Es wurde eingangs angesprochen, dass mit der Industrie 4.0-Initiative auch eine Abneigung der Lean-Vertreter gegen IT überwunden werden muss. In der IT der Industrie 4.0 wird ein starkes Augenmerk auf die schnelle Sichtbarkeit von Sollprozessabweichungen gelegt. Dieses Performance-Management verfolgt zwei Ziele: auf der einen Seite die Überwachung der aktuellen Performance aller Ressourcen, auf der anderen Seite das Führen und Umsetzen umfangreicher Prozessverbesserungen. Auf Letzteres, das Führen und Umsetzen, hat die IT weniger Einfluss, das ist eine Führungsaufgabe. Den ersten Punkt kann IT jedoch zielführend unterstützen und papiergestützte Abläufe vollständig ablösen. Um die täglichen Abweichungen sichtbar zu machen, sind die vom Team erhobenen Daten zu visualisieren. Die für die Ermittlung der Kennzahlen notwendigen Daten sind vom

Team so weit wie möglich eigenständig zu erfassen, was, wie beschrieben, zu 100 % computergestützt erfolgen kann.

4 Produktionsdatenintegration bei heterogenen Maschinenparks

Die technologische Hauptvoraussetzung für den Erfolg der Smart Factory ist eine effektive Produktionsdatenintegration. Das bedeutet, größte Datenmengen unterschiedlicher Quellen sicher und hochperformant aufzunehmen, zu analysieren und reaktionsnah auf allen benötigten Geräten für alle Funktionsebenen zu visualisieren. Die Schlagworte lauten Big-Data, Realtime und Cloud. Insbesondere die Fähigkeit, die Daten von Maschinen unterschiedlicher Hersteller sowie über Ländergrenzen hinweg in verschiedenen Sprachen (Unicode) zu verarbeiten und darzustellen, wird mit 100 Prozent webbasierten Daten in einer J2EE-Architektur erreicht.

Der Regelfall ist ein über Jahrzehnte gewachsener Maschinenpark, der mit heterogenen Steuerungen arbeitet. Häufige Aufgabe ist es daher zunächst, diese Schranken zu überwinden. Eine moderne Produktionsdatenintegration auf Basis einer High-Tec-Webtechnologie leistet das. In ihr können verschiedene Quellen Datenlieferanten und -abnehmer sein – heterogene Steuerungen von Anlagen und Maschinen (SPS, CNC, PC) ebenso wie Messgeräte oder Prüfeinrichtungen. Zweitens ist es möglich, Maschinendaten über Sensoren und Aktoren mittels sogenannter Feldbuscontroller anzubinden. Drittens können Maschinenbediener und Instandhalter Daten eingeben oder korrigieren. Viertens ist es möglich, auch Werte zu den Anlagen hin zu übertragen, zum Beispiel Programme, Prüfparameter oder Befehle wie etwa das Auslösen von Alarmen.

Unabhängig von der vorhandenen Technik erfolgt die Produktionsdatenintegration in drei Schritten: 1. Daten bereitstellen, 2. Daten über eine individuell angepasste Software (Plugin) einlesen, 3. Interpretation der Daten.

4.1 Schritt 1: Datenerfassung

Bei heterogenen Steuerungen können drei Wege der Maschinendatenerfassung (MDE) genutzt werden. Die Wahl der Anbindung ist abhängig vom Maschinenpark, dem gewünschten Detaillierungsgrad der Daten und vom Budget. Grundsätzlich sollte die MDE möglichst auf allen Wegen kombiniert werden, denn es gilt: Je höher der Anteil an automatisch erfassten Maschinendaten, desto höher die Datenqualität bei geringerem manuellen Meldeaufwand.

Signalerfassung mit Wandler: Auch Maschinen, die keinen Kommunikationsprozessor haben, lassen sich mit dem Internet verbinden. Dazu ist ein „I/O- Ethernet-Wandler“ im Steuerungsschrank der Maschine zu installieren. Die benötigten Signale werden aus der Steuerung der Maschine über digitale Signalausgänge aus-

und in den Wandler eingegeben. Dieser sorgt für die nötige Ethernet-Konvertierung. Gängig dafür ist ein mit der Firma WAGO abgestimmter Felsbuscontroller. Nachteil: Die Anzahl der Signale, die erfasst werden können, ist begrenzt. Klassische Maschinendaten sind „Maschine ein/aus", „Produktion/Stillstand", „Menge(n)" und eine „Störung" als Sammelmeldung.

Signalerfassung über herstellerspezifische Protokolle: Neuere Maschinen sind bereits vom Hersteller mit Prozessor und Software zur Kommunikation ausgerüstet. Beispiele sind Heidenhein virtual TNC 0, Siemens RPC [8] oder FANUC FOCAS [9]. Bei diesen Anlagen können die Daten direkt aus der Maschine ausgelesen werden, zudem stehen zahlreiche weitere Funktionen und Daten zur Verfügung. So lässt sich auch die Übertragung von NC-Programmen zur Maschine realisieren oder die aktuelle Werkzeugbelegung abfragen.

Steuerung mit Server: Bei moderner Maschinenanbindung erfolgt die Datenaufbereitung schon in den Anlagen. Dazu gibt es in jeder Maschine einen zusätzlichen Rechner, in der Regel einen PC. Auf diesem laufen Programme, die schon einen Teil der Datenaufbereitung wie eine einheitliche Formatierung übernehmen. Die Datenweiterleitung erfolgt über Ethernet. Zusätzliche Rechner und Programme sind kostenrelevant. Dafür lassen sich selbst komplexe Größen und Prozesse gut darstellen. Das System ist universell einsetzbar, was vor allem für international tätige Unternehmen wichtig ist. Zentraler Vorteil: IT-Verantwortliche werden mit offenen Kommunikationsprotokollen in die Lage versetzt, integrierte und effiziente Fertigungssysteme zu organisieren, die die Produktion nachhaltig optimieren und die Produktivität steigern helfen.

Als Standardkommunikation für die Maschinensteuerung via Server hat sich zum einen OPC (OLE for Process Control) etabliert. OPC ist frei konfigurierbar, geregelt ist lediglich, wie zwei Maschinen miteinander „sprechen" (die Syntax). Was kommuniziert werden muss, ist individuell zu regeln. Einen anderen Weg geht die Open-Source-Plattform MTConnect [3]. Technologisch ist sie mit OPC vergleichbar. Allerdings ist MTConnect für die Aufgabe „Kommunikation mit Werkzeugmaschinen" schon ausgerichtet. Diese Lösung hat in Nordamerika eine hohe Verbreitung. Auch erste Unternehmen und IT-Dienstleister in Europa nutzen die lizenzfreie Anwendung MTConnect. Sie verbindet Anlagen, Anwendungen und ganze Fabriken flexibel miteinander und bietet ein integriertes Gesamtfertigungssystem. Eingeführt wurde MTConnect vom Verband der US-Fertigungsindustrie (AMT - Association for Manufacturing Technology), der auch das MTConnect Institut sponsort [3].

4.2 Schritt 2: Datenzuordnung

Sind alle Prozess- und Messdaten gesammelt, werden sie in der Lösung des Unternehmens des Autors, FORCAM, in so genannten DCUs (Data Collection Units) eingelesen. In den DCUs findet die eigentliche Kommunikation mit den Anlagensteuerungen statt: Eigens programmierte Software-Plugins fungieren als „Middleware" zwischen Maschine und übergeordnetem FORCAM-Applikationsserver, der dafür zuständig ist, dass ausschließlich aktuell interessierende Daten hocheffizient übermittelt werden (ereignisgesteuerte Differenztelegramme). Verschiedene Plugin-Bausteine sorgen dafür, dass die oben genannten sowie weitere Protokolle verarbeitet werden können. Bei heterogenen Steuerungen wird je Maschinenhersteller ein jeweils individuell programmiertes Plugin benötigt, denn jede Steuerung spricht ihre eigene Sprache. Jede DCU kann bis zu 100 Steuerungen unterschiedlichster Bauart gleichzeitig bedienen, ohne besondere Anforderungen an die PC-Hardware zu stellen. Jeweils zwei DCUs können so konfiguriert werden, dass sie sich gegenseitig überwachen und im Störfall ersetzen. In der Regel ist diese DCU auf dem FORCAM-Applikationsserver installiert. Wenn jedoch zwischen der Maschinen und dem Server lange Strecken „überwunden" werden müssen und die Kommunikation über eine nicht jederzeit verfügbare Leitung erfolgt, empfiehlt es sich die DCU auf einem maschinennahen Server zu installieren. Eine solche Konstellation ergibt sich, wenn das Mutterwerk in Deutschland einen kleineren Standort in Südamerika oder Asien anbinden möchte und eine komplett separate MES-Installation zu teuer wäre.

4.3 Schritt 3: Daten-Interpretation

Die originären Maschinensignale sind noch nicht jene Informationen, die für ein effektives Produktionscontrolling benötigt werden. Dazu ist ein Logikbaustein notwendig, der aus mehreren Signalen und zusätzlichen Informationen die gewünschten Betriebszustände berechnet. Erst, wenn die Betriebszustände aus der Fertigung wie „Produktion", „Rüsten", „Störung" usw. vereinheitlicht und damit von der Art und Ausprägung der Maschine unabhängig gemacht sind, werden die Informationen zum übergeordneten System in der Unternehmensplanung übertragen. Dort werden sie weiterverarbeitet und in der Datenbank abgelegt.

Die Verarbeitung erfolgt in 2 Stufen. Zuerst werden den Maschinensignalen logische Namen zugeordnet und daraus mittels einer Skriptsprache die entsprechenden Betriebszustände ermittelt, siehe Abbildung 4-1.

4.3.1 Aufbereitung der Kennzahlen

Schon vor der aktuellen Industrie 4.0-Thematik gab es eine Initiative zur Strukturierung der Aufgaben im Bereich der fertigungsnahen Datenverarbeitung. Dabei hat sich in den letzten zehn Jahren der Begriff MES (Manufacturing Execution System) als Oberbegriff für alle Funktionen der fertigungsnahen Datenerfassung etabliert. Deswegen wird auch hier der Begriff MES im Weiteren als Softwaremodul zur Umsetzung von iProduction verwendet.

Ein zentrales Element des MES ist die Aufbereitung von Kennzahlen für die Fertigungssteuerung und -überwachung. Damit für MES-Hersteller und MES-

Anwender einheitliche Definitionen der geläufigsten Kennzahlen (Key Performance Indicator – KPI) und deren Berechnung vorhanden sind, wurden diese vom Arbeitskreis 3 des VDMA im Einheitsblatt VDMA 66412-1 festgelegt [4].

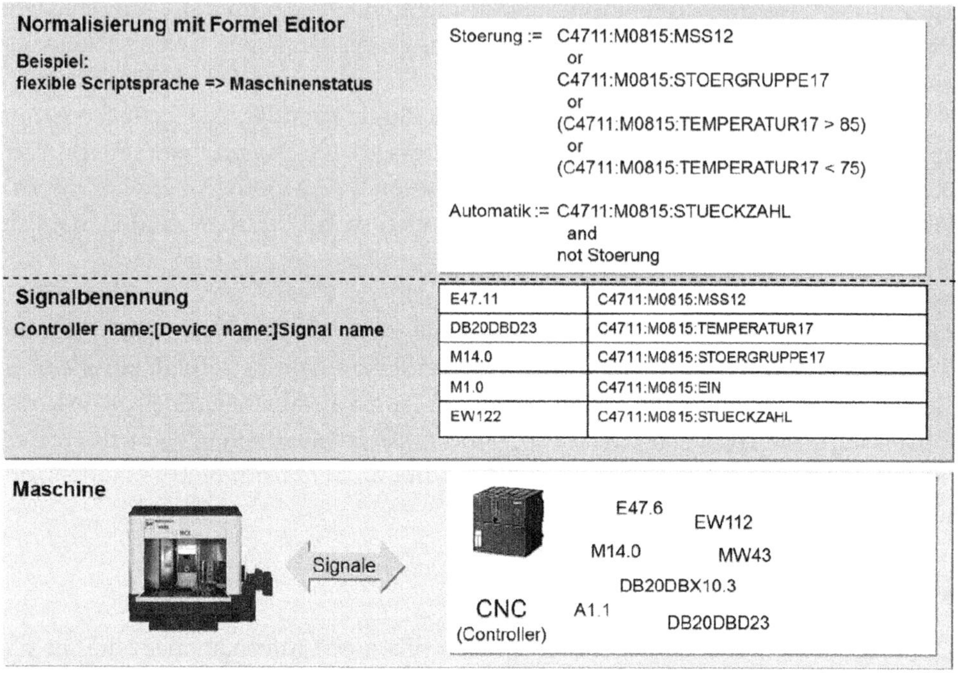

Abbildung 4-1: Signalerfassung, -transformation und -interpretation

Durch den Arbeitskreis wurden innerhalb von zwei Jahren nahezu 200 Kennzahlen zusammengetragen, von denen für den Bereich MES ca. 20 betriebswirtschaftliche Kennzahlen übrig blieben. Dabei handelte es sich jedoch um die Kondensation sehr vieler, nahezu identischer Kennzahlen, welche aus den Anwendungen beteiligter Firmen gesammelt wurden. Daraus legte der weitere Arbeitskreis **„Prozessgrößen für MES-Kennzahlen"** die Berechnung der Kennzahlen fest und definierte die zur Berechnung notwendigen Prozessgrößen. Zentrales Element ist, dass die Definition unabhängig von der technologischen Umsetzung erfolgt, also ohne Vorgabe von IT-Protokollen. Dazu gibt es andere Standardisierungs- bzw. Normierungsgremien.

Wie bei der Definition der Kennzahlen steht man auch bei Prozesswerten, welche innerhalb der Produktion anfallen können, zunächst vor einer riesigen Anzahl. Mit der Einschränkung, nur kennzahlenrelevante Größen zu definieren, relativiert sich die Zahl jedoch sehr rasch. Damit fallen alle Prozessdaten, die für die Teilerückverfolgung oder zur Detaillierung von Störungen notwendig sind, aus der Betrachtung heraus.

Die Prozessgrößen lassen sich in drei Gruppen einteilen: Prozesswerte aus der Maschine (Automatisierung), logistische Größen, die in der Regel im MES bekannt sind oder von der übergeordneten Produktionsplanung bezogen werden, sowie Personalzeiten.

Ausschließlich für die Kennzahl „Mitarbeiterproduktivität" wird die Anwesenheit von Mitarbeiterkennzahlen benötigt, welche in der Regel von Personalzeiterfassungs-Systemen (PZE) geliefert werden.

Logistische Größen wie Auftragslaufzeit und geplante Arbeitsplatzkapazität (Schichtplan) sind dem MES bekannt. Damit bleiben als Definitionslücke die Prozesswerte, die aus der Maschine (Automatisierung) bezogen werden müssen.

Schaut man sich die Kennzahlen detaillierter an, wird deutlich, dass sie sich sämtlich aus den Mengen (Gutmenge, Ausschuss, Nacharbeitsmenge), den Stillstandsdauern und der Produktionszeit ermitteln lassen. Als Produktionszeit ist die Zeit definiert, in welcher ein Teil hergestellt bzw. montiert wird.

Im Einheitsblatt VDMA 66412-1 [4] sind ausschließlich die Kennzahlen definiert. Ob die dazu notwendigen Daten handschriftlich ermittelt oder von den Maschinen geliefert werden, ist nicht festgelegt. Für das handschriftliche Notieren spricht die vermeintlich schnelle und unkomplizierte Umsetzung. Dabei wird aber übersehen, dass dieses Verfahren mit großen Genauigkeitsverlusten verbunden ist. Die Vergleichbarkeit der Daten wird durch menschliche Individualität beeinträchtigt und ein Zusammenführen der Daten ist mit erheblichem Aufwand verbunden.

Bei der maschinellen Erfassung im Rahmen von CIM-Projekten ist Produktionsverantwortlichen noch der große finanzielle und kapazitive Aufwand im Hinterkopf. Seither sind 20 Jahre vergangen. In dieser Zeit hat sich die Computertechnologie deutlich weiterentwickelt und mit dem Einzug der LAN-Technik in der Produktion ein wesentlicher Teil der Problemstellung schon von selbst gelöst. Nämlich: „Wie komme ich an die Maschine ran?"

Übrig bleibt noch die Bereitstellung der notwendigen Signale seitens der Maschinen- und Steuerungshersteller. Dieser Punkt ist bis heute entweder überhaupt nicht definiert oder sehr herstellerspezifisch. Auf die Definition spezieller Übertragungsprotokolle wird hier jedoch nicht näher eingegangen, diese lassen sich von den MES-Herstellern mit vertretbarem Aufwand realisieren. Im Folgenden geht es vielmehr um die Bereitstellung der notwendigen Werte für die Steuerung.

4.3.2 Zusammenhang zwischen Bearbeitungsprozess und Betriebsarten

Die Signale an einer Maschine lassen sich in folgende Gruppen einteilen:

- Sicherheit
- Prozess & Bedienung
- Visualisierung

Allen Kriterien gemeinsam ist, dass eine Signaländerung auch eine Veränderung im Bearbeitungsprozess signalisiert. Zum besseren Verständnis sollen die Signalgruppen genauer beschrieben werden.

In die Gruppe Sicherheit sind alle Signale eingeteilt, die für die Bediensicherheit relevant sind. Ein typisches Signal dieser Gruppe ist „Not-Halt". Grundsätzlich gilt, dass jedes Sicherheitssignal anzeigen kann, dass die Maschine nicht produziert.

In der Gruppe Prozess & Bedienung sind alle Funktionen enthalten, die die Maschine steuern. Diese können mehr oder weniger komplex sein, bei einer Werkzeugmaschine zum Beispiel ein einfaches binäres Signal „an/aus" für Kühlmittel. Ein komplexes Signal ist dagegen „Halt nach Taktende". Dieses wird durch ein Makro (Set von Einzelbefehlen) in der SPS ausgelöst und ist gleichzeitig im Bearbeitungskanal der NC (Numerische Steuerung) wirksam.

Zur Gruppe Visualisierung: Die SPS Signale, die Funktionen an der Maschine zugeordnet sind, werden weiter verdichtet. Beispiele wie „Störung an der Maschine liegt an" oder „Teil im Arbeitsraum fertig bearbeitet" findet man im VDMA Einheitsblatt 34180 [5]. Bei Störungen ist die Auswirkung stark abhängig vom Bearbeitungsprozess. So kann ein Fräsprozess je nach Werkzeug und Material in einem Fall fertig bearbeiten, in einem anderen nicht. Hier fließt zusätzliches Prozesswissen in die Auswertung der Warnungen und Störungen ein.

Zusätzlich zu den Maschinesignalen gibt es die **Betriebsarten**. Angelehnt an Sicherheitsnormen lassen sich diese einteilen in:

- Betriebsart 1 - der Automatikbetrieb
- Betriebsart 2 - der Einrichtbetrieb
- Betriebsart 3 - die Prozessbeobachtung in der Fertigung
- Betriebsart 4 - die Prozessbeobachtung in der Fertigung ohne Zustimmeinrichtung

Das Einfahren eines neuen Teils geschieht zum Beispiel in Betriebsart 2 (Einrichten), der Testbetrieb nach Fehlerbehebung in Betriebsart 3 (Prozessbeobachtung in der Fertigung). In beiden Betriebsarten kann prinzipiell produktiv gearbeitet werden, allerdings nicht mit voller Bearbeitungsgeschwindigkeit. Die Bearbeitung in der Betriebsart 1 (Automatik) entspricht der eigentlichen Produktion [11].

4.3.3 Auswertung und Ableiten des Zustands „Produktion"

Aus den SPS Signalen lassen sich nicht generell Kennzahlen ermitteln. So erlaubt das Signal „Kühlmittel ein" keinen Rückschluss auf den Ressourcenverbrauch der Maschine. Dazu wären weitere Informationen wie Verbrauch an Energie und Kühlmittel relevant.

Weitere Werte, die zur Ermittlung der Zustands „Produktion" verwendet werden können, sind kontinuierliche Größen wie Vorschub, Spindelvorschub, Drehzahl, Temperatur etc.. Abhängig vom Maschinentyp sind dann besondere Betrachtungen nötig für mehrkanalige Maschinen, Multistation oder Mehrspindler.

Eine beispielhafte Definition der Zustands „Produktion" kann sich aus dem gleichzeitigen Anliegen folgender Signale bzw. Betriebsarten ergeben: Automatik-Betrieb und Programm läuft und Vorschubschalter = 100% und Eilgang = 100% und Spindeldrehzahl = 100% und NC betriebsbereit. Signale bzw. Signalkombinationen, die nicht in dieser Produktionsdefinition enthalten sind, führen zu „Maschinenstillstand" bzw. „Maschinenstörung". Zusätzlich zu diesen Maschinensignalen gibt es noch **Maschinenmeldungen** (wie z.B. NC-Alarme, Bedienerunterbrechungen, Betriebs-und Fehlermeldungen). Diese führen aber nicht zu einem Statuswechsel der Maschine und sind deswegen für die Ermittlung der Kennzahlen nicht relevant.

Mit diesen Festlegungen lässt sich eine verallgemeinerte Regel zur Ermittlung von Betriebszuständen und zur Berechnung von Kennzahlen definieren.

4.4 Transformation von Maschinendaten in Betriebszustände

Es gibt nur einen Zustand, der ausschließlich aus Signalen der Maschine definiert werden kann – der Zustand „Produktion". Hier sind Maschinenzustand und Betriebszustand identisch. Ist die Bearbeitung eines Werkstücks beendet, lässt sich mit den Signalen der Maschine keine eindeutige Betriebszustandsdefinition mehr erreichen. Dazu sind zusätzliche Informationen notwendig. So kann die Wartezeit für „Werkstückbeladung" oder „Warten auf Auftrag" nicht mit Maschinensignalen ermittelt werden. Die Zuordnung ergibt sich aus dem Betriebskalender des übergeordneten Systems der Fertigungsplanung oder aus Auftragslaufzeiten, die im MES bekannt sind.

4.4.1 Transformation 1: Maschinensignale in Maschinenstatus

Aus der Kombination von Betriebsarten und Störungen, im weiteren Maschinensignale genannt, wird der Maschinenstatus erzeugt. Dieser repräsentiert den Status aus der Sicht der Produktion. Produziert die Maschine, „fallen" Teile, wenn nicht, steht sie. Ggf. kann dieser Stillstand durch Maschinensignalkombinationen weiter detailliert werden. In der Regel erfolgen diese Detaillierungen durch den Menschen, da eine exakte Statusbestimmung aufgrund fehlender Signale oder mangels eindeutiger Logik zu keinem zweifelsfreien Ergebnis führt.

Die folgende Grafiken 4–2 und 4–3 zeigen exemplarisch den Zusammenhang von Maschinensignal, Auftragsstatus und Betriebskalender zur Berechnung von Betriebszuständen. Als Bedingung für den Betriebszustand Produktion ist hier beispielhaft definiert, dass das NC-Programm läuft und die programmierte Bahn mit 100 % der programmierten Bahngeschwindigkeit – nicht langsamer – gefahren wird (Override = 100%).

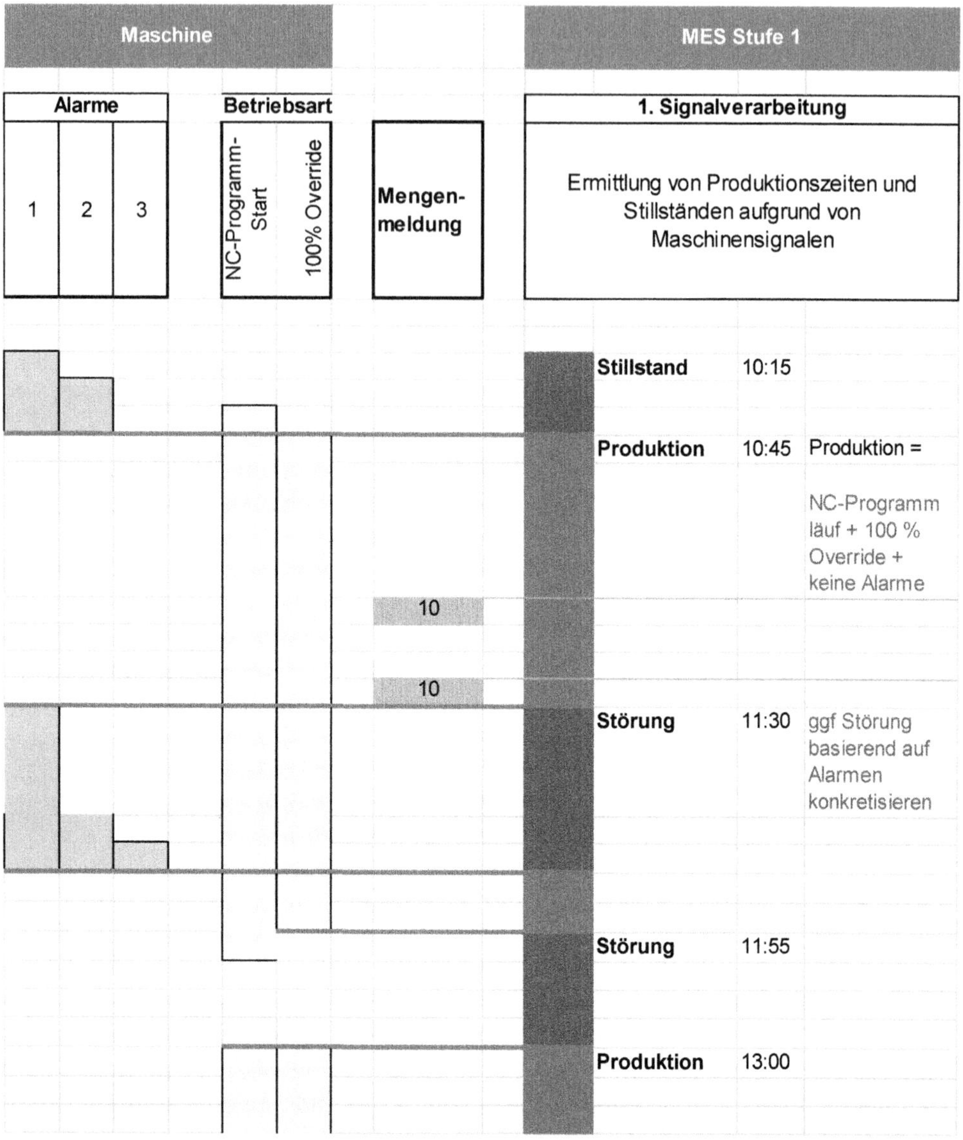

Abbildung 4-2: Transformation Maschinensignale in Maschinenstatus, Teil 1

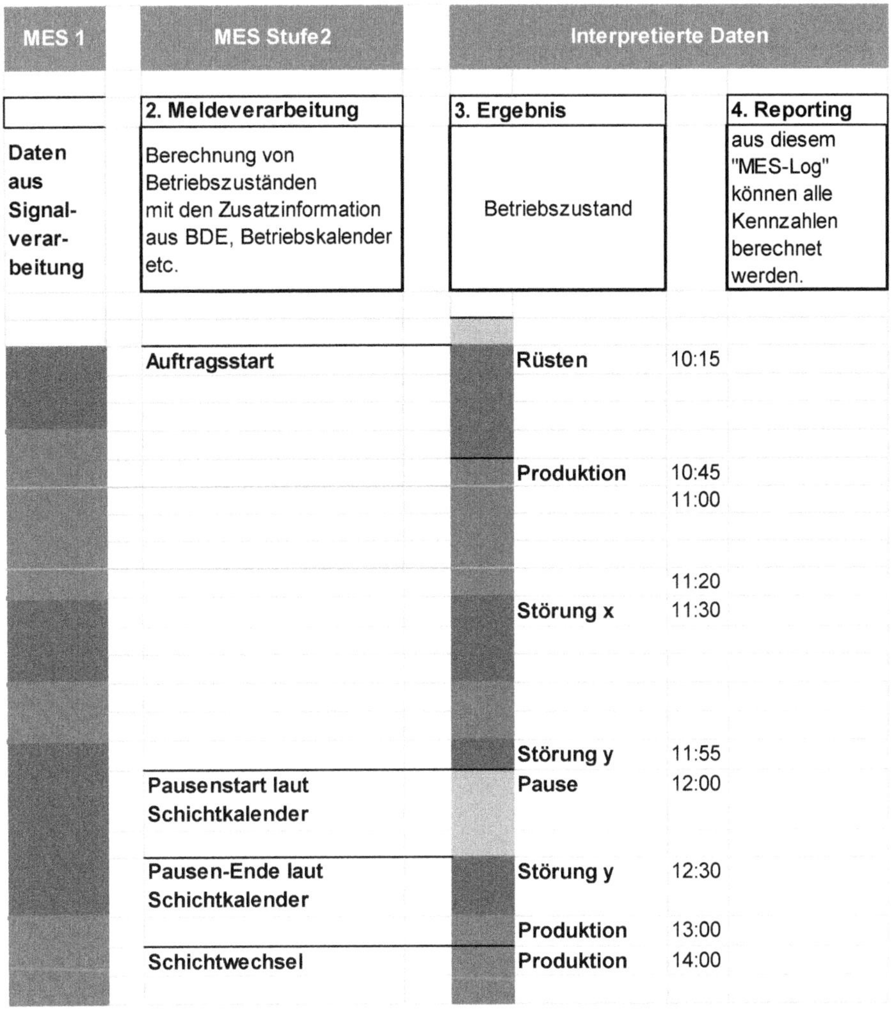

Abbildung 4-3: Transformation Maschinensignale in Maschinenstatus, Teil 2

Der Betriebszustand „Produktion" wird aus den Maschinensignalen ermittelt. Alle Stillstände wie zum Beispiel „Störung Anlage/Maschine" werden durch den Bediener qualifiziert. Die Auftragsinformationen werden vom MES zum Maschinenzustand hinzugefügt.

4.4.2 Transformation 2: Maschinenstatus in Betriebszustand

Damit aus dem Maschinenstatus für MES-Kennzahlen verwertbare Zeitdauern werden, müssen diese durch weitere Produktionsdaten wie eine chronologische Liste der Betriebszustände (vergl. Abbildung 4–4) angereichert werden. So ist ein Maschinenstillstand, der ohne Auftrag oder während einer Schichtpause entsteht, aus der MTBF (Mean Time Between Failure) herauszurechnen. Diese zusätzlichen Informationen werden dem Auftrag oder dem Betriebskalender entnommen.

Meldezeitpunkt	Dauer [hh:mm:ss]	Auftrag	AVO	Phase	Betriebszustand
15.03.2013 16:14	00:45:33	1066777	9999	Bearbeitung	Produktion
15.03.2013 16:10	00:04:08	1066777	9999	Bearbeitung	Störung Anlage/ Maschine
15.03.2013 16:10	00:00:01	1066777	9999	Bearbeitung	Produktion
15.03.2013 16:07	00:03:14	1066777	9999	Bearbeitung	Störung Anlage/ Maschine
15.03.2013 16:01	00:05:30	1066777	9999	Bearbeitung	Produktion
15.03.2013 15:57	00:04:29	1066777	9999	Bearbeitung	Störung Anlage/ Maschine
15.03.2013 15:56	00:00:13	1066777	9999	Bearbeitung	Produktion
15.03.2013 15:55	00:01:11	1066777	9999	Bearbeitung	Störung Anlage/ Maschine
15.03.2013 15:55	00:00:01	1066777	9999	Bearbeitung	Produktion
15.03.2013 15:54	00:01:09	1066777	9999	Bearbeitung	Störung Anlage/ Maschine
15.03.2013 15:54	00:00:00	1066777	9999	Bearbeitung	Produktion
15.03.2013 15:54	00:00:00	1066777	9999	Bearbeitung	Störung Anlage/ Maschine
15.03.2013 15:43	00:10:51	1066777	9999	Bearbeitung	Produktion
15.03.2013 15:39	00:04:28	1066777	9999	Bearbeitung	Geplante IH/ IS
15.03.2013 15:29	00:09:37	1066777	9999	Bearbeitung	Produktion

Abbildung 4-4: Chronologische Liste der Betriebszustände

So wie eine Maschine einen Stillstand ohne Betriebskalender nicht als Pause erkennen kann, ist es aus Maschinensicht auch nicht möglich, den Stillstand zwischen Auftragsstart und Produktionssignal als Rüstzeit zu interpretieren. Deswegen wird der Begriff „Betriebsphase" eingeführt. Dabei gibt es „Freie Kapazität", das heißt die Maschine steht und es ist kein Auftrag gestartet. Auch nach dem Auftragsstart steht die Maschine.

Mit der zusätzlichen Auftragsinformation wird diese Phase als Rüsten erkannt. Durch zusätzliche manuell eingegebene Informationen kann danach definiert werden, ob auch der Betriebszustand Rüsten ist (so wird es bei den meisten Unternehmen gehandhabt) oder ob es sich um eine Störung während der Phase Rüsten handelt. Dieser Zustand liegt bis zum Auftreten eines Produktionssignals an. Gleichzeitig startet damit die Betriebsphase „Bearbeiten".

4.5 Architekturansatz zur Meldeverküpfung

Die Gesamtarchitektur untergliedert sich in die vier Teilebenen:

- Signal-Ebene (Maschinensignale)
- Melde-Ebene (Schichtereignisse, Personalmeldungen und Auftragsmeldungen)
- Interpretations-Ebene
- Verdichtungs-Ebene

Die Historien der einzelnen Ebenen resultieren aus direkten Erfassung oder Eingaben von Daten in Form von Signalen und Meldungen.

In der Signal-Ebene werden Signale der Maschinensteuerungen in Status und Hub- bzw. Mengenmeldungen zum Arbeitsplatz umgesetzt. Dazu sind maschinenindividuelle Signalinterpretationen notwendig um dem gewachsenen heterogenen Maschinenpark gerecht zu werden. Die Signale werden i.d.R. nicht gespeichert.

In der Melde-Ebene laufen Meldungen aus den Quellen

- Signalebene (Maschinenstatus/Maschinenmengen)
- Automatisch generierte Meldungen aus Zeitmodellen (Schichtwechsel und Pausen)
- Manuell erfasste Meldungen (Personalmeldungen, Auftragsmeldungen)

zusammen. Die Meldungen werden in eine zeitlich korrekte Abfolge gebracht und an die Interpretations-Ebene weitergeleitet. Die erfassten Meldungen werden gespeichert und dadurch eine Original-Historie aufgebaut.

In der Interpretations-Ebene gilt es die logisch gewünschte Darstellung aus den Daten der Meldeebene abzuleiten und je nach Aufgabenstellung die Basisgrößen für die gewünschten Kennzahlen zu ermitteln. Aufgabenstellungen sind dabei:

- Bereitstellen von online mitlaufenden aktuellen Kennwerten (Status, Mengen, Zeiten)
- Erstellung der für die Auswertung notwendigen Report-Historie in der Datenbank
- Erzeugung von Rückmeldungen an ein überlagertes ERP-System.

Beispielsweise bestimmt die Interpretationslogik zur Ableitung des Arbeitsplatz-Status das ein Maschinenstillstand während der Bearbeitung eines Fertigungsauftrags unter Berücksichtigung des Schichtplans als Störung, Pause oder „Stillstand außerhalb Schicht" zu interpretieren ist.

Durch diese Aufteilung ist sichergestellt, dass die Interpretationsebene auch „korrekturfest" ist. Korrekturfest bedeutet dabei, dass vergessene oder falsche Meldungen wie z.B. Mitarbeiter hat sich auf den falschen Auftrag angemeldet oder hat das Abmelden vergessen, nachträglich in der Melde-Ebene ergänzt oder verändert werden können und durch die Interpretations-Ebene nachgerechnet werden können.

In der letzten Ebene, der Verdichtungs-Ebene, werden die Historischen Daten so aufbereitet, dass sie für die Ermittlung von Kennzahlen leicht und performant zu interpretieren sind. Dazu wird i. d. R. eine statische Verdichtung der Daten (Mengen, Zeiten) mit Schichtbezug durchgeführt.

Die abschließende Abbildung 4–5 gibt in Form eines Zeitstrahlkonzepts einen schematischen Überblick über die Echtzeit-Datenflüsse in der Produktion sowie die nachgelagerten Datenflüsse für aktuelle Berichte, über die Unternehmensplanung (SAP) sowie über historische Funktionen.

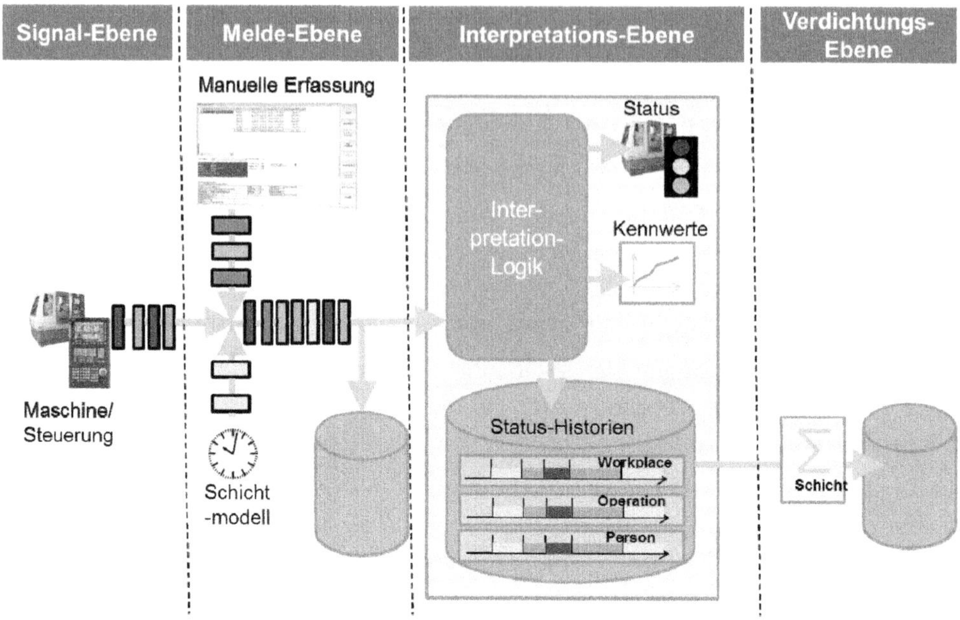

Abbildung 4-5: Zeitstrahlkonzept

5 Literatur

[1] Spath, D. (Hrsg.): Produktionsarbeit der Zukunft – Industrie 4.0. Fraunhofer Verlag, Stuttgart 2013

[2] ISA95, Enterprise-Control System Integration, http://www.isa.org

[3] MT Connect Institut, http://www.mtconnect.org/

[4] VDMA-Einheitsblatt 66412-1, Oktober 2009. Manufacturing Execution Systems (MES) – Kennzahlen. www.vdma.org

[5] VDMA Einheitsblatt 34180, Juli 2011. Datenschnittstelle für automatisierte Fertigungssysteme. vdma.org

[6] VDMA Einheitsblatt 66412-3, September 2013 Manufacturing Execution Systems (MES) – Ablaufbeschreibungen zur Datenerfassung. vdma.org

[7] HEIDENHAIN DNC Remote Tools SDK virtualTNC, www.heidenhain.de

[8] SINUMERIK 840D/840Di/810D Rechnerkopplung RPC SINUMERIC, www.automation.siemens.com

[9] FANUC FOCAS, NCGuidePro FOCAS2 Function OPERATOR'S MANUAL, www.fanucfa.com

[10] Peters, Remco: Shop Floor Management. Führung am Ort der Wertschöpfung, LOG_X Verlag, Stuttgart 2009

[11] WIKIPEDIA, http://de.wikipedia.org/wiki/Betriebsarten_von_automatischen_Werkzeug maschinen_ (Bearbeitungszentren)

[12] WIKIPEDIA, http://de.wikipedia.org/wiki/Manufacturing_Execution_System

Unterstützung des Menschen in Cyber-Physical-Production-Systems

Felix Mayer, Technische Universität München; Dorothea Pantförder, Technische Universität München

1 Einleitung

Die erheblich gesteigerte vertikale und horizontale Integration von Cyber-Physical-Production-Systems (CPPS) führt zu einer deutlichen Veränderung der technischen Strukturen im Unternehmen und über Unternehmensgrenzen hinweg. Zum einen sind in Zukunft alle Daten aus den verschiedenen IT-Systemen einer Produktionsanlage überall und zu jeder Zeit global verfügbar, zum anderen kommunizieren die Anlagen/Teilanlagen und die Geräte in den Anlagen mehr und mehr autonom und ohne Eingriff des Menschen. Folge ist eine Flexibilisierung, aber auch eine gesteigerte Komplexität der Produktionsanlagen. Dadurch verändert sich mehr und mehr auch die Rolle des Menschen im Unternehmen. Die manuell kaum noch zu überschauende Datenflut aus den verschiedenen IT-Systemen, sowie die Autonomie der Anlagen kann im schlimmsten Fall dazu führen, dass das Bedienpersonal den Überblick über das Geschehen im Prozess bzw. das Prozesswissen verliert. Im Falle von unbekannten Störungen kann der Mensch unter Umständen nicht mehr geeignet auf einen Fehlerfall reagieren.

Bisher wurden in den Produktionsanlagen klassische Prozessvisualisierungssysteme eingesetzt, welche, meist in zentralen Leitwarten, die aktuellen Prozess- und Meldungsdaten in Form von Tabellen, Grafen, Listen oder einfachen 2D-Prozessbildern anzeigten. Die Aggregation der dargestellten Daten zu sinnvollen Informationen mussten bisher vom Menschen auf Basis seines mentalen Modells, bzw. seiner Erfahrung manuell vollzogen werden.

In Zukunft stehen für die Visualisierung der Daten immer häufiger auch mobile Endgeräte, wie Smartphones oder Tablet-PCs zur Verfügung, die direkt in der Produktionsanlage genutzt werden können. Die Leistungsfähigkeit der Anzeigekomponenten dieser mobile devices stellt heute keine Einschränkung mehr dar, allerdings löst die alleinige Portierung der Visualisierung auf mobile devices nicht die Problematik der Informationsdarstellung. Hier müssen neue Ansätze geschaffen werden, die den Menschen in der Produktionsanlage dabei unterstützen, sein mentales Modell, d.h. sein Verständnis und Wissen über die Produktionsanlage und dem darin ablaufenden Prozess zu verbessern und die dort zur Anwendung kommenden Technologien zu verstehen und die Vorgänge nachvollziehen zu können.

Die durch die durchgehende Vernetzung ermöglichte Aggregation der Daten aus unterschiedlichen Quellen führt zwar zu einer Informationsgewinnung, für eine geeignete Unterstützung des Betriebspersonals ist die große Herausforderung in der Mensch-Maschine-Schnittstelle im Zuge von Industrie 4.0 auf Basis von Cyber-Physical Systems (CPS) aber nun:

- aus den zur Verfügung stehenden unzähligen Daten der Systeme für die verschiedenen Rollen in einem Unternehmen (Abbildung 1) die nutzbringenden Informationen zu generieren,
- die neu gewonnenen Informationen in geeigneter Form, integriert darzustellen, um die Vorgänge im Prozess für den Menschen transparent und nachvollziehbar zu gestalten,
- die Informationen für die unterschiedlichen Displaygrößen (Smartphone, Tablet, Monitor) geeignet aufzubereiten und
- für unterschiedliche Betriebssysteme bereitzustellen (Plattformunabhängigkeit).

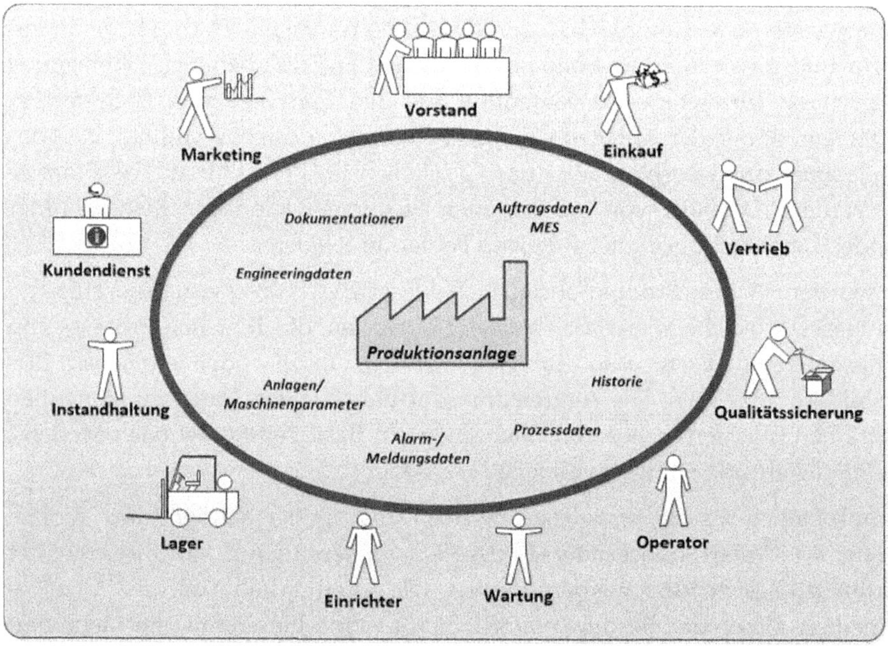

Abbildung 1: **Rollen und Datenklassen in einer Produktionsanlage**

2 Technologien zur Unterstützung der Mensch-Maschine-Schnittstelle

Im Folgenden werden einige Technologien vorgestellt, welche die Mensch-Maschine-Schnittstellen unterstützen.

2.1 3D-Prozessdatenvisualisierung

3D-Visualiserung hat sich in vielen Bereichen bereits durchgesetzt. Tools wie Matlab oder Excel bieten seit langem 3D-Diagramme zur Darstellung und Auswertung großer Datenmengen. Auch in der Anlagenplanung und Simulation ist 3D bereits Stand der Technik.

In der Prozessdatenvisualisierung hat sich dieser Trend allerdings noch nicht durchgesetzt. Eine 3D-Visualisierung bietet den Vorteil, dass mehr Informationen gemeinsam auf kleinerem Raum dargestellt werden können. Nach Wickens PC-Prinzip (1990) sollten zusammengehörige Informationen auch gemeinsam, bzw. gleichartig dargestellt werden. Dies kann vor allem bei komplexen Problemstellungen zu einer Erhöhung des Informationsgehalts einer Visualisierung und zu einer deutlich verbesserten qualitativen Bewertung der Informationen führen.

Abbildung 2 zeigt die Visualisierung der Temperaturen eines Ethylenreaktors (links). Mit Hilfe einer integrierten 3D Darstellung konnten die vormals vier Bildschirmansichten (Mitte), in denen die aktuellen Prozesswerte in Tabellen dargestellt wurden, auf eine Bildschirmansicht reduziert werden (rechts). Nicht nur die grafische Repräsentation der Daten mit Hilfe von Bargraphen, sondern auch die räumliche Zuordnung dieser Bargraphen zur tatsächlichen Position der Temperatursensoren auf den einzelnen Ebenen im Reaktor, führt zu einer deutlich schnelleren Informationsaufnahme und zur Verbesserung des mentalen Modells beim Prozessbediener (Zeipelt et al., 2003).

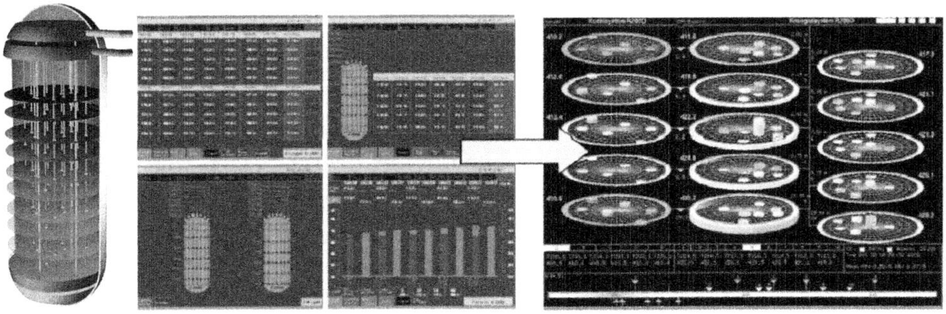

Abbildung 2: 3D-Visualisierung eines Ethylenreaktors (Zeipelt et al., 2003)

Dass eine 3D Visulisierung von Prozessdaten auch zu einer besseren Fehlererkennung führen kann, zeigten empirische Evaluationen am Beispiel der Prozessdatenvisualisierung einer kontinuierlichen Hydraulikpresse, bei der die 3D-

Datenvisualisierung vergleichend mit der herkömmlichen 2D-Visualisierung untersucht wurde. Vor allem bei komplexen Problemstellungen, bei denen die Beobachtung mehrere Prozesswerte gleichzeitig zu sinnvollen Informationen führt, konnte ein Vorteil nachgewiesen werden (Pantförder et al., 2009).

Die bisherigen Arbeiten in diesem Bereich zeigen, dass eine 3D-Visualisierung von Prozessdaten durchaus eine Technologie zur besseren Beherrschbarkeit der extrem großen, durch Vernetzung entstehenden Datenmengen sein kann.

Bei der in Abbildung 2 beschriebenen Prozessdatenvisualisierung handelte es sich noch um eine statische Darstellung, d.h. das Bedienpersonal konnte nicht mit der Darstellung interagieren. In der beschriebenen Evaluation am Beispiel der Hydraulikpresse konnten die Versuchspersonen einer Versuchsgruppe mit der 3D-Szene interagieren, indem sie die Diagramme mit der Maus verschieben und drehen konnten, um einen geeigneten Viewpoint einzustellen. Diese Versuchsgruppe erzielte signifikant bessere Ergebnisse bei der Fehlererkennung (Pantförder et al., 2009). Auch hier zeigte sich der Vorteil vor allem bei komplexen Problemstellungen, bei denen die Beobachtung mehrere Prozesswerte gleichzeitig zu sinnvollen Informationen führt. Die Untersuchung macht deutlich, dass die Interaktion mit der Visualisierung, in diesem Fall die direkte Manipulation durch Drehen und Verschieben der Diagramme zur Viewpointeinstellung, ein wichtiges Element zur verbesserten Informationswahrnehmung sein kann. Die beschriebene direkte Manipulation erfolgte noch mit Hilfe klassischer Eingabegeräte, wie der Maus. In Industrieanlagen werden allerdings vermehrt auch moderne Multi-Touch-Displays sowie mobile devices (Smartphones, Tablet-PCs) eingesetzt, die auch andere Bedienkonzepte zulassen.

2.2 Touch Interaktion und Gestensteuerung

Touch-Displays werden schon seit vielen Jahren auch in der Anlagenbedienung eingesetzt. Das Bedienkonzept der Bedienpanels entspricht jedoch nur einer Eins-zu-Eins-Umsetzung der herkömmlichen Bedienung über Hardware-Bedienelemente. In den letzten Jahren hat die Bedeutung von mobile devices aufgrund ihres hohen Verbreitungsgrades in der Unterhaltungselektronik – und damit einhergehend die Bedienung per Multi-Touch-Interaktion – mehr und mehr zugenommen. Die Bedienkonzepte der mobile devices unterscheiden sich dabei erheblich von den bisherigen Touch-Oberflächen in der Prozessführung. Im Gegensatz zur herkömmlichen Bedienung ist hier die direkte Manipulation per Fingergesten möglich, welches durchaus die These der Zeitersparnis bei der Prozessbedienung zulässt. Zudem können neue Bedienkonzepte entworfen werden, die speziell auf die verschiedenen Anwendungsfälle, stationärer Monitor oder mobiles Endgerät, angepasst sind. Standards setzten im mobilen Bereich vor allem Apple® mit dem iPhone und iPad und in letzter Zeit auch Google® mit seinem Android Betriebssystem. Allerdings ergeben sich durch Touch-basierte Bedienkonzepte auch Nachteile. Zum einen ist der Anzeigebereich auch gleichzeitig der Eingabebereich, sodass es bei einer Interaktion im schlimmsten Fall gleichzeitig zu einer Verdeckung wichtiger Informationen kommen kann. Zum anderen gibt es, im Gegensatz zu mechanischen Schaltern und Tastern keinerlei haptische Rückmeldung, ob eine Aktion tatsächlich erfolgt ist. Tabelle 1 gibt einen Überblick über die gängigsten Multi-Touch-Gesten, wie sie in heutigen Smartphones und Tablet-PCs verwendet werden.

Tabelle 1: Die verbreitetsten Multi–Touch-Gesten

Gesten	Bezeichnung	Aktion
	Tab/Double Tab	
	Swipe left/right	Schnelle Bewegung nach rechts oder links ohne festes Ende *Beispiel: Kontextwechsel*
	Swipe up/down Scroll	Schnelle Bewegung nach oben oder unten ohne festes Ende *Beispiel: Listenauswahl*
	Pan	Verschieben eines Kontextes, bzw. eines Elements mit festem Anfang und Ende *Beispiel: Kontextwechsel, Drag & Drop*
	Pinch and Spread	Ein- und auszoomen eines Kontextes *Beispiel: Vergrößern oder verkleinern eines Bildes*
	Rotate	Drehen eines Kontextes

Beim Einsatz von Touch-basierter Fingergestensteuerung ist somit zu berücksichtigen,

- welche Bedienkonzepte, die sich in der Kommunikations- und Unterhaltungselektronik etabliert haben, auch für den Anwendungsbereich der industriellen Prozessbedienung geeignet sind,
- wie sich Touch-basierten Bedienkonzepte auf Zeitkritische- und Sicherheitsbedienungen auswirken,
- wie Touch-basierte Oberfläche in Bezug auf die Informationsdarstellung gestaltet werden müssen und
- wie Touch-basierte Bedienkonzepte in die bestehenden Systemarchitekturen industrieller Anwendungen integriert werden können

Die VDI/VDE-Richtlinie 3850 Blatt 3 „Dialoggestaltung für Touchscreens" (VDI3850) gibt Regeln für die Gestaltung von Touch-Oberflächen. Diese Regeln berücksichtigen jedoch nicht die Displaytechnologie (resistive oder kapazitive

Displays). Dadurch wird auch der gesamten Bereich der direkten Manipulation, welche die komfortable Multi- Touch-Bedienung moderner mobile devices ausmacht, ebenfalls nicht berücksichtigt. Breuninger et al. (2013) untersuchten empirisch, welche Touch–Interaktion sich für welche Anwendungsfälle aus dem industriellen Umfeld am besten eignen.

Die Anwendungsfälle im industriellen Umfeld unterscheiden sich im Grunde nicht von denen der Kommunikations- und Unterhaltungselektronik. In beiden Bereichen gibt es Interaktionen wie Kontextwechsel, Menüauswahl, Listenauswahl, Auswahlelemente, interaktive Schalter oder Werte-/Texteingaben. Allerdings muss bei der Nutzung im industriellen Umfeld vor allem auf die sichere Bedienung, d.h. der Vermeidung von unzulässigen Eingaben, welche die Gefährdung von Mensch und Maschine zur Folge haben (safety), geachtet werden. Diese können in industriellen Anwendungen von entscheidender Bedeutung sein. Für diese Anwendungen müssen auch bei der gestenbasierten Touch-Interaktion geeignete Mechanismen gefunden werden, die eine exakte und sichere Bedienung zulassen.

Bei der Gestaltung Touch-basierter Oberflächen und der Nutzung von mobile devices in der Prozessvisualisierung ist die Plattformunabhängigkeit der Visualisierung sowie die Displaygröße der Geräte von entscheidender Bedeutung. Während die klassische Leitwartenvisualisierung auch heute noch überwiegend windows-basiert ist, kommen bei den mobile devices auch Android oder iOS zum Einsatz. Um nicht für jedes System eine eigene Visualisierungsumgebung entwickeln zu müssen, wird hier vermehrt auf browser-basierte Visualisierungen, beispielsweise auf Basis von HTML5, gesetzt, welche auf allen Plattformen gleich laufen.

Zudem können die Prozessbilder, welche in Leitwarten auf stationären Displays, in den meisten Fällen im Bereich von 19 bis 24 Zoll, angezeigt werden, in den meisten Fällen nicht einfach auf mobile devices portiert werden. Diese haben deutlich kleinere Displays und liegen im Tablet-PC-Bereich bei acht bis zehn Zoll und bei Smartphones bei vier bis fünf Zoll. Diese Einschränkung muss bei der ergonomischen Gestaltung der Oberflächen für mobile devices beachtet werden.

2.3 Augmented Reality

Augmented Reality (AR) ist seit vielen Jahren immer wieder ein Thema, wenn es darum geht, den Menschen bei seiner Tätigkeit zu unterstützen, bzw. ihm zusätzliche Informationen zu seiner Tätigkeit zu übermitteln. Früher wurde AR immer mit Datenbrillen und Datenhandschuhen in Verbindung gebracht. Mit Hilfe der Datenbrille wurde die real sichtbare Umgebung mit zusätzlichen Informationen, beispielsweise Reparaturinformationen, überblendet. Diese Technologie hat sich jedoch im industriellen Umfeld nie durchgesetzt. Gründe dafür waren die umständliche Handhabung der Geräte und Bewegungseinschränkung, die die dafür notwendige Hardware mit sich brachte, sowie die hohen Kosten. Seit sich moderne

Smartphones und Tablet-PCs auf dem Markt durchgesetzt haben, erreicht auch das Thema AR neue Dimensionen. Smartphones und Tablet-PCs sind heute alle mit Kameras ausgestattet, welche die „reale Welt" erfassen und mit zusätzlichen Informationen zur Visualisierung auf dem Display überblenden können. Apps auf diesen mobile devices bieten beispielsweise Funktionalitäten, welche das Kamerabild mit zusätzlichen Informationen, wie z.B. Geo- oder Navigationsdaten, Informationen zu historischen Ereignissen oder Bauwerken usw. einblenden und direkt mit dem Internet verlinken. Die Positionserkennung stützt sich dabei auf Technologien wie z.B. Bilderkennung, Ortung, Navigationsdaten und Blickwinkel des Betrachters.

In industriellen Anwendung können diese überlagerten Informationen beispielsweise aktuelle Prozessdaten, aggregierte Informationen aus den verschiedensten Datenquellen, technische Dokumentationen, Wartungs- oder Reparaturanleitungen sein (siehe Abbildung 3). Je nach Anwendung werden die erforderlichen Informationen beispielsweise über WLAN von dem mobilen Endgerät abgerufen.

Abbildung 3: **Augmented Reality: Überblendung des Kamerabildes mit zusätzlichen Informationen, beispielsweise Prozessdaten.**

Das mit AR-Informationen angereicherte Kamerabild kann zudem direkt über eine Internet-Verbindung mit beispielsweise dem Helpdesk des Herstellers eines Sensors/Aktors oder dem Support-Team des Betreibers der Anlage übersendet werden. Dieses Support-Team kann das Wartungs- und Instandhaltungspersonal vor Ort gezielter unterstützen, da nicht nur eine Aufzeichnung der Rohdaten zur Verfügung steht, sondern das Fachpersonal auch die unmittelbare Umgebung der

Störung über das Kamerabild erfassen kann (Abbildung 4). So kann beispielsweise auch ungeübtes Personal vor Ort gezielt zur Störungsbeseitigung eingesetzt und durch das Fachpersonal aus der Ferne angeleitet werden.

Speziell im Bereich der Wartung und Instandhaltung erleichtern diese AR-Techniken dem Betriebspersonal die Arbeit und führen zu einer Zeitersparnis bei Reparaturen und dadurch zu einer Reduzierung der Kosten.

Die derzeit viel diskutierten neuen „Datenbrillen" wie z.B. Google Glass (2014), Vuzix Smart Glasses (2014) u.a. versprechen hier noch weitere Fortschritte, da diese eine Freihandkommunikation ermöglichen und die Bewegungsfreiheit, im Gegensatz zu den früheren Datenbrillen, kaum noch einschränken.

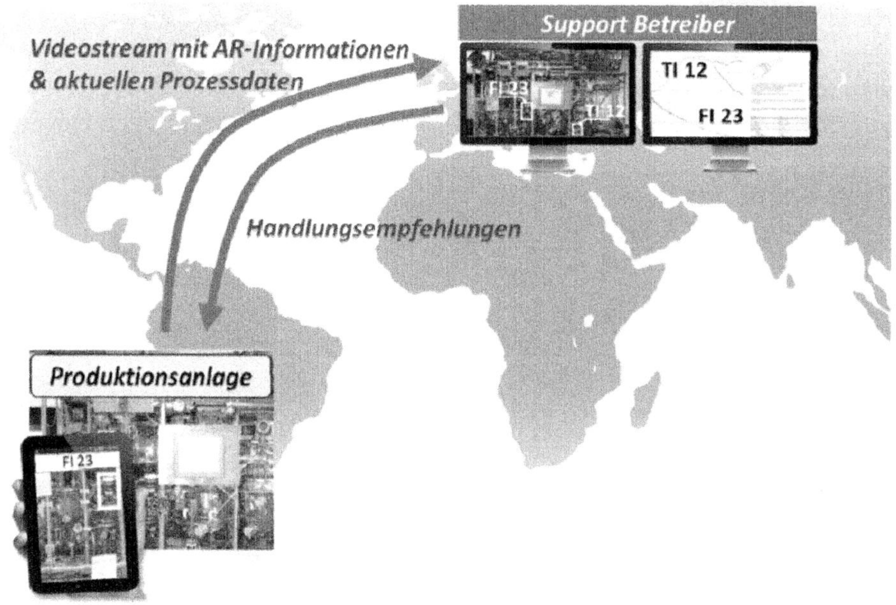

Abbildung 4: **Szenario Fernwartung**

2.4 Social Networks / Informationssysteme

Die globale Vernetzung industrieller Anlagen bietet die Möglichkeit, auch Daten/Informationen einzelner Geräte weltweit zu vernetzen. Algorithmen für eine solche Informationsvernetzung werden heute bereits in Social Media-Anwendungen wie Facebook®, twitter® und Co. verwendet. In der Mensch-Maschine-Schnittstelle kann diese Vernetzung entscheidende Vorteile bringen. Ganze Anlagen, Anlagenteile oder einzelne Geräte können ihren Status, wie z.B. Fehlermeldungen, Geräteparameter, Softwarestände usw. selbstständig auf einer dafür vorgesehene Plattform „posten". Eine Fehlerbehebung, bzw. Prozessoptimierung ist nun nicht mehr nur auf eine Anlage beschränkt. Auf dieser Plattform können dem Bedienpersonal, Wartung und Instandhaltung, Handlungsempfehlungen gegeben werden, wie die Parameter eines Gerätes für einen bestimmten Anwendungsfall optimal eingestellt werden, bzw. wie im Fehlerfall geeignet reagiert werden kann. Zur Unterstützung steht nun nicht mehr nur die Erfahrung aus einer Anlage oder einem Unternehmen, sondern einer weltweite Community zur Verfügung.

Auch die Hersteller der Geräte könnten mit Zugriffen auf diese Plattform – Automatisierungs-Facebook, Automatisierung-Twitter – neue Wege in der Geräteauswertung gehen, s. Abbildung 5. Die deutlich größere Datenmenge, die nun gebündelt auf einer Plattform zur Verfügung steht, führt zu einer genaueren Diagnose. Die Ergebnisse dieser Diagnose können wiederum auf der Plattform als Handlungsempfehlung, Optimierungsvorschlag bzw. Softwareupdate zur Verfügung gestellt werden

Voraussetzung für eine Vernetzung ist die Schaffung von Sicherheitsmechanismen bzw. Datenfilter, die zum einen sicherstellen, dass nur für die Auswertung bestimmte Daten tatsächlich zur Verfügung gestellt werden. Zum anderen muss der Knowhow-Schutz für die technischen Prozesse und Technologien gewährleistet sein.

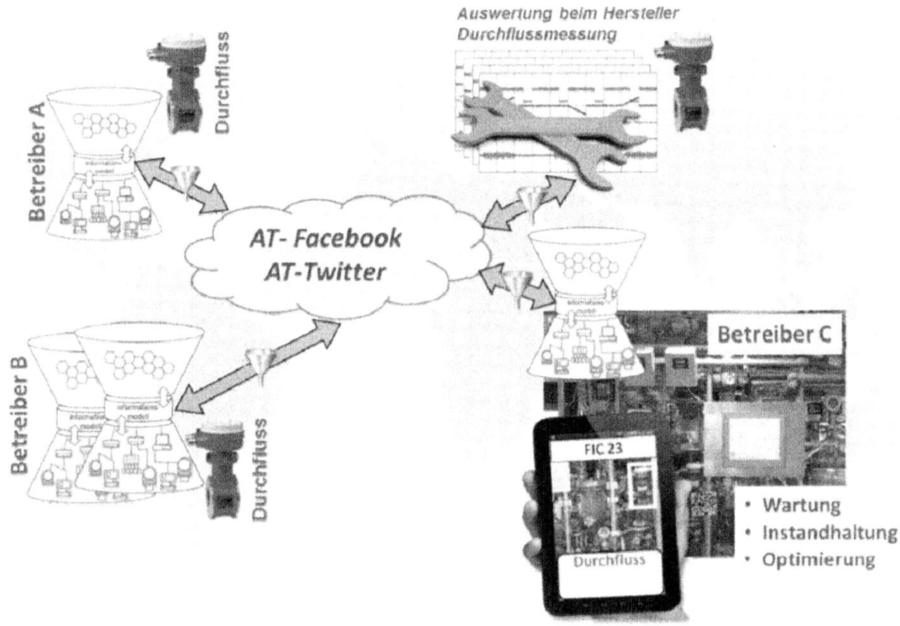

Abbildung 5: **Anlagen- und Unternehmensübergreifende Wartungsunterstützung durch Social Media Funktionalitäten**

Diese Funktionalitäten können auch für die Machine-to-Machine-Kommunikation genutzt werden. So können beispielsweise Geräte, die eine Fehlermeldung in „Ihrer" Automatisierungs-Facebook-Gruppe posten, direkt von anderen Geräten

Informationen empfangen und sich selber neu konfigurieren bzw. fehlerkorrigierende Maßnahmen einleiten.

3 Zusammenfassung und Ausblick

Durch die rasante Entwicklung der letzten Jahre im Bereich der Gerätetechnik, vor allem in der Displaytechnologie und der mobilen Endgeräte aus dem Consumer-Mark sind heute ganz neue Möglichkeiten zur Unterstützung des Menschen auch im industriellen Umfeld möglich. Dieser Beitrag hat einige der Möglichkeiten und Technologien sowie deren Potenziale für die Zukunft aufgezeigt. Zudem wurde erläutert wie Social Media-Funktionalitäten genutzt werden können, um dem Menschen Handlungsempfehlungen auf Basis deutlich größerer zur Verfügung stehender Datenmengen zu geben.

Bei der durch die globale Vernetzung und der immer besser werdenden Gerätetechnik entstehenden Datenflut wird die Unterstützung des Menschen in der Produktionsanlage immer wichtiger werden.

4 Literatur

Breuninger J, Popova-Dlugosch S, Bengler K (2013) The Safest Way to Scroll a List: A Usability Study Comparing Different Ways of Scrolling through Lists on Touch Screen Devices. 12th IFAC Symposium on Analysis, Design, and Evaluation of Human-Machine Systems (IFAC HMS), Las Vegas

Google Glass http://www.google.com/glass/start. Zugegriffen: 15.01.2014

Pantförder D, Vogel-Heuser B, Schweizer K (2009) Benefit and evaluation of interactive 3D-process data visualization for the presentation of complex problems. In: Jacko JA (Hrsg.) Human-Computer Interaction, Part II, LNCS 5611, Springer-Verlag, Berlin Heidelberg, S. 869–878.

VDI/VDE 3850 Blatt 3 Dialoggestaltung für Touchscreens

Vuzix Smart Glasses http://www.vuzix.com. Zugegriffen: 15.01.2014

Wickens CD, Andre AD (1990) Proximity Compatibility and Information Display: Effects of Color, Space, and Objectness on Information Integration. Human Factors, Jahrgang 32, Heft 1, 61–77

Zeipelt R, Vogel-Heuser B (2003) Nutzen der 3D-Prozessyearnvisualisierung in der industriellen Prozessführung. atp - Automatisierungstechnische Praxis 45, 45-50.

Integration des Menschen in Szenarien der Industrie 4.0

Apl. Prof. Dr.-Ing. habil. Arndt Lüder; Otto-v.-Guericke Universität

Kurzzusammenfassung:

Mit dem Ziel die Flexibilität und Wandelbarkeit von Produktionssystemen zu verbessern und sie damit den neuen wirtschaftlichen und technischen Herausforderungen anzupassen strebt die Industrie 4.0-Initiative die Integration neuer Methoden und Techniken der Informationsverarbeitung in die Automatisierungstechnik an. Dies kann nicht ohne Auswirkungen auf die an Entwurf und Nutzung von Produktionssystemen beteiligten Menschen bleiben.

Doch was sind diese Auswirkungen? Dieser Beitrag versucht die Auswirkungen auf der Basis der Untersuchung der in der Industrie 4.0 adressierten Cyber Physical Production Systems sowie eines Modells des Lebenszyklus von Produktionssystemen einige Beispiel für die Auswirkungen der Industrie 4.0 auf den Menschen zu verdeutlichen und entsprechende Schlussfolgerungen für Bildung und Forschung zu ziehen.

1 Einleitung

Der Lebenszyklus von Produktionssystemen ist in den letzten zwanzig Jahren in sehr umfassendem Maße verändert worden und verändert sich weiter. In [1] stellt das Bundesministerium für Bildung und Forschung fest: „Kunden, Mitbewerber, Lieferanten und Konsumenten ändern ihr Verhalten deutlich schneller als noch vor Jahren." Dabei üben

- die sich ändernde Marktmacht der Nachfrageseite,
- der zunehmende Konkurrenzdruck auch durch Zunahme der Marktteilnehmer aus den BRIGS Staaten und anderen aufstrebenden Ökonomien sowie
- die immer schneller werdenden Technologiezyklen

einen enormen Druck auf produzierende Unternehmen aus. Diese sind bestrebt, ihre Produktionssystem den veränderten Bedingungen anzupassen [2, 3].

Die Anpassung kann dabei in zwei Abstufungen erfolgen. Die einfachste Möglichkeit ist die Ausnutzung bestehender Flexibilitätspotentiale. Folgend [4] kann Flexibilität als die Fähigkeit eines Produktionssystems definiert werden, sich ohne bedeutende Aufwendungen hinsichtlich Kosten und Zeit an sich ändernde Anforderungen an das Produktionssystem anzupassen. Flexibilität ist dabei bereits in die Architektur und Steuerung des Produktionssystems integriert, ist dem Bedarf an Flexibilität des spezifischen Anwendungsfalls angepasst und kann nach Bedarf abgerufen werden. Entsprechend ist Flexibilität das Vorhalten von Fähigkeiten zur schnellen Anpassung an Anforderungsänderungen an das Produktionssystem, deren Kosten bereits bei Systemerstellung und im laufenden Systembetrieb zu tragen sind. Für die betroffenen Menschen bedeutet Flexibilität dementsprechend zweierlei. Die das Produktionssystem entwerfenden Ingenieure müssen die notwendige Flexibilität antizipieren und in das System „hinein entwerfen" [4]. Die Nutzer des Produktionssystems müssen die vorhandene Flexibilität kennen und adäquat ansteuern (nutzen) können.

Die zweite Möglichkeit zur Anpassung ist die Wandelbarkeit. Folgend [5] wird Wandelbarkeit als die Fähigkeit von Unternehmen definiert, sich an veränderte Bedingungen und Situationen der Auftragslage anzupassen und dabei sowohl Prozesse als auch Ressourcen und andere Strukturen (insbesondere Steuerungsstrukturen) zu betrachten, deren Veränderbarkeit und Veränderungsaufwand zur Anpassung an sich ändernde Anforderungen zu bewerten und daraus eine Veränderung des Produktionssystems zu schließen, die dann umgesetzt wird. Wandelbarkeit bezieht sich damit auf die nicht direkt vorgehaltene Anpassbarkeit des Produktionssystems, die erst im Falle der Systemwandlung Kosten erzeugt, dafür aber deutlich längere Fristen der Anpassung an neue Anforderungen beinhaltet. Für die entwerfenden Ingenieure bedeutet dies, dass sie die Wandelbarkeitspotentiale des Produktionssystems erkennen und optimal nutzen müssen. Hier können beim Erstentwurf des Produktionssystems bereits günstige Strukturen als Ausgangslage geschaffen werden [25]. Die Nutzer des Produktionssystems müssen sich nach der Wandelung an die veränderten Strukturen und Verhaltensweisen anpassen.

In der Industrie 4.0 Initiative versuchen deutsche Unternehmen und deutsche Institutionen, Technologien aus dem Bereich der Informationsverarbeitung für die Umsetzung von Mechanismen zur Verbesserung von Flexibilität und Wandelbarkeit von Produktionssystemen nutzbar zu machen [6]. Dabei fokussiert sie auf den sogenannten Megatrend des „Internet der Dinge und Dienste" und postuliert die Entwicklung und Nutzung von Cyber Physical Production Systems (CPPS) als Mittel zum schnellen und einfachen Entwurf, Erstellung und Nutzung von flexiblen und wandelbaren Produktionssystemen [7, 8].

Die initiale Idee der CPPS besteht in der Verbindung der physikalischen Produktionswelt mit der Welt des Internets und der Nutzung entsprechender Internettechnologien in Produktionssystemen [9, 10]. Dabei werden unterschiedlichste mögliche Ansätze der Nutzung von CPPS diskutiert [11].

Bildet man die Ideen der CPPS auf existierende Automatisierungsstrukturen ab und berücksichtigt dabei die immer stärker relevante mechatronische Betrachtungsweise von Produktionssystemen [12, 13, 14], dann ergibt sich die in Abbildung 1 dargestellt hierarchische Systemstruktur.

Auf der untersten Hierarchieebene besteht ein CPPS wie jede mechatronische Einheit aus vier Grundelementen: einem physikalischen Prozess zur Wandlung von Stoffen und Energie der einem Teil des eigentlichen Produktionsprozesses entspricht, Sensoren zur Erfassung des Zustandes des physikalischen Prozesses, d.h. zum Messen des Zustands der Produktionsprozesses über Temperatur-, Positions- oder andere Sensoren, Aktoren zu Beeinflussung des physikalischen Prozesses, d.h. zu Beeinflussung des weiteren Verlauf des Produktionsprozesses über Motoren, Ventile oder andere Aktoren, sowie einer Informationsverarbeitung zur Umsetzung der Automatisierungslogik, die aus den gemessenen Zuständen und ihrer Abfolge sowie dem gewünschten Verhalten des Produktionsprozesses die notwendigen aktorischen Eingriffe bestimmt und anstößt.

Auf den höheren Hierarchieebenen bilden die unterlagerten Ebenen den Prozess. Hier erfolgen das Messen des Zustandes sowie die Eingriffe zur Prozessbeeinflussung jedoch nicht über Sensoren und Aktoren sondern über die direkte Kommunikation der Informationsverarbeitungen der betroffenen Ebenen.

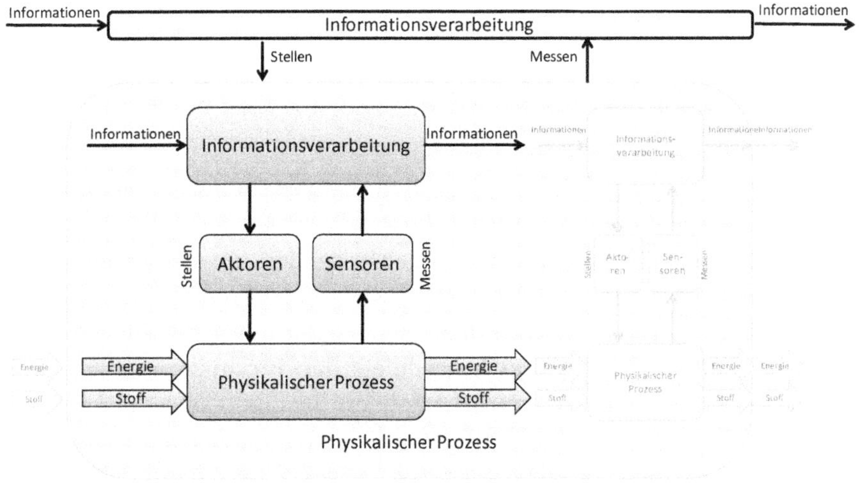

Abbildung 1: Automatisierungsorientierte Struktur von CPPS

Zum „Cyber“ -System wird ein CPPS dann, wenn die Informationsverarbeitung zur Ausführung der notwendigen Rechenleistung für die zu bestimmenden Beeinflussungen des Prozesses der verschiedenen Hierarchieebenen sich Mitteln der virtuellen Welt bedienen kann. Hier werden verschiedenste Technologien [15] wie zum Beispiel Webservices und ihre Orchestrierung [16, 17], Agentensysteme [18, 19], oder Cloud-basierte Systeme [20] diskutiert. Die verschiedenen untersuchten Technologien sollen in verschiedenen Anwendungsfällen Vorteile für die Flexibilität und Wandelbarkeit von Produktionssystemen erbringen und den Menschen dabei entlasten. Es stellt sich aber die Frage, welche weiteren Effekte die Nutzung von CPPS innerhalb der Industrie 4.0 Initiative bewirken können, welche Anforderungen dies an den Menschen generieren kann und in welche Richtungen sich damit Forschung und Entwicklung für die Nutzung von CPPS bewegen sollten.

Dieser Fragestellung widmet sich der nachfolgende Beitrag. Er stellt in einem ersten Abschnitt den üblichen Lebenszyklus von Produktionssystemen dar und benennt die Anwendungsfälle, in denen der Mensch aktiv in die Flexibilisierung und Wandelbarkeit von Produktionssystemen eingreift. Nachfolgend werden für die einzelnen identifizierten Anwendungsfälle die Auswirkungen der Nutzung von Methoden und Technologien aus dem Bereich der CPPS untersucht. Es wird dargestellt, dass die Interaktion des Menschen mit dem Produktionssystem auf eine neue, bisher unbekannte Ebene gestellt wird, die neue Anforderungen an den Menschen stellen wird, und die in neuen Forschungs- und Entwicklungsbedarf münden.

2 Der Lebenszyklus von Produktionssystemen

Ausgangspunkt der Betrachtungen ist der Lebenszyklus von Produktionssystemen. Er wird in der Literatur naturgemäß in verschiedensten Detaillierungsgraden und aus unterschiedlichen Betrachtungswinkeln beschrieben [21, 22, 23, 24]. In diesem Beitrag soll ein Phasenmodell des Lebenszyklus bestehend aus sieben Phasen zugrunde gelegt werden.

Der Lebenszyklus beginnt mit der Definition des Produktes als Menge von Produktionsschritten in Rahmen der Produktgestaltung. In der sich anschließenden Anlagenplanung werden diese Prozessvorgaben genutzt um eine grobe Strukturierung des Produktionssystems als verkettete Menge von Produktionsressourcen zu erzeugen. Ist das Anlagenlayout validiert, wird in der Phase des Anlagenentwurfs (auch als Funktional Engineering bezeichnet) das Produktionssystem in allen beteiligten Gewerken bzw. Ingenieurdisziplinen detailliert ausgeplant bzw. ausprogrammiert. Sind die detaillierten Planungsunterlagen erstellt, erfolgt der Bau, dem dann die Phase der Inbetriebnahme folgt. Hier werden schrittweise alle Steuerungsgeräte mit Programmen und Konfigurationen befüllt und das Produktionssystem getestet und gestartet. Ist die Anlage erfolgreich in Betrieb genommen, so kann sie in der Phase der Nutzung und Wartung zur Produktion verwendet werden. Dabei werden kontinuierlich alle Teile des Produktionssystems gewartet und gegebenenfalls verbessert/ersetzt. Kann das Produktionssystem nicht mehr sinnvoll ökonomisch verwendet werden, so folgt seine letzte Lebenszyklusphase, der Abbau.

Dieses Phasenmodell ist in Abbildung 2 dargestellt.

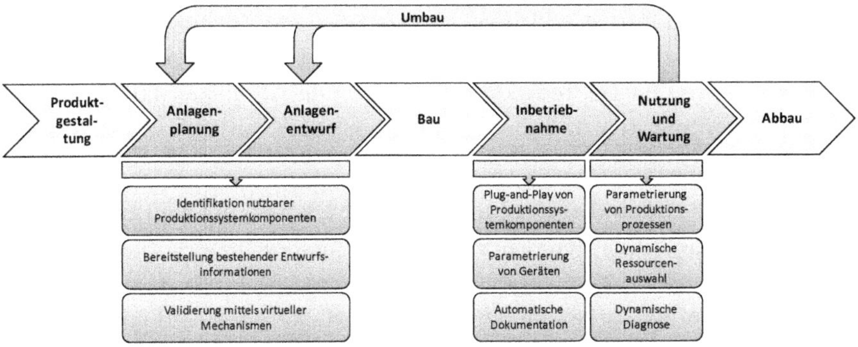

Abbildung 2: Lebenszyklus von Produktionssystemen

In den einzelnen Phasen des Lebenszyklus werden unterschiedliche Zielstellungen zur Flexibilisierung und Wandelbarkeit von Produktionssystemen verfolgt. Hier sollen nur einige davon betrachtet werden, die im Umfeld der Industrie 4.0-Initiative und der CPPS Bedeutung gewinnen können.

In den Phasen der Anlagenplanung und des Anlagenentwurfs müssen schrittweise immer detailliertere Produktionssystemkomponenten für die Umsetzung der notwendigen Produktionsschritte identifiziert werden. Mit Blick auf die oben postulierte mechatronische CPPS-Struktur bedeutet das, dass die mechatronische Hierarchie top-down immer weiter verfeinert und detailliert werden muss. Hierbei ist es sinnvoll, auf bereits bestehende Entwurfsergebnisse zurückzugreifen und diese in den weiteren Entwurfsprozess einfließen zu lassen, wie es in [25, 26, 27] beispielhaft beschrieben wird. Die entwerfenden Ingenieure müssen die bestehenden Entwurfsergebnisse hinsichtlich ihrer Flexibilitäts- und Wandelbarkeitseigenschaften bewerten und entsprechend nutzen können. Somit kann eine gewisse Wahlbreite der nutzbaren Produktionssystemkomponenten und damit eine gewissen Wandelbarkeit des Produktionssystems von Beginn an berücksichtigt werden. Flexibilität wird dann durch die Flexibilität der einzelnen ausgewählten Produktionssystemkomponenten und die Flexibilität ihrer Interaktion erreicht.

Nach jedem dieser Detaillierungsschritte kann überprüft werden, ob die erreichte Struktur den Anforderungen an das Produktionssystem genügen kann. Mittels Methoden der virtuellen Realität kann hier jeweils ein mehr oder weniger detailliertes Anlagenmodell durch die entwerfenden Ingenieure erstellt und simuliert werden, so dass insbesondere die Flexibilitätsanforderungen validierbar werden [28, 29].

In der Phase der Inbetriebnahme werden die einzelnen Produktionssystemkomponenten der mechatronischen Hierarchie bottom-up erstellt und integriert. Hier kann ein einfaches Plug-and-Play von CPPS den Erstellungs- und Inbetriebnahmeprozess sehr stark verkürzen [30, 31, 32].

Gleiches gilt für die Konfiguration von Automatisierungsgeräten, wenn diese passend zu den zu erstellenden Produkten automatisch erfolgen kann [33, 34].

Beides hat insbesondere Einfluss auf die Wandelbarkeit von Produktionssystemen. Ein Plug-and-Play von Komponenten ermöglicht eine schnelle und kostengünstige ungeplante Veränderung eines Produktionssystems. Die Arbeit der ausführenden Personen könnte dann mit den Aktivitäten zur Integration von USB Geräten in ein PC System verglichen werden.

Jedes der CPPS könnte zudem bei der Inbetriebnahme seinen eigenen Erstellungszustand automatisch dokumentieren und an einer entsprechenden Stelle abspeichern. Im Falle der notwendigen Veränderung des Produktionssystems kann ein ausführender Ingenieur auf diese Dokumentation zurückgreifen und entsprechende Entwurfs- und Implementierungsschritte zur veränderten Anlage schneller ausführen.

Während der Nutzung eines Produktionssystems gilt es, die notwendigen Produktionsprozesse so effizient wie möglich zu realisieren. Dazu können die tatsächlich genutzten Produktionsressourcen dynamisch ausgewählt und die darauf auszuführenden Produktionsprozesse dynamisch parametriert werden [31, 35]. Beides bildet die Flexibilität eines Produktionssystems ab, die der Anlagennutzer nur noch auf höheren Steuerungsebenen adäquat verwenden muss.

Mit Blick auf die Wartung von Produktionssystemen bildet die Flexibilität und Wandelbarkeit von Diagnosemethoden einen wichtigen Baustein. In allen Produktionssystemen muss sichergestellt werden, dass Produktionsressourcen überwacht und Fehlverhalten diagnostiziert werden kann. Dabei können CPPS zusätzliche Mittel zur Flexibilisierung und Wandelbarkeit bereitstellen, indem weitere Funktionalitäten in das System dynamisch durch Wartungspersonal integriert werden können [36, 37, 38].

3 Interaktion von Mensch und Produktionssystem

Wie bereits ersichtlich wurde, bezieht sich die Interaktion des Menschen mit dem Produktionssystem auf zwei wichtige Bereiche, die Bearbeitung bzw. den Austausch von Entwurfsdaten und von Laufzeitdaten. Um die Auswirkungen von Industrie 4.0 und CPPS auf diese Interaktion deutlich zu machen, sollen nachfolgend einige technologische Lösungen für CPPS als Basis genutzt werden.

CPPS können gemäß des bestehenden Forschungsstandes entweder über serviceorientierte [39, 40, 41] oder über agentifizierte Strukturen [42, 43, 44] implementiert werden. In beiden Fällen muss die Informationsverarbeitung jedes mechatronischen Bausteins des CPPS den grundlegenden Regeln eines BDI Agenten [54] nahe kommen. Sie benötigt

- ein Verständnis ihrer Umgebung und wie sie mit dieser interagieren kann (Messen des Umgebungszustandes und Einwirken auf diesen), das einem Umweltmodell entspricht,

- eine Zielstellung auf die sie ihr Verhalten hin ausrichtet (Aufgabestellung des CPPS), die ein Zielmodell darstellt, und
- eine kurzfristig erstellte Vorgehensweise zur Zielerreichung (aktuelles Verhalten), die als Entscheidungsmodell aufgefasst werden kann.

Diese drei Bestandteile der Informationsverarbeitung sind im Programmcode der Informationsverarbeitung und in seiner Datenmenge kodifiziert wie es in Abbildung 3 verdeutlicht ist. Je nach Abstraktionsgrad des Programmes können dabei die CPPS eher generisch oder eher aufgabenspezifisch gestaltet sein. Beispiele für diese Architektur bieten die holonen Steuerungssysteme [38, 44] aber auch andere agentifizierte Systeme [18, 31] und auf Services aufbauende Systeme [41].

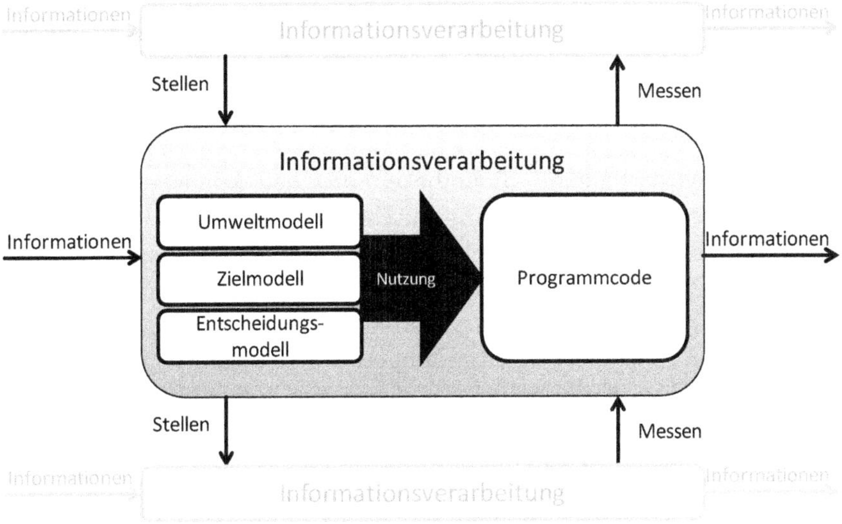

Abbildung 3: Daten und Programmecode in einem CPPS

Um die entsprechenden Datenmengen für die drei Modelle bereit zu stellen, sind Beschreibungen von Fertigungsprozessen, ihrer mechanischen, elektrischen, prozesstechnischen, etc. Umsetzung sowie ihrer Steuerung notwendig. Sie müssen dann über die Programmcodes im CPPS nutzbar sein [13, 18, 40].

Dies hat zur Folge, dass Daten bzw. Modelle und Programmcodes einen direkten Einfluss auf die Flexibilität und Wandelbarkeit von Produktionssystemen gewinnen, was wiederum einen unmittelbaren Einfluss auf die Interaktion des Menschen mit dem Produktionssystem hat. Mit Blick auf die neun in Abbildung 2 genannten Anwendungsfälle soll das verdeutlicht werden.

3.1 Einfluss auf den Entwurfsprozess

Im Rahmen der Anlagenplanung und des Anlagenentwurfs müssen durch die entwerfenden Ingenieure nutzbare Produktionssystemkomponenten identifiziert werden, um sie entsprechend im Produktionssystem anwenden zu können. Diese Systemkomponenten sollten in CPPS Bibliotheken verfügbar sein und alle relevanten Informationen (einschließlich der mechanischen, elektrischen, prozesstechnischen, etc. Fähigkeiten bzw. Rahmenbedingungen) zur Auswahl enthalten. Dies erzwingt neue Arbeitsweisen im Anlagenentwurf, die den mechatronischen Arbeitsweisen, wie sie bereit im Produktentwurf genutzt werden, ähneln [26, 45, 46].

Zum einen werden Beschreibungsmittel benötigt, die alle relevanten Entwurfsinformationen abbilden können und damit den entwerfenden Ingenieuren den Datenaustausch zwischen Entwurfswerkzeugen sowie die Bibliotheksbildung erleichtern. Hier könnten in Zukunft Datenmodelle, wie sie in STEP [47] oder AutomationML [48] umgesetzt werden, zur Anwendung kommen. Diese müssen jedoch so ausgestaltet sein, dass sie funktions- und verhaltensorientierte Möglichkeiten der Auswahl von Systembausteinen durch die entwerfenden Ingenieure ermöglichen. Insbesondere müssen sie die vorhandene Anwendungsbreite (Flexibilität) sowie ihre spätere Veränderbarkeit / Erweiterbarkeit (Wandelbarkeit) deutlich machen können.

Ingenieure müssen entsprechende Bibliotheken erstellen können. Sie müssen entweder aus dem Entwurfsprozess heraus entscheiden, welche Entwurfsartefakte für eine Wiederverwendung geeignet sein können, diese dann entsprechend anpassen/generalisieren und in der Bibliothek ablegen [49], oder sie müssen einen spezifischen Prozess zur Gestaltung wiederverwendbarer Element aufsetzen [27]. In jedem Fall entstehen zusätzliche Aufwendungen in die Erstellung, Beschreibung und Wartung entsprechender Bibliotheken, die zudem Veränderungen an Entwurfswerkzeugen sinnvoll erscheinen lassen.

Ebenfalls in der Anlagenplanung wie auch im Anlagenentwurf können durch die entwerfenden Ingenieure virtuelle Methoden zur Validierung von Anlagenverhalten genutzt werden. Dies kann sowohl verschiedene Phasen des Entwurfsprozesses als auch auf Basis unterschiedlich detaillierter Entwurfsinformationen geschehen [29]. In jedem Fall werden konsistente Kombinationen von Entwurfsinformationen unterschiedlicher Entwurfsschritte und Gewerke benötigt, die zusammengeführt und getestet werden [55]. Auch hier spielt die Erstellung und Nutzung von Artefaktebibliotheken sowie Datenaustauschtechnologien eine besondere Rolle, die von Ingenieuren erstellt und beherrscht werden müssen.

Die virtuellen Methoden können auch sinnvoll bei der Bewertung bzw. Ausgestaltung von Flexibilität und Wandelbarkeit von Produktionssystemen als Entscheidungshilfe eingesetzt werden. Neue oder veränderte Produktionssysteme, Technologien, Steuerungsstrategien etc. können durch die entwerfenden Ingenieure modellbasiert beschrieben und auf ihre Auswirkungen bzw. Nutzungseigenschaften hin untersucht werden. Dies ermöglicht bessere und detailliertere Investitionsentscheidungen.

Um diese Möglichkeiten nutzen zu können, sind umfassende Kenntnisse der verschiedenen beteiligten Ingenieurdisziplinen, aber auch der verwendeten Modellformen, Simulationssysteme, etc. notwendig [13, 56], was wiederum höhere Wissensansprüche an die beteiligten Ingenieure stellt.

Die genannten Entwicklungen erfordern von den beteiligten Ingenieuren neuartiges Gewerke bzw. Ingenieurdisziplinen übergreifendes Wissen und Können. Sie müssen die Auswirkungen von Entwurfsentscheidungen in einer Ingenieursdisziplin bzw. einem Gewerk auf eine andere Disziplin oder ein anderes Gewerk einschätzen können. Die VDI Richtlinie 2206 [57] könnte als Basis dafür dienen. Eine Analogie des notwendigen Wissens und Könnens bezogen auf den Bereich des Produktentwurfes liefern [58, 59], die jedoch auf die Informationsmengen, die im Entwurfsprozess von Produktionssystemen relevant sind [13, 56] angepasst werden müssen. Erste Ideen in dieser Richtung liefern unter anderem [13, 25, 26, 49]. Es ergibt sich eine veränderte Arbeitsweise im Entwurfsprozess, die verstärkt funktionsorientiert denkt und mit Teams verschiedener Gewerke arbeitet, sowie eine grundsätzlich ganzheitliche Sicht auf das zu entwerfende Produktionssystem erzwingt.

3.2 Einfluss auf den Nutzungsprozess

Im Rahmen der Inbetriebnahme von Produktionssystemen kann die Aufteilung der Informationsverarbeitung in einem CPPS in Umwelt-, Ziel- und Entscheidungsmodell auf der einen und Programmcode, der diese Modelle nutzt, auf der anderen Seite explizit für eine Erhöhung von Flexibilität und Wandelbarkeit angewendet werden.

Beispiele dafür bilden das Plug-and-Play von Systemkomponenten (sowohl Hardware- als auch Softwarekomponenten) und die Geräteparametrierung. Bei einer Integration einer neuen Systemkomponente muss ein Anlagennutzer zum einen diese Komponente selbst mit einer initialen Modellmenge versehen, die die korrekte Funktion der Komponente sicherstellt, unabhängig ob es sich dabei um eine größere Komponente oder ein einzelnes Gerät handelt. Zum anderen muss er sicherstellen, dass die neue Komponente sich in die Umweltmodelle aller anderen relevanten Komponenten integriert. Dazu müssen sowohl deren Modelle anpassbar gestaltet sein als auch die Interaktion der CPPS eine entsprechende Modelladaptation erlauben [50]. Hierbei kombinieren sich Flexibilität und Wandelbarkeit. Die bestehenden Komponenten müssen insoweit flexibel sein, mit neuen Komponenten interagieren zu können. Insgesamt ist aber das Produktionssystem durch die aktive Integration neuer Komponenten zu wandeln.

Für den ausführenden Systemintegrator ergeben sich neue Anforderungen an die Inbetriebnahme. Der Fokus liegt bei der Nutzung von CPPS verstärkt auf der Erstellung der für den Anwendungsfall sinnvollen bzw. korrekten Umwelt-, Ziel- und Entscheidungsmodelle, die die für das Produktionssystem optimalen Resultate ermöglichen. Dies muss technisch möglich sein, d.h. es werden entsprechende Mensch-Maschine-Schnittstellen benötigt, die die Erstellung derartiger Modelle und deren Zuweisung / Download auf Komponenten / Geräte in einfacher Weise ermöglichen.

Da die CPPS eine verteilte Steuerungsarchitektur bilden, ist die vom Anlagennutzer auszuführende Abschätzung, welche Umwelt-, Ziel- und Entscheidungsmodelle sinnvoll bzw. korrekt sind, zunehmend schwierig [51]. Diese Schwierigkeit ist insbesondere für den Systemintegrator maßgebend, da er im Falle des Starts eines CPPS dessen Wirkung bzw. Verhalten abschätzen muss. Hier können zwar die oben genannten virtuellen Methoden unterstützend wirken, es sind aber zudem vollständig neuartige Methoden der Verhaltensabschätzung notwendig.

Die im Rahmen der Inbetriebnahme schrittweise entstehenden Umwelt-, Ziel- und Entscheidungsmodelle der verschiedenen CPPS Komponenten bilden einen bedeutenden Wissensschatz eines Unternehmens, der für die Abschätzung der Flexibilität und Wandelbarkeit von Produktionssystemen und ihre explizite Nutzung essentiell ist. Entsprechend ist es sinnvoll, diese Modelle automatisch zu dokumentieren und für weitere Entwurfsarbeiten zur Verfügung zu stellen.

Um dies zu ermöglichen, müssen in den CPPS entsprechende Funktionalitäten verfügbar sein. Zudem muss eine von Ingenieuren erstellte, gepflegte und genutzte Infrastruktur zur Dokumentation und zum Zugriff vorhanden sein. Dies ist eine vollständig neuartige Aufgabe für den Systemintegrator.

Während der Nutzung von Produktionssystemen ist ein Ziel der CPPS basierten Steuerungen, dass die Ressourcen für die Ausführung eines Produktionsprozesses dynamisch gewählt werden. Dazu müssen sowohl die Produktionsprozesse als auch die Ressourcenfähigkeiten passend beschrieben sein.

Um dies zu ermöglichen, müssen sie in Analogie zur Anlagenplanung und zum Anlagenentwurf funktions- und verhaltensorientiert modelliert werden. Dazu sind entsprechende Beschreibungssprachen notwendig, die sowohl vom Produktdesigner als auch vom Anlagenfahrer in einfacher Weise zur Modellierung genutzt werden können. Ebenso müssen die dabei entstehenden Modelle vom Programmcode der CPPS automatisch abarbeitbar sein. Dies setzt neue Maßstäbe sowohl für die verwendbaren Beschreibungsmittel, die Werkzeuge zur Modellerstellung als auch für das Abstraktionsvermögen der betroffenen Personen. Ausgangspunkte für die Entwicklung derartiger Beschreibungssprachen existieren bereits eine größere Anzahl. [47, 48, 60, 61] sind erste zu nennende Arbeiten bzw. Zusammenfassungen, die jedoch im Sinne des BMW Konzeptes von [62] umfassend überarbeitet und erweitert werden müssen.

Ähnliches gilt für die Diagnose von Produktionssystemen. Hier wird im Normalfall nur eine begrenzte Menge an Diagnosefunktionen auf den CPPS nach der Inbetriebnahme verfügbar sein, die für den normalen Anlagenbetrieb ausreichend ist. Im Falle von Problemen im Anlagenbetrieb oder einer intensiven Inspektion kann es jedoch notwendig werden, dass weitere Diagnosefunktionen dynamisch in das System integriert werden. Hierzu können entweder neue CPPS Komponenten in das System integriert werden, mit den Anforderungen die bereits beim Plug-and-Play von Komponenten beschrieben wurden. Zum anderen ist es denkbar bestehende Diagnosefunktionen durch Änderung von Umwelt- Ziel- und Entscheidungsmodell anzupassen. Hierfür müssen den betroffenen Ingenieuren entsprechende Softwarewerkzeuge zur Verfügung stehen und die Ingenieure müssen bei der Modelladaptation eine entsprechende inhaltliche Unterstützung erfahren.

4 Folgerungen

In den obigen Beispielen wurden auf Basis eines abstrakten CPPS Modells sowie eines Modells des Lebenszyklus von Produktionssystemen einige Beispiele der Nutzung von CPPS analysiert. Es wurde versucht, einige Auswirkungen der CPPS Nutzung auf den Menschen herauszustellen. Dabei wurden zwei wichtige Anforderungsmengen deutlich.

Entwickler, Systemintegratoren, Inbetriebnehmer, Anlagenfahrer, etc. (unabhängig ob sie Ingenieure mit Hochschulabschluss oder Facharbeiter sind) benötigen ein Gewerke bzw. Ingenieurdisziplinen übergreifendes Wissen und Können. Sie müssen veränderte Arbeitsweisen beherrschen, in denen verstärkt funktionsorientiertes Denken und disziplin- bzw. gewerkeübergreifend gearbeitet wird. Zudem wird eine ganzheitliche Sicht auf das Produktionssystem relevanter.

Die genannten Personengruppen müssen in Zukunft mit neuen Beschreibungsmittel und dazugehörigen Softwaresystemen zur Erstellung und Nutzung umgehen können. Die bestehenden Mensch-Maschine-Schnittstellen werden sich verstärkt hin zu modellbasierter Interaktion wandeln.

Die erste Anforderungsmenge ist vorrangig eine Problemstellung für die Ausbildung der betroffenen Personen, die an Berufsschulen, Fachhochschulen und Universitäten erfolgt. Hier müssen neue interdisziplinäre Wege eingeschlagen und alte Zöpfe abgeschnitten werden.

Die zweite Anforderungsmenge geht jedoch direkt als Problemstellung an die aktuelle Forschung und Entwicklung. Es müssen entsprechende modellbasierte Methoden entwickelt und getestet werden.

Jedoch birgt die in den CPPS inhärente Datenintegration auch zahlreiche Nachteile [52], die sich zu gesellschaftlichen Problemen auswachsen könnten [53]. Auch dies ist eine Frage an die aktuelle Forschung und Entwicklung. Es muss nicht nur eine Diskussion über die Möglichkeiten der Cyber Physical Produktion Systems sondern auch über deren Risiken und Nebenwirkungen sowohl im technischen als auch im gesellschaftlichen Kontext geführt werden. Insbesondere sollte dabei eine Abschätzung im Vordergrund stehen, welche Umwelt-, Ziel- und Entscheidungsmodelle in welchem Systemkontext und bei welcher Systemgröße sinnvoll und welche damit verbunden Systemverhaltensweisen beherrschbar sind. Die Ereignisse von Enschede und Fukushima sollten allen Ingenieuren als Mahnung dienen, dass Technik vollständig verstanden werden muss, bevor sie sicher beherrschbar ist. Dies gilt insbesondere auch für die verteilt gesteuerten CPPS.

5 Literatur

[1] Bundesministerium für Bildung und Forschung: Produktionsforschung - 57 erfolgreiche Projekte für Menschen und Märkte, 2007, www.bmbf.de/pub/produktionsforschung_erfolgreiche_projekte.pdf, letzter Zugriff November 2013.

[2] H. Kühnle: Post mass production paradigm (PMPP) trajectories, Journal of manufacturing technology management, Vol. 18.2007, pp. 1022-1037.

[3] D. Wünsch, A. Lüder, M. Heinze: Flexibility and Reconfigurability in Manufacturing by Means of Distributed Automation Systems – an Overview, in H. Kühnle (Editor): Distributed Manufacturing, Springer-Verlag London, 2010, pp. 51-70.

[4] W. Terkaj, T. Tolio und A. Valente: Focused Flexibility in Production Systems, in Changeable and Reconfigurable Manufacturing Systems, Springer Series in Advanced Manufacturing, 2009, I, 47-66.

[5] E. Westkämper, E. Zahn: Wandlungsfähige Produktionsunternehmen – das Stuttgarter Unternehmensmodell, Springer Verlag, 2009

[6] H. Kagermann, W. Wahlster, J. Helbig (Editoren): Umsetzungsempfehlungen für das Zukunftsprojekt Industrie 4.0 – Deutschlands Zukunft als Industriestandort sichern, Forschungsunion Wirtschaft und Wissenschaft, Arbeitskreis Industrie 4.0, http://www.plattform-i40.de/sites/default/files/Umsetzungsempfehlungen%20 Industrie 4.0_0. pdf, Letzter Zugriff November 2013.

[7] Verschiedene Autoren: Vierte industrielle Revolution, Industrie Management – Zeitschrift für industrielle Geschäftsprozesse, Heft 1/2013, Themenheft, Februar 2013.

[8] J. Jasperneite: Industrie 4.0 - Alter Wein in neuen Schläuchen? Computer&Automation(12/12) S. 24-28, Dezember 2012.

[9] E. Lee: Cyber Physical Systems: Design Challenges, Technical report. Berkeley: University of California, 2008

[10] National Science Foundation: Cyber- Physical Systems, http://www.nsf.gov/funding/pgm_summ.jsp?pims_id=503286, letzter Zugriff November 2013

[11] Geisberger, E.; Broy, M. (Hrsg.): AgendaCPS - integrierte Forschungsagenda Cyber-Physical Systems, Springer, 2012.

[12] G. Wünsch: Methoden für die virtuelle Inbetriebnahme automatisierter Produktionssysteme, Herbert Utz Verlag, München, 2008.

[13] L. Hundt: Durchgängiger Austausch von Daten zur Verhaltensbeschreibung von Automatisierungssystemen: Ein Beitrag zum Datenmanagement beim Engineering von Produktionsanlagen, Logo Verlag, Berlin, 2012.

[14] A. Lüder, M. Foehr: Identifikation und Umsetzung von Agenten zur Fabrikautomation unter Nutzung von mechatronischen Strukturierungskonzepten, in: P. Göhner (Hrsg.): Agentensysteme in der Automatisierungstechnik, Springer Verlag, Reihe: Xpert.press, 2013, S. 45-61.

[15] V. Vyatkin: Software Engineering in Industrial Automation - State-of-the-Art Review, IEEE Transactions on Industrial Informatics, Vol. 9, No. 3, August 2013, pp. 1234-1249.

[16] A. Dengel: Semantische Technologien - Grundlagen – Konzepte – Anwendungen, Springer Verlag, 2012.

[17] J. Puttonen, A. Lobov, J.L. Martinez Lastra: Semantics-Based Composition of Factory Automation Processes Encapsulated by Web Services, Industrial Informatics, IEEE Transactions on , vol.9, no.4, pp.2349,2359, Nov. 2013.

[18] P. Leitão: Agent-based distributed manufacturing control: A state-of-the-art survey, Eng. Applic. Artif. Intell., Vol. 22, pp. 979–991, 2009,

[19] P. Göhner (Hrsg.): Agentensysteme in der Automatisierungstechnik, Springer Verlag, Reihe: Xpert.press, 2013.

[20] O. Givehchi, H. Trsek, J. Jasperneite: Cloud computing for industrial automation systems — A comprehensive overview, 18th IEEE Conference on Emerging Technologies & Factory Automation (ETFA), Cagliary, Italy, Sep. 2013, Proceedings.

[21] E. Westkämper, D. Spath, C. Constantinescu, J. Lentes: Digitale Produktion, Springer Verlag, Berlin Heidelberg, 2013.

[22] H.-O. Günther, H. Tempelmeier: Produktion und Logistik, Springer Verlag, Berlin Heidelberg, 2012.

[23] A. Friedel: Identifikation und Beschreibung von Zyklusmodellen von Fabrikelementen, Grin Verlag, 2010.

[24] A. Lüder, M. Foehr, L. Hundt, M. Hoffmann, Y. Langer, St. Frank: Aggregation of engineering processes regarding the mechatronic approach, 16th IEEE International Conference on Emerging Technologies and Factory Automation (ETFA 2011), Toulouse, France, September 2011, Proceedings-CD.

[25] T. Wagner, C. Haußner, J. Elger, U. Löwen, A. Lüder: Engineering Processes for Decentralized Factory Automation Systems, Factory Automation 22, In-Tech Publ., ISBN 978-953-7619-42-8, 2010.

[26] aquimo project consortium: aquimo – Ein Leit-faden für Maschinen- und Anlagenbauer, VDMA Verlag, 2010.

[27] C. Maga, N. Jazdi, P. Göhner, T. Ehben, T. Tetzner, U. Löwen: Mehr Systematik für den Anlagenbau und das industrielle Lösungsgeschäft – Gesteigerte Effizienz durch Domain Engineering, at - Automatisierungstechnik, 2010, Vol. 9, pp. 524 – 532...

[28] M. Schenk, S. Wirth , E. Müller: Wandlungsfähige Fabrikmodelle, in M. Schenk, S. Wirth , E. Müller (Herausgeber), Fabrikplanung und Fabrikbetrieb, VDI-Buch 2014, pp. 649-678.

[29] A. Lüder, N. Schmidt, R. Rosendahl: Validierung von Verhaltensspezifikationen für Produktionssysteme in verschiedenen Phasen des Entwurfsprozesses, Automation 2013, Baden-Baden, Deutschland, Juni 2013, VDI Verlag, VDI-Berichte 2209, S. 123-127.

[30] A. Kalogeras, L. Ferrarini, A. Lueder, C. Alexakos, C. Veber, M. Heinze: Utilization of Advanced Control Devices and Highly Autonomous Systems for the Provision of Distributed Automation Systems, in H. Kühnle (Editor) : Distributed Manufacturing, Springer-Verlag London, 2010, ISBN 978-1-84882-706-6, pp. 139 – 154.

[31] L. Ferrarini, A. Lüder (Editors): Agent-Based Technology Manufacturing Control Systems, ISA Publisher, 2011, ISBN 978193600-7042.

[32] J. Pfrommer, M. Schleipen, J. Beyerer: Fähigkeiten adaptiver Produktionsanlagen, atp edition 55, Nr. 11, S. 42-49, Deutscher Industrieverlag, 2013.

[33] S. Krug: Automatische Konfiguration von Robotersystemen, Herbert Utz Verlag, München, 2013
[34] J. Folmer, D. Schütz, M. Schraufstetter, B. Vogel-Heuser: Konzept zur Erhöhung der Flexibilität von Produktionsanlagen durch Einsatz von rekonfigurierbaren Anlagenkomponenten und echtzeitfähigen Softwareagenten, in W. Halang (Editor), Herausforderungen durch Echtzeitbetrieb, Schriftenreihe Informatik aktuell, Springer Verlag, Berlin Heidelberg, 2012, S 121-130.
[35] D. Zühlke, L. Ollinger: Agile Automation Systems Based on Cyber-Physical Systems and Service-Oriented Architectures. In: Gary Lee (Hrsg.). Advances in Automation and Robotics. Pages 567-574, Lecture Notes in Electrical Engineering, Vol. 122, ISBN 978-3-642-25553-3, Springer Berlin Heidelberg, 2012.
[36] E. Westkämper: Zukunftsperspektiven der digitalen Produktion, In E. Westkämper, D. Spath, C. Constantinescu, J. Lentes: Digitale Produktion, Springer Verlag, Berlin Heidelberg, 2013, S. 309-327.
[37] J. Mínguez: A service-oriented integration platform for flexible information provisioning in the real-time factory, Dissertation, Universität Stuttgart, 2012, http://elib.uni-stuttgart.de/opus/volltexte/2012/7422/, letzter Zugriff Dezember 2013.
[38] M. Merdan, A. Zoitl, G. Koppensteiner, M. Melik-Merkumians: Adaptive Produktionssysteme durch den Einsatz von autonomen Softwareagenten , e & i Elektrotechnik und Informationstechnik, Januar 2012, Volume 129, Issue 1, S. 53-58.
[39] L. Ollinger, D. Zühlke, A. Theorin, C. Johnsson: A Reference Architecture for Service-oriented Control Procedures and its Implementation with SysML and Grafchart, 18th IEEE International Conference on Emerging Technologies and Factory Automation (ETFA 2013), Cagliary, Italy, September 2011, Proceedings-CD.
[40] L. Evertz, U. Epple: Laying a Basis for Service Systems in Process Control, 18th IEEE International Conference on Emerging Technologies and Factory Automation (ETFA 2013), Cagliary, Italy, September 2011, Proceedings-CD.
[41] R. Langmann, L. Meyer: Architecture of a Web-oriented Automation System, 18th IEEE International Conference on Emerging Technologies and Factory Automation (ETFA 2013), Cagliary, Italy, September 2011, Proceedings-CD.
[42] A. Lüder, P. Göhner, B. Vogel-Heuser: Agent based control of production systems - An overview, 39th Annual Conference of the IEEE Industrial Electronics Society (IECON 2013), Vienna, Austria, Nov. 2013, Proceedings-CD.
[43] T. Linnenberg, I. Wior, A. Fay: Analysis of potential instabilities in agent-based smart grid control systems, 39th Annual Conference of the IEEE Industrial Electronics Society (IECON 2013), Vienna, Austria, Nov. 2013, Proceedings-CD.
[44] T. Schöler, C. Ego, J. Leimer, R. Lieback: Von Softwareagenten zu Cyber-Physical Systems: Technologien und Anwendungen, in P. Göhner (Hrsg.): Agentensysteme in der Automatisierungstechnik, Springer Verlag, Reihe: Xpert.press, 2013, S. 129-149
[45] M. Gehrke: Entwurf mechatronischer Systeme auf Basis von Funktionshierarchien und Systemstrukturen, PhD Thesis, Paderborn, Oktober 2005.
[46] K. Thramboulidis, "Challenges in the Development of Mechatronic Systems: The Mechatronic Component", 13th IEEE Int. Conf. on Emerging Technolo-gies and Factory Automation (ETFA'08), Sept. 2008, Hamburg, Germany, Proceedings.
[47] X. Xu, A. Nee: Advanced Design and Manufacturing Based on STEP, Springer, 2009.
[48] Drath (Editor): Datenaustausch in der Anlagenplanung mit AutomationML, Springer Verlag, 2010.

[49] A. Lüder, L. Hundt, M. Foehr, T. Wagner, J.-J. Zaddach: Manufacturing System Engineering with Mechatronical Units, 15th IEEE International Conference on Emerging Technologies and Factory Automation (ETFA 2010), Bilbao, Spain, September 2010, Proceedings-CD.

[50] S. Deter, K. Sohr: Pini — A Jini-Like Plug&Play Technology for the KVM/CLDC, Innovative Internet Computing Systems, Lecture Notes in Computer Science Volume 2060, 2001, pp 53-66.

[51] T. Frank, D. Schütz,, B. Vogel-Heuser: Funktionaler Anwendungsentwurf für agentenbasierte, verteilte Automatisierungssysteme, in P. Göhner (Hrsg.): Agentensysteme in der Automatisierungstechnik, Springer Verlag, Reihe: Xpert.press, 2013, S. 3-19.

[52] K.L. von Wendt: Machen wir uns zu Sklaven der Technik?, SPS Magazin, Vol. 26, Issue 11, November 2013, S. 24-26

[53] C. Kurz, F. Rieger: Arbeitsfrei - Eine Entdeckungsreise zu den Maschinen, die uns ersetzen, Riemann Verlag, 2013

[54] G. Weiss: Multiagent Systems – A modern approach to distributed artificial intelligence, MIT Press, Cambridge, 1999.

[55] H. Hämmerle: Von der Vision zur Realität – Reale Inbetriebnahme mit Hilfe einer virtuellen Anlage, 9. Fachkongress Digitale Fabrik @ Produktion, Berlin, Deutschland, 05. - 06. November 2013, Proceedings.

[56] J. Kiefer: Mechatronikorientierte Planung automatisierter Fertigungszellen im Bereich Karosseriebau, Dissertation, Universität des Saarlandes, Schriftenreihe Produktionstechnik, Band 43, 2007.

[57] Verein Deutscher Ingenieure: VDI-Richtlinie 2206 - Entwicklungsmethodik für mechatronische Systeme, Düsseldorf, 2004.

[58] U. Lindemann: Methodische Entwicklung technischer Produkte, Springer Verlag, Berlin, 2007.

[59] R. Isermann: Mechatronische Systeme – Grundlagen, Springer Verlag, Berlin 1999.

[60] Verein Deutscher Ingenieure: VDI-Richtlinie 3690 – XML in der Automation, Düsseldorf, 2012/13 (2 Blätter).

[61] Verein Deutscher Ingenieure: VDI-Richtlinie 3682 - Formalisierte Prozessbeschreibungen, Düsseldorf, 2005.

[62] E. Schnieder: Methoden der Automatisierung, Vieweg Publisher, Braunschweig, 1999.

Mensch-Maschine-Interaktion

Dipl.-Ing. Martin Naumann, Fraunhofer IPA; Dipl.-Ing. Thomas Dietz, Fraunhofer IPA; Dipl.-Ing. Alexander Kuss, Fraunhofer IPA

1 Einleitung

Roboter sind per Definition in ISO 8373 [1] universelle Betriebsmittel. Durch diese universelle Einsetzbarkeit und die Notwendigkeit, den Roboter und seine Peripheriekomponenten für eine konkrete Fertigungsaufgabe zu konfigurieren, finden sich in der Robotik ideale Anwendungsfälle für Industrie 4.0-Technologien. Die Einbeziehung des Menschen in diesen Prozess der Konfigurierung und Nutzung eröffnet zahlreiche neue Anwendungsszenarien, wirft aber auch neue Fragen auf.

Diese Fragen beziehen sich z. B. auf die Art und Weise des Informationsaustausches zwischen Mensch und Roboter und die Informationsverarbeitung durch den Roboter. Aus diesem Grund sollen die kognitiven Fähigkeiten der Roboteranlage verbessert und die Leistungsfähigkeit gesteigert werden. Des Weiteren müssen Fragen der Anlagensicherheit bei direkter physischer Interaktion von Mensch und Roboter und bei kontinuierlicher Anpassung und Rekonfiguration der Roboteranlage beantwortet werden. Die entwickelten Ansätze müssen dabei definierten Sicherheitskriterien genügen und die Aspekte der Zertifizierung und Organisation der Anlagensicherheit einbeziehen. Darüber hinaus müssen mögliche Anwendungs- und Einsatzszenarien in Hinblick auf die Wirtschaftlichkeit des Gesamtsystems unter unsicheren Ausgangsbedingungen untersucht und bewertet werden. Für alle diese Fragen sind Industrie 4.0-Technologien nutzbar, da sie die hierfür notwendige situative Zusammenführung und Nutzung von Daten aus verschiedenen Quellen ermöglichen. So können einmalig in der Zusammenarbeit mit dem Menschen erlernte Fähigkeiten an weitere Anlagen weitergegeben und die Robotersysteme automatisch oder teilautomatisch für neue Aufgaben konfiguriert werden.

Der Stand der Technik, offene Forschungsfragen, aktuelle Forschungsansätze und Potenziale für neue Anwendungsszenarien und Geschäftsmodelle durch die Mensch-Maschine-Interaktion werden in den folgenden Kapiteln behandelt.

2 Stand der Technik in der Mensch-Roboter-Interaktion

2.1 Informatorische Interaktion von Mensch und Roboter

Die informatorische Interaktion von Mensch und Roboter hat zum Ziel, den Roboter für eine Aufgabe zu instruieren oder direkt im Prozess zu steuern. Damit soll insbesondere der Robotereinsatz für kleine Stückzahlen wirtschaftlich werden, da sich das Verhältnis von Programmieraufwand zu Fertigungszeit deutlich senken lässt. Die informatorische Interaktion umfasst dabei keine Sicherheitsfunktionen des Robotersystems. Sie werden aufgrund der besonderen Anforderungen gesondert betrachtet.

Die Programmierung von Roboteranlagen erfolgt üblicherweise auf zwei Arten. Kleinere Anlagen werden in der Regel im Lead-Through-Verfahren programmiert. Dabei wird der reale Roboter in der Zelle verfahren und Programmpunkte per Knopfdruck aufgenommen. Alternativ dazu wird insbesondere in größeren Produktionsanlagen die Offline-Programmierung eingesetzt. Hier wird das Programm mit einer Simulationssoftware am Computer erstellt. Hierzu ist ein genaues 3D-Modell der Roboteranlage und der durch den Roboter produzierten Produkte erforderlich. Zudem lässt sich ein gewisser Aufwand zur Nachprogrammierung aufgrund von Abweichungen des Modells zur realen Welt und Toleranzen der Komponenten nicht vermeiden. Neue Interaktionsformen zwischen Mensch und Roboter eröffnen neue Möglichkeiten, den Roboter für seine Aufgabe zu programmieren.

Dabei wird die klassische Trennung zwischen der Online- und Offline-Programmierung aufgehoben. Bei der sogenannten „Programmierung durch Vormachen" wird der Roboter durch intuitive Eingabemethoden direkt oder indirekt belehrt. Dadurch kann größtenteils auf die zeitaufwendige und komplexe Eingabe von Programmcodes verzichtet werden. Eine Möglichkeit zur direkten Interaktion mit dem Roboter sind taktile Eingabegeräte. Meyer [2] beschreibt ein System zum Handführen von Robotern (siehe Abbildung 1).

Abbildung 1: Intuitive Roboterprogrammierung durch Handführen von Robotern und interaktiver Nutzerschnittstelle

So kann der Mensch den Roboter über ein haptisches Interface, basierend auf Kraft-Momenten-Sensorik, an beliebige Raumpositionen bewegen. Ein optisches Interface ermöglicht es zudem, Bahnpunkte zu speichern und mit Roboterprogrammen zu verknüpfen, ohne auf einen nativen Roboterprogrammcode zurückgreifen zu müssen. Im Bereich der Kleinrobotik existieren ferner bereits Systeme mit integrierter Kraft-Momenten-Sensorik. Zwar gibt es erste Ansätze, aus den Vorgaben des Menschen Programmbefehle zu extrahieren, die Fähigkeiten der hierfür notwendigen Technologien sind jedoch eher grundlegend und für den industriellen Einsatz nicht robust genug. Industrie 4.0-Technologien ermöglichen eine zentrale Auswertung von Eingaben mehrerer Roboterzellen als Service. Durch diese Verarbeitung komplexer Daten aus vielen Roboterzellen in der Cloud bieten Industrie 4.0-Technologien ein enormes Potenzial zur Verbesserung der kognitiven Fähigkeiten von Robotersystemen. Es stehen zudem erheblich mehr Informationen zur Optimierung der Algorithmen zur Verfügung. Damit wird die Bereitstellung geeigneter Auswertungstechnologien, die heute fest in die einzelnen Anlagenkomponenten einprogrammiert sind, zu einem Service. Dieses Prinzip wird bereits heute im Bereich der Consumer-Elektronik, z. B. bei der Spracherkennung von Mobiltelefonen, erfolgreich angewendet.

Die Offline-Programmierung bietet heute Assistenzfunktionen, mit denen Programmzüge auf einfache Weise erstellt werden können. So können Punkte am Bauteil ausgerichtet oder gezielt Punktezüge an Bauteilkanten und Oberflächen erzeugt werden. Demgegenüber etablieren sich in der Forschung Ansätze, die eine vollautomatische Erzeugung von Roboterbewegungen auf Basis eines Umgebungsmodells des Roboters ermöglichen. Hierbei ist jedoch in der Regel ein Sensorsystem erforderlich, um Abweichungen zu kompensieren.

2.2 Physische Interaktion von Mensch und Roboter

Für eine intuitivere Zusammenarbeit von Mensch und Roboter, wie z. B. dem bereits genannten Programmieren durch Handführen, und zur Erhöhung der Wandlungsfähigkeit der Produktionsanlagen wird angestrebt, künftig weitestgehend auf trennende Schutzeinrichtungen wie Zäune zu verzichten und flexibel konfigurierbare Software-Sicherheitssysteme einzusetzen. Heute steht jedoch die statische Konfiguration der Schutzeinrichtungen einer Nutzung des vollen Potenzials von Industrie 4.0-Technologien entgegen.

Seit 2006 ist die physische Interaktion von Mensch und Roboter sicherheitstechnisch in der Normung erfasst. ISO 10218 [3, 4] regelt, welche Sicherheitsanforderungen zu erfüllen sind, damit Mensch und Roboter direkt miteinander kooperieren können. Hierbei ist die Leistung des Roboters zu beschränken, um Gefährdungen für den Menschen auszuschließen. Die Festlegung dieser Leistungsgrenzen erfolgt dabei während der Gefährdungsbeurteilung und erfordert die Mitwirkung von Fachexperten aus verschiedenen Bereichen. Zudem ist es notwendig, die konkreten Arbeitsabläufe der Roboterzelle zu betrachten. Künftig werden experimentell ermittelte Belastungsgrenzwerte des menschlichen Körpers verwendet. Einmal festgelegt, können diese Grenzen oder der Anwendungsbereich der Roboteranlage ohne eine Wiederholung des Beurteilungsprozesses nicht geändert werden. Dies verhindert bisher eine Ausnutzung der Fähigkeiten von Industrie 4.0-Technologien zur Ad-hoc-Umkonfigurierung von Roboterzellen, da bei jeder Rekonfiguration eine Neubewertung der Anlage notwendig wird.

Die Möglichkeit, Roboteranlagen ohne trennenden Schutzzaun zu betreiben, existiert seit vielen Jahren und ist heute durch die breite Verfügbarkeit von Sicherheitssensoren wie Laserscannern oder Lichtgittern möglich und technisch etabliert. Die eingesetzten Schutzsysteme übernehmen jedoch lediglich das Sicherheitsprinzip eines Schutzzauns (räumliche Trennung). Sie erfordern nach ISO 13855 [5] zudem meist größere Sicherheitsabstände, da Reaktionszeiten und Bremsdistanzen einbezogen werden müssen. Sicherheitsabstände sind meist statisch und werden auf Basis der Gefährdungsbeurteilung festgelegt. Nur Sicherheitsexperten können diese Abstände anpassen. Auch hier verhindern die statischen Grenzwerte die durch Industrie 4.0-Technologien erreichbare Flexibilisierung des Roboters als Betriebsmittel.

3 Technologiebedarf und offene Forschungsfragen

Im Folgenden werden aktuelle Forschungs- und Entwicklungsfragen formuliert, die für einen weitreichenden Einsatz von Industrie 4.0-Technologien in der Robotik zu beantworten sind.

3.1 Datenmodelle für die Nutzung von Robotern in Industrie 4.0-Anwendungen

Um die Aufgaben des Roboters automatisch zu planen und Informationen aus Anlagen-, Produktmodell, Sensordaten und menschlichen Eingaben zusammenzuführen, sind Modelle als abstrakte Beschreibungen der realen Welt notwendig. Diese Datenmodelle erlauben die maschinenlesbare Erfassung der entsprechenden Information und den Austausch mit anderen cyber-physischen Systemen. Eine solide Basis für die Verknüpfung verschiedener Datenmodelle bietet das ursprünglich für den Dateiaustausch von Planungswerkzeugen entwickelte Datenformat AutomationML [6]. Es basiert auf dem Datenformat CAEX und umfasst die Datenformate COLLADA für Geometrie- und PLCopen für Logikdaten. Alle diese assoziierten Formate sind offene Standards und lassen sich entsprechend der konkreten Bedürfnisse erweitern und anpassen. Diese Formate bieten jedoch lediglich ein Rahmenwerk, das für eine Nutzung in der Robotik konkretisiert und erweitert werden muss. Zum einen ist es notwendig, Arbeitsabläufe in einer stärker abstrahierten Form im Vergleich zu PLCopen zu beschreiben. Dadurch lassen sich die durchzuführenden Arbeitsschritte, ihre Abfolge und Übergangsbedingungen abstrakt darstellen. Dies ermöglicht auch die Definition der in einer kollaborativen Anwendung durch den Menschen und durch den Roboter durchzuführenden Tätigkeiten und deren gegenseitige Abhängigkeiten. Wie in Abbildung 2 dargestellt, ist ein hierarchisches Modell notwendig, das eine iterative Detaillierung von Aufgaben in Unteraufgaben ermöglicht. Hierbei werden Aufgaben miteinander verknüpft dargestellt und so lange in Unteraufgaben zerlegt, bis diese durch einzelne Hardware-Komponenten ausführbar sind. Die Aufgabenbeschreibungen auf den einzelnen Ebenen können dabei von unterschiedlichen Herstellern (z. B. Komponentenlieferanten, Systemintegratoren) geliefert werden. Offen ist jedoch noch eine konkrete Ausgestaltung der eingesetzten Formate und der Standardisierung.

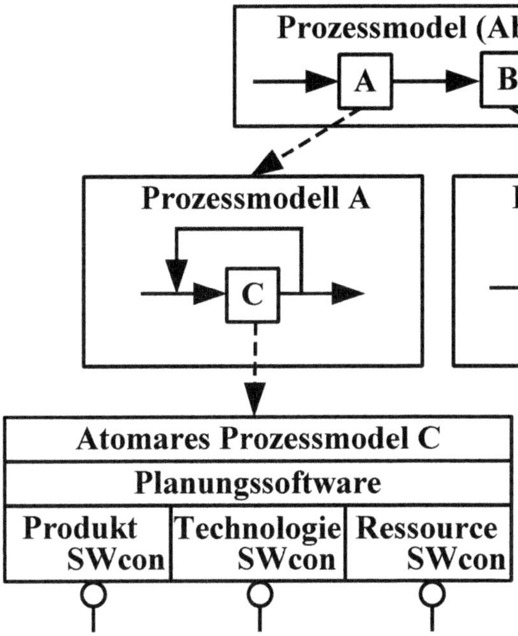

Abbildung 2: Programmierebenen mit formaler Sprache zur Aufgabenbeschreibung

Für die Repräsentation von Daten über das zu fertigende Produkt wird eine Integration von Planungs- und Messdaten in einem gemeinsamen Datenformat angestrebt. Insbesondere Abweichungen des Werkstücks müssen hierfür durch die eingesetzten Geometrieformate beschreibbar sein. Roboteranlagen wird es somit ermöglicht, diese Abweichungen bei der Planung von Arbeitsabläufen und Roboterprogrammen explizit einzubeziehen. Dabei erlaubt eine abstrahierte Beschreibung der Fertigungstechnologie die automatisierte Übertragung des Fertigungswissens auf verschiedene, mit der gleichen Fertigungstechnologie produzierten Bauteile. Algorithmen für die Planung von Handhabungsvorgängen werden bereits in der Forschung und teilweise auch in der industriellen Praxis angewandt. Um ihre Robustheit und Rekonfigurierbarkeit für verschiedene Prozesse zu verbessern, werden Ansätze erforscht, diese Algorithmen in abstrakte Modelle zu integrieren.

Darüber hinaus erlaubt die mit Datenmodellen erreichte Abstraktion des Fertigungswissens eine kontinuierliche Anpassung durch Lernalgorithmen. Das Robotersystem passt sich somit kontinuierlich an veränderte Bedingungen an und optimiert dadurch die Produktionsleistung. Allerdings sind diese Verfahren heute noch nicht robust und generisch genug, um für eine Vielzahl produktionsrelevanter Probleme einsetzbar zu sein.

Geeignete Modellformate für den Robotereinsatz ermöglichen es, unvollständige Planungsdaten z. B. durch Nutzereingaben zu erweitern oder durch Messdaten zu vervollständigen. Zudem kann Wissen, wie z. B. das Wissen über bestimmte Fertigungstechnologien, vom Menschen auf die Datenmodelle des Robotersystems übertragen, gespeichert und anschließend wiederverwendet werden. Die modellbasierte Repräsentation und Austauschbarkeit von Daten ist somit eine Schlüsseltechnologie für die wirtschaftliche Realisierung interaktiver Robotersysteme.

3.2 Semantische Integration der Komponenten eines Robotersystems

Neben der steuerungstechnischen Integration ist die semantische Integration der Komponenten einer Roboterzelle nötig, um die Funktionalitäten der Komponenten bei der High-Level-Programmierung ansprechen zu können. Für verschiedene Feldbusse definierte Geräteprofile sowie das bereits erwähnte in AutomationML eingeführte abstrakte Rollenkonzept sind die einzigen Vorarbeiten zur semantischen Integration im Bereich Industrierobotik. Die im Rahmen des Semantic Web für Web Services entwickelte Sprache OWL-S stellt Konzepte und Sprachkonstrukte zur Beschreibung der Funktionalität, der Struktur und der Schnittstelle eines Web Service zur Verfügung, die auch zur semantischen Integration der Komponenten einer Roboterzelle verwendet werden können. In der Industrierobotik besteht Bedarf an Verfahren, die eine einfache Inbetriebnahme und Anpassung eines Robotersystems erlaubt, ohne Expertenwissen über die zugrunde liegende Hard- und Software besitzen zu müssen. Dadurch kann das Robotersystem schnell für neue Fertigungsaufgaben anpasst werden (siehe Abbildung 3). Die semantische Integration der Komponenten einer Roboterzelle ist dafür von entscheidender Bedeutung, da sie eine Abstraktion der steuerungstechnischen Implementierung der einzelnen Komponenten erlaubt und stattdessen deren Funktionalität in den Vordergrund stellt. Die Voraussetzungen hierfür sind mit der Entwicklung von Protokollen zum automatischen Aufbau von Kommunikationsverbindungen, der Entwicklung von Architekturparadigmen für verteilte Systeme und der Entwicklung modellbasierter Verfahren zur automatischen Codegenerierung geschaffen. Zudem existieren im Rahmen der Semantic-Web-Initiative etablierte Vorarbeiten zur semantischen Integration von Web Services, die sich teilweise auf die Industrierobotik übertragen lassen.

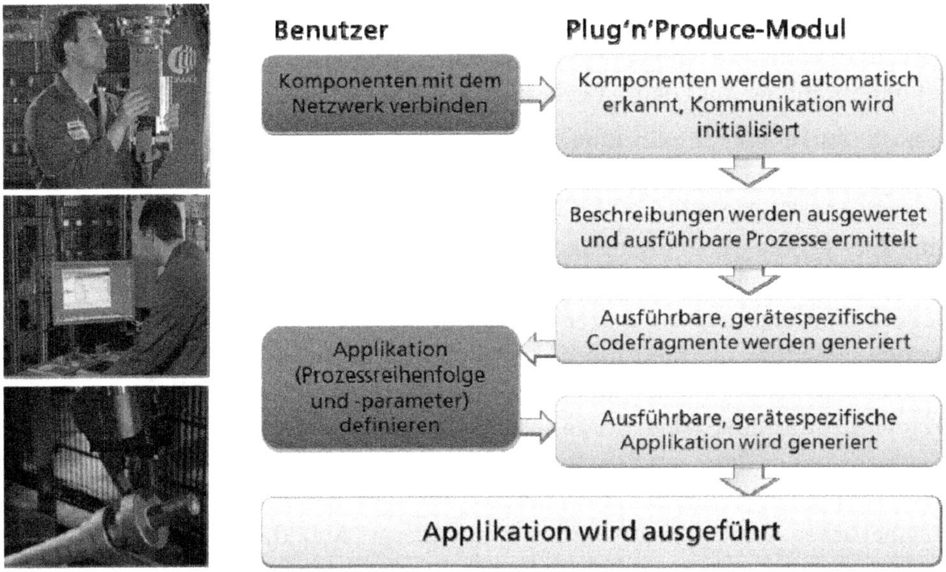

Abbildung 3: **Integration von neuen Anlagenmodulen durch Plug'n'Produce am Beispiel eines Greifers**

3.3 Erkennung von Handgesten und kinematischen Parametern des Menschen

Gesten sind Teil der nonverbalen Kommunikation zwischen Menschen. Zeichenhafte Bewegungen werden selbst als wichtiges Mittel der Kommunikation benutzt oder um verbale Aussagen zu bekräftigen [7]. Gesten sind also Handlungen, denen Bedeutung zugewiesen wird.

Die Erkennung spontaner Gesten wurde schon 1998 in [8] untersucht. Dabei wurden Differenzbilder einer Grauwertkamera zur Lokalisation bewegte Regionen im Bild eingesetzt. Die Schwerpunkte dieser Regionen wurde zur Extraktion von Gesten genutzt. So lassen sich jedoch nur Kommandogesten einer ansonsten stillstehenden Person erkennen. Bewegungsgesten sind nicht umsetzbar, da eine semantische Zuordnung der Regionen zu Körperteilen fehlt. In [9] werden die Bewegungen der Hände mithilfe von Hautfarbensegmentierung extrahiert. Durch Hidden-Markov-Modelle werden diese Bewegungen klassifiziert und Gesten identifiziert. Das System wurde zur Erkennung von Gesten und Kommandierung mobiler Roboter entwickelt. Entsprechend sind auch keine Bewegungsgesten abgebildet. Sie können nicht ermittelt werden. Ein ähnliches Vorgehen wird in [10] vorgeschlagen, wobei nur Zeichen einer einzelnen Hand direkt vor der Kamera erkannt werden können.

Die Erkennung von Gebärden wird in [11] untersucht. Dabei spielen Relationen zwischen Handflächen und Gesicht eine Rolle, weshalb eine entsprechende semantische Zuordnung notwendig ist. Die Gebärden spiegeln ein Alphabet wider, weshalb dynamische Anpassungen und deren Übertragungen auf mögliche Roboterkonfigurationen und damit Bewegungsgesten nicht möglich sind.

Speziell durch die Entwicklungen in der Unterhaltungselektronik (MS Kinect, Nintendo Wii, Playstation Move) ist die gestenbasierte Kommunikation zwischen Mensch und Computer einer breiten Masse zugänglich geworden. Dabei ermöglicht speziell die Kinect-Kamera eine Interaktion, ohne weitere Hilfsmittel. Sie erfasst dabei jedoch nur menschliche kinematische Parameter. Eine weiterführende Gestenerkennung muss durch Drittanbieter (meist Spiele-Entwickler) realisiert werden. Folglich erleichtert die Kinect-Kamera ausschließlich die Sensorverarbeitung und die semantische Abbildung von bewegten Pixeln auf Extremitäten. In [12] wird bspw. ein System vorgestellt, in dem die menschliche Kinematik auf die Kinematik eines humanoiden Roboters abgebildet wird. Somit ist die direkte Übertragung menschlicher Bewegungen auf den Roboter möglich. Durch die kinematischen Ähnlichkeiten müssen bei dieser Abbildung, die auch Motion Retargeting genannt wird, lediglich Achsbegrenzungen berücksichtigt werden. Eine direkte Übertragung auf industrielle Mehrachsroboter ist nicht möglich.

Eine wesentliche Herausforderung für die Anwendung von Gestenerkennung im industriellen Umfeld ist die Erreichung der erforderlichen Robustheit und Ergonomie. Notwendig ist hierzu insbesondere auch eine Kapselung der Funktionalitäten zur Sensordatenerfassung, die dem Prinzip von Industrie 4.0 entspricht und Endanwendern eine Nutzung der komplexen Technologie ermöglicht. Dadurch wird auch eine Ausführung der Gestenerkennung in der Cloud als Service und ein kontinuierliches Lernen bezüglich der zur Erkennung verwendeten Parameter möglich.

3.4 Sensoren als cyber-physische Systeme

Sensordaten werden in heutigen Robotersystemen lokal ausgelesen und verarbeitet. Erforderlich sind dafür erhebliche Integrationsaufwände, da die Formate zur Sensordatenübertragung häufig herstellerspezifisch sind und in der Regel Rohdaten übertragen werden. Demgegenüber wird durch Industrie 4.0 der Ansatz verfolgt, dass die Sensoren Messdienste über eine gemeinsame Infrastruktur der Zelle bereitstellen, die durch andere Komponenten der Zelle nutzbar sind. Daher werden Sensoren in künftigen Produktionsszenarien vermehrt als cyber-physische Systeme ausgeführt, die eine Verbindung zu einer cloud-basierten Infrastruktur besitzen. Durch geeignete Cloud-Services erfolgen Prozesse zur Datenauswertung zentral, sodass Rechenleistung und Softwaresysteme ausgelagert werden können. Es ergeben sich schlankere Roboterzellen sowie die Möglichkeit, die Software für die Sensordatenauswertung zentral zu verwalten. So lassen sich zeitliche Schwankungen im Bedarf für Rechenleistung ausgleichen. Zudem können verschiedene sensorspezifische Prozesse, wie Kalibrierung oder Parametrierung, als Online-

Dienste der jeweiligen Sensorhersteller angeboten und durchgeführt werden. Entwicklungsbedarf besteht vor allem hinsichtlich standardisierter Datenschnittstellen für unterschiedliche Sensortypen. Abbildung 4 zeigt die Datenaufnahme eines optischen Sensors mit externer, cloud-basierter Auswerte-Software.

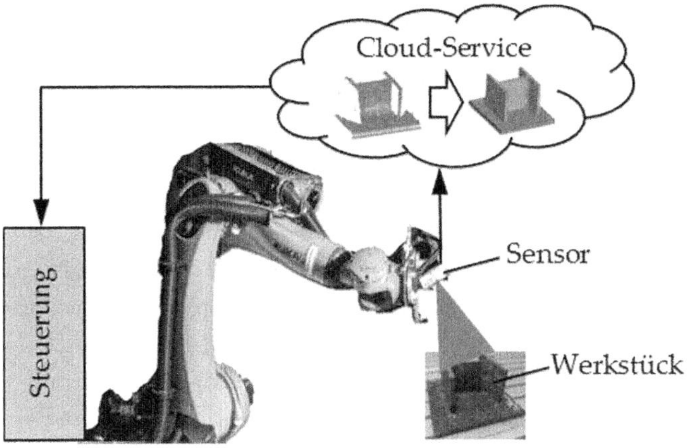

Abbildung 4: Sensor als cyber-physisches System mit cloud-basiertem Auswertesystem

3.5 Sicherheit kollaborativer Roboteranlagen im Kontext von Industrie 4.0

Heute verfügbare Sicherheitssensoren beherrschen die sicherheitsgerichtete Überwachung von statisch definierten Abstandsgrenzwerten. Um die flexible Nutzung von Roboterzellen durch Industrie 4.0-Technologien realisieren zu können, müssen die Möglichkeiten zur automatisierten Rekonfiguration jedoch deutlich verbessert werden. So müssen diese Sensoren künftig für komplexe Überwachungsaufgaben konfigurierbar sein. Beispiele sind die Festlegung geschwindigkeitsabhängiger Überwachungsbereiche auf Basis von Gefährdungsmodellen und das Einlernen von Störgeometrien, wie z. B. Boxen, neuen oder ungenau platzierten Bauteilen, die heute zu einer Abschaltung der Anlage führen. Die Sicherheit des Bedieners muss stets gewährleistet sein. Daher müssen auch die Prozesse zur Qualifizierung von Sicherheitseinrichtungen innerhalb der Unternehmen berücksichtigt werden. Durch diese Rekonfiguration werden auch die Sicherheitselemente der Roboterzelle zu cyber-physischen Systemen. Diese cyber-physischen Systeme müssen aufgrund der durch sie ausgeführten Sicherheitsfunktionen besondere Anforderungen in Hinblick auf ihre Verlässlichkeit erfüllen.

Um situativ geeignete Sicherheitsprinzipien und Schutzparameter zu nutzen, ist bei Modifikationen der Anlage mit potenziellen Auswirkungen auf die Anlagensicherheit abstraktes, maschinenlesbares Sicherheitswissen erforderlich. Dieses Sicherheitswissen soll die Informationen über zuvor durch den Menschen durchgeführte Sicherheitsbewertungen enthalten und in gewissem Rahmen eine automatisierte Risikobewertung mit Auswahl geeigneter Schutzprinzipien und -parametern (z. B. Abstände, Geschwindigkeiten) ermöglichen. Dadurch wird eine automatische Rekonfiguration von Schutzeinrichtungen erst möglich.

3.6 Wirtschaftlichkeit

Die Interaktion von Mensch und Roboter erzeugt im Betrieb der Roboteranlage fortlaufend neue Anwendungsszenarien durch das Zusammenspiel von Bediener, Planungssystemen und Roboter. Dabei entsteht zwangsläufig die Frage, wie verschiedene Designoptionen bei der Ausgestaltung des Robotersystems die Nutzbarkeit und Wirtschaftlichkeit der Roboteranlage beeinflussen. Da die Anwendungsszenarien jedoch aus den dargestellten Gründen im Gegensatz zu herkömmlichen Anlagen a priori nicht vollständig bekannt, also mit Unsicherheiten behaftet sind, müssen Unsicherheiten bezüglich des Nutzungsszenarios in die Wirtschaftlichkeitsbewertung einfließen. Hierzu sind Kostenrechnungsmethoden erforderlich, die mit diesen Unsicherheiten umgehen können und Informationen aus durchgeführten Projekten und Nutzungsszenarien für eine spätere Nutzung entsprechend aufarbeiten können. Diese Kostenrechnungswerkzeuge können dann im Betrieb der Anlage auch zur Unterstützung von Entscheidungen bezüglich der Nutzung des Systems herangezogen werden.

4 Aktuelle Forschungsansätze

Aktuelle Forschungsprojekte adressieren die genannten offenen Fragen. Beispielhaft hierfür werden im Folgenden einige Projekte beschrieben, die Lösungen zu den genannten Fragen untersuchen.

Das europäische Forschungsprojekt SMErobotics (The European Robotics Initiative for Strengthening the Competitiveness of SMEs in Manufacturing by integrating aspects of cognitive systems) [13] hat zum Ziel, den Einsatz von Robotersystemen in kleinen und mittelständischen Unternehmen (KMU) wesentlich zu vereinfachen. Die speziellen Anforderungen in der Produktion der KMU werden dafür berücksichtigt. Die Forschungsaktivitäten liegen im Bereich von kognitiven Robotersystemen, die auch in unstrukturierten Umgebungen und für Losgröße-1-Produktion wirtschaftlich einsetzbar sind. Durch modellbasierte Daten- und Planungskonzepte werden Unsicherheiten in der Produktion einbezogen und Robotersysteme entwickelt, die selbstadaptierend und wesentlich robuster sind als konventionelle Automatisierungslösungen. Zudem werden Konzepte erforscht und umgesetzt, die eine optimale Interaktion zwischen Mensch und Roboter in allen Phasen des Produktionsprozesses ermöglichen. Weiterhin erfolgt die Entwicklung von Methoden, wie Robotersysteme von den Erfahrungen des Menschen lernen können und sich auf diese Weise über die Zeit selbst optimieren. Durch die Einbindung mehrerer KMU in das Gesamtprojekt wird ein kontinuierlicher Austausch zwischen Forschungsergebnissen und den realen Produktionsszenarien sichergestellt. Abbildung 5 zeigt die wesentlichen Arbeitspunkte von SMErobotics. Im Kontext von Industrie 4.0 sind hier insbesondere die formale Beschreibung von Fertigungswissen und das kontinuierliche Lernen des Systems auf Basis dieser formalisierten Beschreibung relevant. Zudem beschäftigt sich das Projekt mit einer nahtlosen Interoperabilität eigentlich inkompatibler Geräte. Hierzu werden Kommunikationsprotokolle und Werkzeuge zur automatischen Übersetzung von Informationen in verschiedenen Formaten entwickelt, die auch in Bezug auf Industrie 4.0 an Bedeutung gewinnen werden. [vgl. www.SMErobotics.org]

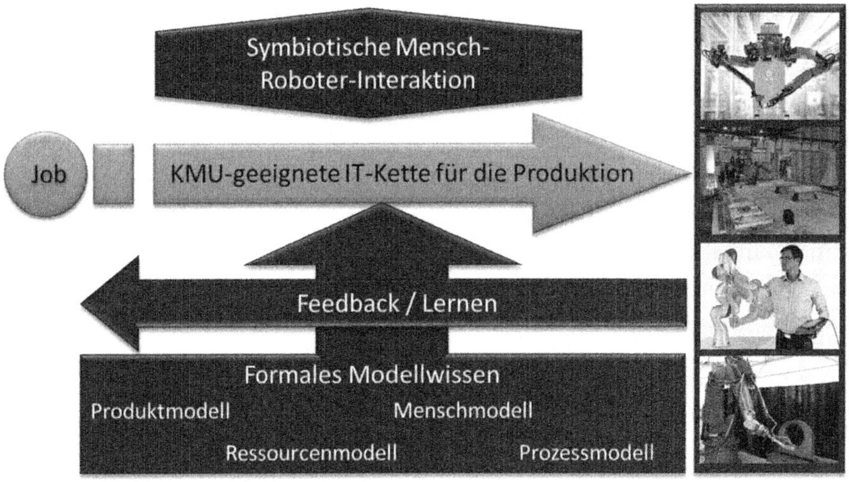

Abbildung 5: SMErobotics Toolchain

Der vom Bundesministerium für Bildung und Forschung (BMBF) geförderte Forschungscampus ARENA2036 (Active Research Environment for the Next Generation of Automobiles) [11] der Universität Stuttgart erforscht die Automobilproduktion der Zukunft. Eine große Rolle spielt dabei die Erzeugung von mehr Wandlungsfähigkeit in der Produktion. Ziel ist es, die Betriebsmittel der Fahrzeugproduktion modular und universell zu gestalten. Ein wesentlicher Aspekt ist in diesem Zusammenhang auch die Einbeziehung von Industrie 4.0-Technologien zur automatischen, unmittelbaren Konfiguration der Betriebsmittel bei Änderungen an der Maschine oder Linie. Zudem wird das Ziel verfolgt, für bestimmte Fertigungsschritte die starre Verkettung der heutigen Produktion aufzulösen und durch flexibel verkettete Produktionsinseln zu ersetzen (siehe Abbildung 6). Hiermit wird die einzelne Roboterzelle zu einem cyber-physischen System, das mit weiteren Produktionsmodulen im Verbund operieren muss. Zur Realisierung dieser Vision ist insbesondere auch eine weitestgehend schutzzaunlose Fabrik notwendig, um Einschränkungen durch die Hardware so weit wie möglich zu vermeiden.

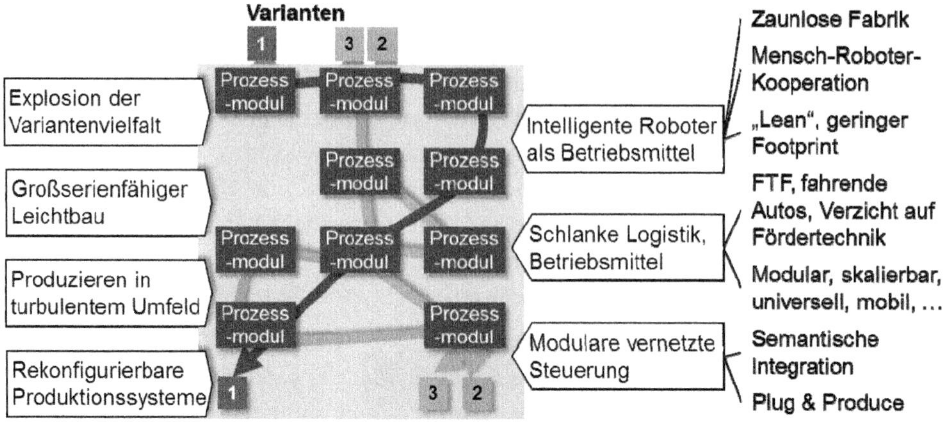

Abbildung 6: Lose Verkettung von Prozessmodulen anstelle sequenzieller Linienfertigung

In LIAA (Lean Intelligent Assembly Automation) [15] arbeiten führende europäische Forschungsinstitute, Komponentenhersteller, Technologieanbieter und Endanwender zusammen. Ziel des Projekts ist es, ein einheitliches Software-Framework für Montagesysteme zu entwickeln, das die Stärken von Mensch und Roboter vereint. Je nach Prozess und Kapazitätsauslastung des Werkers können die Montagearbeitsplätze gleichzeitig sowohl vom Roboter als auch vom Menschen genutzt werden. Während der Roboter z. B. repetitive und schwere Arbeiten übernimmt, soll sich der Werker auf kognitiv anspruchsvolle und feinmotorische Aufgaben konzentrieren.

Im Rahmen des vom BMBF geförderten Projekts Effirob [16] wurden verschiedene Szenarien in der Servicerobotik in Hinblick auf ihre grundsätzliche Wirtschaftlichkeit und auf notwendige Rahmenbedingungen untersucht. Damit wurde es möglich, aus der Gesamtbetrachtung der Serviceroboter-Szenarien sowohl ökonomische Einflussfaktoren als auch Forschungs- und Entwicklungsbedarfe abzuleiten, um Kosten-Nutzen-Relationen in Bezug auf Schlüsseltechnologien, Komponenten und Systementwicklungsprozessen zu verbessern. In dieser Untersuchung wurden neue Methoden zur Kostenanalyse von Robotersystemen entwickelt und implementiert.

5 Neue Anwendungsszenarien

Die in den vorherigen Abschnitten beschriebenen innovativen Technologien zur Mensch-Roboter-Interaktion werden neue Anwendungsszenarien für die Robotik ermöglichen und den Markt für Roboteranlagen daher erheblich vergrößern. Insbesondere Produktionsszenarien, in denen der Einsatz von Robotern heute aufgrund der hohen Aufwände zur Neukonfiguration des Robotersystems nicht möglich ist, werden damit für die Automatisierung erschließbar. Eine Schlüsselrolle spielt besonders die im Kontext von Industrie 4.0 mögliche Neukonfiguration von Teilkomponenten als Service. Durch diese Möglichkeiten zur Neukonfiguration erfüllen Roboteranlagen aber auch insbesondere die aus Industrie 4.0 resultierenden Anforderungen von Produktionssystemen an die eingesetzten Betriebsmittel bezüglich Wandlungsfähigkeit und Flexibilität.

Roboter werden zukünftig den Arbeitsplatz mit Menschen teilen. Dies kann sowohl simultan (workplace sharing) als auch zeitlich sukzessiv (time sharing) erfolgen. Möglich werden dadurch neue Geschäftsmodelle für den Robotereinsatz, wie z. B. Leihroboter. Diese Leihroboter können an für Menschen gebauten Arbeitsplätzen arbeiten. Damit kann die Produktion weiter flexibilisiert und auf Nachfrageschwankungen mit geringen Investitionen reagiert werden.

Neue Anwendungsszenarien für die Mensch-Maschine-Interaktion ergeben sich auch in der Produktion und Lohnfertigung von KMU. Um Robotersysteme auch in unstrukturierten, unsicheren Produktionsumgebungen der KMU wirtschaftlich einsetzen zu können, werden neue Interaktionsmodalitäten benötigt, die den optimalen Informationsaustausch zwischen Mensch und Roboter ermöglichen. Auf diese Weise lassen sich Robotersysteme auch bei veränderlichen Prozessen und schnell wechselnden Produkten einfach an die neuen Produktionsanforderungen anpassen. Die Integration von modellbasierten Lernverfahren bietet zudem die Möglichkeit, Erfahrungen vom Menschen auf den Roboter zu übertragen. Somit kann auf den demographischen Wandel und den Fachkräftemangel reagiert und spezifisches Wissen der Unternehmen gespeichert werden. Zur Realisierung dieser Vision sind jedoch Teilkomponenten erforderlich, die deutlich komplexere Dienste anbieten als heute möglich und daher ein hohes Maß an eigener Intelligenz mitbringen.

Das zugrunde liegende Geschäftsmodell basiert auf der in Abbildung 7 gezeigten Rollentrennung von Plattformexperten (Komponentenzulieferern), Domänenexperten (Anwendungsentwicklern), Systemintegratoren und Endanwendern. Benötigte Komponenten sind:

1. Hardware-Komponenten mit standardisierten oder semantisch beschriebenen Schnittstellen und Plug'n'Produce-Funktion,
2. semantisch beschriebene Software-Komponenten, sogenannte Roboter-Apps,
3. eine Integrationsplattform zur weitestgehend automatisierten Integration von Plug'n'Produce-Komponenten und Roboter-Apps zu einem lauffähigen Robotersystem,
4. eine intuitive Entwicklungsumgebung und ein Programmierassistent zur Erstellung von Anwendungsprogrammen auf Basis der von den Plug'n'Produce -Komponenten und Roboter-Apps zur Verfügung gestellten Funktionen,
5. eine (cloud-basierte) Simulationsumgebung zur systematischen Durchführung von Komponenten-, Integrations- und Applikationstests.

Für alle genannten Schlüsselkomponenten sind die Grundlagen vorhanden. Diese Forschungsansätze müssen jedoch auf die Produktion übertragen, für diese spezialisiert, ausgestaltet und in großem Umfang implementiert werden.

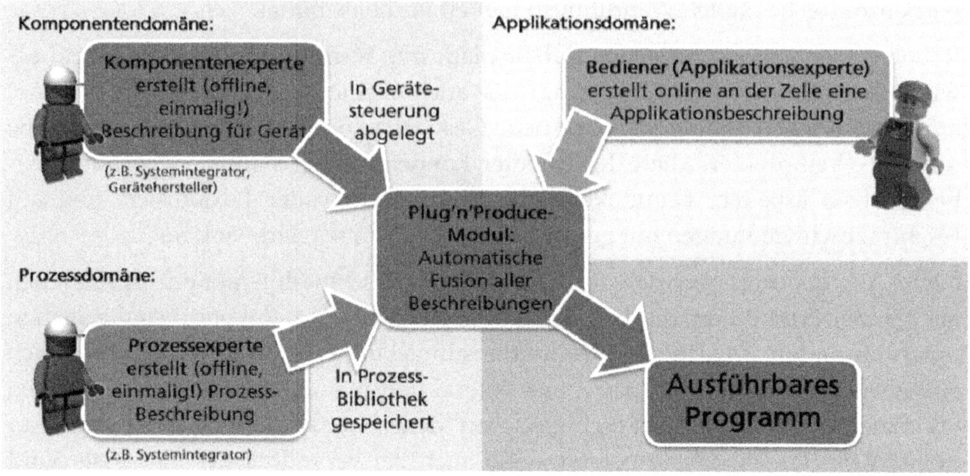

Abbildung 7: Rollentrennung zur Bereitstellung von Plug'n'Produce Komponenten

Im besten Fall ermöglicht der beschriebene Ansatz die (Re-)Konfiguration eines Robotersystems für eine neue Aufgabe oder geänderte Produkte in kurzer Zeit durch den Endanwender selbst und dadurch den bedarfsgesteuerten Einsatz von Robotern in der Kleinserienproduktion. Diese Fähigkeit zur Rekonfiguration und Wandlung macht Robotersysteme zu einem elementaren Baustein von Produktionssystemen im Sinne von Industrie 4.0.

Durch den verstärkten Fokus der Robotik auf informationstechnische Systeme ergibt sich eine neue Wettbewerbssituation für die oftmals kleinen bis mittelgroßen Systemintegratoren. So ist zukünftig mit einem verstärkten Angebot von Services für die Robotik seitens großer Softwarehäuser zu rechnen. Diese neue Konkurrenz ist dabei für die Systemintegratoren Bedrohung und Chance zugleich. Zum einen wandern bisher beim Systemintegrator liegende Arbeitsumfänge für Integration und Entwicklung von Teilkomponenten zu anderen Unternehmen. Zum anderen bietet sich durch ein breites Angebot an Services seitens dieser Softwarehäuser die Möglichkeit die eigenen Anlagen zu veredeln und Anlagen mit erweiterter Funktionalität anzubieten. Letztendlich erlauben die Industrie 4.0-Technologien und insbesondere die Bereitstellung von bisher fest in die Anlage integrierten Funktionalitäten als Services eine weitere Spezialisierung einzelner Marktteilnehmer in der Robotik die zu Robotersystemen mit deutlich erweiterten und leistungsfähigeren Softwaresystemen führen wird.

6 Literatur

[1] ISO 8373:2012 Robotik und Robotikgeräte – Wörterbuch, ISO, 2012

[2] Meyer C (2011) Aufnahme und Nachbearbeitung von Bahnen bei der Programmierung durch Vormachen von Industrierobotern. Dissertation, Universität Stuttgart

[3] ISO 10218-1:2011 Industrieroboter – Sicherheitsanforderungen – Teil 1: Roboter, ISO, 2011

[4] ISO 10218-2:2011 Industrieroboter – Sicherheitsanforderungen – Teil 1: Robotersysteme und Integration, ISO, 2011

[5] ISO 13857:2010 Sicherheit von Maschinen – Anordnung von Schutzeinrichtungen im Hinblick auf Annäherungsgeschwindigkeiten von Körperteilen, ISO, 2010

[6] Draht R (Hrsg.) (2010) Datenaustausch in der Anlagenplanung mit AutomationML – Integration von CAEX, PLCopen XML und COLLADA. Springer Berlin Heidelberg

[7] Kendon A (2004) Gesture: Visible action as utterance. Cambridge University Press, Cambridge

[8] Eickerler S and Rigoll G (1998) Kontinuierliche Erkennung von spontan ausgeführten Gesten mit neuen stochastischen Dekodierverfahren. Workshop Dynamische Perzeption

[9] Ehrenmann M, Lütticke T, Dillmann R (2000) Erkennung dynamischer Gesten zur Kommandierung mobiler Roboter. Autonome Mobile Systeme, S 20–26

[10] Elmezain M, Al-Hamadi A, Michaelis B (2009) Improving Hand Gesture Recognition Using 3D Combined Features. 2nd International Conference on Machine Vision, S 128–132

[11] Akyol S (2003) Nicht-intrusive Erkennung isolierter Gesten und Gebärden. Dissertation, RWTH Aachen

[12] Liebhardt M (2013) Motion Retargeting. http://www.ros.org/wiki/reem_teleop. Zugegriffen: 15. Januar 2013.

[13] SMErobotics Projekt. www.smerobotics.org. Zugegriffen: 14. Januar 2014

[14] Forschungscampus ARENA2036. www.arena2036.de. Zugegriffen: 14. Januar 2014

[15] Projekt LIAA. www.project-leanautomation.eu. Zugegriffen: 14. Januar 2014

[16] Studie Effirob. http://www.ipa.fraunhofer.de/index.php?id=1643. Zugegriffen: 14. Januar 2014

Mensch-Maschine-Interaktion im Industrie 4.0-Zeitalter

Dominic Gorecky, DFKI GmbH; Mathias Schmitt, DFKI GmbH;
Dr. Matthias Loskyll, DFKI GmbH

1 Einleitung

Dem Industrie 4.0-Paradigma folgend sind alle Gegenstände der Fabrikwelt mit integrierter Rechenleistung und Kommunikationsfähigkeit ausgestattet. Dies betrifft keineswegs nur die Maschine-zu-Maschine(M2M)-Kommunikation, sondern wird auch weitreichende Folgen für das Zusammenspiel zwischen Mensch und Technik mit sich bringen.

Vor dem Hintergrund des technologischen Fortschritts ist davon auszugehen, dass sich sowohl das Aufgaben- als auch das Anforderungsspektrum des Menschen in der Fabrik verändern werden. Wenn sich Maschinen und Werkstücke zunehmend autonom organisieren, werden auch komplexe Produktionsszenarien, wie die kundenspezifische Fertigung von Einzelstücken, ohne das Zutun des Menschen beherrschbar. Doch im Gegensatz zum CIM-Ansatz der 80er Jahre wird in einer Industrie 4.0 nicht eine Entwicklung hin zu menschenleeren Produktionsanlagen angestrebt – vielmehr soll der Mensch unter optimalem Einsatz seiner ureigenen Fähigkeiten in das cyber-physische Gefüge eingebunden werden.

Ein cyber-physisches Gefüge beschreibt auf abstrakte Weise die Beziehung zwischen Mensch und Cyber-Physischem System (CPS), welches darin in eine physische und virtuelle, digitale Komponente aufgeteilt wird (vgl. Abb. 1). Die Wechselwirkung zwischen Mensch und CPS erfolgt dabei entweder durch unmittelbare Manipulation (Beziehung *Mensch-Physikalische Komponente*) oder mit Hilfe einer vermittelnden Benutzungsschnittstelle (*Mensch – Virtuelle, digitale Komponente*).

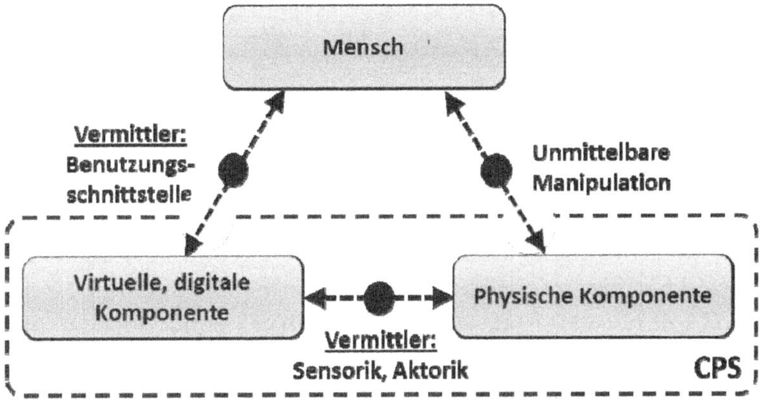

Abbildung 1: Cyber-physisches Gefüge, in Anlehnung an (Zamfirescu et al., 2012)

Ein solch enges Zusammenspiel zwischen Mensch und CPS wirft allerdings auch sozio-technologische Fragen bezüglich der Autonomie und Entscheidungsbefugnis auf. Mit dem *Gesetz von der erforderlichen Varietät* liefert die Kybernetik hierzu eine Antwort, wonach ein System, welches ein anderes steuert, umso mehr Störungen in dem Steuerungsprozess ausgleichen kann, je größer seine Handlungsvarietät ist. Als flexibelste Entität im cyber-physischen Gefüge wird dem Menschen genau diese Rolle zuteil – sozusagen als übergeordnete Steuerungsinstanz.

Die primäre Aufgabe des Menschen wird es also sein, eine Produktionsstrategie vorzugeben und deren Umsetzung innerhalb der selbstorganisierten Produktionsprozesse zu überwachen. Dabei wird der klassische, ortsgebundene Arbeitsplatz (z.B. Leitstand oder Büro) aufgrund der umfassenden Vernetzung und mobilen Verfügbarkeit von Echtzeit-Informationen zunehmend an Bedeutung verlieren. Die Entscheidungs- und Überwachungsprozesse können sowohl unmittelbar am Ort des Geschehens also auch aus der Ferne – und für eine Vielzahl von unterschiedlichen Produktionsanlagen – erfolgen. Damit einher geht die Annahme, dass der einzelne Mitarbeiter zukünftig einen – auch in räumlicher Hinsicht – größeren Wirk- und Verantwortungsbereich übernehmen wird. Weiterhin wird dem Menschen bei Vorliegen von komplexen Problemen – und als eine Art letzte Instanz innerhalb des cyber-physischen Gefüges – die Rolle des kreativen Problemlösers zuteil. Dieser Fall tritt beispielsweise ein, wenn es eine vorliegende Störung zu beheben oder ein implizites Optimierungspotential zu erschließen gilt (vgl. Abbildung 2).

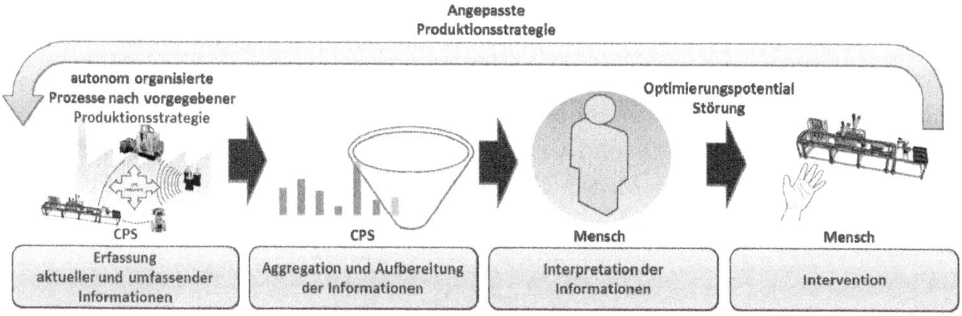

Abbildung 2: Der Mensch als Überwacher der Produktionsstrategie und letzte Instanz im Entscheidungsprozess

Insgesamt ist davon auszugehen, dass in einer Industrie 4.0 jeder einzelne Mitarbeiter ein breites Aufgabenspektrum übernehmen wird, welches sich überwiegend – aber nicht ausschließlich – durch planerisch-schöpferische Tätigkeiten („Kopfarbeit") auszeichnet. Ebenso ist es allerdings vorstellbar, dass der Mensch – wann immer erforderlich – am Ort des Geschehens mit seinen Fertigkeiten in die Prozesse eingreift („Handarbeit"), um beispielsweise ein defektes Feldgerät auszutauschen.

Definition: Rolle des Menschen in Industrie 4.0

Der Mitarbeiter in einer Industrie 4.0 wird die überordnete Produktionsstrategie festlegen, die Umsetzung dieser Strategie überwachen und im Bedarfsfall intervenierend in das Cyber-Physische Produktionssystem (CPPS) eingreifen. Als Teil eines cyber-physischen Gefüges wird er insgesamt ein größeres Maß an Verantwortung übernehmen und seine Aufgaben mobil und unterstützt durch verschiedene Mensch-Technik-Lösungen erledigen.

Die veränderte Rolle des Menschen und die damit einhergehenden Anforderungen müssen durch die Umsetzung von organisatorischen wie technologischen Maßnahmen adressiert werden. Erstens bedarf es angepasster Qualifizierungsstrategien, welche die für eine Industrie 4.0 nötige Interdisziplinarität widerspiegeln und den sich bereits heute abzeichnenden Umbruch durch eine Adaption der Qualifikationsanforderungen kontinuierlich mitbegleiten. Dabei ist ein grundlegendes Verständnis bezüglich des Umgangs mit Informationen und des daraus resultierenden Mehrwerts ebenso gefragt wie das Wissen zu den Methoden und Technologien (z.B. das Wissen wie TCP/IP funktioniert), die zur Implementierung von cyber-physikalischen Produktionssystemen (CPPS) unabdingbar sind.

Zweitens erfordert es geeignete Mensch-Technik-Lösungen, welche dem Menschen transparente Einblicke in die vernetzten und dezentral verteilten Produktionssysteme gewähren und ihn befähigen, auf der Basis aktuell vorliegender Informationen seine Aufgaben optimal zu erfüllen. Gegenwärtige Trends der Mensch-Maschine-Interaktion wie die *iPhonisierung*, die in den letzten Jahren im privaten Bereich Einzug hielten, eröffnen hierfür vielversprechende Möglichkeiten, die allerdings für den Produktionskontext weiter erforscht und zur Reifen gebracht werden müssen.

Das vorliegende Kapitel beschäftigt sich schwerpunktmäßig mit Lösungen zur technologieseitigen Unterstützung des Menschen, welche die Repräsentation einer cyber-physischen Welt und die darin stattfindende Interaktion in Form von intelligenten Benutzungsschnittstellen implementieren. Dazu werden in Kapitel 2 Ansätze zur Akquise, Aggregation, Darstellung und Wiederverwendung von Daten und Informationen skizziert, während Kapitel 3 den technologischen Möglichkeiten zur intuitiven Handhabung von Daten und Informationen gewidmet ist. Mobile, kontext-sensitive Benutzungsschnittstellen, denen bei der Implementierung einer Industrie 4.0 eine zentrale Bedeutung zukommt, werden in Kapitel 4 beschrieben. Als eine spezielle Ausprägung kontext-sensitiver Benutzungsschnittstellen werden in Kapitel 5 Assistenzsysteme beschrieben, die den Menschen bei seinen unterschiedlichen Tätigkeiten aktiv unterstützen. Abschließend werden in Kapitel 6 und Kapitel 7 Paradigmen zur Entwicklung von Benutzungsschnittstellen vorgestellt, die den Anforderungen einer Industrie 4.0 Rechnung tragen.

2 Repräsentationsformen einer cyber-physischen Welt

Der zunehmenden Implementierung von CPS und deren umfassende Fähigkeit zur Erfassung, Austausch und Verarbeitung von Daten führen zu einem höheren Informationsaufkommen in der Produktion. Damit verbunden sind eine Reihe von Anforderungen bezüglich der Akquise, Aggregation, Darstellung und Wiederverwendung der Daten:

- Um das Geschehen in den Produktionssystemen trotz erhöhter Verteiltheit und Vernetzung nachvollziehen und strategisch steuern zu können, benötigt der Mensch leicht verständliche Visualisierungen der ablaufenden Produktionsprozesse sowie der darin anfallenden Daten.
- Die zur Überwachung und Steuerung des Produktionssystems erforderlichen Informationen stammen zukünftig aus einer Vielzahl unterschiedlicher Datenquellen, wobei der Anteil von feingranular erfassten Daten aufgrund des vermehrten Einsatzes von CPS zunehmen wird. Es gilt Wege zu schaffen, die CPS mittels standardisierter und plattformunabhängiger Schnittstellen möglichst aufwandsarm an die bestehende Produktions-IT anzubinden. Werden die erfassten Daten in konsistenten und übergreifenden Informationsmodellen mit weiteren relevanten Daten zusammengeführt, erschließen sich neue Möglichkeiten der Auswertung und Nutzbarkeit.

Eine vermittelnde Schnittstelle zwischen Mensch und CPS kann mit Hilfe der virtuellen und erweiterten Realität geschaffen werden. Die *Virtual Reality* (VR) befähigt den Menschen durch das Nachbilden eines möglichst realistischen Abbilds des Produktionsprozesses, das Verhalten eines cyber-physikalischen Produktionssystems zu simulieren und auf interaktive Weise zu explorieren. Weitere Impulse werden durch die Fortschritte im Bereich der *Augmented Reality* (AR) gesetzt, welche die computergestützte Erweiterung der menschlichen Wahrnehmung mittels virtueller Objekte darstellt. Damit können relevante Informationen unmittelbar in das Sichtfeld des Arbeiters eingeblendet werden. Ermöglicht wird dies durch den Einsatz mobiler Plattformen, wie *Smartphones, Tablets* und *Smartglasses*, die zukünftig das wichtigste Werkzeug im Umgang mit CPS und den durch sie bereitgestellten Informationen darstellen werden (vgl. Abbildung 3).

Die bereitgestellten Informationen stammen dabei aus einer Vielzahl an verschiedenen Datenquellen, wie dem Produktentstehungsprozess (CAD-Modelle von Produkten und Betriebsmitteln, Prozessbeschreibungen), der *Technischen Dokumentation* (z.B. Datenblätter, Betriebsanleitungen) oder dem operativen Produktionsprozess selbst (z.B. Auftragsfortschritt, Betriebsstatus, Prozessparameter, Ortskontext oder Energieverbrauch der CPS). Im Zuge der einfachen Wieder- und Weiterverwendung dieser Daten wird es notwendig sein, die Schaffung geeigneter Standards für den Informationszugriff und -austausch zu fokussieren. So lassen sich die von den CPS erfassten Informationen durch standardisierte und plattformunabhängige Schnittstellen wie OPC-UA in die bestehende Produktions-IT integrieren. Durch die Verwendung einer formalen, expliziten Semantik, beispielsweise bezüglich der Informationsherkunft, können Informationen computergestützt in konsistenten Informationsmodellen zusammengeführt und angereichert werden.

Eingebettet in Assistenzsysteme werden die aggregierten und aufbereiteten Informationen wiederum einen direkten Weg zu den Akteuren in der Produktion finden (Gorecky et al., 2012) und damit eine Vielzahl an unterschiedlichen Anwendungsszenarien unterstützen. Dazu gehören:

- Instandhaltung (d.h. Wartung, Inspektion, Instandsetzung und Verbesserung) von Produktionsanlagen durch Bereitstellen von interaktiven, virtuellen Handlungsanweisungen
- Überwachung von Produktionsprozessen sowie Qualitätskontrolle durch das kontextsensitive Abrufen und Bereitstellen von Informationen, z.B. bezüglich des Status eines CPS
- Planung und (Co-)Simulation von Produktionsprozessen, indem z.B. das Verhalten von CPS (z.B. Verfahrbewegungen von Linearachsen oder Materialfluss von Produkten) vorgezeichnet wird.

Abbildung 3: Augmented.SmartFactory-App als ein Beispiel für die Informationsbereitstellung mittels Augmented Reality

3 Interaktionsformen einer cyber-physischen Welt

Vor dem Hintergrund einer zunehmenden *Informatisierung* der Produktion im Zuge von Industrie 4.0 muss es Zielsetzung sein:

- die Handhabung von Informationen und virtuellen Objekten so intuitiv wie möglich zu gestalten.
- die produktionsspezifischen Anforderungen an die Interaktionsmittel (z.B. bzgl. Robustheit und Sicherheit) gebührend zu berücksichtigen.

Eine Interaktion kann als intuitiv bezeichnet werden, wenn die gleichen Erfahrungen, die wir im Umgang mit realen Objekten erlernt haben, auch auf die virtuelle, digitale Welt übertragen werden können. Traditionelle, industrielle Benutzungsschnittstellen zeichnen sich durch eine unimodale Interaktion aus, bei der dem System i.d.R. mittels mechanischer Eingaben (z.B. Tastatur, Maus oder Touchscreen) ein Befehl übermittelt wird, während die Rückmeldung des Systems in Form einer visuellen Darstellung (z.B. Bildschirm) erfolgt. Der auditive Kanal spielt dabei eine untergeordnete Rolle und wird beispielsweise dazu verwendet, um den Menschen mittels Signaltönen das Vorliegen eines Fehlers zu vermitteln. Dabei bietet eine Orientierung an der natürlichen, zwischenmenschlichen Kommunikation, welche mehrere Modalitäten wie Sprache, Gesten und Mimik simultan nutzt, eine Chance, den Informationsaustausch erheblich zu vereinfachen.

Die *iPhonisierung* ist ein eindrucksvolles Beispiel dafür, wie mittels natürlicher Interaktionsformen eine intuitive Bedienung realisiert werden kann. Der Umgang mit einem Smartphone ist heutzutage weitgehend selbsterklärend, was sich in dem minimalen Lernaufwand und dem grundsätzlichen Verzicht auf Anwenderdokumentationen bemerkbar macht. Der Transfer von innovativen, auf Multitouch- und Sprachbedienung basierenden Bedienphilosophien in den Fabrikkontext bietet nicht nur ein Mehr an Gestaltungsfreiraum für die Komponentenhersteller und Systementwickler, sondern schafft darüber hinaus einen verbesserten Bedienkomfort, welcher nicht zuletzt aufgrund der persönlichen Erfahrung von den zukünftigen Bedienern geradezu erwartet wird (Schmitt et al., 2013). Eine 1:1-Übertragung von Trends aus dem Konsumbereich in die industrielle Produktion wird allerdings kaum von Erfolg gezeichnet sein. Vielmehr bedarf es bei der Entwicklung von fortschrittlichen, industriellen Benutzungsschnittstellen einer Vorgehensweise, welche die Beachtung von produktionsspezifischen Anforderungen wie Robustheit und Sicherheit konsequent miteinbezieht.

Abbildung 4: Beispiele für den mobilen Informationszugriff

Das wichtigste Werkzeug im Umgang mit CPS und den durch sie bereitgestellten Informationen werden mobile Geräte, wie *Smartphones, Tablets* und *Smartglasses,* sein (vgl. Abbildung 4). Sie vereinen prinzipiell die Möglichkeit zur Bedienung mittels Touchscreen, Spracherkennung und Gestenerkennung. Wichtigste Interaktionsform wird dabei die Touchscreen-Bedienung darstellen. Neue Technologien – wie z.B. die *Dispersive Signal Technology* – ermöglichen den Einsatz von Touchscreens auch in rauen, industriellen Umgebungen und unter Verwendung von Handschuhen. Einige Hardwarehersteller bieten bereits sog. *ruggedized* Hardwarelösungen für den mobilen Einsatz im Produktions- und Logistikbereich an, die industrietaugliche Eigenschaften wie Staub- und Spritzwasserschutz sowie eine hohe Robustheit gegenüber Stürzen mitbringen.

Für die Interaktion in mobilen Anwendungen bietet auch die Sprachsteuerung viele Vorteile. So kann z.B. in Fällen, in denen die visuelle Aufmerksamkeit des Nutzers oder sein motorisch-haptisches Vermögen durch die jeweilige Nutzungssituation beansprucht wird, die Steuerung der relevanten Anwendung durch Spracheingaben erfolgen (vgl. den seit 2011 angebotenen „persönlichen Assistenten" *Apple Siri*®). Das Spektrum an Sprachinteraktion reicht von der kommandosprachlichen Interaktion mit Schlüsselwörtern, z.B. bei hoher Umgebungslautstärke, bis hin zur natürlichsprachlichen Interaktion mit ganzen Sätzen oder Satzgliedern.

Die Steuerung von Geräten mittels natürlicher Gesten gilt ähnlich wie die Sprachsteuerung als besonders intuitiv und unmittelbar. Das Erkennen von Stellung und Bewegung der Hände kann dabei bild- oder gerätebasiert ablaufen. Bei der gerätebasierten Variante zeichnen am Körper getragene Beschleunigungs- oder Positionssensoren die Bewegung des Bedieners auf. Häufig werden dazu sog. Datenhandschuhe und sog. *On-Body-Sensor*-Netzwerke eingesetzt. Kamerabasierte Verfahren nutzen dagegen Methoden der Objekterkennung und Bildverarbeitung, um z.B. Handgesten zu erfassen. Hier gilt es wiederum zu unterscheiden zwischen hochpräzisen, aber aufwendigen Verfahren (z.B. VICON®) und kostengünstigen und flexibel einsetzbaren Interaktionsmitteln aus dem Konsumelektronikbereich (z.B. *Microsoft Kinect*®). Die Gestenerkennung eignet sich nicht nur zum Erkennen von explizit formalisierten Gesten, sondern auch zum Interpretieren von komplexen Tätigkeiten und Handlungsabläufen („Schließen eines Ventils", „Anschluss von Stromkabeln" etc.). Eingebettet in entsprechende Assistenzsysteme kann damit die Tätigkeiten des Bedieners verfolgt, überprüft und in den richtigen Bedienkontext eingeordnet werden (siehe Kapitel 6).

4 Mobile, kontext-sensitive Benutzungsschnittstellen

Die Benutzungsschnittstelle stellt das vermittelnde Element zwischen Mensch und CPS dar. Sie muss dem Menschen transparente Einblicke in Status und Funktionsweise von CPS gewähren (Kapitel 2) und ihm Möglichkeiten bieten, damit zu interagieren (Kapitel 3). In einer Industrie 4.0 zeichnen sich verschiedene Tendenzen ab, aus welchen neuartige Anforderungen an die Benutzungsschnittstelle resultieren:

- Immer mehr automatisierungstechnische Komponenten besitzen mechatronische Fähigkeiten, die parametriert und überwacht werden können und damit einer Benutzungsschnittstelle bedürfen. Anstatt jedes einzelne CPS mit einem proprietären Bedienpanel auszustatten, erfolgt der Zugriff auf eine Vielzahl unterschiedlicher Komponenten und Anlagen zukünftig mittels einer mobilen Benutzungsschnittstelle (1:m-Zugriff).
- Der in der Benutzungsschnittstelle abzubildende Funktionsumfang von automatisierungstechnischen Komponenten steigt kontinuierlich. Damit steigt die Komplexität, mit der sich der Mensch als Benutzer des Systems auseinandersetzen muss.
- Aufgrund der stärkeren Verteiltheit und Vernetzung von automatisierungstechnischen Komponenten und den Möglichkeiten zur drahtlosen Kommunikation wird es immer wichtiger, die Position dieser Komponenten zu kennen und dem Menschen darzustellen.
- Gleichzeitig steigt die Mobilität des Menschen als flexibler Problemlöser in Industrie 4.0. Auch seine Position muss bekannt sein, um ihm bedarfsgerecht die aktuell benötigten Informationen direkt am Ort des Geschehens (z.B. auf einem mobilen Endgerät zur Wartung) bereitzustellen.

Definition: Kontext und Kontext-sensitive Systeme

Kontext wird als die Menge an Informationen definiert, die für die Charakterisierung der Situation von Personen oder Objekten und der Interaktion zwischen Benutzer und einer informationstechnischen Applikation relevant ist (Dey, 2001).

Kontext-sensitive Systeme ermöglichen die anwendungsbezogene Nutzung von Kontextinformationen sowie die Anpassung ihres Verhaltens an eine auf der Basis der ermittelten Kontextinformationen abgeleitete Situation (Loskyll, 2013).

Um diesen neuen Anforderungen in cyber-physischen Produktionssystemen entgegenzutreten, bedarf es mobiler, kontext-sensitiver Benutzungsschnittstellen, die eine aktive Informationsfilterung ermöglichen und den Benutzern lediglich die für ihre aktuelle Aufgabe relevanten Informationen und Interaktionsmöglichkeiten aufzeigen (z.B. in Abhängigkeit des aktuellen Bedienorts und der Aufgabe). Kontext wird als die Menge an Informationen definiert, die für die Charakterisierung der Situation von Personen oder Objekten und der Interaktion zwischen Benutzer und einer informationstechnischen Applikation relevant ist (Dey, 2001). Kontext-sensitive Systeme ermöglichen die anwendungsbezogene Nutzung von Kontextinformationen sowie die Anpassung ihres Verhaltens an eine auf der Basis der ermittelten Kontextinformationen abgeleitete Situation (Loskyll, 2013). Zur Identifikation der vorliegenden Situation müssen verfügbare Sensorrohdaten von verschiedenen Quellen gesammelt, zu höherwertigen Kontextinformationen aggregiert und schließlich interpretiert werden. Zu diesem Zweck eignen sich sog. *Kontext-Broker*-Systeme (Stephan et al., 2011). Abbildung 5 zeigt die Systemarchitektur eines solchen Kontext Brokers, der in der *SmartFactory*^{KL} umgesetzt wurde.

Die oberste Schicht (Provision Layer) zeigt verschiedene Ortungssysteme als mögliche Kontextquellen, deren Daten in Form von proprietären Formaten zur Verfügung gestellt werden. Diese werden zunächst durch eine Abbildungsschicht (Mapping Layer) in ein einheitliches Datenformat überführt. Der Kontext Broker (Distribution Layer) macht diese Informationen schließlich über standardisierte Schnittstellen für beliebige Anwendungen (Application Layer) zugreifbar. Darüber hinaus bestehts mittels einer Interpretationsschicht (Interpretation Layer) die Möglichkeit, die vorliegenden Kontextinformationen zu einer höherwertigen Information über die vorliegende Situation auszuwerten. Dazu können semantische Technologien zur Repräsentation des benötigten Domänenwissens als Ontologie und entsprechende Reasoning-Systeme zur logischen Schlussfolgerung genutzt werden (Loskyll, 2013).

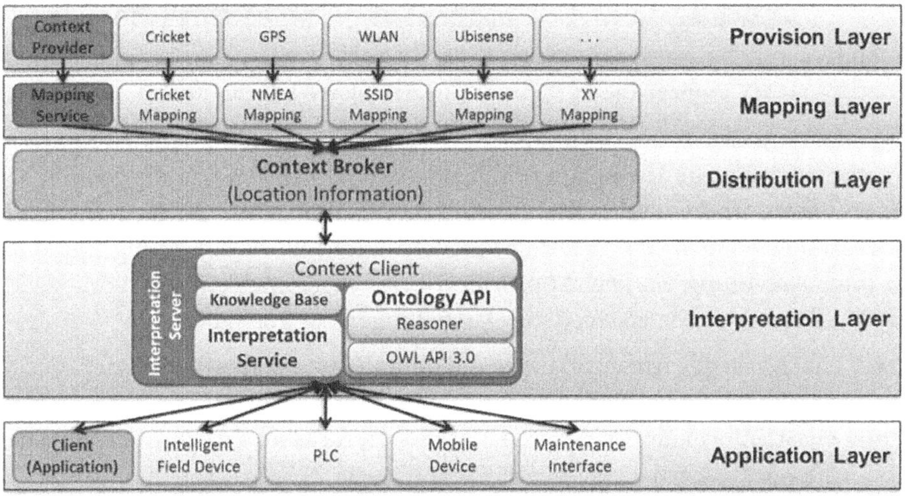

Abbildung 5: Kontext-Broker-Architektur zur technologieunabhängigen Bereitstellung und Interpretation von Ortsinformationen (Stephan et al., 2011)

Neben Umgebungsbedingungen oder aktuellen Zuständen der Produktionsanlage spielen Ortsinformationen insbesondere bezüglich der im Umlauf befindlichen Rohprodukte, Anlagenkomponenten oder mobile Wartungs- und Instandsetzungsarbeiter eine zentral wichtige Rolle. Mittels dieser Ortsinformationen kann die Benutzungsschnittstelle, z. B. eines mobilen Endgeräts, zur Laufzeit an die aktuell vorliegende Situation angepasst werden (vgl. Abbildung 6). Dazu ist es notwendig, die Benutzungsschnittstelle als abstraktes Modell mit verschiedenen Sichten (Aufgabe, Dialog, Präsentation) zu beschreiben (Seißler, 2013). Damit wird es möglich, dass zukünftig Anlagenkomponenten und Geräte ihr eigenes spezifisches Modell mit sich tragen, das an das mobile Endgerät übertragen und zur Generierung einer passenden Benutzungsschnittstelle genutzt wird.

Abbildung 6: Laufzeitgenerierte, kontext-sensitive Benutzungsschnittstellen auf einem Tablet-PC in der SmartFactoryKL (Schmitt et al., 2013)

Neben der Anpassung der Benutzungsschnittstelle zur Laufzeit können Kontextinformationen auch zur Umsetzung völlig neuartiger Anwendungen genutzt werden. So wurde in der *SmartFactory*^{KL} eine Applikation zur nahtlosen Navigation von Wartungs- und Instandsetzungsarbeitern zum Ort einer Störung implementiert (vgl. Abbildung 7). Die Applikation zeigt abhängig von der vorliegenden Situation des Arbeiters verschiedene Darstellungen zur Navigation:

- eine Karte des Außengeländes mit dem Weg zum Fabrikgebäude,
- eine Karte der Fabrikhalle inklusive Pfad zum defekten Gerät,
- Zusatzinformationen zur Wartung/Reparatur beim Erreichen des Zielorts.

Abbildung 7: Nahtlose Navigation zur defekten Anlagenkomponente in der SmartFactoryKL

Der Übergang zwischen diesen verschiedenen Ansichten geschieht nahtlos, da das mobile Endgerät durchgängig mit Informationen über seine aktuelle Position versorgt wird. Zu diesem Zweck werden die Daten verschiedener Ortungssysteme (GPS, WLAN-Access Points, Indoor-Positionierungssysteme in der Fabrik) ermittelt und kombiniert (Stephan et al., 2011).

5 Adaptive, lernende Assistenzsysteme

In einer Industrie 4.0, in der der Mensch ein erweitertes Aufgaben- und Verantwortungsspektrum übernehmen wird, kommt der konsequenten Umsetzung von praxisgerechten Unterstützungskonzepten eine Schlüsselrolle zu. So wird der Mensch im Fall auftretender Störungen oder bestehender Optimierungspotentiale intervenierend in das CPPS eingreifen – und manuelle Tätigkeiten, wie den Austausch eines Ventils, selbst durchführen. Ob er dazu überhaupt berechtigt ist, welchen Arbeitsschritten er dabei folgen muss und welche Sicherheitsvorkehrungen es dabei zu beachten gilt, wird ihm durch das mitgeführte Assistenzsystem (z.B. in Form einer Assistenz-App auf seinem Tablet) vermittelt.

Zielsetzung muss daher die Entwicklung von adaptiven, lernenden Assistenzsystemen sein, die:

- den Menschen auch in schwierigen, selten vorkommenden oder bisher unbekannten Situationen bestmöglich unterstützen.
- die den Kontext der Unterstützungssituation sowie das menschliche Handeln dynamisch erfassen und sich daran adaptieren.
- die auf Wissenskomponenten basieren, die möglichst aufwandsarm und intuitiv aus dem im Unternehmen vorhandenen Wissen generiert und stetig angereichert werden.

Die technologischen Grundlagen für die Realisierung fortschrittlicher Assistenzsysteme haben bereits in das Fabrikumfeld Einzug gehalten. In einer Industrie 4.0 verfügt jeder Mitarbeiter mit einem mobilen Endgerät über einen persönlichen Assistenten, um mit Kollegen in Kontakt zu treten, Unterstützungsfunktionen auszuführen oder relevante Informationen aus dem CPPS abzurufen. Die Unterstützung erfolgt unmittelbar am Ort des Geschehens und unter Einbeziehung des Arbeitskontexts (z.B. Ort, Aufgabe, Person). Mittels *Indoor Positioning Systemen* oder integrierter Kamera und Objekterkennung kann der aktuelle Arbeitsort erfasst und in der Logik der Assistenzanwendung ausgewertet werden. Die natürliche Interaktion mittels *Multitouch,* dialoggeführter Sprachsteuerung und Gestenerkennung stellen eine effektive, effiziente und zufriedenstellende Nutzung solcher Technologien sicher, während auf Basis virtueller und erweiterter Realitäten umfangreiche Informationen verständlich aufbereitet und visualisiert werden können.

Eine darüberhinausgehende Unterstützung des Menschen kann durch die automatische Erkennung von Aktivitäten und Arbeitsabläufen realisiert werden. Dazu wird zunächst die Handlung des Menschen, z.B. mittels kamerabasierter Erkennung von relevanten Objekten wie Bauteilen, Werkzeugen und Händen, erfasst. Die erfassten Daten werden von der Applikationslogik mit einem bereits hinterlegten Referenzmodell (sog. *Workflow-Modell*) abgeglichen, wodurch der aktuelle Arbeitsschritt erschlossen und etwaige Abweichungen vom festgelegten Arbeitsablauf identifiziert werden können. Auf diese Art wird es möglich, kontext-sensitive Handlungsanweisungen in Form von virtuellen Inhalten (z.B. AR-Einblendungen, Sprachausgabe) bereitzustellen und den Menschen Schritt-für-Schritt durch komplexe, manuelle Tätigkeiten zu führen.

Ein Beispiel für ein solches Assistenzsystem ist die manuelle Montagestation in der *SmartFactory*^{KL}. Sie dient zur Montage (als Alternative zur vollautomatischen Fertigung), Qualitätskontrolle, Nacharbeit und Inbetriebnahme eines Beispielprodukts (vgl. Abbildung 8). Die Montagestation ist ausgestattet mit einem Hardwareaufbau, bestehend aus einem Tablet-PC und einer *Microsoft Kinect®*, welche beide die Arbeitsumgebung mittels Kamera verfolgen. Zusätzlich kann mittels eines RFID-Lesegerätes der am Produkt befindliche RFID-Tag eingelesen und so der Produktstatus in Erfahrung gebracht werden. Wurde beispielsweise ein Montageschritt in der automatischen Fertigung aufgrund einer vorliegenden Störung nicht vollständig durchgeführt, wird eine entsprechende, virtuelle Anleitung zur manuellen Vervollständigung des Produktes aufgerufen. Das Kamerabild des Tablets wird dann mit virtuellen, kongruenten (d.h. ortsrichtig platzierten) Anweisungen angereichert und auf einen Bildschirm vor dem Mitarbeiter übertragen.

Während der Arbeiter den Arbeitsprozess gemäß den Anweisungen durchführt, werden die einzelnen Montageschritte mit Hilfe von Objekt- und Handerkennung verfolgt und mit dem zugrundliegenden *Workflow*-Modell verglichen. Auf diese Art wird eine Echtzeit-Unterstützung des Mitarbeiters realisiert, die automatisch durch die komplexen Arbeitsprozesse führt und beim Auftreten von Fehlern ein entsprechendes Feedback bereitstellt.

Abbildung 8: Aufbau der Montagestation mit Assistenzsystem (links) und Beispiel für die virtuelle Anweisung von Arbeitsabläufen (rechts)

Neben der unterstützenden Visualisierung von komplexen Arbeitsprozessen bedarf es auch Ansätze, um die erforderlichen Wissenskomponenten – d.h. die virtuellen Anleitungen und dazugehörigen *Workflow*-Modelle – möglichst aufwandsarm zu generieren. Eine sich hierfür bietende Möglichkeit ist das Erschließen von bestehenden Datenquellen im Unternehmen. So hält die *Digitale Fabrik* bereits umfangreiche Informationsbestände zu Produkten, Produktionslayout und Prozessabläufen bereit, die als Wissensgrundlage für Assistenzanwendungen Wiederverwendung finden können.

Gleichzeitig müssen die Assistenzsysteme derart gestaltet sein, dass sie den Mitarbeitern die Möglichkeit geben, ihr Expertenwissen aufzuzeichnen und im Sinne von *Best Practise* Ansätzen mit den Kollegen zu teilen. Das Aufzeichnen und Aufbereiten von interaktiven, virtuellen Anleitungen für Assistenzsysteme muss einfach, intuitiv und unmittelbar am Ort des Geschehens erfolgen. Innovative Mensch-Technik-Interaktion – beispielsweise im Bereich dialoggeführter Spracheingabe und intuitiv gestalteter Benutzungsschnittstellen – dient dazu, Aufwand und Komplexität zum Erstellen der Wissenskomponenten auf ein Minimum zu reduzieren. Mittels Technologien der Kontexterfassung kann unmittelbar beim Einspeichern der Wissenskomponente der aktuelle Kontext erfasst und berücksichtigt werden. Diese Kontextinformationen sind wiederum wesentlich, um die Wissenskomponenten systematisch zu ordnen sowie schnell und gezielt mittels der Assistenzsysteme in vergleichbaren Situationen verfügbar zu machen.

6 Entwicklungsparadigmen für I4.0-Benutzungsschnittstellen

Die sich abzeichnende Komplexitätssteigerung von vernetzten und dezentral verteilten Produktionssystemen darf nicht einfach an den Menschen weitergegeben werden. Im Zuge der Komplexitätsbewältigung bedarf es ergonomisch gestalteter Benutzungsschnittstellen, welche ein Höchstmaß an Produktivität, Nutzerakzeptanz und Zufriedenheit der Benutzer gewährleisten. Ein Gütekriterium für die Bewertung einer Benutzungsschnittstelle ist die Gebrauchstauglichkeit, welche sicherstellt, dass vorgegebenen Ziele bei Nutzung eines Produktes effektiv, effizient und zufriedenstellend erreicht werden (DIN9241-11). Zur Unterstützung der Entwicklung von gebrauchstauglichen Benutzungsschnittstellen existieren diverse Heuristiken (Nielsen 1993), Richtlinien (VDI3850) und Standards (DIN9241-110), welche dem Entwickler z.B. grundsätzliche Gestaltungsprinzipien wie Aufgabenangemessenheit, Steuerbarkeit und Lernförderlichkeit an die Hand geben.

Zur Sicherstellung einer hohen Gebrauchstauglichkeit von Benutzungsschnittstellen ist ferner die Einhaltung eines klar strukturierten, qualitätssichernden Entwicklungsprozesses von großer Bedeutung. Mit dem *Useware Entwicklungsprozess* (Zühlke, 2011) existiert ein bewährtes Vorgehensmodell für die Entwicklung von gebrauchstauglichen Benutzungsschnittstellen, das ebenso auf die Entwicklung von CPS-Benutzungsschnittstellen übertragen werden kann (vgl. Abbildung 9). Das Vorgehensmodell besteht aus vier sich überlappenden Phasen, die die Entwicklung der Benutzungsschnittstelle von der Anforderungserhebung bis hin zur

Realisierung der Benutzungsschnittstelle strukturiert untergliedern. In der Analysephase werden der Nutzungskontext und die Nutzeranforderungen unabhängig von der späteren Interaktionsform und Zielplattform erfasst. Während der nachfolgenden Strukturgestaltungsphase werden die Analyseergebnisse harmonisiert und in eine abstrakte, plattformunabhängige Bedienstruktur – dem „Benutzungsmodell" – überführt. Erst nach Abschluss der Strukturgestaltungsphase wird mit der eigentlichen Realisierung der Benutzungsschnittstelle begonnen und die Ergebnisse der Strukturgestaltung auf konkrete Modalität und Zielplattform abgebildet. Durch das Abstrahieren von Implementierungsdetails in den frühen Phasen des Entwicklungsprozess, wird eine hohe Wiederverwendbarkeit der Zwischenergebnisse sichergestellt.

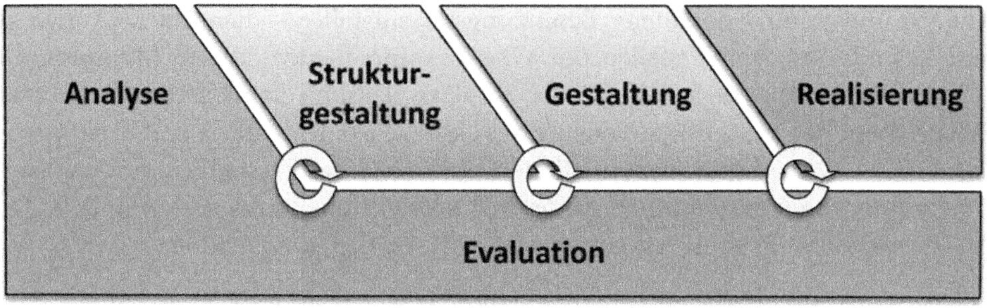

Abbildung 9: Der Useware Entwicklungsprozess mit seinen vier Phasen (Zühlke, 2011)

Zielsetzung muss also die nutzerzentrierte Entwicklung von gebrauchstauglichen Benutzungsschnittstellen sein, welche die einfache, sichere und intuitive Bedienung von CPS durch den Benutzer ermöglichen. Wie gezeigt wurde, besitzen mobile, kontext-sensitive Benutzungsschnittstellen das Potential einen Beitrag zur Beherrschung der zukünftigen Systemkomplexität zu leisten, indem eine aktive Informationsfilterung vorgenommen wird. Die Gestaltung von mobilen und kontext-sensitiven Benutzungsschnittstellen bringen selbst allerdings wiederum Herausforderungen für die Entwicklung mit. So muss der Einfluss des Kontexts in der Logik der mobilen, kontext-sensitiven Benutzungsschnittstelle berücksichtigt werden (Laufzeitadaption).

Für eine Sicherstellung der Gebrauchstauglichkeit von mobilen, kontext-sensitiven Benutzungsschnittstellen – welche in einer Industrie 4.0 an Bedeutung gewinnen – wird eine Erweiterung der bestehenden *Useware* Modellierungsmethodik notwendig, welche den Einfluss des Kontexts auf die Gestaltungsphase näher betrachtet. Eine hierzu geeignete Systematik wurde in der Arbeit von *Seißler* (2013) vorgestellt. Darin wird der *Useware Entwicklungsprozess* um die explizite Betrachtung der Adaptionsmodellierung ergänzt, was die Grundvoraussetzung für eine plattformübergreifende Beschreibung mobiler, kontextsensitiver Benutzungsschnittstellen darstellt.

7 Entwicklung hersteller- und plattformübergreifender Benutzerschnittstellen

Eine weitere Herausforderung bei der Entwicklung von mobilen, kontextsensitiven Benutzungsschnittstellen stellt die große Vielfalt an Endgeräten und dafür verfügbaren Softwareplattformen (Android, iOS, etc.) dar. Hierdurch wird die Realisierung hersteller- und plattformübergreifender Benutzungsschnittstellen erschwert. Als vielversprechender Lösungsansätze zu dieser Problematik erweisen sich modulare Softwarebausteine, wie sie durch die im Konsumbereich etablierten App-Konzepte geboten werden. Unter Apps werden im Allgemeinen kleine Zusatzprogramme für Smartphones und Tablets verstanden.

Grundsätzlich wird heute zwischen drei verschiedenen App-Gestaltungsarten unterschieden. Dem Entwickler ist dabei je nach Anwendungsfall selbst überlassen, welche Variante er zur Implementierung wählt. Unterschieden wird zwischen den webbasierten, nativen und hybriden Apps:

Webbasierte Apps: Bei den sog. webbasierten Applikationen handelt es sich um die einfachste der drei Gestaltungsarchitekturen. Die Struktur entspricht der einer einfachen, mobilen Webseite, die im Aufbau und in der grafischen Darstellung für die mobile Nutzung optimiert ist. Webbasierte Apps werden mit einer server- und clientseitigen Logik ausgeführt und greifen über den Browser des mobilen Endgeräts auf das Internet zu. Sie eignen sich vor allem zur einfachen Darstellung strukturierter Informationen.

Hinsichtlich ihrer Implementierung werden aktuelle Webtechnologien, sprich hauptsächlich XHTML, Cascading Stylesheets (CSS) und JavaScript, genutzt. HTML ermöglicht dabei die Gestaltung der Bedienungsoberfläche; umsetzbare Funktionalitäten werden in JavaScript implementiert, das mit geeigneten Schnittstellen in den HTML-Code eingebettet wird. Einmal implementiert laufen die Webanwendungen dank der Standardisierung auf jedem Endgerät, das über einen Webbrowser verfügt. Die identische und plattformunabhängige Darstellung des Inhalts ist ein entscheidender Vorteil. Zudem ermöglichen einfache Webtechnologien einen schnellen Entwicklungszyklus und die flexiblere Anpassbarkeit von Informationsinhalten. Defizite webbasierter Apps liegen allerdings im Aufruf von Endgerätefunktionen. Zugriffe auf Gerätehardware sind nur sehr begrenzt realisierbar. Erste Umsetzungen zur Ansteuerung der Kamera über HTML5 und passenden JavaScript-Files existieren jedoch bereits.

Native Apps: Native Applikationen gewinnen dann an Relevanz, wenn funktionale Wünsche über die browserbasierten Apps nicht mehr umgesetzt werden können. Durch den möglichen Zugriff auf die Sensorik und Aktorik des mobilen Endgeräts bieten sie dem Entwickler unerschöpfliche Möglichkeiten solche Apps zu gestalten, die den Nutzer zum einen durch neue Interaktionen intensiver einbinden und zum anderen effektiver bei der Interaktion mit CPS unterstützen.

Native Apps müssen plattformabhängig, d.h. in der Programmiersprache des jeweiligen Betriebssystems geschrieben werden. Das Resultat ist eine kompilierte Anwendung, die direkt im Betriebssystem des Mobilgerätes ausgeführt wird.

Als nützlich erweisen sich besonders die möglichen Hardwarezugriffe. Innerhalb einer nativen Anwendung kann beispielsweise die Kamera und das GPS-Empfängermodul des Gerätes aktiviert werden. Gleiches gilt auch für die verbaute Sensortechnik, mit der die Lage und Bewegung eines mobilen Geräts innerhalb einer App bestimmbar sind. Diametral zu deren Vorzügen stehen zum einen der hohe Entwicklungsaufwand bzw. teure Entwicklungsprozess aufgrund der plattformabhängigen Implementierung und zum anderen das Aktualisierungsverfahren nativer Apps – z.B. über Download der neuen Version.

Hybride Apps: Die hybride Gestaltungsart beinhaltet webbasierte als auch native Eigenschaften und wird als die Mischform der zuvor beschriebenen App-Arten bezeichnet. Damit lassen sich die Vorteile beider Seiten in einer App kombinieren.

Sie bestehen aus einer mittels Webtechnologien (HTML, CSS und JavaScript) entwickelten Anwendungsfunktionalität, die innerhalb der nativen Anwendung gekapselt und ausgeführt wird. Die eigentliche Anwendungslogik liegt also nicht im spezifisch entwickelten, nativen Quellcode vor, sondern wird mittels webbasierter Sprachen implementiert. Eine native Browserkomponente des Betriebssystems unterstützt innerhalb des nativen Bausteins das Lesen der in HTML, CSS und JavaScript vorliegenden Anwendungsfunktionalitäten.

Der fragmentierte Markt heutiger mobiler Betriebssysteme macht jedoch die Entwicklung mobiler Anwendungen für verschiedene Plattformen kosten- und zeitintensiv. Jede der Zielplattformen hat eigene Entwicklungsumgebungen, verschiedene Programmiermodelle oder -sprachen und das notwendige Wissen zur Entwicklung derer Apps muss häufig erst aufgebaut werden. Aufgrund fehlender Standardisierung und proprietärer Entwicklungsprozesse haben sich in den vergangenen Jahren diverse Entwicklungstools – sog. *Cross-Compiler-Platforms* – etabliert, die eine plattformunabhängige Entwicklung hybrider und webbasierter Apps deutlich erleichtern. Prinzipiell geht es bei einer Emulierungssoftware darum, den in einer beliebig höheren Programmiersprache geschriebenen Quellcode in eine Folge von Maschinenbefehlen – d.h. in einen Maschinencode – umzusetzen. Im Rahmen der für mobile Applikationen verwendeten Cross-Platforms werden Cross- Compiler zur Übersetzung der Quelltexte für die jeweiligen Zielbetriebssysteme angewandt. Eine weitere Besonderheit der Cross-Compiler-Platforms liegt darin, dass gewünschte Apps nicht auf klassischem, proprietärem Wege für verschiedene mobile Plattformen separat mit unterschiedlichen Quelltexten entwickelt werden. Hauptziel der Cross-Platform-Entwicklung liegt in der Nutzung einer gemeinsamen Code-Basis. Anstelle mehrerer, separater Quellcode-Sets können Apps für alle Plattformen mittels eines einzigen Quellcode-Sets erzeugt werden.

8 Zusammenfassung

Einhergehend mit der Entwicklung hin zu einer Industrie 4.0 wird sich auch das Aufgaben- und Anforderungsspektrum des Menschen in der Fabrik verändern. Jeder einzelne Mitarbeiter wird zukünftig ein breites Aufgabenspektrum übernehmen, welches sich im Wesentlichen durch Vorgabe, Überwachung und Sicherstellung von Produktionsstrategien im CPPS auszeichnet. Als flexibelster Bestandteil im cyber-physikalischen Gefüge wird er aber ebenso mit manueller Arbeit in das autonom organisierte Produktionssystem eingreifen – z.B. wenn es gilt Störungen zu beheben oder Verbesserungen und Nacharbeiten durchzuführen. Eine optimale Unterstützung bei der Bewältigung seines vielfältigen Aufgabenspektrums erfährt der Mensch durch mobile, kontext-sensitive Benutzungsschnittstellen und nutzerzentrierte Assistenzsysteme. Durch die Technologieunterstützung wird sichergestellt, dass der Mensch seine einzigartigen Fähigkeiten voll ausschöpfen und sich in seiner Rolle als strategischer Entscheider und flexibler Problemlöser in einem cyber-physischen Gesamtsystem behaupten kann. Als zukunftsweisender Lösungsansatz erweisen sich hierbei etablierte Interaktionstechnologien und -metaphern aus dem Konsumgüterbereich, die jedoch an die industriellen Gegebenheiten adaptiert werden müssen. Neben technologischen Unterstützungsmaßnahmen bedarf es der Umsetzung von adäquaten Qualifizierungsstrategien, die das für eine Industrie 4.0 geforderte interdisziplinäre Verständnis schaffen.

9 Literatur

Dey AK (2001) Understanding and Using Context. Personal and Ubiquitous Computing 5: 4–7

DIN EN ISO 9241-11: 1998: Ergonomische Anforderungen für Bürotätigkeiten mit Bildschirmgeräten. Teil 11: Anforderungen an die Gebrauchstauglichkeit; Leitsätze

DIN EN ISO 9241-110: 2006: Ergonomie der Mensch-System-Interaktion. Teil 110: Grundsätze der Dialoggestaltung

Gorecky D, Campos R, Meixner G (2012) Seamless Augmented Reality Support On The Shopfloor Based On Cyber-Physical-Systems. Proceedings of the 14th International Conference on Human-computer Interaction with Mobile Devices and Services (MobileHCI-12), September 21-24, San Francisco, CA, USA, ACM, 2012

Loskyll M (2013) Entwicklung einer Methodik zur dynamischen kontextbasierten Orchestrierung semantischer Feldgerätefunktionalitäten. Dissertation, TU Kaiserslautern

Nielsen J (1993) Usability engineering. Morgan Kaufmann, Amsterdam, 1993.

VDI/VDE-Richtlinie 3850 – Blatt 1: 2000: Nutzergerechte Gestaltung von Bediensystemen für Maschinen

Schmitt M, Meixner G, Gorecky D, Seißler M, Loskyll M (2013) Mobile Interaction Technologies in the Factory of the Future. In: IFAC/IFIP/IFORS/IEA Symposium on Analysis, Design, and Evaluation of Human-Machine Systems

Seißler M (2013) Modellbasierte Entwicklung kontextsensitiver Benutzungsschnittstellen zur Unterstützung der mobilen Instandhaltung. Dissertation, TU Kaiserslautern

Stephan P, Loskyll M, Stahl C, Schlick J (2011) Optimierung von Instandhaltungs-prozessen durch Semantische Technologien. In: Dengel A (Hrsg.) Semantische Technologien – Grundlagen. Konzepte. Anwendungen. Spektrum Akademischer Verlag, Heidelberg, S 403–426

Zamfirescu CB, Pirvu BC, Schlick J, Zühlke D (2013) Preliminary insides for an anthropocentric cyber-physical reference architecture of the smart factory. Studies in Informatics and Control Vol. 22 No. 3

Zühlke D (2011) Nutzergerechte Entwicklung von Mensch-Maschine-Systemen: Useware-Engineering für technische Systeme. Springer, Berlin Heidelberg

Data Mining und Analyse

Harald Schöning, Software AG, Marc Dorchain, Software AG

1 Einführung

Globaler Wettbewerb und technischer Fortschritt haben in den vergangenen Jahren eine viel stärker individualisierte Anfertigung von Produkten jeglicher Art möglich gemacht. In einzelnen Beispielen ist aufgezeigt worden, dass die Produktion von kleinsten Mengen (Losgröße 1) ökonomisch sinnvoll machbar erscheint. Die meisten dieser Produktionsvorgänge basieren auf einer vereinfachten Produktionslandschaft mit niedriger Komplexität, ähnlich einer modernen Manufaktur (vgl. Hubschmid, 2012). So können in einem einfachen Herstellungsprozess mit einfachen Zuliefererprozessen typische Individualanfertigungen von hoher Qualität und Exklusivität produziert werden. Oft werden diese dann über das Internet vertrieben.

Der Einzug der Losgröße 1, das Internet der Dinge und die damit einhergehende Vielzahl an Informationen betrifft nun ebenfalls klassische Industriebranchen, die sich in der Vergangenheit hochgradig auf die möglichst produktive Anfertigung von Serienprodukten. spezialisiert haben

Das Schichtenmodell nach DIN ISO 62264 definiert die Einsatzgebiete von IT-Systemen im klassischen Produktionsumfeld (siehe Abbildung 1-1: Schichtenmodell nach DIN ISO 62264Abbildung 1-1).

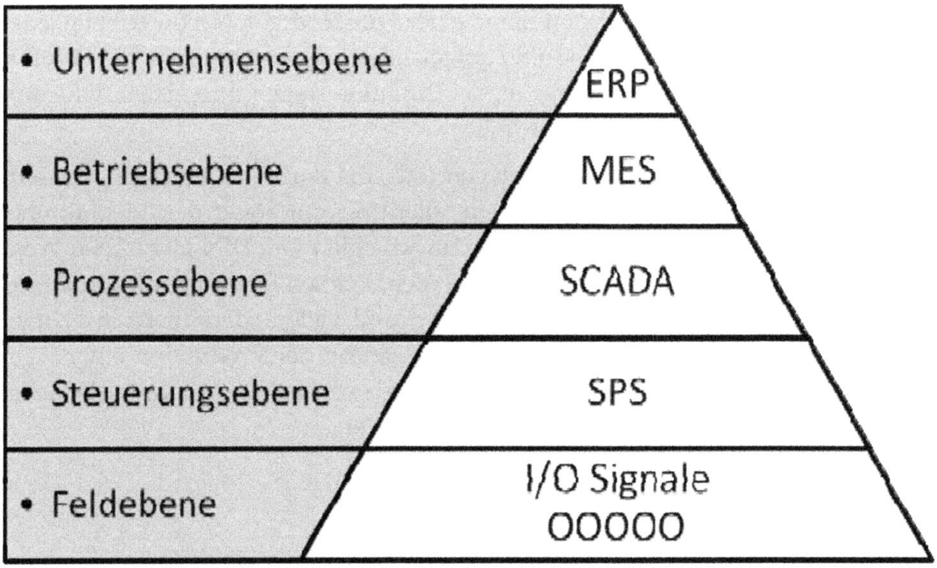

Abbildung 1-1: Schichtenmodell nach DIN ISO 62264

Diese klassische Betrachtungsweise stellt die bislang hierarchisch gestaltete Automatisierungspyramide dar. Herkömmlicherweise gibt es relativ wenige Schnittstellen zwischen den einzelnen Ebenen. Die mit den Ebenen verbundene Betrachtungsweise und die damit verbundene Steuerung der Ebenen erfolgt daher heute in aller Regel noch isoliert.

2 Das Internet der Dinge in Industrie 4.0

Das Internet der Dinge steht für die Ausweitung des Internets in die reale Welt, zu den alltäglichen Objekten. Physische Gegenstände sind nicht länger von der virtuellen Welt getrennt, sondern können aus der Ferne gesteuert werden und agieren als physische Zugriffspunkte auf Internetdienste. Die Dinge werden „smart". Im Internet der Dinge haben Objekte Netzwerkzugriff (z.B. über Drahtlostechnologien), können aus dem Internet adressiert werden (IPv6 bietet dazu die Voraussetzungen), sind eindeutig identifizierbar, können Informationen über ihre Umgebung sammeln oder diese Umgebung sogar manipulieren, haben ggf. selbst Rechenkapazitäten oder Benutzerschnittstellen. Inzwischen geht die Vision sogar schon zum „Web of Things", bei dem Dinge einen eigenen http-Server haben (vgl. Mattern und Floerkemeier, 2010).

Im Kontext von Industrie 4.0 kann man zwei Ausprägungen des Internets der Dinge unterscheiden.

Zum einen kann jedes (Vor-)Produkt Informationen tragen und mit seiner Umgebung austauschen, bis hin zu der Vision, dass die Produkte selbst „wissen", wie sie verarbeitet/produziert werden müssen und dadurch die Produktion steuern (vgl. Kagermann, Wahlster und Helbig, 2013). Produkte können ferner ein „digitales Produktgedächtnis" tragen, das im Sinne einer vollständigen Nachweiskette jeden Schritt im Lebenszyklus des Produkts aufzeichnet und fälschungssicher abrufbar macht (vgl. Wahlster, 2013). Immer mehr Produkte tragen ihre eigene URL und nehmen somit am Internet der Dinge teil.

Zum zweiten sind die Produktionsanlagen (d.h. die einzelnen Fertigungsmaschinen) schon heute ergiebige Datenquellen, allerdings im Stand der Technik ohne eine durchgängige Vernetzung im Sinne der Schichten von DIN ISO 62264. Wenn diese in das Internet der Dinge integriert werden, können Daten über Produktionsleistung, Produktionsqualität, Betriebszustand und viele andere mehr in Echtzeit überwacht, aber auch in die Planung und Steuerung der Produktion einbezogen werden. Die Szenarien zur Nutzung dieser Daten weisen einen unterschiedlichen Integrationsgrad auf, wie die folgenden Beispiele zeigen

2.1 Nutzung der Maschinendaten zur Sicherstellung der störungsfreien Produktion durch vorhersagende Wartung (predictive maintenance)

Moderne Produktionsmaschinen erfassen heute schon eine Vielzahl von Daten über Last, Auslastung, Maschinenzustände, Umgebungsbedingungen usw.. Entsprechende Sensorik kann auch bei älteren Maschinen oft kostengünstig nachgerüstet werden. Durch eine Erfassung und Auswertung dieser Daten über längere Zeiträume können detaillierte Prognosen über das Ausfallverhalten kritischer Komponenten erstellt werden. Dabei werden insbesondere schleichende Veränderungen im Verhalten gesucht, wie z.B. ein allmählicher Temperaturanstieg oder zunehmende Schwingungen. Somit kann eine Wartung eingeplant werden, bevor die entsprechende Störung auftritt, Ersatzteile können schon im Voraus beschafft werden, Produktionsausfälle können vermieden oder zumindest reduziert werden, Wartungsvorgänge können priorisiert werden. Die Herausforderung besteht darin, zuverlässige Prognosen zu erstellen. Die Beobachtung einer einzelnen Maschine durch ihren Betreiber ist hierzu nicht ausreichend, die Expertise des Maschinenherstellers und eine entsprechende Vergleichsbasis vieler Maschinen (auch mit verschiedenen Betreibern) sind erforderlich. Viele Maschinenhersteller bieten entsprechende Dienste an, die die Betriebsdaten von den einzelnen Produktionsstätten zusammenführen.

Die Betriebsdaten einer Maschinen sind allerdings aus Sicht des Betreibers schützenswert, da ggf. aus ihnen Produktionsmethoden und somit Geschäftsgeheimnisse abgeleitet werden können. Daher sind die Betreiber der Maschinen oft nicht bereit, die Daten nach außen zu geben. Hier liegt eine Herausforderung: Wie kann man die Daten im Sinne einer Ausfall-/Wartungsprognose auswertbar machen, ohne ihre Vertraulichkeit zu verletzen? Eine Lösung könnte in der Einschaltung einer vertrauenswürdigen Zwischeninstanz bestehen, eine andere in einer Bearbeitung der Daten analog der Anonymisierung bei personenbezogenen Daten.

2.2 Echtzeitreaktion auf Produktionsdaten auf der Geschäftsebene

Wenn aktuelle Daten aus der Produktion (Qualität, Fertigungsmengen, insbesondere aber auch Abweichungen und Störungen) zeitnah den betrieblichen IT-Systemen (ERP) verfügbar gemacht werden können, kann daraus auf betrieblicher Ebene reagiert werden, z.B. mit Umplanung, Veränderungen in den aktuellen Logistikvorgängen, aber ggf. auch mit Rabattangeboten an Abnehmer (z.B. bei Lieferverzögerung oder Minderqualität).

2.3 Steuerung der Produktion nach Geschäftsbedürfnis

Die bisher skizzierten Szenarien beruhten auf einer Kommunikation in nur einer Richtung – weg von der Maschine. Das volle Potential des Internet der Dinge wird mit Industrie 4.0 aber nur nutzbar, wenn auch die Kommunikation zur Maschine hin mit einbezogen wird. So kann z.B. bei Engpässen in der Supply Chain oder Verzögerungen in der Logistik die Produktionsgeschwindigkeit gesenkt werden, um den Energiebedarf zu reduzieren oder um Zwischenlagerkapazitäten im Sinne einer Just-in-Time Produktion möglichst gering auszulasten. Offensichtliche Herausforderung in diesem Szenario ist die unternehmensübergreifende Vernetzung entlang der Wertschöpfungsnetzwerke. Eine weitere Herausforderung entsteht durch den direkten Eingriff der steuernden IT-Systeme in die Produktionsabläufe, der einen neuen Risikofaktor in die Produktion einführt. Auch die im Vergleich zu Produktionsanlagen typischerweise kürzeren Lebensdauern von IT-Systemen können ein Problem darstellen, da jede Änderung im Gesamtsystem mit Risiken verbunden ist. Offensichtlich müssen auch Fragen der (IT-)Security neu bedacht werden, wenn ein Weg von „außen" in die Produktionsanlagen geöffnet wird.

2.4 Steuerung der Produktion durch Kommunikation von Maschinen untereinander

Maschinen, wie z.B. Lasermaschinen, müssen, oft für das zu bearbeitende Material konfiguriert werden. Entsprechende Technologiedaten werden heute durch verschiedene, zum Teil experimentelle Methoden gewonnen und gewöhnlich nach Beendigung der Verarbeitung nicht weiterverwendet. Durch Technologiedatenaustausch zwischen vernetzten Maschinen und ggf. eine automatische Anpassung der Daten an die jeweilige Zielmaschine kann die Situation verbessert werden (vgl. Kagermann, Wahlster, Helbig, 2013). Auch hier verspricht eine unternehmensübergreifende Vernetzung zum Handel solcher Daten Vorteile für alle Beteiligten, stellt allerdings auch hohe Anforderungen an die Vertrauenswürdigkeit und Qualität der Daten. Entsprechende Lizenz- und Geschäftsmodelle müssen allerdings entwickelt werden. Unter Umständen kann hier ein Makler/Händler durch seine Neutralität einen Interessensausgleich zwischen den beteiligten Parteien garantieren.

2.5 Beidseitige Interaktion von Geschäfts- und Produktionsebene

In der Prozessindustrie ist eine kontinuierliche Qualitätskontrolle der Zwischenprodukte erforderlich. Durch Qualitätsschwankungen bei den Rohstoffen, aber auch durch Sollabweichungen der Produktionsanlagen können Minderqualitäten entstehen, die rechtzeitig vor der Weiterverarbeitung erkannt werden müssen, damit entsprechend reagiert werden kann (z.B. durch Nachbearbeitung oder

Nutzung für ein anderes Endprodukt geringerer Qualitätsstufe). Geeignete Sensorik im Produktionsprozess ist heute Stand der Technik. Wird ein solches Problem erkannt, sind die vorgeplanten Produktionsabläufe obsolet. Über eine Kopplung an das Prozessmanagementsystem findet eine intelligente Neuberechnung der Produktionspläne in Echtzeit statt, die auch die aktuell anstehenden Aufträge und ähnliche betriebliche Parameter mit einbezieht, also eine Kombination der Daten aus betrieblicher und Produktionswelt erfordert. Dabei führt die Auswertung der Sensordaten schon während eines Produktionsschrittes zur Prognose einer Minderqualität führen. Ein Problem hierbei ist die extrem große Datenmenge und -vielfalt, die mit der heutigen Technik nicht in Echtzeit bewältigt werden kann. Hierauf wird im Abschnitt „Big Data" näher eingegangen.

Die Verallgemeinerung dieses Beispiels wird als Complex Online Optimization charakterisiert, nämlich schwer lösbare Optimierungsprobleme unter Einbeziehung unterschiedlicher Entscheidungsträger/-ebenen und Planungsstufen bei gleichzeitiger Anforderung an kurze Antwortzeiten.

2.6 Produktdatenintegration

Die Kopplung zwischen den Daten aus der Produktion und den Daten auf betrieblicher Ebene, wie sie im vorigen Abschnitt exemplarisch vorgestellt wurde, wird als Produktdatenintegration bezeichnet. Offensichtlich ist es nicht sinnvoll, die Datenflut einzelner Sensormesswerte an die Geschäftsebene weiterzuleiten.

Vielmehr muss vorher eine sinnvolle Aufbereitung und Aggregation (s.u.) der Daten erfolgen. Eine technische Voraussetzung dafür ist Kopplung der Sensorik mit entsprechender Auswertungslogik beispielsweise über einen Kommunikations-„Standard" wie MQTT (http://mqtt.org). Zur Kopplung der verschiedenen Systemebenen (ERP und MES/PLC) bietet sich als Standardtechnik die Verwendung eines Enterprise Service Bus an. Ohne eine hinreichende semantische Beschreibung der Daten sind eine solche Kopplungen allerdings nicht ausreichend. Standards wie OPC UA (vgl. Lange, Iwanitz und Burke, 2013) spielen dazu auf der Ebene der Feldgerätekommunikation eine wichtige Rolle.

Wie die Beispiele schon gezeigt haben, wird aber auch die Vernetzung über Unternehmensgrenzen hinweg an Bedeutung zunehmen und das gesamte Wertschöpungsnetzwerk umfassen. Schaffung und Sicherung von Interoperabilität werden daher noch weiter an Bedeutung gewinnen, um den reibungslosen Datenaustausch zu ermöglichen.

Umfassende Produktdatenintegration wird mit einigen Herausforderungen konfrontiert:

- Die Heterogenität hinsichtlich Alter und Herkunft des Maschinenparks hat zur Folge, dass eine Vielzahl von Automatisierungsprogrammen mit unterschiedlichen Technologieständen harmonisiert werden müssen.
- Entwicklungs- und Innovationszeiträume in IT und Maschinen- bzw. Anlagebau divergieren und damit auch die Aktualisierungsintervalle (Monate vs. Jahre).
- Die Sicherheitsanforderungen an die IT-Systeme nehmen noch mehr zu.
- Daten werden auch in diesem Bereich zu einem Handelsgut und müssen (monetär) bewertet und als Wert auch entsprechend geschützt werden (was heute oft implizit durch eine abgeschlossene Produktionsumgebung gewährleistet ist)

3 Big Data

Als „Big Data" werden Daten bezeichnet, die sich bezüglich der „3V" (Volume, Variety, Velocity), also hinsichtlich der Datenmenge, der Heterogenität der Daten und der Frequenz des Datenanfalls, bzw. der Anforderung an die Verarbeitungsgeschwindigkeit über das normale Maß hinaus auszeichnen. Offensichtlich sind auch die im oben dargestellten Kontext anfallenden Daten „Big Data". Sensoren generieren riesige Datenmengen im Millisekundentakt über ganz unterschiedliche Sachverhalte. Diese Daten müssen sehr zeitnah verarbeitet werden. Wie schon erwähnt müssen die Daten für eine sinnvolle Weiterverarbeitung verdichtet werden, um relevante Informationen zu extrahieren. Um diese Verdichtung zu realisieren, wird „Complex Event Processing" (CEP, komplexe Ereignisanalyse, Datenstromverarbeitung) eingesetzt, das

- außergewöhnliche Werte (Ausreißer) im Datenstrom erkennt und nur diese an die Ebene der Prozess-Steuerung und -Adaption weitergibt,
- Trends (längerfristige Erhöhungen der Temperatur, steigende Fehlerraten usw.) in den Datenströmen identifiziert und nur diese Information weitergibt, so dass die Detaildaten auf wenige Aussagen reduziert werden,
- Summen, Minima, Maxima, Durchschnittswerte über bestimmte Zeitfenster bildet und nur diese kommuniziert.

Der entscheidende Vorteil dieser Vorgehensweise ist, dass die Detaildaten dabei nicht gespeichert werden müssen, so dass auch große Datenvolumina zeitnah verarbeitet werden können. Basierend auf diesen verdichteten Daten und deren Verknüpfung miteinander werden betriebswirtschaftlich relevante Aussagen abgeleitet werden (z.B. Produktqualität) und Prozessadaptionen abgeleitet.

So werden z.B. bei der Stahlproduktion verlässliche Aussagen über die Qualität des gefertigten Stahls erst während des Produktionsprozesses möglich. Wenn die Zielqualität nicht erreicht wird, muss dieses durch zusätzliche Schritte im Produktionsprozess ausgeglichen werden. Mit den beschriebenen Technologien geschieht dieses automatisch während des Produktionsprozesses, so dass Verzögerungen durch manuelle Umplanung vermieden werden. Durch die Verknüpfung der Qualitätsdaten mit der aktuellen Auslastung der einzelnen Bearbeitungsstationen und der Auftragslage wird eine optimale Entscheidung über die Art der Umplanung getroffen: wenn in einem anderen, noch zu fertigendem Auftrag genau die jetzt erzeugte Qualität benötigt wird, erfolgt statt einer Änderung des Produktionsprozesses eine andere Zuordnung der produzierten Ware.

Im Kontext von Industrie 4.0 werden dabei in der Umsetzung folgende Aspekte beachtet und zugeschnitten auf den Einsatzzweck gelöst:

- Die jeweilige Qualität der Ausgangsdaten wird berücksichtigt, da sich Qualitätsprobleme der Ausgangsdaten bei der Verdichtung potenzieren können.
- Sinnvolle Regeln zur Aggregation müssen erkannt werden. Dies setzt ausgefeilte Data Mining-Techniken voraus, die idealerweise auch auf Datenströmen operieren. Erste Ansätze für selbstlernendes Monitoring setzen Methoden des maschinellen Lernens zur Verfeinerung von relevanten Ereignismustern ein (vgl. Metz et al, 2012).
- Die aggregierten Daten sind semantisch hochwertiger und damit auch monetär wertvoller als die Einzeldaten. Sie müssen daher entsprechend geschützt werden.
- Durch die Aggregation entstehen neue Möglichkeiten, auch personenbezogene Daten über an Maschinen tätige Arbeitnehmer abzuleiten. Daher wird jeweils die Datenschutzrelevanz bewertet.
- Die Verfügbarkeit großer Datenmengen eröffnet neue Möglichkeiten der Simulation. In einer „digitalen Fabrik" wird ein digitales Modell des gesamten Produktionsprozesses geschaffen. Zusammen mit den gesammelten Daten werden Simulationen neuer, effizienterer Produktionssysteme durchgeführt, um so kostengünstig verschiedene Varianten bewerten zu können. Die hinreichend genaue Modellierung der Produktionsanlagen ist allerdings ein sehr aufwändiges Unterfangen.
- Durch Auswertung externer Daten (entlang der Supply Chain, aber z.B. auch aus sozialen Netzwerken, s.u.) entstehen neue Voraussagemöglichkeiten über Marktentwicklungen und Veränderungen in den Kundenpräferenzen, die in Kombination mit den eigenen Daten zur frühzeitigen Produktionsanpassung genutzt werden.

4 Geschäftsprozesse im Kontext Industrie 4.0

In herkömmlichen Business Process Management (BPM)-Ansätzen sind die Geschäftsprozesse üblicherweise statisch entworfen, d.h. sie entsprechen weitestgehend einer Sollvorgabe zur Entwicklungszeit (Design Time). Mögliche Risiken werden, soweit vorhersehbar, geplant und mit vorgefertigten Prozessen mögliche Lösungen entworfen. Eine Optimierung dieser Prozesse erfolgt ex post, so wie sie im Prozesscontrolling und Prozessmining Anwendung findet. Grundsätzlich ist es möglich, durch diese Vorgehensweise ein strukturiertes Modell zur Optimierung der Abläufe in einem Unternehmen über mehrere Schichten (siehe Abbildung 1-1) hinweg zu erzielen. Jedoch erfolgt dies zeitlich verzögert und ohne direkten Rückkanal zu den einzelnen Prozessen. Grund dafür ist oftmals, dass während der Ausführungsphase der Prozesse (Run Time) zwar vereinzelt aggregierte Informationen ermittelt und zwecks Monitoring in Key Performance Indikatoren (KPI) dargestellt werden, jedoch werden nur einzelne Teile der verfügbaren industriellen Prozesse verarbeitet (vgl. Abschnitt 2.5).

Ausgehend von der bisher bekannten Betrachtung des Schichtenmodells und den aufgeführten Restriktionen lassen sich notwendige Optimierungen ableiten.

Wenn man die Strukturen der Automatisierungspyramide in einem cyberphysischen System (CPS) abbildet, wird der immens höhere Grad von Informationen deutlich. Verschiedene Ebenen können grundsätzlich direkt an die Datenströme der Feldebene gekoppelt werden. Durch diese Koppelung können bislang fehlende Rückkanäle eingeführt und zu Feedback Loops genutzt werden.

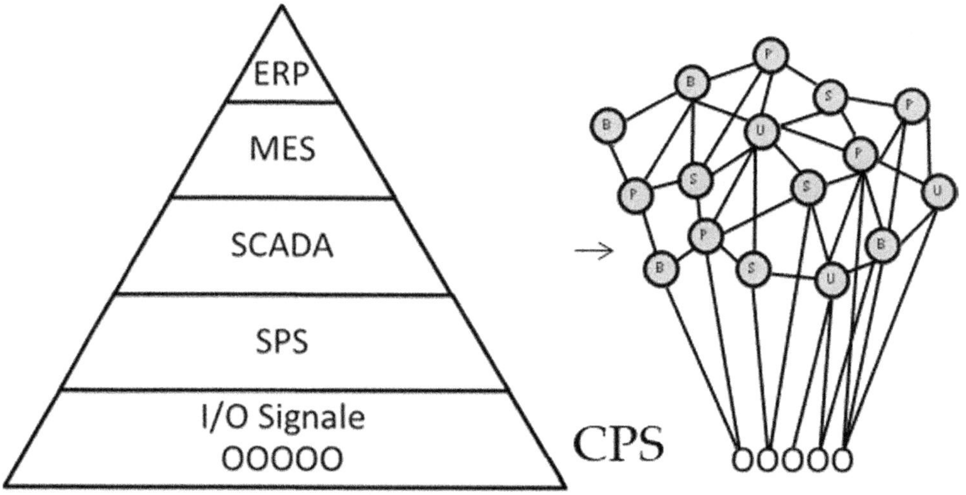

Abbildung 4-1: Schichtenmodell mit CPS Automation

Ein erster Schritt, der eine notwendige Grundlage für diese Rückkanäle darstellt, ist die aggregierte Kumulation der erfassten Daten. Dies geschieht zur Laufzeit (Run Time) mittels der Integration von Technologien zur komplexen Ereignisanalyse (CEP), Social Media und mobile Endgeräten in die Prozesse und die Anwendungen, die diese ermöglichen. Analysten sehen dies als wichtigen Trend im Bereich des BPM und bezeichnen dieses Segment als "intelligent business operations" (IBO) (vgl. Pettey und van der Meulen 2012).

Die kommende Generation von BPM-Suiten werden auch „intelligent business process management suites" (iBPMSs) genannt. Merkmale werden die Aufbereitung der gesammelten Daten aus den Produktionsprozessen sein. Diese sind im Kontext des Internets der Dinge (siehe Abschnitt 2) definiert.

Neben der geschilderten Aufgabe der Verarbeitung der expandierenden Datenmengen ist auch die Einbeziehung neuer Aspekte in die Geschäftsprozesse relevant:

- Social Media, um mehr externe Datenquellen, externe Perspektiven (wie Experten -und Kundenstimmen) und Kontextdaten in den gesamten Lebenszyklus (nicht nur die Entwurfszeit) zu integrieren. Social Media trägt dazu bei, in einem situativen Kontext den Prozess zu verbessern (vgl. IAO 2013). Ein konkretes Beispiel dafür ist die Integration von typischen Social Media Kanälen in BPM Tools. Social BPM ist definiert als die Möglichkeit der Anbindung oder Integration sozialer Netzwerke innerhalb einer Business Process Modeling Suite. Dadurch können alle an einem Geschäftsprozess beteiligten Personen unmittelbare und zeitnahe Rückmeldungen geben, die dem zuständigen verantwortlichen Manager helfen, Entscheidungen zu treffen. Social Media bietet auch zusätzliche Analysetechniken, wie soziale Netzwerkanalyse (vgl. Pettey und van der Meulen 2012), um Entscheidungen über die optimale nächste Prozesssituation und damit Produktionssituation zu unterstützen. Dies ermöglicht auch eine bessere Zusammenarbeit und Crowdsourcing. Falls sich in einem bestimmten sozialen Netzwerk (beispielsweise Twitter) Meldungen über Probleme mit einem bestimmten Produkt verstärkt auftreten, wird dies durch entsprechende Software erkannt, so dass Probleme in der Produktion frühzeitig erkannt und behoben werden können, was weitere Kosten spart.
- Mobile Endgeräte dienen der Unterstützung einzelner Mitarbeiter, um Zugang zu Ihren Arbeitsprozessen zu erhalten und so die Reaktionsfähigkeit zu verbessern, und auch um mobil unterstützte Interaktionen zu ermöglichen.
- Bereiche wie Business Activity Monitoring (BAM) und CEP-Technologien dienen der Erweiterung von Analysefunktionen und erlauben bessere prädiktive Analysen. Einblicke nahe Echtzeit in die Leistung der Geschäftsprozesse durch entsprechende interaktive Business-Dashboards erlauben auch eine schnellere Information über Ausnahmesituationen, die nicht mehr in der Design Time dargestellt sind. Allgemein wird somit das Kontextbewusstsein verbessert.
- Um Kompromisse abzuwägen und dadurch die effektivste verfügbare Entscheidung für einen Geschäftsprozess finden zu können, unterstützen Entscheidungsmanagementwerkzeuge vielfältige Funktionen (Polyanalytik), einschließlich leistungsfähiger Unterstützung für Regelmanagement, Optimierung und Simulationstechnologien sowie constraintbasierte Optimierungsalgorithmen, die fortschrittliche mathematische Techniken verwenden. Dadurch verfügt der verantwortliche Entscheider

für einen Geschäftsprozess über diverse parallel zur Verfügung stehende Indikatoren.

- Durch die Verarbeitung prozessbezogener Daten und deren kumulierte Aggregation und Zusammenfassung zu Key Performance Indikatoren erhält man Aussagen über die aktuelle Performanz von Geschäftsprozessen. Diese Aufgabe des Process Monitoring bzw. Business Activity Monitoring (BAM) ermöglicht die visuelle Aufbereitung dieser Daten z.B. in Business-Dashboards und dient der Entscheidungsunterstützung zur Produktionszeit.

Zusätzlich erfolgt die Dokumentation von vertraglichen und rechtlichen Rahmenbedingungen. Durch die Nachverfolgbarkeit der detailliertesten einzelnen Produktionsschritte werden wichtige Nachweise für die Zeit nach der eigentlichen Herstellung generiert.

Business Activity Monitoring verlangt immer einen gewissen Grad an manuellen Entscheidungen und Interpretationen der zugrunde liegenden Daten und der abgeleiteten Maßnahmen.

Dies betrifft auch den Bereich der Risikobewertung, z.B. der Sicherheit gegen Angriffe in industrieller Produktion im Kontext einer hochvernetzten Industrie 4.0.

Diese separate Betrachtung kann durch verbesserte Technologien im Bereich der Geschäftsprozessoptimierung teilweise aufgelöst werden. Höhere Datenmengen und geringere Latenzzeiten bei der Verarbeitung gehen in Richtung eines Echtzeit Monitoring (vgl. Janiesch et.al, 2012).

Der vermehrte Einsatz der Kombination aus BPMS- und CEP-Funktionen ermöglicht diese Art des Monitorings. Typische Ereignisse im Kontext von BPM sind z.B. „process started", "work item assigned", oder "activity completed" (vgl. WfMC 2008). In diesem Kontext wird auch die vermehrte Implementierung von Rückkanälen interner und externer Art sinnvoll, da dadurch wiederum diese Ereignisse übermittelt werden. Verbesserte cloud-taugliche Messaging-Systeme übermitteln diese Ereignisse mit deutlich höherer Performanz grundsätzlich auch über Unternehmensgrenzen hinweg.

Somit kann Monitoring von reinen Produktionsdaten durch bessere Vernetzung der bestehenden Systeme (z.B. ERP Systeme, Koppelung externer Systeme) und Analyse der Ereignisse bessere und zeitnahe Entscheidungen über Geschäftsprozesse ermöglichen.

Die Integration der verschiedenen Aspekte der gestiegenen Komplexität der Geschäftsprozesse bietet innovative Möglichkeiten der besseren Verzahnung der verschiedenen Ebenen – ausgehend vom Schichtenmodell der Automatisierungspyramide.

Dabei wird nach wie vor die klassische Design Time von hoher Relevanz für Geschäftsprozesse sein, einerseits um die Berücksichtigung des Zusammenspiels digitaler und realer Welt modellbasiert darzustellen, aber auch um den Entwurf von Anpassungen an bestehenden Geschäftsprozessen zu berücksichtigen (Delta-Engineering). Jedoch kann sie alleine nicht in ausreichendem Maße einen Ausweg aus der Betrachtung der Geschäftsprozessdaten und der bestehenden Situation aufzeigen. Durch die Ergänzung der genannten Aspekte durch zusätzliche Datenquellen z.B. aus Social Media, durch den verstärkten Einsatz von mobilen Endgeräten sowie der insgesamt weit fortgeschrittenen Analysemöglichkeiten und Simulationsmöglichkeiten und des Einsatzes von CEP wird der Bereich der "intelligent business operations" in der Lage sein, diese Aufgabe zu bewältigen.

Auf Grundlage von Big Data und des Internet der Dinge wird die Datenerhebung erst möglich sein. Die gezielte Auswertung und Aufbereitung sowie Kumulation der Daten zur Laufzeit wird durch den IBO-Ansatz geleistet.

Ein offenes Themenfeld ist die durch die vielfältigen Technologien gesteigerte Komplexität und dadurch die Nutzbarkeit der iBPMSs. Neben betriebswirtschaftlichen Kenntnissen über die Geschäftsprozesse sind auch weitere technische und mathematische Fähigkeiten nötig, um als Endbenutzer den IBO-Ansatz ganzheitlich nachzuvollziehen. Hier gilt es insbesondere Lösungen für den jeweiligen Nutzerkreis mit exakt zugeschnittenem Informationsgehalt zu finden, der genau auf einen speziellen Anwendungsfall in der Industrie 4.0 passt.

5 Literatur

Kagermann, H, Wahlster, W, Helbig, J (Hrsg.) (2013) Deutschlands Zukunft als Produktionsstandort sichern – Umsetzungsempfehlungen für das Zukunftsprojekt Industrie 4.0, Abschlussbericht des Arbeitskreises Industrie 4.0, acatech

Lange, J, Iwanitz, F, Burke, T (2010) OPC - Von Data Access bis Unified Architecture, VDE Verlag GmbH, Berlin

Manyika, J, Chui, M, Brown, B, Bughin, J, Dobbs, R, Roxburgh, C, Hung Byers, A (2011) Big data: The next frontier for innovation, competition, and productivity, McKinsey Global Institute

Mattern, F, Floerkemeier, C (2010) From the Internet of Computers to the Internet of Things. In: Sachs, K, Petrov, I, Guerrero, P (Hrsg.) From Active data Management to Event-Based Systems and More, Springer, Berlin Heidelberg, S242-259

Metz, D, Karadgi, S, Müller, U, Grauer, M (2012) Self-learning monitoring and control of manufacturing processes based on rule induction and event processing. 4th International Conference on Information, Process, and Knowledge Management (eKNOW 2012):88-92.

Wahlster, W (Hrsg.) (2013) SemProM - Foundations of Semantic Product Memories for the Internet of Things, Springer, Berlin Heidelberg

Hubschmid, Maris: „Manufaktur-Betriebe: Eine große Liebe zum Produkt". Handelsblatt, 4. März 2012. http://www.handelsblatt.com/unternehmen/mittelstand/manufaktur-betriebe-eine-grosse-liebe-zum-produkt/6344478.html. Zugegriffen: 5. Dezember 2013

Pettey, C. und van der Meulen, R., 2012. Gartner Says Intelligent Business Operations Is the Next Step for BPM Progams. http://www.gartner.com/newsroom/id/1943514. Zugegriffen: 15. Dezember 2013

Pettey, C. und van der Meulen, R., 2012. Gartner Highlights Six Core Principles to Tap the Power of Social Media

http://www.gartner.com/it/page.jsp?id=2138415. Zugegriffen: 15. Dezember 2013

Dieter Spath (Hrsg .), Fraunhofer - Institut für Arbeitswirtschaft und Organisation IAO, 2013: „Studie Produktionsarbeit der Zukunft – Industrie 4.0" ISBN: 978-3-8396-0570-7

Janiesch, C., Matzner, M. und Müller, O., 2012. Beyond process monitoring: a proof-of-concept of event-driven business activity management. In: Business Process Management Journal 18(4), S. 625–643.

WorkflowManagement Coalition (WfMC), 2008. Business process analytics format draft version 2.0.

http://www.wfmc.org/index.php/standards/bpaf. Zugegriffen: 15. Dezember 2013

Teil 4: Migration

SPS-Automatisierung mit den Technologien der IT-Welt verbinden ... 559

Dr. Thomas Bürger, Bosch Rexroth AG; Dr. Karl Tragl, Bosch Rexroth AG

Von der Automatisierungspyramide zu Unternehmenssteuerungsnetzwerken ... 571

Michael Kleinemeier, SAP AG

Industrie 4.0-Readiness: Migration zur Industrie 4.0-Fertigung .. 581

Andreas Bildstein, Fraunhofer IPA; Joachim Seidelmann, Fraunhofer IPA

SPS-Automatisierung mit den Technologien der IT-Welt verbinden

Dr. Thomas Bürger, Bosch Rexroth AG; Dr. Karl Tragl, Bosch Rexroth AG

1 Einführung

Industrie 4.0 verändert mit der Vernetzung von Produktionstechnologien und IT-Welt die Spielregeln. An Stelle proprietärer Schnittstellen treten offene Standards, mit denen Maschinenhersteller neueste IT-Technologien eigenständig in ihre Konzepte einbinden. Der vorliegende Beitrag zeigt auf, wie diese Entwicklung mit Hilfe von Open Core Engineering unterstützt werden kann. Open Core Engineering steht für das komplette Engineering-Angebot von Rexroth, das die bislang getrennten SPS- und IT-Welten in einer durchgängigen Lösung verbindet und das 2013 mit dem HERMES AWARD ausgezeichnet wurde. Es bietet Maschinenherstellern neue Freiheiten, innovative Ideen in Software selbst umzusetzen.

Der Beitrag zeigt sowohl die Bedeutung von Software für den Maschinenbau auf als auch die Möglichkeiten, die sich aus der Verschmelzung von SPS-Automatisierung mit den Technologien aus der IT-Welt für Industrie 4.0 ergeben.

2 Bedeutung von Maschinensoftware

Über alle Industriebranchen hinweg haben sich die Rahmenbedingungen für produzierende Unternehmen verändert. Immer kürzere Produktlebenszyklen führen zu ständig kleineren Losgrößen. In Westeuropa arbeiten zahlreiche Unternehmen daran, auch kleinste Stückzahlen wirtschaftlich zu fertigen. Das hat entscheidende Auswirkungen auf den Maschinenbau: Statt starrer Produktionsketten setzen immer mehr Unternehmen auf modulare Produktionslinien. Sie kombinieren einzelne Bearbeitungsstationen flexibel für unterschiedlichste Produkte. Gleichzeitig suchen sie nach Möglichkeiten, die Unternehmens-IT und die Automation in den Fabrikhallen besser miteinander zu vernetzen. Beide Entwicklungen verändern den Maschinenbau. Noch mehr als heute verlagern die Hersteller Funktionen in die Software und schaffen damit die Voraussetzungen für völlig neue Produktionsmodelle.

Das traditionelle Bild vom Maschinenbau ist in der Öffentlichkeit häufig noch von Stahl und Eisen geprägt. In Wirklichkeit besteht ein Großteil der Wertschöpfung bei Maschinen aus europäischer Fertigung schon längst aus Software – und dieser Anteil wird weiter steigen [1]. Damit liegt der Maschinenbau gleichauf mit anderen Branchen wie der Telekommunikation. Dort hat die Entwicklung von drahtgebundenen Analog-Telefonen mit Wählscheibe hin zu Smartphones mit hoher

Rechenleistung unser tägliches Leben – und das ganzer Industriezweige - verändert.

2.1 Flexibilität durch offene Schnittstellen

In der produzierenden Industrie gewinnt auch die Vernetzung immer mehr an Fahrt. Die Autoindustrie ist häufig ein Vorreiter für neue Produktionsmodelle. Bis in die 1990er Jahre setzte sie bei der Motorenfertigung auf Transferstraßen. Diese fest verketteten Produktionsstationen fertigten hoch effizient große Stückzahlen eines Motorentyps. Eine immer größere Modellvielfalt und kürzere Produktlebenszyklen erforderten aber eine größere Flexibilität. Seitdem haben fast alle Hersteller auf flexible Produktionszellen umgestellt. Dort arbeiten hochflexible Bearbeitungszentren innerhalb einer Produktionszelle gemeinsam an einem Werkstück. Mit dieser Umstellung fertigen die Hersteller verschiedene Motorentypen auf der gleichen Linie.

Bei der Verpackung von Nahrungsmitteln oder im Rollendruck hat eine ganz ähnliche Entwicklung stattgefunden. Dort trieben bis vor einigen Jahren Zentralantriebe über eine komplizierte und verschleißanfällige Mechanik die Maschinen an. Bei jeder Umstellung mussten die Bediener die Maschinen ausschalten und mit dem Schraubenschlüssel die Mechanik verstellen. Mit der Entwicklung einer elektronischen Welle durch Rexroth übernimmt Software diese Synchronisationsaufgaben. Statt eines zentralen Motors werden moderne Maschinen mit dezentral intelligenten Antrieben ausgerüstet. Sie sind über Datenleitung mit der Steuerung verbunden. Diese gibt die Sollwerte vor, den Rest erledigen die Antriebe in Eigenregie. Damit entfällt die gesamte mechanische Synchronisation. Zur Umrüstung auf neue Produkte reicht bei diesen Maschinen oft ein Klick in der Steuerung. Die Software nimmt dann automatisch alle notwendigen Veränderungen vor. Um weitere Produktionsstationen zu integrieren reicht ein Datenkabel, und die neue Station fügt sich in die Produktionslinie ein. Die Grundvoraussetzung: Die Produktionsanlage und die Module müssen über offene Schnittstellen Daten austauschen und verarbeiten können.

2.2 Vernetzung mit der Unternehmens-IT

Diese evolutionäre Entwicklung hat aktuell ein neues Niveau erreicht, denn es liegen wieder einmal grundlegende Veränderungen in der Luft. Derzeit diskutieren Maschinenanwender und -hersteller intensiv über Industrie 4.0 [2] oder Integrated Industry. Diese Schlagworte beschreiben eine umfassende Vernetzung der Fabrikautomation mit der IT-Welt. Das Ziel ist die wirtschaftliche Produktion der Losgröße 1. Die bisherige, evolutionäre Flexibilisierung der Maschinentechnik und der Fertigungsorganisationen ist bereits weitgehend ausgeschöpft. Bei der angestrebten Vernetzung kommunizieren Maschinen und die Unternehmens-IT ohne menschliche Eingriffe direkt miteinander und ermöglichen durch diese Selbstorganisation die effiziente Fertigung individueller Produkte.

Die Voraussetzungen dafür sind im Prinzip bereits gegeben: Maschinenhersteller vernetzen in ihren Maschinen bereits dezentral intelligente Antriebe und Sensoren. Maschinenmodule verhalten sich autonom und passen sich je nach Kontext flexibel den Rahmenbedingungen an. Diese Vernetzung endet aber bislang an der Maschinensteuerung.

2.3 Grenzen aktueller Lösungen

In den vergangenen Jahren haben sich Standardsteuerungen als wirtschaftlichste Option für Maschinenhersteller durchgesetzt. Kaum noch ein Maschinenhersteller unterhält eine eigene Steuerungsentwicklung. Die wirtschaftlichen Vorteile haben die Maschinenhersteller aber gegen eine Einschränkung getauscht. Sie haben keinen Zugriff auf den Steuerungskern, sondern können nur in einem vom Steuerungshersteller vorgegebenen Korridor Funktionen umsetzen. Proprietäre, herstellerspezifische Schnittstellen und Basisprogramme verhindern, dass Maschinenhersteller eigenständig völlig neue Ideen umsetzen können.

Das zweite Hindernis ist, dass die IT-Welt und die Automatisierung unterschiedliche Sprachen sprechen. In der Automatisierung haben sich SPS-Sprachen durchgesetzt. Sie ermöglichen eine sehr effiziente Umsetzung von Standardaufgaben. In der IT-Welt dagegen herrschen Hochsprachen vor, mit denen sich auch sehr komplexe Funktionen einfach umsetzen lassen. Diese beiden Welten konnten bislang nur über Umwege Daten oder gar Befehle austauschen.

3 Open Core Engineering

Beide im vorherigen Absatz dargestellten Hindernisse haben bislang die Innovationskraft der Software für die Automatisierung eingeschränkt. Im Jahr 2012 hat Bosch Rexroth mit dem Open Core Engineering die Spielregeln für Maschinenhersteller verändert und ihnen völlig neue Freiheitsgrade eröffnet. Zum einen ermöglicht eine neue Schnittstellentechnologie die Programmierung von Steuerungen mit den Sprachen der IT-Welt. Gleichzeitig hat Bosch Rexroth den Steuerungskern für einen erweiterten Zugriff durch den Maschinenhersteller geöffnet. Damit sind erstmals die Voraussetzungen für eine konsequente Vernetzung der Fabrikautomation mit der IT-Welt gegeben. Maschinenhersteller können jetzt eigenständig individuelle Software-Funktionen entwickeln und umsetzen. Das ermöglicht völlig neue Konzepte der Produktionsmodularisierung und Vernetzung durch innovative Softwarelösungen.

3.1 Elemente von Open Core Engineering

Grundbestandteil von Open Core Engineering sind Softwaretools, Funktionspakete und offene Standards sowie die Schnittstelle Open Core Interface (Abb. 1). Es deckt damit sämtliche Schritte im Workflow ab – von der Projektierung über die Programmierung und Parametrierung bis hin zu Inbetriebnahme und Service.

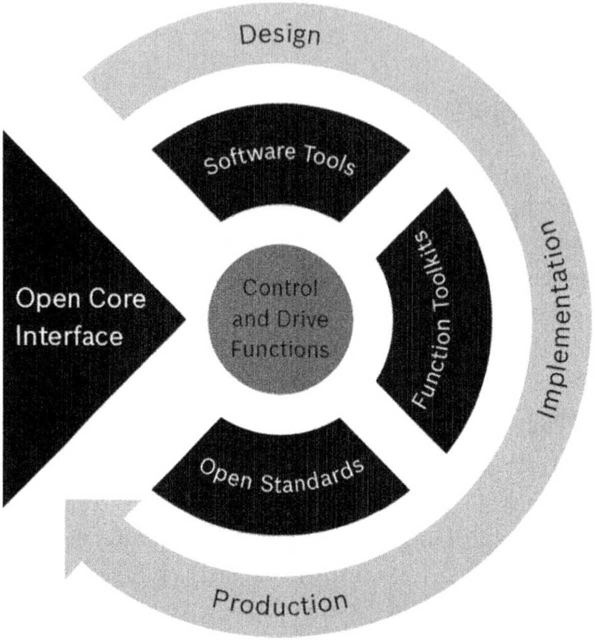

Abbildung 1: **Elemente von Open Core Engineering**

Im Mittelpunkt der Software-Tools steht das Engineering-Framework IndraWorks, das alle Basis-Werkzeuge zur SPS-basierten Automatisierung auf Basis IEC 61131-3 [3] zur Verfügung stellt. Hinzu kommen vorgefertigte Funktionspakete, mit denen sich zum Beispiel elektrische und hydraulische Antriebstechnologien auf einfache Weise in einem Automatisierungskonzept verschmelzen lassen, wie in Tabelle 1 zusammengefasst. In Summe trägt dies bei Maschinenherstellern dazu bei, die Engineering-Effizienz zu steigern [4].

Tabelle 1: **Funktionspakete des Open Core Engineering (Auszug)**

Function Toolkit (Auszug)	Beschreibung
Automation Interface	Script-orientierte Schnittstelle zur automatisierten Projektierung
FlexProfile	Erstellung und Programmierung nicht linearer Bewegungsprofile
Generic Application Template	Template-basierte Erstellung von Maschinenprojekten

Hydraulics	Integration und Programmierung elektro-hydraulischer Antriebstechnologien
Robot Control	Programmierung von Bahnbewegungen im Raum
Safety on Board	Programmierung der integrierten Sicherheitssteuerung
Technology	Bibliotheken mit vorgefertigten Prozesslösungen
Team-Engineering	Anbindung an Versionskontrollsysteme

Offene Standards wie beispielsweise die Kommunikationsstandards sercos [5], EtherNet/IP [6], Profinet [7] oder OPC-UA [8] bilden die Eckpfeiler für Open Core Engineering und die Voraussetzung für zukunftssichere Automation.

3.2 Open Core Interface – Brücke zwischen SPS- und IT-Automation

Open Core Engineering schlägt mit Open Core Interface die Brücke zwischen SPS- und IT-Automation: Dabei handelt es sich um eine funktionale Steuerungsschnittstelle in Kombination mit einem Software-Entwicklungskit (SDK) für unterschiedliche Programmierumgebungen, Betriebssysteme und Zielgeräte [4]. Die verfügbaren Bibliotheken für diese Steuerungsschnittstelle sind in Tabelle 2 gelistet.

Tabelle 2: Verfügbare Bibliotheken für Open Core Interface

Bibliothek	Funktionen
API	Verbindungsaufbau mit der Steuerung
IO	Zugriff auf Prozessdaten der Feldbusse
Logic	Zugriff auf SPS-Funktionen und -daten
Motion	Zugriff auf Motion Control-Funktionen und Antriebsinformationen
Parameter	Zugriff auf sercos-Parameter
System	Zugriff auf Steuerungsinformationen
Task	Zugriff auf das Task System der Steuerung
Trace	Zugriff auf das Trace System der Steuerung
WatchDog	Fehlerbehandlung

Damit haben hochsprachen-basierte Anwendungen auf externen Geräten einen völlig neuen und flexiblen Zugriff auf alle Funktionen von Steuerungen und Antrieben. Anwendungen auf Basis C/C++ sind darüber hinaus direkt in der Echtzeitumgebung der Steuerungen lauffähig (Abb. 2).

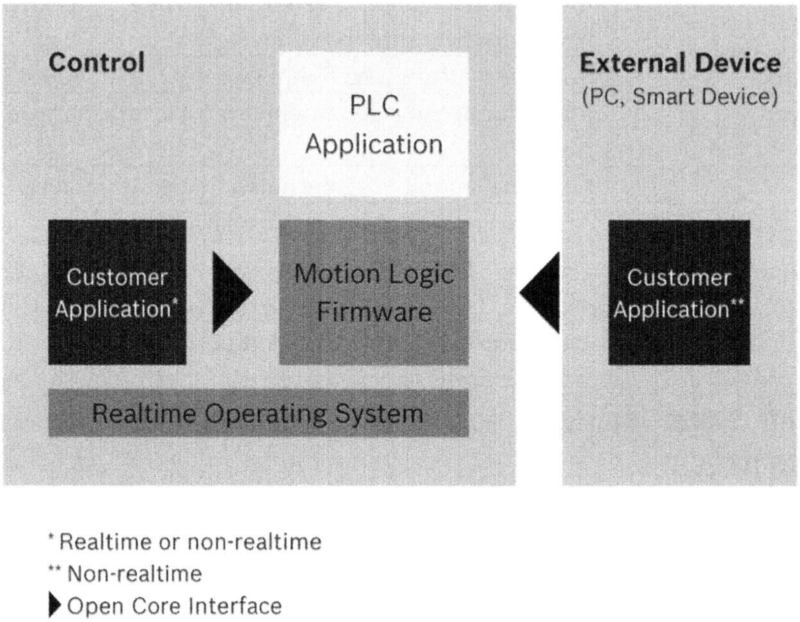

Abbildung 2: Funktionale Steuerungsschnittstelle Open Core Interface

Erste Anwendungen zeigen dazu ein erhebliches Innovationspotenzial in vier Dimensionen:

- Vollwertige Integration von Smart Devices mit individuellen Apps in Maschinen.
- Vereinfachte Programmierung und Inbetriebnahme mit Rapid Control Prototyping.
- Neue Möglichkeiten, Maschinen mit Unternehmens-IT zu vernetzen.
- Erhöhen der Flexibilität und Produktivität mit individuellen Funktionen in der Echtzeitumgebung der Steuerung.

3.2.1 Individuelle Apps für Smart Devices

Die Durchdringung von Smart Devices in der Consumer-Welt hat im Maschinenbau ein reges Interesse daran geweckt, die mobilen IT-Technologien von Smartphones und Tablets auch in der Maschinenautomation zu verwenden. Deren Anwendungen – Apps – ermöglichen es, die Kommunikation zwischen Mensch und Maschine neu zu gestalten und die Interaktion schneller, intuitiver und flexibler zu machen. Der Zugriff auf Maschineninformationen bietet eine Fülle von Anwendungsszenarien im Kundenumfeld wie Betriebsdatenerfassung, Service, Diagnose und Wartung. Smart Devices zeigen aber auch neue Wege zur mobilen Maschinenbedienung auf. Zwischenzeitlich hat die Multi-Touch-Technologie auch in stationären HMI-Geräten Einzug gehalten.

Mit dem Open Core Interface haben Maschinenhersteller nun die Möglichkeit, Apps für diese Geräte selbstständig zu realisieren. Mit Apple iOS und Google Android unterstützt die Schnittstelle die derzeit wichtigsten Betriebssysteme für Smart Devices. Im Gegensatz zu webbasierten Apps, die Informationen von Ressourcen-zehrenden Webservern in den Steuerungen verwenden, sind Maschinenhersteller mit dem Open Core Interface in der Lage, native Apps zu erstellen. Der Unterschied besteht darin, dass diese Anwendungen völlig autark auf dem Zielgerät laufen und das Steuerungssystem nur minimal belasten. Durch die Multi-Server/-Client-Unterstützung können sich Geräte gleichzeitig mit mehreren Steuerungen verbinden bzw. unterschiedliche Anwendungen parallel auf eine Steuerung zugreifen [4].

Für eine vollständige Systemdiagnose hat Bosch Rexroth beispielhaft eine native App auf Basis von Google Android umgesetzt (Abb. 3). Im Fehlerfall kann diese dem Maschinenbetreiber die Diagnose gegenüber der bislang üblichen Vorgehensweise deutlich erleichtern. Mit Hilfe eines Smartphones wird der QR-Code mit der IP-Adresse der Steuerung eingelesen, der zum Beispiel außen auf dem Schaltschrank aufgebracht sein kann. Damit wird die Verbindung zur Steuerung hergestellt und alle notwendigen Daten werden mit dem Smartphone ausgelesen und per E-Mail direkt weitergeleitet.

Abbildung 3: **Beispiel einer Diagnose-App auf Basis Open Core Interface**

3.2.2 Rapid Control Prototyping

Open Core Interface vereinfacht mit dem Ansatz des Rapid Control Prototyping Inbetriebnahme und Programmierung z. B. von Prüf- und Messmaschinen. Sowohl in der Industrie, als auch im wissenschaftlichen Bereich werden dazu bevorzugt die Softwarewerkzeuge MATLAB der Firma TheMathWorks Inc. und LabVIEW der Firma National Instruments Corp. eingesetzt. Ihre Hauptanwendungsgebiete liegen dort, wo es um die Simulation dynamischer Prozesse, Entwurf und Test von Signalverarbeitungsalgorithmen oder um Messtechnik im weitesten Sinne geht [9]. Unter Verwendung derartiger Tools mit Open Core Interface können Bewegungen und Abläufe von Maschinen programmiert werden, ohne eine Zeile SPS-Code zu erstellen.

3.2.3 Nutzung windows-basierter Anwendungen auf Produktionsebene

Mit dem Open Core Interface können Maschinenhersteller hochsprachenbasierte Anwendungen in der Produktion funktional verbinden und adaptieren. Damit eröffnen sich neue Wege zur maschinennahen Bedienung und Diagnose, zur Schnittstellenintegration an produktionsnahe Fertigungs- und Managementsysteme oder zur Einbindung steuerungsintegrierter Prozessfunktionen wie komplexer Reglerstrukturen. Maschinenhersteller können Automatisierungsideen in nahezu beliebigen Programmiersprachen umsetzen und über erweiterte Geräteplattformen in Produktionsprozesse einbinden. Neuen Ideen, auch mit Blick auf Multitechnologie-Lösungen, sind keine Grenzen gesetzt.

3.2.4 Entwicklung individueller Echtzeitfunktionen

In unabhängigen Studien [1] wird es von der Mehrheit der Befragten als erfolgsentscheidend bewertet, individuelle und innovative Lösungen auf der Basis standardisierter Automatisierungsprodukte zu realisieren. Solche Anwendungen, die einen Zugriff auf alle Funktionen des Steuerungskerns erfordern, konnten bislang nur über den Steuerungshersteller verwirklicht werden. Open Core Interface bietet insbesondere auch die Möglichkeit, Flexibilität und Produktivität mit individuellen Funktionen in der Echtzeitumgebung der Steuerung zu erhöhen [10]. Maschinenhersteller haben damit eine innovative Plattform, um

- eigenständig Innovationen betreiben zu können,
- eigenes Know-how zu schützen,
- Time to Market zu reduzieren und
- flexibel individuelle Lösungen umzusetzen.

3.2.5 Open Core Interface – Supportstruktur als Potenzial

Aufgrund der Vielzahl der Möglichkeiten muss sichergestellt werden, dass dem Anwender ideale Unterstützung gewährleistet wird. Für Nutzer des Open Core Interfaces ist deshalb eine entsprechende Supportstruktur aufgebaut. Hierfür werden insbesondere internetbasierte Möglichkeiten zum Austausch von Informationen (Blog, Internetforum) genutzt sowie Software-Entwicklungskits und Beispielapplikationen bereitgestellt.

Der internetbasierte Ansatz ist jedoch weit mehr, als nur die Grundlage für eine effiziente Supportstruktur. Er ist zugleich die Voraussetzung, im Sinne von Industrie 4.0 einen breiten Markt zu erschließen, in dem zahlreiche Industrienutzer

(Maschinenbauer, Endanwender, Ingenieurbüros, Hochschulen) auf Basis Open Core Interface mit entwickeln können.

4 Maschinensoftware – Potenziale für Industrie 4.0

Schon bei den früheren Technologieentwicklungen zu mehr Software und vernetzbaren Modulen hat sich gezeigt, dass Offenheit der entscheidende Faktor ist. Die zunehmende Vernetzung läutet das Ende der proprietären Schnittstellen ein. Denn nur durch offene, herstellerübergreifende Standards bei der Programmierung und dem Datenaustausch können Maschinen direkt untereinander kommunizieren. Nur mit standardisierten Schnittstellen ist ein nahtloser Datenaustausch zwischen unterschiedlichen Maschinen und der IT-Welt möglich.

Damit sind industrielle Anwender in der Lage, verschiedenste Maschinen miteinander zu kombinieren, die sich im Verbund mit der Unternehmens-IT selbst koordinieren. Als autonome Systeme reagieren sie auf sich ändernden Kontext. Damit ersetzen modular aufgebaute Produktionslösungen starre Produktionsketten und steigern die Effizienz für die Fertigung kleinster Stückzahlen. Die ersten Schritte sind – wie am Beispiel Open Core Engineering gezeigt – bereits getan und Software wird evolutionär die Fabrikautomation nachhaltig verändern.

Welches Innovationspotenzial solche vernetzten Systeme bieten, lässt sich bei der mobilen Internetnutzung ablesen. Noch vor weniger als zehn Jahren waren Handys ausschließlich für das Telefonieren und SMS-schreiben konzipiert. Alle komplexeren Aufgaben wurden mit PCs oder Notebooks erledigt. Als die ersten Smartphones für private Anwendungen auf den Markt kamen, haben viele gelächelt. Sie hielten sie eher für teure Spielzeuge junger Leute. Sieben Jahre später haben diese Smartphones die Welt verändert und sind der zentrale Eingang in die vernetzte Welt. Sie haben neue Geschäftsmodelle ermöglicht und bestehende in Frage gestellt.

Auch in der Fabrikautomation wird die Vernetzung die Rahmenbedingungen verändern. Noch viel mehr als heute wird Software künftig die Wertschöpfung, die Effizienz und den Innovationsgrad von Maschinenkonzepten bestimmen. Industrielle Anwender werden durch die Vernetzung ihrer Unternehmens-IT mit ihren modularen Produktionsanlagen und ihren Zulieferern auch kleinste Losgrößen bis zur Stückzahl 1 wirtschaftlich fertigen. Diese Zukunft hat bereits begonnen.

Dies bietet in zweierlei Hinsicht erhebliche Potenziale für die Industrie in Deutschland. Zum einen birgt die Weiterentwicklung von sogenannten Cyber Physical Systems (CPS) substanzielle Chancen für den Export von Technologien und Produkten. Zum anderen stärkt der Einsatz von CPS in deutschen Fabriken den Produktionsstandort Deutschland durch Effizienzsteigerungen der heimischen Fertigung.

Das Unternehmen Bosch verfolgt in diesem Umfeld eine Doppelstrategie (Abb. 4). Einerseits nimmt Bosch eine Anbieterrolle ein. Dabei wird die nötige Technik u.a. durch Bosch Rexroth entwickelt, die – wie beispielsweise Open Core Engineering – teilweise schon jetzt erfolgreich im Einsatz ist. Andererseits ist Bosch als produzierendes Unternehmen mit über 260 Produktionswerken in einer Betreiberrolle und somit weltweit selbst auch Anwender und Umsetzer.

Abbildung 4: Doppelstrategie auf dem Weg zu Industrie 4.0

Deutschland ist hierfür in einer guten Ausgangsposition. Deutsche Firmen sind führend im Anlagen- und Maschinenbau, ihre IT-Kompetenz ist weltweit anerkannt. Zudem haben sie die Innovationsführerschaft bei „Embedded Systems" und Automatisierungstechnik. Durch intensive Kooperationen zwischen Ausrüstern, Anwendern sowie den leistungsfähigen Forschungs- und Ausbildungseinrichtungen hat Deutschland gute Voraussetzungen, um die nächste industrielle Revolution einzuleiten: die Industrie 4.0.

5 Literatur

[1] VDMA (2012) Trendstudie: IT und Automatisierungstechnik in den Produkten des Maschinen- und Anlagenbaus.

[2] Kagermann H, Wahlster W, Helbig J (Hrsg., 2013) Umsetzungsempfehlungen für das Zukunftsprojekt Industrie 4.0 [http://www.plattform-i40.de/umsetzungsempfehlungen-f%C3%BCr-das-zukunftsprojekt-industrie-40-0].

[3] IEC (2013), IEC 61131-3:2013 Programmable controllers - Part 3: Programming languages.

[4] Sasse N (2013), Kreativität und Effizienz im Engineering verbinden. SPS-MAGAZIN

[5] Sercos international e.V. - TWG Communication (2013), Sercos - Communication Profile - Version 1.3.1-1.5.

[6] ODVA (2013), The CIP Networks Library (Volume 1-2).

[7] PROFIBUS Nutzerorganisation e. V. (2013), PROFINET Systembeschreibung - Systemhandbuch.

[8] OPC Foundation (2013), OPC Unified Architecture Specification, Parts 1-13 (Version 1.02, Part 7 Version 1.01).

[9] Engels E, Schnabel H (2012) Rapid-control-prototyping of industrial drives for the sercos automation bus. Mechatronics (MECATRONICS), 2012 9th France-Japan & 7th Europe-Asia Congress on and Research and Education in Mechatronics (REM). doi: 10.1109/MECATRONICS.2012.6451005

[10] Engels E, Gabler T (2012) Universelle Programmierschnittstelle für Motion-Logic Systeme. AALE 2012, Tagungsband: 37-46.

Von der Automatisierungspyramide zu Unternehmenssteuerungs-netzwerken

Michael Kleinemeier, SAP AG

1 Einführung

Wie der Begriff „Industrie 4.0" bereits signalisiert, befinden wir uns in einem Übergang von der 3. zur 4. industriellen Revolution. Die 3. industrielle Revolution seit den frühen 1970er-Jahren bezeichnet den Einzug von Elektronik und Informationstechnologien in die Fabriken, wo sie seitdem für eine fortschreitende Automatisierung der Produktionsprozesse sorgen. Diese dritte Phase des Industrialisierungsprozesses dauert bis heute an (vergl. [1], S. 18). Die Leittechnik in der automatisierten Fabrik der Industrie 3.0 ist durch das hierarchische System der Automatisierungspyramide geprägt – vom ERP-System auf der Unternehmenssteuerungsebene bis hinunter zu den Ein- und Ausgabeschnittstellen auf der Feldebene. Die Verknüpfung von industrieller Fertigung und Informationstechnologie im Sinne von Industrie 4.0 verspricht dagegen einen wachsenden Grad an Vernetzung und Flexibilität: Vertikal sind Maschinen, Produktionsanlagen und Lagersysteme zunehmend in der Lage, untereinander Informationen auszutauschen, Aktionen in die Wege zu leiten oder – sozusagen die Kür – sich selbst zu steuern. Horizontal lassen sich diese Systeme nun nahtlos zum Beispiel zur Lieferkettensteuerung oder für verbesserte Wertschöpfungsketten in Unternehmen nutzen. In dieser Entwicklung liegt ein enormes Potenzial für ganzheitliche Prozessverbesserungen, die in viele Bereiche abstrahlen, etwa in Entwicklung und Konstruktion, Fertigung und Service. Das Problem: Die hierbei entstehenden, hochdynamischen Wertschöpfungsnetzwerke sind so komplex, dass die klassische, hierarchiebetonte Automatisierungspyramide mit ihrer Steuerung schlicht überfordert ist.

Das Konzept von Industrie 4.0 verspricht dagegen hierarchielose Kommunikationsstrukturen, in denen nicht mehr eine zentrale Steuerung, sondern das zu fertigende Produkt selbst die Produktion steuert. Die Folge: Die starre Struktur der Automatisierungspyramide wird in absehbarer Zeit verschwinden und Platz schaffen für flexible, dezentral organisierte Unternehmenssteuerungsnetzwerke (vergl. [2], S. 4). Die wesentliche Frage, die sich Fertigungsunternehmen heute an der Schwelle zur Industrie 4.0 stellen müssen, ist also, wie der entscheidende Schritt von einer „nur" automatisierten Produktion hin zur „Smart Factory" – also zu einer intelligenten, selbstorganisierten Produktion – gelingen kann. Wie werden in ihr die Prozesse organisiert sein, und welche (informations-) technologischen Voraussetzungen sind dafür zu erfüllen?

2 Big Data und Cloud Computing als Treiber von Industrie 4.0

In der Smart Factory sollen intelligente, flexible und dezentrale Produktionsprozesse ablaufen. Ziel ist, dass sich diese später selbst steuern, konfigurieren, optimieren und sich dynamisch anpassen. Auf der operativen Ebene schaffen Technologien wie RFID, Robotik und smarte Sensorik die technischen Voraussetzungen, mit denen Maschinen, Anlagen, Produkte und Bauteile miteinander kommunizieren, selbstständig Daten und Informationen in Echtzeit austauschen, Aktionen anstoßen und einander steuern. Hierbei fallen jedoch enorme Datenmengen an. Diese nutzbringend zu verarbeiten, ist eine der größten Herausforderungen im Kontext von Industrie 4.0, denn Firmen benötigen zuerst die Analysewerkzeuge, mit deren Unterstützung sie umfangreiche Datenmengen nach relevanten Mustern durchsuchen und daraus für sie nützliche Erkenntnisse ableiten können.

Der Begriff Industrie 4.0 steht darüber hinaus für eine vernetzte, mit dem Internet über Unternehmensgrenzen hinweg verbundene industrielle Produktion. Ermöglicht wird dies vor allem durch die enge Verknüpfung von Enterprise-Resource-Planning-Systemen (ERP), Manufacturing-Execution-Systemen (MES) und Datenbanken mit Echtzeitinformationen aus Fabriken, Lieferketten und von Kunden und Produkten. Die verschiedenen Akteure benötigen also eine virtuelle Plattform, die als „Marktplatz" für den schnellen, unkomplizierten und vor allem sicheren Austausch dient.

Kurz gesagt: So wie cyber-physische Systeme (CPS) die technologischen Voraussetzungen von Industrie 4.0 auf der operativen Ebene schaffen, so sind dies auf der informationstechnologischen Ebene zwei Entwicklungen, die mit den Schlagwörtern „Big Data" und „Cloud Computing" verbunden und heute weithin bekannt sind. Sie bieten Unternehmen aller Größen die Chance, neue Geschäftsmodelle zu entwickeln, die über die reine Anwendung in der Fertigung deutlich hinausgehen.

3 Anforderungen an die Unternehmens-IT

Die hierfür erforderlichen Technologien sind bereits am Markt erhältlich oder werden von ITK-Anbietern weltweit derzeit entwickelt. Sie bilden das informationstechnologische Rückgrat, in das Fertigungsunternehmen investieren müssen, wenn sie den vollen Geschäftsnutzen aus den Möglichkeiten von CPS ziehen wollen. Hierzu gehören die In-Memory-Technologie, mit der sich auch größte Datenmengen mit hoher Geschwindigkeit abrufen und verarbeiten lassen, sowie entsprechenden Analyselösungen als Basis für Big-Data-Anwendungen. Hinzu kommen cloud-basierte Lösungen, die Einbindung mobiler Anwendungen in die Unternehmens-IT sowie Möglichkeiten animierter 3D-Visualisierungen, etwa für den Einsatz in der Wartung.

SAP adressiert das Thema In-Memory mit der Plattform SAP HANA. Sie wurde entwickelt, um große Datenvolumina in Echtzeit zu verarbeiten und zu analysieren. SAP HANA wird bereits erfolgreich in Maschine-zu-Maschine-Anwendungsszenarien (M2M) eingesetzt, in denen eine umfassende Datenanalyse zuvor extrem zeitaufwendig oder praktisch unmöglich war. Hierzu gehören beispielsweise eine zustandsorientierte Instandhaltung, die vorausschauende Analyse von Betriebsstörungen oder die automatische Wiederauffüllung von Verbrauchsteilen auf Grundlage des aktuellen Produktionsstatus und kurzfristiger Produktnachfragevorhersagen. Zudem hat SAP durch die Übernahme des Cloud-Anbieters Ariba im Jahr 2012 ein Cloud-basiertes Business-to-Business (B2B)-Geschäftsnetzwerk in ihr Portfolio integriert. Es bietet Unternehmen die Möglichkeit, sich mit Kunden, Lieferanten und Partnern zu verbinden, und erlaubt, die Zusammenarbeit in Geschäftsprozessen wie Vertrieb, Einkauf und Finanzen zu erleichtern. Ebenso soll das Ariba-Netzwerk Effizienzgewinne ermöglichen, indem es gemeinsame Prozesse wie Beschaffung, Rechnungsstellung und Bezahlung mit Hilfe von Cloud-basierten Anwendungen automatisiert.

Die Prinzipien von Industrie 4.0 werden von SAP durch „Idea to Performance" umgesetzt (vergl. [3]). Der Begriff bezeichnet ein ganzheitliches betriebswirtschaftliches Konzept, das die Leistungsfähigkeit in der Produktion und bei Serviceprozessen erhöht. Idea to Performance unterstützt die umfassende Steuerung des gesamten Produktlebenszyklus von der Entwicklung bis zur Instandhaltung über die vier Bereiche „Sustainable Innovation", „Responsive Manufacturing", „Operational Excellence" und „Aftermarket Service" (Abb. 1).

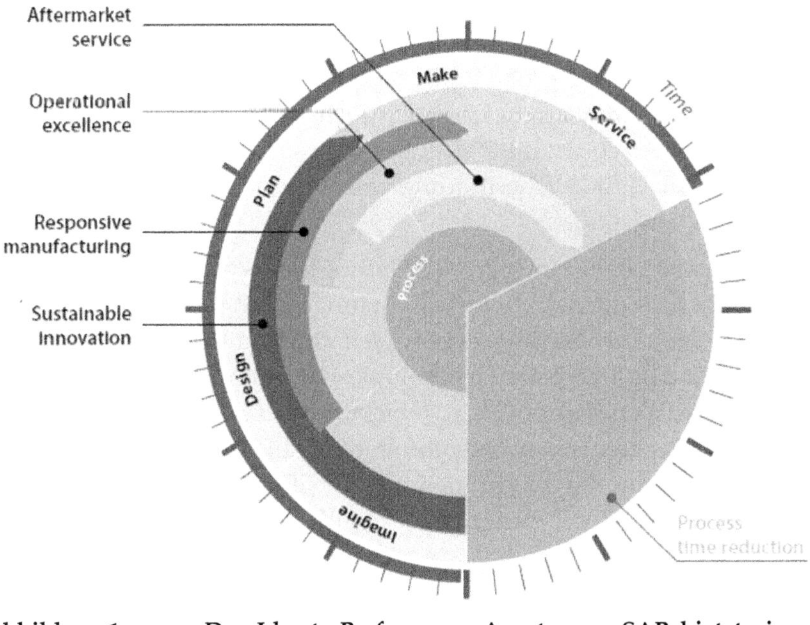

Abbildung 1: **Der Idea-to-Performance-Ansatz von SAP bietet einen ganzheitlichen Blick auf den Produktlebenszyklus.**

Konkret widmet sich der Bereich Responsive Manufacturing durchgängigen Prozessen, die die Abläufe vom Design über die Planung bis zur Produktion integrieren (vergl. [4]). Eingebettete Qualitäts- und Compliance-Kontrollen ermöglichen es Fertigungsunternehmen, bei Nichteinhaltung von Gesetzen entsprechende Korrektur- und Präventionsmaßnahmen einzuleiten und gleichzeitig planbarere und kürzere Zykluszeiten festzusetzen. Damit lasten sie ihre Anlagen besser aus und sorgen für eine höhere Liefertermintreue. Zum Idea-to-Performance-Ansatz gehört auch, neue und bestehende Softwarelösungen durch SAP HANA zu unterstützen. Auch Responsive Manufacturing soll von Software auf Basis von SAP HANA profitieren.

Das ERP (als Spitze der früheren Automatisierungspyramide) wird auch in der Smart Factory seinen Platz haben, denn nicht alle Prozesse werden mit Industrie 4.0 schlagartig verändert. Das Finanz- und Personalwesen oder Kostenrechnung sind und bleiben feste Bestandteile der erfolgreichen Unternehmensführung. Diese werden ebenfalls Anpassungen erfahren, um die Veränderungen durch Industrie 4.0 zu unterstützen. Die Transparenz über globale Abläufe, die Optimierung von Geschäftsentscheidungen und die Orchestrierung der Produktion über ein Netzwerk von globalen Produktionsstätten hinweg sind nur einige Beispiele für die Kernaufgaben eines ERP-Systems, die nach wie vor Bestand haben werden.

Die Auflösung der starren Hierarchie der Automatisierungspyramide bedeutet demnach nicht, dass die Systeme auf den jeweiligen Ebenen überflüssig werden. Vielmehr geht es heute darum, die verschiedenen Ebenen nahtlos zu verbinden, um die Anforderungen an die Prozesse von Industrie 4.0 zu unterstützen. So wird das MES in absehbarer Zeit seinen lokalen Fokus beibehalten und auch mit Industrie 4.0 die Optimierung in der Fabrik zum Ziel haben. ERP-Systeme hingegen werden sich auf die Realisierung der Produktion über globale Standorte sowie Firmengrenzen hinweg konzentrieren. Das MES wächst also auch in Zukunft nicht sehr schnell über die Grenzen eines Werkes. Die globale Steuerung, Planung und Auftragsabarbeitung sowie die Orchestrierung von Prozessen bleibt damit weiterhin Aufgabe des ERP (vergl. [5]).

Um diese Aufgaben innerhalb eines Wertschöpfungsnetzwerks wahrnehmen zu können, benötigt das ERP offene Schnittstellen zu den nachgelagerten Systemen. Durch die Vielzahl an variablen und dezentralen Produktionsprozessen in der Smart Factory und der damit verbundenen Komplexität der Anlagen ist zudem ein hohes Maß an Standardisierung notwendig – nicht nur bei Schnittstellen, sondern auch bei produktionsübergreifenden Datenformaten und Protokollen. Eine industrieweite Standardisierung und die Definition einer Referenzarchitektur (vergl. [1], S. 43ff.) sind daher von größter Bedeutung auf dem Weg zum funktionstüchtigen Unternehmenssteuerungsnetzwerk.

4 Chancen und Voraussetzungen künftiger Einsatzszenarien

4.1 Durchgehende digitale Fertigungsprozesse

Die Integration des gesamten Produktlebenszyklus in die Wertschöpfungskette wird die Grundlage innovativer Geschäftsprozesse und neuer Geschäftsmodelle bilden (vergl. [3], S. 11ff.). Beispielsweise können Hersteller die Produktion eines Artikels zuerst digital simulieren, bevor sie es mit einem physischen Prototypen tun. Hierfür müssen die digitalen Modelle, die heute in computerunterstützten Konstruktions- (CAD) und Produktionssystemen (CAM) verfügbar sind, in ein Produktionsplanungssystem integriert werden, das die gesamte Produktionslinie simulieren kann. Die während der Produktion anfallenden Daten lassen sich in kontextsensitive Informationen umwandeln, mit deren Hilfe Risiken und Komplexitäten im Produktionsprozess frühzeitig identifiziert und gemildert werden können. Ebenso lässt sich Feedback von Kunden oder aus der Wartung besser in das Produktdesign rückintegrieren. Im Anschluss an die Produktion wird die digitale Struktur des Produkts an den Kundendienst weitergegeben. Dieser kann damit prognostizieren, wo es beim Produkt künftig zu Störungen kommen kann. Ebenso helfen Feedback-Schleifen aus den Produktions- und Service-Abteilungen in die Entwicklungsabteilung dabei, Wartungszeiten und -kosten zu reduzieren und die Produktion zu optimieren. Wenn das Produkt schließlich das Ende seines Lebenszyklus erreicht hat, können Informationen über Design, Produktion und Gebrauch den Hersteller dabei unterstützen, verschiedene Weiterentwicklungs- und Recycling-Optionen zu bewerten.

Um sämtliche Ressourcen, Produkte und Prozesse zu integrieren, müssen die Hersteller sämtliche vorhandenen Datenquellen – vom Montageband bis zu sozialen Netzwerken – identifizieren, in Beziehung zueinander setzen und analysieren können. Die Modellierung von Produktlebenszyklen wird zu einer zentralen Aufgabe und zur Grundlage der Zusammenarbeit über Abteilungs- und Unternehmensgrenzen hinweg. So ließen sich Entwicklungs- und Produktionsprozesse künftig in Echtzeit an das Kundenfeedback anpassen. Ebenso könnten sich Hersteller mit Kunden und Partnern für vorausschauende Wartungsarbeiten (Predictive Maintenance) oder eine lokale Just-in-time-Produktion vernetzen. Diese Entwicklung hätte letztlich sogar das Entstehen eines neuen Berufsbilds zur Folge: des Lifecycle Engineers.

4.2 Integration von Top Floor und Shop Floor

Maschinen in automatisierten Produktionsprozessen sind heute bereits eng in Geschäfts- und Produktionssysteme eingebunden. In der Regel erhalten sie dabei ihre Anweisungen aus dem MES auf Grundlage eines zentralen Produktionsplans. In Zukunft werden wir eine zunehmende Konvergenz von Informations- und

Betriebstechnologie erleben (vergl. [3], S. 13f.). Intelligente Maschinen werden zuvor fixe Produktions- und Logistikpläne flexibel anpassen können, und sie werden dies über zunehmend dezentralisierte Planungsprozesse tun. Autonome Fertigungseinheiten, in denen Robotik und Werker eng verzahnt zusammenarbeiten, passen sich dann an kontinuierliche, kundengetriebene Produktveränderungen an. Eine einzelne Produktionslinie wird somit in der Lage sein, verschiedene Produkttypen herzustellen, ohne dass der Produktionsprozess grundlegend umstrukturiert werden muss – eine wesentliche Voraussetzung, um das Industrie-4.0-Ideal der „Losgröße eins" zu erreichen. Die Logistik muss dann entscheiden, ob etwa ein Ersatzteil verschickt oder per 3D-Drucker direkt am Bestimmungsort produziert werden soll.

Mit der Intelligenz und Kommunikationsfähigkeit von Maschinen und Objekten steigt auch die Autonomie und Selbstorganisationsfähigkeit von Fertigungseinheiten. Maschinen und Objekte werden gemeinsam entscheiden, welche Werkzeuge zum Einsatz kommen und wohin sich Einzelteile für den nächsten Produktionsschritt bewegen sollen. Maschinen werden ihren Arbeitszustand an das ERP-System des Herstellers übermitteln; Werksleiter erhalten einen Echtzeit-Überblick über die Produktion. So können sie bei Komplikationen schnell reagieren und die Produktionspläne flexibel an die aktuellen Gegebenheiten anpassen.

Diese Kommunikations- und Koordinationsprozesse werden immense Datenmengen produzieren. Bei 50 bis 100 Sensoren pro Maschine und 500 oder mehr Produktionsschritten pro Produkt können mehrere Terabytes an Daten anfallen, die gespeichert, mit anderen Datenquellen kombiniert und möglichst in Echtzeit ausgewertet werden müssen. Verknüpft mit weiteren Unternehmensdaten können diese Fertigungsdaten jedoch völlig neue Möglichkeiten hinsichtlich Prozessoptimierung und Geschäftsideen erschließen, beispielsweise durch die effiziente Herstellung hochspezifischer Teile für individuelle Kunden, eine effiziente Kontrolle des Energieverbrauchs in der Produktion oder die bestmögliche Auslastung und Verteilung von Maschinen, Arbeitskräften und Ressourcen. Unternehmen werden so in die Lage versetzt, operationelle Risiken früher zu identifizieren und potenzielle Probleme zu lösen, bevor sie überhaupt auftreten.

4.3 Wertschöpfungsnetzwerke in Echtzeit

Die Zusammenarbeit zwischen Unternehmen ist für gewöhnlich durch relativ rigide Prozesse mit sequentiellen Arbeitsabläufen geprägt. In Anlehnung an soziale Netzwerke unterliegen diese Kollaborationsprozesse in den kommenden Jahren sowohl in der Tiefe als auch in ihrer Breite einem wesentlichen Wandel. Die Interaktion zwischen Unternehmen wird sich von traditionellen Lieferketten hin zu Wertschöpfungsnetzwerken entwickeln, in denen Partnerbeziehungen kurzfristig aufgebaut oder konfiguriert werden, um Losgröße-eins-Anfragen bedienen zu können (vergl. [3], S. 14f.). Digitalisierung und allgegenwärtige Konnektivität ermöglichen die echtzeitoptimierte Wertschöpfungskette, in der zum Beispiel Liefertermine auf Basis von Echtzeitrückmeldungen aus dem Liefernetzwerk unter Berücksichtigung veränderlicher Rahmenbedingungen wie Recht, Risiko, Haftung und Exportkontrolle ermittelt werden.

Voraussetzung dafür ist jedoch, dass die Akteure geschäftskritische Daten – etwa zu Kapazitäten, Plandaten und Produktkosten – auch in diesen hochgradig vernetzten Strukturen sicher und verlässlich miteinander austauschen können. Hierzu bedarf es einer entsprechend vertrauenswürdigen Infrastruktur. Methoden wie Privacy-Preserving- und Multiparty-Computing können Unternehmen dabei unterstützen, Optimierungsalgorithmen über verschlüsselte Daten laufen zu lassen, ohne dabei sensible Daten offenlegen zu müssen. Anhand von „Sticky Policies" lassen sich Daten zudem mit Metainformationen zu Sicherheitsrichtlinien und Datennutzung versehen. Derartige Methoden und Konzepte befinden sich noch in der Entwicklungsphase, dürften aber in absehbarer Zeit effizienter und nutzbarer werden.

Eine zweite Grundlage für Echtzeit-Wertschöpfungsnetzwerke ist die Verfügbarkeit von Cloud-basierten Plattformen, auf denen sich Produzenten, Lieferanten, Dienstleister und Kunden verbinden können (Abb. 2). Viele Unternehmen nutzen bereits Geschäftsnetzwerke zur Zusammenarbeit in ihren Lieferketten. Sie werden in Zukunft für immer mehr Geschäftsbereiche eine tragende Rolle spielen. Hierzu bedarf es jedoch mehr als der bloßen Bereitstellung der IT-Infrastruktur.

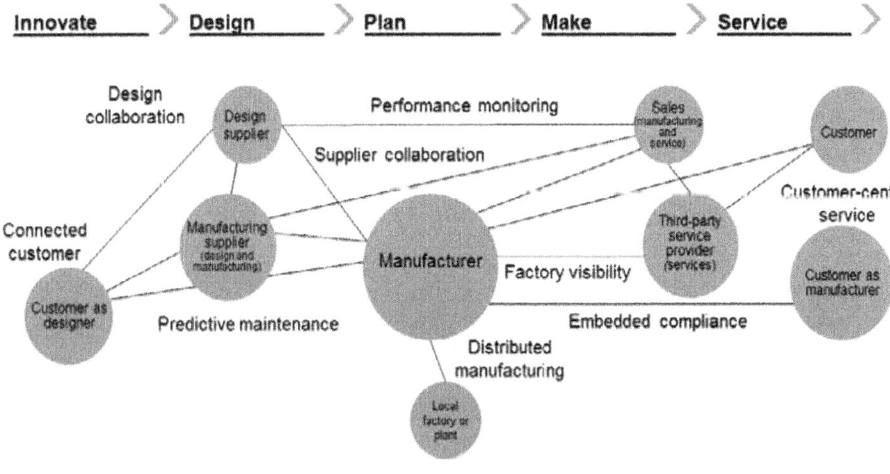

Abbildung 2: Unternehmensmarktplätze verbinden Menschen, Fabriken, Maschinen und Produkte

So gilt es zum Beispiel, auf rechtlicher Seite neue Vertragsformen zu definieren, die diese neuartigen Geschäftsbeziehungen und -modelle unterstützen. Trotz solcher Herausforderungen werden Online-Netzwerke Fertigungsunternehmen dabei helfen, Lieferengpässe und Produktionsausfälle vorherzusehen, kurzfristig neue Lieferanten zu finden sowie Veränderungen in Marktbedingungen und Kundenverhalten zielgerichteter zu adressieren. Vernetzung wird zur Grundlage des Geschäftserfolgs.

5 Fazit

Industrie 4.0 ist ein komplexes Zusammenspiel von neuen Marktanforderungen, Technologien und Geschäftsmodellen. Der genaue Verlauf dieser Transformation wird nicht linear oder völlig vorhersehbar sein, denn er umfasst Innovationen, die sich parallel auf vielen verschiedenen Ebenen vollziehen. Für Softwareanbieter geht es darum, die Veränderungen in den Produktions- und Geschäftsprozessen, die durch Industrie 4.0 aufgezeigt werden, softwareseitig bestmöglich zu unterstützen. Hierzu gehören mehr Flexibilität und Anpassbarkeit, die Vereinfachung komplexer Prozesse und eine schnellere Entscheidungsunterstützung.

Neben der Investition in IT-Systeme, die das starre Korsett der Automatisierungspyramide zugunsten flexibler Unternehmensnetzwerke aufbrechen, empfehlen wir Fertigungsunternehmen die folgenden Maßnahmen, um frühzeitig das Fundament für eine intelligente Produktion im Sinne von Industrie 4.0 zu legen (vergl. [3], S. 30):

- **Entwickeln Sie Ideen für neue Geschäftsszenarien.** Hierzu bieten sich zum Beispiel Workshops auf Grundlage der kreativen Design-Thinking-Methodologie an.
- **Entscheiden Sie, welche Themen für Sie strategisch am wichtigsten sind.** Bewerten Sie die entwickelten Ideen auf Basis von Kriterien wie Wertschöpfungsmöglichkeiten, Ressourcenverbrauch oder Umweltanforderungen.
- **Entwerfen Sie eine Roadmap.** Entwickeln Sie einen angemessenen Zeit- und Maßnahmenplan, mit dessen Hilfe Sie die neuen Prozesse auf Grundlage ihrer vorhandenen Basistechnologien aufsetzen.

6 Literatur

[1] acatech, Forschungsunion Wirtschaft – Wissenschaft (2013) Umsetzungsempfehlungen für das Zukunftsprojekt Industrie 4.0. Abschlussbericht des Arbeitskreises Industrie 4.0. http://www.acatech.de/fileadmin/user_upload/Baumstruktur_nach_Website/Acatech/root/de/Material_fuer_Sonderseiten/Industrie_4.0/Abschlussbericht_Industrie4.0_barrierefrei.pdf. Zugegriffen: 4. November 2013

[2] VDI/VDE-Gesellschaft Mess- und Automatisierungstechnik (2013) Cyber-Physical Systems: Chancen und Nutzen aus Sicht der Automation. http://www.vdi.de/uploads/media/Stellungnahme_Cyber-Physical_Systems.pdf. Zugegriffen: 4. November 2013

[3] Bolick S, Bussey P, Castro S, Conlon G, Geiger K, Görlich K, Guttmann U, Kaiser T, Koepfer Behncke P, Krüger A, Lackey M, Majumdar A, Merlo R, Ohnemus T, Schmidt VA, Stubbs S (2013) Idea to Performance: Maximizing Opportunity in a New, Technology-Driven Industrial Revolution. SAP Thought Leadership Paper, SAP AG.

[4] Lackey M (2013) Why Responsive Manufacturing Is More Crucial Than Ever. SAPinsider. http://sapinsider.wispubs.com/Assets/Articles/2013/July/Why-Responsive-Manufacturing-Is-More-Crucial-Than-Ever. Zugegriffen: 29. Oktober 2013

[5] Wilk C (2013) Industrie 4.0: Kampf um die Software der Zukunft. Produktion. http://www.produktion.de/it-software/kampf-um-die-software-der-zukunft/. Zugegriffen: 5. November 2013

Industrie 4.0-Readiness: Migration zur Industrie 4.0-Fertigung

Andreas Bildstein, Fraunhofer IPA; Joachim Seidelmann, Fraunhofer IPA

1 Einführung

Die vorangegangenen Kapitel dieses Buches haben unter anderem gezeigt, dass es ganz unterschiedliche Anwendungsszenarien gibt, in denen verschiedene Umsetzungsaspekte der Industrie 4.0-Bewegung sinnvoll eingesetzt werden können. Auch in den „Umsetzungsempfehlungen für das Zukunftsprojekt Industrie 4.0" (vergl. Kagermann et al., 2013) sind weitere beispielhafte Anwendungsszenarien für die Umsetzung von Industrie 4.0-Ideen zu finden.

Sowohl die Bandbreite dieser möglichen Umsetzungsszenarien als auch die Mannigfaltigkeit der Basistechnologien für Industrie 4.0, die sogenannten „enabling technologies", die auch im Abschnitt „Basistechnologien" dieses Buches behandelt werden, zeigen, dass hinter dem Begriff Industrie 4.0 nicht die eine neue Industrie 4.0-Technologie steht, sondern dass sich hinter Industrie 4.0 vielmehr eine Vielzahl an unterschiedlichen neuen, aber auch bereits bekannten und etablierten Technologien verbirgt. Neu bei diesen smarten Technologien für Industrie 4.0 ist auf jeden Fall, dass die beiden Disziplinen Informationstechnologie (IT) und Maschinenbau eng zusammenarbeiten; leider steigt durch diesen interdisziplinären Systementwurf auch die Komplexität bei der Einführung dieser Technologien.

Diese smarten Technologien lassen sich nun jede einzeln oder im Zusammenspiel mit weiteren Technologien im Rahmen der Industrie 4.0-Aktivitäten eines produzierenden Unternehmens einführen. Bei den Einführungsprojekten können diese Technologien dann auf einen speziellen oder aber auch auf mehrere Geschäftsprozesse entlang der gesamten Wertschöpfungskette im Produktlebenszyklus angewendet werden. Nicht zuletzt die aus diesen Umsetzungsmöglichkeiten entstehende Vielzahl an Kombinationsvarianten aus Technologien und Prozessen lässt die Einführung von Industrie 4.0-Aspekten in der Produktion zu einer herausfordernden Aufgabe werden.

Erschwerend kommt noch hinzu, dass die Einführung dieser Industrie 4.0-Basistechnologien nur in sehr seltenen Fällen bereits bei der Planung und dem Anlauf einer neuen Fabrik mitberücksichtigt werden kann, sondern in den wohl überwiegenden Fällen auf bereits bestehende Produktionsstätten mit bereits vorhandener Ausrüstung und bereits gelebten Prozessen und Arbeitsabläufen trifft.

Bei der Einführung von neuen Technologien und daraus resultierenden neuen Arbeitsprozessen in gewachsenen Strukturen sollte, nicht nur im Industrie 4.0-Umfeld, ein besonderes Augenmerk auf die Ausgangssituation gelegt und genau geprüft werden, bei welchen Prozessen die Einführung einer bestimmten Technologie oder eines Technologie-Bundles am erfolgversprechendsten ist und wie die Migration vom Istzustand zum Sollzustand am besten gestaltet werden kann.

Der vorliegende Beitrag stellt eine Methodik für die Migration hin zu einer Industrie 4.0-Fertigung vor und gibt einen beispielhaften Einblick in einige Migrationsszenarien für die Einführung von Industrie 4.0-Aspekten in bestehende Produktionsumgebungen.

2 Ausgangssituation für Industrie 4.0-Migrationsszenarien

In den produzierenden Unternehmen finden wir gewachsene, komplexe Strukturen vor, die im Folgenden für die für Industrie 4.0 wesentlichen Bereiche Fabrik und Prozesse, Produktions-IT, Automatisierungstechnologie und Informations- und Kommunikationstechnologie genauer betrachtet werden.

2.1 Ausgangssituation Fabrik

Die typische Fabrik ist geprägt von über die Jahre hinweg gewachsenen Strukturen. Diese finden sich zum einen in den Bauwerken, wie beispielsweise den Produktionsgebäuden mit ihren Um- und Anbauten. Zum anderen finden sich gewachsene Strukturen in den Produktionsanlagen, die in diesen Produktionsgebäuden untergebracht sind und die ebenfalls immer wieder angepasst, modernisiert und umgebaut werden, um mit den neuen Produktionsanforderungen Schritt halten zu können.

Auch die Geschäftsprozesse und die sie unterstützenden IT-Systeme sowie die Arbeitsabläufe sind mit der Zeit gewachsen und stehen ebenfalls in einem ständigen Anpassungsprozess mit den organisatorischen und technologischen Entwicklungen in den Produktionsunternehmen.

Diese Anpassungen in der organisatorischen und technologischen Ausrichtung eines Produktionsunternehmens sind stark getrieben von dem Bestreben, den auf das Unternehmen einwirkenden äußeren Einflüssen und Anforderungen zu entsprechen.

Eine der größten Herausforderungen, denen sich produzierende Unternehmen heute gegenübergestellt sehen, ist es, die externe und interne Komplexität in ein Gleichgewicht zu bringen, indem sowohl die externe als auch die interne Komplexität für das Unternehmen möglichst optimal abgebildet werden. In den 1990er Jahren entwickelte sich das Konzept der Fraktalen Fabrik (vergl. Warnecke, 1992), mit dem dieser steigenden Komplexität entgegengewirkt werden sollte.

Die dort beschriebenen Fraktale wurden in den 1990ern noch auf organisatorischer Ebene festgelegt. Technologien, die diesen Ansatz der Fraktalen Fabrik hätten adäquat unterstützen können, waren entweder noch nicht vorhanden oder noch nicht ausgereift für einen Einsatz im Produktionsumfeld.

Mit den Industrie 4.0-Basistechnologien stehen jetzt die Technologien bereit, mit denen der organisatorische Ansatz der Fraktalen Fabrik auch technologisch unterstützt werden kann (vergl. Beitrag Bauernhansl „Die vierte industrielle Revolution – Der Weg in ein wertschaffendes Produktionsparadigma").

2.2 Ausgangssituation Produktions-IT

Im Bereich der Produktions-IT finden sich häufig, ähnlich wie in der Fabrik, über die Zeit gewachsene Strukturen. In einem typischen Produktionsunternehmen findet sich eine Vielzahl an IT-Systemen, die in der Regel jedes zur Unterstützung eines bestimmten Geschäftsprozesses eingeführt wurden. Abbildung 1 zeigt beispielhaft einige typische Vertreter dieser Produktions-IT-Systeme und ordnet diese anhand der vier Lebenszyklen in der industriellen Fertigung – Fabrik, Technologie, Produkt und Auftrag – den verschiedenen Geschäftsprozessen innerhalb dieser Lebenszyklen zu.

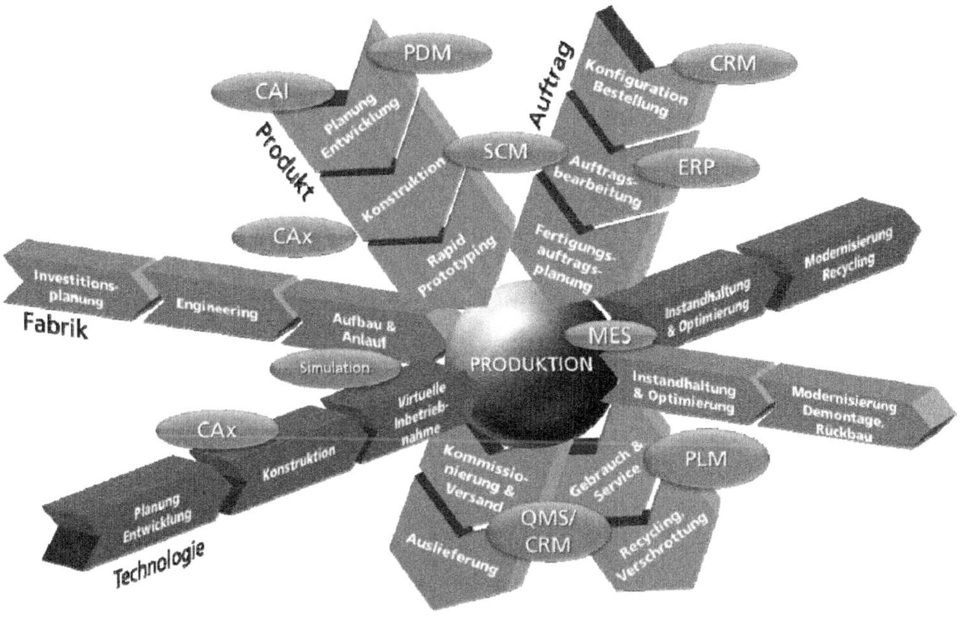

Abbildung 1: Beispielhafte IT-Systeme eines produzierenden Unternehmens

Die eingesetzten IT-Systeme beeinflussen die einzelnen Geschäftsprozesse so, dass die Arbeitsabläufe in der Regel an diese Systeme angepasst werden müssen. Bis zu einem gewissen Grad ist diese Beeinflussung der Arbeitsprozesse durch die Einführung des IT-Systems durchaus sinnvoll, da in den Software-Systemen meist sogenannte Best Practices hinterlegt sind; Musterabläufe der Prozesse also, die sich in anderen Einsatzumgebungen als sinnvoll erwiesen haben. Damit ergibt sich für die Anwenderunternehmen die Möglichkeit, ihre Prozesse auf Basis von erprobten Abläufen zu verändern und im Idealfall zu verbessern.

Dennoch müssen diese Musterabläufe in der Regel von externen Beratern und Software-Firmen in zeit- und kostenintensiven Projekten an die individuellen Anforderungen des Unternehmens angepasst werden. So entstehen Insellösungen, die zwar für den vorgesehenen Einsatzbereich optimiert sind, sich allerdings nicht oder nur aufwändig in die Gesamtarchitektur der Produktions-IT integrieren lassen.

Zu dieser vielseitigen und heterogenen Systemlandschaft in der Produktions-IT (Abbildung 1) kommt noch erschwerend hinzu, dass in den Unternehmen an unterschiedlichen Standorten für die gleiche Aufgabe alternative, mit einander nicht kompatible Produkte von unterschiedlichen Herstellern oder unterschiedliche Versionsstände vom gleichen Hersteller eingesetzt werden können.

Mit dem Konzept des Computer Integrated Manufacturing (CIM) wurde in den 1980er Jahren damit begonnen, Teilbereiche der in der Produktion verwendeten IT-Systeme miteinander zu vernetzen, um einen einheitlichen Informationsfluss zwischen den Systemen zu ermöglichen. Allerdings scheiterte diese CIM-Bewegung weitgehend, teils aufgrund der Komplexität, teils aufgrund der damals mangelnden Leistungsfähigkeit der vorhandenen Technologien, aber auch weil einige wenige Anbieter versuchten, mit eigenen Standards und Verfahren große integrierte Systeme zu entwickeln.

Eine besondere Herausforderung bei der Einführung von Industrie 4.0 in die bestehende Produktions-IT-Landschaft der Unternehmen besteht darin, die bereits vorhandenen Systeme nicht (sofort) zu ersetzen, um die getätigten Investitionen zu sichern und den in der Regel ja funktionierenden Produktionsablauf nicht zu beeinträchtigen. Vielmehr geht es darum, fehlende Funktionalitäten der momentan eingesetzten Lösungen mit neuen Verfahren zu kompensieren und damit einen Mehrwert für das Unternehmen zu schaffen sowie seine Position im Markt zu stärken.

2.3 Ausgangssituation Produktionsautomatisierung

Parallel zu CIM entwickelte sich die sogenannte Automatisierungspyramide (Abbildung 2), in der über die ISA-95[1] Norm festgelegt wird, wie geschäftsprozess-relevante IT-Systeme mit den IT-Systemen für die Steuerung der Produktionstechnologie integriert werden sollen. Diese wurde in vielen, vor allem großen Unternehmen, die einen hohen Bedarf an durchgängigen Prozessen hatten, von der Unternehmensleitebene bis hinunter zur Steuerungsebene auf dem Shopfloor umgesetzt. Dieses ging in der Regel einher mit der Anschaffung von Enterprise Resource Planning-Systemen (ERP) auf der Unternehmensleitebene und Manufacturing Execution-Systemen (MES) in der Produktion sowie deren Integration mit

[1] http://www.isa.org

der zunehmend automatisierten Steuerung der Produktionsanlagen auf der operativen Ebene, dem Shopfloor. Diese Entwicklung stellt heute den Standard in der Vernetzung von Produktions-IT-Systemen in hochautomatisierten Produktionsunternehmen dar.

Durch die Einführung von Industrie 4.0 in die Produktions-IT besteht insbesondere für die KMUs, vor allem für diejenigen, bei denen die 3. Industrielle Revolution noch nicht so richtig angekommen ist, eine große Chance. Für diese Unternehmen ergibt sich mit der gezielten Einführung von Industrie 4.0-Technologien und -Konzepten ein großes Potenzial, maßgeschneiderte Produktions-IT-Funktionalität zu erhalten, ohne die Automatisierungspyramide dabei komplett abbilden zu müssen.

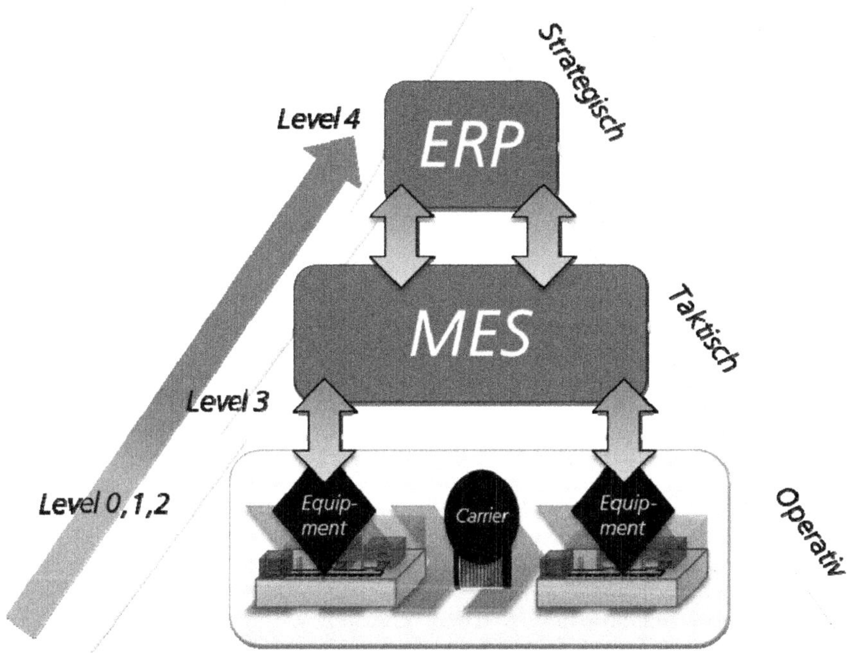

Abbildung 2: Vereinfachte Automatisierungspyramide nach ISA-95

Bei der Anbindung der Produktionssysteme auf dem Shopfloor an die Welt der IT-Systeme auf den höheren Ebenen der Automatisierungspyramide treffen verschiedene Welten aufeinander. Auf der einen Seite stehen die Maschinen und Anlagen der Produktion, deren Herz die Produktionsautomatisierung mit Hilfe von Steuerungssystemen ist, die auf industrielle Bussysteme zurückgreifen, das sogenannte Equipment. Auf der anderen Seite stehen die IT-Systeme, die über Ethernet und Internet Protocol (IP) kommunizieren, die klassische Informationstechnologie. Für die „Equipment Integration", die Integration dieser beiden Welten, stehen heute verschiedene Verfahren, wie beispielsweise OPC und OPC UA (vergl. Beitrag St. Hoppe „Standardisierte horizontale und vertikale Kommunikation") oder MDE (Maschinendatenerfassung) und BDE (Betriebsdatenerfassung) zur Verfügung.

Dort wo es möglich und sinnvoll erscheint, wird der starre Aufbau der Automatisierungspyramide durch Industrie 4.0 in Zukunft aufgeweicht und durchlässiger werden. Insbesondere bei Industrie 4.0-Technologien, wie beispielsweise cyberphysischen Systemen (CPS), muss geprüft werden, inwiefern eine Integration in die Automatisierungspyramide nötig ist und wie die Kommunikation der CPS untereinander und mit übergeordneten Systemen entlang der Automatisierungspyramide durchgeführt werden soll.

Auf dem Shopfloor gilt für viele Anlagen, Maschinen und Komponenten, wie beispielsweise Sensoren und Aktoren, nach wie vor, dass sie nicht direkt an die Welt der klassischen Informationstechnologie angebunden werden können, da sie nicht über das Internet Protocol (IP) kommunizieren können. Dieses ist jedoch die Voraussetzung für Industrie 4.0-Konzepte, wie beispielsweise das Internet der Dinge und Dienste. Hier ist es erforderlich, entweder über die herkömmlichen Verfahren die Integration des Equipments vorzunehmen oder aber Verfahren zu entwickeln, mit denen dieses Equipment direkt über IP kommunizieren kann.

2.4 Ausgangssituation Informations- und Kommunikationstechnologie

In der Informationstechnologie waren in den letzten 10 Jahren zwei große Trends zu erkennen, die auch für Industrie 4.0 von großer Bedeutung sind. Das ist zum einen die fortwährende Orientierung an den Web-Technologien, die sich im Umfeld der Anwendungsentwicklung und in der weiter rasant zunehmenden Verbreitung von Web-Interfaces und mobilen Endgeräten erkennen lässt. Zum anderen ist das die Kapselung von Funktionalitäten, die von einzelnen Systemen in einer IT-Umgebung bereitgestellt werden, in sogenannten Dienste (Services).

Durch den Einzug von Web 2.0, häufig auch Mitmach-Web genannt, wurde dieser Trend beschleunigt. Die sozialen Medien konnten ihren Siegeszug im WWW starten, indem sie große Anwendergruppen für Ihre Angebote begeistern konnten. Diese Entwicklung hat auch vor den Unternehmen nicht halt gemacht. So werden beispielsweise im unternehmenseigenen Intranet Inhalte durch die Mitarbeiter über Wikis, Foren, interaktive Websites und spezialisierte Webanwendungen bereitgestellt.

Der zweite große Trend, die Service-Orientierung, ist ein Architektur-Paradigma aus dem Bereich der verteilten Systeme und gründet auf der Erkenntnis, dass in einem Netzwerk häufig mehrere Anwendungen mit gleichen oder ähnlichen Funktionalitäten anzutreffen sind. Das Ziel hinter der Service-Orientierung und der service-orientierten Architektur (SOA) ist es, die verschiedenen Anwendungen und deren Komponenten in sogenannte Services aufzuteilen. Damit sollen unter anderem Entwicklungskosten gespart und gleichzeitig die Flexibilität innerhalb der Systemumgebung erhöht werden.

Jeder dieser Dienste bildet einen abgegrenzten und abgeschlossenen Funktionsbereich ab, der im Netzwerk eindeutig identifiziert und von weiteren Diensten im Netzwerk genutzt werden kann. Durch die Verknüpfung dieser Dienste, der sogenannten Orchestrierung, können Funktionalitäten zusammengefasst und als aggregierte Dienste bereitgestellt werden.

Eine intensive Bereitstellung solcher Dienste findet derzeit im Bereich des Cloud-Computing statt, wobei hier nicht nur Funktionskomponenten als Dienste verstanden werden. Im Cloud-Umfeld stößt man auf Begriffe wie Software as a Service (SaaS), Platform as a Service (PaaS) und Infrastructure as a Service (IaaS), alles Dienste, die beispielsweise Software-Anwendungen (SaaS), Entwicklungsumgebungen (PaaS) oder Rechnerinfrastruktur (IaaS) als Dienste über das Internet bereitstellen.

Für die Anwender besonders interessant ist die Bereitstellung von sogenannten Apps über die Cloud. Apps sind kleine Software-Lösungen, die einen fest definierten Funktionsumfang für einen eingeschränkten Aufgabenbereich besitzen. Diese Apps kann sich der Anwender über die Cloud auf ein mobiles Gerät, wie beispielsweise Smartphone oder Tablet, herunterladen. Häufig können diese Apps über einen Speicher, der in der Cloud bereitgestellt wird, untereinander synchronisiert werden, indem sie online auf die Daten in der Cloud zugreifen. Dies hat den großen Vorteil, dass sich der Anwender der App keine Gedanken darüber machen muss, wie er denn nun die aktuellsten Daten auf seinen unterschiedlichen Geräten angezeigt bekommt, da die Apps sich auf jedem Gerät die Daten aktuell aus der Cloud holen und dort auch ihre Daten bereitstellen.

Die traditionellen IT-Systeme aus der Automatisierungspyramide werden um Apps mit zusätzlichen Funktionalitäten erweitert werden. Diese Apps bieten dadurch einen Datenaustausch über die Grenzen von Produktionssystemen, Produktions-IT-Systemen, Standorten und Unternehmen hinweg an und können die so bereitgestellten Daten auf alle eingesetzten Endgeräte synchronisieren. In Verbindung mit den Daten aus Sensoren von cyber-physischen Systemen in Produktion und Logistik können so alle Beteiligten auf die für sie relevanten Daten entlang des Produktlebenszyklus jederzeit von überall in nahezu Echtzeit zugreifen. Dies ermöglicht völlig neue Formen der Zusammenarbeit in Produktionsnetzwerken.

Die besondere Herausforderung bei dieser cloud-basierten horizontalen und vertikalen Vernetzung besteht darin, die Daten so sicher wie nötig in der Cloud bereitzustellen, damit auf diese Daten nur von autorisierten Anwendern zugegriffen werden kann. Nur dann wird die Akzeptanz dieser vielversprechenden Technologien auch im Produktionsumfeld gewährleistet sein.

3 Industrie 4.0-Readiness: Vorgehensmodell für die Industrie 4.0-Migration

Abbildung 3 zeigt einen Einführungsprozess in sieben Stufen, der am Fraunhofer IPA entwickelt wurde und aufzeigt, wie man sich als Unternehmen dem Thema Industrie 4.0-Einführung annähern und die Konzepte und Technologien der Industrie 4.0 in der eigenen Wertschöpfung und vor allem in den Produktionssystemen verankern kann.

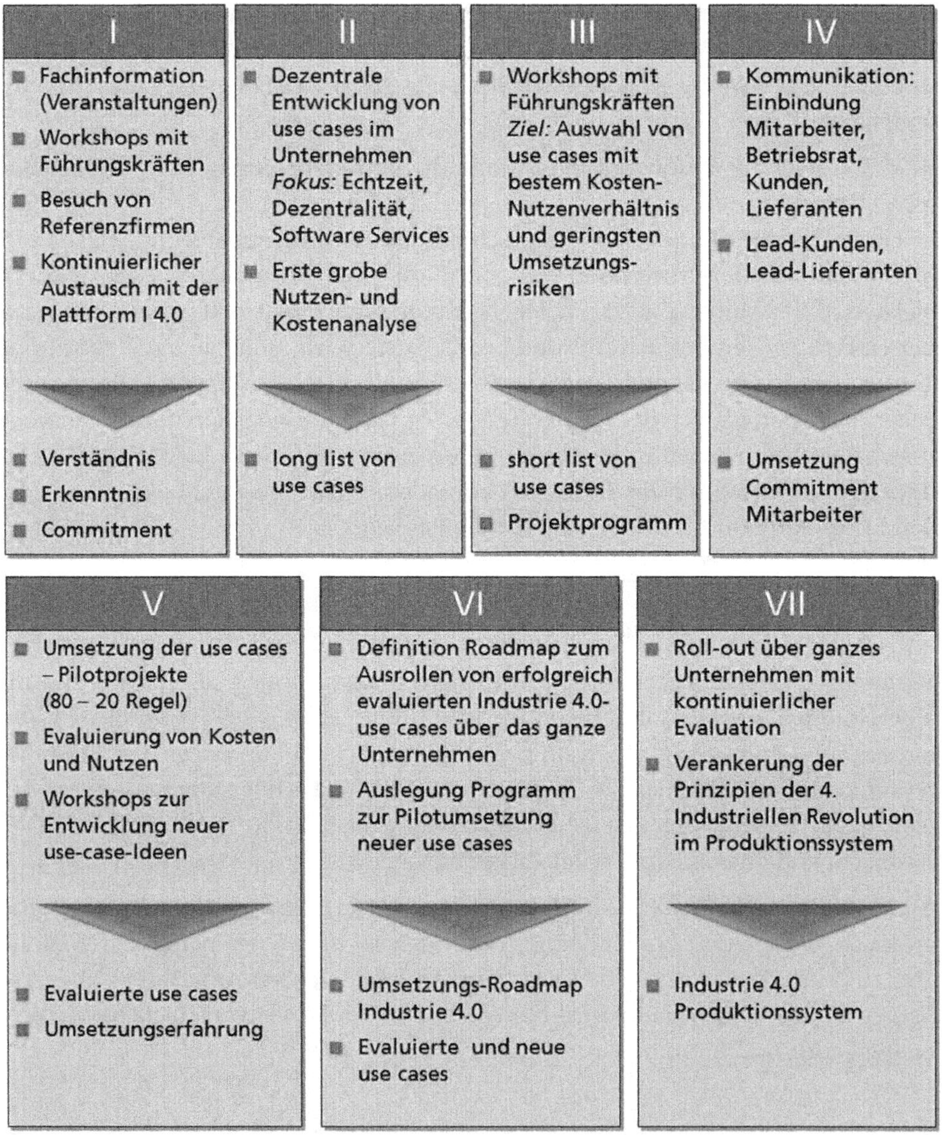

Abbildung 3: Siebenstufiger Einführungsprozess für Industrie 4.0

Mit Hilfe dieser Vorgehensmethodik kann das Nutzenpotenzial verschiedener Industrie 4.0-Aspekte für einzelne Unternehmen objektiv eingeschätzt und die Einführung von Industrie 4.0-Konzepten systematisch geplant und durchgeführt werden.

Das Vorgehen für die Prozess- und Potenzialanalyse im Rahmen der Einführung von Industrie 4.0-Konzepten lässt sich dabei im Wesentlichen in drei Hauptabschnitte unterteilen.

3.1 Aufnahme und Analyse der zu betrachtenden Prozesse

In diesem ersten Schritt werden diejenigen Geschäftsprozesse herausgearbeitet, die für das Unternehmen bei der Einführung einer Industrie 4.0-Fertigung relevant sind.

Bei der Ermittlung dieser Prozesse kann entlang der vier Lebenszyklen in der industriellen Fertigung, die in Abbildung 1 dargestellt sind, für jedes Unternehmen individuell festgelegt werden, welche dieser Geschäftsprozesse für das Unternehmen von Bedeutung sind. Sind die Prozesse auf dieser groben Ebene ermittelt, geht es nun darum diese Hauptprozesse weiter zu detaillieren und die daraus relevanten Unterprozesse festzulegen.

Für die Ermittlung der relevanten Prozesse kann auch auf Prozesshandbücher zurückgegriffen werden, die unter Umständen in den Unternehmen bereits vorhanden sind. Das hat den Vorteil, dass hier schon alle unternehmensrelevanten Prozesse detailliert beschrieben sind und damit der Findungsprozess für die Industrie 4.0-relevanten Prozesse erheblich verkürzt werden kann.

Sobald die Prozesse ermittelt und ausreichend detailliert beschrieben wurden, gilt es, sie daraufhin zu analysieren, welche Verbesserungspotenziale es im Hinblick auf die Möglichkeiten von Industrie 4.0 gibt.

Im Kern der Überlegungen steht hierbei die Frage, ob Industrie 4.0-Konzepte, wie beispielsweise Vernetzung in Echtzeit, smarte Objekte, Software Services in der Cloud oder cyber-physische Produktionssysteme dabei helfen können, diese Prozesse zu verbessern. Ganz nebenbei ergibt sich hierbei auch die Möglichkeit zu überprüfen, ob die aktuellen Prozesse nicht generell überarbeitet werden sollten.

Als Methoden für die Ermittlung und Analyse der relevanten Prozesse bieten sich beispielsweise Wertstromanalyse, Expertenbefragung, Gap-Analyse und Benchmarking an. Workshops mit Beteiligten aus unterschiedlichen Bereichen können dabei helfen, die Prozesse aus verschiedenen Blickwinkeln zu betrachten und dadurch ein vollständigeres Bild zu erhalten.

Das Ergebnis dieses Schrittes ist eine Landkarte mit allen Prozessen, die für die Einführung einer Industrie 4.0-Fertigung relevant sind, sowie eine Prozesskarte für jeden dieser Prozesse mit einer detaillierten Beschreibung und Analyse des individuellen Prozesses. Aus der Analyse der einzelnen Prozesse geht zum einen hervor, welche Problemstellungen es im Zusammenhang mit diesem Prozess gibt und welches Potenzial diesem Prozess im Hinblick auf eine Industrie 4.0-Fertigung eingeräumt wird.

Zum anderen sollte der Prozessanalyse entnommen werden können, in welchem Maße der Prozess in naher Zukunft überarbeitet werden soll, da diese Information über den Soll-Prozess Einfluss auf die Bewertung im Rahmen der Industrie 4.0-Readiness und der Umsetzungsplanung für die Einführung von Industrie 4.0 haben kann.

3.2 Ermittlung Industrie 4.0-Readiness

Mit diesem zweiten Schritt soll eine Entscheidungsgrundlage für die Umsetzungsplanung geschaffen werden. Hierfür werden die aus Schritt 1 ermittelten Prozesse mit Industrie 4.0-Standardanwendungsfällen verglichen und dabei überprüft, welche Voraussetzungen für die erfolgreiche Einführung bereits im Unternehmen erfüllt werden und welche organisatorischen oder technischen Anpassungen im Rahmen der Umsetzung noch vorgenommen werden müssen.

Zwei Komponenten sind für diesen Schritt von zentraler Bedeutung. Das sind zum einen die detaillierten Prozesskarten aus dem ersten Schritt und zum anderen ein prall gefüllter „Industrie 4.0-Werkzeugkasten" bestehend aus einer Vielzahl an Industrie 4.0-Standardanwendungsfällen sowie Beispiele für deren Umsetzung mit Hilfe von Industrie 4.0-Konzepten und -Technologien.

Der Abschlussbericht des Arbeitskreises Industrie 4.0 (vergl. Kagermann et al., 2013) gibt einen ersten Einblick, wie die Entwicklung von Industrie 4.0-Standardanwendungsfällen aussehen kann. Dies ist aber nur ein erster Schritt zur Befüllung des oben erwähnten Industrie 4.0-Werkzeugkastens, da für eine konkrete Umsetzungsplanung diese Standardanwendungsfälle und deren beispielhafte Umsetzung ein wesentlich höherer Detaillierungsgrad nötig ist und vor allem auch die Erfahrung aus bereits erfolgreich umgesetzten Projekten in diesen Werkzeugkasten gelegt werden muss.

Bei der Anreicherung des Werkzeugkastens mit Industrie 4.0-Standardanwendungsfällen handelt es sich also um einen iterativen Prozess, der in den zuständigen Arbeitskreisen der Industrie 4.0-Plattform[2] bereits intensiv vorangetrieben wird. Auch das Fraunhofer IPA beteiligt sich im Rahmen seines Engagements in den Arbeitskreisen an der Entwicklung dieser Anwendungsfälle und baut auf Basis seiner Projekterfahrungen ein Repository mit Industrie 4.0-Anwendungsfällen und deren erfolgreichen Umsetzungsszenarien auf.

---

2 http://www.plattform-i40.de

Beim Abgleich der aus Schritt 1 ermittelten Prozesse mit den Umsetzungsbeispielen aus dem Industrie 4.0-Werkzeugkasten lässt sich nun ermitteln, inwieweit die Umsetzungsvoraussetzungen aus den Beispielimplementierungen bereits im Unternehmen oder am Produktionsstandort erfüllt werden und welche Voraussetzungen noch geschaffen werden müssen.

Soll beispielsweise in einer verteilten Produktion eine lückenlose digitale Produktionsnachverfolgung mit möglichst aktuellen Produktionsdaten etabliert werden, müssen die hierfür relevanten Produktionsdaten über die verschiedenen Produktionsstandorte hinweg ausgetauscht werden können. Am geeignetsten erscheint für den echtzeitnahen Austausch von Produktionsdaten über mehrere Produktionsstandorte hinweg eine zentrale Internetplattform, wie sie beispielsweise durch Cloud-basierte Dienste bereitgestellt werden kann. Ist allerdings an einem der beteiligten Produktionsstandorte in der Produktion keine Anbindung an das Internet gegeben, so muss diese Voraussetzung erst noch eingerichtet werden.

So ergibt sich aus einem systematischen Abgleich aller Soll-Prozesse mit den Industrie 4.0-Standardanwendungsfällen und deren beispielhaften Umsetzungsszenarien ein vollständiges Bild über die Industrie 4.0-Readiness und welche Prozesse mit welchen Anpassungen eingeführt werden können.

Das Ergebnis ist eine Entscheidungsgrundlage für die Umsetzungsplanung. Aus ihr geht unter anderem hervor, welche Prozesse bereits in welchem Grad Industrie 4.0-Konzepte unterstützen, wie aufwändig die Umsetzung des einzelnen Soll-Prozesses im Rahmen der Industrie 4.0-Fertigung in etwa ist und welche organisatorischen oder technologischen Anpassungen im Rahmen der Migration vorgenommen werden müssen.

Als Vorbereitung für die Umsetzungsplanung können im Rahmen von Workshops mit Führungskräften und Experten des Unternehmens diejenigen Anwendungsfälle herausgearbeitet und ausgewählt werden die für die Migration und Einführung das beste Kosten-Nutzen-Verhältnis aufweisen und gegebenenfalls mit den geringsten Umsetzungsrisiken behaftet sind. Mit dieser Auswahlliste (short list) kann nun das Management über die Migrationsplanung zur Einführung einer Industrie 4.0-Fertigung informiert werden, bevor im letzten Schritt mit Unterstützung der Unternehmensführung die Umsetzungsplanung vorgenommen wird.

3.3 Umsetzungsplanung

Am Anfang der Planung steht die Kommunikation des Vorhabens an alle unmittelbar beteiligten Mitarbeiter und auch des Betriebsrates, der in der Regel ein Mitspracherecht bei solchen Vorhaben besitzt. Ziel dieser frühzeitigen Kommunikation ist es, eine möglichst große Unterstützung durch die Mitarbeiter zu erhalten.

Auch den Kunden und Lieferanten, die von der Einführung einer Industrie 4.0-Fertigung betroffen sein werden, sollte in einem sehr frühen Stadium der Umsetzungsplanung mitgeteilt werden, welche Änderungen geplant sind und in welchem Maße diese Änderungen auch die Zusammenarbeit mit diesen Kunden und Lieferanten verändern wird. In der Regel muss ohnehin gemeinsam an Lösungen für einzelne Aspekte der Einführung gearbeitet werden. Das bietet die Chance, neue Ideen oder aber auch noch nicht berücksichtigte Rahmenbindungen, die sich erst durch die Zusammenarbeit mit den Kunden und Lieferanten auftun, rechtzeitig in die Umsetzungsplanung aufnehmen zu können.

Bei der Umsetzungsplanung sollte ein iteratives Vorgehen berücksichtigt werden, bei dem nicht alle Prozesse aus der Auswahlliste gleichzeitig und sofort an allen Produktionsstandorten vollständig umgesetzt werden sollen. Vielmehr sollten die Prozesse priorisiert und entsprechend ihrer Priorisierung der Reihe nach angegangen und auf Industrie 4.0-Konzepte migriert werden. Das iterative Vorgehen beinhaltet also mehrere Umsetzungsschleifen, die sowohl entlang der einzuführenden Prozesse, des Roll-Out im Unternehmen als auch im Detaillierungsgrad der Umsetzung mehrmals durchlaufen werden.

Diese Umsetzungsschleifen bieten die Möglichkeit, die Erfahrungen aus den verschiedenen Teilprojekten jeweils in die nächsten Planungs- und Umsetzungsintervalle im Rahmen der Gesamtmigration einfließen zu lassen. So können beispielsweise Probleme, die beim Roll-Out in einem Unternehmensbereich aufgetreten sind, beim Roll-Out in weiteren Unternehmensbereichen berücksichtigt werden.

Sobald eine Iterationsschleife abgeschlossen wurde, bietet es sich an, eine Kosten- und Nutzen-Evaluierung für die einzelnen migrierten Prozesse durchzuführen und die Ergebnisse mit den Erwartungen aus Phase 2 abzugleichen. Dadurch bietet sich die Gelegenheit, die bisherigen Umsetzungserfahrungen zusammen mit den Ergebnissen aus der Kosten- und Nutzen-Evaluierung in die weitere Umsetzungsplanung und das Gesamt-Roll-Out für das Unternehmen einfließen zu lassen.

Wird dieses iterative Vorgehen im Rahmen der Migrationsstrategie von Workshops begleitet, in denen beteiligte Projektverantwortliche, Projektmitarbeiter und Anwender die bisherigen Ergebnisse bewerten und in die Migrationsplanung weiterer Prozesse einarbeiten, die es (noch) nicht in die Auswahlliste aus Schritt 2 geschafft haben, kann ein kontinuierlicher Planungsprozess für die Gesamtumstellung auf eine Industrie 4.0-Fertigung erfolgen. Durch diese Verankerung der Prinzipien der 4. Industriellen Revolution im Produktionssystem des Unternehmens manifestiert sich somit ein Industrie 4.0-Produktionssystem.

4 Migrationsszenarien

Dieses Kapitel stellt mögliche Migrationsszenarien einer bestehenden Produktionsumgebung hin zu einer Industrie 4.0-Fertigung vor. Die Auswahl der Beispiele nimmt Bezug auf die typische Situation in KMUs und geht insbesondere auf die Industrie 4.0-Konzepte Vertikale und Horizontale Integration, Echtzeit-Vernetzung und Cloud-Services ein. Die geschilderten Szenarien, ein allgemein gehaltenes und ein spezifisches, sind beispielhaft zu sehen und sollen den Leser und Anwender dazu anregen, eigene Lösungsideen für seine individuellen Herausforderungen daraus abzuleiten und diese Ideen im Rahmen der Festlegung der Industrie 4.0-Readiness (Kapitel 3) einfließen zu lassen.

4.1 Migrationsszenario: Cloud und Apps statt Datenbank und Suite

Produktions-IT-Systeme, vor allem die entlang der Automatisierungspyramide integrierten Systeme, wie beispielsweise ERP oder MES (Abbildung 2 in Kapitel 2.3), sind häufig umfangreiche Software-Suiten mit jeweils eigenen Datenbanken (vergl. Kapitel 2.2). Für eine horizontale Integration mit durchgängigem Daten- und Informationsaustausch über die Grenzen von Produktionsstandorten oder Unternehmen hinweg sind diese Systeme in der Regel nicht vorgesehen und die horizontale Integration findet, wenn überhaupt, vornehmlich über die ERP-Systeme statt.

Nicht zuletzt aufgrund der aufwändigen Einführung dieser Produktions-IT-Systeme und der ebenso aufwändigen Integration der Systeme untereinander, gehören diese Systeme bei KMUs nicht unbedingt zur Standardausstattung. Diejenigen Unternehmen, das sind vor allem große und hochautomatisierte Unternehmen, die diese Systeme dennoch erfolgreich im Einsatz haben, scheuen allerdings häufig davor zurück, Änderungen an den laufenden Produktions-IT-Systemen vorzunehmen, wenn neue Anforderungen an sie herangetragen werden.

Für all diese Anwenderunternehmen, die gerne durchgängige Daten- und Informationsflüsse in ihrer Fertigung realisieren würden, auch über Standort- und Unternehmensgrenzen hinweg, aber entweder vor der Investition in adäquate Produktions-IT zurückschrecken oder ihre bereits laufende Produktions-IT nicht anfassen möchten, könnte der in Kapitel 2.4 beschriebene Trend des Cloud-Computing von Interesse sein. In Abbildung wird die Entwicklung in der Produktions-IT aufgezeigt, in der lokale Produktions-IT-Funktionalität in der Cloud in Form von Apps bereitgestellt wird. Im Rahmen dieser Appisierung werden einzelne Funktionsblöcke der Produktions-IT-Systeme in der Cloud in Form von Apps zur Verfügung gestellt.

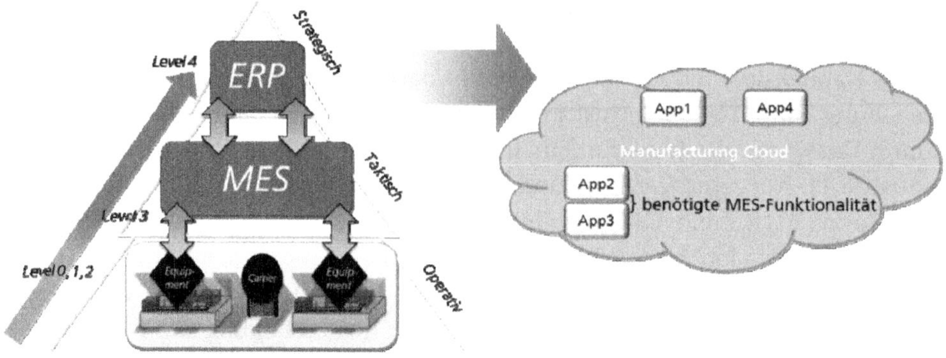

Abbildung 4: **Individuelle Apps anstatt Software-Suiten (hier am Beispiel MES)**

Anstatt ganze Software-Suiten zu kaufen, kann der Anwender über die Cloud individuelle Funktionseinheiten in Form von Apps erwerben, die auch unmittelbar nach dem Erwerb sofort für den Einsatz bereitstehen und nicht in langwierigen Einführungsprojekten in das Unternehmen integriert werden müssen. Die Abrechnung dieser Cloud-Services erfolgt häufig in Pay-per-use-Modellen, bei denen der Anwender nur tatsächlich benötigte Ressourcen bezahlen muss.

4.2 Migrationsszenario: Einführen einer Tracking-Lösung

Anhand dieses Beispiels wird aufgezeigt, wie in einem produzierenden Unternehmen eine Lösung zur lückenlosen digitalen und echtzeitnahen Nachverfolgung von Produktionsprozessen eingeführt werden kann. Die hier vorgestellte Lösung unterstützt gerade auch die verteilte Produktion über mehrere Produktionsstandorte oder Unternehmensgrenzen hinweg.

Diese Tracking-Lösung veranschaulicht die Industrie 4.0-Konzepte *Horizontale und Vertikale Integration* sowie die zentrale Bereitstellung von echtzeitnahen Produktionsdaten über Cloud-Services. Die vorgestellte Lösung wurde am Fraunhofer IPA zusammen mit der Firma Xetics, der Hewlett-Packard GmbH und weiteren Partnern im Rahmen des vom Land Baden-Württemberg geförderten Forschungsprojektes Virtual Fort Knox[3] entwickelt und ist eine von mehreren Anwendungsbeispielen, die über den Marketplace auf der Virtual Fort Knox-Plattform bereitgestellt werden (vergl. Beitrag Diemer „Sichere Industrie-4.0-Plattformen auf Basis von Community-Clouds").

---

[3] http://www.virtualfortknox.de

Abbildung 5: Tracking-App: Prozess- und Equipment-Registrierung; Tracking

Damit über die Tracking-App die notwendigen Prozessdaten für die Produktionsnachverfolgung dokumentiert werden können, müssen die erhobenen Daten einzelnen beteiligten Objekten, wie beispielsweise Arbeitsplatz, Maschine oder Werkstück, zugeordnet werden können. Für diese Zuordnung ist eine eindeutige Identifikation der Objekte notwendig. Ist eine solche Identifikationslösung im Unternehmen noch nicht implementiert, kann sie für dieses Szenario beispielsweise über eine kostengünstige Near Field Communication (NFC)-Lösung nachgerüstet werden. Die Tracking-App setzt für die Benutzerinteraktion auf Android auf. Android ist ein Betriebssystem und eine Software-Plattform für mobile Endgeräte, die von Google entwickelt und in diesem Segment aufgrund der sehr hohen Verbreitung als Marktführer gesehen wird. Das Aufsetzen auf NFC und Android hat bei der Einführung einer solchen Identifikationslösung vor allem den finanziellen Vorteil, dass neben den sehr preiswerten NFC-Tags auch preisgünstige NFC-Lesegeräte auf Android-Basis, wie beispielsweise Smartphones oder Tablets eingesetzt werden können Es sind aber auch andere Identifikationslösungen, beispielsweise über RFID oder Barcodes, für den Einsatz zusammen mit der Tracking-App denkbar.

Sind alle relevanten Objekte für die Produktionsnachverfolgung mit einem für den Einsatz geeigneten NFC-Tag versehen worden, müssen sie im System hinterlegt werden. Hierfür wird die App im Regelfall zunächst vom Marketplace auf der Plattform Virtual Fort Knox heruntergeladen und auf den eingesetzten mobilen Endgeräten, die als NFC-Reader agieren werden, installiert und registriert. Sobald die Installation durchgeführt wurde, steht die Tracking-Lösung für den Einsatz bereit.

In einem ersten Schritt werden für die Produktionsnachverfolgung alle zu dokumentierenden Arbeitsstationen über die App angelegt und im System hinterlegt. Für die Festlegung dieser Produktionsprozesse können beliebig viele Arbeitsstationen, wie beispielsweise Arbeitsplätze, Maschinen oder manuelle Tätigkeiten aus beliebig vielen Standorten hinterlegt werden (Abbildung 5). Die einzelnen Arbeitsstationen können detailliert beschrieben und die dort angebrachten NFC-Tags zur eindeutigen Identifikation eingelesen werden. Damit sind die Arbeitsstationen nun alle im System hinterlegt und das vorhandene Equipment oder die durchzuführenden Prozesse über die angebrachten NFC-Tags registriert. Die Stammdaten sind hinterlegt und können jederzeit geändert oder zum Beispiel um das „Objekt" Werker erweitert werden, wenn auch festgehalten werden soll, welcher Mitarbeiter an der Arbeitsstation die dokumentierte Tätigkeit durchgeführt hat.

Nun ist alles vorbereitet und die Werkstücke oder Werkstückträger können ebenfalls mit geeigneten NFC-Tags versehen werden, bevor sie in die Produktion gelangen. In der Produktion eingetroffen, werden die Werkstücke oder Werkstückträger über NFC-Reader eingelesen und damit im System registriert. Von nun an können die Werkstücke oder Werkstückträger, die im weiteren Verlauf des Beitrages nun Produkt genannt werden, im System nachverfolgt werden.

Für die lückenlose digitale Nachverfolgung des Produktionsverlaufes werden die einzelnen Produkte an jeder Arbeitsstation über das NFC-Tag mit Hilfe eines NFC-Readers (beispielsweise Smartphone oder Tablet) eingelesen. So kann über das System festgehalten werden, wann welches Produkt an welcher Arbeitsstation eingetroffen ist und wann es die Arbeitsstationen wieder verlassen hat. Zusätzlich können weitere Informationen, wie beispielsweise Prozessparameter, Prüfprotokolle oder durchführender Mitarbeiter an diese Historie angehängt werden.

Da diese Daten über die App unmittelbar an die zentrale Datenhaltung auf der Cloud-Plattform übermittelt werden, stehen diese Information in nahezu Echtzeit an allen beteiligten Produktionsstandorten zur Verfügung. Eine lückenlose Nachverfolgung des Produktionsverlaufes für ein individuelles Produkt steht somit zur Verfügung. Ganz nebenbei könnte hierdurch auch Transparenz über den aktuellen Produktionsfortschritt für den Kunden oder Partner im Produktionsnetzwerk geschaffen werden, beispielsweise durch die Bereitstellung von Informationen darüber, wie viele Produkte aus der Bestellung bereits produziert wurden und wie groß der derzeitige Durchsatz ist.

5 Zusammenfassung und Ausblick

Die Einführung von Industrie 4.0 bietet eine Vielzahl an Möglichkeiten, mit denen die Effizienz produzierender Unternehmen nachhaltig gesteigert werden kann. Die Einführung von Industrie 4.0-Konzepten ist allerdings nicht trivial. Dies folgt nicht zuletzt aus der Erkenntnis, dass im Rahmen von Industrie 4.0 verschiedene Technologien aus den Bereichen IuK und Maschinenbau miteinander kombiniert werden, um verschiedene Prozesse auch über Unternehmensgrenzen hinweg zu unterstützen.

Je besser diese Verschmelzung von Technologien aus IuK und Maschinenbau gelingen wird, umso größer wird der Nutzen einer Industrie 4.0-Einführung in den produzierenden Unternehmen sein. Innovationstreiber sind hierbei die Industrie 4.0-Basistechnologien. Vor allem die Konzepte Internet der Dinge und Internet der Dienste, bereitgestellt über leistungsfähige und sichere Cloud-Plattformen, werden die Integration und echtzeitnahe Vernetzung von IP-fähigen eingebetteten Systemen ermöglichen und aus den heutigen Maschinen und Komponenten in der Produktion smarte Objekte entstehen lassen. Diese cyber-physischen Systeme werden die Produktion der Zukunft sich selbstorganisierend und über Unternehmensgrenzen hinweg nachhaltig verändern.

Der Einführungsprozess von Industrie 4.0 sollte jedoch, trotz aller Reize der Industrie 4.0-Basistechnologien, direkt an den Geschäftsprozessen der Unternehmen ausgerichtet sein. Im Zentrum der Überlegungen steht die Frage, wie die relevanten Prozesse im Unternehmen mit Hilfe der Industrie 4.0-Basistechnologien und -Konzepte optimiert und effizienter gestaltet werden können.

Dabei sollte der gesamte Migrationsprozess hin zur Industrie 4.0-Fertigung systematisch geplant und durchgeführt werden. Ein solches Vorgehensmodell für die systematische Einführung von Industrie 4.0 wurde am Fraunhofer IPA entwickelt und wird in diesem Beitrag vorgestellt.

Dieser Migrations- und Einführungsprozess, der sich auch über mehrere Monate oder Jahre hinweg iterativ umsetzen lässt, geht von den Anforderungen der Anwender, also der produzierenden Unternehmen aus. Es ist ein markt- und nutzengetriebener Einführungsprozess, bei dem Technologien nicht blind getreu dem Motto „Mit dem Hammer in der Hand ist jedes Problem ein Nagel" genutzt werden. Vielmehr orientiert sich dieses Vorgehen an konkreten Anwendungsszenarien, die alle einen evaluierten Nutzen haben. Nur so schafft man es, auch gestandene Produktioner davon zu überzeugen, Industrie 4.0 ernst zu nehmen und in die eigene Wertschöpfung zu integrieren.

6 Literatur

Kagermann H, Wahlster W, Helbig J (Hrsg., 2013) Umsetzungsempfehlungen für das Zukunftsprojekt Industrie 4.0: Abschlussbericht des Arbeitskreises Industrie 4.0. Berlin : Promotorengruppe Kommunikation der Forschungsunion Wirtschaft - Wissenschaft. [http://www.plattform-i40.de/umsetzungsempfehlungen-f%C3%BCr-das-zukunftsprojekt-industrie-40-0]

Warnecke, HJ (1992) Die Fraktale Fabrik. Springer, Berlin Heidelberg. doi: 10.1007/978-3-662-06647-8

Teil 5: Ausblick

Chancen von Industrie 4.0 nutzen

Prof. Dr. Henning Kagermann, acatech – Deutsche Akademie der Technikwissenschaften

1 Einführung

Mit einem Anteil von 22,4 Prozent am Bruttoinlandsprodukt (BIP) ist das produzierende Gewerbe das Rückgrat der deutschen Wirtschaft. (vergl. Bundesministerium für Wirtschaft und Technologie, 2013). Im Vergleich: der Anteil des produzierenden Gewerbes am BIP in den USA liegt bei 11,9 Prozent, in Frankreich und Großbritannien bei 10 Prozent (vergl. Heymann, Vetter, 2013). Jährlich produziert die deutsche Wirtschaft einen enormen Handelsüberschuss. Diese Wettbewerbsfähigkeit der deutschen Industrie war entscheidend, um die Finanz- und Wirtschaftskrisen in der jüngsten Vergangenheit erfolgreich zu bewältigen. Konkurrenzfähiger Industriestandort und führender Fabrikausrüster zu sein, muss jedoch immer wieder aufs Neue erarbeitet werden. Das deutsche Modell wird nur dann auf Dauer erfolgreich sein, wenn unser Innovationssystem erfolgreich ist. Heute stehen wir an der Schwelle zur nächsten, der vierten industriellen Revolution (vergl. Kagermann, Lukas, Wahlster, 2011). Ideen der „New Economy" erleben eine Renaissance, dank enormer Fortschritte in der Automatisierungstechnik und den Informations- und Kommunikationstechnologien (IKT). Die vierte industrielle Revolution ist durch eine noch nie da gewesene Vernetzung über das Internet und durch die Verschmelzung der physischen mit der virtuellen Welt, dem Cyberspace, zu so genannten Cyber-Physical Systems (CPS) gekennzeichnet. Der virtuelle Raum wird in die physische Welt verlängert. Intelligente Produkte steuern jetzt nicht nur aktiv den Produktionsprozess, sie sind auch Plattform für neue Dienstleistungen und innovative Geschäftsmodelle. Durch diese neue Qualität der Automatisierung erhöhen wir nicht nur die Wettbewerbsfähigkeit des Hochlohnstandortes Deutschland, sondern erzeugen durch wissensbasierte produktbezogene Dienstleistungen und neue Geschäftsmodelle rund um die starken industriellen Kerne zusätzliche Wertschöpfungs- und Beschäftigungsimpulse. Mit Blick auf den Zeithorizont sprechen viele Experten lieber von einer Evolution als von einer Revolution. Doch die Auswirkungen der vierten industriellen Revolution werden für die wirtschaftliche Entwicklung und die Arbeitsorganisation ähnlich tiefgreifend sein wie im Falle der vorangegangen industriellen Revolutionen, die ihre volle Wirkung ebenfalls erst binnen Jahrzehnten, und nicht binnen weniger Jahre, entfalteten.

Wollen wir Deutschlands Zukunft als Produktionsstandort sichern und Produktionsvolumen am Standort halten, müssen wir nach Mechanisierung, Elektrifizierung und Informatisierung mit Industrie 4.0 diese nächste Innovationswelle anstoßen und aktiv gestalten.

2 Die vierte industrielle Revolution

Grundlage der nächsten Innovationswelle ist das Internet der Dinge, Daten und Dienste, ein *„Internet of Everything"*, in dem Subjekte und Objekte gleichermaßen in Echtzeit kommunizieren können. Es basiert nicht auf einer einzigen disruptiven Innovation der letzten Jahre. Vielmehr wurden die benötigten Technologien seit den ersten elektronischen Computern Ende der 1940er-Jahre kontinuierlich weiterentwickelt – zunächst schleichend und dann stetig mit zunehmender Geschwindigkeit. Rechenleistung, Speichergrößen und Netzkapazitäten unterliegen einer exponentiellen Wachstumskurve, verbunden mit entsprechender gegenläufiger Kostendegression. Das Moore'sche Gesetz, nach dem sich alle 18 bis 24 Monaten die Rechenleistung eines Computers verdopple, wurde rückblickend zur selbsterfüllenden Prophezeiung (vergl. Mattern, 2003).

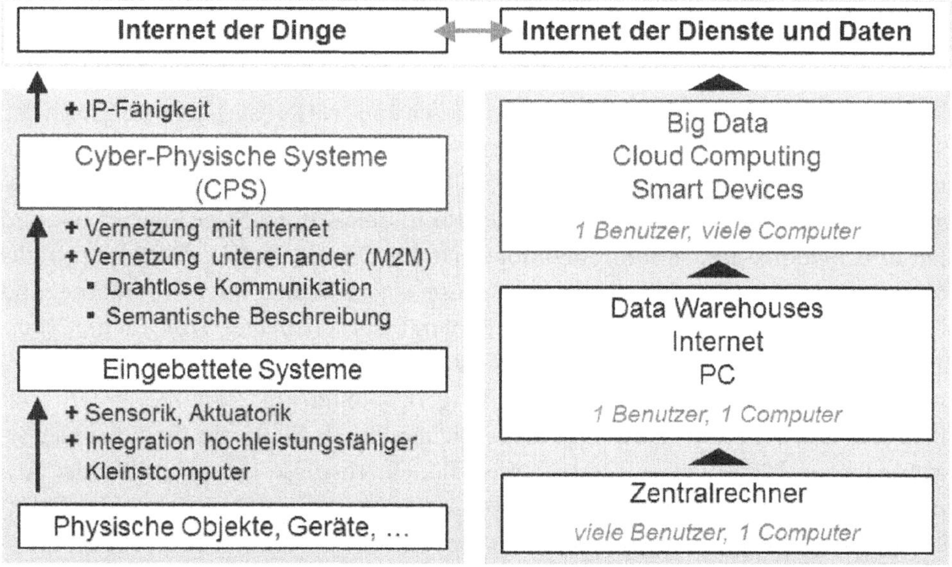

Abbildung 1: konvergierende Technologieentwicklung (eigene Darstellung)

Dem Internet der Dinge, Daten und Dienste liegt aber nicht allein die Entwicklungsgeschwindigkeit dieser Leistungsparameter zugrunde. Vielmehr ist es die Konvergenz verschiedener Technologien, die mittlerweile alle so kostengünstig zur Verfügung stehen, dass ihr flächendeckender Einsatz ermöglicht wird (Abb. 1).

Ausgangspunkt der Entwicklung sind *eingebettete Systeme*, hochleistungsfähige Kleinst-Computer, die aufgrund der beschriebenen exponentiellen Entwicklung der Leistungsparameter in der IT milliardenfach in alle möglichen Gegenstände integriert werden können und die mit der Durchsetzung der RFID-Technologie zur Basistechnologie wurden. Gleichzeitig werden diese eingebetteten Systeme mit

Sensoren und Aktuatoren ausgestattet. Solche Systeme können eine Vielzahl an Daten aus ihrem Umfeld erfassen, speichern, verarbeiten und auf dieser Basis zugleich ihre Umgebung beeinflussen. Ihre Entwicklung hinsichtlich Größe und Leistungsfähigkeit unterliegt ähnlichen „Gesetzen" wie der Computer. Aus Objekten werden so intelligente Objekte (Smart Objects), aus Umgebungen intelligente Umgebungen. Schon heute sind 98 Prozent aller Prozessoren nicht in Computern, sondern in intelligenten Gegenständen und immer höher technisierten Produkten verbaut. Jeder aktuelle Mittelklassewagen verfügt über ca. 150 dieser eingebetteten Systeme.

Mit der Kommunikation über Mobilfunk und WLAN sowie der Einführung des Internetprotokolls IPv6 im Jahr 2012 schreitet der Ausbau des Internets parallel in großen Schritten voran. IP-Adressen stehen im Überfluss zur Verfügung. Eingebettete Systeme können sich nun beliebig untereinander und mit dem Internet vernetzen, Daten austauschen und ihre Fähigkeiten als Dienste im Netz anbieten. Im dritten Quartal 2013 konnten allein im mobilen Internet 113 Millionen neue Teilnehmer registriert werden; 30 Millionen davon in China, 10 Millionen in Indien, 6 Millionen in Bangladesch und 4 Millionen in Ägypten. Das Verhältnis von Daten zu Sprache ist in den letzten drei Jahren von etwa 1:1 auf 10:1 gestiegen. Bis 2020 werden 6,5 Milliarden Menschen und 18 Milliarden Objekte miteinander vernetzt sein (vergl. Ericsson, 2013). Damit vollzieht sich eine „(…) nicht sichtbare ‚digitale Aufrüstung' klassischer Gegenstände (…)" (vergl. Mattern, 2010): Reale und virtuelle Welt verschmelzen, physische Funktionen werden um die flexiblen Fähigkeiten digitaler Objekte ergänzt, eingebettete Systeme werden zu *Cyber-Physical Systems* (vergl. Geisberger, Broy, 2012). Diese Cyber-Physical Systems sammeln eine Vielzahl von Daten über ihre reale Umgebung und digitale Prozesse. Musste man Daten früher noch von Hand erfassen und mit entsprechend hoher Fehlerquote auf Datenträger übertragen, geschieht das Sammeln von Daten nun automatisch. Dabei wird dank der fortschreitenden technologischen Entwicklung in der Sensorik die Auflösung der Daten immer genauer, so dass ein feingranulares Monitoring der Umwelt möglich wird. Dadurch, dass Realweltdaten jetzt nicht nur leicht, sondern auch sehr billig verfügbar sind, wird ein flächendeckender Einsatz möglich.

Mit *Cloud Computing* entstehen nahezu beliebige IT-Ressourcen, aber auch Softwareanwendungen, Online-Dienste oder gar Geschäftsprozesse, die jederzeit abgerufen werden können. Da man nur die Nutzungskosten bezahlt und kein Kapital bindet, steht dies flächendeckend quasi für Jedermann zur Verfügung. Cloud-Zentren sind hochautomatisierte und effiziente Fabriken, zu deren Angebot auch die kostengünstige Speicherung von riesigen Datenmengen gehört. Der Datenschatz, der in diesen „Datenfabriken" lagert und der unter dem Schlagwort *Big Data* diskutiert wird, kann schließlich mit intelligenten Algorithmen, die auf Korrelationen und Wahrscheinlichkeitsberechnungen basieren, gehoben werden. Die Daten werden analysiert und es werden Muster identifiziert, aus denen wir

Informationen gewinnen, die wiederum zu neuem Wissen verknüpft werden können: aus Big Data wird *Smart Data.* Cloud Computing wird auch damit zur Grundlage für neue innovative Dienstleistungen, die auf Basis des so gewonnenen Wissens entwickelt werden können. Es entstehen neue Dienste-Infrastrukturen mit einem umfassenden Angebot an **Smart Services** für alle Bereiche des Lebens und Business Webs, die durchgängig unternehmensübergreifende Geschäftsprozesse sowie flexible Geschäftsnetzwerke unterstützt.

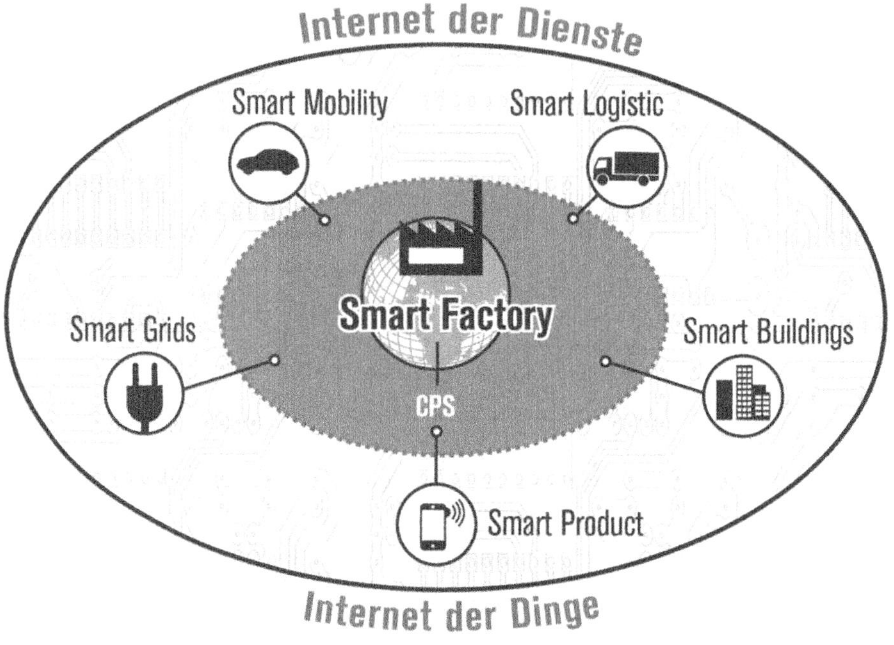

Abbildung 2: Vernetzte Fabrik (vergl. Promotorengruppe Kommunikation der Forschungsunion Wirtschaft – Wissenschaft, 2013)

Durch den Einzug des Internets der Dinge, Daten und Dienste in der Fabrik kann diese mit ihrem gesamten Produktionsumfeld zu einer intelligenten Umgebung vernetzt werden (s. Abb. 2). Cyber-Physical Systems in der Produktion umfassen intelligente Maschinen, Lagersysteme und Betriebsmittel, die digital entwickelt wurden und durchgängig von der Eingangslogistik über die Produktion, das Marketing und die Ausgangslogistik bis zum Service mittels IKT verzahnt sind. In der „Smart Factory" kommunizieren Menschen, Maschinen und Ressourcen so selbstverständlich wie in einem sozialen Netzwerk. Das stellt die Produktionslogik auf den Kopf: Die Produkte sind eindeutig identifizierbar, jederzeit lokalisierbar und kennen ihre Historie, den aktuellen Zustand sowie alternative Wege zum Zielzustand. Intelligente Produkte unterstützen aktiv den Produktionsprozess. Der Rohling sagt der Maschine, wie er bearbeitet werden soll. Autonome, sich situativ selbst steuernde und konfigurierende, räumlich verteilte Maschinen, Roboter, Förder- und Lagersysteme verhandeln untereinander, wer freie Kapazität hat. Die „Smart Factories" sind vertikal mit den betriebswirtschaftlichen Prozessen einzelner Fabriken und Unternehmen und horizontal mit global verzweigten Wertschöpfungsnetzwerken verknüpft – von der Bestellung bis zur Lieferung. So wird sich zum Beispiel der Wettbewerb einzelner Firmen zum Wettbewerb von Unternehmensnetzwerken verlagern und damit wird die Kollaboration zwischen Unternehmen zunehmen (vergl. acatech, 2011; Promotorengruppe Kommunikation der Forschungsunion Wirtschaft – Wissenschaft, 2013).

3 Chancen für den deutschen Wirtschaftsstandort

Industrie 4.0 adressiert neben der ökonomischen auch die ökologischen und sozialen Herausforderungen und sichert durch Innovation das deutsche Erfolgsmodell (vergl. Promotorengruppe Kommunikation der Forschungsunion Wirtschaft - Wissenschaft, 2013).

3.1 Ökonomische Chancen

Die Produktion wird hochflexibel, hochproduktiv und gleichzeitig lassen sich Ressourcenproduktivität und -effizienz steigern. Die Herstellung individualisierter Produkte zu den Kosten eines Massenprodukts wird damit Realität. Diese Zielsetzung wird durch die parallel massiv fortschreitende Entwicklung des 3D-Druckens unterstützt. Das Konzept einer digitalen photonischen Produktion wird dabei eine wichtige Rolle spielen. Im Unterschied zu konventionellen Verfahren können mit dem Werkzeug Licht sowohl eine kleine Stückzahl als auch komplexe Produkte kostengünstiger gefertigt werden(vergl. Poprawe et al. 2012).

Die Resilienz, also die Widerstands- und Regenerationsfähigkeit gegenüber Störungen durch Wirtschaftskrisen oder Infrastrukturausfällen wird erhöht, denn auf Basis von Smart Data können Prognosen erheblich besser und frühzeitiger erstellt werden. Auf größere Störungen kann so unmittelbar reagiert werden, indem sich zum Beispiel Wertschöpfungsnetze ad hoc neu bilden. Wirtschaftliche Krisen können besser und schneller abgefangen werden.

Darüber hinaus eröffnen die Schnittstellen in und zwischen den Systemen sowie Smart Data vielfältige Potenziale für neue Dienstleistungen und innovative Geschäftsmodelle – auch außerhalb der Produktion. Intelligente Produkte steuern nicht nur aktiv den Produktionsprozess, sie sind auch Plattformen für neue Dienstleistungen und innovative Geschäftsmodelle.

Letztendlich kann der Fachkräftemangel abgefedert werden, indem das Arbeiten von älteren Arbeitnehmern zum Beispiel durch intelligente Assistenzsysteme erleichtert und somit eine längere Lebensarbeitszeit ermöglicht wird.

3.2 Ökologische Chancen

Intelligente Vernetzung durch IKT bedeutet zugleich effizientere und schonendere Nutzung von Ressourcen. In der intelligenten Fabrik verringern zum Beispiel intelligente Verfahren wie Start-Stopp-Funktionen bei Maschinen den Energieverbrauch einer Fabrik deutlich. Ausschüsse werden signifikant reduziert, indem Fehler frühzeitiger erkannt werden. In der Logistik können durch die intelligente Vernetzung der Verkehrsteilnehmer Routen und Auslastung effizienter gestaltet werden. Zudem wird erst durch die Erhebung einer Vielzahl realer und virtueller Daten die umfassende Transparenz hinsichtlich des Ressourcenverbrauches eines Produktes geschaffen, mit all ihren nützlichen Implikationen für die Ressourcenoptimierung bei der Lebenszyklusbetrachtung der Produkte und der Kreislaufwirtschaft.

3.3 Soziale Chancen

Mit der vierten industriellen Revolution steigt letztlich die Lebensqualität der Menschen. Industrie 4.0 bedeutet zum Beispiel nicht nur die Sicherung der Arbeitsplätze an unserem Hochlohnstandort, die Reduktion des Ressourcenverbrauches oder die Möglichkeit der Reindustrialisierung urbaner Regionen, sondern insbesondere eine bessere Qualität an Arbeit. Zum einen wird durch IKT eine bessere Work-Life-Balance und Vereinbarkeit von Beruf und Familie erreicht. Die Produktion folgt dem Takt des Menschen. Der Mensch rückt wieder zurück in den Mittelpunkt der Arbeitswelt, indem jeder Einzelne über seine individuelle Verfügbarkeit bestimmt und diese in für die Arbeit in der intelligenten Fabrik angepassten sozialen Netzwerken und sozialen Medien zur Verfügung stellt. Zum anderen werden Mitarbeiter weniger als „Maschinenbediener" eingesetzt, sondern mehr in der Rolle des Erfahrungsträgers, Entscheiders und Koordinators, um die richtige Balance zwischen Effizienz und Flexibilität auszuloten. Zugleich wird das Arbeitsumfeld interdisziplinärer, die Vielzahl der Arbeitsinhalte für den einzelnen Mitarbeiter nimmt zu, Einweisungs- und Lernzeiten werden kürzer. Zur Bewältigung der steigenden Komplexität wird der Mitarbeiter jedoch durch eine neue Generation mobiler, interaktiver Assistenzsysteme für Bedienung, Installation, Optimierung und Wartung der CPS-Komponenten entlastet.

4 Smart Data und Smart Services

Die Positionierung von Industrie 4.0 geht über „Smart Factory" und „Smart Product" hinaus und sollte um die Konzepte „Smart Data" und „Smart Services" erweitert werden, wodurch zusätzliche Wertschöpfungs- und Beschäftigungspotenziale erschlossen werden. Denn die Sammlung und Auswertung von Daten passiert natürlich auch, wenn die intelligenten Produkte die Fabrik verlassen haben und beim Kunden in Betrieb genommen werden. Führt man die Daten aller bei Kunden installierten Geräte zusammen, kann man nicht nur erweiterte, bessere Wartung anbieten sondern zum Beispiel Schlüsse über die Optimierung des Einsatzes beim Kunden ziehen (s. Abb. 3).

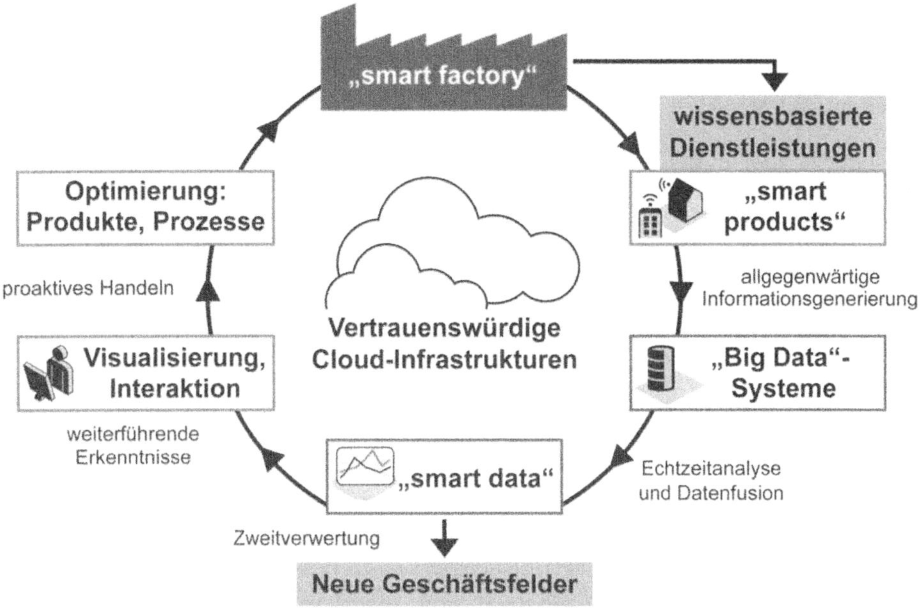

Abbildung 3: Kette Industrie 4.0 (eigene Darstellung)

Damit sind wir aber noch nicht am Ende der Möglichkeiten von Industrie 4.0 angelangt. Mithilfe einer Vielzahl von Sensoren sammeln und verarbeiten intelligente Produkte Daten aus der realen Welt und stellen sie als netzbasierte Dienste zur Verfügung (Beispiel Echtzeit-Staumeldungen). Sie stellen aber auch ihre Fähigkeit, über Aktoren direkt auf Vorgänge in der realen Welt einwirken zu können, als netzbasierte Dienste zur Verfügung (Beispiel App auf Smartphone zum Herunterlassen von Jalousien oder Steuerung der Heizungs-, Klimaanlage). Das Resultat ist ein riesiges weltweites „Online-Dienste-Universum" für alle Bereiche des Lebens: Business, Freizeit, Kultur, Bildung etc. Es entsteht das besagte Internet der Dinge, Daten und Dienste.

Damit werden wir eine Renaissance der Online-Marktplätze erleben, den Stars der ersten e-Commerce-Booms; möglich geworden durch Fortschritte in semantischer Technologie und Cloud-Computing. Das semantische Web stellt Sinnzusammenhänge in den Mittelpunkt. Inhalte werden nicht nur maschinenlesbar, sondern auch maschinenverstehbar. Informationen können schneller und effizienter durchsucht werden. Statt Informationsüberflutung durch Suchmaschinen bekommen wir ein höchst präzises Antwortverhalten. In einem semantischen Web können Experten ihr Wissen in der eigenen Fachsprache formulieren, sie brauchen keinen IT-Experten als Übersetzer mehr. Damit werden semantisch beschriebene Dienste wiederverwendbar, zu Mehrwertdiensten kombinierbar, flexibel erweiterbar, kurz handelbar (vergl. Heuser, Wahlster, 2011). Entscheidend ist dabei, dass Daten, Dienste und Business-Apps auf einer offenen Plattform in einer Cloud zugänglich sind. Dann können alle Marktteilnehmer schnell und einfach webbasierte Anwendungen, Dienstleistungen und Geschäftsmodelle entwickeln oder nutzen.

Die Vision der „Leuchtturmprojekte" des 1. IT-Gipfels 2006 wird damit Realität (vergl. Hasso-Plattner-Institut, 2006): Die Entwicklung von Produkten, Geschäftsmodellen und Märkten, die es Unternehmen und Verbrauchern überall und jederzeit ermöglicht, auf Dienstleistungen, Inhalte und Wissen zuzugreifen. Ich-AGs, Startups und kleine Unternehmen können ihre Dienste weltweit präsentieren, neue Kunden gewinnen und ohne großen Aufwand das eigene Angebot durch Kombination mit Dienstleistungen anderer Anbieter erweitern. Sie können so mit innovativen Servicepaketen durchaus auch großen Konzernen Konkurrenz machen und ganz neue Märkte für sich erschließen

5 Akzeptanz als Herausforderung

Bei Industrie 4.0 handelt es sich erstmalig um eine Revolution mit Ansage. Dies verschafft uns die Möglichkeit, diese Revolution aktiv zu gestalten. Wie bei vielen Innovationen kristallisiert sich auch bei Industrie 4.0 die Akzeptanz gegenüber den Neuerungen als zentrale Herausforderung heraus. Diese Akzeptanz steht in engem Zusammenhang mit der Sicherheit der Daten, dem Umgang mit der Privatheit des Einzelnen und der Technikaufgeschlossenheit.

5.1 Sicherheit

Die NSA-Affäre hat die Datensicherheit in intelligenten Netzen erneut auf die Agenda gerückt und Wirtschaft, Politik und Gesellschaft für das Thema IT-Sicherheit sensibilisiert. Leicht auszunutzende Sicherheitslücken und die zunehmend attraktiven Sicherheitsziele lassen die Anzahl von Cyber-Angriffen dramatisch ansteigen. Laut einer aktuellen Studie werden 44 Prozent der Unternehmen mindestens einmal im Monat Opfer von Cyber-Attacken (vergl. Deutsche Telekom, 2013). Nur 13 Prozent der befragten Unternehmen gaben an, noch nie über das Internet angegriffen worden zu sein. Die verschiedenen vernetzten Systeme besitzen sehr unterschiedliche Sicherheitsanforderungen. Ein durchgehendes Sicherheitsniveau in diesen komplex vernetzten Strukturen anzustreben ist jedoch unrealistisch. Aber es können Sicherheitsarchitekturen geschaffen werden, die in der Lage sind, in Echtzeit Verhaltensauffälligkeiten mit hoher Treffergenauigkeit zu erkennen und auf solche Anomalien angemessen zu reagieren, indem sie beispielsweise manipulierte oder beschädigte Komponenten ersetzen. Sicherheitsarchitekturen müssen von Anbeginn Teil der Lösung im Internet der Dinge, Daten und Dienste sein: Security by Design. Darüber hinaus muss sich eine neue Kultur im Internet entwickeln, in der die Anwendung von Sicherheitsmechanismen

Normalität ist. Für eine breitere Akzeptanz muss es uns gelingen etwa die Smart Devices des Endnutzers oder Mitarbeiters ständig auf dem neusten Stand der Sicherheit zu halten, ohne dass er Einbußen beim Komfort hinnehmen muss.

5.2 Privatsphäre

Big Data liefert nicht nur Informationen über Produkte, sondern auch über Personen, ihr Verhalten und ihre Beziehungsgeflechte. Werte und ethische Überlegungen werden zukünftig von noch zentralerer Bedeutung für die Entwicklung von Produkten sein. Vieles, was heute schon technisch machbar ist, wird in einigen Ländern nicht vorangetrieben, da es bestimmten Wertvorstellungen wiederspricht. Hier gilt es, Wertkompromisse sowohl auf der Ebene der Nutzer als auch auf der gesamtgesellschaftlichen Ebene breit zu diskutieren und zu finden: zwischen Privatsphäre und Bequemlichkeit und zwischen Privatsphäre und den enormen wirtschaftlichen Möglichkeiten des Internets. Jahrtausende hat die Menschheit in einer Welt des Vergessens gelebt. Unser Verhalten und unsere gesellschaftlichen Mechanismen berücksichtigen dies. Im digitalen Zeitalter gibt es jedoch kein Vergessen. Gerade für eine durch das Internet geprägte Gesellschaft ist daher Vertrauen ein entscheidender Faktor. Bildung, insbesondere das Vermitteln von Internetkompetenz, spielt bei der Entwicklung einer Kultur der Privatheit eine entscheidende Rolle. (vergl. Buchmann, 2012, acatech, 2013)

5.3 Bedeutung von MINT

Die öffentliche Diskussion zur Bedeutung der MINT-Fächer, d.h. Unterricht- und Studienfächer aus den Bereichen Mathematik, Informatik, Naturwissenschaften und Technik, wird häufig vor dem Hintergrund eines drohenden Fachkräftemangels in technischen Berufen mit einem Schwerpunkt auf Ausbildung geführt. Unstrittig ist, dass Deutschland seinen gesellschaftlichen Wohlstand nur bewahren kann, wenn es gelingt, junge Menschen für MINT-Berufe und für die Forschung in diesen Feldern zu interessieren. Diese akademisch und nicht-akademisch ausgebildeten Fachkräfte sorgen für innovative technische Entwicklungen in den Unternehmen, für Patente und Erfindungen und tragen so dazu bei, den Technologie- und Forschungsstandort Deutschland zu stärken. Auch deshalb ist klar, dass MINT in allen Phasen der Bildungsbiografie eine zentrale Rolle zukommt und in den Bildungsinstitutionen entlang der gesamten Bildungskette fest verankert werden muss. Bereits im Jahr 2009 hat acatech eine entsprechende Strategie zur Förderung des Nachwuchses in Technik und Naturwissenschaften vorgelegt, in der ein systemischer Ansatz über die gesamte Bildungskette hinweg zur Förderung des Nachwuchs in Technik und Wissenschaft formuliert wurde (vergl. acatech, 2009).

Jenseits der spezifischen Nachwuchsförderung im Rahmen der Ausbildung ist jedoch MINT-Bildung in einem umfassenden Sinne ein Projekt der „gesellschaftlichen Aufklärung": Wesentliche Aspekte unserer Gesellschaft und unserer Kultur lassen sich ohne eine naturwissenschaftlich-technische Grundbildung weder verstehen noch beurteilen. Das Nationale MINT-Forum betont daher in ihrem Mission Statement, dass MINT-Bildung „(...) eine Voraussetzung für zivilgesellschaftliche Teilhabe, für die berufliche Entwicklung und für Chancengerechtigkeit (ist)" (vergl. Nationales MINT-Forum, 2012).

All dies zeigt, wie wichtig MINT-Bildung ist: Nicht nur wegen des drohenden Fachkräftemangels, sondern als Teil der Persönlichkeitsentwicklung in einer zunehmend technologisierten Welt. Es geht letztlich um das vieldiskutierte Innovationsklima: Die prinzipielle Aufgeschlossenheit gegenüber wissenschaftlichen und technischen Entwicklungen. Sie ist die Voraussetzung für die Teilhabe an der zukünftigen Entwicklung und für die Fähigkeit, gesellschaftliche Kontroversen über technologische Probleme rational auszutragen.

6 Schlussfolgerung

Die Industrie 4.0 charakterisierenden Konzepte „Smart Factory", „Smart Product", „Smart Data" und „Smart Services" bieten enormes Potenzial für Wertschöpfung und Beschäftigung. Volkswirtschaften mit ähnlich starken industriellen Kernen wie Deutschland haben einen Startvorteil, da „Smart Products" die Plattform für neue wissensbasierte Dienstleistungen sind. Mit Industrie 4.0 können wir die Zukunft des Industriestandortes Deutschland und damit Wachstum und Beschäftigung sichern.

Der Wandel durch Industrie 4.0 muss jedoch aktiv gestaltet werden. Dabei handelt es sich nicht nur um ein industriepolitisches Thema. Industrie 4.0 adressiert auch die ökologischen und sozialen Herausforderungen: Ressourceneffizienz und Umweltschutz, demographischer Wandel und Urbanisierung sowie demokratische Partizipation und bessere Arbeit.

Entsprechend breit muss das Thema Industrie 4.0 diskutiert und durch die wichtigsten Stakeholder aus Wirtschaft, Wissenschaft, Politik – aber auch die Zivilgesellschaft begleitet werden. So waren die Gewerkschaften frühzeitig in den Arbeitskreis Industrie 4.0 eingebunden (vergl. Promotorengruppe Kommunikation der Forschungsunion Wirtschaft – Wissenschaft, 2013). Die von BITKOM, VDMA und ZVEI geschaffene Plattform Industrie 4.0 (www.plattform-i40.de) und der von acatech koordinierte wissenschaftliche Beirat führt nun den Dialog fort. Es ist darüber hinaus wichtig, dass sich die IT bei diesem Projekt, als Enabler und Dienstleiter für andere Disziplinen wie Maschinenbau, Produktionstechnik oder Logistik versteht.

Wir sind auf einem guten Weg. Derzeit widmet sich ein von acatech koordinierte Arbeitskreis dem im Prozess der Hightech-Strategie definierten Zukunftsprojekt „Internetbasierte Dienste für die Wirtschaft" (vergl. Bundesregierung, 2012). Durch die branchenübergreifende Zusammenführung der Aktivitäten aller betroffenen Akteure und den Wissenstransfer untereinander sollen bis Frühjahr 2015 Umsetzungsempfehlungen erarbeitet werden, um das Internet als erfolgreiche Wirtschaftsplattform auszubauen. Auf der CeBit 2013 wurden erste Empfehlungen an die neue Bundesregierung überreicht. Deutschland hat die Chance, seine starke Technologiekompetenz und sein Know-how in Unternehmenssoftware zu nutzen, um Wertschöpfung im internetbasierten Dienstleistungssektor zu generieren und digitale Services „made in Germany" zu etablieren. Die Digitale Service Welt, in der physische und digitale Dienstleistungen gebündelt werden, braucht dafür neue digitale Infrastrukturen. Der vieldiskutierte Ausbau der Breitbandnetze als Teil der „Technischen Infrastruktur" ist eine dringend notwendige Voraussetzung, aber nicht hinreichend für das Funktionieren der neuen digitalen Geschäftsmodelle. Die disruptive Wirkung entfalten die über den digitalen Infrastrukturen liegenden Plattformen.

Da es zukünftig keine Trennung zwischen Industrie- und Dienstleistungsgesellschaft geben wird, müssen wir beide Zukunftsprojekte – Industrie 4.0 und internetbasierte Dienste für die Wirtschaft – erfolgreich umsetzen, um die Wettbewerbsfähigkeit der deutschen Wirtschaft sichern zu können.

7 Literatur

acatech (Hrsg.) (2009) Strategie zur Förderung des Nachwuchses in Technik und Naturwissenschaft. Handlungsempfehlungen für die Gegenwart. Forschungsbedarf für die Zukunft. acatech POSITION, Springer Verlag, Berlin, Heidelberg

acatech (Hrsg.) (2011) Cyber-Physical Systems. Innovationsmotor für Mobilität, Gesundheit, Energie und Produktion. acatech POSITION. Springer Verlag, Berlin, Heidelberg

acatech (Hrsg.) (2013) Privatheit im Internet. Chancen wahrnehmen, Risiken einschätzen, Vertrauen gestalten. acatech POSITION, Springer Verlag, Berlin, Heidelberg

Buchmann J (Hrsg.) (2012) Internet Privacy. Eine multidisziplinäre Bestandsaufnahme. acatech STUDIE. Springer Verlag, Berlin, Heidelberg

Bundesregierung (2012) Bericht der Bundesregierung. Zukunftsprojekte der Hightech-Strategie (HTS-Aktionsplan). http://www.bmbf.de/pub/HTS-Aktionsplan.pdf. Zugegriffen: 18.12.2013

Deutsche Telekom (2013) Cyber Security Report 2013. Ergebnisse einer repräsentativen Befragung von Abgeordneten sowie Führungskräften in mittleren und großen Unternehmen. www.telekom.com/static/-/198372/2/Sicherheitsreport-2013-si. Zugegriffen: 17.12.2013

Ericsson (2013) Ericsson Mobile Report. http://www.ericsson.com/res/docs/2013/ericsson-mobility-report-june-2013.pdf. Zugegriffen: 18.12.2013

Geisberger E, Broy M (Hrsg.) (2012) agendaCPS: Integrierte Forschungsagenda Cyber-Physical Systems. acatech STUDIE, Springer Verlag, Berlin, Heidelberg

Hasso-Plattner-Institut (Hrsg.) (2006): Nationaler IT-Gipfel. Potsdamer Initiative für den IKT-Standort Deutschland. http://www.hpi.uni-potsdam.de/fileadmin /hpi/presse/dokumente/2006/Potsdamer_Initiative_19.12.06.pdf. Zugegriffen: 18.12.2013

Heuser L, Wahlster W (Hrsg.) (2011) Internet der Dienste. acatech DISKUTIERT. Springer Verlag, Berlin, Heidelberg

Heymann E, Vetter S (2013) Re-Industrialisierung Europas: Anspruch und Wirklichkeit. EU-Monitor Europäische Integration (4.11.2013), S 2-22

Kagermann H, Lukas W, Wahlster WD (2011) Industrie 4.0: Mit dem Internet der Dinge auf dem Weg zur vierten industriellen Revolution. VDI Nachrichten 13: 2

Mattern F (2003) Vom Verschwinden des Computers – Die Vision des Ubiquitous Computing. In: Mattern F (Hrsg.) Total vernetzt: Szenarien einer informatisierten Welt. Springer Verlag, Berlin, Heidelberg, S 1-37

Mattern F, Floerkemeier C (2010) Vom Internet der Computer zum Internet der Computer zum Internet der Dinge. Informatik-Spektrum 33 2: 107-121

Nationales MINT-Forum (2012) Mission Statement. http://joachim-herz-stiftung.de/assets/natmintforum_missionstatement.pdf. Zugegriffen: 17.12.2013

Poprawe R, Gillner A, Hoffmann D, Kelbassa I, Lossen P, Wissenbach K (2012) Digital Photonic Production: High Power ultrashot Lasers, Laser Additive Manufacturin and Laser Micro/Nano Fabrication. International Photonics and Optoelectronics Meetings. http://www.opticsinfobase.org/abstract.cfm?URI=LTST-2012-MTh1A.2. Zugegriffen: 18.12.2013

Promotorengruppe Kommunikation der Forschungsunion Wirtschaft – Wissenschaft (Hrsg.) (2013) Deutschlands Zukunft als Produktionsstandort sichern. Umsetzungsempfehlungen für das Zukunftsprojekt Industrie 4.0. Abschlussbericht des Arbeitskreises Industrie. http://www.bmbf.de/pubRD/Umsetzungsempfehlungen_Industrie4_0.pdf. Zugegriffen: 18.12.2013

Logistik 4.0

Prof. Michael ten Hompel, Fraunhofer IML; Prof. Dr. Michael Henke, Fraunhofer IML

1 Einleitung

Unter dem Rubrum „Internet der Dinge" wird in der Logistik seit der Jahrtausendwende die Einführung cyberphysischer Technologien diskutiert. Die Logistik und das Internet der Dinge gelten als herausragende Anwendungsdomäne der vierten industriellen Revolution. In keiner anderen Branche wird in naher Zukunft ein so grundsätzlicher Wandel erwartet. Dies ist einerseits auf die rasante technologische Entwicklung zurückzuführen, andererseits sind viele der wesentlichen technischen und gesellschaftlichen Herausforderungen direkt oder indirekt mit der Logistik und einem effizienten Supply Chain Management verbunden.

Dieser Beitrag geht der Frage nach, warum die vierte industrielle Revolution in der Logistik stattfindet und welchen Wandel dies mit sich bringen wird.

2 Die Vision vom Internet der Dinge oder: Der ideale logistische Raum ist leer!

2008 saßen einige Ingenieure im Fraunhofer IML beisammen und überlegten, wie ein ideales intralogistisches System aussähe. Vor ihnen lag ein leeres Blatt Papier. Nach einer Stunde intensiver Diskussion befand sich lediglich die Zeichnung eines Regals am unteren Rand des Papiers. Man war sich einig, dass das Regal auch in Zukunft eine unabdingbare, raumsparende Form des Lagerns darstellt. Der restliche Raum war leer und seine Form unbestimmt. Es entstand die Vision einer radikalen Neugestaltung innerbetrieblicher Logistik, die mit der vierten industriellen Revolution Wirklichkeit werden könnte.

Es beginnt damit, dass sich der Ort, an dem das System stehen soll, im Rahmen eines immer volatileren Produktions- und Handelsumfeldes nicht mehr dauerhaft bestimmen lässt. Der ideale Standort gilt nicht mehr für viele Jahre. Das logistische Netzwerk und seine Knoten müssen sich kontinuierlich den Gegebenheiten anpassen. Daher sollten logistische Knoten in Zukunft umzugsfähig sein. Dies verbietet viele Formen klassischer, technischer Infrastruktur.

Schwärme autonomer Fahrzeuge übernehmen stattdessen den innerbetrieblichen Transport. Die Anordnung von Arbeitsstationen ist nun jederzeit änderbar. Die Fahrzeuge lernen voneinander. Ihre Softwareagenten verhandeln Aufträge und Wegerechte und tauschen die Standorte neuer Stationen oder Lagerplätze beständig aus. Sie sind in der Lage, in die Regale zu fahren und Behälter oder Paletten ein- und auszulagern.

Auch das Regal und jede Kiste darin wird zum cyberphysischen System (CPS). Die Kisten im Lager übernehmen die Bestandsführung und kommunizieren mit Lagerfachanzeigen und Fahrzeugen, kontrollieren Mindestbestände und ordern den Nachschub.

Es gibt in dieser Vision so gut wie keine stationäre Fördertechnik. Autonome Fahrzeuge reihen sich ein, kooperieren miteinander, bilden Reihenfolgen und organisieren die logistische Auftragsabwicklung. Es entstehen Schwärme autonomer CPS. Prinzipien künstlicher Intelligenz und naturidentische Verfahren finden Anwendung. Das klassische, RFID-basierte „Internet der Dinge", wie es etwa zur Jahrtausendwende erfunden wurde, bekommt Augen, Ohren, Arme und Beine.

Über allem liegt eine cloudbasierte Verwaltung, auf der die ökonomischen Ziele und Strategien implementiert sind. Dort werden in konventioneller Weise Kundenaufträge verarbeitet, Bestellungen ausgelöst, die Finanzen gemanagt. Wenn es aber um die echtzeitnahe und applikationsspezifische Abwicklung geht, wenn sich die Dinge in Bewegung setzen, übernehmen die Multiagentensteuerungen der cyber-physischen Systeme die Arbeit - die CPS der intelligenten Kisten, Regale und Fahrzeuge. Ihre Aufgabe ist es, die Missionen des überlagerten Systems umzusetzen und soziale Interaktion und proaktives Handeln zu organisieren. Dies gilt auch für die Kommunikation mit dem Menschen. In dieser Vision ist er beständig online, indem er ein „Production Assistant Device" (PAD) mit sich trägt, das – wie die CPS – beständig mit der überlagerten Cloud verbunden ist. Der Mensch ist über einen Avatar mit der virtuellen Welt verbunden. Dieser Software-Stellvertreter kommuniziert mit der sozialen Gemeinschaft der CPS und mit der Cloud. Der Mensch trifft Entscheidungen, kontrolliert, arbeitet Hand in Hand mit autonomen Robotern und ist, verbunden über seinen Avatar, ein aktives Mitglied jener virtuellen Gemeinschaft, die das Logistiksystem in Bewegung halten.

Die vierte industrielle Revolution weist in Richtung dieser Vision und die Logistik könnte zu ihrer wichtigsten Anwendungsdomäne werden. Der damit verbundene revolutionäre Wandel wird zum einen motiviert durch die visionäre Kraft, die der Idee einer Industrie 4.0 innewohnt. Zum anderen zeigt ein analytischer Blick auf die Logistik von heute, welche Potenziale – insbesondere in puncto Flexibilität und Wandelbarkeit – zu heben sind.

Die folgenden Kapitel beschreiben einige grundlegende Überlegungen zur Planung und zum Management logistischer Systeme, aus denen sich der Bedarf dieses revolutionären Wandels ablesen lässt.

3 Planung 4.0 und die Trennung von normativer und operativer Entscheidungsebene

Bei der Planung von Industrieanlagen spielt die Logistik und hier wiederum der Materialfluss eine besondere Rolle. Immer dann, wenn es um die Bewegung von Dingen, im industriellen Umfeld also um die Bewegung von Waren und Gütern, geht, ist sie gefragt. Der Materialfluss verbindet alles und jedes mittels dinglicher Bewegung und ist damit im wahrsten Sinne des Wortes die „bewegende Instanz" der Wirtschaft.

Die analytische Planung von Materialflusssystemen beruht in wesentlichen Teilen auf der Grenzleistungsberechnung. Sie antizipiert die im späteren Betrieb maximal zu erbringende Leistung als gefördertes Volumen pro Zeit (Schüttgut) oder als Stückzahl pro Zeiteinheit (Stückgut) [tHH11]. Diese Grenzleistungen werden durch statistische Auswertungen und mit dem Hilfsmittel der Simulation verifiziert und festgeschrieben. Eine dynamische Anpassung, wie sie dem immer volatileren Umfeld von Industrie und Handel entspräche, ist nur in Grenzen möglich.

Das „hydrostatische Paradoxon" ist ein gutes Bild für das Dilemma, in das die Grenzleistungsbetrachtung führt (s. Abbildung 3-1).

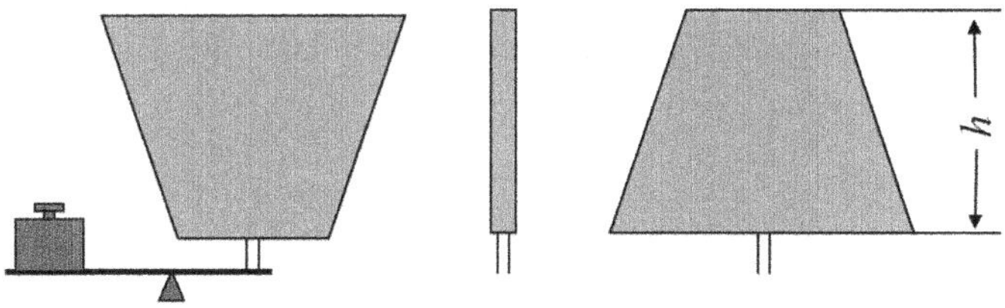

$$F_1 = A \cdot P \quad = F_2 \quad = F_3$$

Abbildung 3-1: Das hydrostatische Paradoxon als Bild für das Dilemma der Materialflussplanung.

Der Durchfluss am Auslass ist nur abhängig von dessen Querschnittsfläche A und der Höhe der Flüssigkeitssäule h. Die Analogie zum Materialfluss beschreibt die Grenzleistungsberechnung: Sie definiert einen vorgeplanten, maximalen Materialfluss (Durchfluss) an einer bestimmten Stelle (Auslass), unabhängig davon, was zuvor passierte. Das Dilemma liegt in der nicht vorhandenen (bzw. nicht wirtschaftlich darstellbaren) Regelbarkeit der Grenzleistung.

Um dieses Dilemma aufzulösen, ist eine Regelung des Materialflusses an vielen, um nicht zu sagen an jeder Stelle notwendig. Nur hierdurch wird man den Paradigmen einer vierten industriellen Revolution gerecht. Ein individualisiertes Layout und die jederzeitige Anpassung materialflusstechnischer Leistung führt zwangsläufig weg von tonnenschwerer, auf Jahre geplante und fest installierter Fördertechnik hin zu CPS, wie den „Zellularen Transportsystemen", basierend auf

Schwärmen autonomer, fahrerloser Transportfahrzeuge[1]. Oder zu Lösungen wie dem „Flexförderer", einem auf standardisierten, beliebig anreihbaren cyber-physischen Fördertechnik-Modulen basierendem System[2].

Wie auch immer die technischen Lösungen aussehen werden, der Weg hin zu dezentralisierten, autonom interagierenden Fördertechnikmodulen ist vorgezeichnet.

Damit einhergehend wird auch die Entscheidungsfindung im echtzeitnahen Bereich nicht mehr durch hierarchische Strukturen möglich sein. Der Wechsel von der Steuerung und Festschreibung der Grenzleistung hin zur echtzeitnahen Regelung führt zu einer überbordenden Komplexität. Die Verkettung einer ins Unendliche strebenden Zahl lokaler, verketteter Regelkreise ist algorithmisch kaum zu beherrschen. Zudem würde die korrespondierende Dichte echtzeitnaher Kommunikation alle Grenzen sprengen.

Es bleibt auf eben das zu vertrauen, was die vierte industrielle Revolution mit sich bringt: emergentes Verhalten einer großen Zahl (eines Schwarmes) autonom interagierender CPS.

Eine wesentliche Erkenntnis aus der Arbeit des Spitzenclusters „EffizienzCluster LogistikRuhr"[3], der sich seit 2010 mit der effizienten Gestaltung logistischer Systeme und der Beherrschung ihrer Dynamik und Komplexität („Dynaxität") beschäftigt, kommt zu folgendem Schluss, der ebenfalls deutlich in Richtung einer vierten industriellen Revolution weist:

> Das Maß der Dezentralisierung und Selbstorganisation wächst mit der Komplexität der (logistischen) Systeme.

Dies gilt für den beschriebenen, physischen Materialfluss ebenso wie für den Informationsfluss und sicher in Teilen auch für das Supply Chain Management, in dem – im Sinne eines umfassenden Financial Supply Chain Management – wiederum auch die Finanzflüsse enthalten sind.

---

[1] Die „Zellularen Transportsysteme" sind eine Entwicklung des Fraunhofer-Institutes für Materialfluss und Logistik [vgl. tHO06].

[2] Der Flexförderer ist eine Entwicklung des Institute for Material Handling and Logistics (IFL) des KIT in Karlsruhe; Prof. Dr. Kai Furmans [vgl. WIN13].

[3] Der EffizienzCluster LogistikRuhr wird durch das Bundesministerium für Bildung und Forschung BMBF gefördert. 11 Forschungseinrichtungen und über 120 Unternehmen arbeiten seit 2010 in diesem Cluster zusammen. S. www.effizienzcluster.de.

4 Supply Chain Management 4.0 oder das Dilemma der standardisierten Zukunft

Die Standardisierung des physischen Materialflusses findet ihre Entsprechung in der Standardisierung von Prozessen und Prozessketten im Supply Chain Management. Durch die Vereinheitlichung in Supply Chains wird die vergleichende Nutzung von Erfahrungswissen zur Verbesserung aktueller und zukünftiger Prozesse möglich. Jegliches konventionelles Supply Chain Management basiert auf diesem Grundgedanken. Diese Vereinheitlichung (Standardisierung) entspricht dem Versuch, zukünftige Ereignisse vorherzusagen, um bei deren Eintreffen mit standardisierten Verhaltensmustern zu reagieren. Diese Vorgehensweise erscheint logisch und verhält sich analog zur Dezentralisierung und Modularisierung im Echtzeitbereich des physischen Materialflusses. Ähnlich wie die konventionelle Grenzleistungsberechnung wird jedoch eine Folge von Ereignissen vorausgesetzt, deren Eintreffen geplant, aber nicht vollständig deterministisch ist. Spätestens bei der ersten (nicht kausalen, ungeplanten) Störung wird der Versuch, die Prozesskette zu standardisieren, durchbrochen – oder ein neues (standardisiertes) Verhaltensmuster programmiert.

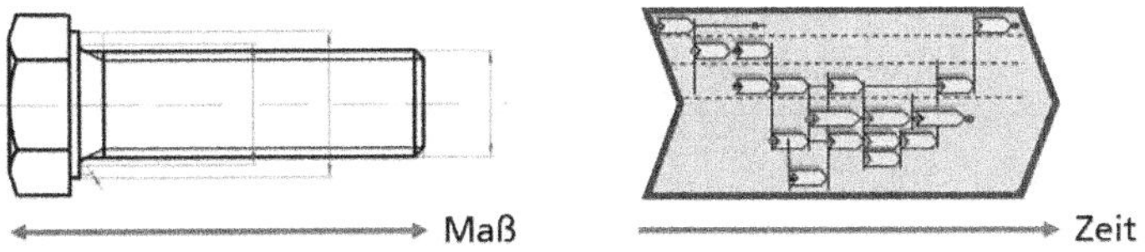

Abbildung 4-1: Das „Standardisierungsdilemma"

Die Standardisierung einer Schraube ist möglich, da ihr Maß und Verhalten bestimmbar sind. Die Standardisierung einer größeren Prozesskette ist planbar. Ihr zeitlicher Ablauf als Folge von Ereignissen ist jedoch unbestimmt (aber in einem gewissen Maße wahrscheinlich), da auf die Zukunft bezogen.

Dieses Dilemma erscheint umso gravierender, je individueller und agiler die Supply Chains und deren Management werden. Eben dieser Entwicklung sieht aber die Industrie im Zeichen der vierten industriellen Revolution entgegen. Der traditionelle Reflex, man müsse nur noch mehr Daten noch schneller verarbeiten und damit noch mehr und immer präzisere Prognosen erzeugen, um reagieren zu können, führte zu einem exponentiellen Anstieg der Informationsmenge, jedoch nicht zu flexibleren Reaktionsmustern.

Immer wieder stößt das Supply Chain Management an die Grenzen eines (nicht ganz ernst gemeint) als „Unschärferelation der Logistik" bezeichneten Zusammenhangs [GtH10]:

> Je genauer ein Prozess vorbestimmt wird, umso unwahrscheinlicher wird er in geplanter Form und zu vorbestimmter Zeit eintreffen.

Die vierte industrielle Revolution ist insofern auch das Anerkennen einer nicht deterministischen, sondern probabilistischen Welt. Sie anerkennt die Unmöglichkeit, die Zukunft vorherzusagen – sei sie auch noch so gut prognostiziert und simuliert – und vertraut auf die dezentralen Entscheidungen ihrer cyberphysischen Systeme.

Wie das Supply Chain Management nach der vierten industriellen Revolution im Zusammenspiel mit Cloud und CPS aussehen könnte, ist in Abbildung 4-2 beispielhaft dargestellt.

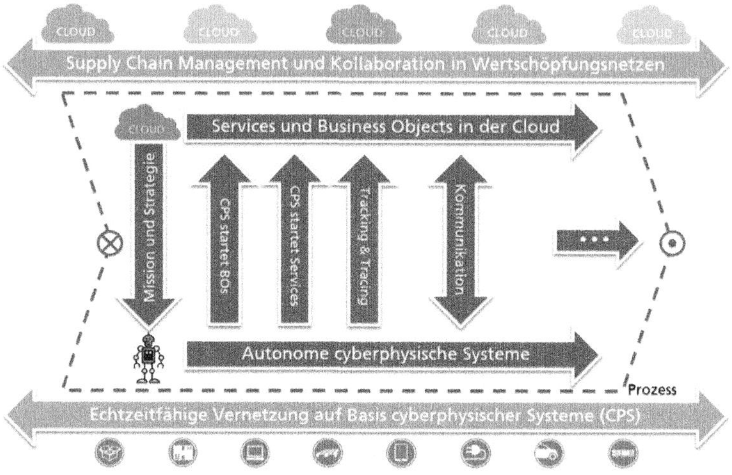

Abbildung 4-2: Prozesssteuerung und Industrie 4.0

Zunächst offenbart diese exemplarische Darstellung einen grundlegenden Zusammenhang: Mit dem Eintritt der vierten industriellen Revolution werden der normative Bereich des Supply Chain Management und der operative, echtzeitnahe Bereich der Maschinen und des physischen Materialflusses entkoppelt. Durch die Autonomie der CPS werden alle Entscheidungen, die Echtzeitfähigkeit voraussetzen, dezentral und auf Basis lokaler Informationen getroffen. Das überlagerte, normative Supply Chain Management System erhält nur noch die Informationen, die gebraucht werden, um übergeordnete Entscheidungen zu treffen. Diese Trennung führt auch dazu, dass deutlich weniger und zukünftig vielleicht keine applikationsspezifischen Informationen, wie detaillierte Layouts und dergleichen, auf der normativen Ebene gespeichert werden müssen. Dies ist ein wesentlicher Aspekt und Paradigmenwechsel im Zentrum der vierten industriellen Revolution.

Dies ermöglicht auch die Virtualisierung der Prozesse und eine verbesserte Kollaboration auf Basis konvergenter Daten und Kommunikation zwischen den Clouds bei der zukünftigen Unternehmensführung.

Insbesondere die ökonomische Planung konzentriert sich auf der normativen Ebene und wird kollaborativer. Ihre Ziele werden sich jedoch nicht grundlegend ändern. Etwas anders verhält es sich mit dem eigentlichen Supply Chain Management und der Umsetzung von Strategien und normativer Planung. Deren Ausführung erfolgt durch die Implementierung einer Mission für jedes beteiligte CPS entlang der vorgegebenen (Unternehmens-)Strategie. Anschließend verfolgt das betreffende CPS seine Mission autonom und in Interaktion mit anderen CPS. Sind hierzu weitere Dienste notwendig (was im Allgemeinen der Fall sein wird), so adressiert das CPS (standardisierte) Business Objects und Services in seiner Cloud. Die Folge von Business Objects und Services und damit der gewünschte Prozess entsteht „on Demand". Im Unterschied zum konventionellen Supply Chain Management werden Ressourcen durch die CPS autonom und nach Bedarf allokiert. Damit ist nur noch eine statistische Aussage über eine Zielerreichung möglich. Bei Licht besehen ist dies jedoch auch in konventionellen Systemen oft nicht anders.

Das wesentliche Ziel ist die Erhöhung der Flexibilität und Reaktionsgeschwindigkeit industrieller und logistischer Systeme. Beides kann durch Industrie 4.0 erreicht werden. Wie effizient dies jedoch geschieht, wird im Einzelfall zu beurteilen sein. Noch fehlen – von wenigen Prototypen abgesehen – viele der CPS und auch die Software zur Kommunikation, zur Dezentralisierung der Unternehmensstrategie und zur Erzeugung und Implementierung CPS-konformer Missionen und einiges mehr.

Andererseits wird immer deutlicher, dass die starr verketteten Maschinen und Materialflusssysteme den Forderungen individueller Produktion nicht gerecht werden. Hier ist der Weg in die vierte industrielle Revolution vorgezeichnet.

5 Industrielles Management 4.0 – von der Selbststeuerung zur Selbstgestaltung

Der mit der 4. industriellen Revolution einhergehende Einsatz von autonom agierenden CPS in den Unternehmen einer Supply Chain und den verbindenden logistischen Einrichtungen wird zu einem hohen Grad an Mobilität, Modularität, Kompatibilität, Universalität und Skalierbarkeit führen. Gerade die Modularität und Universalität der Systeme kann eine horizontale und vertikale Selbstähnlichkeit der Ressourcen-Fraktale der Supply Chain ermöglichen, welche zur Skalierbarkeit und zum schnellen Anpassen an sich wandelnde Anforderungen befähigen [NYH10; GRH09].

> Die fraktale Fabrik als Produktionsmodell wurde von Warnecke entwickelt [WAR96]. Dabei finden sich in der Fabrik dezentrale Strukturen mit lokalen Regelkreisen als Fraktale. Diese Fraktale sollen autonom agieren und sich selbst optimieren. Mit CPS und den vorhandenen technologischen Möglichkeiten der Selbststeuerung, aber auch der Anpassung auf verschiedene Aufgabenstellungen, ermöglicht die 4. industrielle Revolution technologisch die Schaffung einer fraktalen Fabrik. Mit dem Gedanken des Internets der Dinge und Dienste kann diese informatorische Vernetzung autonomer Produktionsfraktale auch auf die gesamte Supply Chain übertragen werden.

Eine so geschaffene Wandlungsfähigkeit erfordert aber insbesondere auch das rechtzeitige Erkennen eines Wandlungsbedarfs und die schnelle Planung und Umsetzung des erforderlichen Wandels im industriellen Management. Hierzu ist die Beherrschung der Planungskomplexität erforderlich; dezentrale Steuerungssysteme können die Komplexität reduzieren. Dabei ist es die Aufgabe des Managements, die Leitlinien und Entscheidungskorridore für die dezentrale Steuerung des Wandels vorzugeben. Auf diese Weise kann sich die Selbststeuerung zur Selbstgestaltung weiterentwickeln.

Der Wettbewerbsvorteil produzierender Unternehmensnetzwerke wird sich in Zukunft über die Beherrschung von Komplexität und komplexen Technologien mitsamt dem nötigen Know-how entscheiden [IAO10]. Da sich die Wandlungsforschung heute noch wenig mit Supply Chains beschäftigt, ist es daher notwendig, wandlungsfähige ganzheitliche Wertschöpfungsnetzwerke zu entwickeln und Wandlungsfähigkeit im Supply Chain Management zu etablieren. Technologisch bietet die 4. industrielle Revolution mit der damit einhergehenden Informationstransparenz und den eingesetzten CPS das Rüstzeug für den Wandel des industriellen Managements.

Mit zunehmender Dezentralisierung von Supply Chains im Sinne autonomer Wertschöpfungsinseln müssen auch die zentralen Prozesse, Strukturen und Ressourcen der Planung und Steuerung aufgebrochen werden, um dezentral und agil Entscheidungen treffen zu können. Es müssen dezentrale Managementansätze zur Selbststeuerung und Selbstorganisation von Produktion und Logistik in Großunternehmen, aber auch für kleine und mittlere Unternehmen (KMU)[4] entwickelt werden. Ein erster Schritt hierzu ist die Umsetzung der Prozessorientierung im Management, die heute durch das in der Industrie übliche „Ressort-Denken“ noch immer behindert wird. Der Bedarf dezentraler Entscheidungsstrukturen und Prozesse muss zur Überwindung der organisatorischen Hemmnisse auf oberster Ebene der Unternehmenssteuerung erkannt werden. Erst mit dieser Überzeugung und der daraus folgenden Unterstützung des zentralen und strategischen Top-Managements von Unternehmen kann der normative Gestaltungsrahmen für die Dezentralisierung des taktischen und operativen Managements geschaffen werden. Die Ausgestaltung eines dezentralen Managements bedarf einer umsichtigen Planung. Es ist erforderlich, aufeinander abgestimmte Prozesse zu schaffen und Handlungskorridore der einzelnen Elemente zu spezifizieren. Die so zu definierenden Spielregeln für das Management von Industrie 4.0 müssen geeignet sein, unabgestimmte bzw. in ihrem Zusammenwirken schädliche Entscheidungen von vorne herein auszuschließen, um auf diese Weise die Gefahr der Bildung lokaler

[4] KMU erhalten in der Industrie 4.0 eine zunehmende Bedeutung, denn nicht mehr die Großen „fressen“ die Kleinen, sondern die Schnellen die Langsamen.

Optima entlang einer Supply Chain analog zu einem Ressort-orientierten Managementansatz auszuschließen.

Voraussetzungen für die Anwendung solcher Spielregeln in der Managementpraxis sind passend dazu von der anwendungsorientierten Managementforschung entwickelte, ganzheitlich bewertbare Instrumente, Methoden und Konzepte, die der Forderung nach einem „weg von zentralen Managementsystemen" Rechnung tragen. Dabei wird es aber ganz entscheidend darauf ankommen, welcher Reifegrad und welcher Bedarf im speziellen Anwendungsfall an Industrie 4.0 vorliegen. Wesentliche Bedeutung hat dabei die Umfeldstabilität des Unternehmens bzw. der Supply Chain. Aus dieser Stabilität leitet sich der Bedarf an Wandlungsfähigkeit und Selbststeuerung ab, der letztendlich das Maß an Agilität bestimmt. Lassen sich in einem stabilen Umfeld die einzelnen Wertschöpfungsschritte noch optimal aufeinander abstimmen und „starr" verzahnen, müssen sie mit zunehmender Volatilität wandlungsfähiger ausgelegt werden. Aufgabe des Managements in der vierten industriellen Revolution wird es daher auch, auf normativer Ebene den erforderlichen Grad an Wandlungsfähigkeit und Selbststeuerung zu erkennen und das dafür geeignete technologische, strukturelle und organisatorische Umfeld zur Selbstgestaltung zu schaffen.

Nachdem das Internet der Dinge im Rahmen der Industrie 4.0 Augen, Ohren, Arme und Beine bekommt, hauchen ihm die 4.0-Versionen von Planung, Supply Chain und industriellem Management Leben ein. Diese Entwicklungen stehen für einen revolutionären Wandel, der von der Logistik entscheidend mit vorangetrieben wird. Logistik 4.0 umfasst dabei alle dazu notwendigen Facetten, die technischen, die technologischen und die ökonomischen.

6 Ausblick

Die vierte industrielle Revolution steht bevor. Dies ist in den Beiträgen dieses Buches unter ganz verschiedenen Aspekten nachzulesen. Aber wir befinden uns noch am Anfang einer Entwicklung, und in einigen Disziplinen noch in einem „vorindustriellen Zeitalter". Der Weg in Richtung eines Internet der Dinge, Dienste und Daten und hin zu autonomen cyberphysischen Systemen ist jedoch vorgezeichnet und wird nahezu alle Bereiche des industriellen Lebens und Arbeitens betreffen.

7 Literatur

[BRO13] Broy, M.: Integrierte Forschungsagenda Cyber-Physical Systems, Projektleitung Prof. Dr. Manfred Broy, www.acatech.de. Zugegriffen: 23.11.2013

[IAO10] Fraunhofer-Institut für Arbeitswirtschaft und Organisation IAO: Studie Produktionsarbeit der Zukunft – Industrie 4.0, S. 19. Fraunhofer Verlag (2010). ISBN: 978-3-8396-0570-7

[GRH09] Grömling, M.; Haß, H.-J.: Globale Megatrends und Perspektiven der deutschen Industrie. Dt. Inst.-Verlag, Köln (2009)

[GtH10] Günthner, W; ten Hompel, M. (Hrsg. und Co-Autor): Internet der Dinge in der Intralogistik, Individualisierung als logistisch-technisches Prinzip, S. 3-7. Springer (2010). ISBN: 978-3642048951

[HEI05] Heinrich C.: RFID and Beyond: Growing Your Business Through Real World Awareness. John Wiley & Sons (2005). ISBN-13: 978-0764583353

[HLS05] ten Hompel, M.; Liekenbrock, D., Stuer, P.: Realtime Logistics. In: eLogistics journal (2005). ISSN 1860-5923

[NHY10] Nyhuis, P. (Hrsg.): Wandlungsfähige Produktionssysteme, Schriftenreihe der Hochschulgruppe für Arbeits- und Betriebsorganisation e. V. (HAB), GITO-Verlag, Berlin (2010)

[tHH11] ten Hompel, M.; Heidenblut, V.: Taschenlexikon Logistik - Abkürzungen, Definitionen und Erläuterungen der wichtigsten Begriffe aus Materialfluss und Logistik, S. 179. Springer, Berlin (2011). 3. Auflage, ISBN 978-3-540-75661-3.

[tHO06] ten Hompel, M.: Zellulare Fördertechnik. eLogistics Journal (2006). Doi:10.2195/LJ_Not_Ref_d_tenHompel_082006

[WEL12] DIE WELT: Börsen-Panne vernichtet Millionen in Minuten. Axel Springer AG (3.8.2012)

[WAR96] Warnecke, H.-J.: Die Fraktale Fabrik. Rowohlt, Reinbek bei Hamburg (1996), ISBN 3499197081

[WIN13] Winkelmann, B.: KIT-Innovation-FORSCHUNG UND ENTWICKLUNG: Der FlexFörderer, www. innovation.kit.edu/english/955.php. Zugegriffen: 1.12.2013

Industrie 4.0 – Anstoß, Vision, Vorgehen

Dr. rer. nat. Siegfried Dais, Robert Bosch Industrie Treuhand KG

Der Begriff „Industrie 4.0" ist in kürzester Zeit zu einem Buzzword geworden. Obwohl erst im zeitlichen Umfeld der Hannover Messe im April 2013 eingeführt, ist er heute in fast aller Munde.

Allerdings werden mit diesem Begriff ganz unterschiedliche Bilder der Zukunft verbunden. Die eine Gruppierung vertritt die Meinung, dass sich nichts fundamental Neues hinter Industrie 4.0 verbirgt. „Alles schon mal dagewesen" ist der Kommentar. Die Produktionstechnik wird sich weiter evolutionär, d.h. eher linear und in kleineren Schritten weiterentwickeln. Die andere Gruppe verbindet mit Industrie 4.0 das Potenzial zu grundlegenden, eher revolutionären Veränderungen in der Gestaltung von Wertschöpfungsketten. Veränderungen, die in unserer heutigen Vorstellungswelt noch gar nicht vorkommen. Ich bekenne mich dazu, Anhänger dieser zweiten Gruppe zu sein.

Der Titel dieses Beitrages „Industrie 4.0 – Anstoß, Vision, Vorgehen" signalisiert allerdings, dass wir noch am Anfang dieser Entwicklung stehen; einer Entwicklung, die im Rückblick mit hoher Wahrscheinlichkeit als 4. industrielle Revolution eingeordnet werden wird.

Treiber dieser Veränderungen ist das Internet. Das Internet hat die Welt in einem Umfang und in einer Geschwindigkeit verändert, wie wenige technische Entwicklungen zuvor. Informationen stehen heute weltweit für jedermann bereit und können schnell und einfach abgerufen werden.

Die bisherige Entwicklung des Internets kann in vier Phasen unterteilt werden.

- Web 0 steht für die Vernetzung von Dokumenten. Das IP-Protokoll erlaubt die direkte Adressierung einzelner Computer irgendwo auf der Welt, Software in Form von Webservern und Browsern den Abruf verlinkter Dokumente. Obwohl noch in der logisch simplen Welt von „one to one"-Beziehungen, also einer Datenquelle und eines Datenempfängers, ist dies bereits der Triggerpunkt für das Entstehen neuer Geschäftsmodelle und neuer Unternehmen gewesen. Stellvertretend seien die Unternehmen Yahoo!, Netscape, AOL und Cisco genannt.
- Das Web 1.0 steht für die Vernetzung von Unternehmen. Aus der logischen „one to one"-Verbindung des Web 0 sind „one to many" - Beziehungen geworden. Technisch unterstützt wurde dies durch Java und XML, Sprachen für den plattform- und implementationsunabhängigen Austausch von Programmen und Daten zwischen Computersystemen.

- Das Web 2.0 vernetzt Menschen. Jeder kann mit jedem in Echtzeit kommunizieren, also „many to many".
- Fügen wir in dieses Netzwerk nun auch noch Dinge, also technische Objekte, als autonome Internetteilnehmer ein, entsteht das Web 3.0, das Internet der Dinge und Dienste. Während das Web 2.0 für neue Formen der sozialen Kollaboration steht, bringt das Web 3.0 eine neue Qualität technischer Kollaboration. Die Technik dafür ist im Grundsatz verfügbar. Neben Verfahren zur „Maschine zu Maschine (M2M)" - Kommunikation sind dies vor allem semantische Technologien, die es Computern ermöglichen, die inhaltliche Bedeutung von Informationen zu erkennen und einzuordnen.

Auf der technischen Plattform des Internets sind in den letzten 20 Jahren viele neue, meist äußerst erfolgreiche Unternehmen entstanden. Sie alle haben traditionelle Formen des Geschäfts verlassen und völlig neue Geschäftsmodelle realisiert. Welch riesiges Potenzial sich diese Firmen in kurzer Zeit erschlossen haben, zeigt deren Börsenkapitalisierung. Im Herbst 2013 hat diese in etwa 600 Milliarden Euro betragen. Die Marktkapitalisierung der DAX-Unternehmen im Vergleich dazu beträgt etwa 760 Milliarden Euro. Die genannten Zahlen sind das Ergebnis einer Abschätzung.

Mit Blick auf Industrie 4.0: Ich wüsste kein Argument, warum in der nun anbrechenden Welt des Internets der Dinge und Dienste, in der Welt der vernetzten Geschäftsmodelle, nicht eine vergleichbare Entwicklung ablaufen sollte. Es wird neue Spieler geben, deren Erfolg darauf gründet, bisherige Paradigmen ad absurdum zu führen und mit neuen Geschäftsmodellen Kundennutzen zu realisieren. Die Herausforderung – insbesondere für linear extrapolierende Menschen – besteht allerdings darin, dass sich kaum voraussagen lässt, welche neuen Geschäftsmodelle in Zukunft überragende Akzeptanz finden werden.

Das Internet der Dinge und Dienste wird die kaum vorstellbare Geschwindigkeit, mit der das Internet bislang die Menschen vernetzt hat, in der Welt der technischen Systeme, den Dingen, fortsetzen. 1995 waren 0,7 % der 5,7 Milliarden Menschen vernetzt, also rund 40 Millionen. 10 Jahre später waren es bereits 15% von 6,5 Milliarden Menschen, d.h. 975 Millionen. Dies entspricht einem Zuwachs von 935 Millionen Nutzern! Im Jahr 2015 wird ein Vernetzungsgrad von 75% der dann 7,3 Milliarden Menschen erwartet. 5,5 Milliarden Menschen werden dann online sein, ca. 4,5 Milliarden mehr als 2005!

Nach heutiger Einschätzung werden bis 2015 rund 6,6 Milliarden Dinge mit dem Internet verbunden sein. Den Schwerpunkt mit rund 6,3 Milliarden bilden noch PCs, Laptops, Smartphones und Smart-TVs. Also Geräte, die – vereinfacht gesagt – der rein digitalen oder virtuellen Welt zuzuordnen sind. Aber: die ersten 270 Millionen Dinge aus der realen Welt, wie beispielsweise Stromzähler, Sicherheitssysteme, Fahrzeuge oder telemedizinische Geräte, sind bereits vernetzt. Diese Zahlen werden rasant wachsen. Denn Unternehmen werden das Ziel verfolgen, möglichst viele ihrer technischen Geräte und Systeme internetfähig zu machen, um neue, für die Kunden nutzbringende Funktionen anbieten zu können.

Die technische Ausgangsbasis für den Weg in die Welt des Internets der Dinge und Dienste ist gut. Viele Produkte verfügen bereits über eine eingebettete Elektronik, also einen Mikrorechner, der Sensorsignale erfasst und Aktuatoren ansteuert. Der nächste folgerichtige Schritt ist die Vernetzung dieser eingebetteten Systeme. Ein richtiger Schub wird entstehen, wenn auch Sensoren eigenständige Teilnehmer der vernetzten Welt werden. Technisch gesehen, alles in allem eine eher evolutionäre Entwicklung.

In dieser Welt der Cyber-Physischen Systeme wird die pro Zeiteinheit generierte Datenmenge natürlich extrem ansteigen. Mussten sich vor wenigen Jahrzehnten viele Benutzer die Rechenleistung eines Computers teilen, arbeiten in Zukunft viele Computer für einen Nutzer. Sie erzeugen nahezu pausenlos Daten, die ein immer präziseres digitales Abbild der realen Welt zeichnen. Die Herausforderung besteht nun darin, diese Datenmengen in Echtzeit zu analysieren, um den relevanten Inhalt überhaupt erst einmal zu erkennen und dann zu extrahieren. Erst durch die Verbindung des Internets der Dinge mit der Fähigkeit, vernetzte Daten in Echtzeit zu analysieren, entsteht aus meiner Sicht das Internet der Dinge und Dienste.

Auf welche Weise kann nun durch den Umgang mit Daten im Internet der Dinge und Dienste neuer Kundennutzen generiert werden? Was ändert sich? Einerseits können wir Informationen über einzelne „Dinge" über große Distanzen hinweg in Echtzeit abrufen und so ein perfektes Trackingsystem auf Einzelteilbasis aufbauen. Dies ist heute zum Beispiel in der Logistik realisiert. Neues Wissen und geldwerter Kundennutzen wird in Zukunft vor allem auch durch Kombination von Daten einer Vielzahl von Dingen und durch die Verknüpfung von Daten aus unterschiedlichen Domänen generiert werden. Allerdings sind die geldwerten Informationen und Erkenntnisse meist nicht leicht erkennbar, sondern verstreut und in der großen Datenmenge verborgen. Erst durch systematisches Data Mining können sie sichtbar gemacht werden.

Ein Beispiel aus der Telemedizin: durch Analyse von Krankheitsbildern, Behandlungsmustern und Behandlungserfolgen vieler Patienten können auf den einzelnen Patienten zugeschnittene optimierte Behandlungsvorschläge generiert und so die Qualität der Behandlung wesentlich gesteigert werden.

Vergleichbare Erfahrungen werden wir auch auf den Arbeitsgebieten von Industrie 4.0 machen. Voraussetzung ist dabei der Zugriff auf eine möglichst umfassende Datenbasis. Es gilt also „Herr der Daten" zu werden. Für die meisten ist dies sicherlich noch eine ungewohnte Betrachtungsweise.

Wie eingangs bereits betont, steht die Technologiebasis für das Internet der Dinge und Dienste in den Grundzügen bereit. Die Technik ist allerdings nur der Enabler, deren Weiterentwicklung wird eher evolutionär als revolutionär verlaufen. Die

Tiefe der Umwälzung und die Geschwindigkeit der Veränderung wird durch das Aufkommen neuer Geschäftsmodelle getrieben werden. Dies hat sich ja bereits bei der Vernetzung von Milliarden von Menschen gezeigt.

Nun beginnt die Vernetzung von Dingen in den unterschiedlichsten Domänen. Gearbeitet wird an der Vernetzung der Fahrzeuge – das Stichwort ist Smart Mobility, gearbeitet wird an der Vernetzung von Energieerzeugern und Energieverbrauchern – das Stichwort ist Smart Grids , an der Vernetzung von Sensoren und Aktuatoren in Gebäuden – Stichworte sind Smart Homes und Smart Buildings, sowie an der Vernetzung der gesamten industriellen Wertschöpfungskette – Stichworte sind weltweit gesehen Smart Industry und Smart Manufacturing, in Deutschland Industrie 4.0.

In den einzelnen Domänen wie dem Verkehr, der Energie oder der industriellen Wertschöpfung werden eine Vielzahl von System- und Serviceplattformen entstehen. Und diese domänen-spezifischen Plattformen werden wiederum domänenübergreifend vernetzt werden. Es wird ein sogenanntes „System of Systems" entstehen – durch den runden Kreis im Zentrum von Abbildung 1 markiert. Denn die einzelnen Domänen sind ja nicht logisch unabhängig voneinander. Die Logistik-Plattform von Smart Industry steht in Wechselwirkung mit der Smart-Mobility-Plattform, die Smart-Grid-Plattform mit den Plattformen Smart Building und Smart Industry. So jedenfalls könnte die Architektur der Welt von übermorgen aussehen.

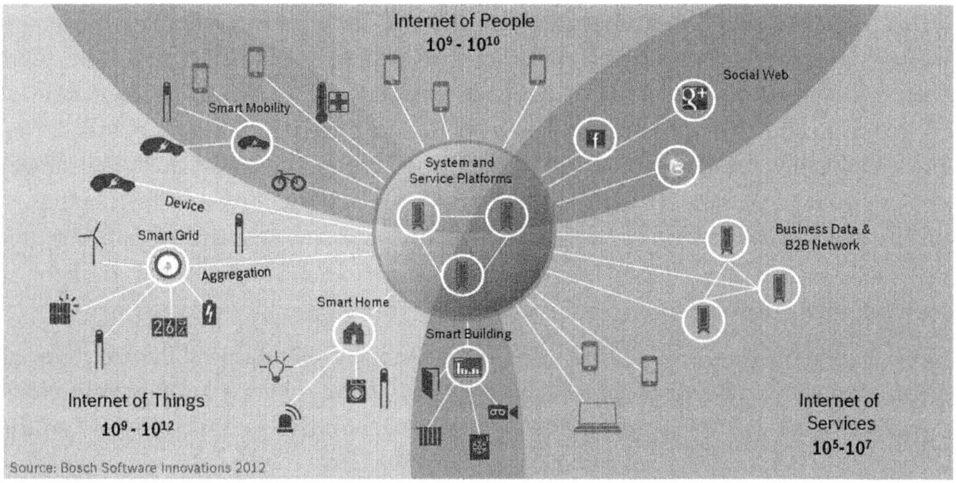

Abbildung 1: Domänenspezifisch vernetzte Systeme – Verbindung dieser Systeme zu einem übergeordneten System

Industrie 4.0 beschreibt also nur eine von mehreren Säulen im Internet der Zukunft. Aber auch einen zweiten Aspekt zeigt die schematische Darstellung von Abbildung 2 deutlich. Die Querschnittsthemen, die es auf der Ebene des Internets der Dinge, also der Vernetzung und dem Remotebetrieb von Milliarden von Dingen zu bearbeiten gilt, sind weitgehend unabhängig von der Säule oder Domäne, in der diese zur Anwendung kommen. Ähnliches gilt für die Anwendungsebene, also das Internet der Dienste. Stichworte sind Semantische Technologien (zur Aufbereitung von Informationen, so dass diese von Rechnern interpretiert und weiterverarbeitet werden können), Cloud Computing, Betreiberplattformen für Dienste usw.

Eine der großen Herausforderungen wird darin bestehen, die Ausprägung der einzelnen Querschnittsthemen so zu orchestrieren, dass diese sich zu einer stimmigen Gesamtlösung zusammenfügen lassen. Die positive Botschaft ist, es gibt viele Mitstreiter – und zwar weltweit – aus den anderen Anwendungsbereichen. Oder kritisch formuliert: Das Internet der Zukunft wird sich entwickeln – mit oder ohne Industrie 4.0. Wenn wir unsere Chancen auch in Zukunft wahren wollen, müssen wir aktiv an der Ausgestaltung der neuen industriellen Wertschöpfungsketten mitarbeiten.

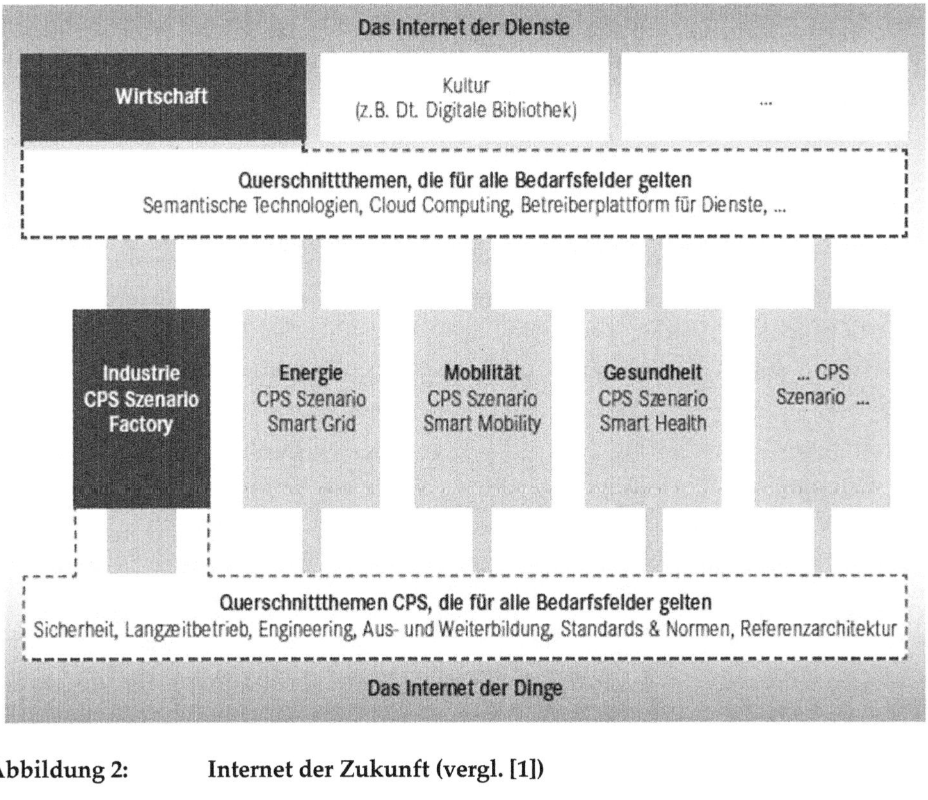

Abbildung 2: Internet der Zukunft (vergl. [1])

In der zukünftigen Welt wird das Produktionsumfeld als Smart Factory genauso wie die Logistik, die Auftragsbearbeitung, die Entwicklung von Produkten und Prozessen Teil einer durchgängig vernetzten Wertschöpfungskette werden.

In der Smart Factory kommunizieren Material, Maschinen, Lager- und Logistiksysteme direkt miteinander. Sämtliche Daten, die den augenblicklichen Zustand der Wertschöpfungskette beschreiben, werden verfügbar sein und zur optimalen

Steuerung des Wertstroms genutzt werden. Entscheidungen werden im Rahmen vorgegebener Regeln auf einer möglichst niedrigen Ebene getroffen, nicht mehr an der Spitze der Automatisierungspyramide.

In die Vernetzung werden nicht nur sämtliche Wertschöpfungsstufen eines Unternehmens einbezogen werden. Sie wird auch über die Grenzen eines einzelnen Unternehmens hinausgehen und ganz neue Wertschöpfungsnetzwerke zwischen Unternehmen formen.

Ein solches Bild von der Zukunft hatte der Lenkungskreis der Plattform Industrie 4.0 vor Augen, als er folgende Definition und Vision von Industrie 4.0 formulierte.

„Der Begriff Industrie 4.0 steht für die vierte industrielle Revolution, einer neuen Stufe der Organisation und Steuerung der gesamten Wertschöpfungskette über den Lebenszyklus von Produkten. Dieser Zyklus orientiert sich an den zunehmend individualisierten Kundenwünschen und erstreckt sich von der Idee, dem Auftrag über die Entwicklung und Fertigung, die Auslieferung eines Produkts an den Endkunden bis hin zum Recycling, einschließlich der damit verbundenen Dienstleistungen.

Basis ist die Verfügbarkeit aller relevanten Informationen in Echtzeit durch Vernetzung aller an der Wertschöpfung beteiligten Instanzen sowie die Fähigkeit, aus den Daten den zu jedem Zeitpunkt optimalen Wertschöpfungsfluss abzuleiten.

Durch die Verbindung von Menschen, Objekten und Systemen entstehen dynamische, echtzeitoptimierte und selbst organisierende, unternehmensübergreifende Wertschöpfungsnetzwerke, die sich nach unterschiedlichen Kriterien wie beispielsweise Kosten, Verfügbarkeit und Ressourcenverbrauch optimieren lassen." (vergl. [2])

Es ist in dieser Formulierung ausdrücklich von einer neuen Stufe der Organisation und Steuerung der Wertschöpfungsketten – und zwar über den gesamten Lebenszyklus – die Rede und nicht von revolutionären neuen Produktionstechniken. Diese können sich als Folge der Umgestaltung von Wertschöpfungsketten ergeben, sind aber zunächst nicht der primäre Ausgangspunkt.

Auch ist Industrie 4.0 nicht die Fortsetzung von CIM (Computer Integrated Manufacturing). Denn die Vision impliziert grundlegende Paradigmenwechsel.

- Der Weg wird weg von zentraler Planung und Steuerung hin zu dezentraler Selbstorganisation führen. Vorgeplante, starre Produktionssysteme wandeln sich zu autonomen, sich selbst organisierenden Produktionseinheiten. Unterstützt wird dieses Konzept durch die ad-hoc-Vernetzung zwischen Werkstück und Bearbeitungsmaschine, zwischen Produkt und Logistiker usw.
- Etablierte, um nicht zu sagen starre Wertschöpfungsketten werden schrittweise abgelöst werden durch die ad-hoc-Organisation von Wertschöpfungsnetzwerken. Dabei unterstützt das intelligente Produkt aktiv

den Produktionsprozess. Das intelligente Produkt kennt seinen Bearbeitungsstand, mögliche Abweichungen bisheriger Bearbeitungsschritte und steuert mit dieser Kenntnis die nachfolgenden Fertigungsschritte mit. Das intelligente Produkt weiß auch, für welchen Kunden es produziert wird und steuert die Logistik auf dem Weg zum Kunden.

- Die Selbststeuerung erleichtert die Individualisierung von Produkten, im Idealfall zu Konditionen eines Massenherstellers.
- Auch der Mitarbeitereinsatz wird flexibler werden, weg von der starren Anwesenheitspflicht. Abhängig von der in einem Zeitraum erforderlichen Expertise und der Verfügbarkeit der Mitarbeiter wird deren Einsatz geplant werden.
- Auch in zukünftigen dynamischen, sich selbst organisierenden Wertschöpfungsnetzwerken wird der Mensch die zentrale Rolle spielen. Deshalb die Aussage, dass die Produktion dem Takt des Menschen folgen wird.
- Zum einen setzt die neue Stufe der Organisation und Steuerung der Wertschöpfungsnetzwerke voraus, dass alle relevanten Informationen in Echtzeit verfügbar sind. Zum anderen können komplexe, echtzeitoptimierte, selbst organisierende Wertschöpfungsnetzwerke nur entstehen, wenn Computer die inhaltliche Bedeutung der ausgetauschten Informationen erkennen und einordnen können. Deshalb ist es wichtig, dass alle Einheiten eines zukünftigen Produktionsnetzwerks ihre Fähigkeiten und Daten als semantisch beschriebene Dienste anbieten.
- Durch diese semantischen Technologien werden die von Rechnern angebotenen Dienste auch von Rechnern handelbar, erweiterbar und zu Mehrwertdiensten kombinierbar. Von großem Vorteil ist, dass Deutschland durch das Forschungsprojekt Theseus (vergl. [3]) eine hervorragende wissenschaftliche Basis bei semantischen Technologien besitzt.
- Eine nicht zu unterschätzende Herausforderung wird sein, die Sicherheit und Robustheit der vernetzten Anwendungen zu gewährleisten sowie sichere und vertrauenswürdige Cloud-Infrastrukturen für das Internet der Dinge und Dienste bereitzustellen. Wie wir in den zurückliegenden Monaten gelernt haben, ist dies nicht nur eine Frage verfügbarer Technologien, sondern auch von rechtlichen und politischen Rahmenbedingungen.
- Gelingt der beschriebene Paradigmenwechsel, wird dies zu innovativen Geschäftsmodellen führen. Der damit verbundene Kundennutzen wird die breite Akzeptanz befeuern.

Reiht man die mit dem Begriff Industrie 4.0 verbundene Vision in die bisherige Abfolge der industriellen Revolutionen ein, ergibt sich folgendes Bild.

In der 1. und 3. Industriellen Revolution war die Maschine im Fokus, zunächst durch die Nutzung maschinell erzeugter Kraft, dann durch den Einsatz der Elektronik zur Steuerung der Maschinen.

Die 2. Industrielle Revolution und im Rückblick vielleicht auch die vierte zielen vor allem auf die Verbesserung der Organisation und Steuerung der Wertschöpfung. Das Fließband hat die Produktivität in einem räumlich eng abgegrenzten Arbeitsumfeld optimiert, Industrie 4.0 zielt auf die Optimierung der gesamten Wertschöpfungskette – ohne inhaltliche und räumliche Einschränkung. So betrachtet zeigt Industrie 4.0 schon das disruptive Potenzial einer industriellen Revolution.

Nachdem ich versucht habe, den Rahmen von Industrie 4.0 aufzuspannen, noch einige Anmerkungen zur Historie des Projekts.

Der Maschinen- und Anlagenbau sowie die Industrieproduktion bilden wesentliche Standbeine der heutigen Stellung Deutschlands in der Weltwirtschaft. Vor diesem Hintergrund hat die Forschungsunion Wirtschaft - Wissenschaft, das zentrale innovationspolitische Beratungsgremium zu Weiterentwicklung und Umsetzung der Hightech-Strategie 2020 für Deutschland, im Verbund mit acatech, der Deutschen Akademie der Technikwissenschaften, ein Projekt unter dem Titel „Deutschlands Zukunft als Produktionsstandort sichern" initiiert. Ein Arbeitskreis aus Vertretern von Wissenschaft und Industrie hat im Oktober 2012 ausführliche Forschungsempfehlungen vorgelegt, der Abschlussbericht unter dem Titel „Umsetzungsempfehlungen für das Zukunftsprojekt Industrie 4.0" wurde auf der Hannover Messe 2013 vorgestellt.

Das mit dem Zukunftsprojekt Industrie 4.0 verbundene Potenzial werden wir allerdings nur heben, wenn sich der Maschinenbau, die Elektroindustrie und die Informations- und Kommunikations-Branche gemeinsam dieser Herausforderung stellen. Deshalb haben sich zahlreiche Unternehmen der deutschen Industrie für eine Führungsrolle der Branchenverbände BITKOM, VDMA und ZVEI ausgesprochen. Die gemeinsame Plattform Industrie 4.0 wird heute von einer verbandsübergreifenden Geschäftsstelle getragen, für die inhaltliche Ausgestaltung wurden Arbeitskreise gebildet, die von einem wissenschaftlichen Beirat unterstützt werden. Ziel ist die Umsetzung einer dualen Strategie, nämlich Deutschland sowohl als Leitanbieter entsprechender Maschinen und Einrichtungen als auch als Leitanwender zu etablieren

Die skizzierte Welt der Industrie 4.0 wird nicht disruptiv, sondern in einem evolutionären Prozess entstehen, selbst wenn die Wirkung am Ende möglicherweise disruptiv sein wird. Denn es kommt darauf an, auf bestehender Infrastruktur aufzusetzen und mit jedem Entwicklungsschritt zusätzlichen Nutzen zu erzeugen.

Industrie 4.0 kann jedoch nur gelingen, wenn wir auf wichtigen Handlungsfeldern Fortschritte erzielen. Folgende Fragestellungen sind aus meiner Sicht von grundlegender Bedeutung:

- Welche Vorteile im Wertschöpfungsprozess sind erzielbar, wenn das entstehende Produkt seinen Weg durch die Produktionseinrichtungen von Firmen bis hin zum Endkunden selbst steuert? Welche Vorteile entstehen, wenn das Werkstück – abhängig von den Toleranzen vorausgehender Bearbeitungsschritte – selbst den nachfolgenden Bearbeitungsschritt bestimmt?

- Wie sieht die Architektur und das Regelwerk eines aus Millionen von vernetzten Instanzen bestehenden weltweiten Wertschöpfungsnetzwerkes aus, das sicher, robust und hochverfügbar ist?
- Wie realisieren wir sichere Anwendungen, die über Netze verbunden sind, die selbst nicht ausreichend gegen Angriffe geschützt werden können?
- Wie können die rechtlichen Rahmenbedingungen bezüglich des Datenschutzes gestaltet werden, wenn die vernetzten Unternehmen unterschiedlichen nationalen Gesetzen unterliegen?
- Wie sieht die zukunftsfähige Gestaltung und Organisation von Arbeit aus?

Ich denke, es wird deutlich, dass noch Grundlagenarbeit in erheblichem Umfang zu leisten ist. Dennoch besitzt der Industriestandort Deutschland sehr gute Voraussetzungen, um eine Pionierrolle beim Aufbau der Industrie 4.0 zu übernehmen. Denn Deutschland hat hohe Kompetenz in der Erforschung und Entwicklung innovativer Produktionstechnologien einschließlich der Herstellung entsprechender Maschinen und Einrichtungen. Der Erfolg zeigt sich im Umsatz des deutschen Anlagen- und Maschinenbaus, der im Jahr 2012 rund 207 Milliarden Euro betragen hat. (vergl. [4])

Zum anderen setzen wir konsequent diese innovativen Technologien in der Industrieproduktion im eigenen Land ein. So bildet das produzierende und verarbeitende Gewerbe mit einem Volumen von rund 1300 Milliarden Euro im Jahr 2012 das Rückgrat der deutschen Wirtschaft. (vergl. [4])

Allerdings nimmt der globale Wettbewerb in der Produktionstechnik stetig zu. Insbesondere Wettbewerber aus Asien setzen die heimische Industrie unter Druck. Zugleich muss sich die industrielle Produktion bei wachsender Komplexität auf eine zunehmende Marktvolatilität einstellen. In Zukunft wird die Industrie gefordert sein, mehr und mehr individualisierte Produkte mit kurzen Vorlaufzeiten und zu Kosten einer Großserienfertigung anzubieten, um den veränderten Ansprüchen der Menschen zu genügen.

Deutsche Unternehmen, vor allem aus dem Automobilsektor und der Industrietechnik, sind führend auf dem Gebiet der eingebetteten Systeme. Deutsche Anbieter von Software zur Steuerung komplexer Geschäftsprozesse nehmen international eine Spitzenstellung ein. Diese vorhandenen Kompetenzen müssen zusammengeführt und genutzt werden. Erforderlich ist ein Transformationsprozess, der durch eine intensive Kooperation der IKT-Branche, der Elektrotechnik und dem Maschinenbau vorangetrieben wird. Dies hat auch die Politik erkannt und Industrie 4.0 daher zu einem Zukunftsprojekt der High-Tech-Strategie gemacht. Die Bundesregierung fördert deshalb das Projekt Industrie 4.0 ressortübergreifend in der ersten Phase mit 200 Millionen Euro.

Wir dürfen allerdings nicht glauben, dass wir alleine an vorderer Front unterwegs sind. Neben Deutschland haben auch andere Länder das Internet der Dinge und Dienste als strategische Herausforderung für die Produktion der Zukunft identifiziert.

Die Europäische Union fördert aktuell mehrere Initiativen zur Implementierung des Internets der Dinge in der Produktion. Dafür stehen derzeit mehr als 9 Milliarden Euro zur Verfügung. (vergl. [5])

Die USA haben 2,2 Milliarden Dollar im Haushalt 2013 für Produktionsforschung bereitgestellt. China strebt an, bis zum Jahr 2015 die globale Technologieführerschaft im Bereich der High-End- Fertigungseinrichtungen zu erreichen. Die chinesische Regierung hat dafür ein Budget von umgerechnet 1,2 Billionen Euro zur Verfügung gestellt. (vergl. [5])

Fazit: Kreativität und vor allem auch Geschwindigkeit sind gefragt, wenn wir in Deutschland unsere herausragende Position auch langfristig verteidigen wollen. Unser erklärtes Ziel, Leitanbieter und Leitmarkt für Industrie 4.0 zu werden, kann nur gelingen, wenn Wissenschaft und Industrie in einer auf ein gemeinsames Ziel ausgerichteten, konzertierten Aktion vertrauensvoll zusammenarbeiten.

Wir haben die Chance, die 4. Industrielle Revolution aktiv mitzugestalten.

Ich setze darauf, dass dies gelingen wird.

Literatur

[1] Bericht der Promotorengruppe Kommunikation der Forschungsunion Wirtschaft – Wissenschaft. http://www.forschungsunion.de/pdf/kommunikation_bericht_2012.pdf, zugegriffen: 08. Januar 2014

[2] Blog Plattform Industrie 4.0. http://www.plattform-i40.de/blog/was-industrie-40-f%C3%BCr-uns-ist, zugegriffen: 08. Januar 2014

[3] THESEUS-Forschungsprogramm. http://theseus.pt-dlr.de, zugegriffen: 08. Januar 2014

[4] VDMA (2013) Statistisches Handbuch für den Maschinenbau. VDMA Verlag, Frankfurt

[5] Abschlussbericht des Arbeitskreises Industrie 4.0. http://www.forschungsunion.de/pdf/industrie_4_0_abschlussbericht.pdf, zugegriffen: 08. Januar 2014

Verzeichnisse

Herausgeber und Autoren

Die Herausgeber

Prof. Dr.-Ing. Thomas Bauernhansl ist Leiter des Instituts für Industrielle Fertigung und Fabrikbetrieb (IFF) der Universität Stuttgart und Leiter des Fraunhofer-Instituts für Produktionstechnik und Automatisierung IPA in Stuttgart. Zusätzlich übernahm er die Leitung des Instituts für Energieeffizienz in der Produktion (EEP) der Universität Stuttgart. Ein besonderer Fokus seiner Forschungsarbeiten liegt auf dem Thema Industrie 4.0. Prof. Bauernhansl ist wissenschaftlicher Beirat der nationalen Plattform Industrie 4.0.

Prof. Dr. Michael ten Hompel ist geschäftsführender Leiter des Fraunhofer-Institutes für Materialfluss und Logistik und Ordinarius der TU Dortmund. Zuvor gründete er das Software-Unternehmen GamBit, das er bis zum Jahr 2000 führte. Er gilt als einer der Väter des Internet der Dinge, ist Mitglied der „Logistik Hall of Fame" und wissenschaftlicher Beirat der nationalen Plattform Industrie 4.0.

Prof. Dr.-Ing. Birgit Vogel-Heuser leitet den Lehrstuhl für Automatisierung und Informationssysteme der TU München. Sie verfügt über langjährige Industrie- und Hochschulerfahrung im Bereich der System- und Softwareentwicklung verteilter, intelligenter, eingebetteter Systeme für Industrie 4.0.

Die Autoren

Nach seiner Ausbildung zum Maschinenbaumechaniker studierte Dipl.-Dok. (FH) **Andreas Bildstein** Informationsmanagement an der Fachhochschule Stuttgart und war danach als IT-Projektleiter in verschiedenen Beratungs- und Umsetzungsprojekten im Bereich der fertigenden Industrie tätig, bevor er als Projektleiter und wissenschaftlicher Mitarbeiter zum Fraunhofer IPA kam.

Dipl.-Ing. Ulrich Brück begann nach dem Studium der Elektrotechnik an der Universität Kaiserslautern seinen beruflichen Werdegang bei der Siemens AG im Elektronikwerk Amberg. Seine Verantwortung heute umfasst die Entwicklung des Produktionssystems mit den KVP-Prozessen und die Koordination des Strategieteams. Zuvor war sein beruflicher Schwerpunkt die Weiterentwicklung des digitalen Unternehmens in unterschiedlichen leitenden Funktionen in Produktion, IT und Logistik.

Alexander Bubeck ist als Projektleiter am Fraunhofer IPA beschäftigt und beschäftigt sich seit vielen Jahren mit mobiler Manipulation, Navigation und Softwareengineering auf Serviceroboteresystemen.

Dr. Thomas Bürger war nach seinem Maschinenbaustudium an der Universität Stuttgart zunächst als wissenschaftlicher Mitarbeiter und Abteilungsleiter am Institut für Steuerungstechnik der Werkzeugmaschinen und Fertigungseinrichtungen der Universität Stuttgart tätig. Anschließend übernahm er verschiedene Leitungsfunktionen in der Steuerungsentwicklung bei der Bosch Rexroth AG. Seit 2012 ist er Leiter des Entwicklungsbereichs Automationssysteme der Bosch Rexroth AG.

Nach Studium und Promotion auf dem Gebiet Informationstechnik an der TU Dresden war **Prof. Dr. Karl-Heinz Büttner** bei Carl Zeiss in Jena und der Siemens AG Deutschland tätig. Dort ist er nach mehreren Stationen, unter anderem in Tianjin, China, als Vice President Manufacturing, verantwortlich für die Produktionsaktivitäten von Automation Systems und damit auch für das Elektronikwerk Amberg.

Dr. rer. nat. Siegfried Dais war stellvertretender Vorsitzender der Geschäftsführung der Robert Bosch GmbH, unter anderem mit Zuständigkeit für Forschung und Vorausentwicklung. Seit 2007 ist er Gesellschafter der Robert Bosch Industrie Treuhand KG. Dr. Dais engagiert sich in der Plattform Industrie 4.0 als Vorsitzender des Lenkungskreises und Sprecher des Vorstandskreises.

Prof. Christian Diedrich hat technische Kybernetik und Automatisierungstechnik studiert und lehrt und forscht an der Otto-von-Guericke-Universität und am Institut für Automation und Kommunikation (ifak) e.V. in Magdeburg. Seine Schwerpunkte liegen auf dem Gebiet der Automation in digital betriebenen Produktionssystemen, basierend auf informations- und wissensbasierten Methoden. Dazu gehören vor allem die industrielle Kommunikation und Integrations- sowie Beschreibungsmethoden.

Johannes Diemer ist bei der Hewlett-Packard GmbH tätig und Mitglied des Lenkungskreises für die Plattform Industrie 4.0. Nach mehreren Stationen bei der Hewlett-Packard GmbH als Technischer Consultant, Produkt-Manager und Vertriebsleiter zunächst für den Bereich Forschung und Lehre und danach für High Performance Computing verantwortet er heute als Business Development Manager das Thema Industrie 4.0.

Thomas Dietz ist Wissenschaftlicher Mitarbeiter und Gruppenleiter in der Abteilung Roboter- und Assistenzsysteme des Fraunhofer IPA. Er verfügt über mehrere Jahre Erfahrung in der Erforschung und Realisierung neuartiger und technisch herausfordernder Robotersysteme. Kern seiner Arbeit sind Sicherheitstechnik und Informationsverarbeitung für die physische Interaktion von Mensch und Roboter.

Marc Dorchain ist Projektmanager für mehrere nationale und europäische Forschungsprojekte der Researchabteilung der Software AG. Basierend auf seinem Studium der Wirtschaftsinformatik ist sein thematischer Schwerpunkt Forschung und Entwicklung von Plattformen für Geschäftsprozessmanagement im Umfeld der ARIS Plattform.

Prof. Dr. Claudia Eckert ist Inhaberin des Lehrstuhls für Sicherheit in der Informatik an der Technischen Universität München. Zudem leitet sie das Fraunhofer-Institut AISEC in München. Als Mitglied wissenschaftlicher Beiräte berät sie Unternehmen, Wirtschaftsverbände sowie die öffentliche Hand in allen Fragen der IT-Sicherheit. In Fachgremien wirkt sie mit an der Gestaltung der technischen und wissenschaftlichen Rahmenbedingungen in Deutschland sowie an der Ausgestaltung von wissenschaftlichen Förderprogrammen auf der europäischen Ebene.

Niels Fallenbeck ist beim Fraunhofer-Institut für Angewandte und Integrierte Sicherheit AISEC für das Thema Cloud Computing Security verantwortlich und leitet Kundenprojekte, das Cloud Sicherheitslabor sowie das Cloud Competence Center for Security (c4s). Er ist Autor zahlreicher Fachartikel und hält Vorträge zu den Themen Cloud Computing, Datensicherheit und Privatsphäre.

Jens Folmer studierte an der Bergischen Universität Wuppertal (B.Sc.) und an der Universität Kassel (M.Sc.). Derzeit ist er wissenschaftlicher Mitarbeiter und Teamleiter am Lehrstuhl für Automatisierung und Informationssystem (AIS) der Technischen Universität München unter der Leitung von Prof. Dr. Birgit Vogel-Heuser. Sein Forschungsschwerpunkt ist die Entwicklung von wissensbasierten Condition Monitoring und Asset Management Systemen.

Lisa Forstner ist Business Analyst in der Abteilung Corporate Supply Chain bei der Infineon Technologies AG. Darüber hinaus ist sie externe Doktorandin an der Fakultät für Mathematik und Informatik an der FernUniversität in Hagen.

Nach seiner Promotion war **Prof. Dr. Peter Göhner** Entwicklungsleiter in der Industrie. Seit seiner Berufung als Professor an die Universität Stuttgart ist er Leiter des dortigen Instituts für Automatisierungs- und Softwaretechnik. Seine Forschungsschwerpunkte sind Agentenorientierte Konzepte, Benutzerorientierte Automatisierung, Energieoptimierung, Lernfähigkeit, Verlässlichkeit und Wiederverwendungskonzepte.

Dominic Gorecky ist Teamleiter für den Themenbereich „Mensch-Maschine-Interaktion" im Forschungsbereich Innovative Fabriksysteme am Deutschen Forschungszentrum für Künstliche Intelligenz (DFKI GmbH).

Dipl.-Ing. Matthias Gruhler studierte Technische Kybernetik an der Universität Stuttgart. Er ist wissenschaftlicher Mitarbeiter am Fraunhofer-Institut für Produktionstechnik und Automatisierung IPA und beschäftigt sich mit der autonomen Navigation von Servicerobotern und Fahrerlosen Transportsystemen. Er ist außerdem im VDI Fachausschuss 309 Fahrerlose Transportsysteme aktiv.

Prof. Dr.-Ing. Willibald A. Günthner ist Ordinarius des Lehrstuhls für Fördertechnik Materialfluss Logistik (fml) der Technischen Universität München. Er ist Gründungsmitglied der wissenschaftlichen Gesellschaft für technische Logistik e.V., stellvertretender Vorsitzender des wissenschaftlichen Beirates der BVL und Mitglied des Vorstandes der VDI-Gesellschaft GPL.

Annika Hauptvogel studierte Maschinenwesen an der TU München und ist als wissenschaftliche Mitarbeiterin am Werkzeugmaschinenlabor (WZL) der RWTH Aachen tätig. Sie leitet die Gruppe Produktionslogistik in der Abteilung Produktionsmanagement des WZL. Ihre Arbeitsschwerpunkte liegen im Bereich Produktionsplanung und -steuerung. Annika Hauptvogel leitet zudem das „Industrie 4.0"-Forschungsprojekt ProSense.

Prof. Dr. Michael Henke begann seine Karriere mit einem Studium zum Diplom-Ingenieur für Brauwesen- und Getränketechnologie an der TU München. Im Anschluss promovierte und habilitierte er ebenfalls an der TU München an der Fakultät für Wirtschaftswissenschaften. Prof. Henke ist heute Institutsleiter am Fraunhofer IML sowie Leiter des Lehrstuhls für Unternehmenslogistik der Fakultät Maschinenbau der TU Dortmund. Seine Forschungsschwerpunkte liegen im Bereich Einkauf und Supply Management, Supply Chain Risk Management und Financial Supply Chain Management.

Dr. Franz-Josef Hoffmann ist ein international erfolgreicher Technologie-Entrepreneur. Nach mehreren Managementpositionen bei deutschen und schweizer Unternehmen ging er in den 90er Jahren in die USA, wo er inzwischen erfolgreich den vierten Technologie-Startup durchführt, diesmal für die Würth Gruppe.

Dipl.-Ing. Gerd Hoppe sammelte bei der Beckhoff Automation GmbH Erfahrung im Marketing, Export, Produktmanagement und Vertrieb, war mehrere Jahre Geschäftsführer für Beckhoff Automation Nordamerika. Heute ist er Mitglied der Geschäftsleitung in Deutschland und betreut strategische Kunden sowie die Vertrags- und Patentangelegenheiten des Unternehmens. Derzeit ist er Vorstandsmitglied im Fachverband Elektrische Automation im VDMA.

Stefan Hoppe studierte an der TU Dortmund Elektrotechnik und begann als Software-Entwickler bei Beckhoff Automation. Heute ist er Produktmanager für die Automatisierungsplattform TwinCAT 3. Stefan Hoppe ist Initiator und technischer Leiter der gemeinsamen Arbeitsgruppe PLCopen & OPC zur Standardisierung der Kommunikation. Seit 2010 ist er als Präsident OPC Europe aktiv.

Prof. Dr.-Ing. Jürgen Jasperneite leitet das Fraunhofer-Anwendungszentrum Industrial Automation (IOSB-INA) und das Institut für industrielle Informationstechnik (inIT) der Hochschule Ostwestfalen-Lippe in Lemgo. Er studierte Elektrotechnik und wurde an der Otto-von-Guericke Universität Magdeburg mit einer Arbeit auf dem Gebiet der Echtzeit-Kommunikation promoviert. Prof. Jasperneite ist Autor/Co-Autor von mehr als 120 Veröffentlichungen und Mitglied in zahlreichen Gremien und Programmkomitees internationaler Konferenzen. Sein Forschungsinteresse liegt im Bereich der intelligenten Automation.

Prof. Dr. Henning Kagermann, habilitierter Physiker und ehemaliger Vorstandssprecher der SAP AG, ist Präsident von acatech – Deutsche Akademie der Technikwissenschaften. Die von Bund und Ländern geförderte Akademie leistet unabhängige, gemeinwohlorientierte und wissenschaftsbasierte Politik- und Gesellschaftsberatung und steht für nachhaltiges Wachstum durch Innovation. Ein Leitthema der Akademie ist die Zukunft unseres Industriestandortes.

Dr.-Ing. Thomas Kaufmann ist Vice President Corporate Supply Chain bei der Infineon Technologies AG und verantwortet die Bereiche für Factory Integration, Automatisierungstechnik und Produktions-IT. Er ist Mitglied im Lenkungskreis Plattform Industrie 4.0.

Michael Kleinemeier ist President der Region Middle and Eastern Europe (MEE) bei der SAP AG. In dieser Rolle verantwortet er alle Go-to-Market–Aktivitäten für das gesamte SAP-Produktportfolio in der Region einschließlich Services. Er hatte bereits früher zahlreiche Leitungsfunktionen bei SAP inne. Michael Kleinemeier studierte an der Universität in Paderborn und schloss sein Studium als Diplom-Kaufmann ab.

Dipl.-Wi.-Ing. Eva Klenk ist Akademische Rätin am Lehrstuhl für Fördertechnik Materialfluss Logistik der Technischen Universität München. Sie ist Mitglied im Lenkungskreis des Lehrstuhls und verantwortlich für den Bereich Prozessgestaltung.

Alexander Kuss ist wissenschaftlicher Mitarbeiter in der Abteilung Roboter- und Assistenzsysteme des Fraunhofer-Instituts für Produktionstechnik und Automatisierung IPA. Sein Forschungsschwerpunkt liegt im Bereich kognitiver Funktionen von Industrierobotersystemen für Füge- und spanende Bearbeitungsprozesse. Zudem sammelte er in der Automobilbranche Erfahrungen mit der Entwicklung flexibler Produktionskonzepte.

M.Sc. Dennis Lappe ist Abteilungsleiter am BIBA – Bremer Institut für Produktion und Logistik GmbH an der Universität Bremen im Forschungsbereich Intelligente Produktions- und Logistiksysteme.

Dr.-Ing. Armin Lechler studierte Technische Kybernetik an der Universität Stuttgart. Danach war er als wissenschaftlicher Mitarbeiter am Institut für Steuerungstechnik der Werkzeugmaschinen und Fertigungseinrichtungen (ISW) tätig und übernahm dort die Leitung der Abteilung Steuerungstechnik. Seit 2011 ist er am ISW geschäftsführender Oberingenieur. Er promovierte im Bereich der industriellen Echtzeitkommunikation

Prof. Dr.-Ing. Peter Liggesmeyer ist Inhaber des Lehrstuhls für Software Engineering: Dependability am Fachbereich Informatik der Technischen Universität Kaiserslautern und Institutsleiter am Fraunhofer-Institut für Experimentelles Software Engineering (IESE). Er ist Präsident der Gesellschaft für Informatik eV. und Mitautor der Nationalen Roadmap Embedded Systems (NRMES). Seine Arbeitsgebiete sind System-Sicherheit und Software-Qualität.

Dr.-Ing. Matthias Loskyll ist stellvertretender wissenschaftlicher Leiter des Forschungsbereichs Innovative Fabriksysteme am Deutschen Forschungszentrum für Künstliche Intelligenz (DFKI GmbH).

Apl. Prof. Dr.-Ing. habil. Arndt Lüder studierte Mathematik an der Universität Magdeburg und arbeitete danach an den Universitäten Magdeburg und Halle an der Untersuchung formaler Methoden zum Steuerungsentwurf. Seit 2001 ist er Mitarbeiter am Center Verteilte Systeme der Fakultät Maschinenbau der Universität Magdeburg, das er heute leitet. Er habilitierte zum Thema "Verteilte Steuerungssysteme" und erhielt den Titel "Außerplanmäßiger Professor" für den Bereich Fabrikautomation verliehen.

Felix Mayer beschäftigt sich mit modernen Interaktionsmöglichkeiten zwischen Mensch und Maschine, wie Touchinteraktion und Augmented Reality, sowie neuen Wegen der Informationsverarbeitung und -darstellung.

Martin Naumann ist Leiter der Gruppe Montage-Automatisierung in der Abteilung Roboter- und Assistenzsysteme am Fraunhofer IPA in Stuttgart. Seine Forschungsschwerpunkte sind robotergestützte Montageprozesse, Mensch-Roboter-Kollaboration in der Montage sowie Technologien zur einfachen Integration der Komponenten einer Roboterzelle.

Prof. Dr. Oliver Niggemann ist Professor für Technische Informatik am Institut für industrielle Informationstechnik inIT in Lemgo und stellv. Leiter des Fraunhofer-Anwendungszentrum Industrial Automation (IOSB-INA). Er studierte Informatik und wurde an der Universität Paderborn mit einer Arbeit auf dem Gebiet des Maschinellen Lernens promoviert. Prof. Niggemann ist Autor/Co-Autor von mehr als 100 Veröffentlichungen und Mitglied in zahlreichen Gremien und Programmkomitees internationaler Konferenzen. Sein Forschungsinteresse liegt bei der Anwendung von Verfahren des Maschinellen Lernens und der Wissensverarbeitung auf die Automation.

Dorothea Pantförder studierte Elektrotechnik, Fachrichtung Automatisierungstechnik, an der Bergischen Universität Wuppertal und beschäftigt sich am Lehrstuhl für Automatisierung und Informationssysteme der TU München im Forschungsschwerpunkt seit vielen Jahren mit den Themen der Mensch-Maschine-Interaktion speziell im Bereich der Operatorsunterstützung während der Prozessführung in industriellen Leitwarten. Ihr Fokus liegt dabei auf der Informationsverarbeitung und Informationsdarstellung.

Dipl.-Ing. Till Potente studierte an der RWTH Aachen Maschinenbau mit der Fachrichtung Fertigungstechnik. Er war als Wissenschaftlicher Mitarbeiter am Lehrstuhl für Produktionssystematik (WZL) der RWTH-Aachen tätig und leitete die Gruppe Produktionslogistik. Heute ist Potente Oberingenieur für die Abteilung Produktionsmanagement.

Dr. Thorsten Pötter war bei der Bayer AG in verschiedenen Funktionen tätig und wechselte anschließend in die Informationstechnik mit den Schwerpunkten Business Intelligence and Data Analytics. Heute ist er Leiter Manufacturing IT bei Bayer Technology Service.

Ulrich Reiser leitet die Gruppe Software Engineering und Systemintegration in der Abteilung Robotersysteme am Fraunhofer IPA mit der Zielsetzung, den Integrations- und Entwicklungsaufwand von Robotersystemen signifikant zu reduzieren.

Dr.-Ing. Jochen Schlick promovierte im Bereich der Produktionstechnik. Nach seiner Tätigkeit für die Robert Bosch GmbH initiierte und leitete er am Deutschen Forschungszentrum für Künstliche Intelligenz zahlreiche Transfer- und Entwicklungsprojekte im Umfeld der intelligenten Fabrik. Heute leitet Dr. Schlick das Zukunftsfeld cyber-physische Systeme bei der WITTENSTEIN AG. Zu den Kernaufgaben seines Teams gehören die Umsetzung von Nutzendemonstratoren für Industrie 4.0 in der Produktion sowie die Erschließung von Anwendungspotenzialen für intelligente vernetzte Antriebssysteme.

Dr. Alexander Schließmann promovierte am Fraunhofer-Institut für Produktionstechnik und Automatisierung IPA im Bereich Robotik. Danach war er bei einer Unternehmensberatung in Australien tätig. Er beschäftigte sich bei unterschiedlichen Unternehmen mit dem Thema Aufbau von Kennzahlen- und Visualisierungssystemen. Heute ist er als Geschäftsführer für das Produktmanagement und für die Entwicklung von Verfahren zur Produktionsoptimierung bei der FORCAM GmbH zuständig.

Mathias Schmitt ist wissenschaftlicher Mitarbeiter am Deutschen Forschungszentrum für Künstliche Intelligenz GmbH (DFKI). Im Forschungsbereich für Innovative Fabriksysteme (IFS) leitet Schmitt die Arbeitsgruppe für Automatisierungstechnik.

Dr. Harald Schöning leitet die Forschungsabteilung der Software AG. Er ist Co-Autor an den Umsetzungsempfehlungen für das Zukunftsprojekt Industrie 4.0.

Prof. Dr. Günther Schuh studierte Maschinenbau und Betriebswirtschaftslehre an der RWTH Aachen und promovierte am Laboratorium für Werkzeugmaschinen und Betriebslehre (WZL). Er habilitierte an der Universität St. Gallen (HSG). Prof. Schuh ist Inhaber des Lehrstuhls für Produktionssystematik der RWTH Aachen sowie Mitglied des Direktoriums vom WZL und vom Fraunhofer-Institut für Produktionstechnologie (IPT) in Aachen.

Dipl.-Ing. Joachim Seidelmann ist als wissenschaftlicher Mitarbeiter in der Abteilung Reinste- und Mikroproduktion am Fraunhofer IPA tätig und übernahm dort die Leitung der Gruppen „Logistik" und „Produktions-IT". Darüber hinaus leitet er das Kompetenzzentrum „Digitale Werkzeuge in der Produktion" und beschäftigt sich dort intensiv mit dem Thema Industrie 4.0.

Johann Soder verantwortet bei SEW-EURODRIVE den Bereich Technik. Die Aufgabenstellung umfasst die Führung der F&E und des Produktionsbereichs. Unter seiner Leitung wurde eine auf Wertschöpfung ausgerichtete Produktion realisiert.

Dr. Dieter Steegmüller studierte an der Universität Stuttgart Chemie. Nach seiner Promotion ging er zur Daimler AG. Dort ist er Centerleiter Produktions- und Werkstofftechnik. Er ist im Rahmen der Möglichkeiten, die Industrie 4.0 bietet, insbesondere an der konkreten Umsetzung von Technologien und deren konkreten wirtschaftlichen Potenzial interessiert.

Dr. Peter Stephan promovierte am Deutschen Forschungszentrum für Künstliche Intelligenz (DFKI) GmbH zum Thema der 'Kontextadaptiven Automatisierung'. Heute ist er bei der WITTENSTEIN AG im Zukunftsfeld cyber-physische Systeme tätig, wo er Industrie 4.0-Umsetzungsprojekte am Standort der „Urbanen Produktion" der WITTENSTEIN bastian GmbH in Fellbach leitet.

Nach Abschluss des Studiengangs Maschinenwesen an der Technischen Universität München promovierte **Dr.-Ing. Peter Tenerowicz-Wirth** am dortigen Lehrstuhl für Fördertechnik Materialfluss Logistik unter Leitung von Prof. W. A. Günthner. Dr. Tenerowicz-Wirth ist als Produktmanager für automatische Logistiksysteme bei der Firma Jungheinrich tätig.

Dipl.-Wirt.-Ing. Christina Thomas studierte Wirtschaftsingenieurwesen mit Fachrichtung Maschinenbau an der RWTH Aachen und Industrial Engineering an der Tsinghua University in Peking. Seit 2010 arbeitet sie als wissenschaftliche Mitarbeiterin am Lehrstuhl für Produktionssystematik des Werkzeugmaschinenlabors (WZL) der RWTH Aachen. Heute ist Christina Thomas als Oberingenieurin am WZL tätig und leitet die Abteilung Produktionsmanagement.

Dr. Karl Tragl war nach dem Studium der Physik und Elektrotechnik in Nürnberg und Kaiserslautern zunächst für die Siemens AG tätig. Anschließend übernahm er verschiedene Leitungsfunktionen bei der Bosch Rexroth AG in den Bereichen Service sowie elektrische Antriebe und Steuerungen. Heute ist Dr. Tragl Vorsitzender des Vorstands der Bosch Rexroth AG.

Dr. Mario Trapp promovierte an der TU Kaiserslautern zu sicherheitskritischen adaptiven Systemen und ist anschließend an das Fraunhofer Institut für Experimentelles Software Engineering gewechselt. Dort arbeitete er zunächst als Abteilungsleiter für den Bereich sicherheitskritische Systeme und leitet heute die Hauptabteilung „Embedded Systems".

Prof. Dr.-Ing. Alexander Verl studierte Elektrotechnik in Erlangen und war anschließend Entwicklungsingenieur bei der Siemens AG. Danach war er am DLR Institut für Robotik in Oberpfaffenhofen tätig und promovierte dort auch. Anschließend war er bei AMATEC Robotics GmbH in Augsburg als Geschäftsführer und Gesellschafter tätig. Heute ist er Professor und Institutsleiter des Instituts für Steuerungstechnik der Werkzeugmaschinen und Fertigungseinrichtungen an der Universität Stuttgart und Leiter des Fraunhofer-Instituts für Produktionstechnik und Automatisierung IPA in Stuttgart.

Dr. Asmir Vodenčarević studierte Technische Informatik an der Universität Tuzla in Bosnien und Herzegowina und promovierte auf dem Fachgebiet „Wissensbasierte Systeme" an der Universität Paderborn in Deutschland. Er verfügt über mehrjährige Erfahrung in den Bereichen des maschinellen Lernens, der Datenanalyse und der Anomalieerkennung in technischen Systemen. Derzeit arbeitet Dr. Vodenčarević an Anwendungen der künstlichen Intelligenz in verfahrenstechnischen Anlagen.

Dieter Wegener ist Leiter Zukunftstechnologien & Standards des Sektors Industrie der Siemens AG.

Seit dem Abschluss seines Studiums der Mechatronik und Automatisierungstechnik ist **Florian Weißhardt** als wissenschaftlicher Mitarbeiter und Projektleiter in der Service Robotik-Gruppe am Fraunhofer IPA tätig. Er leitet mehrere nationale und internationale Projekte und koordiniert die Open Source-Softwareentwicklung für den Service Roboter Care-O-bot und ROS Industrial.

Nach dem Studium der Elektrotechnik in Saarbrücken, Bochum und London und der Promotion im Maschinenbau an der RWTH Aachen war **Prof. Dr. Michael Weyrich** bei der Daimler AG in der Entwicklung und IT sowie bei der Siemens AG im Bereich der Automatisierungstechnik tätig. Anschließend lehrte er Fertigungsautomatisierung an der Universität Siegen. Heute ist er Professor für Automatisierungstechnik und Softwaresysteme an der Universität Stuttgart.

Dr.-Ing. Michael Zürn studierte Verfahrenstechnik an der Universität Stuttgart, wo er auch promovierte. Nach seiner Tätigkeit bei der Fraunhofer-Gesellschaft ging er zur Daimler AG. Dort ist Dr. Zürn Leiter der Werkstoff- und Fertigungstechnik.

Sachwortverzeichnis

Printed by Printforce, the Netherlands